# Klassiermaschinen

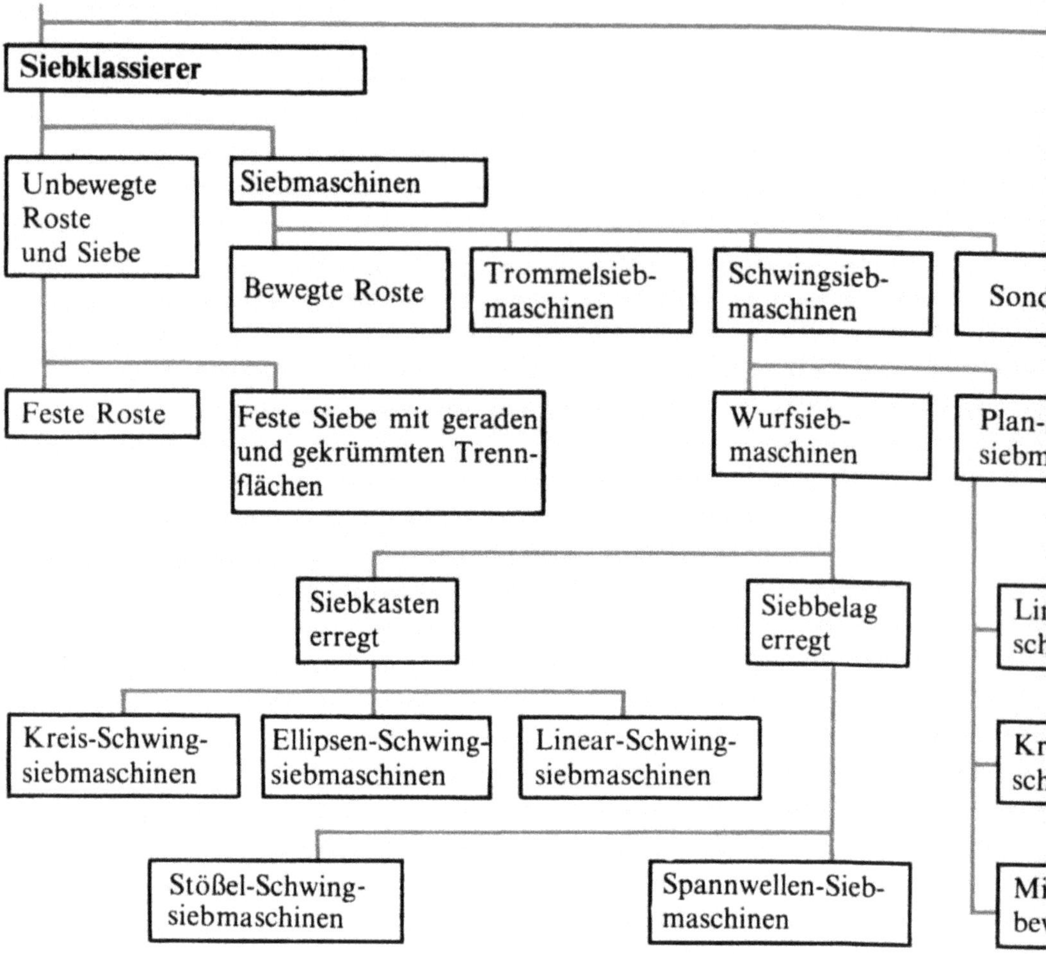


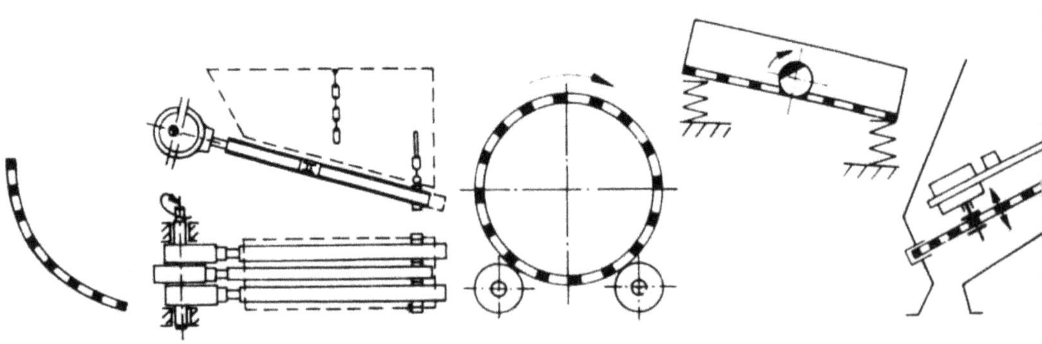

Bogensieb

Bewegter Rost (Stangenrost)

Trommel-siebmaschine

Schwingsieb-maschine (Kreisschwinger)

Stößel-Schwing-siebmaschine (Belagschwinger

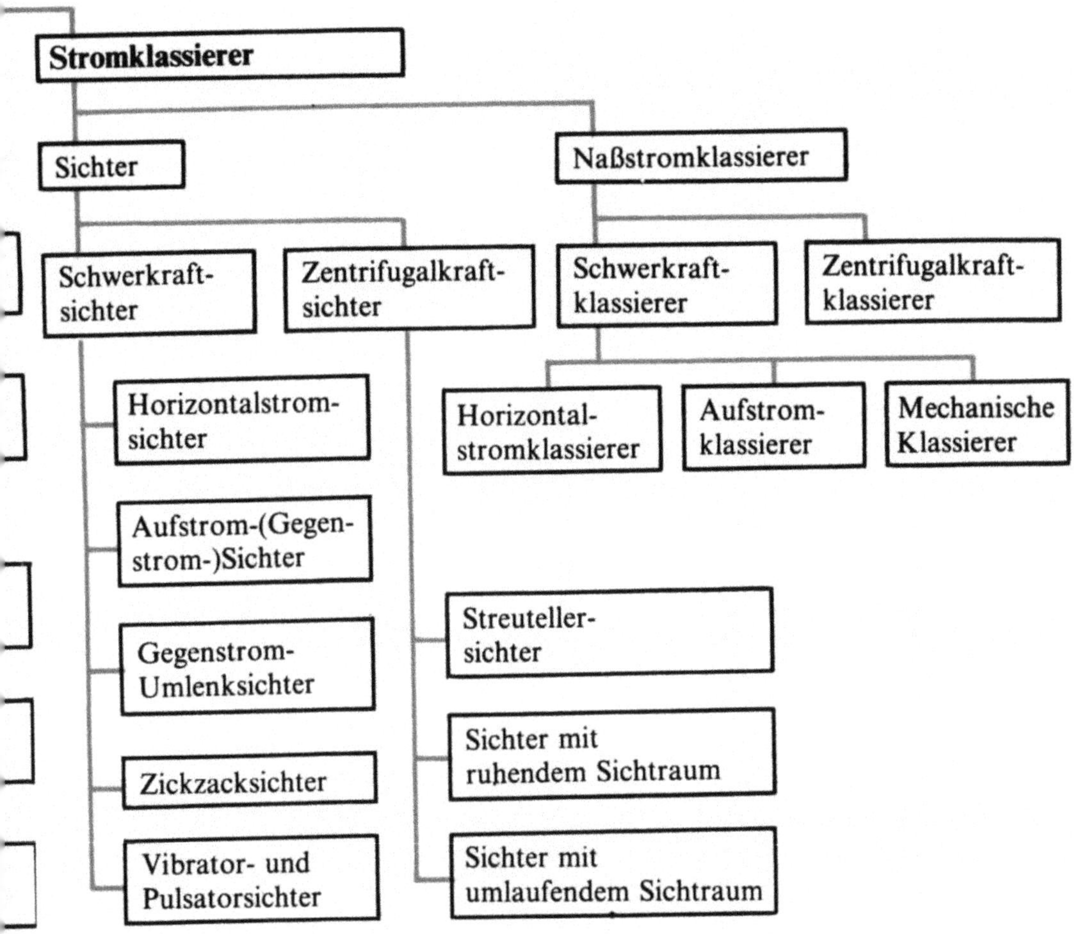

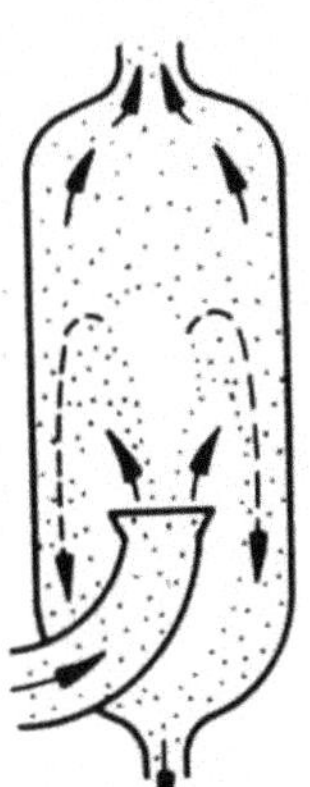

Schwerkraft-
sichter
(Aufstromsichter)

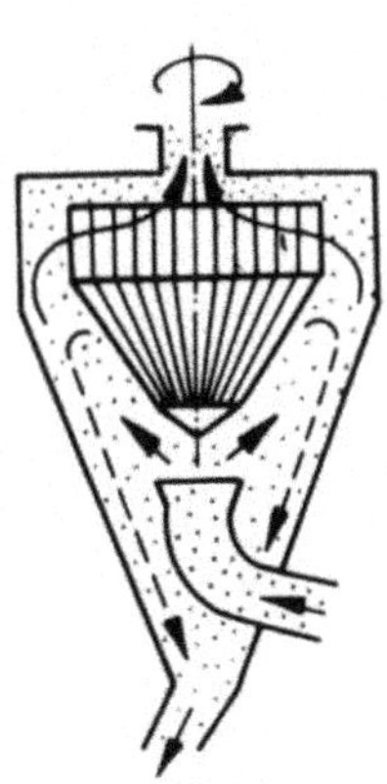

Zentrifugalkraft-
sichter (Stab-
korbsichter)

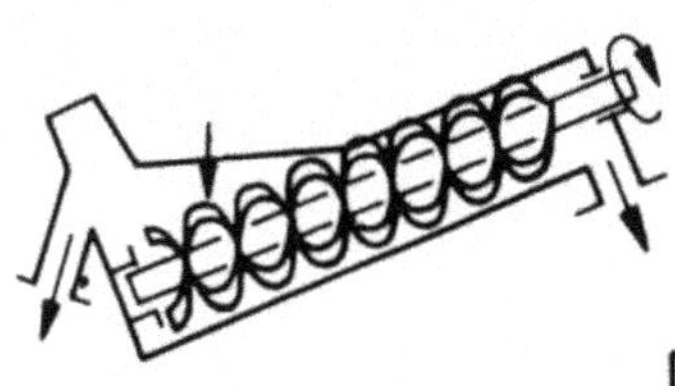

Schwerkraft-
klassierer
(Schraubenklassierer)

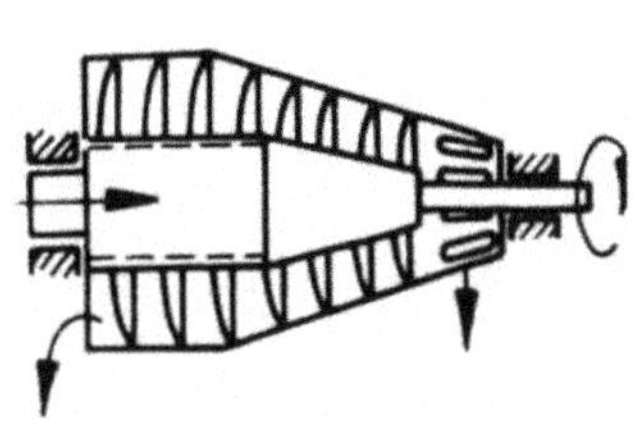

Zentrifugalkraft-
klassierer
(Dekanter)

Karl Höffl

# Zerkleinerungs- und Klassiermaschinen

- Einführung

- Allgemeines zu Zerkleinerungs- und Klassierprozessen und zur Kennzeichnung körniger Stoffe

- Gesichtspunkte zur Entwicklung, Konstruktion und zum Betrieb von Zerkleinerungs- und Klassiermaschinen

- Zerkleinerungsmaschinen

- Klassiermaschinen

- Zuteiler für Zerkleinerungs- und Klassiermaschinen

- Zerkleinerungs- und Klassieranlagen

- Probleme der Instandhaltung von Zerkleinerungs- und Klassiermaschinen

# Zerkleinerungs- und Klassiermaschinen

Von Prof. Dr. sc. techn. Karl Höffl

Mit 555 Abbildungen und 37 Tabellen

Springer-Verlag
Berlin Heidelberg New York Tokyo 1986

Lizenzausgabe für den
Springer-Verlag Berlin Heidelberg New York Tokyo
Vertriebsrecht für alle nichtsozialistischen Länder:
Springer-Verlag Berlin Heidelberg New York Tokyo

ISBN-13:978-3-642-82711-2 e-ISBN-13:978-3-642-82710-5
DOI: 10.1007/978-3-642-82710-5

CIP-Kurztitelaufnahme der Deutschen Bibliothek:
**Höffl, Karl:** Zerkleinerungs- und Klassiermaschinen / von Karl Höffl.
Berlin; Heidelberg; New York; Tokyo: Springer, 1986.


Softcover reprint of the hardcover 1st edition 1986



2160/3020-543210

# Vorwort

Zerkleinerungs- und Klassiermaschinen sind vor allem in den Betrieben zur Mineralaufbereitung, in Kohlekraftwerken und Brikettfabriken, in der Zement-, Keramik-, Zuschlagstoff-, Feuerfest-, Gießerei- und Farbenindustrie, in der chemischen Industrie sowie in der Nahrungsgüter- und Sekundärrohstoffwirtschaft für die erste Verarbeitungsstufe und für die Herstellung ausgewählter Fertigprodukte notwendig. Die unterschiedlichen physikalischen und chemischen Eigenschaften der zu verarbeitenden Materialien sowie die gewünschten Durchsätze, Dispersitätsgrade und Korngrößenzusammensetzungen der Zwischen- und Absatzprodukte erfordern trotz vielfältiger Bemühungen der Konstrukteure und Betreiber zur Anpassungsfähigkeit, Prozeßintegration und zum multivalenten Einsatz der Maschinen verschiedene Wirkprinzipien und Kräftekombinationen, die u. a. die Ursache für die große Mannigfaltigkeit der Zerkleinerungs- und Klassiermaschinen sind.

Da trotz der weitreichenden volkswirtschaftlichen Bedeutung nur wenige Lehr- und Handbücher, die die Berechnung, Konstruktion, Rationalisierung, Instandhaltung und technische Realisierung einschlägiger Maschinen behandeln, erschienen sind, hat sich der Autor das Ziel gestellt, auf der Grundlage aktueller Forschungsarbeiten, vorliegender Konstruktions- und Betriebserfahrungen sowie einer umfassenden Literaturanalyse zur Schließung der vorhandenen Lücke einen Beitrag zu leisten. Dabei wurde auf die vorhandene verfahrenstechnische Literatur aufgebaut und davon ausgegangen, daß die richtige Gestaltung, Bemessung und Auswahl der einschlägigen Maschinen und Baugruppen und der erforderlichen Maschinen- und Verschleißteile Voraussetzungen für eine hohe Effektivität beim Maschinenhersteller, Projektanten von kompletten Anlagen, Maschinenbetreiber sowie bei der Instandhaltung und Instandsetzung sind. Zur Realisierung dieser Zielstellung und der Erfordernisse zur weiteren Prozeßintensivierung, Material- und Energieökonomie sind bei Entwicklung, Konstruktion, Betrieb, Instandhaltung und Instandsetzung weitreichende Kenntnisse über verfahrens- und maschinentechnische Grundlagen, Einsatzbedingungen, Beanspruchungen und Verschleißprobleme bei Zerkleinerungs- und Klassiermaschinen notwendig, zumal beim gegenwärtigen Entwicklungsstand größere Entwicklungsfortschritte zunehmend von der weiteren physikalischen Durchdringung der in den Arbeitsräumen der Maschinen ablaufenden Prozesse und ihrer mathematischen Modellierung abhängen. Nur so ist es möglich, die bisher weitestgehend auf empirischer Grundlage entwickelten Maschinen mit hohem Gebrauchswert und höchster Zuverlässigkeit bei geringem Materialeinsatz weiter zu entwickeln, zu bauen, bei Anwendung der verfügbaren Meß-, Rechen- und Regelungstechnik zu automatisieren und energetisch günstig zu betreiben. Diesem Grundanliegen, das für die Tätigkeit der Konstrukteure, Projektierungs-, Betriebs- und Instandhaltungsingenieure, Verfahrenstechniker, Forscher und Lehrende von wachsender Bedeutung ist und bei der Einführung der Studenten in das Fachgebiet und ihre Vorbereitung auf die Probleme der Praxis einen Schwerpunkt darstellt, soll das vorliegende Buch Rechnung tragen. Da bei der Berechnung, Konstruktion, beim Betrieb und bei der Instandhaltung die Kenntnis der durch die Maschinen zu realisierenden Wirkprinzipien und mechanischen Prozesse notwendig ist, werden in den einzelnen Kapiteln auch die zum Verständnis des Stoffes notwendigen Prozeßgrundlagen behandelt, die jedoch keinen Anspruch auf Vollständigkeit erheben können und nicht das tiefgründige Studium verfahrenstechnischer Spezialliteratur ersetzen sollen. Zur besseren Anschaulichkeit und zum leichteren Verständnis wurden den einzelnen Kapiteln Einteilungsmöglichkeiten für die zu behandelnden Maschinengruppen vorangestellt und im Text auf zahlreiche Bilder und Ausführungsbeispiele zurückgegriffen. Bei den Berechnungsgrundlagen, die in verschiedenen Kapiteln gegenüber anderen Büchern eine komplexe Darstellung widerspiegeln sollen, wurden sowohl theoretische Modelle als auch empirische Beziehungen dargelegt, die für die Auslegung von Arbeitsräumen, Baugruppen und spezielle Bauteile unter Beachtung des Kraft- und Signalflusses verwendbar sind. In diesem Zusammenhang wird vorausgesetzt, daß der Leser die allgemeinen maschinentechnischen Grundlagen beherrscht und auf die spezifischen Probleme übertragen kann. Der Autor hat dabei versucht, seine Erfahrungen in der Wissensvermittlung an der Hochschule bei der inhaltlichen und methodischen Gestaltung des Buches umzusetzen. Große Anstrengungen waren notwendig, um die Stoffülle auf dem Gebiete der Zerkleinerungs- und Klassiermaschinen in der gesamten Breite bei vorgegebenem Umfang in einem Band zu bewältigen und die umfangreiche Literatur, die weit über 1500 Literaturstellen umfaßte, tiefgründig auszuwerten. Eine vollständige Angabe der Literaturquellen ist in Übereinstimmung mit dem Verlag aus Platzgründen nicht möglich, so daß in der Literaturzusammenstellung nur die wichtigsten Quellen enthalten sind. Aus gleichem Grunde mußte auch auf die Einfügung von Berechnungsbeispielen, die den Umfang des Buches wesentlich erweitert hätten, verzichtet werden.

Das vorliegende Buch ist nicht nur für Studierende vorgesehen. Auch die in der Praxis tätigen Ingenieure werden Hinweise darin finden, ihre Arbeit nach neuen Erkenntnissen und Methoden durchzuführen, um einerseits moderne, zuverlässige Zerkleinerungs- und Klassiermaschinen zu entwickeln und diese andererseits energieökonomisch zu betreiben und kostengünstig instandzuhalten.

Der Autor hofft, zur geschlossenen Darstellung der Zerkleinerungs- und Klassiermaschinen sowie zur Weiterentwicklung des Wissenschaftsgebietes einen Beitrag geleistet zu haben, und ist für Hinweise, Ergänzungen und Anregungen, die zur Erhöhung der Qualität und Weiterentwicklung des Buches beitragen können, sehr dankbar.

Bei der Bearbeitung des Manuskriptes wurde ich von meinen Mitarbeiterinnen und Mitarbeitern des Wissenschaftsbereiches Gewinnungs- und Aufbereitungsmaschinen, denen ich hiermit danken möchte, tatkräftig unterstützt. Ohne deren Hilfe und die Aktivität von Frau *Wunderwald*, die den größten Teil der Bilder zeichnete, wäre eine termingemäße Bearbeitung des Manuskriptes nicht möglich gewesen. Ein Dank gilt auch Herrn Dr. sc. techn. *K. Husemann*, der mir beim Korrekturlesen wertvolle Hinweise gab, und meiner Frau, die mir ebenfalls beim Korrekturlesen und bei der technischen Fertigstellung des Manuskriptes half. Ein besonderer Dank gilt den Gutachtern, Prof. Dr.-Ing. habil. *W. Hentzschel* von der Hochschule für Architektur und Bauwesen Weimar und Prof. Dr. sc. techn. *A. Uhlmann* von der Technischen Hochschule »Otto von Guericke« Magdeburg, für die kritische Durchsicht des Manuskriptes. Auch dem Verlag, dem Lektor sowie der Druckerei gilt der Dank des Autors für die gegebene Unterstützung bei der Herausgabe des Buches.

Freiberg *Karl Höffl*

# Inhaltsverzeichnis

# Verzeichnis der Symbole

| Symbol | Bedeutung (Einheit) |
|---|---|
| $A$ | Fläche, allgemein ($cm^2$; $m^2$) |
| $A_F$ | Schubfläche ($cm^2$) |
| $A_e$ | Einströmquerschnitt ($m^2$) |
| $A_i$ | Tauchrohrquerschnitt ($m^2$) |
| $A_i$ | Arbeitspunkt (—) |
| $A_{id}$ | idealisierte Beanspruchungsfläche ($cm^2$; $m^2$) |
| $A_K$ | Mantelfläche des Brechkegels ($m^2$) |
| $A_o$ | spezifische Oberfläche ($cm^2\ g^{-1}$; $m^2\ g^{-1}$) |
| $A_o$ | relative freie Siebfläche (—) |
| $A_ö$ | Fläche einer Sieböffnung ($cm^2$) |
| $A_{oBl}$ | spezifische Oberfläche nach Blaine ($cm^2\ g^{-1}$) |
| $A_{o\,eff}$ | effektive relative freie Siebfläche (—) |
| Ar | Archimedes-Zahl (—) |
| $A_r$ | Sperrkreisfläche ($m^2$) |
| $A_s$ | Draht- und Stegfläche ($cm^2$; $m^2$) |
| $A_{x,y}$ | Amplituden in $x$- und $y$-Richtung (mm) |
| $a$ | Beschleunigung ($m\ s^{-2}$) |
| $a$ | Durchmesserverhältnis, Maschinenkonstante (—) |
| $a$ | Fertiggutanteil im Aufgabegut (— ; %) |
| $a$ | Schlitzbreite (mm) |
| $a_C$ | Coriolisbeschleunigung ($m\ s^{-2}$) |
| $a_M$ | Zentrifugalbeschleunigung zur Mahlraumachse ($m\ s^{-2}$) |
| $a_P$ | Zentrifugalbeschleunigung zur Hauptachse ($m\ s^{-2}$) |
| $B$ | Breite, allgemein (m) |
| $b$ | Brechmaulbreite (m) |
| $b_i$ | siebkinetische Konstante (—) |
| $b_{x,y}$ | Dämpfungsfaktor in $x$- und $y$-Richtung ($N\ s\ m^{-1}$) |
| $C$ | Konstante (—) |
| $C^*_{Bl}$ | Blancscher Faktor ($kW\ t^{-1}\ m^{-1/2}$) |

| Symbol | Bedeutung (Einheit) |
|---|---|
| $C_W$ | Stoßfaktor (—) |
| $c$ | Federkonstante ($N\ mm^{-1}$) |
| $c_F$ | spezifische Wärmekapazität des Fertiggutes ($J\ kg^{-1}\ K^{-1}$) |
| $c_P$ | spezifische Wärmekapazität bei konstantem Druck ($J\ kg^{-1}\ K^{-1}$) |
| $c_{PGN}$ | volumetrische Wärmekapazität ($J\ m^{-3}\ K^{-1}$) |
| $c_V$ | Proportionalitätsfaktor (—) |
| $c_W$ | Widerstandsbeiwert für Widerstandskraft $F_W$ (—) |
| $c_1$ | Geschwindigkeit des stoßenden Körpers nach dem Stoß ($m\ s^{-1}$) |
| $c_2$ | Geschwindigkeit des gestoßenen Körpers nach dem Stoß ($m\ s^{-1}$) |
| $D$ | Durchgang (— ; %) |
| $D$ | Durchmesser, allgemein (mm; m) |
| $D_A$ | Durchmesser der Aufgabedüse (mm) |
| $D_i$ | Schlagkreis-Durchmesser (mm; m) |
| $D_M$ | Mahlkammer-Durchmesser (mm; m) |
| $D_0$ | Durchmesser der Überlaufdüse (mm) |
| $D_R$ | Rotordurchmesser (mm; m) |
| $D_T$ | Mahlbahn-Durchmesser (mm) |
| $D_{TW}$ | Wälzkreis-Durchmesser der Mahlbahn (mm; m) |
| $D_U$ | Durchmesser der Unterlaufdüse (mm) |
| $D_W$ | Walzendurchmesser (mm; m) |
| $D_{x,y}$ | Dämpfungsgrad in $x$- und $y$-Richtung (—) |
| $d$ | Korngröße, allgemein (µm; mm) |
| $d_A$ | maximale Aufgabegut-Korngröße eines Kollektivs (µm; mm) |
| $d_D$ | Strahldüsen-Durchmesser, Drahtdurchmesser (mm) |

| Symbol | Bedeutung (Einheit) |
|---|---|
| $d_F$ | maximale Fertiggut-Korngröße (µm; mm) |
| $d_{h/r}$ | Modalwert (µm; mm) |
| $d_K$ | Mahlkammer-Durchmesser (mm; m) |
| $d_L$ | Lagerzapfen-Durchmesser (mm; m) |
| $d_{MKf}$ | fiktiver Mahlkörper-Durchmesser (mm) |
| $d_{m/r}$ | mittlere Korngröße (µm; mm) |
| $d_{ST}$ | Sauter-Durchmesser (µm; mm) |
| $d_T$ | Trennkorngröße (µm; mm) |
| $d_V$ | volumenäquivalenter Kugeldurchmesser (µm; mm) |
| $d_{50/r}$ | Zentralwert (Teilungskorngröße) (µm; mm) |
| $E$ | Elastizitätsmodul (N mm$^{-2}$; MPa) |
| $E_K$ | Energiekosten (M) |
| $e$ | Exzentrizität (mm; m) |
| $F$ | Kraft, allgemein (N) |
| $F_A$ | Feststoff-Masseanteil an der Aufgabestelle (—; %) |
| $F_a$ | Trägheitskraft (N) |
| $F_B$ | Bruchkraft (N) |
| $F_{Cor}$ | Corioliskraft (N) |
| $F_f$ | Federkraft (N) |
| $F_G$ | Schwerkraft (N) |
| $F_G$ | Grobgut-Masseanteil (—; %) |
| $F_{Go}$ | spezifische Schwerkraft des Siebbodens (N m$^{-2}$) |
| $F_K$ | Mahlkörper-Anpreßkraft (N) |
| $F_{LH}$ | horizontale Stützkraft (N) |
| $F_N$ | Normalkraft (N) |
| $F_{oB}$ | spezifische Bruchkraft (N cm$^{-2}$; MPa) |
| $F_R$ | Reibungskraft, Radialkraft (N) |
| $F_{Ri}$ | Riemenzugkraft (N) |
| $F_S$ | Zugstangenkraft, Strömungskraft, Spannkraft (N) |
| $F_T$ | Tangentialkraft (N) |
| $F_Ü$ | Feststoff-Masseanteil am Überlauf (—; %) |
| $F_W$ | Widerstandskraft (N) |
| $F_Z$ | Zerkleinerungskraft, Zentrifugalkraft (N) |
| $F_{Zu}$ | Erregerkraft (N) |
| $f$ | Formfaktor (—) |

| Symbol | Bedeutung (Einheit) |
|---|---|
| $f$ | Hebelarm der rollenden Reibung (mm; m) |
| $f$ | Unterkorngehalt im Siebunterlauf (—; %) |
| $f_D$ | Fehlkorn im Siebunterlauf (—; %) |
| $f_R$ | Fehlkorn im Siebüberlauf (—; %) |
| $f_U$ | Unterkorngehalt (—; %) |
| $G$ | Schubmodul (N mm$^{-2}$; N cm$^{-2}$; MPa) |
| $g$ | Erdbeschleunigung (m s$^{-2}$) |
| $g$ | Unterkorngehalt im Siebüberlauf (—; %) |
| $g_R$ | Überkorngehalt (—; %) |
| $H$ | Höhe, allgemein, Federweg (mm; m) |
| $\dot{H}$ | Enthalpiestrom (W) |
| $HB$ | Brinell-Härte (N mm$^{-2}$) |
| $H_K$ | Kammerhöhe, Fallhöhe (mm; m) |
| $H_r(d)$ | Korngrößen-Verteilungsfunktion (—; %) |
| $H_S$ | Härte Shore (Shorehärte) (—) |
| $h$ | Hub, Mahlbett-Schichthöhe; Höhe der unbelasteten Feder (mm; m) |
| $h'$ | Enthalpie des siedenden Wassers (kJ kg$^{-1}$) |
| $h''$ | Enthalpie des Sattdampfes (kJ kg$^{-1}$) |
| $h_m$ | Eindringtiefe (mm; m) |
| $h_r$(d) | Korngrößen-Verteilungsdichte (mm$^{-1}$; % mm$^{-1}$) |
| $i_H$ | Schlägerzahl je Reihe (—) |
| $K$ | Korrekturfaktor (—) |
| $K_M$ | Maschinenkennziffer (—) |
| $K_o$ | spezifische Kosten (M t$^{-1}$) |
| $K_V$ | Siebkennziffer oder Wurfkennzahl (—) |
| $k$ | Konstante, Drehzahlverhältnis, Stoßzahl, Sicherheitsfaktor (—) |
| $k_B$ | Stoßfaktor beim Backenbrecher (—) |
| $k_D$ | Korrekturfaktor zur Berücksichtigung der Korngrößenverteilung (—) |
| $k_{Gi}$ | Gegenstromfaktor (—) |
| $k_L$ | Leerlaufkonstante (—) |
| $k_P$ | Proportionalitätsfaktor (—) |
| $k_{SK}$ | Stoßfaktor beim Steilkegelbrecher (—) |
| $k_{Ti}$ | Schwarmturbulenzfaktor (—) |

| Symbol | Bedeutung (Einheit) |
|---|---|
| $k_{WB}$ | Stoßfaktor (—) |
| $k$ | Mahlkörper-Mahlgut-Masseverhältnis (—) |
| $L$ | Länge, allgemein, Fallweg, Rotorlänge (Breite) (mm; m) |
| $L$ | reduzierte Walzenlänge (mm; m) |
| $Lj$ | Ljaščenko-Zahl (—) |
| $L_M$ | Mahlkammerlänge, charakteristische Maschinenlänge (mm; m) |
| $l$ | Länge, Fallhöhe, Schlitzlänge, Verformungsweg (mm; m) |
| $M$ | Moment (N m) |
| $M_a$ | Antriebs-; Anlaufmoment (N m) |
| $M_b$ | Beschleunigungsmoment, Biegemoment (N m) |
| $M_d$ | Drehmoment (N m) |
| $M_{KA}$ | Moment zur Überwindung der durchsatzabhängigen Kräfte im Arbeitsraum (N m) |
| $M_{Kö}$ | Antriebsmoment an der Königswelle (N m) |
| $M_n$ | Nennmoment (N m) |
| $M_o$ | Mahlbarkeit ($cm^2\ J^{-1}$; $m^2\ J^{-1}$) |
| $M_{Ra}$ | Antriebsmoment des Radnabenmotors (N m) |
| $M_{RA,L}$ | Reibungsmoment des Antriebes und der Lager (N m) |
| $m$ | Masse, allgemein (kg) |
| $m$ | Radienverhältnis (—) |
| $\dot{m}$ | Massestrom, Massedurchsatz ($kg\ h^{-1}$; $t\ h^{-1}$) |
| $m_d$ | Chargenmasse (kg; t) |
| $m_G$ | Grobgutausbringen (—; %) |
| $m_{GK}$ | Masseanteil der Grenz-Korngrößenklasse (—; %) |
| $m_H$ | Schlägermasse (kg) |
| $m_i$ | Masseanteil der Korngrößenklasse i (—; %) |
| $m_M$ | Maschinenmasse (kg; t) |
| $\dot{m}_N$ | Massedurchsatz für »Normalkohle« ($t\ h^{-1}$) |
| $\dot{m}_o$ | spezifischer Durchsatz ($t\ h^{-1}\ m^{-2}$; $t\ h^{-1}\ m^{-1}$; $t\ h^{-1}\ t^{-1}$; $t\ h^{-1}\ KW^{-1}$; $t\ h^{-1}\ m^{-3}$) |

| Symbol | Bedeutung (Einheit) |
|---|---|
| $m_P$ | Pendelmasse (kg; t) |
| $m_R$ | Modul (mm) |
| $\dot{m}_R$ | Massestrom des Rücklaufgutes ($t\ h^{-1}$) |
| $m_U$ | Unwuchtmasse (kg) |
| $\dot{m}_x$ | Massedurchsatz für beliebiges Gut ($t\ h^{-1}$) |
| $n$ | Drehzahl, allgemein ($s^{-1}$; $min^{-1}$) |
| $n$ | Verteilungsexponent (—) |
| $n_{Gr}$ | Grenzdrehzahl ($s^{-1}$; $min^{-1}$) |
| $P$ | Leistung, Leistungsbedarf (W; kW) |
| $P_H$ | Leistungsbedarf durch Hystereseverluste in den Stützfedern (W; kW) |
| $P_K$ | Leistungsanteil durch kinetische Energie (W; kW) |
| $P_L$ | Leistungsbedarf durch Lagerreibung (W; kW) |
| $P_{LE}$ | Leistungsbedarf durch Lagerreibung bei Exzenterantrieben (W; kW) |
| $P_{LK}$ | Leistungsbedarf durch Lagerreibung bei Massenkraftantrieben (W; kW) |
| $P_{LW}$ | Leistungsbedarf durch Luftwiderstand (W; kW) |
| $P_M$ | Motorleistung (kW) |
| $P_o$ | spezifischer Leistungsbedarf ($kW\ t^{-1}$; $kW\ m^{-1}$; $kW\ m^{-2}$; $kW\ l^{-1}$; $kW\ m^{-3}$) |
| $P_R$ | Leistungsbedarf zur Überwindung der Reibung (W; kW) |
| $P_V$ | Leistungsbedarf für Ventilationsverluste (W; kW) |
| $P_{Vent}$ | Leistungsbedarf des Gebläses (W; kW) |
| $P_Z$ | Leistungsbedarf zur Zerkleinerung bzw. zur Überwindung von Dämpfungs- und Bewegungsverlusten im Arbeitsraum (W; kW) |
| $P_{ZR}$ | Leistungsbedarf des Rotors (W; kW) |
| $p$ | Druck, Flächenpressung ($N\ mm^{-2}$; $N\ cm^{-2}$; MPa) |
| $p_A$ | Aufgabedruck ($N\ cm^{-2}$; MPa) |
| $p_P$ | Pumpendruck ($N\ cm^{-2}$; MPa) |
| $\dot{Q}$ | Wärmemengenstrom, allgemein ($J\ s^{-1}$; W) |
| $\dot{Q}_{A,S}$ | von der Oberfläche der Mühle bzw. vom Sichter und den Rohrleitungen durch |

| Symbol | Bedeutung (Einheit) |
|---|---|
| | Konvektion und Strahlung abgegebener Wärmestrom (J $s^{-1}$; W) |
| $\dot{Q}_P$ | in Mahlwärme umgesetzter Energiestrom (W) |
| $\dot{Q}_T$ | Wärmestrom für die Mahltrocknung (W) |
| $\dot{Q}_Ü$ | Wärmestrom zum Überhitzen des Wassers (W) |
| $\dot{Q}_{VG}$ | vom Träger- oder Spülgas aufgenommener und abgeführter Wärmestrom (W) |
| $\dot{Q}_W$ | Wärmestrom zur Erwärmung und Verdampfung des Wassers (W) |
| $\dot{Q}_Z$ | Mahlwärmestrom (W) |
| $q_o$ | erforderliche spezifische Wärme zur Verdampfung des Wassers (kJ $kg^{-1}$) |
| $R$ | Radius, allgemein (m) |
| $R$ | Rückstand (—; %) |
| $R$ | Gaskonstante (N m $kg^{-1}$ $K^{-1}$) |
| $R_a$ | Radius des Austrittskreises (mm; m) |
| Re | Reynoldssche Zahl (—) |
| $R_G$ | Schwerpunktabstand eines Brechgutkornes von der Rotorachse (mm; m) |
| $R$ | Radius des Eintrittskreises (mm; m) |
| $R_o$ | Gleitkegelradius (mm; m) |
| $R_{TW}$ | Mahlbahnradius am Wälzkreis (mm; m) |
| $R_W$ | Walzenradius (mm; m) |
| $r$ | Radius, allgemein (mm; m) |
| $r$ | Schwingkreisradius (mm) |
| $r_L$ | Wellen- oder Lagerradius (mm; m) |
| $r_m$ | mittlerer Schwingkreisradius bzw. Exzentrizität (mm; m) |
| $S_K$ | Siebboden-Kennzahl (—) |
| $s$ | Weg, allgemein (mm; m) |
| $s$ | Spaltweite (mm; m) |
| $s_B$ | Blechdicke der Mühlenzylinder (mm) |
| $s_M$ | Dicke des Mahlkammermantels (mm; m) |
| $s_o$ | Bremsweg (mm; m) |
| $s_P$ | Panzerplattendicke (mm) |
| $T$ | Temperatur, allgemein (K) |
| $T_G$ | Wasserdampf- oder Brüdentemperatur (K) |
| $T_{Gab}$ | Abgastemperatur (K) |
| $T_L$ | Temperatur der Umgebungsluft (K) |

| Symbol | Bedeutung (Einheit) |
|---|---|
| $T_o$ | mittlere Temperatur der Mühlenkörperoberfläche (K) |
| $T_R$ | Temperatur des Rücklaufgutes (K) |
| $T_{RA}$ | Mischtemperatur des Aufgabegutes (K) |
| $T_{Wi}$ | Innenwandtemperatur (K) |
| $TZ$ | Teilungszahl (—) |
| $t$ | Zeit, allgemein (s) |
| $t$ | Teilung (mm) |
| $t$ | Temperatur (°C) |
| $t_D$ | Durchlaufzeit (s) |
| $t_d$ | Zeit je Charge (min; h) |
| $t_E$ | Zeit je Umdrehung der Exzenterbuchse (s) |
| $t_S$ | Schlagdauer (s) |
| $t_U$ | Umlaufzeit (s) |
| $U$ | Umlauffaktor, umlaufende Last (—; kg) |
| $ü$ | Übersetzungsverhältnis (—) |
| $V$ | Volumen, allgemein (l; $m^3$) |
| $V$ | Vergrößerungsfunktion (—) |
| $\dot{V}$ | Volumenstrom, Volumendurchsatz ($m^3$ $s^{-1}$; $m^3$ $h^{-1}$) |
| $V_d$ | Chargenvolumen ($m^3$) |
| $\dot{V}_{GN}$ | Spülluftdurchsatz im Normzustand ($m^3$ $h^{-1}$) |
| $V_K$ | kompaktes Volumen der Mahlkörpermasse ($m^3$) |
| $\dot{V}_L$ | Luftstrom ($m^3$ $h^{-1}$) |
| $V_M$ | nutzbares Mahlraumvolumen ($m^3$) |
| $\dot{V}_M$ | Volumenstrom des Mediums ($m^3$ $h^{-1}$) |
| $\dot{V}_o$ | spezifischer Verschleiß (g $t^{-1}$) |
| $\dot{V}_{oA}$ | flächenbezogener Volumendurchsatz ($m^3$ $m^{-2}$ $h^{-1}$) |
| $\dot{V}_{oN}$ | spezifische Rostbelastung je mm Spaltweite ($m^3$ $m^{-2}$ $h^{-1}$) |
| $\dot{V}_{oP}$ | spezifischer Panzerplattenverschleiß (g $t^{-1}$) |
| $v$ | Geschwindigkeit, allgemein (m $s^{-1}$) |
| $v_e$ | mittlere Eintrittsgeschwindigkeit (m $s^{-1}$) |
| $v_F$ | Feststoffgeschwindigkeit (m $s^{-1}$) |
| $v_G$ | Gasgeschwindigkeit, Strahlgeschwindigkeit (m $s^{-1}$) |
| $v_H$ | Geschwindigkeit in axialer bzw. horizontaler Richtung (m $s^{-1}$) |
| $v_L$ | Luftgeschwindigkeit (m $s^{-1}$) |

| Symbol | Bedeutung (Einheit) |
|---|---|
| $v_{MK}$ | Wälzgeschwindigkeit der Mahlkörper ($m\ s^{-1}$) |
| $v_r$ | Radialgeschwindigkeit ($m\ s^{-1}$) |
| $v_s$ | stationäre Sinkgeschwindigkeit ($m\ s^{-1}$) |
| $v_{sT}$ | stationäre Sinkgeschwindigkeit für die Trennkorngröße ($m\ s^{-1}$) |
| $v_{sib}$ | Schwarmgeschwindigkeit ($m\ s^{-1}$) |
| $v_{sR}$ | stationäre Sinkgeschwindigkeit bei Wandreibungseinfluß ($m\ s^{-1}$) |
| $v_t$ | mittlere Transportgeschwindigkeit ($m\ s^{-1}$) |
| $v_{TG}$ | Grenzgeschwindigkeit ($m\ s^{-1}$) |
| $v_{TP}$ | Beanspruchungsgeschwindigkeit ($m\ s^{-1}$) |
| $v_{TW}$ | Mahlbahngeschwindigkeit am Walzkreis ($m\ s^{-1}$) |
| $v_U$ | Umfangsgeschwindigkeit ($m\ s^{-1}$) |
| $v_{UM}$ | Umfangsgeschwindigkeit des Mühlenkörpers ($m\ s^{-1}$) |
| $v_1$ | Geschwindigkeit des stoßenden Teilchens vor dem Stoß ($m\ s^{-1}$) |
| $v_2$ | Geschwindigkeit des gestoßenen Teilchens nach dem Stoß ($m\ s^{-1}$) |
| $W$ | Arbeit, Energie, allgemein (J; kWh) |
| $W$ | Wahrscheinlichkeit (—) |
| $W$ | Wassergehalt (—; %) |
| $W_A$ | Grenzflächenenergie (J) |
| $W_{Br}$ | Energie zur Brucheinleitung (J) |
| $W_{ges}$ | technische Zerkleinerungsarbeit, gesamter Arbeitsbedarf (J; kWh) |
| $W_i$ | Arbeitsindex nach *Bond* ($kWh\ t^{-1}$; $kWh\ sht^{-1}$) |
| $W_o$ | spezifischer Arbeitsbedarf, allgemein ($kWh\ t^{-1}$; $kWh\ m^{-3}$) |
| $W_{oA}$ | spezifische Oberflächenarbeit ($J\ cm^{-2}$; $J\ m^{-2}$; $J\ cm^{-2}$) |
| $W_{oB}$ | spezifischer Arbeitsbedarf nach *Bond* ($kWh\ t^{-1}$; $kWh\ sht^{-1}$) |
| $W_{oE}$ | Schlagenergie (J; kWh) |
| $\dot{W}_{St}$ | Energiestrom durch Strahlung (W) |
| $W_{VM}$ | maschinentechnische Arbeitsverluste (J; kWh) |
| $W_{VZ}$ | zerkleinerungstechnische Arbeitsverluste (J; kWh) |
| $w$ | Maschenweite, Maulweite, Spaltweite (mm; m) |

| Symbol | Bedeutung (Einheit) |
|---|---|
| $X$ | charakteristische Abmessung (mm; m) |
| $x$ | Dampfanteil (—; %) |
| $Z$ | Anzahl, allgemein (—) |
| $z$ | Fertiggutanteil bei einmaligem Durchgang (—) |
| $\alpha$ | Abwurf- bzw. Ablösewinkel, Einzugswinkel (°; rad) |
| $\alpha_o$ | summarischer Wärmeübergangskoeffizient ($W\ m^{-2}\ K^{-1}$) |
| $\beta$ | Neigungswinkel gegenüber der Horizontalen, Anstellwinkel der Prallplatten (°; rad) |
| $\beta$ | Feststoff-Volumenanteil (—; %) |
| $\beta$ | Druckverlustbeiwert bei Rohrsteigung (—) |
| $\beta^*$ | Neigungswinkel der Walzenachse (°; rad) |
| $\beta_{1,2,n}$ | Anteil der Einkugelgemische in der Mahlkörperfüllung (—; %) |
| $\gamma$ | spezifische Grenzflächenenergie ($J\ cm^{-3}$) |
| $\varepsilon$ | Dehnung, Feststoff-Volumenanteil, Korrekturfaktor, Zerkleinerungsverhältnis (—) |
| $\varepsilon_{MS}$ | scheinbares Zerkleinerungsverhältnis (—) |
| $\varepsilon_q$ | Querdehnung (—) |
| $\zeta$ | Druckverlustbeiwert (—) |
| $\zeta_i$ | Druckverlustbeiwert eines Strömungsabschnittes *i* (—) |
| $\eta$ | Freqzenz-(Abstimmungs-)Verhältnis Wirkungsgrad (—) |
| $\eta$ | Trennungsgrad (—; %) |
| $\eta$ | dynamische Zähigkeit ($N\ s\ m^{-2}$) |
| $\eta_A$ | Abscheidegrad (—; %) |
| $\eta_G$ | Getriebewirkungsgrad (—; %) |
| $\eta_{Lü}$ | Gebläsewirkungsgrad (—; %) |
| $\eta_M$ | maschinentechnischer Wirkungsgrad (—; %) |
| $\eta_Z$ | zerkleinerungstechnischer Wirkungsgrad (—; %) |

| Symbol | Bedeutung (Einheit) |
|---|---|
| $\Theta$ | Massenträgheitsmoment (kg $m^2$) |
| $\Theta_{ges}$ | Massenträgheitsmoment bezogen auf die Motorwelle (kg $m^2$) |
| $\Theta_M$ | Trägheitsmoment des Motors (kg $m^2$) |
| $\varkappa$ | Kraftmaßstab, Faktor (—) |
| $\lambda$ | Längenmaßstab, Schlankheitsverhältnis, Druckverlustbeiwert für Feststoff (—) |
| $\bar{\lambda}$ | mittlere freie Weglänge (mm) |
| $\lambda_M$ | Wärmeleitfaktor (W $m^{-1}$ $K^{-1}$) |
| $\mu$ | Reibungskoeffizient (—) |
| $\mu$ | Beladungsverhältnis (kg $kg^{-1}$; kg $m^{-3}$) |
| $\nu$ | Sicherheitsfaktor (—) |
| $\nu$ | kinematische Zähigkeit ($m^2$ $s^{-1}$) |
| $\xi$ | Ankopplungsfaktor (—) |
| $\varrho$ | Dichte, allgemein (kg $m^{-3}$; t $m^{-3}$) |
| $\varrho$ | Reibungswinkel (°; rad) |
| $\varrho_G$ | Gasdichte (kg $m^{-3}$) |
| $\varrho_M$ | Dichte des Mediums (kg $m^{-3}$) |
| $\varrho_{MG}$ | Schüttdichte des Mahlgutes (kg $m^{-3}$) |
| $\varrho_{MK}$ | Schüttdichte der Mahlkörper (kg $m^{-3}$) |
| $\varrho_P$ | Partikeldichte (Reindichte) (kg $m^{-3}$) |
| $\varrho_T$ | Trübedichte (kg $m^{-3}$) |
| $\varrho_Ü$ | Trübedichte im Überlauf (kg $m^{-3}$) |
| $\sigma$ | Normalspannung (N $mm^{-2}$; N $cm^{-2}$; MPa) |
| $\sigma_B$ | Bruchspannung (N $mm^{-2}$; N $cm^{-2}$; MPa) |
| $\sigma_D$ | Druckfestigkeit (N $mm^{-2}$; N $cm^{-2}$; MPa) |
| $\sigma_{max}$ | maximale Bruchspannung (N $mm^{-2}$; N $cm^{-2}$; MPa) |
| $\sigma_{th}$ | theoretische Bruchspannung (N $mm^{-2}$; N $cm^{-2}$; MPa) |
| $\sigma_W$ | Wärmespannung (N $mm^{-2}$; N $cm^{-2}$; MPa) |
| $\sigma_Z$ | Zugfestigkeit (N $mm^{-2}$; N $cm^{-2}$; MPA) |
| $\tau$ | Zeitmaßstab (—) |
| $\tau$ | Schubspannung (N $mm^{-2}$; N $cm^{-2}$; MPa) |
| $\tau$ | Verweilzeit (s) |
| $\varphi$ | Auflockerungsfaktor, Kornformkoeffizient (—) |
| $\varphi_A$ | Ablösewinkel (°; rad) |
| $\varphi_K$ | Mahlkammer-Füllungsgrad (—) |
| $\varphi_{MG}$ | Mahlgut-Füllungsgrad (—) |
| $\varphi_{MK}$ | Mahlkörper-Füllungsgrad (—) |
| $\varphi_o$ | Ausnutzungskoeffizient einer Arbeitsfläche (—) |
| $\psi$ | Phasenverschiebungswinkel (°; rad) |
| $\psi$ | relative Drehzahl (—) |
| $\omega$ | Winkelgeschwindigkeit, Antriebsfrequenz (rad $s^{-1}$) |
| $\omega_o$ | Eigenschwingung, Eigenfrequenz (rad $s^{-1}$) |

**Indizes**

| Symbol | Bedeutung |
|---|---|
| A | Fläche bzw. flächenbezogen, Aufgabegut, Aufgabestelle |
| Ab | Abgabestelle |
| eff | effektiv |
| el | elektrisch |
| F | Fertiggut, Feststoff |
| f | fein |
| G | Grobgut, Gas |
| g | grob |
| Getr | Getriebe |
| Gr | Grenze |
| H | horizontal, Hauptausführung |
| i | Stelle i, installiert |
| K | Kugel, Körper, Kammer |

| Symbol | Bedeutung (Einheit) |
|---|---|
| krit | kritisch |
| L | Leerlauf, Länge, Lager, Luft |
| M | Medium, Mahlraum, Mühle, Modell |
| MK | Mahlkörper |
| m | Mittelwert, Modell; Masse; massebezogen |
| $\dot{m}$ | bezogen auf den Massedurchsatz |
| max | Maximalwert |
| mech | mechanisch |
| o | spezifische Größe |
| P | leistungsbezogen, Prall |
| R | Reibung, Rücklaufgut, Rotor |
| Rel | relativ |
| Res | Resultierende |
| r | Mengenart bei Korngrößenverteilung ($r = 0$: Anzahl; $r = 1$: Länge; $r = 2$: Fläche; $r = 3$: Volumen bzw. Masse) |
| S | Sichter |
| Susp | Suspension |
| T | Mahlbahn |
| Ü | Überlauf |
| V | Volumen, volumenbezogen, vertikal |
| $\dot{V}$ | bezogen auf Volumendurchsatz |
| W | Widerstand, Wasser, Walze |
| x, y, z | Koordinaten |
| Z | Zerkleinerung, Zentrifugalwirkung |
| Zu | Zentrifugalwirkung durch Unwuchtmassen, zugeführt |

# 1 Einführung

Die von Zerkleinerungs- und Klassiermaschinen zu Zwischen- oder Fertigprodukten zu bearbeitenden Stoffe sind sehr vielfältig und unterschiedlich. Sie erstrecken sich von den festen mineralischen Rohstoffen, wie Erze, Brennstoffe, Salze, Steine und Erden, bis zu den Bindebaustoffen, Produkten der chemischen Industrie und Nahrungsgüterwirtschaft. Hinzu kommt noch eine ständig wachsende Anzahl von Sekundärrohstoffen, von denen hier nur die Kraftwerkaschen, Plastabfälle, Metall- und Elektronikschrotte genannt werden sollen, deren Aufbereitung und Weiterverarbeitung ebenfalls nur durch Einsatz entsprechender Zerkleinerungs- und Klassiermaschinen möglich ist.

Da Zerkleinerungs- und Klassierprozesse einen hohen spezifischen Energieaufwand erfordern und bei der Aufbereitung von festen mineralischen Rohstoffen oder Sekundärrohstoffen meist die erste Aufbereitungsstufe darstellen, kommt diesen Prozessen und Maschinen aus der Sicht der Energie- und Materialökonomie sowie Qualitätssicherung von Fertigprodukten eine wachsende Bedeutung zu. Die große Zahl der mit den unterschiedlichsten physikalischen und chemischen Eigenschaften zu bearbeitenden Stoffe und das Streben nach günstigen technisch-ökonomischen Kennwerten trugen zur Entwicklung zahlreicher und verschiedenartiger Zerkleinerungs- und Klassiermaschinen bei. Das trifft besonders auf Zerkleinerungsmaschinen zu, bei denen auf Grund der Verschiedenartigkeit der zu zerkleinernden Stoffe unterschiedliche Wirkprinzipien und Kräftekombinationen notwendig sind.

Da in den meisten Prozeßräumen von Zerkleinerungs- und Klassiermaschinen komplizierte Prozesse unter extremen Bedingungen ablaufen, muß vom Konstrukteur stets die Prozeßrealisierung mit den maschinentechnischen Möglichkeiten in Übereinstimmung gebracht werden, wobei sowohl ein stabiler als auch effektiver Betrieb gesichert werden muß. Bei der technischen Umsetzung von Zerkleinerungs- und Klassierprozessen ist zu beachten, daß die verfahrens- und stoffbezogene funktionsgerechte Auslegung von Maschinen mit der beanspruchungsgerechten Gestaltung der Arbeitsorgane und der äußeren Hülle der Maschine eine Einheit bilden müssen.

Bei der physikalischen Durchdringung und mathematischen Modellierung von Mikroprozessen, unter denen die Vorgänge an den für den technischen Makroprozeß charakteristischen kleinsten Substanzgebieten verstanden werden, wurde in den letzten Jahren ein beachtlicher Erkenntniszuwachs erreicht. Unabhängig davon, daß durch die physikalische Begründung und mathematische Modellierung von Mikroprozessen auch bei der weiteren theoretischen Durchdringung von Makroprozessen Fortschritte möglich waren, muß bei Zerkleinerungs- und Klassierprozessen nach wie vor auf die phänomenologische Beschreibung und praktische Erfahrungsauswertung zurückgegriffen werden. Deshalb sind gegenwärtig auch bei der Erfassung und Bewertung von Beanspruchungen im weitesten Sinne im Gegensatz zur funktionsgerechten Auslegung von Zerkleinerungs- und Klassiermaschinen noch Rückstände aufzuholen. Die physikalische Beschreibung und mathematische Modellierung dieser Prozesse sind sehr problematisch, weil die zu bearbeitenden Stoffe statistisch verteilte Merkmale aufweisen, die häufig nicht erfaßt werden können und bei der praktischen Umsetzung in den Arbeitsräumen von Maschinen eine große Zahl von Einflußfaktoren wirkt.

Obwohl die weitreichende Bedeutung der Zerkleinerungs- und Klassierprozesse und der damit im Zusammenhang stehenden Maschinen und Ausrüstungen bekannt ist, sind bisher nur wenige Lehr- und Handbücher, die die Berechnung, Konstruktion, Rationalisierung, Instandhaltung und technische Realisierung von Maschinen und Ausrüstungen zur Zerkleinerung und Klassierung darlegen, erschienen. Das vorliegende Buch verfolgt deshalb das Ziel, die wichtigsten Maschinen für Zerkleinerungs- und Klassierprozesse zu behandeln, wobei vor allem die Berechnung, Konstruktion, maschinentechnische Realisierung und Instandhaltung im Vordergrund stehen. Da bei der Berechnung und Konstruktion, beim Betrieb und bei der Instandhaltung die Kenntnisse der durch die Maschinen zu realisierenden Wirkprinzipien und mechanischen Prozesse notwendig sind, werden in den nachfolgenden Kapiteln, soweit zum Verständnis des Stoffes erforderlich, auch jeweils einleitend einige Prozeßgrundlagen ohne Anspruch auf Vollständigkeit behandelt. Dabei wird auf die Literatur zur Mechanischen Verfahrenstechnik [1, 2] aufgebaut. Außerdem wird die Kenntnis der Grundlagenliteratur der Technischen Mechanik und Konstruktionstechnik vorausgesetzt.

# 2 Allgemeines zu Zerkleinerungs- und Klassierprozessen und zur Kennzeichnung körniger Stoffe

Bei der Aufbereitung von festen mineralischen Rohstoffen und Zwischenprodukten sowie bei der Rückgewinnung von Sekundärrohstoffen werden vor allem durch gezielte mechanische Einwirkungen die stofflichen und physikalischen Eigenschaften der zu bearbeitenden Stoffsysteme, wie z. B. die Korngrößen-Verteilungsfunktion, Teilchengröße oder auch Teilchenform und davon abhängige physikalische und strukturelle Eigenschaften der Stoffe, so verändert, daß diese in anschließenden Prozeßstufen oder als Fertigprodukt weiterverarbeitet werden können.

## 2.1. Ziel der Zerkleinerung und Klassierung

Die Zerkleinerung dient dem Zerteilen von Feststoffen in Teilstücke, wobei immer eine Vergrößerung der spezifischen Oberfläche des zu zerkleinernden Gutes bzw. eine Verringerung der Korngrößen und eine Veränderung ihrer Verteilung erfolgt. Dabei müssen die Bildungskräfte im Inneren der zu zerkleinernden Körper an den Bruchflächen überwunden werden. Für die technische Zerkleinerung ist charakteristisch, daß nicht einzelne Teile, sondern Körnerkollektive zerkleinert werden.

Zerkleinerungsprozesse sind in vielen Industriezweigen notwendig, da sie bei den meisten Aufbereitungsverfahren die Grundlage für weitere Prozeßstufen darstellen. Dies trifft nicht nur für die Aufbereitung fester mineralischer Rohstoffe (Erze, Salze, Steine und Erden, feste Brennstoffe), sondern auch auf Zwischen- und Fertigprodukte in der Baustoffindustrie, der chemischen, keramischen und Nahrungsmittelindustrie u. a. zu. Mit Zerkleinerungsprozessen werden je nach Weiterverarbeitung des zerkleinerten Gutes folgende Ziele verfolgt [1, 2]:

- Herstellung bestimmter Korngrößen- und Kornformverteilungen (Schotter und Splitt)
- Herstellung bestimmter spezifischer Oberflächen (Zement)
- Aufschließen von Wertstoffen (Freilegung der Wertstoffminerale aus ihrer Verwachsung bei Erzen)
- physikalische oder chemische Stoffänderungen (Beeinflussung des Reaktionsverhaltens von Stoffen durch hohe mechanische Beanspruchung)

Im Ergebnis der Zerkleinerung werden neben der Erhöhung des Dispersitätsgrades auch Schüttdichte, Fließfähigkeit, Mischbarkeit, Entmischungshemmung, Schwebefähigkeit, Benetzungsfähigkeit, Reaktions- und Lösefähigkeit, Oberflächenaktivität, Flüssigkeitsaufnahmevermögen, Stoff- und Wärmeaustausch, optische Eigenschaften, Färbevermögen, Haftfähigkeit usw. beeinflußt, die bei der weiteren Verarbeitung von Bedeutung sein können [3, 4, 5].

Durch Klassierprozesse erfolgt eine Trennung in Fraktionen unterschiedlicher Korngrößen- bzw. vereinzelt auch Kornformbereiche. Als Ergebnis jedes Klassiervorganges werden zwei Kornfraktionen bzw. Teilmassen erhalten, die sich durch ihre Korngrößenverteilung voneinander unterscheiden.

Die Trennung in Korngrößenklassen erfolgt nach geometrischen Abmessungen der einzelnen Bestandteile des Korngemisches auf Trennflächen (Siebklassierung für Trennkorngrößen $d_T > 0{,}0315$ bis 1 mm) bzw. nach der Sinkgeschwindigkeit der Teilchen in zähen Medien (Stromklassierung für $d_T < 0{,}1$ bis 1 mm).

Bei der technischen Realisierung von Zerkleinerungs- und Klassierprozessen sind meist Kombinationen mehrerer Zerkleinerungs- und Klassiermaschinen erforderlich. Dabei ist die Auswahl der jeweiligen Maschinen stets vom Ziel der Aufbereitung bzw. Verarbeitung und den Eigenschaften der zu bearbeitenden Stoffe sowie zugrunde gelegter technisch-ökonomischer Kennziffern abhängig.

## 2.2. Eigenschaften körniger Stoffe und ihre Kennzeichnung

Die durch mechanische Aufbereitungsprozesse zu bearbeitenden Rohstoffe bzw. Zwischenprodukte sind polydispers und stellen ebenso wie deren Produkte Kollektive einer Vielzahl von Körnern unterschiedlicher Größe und Form dar. Monodisperse Stoffsysteme, deren Korngrößen und Kornform annähernd gleichgesetzt werden können, treten bei Aufbereitungsprozessen nicht bzw. nur in Sonderfällen auf.
Da die Produkteigenschaften grobdisperser Stoffsysteme stark vom granulometrischen Zustand abhängen und von den eingesetzten Maschinen beeinflußt werden, müssen die *Dispersitätsgrößen* und ihre Verteilungen im Produktionsprozeß zur Qualitätsüberwachung und -sicherung ermittelt werden. Bei der Erfassung von Dispersitätsgrößen, wie der Korngröße und -form und ihrer Verteilung, können je nach Meßprinzip folgende Eigenschaften der Körner oder Körnerkollektive gemessen werden [1, 2]:

- charakteristische Längen
- Oberfläche oder Projektionsfläche
- Volumen oder Masse
- Sinkgeschwindigkeit in einem Fluid
- Streulichtintensität
- Widerstand im elektrischen Feld
- Schwächung der Strahlung bei radiometrischen und röntgenographischen Meßverfahren

Zur experimentellen Ermittlung des granulometrischen Zustandes von Körnerkollektiven sind zahlreiche Analysemethoden entwickelt worden, die sich unter Berücksichtigung des Meßprinzips bzw. der Meßwerterfassung in Verteilungsmethoden und integrale Methoden einteilen lassen. Während die Verteilungsmethoden die Ermittlung der Teilchengröße, -form oder -anzahl, Mengenanteile und Verteilungsfunktionen ermöglichen, nehmen die integralen Methoden eine Bewertung des granulometrischen Zustandes durch eine Kenngröße (z. B. spezifische Oberfläche) vor.
Die Entscheidung, nach welchem Meßprinzip eine *Körnungsanalyse* erfolgen soll, hängt im wesentlichen vom Meßbereich, von der geforderten Genauigkeit, den vertretbaren Kosten und den zulässigen Analysenzeiten ab. Die Bereitstellung gewünschter Kennwerte schließt neben der meßtechnischen Ermittlung und Auswertung von Dispersitätsgrößen die Entnahme und Vorbereitung repräsentativer Proben ein [4, 6, 7, 8, 9]. In Bild 2.1 sind die Meßbereiche von ausgewählten Meßverfahren zur *Korngrößenanalyse* dargestellt.
Im Produktionsprozeß müssen zur Qualitätssicherung und automatischen Prozeßführung, die wesentlich zur Erhöhung der Arbeitsproduktivität und zur Material- und Energieökonomie beitragen können, möglichst schnell Meßwerte zur Verfügung stehen, die Informationen über den Dispersitätszustand bzw. über damit im Zusammenhang stehende Produkteigenschaften enthalten. Dieser Forderung wird die On-line-Meßtechnik gerecht, die prozeßgekoppelt in kurzer Zeit möglichst automatisch die Produkteigenschaften charakterisiert [10, 11]. Während die Labormethoden zur Kennzeichnung des Dispersitätszustandes von Körnerkollektiven in letzter Zeit besonders durch verstärkten Einsatz der Mikroelektronik zur automatischen Auswertung der Ergebnisse einen hohen Stand erreicht haben, stehen Meßverfahren und die erforderliche Gerätetechnik für On-line-Messungen nur für wenige ausgewählte Produktionsaufgaben zur Verfügung [10, 11, 12, 13].
Die Darstellung der mit den unterschiedlichsten Analysenverfahren erhaltenen Ergebnisse erfolgt im allgemeinen graphisch. Bei *Korngrößenverteilungen* wird auf der Abszisse die Korngröße $d$ und auf der Ordinate die abhängige Variable, der zugehörige Mengenanteil, aufgetragen. Man unterscheidet bei diesen Darstellungen zwischen der *Korngrößen-Verteilungsfunktion* $H_r(d)$ und der *Korngrößen-Verteilungsdichte* $h_r(d)$.
Da bei der Aufstellung von $H_r(d)$ die Mengenanteile $\Delta H_r(d)$ für die einzelnen Korngrößenklassen $\Delta d_i$, bezogen auf das gesamte Prüfgut, bekannt sein müssen, werden die durch das jeweilige Meßverfahren ermittelten Teilmengen (z. B. Masse der Korngrößenklasse $m_i$) zweckmäßigerweise in einer Tabelle erfaßt und die relativen und kumulativen

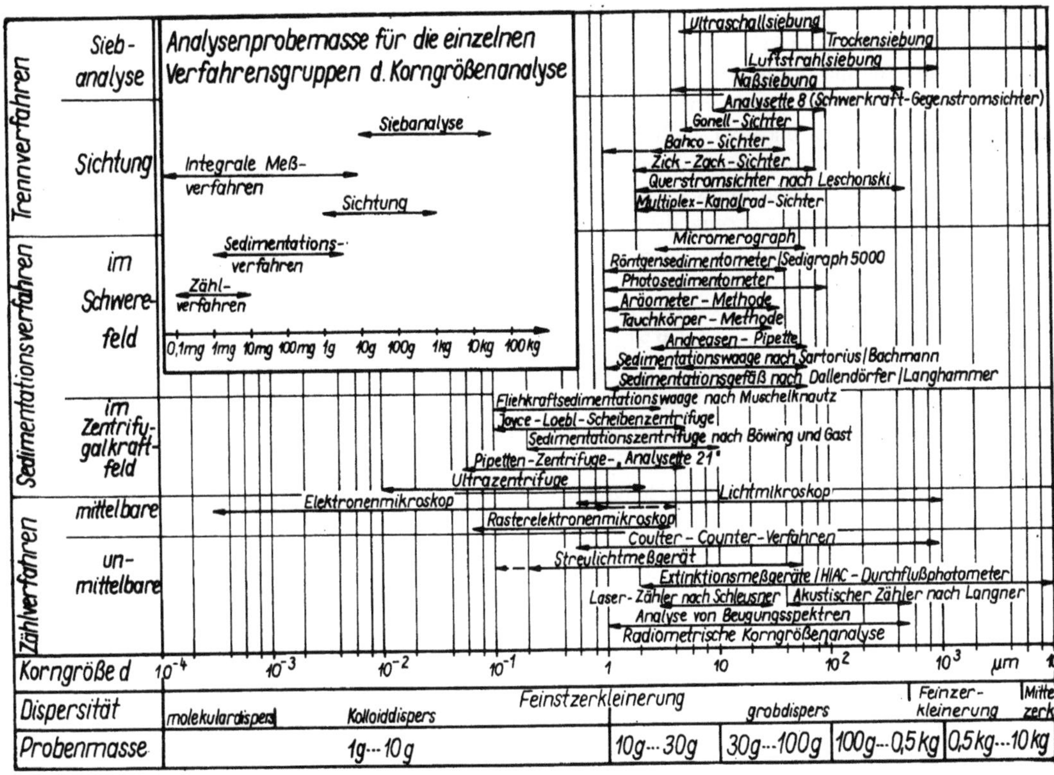


Bild 2.1. Meßbereiche der Verfahren zur Korngrößenanalyse und Orientierungswerte für die erforderliche Probemasse

Mengenanteile aller Partikeln, die größer oder kleiner als eine bestimmte Bezugsgröße $d$ sind, berechnet. Dabei ist zu beachten, daß die verwendete *Dispersitätsgröße* und *Mengenart* stets an die jeweilige Analysenmethode gebunden sind. Deshalb ist bei der Darstellung der Korngrößen-Verteilungsfunktion $H_r(d)$ und der Verteilungsdichte $h_r(d)$ stets die Mengenart, die mit dem Index r gekennzeichnet wird, anzugeben. Bei den üblichen Mengenarten wird unterschieden in Anzahl ($r = 0$); Länge $l$ ($r = 1$); Fläche $A$ ($r = 2$) und Volumen $V$ bzw. Masse ($r = 3$) [2]. So wird z. B. bei der Anwendung der Prüfsiebung die massenmäßige Verteilungsfunktion mit $H_3(d)$ angegeben, die immer auf die obere Klassengrenze bezogen wird und somit dem relativen *Durchgang* $D(d)$ auf einem Prüfsieb dieser Maschenweite entspricht. Das Komplement $(1 - H_3(d))$ wird dagegen auf die untere Klassen-

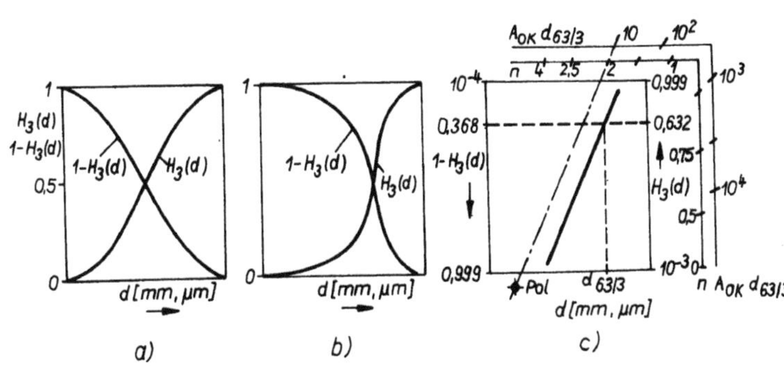


Bild 2.2. Darstellungsformen der Korngrößen-Verteilungsfunktion bei unterschiedlicher Netzteilung
*a*) linear – linear
*b*) linear – logarithmisch
*c*) doppellogarithmisch – logarithmisch (RRSB-Netz mit Randmaßstab für Verteilungsexponenten $n$ und $A_{oK}d_{63/3}$)

grenze bezogen und ergibt somit den relativen *Rückstand* $R(d)$ auf einem Prüfsieb entsprechender Maschenweite. In Bild 2.2 ist ein Beispiel für die graphische Darstellung der Korngrößen-Verteilungsfunktion $H_r(d)$ auf linearem, halblogarithmischem und RRSB-Netz (Abszisse logarithmisch und Ordinate doppelt logarithmisch) dargestellt. Für Produkte der Feinzerkleinerung, die meist eine Exponential-Potenzverteilung in der Form $R = 1 - H_3(d) = \exp - (d/d')^n$ nach *Rosin, Rammler, Sperling* und *Bennet* (*RRSB-Verteilung*) aufweisen, eignet sich vor allem das RRSB-Netz. Dafür stehen Funktionspapiere nach TGL 0-4190 zur Verfügung, die mittels eines Randmaßstabes auch eine rechnerisch-graphische Bestimmung der spezifischen Oberfläche in $cm^2 g^{-1}$ ermöglichen [1, 2, 8, 15]. Eine logarithmische Unterteilung der Abszisse hat den Vorteil, daß die technisch bedeutsamen Feinkornanteile deutlicher darstellbar sind.

Die *Korngrößen-Verteilungsdichte* ist nach Gl. (2.1) die Differentialkurve der Korngrößen-Verteilungsfunktion:

$$h_r(d) = dH_r(d)/dd = dD/dd = -dR/dd \tag{2.1}$$

Diese Kurve ergibt sich, indem man z. B. die mittels der Siebanalyse für die jeweiligen Korngrößenklassen $\Delta d_i$ ermittelten Teilmengenanteile $m_i$ nach Bild 2.3 als Flächen mit den Seitenlängen $m_i/\Delta d_i$ und

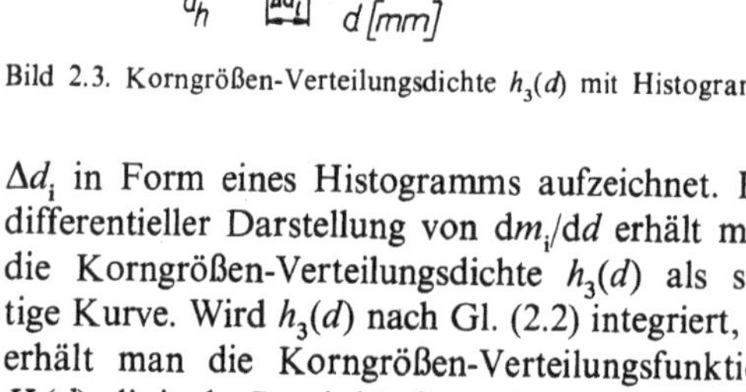


Bild 2.3. Korngrößen-Verteilungsdichte $h_3(d)$ mit Histogramm

$\Delta d_i$ in Form eines Histogramms aufzeichnet. Bei differentieller Darstellung von $dm_i/dd$ erhält man die Korngrößen-Verteilungsdichte $h_3(d)$ als stetige Kurve. Wird $h_3(d)$ nach Gl. (2.2) integriert, so erhält man die Korngrößen-Verteilungsfunktion $H_r(d)$, die in der Praxis häufig auch als Durchgangskennlinie $D$ bzw. das Komplement $(1 - H_3(d))$ als Rückstandskennlinie $R$ bezeichnet wird.

$$H_r(d) = \int_{d_{min}}^{d_{max}} h_r(d)\, dd \tag{2.2}$$

Da die Korngrößen-Verteilungsdichten meist von der Herstellungsart des Körnerkollektivs und damit von der Maschinenart und deren Einstellung sowie von der Kombination mit Klassiermaschinen abhängen, ergeben sich in der Praxis verschiedene *Verteilungstypen*. Deshalb werden zur mathematischen Beschreibung des granulometrischen Zustandes von Körnerkollektiven auch verschiedene *Verteilungsgesetze* verwendet. Für Zerkleinerungsprodukte sind vor allem die logarithmische Normalverteilung, Exponential-Potenzverteilung (RRSB-Verteilung) und die Potenzverteilung nach *Gates, Gaudin* und *Schuhmann* (GGS-Verteilung) geeignet [1, 2].

Zur Vereinfachung der Kennzeichnung des granulometrischen Zustandes von Körnerkollektiven wird meist eine charakteristische bzw. statistisch definierte Korngröße oder die *spezifische Oberfläche* verwendet. Je nach den Erfordernissen können z. B. die *maximale Korngröße* $d_{max}$, der *mittlere Korndurchmesser* $d_{m/r}$, der *Modalwert* $d_{h/r}$, der *Zentralwert* $d_{50/r}$ und der *Sauter-Durchmesser* $d_{ST}$ vereinbart werden [2].

Die Bestimmung von $d_{max}$ ist infolge seiner geringen Häufigkeit mit den üblichen Analysenmethoden problematisch. Es werden deshalb definierte Grenzwerte angegeben, die aus Korngrößen-Verteilungsfunktionen, wie $d_{80/r}$ bzw. $d_{95/r}$ entnommen werden können. Der Index gibt dabei den prozentualen Masseanteil des Korngemisches an, den die Teilchen unterhalb des Grenzdurchmessers repräsentieren. Als maximaler Korndurchmesser wird verschiedentlich auch $d_{max} = d_{99,9/r}$ genannt, der im RRSB-Netz als obere Integralgrenze gerade noch abgelesen werden kann. In den folgenden Kapiteln wird dafür für die maximale Korngröße des Aufgabegutes $d_A$ und für die maximale Korngröße des Fertiggutes $d_F$ verwendet.

$d_{m/r}$ ist das arithmetische Mittel aus der Korngrößen-Verteilungsdichte:

$$d_{m/r} = \int_{d_{min}}^{d_{max}} dh_r(d)\, dd \tag{2.3}$$

$d_{h/r}$ kennzeichnet nach Bild 2.3 die häufigste Korngröße eines Körnerkollektivs. Er kann direkt aus der Auftragung der Korngrößen-Verteilungsdichte übernommen werden.

$d_{50/r}$ gibt den *Teilchendurchmesser* an, bei dem sich die Teilchenmasse zu gleichen Teilen auf den Durchgang und Rückstand verteilt ($R = D = 50\%$).

$d_{ST}$ ist der Kugeldurchmesser eines monodispersen Stoffsystems, das ein gleiches Gesamtvolumen $V$ und die gleiche Gesamtoberfläche $A_{oK}$ wie das zu kennzeichnende polydisperse System besitzt ($d_{ST} = 6V/A_{oK}$). Dabei wird bei der Bestimmung von $d_{ST}$ vorausgesetzt, daß das zu charakterisierende Stoffsystem und das Vergleichssystem aus kugelförmigen Teilchen besteht. Das ist jedoch bei realen Körnerkollektiven nicht der Fall. Es muß deshalb noch ein Kornformfaktor $f$ eingeführt werden, mit dem sich der modifizierte Sauter-Durchmesser $d'_{ST} = fd_{ST}$ ergibt [2].

Zur Kennzeichnung des Dispersitätsgrades wird neben der Beschreibung der Korngrößen-Verteilungsfunktion und der Angabe charakteristischer Korngrößen verschiedentlich auch die masse- bzw. volumenbezogene Oberfläche benutzt. Diese hat vor allem bei feinstzerkleinerten Produkten Bedeutung, da viele Verfahrensgänge in der stoffverändernden Industrie sehr stark von der freien Oberfläche beeinflußt werden. Sie kann rechnerisch bzw. rechnerisch-graphisch aus den Ergebnissen der Korngrößenanalyse oder mittels Messung eines von der Oberfläche abhängigen physikalischen Effektes bestimmt werden. Da bei den bekannten Meßverfahren die Poren- und Oberflächenrauhigkeit unterschiedliche Berücksichtigung finden, können die nach verschiedenen Verfahren gewonnenen Meßwerte nicht unmittelbar miteinander verglichen werden. Die experimentelle Bestimmung der spezifischen Oberfläche $A_o$ in $cm^2\,g^{-1}$ bzw. $m^2\,g^{-1}$ kann nach dem *Permeabilitätsverfahren* nach *Blaine*, dem *Adsorptionsverfahren* (BET) oder mittels optischer Verfahren erfolgen. In der Praxis wird für Betriebsmessungen meist das Permeabilitätsverfahren und für wissenschaftliche Untersuchungen das Adsorptionsverfahren eingesetzt.

# 3 Gesichtspunkte zur Entwicklung, Konstruktion und zum Betrieb von Zerkleinerungs- und Klassiermaschinen

Die Arbeitsorgane und Prozeßräume von Zerkleinerungs- und Klassiermaschinen haben in der Regel große Kräfte zu übertragen und unterliegen vor allem bei der Aufbereitung fester mineralischer Rohstoffe und deren Zwischenprodukte einem hohen Verschleiß. Um eine hohe Zuverlässigkeit und die geforderte Verfügbarkeit gewährleisten zu können, müssen bei der Konstruktion und beim Betrieb folgende Gesichtspunkte beachtet werden:

- physikalische und chemische Beschaffenheit des aufzubereitenden Gutes (Korngrößenverteilung, maximale Korngröße, Festigkeit, Härte, Feuchtigkeit, Staubbildung)
- aufbereitungstechnische Zielstellung (gewünschter Dispersitätsgrad, Kornfraktionen, Endfeuchtigkeit)
- Durchsatz bei festgelegtem Dispersitätsgrad
- Antriebsmöglichkeit und Energiezuführung
- geringer spezifischer Arbeitsbedarf bei günstigstem spezifischem Durchsatz
- geringe Konstruktionsmasse bzw. Verringerung des Materialaufwandes durch günstige Gestaltungsprinzipien
- Baukastenprinzip durch Sicherung einer rationellen Fertigung, Montage und Instandhaltung
- geringer Raum- und Flächenbedarf
- geringer spezifischer Verschleiß und leichte Wechselbarkeit der Verschleißteile, besonders an den Arbeitsorganen
- hohe Lebensdauer und Verbesserung der Zuverlässigkeit
- robuste Betriebsweise und Überlastschutz
- Sicherung geringer spezifischer Kosten
- Einhaltung der gesetzlichen Arbeits- und Umweltschutzbestimmungen
- gute technologische Variabilität durch gute Regelbarkeit
- Sicherung einer stabilen Betriebsweise auch bei Schwankungen in der Prozeßführung
- Schaffung von automatisierungsfreundlichen Konstruktionen mit leichter und übersichtlicher Bedienung
- Transportmöglichkeiten der Ausrüstungen durch Straßenfahrzeuge, Eisenbahn und Schiffe

Aufgrund vielfältiger stofflicher, verfahrens- und maschinentechnischer Einflußfaktoren, die meist statistisch verteilte Merkmale aufweisen, gibt es gegenwärtig noch keine genügend gesicherten Ergebnisse zur theoretischen Berechnung von Zerkleinerungs- und Klassierprozessen bzw. der dazu erforderlichen Maschinen. Deshalb muß sich der Konstrukteur noch häufig bei der Ermittlung des Leistungsbedarfes, des Durchsatzes und der Kräfte auf empirische Beziehungen oder experimentelle Untersuchungen stützen.

## 3.1. Methoden zur Berechnung und Konstruktion

Unter Berücksichtigung des jeweiligen Entwicklungsstandes können folgende Methoden angewendet werden: empirisches Vorgehen, Interpolation, Ähnlichkeitsmechanik und mathematische Modellierung. In der genannten Reihenfolge nimmt die Genauigkeit der zu erwartenden Lösung zu, da sich die bei der Berechnung zu treffenden Annahmen in steigendem Maße mit den tatsächlichen Vorgängen in Übereinstimmung befinden. Der vorhandene Erkenntnisstand sowie der Charakter und Schwierigkeitsgrad der zu berechnenden und zu konstruierenden Maschine sind in der Regel die bestimmenden Faktoren für die Wahl einer der oben genannten Methoden.

**Empirisches Vorgehen:** Wenn für das Untersuchungsobjekt noch keinerlei Gesetzmäßigkeiten bekannt sind und keine vergleichbare Maschine gebaut wurde, werden empirisch ermittelte Werte zur weiteren Berechnung und Dimensionierung verwendet. Die Wahrscheinlichkeit, eine richtige und zugleich optimale Lösung zu erhalten, ist sehr gering. Eine Übertragung empirisch gefundener Werte auf andere Größenverhältnisse ist, solange keine Gesetzmäßigkeiten bekannt sind, nicht vertretbar. Um Fehlentwicklungen zu vermeiden, müssen die für die Erstentwicklung einer Produktionsmaschine notwendigen Parameter und Einflußfaktoren erforscht werden.

**Interpolation:** Liegen von mindestens zwei geometrisch ähnlichen Maschinen hinreichend gesicherte Parameter bzw. technisch-ökonomische Kennwerte vor, so können diese durch Interpolation zur Ermittlung und Festlegung von Kennwerten und geometrischen Abmessungen für weitere Maschinen verwendet werden. Die Interpolation bzw. Extrapolation erfolgt dann zwar in Abhängigkeit der zugrunde liegenden Gesetzmäßigkeiten. Diese Methode stützt sich dabei auf die Annahme, daß zwischen den bekannten Parametern im Kurvenverlauf keine Unstetigkeiten vorhanden sind, die sich aus nicht bekannten, aber zugrunde liegenden Gesetzen oder aus technisch-physikalischen Bedingungen der Maschine selbst ergeben (z. B. Resonanzbereiche der Siebmaschinen oder Schwingmühlen).

Soll z. B. eine Baureihe geometrisch ähnlicher Mühlen erweitert werden, so untersucht man zunächst die auf den Leistungsbedarf $P$ und den Durchsatz $\dot{m}$ in Abhängigkeit charakteristischer Maschinenabmessungen oder Grundmaße $X$ wirkenden Einflußfaktoren. In Bild 3.1 sind solche Beziehungen unter Berücksichtigung von Betriebsergebnissen im logarithmischen Netz als Geraden dargestellt. Die dabei für $P$, $\dot{m}$ und $m_M$ erhaltenen Potenzfunktionen haben die Form

$$Y = aX^m \qquad (3.1)$$

und können nach dieser Methode zur Auslegung geometrisch ähnlicher Maschinen zugrunde gelegt werden. In (3.1) stellt $a$ eine maschinenabhängige Konstante ($a = Y(X = 1)$) und $X$ eine charakteristische Abmessung (Durchmesser, Länge) bzw.

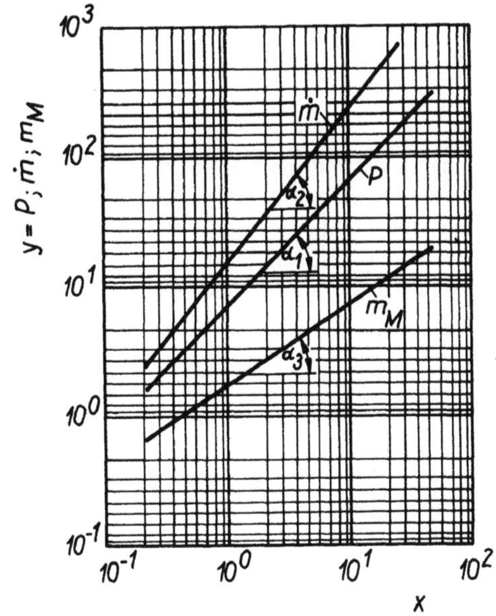


Bild 3.1. Leistungsbedarf $P$, Durchsatz $\dot{m}$ und Maschinenmasse $m_M$ bei geometrisch ähnlichen Maschinen in Abhängigkeit einer charakteristischen Grundgröße $X$

eine Fläche (z. B. Trennfläche einer Siebmaschine) oder das Prozeßraumvolumen dar. Der Exponent $m = \tan \alpha$ entspricht dem Steigungswinkel der Geraden im logarithmischen Netz. Die nach dieser Methode ermittelten Potenzfunktionen haben keinen Anspruch auf eine wissenschaftlich begründete Theorie, eignen sich aber zur Auslegung geometrisch ähnlicher Maschinen sowie zur überschläglichen Berechnung des *Leistungsbedarfes* $P$, des *Durchsatzes* $\dot{m}$, der Maschinenmasse $m_M$ usw. unter ähnlichen Bedingungen.

**Ähnlichkeitsmechanik-Modellgesetze:** Liegen für die in einer Maschine ablaufenden Prozesse noch keine mathematischen Modelle vor, so erweist sich die *Ähnlichkeitsmechanik* und dabei besonders eine Anwendungsform, die Modelltheorie, als nützliches Hilfsmittel zur Dimensionierung geometrisch ähnlicher Maschinen. Dabei müssen Modellversuche durchgeführt werden, die für spezielle Fälle unter der Voraussetzung geometrischer Ähnlichkeit der zu vergleichenden Maschinen zu *Modellgesetzen* führen. Voraussetzung ist, daß zwischen den physikalischen Einflußgrößen des Systems eine funktionale Beziehung besteht und dimensionslose Kennzahlen ermittelt werden können.

Bei *vollständiger Ähnlichkeit* müssen alle für den Vorgang zutreffenden Kennzahlen bzw. deren Kombinationen einen konstanten Wert aufweisen. Das kann jedoch nur in den wenigsten Fällen mit vertretbarem Aufwand erreicht werden. Man begnügt sich daher meist mit einer partiellen Ähnlichkeit, indem nur die wichtigsten Verhältnisse und Teilvorgänge, die für die Maschine oder den Prozeß charakteristisch sind, vom Modell auf die Großausführung übertragen werden. Die Genauigkeit wird dadurch verringert.

Neben der Bedingung, daß zwischen den physikalischen Einflußgrößen eines Systems eine funktionale Beziehung besteht, müssen bei Anwendung der Ähnlichkeitsmechanik das $\pi$-Theorem von *Buckingham*, das Guchmannsche Theorem und die Invarianzbedingung erfüllt sein [17].

Das *$\pi$-Theorem von Buckingham* besagt, daß ein Vorgang durch $n$ notwendige physikalische Größen oder unter bestimmten Voraussetzungen durch $s$ sog. »dimensionslose Kennzahlen« beschrieben werden kann. Diese stellen dimensionslose Potenzprodukte der $n$ notwendigen physikalischen Größen dar und sind im allgemeinen kleiner als $n$.

Das *Guchmannsche Theorem* setzt voraus, daß jede Exponentengröße für ähnliche Phänomene den gleichen Wert besitzen muß. Diese Bedingungen, die zur Lösung des Grundgleichungssystems führen, müssen durch Ähnlichkeitstransformation aller in den Bedingungen erhaltenen Größen in das Ziel-Gleichungssystem überführt werden.

Die *Invarianzbedingung* erfordert bei einer Ähnlichkeitsbetrachtung die Verwendung kohärenter Maßsysteme, die gegen einen beliebigen Wechsel der Grundeinheiten invariant (unveränderlich im Zahlenwert und in der Aussage) sind. Nur so kann gewährleistet werden, daß die gebildeten Kennzahlen hinsichtlich jeder Grundgrößenart (Länge, Masse, Zeit, Kraft, Temperatur usw.) dimensionslos sind. In diesem Zusammenhang muß eine Funktion so aufgebaut sein, daß eine Ähnlichkeitstransformation der einzelnen Variablen zu einer Ähnlichkeitstransformation der Funktion als Ganzes führt. Die *dimensionslosen Kennzahlen* werden über die Ermittlung der voneinander abhängigen und unabhängigen Einflußgrößen aufgestellt. Dabei ergeben sich aus der physikalischen Durchdringung der Prozesse mit den zu beachtenden Randbedingungen alle wesentlichen voneinander abhängigen Einflußgrößen. Ist eine physikalische Durchdringung des zu modellierenden Prozesses ohne Erfolg, so besteht für die Anwendung der Ähnlichkeitsmechanik keine Berechtigung. Bei der Ermittlung der voneinander unabhängigen dimensionslosen Kennzahlen können als Methoden das systematische Probieren, die Anwendung der Cramerschen Regel, die Auswahl von Leitgrößen und die Ableitung aus Differential- oder Bilanzgleichungen eines Systems angewendet werden.

Die in der Ähnlichkeitsmechanik üblichen dimensionslosen Größen sind Verhältnisse physikalischer Grundgrößen und werden wie folgt bezeichnet: *geometrische Ähnlichkeit* $\lambda$, *zeitliche Ähnlichkeit* $\tau$, *Ähnlichkeit der Kräfte* $\varkappa$, *thermische Ähnlichkeit* $\vartheta$, *elektrische Ähnlichkeit* $\varepsilon$. Je nach dem Charakter des Problems sind meist mehrere dieser Verhältnisse für die Modellbetrachtung bestimmend, und zwar bei kinematischer Ähnlichkeit $\lambda$, $\tau$, statischer Ähnlichkeit $\varkappa$, $\lambda$, dynamischer Ähnlichkeit $\varkappa$, $\lambda$, $\tau$, thermischer Ähnlichkeit $\vartheta$, $\varkappa$, $\lambda$, $\tau$, thermodynamischer Ähnlichkeit $\vartheta$, $\varkappa$, $\lambda$, $\tau$, thermoelektrischer Ähnlichkeit $\varepsilon$, $\vartheta$, $\lambda$, $\tau$.

Werden z. B. $\lambda$, $\varkappa$ und $\tau$ als Verhältnisse der jeweiligen Grundgrößen der Haupt- und Modellausführung dargestellt, so ergeben sich folgende Beziehungen:

$$\lambda = l_H/l_M\,; \quad \varkappa = F_H/F_M\,; \quad \tau = t_H/t_M \tag{3.2}$$

■ *Anwendung der Modelluntersuchung auf Maschinen mit Druckbeanspruchung im Arbeitsraum*: Bei der Zerkleinerung durch Druckbeanspruchung geht dem Bruch eine elastische Verformung des zu zerkleinernden Gutes voraus. Bei spröden Materialien folgt der Kraftanstieg bis zum Bruch angenähert dem Hookeschen Gesetz. Damit kann dieses mit ausreichender Genauigkeit den Modellbetrachtungen zugrunde gelegt werden.

$$\varepsilon = \sigma/E = F/AE = \Delta l/l \tag{3.3}$$

Unter der Annahme, daß die zum Bruch des im Arbeitsraum befindlichen Gutes notwendige Druckspannung $\sigma$ sowie der Elastizitätsmodul $E$ in der Haupt- und Modellausführung gleich sind, gilt mit $A \sim l^2$ (3.4):

$$F_H/F_M = (l_H/l_M)^2 \quad \text{oder} \quad \varkappa = \lambda^2 \tag{3.4}$$

Diese Gleichung stellt die grundlegende Modellbeziehung bei voller Gültigkeit des Hookeschen Ge-

setzes dar. Sie besagt, daß das Verhältnis der Kraftwirkungen proportional dem Verhältnis der senkrecht zu den Kräften stehenden belasteten Flächen ist.
Bei *Scherbeanspruchung* wird in (3.3) an Stelle der Druckspannung $\sigma = F/A$ die Scherspannung $\tau = F\mu/A$ eingesetzt. Da bei ähnlichen Arbeitsorganen und Zerkleinerungsbedingungen $\mu$ = konstant angenommen werden kann, gilt die gleiche Modellbeziehung wie bei Druckbeanspruchung.

■ *Anwendung der Modelluntersuchung auf Maschinen mit Schlagbeanspruchung*: Beim Aufschlagen eines Hammers mit der Masse $m$ und der Geschwindigkeit $v$ auf ein Mahlgutkorn tritt längs des Verformungsweges $\Delta l$ eine Kraftwirkung nach (3.5) auf.

$$F = mv^2/2\,\Delta l \tag{3.5}$$

Damit erhält man an der Berührungsfläche folgende Druckspannung:

$$\sigma = mv^2/2\,\Delta l A \tag{3.6}$$

Wird in (3.6) die elastische Verformung des Kornes $\Delta l = \sigma_B l/E$ eingesetzt und $A \sim l^2$ angenommen, so ergibt sich:

$$m_H v_H^2 E_H/\sigma_{BH}^2 l_H^3 = m_M v_M^2 E_M/\sigma_{BM}^2/l_M^3 \tag{3.7}$$

Mit der Dichte des Hammers $\varrho \sim m/l^3$ folgt aus (3.7):

$$v_H/v_M = (\sigma_{BH}/\sigma_{BM})\sqrt{E_M\varrho_M/E_H\varrho_H} \tag{3.8}$$

Für Zerkleinerungsprodukte mit gleichbleibenden Stoffkennwerten $\sigma$ und $E$ sowie bei konstanter Hammerdichte $\varrho$ in der Modell- und Hauptausführung wird dann $v_H/v_M = 1$. Das bedeutet, daß die Bewegungsgeschwindigkeit der Hämmer, die zum Erreichen der Bruchspannung nötig ist, unabhängig von den Größen der Maschinen gleich sein muß. Wird für die Kraftwirkung nach (3.5) ebenfalls eine dimensionslose Schreibweise benutzt, so erhält man mit $m \sim \varrho l^3$, $v_H/v_M = 1$ und $\varrho_H/\varrho_M = 1$ mit $\varkappa = \lambda^2$ die gleiche Modellbeziehung wie bei der Druck- und Scherbeanspruchung. Weitere Modellbeziehungen, wie für den Leistungsbedarf $P$, Durchsatz $\dot{m}$ und spezifischen Arbeitsbedarf $W_0$, werden bei der Behandlung einzelner Maschinengruppen im Kapitel 4. und 5. behandelt.

Bei der Anwendung der Ähnlichkeitsmechanik sind folgende Grenzen zu beachten:

— Aus der Ähnlichkeitsanalyse läßt sich ein funktionaler Zusammenhang zwischen den dimensionslosen Einflußgrößen allgemein nicht herleiten, denn man kann im Ergebnis einer Analyse nie mehr erwarten, als an Voraussetzungen in die Analyse aufgenommen wurde.
— Ohne vorausgehende gründliche Kenntnisse über den physikalischen Ablauf eines Prozesses ist eine erfolgversprechende Ähnlichkeitsanalyse nicht gewährleistet.
— In den meisten Fällen ist nur eine partielle Ähnlichkeit möglich. Die vollständige Ähnlichkeit kann bei den meisten komplexen Problemen nicht erreicht werden. Entweder ergeben sich einander widersprechende Ergebnisse oder man gerät in Bereiche des technisch Unmöglichen. Müssen bei einer Modelluntersuchung gleichzeitig mehrere Modellgesetze erfüllt werden, so ist für die Wahl der Maßstäbe $\lambda$, $\tau$, $\varkappa$ usw. die Bedingung $f = n - m$ zu erfüllen, wobei $m$ die Anzahl der zu erfüllenden Modellgesetze, $n$ die Anzahl der Maßstäbe und $f$ die Anzahl der frei wählbaren Maßstäbe bedeuten.

*Modelluntersuchungen* sind zur Auslegung von Zerkleinerungsmaschinen gut geeignet, wenn man zur Ermittlung der günstigsten Parameter eine geometrisch ähnliche Maschine mit guter Regelbarkeit unter ähnlichen Zerkleinerungsbedingungen verwendet. Da bei einer Reihe von Zerkleinerungsmaschinen auch strömungstechnische Einflüsse beachtet werden müssen, sind dafür entsprechende Modellgesetze aufzustellen. Eine Anwendung der Ähnlichkeitsmechanik auf den Zerkleinerungsprozeß selbst ist nicht möglich, da in der Modell- und Hauptausführung bei unterschiedlichen Korngrößenverteilungen des Aufgabegutes z. B. die Kornfestigkeit $\sigma$ und der Elastizitätsmodul $E$ nicht konstant sind. Diese sind korngrößenabhängig und weisen wie die Kornverteilungen statistisch verteilte Merkmale auf. Da sich im Zerkleinerungsprozeß bei kleiner werdenden Korngrößen die Fehlstellen (Mikrorisse) im Korn verringern, werden die Festigkeit und der Elastizitätsmodul mit ababnehmender Korngröße stets größer. Deshalb sind bei der Zerkleinerung mit wachsendem Dispersitätsgrad auch größere spezifische Energieaufwendungen notwendig.

**Mathematische Modellierung:** Die Dimensionierung von Zerkleinerungs- und Klassiermaschinen mit Hilfe *mathematischer Modelle* setzt voraus, daß die theoretischen Grundlagen für die in den Arbeitsräumen ablaufenden Prozesse ebenso bekannt sind wie die Größe der Bereiche, in denen die Modelle Gültigkeit besitzen. Ziel der mathematischen Modellierung ist es, mit Hilfe bekannter theoretischer Grundlagen einen qualitativen Zusammenhang der bestimmenden Größen mit einem oder mehreren Gleichungssystemen zu schaffen. Die damit erhaltenen Gleichungen bzw. Gleichungssysteme sind wichtige Voraussetzungen für die Auslegung von Maschinen und Anlagen, verfahrenstechnische Prozeßführung sowie Optimierung und Automatisierung von Prozessen. Deshalb muß die Prozeß-, Maschinen- und Anlagenmodellierung stets als Einheit betrachtet werden, auch wenn für den Prozeß, die Maschine oder Anlage verschiedentlich unterschiedliche Zielstellungen verfolgt werden. Zur mathematischen Modellierung sind umfangreiche Veröffentlichungen erschienen, aus denen vor allem prozeßkinetische Modelle für Mahlprozesse und Regressionsmodelle für Brechprozesse hervorgehen [1, 2, 60 bis 68, 507, 508]. Bei der Aufstellung derartiger Modelle ist Voraussetzung, daß sich die beim Zerkleinerungsprozeß vollziehenden Veränderungen der Korngrößenzusammensetzung im Arbeitsraum in Abhängigkeit der Zeit darstellen lassen. Dafür werden *Auswahl-* und *Bruchfunktionen* verwendet und bei kontinuierlichen Prozessen zusätzlich der Transportprozeß und damit die Ortsabhängigkeit der Zerkleinerungsvorgänge berücksichtigt. Eine weitere Möglichkeit zur Aufstellung von Modellen für Zerkleinerungs-, insbesondere Brechprozesse besteht darin, daß die abhängigen und unabhängigen Variablen, ohne die Prozeßkinetik zu berücksichtigen, in Form von Regressionsmodellen untereinander verknüpft werden [67, 68, 69].
Allgemein läßt sich ein *mathematisches Modell* wie folgt schreiben:

$$F_j(X_i) = 0 \qquad (3.9)$$

($j = 1, \dots, m$ Anzahl der Gleichungen; $i = 1, \dots, n$ Anzahl der Variablen)

Da mit entsprechenden Modellen optimale Varianten ermittelt werden sollen, ist die Aufstellung einer Optimierungsgröße $Z$, die einen funktionalen Zusammenhang mit den Variablen $X_i$ besitzt, notwendig:

$$Z = f(X_i) \qquad (3.10)$$

Bei der mittels (3.10) berechneten optimalen Variante, z. B. minimale Maschinenmasse bei maximalem Durchsatz, muß als Nebenbedingung (3.9) erfüllt bleiben.
Der mathematischen Modellierung muß wegen der erreichbaren Genauigkeit und der guten Übereinstimmung mit den tatsächlich auftretenden Vorgängen eine wachsende Aufmerksamkeit geschenkt werden, auch wenn gegenwärtig die in den Prozeßräumen von Zerkleinerungs- und Klassiermaschinen ablaufenden Mikro- und Makroprozesse noch nicht mit befriedigender Genauigkeit beschrieben werden können.

## 3.2. Technisch-ökonomische Kennwerte

Für die Beurteilung und den Vergleich von Zerkleinerungs- und Klassiermaschinen werden *technisch-ökonomische Kennwerte* benötigt, die u. a. auch zur überschläglichen Dimensionierung, für Entwurfsarbeiten und für Maschinenvergleiche verwendet werden können.

**Durchsatz:** Für eine kontinuierlich arbeitende Maschine wird der Durchsatz $\dot{m}$ oder $\dot{V}$ bei stationärem Betrieb als die je Zeiteinheit verarbeitete Materialmenge definiert und in Masse- oder Volumeneinheiten je Zeiteinheit ($\mathrm{t\,h^{-1}}$ oder $\mathrm{m^3\,h^{-1}}$) angegeben.

$$\dot{m} = m/t \quad \text{oder} \quad \dot{V} = V/t \qquad (3.11)$$

Ein stationärer Betriebszustand ist vorhanden, wenn die je Zeiteinheit zugeführte Aufgabegutmenge $\dot{m}_A$ der aus dem Prozeßraum ausgetragenen Gutmenge $\dot{m}_F$ entspricht. Bei $\dot{m}_A \neq \dot{m}_F$ ist instationärer Betrieb vorhanden, der bei $\dot{m}_F < \dot{m}_A$ nach einer gewissen Zeit zur Verstopfung führen kann. Bei Chargenbetrieb bzw. diskontinuierlicher Arbeitsweise wird $\dot{m}_d$ oder $\dot{V}_d$ als Quotient aus der Chargenmasse $m_d$ oder dem Chargenvolumen $\dot{V}_d$ und der für einen Aufbereitungsvorgang erforderlichen Zeit $t_d$ oder aus dem Produkt einer Chargenfüllung und -zahl $Z$ je Zeiteinheit gebildet. $t_d$ setzt sich dabei aus der Dosier-, Aufbereitungs- und Entleerzeit, einschließlich erforderlicher Nebenzeiten, zusammen.

$$\dot{m}_d = m_d/t_d = m_d z \quad \text{oder}$$

$$\dot{V} = V_d/t_d = V_d z \tag{3.12}$$

Da bei Zerkleinerungs- und Klassierprozessen disperse Stoffsysteme bearbeitet werden und sich dabei die Dispersitätsgrade verändern, muß bei der Berechnung der Gutmasse $m = V\varrho$ stets die von der Kornzusammensetzung und Packungsdichte abhängige Dichte berücksichtigt werden. Für eine Überschlagsrechnung können bei einer Reindichte $\varrho$ für gebrochene Produkte $\varrho_{Gebr.} \approx 0{,}67\varrho$ und für feinzerkleinerte Produkte $\varrho_{Gam.} \approx 0{,}5\varrho$ verwendet werden.

In der Aufbereitungstechnik haben sich fast ausschließlich kontinuierlich arbeitende Ausrüstungen durchgesetzt, da diese wesentlich effektiver und kostengünstiger betrieben werden können als diskontinuierlich arbeitende Maschinen. Bei letztgenannten treten gegenüber kontinuierlicher Betriebsweise folgende zwei wesentliche Nachteile auf:

— Bei gleichem Durchsatz ist infolge großer Anlaufmomente eine größere Antriebsleistung zu installieren.
— Solche Maschinen werden stärker beansprucht, da bei jedem Arbeitsspiel erhöhte Belastungen in den bewegten Maschinenteilen durch Beschleunigungen und Verzögerungen auftreten.

**Leistungsbedarf:** Bei der Dimensionierung von Zerkleinerungs- und Klassiermaschinen wird der Leistungsbedarf $P$ für den stationären Betriebszustand an der Antriebskupplung der Maschine ermittelt. Das an dieser Stelle auftretende *Nennmoment* $M_n$ setzt sich aus einem durchsatzabhängigen und -unabhängigen (Leerlauf) Anteil zur Überwindung der Reibung in den Antriebs- und Lagerelementen $M_{RA}(\dot{m})$ und $M_{RL}$ sowie einem Anteil zur Überwindung der durchsatzabhängigen Kräfte im Arbeitsraum $M_{KA}(\dot{m})$ zusammen.

$$M_n = M_{RL} + M_{RA}(\dot{m}) + M_{KA}(\dot{m}) \tag{3.13}$$

Werden $M_{RA}(\dot{m})$ und $M_{KA}(\dot{m})$ zusammengefaßt, die im Betriebszustand ohnehin nicht getrennt gemessen werden können, so ergibt sich für $M_n$ und analog für den *mechanischen Leistungsbedarf* $P_{mech}$:

$$M_n = M_{RL} + M_A(\dot{m}) \tag{3.14}$$

$$P_{mech} = P_{RL} + P_A(\dot{m}) \tag{3.15}$$

Da $P_A(\dot{m})$ in Abhängigkeit des Durchsatzes und des Funktionsprinzips einer Maschine linear oder exponentiell (Bild 3.2) ansteigen kann, können für $P_{mech}$ auch folgende Beziehungen geschrieben werden:

$$P_{mech} = P_{RL} + a\dot{m} \quad \text{lineares Modell} \tag{3.16}$$

$$P_{mech} = P_{RL} + a\dot{m} + b\dot{m}^2 \quad \text{quadratisches Modell} \tag{3.17}$$

($a$, $b$ maschinen- und stoffabhängige Konstanten)

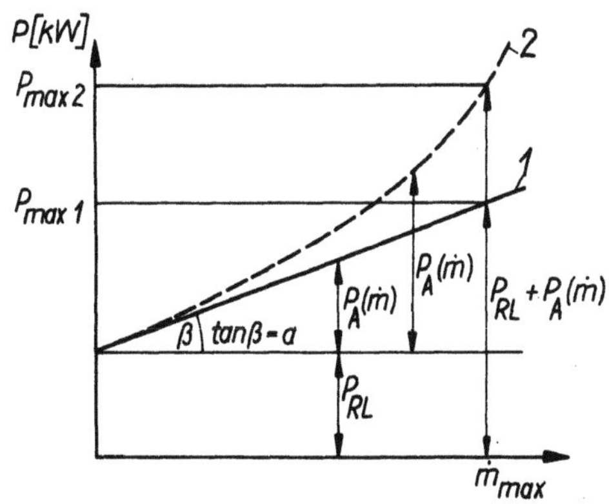


Bild 3.2. Leistungsbedarf $P$ in Abhängigkeit des Durchsatzes $\dot{m}$ oder $\dot{V}$

*1* lineares Modell; *2* quadratisches Modell

Für die Auswahl des Antriebsmotors wird $M_n$ für den maximalen Durchsatz $\dot{m}_{max}$ bei stationärem Betriebszustand zugrunde gelegt und der $M_n$ in der Typenreihe am nächsten liegende größere Motor mit entsprechender Drehzahl und Charakteristik festgelegt. Da vor allem bei verschiedenen Zerkleinerungsmaschinen beim Anfahren große Massen zu beschleunigen sind und sog. Losreißkräfte auftreten können, ist meistens auch der nicht stationäre

Betriebszustand des Anfahrens mit dem auftretenden *Anlaufmoment* zu überprüfen.

$$M_a = M_b + \varkappa M_n = (1{,}5 \ldots 1{,}8)\, M_n \qquad (3.18)$$

($\varkappa$ Faktor zur Berücksichtigung der *Losreißkräfte*, die durch Mischreibung, Verschmutzung, Verschleiß und durch Vergrößerung der Schmiermittelviskosität im Stillstand auftreten können; $M_b$ Beschleunigungsmoment)

**Spezifischer Arbeitsbedarf:** Bei der Ermittlung des spezifischen Arbeitsbedarfes $W_0$ besteht zwischen dem Leistungsbedarf und dem Durchsatz folgender Zusammenhang:

$$W_{0\dot{m}} = P(\dot{m})/\dot{m} \quad \text{oder} \quad W_{0\dot{V}} = P(\dot{V})/\dot{V} \qquad (3.19)$$

Unter Beachtung von (3.14) und (3.15) sind die Beziehungen (3.19) bei bekanntem $W_0$ und gegebenem Durchsatz $\dot{m}$ oder $\dot{V}$ zur überschläglichen Berechnung des Leistungsbedarfes $P$ verwendbar. Dabei ist zu berücksichtigen, wie und unter welchen Bedingungen $W_0$ ermittelt wurde (Betriebsmessungen auf der Basis des elektrischen Leistungsbedarfes $P_{el}$ oder Messung des Drehmomentes und der Drehzahl an der Antriebskupplung und anschließende Berechnung von $P_{mech}$). Da der zur Ermittlung des spezifischen Arbeitsbedarfes notwendige Leistungsbedarf vom Durchsatz abhängig ist, muß unter Betriebsbedingungen stets der günstigste Arbeitspunkt (Bild 3.3) angestrebt werden.

$$W_{0\dot{m}} = (P_{RL}/\dot{m}) + a \qquad \text{lineares Modell} \qquad (3.20)$$

$$W_{0\dot{m}} = (P_{RL}/\dot{m}) + a + b\dot{m} \qquad \text{quadratisches Modell} \qquad (3.21)$$

Bei der Ermittlung von $W_0$ nach (3.19) ist zu beachten, daß dabei nicht der Dispersitätsgrad des aufbereiteten Gutes, die Maschinenkonstruktion und der mechanische Wirkungsgrad der Maschine oder Anlage $\eta_{mech}$ bzw. der elektrische Wirkungsgrad $\eta_{el}$ berücksichtigt werden. Aus diesem Grund ist $W_{0\dot{m}}$ nur bei ähnlichen Zerkleinerungs- und Beanspruchungsbedingungen zur Berechnung von $P_{mech}$ oder $P_{el}$ und für Maschinenvergleiche verwendbar.

**Spezifische Oberflächenarbeit und Mahlbarkeit:** Die spezifische Oberflächenarbeit $W_{0A}$ berücksichtigt die beim Zerkleinerungsvorgang erzeugte spezifische Oberfläche $\Delta A_0$. Sie ist besser zur Beurteilung und zum Vergleich von Zerkleinerungsmaschinen geeignet als der spezifische Arbeitsbedarf $W_{0\dot{m}}$.

$$W_{0A} = P/\dot{m}\,\Delta A_0 = W_{0\dot{m}}/\Delta A_0 \quad \text{in J m}^{-2} \qquad (3.22)$$

$$\Delta A = A_{02} - A_{01}$$

$$\Delta A_0 \approx A_{02} \quad \text{bei} \quad A_{01} \ll A_{02}$$

($\Delta A_0$ Differenz der spezifischen Oberflächen des Aufgabe- und Fertiggutes)

Die Mahlbarkeit $M_0$ hängt von den physikalischen Eigenschaften und der chemischen Zusammensetzung des Zerkleinerungsgutes ab und kann selbst bei gleichnamigen Stoffen unterschiedlich sein. Sie wird vor allem durch die Zähigkeit des zu zerkleinernden Gutes beeinflußt und ist unabhängig vom Mahlverfahren um so besser, je weniger Wider-

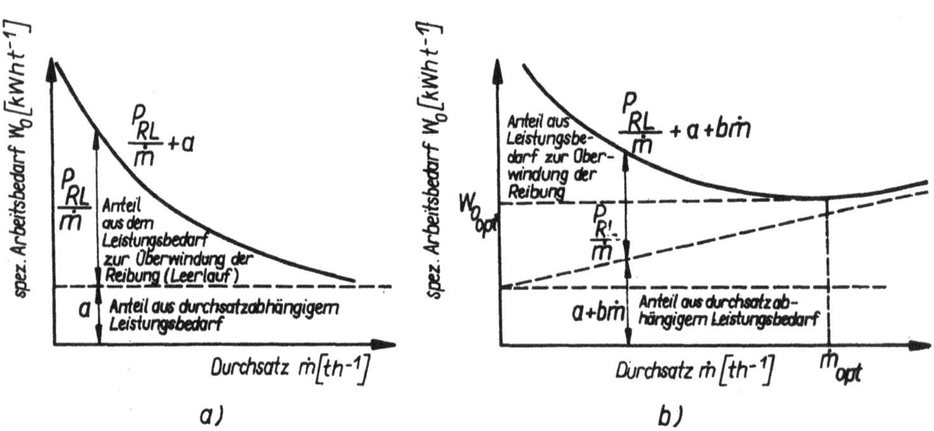


Bild 3.3. Spezifischer Arbeitsbedarf $W_0$ in Abhängigkeit vom Durchsatz $\dot{m}$
*a*) lineares Modell *b*) quadratisches Modell

stand das zu zerkleinernde Gut der Einwirkung der Arbeitsorgane entgegensetzt und je größer die bei der Beanspruchung erhaltene spezifische Oberfläche, bezogen auf die geleistete Arbeit, ist. Die *Mahlbarkeit* steht somit im umgekehrten Verhältnis zur spezifischen Oberflächenarbeit $W_o$, die verschiedentlich auch als *Mahlwiderstand* bezeichnet wird [17].

$$M_o = \Delta A_o / W_{o\dot{m}} \quad \text{in m}^2\,\text{J}^{-1} \tag{3.23}$$

Zur Bestimmung der Mahlbarkeit werden *Mahlbarkeitsprüfer*, z. B. nach *Hardgrove* [18] und *Zeisel* [19], bzw. Modellmühlen nach *Bond* u. a. [20, 21] eingesetzt. Die damit für verschiedene Stoffe erhaltenen Mahlbarkeitswerte $M_o$ sind vom Mahlprinzip abhängig und können nur verglichen und übertragen werden, wenn die zu untersuchenden Materialien eine gleiche granulometrische Zusammensetzung besitzen und bei der Übertragung der Ergebnisse auf technische Prozesse ähnliche Beanspruchungsbedingungen zugrunde liegen. Unter Mahlbarkeit wird verschiedentlich auch das Verhältnis von Durchsätzen angegeben, das sich aus dem Durchsatz für ein beliebiges Gut $\dot{m}_x$ und dem Durchsatz $\dot{m}_N$ eines Bezugsgutes, z. B. »Normalkohle«, bei ähnlichen Zerkleinerungsbedingungen, gleicher spezifischer Oberfläche und Mühle ergibt [22]:

$$M_{o\dot{m}} = \dot{m}_x / \dot{m}_N \tag{3.24}$$

**Spezifischer Leistungsbedarf, Durchsatz und Verschleiß:** Der spezifische Leistungsbedarf $P_o$ und der Durchsatz $\dot{m}_o$ stellen das Verhältnis von $P$ bzw. $\dot{m}$ zur Masse oder zu charakteristischen Größen einer Maschine oder Anlage dar und sind vor allem zur Einschätzung und zum Vergleich des spezifischen *Material- und Energiebedarfes* geeignet.

$$P_{oM} = P/m_M \quad \text{in kW}\,t_M^{-1}$$
$$P_{oL} = P/L_M \quad \text{in kW}\,m^{-1}$$
$$P_{oA} = P/A \quad \text{in kW}\,m^{-2}$$
$$P_{oV} = P/V \quad \text{in kW}\,m^{-3} \tag{3.25}$$

($L_M$ charakteristische Länge einer Maschine, z. B. Länge oder Durchmesser eines Arbeitsorganes oder des Arbeitsraumes; $A$ charakteristische Querschnittsfläche, z. B. Querschnittsfläche eines Arbeitsorganes oder erforderliche Aufstellungsfläche der Maschine; $V$ charakteristisches Volumen, z. B. Volumen des Arbeitsraumes oder der Maschine; $m_M$ Maschinenmasse)

$$\dot{m}_{oM} = \dot{m}/m_M \quad \text{in t}\,h^{-1}\,t_M^{-1}$$
$$\dot{m}_{oL} = \dot{m}/L_M \quad \text{in t}\,h^{-1}\,m^{-1}$$
$$\dot{m}_{oA} = \dot{m}/A \quad \text{in t}\,h^{-1}\,m^{-2}$$
$$\dot{m}_{oV} = \dot{m}/V \quad \text{in t}\,h^{-1}\,m^{-3} \tag{3.26}$$

Verschiedentlich werden auch der spezifische Masse-, Raum- und Flächenbedarf angegeben, die dem spezifischen Leistungsbedarf und spezifischen Durchsatz umgekehrt proportional sind.
Der spezifische Verschleiß $V_o$ ist der je Tonne verarbeitetes Gut bzw. auf eine Kilowattstunde bezogene Verschleiß an den Arbeitsorganen.
Dabei kann zwischen dem Netto- und Bruttoverschleiß unterschieden werden. Während beim Nettoverschleiß nur der effektive Materialverschleiß $m_V$ zu berücksichtigen ist, wird bei der Ermittlung des Bruttoverschleißes die gesamte Verschleißteilmasse zugrunde gelegt.

$$V_{o\dot{m}} = m_V/\dot{m}t \quad \text{in g}\,t^{-1} \quad \text{oder}$$
$$V_o = m_w/W \quad \text{in g kWh}^{-1} \tag{3.27}$$

**Spezifische Kosten:** Die spezifischen Kosten $K_o$ werden wesentlich von den eingesetzten Maschinen und deren Betriebsweise beeinflußt. Deshalb ist bei der Entwicklung von Maschinen und bei der Projektierung von Anlagen stets darauf zu achten, daß die Summe der *spezifischen Energie-, Instandhaltungs-, Abschreibungs-, Lohn- und Rationalisierungskosten* ein Minimum darstellen:

$$K_o = K_{oE} + K_{oI} + K_{oA} + K_{oL} + K_{oR} \quad \text{in M}\,t^{-1} \tag{3.28}$$

Da die Maschinenmasse $m_M$ auf die spezifischen Kosten einen großen Einfluß ausübt und für den Maschinenhersteller und -betreiber bedeutsam ist, müssen bereits bei der Konstruktion in dieser Hinsicht Optimierungsarbeiten durchgeführt werden. Für die einzelnen Kostenanteile ergeben sich im allgemeinen bei gleichen Arbeitsraumabmessungen folgende funktionale Zusammenhänge:

*Energiekosten* $K_{oE}$: $K_{oE}$ ist immer von den Energiekosten $E_K$ und dem spezifischen Arbeitsbedarf $W_o$, der wiederum von vielen Einflußfaktoren beeinflußt wird, abhängig. Werden aber z. B. ähnliche Zerkleinerungs- und Klassierbedingungen und ein geometrisch ähnlicher Arbeitsraum vorausgesetzt, so ist $K_{oE}$ in der Regel von der Maschinenmasse unabhängig.

$$K_{oE} = f(E_K, W_o) \quad \text{oder} \quad K_{oE} = k_E = \text{konst.} \tag{3.29}$$

*Instandhaltungskosten* $K_{oI}$: Sie werden vor allem vom spezifischen Verschleiß $V_o$ und damit von der Härte $H$ und Festigkeit $\sigma$ des zu verarbeitenden Materials und von der Maschinenmasse $m_M$ beeinflußt. Sie sind $m_M$ reziprok proportional, da bei größer werdender Maschinenmasse, z. B. durch überdimensionierte Verschleißteile, die Verfügbarkeit im allgemeinen zunimmt.

$$K_{oI} = f(m_M, V_o, H, \sigma, ...) \quad \text{oder}$$

$$K_{oI} = k_I/m_M \tag{3.30}$$

*Abschreibungskosten* $K_{oA}$: Diese Kosten sind $m_M$ proportional und hängen wesentlich von der Lebensdauer $L_t$ und dem auf $m_M$ bezogenen Preis $K_M$ ab:

$$K_{oA} = f(m_M, L_t, K_M, ...) \quad \text{oder}$$

$$K_{oA} = k_A m_M \tag{3.31}$$

Werden die *spezifischen Lohnkosten* $K_{oL}$ konstant angenommen und $K_{oR}$ vernachlässigt, so kann mit (3.29) bis (3.31) für die spezifischen Betriebskosten, die immer ein Minimum darstellen müssen, geschrieben werden:

$$K_o = k_E + k_I/m_M + k_A m_M + k_L \tag{3.32}$$

Die günstigste Maschinenmasse ergibt sich nach Bild 3.4 bei

$$\partial K_o/\partial m_M = 0$$

Bei Neuentwicklungen ist die theoretische Ermittlung der Kostenfunktion in Abhängigkeit der Maschinenmasse kompliziert, da z. B. noch keine Erfahrungswerte für Instandhaltungskosten vorliegen. Deshalb ist auf Festigkeits- und Lebensdauerberechnung sowie auf Versuchswerte aufbauend die Dimensionierung vorzunehmen und die Maschinenmasse festzulegen.

**Zerkleinerungsverhältnis:** Unabhängig davon, daß die zu zerkleinernden bzw. einem Zerkleinerungsprozeß bereits unterzogenen Körnerkollektive durch ihre Korngrößen-Verteilungsfunktion charakterisiert werden können, besteht vor allem bei der Maschinenauswahl und Maschinendimensionierung die Notwendigkeit, das *Zerkleinerungsverhältnis* $\varepsilon$, auch *Zerkleinerungsgrad* genannt, anzugeben. Dieses kann auf unterschiedliche Korngrößen bzw. auf ausgewählte Abmessungen des Arbeitsraumes einer Maschine bezogen werden [1, 2, 9].

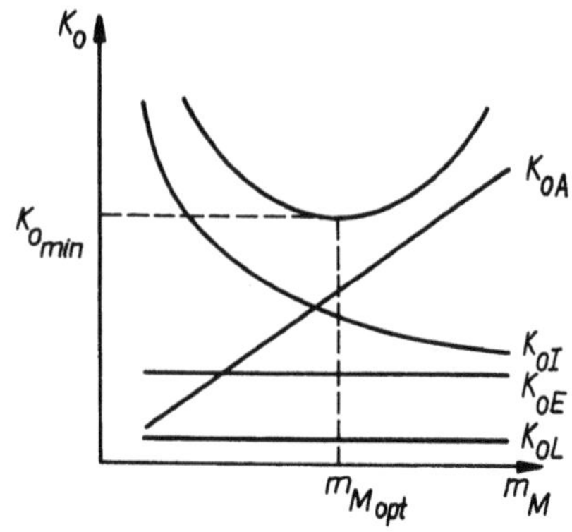


Bild 3.4. Spezifische Betriebskosten $K_o$ in Abhängigkeit von der Maschinenmasse $m_M$

*Zerkleinerungsverhältnis, bezogen auf die oberen Korngrößen des Aufgabe- bzw. zerkleinerten Gutes*:

$$\varepsilon = d_A/d_F \tag{3.33}$$

Je nach der Aufgabegut-Korngröße und der aufbereitungstechnischen Zielstellung kann der gewünschte Dispersionsgrad eine stufenweise Zerkleinerung erforderlich machen, da die zum Einsatz kommenden Maschinen, z. B. bei der Grobzerkleinerung, nur relativ geringe Zerkleinerungsverhältnisse bei einer Zerkleinerungsstufe bewältigen können (Backenbrecher $\varepsilon = 5$ bis 7; Steilkegelbrecher $\varepsilon = 7$ bis 8).

*Zerkleinerungsverhältnis, bezogen auf* $d_{A;\,F80}$ *oder* $d_{A;\,F95}$:

$$\varepsilon_{95} = d_{A95}/d_{F95} \quad \text{oder}$$

$$\varepsilon_{80} = d_{A80}/d_{F80} \tag{3.34}$$

*Zerkleinerungsverhältnis, bezogen auf charakteristische Größen einer Zerkleinerungsmaschine (z. B. Maulweite, Austragspaltweite)*:

$$\varepsilon_M = d_A/s \quad \text{oder} \quad \varepsilon_{MS} = w/s \tag{3.35}$$

Unter $\varepsilon_M$ wird das wirksame Zerkleinerungsverhältnis einer Zerkleinerungsmaschine verstanden, wenn z. B. $s$ die Austragspaltweite und $d_A$ die maximale Korngröße des Aufgabegutes darstellt. Bei Backen- und Kegelbrechern wird häufig auch $\varepsilon_{MS}$ angegeben, das als scheinbares Zerkleinerungsverhältnis bezeichnet wird.

## 3.3. Gesichtspunkte zur Instandhaltung

Die Arbeitsorgane von Zerkleinerungs- und Klassiermaschinen werden je nach Beanspruchungsmechanismus, -intensität und -geschwindigkeit hoch belastet und unterliegen meist einem hohen *Verschleiß*. Dieser führt im allgemeinen zu einer Verminderung der Leistungsfähigkeit der Maschinen, zu einer Verschlechterung der Produktqualität, schließlich zum Verlust der Betriebstauglichkeit sowie zu hohen Betriebskosten. Da die schädigenden Einflüsse auf die Arbeitsorgane und sonstigen Bauteile von der Abrasivität des zu bearbeitenden Stoffes und dem Beanspruchungsmechanismus der Arbeitsorgane abhängig sind und mögliche Überlastungsfälle einschließen, muß bei jeder konstruktiven Entwicklung einschlägiger Maschinen eine sorgfältige Beanspruchungsanalyse durchgeführt werden. Darauf aufbauend hat der Konstrukteur die Dimensionierung und Auswahl der Verschleißelemente und -werkstoffe sowie notwendiger Überlastsicherungen vorzunehmen. Zur Erhöhung der Effektivität bei Instandhaltungsprozessen und zur Senkung von Instandhaltungsaufwendungen sind entsprechende Maschinen grundsätzlich so zu gestalten, daß sie einen instandhaltungsgerechten Aufbau bei geringem Wartungsaufbau besitzen. Bei der Konstruktionsgestaltung der *Verschleißelemente* und der *Materialauswahl* sind folgende Forderungen zu erfüllen:

— leichte Auswechselbarkeit der Verschleißteile
— verschleißgünstige Geometrie mit zweckmäßiger Oberflächengestaltung
— Auswahl verschleißbeständiger Werkstoffe
— hoher Ausnutzungsgrad der Verschleißteile
— Maßhaltigkeit und Massegleichheit, z. B. bei rotierenden Arbeitsorganen (Prall- und Hammerbrecher)
— Festlegung einer ausreichenden Abnutzungsreserve

Neben den dargelegten konstruktiven Maßnahmen sind zur Verringerung der Instandhaltungsaufwendungen folgende betriebliche Maßnahmen von Bedeutung:

— Auswahl der für den jeweiligen Verwendungszweck am besten geeigneten Einzelmaschinen und Maschinenkombinationen
— Einsatz von Kontroll-, Überwachungs- und Sicherungssystemen zur Vermeidung übermäßigen Verschleißes
— Vermeidung von Bedienungsfehlern und Anwendung entsprechender Überlastsicherungen
— Einsatz von Zentralschmiereinrichtungen bzw. von Elementen mit Dauerschmierung

Um das Instandhaltungs- und Betriebspersonal vor unbeabsichtigtem Eingriff in Prozeßräume zu schützen, müssen Kontrollöffnungen gesichert und Dosieröffnungen durch konstruktive Maßnahmen, wie gewinkelte Schleusen, Abweisbleche, Klappen usw., so gestaltet sein, daß ein Eingriff nicht möglich ist. Die Maschinen dürfen nur bei völligem Stillstand der Arbeitsorgane geöffnet werden. Da z. B. die Rotoren bei schnellaufenden Maschinen mit großer Schwungmasse eine längere Auslaufzeit benötigen, sind Türendschalter, die die Stromzufuhr unterbrechen, nicht ausreichend. Bei Maschinen mit großer Auslaufzeit der Rotoren sind deshalb geeignete Sperren vorzusehen, die bis zum völligen Stillstand wirksam sind.

# 4 Zerkleinerungsmaschinen

Mit Zerkleinerungsmaschinen werden Feststoffe mit unterschiedlichen Eigenschaften und Ausgangskorngrößen bis auf vorgegebene Dispersitätsgrade zerkleinert. Dabei müssen die Bindungskräfte im Inneren der zu zerkleinernden Körner durch entsprechende Energieübertragung im Arbeitsraum der Maschinen überwunden werden. Für die maschinelle Zerkleinerung ist charakteristisch, daß nicht einzelne Körner, sondern stets Körnerkollektive zerkleinert werden. Im Ergebnis der Zerkleinerung werden neben der Erhöhung des Dispersitätsgrades auch die Schüttdichte, Fließfähigkeit, Mischbarkeit, Schwebe-, Benetzungs-, Reaktions- und Lösefähigkeit, Oberflächenaktivität, Flüssigkeitsaufnahmevermögen, Stoff- und Wärmeaustausch, optische Eigenschaften, Färbevermögen, Haftfähigkeit usw. beeinflußt, die bei der weiteren Verarbeitung der Produkte von Bedeutung sein können [4, 5]. Da in Auswertung internationaler Erfahrungen infolge eines großen Bedarfes an zerkleinerten Zwischen- oder Fertigprodukten und eines dafür notwendigen hohen spezifischen Arbeitsbedarfes etwa 2,5 bis 3,5% der erzeugten Elektroenergie benötigt werden, treten Untersuchungen bezüglich des Elektroenergiebedarfes immer mehr in den Vordergrund. Durch verbesserte Auslegungsverfahren und Verschleißwerkstoffe wird außerdem eine höhere Materialökonomie angestrebt.

## 4.1. Einteilung der Zerkleinerungsprozesse und -maschinen

**Zerkleinerungsprozesse:** Eine Einteilung ist nach der stofflichen Widerstandsfähigkeit der Zerkleinerungsprodukte, der Beanspruchungsart und nach der Korngröße des zerkleinerten Produktes möglich.

Unter Berücksichtigung der stofflichen Widerstandsfähigkeit gegenüber mechanischer Beanspruchung kann nach Tabelle 4.1 unterschieden werden zwischen Hart-, Mittelhart- und Weichzerkleinerung.

*Tabelle 4.1. Einteilung der Zerkleinerungsprozesse nach Härtegraden*

| | Hartzerkleinerung | Mittelhartzerkleinerung | Weichzerkleinerung |
|---|---|---|---|
| Mohs-Härte | 6 ... 10 | 2 ... 5 | 1 ... 2 |
| Beispiele | Quarz, Zementklinker, Topas, Korund | Salze, Kalkstein, Kohle, Schwefel | Kalk, Gips, Getreide, Faserstoffe |

Die Härte von Stoffen, die auch bei Verschleißuntersuchungen bedeutsam ist, wird häufig nach der Mohsschen Härteskala angegeben. Die Zähigkeit der Stoffe wird dagegen verschiedentlich mit Kalkstein verglichen, dem die Zähigkeit 1,00 zugeordnet wird [25]. Bei der Aufbereitung fester mineralischer Rohstoffe handelt es sich fast ausschließlich um die Mittelhart- und Hartzerkleinerung. Die Weichzerkleinerung ist vor allem für Bereiche der Lebensmittel- und Plastindustrie typisch.

Die Verschiedenartigkeit der zu zerkleinernden Stoffe sowie unterschiedliche verfahrenstechnische Zielstellungen führten zur Anwendung unterschiedlicher *Beanspruchungsmechanismen*, die sich vor allem durch die Art, Größe und Geschwindigkeit des mechanischen Angriffs unterscheiden. Die Beanspruchung des zu zerkleinernden Stoffes ist je nach seinen physikalischen Eigenschaften durch Druck, Schlag oder Prall, Scherung, Schneiden oder Sägen bzw. durch die Kombination verschie-

dener Beanspruchungsmechanismen möglich. Deshalb können die Zerkleinerungsmaschinen z. B. auch in Druck-, Schlag-, Prall- und schneidende Zerkleinerungsmaschinen eingeteilt werden.
Wenn von einer stufenweisen Unterteilung der Korngrößen des Aufgabegutes ausgegangen wird, dann kann folgende Einteilung vorgenommen werden:

- Grobzerkleinerung $d_A > 100$ mm
- Mittelzerkleinerung $5 < d_A < 100$ mm
- Feinzerkleinerung $0{,}1 < d_A < 5$ mm
- Feinstzerkleinerung $d_A < 0{,}1$ mm

Diese Einteilung ist willkürlich, da strenge Grenzen nicht möglich sind. Dabei werden für die Grob- und Mittelzerkleinerung Brecher und für die Fein- und Feinstzerkleinerung Mühlen mit verschiedenen Beanspruchungsmechanismen verwendet. In Bild 4.1 sind die möglichen Zerkleinerungsbereiche dargestellt.

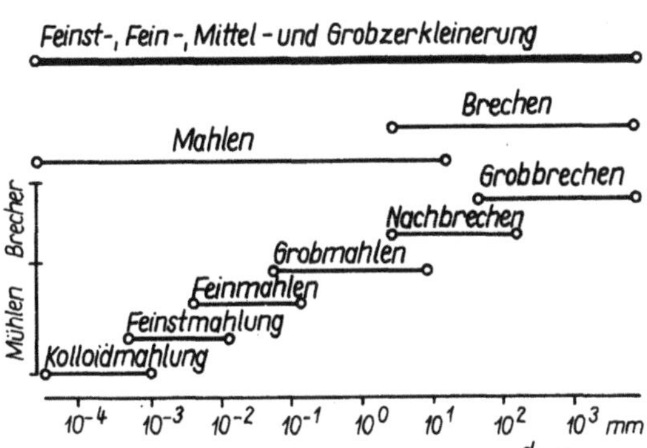


Bild 4.1. Feinst-, Fein-, Mittel- und Grobzerkleinerungsbereiche

**Zerkleinerungsmaschinen:** Ausgehend von den Eigenschaften des zu zerkleinernden Gutes, der gewünschten Korngröße und -zusammensetzung, der Art der Zerkleinerungswerkzeuge, der Wirkpaarung Stoff — Arbeitselemente oder der dominierenden Beanspruchungsart kann die Einteilung der Zerkleinerungsmaschinen nach verschiedenen Gesichtspunkten vorgenommen werden. Tabelle 4.2 beinhaltet vier Gruppen, die sowohl der vorwiegend auftretenden Beanspruchungsart als auch den konstruktiven Grundformen der Arbeitsorgane Rechnung tragen.

*Tabelle 4.2. Einteilung der Zerkleinerungsmaschinen*

| Dominierende Beanspruchungsart | Konstruktives Grundprinzip der Arbeitsorgane | Maschinengruppen |
|---|---|---|
| Druck | Kraftwirkung an Oberflächenpaaren | Backen-, Kegel-, Walzenbrecher, Wälzmühlen |
| Schlag/Prall | Energieübertragung durch (geführte) rotierende Arbeitsorgane mit hoher Geschwindigkeit oder Gutbeschleunigung durch Trägermedien | Hammerbrecher und -mühlen, Prallbrecher und -mühlen, Feinprall-, Strahlmühlen |
| Reibung/Schlag | Beanspruchung in rotierenden oder schwingenden Arbeitsräumen mit frei beweglichen Mahlkörpern | Sturz-, Schwingmühlen |
| Schneiden | Beanspruchung durch messer- oder sägeförmige Schneidorgane | Schneidmühlen, Sägen |

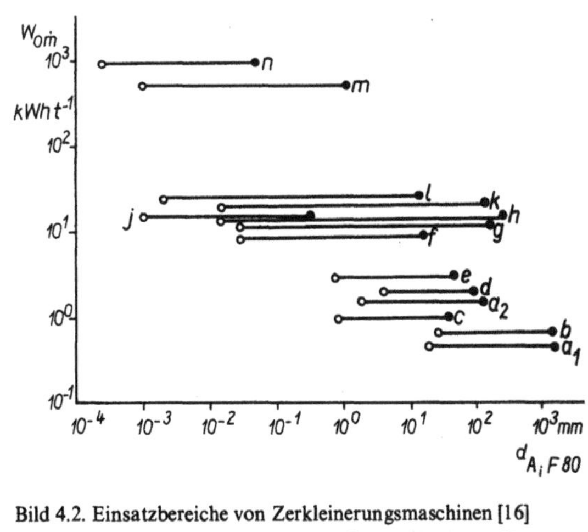


Bild 4.2. Einsatzbereiche von Zerkleinerungsmaschinen [16]

$a_1$ Steilkegelbrecher; $a_2$ Flachkegelbrecher; $b$ Backenbrecher; $c$ Hammer- und Prallbrecher; $d$ Walzenbrecher; $e$ Sturzmühlen mit Stabmahlkörpern (Stabmühlen); $f$ Kugelwälzmühlen; $g$ Wälzmühlen mit walzenförmigen Mahlkörpern; $h$ Sturzmühlen zur autogenen Mahlung; $j$ Feinprallmühlen; $k$ Sturzmühlen mit kugelförmigen Mahlkörpern (Kugelmühlen); $l$ Schwingmühlen; $m$ Strahlmühlen; $n$ Rührwerksmühlen

Die unterschiedlichen zu zerkleinernden Stoffe sowie die vielfältigen Zielstellungen führten zur Entwicklung von Zerkleinerungsmaschinen mit und ohne Zerkleinerungswerkzeuge (siehe Übersicht der bekannten Maschinengruppen auf dem vorderen inneren Bucheinband). In Bild 4.2 sind die Einsatzbereiche nach den üblichen Aufgabe- und Fertiggut-Korngrößen $d_{A;F80}$ sowie der spezifische Arbeitsbedarf $W_0$ dargestellt [4, 16].

## 4.2. Theoretische Grundlagen der Zerkleinerung

Zerkleinerungsprozesse zeichnen sich im allgemeinen durch einen hohen Energiebedarf aus. Deshalb ist es erforderlich, ständig nach rationelleren Zerkleinerungsverfahren zu suchen und die Weiterentwicklung bekannter Maschinen vorzunehmen. Dazu ist es notwendig, die physikalischen Grundlagen des Zerkleinerungsprozesses zu analysieren, um günstigere Beanspruchungsformen zu finden, die zur Verringerung des Energiebedarfes führen bzw. bessere Zerkleinerungsergebnisse zur Folge haben. Die wissenschaftlichen Grundlagen der Zerkleinerungstechnik sind in den letzten Jahren wesentlich erweitert worden, wobei sich die Forschungsarbeiten vor allem auf folgende Komplexe konzentrierten [26, 27, 28]:

— Brucherscheinungen und Bruchmechanik
— Mikroprozesse der Zerkleinerung, wie Einzelkornzerkleinerung und Zerkleinerung von Teilchenschichten unter definierten Bedingungen
— Modellierung und Berechnung von Zerkleinerungsprozessen
— Erforschung der maschinellen Zerkleinerung

Auf den Gebieten der *Bruchmechanik* und der Erforschung von Mikroprozessen am Einzelkorn und in Teilchenschichten unter definierten Bedingungen liegen Ergebnisse vor, die Modellierungsansätze für Makroprozesse ermöglichen. Auch wenn bei der Untersuchung von Brucherscheinungen an Einzelkörnern oder von definierten Teilchenschichten auf einfache Beanspruchungsmodelle zurückgegriffen werden muß, die einem Körnerkollektiv in einer Zerkleinerungsmaschine nicht entsprechen, stellen Untersuchungen von Mikroprozessen ein wichtiges Bindeglied zwischen der Bruchmechanik und der maschinellen Zerkleinerung dar. Ausgehend von Erkenntnissen der Bruchmechanik, am Einzelkorn und in Teilchenschichten, sollten bei der Kollektivzerkleinerung in einer Maschine möglichst solche Beanspruchungsbedingungen geschaffen werden, daß alle im Arbeitsraum befindlichen Körner bei jedem Beanspruchungsvorgang bis zur Bruchauslösung beansprucht werden. Solche ideale Bedingungen können jedoch im Arbeitsraum einer Maschine nicht erreicht werden, da bei der Kollektivzerkleinerung immer eine gegenseitige Teilchenbehinderung und elastische Deformation, auch ohne Bruchauslösung, auftreten. Die Folge davon sind Energieverluste, die sich nach Bild 4.3 in einem höheren spezifischen Arbeitsbedarf als bei der Zerkleinerung unter definierten Bedingungen widerspiegeln [27, 28, 29, 30, 31, 32]. Darüber hinaus werden maschinelle Zerkleinerungsprozesse wesentlich vom Mahlguttransport beeinflußt. Die Bewegung des Mahlgutes im Arbeitsraum steht in enger Wechselbeziehung zu den Beanspruchungsbedingungen und bestimmt mit das Betriebsverhalten einer Zerkleinerungsmaschine, weil von ihr der An- und Abtransport des Gutes und die Anzahl und Dauer der Beanspruchungsergebnisse abhängen. Das trifft besonders für Fein- und Feinstzerkleinerungsprozesse in Mühlen zu, bei denen große

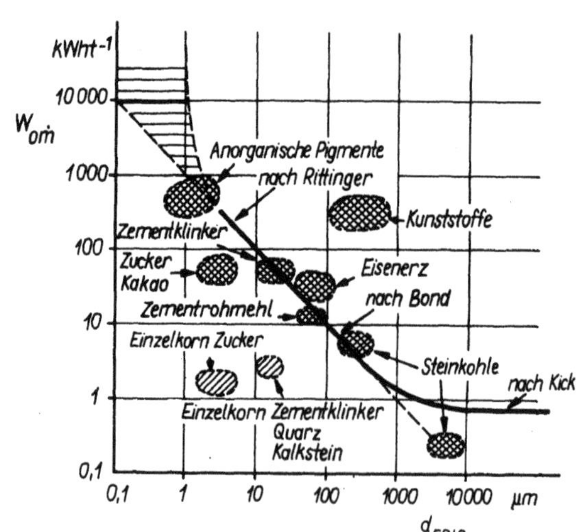


Bild 4.3. Spezifischer Arbeitsbedarf $W_{om}$ der maschinellen und Einzelkornzerkleinerung für verschiedene Materialien in Abhängigkeit der Korngröße $d_{50/3}$ [30]

Verweilzeiten im Arbeitsraum mit Agglomerationserscheinungen auftreten können.

### 4.2.1. Bruchmechanische Grundlagen

Als Bruch bezeichnet man die zum Verlust der Tragfähigkeit eines Festkörpers führende Stofftrennung in makroskopischen Bereichen, bei dem durch äußere oder innere mechanische Spannung die atomaren bzw. molekularen Bedingungen zerstört werden [33]. Da aber jedem Bruch eine Deformation in der beanspruchten Zone vorausgeht, ist die zur Zerkleinerung erforderliche Energie maßgeblich von der Größe des deformierten Bereiches, den elastischen Eigenschaften des beanspruchten Festkörpers und von der Beanspruchungsart abhängig.

Unter der Annahme, daß sich ein fester Körper aus einer Vielzahl kleinster Elementarteilchen (Ionen, Atome, Moleküle, Kristalle) zusammensetzt, wird die Elastizität eines festen Körpers aus den Kraftwirkungen zwischen den Elementarteilchen, den sog. inneren Kräften (Gitterkräfte), beeinflußt.

Als innere Kräfte wirken die aus der Deformation der inneren Elektronenschalen resultierenden abstoßenden Kräfte $F_s$ und die aus der Massewirkung resultierenden anziehenden Kräfte $F_z$. Wirken auf ein Feststoffteilchen keine äußeren Kräfte ein, so stehen die inneren Kräfte im Gleichgewicht, wobei die Elementarteilchen einen bestimmten Abstand $r_0$ zueinander einnehmen (Bild 4.4). Ein Bruch tritt ein, wenn die Wechselwirkungskraft $F_{max}$ bei $r_{max}$ überwunden wird und die inneren Kräfte nicht mehr im Gleichgewicht stehen. Zur Einleitung des Bruches muß dem Feststoffteilchen folgende Energie zugeführt werden:

$$W_{Br} = \int_{r0}^{r_{max}} F(r)\,dr \tag{4.36}$$

Beim Zerkleinern bzw. Zerteilen von Feststoffen müssen somit die in den Bruchflächen wirkenden Wechselwirkungskräfte durch Einwirken äußerer Kräfte überwunden werden. Das ist nur durch Vergrößerung des Abstandes zwischen den Elementarteilchen $r > r_{max}$ durch *Zug- oder Schubspannungen* möglich. Druckspannungen führen zur Annäherung der Elementarteilchen, aber nicht zu deren Trennung. Bei der Zerkleinerung sind deshalb nur folgende zwei Grundprinzipien der Teilchentrennung möglich (Bilder 4.5 und 4.6):

— Spaltung durch Überwindung der Bindekräfte beim Einwirken von Zugspannungen
— Scherung als Abgleiten von Elementarteilchen infolge der Einwirkung von Schubspannungen

Jeder Zerkleinerungsvorgang kann in zwei Phasen eingeteilt werden:

— Elastische Deformation in der Bruchzone, durch die die zum Bruch erforderlichen Spannungen erzeugt werden
— Bruchvorgang, der zur Schaffung neuer Teilchenoberflächen führt

Für einen idealen Gitteraufbau kann die Bruchspannung ermittelt werden, wenn die Bindungskräfte bzw. die spezifische Grenzflächenenergie $\gamma_0$ bekannt sind. Bei Anwendung des Hookeschen Ge-

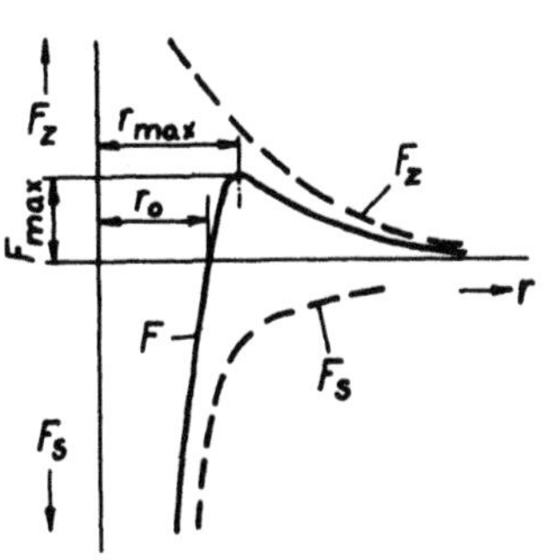


Bild 4.4. Schematische Darstellung der Kraftwirkungen zwischen benachbarten Elementarteilen eines Feststoffteilchens [33, 34]

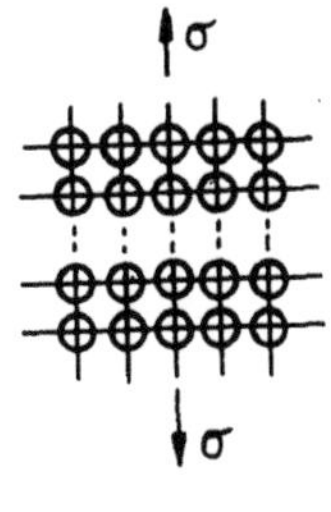


Bild 4.5. Bruch durch Spaltung infolge Zugspannungen [33]

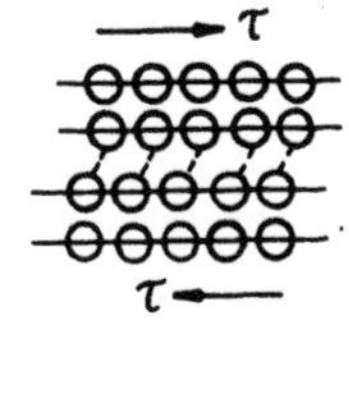


Bild 4.6. Bruch durch Scherung infolge Schubspannungen [33]

setzes in der Form $\sigma = Ex/d$ ergibt sich die theoretische bzw. maximale Bruchspannung zu [33]

$$\sigma_{th} = \sigma_{max} = \sqrt{E\gamma_0/d} \tag{4.37}$$

Für die so ermittelte theoretische Bruchspannung gilt angenähert:

$$E/5 > \sigma_{th} > E/15 \tag{4.38}$$

Unter Berücksichtigung der in den Bildern 4.5 und 4.6 dargestellten Beanspruchungsvorgänge kann mit $\sigma_{th} \approx E/10$ beim Bruch durch Spaltung und mit $\tau_{th} = G/10$ beim Bruch durch Scherung gerechnet werden. Die tatsächlichen *Bruchspannungen* liegen um 2 bis 3 Zehnerpotenzen niedriger, da reale Körper keinen homogenen Gitteraufbau besitzen, sondern mit Gitterbaufehlern behaftet sind. Hinzu kommt, daß auch makroskopische Baufehler (Risse, Spalten, Kerben, Sprünge u. a.) auftreten, die keine Kräfte übertragen können und zur Verminderung der theoretischen Festigkeitswerte beitragen. Bei Feststoffen liegt die spezifische Grenzflächenenergie $\gamma_0$ zwischen $10^{-6}$ und $10^{-4}$ J $\cdot$ cm$^{-2}$ (Metalle $10^{-2}$ bis 10 J cm$^{-2}$, Gläser $10^{-4}$ bis $10^{-3}$ J cm$^{-2}$ und Kunststoffe $10^{-3}$ bis $10^{-1}$ J cm$^{-2}$) [33, 37].

Durch Störungen im *Kristallgitter* kommt es im beanspruchten Körper zu einer inhomogenen Spannungsverteilung. Die Kraftlinien weichen den Störstellen aus und konzentrieren sich vor allem an den Spitzen der quer zu den Kraftlinien liegenden Risse.

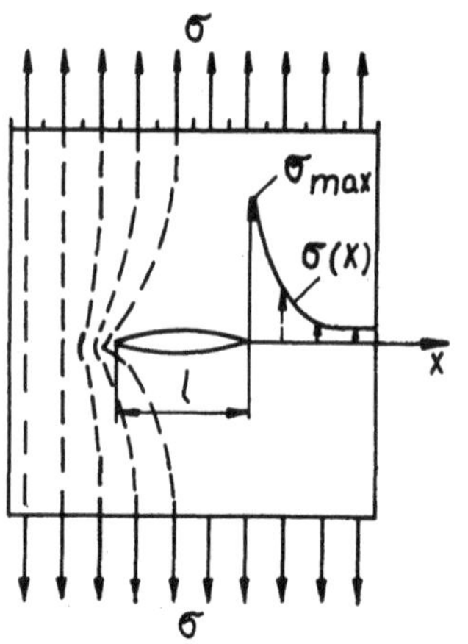


Bild 4.7. Spannungsverteilung in einer zugbeanspruchten Platte mit elliptischem Innenriß (Rißlänge ≪ Plattenbreite) [34]

An diesen exponierten Stellen treten somit Spannungsspitzen auf, die ein Vielfaches des theoretischen Mittelwertes (Bild 4.7) betragen. An diesen hochbelasteten Stellen beginnt der Bruch und breitet sich von dort aus. Die Ausdehnung eines schon im Körper vorhandenen Primärrisses erfolgt somit schon bei Spannungen, die weit unter der theoretischen Bruchspannung liegen. Sind im beanspruchten Material keine Primärrisse vorhanden, so bilden sich während der mechanischen Beanspruchung Rißkeime, die von anderen Störstellen (Gefügefehler, Einschlüsse u. a.) ausgehen. Der Bruchvorgang kann somit in die Phasen Rißbildung und Rißfortpflanzung eingeteilt werden.

Bei der *Rißfortpflanzung* unterscheidet man die langsame und die rasche bzw. instabile Rißfortpflanzung, die vor allem bei der Zerkleinerung von Bedeutung ist. Da der Bruch von unterschiedlichen Faktoren (Art und Größe der Beanspruchung, Temperatur, Form des Körpers, Medium, in dem der Bruchvorgang abläuft) beeinflußt wird und stets von der wirksamsten Inhomogenitätsstelle ausgeht, werden bei fortschreitender Zerkleinerung immer weniger Störstellen für die Bruchauslösung zur Verfügung stehen. Deshalb ist bei fortschreitender Zerkleinerung ein Ansteigen der Bruchspannungen festzustellen. Das ist auch die Ursache dafür, daß mit abnehmender Korngröße der spezifische Arbeitsbedarf bei Zerkleinerungsprozessen zunimmt (vgl. Bild 4.3).

Nach dem Ausmaß und der Art der dem Bruch vorausgegangenen Deformation der beanspruchten Teile unterscheidet man *Spröd- und Zähbruch*. Dem Sprödbruch geht eine geringe Verformung voraus, wobei die den Bruch auslösende Spannung unter der Fließgrenze des beanspruchten Materials liegt. Für den Zähbruch (Scher- oder Gleitbruch) ist typisch, daß dieser erst nach stärkerer plastischer Verformung eintritt und die Rißausbreitung relativ langsam erfolgt. Aus energetischen Gründen wird deshalb bei den Zerkleinerungsprozessen immer der Sprödbruch, der durch die Einwirkung von Zugspannungen erreicht wird, angestrebt. Ob Sprödbruch auftritt, hängt jedoch nicht nur vom beanspruchten Material und der Spannungsart ab, sondern auch von der Temperatur, der Beanspruchungsgeschwindigkeit und vor allem von der Korngröße des zu zerkleinernden Materials. Mit abnehmender Korngröße nehmen die Fehlstellen bzw.

Primärrisse ab, so daß bei weiterer Zerkleinerung größere plastische Verformungen notwendig werden. In feinsten Kornbereichen gibt es Grenzfälle, bei denen nur noch plastische Verformung, aber keine Brüche mehr auftreten. Die Mahlbarkeitsgrenze liegt z. B. für Quarz bei etwa 1 µm und für Kalzit bei 3 bis 5 µm [35].

### 4.2.2. Energiebeziehungen für Zerkleinerungsprozesse

Die einem realen Zerkleinerungsprozeß zugeführte Energie beträgt ein Vielfaches der zur Bildung der neuen Oberfläche erforderlichen Grenzflächenenergie (Nutzenergie). Das bedeutet, daß nur ein kleiner Teil der einer Zerkleinerungsmaschine zugeführten Energie als Nutzarbeit verbraucht wird.

**Technische Zerkleinerungsarbeit:** In einer Zerkleinerungsmaschine setzt sich die technische Zerkleinerungsarbeit $W_{ges}$ wie folgt zusammen:

$$W_{ges} = W_A + W_{VZ} + W_{VM} \qquad (4.39)$$

($W_A$ Grenzflächenenergie zum Trennen der Elementarteilchen; $W_{VZ}$ zerkleinerungstechnische Verlustarbeit; $W_{VM}$ maschinentechnische Arbeitsverluste)

Da $W_{VZ} \gg W_A$ ist und die Verluste durch günstige Gestaltung von Arbeitsräumen vermindert werden sollen, erhebt sich die Frage, wofür die *zerkleinerungstechnische Verlustarbeit* im einzelnen verbraucht wird. Unter Berücksichtigung der physikalischen Eigenschaften des zu zerkleinernden Gutes (Festigkeitseigenschaften, Korngrößenverteilungen usw.), der Wirkungsweise der Maschine (Art der Beanspruchung), der Betriebsbedingungen (Drehzahl, Geschwindigkeiten, Durchsatz) und der Maschinenabmessungen (Hauptabmessungen des Arbeitsraumes) usw. kann eine qualitative Bewertung von $W_{VZ}$ vorgenommen werden.

Im einzelnen ist bei der Beanspruchung des Gutes im Arbeitsraum einer Zerkleinerungsmaschine mit folgenden Verlusten zu rechnen:

— Deformation der Teilchen an den Arbeitsflächen und in der Kornpackung
— innere Reibung beanspruchter Körnerkollektive
— kinetische Energie der Bruchstücke
— Reibung der Teilchen untereinander, einschließlich der Reibung an den neu erzeugten Bruch- und Arbeitsflächen
— Verschleiß an den Arbeitsflächen der Arbeitsorgane

Über die quantitative Abschätzung der einzelnen Anteile liegen noch keine gesicherten Ergebnisse vor. In Auswertung theoretischer und experimenteller Untersuchungen zum Bruchvorgang in Einzelkörnern und Körnerkollektiven kann aber eingeschätzt werden, daß die Reibungsverluste und die Verluste für mikroplastische Verformungen den größten Verlustanteil verursachen.

Wird die technische Zerkleinerungsarbeit nach (4.39) zugrunde gelegt, so kann der *zerkleinerungstechnische Wirkungsgrad* wie folgt definiert werden:

$$\eta_Z = W_A / W_{ges} \qquad (4.40)$$

Bei dieser Definition ergeben sich bei der maschinellen Zerkleinerung, bezogen auf die ideale bzw. theoretische Grenzflächenenergie, stets *Wirkungsgrade*, die unter 1 % liegen [40, 41, 42, 43, 44]. Wenn der maschinentechnische Wirkungsgrad nach (4.41) ermittelt wird, erhält man wesentlich günstigere Werte:

$$\eta_M = (W_A + W_{VZ}) / W_{ges} \qquad (4.41)$$

Während $W_{ges}$ bei einer Zerkleinerungsmaschine im stationären Zustand meßtechnisch erfaßt werden kann, ist die getrennte meßtechnische Ermittlung von $W_{VM}$ während des Betriebes nicht möglich. Die Reibungsverluste in den Antriebselementen können aber, wenn die wirkenden Kräfte und Reibungskoeffizienten bekannt sind, näherungsweise berechnet werden. Um $W_{VZ}$ ermitteln zu können, ist die Aufstellung einer *Energiebilanz* nach (4.42) zweckmäßig, die in einer Zerkleinerungsmaschine folgende Verlustanteile berücksichtigen muß [43]:

$$W_{VZ} = \dot{H}_F + \dot{W}_{St} + \dot{H}_G \qquad (4.42)$$

— Wärmeerzeugung im zerkleinerten Gut. Der daraus entstehende Enthalpiestrom bzw. Energieverlust $\dot{H}_F$ kann aus der zu messenden Temperatur des Aufgabegutes und des zerkleinerten Gutes sowie dem Durchsatz der Maschine errechnet werden.
— Erwärmung des Maschinenkörpers durch die beim Zerkleinerungsprozeß entstehende Wärme.

Der Anteil $\dot{W}_{St}$ läßt sich aus der Strahlungsfläche der Maschine und der zu messenden Temperatur des Maschinenkörpers berechnen.

— Erwärmung des in dem Arbeitsraum ein- und ausströmenden Trägermediums (Gas bei Trockenzerkleinerung, Wasser bei Naßzerkleinerung). Der Energieverlust $\dot{H}_G$ ergibt sich hierbei aus der Temperaturdifferenz des ein- und ausströmenden Mediums und der durchgesetzten Menge des Trägermediums.

Wird der maschinentechnische Wirkungsgrad $\eta_M$ unter Beachtung obiger Verlustanteile mit einem meßtechnisch erfaßten Arbeitsbedarf $W_{ges}$ ermittelt, so ergeben sich z. B. für die Feinzerkleinerung in einer Mehrkammer-Rohrmühle Wirkungsgrade zwischen 80 und 90%.

Eine andere Definition des Wirkungsgrades, bei der die Wirkungsweise der Zerkleinerungsmaschine berücksichtigt wird, baut auf die Einzelkornzerkleinerung unter idealen Bedingungen auf [49, 50]. Dabei wird der spezifische Arbeitsbedarf bei der Einzelkornzerkleinerung mit dem spezifischen Arbeitsbedarf der jeweiligen Zerkleinerungsmaschine verglichen. Für ausgewählte Maschinen wurden z. B. Wirkungsgrade ermittelt, die bei Walzenbrechern und Wälzmühlen 70 bis 90% (Einzelkornzerkleinerung ist in Sonderfällen möglich), Prallmühlen 25 bis 40%, Kugelmühlen 6 bis 9% und Strahlmühlen 1 bis 2% betragen [49].

Bild 4.8 zeigt den *idealen spezifischen Arbeitsbedarf* $W_{o\dot{m}}$ bei Einzelkornzerkleinerung für ausgewählte Materialien, der zur Wirkungsgradberechnung verwendet werden kann [52].

Auch wenn nach (4.40) und (4.41) sowie mittels des idealen spezifischen Arbeitsbedarfes $W_{o\dot{m}}$ aus der Einzelkornzerkleinerung zerkleinerungs- und maschinentechnische Wirkungsgrade berechnet werden können, die für den Konstrukteur und Betriebsingenieur eine Einschätzung der Energieverluste gestatten, so sind Wirkungsgradangaben bei der Zerkleinerung immer problematisch [45 bis 49].

**»Zerkleinerungsgesetze«:** Aus den Betrachtungen zur Bruchmechanik und zu den zerkleinerungs- und maschinentechnischen Verlusten beim realen Zerkleinerungsprozeß wird deutlich, daß keine physikalischen Gesetzmäßigkeiten vorhanden sein können, die die Zerkleinerungsarbeit und das -ergebnis miteinander verknüpfen. Trotzdem sind empirische Beziehungen formuliert worden, die nur für bestimmte Fälle und Arbeitsbeträge eine annähernde Gültigkeit besitzen. Solche Gesetze wurden von *Rittinger*, *Kick* und *Bond* formuliert, die von *Charles* in folgender Differentialgleichung zusammengefaßt wurden:

$$dW = -C\, d(d)/d^a \qquad (4.43)$$

Dabei beträgt für das Gesetz von *Rittinger* $a = 2{,}0$, *Bond* $a = 1{,}5$ und *Kick* $a = 1{,}0$.

Da den *»Zerkleinerungsgesetzen«* von *Rittinger*, *Kick* und *Bond* unterschiedliche Hypothesen zugrunde liegen und es dafür keine exakte physikalische Begründung gibt, treten bei der Berechnung der Zerkleinerungsarbeit erhebliche Abweichungen

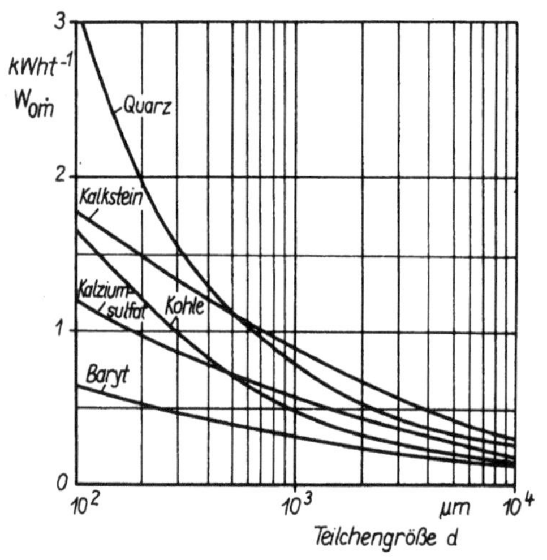


Bild 4.8. Spezifischer Arbeitsbedarf $W_{o\dot{m}}$ bei der Einzelkornzerkleinerung für verschiedene Materialien in Abhängigkeit von der Teilchengröße $d$ [52]

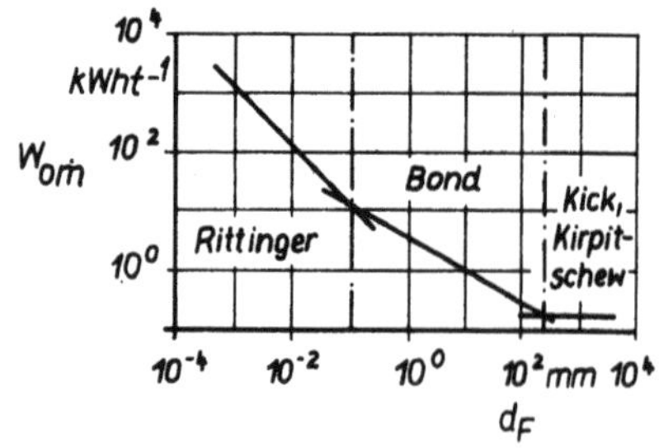


Bild 4.9. Abhängigkeit des spezifischen Arbeitsbedarfes $W_{o\dot{m}}$ von der Endkorngröße $d_F$

auf. Die in Bild 4.9 dargestellten Ergebnisse zeigen, daß die Zerkleinerungsgesetze nicht für die Berechnung der Zerkleinerungsarbeit geeignet sind, auch wenn in Sonderfällen die gemessenen Werte bei Zerkleinerungsmaschinen scheinbar eines der drei Gesetze bestätigen. Geht man von den Aussagen der Bruchmechanik aus, die besagt, daß die Bruchfestigkeit und damit die Zerkleinerungsarbeit mit abnehmender Teilchengröße ansteigt, dann müßte das *»Zerkleinerungsgesetz«* nach *Rittinger* der Feinzerkleinerung, das nach *Kick* der Grobzerkleinerung und die Beziehung nach *Bond* dem Übergangsbereich zugeordnet werden [54]. Daraus resultiert, daß bei großem Zerkleinerungsgrad $\varepsilon$ bzw. $d_A \gg d_F$ die Ausgangskorngröße auf den spezifischen Arbeitsbedarf $W_0$ keinen Einfluß mehr besitzt, so daß $W_0$ auch nach (4.44) ermittelt werden kann:

$$W_0 = kd^{m} \tag{4.44}$$

Bei der Ermittlung von $W_0$ berücksichtigt $k$ die maschinen- und zerkleinerungstechnischen Einflußfaktoren. $m$ wird vor allem von der Korngrößenverteilung beeinflußt und läßt sich bei einer Auftragung der Funktion im logarithmischen Netz mit $m = \tan\alpha$ am einfachsten bestimmen. Auch wenn das *»Zerkleinerungsgesetz« von Bond* (nach (4.45)), ebenso wie die anderen *»Gesetze«*, nicht physikalisch exakt begründet werden kann, ist dieses mit (4.46) zur Berechnung der spezifischen Zerkleinerungsarbeit am leistungsfähigsten:

$$W_{0B} = C_B(d_{F,80}^{-0,5} - d_{A,80}^{-0,5})$$
$$C_B = 10W_i^* \quad \text{für} \quad d_{F,80} = 100\,\mu\text{m} \quad \text{und} \quad d_{A,80} = \infty \tag{4.45}$$
$$W_{0B} = 10W_i^*(d_{F,80}^{-0,5} - d_{A,80}^{-0,5}) \quad \text{in kWh sht}^{-1} \tag{4.46}$$

$W_i^*$ wird als *Bondscher Arbeitsindex* bezeichnet, der die Mahlbarkeit des jeweiligen Stoffes unter festgelegten Bedingungen in einer Laborkugelmühle charakterisiert. Sein numerischer Wert entspricht dem massebezogenen Arbeitsbedarf in kWh sht$^{-1}$ (1 short ton = 907 kg), der zur Zerkleinerung eines Kornes von theoretisch unendlicher Größe ($d_{A,80} = \infty$) auf eine Endkorngröße $d_{F,80} = 100$ µm für ein bestimmtes Material erforderlich ist.

Für den Fall, daß die *Bondsche Theorie* zur Auslegung von Mühlen (insbesondere Sturzmühlen mit kugel- oder stabförmigen Mahlkörpern) angewendet wird, hat *Bond* eine experimentelle Methode zur Bestimmung von $W_i^*$ angegeben [58, 352, 356 bis 359]. Danach wird der *Mahlbarkeitstest* mittels einer Laborkugelmühle der Abmessungen $D_M$ = 305 mm und $L_M$ = 305 mm mit glatter Auskleidung bei einer Drehzahl von 70 min$^{-1}$ ($\psi = 91\,\%$) mit einer nach Kugelanzahl und Kugelgröße genau definierten Kugelfüllung von $m_{MK} = 20{,}15$ kg schrittweise bis zur Erreichung konstanter Zerkleinerungsergebnisse durchgeführt. Beim Mahltest wird die Materialmenge $m_x$ in Gramm ermittelt, die während einer Umdrehung des Mahlraumes auf eine bestimmte Bezugskorngröße des Fertiggutes $d_{Fx}$ und kleiner zerkleinert wird. Für die Bestimmung von $W_i^*$ wird dabei folgende Beziehung verwendet:

$$W_i^* = 4{,}45/d_{Fx}^{0,23} m_x^{0,82}(d_{F,80}^{-0,5} - d_{A,80}^{-0,5}) \quad \text{in kWh sht}^{-1} \tag{4.47}$$
$$W_i = 1{,}1\,W_i^* \quad \text{in kWh t}^{-1}$$

Für einige Materialien sind in Tabelle 4.3 durchschnittliche $W_i$-Werte aufgeführt, mit denen aus Bild 4.10 der korngrößenabhängige spezifische Arbeitsbedarf $W_{0B}$ zur Orientierung entnommen bzw. nach (4.46) berechnet werden kann. Dabei ist zu beachten, daß der nach (4.47) ermittelte Arbeitsindex $W_i$ nicht ohne Einschränkungen auf die verschiedensten Mühlenarten übertragen werden kann

*Tabelle 4.3. Arbeitsindex $W_i$ für die Zerkleinerung nach Bond*

| Zerkleinerungsgut | Dichte in kg m$^{-3}$ | Arbeitsindex $W_i$ in kWh t$^{-1}$ |
|---|---|---|
| Basalt | 2910 | 19,0 |
| Gips | 2690 | 7,8 |
| Granit | 2660 | 16,8 |
| Graphit | 1750 | 48,5 |
| Kalkstein | 2660 | 14,0 |
| Quarz | 2650 | 15,0 |
| Quarzit | 2680 | 10,6 |
| Zementklinker | 3150 | 14,8 |
| Koks | 1310 | 16,7 |
| Sandstein | 2650 | 28,9 |
| Feldspat | 2590 | 11,9 |
| Schiefer | 2630 | 17,5 |
| Glas | 2580 | 13,6 |
| Kohle | 1400 | 14,3 |
| Hochofenschlacke | 2740 | 11,3 |

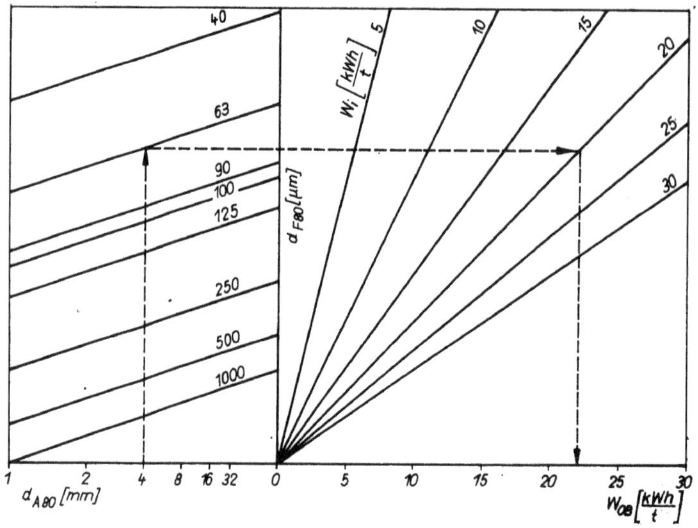


Bild 4.10. Zusammenhang zwischen dem Bondschen Arbeitsindex $W_i$ und dem spezifischen Arbeitsbedarf $W_{oB}$ in Abhängigkeit der Aufgabe- und Fertiggut-Korngröße $d_A$ und $d_F$

und selbst bei Sturzmühlen Korrekturfaktoren, die z. B. die jeweiligen Betriebsbedingungen berücksichtigen (trockene Kreislaufmahlung, geometrische Abmessungen, Zerkleinerungsverhältnisse usw.), notwendig sind:

$$W_{i\,korr} = k W_i \tag{4.48}$$

Für die Umrechnung des international ebenfalls häufig verwendeten *Hardgrove-Mahlbarkeits-Index Hg* ist (4.49) verwendbar:

$$W_i = 435/Hg^{0{,}91} \quad \text{in kWh sht}^{-1} \tag{4.49}$$

($Hg$ = 50 bis 100 bei Zementrohmehl, 30 bis 50 bei Zementklinker und 24 bis 55 bei Quarzsand)

Bei der Berechnung des spezifischen Arbeitsbedarfes für reale Zerkleinerungsvorgänge muß beachtet werden, daß die in der Literatur angegebenen Werte für $W_0$ stets zu einem konkreten Zerkleinerungsprozeß gehören. Eine Übertragung ist deshalb nur dann möglich, wenn geometrisch ähnliche Maschinen und ähnliche Zerkleinerungsbedingungen zugrunde liegen. Bei der Darstellung von Erfahrungswerten sind stets die Zerkleinerungsbedingungen (Zerkleinerungsgut, Aufgabe- und Fertiggut-Korngröße, Zerkleinerungsgrad, Trocken- oder Naßzerkleinerung u. a.) und die Maschinenart anzugeben.

### 4.2.3. Mikroprozesse der Zerkleinerung

Bei diesen Prozessen wird als typischer Substanzbereich das Einzelkorn bzw. eine Anordnung mehrerer benachbarter Teilchen betrachtet. Um Aussagen über das Zerkleinerungsverhalten bestimmter Materialien bzw. Feststoffteilchen treffen zu können, müssen Untersuchungen an Einzelkörnern und Teilchenschichten durchgeführt werden.

Da bei der *Einzelkornzerkleinerung* die Wechselwirkungen zwischen einzelnen Teilchen entfallen, weicht das Zerkleinerungsverhalten eines Einzelkornes mehr oder weniger von dem eines Kornes, das in eine Teilchenschicht eingebettet ist, ab. Dazu

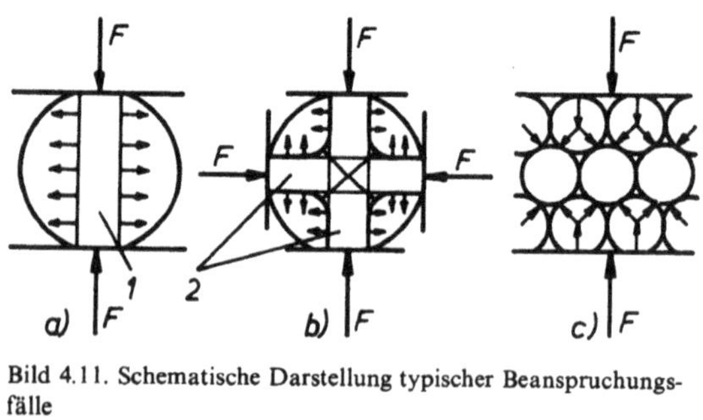


Bild 4.11. Schematische Darstellung typischer Beanspruchungsfälle

*a*) Einzelkornbeanspruchung
*b*) Mehrpunktbeanspruchung
*c*) Beanspruchung einer Teilchenschicht
*1, 2* Bruchfläche

sind im Bild 4.11 einige typische Beanspruchungsfälle schematisch dargestellt. Aus Bild 4.11 geht hervor, daß bei der Mehrpunkteinspannung ein Teil der induzierten Zugspannungen durch entgegenwirkende Druckspannungen aufgehoben wird. Das bewirkt eine scheinbare Erhöhung der Festigkeit der Teilchen, durch die wiederum eine höhere Beanspruchungsenergie erforderlich ist. Ein in einer Teilchenschicht eingespanntes Teilchen wird somit erst bei höheren Spannungen als ein zwischen zwei Flächen beanspruchtes Einzelteilchen zerkleinert, wodurch auch andere Bruchflächen entstehen.

Die praktisch möglichen Zerkleinerungsmethoden unterscheiden sich durch die Art der Beanspruchung bzw. Deformation der zu zerkleinernden Teilchen. Die Beanspruchung kann dabei zwischen zwei oder an einer Festkörperfläche bzw. durch Schneiden oder Sägen erfolgen [1, 38, 39]. Andere Beanspruchungsmechanismen, wie z. B. die Beanspruchung von Teilchen ohne Festkörperflächen oder durch nichtmechanische Energieeinleitung, werden hier nicht berücksichtigt, da diese in den Arbeitsräumen von Zerkleinerungsmaschinen nur eine untergeordnete Bedeutung besitzen.

Bei der Beanspruchung der Teilchen zwischen zwei Festkörperflächen werden in den Gutteilchen Druck-, Zug- oder Scherspannungen erzeugt. Die typischen Beanspruchungsfälle sind aus Bild 4.12 ersichtlich.

*a) Beanspruchung durch Druck mittels ebener oder gewölbter Flächen — Zerdrücken* (Bild 4.12*a*): Beim Zerdrücken erfolgt die Zerkleinerung durch Überschreiten der Druckfestigkeit des beanspruchten Kornes. Bei geometrisch regelmäßigen Körpern (Sonderfall) bilden sich entsprechend der Form der beanspruchten Körper Vorzugsbruchebenen aus, die sich nicht nur in der Lage, sondern auch in der absoluten Größe unterscheiden. Die Druckfestigkeit ist somit von der Form der Teilchen und der beanspruchten Flächen abhängig. Die Beanspruchungsintensität ist hierbei von der Geschwindigkeit unabhängig.

*b) Beanspruchung durch stumpfe Schneiden — Spalten* (Bild 4.12*b*): Dabei wird ein relativ kleiner Bereich des zu zerkleinernden Gutes deformiert. Dementsprechend sind auch der Energiebedarf für die Zerteilung und der Oberflächenzuwachs gering. Die scheinbare Festigkeit der Körner wird vor allem von der Schärfe der Schneiden beeinflußt.

*c) Beanspruchung durch Schlag* (Bild 4.12*c*): Die Zerkleinerung erfolgt zwischen zwei Festkörperflächen bei hoher Beanspruchungsgeschwindigkeit. Die Beanspruchungsintensität wird dabei durch die kinetische Energie der Arbeitsorgane bestimmt. Auf das Sprödbruchverhalten wirkt sich die Schlagbeanspruchung günstig aus. Deshalb ist die Schlagbeanspruchung auch eine energetisch günstige Zerkleinerungsmethode.

*d) Beanspruchung auf Biegung* (Bild 4.12*d*): Bei dieser Beanspruchung werden im zu zerkleinernden Korn bei kleinen Kräften relativ hohe Zugspannungen erzeugt. Das ist für die Auslösung des Sprödbruches sehr günstig. Sie ist besonders für plattige Materialien geeignet. Bei kubischen Ma-

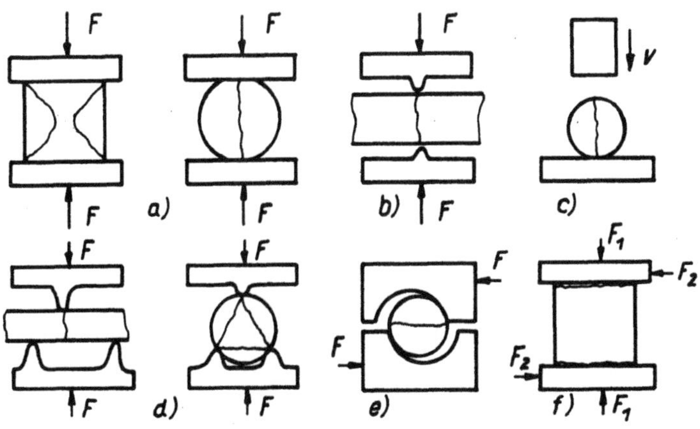


Bild 4.12. Arten der Beanspruchung zwischen zwei Festkörperflächen

terialien kann es zur Mehrpunktbeanspruchung und somit zur Verschlechterung der Zerkleinerungsbedingungen kommen.

*e) Beanspruchung durch Abscheren* (Bild 4.12*e*): Bei günstiger Gestaltung der Arbeitsorgane kann der deformierte Bereich relativ klein gehalten werden. In den Bruchflächen selbst treten dennoch starke plastische Verformungen auf, die einen hohen Energiebedarf erfordern. Die Scherbeanspruchung ist deshalb besonders für zähe Stoffe geeignet.

*f) Beanspruchung durch Reibung auf der Kornoberfläche – Zerreiben* (Bild 4.12*f*): Bei ihr wirken Druck- und Schubkräfte. Von der das Arbeitsorgan berührenden Kornschichtoberfläche werden dabei ständig feine Teilchen abgerieben. Die Reibbeanspruchung ist vor allem im Bereich der Feinzerkleinerung anzutreffen.

*g) Beanspruchung an einer Festkörperfläche – Prallzerkleinerung* (Bild 4.13): Das Zerkleinerungsgut wird dynamisch belastet. Die Beanspruchungsintensität ist dabei von der Beanspruchungsgeschwindigkeit abhängig. Beim Prallvorgang stoßen die Teilchen mit einer ruhenden oder einer sich bewegenden Arbeitsfläche bzw. mit einem anderen Teilchen des Zerkleinerungsgutes zusammen (Bild 4.13). Die Teilchen werden, vom Berührungspunkt

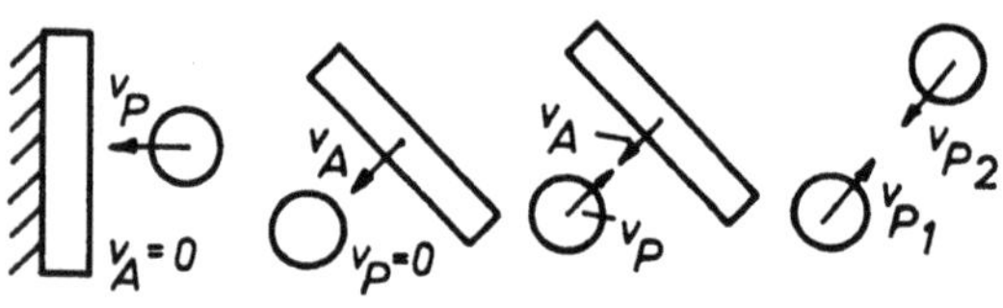


Bild 4.13. Beanspruchung an einer Festkörperfläche (Prallbeanspruchung)

ausgehend, verformt, wobei durch die Arbeitsfläche kein Formzwang ausgeübt wird. Eine Zerkleinerung erfolgt nur dann, wenn die freiwerdende kinetische Energie ausreichend groß ist, das Teilchen bis zur Bruchgrenze zu beanspruchen. Die Prallgeschwindigkeit muß dem zu zerkleinernden Gut und dem gewünschten Zerkleinerungsergebnis angepaßt werden.

*h) Beanspruchung durch Schneiden* (Bild 4.14): Sie wird vor allem bei weichen, elastischen, faserigen und zähen Materialien angewendet. Die aufzuwendenden Kräfte sind vom Schnittwiderstand des

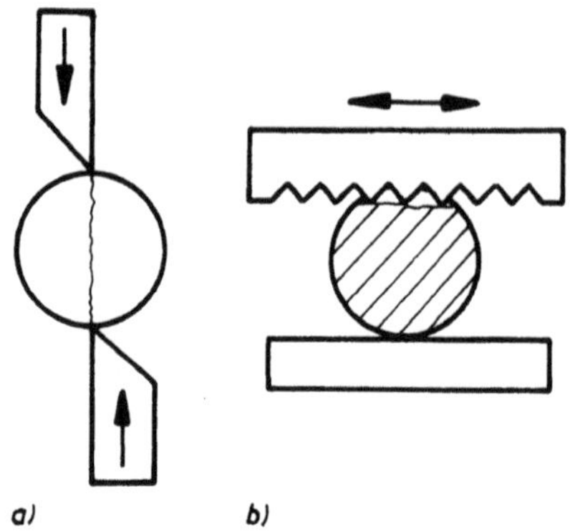


Bild 4.14. Beanspruchung durch Schneiden und Sägen
*a*) Schneiden
*b*) Sägen

Gutes und von der Gestaltung der Schneidmesser abhängig. Beim *Sägen* werden die zu zerteilenden Güter in den meisten Fällen in vorher angegebene Abmessungen und Formen zersägt (Sägegatter in der Natursteinindustrie).

## 4.3. Backenbrecher

Die Arbeitsorgane der Backenbrecher bestehen aus zwei *Brechbacken*, von denen die eine meist fest und die andere pendelnd angeordnet ist. Das dem Arbeitsraum zugeführte Brechgut wird beim periodischen Schließen der um einen Drehpunkt pendelnden Brechbacke zwischen beiden Backen, vor allem durch Druckbeanspruchung, zerkleinert und fällt nach mehrmaligem Beanspruchungs- und Zerkleinerungsvorgang infolge seiner Schwerkraft aus dem Brechraum aus. Die Wirkungsweise und der prinzipielle Aufbau verschiedener Backenbrecharten sind in Bild 4.15 dargestellt.

Je nach der Anordnung der *Schwingenachse* führt die schwingende Brechbacke am oberen oder unteren Ende die größten Bewegungen aus. Im allgemeinen werden die Schwingen oben gelagert, da durch die größere Amplitude am Austragspalt ein größerer Durchsatz gewährleistet wird. Bei unterer Schwingenlagerung wird durch die geringe Amplitude am Austragspalt ein gutes Gleichkorn erreicht, aber der Durchsatz infolge der entstehenden Gutstauung gesenkt. Bewährt haben sich *Pendelschwingen- und Kurbelschwingenbrecher*.

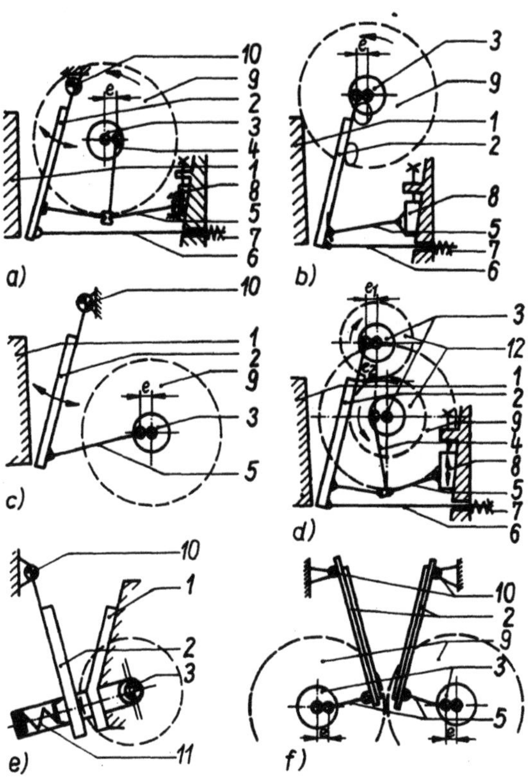


Bild 4.15. Übersicht über Funktionsprinzipien von Backenbrechern

*a*) Pendelschwingenbrecher
*b*) Kurbelschwingenbrecher
*c*) Direktbrecher
*d*) Pendelkurbel-Schwingenbrecher
*e*) Schlagbrecher mit geneigtem Brecherraum
*f*) Zweischwingenbrecher (Schnellschlagbrecher)

*1* Gehäusebrechbacke; *2* Schwingenbrechbacke; *3* Antriebswelle mit Exzenter; *4* Zugstange; *5* Druckplatten; *6* Federzugstange; *7* Rückholfeder; *8* Spalteinstellteile (Keil, Gleitklotz und Distanzplatten, Verstellspindel); *9* Schwungscheiben; *10* Schwingenachse mit Schwingenlager; *11* Druckfeder; *12* Zahnräder

Backenbrecher lassen große Aufgabestücke zu und werden als Vor- und Nachbrecher (Grob- und Mittelzerkleinerung) für harte und mittelharte Gesteine, Erze und ähnliche Materialien benutzt. Sie übertragen große Kräfte, sind einfach und robust. Der Zerkleinerungsgrad beträgt bei Grobbackenbrechern $\varepsilon = 5$ bis 9 und bei Nach- oder Feinbrechern $\varepsilon = 3$ bis 6. Entsprechend dem Verwendungszweck und der dafür einzusetzenden Backenbrechertype können z. B. bei Maulabmessungen von 2500 × 1800 mm und Spaltweiten von 400 mm Durchsätze von etwa 1000 $m^3\,h^{-1}$ erreicht werden. Die Auswahl der Backenbrechergröße, charakterisiert durch die Maulbreite × Maulweite ($b \times w$), erfolgt unter Berücksichtigung der Aufgabegutkorngröße, des geforderten Durchsatzes und der gewünschten Korngrößenverteilung des gebrochenen Gutes. Bei Vorbrechern sind vor allem die maximalen Korngrößen des mittels Bohrens und Sprengens gewonnenen Aufgabegutes und der Löffelinhalt des zum Einsatz kommenden Ladegerätes bedeutungsvoll. Aus Tabelle 4.4 gehen Beispiele für *Maulabmessungen* in Abhängigkeit des *Baggerlöffelinhaltes* hervor [70].

*Tabelle 4.4. Maulweiten von Backenbrechern (Vorbrecher) in Abhängigkeit des Baggerlöffelinhalts* [70]

| Inhalt des Baggerlöffels in $m^3$ | Maulabmessungen des Backenbrechers $b \times w$ in mm |
|---|---|
| 0,5 | 800 × 600 |
| 0,75 | 900 × 700 |
| 1,0 | 1000 × 900 |
| 1,5 | 1200 × 1000 |
| 2,5 | 1500 × 1200 |
| 3,0 | 1800 × 1500 |
| 7,5 | 2000 × 1600 |
| 9,0 | 2200 × 1700 |

## 4.3.1. Pendelschwingenbrecher

Sie werden vor allem als Grob- und Großbackenbrecher zur Vor- und Nachzerkleinerung von harten bis mittelharten Materialien eingesetzt. In Bild 4.16 ist ein Pendelschwingenbrecher (Bauart VEB SKET Magdeburg) dargestellt. Die schwingende Brechbacke (*2*), die von der Druckplatte (*5*) in periodische Pendelbewegungen versetzt wird, überträgt die Brechkraft auf das Brechgut im Arbeitsraum. Die Druckplatten (*5*) und (*6*) bilden mit der Zugstange (*9*) ein Kniehebelsystem, das besonders zur Übertragung großer Kräfte geeignet ist. Deshalb wird der Pendelschwingenbrecher verschiedentlich auch als Kniehebelbrecher bezeichnet. Der Antrieb des Kniehebelsystems erfolgt von der Antriebswelle (Exzenterwelle) (*8*) durch den Zugstangenkörper (*9*), der je Wellenumdrehung einmal gehoben und gesenkt wird. Damit der Schwingenkörper (*2*), die

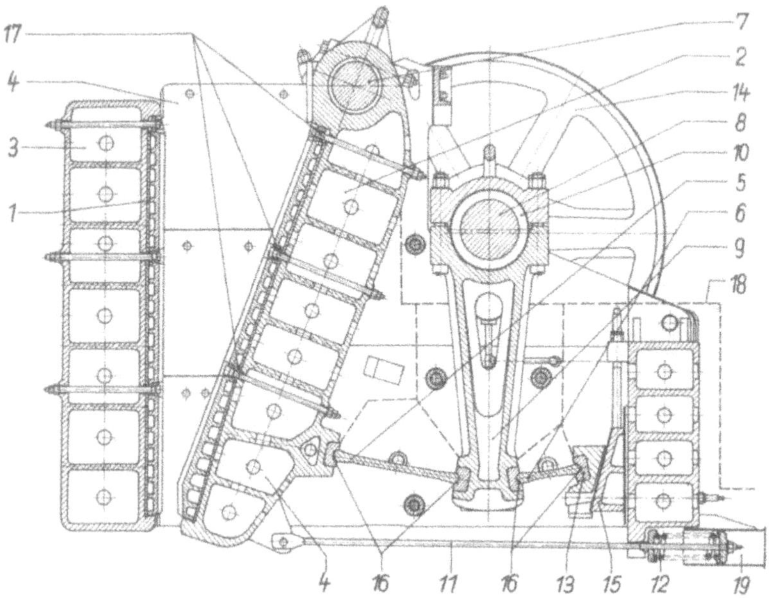


Bild 4.16. Pendelschwingenbrecher (Bauart SKET Magdeburg)

*1* Gehäusebrechbacke; *2* Schwingenkörper mit Brechbacke; *3* Brechergehäuse; *4* Seitenkeile; *5* vordere und *6* hintere Druckplatte; *7* Schwingenachse mit Schwingenlager; *8* Antriebswelle mit Exzenter; *9* Zugstangenkörper; *10* Zugstangenlager; *11* Federzugstange; *12* Rückholfeder; *13* Widerlager; *14* Schwung- und Antriebsscheibe; *15* Spalteinstellteile (Keil, Gleitklotz, Distanzplatten und Verstellspindel); *16* Druckplattenlager; *17* Klemmkeile zur Befestigung der Brechbacken; *18* Schmiermittelleitungen; *19* Federgehäuse

Gehäusestirnseite und die Seitenwände des Brechergehäuses (*3*) nicht verschleißen, werden diese durch verschleißfeste Gußelemente geschützt. Zur Gewährleistung einer sicheren Kraftübertragung vom Kniehebelsystem zur Schwingenbrechbacke (*2*) ist an ihrem unteren Ende eine Federzugstange (*11*) befestigt, die mit einer Rückholfeder (*12*) das Kniehebelsystem unter Spannung hält und beim Absenken des Zugstangenkörpers (*9*) die Schwingenbrechbacke in die Ausgangslage zurückholt. Dabei rutscht das Brechgut durch seine Schwerkraft nach, so daß der Brechvorgang bei der Aufwärtsbewegung der Zugstange erneut beginnen kann. Die hintere Druckplatte (*6*) ist gegen ein Widerlager (*13*) abgestützt, das durch Verstellung die Spaltweite verändert. Infolge der periodischen Arbeitsweise derartiger Brecher treten stoßartige Belastungen im Antriebssystem auf, die durch Schwungscheiben (*14*) ausgeglichen werden müssen. Zur Sicherung gegen Überlastung werden mechanische oder hydraulische *Überlastsicherungen* verwendet, die bei Überlastung die Kraftwirkungen in den Bauteilen der Brecher begrenzen und den Antriebsmotor abschalten. Die Brechbacken werden bei den Grobbrechern gerade und bei den Nachbrechern gewölbt ausgeführt. Dadurch wird beim Nach- und Feinbrechen eine bessere Kalibrierung des Gutes und damit eine kubische Kornform erreicht. In Bild 4.17 wurden für die Pendelschwingenbrecher ausgewählte Kennziffern dargestellt.

#### 4.3.1.1. Berechnungsgrundlagen

Die bei der Berechnung zu beachtenden stofflichen, verfahrenstechnischen und konstruktiven Einflüsse sind in Bild 4.18 aufgeführt. Dabei muß stets von der verfahrenstechnischen Aufgabenstellung, die das Brechgut mit der anfallenden Aufgabegut-Korngröße $d_A$, die gewünschte Korngröße des gebrochenen Gutes $d_F$, die Gutfestigkeit sowie den erforderlichen Durchsatz $\dot{m}$ einschließt, ausgegangen werden. Bild 4.19 zeigt ein bei Backenbrechern zugrunde gelegtes Berechnungsschema.

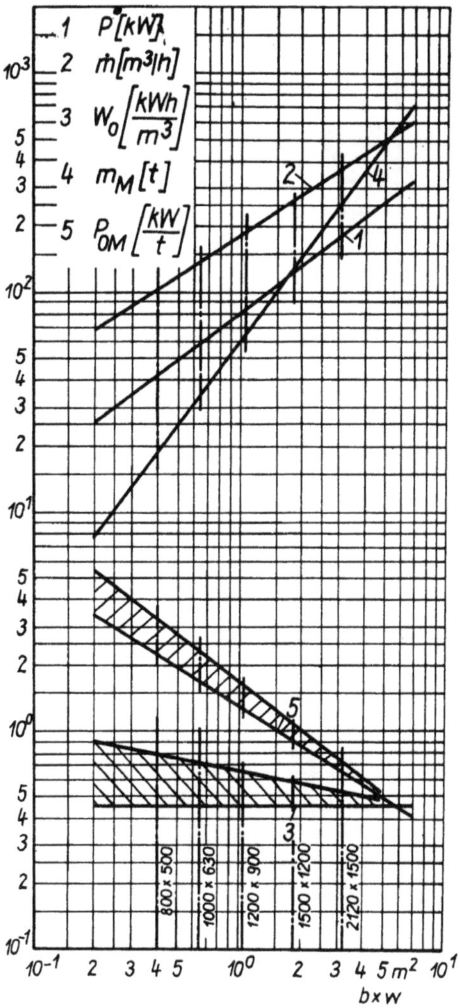


Bild 4.17. Ausgewählte technisch-ökonomische Kennwerte für Pendelschwingenbrecher

*1, 2, 4* Kennwerte für Pendelschwingenbrecher (SKET Magdeburg); *3* brechgutabhängige Mittelwerte; *5* Mittelwerte für international angebotene Brecher

**Einzugswinkel:** Der Einzugs- bzw. Brechwinkel zwischen der beweglichen und festen Brechbacke muß so gewählt werden, daß auch in ungünstigen Fällen kein Herausspringen des Brechgutes aus dem Brechraum erfolgt. Analog Bild 4.20 gilt dafür folgende Bedingung:

$$2\mu F \cos \alpha/2 \geqq 2F \sin \alpha/2 \quad \text{bei } F \gg F_G \qquad (4.50)$$

$$\mu \geqq \tan \alpha/2$$

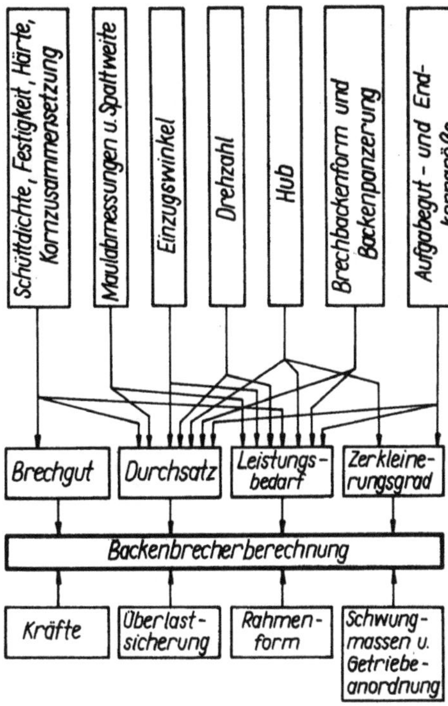


Bild 4.18. Einflußgrößen für die Backenbrecherberechnung

Wird der Reibungskoeffizient $\mu$ gleich dem Tangens des Reibungswinkels $\varrho$ gesetzt, so ergibt sich aus (4.50) $\alpha \leqq 2\varrho$. Bei einem angenommenen Reibungskoeffizienten $\mu = 0{,}3$ (Stahl-Brechgut) erhält man für $\varrho = \arctan 0{,}3 = 16° \, 40'$ und damit für $\alpha = 33° \, 20'$. Um eine entsprechende Sicherheit auch bei ungünstigsten Reibungsverhältnissen gewährleisten zu können, werden bei der praktischen Ausführung von Backenbrechern für den Brechwinkel $\alpha = 16$ bis $22°$ bei Grobbrechern und $\alpha = 14$ bis $20°$ bei Nachbrechern festgelegt.

**Drehzahl der Antriebswelle:** Die Drehzahl, bei der genügend zerkleinertes Gut gerade noch theoretisch aus dem Brechraum ausgetragen wird, bezeichnet man als *Grenzdrehzahl* $n_{Gr}$. Sie wird aus der geometrischen und physikalischen Beziehung für den Fallweg $l$ des Brechgutes errechnet. Da das Nachrutschen der einzelnen Schichten im Brechraum vom Volumen des je Hub $h$ ausfallenden gebrochenen Gutes abhängt, wird die Fallhöhe $l$ nach Bild 4.21 nach oben zu immer kleiner. Das beim Rückhub der Schwingen aus dem Brech-

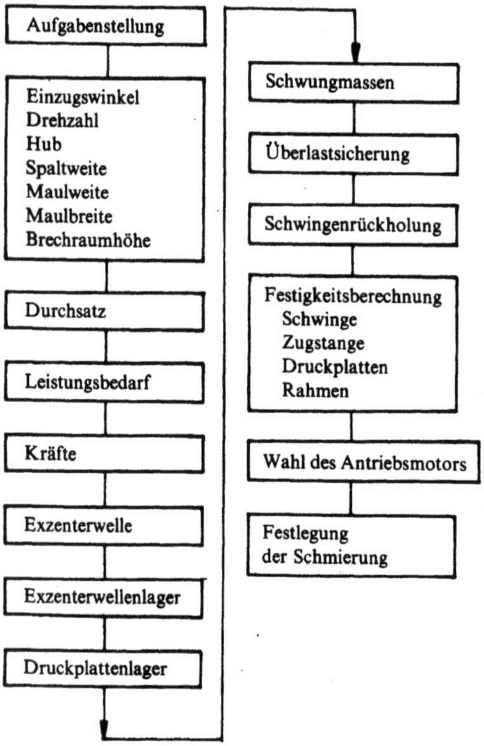


Bild 4.19. Berechnungsschema für Backenbrecher

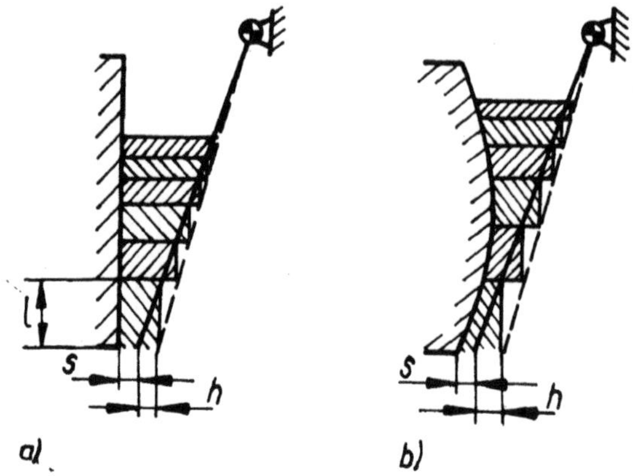


Bild 4.21. Schema der Zerkleinerung angenommener Schichten im Brechraum
*a*) Grobbrecher
*b*) Feinbrecher

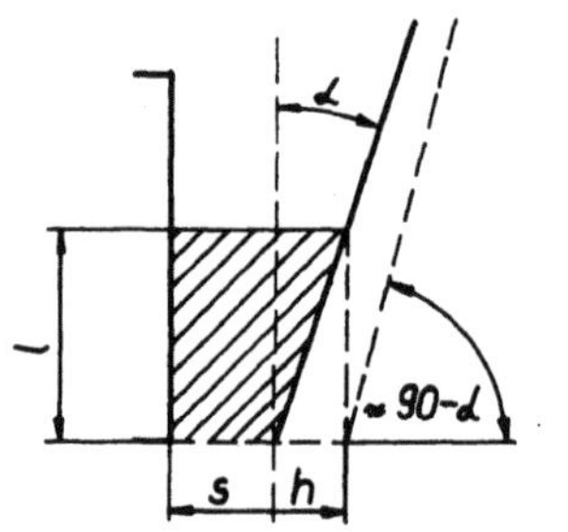


Bild 4.22. Schema zur Bestimmung der kritischen Drehzahl eines Backenbrechers

raum ausfallende Gutprisma besitzt nach Bild 4.22 einen trapezförmigen Querschnitt. Das angenommene Prisma fällt nur dann störungsfrei aus dem Brechspalt aus, wenn seine Fallzeit durch den Spalt kleiner oder gleich der Rückhubzeit der Schwinge ist. Bei einer bestimmten Antriebswellen-Drehzahl $n$ ergeben sich die Rückhubdauer der beweglichen Brechbacke $t_1$ und die Fallzeit des Gutprismas $t_2$ wie folgt:

$$t_1 = 1/2n \quad \text{und} \quad t_2 = \sqrt{2l/g} \tag{4.51}$$

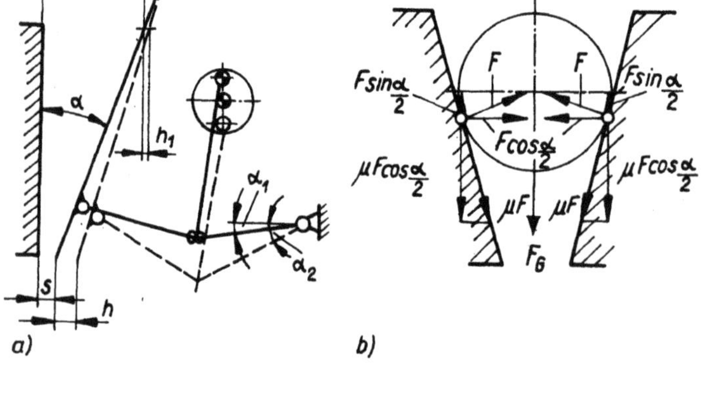


Bild 4.20. Schema eines Pendelschwingenbrechers zur Berechnung des Einzugswinkels α
*a*) Pendelschwingenbrecher
*b*) Einzugsbedingungen zwischen den Brechbacken

Bei Erfüllung der Bedingung $t_1 = t_2$ erhält man mit (4.51) und der aus Bild 4.22 ersichtlichen geometrischen Beziehung die Grenzdrehzahl:

$$n_{Gr} = (1/2)\sqrt{g \tan \alpha/2h} \tag{4.52}$$

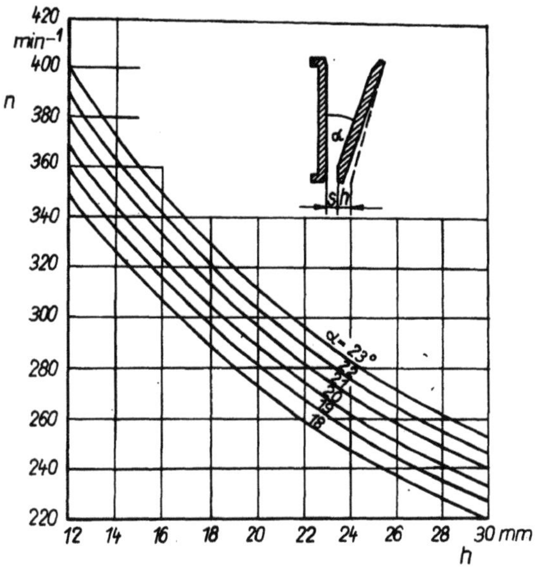


Bild 4.23. Abhängigkeit der Antriebswellen-Drehzahl $n$ vom Schwinghub $h$ bei unterschiedlichen Brechwinkeln $\alpha$ [72]

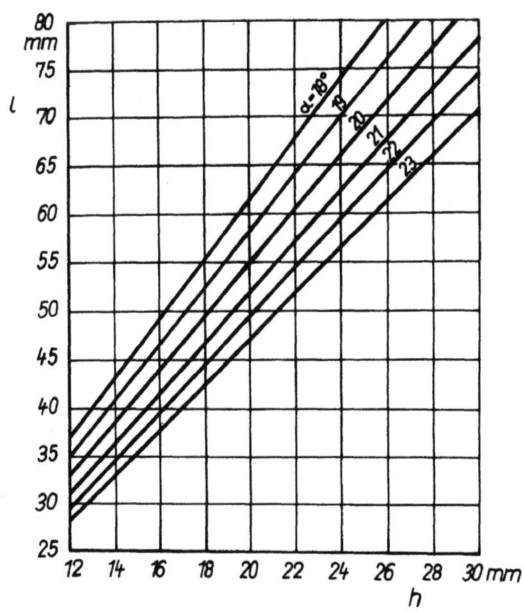


Bild 4.24. Abhängigkeit der Fallhöhe $l$ vom Schwinghub $h$ bei unterschiedlichen Brechwinkeln $\alpha$ [72]

In der Praxis wird die Drehzahl der Antriebswelle $n$ bei Grobbrechern etwa 10 bis 15% kleiner als $n_{Gr}$ gewählt. Bei Nach- oder Feinbrechern kann $n$ in der Nähe der Grenzdrehzahl liegen. Da $n$ nach (4.52) von $h$ und $\alpha$ abhängig ist, die unabhängig voneinander im zulässigen Bereich variiert werden können, sollten bei der Festlegung von $n$ die aus den Bildern 4.23 und 4.24 ersichtlichen Abhängigkeiten berücksichtigt werden [72]. In der Literatur werden folgende unterschiedliche Beziehungen für die Ermittlung der Betriebsdrehzahl $n$, die auf Erfahrungswerte aufbauen, angegeben [4, 54, 73]:

$$n \approx 280 \exp - 0{,}2w^3$$

$$\text{für} \quad w = 400 \text{ bis } 1200 \text{ mm} \quad \frac{n}{\text{min}^{-1}} \quad \frac{w}{\text{m}} \tag{4.53}$$

$$n \approx 17 d_F^{-0,3} \quad \text{bei} \quad d_F = s + h$$

$$\text{für} \quad w < 600 \text{ mm} \quad \frac{n}{\text{s}^{-1}} \quad \frac{d_F}{\text{mm}} \tag{4.54}$$

$$n \approx 13 d_F^{-0,3} \quad \text{für} \quad w > 900 \text{ mm} \tag{4.55}$$

$$n \approx 3{,}04 w^{-0,5}$$

$$\text{für} \quad \alpha = 22° \quad \text{und} \quad h \approx 0{,}054 w$$

$$\frac{n}{\text{s}^{-1}} \quad \frac{w}{\text{m}} \tag{4.56}$$

**Schwingenhub am Austragspalt:** Bei der Festlegung von $h$ ist zu beachten, daß bei jedem Beanspruchungsvorgang des Brechgutes durch die Schwingenbrechbacke die Elastizitätsgrenze des zu zerkleinernden Gutes überschritten werden muß, da sonst kein Bruch eintritt. Deshalb muß vor allem am Brechmaul die Voraussetzung (4.57) erfüllt sein (Bild 4.25):

$$h_1 \geqq \varepsilon d_A; \quad \varepsilon = \sigma_B/E \tag{4.57}$$

Für die Festlegung des Schwingenhubes $h_1$ am Brechmaul und $h$ am Austragspalt können folgende empirische Beziehungen verwendet werden [4, 54, 73]:

$$h_1 = (0{,}01 \ldots 0{,}03)\, w \quad \text{oder} \quad h = 0{,}06 w^{0,85}$$

$$\frac{h}{\text{m}} \quad \frac{w}{\text{m}} \tag{4.58}$$

Bei der Ermittlung von $h$ sind folgende Orientierungswerte zu beachten: $h$ = 20 bis 50 mm be

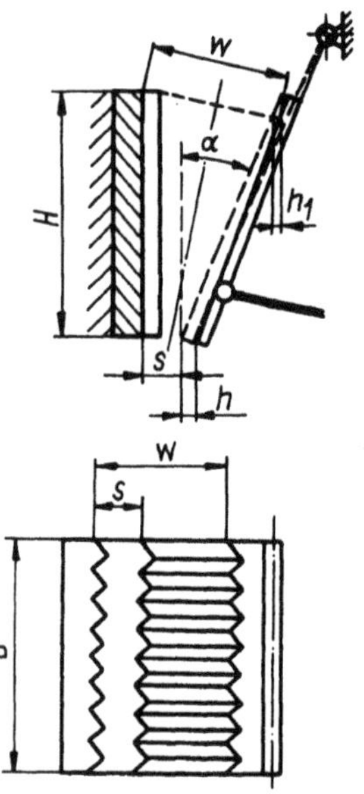


Bild 4.25. Schema zur Berechnung der geometrischen Abmessungen des Brechraumes

Grobbrechern; $h = 5$ bis 20 mm bei Nachbrechern; $h_{min} = 5$ bis 10 mm Mindesthub am Austragspalt; $h_{1\,min} = 4$ bis 6 mm Mindesthub am Brechermaul.

Unabhängig von den gegebenen Erfahrungswerten muß bei der Festlegung von $h$ beachtet werden, daß die maximale Endkorngröße $d_F$ eingehalten wird. Nach Bild 4.25 ergibt sich deren theoretische Größe zu

$$s \leqq d_F \leqq s + h \tag{4.59}$$

Damit der im ausgetragenen Gut vorhandene Überkornanteil möglichst klein bleibt, muß $h$ gegenüber $d_F$ klein gewählt werden. Dabei muß immer $h < s$ gelten.

**Geometrische Abmessungen des Brechraumes:** Die Maulweite $w$ wird rechtwinklig zur Winkelhalbierenden der Brechbacken gemessen, wenn die bewegliche Brechbacke geöffnet ist und der Spalt am Austrag $s + h$ beträgt. Die Messung geht vom Zahngrund an der Oberkante der feststehenden Brechbacke aus und verläuft bis zur Zahnspitze der beweglichen Backe. Um Verstopfungen am Brechmaul zu vermeiden, wird $w$ 15 bis 20% größer als die maximale Aufgabegut-Korngröße $d_A$ gewählt. Dabei ist jedoch zu beachten, daß die Maulweiten und -breiten bei Backenbrechern standardisiert sind.

Die Brechmaulbreite $b$ wird im allgemeinen in folgenden Grenzen festgelegt:

$$b_{Üb} = (1{,}3 \ldots 1{,}7)\,w \quad \text{für Grobbrecher}$$
$$b_{Üb} = (1{,}5 \ldots 3)\,w \quad \text{für Nachbrecher} \tag{4.60}$$

Bei der Bestimmung der Spaltweite $s$ ist von den oben genannten Überlegungen zum Hub $h$ sowie vom geforderten Zerkleinerungsverhältnis $\varepsilon$ auszugehen. $s$ wird dabei mit $d_F - h < s < d_F$ angenommen und ergibt sich zu

$$s \approx w/\varepsilon \quad \text{oder} \quad s = (w/\varepsilon) - h \tag{4.61}$$

Die Brechbacken- bzw. Brechraumhöhe $H$ erhält man nach Bild 4.25 wie folgt:

$$H \approx (w - s)/\tan\alpha \tag{4.62}$$

**Durchsatz:** Er wird unter Zugrundelegung des während des Rückhubes der beweglichen Brechbacke aus dem Brechraum ausfallenden Brechgutprismas und der Drehzahl der Exzenterwelle berechnet:

$$\dot{V} = Vn\varphi \tag{4.63}$$

($\varphi = 0{,}3$ bis $0{,}5$ Auflockerungsfaktor des gebrochenen Gutes im ausfallenden Prisma)

Das Volumen $V$ des ausfallenden Prismas läßt sich nach Bild 4.26 wie folgt berechnen:

$$V = (2s + h)\,bh/2\tan\alpha \tag{4.64}$$

Nach (4.63) ergibt sich mit (4.64) bei $n$ Hüben folgender Volumendurchsatz:

$$\dot{V} = \varphi n(s + h/2)\,hb/\tan\alpha \quad \text{in m}^3\,\text{s}^{-1} \tag{4.65a}$$

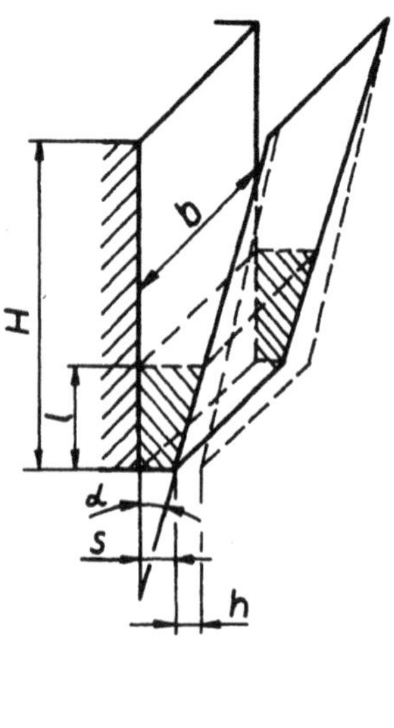


Bild 4.26. Schema zur Berechnung des Durchsatzes mit ausfallendem Brechgutprisma

Wird für $d_F \approx s + h/2$ angenommen, so kann an Stelle von (4.65a) auch geschrieben werden:

$$\dot{V} \approx \varphi n d_F h b / \tan\alpha \qquad (4.65\text{b})$$

Der Massendurchsatz $\dot{m}$ ergibt sich durch Multiplikation mit der Schüttdichte des Brechgutes $\varrho_{gebr.}$.

Der nach obigen Beziehungen berechnete Durchsatz stellt eine Näherungslösung dar. Eine exakte Durchsatzberechnung ist aufgrund vielfältiger Einflüsse nicht möglich. In der Literatur werden sehr unterschiedliche Beziehungen zur Durchsatzberechnung angegeben, die oft wesentlich voneinander abweichende Werte ergeben [4, 73, 74, 70].

**Leistungsbedarf:** Auch diese Berechnung ist aufgrund vielfältiger, nicht erfaßbarer Einflußfaktoren sehr kompliziert, so daß meist mit empirischen Beziehungen gerechnet wird. Nachfolgend werden sowohl empirische Beziehungen als auch theoretische Ansätze zur Bestimmung des Leistungsbedarfes behandelt.

Ist $W_0$ aus Betriebsmessungen bekannt oder experimentell für die jeweiligen Bedingungen ermittelbar, so kann $P$ bei vorgegebenem Massen- oder Volumendurchsatz näherungsweise nach Abschn. 3.2., Gl. (3.19), berechnet werden:

$$P = W_{0\dot{m}}\dot{m} \quad \text{oder} \quad P = W_{0\dot{V}}\dot{V}$$

Für $W_{0\dot{V}}$ sind Orientierungswerte in Abhängigkeit von der Spaltweite $s \approx d_F$ in Bild 4.27 aufgetragen, die für Überschlagsrechnungen genutzt werden können.

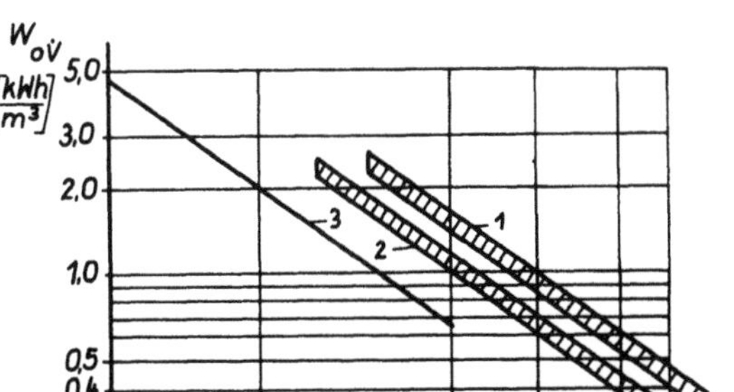


Bild 4.27. Orientierungswerte für den spezifischen Arbeitsbedarf $W_{0\dot{V}}$ in Abhängigkeit der Spaltweite $s$

*1* Backenbrecher für hartes bis sehr hartes Gut bei $\varepsilon \approx 5$; *2* Steilkegelbrecher für mittelhartes und hartes Gut bei $\varepsilon \approx 6$; *3* Flachkegelbrecher für hartes Gut bei $\varepsilon \approx 10$

Bei der theoretischen Berechnung des mechanischen Leistungsbedarfes $P_{mech}$ an der Antriebskupplung wird von Gl. (4.39) (Abschn. 4.2.2.) ausgegangen, wobei die ideale Grenzflächenenergie zum Trennen der Elementarteilchen vernachlässigt wird. Damit setzt sich $P_{mech}$ aus dem für die Zerkleinerung notwendigen Leistungsanteil $P_Z$ und dem durch mechanische Verluste in der Maschine bedingten Bedarf $P_R$ zusammen.

$$P_{mech} = P_Z + P_R \qquad (4.66)$$

■ *Bestimmung von* $P_Z$: In Backenbrechern erfolgt die Zerkleinerung vorrangig durch Druckbeanspruchung. Dabei werden die zu zerkleinernden Teile bis zum Bruch verformt. Die dazu benötigte Formänderungsenergie entspricht angenähert der Zerkleinerungsarbeit.

$$W_Z = \int F\,\mathrm{d}l = (V/E)\int \sigma\,\mathrm{d}\sigma = \sigma_B^2 V/2E \qquad (4.67)$$

Da ein Teil des Gutes nicht durch reine Druckwirkung, sondern infolge unregelmäßiger Kornformen durch unterschiedliche Beanspruchung (Druck und Scherung) zerkleinert wird, ist die Beanspruchung $\sigma_B$ nicht identisch mit der *Druckfestigkeit* $\sigma_D$ des Materials, sondern wesentlich geringer. *Baumann* [73] und *Olevskij* [74] führten, ausgehend von der Einzelkornzerkleinerung harter Stoffe (wie Granit, Diabas, Sandstein u. a.), zur Ermittlung der *Bruchkraft* $F_B$ eine Rechengröße $p$ ein, die $F_B$ proportional ist und auf eine idealisierte Beanspruchungsfläche $A_{id}$ bezogen wird:

$$p = F_B/A_{id} \qquad (4.68)$$

Untersuchungen haben ergeben, daß $p$ proportional der Zugfestigkeit $\sigma_Z$ des Materials ist und bei spröden Einzelkörnern, z. B. Granit, $1{,}2\sigma_Z$ beträgt. Berücksichtigt man durch Einführung eines Koeffizienten $\varphi_0$, daß bei der Zerkleinerung im Arbeitsraum nicht die volle projektierte Fläche des Arbeitsorganes (z. B. feste Brechbacke) beansprucht wird, so ergibt sich die erforderliche Bruchkraft zu

$$F_B = F_Z = p\varphi_0 A = 1{,}2\sigma_Z\varphi_0 A = F_{0B}A \qquad (4.69)$$

($\varphi_0$ Ausnutzungskoeffizient der Arbeitsfläche des Arbeitsorganes, der bei den einzelnen Brecherprinzipien unterschiedlich ist, z. B. $\varphi_0 \approx 0{,}25$ bei Backenbrechern. Für harte, für die Zerkleinerung in Backenbrechern typische Materialien (wie z. B. Granit, Diabas u. a.) mit $\sigma_Z \approx 9\ \mathrm{MN\,m^{-2}}$ ergibt sich für $p = 1{,}2 \cdot 9 = 11\ \mathrm{MN\,m^{-2}}$ und $p\varphi_0 = F_{0B} \approx 2{,}7\ \mathrm{MN\,m^{-2}}$.)

Setzt man voraus, daß der Zerkleinerungsvorgang bei der Druckzerkleinerung von der Beanspruchungsgeschwindigkeit unabhängig ist, dann ist die für ein Arbeitsspiel notwendige Zerkleinerungsarbeit neben der Kraftwirkung nur von der Abstandsänderung der Zerkleinerungswerkzeuge abhängig. Dabei kann sich das Brechgut im Grenzfall wie ein elastischer oder starrer Körper verhalten.

*a) Das Brechgut verhält sich wie ein elastischer Körper*: Ist das der Fall, dann steigt die Kraft $F$ nach Bild 4.28a proportional dem Verformungsweg (beim Backenbrecher proportional dem Schwingenhub $h$) an. Das Maximum der Kraft, d. h. $F_Z$, wird am Hubende erreicht, wobei in Bild 4.28 der mittlere Hub $h_m$ eingetragen wurde. Unter der Annahme, daß in diesem Moment alle im Brechraum befindlichen Körner bis zur Bruchspannung belastet sind, kann mit (4.70) für die Zerkleinerungsarbeit $W_Z$ je Arbeitsspiel geschrieben werden:

$$W_Z = F_Z h_m/2 = p\varphi_o h_m A/2 = F_{oB}\,\Delta V/2 \qquad (4.70)$$

($A = Hb$ Arbeitsfläche der Gehäusebrechbacke; $h_m$ mittlerer Hub der Schwingenbrechbacke; $\Delta V$ während eines Hubes im Brechraum verdrängtes Volumen, das beim Backenbrecher $\Delta V = Hbh_m$ beträgt.)

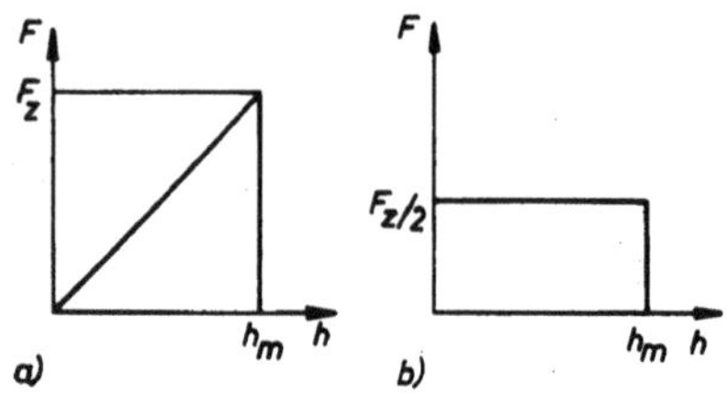


Bild 4.28. Zerkleinerungskraft $F_Z$ in Abhängigkeit des mittleren Hubes $h_m$
*a)* elastischer Körper
*b)* starrer Körper

*b) Das Brechgut verhält sich wie ein starrer Körper*: Trifft diese Variante zu, so ergeben sich während des Arbeitshubes viele einzelne Zerkleinerungsvorgänge. Die Zerkleinerung beginnt bereits am Anfang des Arbeitsspieles und verläuft bei homogener Zusammensetzung des Brechgutes bis zum Hubende gleichbleibend (Bild 4.28b). Das bedeutet, daß auch die Spannungszustände von Null bis $\sigma_B$ homogen verteilt sind. Für die Zerkleinerungsarbeit $W_Z$ je Arbeitsspiel ergibt sich ebenfalls (4.70).

Obwohl die dargestellten Grenzfälle in der Praxis nicht auftreten, sich aber in beiden Fällen für die Zerkleinerungsarbeit $W_Z$ die gleichen Beziehungen ergeben, kann mit hinreichender Genauigkeit angenommen werden, daß Gleichung (4.70) auch für den allgemeinen Fall zutrifft.
Beim maschinellen Zerkleinerungsprozeß werden bei ausreichend aufgelockerter Gutschicht zwischen den Zerkleinerungswerkzeugen die Spannungen in den einzelnen Brechgutteilen nur bis zur Bruchspannung, d. h. bis zum Zerkleinerungsvorgang ansteigen. Der Hub muß dabei so bemessen sein, daß an allen Stellen im Brechraum eine Zerkleinerung möglich ist. Für einen Backenbrecher kann die theoretische Zerkleinerungsarbeit $W_Z$ nach Bild 4.29 dargestellt werden, wenn am Brechmaul das elastische und am Austrittspalt das unelastische Modell angenommen wird. Bei beliebiger Drehzahl läßt sich der für die Zerkleinerung erforderliche Leistungsbedarf mit (4.70) aus folgender Beziehung ermitteln:

$$P_Z = W_Z n = F_{oB} Hbh_m n/2 \quad \text{in W} \qquad (4.71)$$

($F_{0B} = p\varphi_0 = 2{,}7\ \text{MN m}^{-2}$ bei Backenbrechern für harte Materialien)

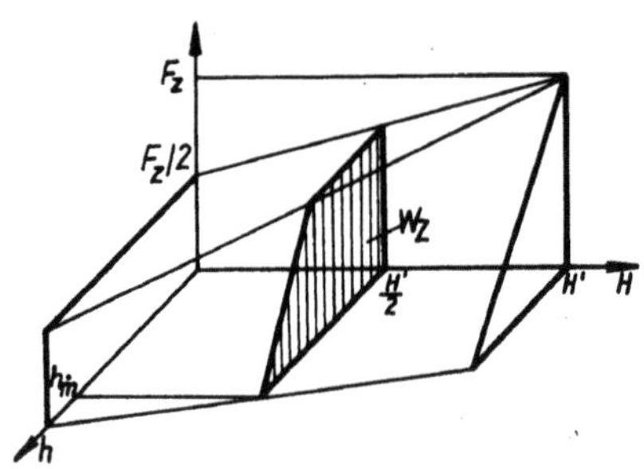


Bild 4.29. Theoretische Zerkleinerungsarbeit $W_Z$ im Backenbrecher

■ *Bestimmung von $P_R$*: $P_R$ setzt sich aus einzelnen Leistungsanteilen $P_{Ri}$ zur Überwindung der Reibung in den Lagern zusammen. Die zur Berechnung erforderlichen Kräfte $F_i$, die sich während einer Umdrehung der Antriebswelle von Null bis $F_{max}$ ändern, können analytisch oder graphisch ermittelt werden. Bei Backenbrechern ergibt sich $P_R$

im wesentlichen aus der Reibungsleistung der Antriebswelle und der Lager der beweglichen Brechbacke.

$$P_R = \sum_{i=1}^{k} P_{Ri} = \sum_{i=1}^{k} F_{max\,i}\mu_i r_{Li}\omega_i \quad \text{in W} \tag{4.72}$$

($F_{max\,i}$ maximale Kraft an der Lagerstelle $i$; $\mu_i$ Reibungskoeffizient, bei Gleitlagern 0,05 bis 0,06, bei Wälzlagern 0,0015 bis 0,002; $r_i$ Wellen- bzw. Lagerradius; $\omega_i$ Winkelgeschwindigkeit an der Lagerstelle $i$)

Steht $P_R$ nicht zur Verfügung, so kann der mechanische Leistungsbedarf $P_{mech}$ auch unter Beachtung des mechanischen Wirkungsgrades $\eta_{mech}$ berechnet werden:

$$P_{mech} = P_Z/\eta_{mech} \tag{4.73}$$

Beim Pendelschwingenbrecher entfallen die Leistungsanteile zu 65 bis 85% auf die Zerkleinerung, 10 bis 20% auf die Reibung in der Exzenterwellen-, 6 bis 15% auf die Druckplatten- und 0,5 bis 1% auf die Schwingenlagerung. Hieraus ist ersichtlich, daß der Leistungsbedarf zur Überwindung der Reibung in den Lagern, insbesondere in der Exzenterwellenlagerung relativ groß ist und durch gute Lagerauswahl, -gestaltung und -schmierung klein gehalten werden muß.

Da die erforderliche Antriebsleistung eines Backenbrechers von vielen Einflußfaktoren abhängt, die man in der Mehrzahl nicht exakt bestimmen kann, werden in [70, 73, 74] verschiedene Beziehungen angegeben. Von *Baumann* [73] wird z. B. auf eine Beziehung orientiert, in die nur die Brechmaulabmessungen und eine Konstante C eingehen:

$$P_{mech} = bw/C \qquad \frac{P \quad\; b, w \quad C}{\text{kW} \quad \text{cm} \quad -} \tag{4.74}$$

(C = 200 für Grobbrecher; C = 100 bis 150 für Nachbrecher und C = 60 für Feinbrecher)

Zur Erhöhung der Sicherheit bei Überlastung ist die Nennleistung des Antriebsmotors um etwa 15 bis 20% größer zu wählen als $P_{mech}$ nach Gln. (4.73) und (4.74).

**Stützkräfte:** Die Lebensdauer- und Festigkeitsberechnung der Brecherbauteile setzt die Ermittlung der in den einzelnen Bauteilen wirkenden Kräfte voraus. Dabei ist zu beachten, daß in den Bauteilen Spitzenbelastungen auftreten können, die vom Füllungsgrad im Brechraum, der Festigkeit des Brechgutes $\sigma$, der Aufgabegutkorngröße $d_A$ und unbrechbaren Fremdkörpern (Stahl) abhängen.

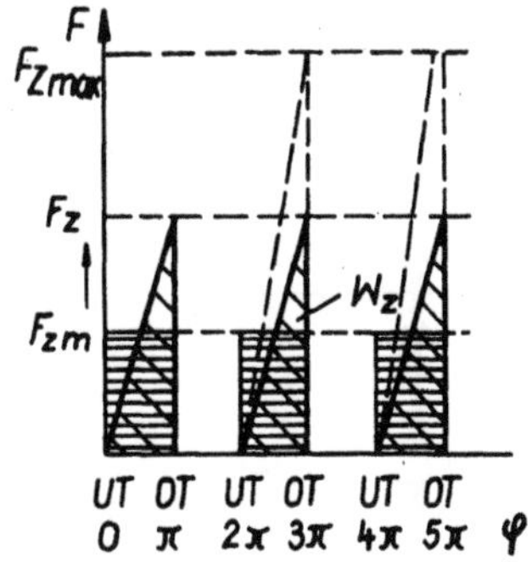


Bild 4.30. Zerkleinerungskräfte $F_Z$ bei Backenbrechern in Abhängigkeit vom Drehwinkel $\varphi$ der Antriebswelle (*UT* unterer Totpunkt und *OT* oberer Totpunkt der Zugstange)

Die vor allem durch unbrechbare Fremdkörper entstehenden Spitzenbelastungen können weit über der Normalbelastung der Bauteile liegen (Bild 4.30). Da zur Glättung stoßartiger Belastungen des Antriebsmotors an der Exzenterwelle Schwungmassen als Energiespeicher angeordnet sind, deren Energieabgabe bei nicht brechbaren Teilen zu extrem hohen Belastungen der Bauteile führen kann, müssen trotz entsprechender Sicherheitsfaktoren bei der Dimensionierung der Bauteile Überlast- oder Bruchsicherungen vorgesehen werden. Die Berechnung der Kräfte muß vom Brechraum her erfolgen und sich der Getriebekinematik entsprechend bis zum Antrieb hin aufbauen. Dabei wird bei der Bestimmung der Zerkleinerungskräfte $F_Z$ davon ausgegangen, daß vom ersten Moment des Schließens der Schwingenbrechbacke bis zum Ende des Hubes $h_m$, der hierbei nach Bild 4.31 im Angriffspunkt der resultierenden Zerkleinerungskraft $F_Z$ gemessen wird, die Brechkraft von Null bis zu einem Maximalwert linear ansteigt. In Bild 4.30 ist die idealisierte Zerkleinerungskraft bei gleichen Belastungen je Hub in Abhängigkeit vom Drehwinkel der Exzenterwelle dargestellt. Da für die Zerkleinerungsarbeit nach Bild 4.30 bei einmaliger Beanspruchung

$$W_Z = F_Z h_m/2 = F_{Zm} h_m \tag{4.75}$$

geschrieben werden kann, ergibt sich für $F_Z = 2F_{Zm}$. Mit $P_Z = W_Z n$ und (4.75) erhält man zwischen $F_Z$ und $P_Z$ folgenden Zusammenhang:

$$F_Z = 2W_Z/h_m = 2P_Z/nh_m \tag{4.76}$$

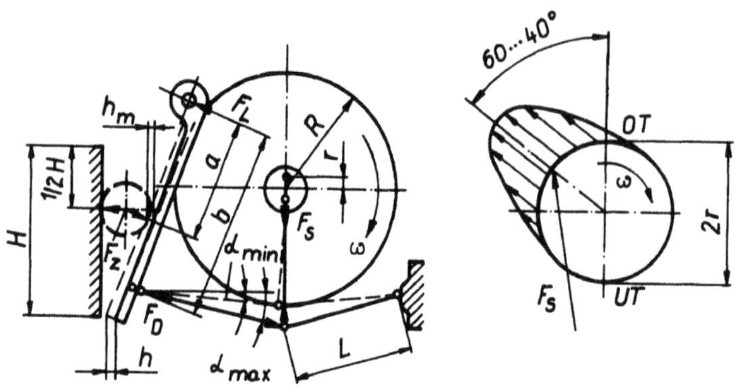


Bild 4.31. Schema zur Berechnung der Kräfte bei Pendelschwingenbrechern [75] ($\alpha_{min}$ = 4 bis 6°; $\alpha_{max}$ = 8 bis 15°)

Steht zur Berechnung von $F_Z$ nur $P_{mech} = W_{o\dot{m}}$ zur Verfügung, so kann $F_Z$ mit $\eta_{mech}$ auch nach (4.77) ermittelt werden:

$$F_Z = 2P_{mech}\eta_{mech}/nh_m \tag{4.77}$$

Sind die Zerkleinerungskraft $F_Z$ und die geometrischen Abmessungen $a$ und $b$ bekannt, so können auf analytischem oder graphischem Wege die Kräfte in allen Bauteilen des Brechers bestimmt werden. Nach Bild 4.31 kann für den Angriffspunkt von $F_Z$ die halbe Brechraumhöhe angenommen werden. Dabei ist zu beachten, daß die größten Zugstangen- und Druckplattenkräfte bereits 40 bis 60° vor der höchsten Exzenterlage (oberer Totpunkt) auftreten und für die Lebensdauerberechnung der Lager je Exzenterwellenumdrehung ein Last- und ein Leerhub zu berücksichtigen sind.

Die bei der Berechnung gegen Gewaltbruch von Bauteilen zugrunde zu legenden maximalen Kräfte sind von der Einstellung bzw. Gestaltung der Überlastsicherung abhängig. Sie werden so eingestellt oder dimensioniert, daß im ungünstigsten Fall nur die doppelten Zerkleinerungskräfte $F_Z$ bei einem Stoßfaktor von $k_B = 2{,}0$ wirksam werden können:

$$F_{Z\,max} = k_B F_Z = 2k_B F_{Zm} = 2k_B P_Z/nh_m \tag{4.78}$$

**Schwungmassen:** Bei der Zerkleinerung im Backenbrecher ergeben sich infolge der Beanspruchungs- und Entlastungshübe der beweglichen Brechbacke sowie durch unterschiedliche Füllungsgrade und Festigkeiten des Brechgutes Belastungsspitzen, die unterschiedliche Größen aufweisen. Um die dadurch bedingten Schwankungen des Energiebedarfes auszugleichen, sind Energiespeicher in Form der Schwungmassen auf der Exzenterwelle angeordnet. Diese sollen aber nicht nur zum Abglätten von Belastungsspitzen dienen, sondern auch einen Energiespeicher bei Stromausfall darstellen, damit noch im Brechraum befindliches Material möglichst zerkleinert und ausgetragen wird.

Die Zerkleinerungsarbeit wird beim Backenbrecher durch die unmittelbar vom Antriebsmotor übertragene Energie und teilweise durch die während des Leerhubes in den Schwungmassen aufgespeicherte Energie geleistet. Da der Arbeitswiderstand der Maschine innerhalb einer Arbeitsperiode nicht konstant ist, tritt zwangsläufig eine ständige Schwankung der Winkelgeschwindigkeit an der Antriebswelle auf, die möglichst klein gehalten werden muß.

Wird die Winkelgeschwindigkeit des Schwungrades bzw. der Exzenterwelle am Anfang des Arbeitshubes mit $\omega_1$ und am Ende mit $\omega_2$ bezeichnet, so beträgt die mittlere Winkelgeschwindigkeit

$$\omega = (\omega_1 + \omega_2)/2 \tag{4.79}$$

Der durch Änderung von $\omega_1$ und $\omega_2$ auftretende Ungleichförmigkeitsgrad wird wie folgt definiert:

$$\delta = (\omega_1 - \omega_2)/\omega_m = 2(\omega_1 - \omega_2)/(\omega_1 + \omega_2) \tag{4.80}$$

($\delta$ = 0,01 bis 0,03 bei Zerkleinerungsmaschinen)

Unter der Annahme, daß die Zerkleinerungsarbeit vom Antriebsmotor und von der gespeicherten Energie der Schwungmassen geleistet wird, ergibt sich $W_Z$ für einen Arbeitshub zu

$$W_Z = P_M t_1 \eta_{mech} + (\omega_1^2 - \omega_2^2)\,\Theta/2 = F_Z h_m/2 \tag{4.81}$$

Mit $\Theta = mR^2$; $(\omega_1^2 - \omega_2^2) = 2\omega_m^2\delta$; $\omega_m = 2\pi n$ und $t_1 = {}^1/_2 n$ kann (4.81) wie folgt umgeformt werden:

$$\Theta = mR^2 = (F_Z h_m/2 - P_M \eta_{mech}/n)/4\pi^2 n^2 \delta \quad (4.82)$$

Danach können die Schwungräder dimensioniert werden, wobei $m$ die Masse und $R$ den Trägheitsradius der Schwungräder darstellen. Dabei muß beachtet werden, daß das notwendige Übersetzungsverhältnis für den Keilriementrieb gewährleistet und die zulässige Umfangsgeschwindigkeit nicht überschritten wird (Grauguß $v < 40$ m s$^{-1}$). Bei $v > 40$ m s$^{-1}$ muß Stahlguß verwendet werden. Backenbrecher haben in der Regel 2 Schwungräder, um die Exzenterwelle weitgehend von zusätzlichen Torsionsspannungen zu entlasten.

**Schwingenrückholung:** Mit Hilfe von Federn, die auf einer an der beweglichen Brechbacke angreifenden Rückholzugstange angeordnet sind, wird der Kniehebelmechanismus nach Bild 4.32 ver-

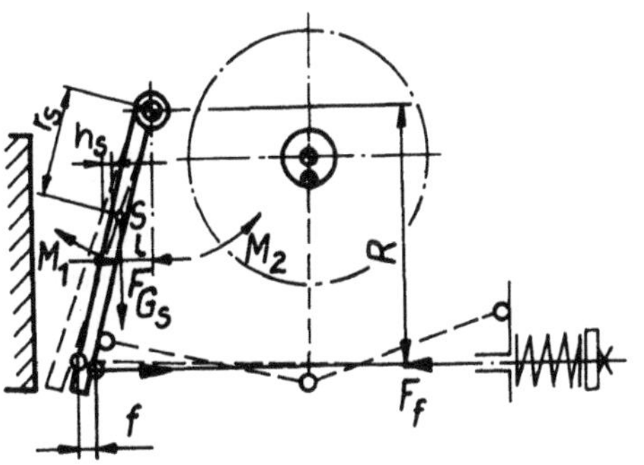


Bild 4.32. Schema zur Berechnung der Schwingenrückholung

spannt. Zur Berechnung der Federn ist es notwendig, die erforderliche Spannkraft $F_f$ während des Verlaufes der Schwingbewegung der beweglichen Brechbacke zu bestimmen. Dabei muß auf eine günstige Wahl der Federkennlinie geachtet werden, da bei zu hoher Federspannung der Energieverbrauch steigt und bei zu geringer Federspannung ein Klappern der Druckplatten nicht zu vermeiden ist. Bei größeren Brechern werden meist mehrere Zugstangen und Federn verwendet.

Zur Berechnung der Spannkraft der Federn muß das dynamische und statische Moment der Schwingenbrechbacke, bezogen auf die Schwingenachse, bekannt sein:

$$M = M_1 + M_2 = \Theta\ddot{\varphi} - m_s gl \quad (4.83)$$

Die maximale Spannkraft der Federn beträgt:

$$F_{f\,max} = kM/R \quad (4.84)$$

($k$ = 1,5 bis 2 Sicherheitsfaktor)

Für die somit erhaltene Federkraft sind die Federn nach den üblichen Methoden zu berechnen. Damit diese für den vorgesehenen Verwendungszweck nicht zu hart werden, soll die Anzahl der Windungen nicht unter 5 liegen. Zur Gewährleistung einer ausreichenden Lebensdauer werden nur $^2/_3$ der maximalen Federkraft ausgenutzt, wodurch sich für die tatsächliche Belastung der Federn nach Bild 4.33 folgender Ausdruck ergibt [78]:

$$F_f = (^2/_3)\,F_{f\,max} = F_{f\,stat} + F_{f\,verst} + F_{f\,dyn} \quad (4.85)$$

($F_{f\,stat}$ Vorspannung der Feder bei größter Spaltweite; $F_{f\,verst}$ Erhöhung der Federkraft durch Verkleinerung der Spaltweite; $F_{f\,dyn}$ Federkrafterhöhung durch den Hub der beweglichen Brechbacke)

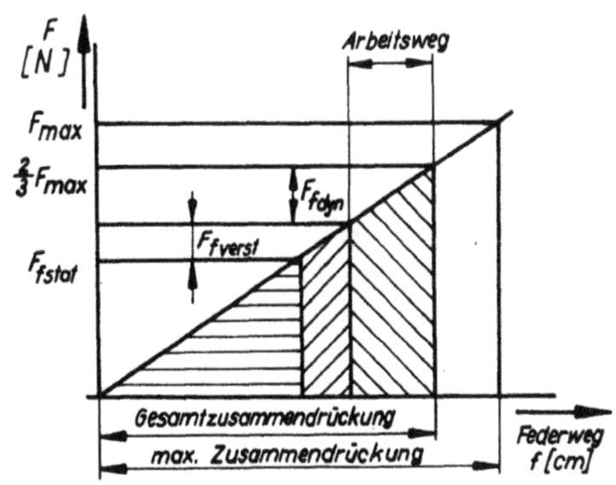


Bild 4.33. Schema zur Festlegung der Kennlinie für die Rückholfeder(n) [78]

In Backenbrechern treten durch periodisch bewegte Massen dynamische Beanspruchungen der Bauteile und Schwingungen im Rahmen und in den Fundamenten auf. Diese sind bei der Dimensionierung der Bauteile zu berücksichtigen und durch Ausgleichsmassen zu minimieren.

#### 4.3.1.2. Gesichtspunkte zur Konstruktion

Bei der Konstruktion von Pendelschwingenbrechern ist der Gestaltung der Exzenterwellenlagerung, der Ausbildung des Brecherrahmens, des

Kniehebelmechanismus und der Brechbacken besondere Beachtung zu schenken, da diese Baugruppen die Verfügbarkeit und Lebensdauer eines Brechers wesentlich beeinflussen. Aus der Sicht der Materialökonomie ist es wichtig, den Massenanteil der einzelnen Baugruppen und den Anteil der allgemein zum Einsatz gelangenden Konstruktionswerkstoffe zu kennen. Dazu geben die Tabellen 4.5 und 4.6 eine Übersicht [78]. In letzter Zeit werden geschweißte Bauweisen bevorzugt, da sie bei gleicher Steifigkeit leichter und billiger sind als Gußkonstruktionen.

*Tabelle 4.5. Masseanteile der Baugruppen bei Pendelschwingerbrechern*

| Baugruppe | Masseanteil in % |
|---|---|
| Brecherrahmen mit fester Brechbacke und Seitenkeilen | 40 ... 50 |
| Schwingenbrechbacke mit Schwingenachse | 13 ... 18 |
| Zugstange mit Antriebswelle und Lagerung | 8 ... 13 |
| Schwungmassen | 20 ... 25 |
| Druckplatten, Verstellmechanik, Federn und sonstige Teile | 3 ... 5 |

*Tabelle 4.6. Masseanteil der üblichen Konstruktionswerkstoffe bei Backenbrechern*

| Werkstoff | Masseanteil in % | |
|---|---|---|
| | Geschweißte Ausführung | Gegossene Ausführung |
| Mangan-Hartstahl | 7 ... 10 | 7 ... 10 |
| Stahlguß | 16 ... 22 | 45 ... 55 |
| Grauguß | 20 ... 25 | 20 ... 25 |
| Walzstahl | 44 ... 52 | 12 ... 18 |
| Lager und sonstige Bauteile | 0,5 ... 1 | 0,5 ... 1 |

**Brecherrahmen:** Diese werden beim Zerkleinerungsvorgang großen Belastungen ausgesetzt. Sie müssen deshalb massiv und starr ausgebildet werden. Nach Bild 4.34 sind einteilige und aus mehreren Elementen zusammengesetzte, gegossene und geschweißte Rahmen sowie *Verbundbauweisen* (Guß- und Schweißkonstruktion) üblich. Während kleinere Brecher einteilig ausgebaut werden, führt man die Gehäuse für größere fast immer zwei- oder mehrteilig aus, da damit die Guß-, Schweiß-, Transport- und Montagetechnologie vereinfacht werden können. Wird ein mehrteiliger Rahmen verwendet, so muß auf ausreichende Eckensteifigkeit und auf gute Versteifung der Seiten- und Stirnteile geachtet werden. Für die Verbindung der einzelnen Rahmenteile müssen neben hochfesten Verschraubungen auch Entlastungselemente, wie Paßfedern, Leisten, Paßbolzen und Schultern, vorgesehen werden. Quer- und Längsversteifungen sind nach den üblichen Regeln der Querschnittsversteifung anzuordnen. Die Steifigkeit der Brecherrahmen gegen seitliche Ausweitung wird bei verschiedenen Konstruktionen durch die Einspannung der Schwingenachse im Rahmen vergrößert. Die Bearbeitung von mehrteiligen oder großen Brecherrahmen erfordert besondere technologische Vorbereitungen, die bereits bei der konstruktiven Gestaltung zu berücksichtigen sind. Neben der Verbolzung der einzelnen Teile sind übersichtliche Bezugsebenen vorzusehen, da nur bei genauer Bearbeitung der Rahmenteile eine kinematisch einwandfreie Übertragung der Kräfte möglich ist.

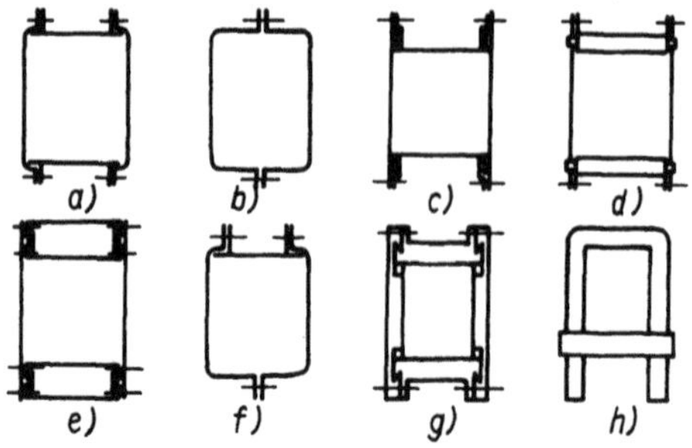


Bild 4.34. Ausgewählte Beispiele zur Gestaltung ein- und mehrteiliger Backenbrecherrahmen (Brechergehäuse)
*a*) Paßecken
*b*), *f*) Paßbolzen
*c*), *e*) Paßfeder
*d*) Paßschultern
*g*) Vertikalkeile
*h*) einteiliger Rahmen

**Exzenterwelle:** Die als Exzenter ausgebildete Antriebswelle trägt auf ihrem exzentrischen Mittelteil die Lagerung der Zugstange und ist im Brecherrahmen gelagert. Sie wird durch die Zugstangenkraft auf Biegung beansprucht und muß das für die

Zerkleinerungsarbeit im Brechraum und für die Überwindung der Reibung in den Lagerstellen des Brechers notwendige Drehmoment übertragen. Während bei der Festlegung der Exzentrizität $e$ die Durchmesser der Schwingenlager und ihre Tragfähigkeit beachtet werden müssen, aber der Schwingenhub aus zerkleinerungstechnischen Gründen feststeht, ergeben sich nur in der Anordnung des Kniehebelsystems Variationsmöglichkeiten. Die Kinematik des Kniehebelsystems muß nach Festlegung der Exzentrizität sowie der Kniehebelgeometrie graphisch überprüft werden, wobei folgende Grenzwerte für die Druckplattenlänge eingehalten werden müssen [75]:

$$16{,}5e < L < 25e \tag{4.86}$$

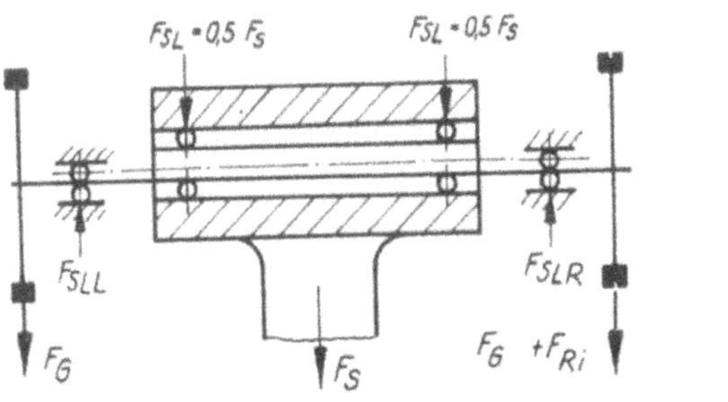


Bild 4.35. Schema zur Berechnung der Antriebswellenlagerung

Für die Exzenterwellenlagerung werden meist Rollenlager schwerer Bauart verwendet. Diese werden nach Bild 4.35 durch die Zugstangenkraft $F_S$, die Schwerkraft der Energiespeicher (Schwungmassen) $F_G$ und die Zugkraft des Antriebsriemens $F_{Ri}$ belastet. Da die Wahl der Lagergröße für die Zugstange von der festgelegten Exzentrizität der Antriebswelle abhängt, müssen die Tragzahlen der Zugstangen- und Rahmenlager so aufeinander abgestimmt werden, daß möglichst gleiche Lebensdauerwerte zu erwarten sind. Durch den großen Durchmesser des Exzenters haben die Zugstangenlager häufig eine größere Tragfähigkeit als die Rahmenlager. Um eine gleiche Lebensdauer zu gewährleisten, sollte das Verhältnis gerade umgekehrt sein, da die Belastungen der Rahmenlager größer sind. Eine besondere Aufmerksamkeit verdient die Lagerabdichtung und -schmierung. Verschiedentlich werden zwei Dichtungen, von denen die äußere als Labyrinthdichtung ausgebildet ist, verwendet. Die Lager der Antriebswelle und der Druckplatten werden meist mittels automatischer Hochdruck-Zentralschmiereinrichtungen fettgeschmiert. Eine Überschmierung der Antriebswellenlager erhöht die Walkarbeit und damit die Wärmeentwicklung und sollte vermieden werden. Ein Beispiel für die Lagerung der Antriebswelle und Lagerabdichtung zeigt Bild 4.36. Exzenterwellen sind ohne schroffe

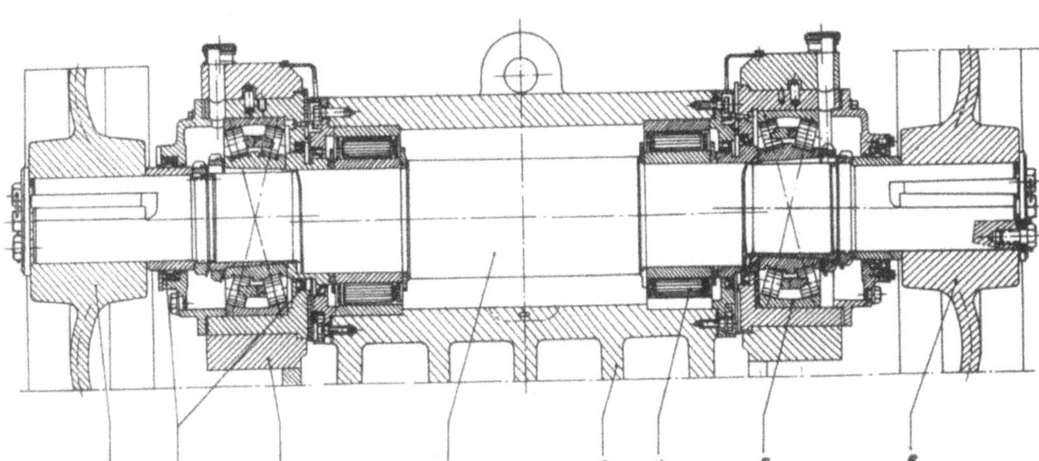


Bild 4.36. Antriebswellenlagerung

*1* Antriebs-(Exzenter-)Welle; *2* Zugstange; *3* Rahmen; *4* Zugstangenlager; *5* Antriebswellenlager im Rahmen; *6* Schwungscheibe; *7* Schwung- und Antriebsscheibe; *8* Lagerabdichtung

Übergänge, insbesondere am Exzentersprung, zu gestalten.

**Zugstangenkörper:** Er wird zur Umformung der durch den Exzenter erzeugten kreisförmigen Bewegung in eine lineare Bewegung sowie zur Übertragung der erforderlichen Kräfte auf die Druckplatten verwendet. Unter Beachtung ihrer Massewirkung auf die Antriebswelle muß er bei günstiger, dem Kraftfluß entsprechender Formgebung und durch Verwendung hochfester Werkstoffe so leicht wie möglich gestaltet werden. Ausgewählte Zugstangenkörper-Bauarten sind aus Bild 4.37 ersichtlich [71]. Bei Bearbeitungsungenauigkeiten, Montage- und Einstellungsfehlern im Kniehebelsystem können nach Bild 4.38 in den Zugstangenkörpern neben Zug- auch Torsionsbeanspruchungen auftreten, die zusätzlich Kräfte an der Lagerstelle hervorrufen. Bei einer elastischen Zugstangenbauweise wird die Torsionsbeanspruchung durch deren Verformung zum Teil ausgeglichen.

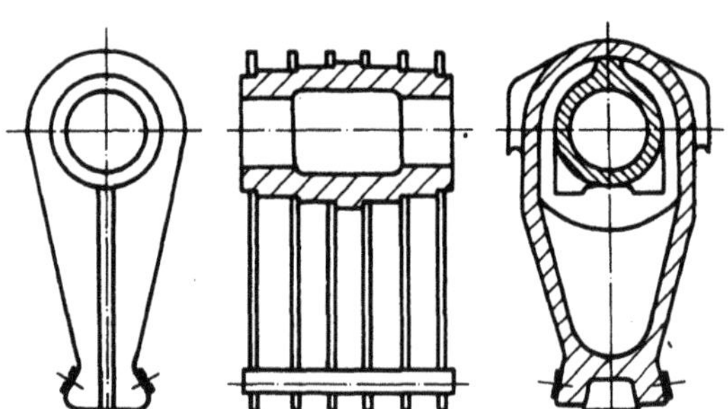


Bild 4.37. Zugstangenbeispiele
*a*) Lamellenzugstange
*b*) Bügelzugstange

**Überlastsicherung:** Die Möglichkeit der Einspeisung unbrechbarer Gegenstände in den Brechraum erfordert zur Begrenzung der auftretenden Kräfte im Überlastungsfall eine Überlastsicherung. Dadurch ist die Auslegung der durch Überlastung gefährdeten Maschinenelemente auf eine bestimmte und definierte Maximalbelastung möglich. Um Überlastungen von Antriebselementen zu vermeiden, sind die Sicherungen stets in der Nähe der Arbeitsorgane bzw. in Kraftflußrichtung, vom Antriebsmotor aus betrachtet, hinter bzw. in den

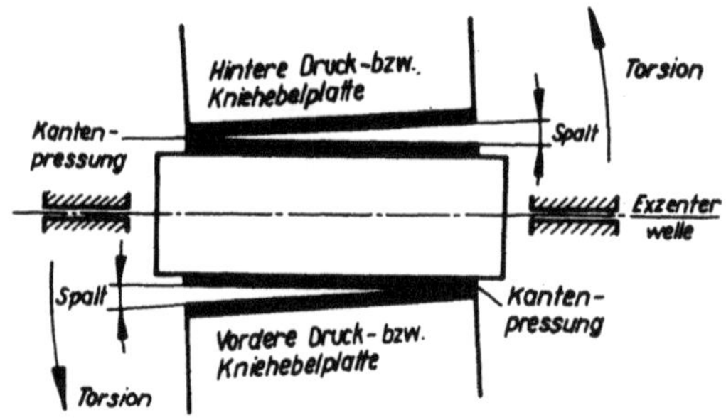


Bild 4.38. Torsionsbeanspruchung der Zugstange

Hauptschwungmassen vorzusehen. Als Überlastsicherungen werden Brech- und Schersicherungen, Ausklinkvorrichtungen, Reibungskupplungen und hydraulische Überlastsicherungen verwendet. Als einfachste Bauart hat sich die Reibungskupplung durchgesetzt. Der Einbau in die Schwungscheiben bereitet bei Lamellen-, Federband- oder Konuskupplungen keine Schwierigkeiten. Bei ihrer Vorspannung ist jedoch zu beachten, daß das vorgegebene Drehmoment bei beiden Schwungscheiben gleichmäßig eingestellt und nicht überschritten wird. In Bild 4.39 ist eine hydraulische Überlastsicherung dargestellt, deren Lamellenkupplung im Falle einer Überlastung hydraulisch gelüftet wird. Der dazugehörige Hydraulikschaltplan geht aus Bild 4.40 hervor. In speziellen Fällen kann nach Bild 4.41 auch die Gehäusebrechbacke zur Spalteinstellung und Überlastsicherung verwendet werden. Dabei ist vorteilhaft, daß bei Überlastung und anschließender Entleerung des Brechraumes die Brechbacke hydraulisch ausgeschwenkt werden kann. Vielfach sind auch noch Ausklinkvorrichtungen bzw. Brech- und Schersicherungen zu finden, nach deren Ansprechen die Schwingenbrechbacke stehen bleibt, während sich die Schwungscheiben bis zum Ausschalten des Motors weiterdrehen können. Brech- und Schersicherungen erweisen sich jedoch als ungünstig, da im Falle von Überlastungen immer ein arbeitsaufwendiger Sicherungswechsel notwendig ist. In letzter Zeit werden auch hydraulische oder hydraulisch-pneumatische Überlastsicherungen am hinteren Druckplattenlager angeordnet, die gleichzeitig zur Spaltverstellung verwendet werden können. Der Antrieb von Brechern über Flüssigkeitskupplungen stellt eine Antriebs- und

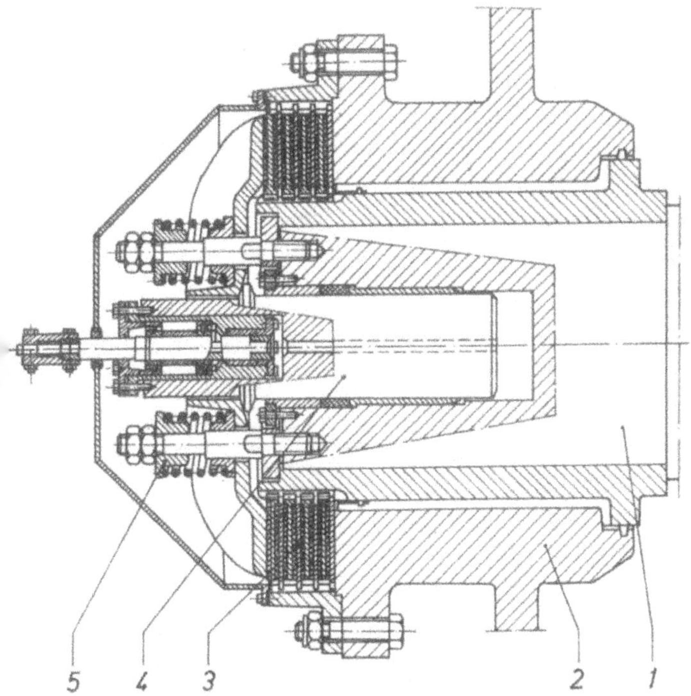


Bild 4.39. Überlastsicherung in einer Schwung- und Antriebsscheibe eines Backenbrechers mit hydraulischer Betätigung (UdSSR)

*1* Antriebswelle; *2* Schwung- und Antriebsscheibe; *3* Lamellenkupplung; *4* Arbeitszylinder; *5* Druckfeder

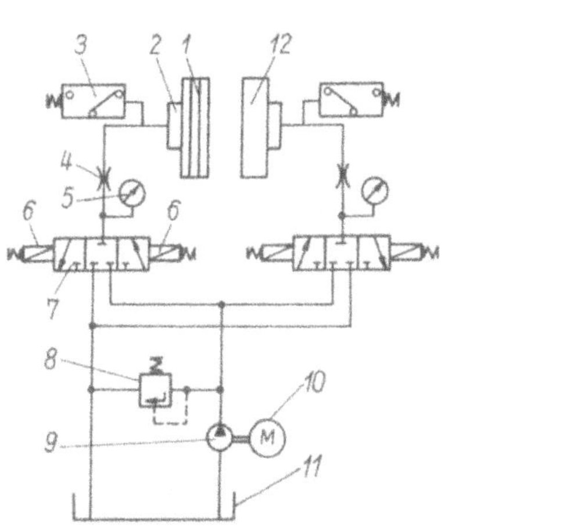


Bild 4.40. Schaltplan für hydraulische Überlastsicherung nach Bild 4.39

*1* Schwung- und Antriebsscheibe; *2* Überlastsicherung; *3* Druckbegrenzungsventil mit Endschalter; *4* Drosselventil; *5* Manometer; *6* Steuermagnete; *7* 3/3-Wegeventil; *8* Druckbegrenzungsventil; *9* Pumpe; *10* Motor; *11* Ölbehälter; *12* Schwungscheibe

Anfahrhilfe sowie eine Sicherheitseinrichtung für den Motor dar. Sie sind aber ebenso wie ein Überstromschalter keine Überlastsicherung für den Brecher [71].

**Schwingenbrechbacke:** Nach Bild 4.42 können die Schwingenachsen im Brecherrahmen drehbar gelagert oder starr befestigt werden. Drehbar gelagerte Achsen werden meist bei Großbackenbrechern angewendet. Sie besitzen den Vorteil einer guten Schmiermittelversorgung und einer einfachen Lagerinstandhaltung. Da im Brechraum auch große Querkräfte auftreten können, ist bei derartigen Lagerungen eine stabile Quertraverse notwendig. Im Rahmen starr befestigte Achsen haben den Vorteil, daß sie zur Stabilität in den Seitenteilen beitragen und deshalb die Quertraverse entfallen kann. Nachteilig ist dabei der große Instandhaltungsaufwand beim Lagerwechsel.
Da die Schwingenlagerung unabhängig von ihrer

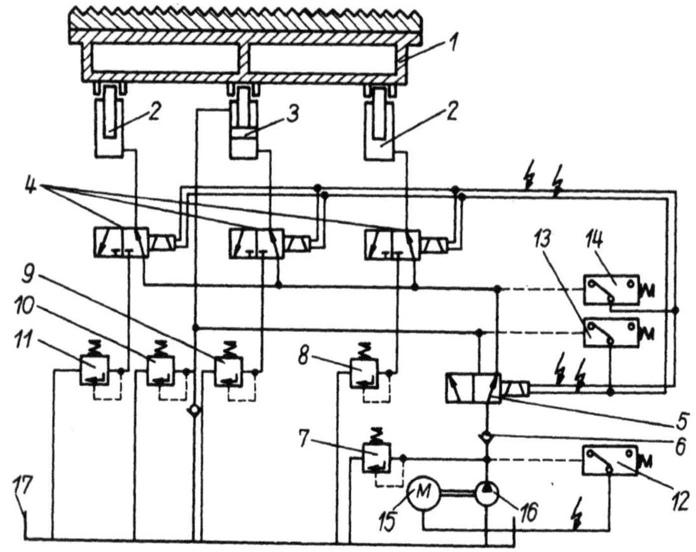


Bild 4.41. Schaltplan für eine hydraulische Überlastsicherung an der Gehäusebrechbacke

*1* Gehäusebrechbacke; *2* Arbeitszylinder einfachwirkend; *3* Arbeitszylinder doppeltwirkend; *4, 5* $^2/_3$-Wegeventil (*r* rückwärts, *v* vorwärts); *6* Rückschlagventil; *7, 8, 9, 10, 11* Druckbegrenzungsventil; *12, 13, 14* Druckschalter; *15* Motor; *16* Pumpe; *17* Ölbehälter

Gestaltung hohen Stoßbelastungen ausgesetzt ist, treten bei der Schmierung häufig Schwierigkeiten auf. Aus diesem Grunde ist eine automatische Hochdruck-Fettschmierung notwendig. Die Anwendung von Buchsen aus Polyamid-Kunststoffen mit eingelagertem Molybdändisulfid hat sich bewährt, da sie bei Mangelschmierung unempfindlich sind. Noch günstiger ist eine wartungsfreie Lagerung mit Silentbuchsen, die vor allem bei kleineren Brechern zur Anwendung kommen kann. Die Schwingenbrechbacke muß so gestaltet werden, daß die Kräfte ohne Deformation des Schwingenkörpers auf das Brechgut übertragen werden können. Sie werden aus Stahlguß oder als Schweiß- oder Verbundkonstruktionen hergestellt. Bei der konstruktiven Gestaltung der Schwinge ist neben der Schwingen- und Druckplattenlagerung vor allem der Befestigung der Verschleißelemente eine besondere Beachtung zu schenken. Die Ausbildung muß so erfolgen, daß die Verschleißplatten sicher befestigt werden können und bei Verschleiß keine Beschädigung des Schwingengrundkörpers erfolgen kann. Bild 4.43 zeigt eine Schwingenbrechbacke mit Panzerplatten.

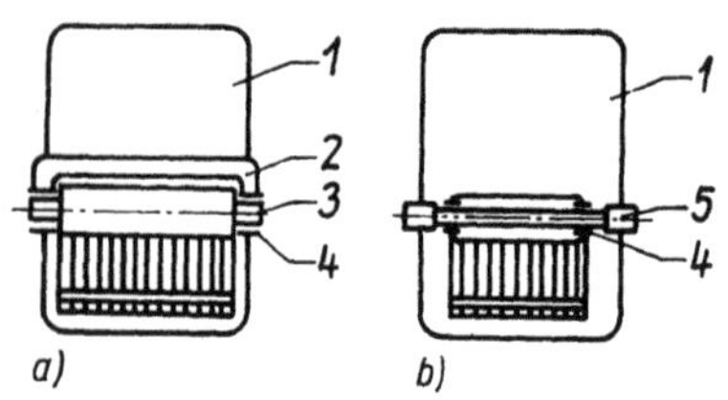


Bild 4.42. Schwingenlagerung
*a*) drehbar gelagerte Schwingenachse
*b*) starr befestigte Schwingenachse

*1* Brecherrahmen; *2* Aussteifungstraverse; *3* drehbare Schwingenachse; *4* Schwingenachslager bzw. Schwingenlager; *5* starre Schwingenachse

**Druckplatten:** Durch das beim Pendelschwingenbrecher verwendete Kniehebelsystem können große Kräfte auf die bewegliche Brechbacke übertragen werden. Der Arbeitsbereich der Druckplatten liegt je nach Brechraumgestaltung und Größe der Exzentrizität an der Antriebswelle, bezogen auf die Horizontale, zwischen minimal 5° in gespreizter und maximal 20° in eingezogener Druckplattenstellung. Bei der Dimensionierung ist grundsätzlich auf ausreichende Kniesteifigkeit und gute Ausgestaltung der Lagerstellen zu achten. Die Druckplattenlager werden nach Bild 4.43 meist als Pfannenlager ausgebildet.

Zur Einstellung der *Spaltweite* wird das Widerlager der hinteren Druckplatte im Brechergehäuse verstellbar angeordnet. Dies ist mittels verschiebbarer Keile, durch Einlegen von Distanzplatten bzw. durch hydraulische Verschiebung des Widerlagers möglich. In Bild 4.44 ist ein Widerlager mit Keilverstellung dargestellt.

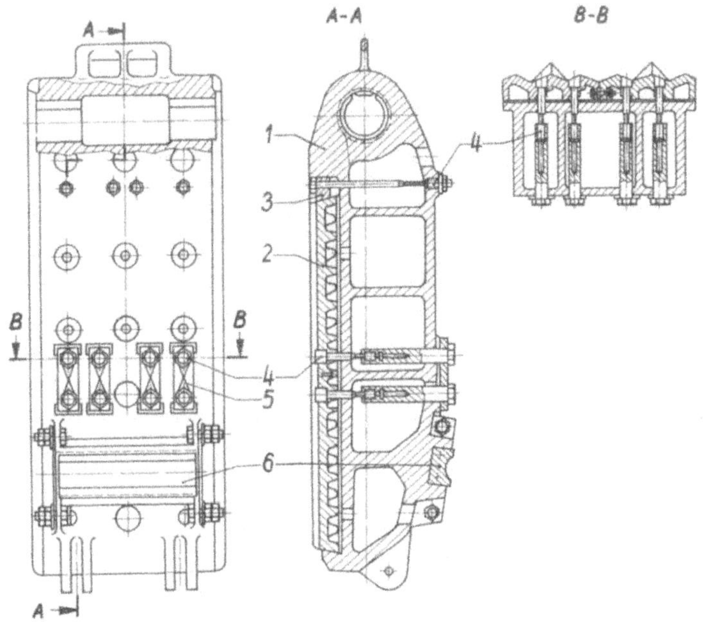


Bild 4.43. Schwingenkörper eines Pendelschwingenbrechers mit Brechbacke bei drehbar gelagerter Schwingenachse

*1* Schwingenkörper; *2* Brechbacke; *3* Klemmkeil zur Befestigung der Brechbacke; *4* Befestigungsschrauben; *5* Schraubensicherung; *6* Druckplattenlager

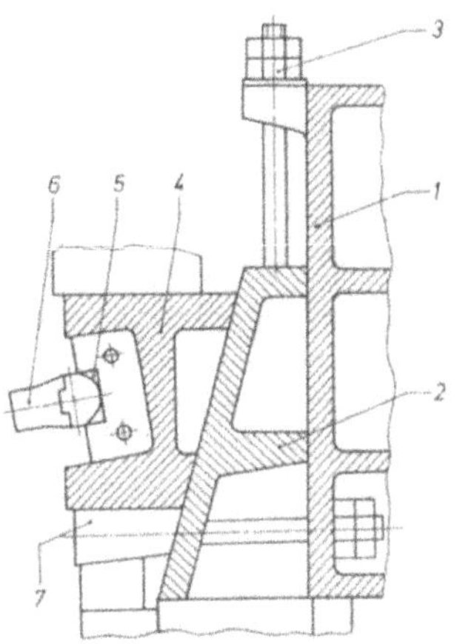


Bild 4.44. Hinteres Druckplattenlager (Widerlager) mit keilförmiger Spalteinstellung

*1* Brechergehäuse; *2* Verstellkeil; *3* Verstellmuttern mit Bolzen; *4* Gleitklotz; *5* Druckplattenlager; *6* Druckplatte; *7* Klemmkeil mit Spannbolzen

**Panzerplatten:** Die Brechbacken und Seitenteile des Brechraumes werden mit verschleißfesten Panzerplatten belegt. Die auf die Brechbacken aufgeschraubten bzw. mit *Klemmkeilen* befestigten Platten sind längs verzahnt, um die Rißbildung im zu zerkleinernden Brechgut zu fördern. Da von der Formgebung und Standzeit der Verschleißelemente die Wirtschaftlichkeit eines Brechers wesentlich beeinflußt wird, müssen die Zähne möglichst den jeweiligen Einsatzbedingungen angepaßt werden. Aus Bild 4.45 gehen verschiedene Ausführungsformen von Panzerplatten hervor, bei denen die Zähne jeweils auf den Zahnfuß der Gegenplatte gerichtet sind. Während die Ausführung *a* mit einem Zahnwinkel von 70° bis 90° zum Brechen von hartem bis mittelhartem Material eingesetzt wird, ist die Ausführung *b* mit einem Zahnwinkel von 100° bis 110° und abgerundeten oder abgeflachten Zäh-

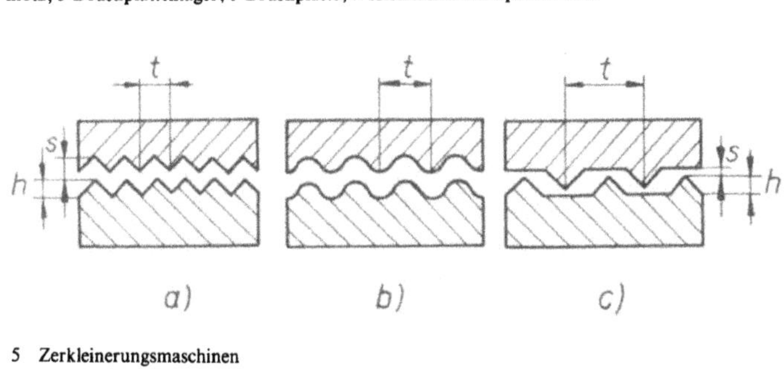


Bild 4.45. Ausführungsformen von Brechplatten für Backenbrecher [70]

nen für grobes, sehr hartes Brechgut gut geeignet. Für großstückige, sehr harte Materialien wird häufig auch die Ausführung *c* verwendet. Da die Zahnteilung *t* die maximale Endkorngröße $d_F$ beeinflußt, soll diese etwa $d_F$ entsprechen. Bei der Form *a* hat sich die Zahnteilung $t \approx (2$ bis $3)\,h$ und bei *c* $t \approx (4$ bis $5)$ h als günstig erwiesen. Verschiedentlich werden bei mittelharten Materialien auch Panzerplatten verwendet, bei denen jeder dritte oder vierte Zahn überhöht ausgebildet wird. Damit sollen plattenförmige Kornformen vermieden werden [70]. Panzerplatten werden aus Mangan-Hartstahl mit etwa 12 bis 14% Mn-Gehalt hergestellt. Da der Verschleiß im unteren Teil des Brechraumes in der Nähe des Austragspaltes am größten ist, sind die Verschleißplatten so auszubilden, daß nach Erreichen der Verschleißgrenze eine Drehung um 180° möglich ist. Durch diese Maßnahme werden verschlissene Teile der Platten in eine andere Arbeitsstellung gebracht, wodurch eine wesentlich bessere Werkstoffausnutzung gewährleistet werden kann. Trotz Plattendrehung, die nur bei geraden Brechbacken möglich ist, werden nur 25 bis 35% des Verschleißmaterials ausgenutzt, d. h., 65 bis 75% der Brechplatten müssen verschrottet werden. Um zu einer besseren Werkstoffausnutzung zu gelangen, werden neuerdings auch Panzerplatten eingesetzt, bei denen die Zahnprofile bis zu 50% der Plattenmasse betragen. Je nach Abrasivität des zu zerkleinernden Materials beträgt der spezifische Netto-Panzerplattenverschleiß $V_0 = 5$ bis $30\ \mathrm{g\,t^{-1}}$ gebrochenes Gut [70].

Damit die Schwingenbrechbacke oder Teile des Brechergehäuses nicht durch die Bewegung loser Brechplatten verschleißen, machen sich sowohl eine gute Auflage als auch eine sichere Befestigung der Brechplatten notwendig. Dazu sind die Auflageflächen zu bearbeiten. Die Befestigung der Brechplatten erfolgt mit Schrauben und *Klemmkeilen*, die die Platten in Längsrichtung verspannen und zu einer festen Auflage zwingen. Beim Einbau mehrteiliger Brechplatten werden sog. Fallkeile an den Stoßstellen der Platten verwendet. Bei der Konstruktion und Festlegung der Toleranzen für Befestigungselemente muß beachtet werden, daß sich Mangan-Hartstahl bei mechanischer und thermischer Beanspruchung ausdehnt und seine Abmessungen sich geringfügig bleibend verändern.

Nach Bild 4.46 können die Brechbacken gerade oder

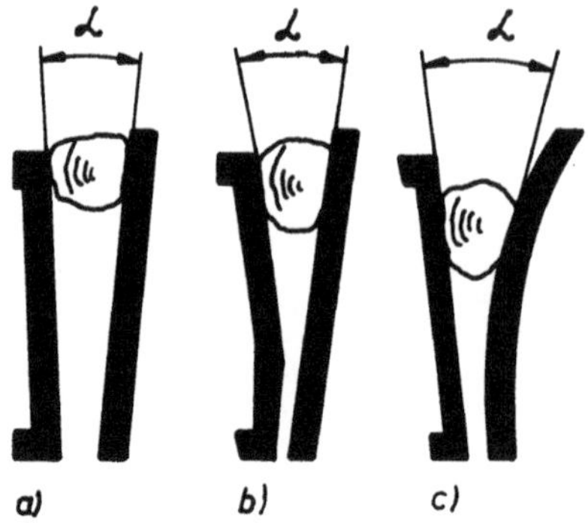


Bild 4.46. Möglichkeiten zur Ausbildung der Brechräume [78]
*a*) geradliniger Brechraum
*b*) nichtstopfender Brechraum
*c*) Brechraum mit gewölbter Schwingenbrechbacke

gewölbt gestaltet werden, wodurch sich der Brechwinkel von oben nach unten verändern kann. Gegenüber geraden Brechbacken (*a*) ergeben sich vor allem bei nicht stopfenden abgerundeten Brechbacken (*b*, *c*) folgende Vorteile:

— gute Kalibriereigenschaften durch eine fast parallele Brechzone in der Nähe des Austragspaltes
— bessere Austrageigenschaften und größerer Durchsatz durch eine Verschiebung des Stopfpunktes nach oben
— Verbesserung der Zerkleinerungseigenschaften bei schwer brechbarem Material

Trotz dieser Vorteile werden abgerundete oder gewölbte Brechbacken nur bei schwer brechbaren Materialien und bei hohen Qualitätsanforderungen an das gebrochene Gut verwendet, da sie sich bei der Fertigung und Instandhaltung kostenungünstig auswirken.

Der Verschleiß der Brechplatten und Seitenkeile hängt wesentlich von Härte und Zähigkeit des zu zerkleinernden Materials ab. Für die nachfolgend aufgeführten Materialien nimmt der Verschleiß in der genannten Reihenfolge zu [70, 78]: Kalkstein, Dolomit, Schiefer, Kupfererz, Sandstein, Magnetit, Basalt, Quarzit, Blei-Zinkerz, Granit, Porphyr, Quarz.

### 4.3.2. Kurbelschwingenbrecher

Sie werden zur Vor- und Nachzerkleinerung von mittelharten bis harten Materialien eingesetzt. Im

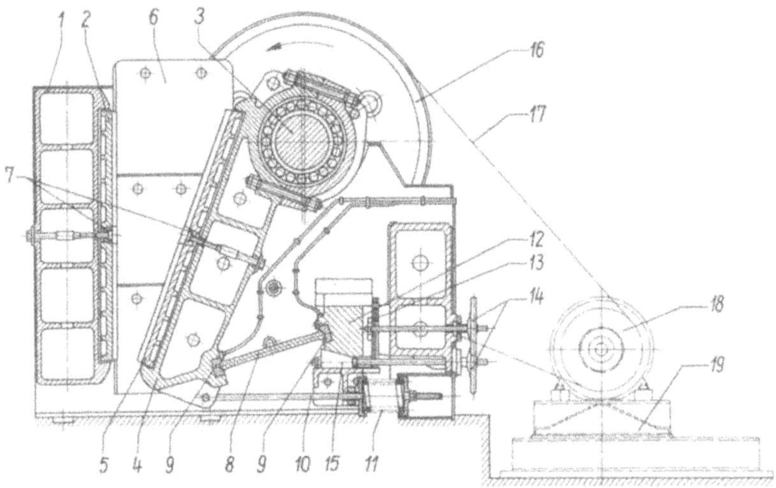


Bild 4.47. Kurbelschwingenbrecher (SKET Magdeburg)

*1* Brechergehäuse (Rahmen); *2* Gehäusebrechbacke; *3* Antriebswelle (Exzenterwelle); *4* Schwingenkörper; *5* Schwingenbrechbacke; *6* Seitenkeile; *7* Klemmkeile; *8* Druckplatte; *9* Druckplattenlager; *10* Federzugstange; *11* Rückholfeder; *12* Gleitklotz; *13* Distanzplatten; *14* Verstellvorrichtung (Handrad) mit Spindel; *15* Klemmkeil; *16* Schwung- und Antriebsscheibe; *17* Keilriemen; *18* Riemenscheibe und Antriebsmotor; *19* Motorfundament mit Befestigungsrahmen zur Einstellung des erforderlichen Achsabstandes der Riemenscheiben

Vergleich zu den Pendelschwingenbrechern, die vor allem für sehr hartes Brechgut bei großen Zerkleinerungskräften geeignet sind, werden Kurbelschwingenbrecher hauptsächlich für die Zerkleinerung von mittelhartem, weniger festem und abrasivem Material eingesetzt. Beim Kurbelschwingenbrecher ist die Exzenterwelle nach Bild 4.47 direkt in der Schwinge oberhalb des Brechmaules

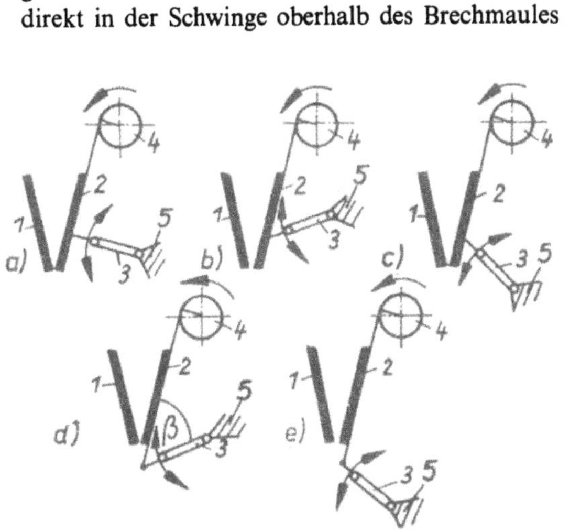


Bild 4.48. Druckplattenstellungen bei Kurbelschwingenbrechern

*1* Gehäusebrechbacke; *2* Schwingenbrechbacke; *3* Druckplatte; *4* Antriebswelle; *5* Widerlager mit Vorrichtung zur Einstellung der Spaltweite

gelagert. Dadurch entstehen, bedingt durch die Exzentrizität, im Oberteil der Schwinge kreisförmige Bewegungen, die sich in Richtung des Austragspaltes in immer flacher werdende Ellipsen verändern. Infolge einer derartigen Schwingenbewegung, die im unteren Teil der Schwinge vorrangig durch die Druckplattenstellung beeinflußt werden kann, wird das Brechgut nicht nur auf Druck, sondern auch auf Scherung beansprucht. Dabei wird durch die einziehende Wirkung der Schwingenbrechbacke ein günstigeres Durchsatzverhalten als bei reiner Pendelbewegung erreicht. Anhand Bild 4.48 sind die wichtigsten *Druckplattenstellungen* bei Kurbelschwingenbrechern ersichtlich [80, 81]. Während die Bauformen *a* und *b* bei Grobbrechern verwendet werden, sind die Bauformen *c*, *d*, *e* besonders für Nachbrecher geeignet. Aus Bild 4.48 ist ersichtlich, daß die Druckplattenstellung die Kinematik der Schwinge und somit die Bewegung am Spalt wesentlich beeinflußt. Ist z. B. die Druckplatte so angeordnet, daß der Winkel $\beta$ zwischen Druckplatte und Arbeitsfläche der Schwinge $\beta \geqq 90°$ beträgt, so ergibt sich bei sehr kleinem Hub am Spalt und entsprechender Brechbackengestaltung eine gute Kalibrierung, die bei Feinbrechern zur Sicherung einer hohen Fertiggutqualität notwendig ist. Bei $\beta \leqq 90°$ erhält man größere Hübe, die bei der Grobzerkleinerung für größere Durchsätze notwendig sind. Um einen für die Grobzerkleinerung üblichen Schwingenhub am Austragspalt zu erreichen, muß der *Anstellwinkel der Druckplatte* gegenüber der Horizontalen $\alpha = 18°$ bis 22° betragen.

Kurbelschwingenbrecher sind aufgrund ihrer einfacheren Gestaltung etwa 20 bis 30% leichter und preisgünstiger als Pendelschwingenbrecher, haben aber in der Regel einen höheren spezifischen Panzerplattenverschleiß. Deshalb ist bei der Investitionsvorbereitung eingehend zu prüfen, welchem Brechertyp für den vorgesehenen Einsatz der Vorzug gegeben wird.

Bei den Kurbelschwingenbrechern gelten die gleichen Berechnungsgrundlagen und Gestaltungsgrundsätze wie bei den Pendelschwingenbrechern. Die in der Druckplatte und in den Lagern der Antriebswelle angreifenden Kräfte gehen aus Bild 4.49 hervor.

$$F_1 = F_Z l_2/(l_1 + l_2) \tag{4.87}$$

$$F_2 = F_Z l_1/(l_1 + l_2) \tag{4.88}$$

$$F_3 = F_2/\tan\delta = F_Z l_1/(l_1 + l_2)\tan\delta \tag{4.89}$$

$$F_L = \sqrt{F_1^2 + F_3^2}$$

$$= F_Z\sqrt{l_1^2 + l_2^2\tan^2\delta}/(l_1 + l_2)\tan\delta \tag{4.90}$$

$$F_D = \sqrt{F_2^2 + F_3^2}$$

$$= F_2/\sin\delta = F_Z l_1/(l_1 + l_2)\sin\delta \tag{4.91}$$

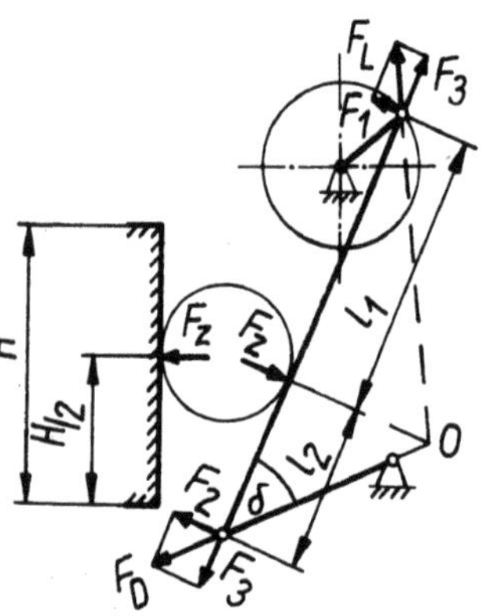


Bild 4.49. Schema zur Berechnung der Stützkräfte bei Kurbelschwingenbrechern

### 4.3.3. Sonderbauarten

**Pendelkurbel-Schwingenbrecher:** Bei diesen Brechern werden nach Bild 4.50 die Antriebsmechanismen von Kurbel- und Pendelschwingenbrecher gleichzeitig zum Einsatz gebracht, wobei der Antrieb der Exzenterwelle für die Schwingenbrechbacke von der Hauptwelle über ein Zahnradgetriebe erfolgt. Infolge der dadurch an der Arbeitsfläche der Schwingenbrechbacke entstehenden unterschiedlichen, aber stets einziehenden Bewegungsbahnen hat der Pendelkurbel-Schwingenbrecher den Vorteil, daß das Brechgut gut eingezogen und intensiv beansprucht wird. Dadurch wird ein günstiges Durchsatzverhalten erreicht und eine Verstopfung auch bei ungünstigsten Verhältnissen vermieden. Derartige Brecher vereinen die Vorteile des Kurbel- und Pendelschwingenbrechers und werden zur Grobzerkleinerung von sprödem hartem Material eingesetzt. Sie sind jedoch infolge des zweifachen Antriebes kompliziert und teuer. Das gebrochene Gut ist kubisch und enthält einen geringen Unterkornanteil.

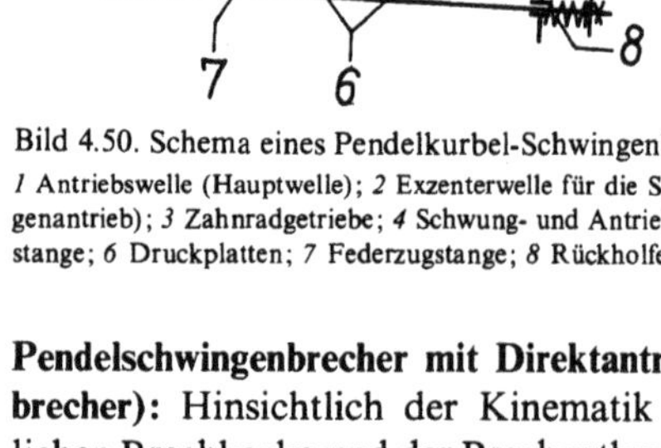


Bild 4.50. Schema eines Pendelkurbel-Schwingenbrechers
*1* Antriebswelle (Hauptwelle); *2* Exzenterwelle für die Schwinge (Schwingenantrieb); *3* Zahnradgetriebe; *4* Schwung- und Antriebsscheibe; *5* Zugstange; *6* Druckplatten; *7* Federzugstange; *8* Rückholfeder

**Pendelschwingenbrecher mit Direktantrieb (Direktbrecher):** Hinsichtlich der Kinematik der beweglichen Brechbacke und der Brechgutbeanspruchung arbeitet der *Direktbrecher* ähnlich wie der Pendelschwingenbrecher (Bild 4.15). Da derartige Brecher nicht mit einem Kniehebelmechanismus ausgerüstet sind, müssen die Kräfte von der Exzenterwelle über ein Druckstück direkt auf die Schwinge übertragen werden (Bild 4.51). Bei diesem Brecher werden deshalb auf der Exzenterwelle schwere Wälzlager mit großem Durchmesser benötigt. Während

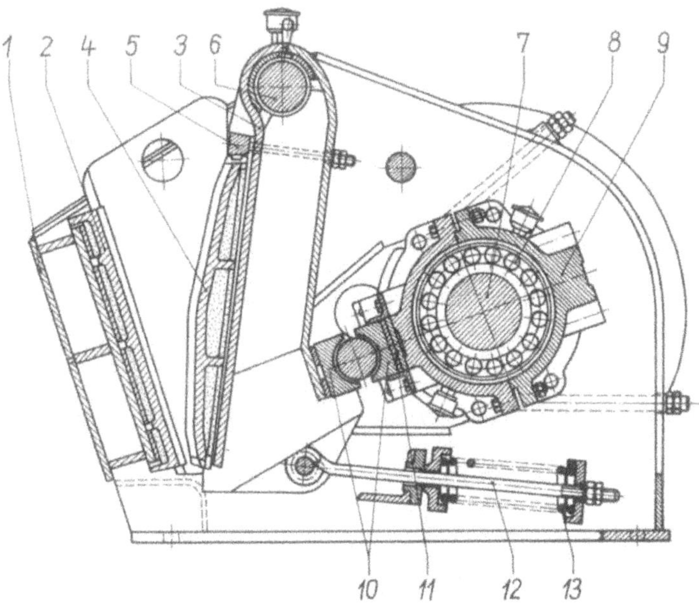


Bild 4.51. Pendelschwingenbrecher mit Direktantrieb (Direktbrecher)

*1* Brechergehäuse; *2* Gehäusebrechbacke; *3* Schwingenkörper; *4* Schwingenbrechbacke; *5* Klemmkeil; *6* Schwingenachse; *7* Antriebswelle; *8* Exzenterwellenlager; *9* Lagerkopf; *10* Druckstücke; *11* Distanzplatten; *12* Federzugstange; *13* Rückholfeder

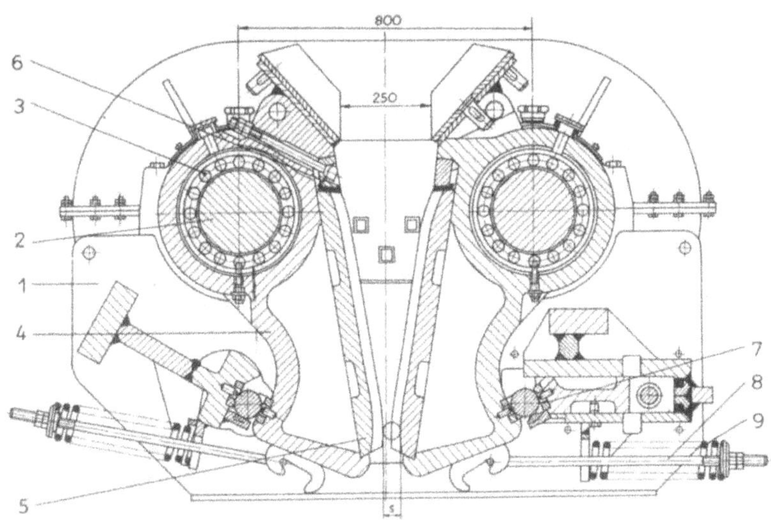


Bild 4.52. Zweischwingenbrecher (Schnellschlagbrecher UdSSR)

*1* Brechergehäuse; *2* Antriebswelle; *3* Antriebswellen-(Exzenterwellen-)Lager; *4* Schwingenkörper; *5* Schwingenbrechbacke; *6* Klemmkeil für Brechbacke; *7* Widerlager mit Vorrichtung zur Spalteinstellung; *8* Federzugstange; *9* Rückholfeder

die Grobverstellung der Spaltweite durch den Einsatz verschieden langer Druckstücke erfolgt, wird die Feinverstellung meist durch Drehen einer Exzenterbuchse im Lagerkopf vorgenommen. Das Antriebssystem ist durch die direkte Kraftübertragung gegenüber dem Pendelschwingenbrecher vereinfacht. Um einer Überlastung vorzubeugen, werden die Überlastsicherungen wie bei den Pendelschwingenbrechern in Form von Scheibenkupplungen in die Schwungscheiben eingebaut. Direktbrecher werden vor allem zur Grobzerkleinerung von mittelhartem und hartem Material eingesetzt.

**Zweischwingenbrecher:** Nach Bild 4.52 weisen sie einen senkrechten Brechraum auf und werden vorrangig zum Nachbrechen von harten Materialien verwendet. Die Drehzahl der Antriebswellen und der Hub der Brechbacken sind so abgestimmt, daß die Zerkleinerung gegen Mitte oder Ende des Schließhubes schlagartig erfolgt. Der Antrieb der beweglichen Brechbacken kann ähnlich wie beim Pendelschwingen- oder Direktbrecher (Bild 4.15) vorgenommen werden. Derartige Brecher werden so ausgelegt, daß eine gute *Kalibrierung* des Brechgutes bis zu kleinen Splittkorngrößen möglich ist. Die Panzerplatten sind je nach Einsatzgebiet fein verzahnt oder glatt ausgebildet.

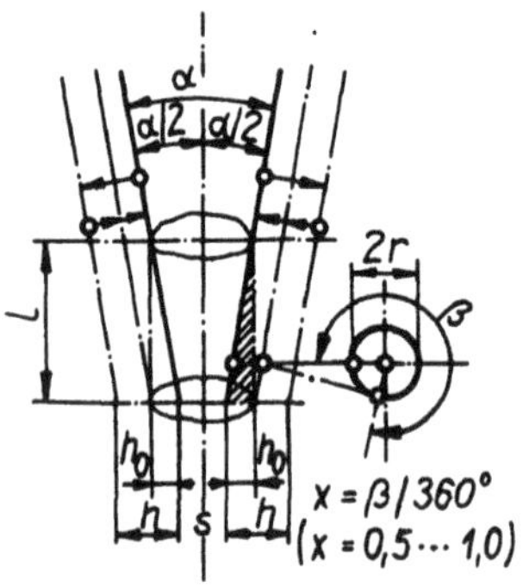


Bild 4.53. Schema zur Berechnung der Drehzahl und des Durchsatzes bei Zweischwingenbrechern [82]

Die Berechnung der Drehzahl und des Durchsatzes ist der des Pendelschwingenbrechers ähnlich und kann nach Bild 4.53 wie folgt vorgenommen werden [82]:

$$l = h_0(\tan(\alpha/2) = gx^2/2n^2$$

$$x = \beta/360°(= 0{,}5 \ldots 1{,}0) \tag{4.92}$$

$$n = x\sqrt{g \tan(\alpha/2)/2h_0} \tag{4.93}$$

$$\dot{V} = \varphi b(s + h_0)\, h_0 n/\tan(\alpha/2) \tag{4.94}$$

**Schlagbrecher mit geneigtem Brechraum:** Von Pendel- und Kurbelschwingenbrechern üblicher Bauweise unterscheidet er sich nach Bild 4.54 vor allem durch eine starke Neigung des Brechraumes und einen großen Hub der schwingenden Brechbacke, wodurch eine Schlagbeanspruchung erfolgt. Dadurch werden ein hoher Zerkleinerungsgrad, ein stauungsloser Transport des Brechgutes durch den Brechraum sowie eine gute Kalibrierung erreicht. Schlagbrecher werden zur Vor- und Nachzerkleinerung von hartem und besonders schwierigem Brechgut eingesetzt. Durch abgefederte Zugstangen wird eine Überlastung beim Eintritt von nichtbrechbaren Körpern in den Arbeitsraum ausgeschlossen. Schlagbrecher mit geneigtem Brechraum haben ein günstiges Durchsatzverhalten und erfordern einen relativ geringen spezifischen Arbeitsbedarf.

**Backenbrecher mit hydraulischem Antrieb:** Bei den mechanisch angetriebenen Backenbrechern werden die Öffnungs- und Schließbewegungen der Arbeitsorgane durch Exzenterwellen und entsprechende Mechanismen erzeugt, so daß der zeitliche Bewegungsablauf einer Sinusfunktion entspricht. Die Bewegungsgeschwindigkeiten sind dabei vom Nachfallen des Brechgutes im Brechraum und dem Betrag seiner Abmessungsverminderung abhängig. Die Fallzeit ist für alle Brechgüter konstant. Versuche, die Bewegungsgeschwindigkeiten der Arbeitsorgane über einen Maximalwert zu steigern, trugen nicht zur Steigerung, sondern zur Senkung des Durchsatzes bei [83, 86, 87]. Unabhängig davon, daß für die Öffnungsbewegung der beweglichen Brechbacke eine bestimmte Zeit notwendig ist, kann die Schließ- bzw. Beanspruchungsbewegung zur Produktivitätserhöhung schneller vor sich gehen. Diese Überlegungen führten zur Konstruktion hydraulisch angetriebener Backenbrecher (Bild 4.55). Solche Brecher (*Gauldie-Brecher*) bestehen aus den üblichen mechanischen Baugruppen und dem hydraulischen Antriebsblock. Aus dem in Bild 4.56 dargestellten Hub-Zeit-Diagramm geht hervor, daß derartige Brecher nur 25% der Zeit eines Arbeits-

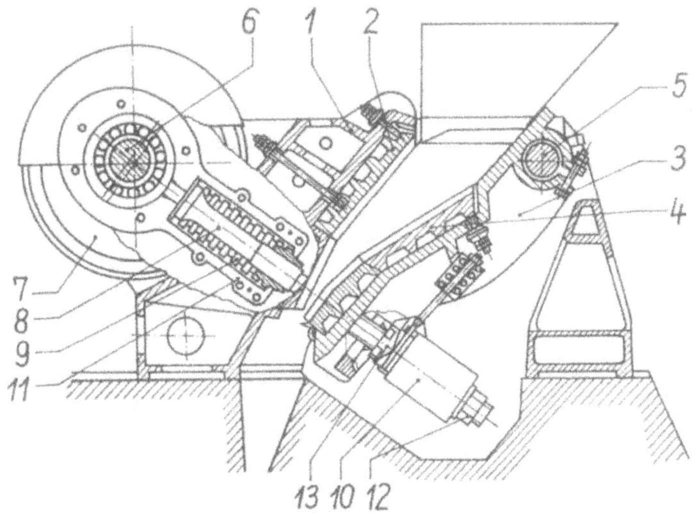


Bild 4.54. Schlagbrecher mit geneigtem Brechraum (*Krupp*)

*1* Brechergehäuse; *2* Gehäusebrechbacke; *3* Schwingenkörper; *4* Schwingenbrechbacke; *5* Schwingenachse; *6* Antriebs-(Exzenter-)Welle mit Lagerung; *7* Schwungscheibe; *8* Zugstange; *9* Druck- bzw. Überlastungsfeder; *10* Querbalken; *11* Zugstangengehäuse; *12* Spaltverstellmuttern; *13* Druckplattenlager

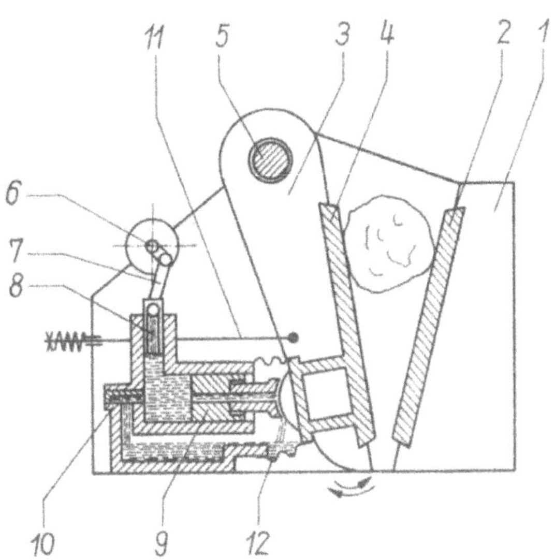


Bild 4.55. Schema eines Pendelschwingenbrechers mit hydraulischem Direktantrieb (*Gauldie*-System) [83]

*1* Brechergehäuse; *2* Gehäusebrechbacke; *3* Schwingenkörper; *4* Schwingenbrechbacke; *5* Schwingenachse; *6* Kurbelantrieb; *7* Pleuel; *8* Antriebskolben; *9* Arbeitskolben; *10* Steuerventil; *11* Federzugstange mit Rückholfeder; *12* Manschette zur Abdichtung

spieles für die Schließbewegung erfordern und im Vergleich zum Exzenterantrieb eine wesentliche Erhöhung der Arbeitsfrequenz und des Durchsatzes möglich ist. Ein weiterer Vorteil besteht im guten Überlastschutz, der durch ein einstellbares Überdruckventil gewährleistet wird. Nachteilig ist der komplizierte Aufbau der Hydraulikbaugruppe und die damit verbundene Instandhaltung.

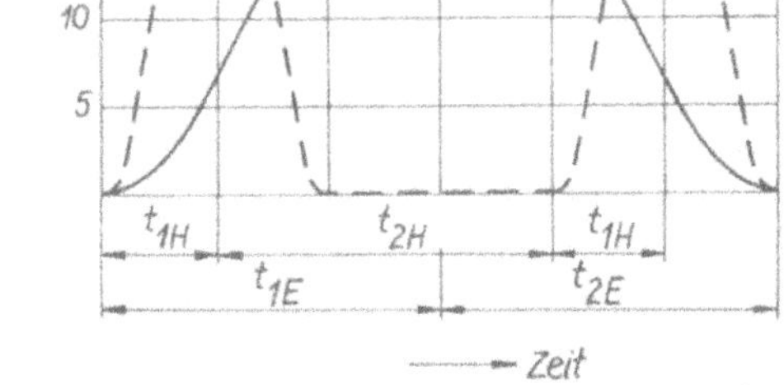


Bild 4.56. Hub-Zeit-Diagramm eines Pendelschwingenbrechers mit Exzenterwellenantrieb und hydraulischem Direktantrieb (*Gauldie*-System) [83]

*1* Exzenterwellenantrieb; *2* hydraulischer Direktantrieb; $t_{1H}$ Beanspruchungszeit des Brechgutes bei Hydraulikantrieb; $t_{2H}$ Rückhubzeit der Schwinge bei Hydraulikantrieb; $t_{1E}$ und $t_{2E}$ Beanspruchungszeit des Brechgutes und Rückhubzeit der Schwinge bei Exzenterwellenantrieb

## 4.4. Kegelbrecher

In Kegelbrechern, auch Rund- und Konusbrecher genannt, erfolgt die Zerkleinerung in einem ringförmigen Brechraum zwischen einem kreisförmig taumelnden *Brechkegel* und einem feststehenden kegelförmigen *Brechmantel*. Das dem Brechraum zugeführte Brechgut wird durch die Annäherung des Brechkegels an den Brechmantel zerkleinert, während das Brechgut auf der gegenüberliegenden Seite des Brechkegels durch dessen gleichzeitige Entfernung vom Brechmantel nachrutschen bzw. aus dem Brechraum ausfallen kann. Der Brechkegel leistet demnach im Gegensatz zu den Backenbrechern eine kontinuierliche Zerkleinerungsarbeit. Der Durchsatz liegt deshalb allgemein höher als bei vergleichbaren Backenbrechern. Kegelbrecher werden je nach Konstruktionsprinzip für die Vor- oder Nachzerkleinerung von harten und mittelharten Materialien eingesetzt.

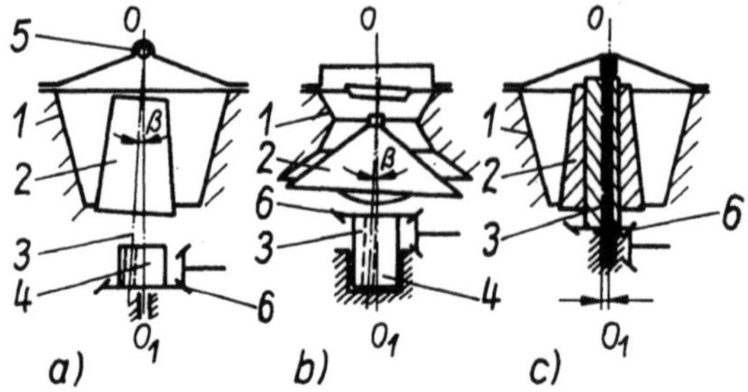


Bild 4.57. Brechkegelkinematik bei Steil- und Flachkegelbrechern
*a*) Steilkegelbrecher mit kegelförmiger Bewegung der Brechkegelachse (hängender Brechkegel)
*b*) Flachkegelbrecher mit kegelförmiger Bewegung der Brechkegelachse (abgestützter Brechkegel)
*c*) Steilkegelbrecher mit zylindrischer Bewegung der geometrischen Brechkegelachse um die Achse $00_1$ (eingespannte Brechkegelachse mit abgestütztem Brechkegel und Exzenterbuchse)
*1* Brechrumpf mit Brechmantel; *2* Brechkegel; *3* Brechkegelachse; *4* Exzenterbuchse; *5* Kopflager; *6* Kegelradantrieb

Der Brechkegel wird entweder durch eine exzentrische Lagerung der Brechkegelachse in einer Buchse unterhalb des Kegels (Bild 4.57*a*, *b*) oder durch eine auf einer feststehenden Achse angeordnete *Exzenterbuchse* (Bild 4.57*c*) in kreisförmige Bewegungen versetzt, aber nicht um seine Symmetrieachse angetrieben. Während die geometrische Achse (*3*) des Brechkegels (*2*) bei der Bauform *a*, *b* mit einem kleinen Winkel $\beta$ zur vertikalen Achse des Brechmantels $00_1$ eine Kegelmantelfläche beschreibt, deren Spitze im oberen Anlenkpunkt der Achse bzw. im Schnittpunkt mit der Brechmantelachse $00_1$ liegt, wird bei der Bauform *c* durch die geometrische Achse des Brechkegels (*3*) eine Zylindermantelfläche um die Achse $00_1$ beschrieben. Im Gegensatz zur Bauform *a*, *b* haben hierbei die Amplituden in allen Punkten des Brechkegels gleiche Werte. Dadurch sind bei der Konstruktion von Steilkegelbrechern vergleichbarer Maulweite geringere Bauhöhen als bei der Bauform *a* möglich.

Die Anforderungen an das zerkleinerte Gut führten bei Kegelbrechern zu unterschiedlichen Brech-

*Tabelle 4.7. Einsatzmöglichkeiten für Rundbrecher*

| Kenngrößen | Steilkegelbrecher | Flachkegelbrecher |
|---|---|---|
| Einsatzmöglichkeit | harte und mittelharte Materialien (Vor- und Mittelzerkleinerung) | harte und mittelharte Materialien (Nachzerkleinerung) |
| Aufgabekorngröße $d_A$ in mm | 150 ... 1800 | 25 ... 300 |
| Endkorngröße $d_F$ in mm | 25 ... 250 | 5 ... 40 |
| Durchsatz $\dot{m}$ in t h$^{-1}$ | 35 ... 3500 | 10 ... 600 |
| Spezifischer Arbeitsbedarf $W_{o\dot{m}}$ in kWh t$^{-1}$ | 0,15 ... 0,5 | 0,4 ... 2,2 |
| Beanspruchungsart | Druck | Druck/Schlag |

raumausführungen, die insbesondere vom Brechwinkel charakterisiert werden und in die Gruppe der Steil- und Flachkegelbrecher eingeteilt werden können. In Tabelle 4.7 sind die Einsatzmöglichkeiten und ausgewählte Kennziffern für beide Gruppen dargestellt. Zur Zerkleinerung weicher und klebriger Materialien sind Kegelbrecher nicht geeignet, da bei solchen Brechgütern die Gefahr der Verstopfung besteht.

### 4.4.1. Steilkegelbrecher

Bei den am häufigsten angewendeten Steilkegelbrecher-Prinzipien (Bild 4.57*a*) ist der kegelförmige Brechkörper nach Bild 4.58, der sich aus dem Tragkegel (*1*) und dem Brechkegel (*2*) zusammensetzt, auf einer Brechkegelachse (*3*) befestigt. Diese ist an einem die Brechringöffnung überdachenden Kopf-

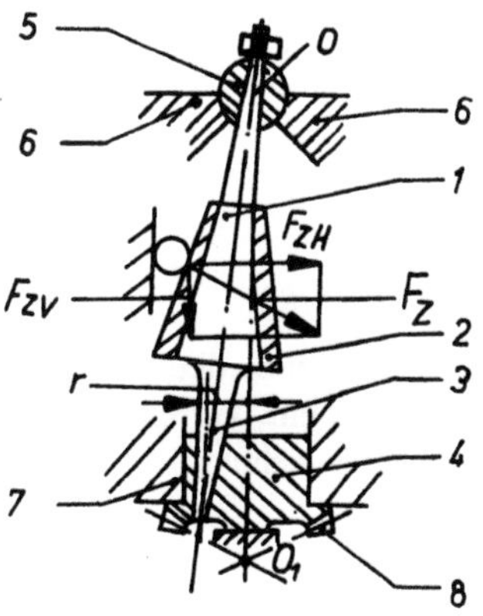


Bild 4.58. Schema eines Steilkegelbrechers mit kegelförmiger Bewegung der Brechkegelachse

*1* Tragkegel; *2* Brechkegel; *3* Brechkegelachse; *4* Exzenterbuchse; *5* Kopflager; *6* Kopflagerträger; *7* Brechkegellagerung in der Exzenterbuchse; *8* Federrad

träger (*6*) in einem Kopflager (*5*) gelagert, das je nach Konstruktionsprinzip des Brechers horizontale und vertikale oder nur horizontale Kräfte aufnehmen muß. Die untere Lagerstelle (*7*) der Brechkegelachse (*3*) befindet sich in einer mit einem Tellerrad (*8*) gekoppelten Exzenterbuchse (*4*). Bei Steilkegelbrechern mit kegelförmiger Bewegung der Brechkegelachse ist die Exzenterbuchse so ausgebildet, daß die Brechkegelachse gegenüber der Brechmantelachse um den Winkel $\beta = 1°$ bis $3°$ geneigt ist. Durch die Drehbewegung der Exzenterbuchse wird der Brechkörper mit einer Amplitude von $h = 2r$ in Kreisschwingung versetzt. Dabei wird das dem Brechraum zugeführte Brechgut durch die umlaufende kreisförmige Annäherung des Brechkörpers an den Brechmantel zerkleinert. Brechkörper und -mantel sind ebenso wie die Arbeitsorgane bei Backenbrechern mit einer verschleißfesten Panzerung bestückt. Das Brechgut durchläuft den Brechraum annähernd in senkrechter Richtung und wird nach der Zerkleinerung seitlich über schräge Schurren bzw. senkrecht durch freien Fall abgeführt. Der Zerkleinerungsgrad beträgt $\varepsilon = 7$ bis 10. Der Austrittsspalt kann in gewissen Grenzen durch Heben oder Senken des Brechkegels verändert werden. Bei modernen Bre-

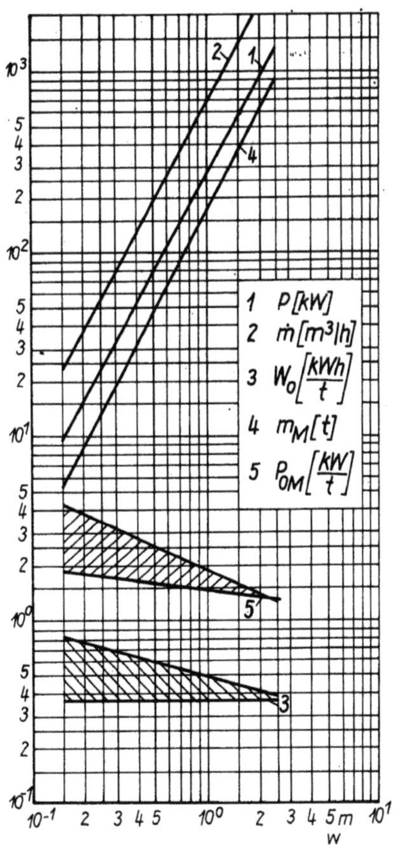


Bild 4.59. Ausgewählte technisch-ökonomische Kennwerte für Steilkegelbrecher

*1, 2, 4,* Kennwerte für Steilkegelbrecher (SKET Magdeburg); *3* brechgutabhängige Mittelwerte; *5* Mittelwerte für international angebotene Brecher

chern wird die Spaltverstellung über das Kopf- oder Exzenterlager hydraulisch vorgenommen. In Bild 4.59 sind ausgewählte Kennziffern von Steilkegelbrechern zur Orientierung dargestellt.

#### 4.4.1.1. Berechnungsgrundlagen

Bei der Berechnung und Dimensionierung von Steilkegelbrechern sind die gleichen Grundsätze wie bei den Backenbrechern gültig.

**Einzugswinkel:** Der Einzugswinkel $\alpha$ ergibt sich nach Bild 4.60 aus der Summe der Arbeitswinkel des Brechmantels und des Brechkegels bei ihrer größten Annäherung ($\alpha = \alpha_1 + \alpha_2$). Ähnlich wie bei den Backenbrechern muß die Beziehung $\alpha \leqq 2\varrho$ erfüllt sein. Bei Steilkegelbrechern liegt der Brechwinkel bei $\alpha = 22°$ bis $28°$, da infolge des kreis-

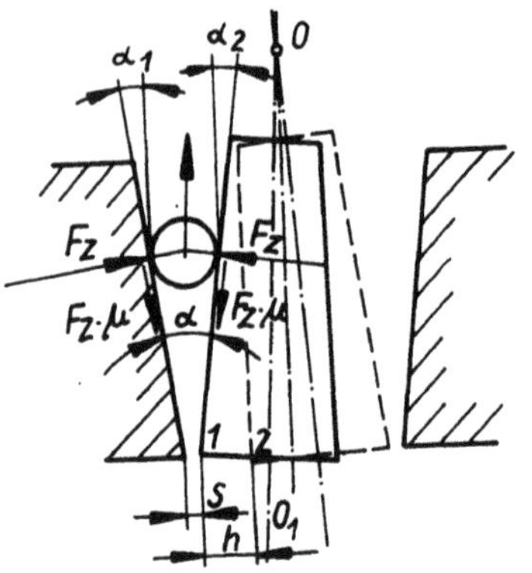


Bild 4.60. Schema zur Bestimmung des Einzugswinkels $\alpha$ bei Steilkegelbrechern

förmigen Brechraumes günstigere Einzugsbedingungen vorhanden sind als bei Backenbrechern.

**Drehzahl der Exzenterbuchse:** Bei den von der Exzentrizität $r$ der Exzenterbuchse abhängigen Bewegungen des Brechkegels (Bild 4.61) von der Stellung *2* in die Stellung *1* wird das in der jeweiligen senkrechten Ebene des Brechraumes befindliche Brechgut beansprucht. Danach soll ein angenommenes ideales Brechgutprisma bei der Bewegung des Brechkegels von der Stellung *1* in die Stellung *2* aus dem Brechraum durch freien Fall ausfallen. Das erfolgt, wenn die Fallzeit des Prismas $t_1$ gleich der Rückhubzeit des Brechkegels $t_2$ ist. Da beim Kegelbrecher ein ringförmiger Arbeitsraum vorhanden ist, wird durch Summierung der idealen Brechgutprismen bei einer Exzenterbuchsen-Umdrehung ein trapezförmiger Brechgutring ausgetragen. Die Drehzahl, bei der das Brechgut gerade noch nachrutschen kann, wird wie bei den Backenbrechern als Grenzdrehzahl $n_{\text{Gr}}$ bezeichnet. Unter Berücksichtigung von $t_1 = t_2$ und der in Bild 4.61 dargestellten geometrischen Beziehungen für die Fallhöhe $l$ erhält man die Grenzdrehzahl der Exzenterbuchse zu

$$n_{\text{Gr}} = (^1/_4)\sqrt{g(\tan\alpha_1 + \tan\alpha_2)/r} \qquad (4.95)$$

Die Betriebsdrehzahl $n$ wird bei Steilkegelbrechern 5 bis 10% kleiner als $n_{\text{Gr}}$ gewählt. Verschiedentlich werden für $n$ auch folgende Beziehungen angegeben [54]:

$$n = 200 - 80w \qquad \frac{n}{\text{min}^{-1}} \quad \frac{w}{\text{m}} \qquad (4.96)$$

$$n = 200/\sqrt{2w + 1} \qquad (4.97)$$

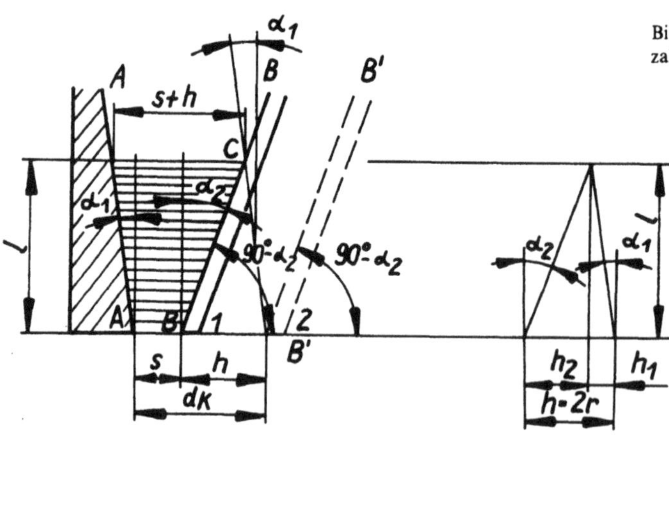


Bild 4.61. Schema zur Bestimmung der Grenzdrehzahl $n_{\text{Gr}}$

Bei den im Angebot befindlichen Brechern liegen die Betriebsdrehzahlen in Abhängigkeit von der Maulweite bei $n = 70$ bis $210\,\text{min}^{-1}$.

**Brechkegelhub am Austragspalt:** Nach Bild 4.62 ist der Brechkegelhub ($h = 2r$) von der Exzentrizität der Exzenterbuchse $r_B$ und $l_1$ abhängig. Deshalb

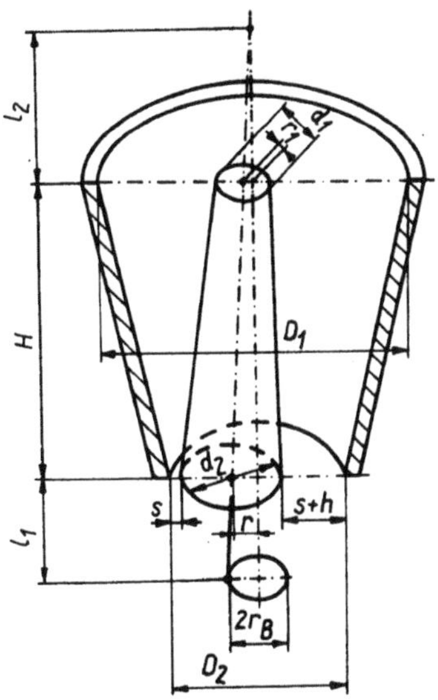

Bild 4.62. Schema zur Bestimmung des Brechkegelhubes am Austragspalt

muß zur Gewährleistung des erforderlichen Hubes $h_1 = 2r_1$ am Brechmaul eine bestimmte Höhe $l_2$ vorgesehen werden. In der Praxis wird die Exzentrizität am Spalt in Abhängigkeit von der Brechergröße zwischen 5 und 30 mm gewählt und kann wie folgt ermittelt werden [54]:

$$r = 8{,}3w + 8{,}5 \qquad \frac{r}{\text{mm}} \quad \frac{w}{\text{m}} \tag{4.98}$$

Orientierungswerte sind in Tabelle 4.8 aufgeführt.

aus dem Brechraum ausfällt (Bild 4.63). Unter Beachtung der im trapezförmigen Kreisring mit dem Volumen $V$ vorhandenen Brechgutauflockerung $\varphi$ sowie der Drehzahl $n$ kann der Volumendurchsatz wie folgt ermittelt werden:

$$\dot{V} = Vn\varphi \quad \text{in m}^3\,\text{s}^{-1} \tag{4.99}$$

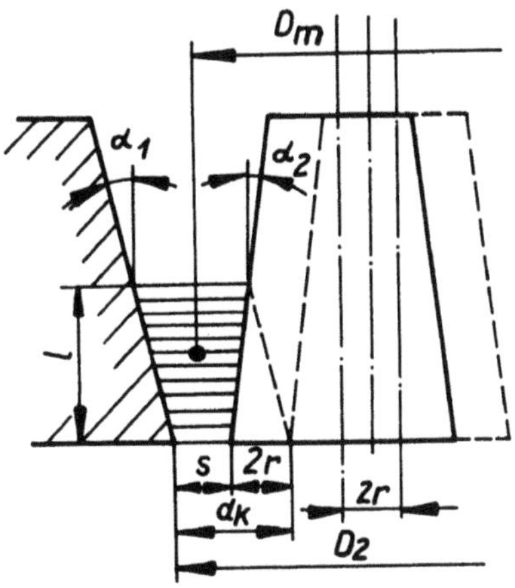

Bild 4.63. Schema zur Berechnung des Durchsatzes

Das Volumen $V$ des ausfallenden trapezförmigen Ringes ergibt sich nach Bild 4.63 zu

$$V = (s + h/2)\,[D_2 - (s + h)]\,\pi h/(\tan\alpha_1 + \tan\alpha_2) \tag{4.100}$$

Bei $D_2 \gg s + h$ und $D_m \approx D_2$ kann für $V$ und $\dot{V}$ geschrieben werden:

$$V = (s + h/2)\,D_2\pi h/(\tan\alpha_1 + \tan\alpha_2) \tag{4.101}$$

$$\dot{V} = (s + h/2)\,D_2\pi h\varphi n/(\tan\alpha_1 + \tan\alpha_2) \tag{4.102}$$

*Tabelle 4.8. Orientierungswerte für die Exzentrizität bei Steilkegelbrechern*

| Maulweite $w$ in mm | bis 150 | 150 ... 300 | 300 ... 500 | 500 ... 800 | 800 ... 1250 |
|---|---|---|---|---|---|
| Exzentrizität am Spalt $r$ in mm | 5 | 10 | 15 | 20 | 25 |

**Durchsatz:** Es wird angenommen, daß während einer Umdrehung der Exzenterbuchse jeweils ein Brechgutring mit einem trapezförmigen Querschnitt

Unter der Bedingung, daß $s < d_F < s + 2r$ ist und der Exzenterradius gegenüber der Spaltweite für Überschlagsrechnungen vernachlässigt werden kann ($r \ll s$), ergibt sich für den Durchsatz $\dot{V}$ nach (4.102) folgende vereinfachte Beziehung:

$$\dot{V} = \pi d_F D_2 h\varphi n/(\tan\alpha_1 + \tan\alpha_2) \quad (4.103)$$

($\varphi$ = 0,4 bis 0,6 Auflockerungsfaktor des Brechgutes im ausfallenden Gutring; bei $\varphi_{max} \geqq 0{,}7$ bis 0,8 tritt Verstopfung ein)

Aufgrund vielfältiger, nicht erfaßbarer Einflüsse stellt der mit (4.102) bis (4.103) berechnete Durchsatz nur eine Näherungslösung dar.

**Leistungsbedarf:** Seine Berechnung kann analog Abschn. 4.3.1.1. erfolgen. Dabei muß jedoch beachtet werden, daß bei diesen Brechern gegenüber den Backenbrechern eine fast gleichförmige Antriebscharakteristik vorhanden ist. Dadurch sind keine großen Schwungmassen notwendig. Der mechanische Wirkungsgrad liegt bei $\eta \approx 0{,}7$ bis 0,85 [70].

Wird der *theoretische Leistungsbedarf* berechnet und dabei die mit (4.70) abgeleitete Beziehung für die Zerkleinerungsarbeit $W_Z = p\varphi_o\,\Delta V/2 = F_{oB}\,\Delta V/2$ verwendet, so können nach Bild 4.64 zur Ermittlung von $\Delta V$ nebeneinander liegende »elementare Backenbrecher« mit paralleler Hubbewegung angenommen werden. Für das während eines Hubes im Brechraum verdrängte Volumen $\Delta V_E$ kann somit geschrieben werden:

$$\Delta V_E = 2rH\,\Delta b = 2rl\,\Delta b\cos\alpha_2 \quad (4.104)$$

($\Delta b$ Backenbreite des elementaren Backenbrechers; $l$ Länge der wirksamen Arbeitsfläche; $r$ Exzentrizität bei paralleler Hubbewegung (bei $r(H)$ ist die mittlere Exzentrizität $r_m$ am Angriffspunkt der resultierenden Kraft $F_Z$ einzusetzen))

Summiert man die Arbeitsflächen der angenommenen »elementaren Backenbrecher«, so erhält man die Mantelfläche des Brechkegels:

$$A_K = \Sigma l\,\Delta b \quad (4.105)$$

Mit (4.104) kann damit für das während einer Exzenterwellenumdrehung verdrängte Volumen $\Delta V$ geschrieben werden:

$$\Delta V = 2rA_K\cos\alpha_2 \quad (4.106)$$

Die theoretische Zerkleinerungsleistung ergibt sich somit analog (4.71) zu:

$$P_Z = W_Z n = p\varphi_o A_K rn\cos\alpha_2$$
$$= F_{oB}A_K rn\cos\alpha_2 \quad \text{in W} \quad (4.107)$$

(Da der Ausnutzungskoeffizient der Arbeitsfläche des Arbeitsorganes $\varphi_0$ beim Steilkegelbrecher kleiner ist als bei den Backenbrechern und nach Erfahrungswerten mit $\varphi_0 \approx 0{,}18$ bis 0,2 angenommen werden kann, erhält man unter Berücksichtigung von (4.69) für die spezifische Bruchkraft für harte Materialien bei Steilkegelbrechern $F_{0B} = p\varphi_0 = 1{,}2\sigma_Z\varphi_0 \approx 2{,}0$ bis 2,2 MN m$^{-2}$)

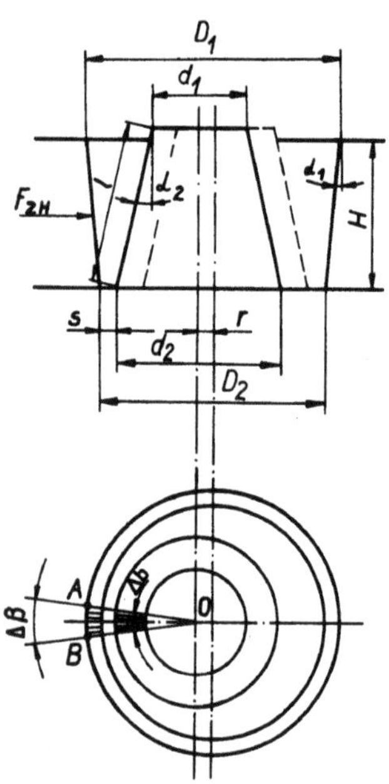


Bild 4.64. Schema zur Berechnung des Leistungsbedarfes mittels „elementarer" Backenbrecher

Der weitere Berechnungsgang für den Leistungsbedarf zur Überwindung der Reibung $P_R$ in den Lagern sowie zur Ermittlung des mechanischen Leistungsbedarfes erfolgt nach (4.72), (4.66) bzw. (4.73). Bei der Festlegung der zu installierenden Motorleistung $P_{Mi}$ wird ein Sicherheitsfaktor eingeführt, der nach praktischen Erfahrungen bei $k_s = 1{,}5$ liegen sollte [73, 54]:

$$P_{Mi} = k_s P_Z/\eta_{mech} = k(P_Z + P_R)/\eta_G \quad (4.108)$$

Die Berechnung von $P_Z$ bzw. $P_{mech}$ ist auch mit folgenden empirischen Beziehungen möglich [88, 54, 75]:

| | | $P$ | $d_2, r$ | $n$ | |
|---|---|---|---|---|---|
| $P_Z$ | $= K_Z d_2^2 rn$ | kW | m | min$^{-1}$ | (4.109) |
| $P_{mech}$ | $= 36 d_2^2 rn$ | | | | (4.110) |

($K_Z$ = 20 bei $w$ = 760 bis 1000 mm; $K_Z$ = 18,5 bei $w$ = 1000 bis 1500; $K_Z$ = 17 bei $w$ > 1500 mm)

**Geometrische Abmessungen des Brechraumes:** Als Maulweite $w$ wird der von der Oberkante des Brechmantels (Brechringes) bis zum Brechkegel senkrecht zur Halbierenden des Brechwinkels $\alpha = \alpha_1 + \alpha_2$ gemessene Abstand bezeichnet. Bei gezahnten Arbeitsflächen gilt der Abstand vom Zahngrund des Kegels bis zur Zahnspitze des Mantels. Die zusätzliche Angabe des Brechring-Durchmessers $D_1$ und der Ringlänge $L$ ist zweckmäßig (Bild 4.65). Für die Größenbezeichnung wird meist die Maulweite $w$ verwendet. Als Austrittsspalt gilt der Mindestabstand zwischen der Zahnspitze des Brechmantels und dem gegenüberliegenden Zahngrund des Brechkegels.

Sind bei der Dimensionierung eines Brechers $\dot{V}$, $d_A$, $d_F$ aus der Aufgabenstellung und $\alpha_1, \alpha_2, n, h = 2r$ sowie $\varphi$ aus Überschlagsrechnungen bekannt, so können die Brechraumabmessungen unter Zugrundelegung von (4.103) wie folgt berechnet werden (vgl. Bild 4.64):

$$D_2 = \dot{V}(\tan\alpha_1 + \tan\alpha_2)/\pi h\varphi n d_F \tag{4.111}$$

$$d_2 = D_2 - (2s + 2r) \quad \text{oder}$$

$$d_2 \approx D_2 - 2d_F \tag{4.112}$$

Für $D_1$ kann unter der Annahme, daß $w = 1{,}2d_A$ beträgt, geschrieben werden:

$$D_1 = d_1 + 2{,}4d_A \quad \text{oder}$$

$$D_1 \approx (1{,}4 \dots 1{,}5)\, D_2 \tag{4.113}$$

$$d_1 = d_2 - (D_1 - D_2)\tan\alpha_2/\tan\alpha_1 \tag{4.114}$$

$$H = (D_1 - D_2)/2\,\tan\alpha_1 \quad \text{oder}$$
$$H \approx D_2 \quad \text{bei} \quad \alpha_1 \approx 10 \text{ bis } 12° \tag{4.115}$$

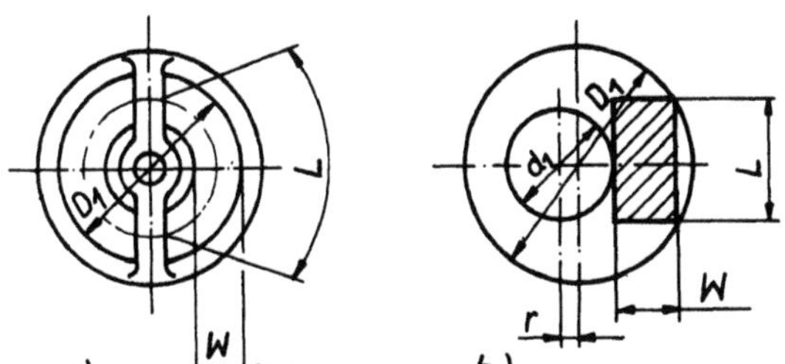


Bild 4.65. Schema zur Bestimmung der Brechringöffnung
*a)* Kopfring eines Steilkegelbrechers mit Kopflager normaler Bauart
*b)* Kopfring eines Steilkegelbrechers (ohne Kopflager) mit einseitig erweitertem Brechmaul

**Stützkräfte:** Im Unterschied zu Backenbrechern besitzen Kegelbrecher eine fast gleichmäßige Antriebscharakteristik und benötigen keine speziellen Schwungmassen. Auch die Forderung nach einem Antrieb mit nach oben begrenztem Drehmoment kann einfacher erfüllt werden. Bei der Konstruktion des Antriebes muß darauf geachtet werden, daß rotierende Teile, wozu auch der Brechkegel gehört, ein möglichst niedriges Schwungmoment aufweisen und die Antriebselemente, wie Kupplungen und Keilriemenscheiben, eine Drehmomentbegrenzung, die beim 2fachen Wert des Normalbrechmomentes liegt, erhalten. Die wichtigsten und am meisten beanspruchten Maschinenteile sind das Gehäuse, der Brechkegel, seine Achse sowie das Kopf- und Exzenterbuchsenlager. Bei der Berechnung des Brechkegels und der Brechkegelachse kann man davon ausgehen, daß $F_Z$ nach (4.76) als Resultierende eines Belastungsgebirges in der halben Höhe des Arbeitsraumes senkrecht zum Brechkegelmantel angreift. Dabei wird nach Bild 4.66 angenommen, daß der Brechkegel an der Zerkleinerung mit einer Zone von etwa 180° beteiligt ist und

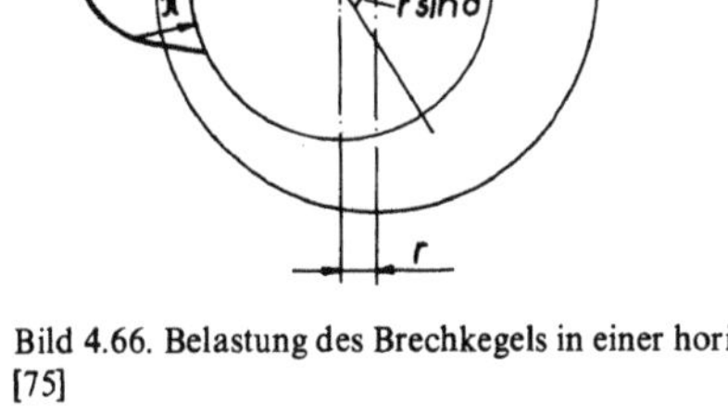


Bild 4.66. Belastung des Brechkegels in einer horizontalen Ebene [75]

die resultierende Zerkleinerungskraft $F_Z$ dem engsten Spaltabstand um den Winkel $\delta = 20°$ nacheilt [75]. Da bei Steilkegelbrechern durch die große Masse des Brechkegels im Katastrophenfall mit großen Trägheitskräften gerechnet werden muß, die zu einer wesentlichen Erhöhung der Zerkleinerungskräfte $F_Z$ führen, wird bei der Ermittlung von $F_{Z\,max}$ nach (4.78) ein Stoßfaktor von $k_{SK} = 2{,}5$

bis 3,0 eingeführt. Damit ergibt sich $F_{Z\,max}$ analog (4.78) bei den Steilkegelbrechern zu

$$F_{Z\,max} = k_{SK}F_Z = 2k_{SK}F_{Zm} = 2k_{SK}P_Z/nh_m \qquad (4.116)$$

Ist $F_Z$ bzw. $F_{Z\,max}$ bekannt, so können die in den Bauteilen nach Bild 4.67 angreifenden Kräfte analytisch oder graphisch ermittelt werden.

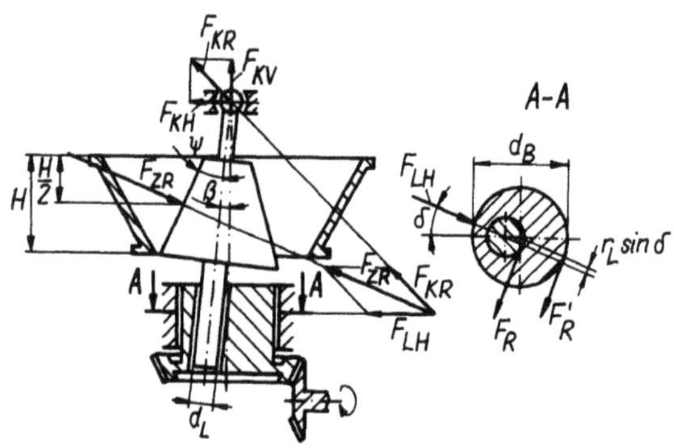


Bild 4.67. Schema zur Bestimmung der Stützkräfte am Steilkegelbrecher

### 4.4.1.2. Gesichtspunkte zur Konstruktion

Der Zerkleinerungsvorgang wird von der Ausbildung des Brechraumes entscheidend beeinflußt. Normalerweise werden bei Steilkegelbrechern für die Vorzerkleinerung geradlinige Brechorgane verwendet, da damit sowohl große Maulöffnungen als auch große Zerkleinerungsverhältnisse bis $\varepsilon = 10$ erreicht werden können. Wird dagegen gut kalibriertes Fertiggut gewünscht, so ist nach Bild 4.68 eine gekrümmte Ausbildung des Brechmantels am Austragspalt erforderlich. Da bei der geradlinigen

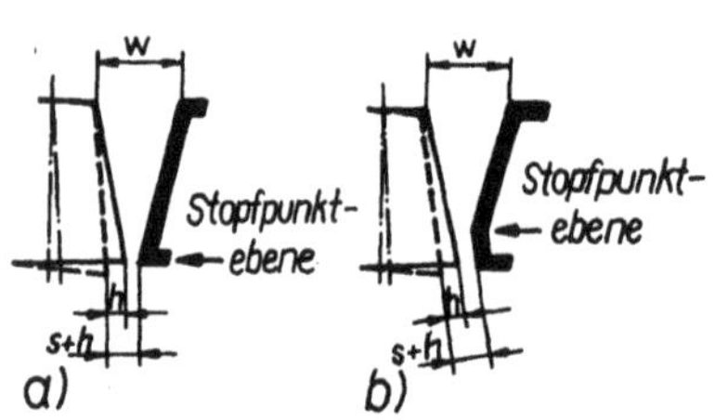


Bild 4.68. Brechraumformen
*a*) geradlinige Brechkegel und -mantelausführung
*b*) stopfmindernde Ausführung mit geradlinigem Brechkegel und gewölbtem Brechmantel

Ausführung der Brechorgane (Bild 4.68a) die *Stopfpunktebene* am Austrittsspalt liegt, neigen derartige Brecher bei ungünstigen Zerkleinerungsbedingungen schneller zur Verstopfung als die stopfmindernde Ausführung (Bild 4.68*b*). Der Abstand zwischen Brechkegel und Brechmantel $s + h$ ist bei stopfminderndem Brechraum bei gleicher Spaltweite größer als bei geradliniger Ausbildung, da bei derartigen Brechern mit größerem Hub gearbeitet wird. Die stopfmindernde Brechraumausführung hat gegenüber der geradlinigen Brechraumgestaltung folgende Vorteile:

— bessere Kornform des gebrochenen Gutes
— höhere Zerkleinerungsverhältnisse
— günstiges Durchsatzverhalten und keine Verstopfungsgefahr
— geringer spezifischer Arbeitsbedarf und Verschleiß

Nachteilig ist, daß die Panzerungen durch gekrümmte Formen komplizierter sind und höhere Instandhaltungsaufwendungen anfallen. Unter Beachtung des jeweiligen Einsatzgebietes und der Backengröße sind unterschiedliche Kopfringe bzw. Aufgabeöffnungsvarianten entwickelt worden. Die am häufigsten verwendeten Steilkegelbrecher-Köpfe sind in Bild 4.69 dargestellt. Während die Form *a* vor allem bei kleineren Brechern als Normalbauart zur Anwendung kommt, werden die Formen *b* und *c* bei großen Aufgabekorngrößen mit großen Durchsätzen bevorzugt. Mit einseitig ausragendem oder allseitig erweitertem Vorbrechmaul können die Zerkleinerungsverhältnisse bis $\varepsilon = 12$ bis 15 vergrößert werden. Für die Gestaltung der Verschleißauskleidung des Gehäuses bzw. der Panzerung des Brechkegels gelten dieselben Grundsätze wie bei den Backenbrechern. Aus fertigungs-, transport-, montage- und instandhaltungstechnischen Gründen kommen bei der Verschleißauskleidung der Gehäuse meist einzelne Platten und Segmente, die gegeneinander verkeilt und vereinzelt im Gehäuse verschraubt werden, zum Einsatz (Bild 4.70). Die Panzerung des Brechkegels muß dagegen immer ringförmig ausgebildet werden, da sonst keine sichere Befestigung auf dem Tragkegel der Brechkegelachse durch Verspannen möglich ist. Die mit Flanschverbindungen versehenen Gehäuseteile bestehen aus Stahlguß. Sie sind so zu bemessen, daß die im Brechraum auftretenden maximalen Zer-

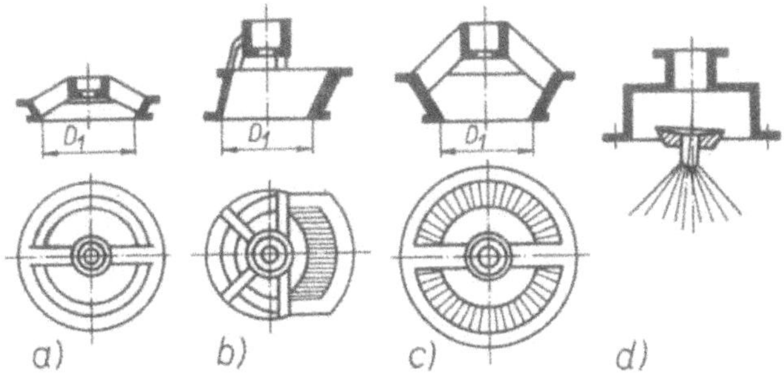


Bild 4.69. Kopfträger für Kegelbrecher [89]

*a*) Steilkegelbrecher normaler Bauart

*b*) Steilkegelbrecher mit einseitig ausragendem vergrößertem Aufgabe- und Vorbrechmaul

*c*) Steilkegelbrecher mit allseitig erweitertem Vorbrechmaul

*d*) Flachkegelbrecher normaler Bauart

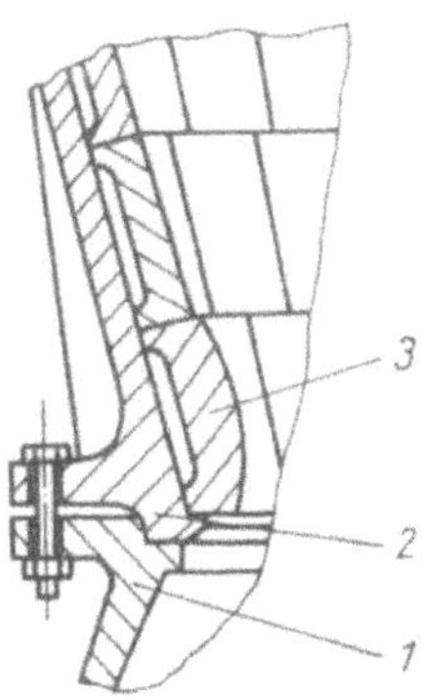


Bild 4.70. Panzerung (Brechmantel) des Brechrumpfes eines Steilkegelbrechers

1 Brechergehäuseständer; 2 Brechrumpf; 3 Panzerplatten (Segmente)

kleinerungskräfte mit genügender Sicherheit aufgenommen werden können. Steilkegelbrecher sind grundsätzlich mit Kopflagern ausgerüstet, die so angeordnet sein müssen, daß je nach Lagerungsprinzip des Brechkegels horizontale und vertikale oder nur horizontale Kräfte eingeleitet werden können. Bild 4.71*a* zeigt ein Kopflager, das Horizontal- und Vertikalkräfte aufnimmt und mittels eines eingebauten Hydrauliksystems zur Spaltverstellung (Heben oder Senken des Brechkegels) geeignet ist. Damit ist auch in bestimmten Grenzen ein Überlastschutz möglich. Bei mechanischen Kopflagerausführungen ist die Spaltverstellung nur in geringen Grenzen durch die auf der Achse vor-

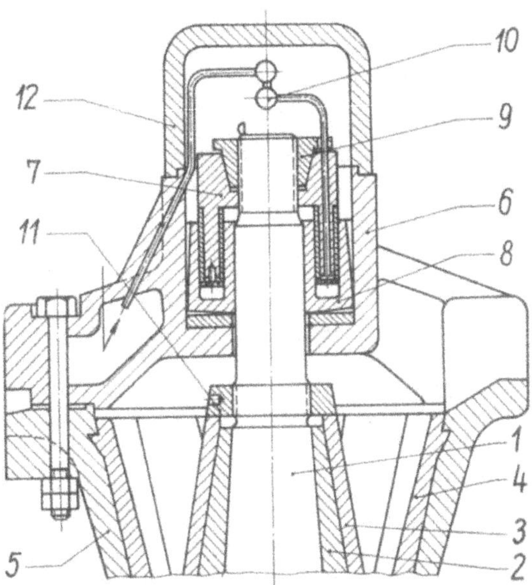


Bild 4.71. *a*) Kopflager mit hydraulischer Überlastsicherung und Spaltverstellung

*1* Brechkegelachse; *2* Tragkegel; *3* Brechkegel; *4* Brechmantel; *5* Brechrumpf; *6* Kopflagerträger; *7* Arbeitskolben; *8* Arbeitszylinder mit Stützring; *9* Achsenmutter; *10* Hydraulikleitung mit Kugelgelenk; *11* Spannmutter; *12* Lagerhaube

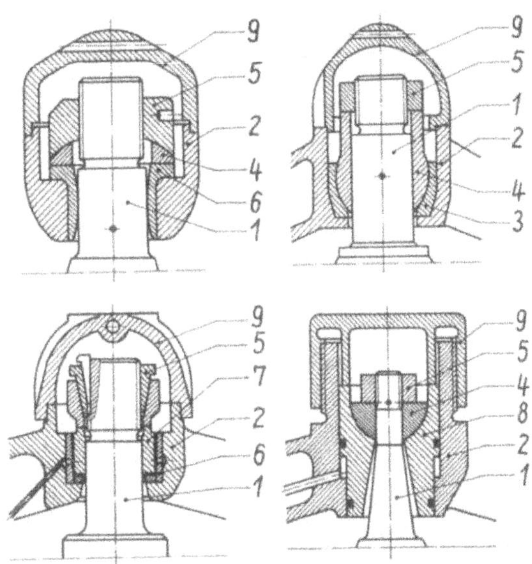


Bild 4.71. *b*) Beispiele für mechanische Kopflager bei Steilkegelbrechern

*1* Brechkegelachse; *2* Kopflagerträger; *3* Kugelbuchse; *4* Kugelkörper; *5* Achsenmutter; *6* Buchse; *7* Stützring; *8* Kugelbuchse mit Arbeitskolben für Überlastschutz; *9* Lagerhaube

handende Verschraubung möglich, die außerdem einen großen Zeitaufwand erfordert und keinen Überlastschutz gewährleistet (Bild 4.71 *b*). Hydraulische Kopflagerungen sind kompliziert, so daß sich in den letzten Jahren unter Berücksichtigung des Überlastschutzes und der automatischen Spaltverstellung vor allem hydraulische Achsabstützungen an der Exzenterbuchse durchgesetzt haben. Bild 4.72 zeigt einen Steilkegelbrecher mit hydraulischer Abstützung der Brechkegelachse, die sowohl zur Spalteinstellung als auch zum Überlastschutz geeignet ist. Das dazugehörige Hydrauliksystem ist mit seiner Schaltung in Bild 4.73 dargestellt. Bei eventueller Überlastung durch Fremdkörper werden diese durch Absenken des Brechkegels ausgetragen. Um bei Überlastungen durch Fremdkörper, die in ungünstigen Fällen ein Ausräumen des Brech-

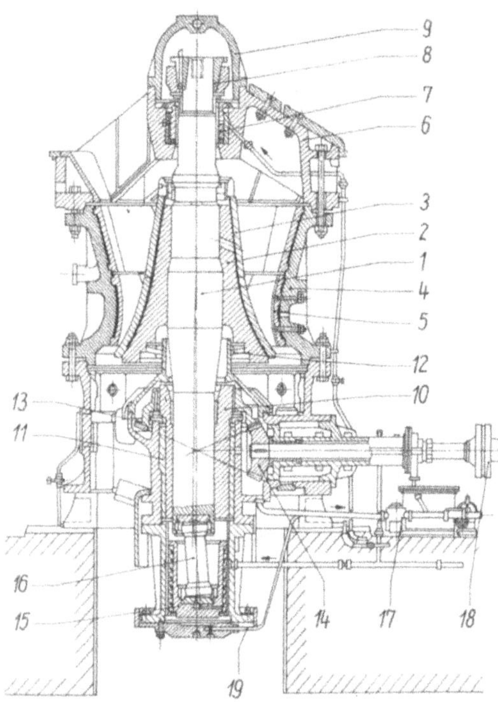


Bild 4.72. Steilkegelbrecher mit hydraulischer Abstützung der Brechkegelachse (UdSSR)

*1* Brechkegelachse; *2* Tragkegel; *3* Brechkegel; *4* Brechrumpf; *5* Brechmantel; *6* Kopfring mit Kopflagerträger; *7* Kopflager; *8* Achsenmutter; *9* Lagerhaube; *10* Exzenterbuchse; *11* Laufbuchse; *12* Getriebeabdichtung; *13* Tellerrad; *14* Kegelrad; *15* Arbeitszylinder; *16* Druckstütze zur Übertragung der Vertikalkräfte und zum horizontalen Bewegungsausgleich; *17* Zentralschmierung; *18* Antriebskupplung; *19* Öldruckleitung für Arbeitszylinder

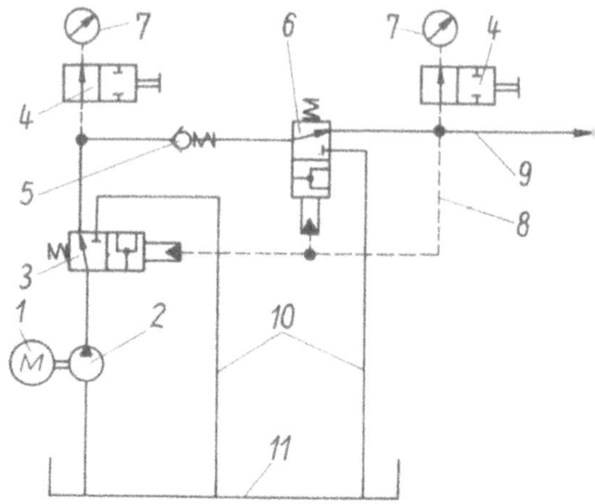


Bild 4.73. Schaltplan für hydraulische Abstützung der Brechkegelachse nach Bild 4.72

*1* Motor; *2* Pumpe; *3* 3/2-Wegeventil; *4* 2/2-Wegeventil; *5* Rückschlagventil; *6* 3/2-Wegeventil; *7* Manometer; *8* Drucksteuerleitung; *9* Druckleitung zum Arbeitszylinder; *10* Rückflußleitung; *11* Ölbehälter

raumes erforderlich machen, zu vermeiden, sollte eine Überwachung des Aufgabegutes durch Metallsuchgeräte erfolgen. Nach Stromausfall können derartige Brecher meist bei vollem Brechmaul angefahren werden, wenn das Brechgut durch Absenken des Brechkegels aufgelockert wird. Um bei einem Überlastungsfall durch unbrechbare Fremdkörper die im Antrieb und Brechkegel gespeicherte Energie möglichst klein zu halten, sollten sowohl rotierende Teile als auch der Brechkegel selbst ein geringes Massenträgheitsmoment besitzen. Die hochbeanspruchte Brechkegelachse (vgl. Bild 4.72) wird in der Regel geschmiedet, kerbenfrei ausgebildet und mit hoher Genauigkeit bearbeitet. Die Exzenterbuchsen werden mit Lagermetallen, wie z. B. Weißmetallegierungen, überzogen bzw. laufen in Bronzebuchsen. Der Antrieb derselben erfolgt meist durch einen (bei Großbrechern verschiedentlich auch durch zwei) direkt gekuppelten Drehstrommotor mit Kurzschlußläufer über eine Strömungskupplung und ein im Brechergehäuse eingebautes Kegel-Stirnradgetriebe oder über ein vorgeschaltetes Keilriemenvorgelege. Strömungskupplungen ermöglichen den Schwerlastanlauf des Brechers und stellen keine Überlastsicherung im eigentlichen Sinne dar. Während die Spaltweite in bestimmten Grenzen mechanisch oder hydraulisch verstellt werden kann, ist eine Hubveränderung

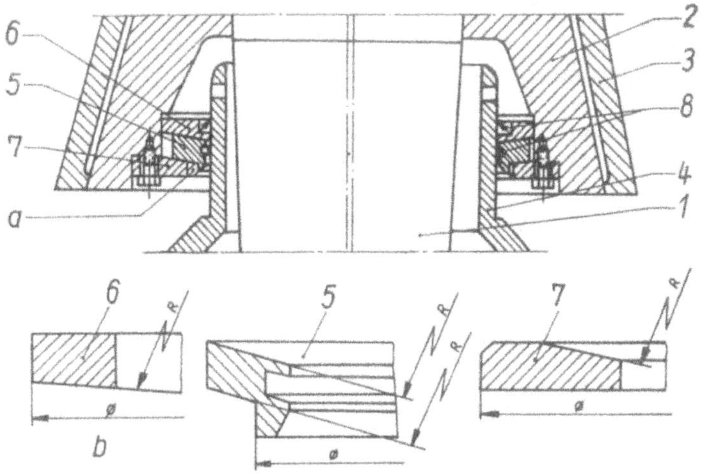


Bild 4.74. Gleitringdichtung zur Getriebeabdichtung am Tragkegel eines Steilkegelbrechers

*a*) Einbauzustand der Dichtung

*b*) Einzelteile der Dichtung

*1* Brechkegelachse; *2* Tragkegel; *3* Brechkegel; *4* Getriebegehäuse; *5* mittlerer Gleitring; *6* oberer Gleitring; *7* unterer Gleitring; *8* Ringdichtungen aus Gummi

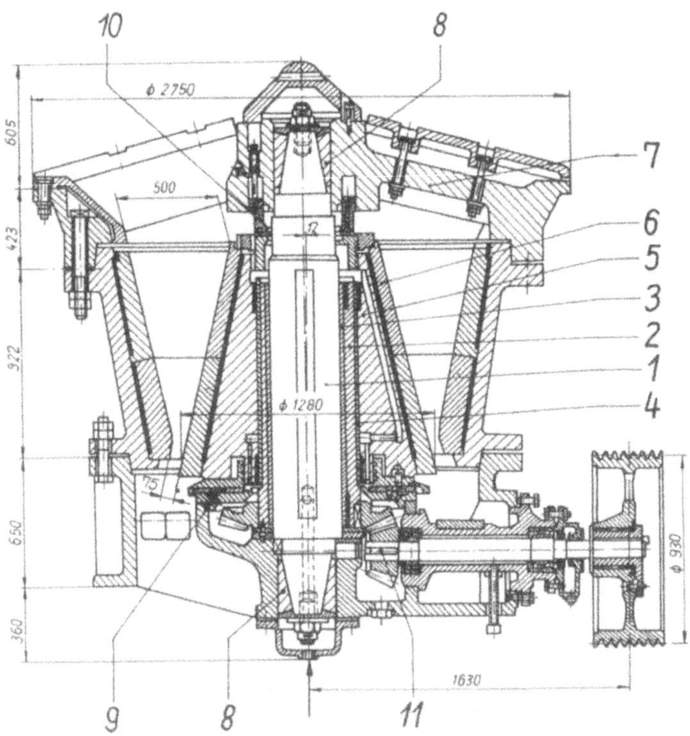


Bild 4.75. Steilkegelbrecher mit eingespannter Brechkegelachse (*Peguson-Telsmith*)

*1* Brechkegelachse; *2* Exzenterbuchse; *3* innere Laufbuchse; *4* äußere Laufbuchse; *5* Tragkegel; *6* Brechkegel; *7* Kopfring; *8* Brechkegelachsen-Befestigung; *9* Getriebeabdichtung; *10* Abdichtung der Exzenter- und Laufbuchsen; *11* Kegelradgetriebe

in der Regel nur durch Austausch der Exzenterbuchse bzw. durch doppelte Exzenterbuchsen, die gegeneinander verdreht werden können, möglich. Das Kegel-Stirnradgetriebe sowie die Exzenterbuchse werden hoch belastet und müssen gegen Staub sicher abgedichtet werden. Als verschleißarme Abdichtung des Getriebes am Brechkegel hat sich die in Bild 4.74 dargestellte Gleitringdichtung bewährt. Bei der Abdichtung der Antriebswelle haben sich als verschleißarme äußere Dichtungen *Labyrinthringe* mit Fettschmierung als geeignet erwiesen. Als innere oder zweite Dichtungen werden normale Wellendichtringe eingesetzt. Die Exzenterbuchse und das Zahnradgetriebe sind meist mit Ölumlaufschmierung versehen, die vor Einschalten des Antriebsmotors in Betrieb sein muß. Mit dem Umlauföl wird gleichzeitig die an den Lagerstellen auftretende Reibungswärme abgeführt. Kopflager werden durch einen automatischen Fettschmierapparat meist fettgeschmiert. In Bild 4.75 ist ein Brecher mit feststehender Brechkegelachse dargestellt, die gegenüber Steilkegelbrechern mit beweglicher Achse und Exzenterbuchsenlagerung eine geringere Bauhöhe erfordert. Derartige Brecher haben den Nachteil, daß die Spaltweite nicht verstellt werden kann und die Sicherung gegen Überlastung nur durch Reibungs- oder Scherbolzenkupplungen möglich ist.

Obwohl sich Steilkegelbrecher bei der Vor- und Nachzerkleinerung von hartem bis sehr hartem Material sehr gut bewähren und günstigere technisch-ökonomische Kennziffern aufweisen als Backenbrecher, werden letztere auch weiterhin zur Vorzerkleinerung härtester Materialien bevorzugt eingesetzt, zumal bei der Zerkleinerung von hartem, zähem und abrasivem Material ein häufigeres Wechseln der Verschleißteile notwendig wird. Bei Backenbrechern ist gegenüber den Steilkegelbrechern ein schnelles und einfaches Wechseln der Verschleißteile möglich. Außerdem haben sie eine niedrigere Bauhöhe als Steilkegelbrecher. Hinzu kommt, daß bei Steilkegelbrechern infolge der

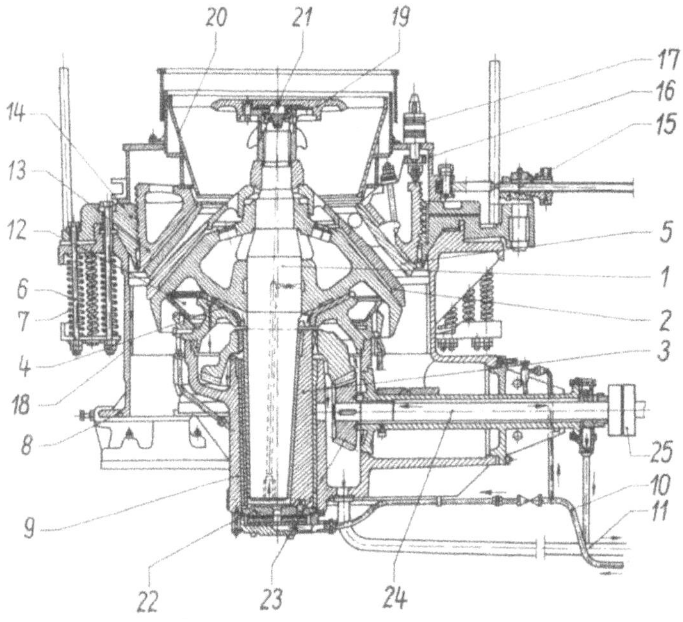


Bild 4.76. Flachkegelbrecher mit Exzenterbuchse (UdSSR)

*1* Brechkegelachse mit Tragkegel; *2* Brechkegel; *3* Exzenterbuchse; *4* Kugelschalenlagerung; *5* Brechmantel; *6* Ankerbolzen; *7* Schraubenfedern (Hauptfedern); *8* Gehäuseunterteil (Ständer); *9* innere und äußere Laufbuchse; *10*, *11* Schmierölzu- und -abführung; *12* Kugelschalenlager-Abdichtung; *13* Brechrumpf; *14* Einstellring mit Sägezahngewinde; *15* Einstellvorrichtung; *16* Einstellgehäuse; *17* Gegendruckvorrichtung; *18* Ständerschutzmantel; *19* Streuteller; *20* Einlauftrichter; *21* Achsenmutter; *22* Spurlager; *23* Kegelradgetriebe; *24* Antriebswelle; *25* Antriebskupplung oder Riemenscheibe

langen Brechkegelachse (vgl. Bild 4.72) eine große Montagehöhe notwendig ist.
Steilkegelbrecher haben den Vorteil, daß sie überschüttet werden können und keine spezielle Aufgabeeinrichtung erfordern. Das Brechgut kann z. B. bei Großbrechern direkt vom Fahrzeug in den Brechraum gekippt werden. Infolge seiner kontinuierlichen Arbeitsweise sind auch die dynamischen Beanspruchungen geringer, so daß bei gleich großen Brechern beim Steilkegelbrecher einfachere Fundamente notwendig sind. Bei der Auswahl der Brecher für den jeweiligen Einsatzfall sind unter Zugrundelegung der aufbereitungstechnischen Zielstellungen die Vor- und Nachteile des einzusetzenden Brechers abzuwägen.

### 4.4.2. Flachkegelbrecher

Flachkegelbrecher werden als Nach- oder Feinbrecher für harte bis mittelharte Materialien, meist mit dem Ziel, eine gute Kornform und -zusammensetzung zu erreichen, eingesetzt. Bei den am häufigsten eingesetzten Flachkegelbrechern ist der Brechkegel nach Bild 4.76 wie bei den Steilkegelbrechern auf der Brechkegelachse mit Tragkegel befestigt, die am unteren Ende drehbar in einer exzentrischen, mittels einer Kegelradübersetzung angetriebenen Buchse (*3*) oder einem exzentrisch angeordneten Wälzlagersystem gelagert ist. Die Exzenterbuchse bzw. die Wälzlagerung ist so ausgebildet, daß der Neigungswinkel $\beta$ der vertikalen Achse des Brechkegels zur geometrischen Mittelachse des Gehäuses 2° bis 4° beträgt. Die in vertikaler Richtung bei der Zerkleinerung auftretenden Kräfte werden von einer Kugelschalenlagerung (*4*) bzw. einem Wälzlager oder einer hydraulischen Abstützung der Brechkegelachse aufgenommen. Der Brechmantel (*5*), der mit dem Brechkegel den Brechraum bildet, ist über Ankerbolzen (*6*) und Schraubenfedern (*7*) bzw. Hydraulikzylinder mit dem Gehäuseunterteil (*8*) elastisch verspannt, so daß der Brechmantel beim Eintritt von nichtbrechbaren Teilen in Form einer Überlastsicherung ausweichen kann. Die Spaltverstellung erfolgt beim Flachkegelbrecher durch Heben oder Senken des Brechmantels mittels spezieller Gewinde oder Hydraulikzylinder bzw. durch Heben oder Senken des Brechkegels bei hydraulischer Achsabstützung.

Flachkegelbrecher unterscheiden sich von den Steilkegelbrechern im wesentlichen durch die konstruktive Gestaltung des Brechraumes, der Anordnung des Brechmantels auf dem Gehäuseunterteil und dem Beanspruchungsmechanismus bei der Zerkleinerung. Während bei den Steilkegelbrechern der untere Durchmesser des Brechmantels (vgl. Bild 4.64) jeweils kleiner ist als der obere Durchmesser ($D_1 > D_2$), verhalten sich die Brechmantel-Durchmesser bei Flachkegelbrechern (vgl. Bild 4.80) mit $D_2 > D_1$ entgegengesetzt. Der in der Exzenterbuchse oder in einem entsprechenden Wälzlagersystem mit der Exzentrizität $r$ gelagerte Brechkörper wird meist über ein Kegelradgetriebe angetrieben. Durch wesentlich größere Hübe $h = 2r$, die ein Mehrfaches der Spaltweite betragen können, und größere Hubfrequenzen wird das Brechgut durch Schlag zerkleinert. Das Flachkegelbrechern zugeführte Aufgabegut fällt in der Regel zunächst auf einen Streuteller, der auf der Brechkegelachse befestigt ist und das Brechgut allseitig im Arbeitsraum verteilt. Vom Brechkegel wird dann das Aufgabegut gegen den Brechmantel geschleudert und dort zwischen Kegel und Mantel vor allem durch Schlag beansprucht. Das an einem bestimmten Arbeitspunkt des Brechmantels zerkleinerte Brechgut kann dem schnell zurückweichenden Brechkegel nicht unmittelbar durch freien Fall folgen, sondern wird nach Bild 4.77 erneut vom zurückkommenden Brechkegel erfaßt und am Brechmantel

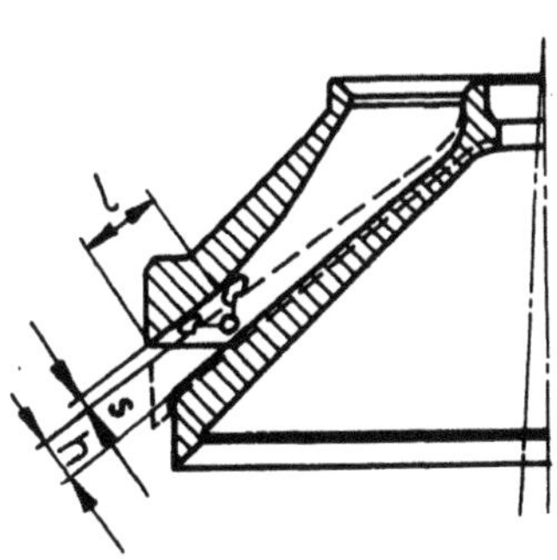

Bild 4.77. Beanspruchungs- und Transportvorgang im Arbeitsraum eines Flachkegelbrechers

schlagend beansprucht. Dieser Vorgang wiederholt sich auf dem Wege zum Austragsspalt mehrfach. Da der Brechraum bei Flachkegelbrechern flach ausgebildet ist und der Hub sich in Richtung des Austragsspaltes vergrößert, wird das Brechgut auf-

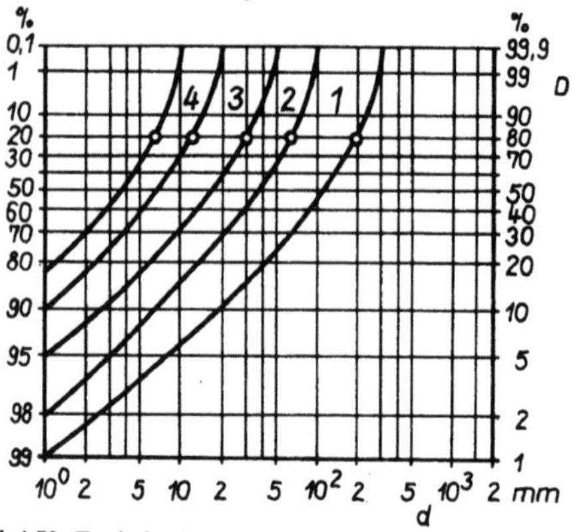


Bild 4.78. Typische Endkorngrößenbereiche bei Kegelbrechern [90]

*1* Steilkegelbrecher; *2*, *3*, *4* Flachkegelbrecher mit verschiedener Brechraumgestaltung

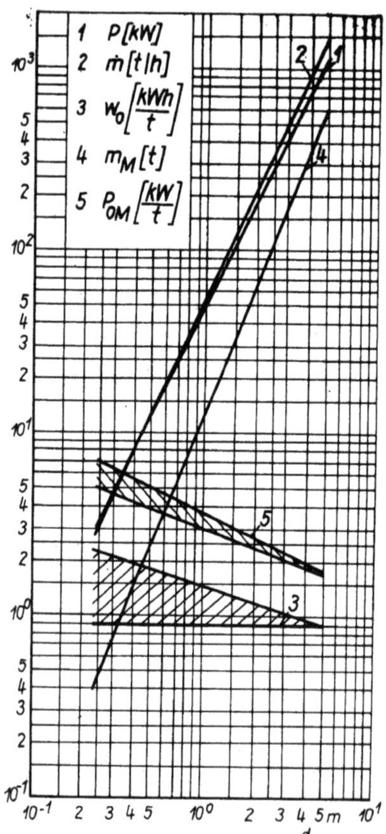


Bild 4.79. Ausgewählte technisch-ökonomische Kennwerte für Flachkegelbrecher

*1*, *2*, *4* Kennwerte für Flachkegelbrecher (SKET Magdeburg); *3* Brechgutabhängige Mittelwerte; *5* Mittelwerte für international angebotene Brecher

gelockert, wodurch keine gegenseitigen Kornbehinderungen oder Verstopfungen auftreten können. Brechmantel und -kegel sind so ausgebildet, daß sie im letzten Brechraumabschnitt parallel verlaufen. Die Kalibrierung des Brechgutes ist um so besser, je größer die parallele Zone *l* zwischen Brechkegel und Mantel ist. Das beim Flachkegelbrecher benutzte Arbeitsprinzip ermöglicht neben einer guten Kalibrierung ein großes Zerkleinerungsverhältnis, das im allgemeinen bei $\varepsilon = 7$ bis 18 liegt. Das gebrochene Gut weist nach Bild 4.78 enge Kornklassen mit wenig Unter- und Überkorn auf. Mittels Flachkegelbrechers sind daher auch Qualitäts- und Edelsplitte herstellbar. Das Aufgabegut darf nicht mit klebrigen tonigen oder lehmigen Beimengungen vermischt sein, da sonst eine Verstopfung mit Brikettiererscheinung auftritt. Flachkegelbrecher haben sich auch bei der Erzaufbereitung oder Aufbereitung von Feld- und Schwerspat bewährt. Durch die schlagende Beanspruchung des Brechgutes wird die selektive Zerkleinerung begünstigt und ein besserer Aufschluß erreicht. In Bild 4.79 sind ausgewählte Kennziffern zur Orientierung dargestellt.

#### 4.4.2.1. Berechnungsgrundlagen

Wie bei den Steilkegelbrechern sind auch hier die Drehzahl der Exzenterbuchse, der Hub, Durchsatz, Leistungsbedarf sowie die Hauptabmessungen zu bestimmen und die Einzugsverhältnisse nachzuprüfen.

**Drehzahl der Exzenterbuchse:** Sie steht mit der Länge der parallelen Beanspruchungszone des Brechraumes im engen Zusammenhang, wobei grundsätzlich davon ausgegangen werden muß, daß jedes Korn beim Durchgang durch die Kalibrierzone mindestens einmal beansprucht wird. Während das beanspruchte Gut bei kleinen Exzenterbuchsen-Drehzahlen bis auf den Kegelmantel fällt und beim Rückhub des Brechkegels auf dem Kegel nach unten gleitet, wird bei großen Drehzahlen die aus Bild 4.77 ersichtliche Gutbewegung und -beanspruchung auftreten. Bei der Berechnung der kleinsten und ungünstigsten Exzenterbuchsen-Drehzahl wird deshalb nach Bild 4.80 angenommen, daß das Brechgut beim Rückhub auf dem Brechkegel nach unten gleitet und aus dem Brech-

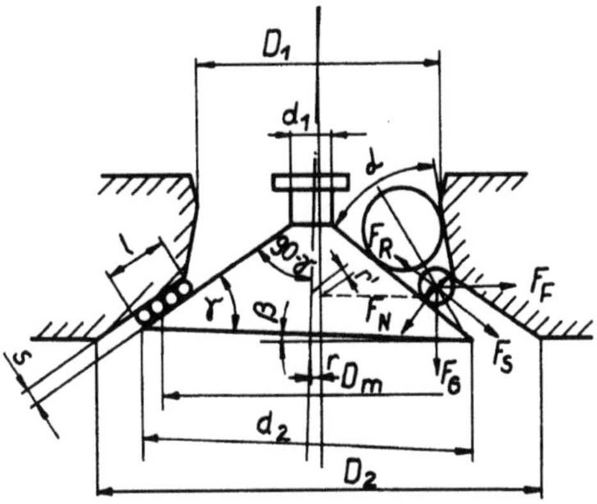


Bild 4.80. Schema zur Berechnung von Exzenterbuchsen-Drehzahl, Durchsatz und geometrischen Abmessungen des Brechraumes

raum ausfällt. Eine derartige Gutbewegung ist ungünstig, da damit nicht der aus Bild 4.77 ersichtliche Schlageffekt auftritt. Unabhängig von der Bewegungsform des Gutes auf der Kegelfläche wird davon ausgegangen, daß die Zeit für eine Umdrehung der Exzenterbuchse kleiner sein muß als die Durchlaufzeit eines Kornes durch die parallele Zone des Brechraumes. Bei Erfüllung dieser Bedingung werden die in die Kalibrierzone eintretenden Teilchen mindestens einmal erfaßt, abgebremst und zerkleinert, so daß den Brechraum nur solche Teilchen verlassen können, die gleich oder kleiner als die Spaltweite $s$ sind. Auf ein auf der Mantelfläche des Brechkegels liegendes Korn (Bild 4.80) wirken folgende Kräfte:

$$F_S = F_G \sin\delta \qquad (4.117)$$

$$F_R = \mu F_N = \mu F_G \cos\delta \qquad (4.118)$$

$$\Delta F = a m_G = (\sin\delta - \mu\cos\delta)\, F_G \qquad (4.119)$$

$$F_F = m_G r'\omega^2 \qquad (4.120)$$

($r'$ Schwingradius des Brechkegels in der Schwerpunktebene des betrachteten Kornes)

Um auf der Mantelfläche des Brechkegels eine Teilchenbewegung in Richtung des Austragspaltes zu sichern, muß die Bedingung $F_s > F_R \pm m_G a$ erfüllt sein. Wird der Fliehkrafteinfluß $F_F$ vernachlässigt, so erhält man den Weg $l$ eines auf der Kegelmantelfläche abwärts gleitenden Teilchens mit (4.119) zu

$$l = a t_D^2/2 = g t_D^2(\sin\delta - \mu\cos\delta)/2 \qquad (4.121)$$

Damit kann bei vorgegebener Kalibrierzonenlänge $l$ und bei bekanntem Winkel $\delta = \gamma + \beta$ sowie $\mu$ die Durchlaufzeit $t_D$ bestimmt werden:

$$t_D = \sqrt{2l/g(\sin\delta - \mu\cos\delta)} \qquad (4.122)$$

Unter Beachtung der Voraussetzung, daß die Durchlaufzeit $t_D$ eines Kornes durch die parallele Zone größer sein muß als die für eine Umdrehung der Exzenterbuchse notwendige Zeit $t_E$, muß die Bedingung

$$t_D \geqq t_E = n^{-1} \qquad (4.123)$$

erfüllt sein. Mit (4.122) und (4.123) ergibt sich für $n$:

$$n \geqq \sqrt{g(\sin\delta - \mu\cos\delta)/2l} \qquad (4.124)$$

Die Betriebsdrehzahl der Exzenterbuchse $n$ kann nicht beliebig erhöht werden. Sie wird zur Sicherung einer hohen Gutqualität so gewählt, daß die Teilchen in der Kalibrierzone mindestens 1,5 bis 2 Beanspruchungen unterliegen. Die Länge der Kalibrierzone $l$ wird bei den Flachkegelbrechern in folgenden Grenzen angegeben:

$$l = (0{,}05 \dots 0{,}1)\, d_2 \qquad (4.125)$$

**Brechkegelhub am Austrittsspalt:** Der Hub $h = 2r$ beträgt ein Vielfaches der Spaltweite $s$ und wird in folgenden Grenzen gewählt:

$$h = (5 \dots 9)\, s \qquad (4.126)$$

**Durchsatz:** Bei der Berechnung des Durchsatzes für Flachkegelbrecher wird analog der bei Steilkegelbrechern (4.99) die Annahme getroffen, daß während einer Umdrehung der Exzenterbuchse $n$ jeweils ein Brechgutring mit dem Volumen $V$ aus dem Brechraum ausfällt. Mit $V = slD_m\pi$ nach Bild 4.80 ergibt sich somit der Volumendurchsatz zu

$$\dot V = \pi s l D_m \varphi n \quad \text{in m}^3\,\text{s}^{-1} \qquad (4.127)$$

($\varphi$ = 0,35 bis 0,6 Auflockerungsfaktor bei Flachkegelbrechern)

**Leistungsbedarf:** Bei der theoretischen Berechnung des Leistungsbedarfes kann von den in Abschn.

4.3.1.1. und 4.4.1.1. dargelegten Methoden ausgegangen werden. Dabei ist jedoch zu beachten, daß die Beanspruchung des Brechgutes im Flachkegelbrecher im Vergleich zum Steilkegelbrecher einige Besonderheiten aufweist. So wird z. B. das Brechgut, das sich in einer sehr lockeren Schüttung im Brechraum befindet, mehrfach durch Schlag oder Druck in der Kalibrierzone beansprucht. Hinzu kommt, daß das Brechgut meist erst gegen Ende des Hubes beansprucht und gebrochen wird. Das muß vor allem bei der Berechnung des Leistungsbedarfes für die Zerkleinerung $P_Z = p\varphi_o \Delta V/2$ berücksichtigt werden. Bei Flachkegelbrechern kann das je Exzenterbuchsenumdrehung verdrängte Volumen $\Delta V$ durch die Kegelmantelfläche $A_K$ und durch die Exzentrizität $r_o$ wie folgt berechnet werden:

$$\Delta V \approx (4/3)\, A_K r_o \tag{4.128}$$

($r_0 \approx (0{,}3$ bis $0{,}4)\, r_m$ wirksame Exzentrizität des Brechkegels am Angriffspunkt von $F_Z$, da nur etwa 30 bis 40% des Hubes für den eigentlichen Zerkleinerungsvorgang genutzt werden)

Der Leistungsbedarf für die Zerkleinerung ergibt sich damit zu

$$P_Z = (2/3)\, p\varphi_o A_K r_o n$$
$$= (2/3)\, F_{oB} A_K r_o n \tag{4.129}$$

(Aufgrund der im Arbeitsraum von Flachkegelbrechern vorhandenen Beanspruchungsbedingungen und geringen Füllungsgraden wird der Ausnutzungskoeffizient der Arbeitsfläche der Arbeitsorgane erfahrungsgemäß mit $\varphi_0 = 0{,}13$ bis $0{,}15$ angenommen. Für harte Materialien ergibt sich nach (4.69) für die spezifische Bruchkraft $F_{0B} = p\varphi_0 = 1{,}2\sigma_Z\varphi_0 \approx 1{,}4$ bis $1{,}6\ \mathrm{MN\,m^{-2}}$)

Der Leistungsbedarf $P_{mech}$ an der Antriebskupplung sowie die zu installierende Motorleistung $P_{Mi}$ werden nach (4.72), (4.66), (4.73) bzw. (4.108) ermittelt [73, 54]. Außerdem sind die empirischen Beziehungen (4.109) und (4.110) verwendbar.

**Geometrische Abmessungen des Brechraumes:** Flachkegelbrecher werden gewöhnlich durch den unteren Durchmesser $d_2$ des Brechkegels charakterisiert. Sind der Durchsatz $\dot{V}$, der Neigungswinkel $\delta = \gamma + \beta$, die Exzenterbuchsen-Drehzahl $n$, der Hub $h$, die Spaltweite $s$ und die Länge der Kalibrierzone $l$ bekannt bzw. durch konstruktive Vorarbeiten festgelegt worden, so kann mit (4.127) der mittlere Durchmesser des ausfallenden Brechgutringes ermittelt werden (vgl. Bild 4.80):

$$D_m = \dot{V}/\pi s l \varphi n \tag{4.130}$$

Damit ergeben sich die unteren Durchmesser des Brechmantels $D_2$ und des Brechkegels $d_2$ zu

$$D_2 \approx D_m + l\cos\delta + s + 2r \tag{4.131}$$

$$d_2 \approx D_2 - 2(s + r) \tag{4.132}$$

Der obere Durchmesser des Brechkegels $d_1$ wird wie bei den Steilkegelbrechern nach konstruktiven Gesichtspunkten bzw. vorgegebenen geometrischen Verhältnissen gewählt und kann dann zur Berechnung des oberen Brechmantel-Durchmessers $D_1$ gemeinsam mit der maximalen Aufgabegut-Korngröße $d_A$ verwendet werden:

$$D_1 = d_1 + 2{,}4 d_A \tag{4.133}$$

Die Brechraumhöhe beträgt:

$$H = (d_2 - d_1)\tan\delta/2 \tag{4.134}$$

**Stützkräfte:** Die Ermittlung der Stützkräfte erfolgt ähnlich wie bei den Steilkegelbrechern. Die wichtigsten und am meisten beanspruchten Maschinenteile sind der Brechkegel und dessen Achse, die Exzenterbuchse, die Federung sowie der Maschinenrahmen. Sind die Kraft $F_Z$ und ihr Angriffspunkt am Brechkegel oder am Brechmantel bekannt, so können die in den Bauteilen des Brechers angreifenden Kräfte graphisch oder analytisch (Bild 4.81) ermittelt werden. $F_Z$ kann bei bekanntem $P_Z$ ähnlich wie bei den Backen- und

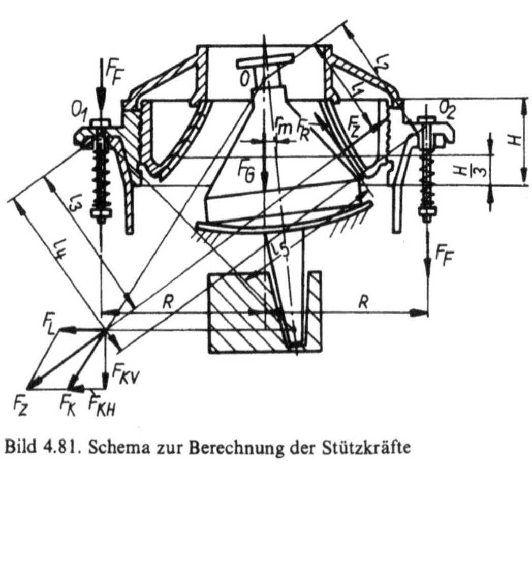

Bild 4.81. Schema zur Berechnung der Stützkräfte

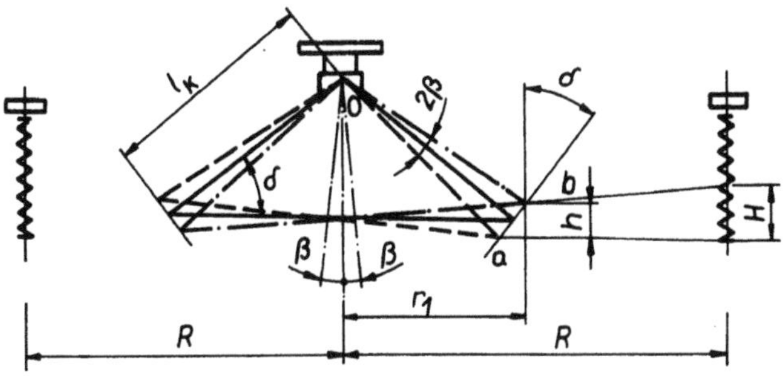


Bild 4.82. Schema zur Berechnung des Federweges *H*

Kegelbrechern (4.76) bestimmt werden, wobei jedoch die Besonderheiten des großen Hubes und die damit verbundene schlagende Beanspruchung im Arbeitsraum zu berücksichtigen sind.

$$F_Z = 2P_Z/h_0 n = 2F_{Zm} \tag{4.135}$$

($h_0 = 2r_0 = (0{,}3$ bis $0{,}4)\, h_m$ wirksamer Belastungshub am Angriffspunkt von $F_Z$)

Bei der Bestimmung der maximalen Zerkleinerungskraft $F_{Z\max}$ wird ein Stoßfaktor $k_{FB} = 1{,}5$ bis 2 berücksichtigt, der wegen der elastischen Befestigung des Brechmantels auf dem Brechergehäuse und des daraus resultierenden Überlastschutzes kleiner ist als bei den Steilkegelbrechern. Mit (4.135) ergibt sich demnach für Flachkegelbrecher:

$$F_{Z\max} = k_{FB} F_Z = 2k_{FB} F_{Zm}$$
$$= 2k_{FB} P_Z/h_0 n \tag{4.136}$$

Bei der Berechnung der federnden Abstützung des Brechmantels auf dem Brechergehäuse ist unter Beachtung der in Bild 4.81 eingezeichneten Kräfte vom Momentengleichgewicht um $0_1$ auszugehen. Der Federweg $H$ kann entsprechend den aus Bild 4.82 ersichtlichen geometrischen Beziehungen ermittelt werden und beträgt:

$$H = [4l_K R/(R + r_1)] \sin\beta \cos\delta \tag{4.137}$$

#### 4.4.2.2. Gesichtspunkte zur Konstruktion

Während bei der Gestaltung des Brechraumes für ähnliche Einsatzfälle bei den Brecherproduzenten von gleichen Konstruktions- bzw. Gestaltungsprinzipien ausgegangen wird, werden die Lagerung des Brechkegels und die elastische Befestigung des Brechmantels auf dem Brechergehäuse sehr unterschiedlich vorgenommen. Die Brechkegelneigung $\delta$ wird in der Regel mit 45° gewählt, da damit eine senkrechte Schlagbewegung in der unteren bzw. parallelen Spaltzone des Brechraumes möglich ist. Je nach Einsatzgebiet und Zielstellung werden die in Bild 4.83 dargestellten Brechraumformen [90] mit den entsprechenden Verschleißteilen verwendet. Bei höheren Qualitätsanforderungen und Feinheiten werden jeweils lange Kalibrierzonen vorgesehen. Für die elastische Abstützung bzw. Verspannung des Brechmantels auf dem Brechergehäuse werden nach Bild 4.76 Federn oder nach Bild 4.84 Hydraulikzylinder eingesetzt. Bei Verwendung von Hydraulikzylindern wird zur Erreichung und Aufrechterhaltung der eingestellten Kräfte eine Einrichtung zur automatischen Druckhaltung vorgesehen. Dabei sind die Hydraulikzylinder an einer Speicherflasche angeschlossen, die als potentieller Energieausgleicher wirkt. Beim Überschreiten der

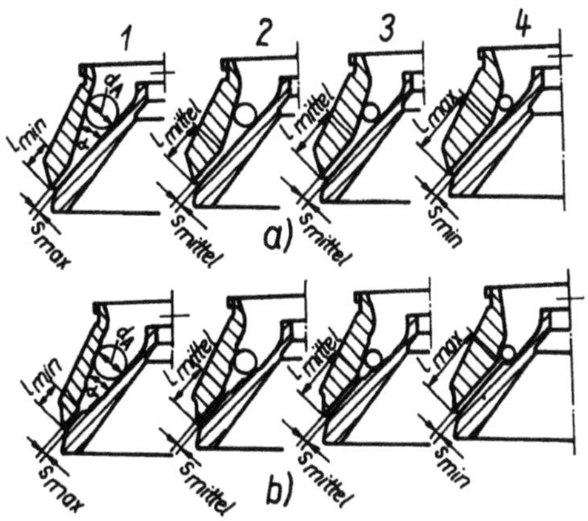


Bild 4.83. Brechraumformen bei Flachkegelbrechern [90]
*a*) glatte Form
*b*) Stufenform
*1* grob; *2*, *3* mittel; *4* fein

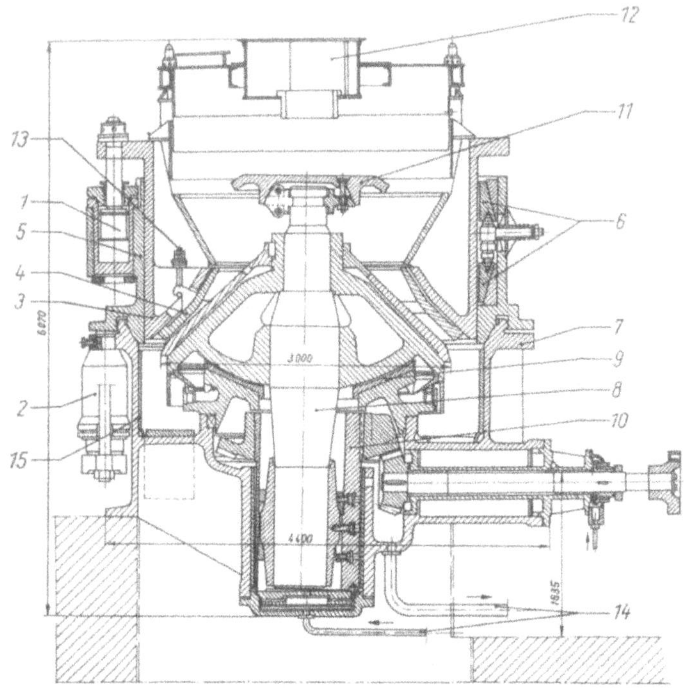


Bild 4.84. Flachkegelbrecher mit hydraulischer Spalteinstellung und Überlastsicherung (UdSSR)

*1* Arbeitskolben zur Spalteinstellung; *2* Arbeitskolben zur Überlastsicherung; *3* Brechrumpf; *4* Brechmantel; *5* Einstellgehäuse; *6* Spannkeile; *7* Gehäuseständer; *8* Brechkegelachse mit Trag- und Brechkegel; *9* Kugelschalenlagerung; *10* Exzenterbuchse; *11* Streuteller; *12* Einlauftrichter; *13* Brechmantelbefestigung; *14* Schmiermittelzu- und -abführung; *15* Ständerschutzmantel

eingestellten Kräfte ist ein trägheitsloses Ausweichen des Brechmantels möglich, so daß keine Überlastung entstehen kann. Auch eventuelle Verstopfungen können damit durch Anheben des Brechmantels beseitigt werden. In Bild 4.85 ist der Schaltplan für eine hydraulische Abstützung und Spalteinstellung dargestellt. Andere Brecharten haben starre Brechmäntel und zentral abgestützte Brechkegel, die bei der Spalteinstellung wie bei den Steilkegelbrechern hydraulisch gehoben bzw. gesenkt werden. Bei Überlastung weicht der Brechkegel nach unten aus. In Bild 4.86 ist ein derartiger Brecher dargestellt. Bei hydraulischen Überlastsicherungen können die Kräfte im Gegensatz zu mechanischen Federn in weiten Grenzen eingestellt und den Betriebsbedingungen angepaßt werden. Durch entsprechende Schaltungsvarianten und Ventilausführungen kann ein schnelles Absenken des Brechkegels oder Anheben des Brechmantels und danach ein selbsttätiges, verzögertes, gedämpftes Zurückstellen auf die ursprüngliche Spaltweite ermöglicht werden [90]. Damit werden Fremdkörper sicher ausgetragen und Spitzenbelastungen vermieden. Die Spaltverstellung, die neben der Einstellung unterschiedlicher Korngrößen auch zum Verschleißausgleich der Brechwerkzeuge notwendig ist, muß leicht, schnell, möglichst ohne Abschaltung der Maschine, im Leerlauf oder unter Belastung erfolgen können. Dies ist besonders bei größeren Brechern, die in Zerkleinerungs- und Klassierkreisläufen eingebunden sind, notwendig. Um die Spalteinstellung und den Verschleißfortschritt überwachen zu können, werden meist berührungslose Systeme zur Spaltmessung mit Fernanzeige verwendet [93]. Für die Spaltverstellung sind entweder Sägezahngewinde am Brechrumpf (vgl. Bild 4.76) oder hydraulische Arbeitszylinder (vgl. Bild 4.84) notwendig. Da die mechanische

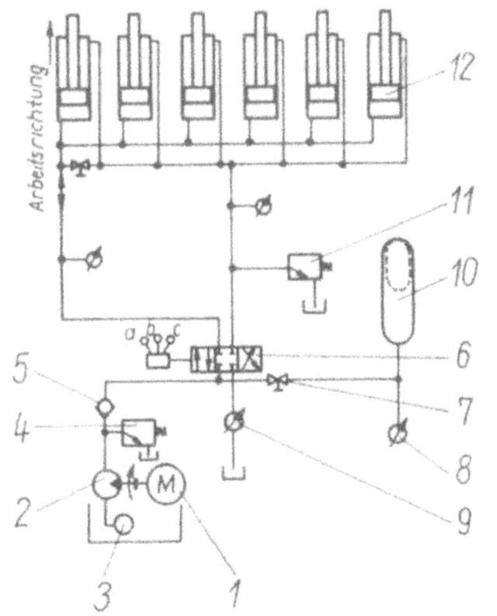


Bild 4.85. Schaltplan für hydraulische Abstützung und Spalteinstellung

*1* Motor; *2* Pumpe; *3* Ölfilter; *4* Druckbegrenzungsventil; *5* Rückschlagventil; *6* 3/4-Wegeventil mit Handsteuerung; *7* Absperrventil; *8* Manometer; *9* Druckschalter; *10* Druckspeicher; *11* Druckbegrenzungsventil; *12* Arbeitszylinder, doppeltwirkend

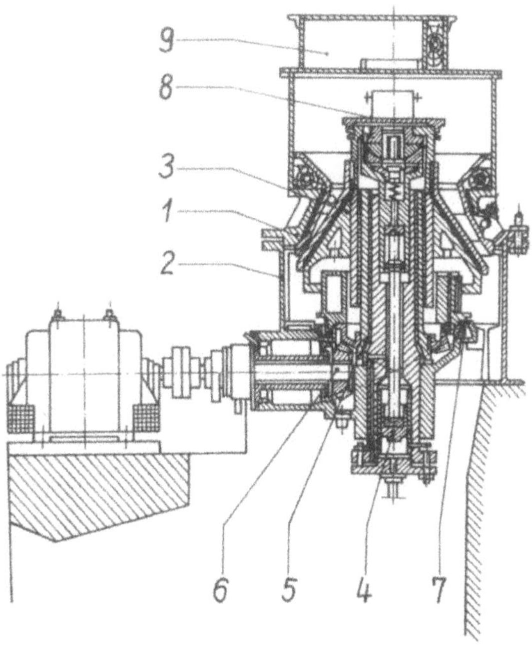


Bild 4.86. Flachkegelbrecher mit starrer Verbindung zwischen Brechrumpf und Gehäuseständer

*1* Brechrumpf mit Brechmantel; *2* Gehäuseständer; *3* Tragkegel zur Spalteinstellung und Überlastsicherung; *4* Arbeitszylinder zur Spalteinstellung und Überlastsicherung; *5* Exzenterbuchse; *6* Kegelradgetriebe; *7* Abdichtung; *8* Streuteller; *9* Aufgabetrichter

Spaltverstellung mittels Sägezahngewinde im Stillstand erfolgen muß, werden dafür in letzter Zeit auch hydraulische Verstelleinrichtungen, die eine Verstellung während des Betriebes zulassen, verwendet (Bild 4.87).

Ebenso wie bei der mechanischen bzw. hydraulischen Verspannung des Brechmantels bzw. hydraulischen Abstützung des Brechkegels gibt es bei der Gestaltung der Brechkegelachse und deren Lagerung vielfältige Variationen. Dazu gehören die Exzenterbuchsenlagerungen, exzentrisch angeordnete Wälzlagersysteme und Kombinationen von Wälzlagern und Exzenterbuchsen. In Bild 4.88 sind zwei Lösungsmöglichkeiten mit Wälzlagern dargestellt. Bei den durch Exzenterbuchsen in taumelnde Bewegung versetzten Brechkegeln werden die Vertikal- bzw. Axialkräfte in Kugelschalenlagern bzw. von Wälzlagern aufgenommen. Die relativ lange Lagerung der Brechkegelachse in der Exzenterbuchse sowie die Kugelschalen- bzw. Wälzlager werden mit Ölumlaufschmierung versehen. Zur Verbesserung des mechanischen Wirkungsgrades und zur Erhöhung der Lagerlebensdauer werden in den letzten Jahren die Brechkegellagerungen bevorzugt mit Wälzlagern ausgerüstet. Ebenso

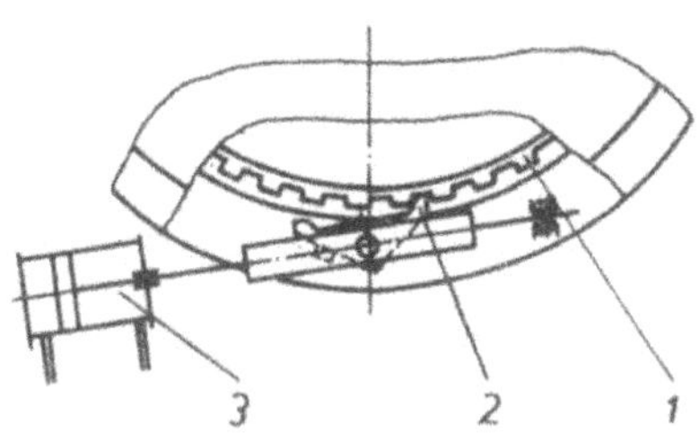


Bild 4.87. Mechanische Spaltverstellung mit hydraulischem Arbeitszylinder [54]

*1* Brechrumpf; *2* Klinkvorrichtung; *3* Arbeitszylinder, doppeltwirkend

wie bei den Steilkegelbrechern ist eine sorgfältige Abdichtung der Lagerung und des Getriebes notwendig. Bild 4.89 zeigt eine Kugelschalenlagerung des Brechkegels mit ihrer Abdichtung, die durch Eintauchen der Ringdichtung in einen Flüssigkeitsspiegel vor Staubeintritt sicher geschützt wird. Die Lager der Antriebswelle werden meist durch doppelte Labyrinthringe und zusätzliche Wellendich-

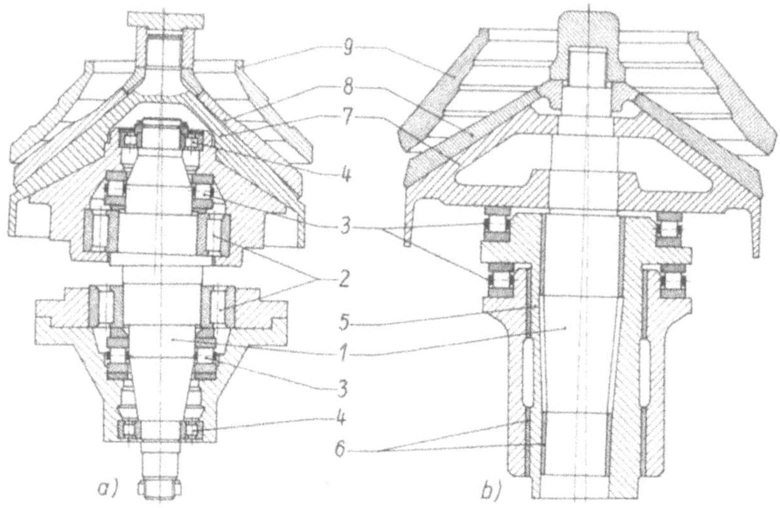


Bild 4.88. Möglichkeiten zur Lagerung der Brechkegelachse mit Wälzlagern (IBAG)
*a*) Lagerung mit Wälzlagern
*b*) Kombination von Wälzlagern mit einer Exzenterbuchse

*1* Brechkegelachse; *2, 4* Rollenlager; *3* Axiallager; *5* Exzenterbuchse; *6* Laufbuchsen; *7* Tragkegel; *8* Brechkegel; *9* Brechmantel

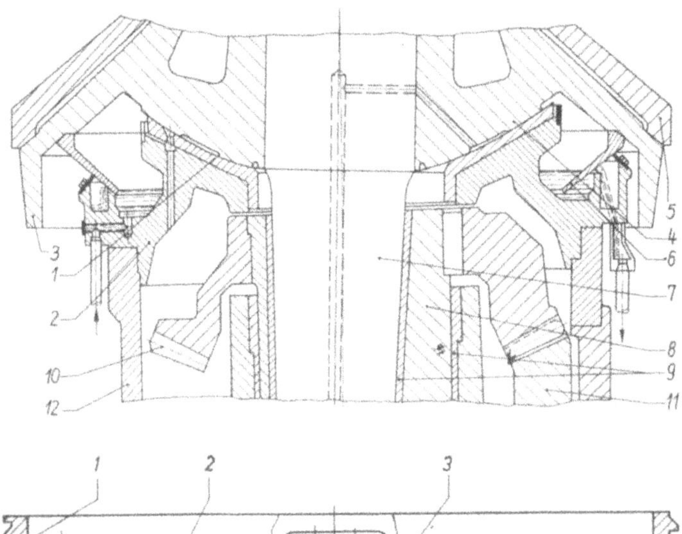


Bild 4.89. Kugelschalenlagerung mit Abdichtung

*1* Kugelschale; *2* Kugelhauptlager-Körper; *3* Tragkegel; *4* Tragkegelkugel-Lagerfläche; *5* Brechkegel; *6* Ringdichtung; *7* Brechkegelachse; *8* Exzenterbuchse; *9* Laufbuchsen; *10* Tellerrad; *11* Kegelrad; *12* Gehäuseständer

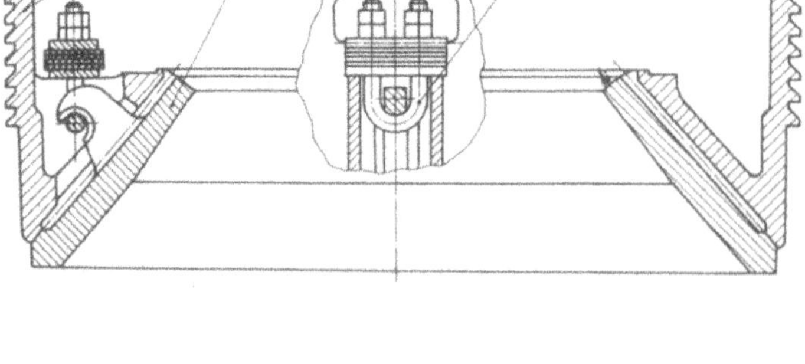


Bild 4.90. Brechmantelbefestigung am Brechrumpf

*1* Brechrumpf mit Sägezahngewinde zur Spalteinstellung; *2* Brechmantel; *3* Spannbügel

tungen abgedichtet. Dabei ist zu beachten, daß die Labyrinthgänge stets unter Fett gehalten werden müssen, da nur dann eine gute Staubdichtheit erreicht wird. Flachkegelbrecher haben mehrteilige Gehäuse aus Stahlguß oder Schweißkonstruktion. Während das Gehäuseoberteil den Brechmantel aufzunehmen hat und zur Spaltverstellung genutzt werden kann, sind im Gehäuseunterteil die Brechkegellagerung mit Exzenterbuchse bzw. das exzentrische Wälzlagersystem, der Zahnradantrieb und die Auslaufschürze untergebracht.

Der Verschleiß der Brechwerkzeuge wird von der Art und Beschaffenheit des Aufgabegutes beeinflußt und steigt besonders mit wachsendem Quarzgehalt des Brechgutes. Die Primärverschleißteile des Brechraumes (Brechmantel und -kegel) bestehen normalerweise aus Mangan-Hartstahlguß. Dieser ist für die meisten Brechgüter wegen seiner großen Zähigkeit, Dehnungs- und Kaltverfestigungseigenschaften der bestgeeignete Werkstoff [90, 94]. Um auch bei stark schleißenden Produkten ausreichende Standzeiten zu erhalten, werden verschiedentlich auch Gußstähle mit Chrom-Molybdän-Zusatz verwendet [94]. Neben der Werkstoffauswahl ist besonders der Formgebung und Befestigungsmöglichkeit der Verschleißteile eine große Aufmerksamkeit zu schenken, da nur mit gut ausgebildeten und befestigten Verschleißteilen eine hohe Produktivität bei geringem Verschleiß erreichbar ist. In Bild 4.90 ist eine Befestigungsvariante des Brechmantels dargestellt. Der Nettoverschleiß wird bei Flachkegelbrechern bei der Zerkleinerung von Basalt je nach Korngröße zwischen $V_0 = 2$ und $8\ \mathrm{g\ t^{-1}}$ und bei Quarzkies mit 60 bis 70% $SiO_2$-Gehalt mit $V_0 = 10$ bis $80\ \mathrm{g\ t^{-1}}$ angegeben [50]. Zur Sicherung einer guten Kornform und -zusammensetzung werden die Oberflächen der Verschleißelemente meist glatt ausgebildet. Der Antrieb erfolgt bei den meisten Flachkegelbrechern vom Motor über Keilriemenantrieb und Kegelradübersetzung auf die Exzenterbuchse. Bei größeren Brechern werden auch Strömungskupplungen eingesetzt, vereinzelt auch Direktantriebe (Bild 4.91 a) und Schwingantriebe mit synchronisierten Unwuchtmassen (Bild 4.91 b).

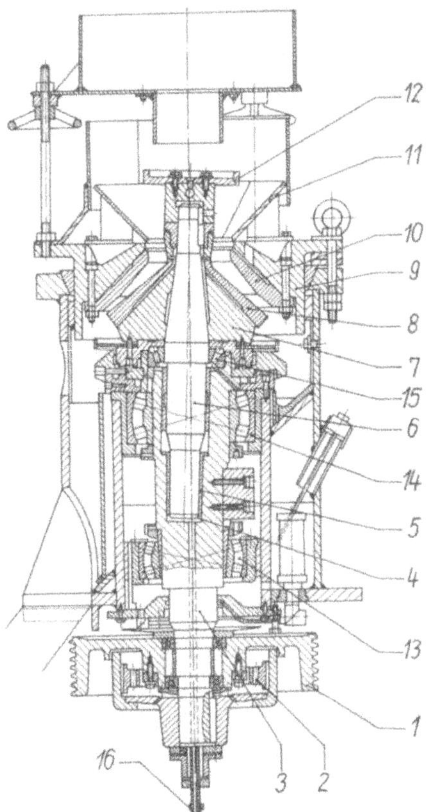


Bild 4.91. *a*) Flachkegelbrecher mit Direktantrieb der Zentralwelle

*1* Antriebsscheibe; *2* Überlastsicherung; *3* Zentralwelle; *4* Exzenterbohrung; *5* Laufbuchsen; *6* Brechkegelachse; *7* Tragkegel; *8* Brechkegel; *9* Brechrumpf; *10* Brechmantel; *11* Einlauftrichter; *12* Streuteller; *13*, *14* Hauptlager; *15* Axiallager; *16* Schmiermittelzuführung

## 4.5. Walzenbackenbrecher

Bei Nach- bzw. Feinbrechern, wie z. B. Flachkegel- oder Feinbackenbrecher, werden zur Herstellung von kalibriertem kubischem Korn gekrümmte Brechorgane mit möglichst langen parallelen Beanspruchungszonen (Kalibrierzonen) verwendet. Mit Walzenbackenbrechern, die je nach Brechergröße zum Nachbrechen von hartem Brechgut mit Aufgabekorngrößen $d_A = 10$ bis 400 mm mit günstigem spezifischem Arbeitsbedarf $W_0$ eingesetzt werden können, wird ebenfalls eine gut kalibrierte kubische Körnung erreicht. Der Zerkleinerungsgrad liegt bei $\varepsilon = 5$ bis 7. Der Beanspruchungsvorgang im Arbeitsraum ist dem Kegelbrecher ähnlich, unterscheidet sich aber wesentlich vom Backen- und

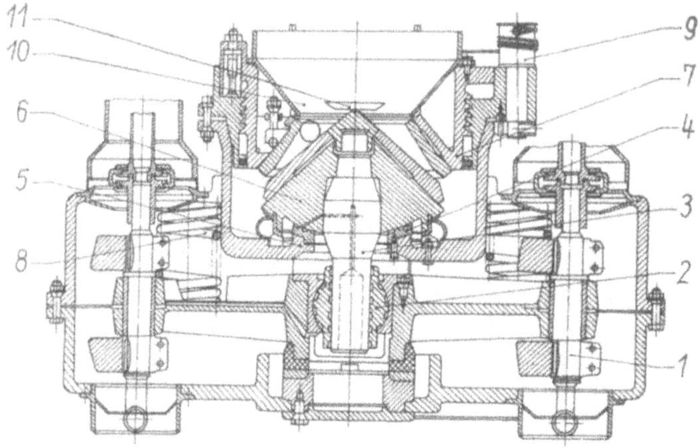


Bild 4.91. *b*) Flachkegelbrecher mit Schwingantrieb (UdSSR)

*1* Schwingantrieb mit Unwuchtmassen; *2* Kugelschalenlager mit Kugel zur Übertragung der Schwingbewegung; *3* Brechkegelachse; *4* Kugelhauptlager-Schale; *5* Kugelhauptlager-Körper; *6* Tragkegel mit Brechkegel; *7* Brechrumpf mit Brechmantel; *8* Stützfedern; *9* Spalteinstellvorrichtung; *10* Einlauftrichter; *11* Streuteller

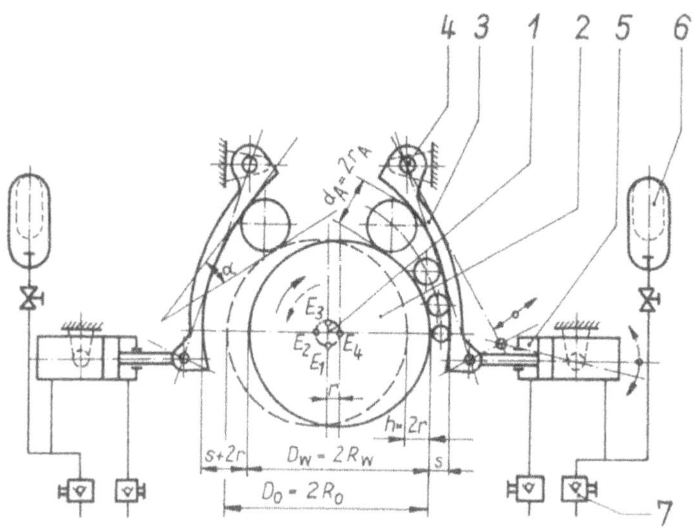


Bild 4.92. Schema eines Walzenbackenbrechers [100]

*1* Exzenterwelle; *2* Brechwalze; *3* gekrümmte Brechbacken; *4* Brechbackenachse; *5* Arbeitszylinder; *6* Druckspeicher; *7* Rückschlag- und Steuerventil

Walzenbrecher. Der in Bild 4.92 schematisch dargestellte Brecher besteht aus einer auf einer Exzenterwelle (*1*) gelagerten, frei drehbaren Brechwalze (*2*) und den auf beiden Seiten dieser Brechwalze angeordneten gekrümmten Brechbacken (*3*), die in den Achsen (*4*) schwenkbar gelagert sind. Beim Drehen der Exzenterwelle (*1*) pendelt die Brechwalze (*2*) zwischen den einstellbaren Brechbacken (*3*) hin und her. Das dem Brechraum auf beiden Seiten der Walze zugeführte Aufgabegut wird zwischen Brechwalze und Brechbacken durch Schlag zerkleinert und fällt nach ein- oder mehrmaliger Beanspruchung durch seine Schwerkraft aus. Da sich die Brechwalze während der Zerkleinerung auf dem beanspruchten Brechgut frei abwälzen kann, entstehen an der Oberfläche der Brechorgane keine oder nur kleine Reibungsverluste durch tangentiale Relativbewegungen zwischen dem Brechgut und den Brechorganen. Bei anderen Brecharten lassen sich diese nicht immer vermeiden und tragen zu hohem Verschleiß bei. Die durch die Exzentrizität der Antriebswelle beim Betrieb des Brechers entstehenden Fliehkräfte werden durch einstellbare Gegenmassen auf der Welle ausgeglichen. Dadurch ist ein guter Massenausgleich und ein fast schwingungsfreier Betrieb möglich. Die um eine Achse (*4*) schwenkbaren Brechbacken werden durch Hydraulikzylinder (*5*) oder durch Federn abgestützt, die gleichzeitig zur Spalteinstellung genutzt werden können. Die Stützkräfte werden dabei so gewählt, daß bei normaler Beanspruchung keine Spaltvergrößerung erfolgt. Unabhängig davon, daß sich der eingestellte Spalt bei Überlastung bzw. Fremdkörpereintritt vergrößern kann, ist zum Schutz des Antriebes, insbesondere der Exzenterwelle und der Lager, eine weitere Überlastsicherung in Form einer Lamellenkupplung notwendig. Da die Antriebsscheibe der Walzenbackenbrecher zugleich als Schwungscheibe ausgebildet wird, kann die zusätzliche Überlastsicherung in ähnlicher Form wie bei den Backenbrechern eingebaut werden.

### 4.5.1. Berechnungsgrundlagen

**Einzugswinkel:** Die beiden Brechräume des Walzenbackenbrechers werden durch die Brechwalze, die Brechbacken und durch verschleißfeste Seitenteile begrenzt. Die Form des Brechraumes ist keilförmig, wobei sich der Einzugswinkel vom Brechmaul bis zum Austragspalt ändert. Der Einzugswinkel $\alpha$ ist nach Bild 4.92 am Brechmaul am größten und kann wie folgt berechnet werden [100]:

$$\alpha = \arccos [(R_3 - r)^2 + (R_0 + r)^2 - (R_3 - R_0 - s)^2]/2(R_3 + r)(R_0 + r) \quad (4.138)$$

($R_3$ Krümmungsradius der Brechbacken;
$D_0 = 2R_0$ Durchmesser des von der Brechwalzenoberfläche beschriebenen Kreises)

**Exzenterwellen-Drehzahl:** Die günstigste Drehzahl der Exzenterwelle wird durch die Forderung, einen maximalen Durchsatz bei vorgegebener Qualität des gebrochenen Gutes zu erreichen, bestimmt. Der größte Durchsatz ist dabei dann erreichbar, wenn die Zeit, die ein Korn für den Durchgang durch die parallele Zone des Brechspaltes benötigt, der Zeit für eine Umdrehung der Exzenterwelle entspricht. Damit ergibt sich die Exzenterwellen-Drehzahl zu [100]

$$n = \sqrt{a/2l} \quad (4.139)$$

($a$ Mittelwert der Beschleunigung, der ein Korn in der parallelen Zone des Brechspaltes unterliegt; $l$ Länge der parallelen Zone des Brechspaltes)

**Durchsatz:** Walzenbackenbrecher besitzen zwei Arbeitsräume, aus denen nacheinander bei jeder Umdrehung der Exzenterwelle einmal Brechgut ausgetragen wird. Nach Bild 4.93 kann demzufolge

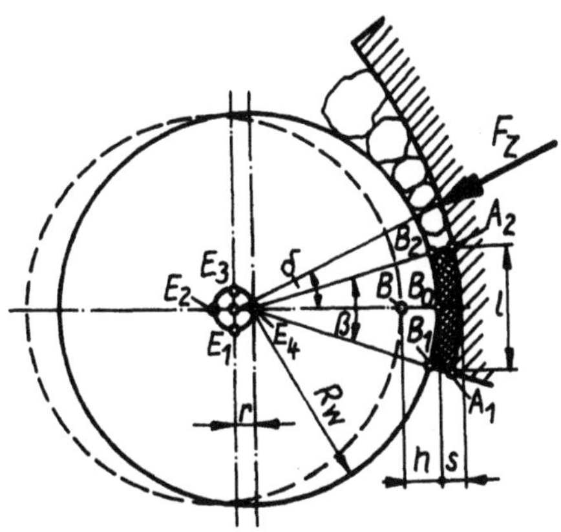


Bild 4.93. Schema zur Berechnung des Durchsatzes bei Walzenbackenbrechern [100]

der Durchsatz mit folgender Beziehung ermittelt werden:

$$\dot{V} = 2\varphi n V$$

$$\approx 2\varphi n s l b_w \quad \text{in m}^3\,\text{s}^{-1} \quad (4.140)$$

**Leistungsbedarf:** Die theoretische Berechnung des mechanischen Leistungsbedarfes $P_{mech} = P_Z + P_R$ kann nach den gleichen Grundsätzen wie bei den Backen- und Kegelbrechern (vgl. Abschn. 4.3.1.1., 4.4.1.1. und 4.4.2.1.) erfolgen. Dabei sind in die allgemeine Beziehung $P_Z = W_Z n = p\varphi_0 \,\Delta V n/2$ für das je Exzenterwellenumdrehung verdrängte Volumen $\Delta V = D_W \pi b_w h$ einzusetzen. Unter der Annahme, daß in beiden Brechräumen die gleiche

Arbeit geleistet wird, kann für $P_Z$ geschrieben werden:

$$P_Z = p\varphi_o D_W \pi b_w hn$$
$$= F_{oB} D_W \pi b_w hn \quad \text{in W} \qquad (4.141)$$

(Der Ausnutzungskoeffizient der Walzenarbeitsfläche wird wie bei den Steilkegelbrechern mit $\varphi_0 \approx 0{,}18$ bis 0,2 angenommen. Damit ergibt sich für harte Materialien auch die gleiche spezifische Bruchkraft $F_{0B}$ wie bei den Steilkegelbrechern, die 2,0 bis 2,2 MN m$^{-2}$ beträgt.)

Soll der Leistungsbedarf bei vorgegebenem Durchsatz mittels des spezifischen Arbeitsbedarfes $W_o$ nach Abschn. 3.2. (Gl. (3.19)) berechnet werden, so kann $W_{o\dot{m}}$ z. B. für Kalkstein in Abhängigkeit der Spaltweite zwischen 0,4 und 1,8 kWh t$^{-1}$ angenommen werden. Für Basalt wurden 1,0 bis 3,0 kWh t$^{-1}$ ermittelt, wobei sich in Abhängigkeit der Fertiggut-Korngröße folgende Werte ergeben haben: $W_{o\dot{m}} = 2{,}25$ kWh t$^{-1}$ bei $d_{F80} = 6$ mm und $W_{o\dot{m}} = 1{,}35$ kWh t$^{-1}$ bei $d_{F80} = 10$ mm [98, 99, 100].

**Stützkräfte:** Bei der Berechnung der in den wichtigsten Maschinenteilen, wie Exzenterwelle, Lager, Rahmen und Brechbackenabstützung, wirkenden Stützkräfte müssen analog zu den Backen- und Kegelbrechern die Zerkleinerungskraft $F_Z$ bzw. $F_{Z\,max}$ und deren Angriffspunkt bekannt sein. $F_Z$ bzw. $F_{Z\,max}$ werden dabei nach (4.76) bzw. (4.78) ermittelt, wobei aufgrund der federnden Abstützung der Brechbacken für den Stoßfaktor $k_{WB} = 1{,}5$ bis 2 einzusetzen ist. Da die resultierende Zerkleinerungskraft $F_Z$ auch bei derartigen Brechern nach

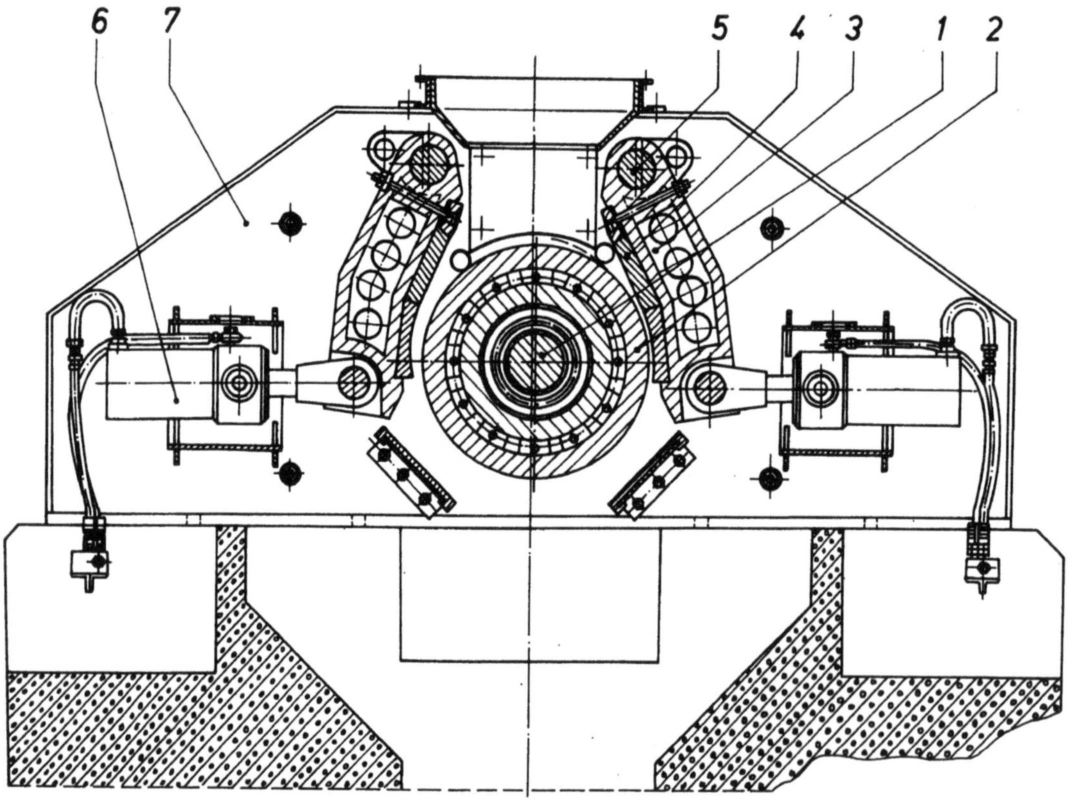


Bild 4.94. Walzenbackenbrecher (VR Bulgarien, System *Rotex*)

*1* Exzenterwelle; *2* Brechwalze; *3* Brechbackenkörper; *4* Brechbacke; *5* exzentrische Brechbackenachse zur Einstellung der Maulweite; *6* Arbeitszylinder, doppeltwirkend; *7* Brechergehäuse

Bild 4.93 dem engsten Spaltabstand um einen Winkel $\delta$, der mit $\delta = 20°$ ähnlich wie bei den Kegelbrechern angenommen wird, nacheilt, ist damit der Angriffspunkt der Kraft auf der Walze festgelegt. Die Ermittlung der Kräfte in den einzelnen Bauteilen kann dann analytisch oder graphisch erfolgen.

### 4.5.2. Gesichtspunkte zur Konstruktion

In Bild 4.94 ist ein Walzenbackenbrecher mit hydraulischer Backenabstützung dargestellt. Vorteilhaft ist die geringe Bauhöhe, so daß für die Montage und Instandhaltung kein großer Raum vorgesehen werden muß. Durch das beim Walzenbackenbrecher gewählte Arbeitsprinzip wird eine gleichmäßige Belastung des Antriebsmotors und damit ein hoher Gleichförmigkeitsgrad erreicht. Da die Brechwalze auf dem Brechgut bei Belastung frei abwälzen kann, ist der Walzen- und Brechbackenverschleiß gering. Für die Walze wurde ein Nettoverschleiß von $V_0 = 0{,}5$ bis $1{,}2\ \mathrm{g\,t^{-1}}$ bei Basalt, $V_0 = 0{,}6$ bis $1{,}3\ \mathrm{g\,t^{-1}}$ bei Kies und $V_0 = 1{,}1\ \mathrm{g\,t^{-1}}$ bei Grauwacke ermittelt [98]. Die Panzerung für die Brechbacken und den Verschleißmantel der Brechwalze sind nach den gleichen Grundprinzipien wie bei den Backen- und Kegelbrechern auszuwählen. Walzenbackenbrecher werden für Durchsätze bis zu $300\ \mathrm{m^3\,h^{-1}}$ angeboten. Beim größten Brecher beträgt der Eintrittsspalt bzw. die Maulweite $w = 300$ bis 400 mm und der Austrittsspalt 50 bis 120 mm. Die Exzentrizität der Exzenterwelle wird je nach Brechergröße zwischen $r = 8$ und 20 mm gewählt.

## 4.6. Walzenbrecher

Bei den Walzenbrechern erfolgt die Zerkleinerung zwischen zwei gegenläufig angetriebenen Walzen oder bei den Einwalzenbrechern zwischen einer angetriebenen Walze und einer geraden oder gewölbten Arbeitsfläche. Das den Arbeitsorganen von Zwei- und Mehrwalzenbrechern zugeführte Brechgut wird bei gleichen Umfangsgeschwindigkeiten der Walzen vor allem durch Druck, bei ungleichen Umfangsgeschwindigkeiten durch Druck und Scherung und bei Zahnwalzen- und Flügelbrechern sowie bei schnellaufenden Glattwalzenbrechern zusätzlich durch Schlag beansprucht. Sie werden je nach Gestaltung der Walzenoberfläche zum Nach-, Fein-, vereinzelt auch zum Vorbrechen von weichen, mittelharten und harten Materialien mit möglichst geringem Anteil an sehr harten und abrasiven Verunreinigungen eingesetzt und sind auch für klebrige und feuchte Materialien geeignet. Bei einer einzelnen Zerkleinerungsstufe beträgt das Zerkleinerungsverhältnis $\varepsilon = 4$ bis maximal 6. Ist ein größeres Zerkleinerungsverhältnis notwendig, so sind Walzwerke mit mehreren übereinander angeordneten Walzenpaaren zu verwenden. Die Spaltweite wird durch Verschieben einer Walze, die zwecks Überlastschutz meist federnd abgestützt ist, eingestellt. Sie muß unabhängig von der Federvorspannung auch während des Betriebes regulierbar sein. Walzenbrecher können nach Bild 4.95 je nach Walzenzahl sowie ihrer Oberflächengestaltung in *Ein-*, *Zwei-*, *Drei- und Vierwalzenbrecher* und in *Glatt-*, *Zahn-*, *Nocken-*, *Flügel-*, *Stachel- und Riffelwalzenbrecher* eingeteilt werden.

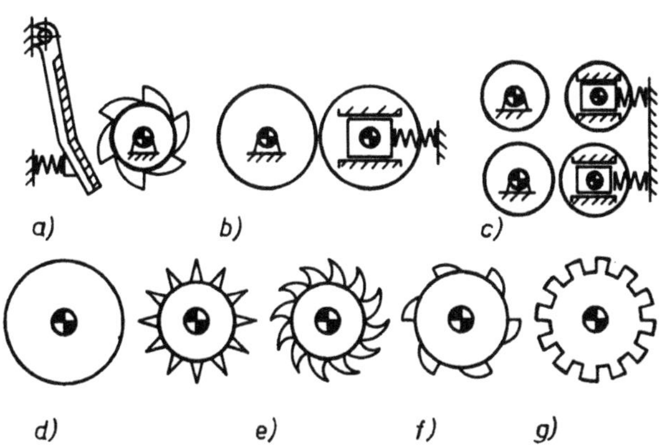


Bild 4.95. Einteilung der Walzenbrecher
*a*) Einwalzenbrecher
*b*) Zweiwalzenbrecher
*c*) Vierwalzenbrecher
*d*) Glattwalze
*e*) Zahnwalze
*f*) Nockenwalze
*g*) Riffelwalze

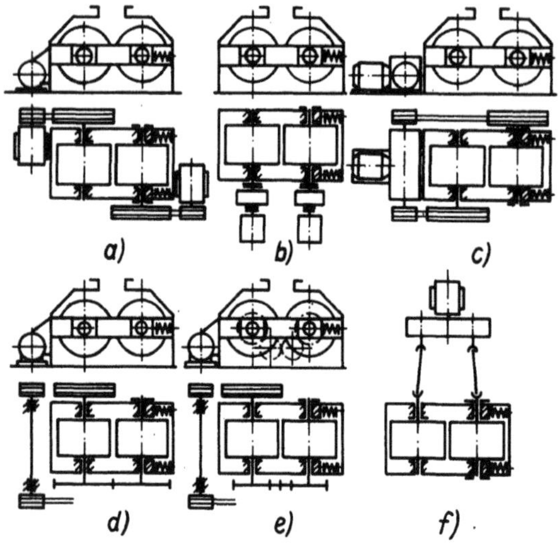

Bild 4.96. Antriebsvarianten für Walzenbrecher
*a*) Zweimotorenantrieb mit Keilriemen
*b*) Zweimotorendirektantrieb über Getriebe
*c*) Einmotorenantrieb mit Keilriemen und Leistungsverzweigung im Getriebe
*d*) Einmotorenantrieb mit Keilriemen, Vorgelegewelle und Zahnrädern
*e*) Einmotorenantrieb mit Keilriemen, Vorgelegewelle und Zahnrädern bei Verwendung von Zwischenrädern
*f*) Einmotorenantrieb über Getriebe mit Leistungsverzweigung und Gelenkwellen

Die Walzen werden nach Bild 4.96 vom Motor über ein Getriebe einzeln und mittels eines Zahnradvorgeleges auch gemeinsam angetrieben. Dabei unterscheidet man Einzelantrieb mittels Keilriemen und Kardanwelle, Zahnantrieb mittels Vorgelege und Zwischenräder- und Kettenantrieb.
Walzenbrecher sind in ihrem konstruktiven Aufbau einfach und haben folgende Vorteile:

— geringer spezifischer Arbeits- und Leistungsbedarf
— günstiger spezifischer Durchsatz
— geringe Bauhöhe und geringer Massebedarf
— Unempfindlichkeit beim Durchgang nichtbrechbarer Teile durch Abfederung einer Walze
— einfache Spaltweitenverstellung und günstige Regelbarkeit der maximalen Fertiggut-Korngröße
— gute Anpassung an veränderte Betriebsverhältnisse und Unempfindlichkeit gegen schmierendes, plastisches, feuchtes und klebriges Aufgabegut
— selbsttätige Reinigung der Walzen
— einfache Instandhaltung und Instandsetzung

Nachteilig sind dagegen das geringe Zerkleinerungsverhältnis ($\varepsilon \leqq 4$ bis 6) und der große Walzenverschleiß. Außerdem ist zu beachten, daß plattiges bzw. schiefriges Brechgut unzerkleinert durch den Brechspalt hindurchrutschen kann.

## 4.6.1. Glattwalzenbrecher

Sie werden zum Nach- und Feinbrechen von harten, mittelharten und weichen Materialien verwendet. In der keramischen Industrie werden sie in Form von Differential-Feinwalzwerken auch zur Aufbereitung von Tonen, insbesondere zur Zerkleinerung harter Mineraleinschlüsse, benutzt. Unter Berücksichtigung der möglichen Einzugsbedingungen beträgt das Zerkleinerungsverhältnis bei Glattwalzenbrechern $\varepsilon = 3$ bis 4, wobei die Spaltweite $s = 0{,}5$ mm nicht unterschritten werden sollte. Bild 4.97 zeigt einen Glattwalzenbrecher, bei dem die beiden Walzen (*1*) und (*2*) in einem geschweißten Brecherrahmen (*3*) gelagert sind, von denen die Walze (*2*) bei Spaltverstellung oder bei Überlastung verschoben werden kann. Diese ist so abgestützt, daß bei einseitiger Überlastung keine Schrägstellung in den Lagern erfolgt. Der Spalt wird je nach Konstruktion über Spindeln oder hydraulisch eingestellt und vereinzelt durch Walzenspalt-Überwachungseinrichtungen kontrolliert.

### 4.6.1.1. Berechnungsgrundlagen

**Einzugsverhältnisse und Mindestdurchmesser der Walzen:** Für eine einwandfreie Arbeitsweise der Glattwalzenbrecher ist das möglichst gleitfreie Einziehen des Aufgabegutes von besonderer Bedeutung, da nur dann eine effektive Zerkleinerung gewährleistet wird. Bei gegebener maximaler Aufgabestückgröße $d_A$ wird ein sicheres Einziehen nur bei richtiger Wahl des Walzendurchmessers $D_W$ und des Zerkleinerungsverhältnisses $\varepsilon$ erreicht.
Soll ein Aufgabegutkorn mit einer maximalen Korngröße $d_A$ von den Walzen erfaßt und zerkleinert werden, so muß nach Bild 4.98 analog zu den Backen- und Kegelbrechern die einziehende Kraft $F_E$ größer als die ausstoßende Kraft $F_A$ sein.
Wird ein Korn von den Walzen erfaßt, so treten an den Angriffspunkten $A$ der Walzen Reibungs-

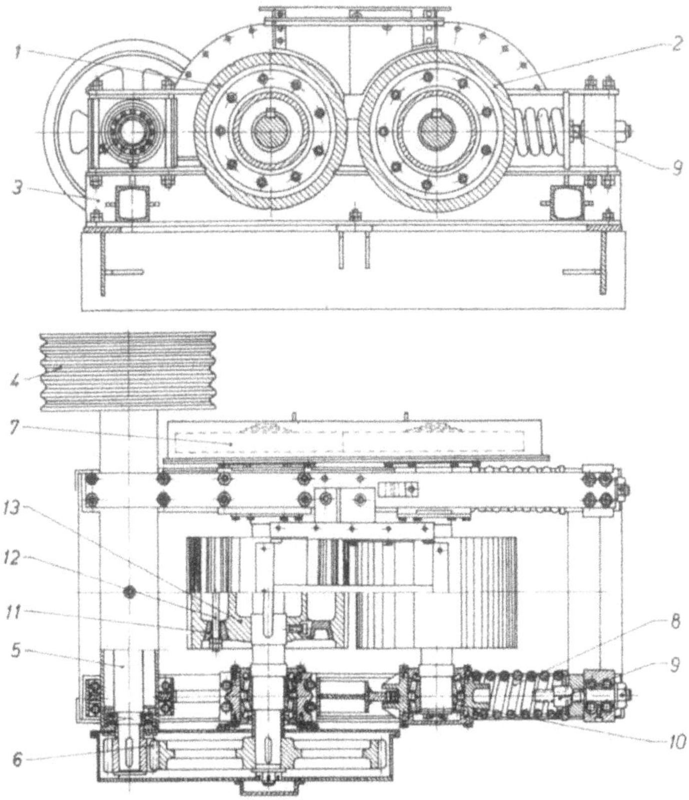


Bild 4.97. Zweiwalzenbrecher mit glatter und geriffelter Walze

*1* Riffelwalze; *2* Glattwalze, horizontal verschiebbar; *3* Brecherrahmen; *4* Antriebsscheibe; *5* Vorgelegewelle; *6* Zahnradvorgelege; *7* Zahnräder mit überhöhten Zähnen; *8* Federn zur Walzenabstützung und Überlastsicherung; *9* Vorrichtung zur Einstellung der Spaltweite; *10* Hauptlager; *11* Spannringe zur Befestigung der Walzenmäntel; *12* Spannschrauben; *13* Walzengrundkörper

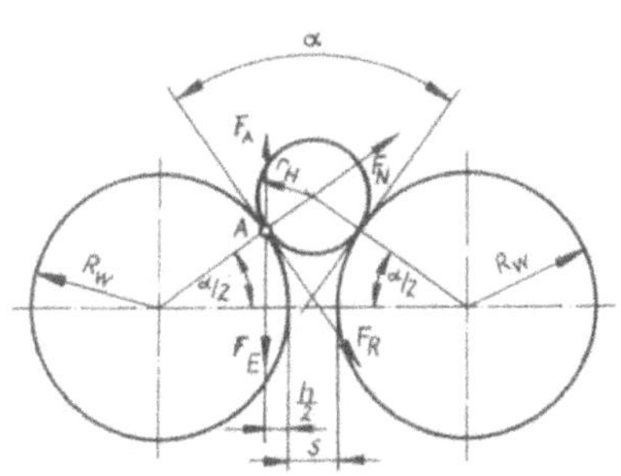


Bild 4.98. Schema zur Bestimmung des Einzugswinkels $\alpha$ und des Walzendurchmessers $D_W$

kräfte $F_R = \mu F_N$ auf, die das Bestreben haben, das Korn in den Brechspalt zu ziehen. Bedingt durch die Vertikalkomponenten der Normalkräfte $F_N$ treten gleichzeitig ausstoßende Kräfte auf, die den Vertikalkomponenten der Reibungskräfte und der Schwerkraft des Kornes entgegengerichtet sind. Unter Berücksichtigung der am Punkt *A* einer Walze angreifenden Vertikalkomponenten ergeben sich bei Vernachlässigung der Schwerkraft des Kornes für $F_E$ und $F_A$ folgende Ausdrücke:

$$F_E = F_R \cos(\alpha/2) = \mu F_N \cos(\alpha/2) \qquad (4.142)$$

$$F_A = F_N \sin(\alpha/2) \qquad (4.143)$$

Bei Erfüllung der Einzugsbedingung $F_E > F_A$ ergibt sich nach Abschnitt 4.3.1.1. (Gl. (4.50)) für den Einzugswinkel $\alpha < 2\varrho$. Unter der Annahme, daß der Reibungskoeffizient für die Reibpaarung Aufgabegutkorn-Walzenoberfläche für trockenes hartes Aufgabegut $\mu = 0{,}3$ bis $0{,}35$ beträgt, erhält man für den Einzugswinkel $\alpha = 30°$ bis $39°$. Bei feuchtem weichem Aufgabegut, wie z. B. Ton, Lehm, Kaolin usw., kann der Reibungswinkel bis etwa 50° anwachsen. Aus Bild 4.98 ist ersichtlich, daß zwischen dem maximal möglichen Einzugswinkel $\alpha$ und dem Mindestdurchmesser der Walzen $D_{W\,min}$ eine geometrische Abhängigkeit besteht, die bei vorgegebener maximaler Aufgabegut-Korngröße $d_A$ zur Berechnung des $D_{W\,min}$ verwendet werden kann.

$$D_{W\,min} = [d_A \cos(\alpha/2) - s]/[1 - \cos(\alpha/2)] \quad (4.144)$$

Ersetzt man in (4.144) $\cos(\alpha/2)$ durch die Beziehung $\cos(\alpha/2) = 1/\sqrt{1 + \tan^2(\alpha/2)}$, so erhält man für $D_{W\,min}$ bei entsprechender Umformung und Einführung des Reibungskoeffizienten $\mu = \tan(\alpha/2)$:

$$D_{W\,min} = (d_A - s\sqrt{1 + \mu^2})/(\sqrt{1 + \mu^2} - 1) \quad (4.145)$$

Der größte Aufgabegut-Korndurchmesser $d_A$ ergibt sich bei vorgegebenem Walzendurchmesser $D_W$ mit der Spaltweite $s$ zu

$$d_A = (s + D_W)\sqrt{1 + \mu^2} - D_W \quad (4.146)$$

Wird z. B. bei der Berechnung von $D_{W\,min}$ für $\mu = 0{,}3$ angenommen, so erhält man bei einem Zerkleinerungsverhältnis $\varepsilon = d_A/s = 4$ mit (4.145) für $D_{W\,min} \approx 17 d_A$. Da der Reibungskoeffizient in bestimmten Grenzen schwanken kann, wird bei der Festlegung von $D_W$ folgender Richtwert zugrunde gelegt:

$$D_W \geqq (20 \ldots 25)\, d_A \quad (4.147)$$

Bei profilierten Walzen, die wegen ihrer besonderen Oberflächengestaltung bessere Einzugsbedingungen aufweisen, können kleinere Walzendurchmesser verwendet werden. Für geriffelte Walzen gelten deshalb folgende Richtwerte:

$$D_W \geqq (10 \ldots 12)\, d_A \quad (4.148)$$

Beim Einsatz von gezahnten Walzen für weiches bis mittelhartes Gut ist (4.149) verwendbar:

$$D_W \geqq (5 \ldots 10)\, d_A \quad (4.149)$$

Die Spaltweite $s$ kann unter Berücksichtigung ihres Einflusses auf den Einzugswinkel und das Zerkleinerungsverhältnis nicht beliebig gewählt werden und sollte bei Glattwalzenbrechern $s \leqq D_W/70$ nicht überschreiten [102]. Unter $s$ wird dabei nach Bild 4.98 der kleinste Abstand der Walzenoberflächen im unbelasteten Zustand verstanden. Da bei Walzenbrechern und -mühlen infolge elastischer Abstützung einer Walze bei Belastung Spalterweiterungen auftreten können, muß dies bei der Einstellung des Spaltes und der Federvorspannung berücksichtigt werden. Letztere muß so gewählt werden, daß die mittlere Spaltweite $s_m = (s + s_{max})/2$ zur Sicherung der gewünschten Korngröße einen bestimmten Wert nicht überschreitet. In Bild 4.99 sind Erfahrungswerte für die maximale Aufgabegut-Korngröße $d_A$ bei Glatt- und Zahnwalzenbrechern in Abhängigkeit der Spaltweite $s$ dargestellt.

**Walzenumfangsgeschwindigkeit:** Diese beeinflußt in starkem Maße den Durchsatz, Leistungsbedarf und Verschleiß. Aus diesem Grunde ist die sorgfältige Bestimmung von $v_W$ besonders wichtig. Die in

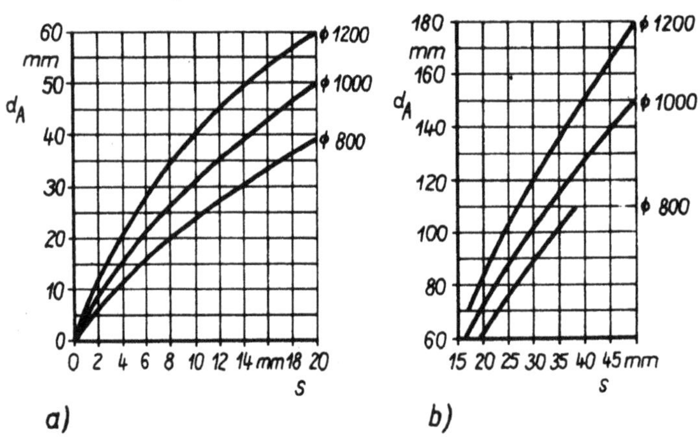


Bild 4.99. Orientierungswerte für die maximale Aufgabegut-Korngröße $d_A$ in Abhängigkeit der Spaltweite bei verschiedenen Walzendurchmessern
*a*) Glattwalzen
*b*) Zahnwalzen

der Praxis häufig verwendeten Werte für die Umfangsgeschwindigkeit $v_W = 2$ bis $5\,\mathrm{m\,s^{-1}}$ für die Grobzerkleinerung und bis zu $15\,\mathrm{m\,s^{-1}}$ für die Feinzerkleinerung entsprechen nicht in jedem Fall den günstigsten Bedingungen [103, 104]. Die Umfangsgeschwindigkeiten können nicht beliebig erhöht werden, da sonst Leistungsbedarf und Verschleiß stark ansteigen. Außerdem fällt der Durchsatz bei zu hohen Geschwindigkeiten ab, da das Aufgabegut infolge sich verschlechternder Einzugsbedingungen, die auf geringer werdende Reibungskoeffizienten, auftretende Schwingungen und andere Faktoren zurückzuführen sind, bei großen Aufgabekorngrößen nicht ohne großen Schlupf eingezogen wird. Bei der Ermittlung der Umfangsgeschwindigkeit muß deshalb davon ausgegangen werden, daß das Aufgabegut vor dem Einzug in den Brechspalt im Normalfall eine kleine Geschwindigkeit besitzt, die im ungünstigsten Fall gleich Null gesetzt werden kann. Das zu zerkleinernde Gut muß demnach je nach den Einzugsbedingungen von $v_G \approx 0$ auf $v_G = v_W$ beschleunigt werden, so daß es nach der Zerkleinerung aus der Zerkleinerungszone mit einer Endgeschwindigkeit, die in der Regel der Umfangsgeschwindigkeit der Walzen entspricht, ausgeworfen werden kann.

Da die Beschleunigung eines Kornes bei Vernachlässigung der Erdbeschleunigung vor allem durch die Reibungskraft $F_R$ erfolgt, ergibt sich:

$$a = \mu F_N/m \tag{4.150}$$

Wird angenommen, daß die Normalkraft $F_N$ während der Beanspruchung des Kornes von Null bis zu einem Maximalwert $F_{N\,max}$ ansteigt, so gilt für $F_N$ bei einer spezifischen Bruchkraft $F_{oB} = p\varphi_o$ in einem beliebigen Punkt zwischen $\alpha/2$ und 0:

$$F_N(\beta) = p\varphi_o L R_W(2\beta/\alpha)\,\mathrm{d}\beta \tag{4.151}$$

Die Brechgutmasse im Spalt kann durch folgende Beziehung ausgedrückt werden:

$$m = \varrho_s L s R_W \cos\left[(\alpha/2) - \beta\right]\mathrm{d}\beta \approx \varrho_s L s R_W\,\mathrm{d}\beta \tag{4.152}$$

Damit kann für die Gutbeschleunigung geschrieben werden:

$$a = \mu p\varphi_o R_W \beta / s\varrho_S R_W(\alpha/2) \tag{4.153}$$

Mit $z = R_W\beta$ und $a = \mathrm{d}v/\mathrm{d}t = (\mathrm{d}v/\mathrm{d}z)\,(\mathrm{d}z/\mathrm{d}t) = v\,\mathrm{d}v/\mathrm{d}z$ ergibt sich aus (4.153):

$$v\,\mathrm{d}v = a\,\mathrm{d}(R_W\beta) = \mu p\varphi_o R_W\beta\,\mathrm{d}(R_W\beta)/s\varrho_S R_W\cos(\alpha/2) \tag{4.154}$$

Nach Integration von (4.154) und entsprechender Vereinfachung folgt für die Walzengeschwindigkeit $v_W$ und Walzendrehzahl $n_W$ bei $\beta = \alpha/2$:

$$v_W = \sqrt{\mu p\varphi_o R_W\alpha/2s\varrho_S} \quad \text{oder} \quad n_W = \sqrt{\mu p\varphi_o\alpha/4\pi^2 s\varrho_S D_W} \tag{4.155}$$

($F_{OB} = p\varphi_0 \approx 0{,}5\,\mathrm{MN\,m^{-2}}$ bei mittelharten und $F_{OB} \approx 1\,\mathrm{MN\,m^{-2}}$ bei harten Stoffen)

Wird in (4.155) für die Spaltweite $s = d_A/\varepsilon$ eingesetzt, so erkennt man, daß die Walzengeschwindigkeit mit wachsender Aufgabegut-Korngröße $d_A$ kleiner werden muß. Zur Festlegung der Walzendrehzahl bzw. -geschwindigkeit sind auch folgende Beziehungen verwendbar [4, 73]:

$$n_W \leqq 102{,}5\sqrt{\mu/\varrho d_A D_W}$$
$$v_W = \sqrt{g\mu D_W/2\{[(D_W + d_A)^2/(D_W + s)^2] - 1\}^{1/2}} \tag{4.156}$$

| $n_W$ | $v$ | $D_W, d_A$ | $s$ | $g$ | $\varrho$ | $\mu$ |
|---|---|---|---|---|---|---|
| $\mathrm{s^{-1}}$ | $\mathrm{m\,s^{-1}}$ | m | m | $\mathrm{m\,s^{-2}}$ | $\mathrm{kg\,m^{-3}}$ | — |

(4.157)

In Bild 4.100 sind günstige Geschwindigkeitsbereiche für Glattwalzenbrecher in Abhängigkeit der Aufgabegut-Korngröße und des Walzendurchmessers dargestellt [104].

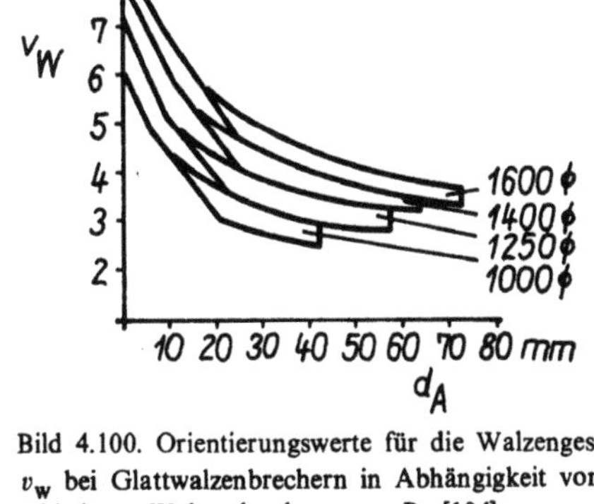


Bild 4.100. Orientierungswerte für die Walzengeschwindigkeit $v_W$ bei Glattwalzenbrechern in Abhängigkeit von $d_A$ bei verschiedenen Walzendurchmessern $D_W$ [104]

Sollen bei Walzenbrechern oder Walzenmühlen Reib- und Knetwirkungen, wie z. B. bei der Aufbereitung grobkeramischer Massen, erreicht werden, so werden die Umfangsgeschwindigkeiten der Walzen um etwa 10 bis 15% voneinander abweichend gewählt. Dabei muß jedoch beachtet werden, daß der Verschleiß der Walzen durch die damit auftretenden zusätzlichen Scherkräfte ansteigt. Um die Einzugs- und Zerkleinerungsbedingungen zu verbessern, sollte die senkrechte Komponente der Aufgabegeschwindigkeit des zu zerkleinernden Gutes möglichst der Umfangsgeschwindigkeit der Walzen entsprechen. Das ist jedoch in der Praxis meist nicht zu verwirklichen.

**Durchsatz:** Unter der Annahme, daß das zerkleinerte Material mit dem Querschnitt $A = Ls$ und der Umfangsgeschwindigkeit der Walzen $v_W = D_W \pi n_W$ aus der Zerkleinerungszone austritt, können für den Durchsatz folgende Beziehungen geschrieben werden:

$$\dot{V} = v_W A \varphi$$

$$= D_W \pi n_W L s \varphi \quad \text{in m}^3\,\text{s}^{-1} \tag{4.158}$$

$$\dot{m} = D_W n_W \pi L s \varphi \varrho_{\text{gebr.}} \quad \text{in kg s}^{-1} \tag{4.159}$$

($\varphi = 0{,}2$ bis 0,3 bei Grobzerkleinerung; $\varphi = 0{,}4$ bis 0,6 bei Feinzerkleinerung)

Da der Auflockerungsfaktor $\varphi$ neben der Gutaufgabe und -verteilung über die ganze Walzenlänge von der Kornzusammensetzung, vom Zerkleinerungsverhältnis und anderen Faktoren abhängt, sind die angegebenen Richtwerte nur für Überschlagrechnungen geeignet. Wenn die die verschiebbare Walze abstützenden Federn oder Hydrauliksysteme so eingestellt werden, daß bereits bei einer Normalbelastung eine Spalterweiterung erfolgen kann, dann ist in (4.158) bis (4.159) für $s$ die mittlere Spaltweite $s_m$ einzusetzen.

Wenn $\dot{V}$ oder $\dot{m}$, $D_W$, $n_W$ und $s$ sowie $\varphi$ vorgegeben bzw. bekannt sind, so kann mit (4.158) oder (4.159) die Walzenlänge ermittelt werden. Bei dem im Lieferangebot befindlichen Glattwalzenbrecher beträgt die Walzenlänge $L = 0{,}5$ bis $1 D_W$.

**Leistungsbedarf:** Er setzt sich zusammen aus

$$P_{\text{mech}} = (P_Z + P_{RW} + P_{RL})/\eta_G \tag{4.160}$$

($P_{RW}$ Leistungsbedarf zur Überwindung der Gleitreibung auf den Walzen; $P_{RL}$ Leistungsbedarf zur Überwindung der Lagerreibung; $\eta_G$ Getriebewirkungsgrad)

Ausgehend von der unter Abschn. 4.3.1.1. für die Zerkleinerungsarbeit $W_Z$ abgeleiteten Beziehung (4.70) gilt für die benötigte Zerkleinerungsarbeit während einer Walzenumdrehung:

$$W_Z = p\varphi_o \Delta V/2 = p\varphi_o A h/2 \tag{4.161}$$

($A = D_W \pi L$ Arbeitsfläche einer Walze; $h = 2R_W(1 - \text{cis}\,\alpha/2) = D_W(1 - \cos\alpha/2)$ Spaltverengung während des Brechvorganges)

Mit der Zerkleinerungsarbeit während einer Umdrehung der Brechwalzen $W_Z$ ergibt sich die Zerkleinerungsleistung $P_Z$ zu

$$P_Z = W_Z n$$

$$= 1{,}57 p\varphi_o D_W^2 L n_W (1 - \cos\alpha/2) \tag{4.162}$$

($p\varphi_0 \approx 0{,}5$ MN m$^{-2}$ für mittelharte und 1 MN m$^{-2}$ für harte Stoffe; $\alpha \approx 30°$)

Die zur Überwindung der Gleitreibung auf den Walzen notwendige Arbeit $W_{RW}$ sowie der Leistungsbedarf $P_{RW}$ ergeben sich wie folgt:

$$W_{RW}/W_Z = \mu F_Z/F_Z; \qquad W_{RW} = \mu W_Z \tag{4.163}$$

$$P_{RW} = P_Z \mu \tag{4.164}$$

Der Leistungsbedarf zur Überwindung der Lagerreibung in einer Walze beträgt nach (4.72):

$$P_{RL} = F_{LH} \mu_L r_L \omega_W \tag{4.165}$$

Empirische Beziehungen enthalten meist nur die Hauptabmessungen der Walzen und deren Drehzahl [4, 105]. Da sie nur für spezielle Zerkleinerungsbedingungen und Maschinenkonstruktionen gelten, weichen die Ergebnisse meist stark voneinander ab. $W_{\text{om}}$ liegt je nach den Zerkleinerungsbedingungen zwischen 0,5 bis 2 kWh t$^{-1}$, der bei vorgegebenem Durchsatz nach (3.19) ebenfalls zur überschläglichen Berechnung des Leistungsbedarfes verwendet werden kann.

**Stützkräfte:** Durch unterschiedliche Festigkeiten und Kornzusammensetzungen des Aufgabegutes sowie durch unbrechbare Fremdkörper können auch bei den Walzenbrechern Spitzenbelastungen auftreten, die ohne Überlastsicherung weit über der Normalbelastung der Bauteile liegen würden. Bei der Berechnung der Kräfte wird deshalb vom Drehmoment $M_d$ ausgegangen, das zur Überwindung der Reibungskräfte $F_{RW}$ auf der Walzenoberfläche im Katastrophenfall noch übertragen werden kann.

Da die federnde Walzenabstützung bei Glattwalzenbrechern bzw. die zusätzliche Überlastsicherung im Antriebssystem so eingestellt werden, daß doppelte Normalbelastungen aufgenommen werden können, ergibt sich das übertragbare Drehmoment wie folgt:

$$M_{\mathrm{d\,max}} = F_{\mathrm{RW}} R_{\mathrm{W}} = F_{\mathrm{Z\,max}} \mu R_{\mathrm{W}} \tag{4.166}$$

$$M_{\mathrm{d\,max}} = P_{\mathrm{M}} \eta_{\mathrm{mech}} / \omega_{\mathrm{W}} \tag{4.167}$$

Um auf die Stützkräfte schließen zu können, wird nach Bild 4.101 angenommen, daß der Angriffs-

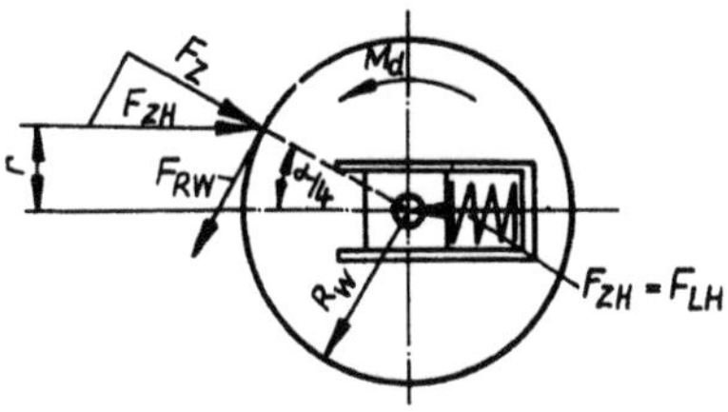


Bild 4.101. Schema zur Berechnung der Stützkräfte beim Walzenbrecher

punkt der resultierenden Zerkleinerungskraft $F_Z$ bei maximaler Belastung in der Mitte des Belastungsprofils (Radialdruckprofil) bei $\alpha/4 \approx 7{,}5°$ liegt.

$$F_{\mathrm{LH\,max}} = M_{\mathrm{d\,max}}/r$$
$$= P_{\mathrm{M}} \eta_{\mathrm{mech}} / \omega_{\mathrm{W}} R_{\mathrm{W}} \sin(\alpha/4) \tag{4.168}$$

Zur Berücksichtigung von Stößen, die vor allem bei der Lagerauswahl von Bedeutung sind, kann ein Stoßfaktor $C_{\mathrm{W}}$ verwendet werden, der, auf die Normalbelastung bezogen, $C_{\mathrm{W}} \approx \varphi^{-1} \approx 3$ beträgt.

Bei bekannten Festigkeitseigenschaften des Brechgutes und festgelegten Walzenabmessungen kann bei der Berechnung der Stützkräfte auch von einem theoretischen Ansatz zur Bestimmung der Druckverteilung im Walzenspalt ausgegangen werden. Wird dabei die mittlere spezifische Bruchkraft im Zerkleinerungsquerschnitt (Walzenspalt) zugrunde gelegt, ergibt sich die horizontale Stützkraft bei Normalbelastung zu

$$F_{\mathrm{LH}} = (F_{\mathrm{oB}}/2)\, L D_{\mathrm{W}} \sin(\alpha/4) \tag{4.169}$$

Wird mit (4.169) und (4.168) der Leistungsbedarf $P_Z$ nach (4.162) nachgeprüft, so erhält man bei entsprechender Umformung das gleiche Ergebnis:

$$P_{\mathrm{Z}} = F_{\mathrm{ZH}} r \omega_{\mathrm{W}}$$
$$= (\pi/2)\, F_{\mathrm{oB}} D_{\mathrm{W}}^2 L n_{\mathrm{W}} (1 - \cos(\alpha/2)) \tag{4.170}$$

### 4.6.1.2. Gesichtspunkte zur Konstruktion

Die verschiebbar angeordneten Walzen werden bei den üblichen Walzenbrecherkonstruktionen entweder durch Federn oder hydraulische Arbeitszylinder vorgespannt, so daß eine Verschiebung erst bei einer bestimmten Maximalbelastung möglich ist. Bild 4.102 zeigt Walzenabstützungen, die

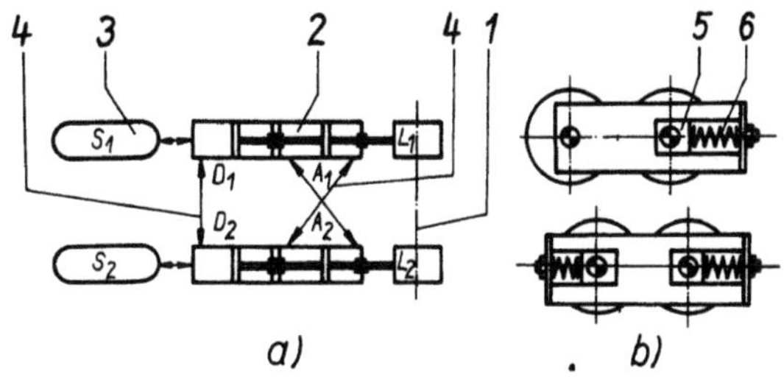


Bild 4.102. Möglichkeiten zur Walzenabstützung und Überlastsicherung

*a*) hydraulische Abstützung

*b*) mechanische Abstützung mit vorgespannten Federn

*1* Achse der horizontal verschiebbaren Walze; *2* Arbeitszylinder, doppeltwirkend; *3* Druckspeicher; *4* Druckausgleichleitungen; *5* Gleitklotz mit Lager; *6* vorgespannte Federn

sich als Überlastsicherungen bei Walzenbrechern bewährt haben. Diese Sicherungen müssen mit den dazugehörigen Gleitführungen bzw. Schwenkvorrichtungen der Walzen so ausgebildet werden, daß eine Schrägstellung vermieden wird. Dazu eignen sich besonders hydraulische Abstützungen. Die Spaltweitenverstellung, die mit der mechanischen oder hydraulischen Walzenabstützung eine Einheit bildet, kann bei modernen Brechern während des Betriebes und unabhängig von der Federvorspannung automatisch vorgenommen werden. Da beim Einmotorenantrieb von Zweiwalzenbrechern eine geeignete Kraftübertragung zur zweiten Walze, wie z. B. Zahnantrieb mit oder ohne Zwischenräder bzw. Kettenantrieb, vorhanden sein muß und sich bei der Spaltverstellung oder Walzenverschiebung Nachteile im Zahneingriff ergeben können, haben sich in den letzten Jahren vor allem Mehrmotorenantriebe durchgesetzt. Bei diesen wird

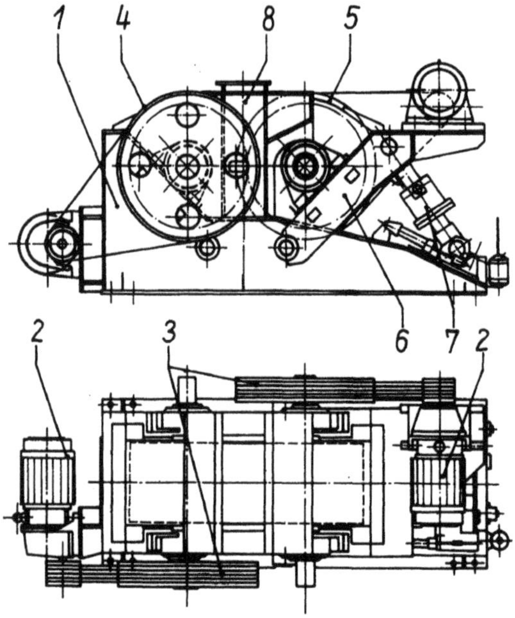


Bild 4.103. Zweiwalzenbrecher mit Schwinge und hydraulischer Abstützung (*Vöest*) (Zweimotorenantrieb)

*1* Brecherrahmen; *2* Antriebsmotoren mit Getriebe; *3* Antriebs- und Schwungscheibe; *4* fest gelagerte Brechwalze; *5* verschiebbare Brechwalze; *6* Schwinge; *7* Arbeitszylinder; *8* Einlauftrichter

entweder jede Walze direkt einzeln vom Elektromotor über Keilriemen und Schwungscheibe oder unter Zwischenschaltung eines Getriebes angetrieben. In Bild 4.103 ist ein Glattwalzenbrecher mit Zweimotorenantrieb und hydraulischer Abstützung der schwenkbaren Walze dargestellt. Spaltverstellung und Abstützung der Walze werden hier

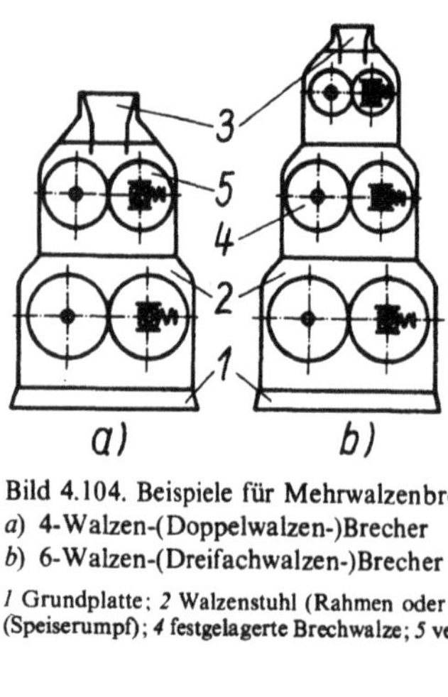


Bild 4.104. Beispiele für Mehrwalzenbrecher
*a*) 4-Walzen-(Doppelwalzen-)Brecher
*b*) 6-Walzen-(Dreifachwalzen-)Brecher

*1* Grundplatte; *2* Walzenstuhl (Rahmen oder Gehäuse); *3* Einlauftrichter (Speiserumpf); *4* festgelagerte Brechwalze; *5* verschiebbare Brechwalze

mittels zweier doppelseitig wirkender Arbeitszylinder durchgeführt. Sollen mit Walzenbrechern Zerkleinerungsverhältnisse von $\varepsilon > 4$ realisiert werden, so erfolgt eine Anordnung mehrerer Walzenpaare übereinander (Bild 4.104), wobei zur Vorzerkleinerung meist profilierter Walzen und zur Nachzerkleinerung in der zweiten Stufe Glattwalzen verwendet werden.

Es gibt auch Dreiwalzenkombinationen, bei denen ein Einwalzenbrecher mit federnd abgestützter Schwinge als Vorbrecher arbeitet. Da sich der Walzenspalt von Walzenpaar zu Walzenpaar verringern muß, ist zur Sicherung der erforderlichen Durchlaßfähigkeit bei den nachgeschalteten Walzenpaaren eine größere Umfangsgeschwindigkeit vorzusehen. Bei entsprechenden Einsatzbedingungen sind Mehrwalzenbrecher (3 oder 4 Walzen) aufgrund des geringeren Massebedarfes immer günstiger als zwei nacheinander angeordnete Brechereinheiten. Walzenbrecher erfordern eine gleichmäßige Gutaufgabe über die gesamte Walzenbreite und somit eine sorgfältige Auswahl der Aufgabevorrichtung. Bei ungleichmäßiger Verteilung des Aufgabegutes im Arbeitsraum neigen die Walzen zur Rillenbildung, so daß ein vorzeitiges Wechseln der Walzenmäntel, insbesondere bei Feinwalzenbrechern und -mühlen, infolge Verschleißes notwendig wird. Diese Brecher bzw. Mühlen werden deshalb auch mit Walzenschleifeinrichtungen ausgerüstet, um die Walzen während des Betriebes von Zeit zu Zeit nachschleifen oder glätten zu können. Die Walzenmäntel bestehen je nach Brechgut aus Schalenhartguß, hochverschleißfestem Stahlguß auf Chrom-Molybdän-Basis, aus Ni-Hard- oder aus Mangan-Hartstahlguß mit Chromzusatz. Die wechselbaren Walzenmäntel werden nach Bild 4.105 durch konisch ausgebildete Walzenscheiben mit entsprechenden Zugankern verspannt und so auf der Welle abgestützt. Als Wellenlager haben sich besonders Pendelrollenlager bewährt, bei denen die Abdichtung der Lager mittels Labyrinthringen und Wellendichtungen vorzunehmen ist. Brecherrahmen werden meist mehrteilig als Schweißkonstruktion ausgebildet. Das Brechergehäuse bzw. die Walzenverkleidung muß leicht abnehmbar und zum Verschleißschutz mit entsprechenden Verschleißelementen ausgekleidet sein. Da die Energiespeicherung in den Walzen und Schwungscheiben groß ist, können Walzenbrecher im Katastrophenfall nicht

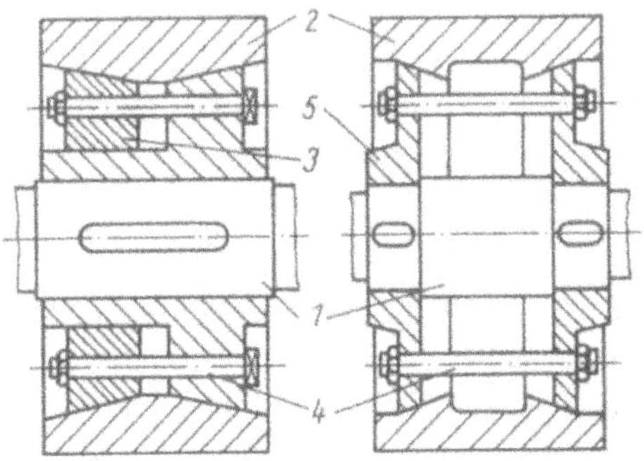


Bild 4.105. Varianten zur Befestigung der Walzenmäntel
*1* Welle; *2* Walzenmantel; *3* Klemmscheiben; *4* Zuganker; *5* Stirnwand mit Klemmkonus

plötzlich stillgesetzt werden. Zum Überlastschutz werden große Brecher neben der federnden Abstützung einer Walze meist auch mit Lamellenkupplungen in den Schwungscheiben ausgerüstet.

### 4.6.2. Profilwalzenbrecher

Zur Gruppe der Profilwalzenbrecher gehören die Zahn-, Nocken-, Flügel-, Stachel- und Riffelwalzenbrecher. Sie werden zur Vor- und Nachzerkleinerung weicher bis mittelharter Stoffe sowie von spröden Einschlüssen in plastischen Materialien eingesetzt und haben sich besonders bei Braunkohle, Steinkohle, Mergel, Kali- und Steinsalz u. a. bewährt. Bei den Zahnwalzenbrechern mit zwei Walzen erfolgt die Zerkleinerung in ähnlicher Weise wie bei den Glattwalzenbrechern, wobei jedoch die Scher- und Schlagbeanspruchung wesentlich größer ist als bei den Glattwalzenbrechern. Bei Einwalzenbrechern, bei denen die Walzen zur Sicherung guter Einzugsbedingungen immer als Profilwalzen ausgebildet werden, wird die Zerkleinerung zwischen einer angetriebenen Walze und einer federnd abgestützten Schwinge durchgeführt (Bild 4.106). Da durch die profilierten Walzen günstigere Einzugsbedingungen gegeben sind, können Zerkleinerungsverhältnisse bis $\varepsilon = 12$ erreicht werden. Die in der Praxis üblichen Umfangsgeschwindigkeiten liegen je nach Einsatzgebiet von 2 bis etwa 10 m s$^{-1}$.

#### 4.6.2.1. Berechnungsgrundlagen

Die Auslegung erfolgt analog den unter Abschn. 4.6.1.1. abgeleiteten Beziehungen und Gesichtspunkten. Unterschiede treten lediglich durch die abweichende Oberflächengestaltung der Walzen auf, wodurch andere Reibungs- und Durchsatzverhältnisse zu berücksichtigen sind. Nach (4.148) und (4.149) kann das Durchmesserverhältnis $D_W/d_A$ bei geriffelten Walzen zwischen 10 bis 12 und bei Zahnwalzen zwischen 5 und 10 angenommen werden. Der Durchsatz wird nach (4.171) wie bei den Glattwalzenbrechern bestimmt. Es muß lediglich eine um die Zahn- und Nockenbreite reduzierte

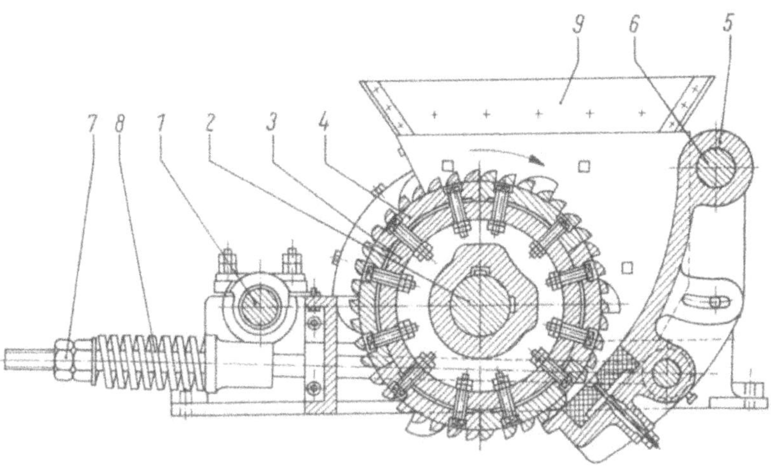


Bild 4.106. Einwalzenbrecher mit Profilwalze (Zahnwalze)
*1* Vorgelegewelle; *2* Antriebswelle; *3* Walzengrundkörper; *4* Brechwalzenelemente; *5* Brechbacke; *6* Brechbackenachse; *7* Federzugstange mit Spalteinstellvorrichtung; *8* Spannfeder; *9* Aufgabetrichter und Brechergehäuse

Walzenlänge $L^*$ in die abgeleiteten Beziehungen (4.158) bzw. (4.159) eingeführt werden. Damit ergibt sich:

$$\dot{V} = D_W \pi n_W L^* s \varphi \tag{4.171}$$

($L^*$ = 0,5 bis 0,6$L$ reduzierte Walzenlänge)

Wie aus (4.171) hervorgeht, kann der Durchsatz bei festgelegtem Walzendurchmesser $D_W$ und geforderter maximaler Korngröße $d_A = f(s)$ neben der Vergrößerung der Walzenlänge nur durch die Erhöhung der Umfangsgeschwindigkeit gesteigert werden. Eine Vergrößerung der Umfangsgeschwindigkeit ist aber nur in bestimmten Grenzen möglich, da sonst zu großer Verschleiß und höhere dynamische Belastungen auftreten und außerdem der Leistungsbedarf stark ansteigt.
Auch der Leistungsbedarf kann ähnlich wie bei den Glattwalzenbrechern berechnet werden. $W_0$ liegt je nach den Zerkleinerungsbedingungen zwischen 0,3 bis 1,5 kWh $t^{-1}$. Häufig werden auch empirische Beziehungen angegeben, die z. T. nur die Walzenabmessungen berücksichtigen [105, 106] und nur für spezielle Bedingungen gelten:

$$P_{mech} = k D_W L \tag{4.172}$$

($k$ = 25 bis 100 Konstante, die die Festigkeit des Brechgutes und das Zerkleinerungsverhältnis berücksichtigt. Kleine $k$-Werte sind für weiche Brechgüter bei kleinem Zerkleinerungsverhältnis einzusetzen.)

Bei der Bestimmung der Stützkräfte wird wie bei den Glattwalzenbrechern vom eingeleiteten Drehmoment ausgegangen. Dabei ist jedoch zu beachten, daß die maximalen Kräfte im Überlastungsfall beim Blockieren der Walzen entstehen können. Deshalb wird in (4.167) und (4.168) statt $P_M$ die Summe von Motorleistung und der Leistung, die durch die Abbremsung der Walzen frei wird, eingesetzt:

$$P_{max} = P_M + P_K \tag{4.173}$$

Unter der Annahme, daß im Katastrophenfall die Walzen von der Geschwindigkeit $v_W$ in der Zeit $t$ auf Null abgebremst werden, beträgt die abgegebene Leistung:

$$P_K = W_K/t = \Theta \omega_W^2/2t = 2\pi^2 \Theta n_W^2/t \tag{4.174}$$

($t$ = 0,05 bis 0,1 s Abbremszeit)

#### 4.6.2.2. Gesichtspunkte zur Konstruktion

Die konstruktive Gestaltung von Profilwalzenbrechern ähnelt im wesentlichen der der Glattwalzenbrecher. Die Walzenmäntel bestehen aus Mangan-Hartstahl mit Zähnen oder anderen Profilen. Größere Walzen werden meist aus einzelnen Scheiben oder Segmenten, die durch Ankerschrauben verspannt werden, hergestellt. Bei ungleichem Verschleiß können sie dann untereinander ausgetauscht werden. In Bild 4.107 ist ein Flügelbrecher dargestellt, der vor allem bei der Vorzerkleinerung großstückiger grubenfeuchter Rohbraunkohle verwendet wird. Um Zahnbrüche zu vermeiden, müssen die Zähne, insbesondere bei Zahnwalzenbrechern für harte Materialien, mit kleiner Zahnhöhe und gro-

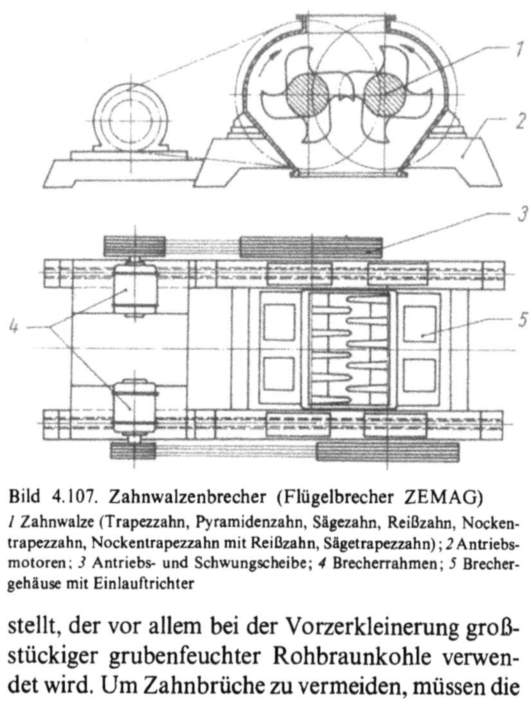


Bild 4.107. Zahnwalzenbrecher (Flügelbrecher ZEMAG)
*1* Zahnwalze (Trapezzahn, Pyramidenzahn, Sägezahn, Reißzahn, Nockentrapezzahn, Nockentrapezzahn mit Reißzahn, Sägetrapezzahn); *2* Antriebsmotoren; *3* Antriebs- und Schwungscheibe; *4* Brecherrahmen; *5* Brechergehäuse mit Einlauftrichter

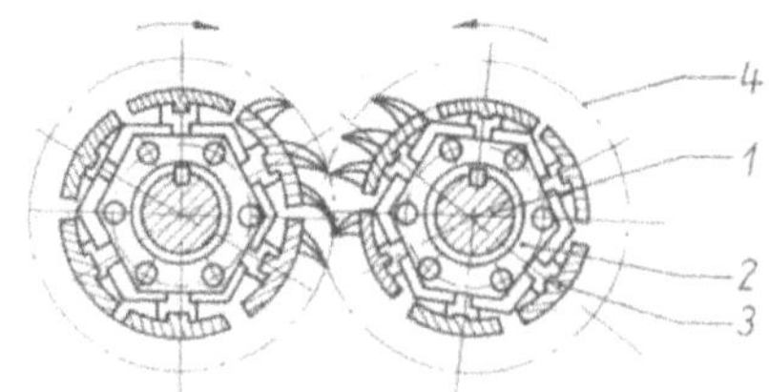


Bild 4.108. Zahnwalzen mit Reißzähnen
*1* Antriebswelle; *2* Walzengrundkörper; *3* Brechmantelelemente, aufgeschraubt; *4* Zahnrad mit überhöhten Zähnen

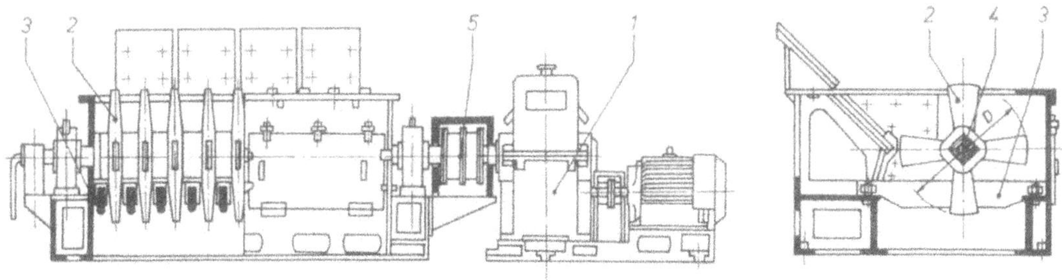

Bild 4.109. Daumenbrecher (Zahnwalzenbrecher mit überhöhten Zähnen und Brechrost)

*1* Antrieb; *2* Brechelemente; *3* Rost; *4* Daumenbrechwalze; *5* Überlastsicherung

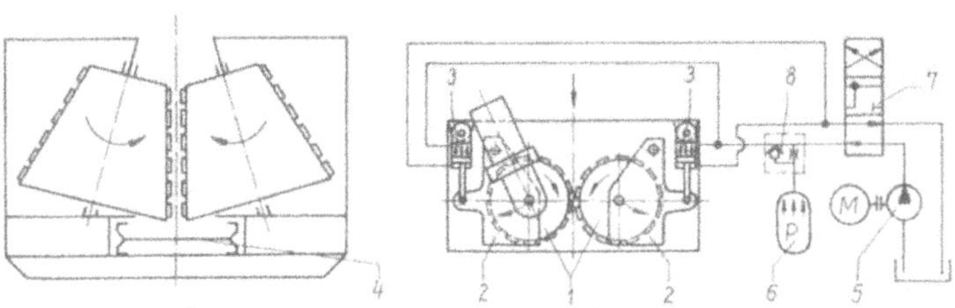

Bild 4.110. Schrägwalzenbrecher (Westfalia)

*a*) Schrägwalzen in schematischer Darstellung

*b*) Schaltschema der Walzen

*1* Schrägwalzen; *2* Gehäuse; *3* Arbeitszylinder, doppeltwirkend; *4* Stegkettenförderer; *5* Pumpe mit Motor; *6* Druckspeicher; *7* 3/3-Wegeventil; *8* Druckbegrenzungsventil

ßem Zahnquerschnitt ausgebildet werden. Bild 4.108 zeigt Walzen mit Reißzähnen, die vor allem für weiches faseriges Material verwendet werden. Für grobstückiges, brockenförmiges und kompaktes, weiches, faseriges Material werden auch Einwalzenbrecher in Verbindung mit einem Rost, häufig als Daumenbrecher bezeichnet, eingesetzt. Sie sind vor allem für die Vorzerkleinerung bei mehreren Zerkleinerungsstufen geeignet. Nach Bild 4.109 bestehen derartige Brecher aus einem Gehäuse, in dessen unterem Teil ein Rost eingebaut ist, durch den die langen Zähne einer Walze kämmen. Die Zerkleinerung erfolgt durch Druck- und Scherbeanspruchung zwischen den Brechnocken und dem Brechrost. Werden die Brechnocken auf der Walze versetzt angeordnet, so wird eine gleichmäßige Arbeitsweise und Belastung des Antriebes erreicht. Zur Vollmechanisierung des Gewinnungsbetriebes unter Tage werden in Verbindung mit Schräm- oder Hobelmaschinen auch Profilwalzenbrecher mit senkrechtstehenden zylindrischen oder geneigten kegeligen Walzen verwendet, die auf Panzerförderern angeordnet sind. In Bild 4.110 ist ein solcher mit geneigten kegeligen Walzen dargestellt, die mit Hydraulikzylindern abgestützt werden. Diese Zylinder sind mit einem Druckspeicher verbunden, der als hydro-pneumatischer Puffer dient. Für Montagearbeiten können die Walzen durch entsprechende Steuerung des Hydraulikkreislaufes auseinandergefahren werden.

Sind vor dem Zerkleinerungsvorgang aus dem Aufgabegut Steine auszusondern, so können dafür Sonderkonstruktionen verwendet werden, bei denen z. B. eine Walze als schnellaufende Prallwalze ausgebildet oder mit einem Schneckenprofil versehen

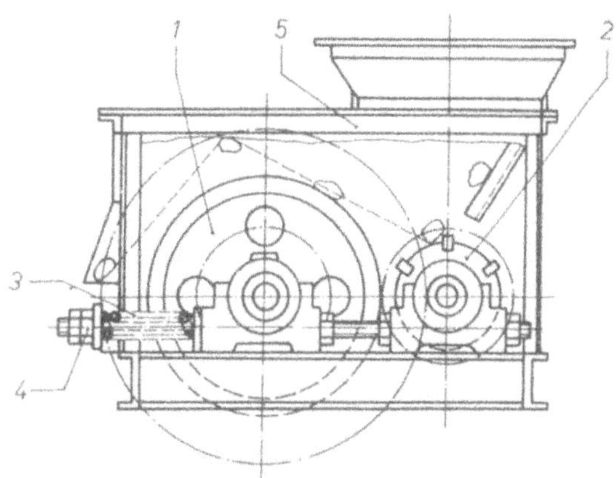

Bild 4.111. Walzenbrecher mit Prallwalze zur Steinaussonderung

*1* Hauptwalze; *2* Prallwalze; *3* Spannfeder und Überlastsicherung; *4* Spalteinstellvorrichtung; *5* Gehäuse mit Einlauftrichter

wird. Dadurch werden spröde Teile des Aufgabegutes entweder tangential oder axial aus dem Brechraum ausgetragen (Bild 4.111).

## 4.7. Wälzmühlen

In die Gruppe der Wälzmühlen werden alle Mühlen eingeordnet, bei denen die Mahlkörper auf ebenen, zylindrischen, schüssel- oder kegelförmigen, waagerecht oder senkrecht stehenden Mahlbahnen zwangsgeführt abrollen und dabei das zwischen die Mahlbahn und die Mahlkörper gelangende Mahlgut zerkleinern. Je nach geometrischer Gestaltung der Mahlbahn und der Mahlkörper, d. h. der Wälzpaarung, erfolgt die Zerkleinerung durch Druck- und Scherbeanspruchung. Bei hohen Umfangsgeschwindigkeiten kommen noch Schlagbeanspruchungen hinzu. Die durch *Schwer-*, *Fremd-(Feder-) oder Fliehkraft* belasteten Mahlkörper können bei den Wälzmühlen als zylindrische oder kegelige Walzen oder Kugeln ausgebildet werden. In Bild 4.112 sind ausgewählte Wälzmühlen-Prinzipien unter Berücksichtigung ihrer Mahlkörperbelastung dargestellt. Bei Fremdkraftmühlen wird das Mahlgut in der Regel auf eine sich um eine vertikale Achse drehende Mahlbahn aufgegeben, gelangt anschließend unter Einwirkung der Zentrifugalbeschleunigung zwischen Mahlkörper und Mahlbahn und wird nach der Beanspruchung über den Mahlbahnrand geschleudert. Von dort wird das zerkleinerte Gut bei Anwendung eines inneren Kreislaufes von einem Trägergasstrom oder bei einem äußeren Kreislauf von einem mechanischen Förderer zum Sichter transportiert. Während das Grobgut erneut in die Beanspruchungszone des Arbeitsraumes zurückfließt, wird das Feingut mit dem Trägermedium aus dem Arbeitsraum abgesaugt und in Zyklonen und Filtern abgeschieden. Bei Schwerkraftmühlen (Kollergängen) und Federkraftmühlen mit äußerem Mahlgut-Kreislauf erfolgt der Mahlgutaustrag im freien Fall durch Roste oder mittels mechanischer Austrageinrichtungen.

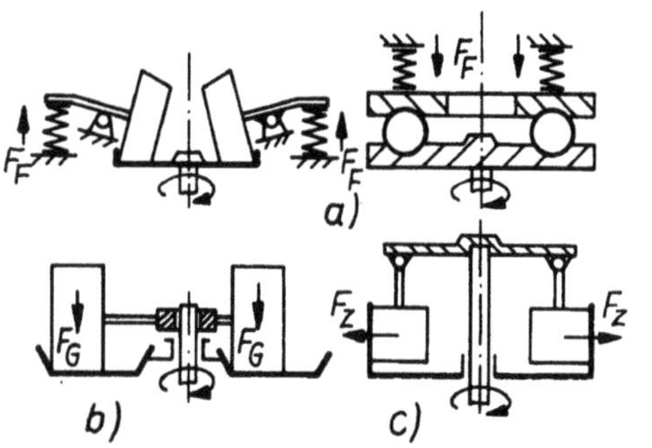


Bild 4.112. Ausgewählte Wälzmühlenprinzipien unter Berücksichtigung der Mahlkörperbelastung
*a)* Feder- oder Fremdkraftmühlen
*b)* Schwerkraftmühlen (Kollergang)
*c)* Fliehkraftwälzmühlen

Wälzmühlen werden zur Fein- und Feinstzerkleinerung von weichen bis mittelharten Materialien, wie Kalkstein, Kohle, Bauxit, Phosphat, Magnesit, gebranntem Kalk, Talkum, Feldspat u. a., eingesetzt. Bei Anwendung verschleißfester Mahlkörperwerkstoffe sind sie auch zur Zerkleinerung harter Stoffe einschließlich Zementklinker geeignet. Wird als Trägermedium Heißgas mit Gaseintrittstemperaturen von $T = 300$ bis 600 °C verwendet, so können diese auch zur gleichzeitigen Trocknung (Mahltrocknung) von Materialien bis zu Feuchtigkeiten von 20% benutzt werden [224, 226, 285]. Durch die Forderung nach großen Durchsätzen und durch die Entwicklung verschleißfester Werkstoffe begünstigt, haben sich in den letzten Jahren folgende Entwicklungstendenzen bei Wälzmühlen ergeben [226, 234, 235]:

— Steigerung des Durchsatzes durch die Entwicklung und den Bau großer Mühleneinheiten bis $\dot{m} = 500 \text{ t h}^{-1}$ und mehr [227, 228, 230, 231]
— Verminderung des spezifischen Arbeitsbedarfes durch günstigere Gestaltung der Arbeitsorgane und lufttechnischen Anlage sowie durch Anwendung des äußeren Kreislaufes [226, 232, 234, 235, 242, 245, 250]
— Erhöhung der Standzeiten der Mahlkörper und Mahlbahn durch Verschleißminderung [232, 233]
— Automatisierung der Mahlanlagen

Für die bei der Wälzzerkleinerung zur Anwendung kommenden Mühlenkonstruktionen und Beanspruchungsbedingungen lassen sich folgende Vorteile angeben [226, 232, 235]:

— Der geringe spezifische Arbeitsbedarf $W_0$ ist auf die Zerkleinerung von relativ dünnen Körnerschichten im Gutbett zurückzuführen. Dabei wird ein Beanspruchungsprinzip realisiert, das sich ergibt, wenn die Erkenntnisse der Einzelkorn-Druckzerkleinerung zur Kollektivzerkleinerung maschinell umgesetzt werden [49, 50, 226, 234, 236 bis 241]

— Durch die einfache Variation der Anpreßkräfte können die Beanspruchungsbedingungen den physikalischen Eigenschaften des zu zerkleinernden Materials weitestgehend angepaßt werden

— Je nach Mühlengröße sind maximale Aufgabegut-Korngrößen bis zu $d_A = 300$ mm möglich, so daß bei der Aufbereitung des Aufgabegutes eine Zerkleinerungsstufe eingespart werden kann [226]

— Durch einen hohen Gutumlauf zwischen Zerkleinerungs- und Sichtzonen ist eine wirksame Mahltrocknung bei Anwendung von Heißgas als Trägermedium möglich

— Infolge geringer Verweilzeit des Mahlgutes im Arbeitsraum sind Wälzmühlen günstig regelbar. Da sie sehr schnell auf Veränderungen im Prozeßablauf reagieren, sind sie auch für den vollautomatischen Betrieb gut geeignet [226]

— Sie erfordern infolge ihrer gedrängten Bauweise einen geringen spezifischen Raum- und Flächenbedarf

— Ihr Lauf ist geräuscharm (der Schalldruckpegel beträgt in Abhängigkeit von der Frequenz 65 bis 95 dB) [226]

— In Anbetracht ihres geringen spezifischen Verschleißes und der hohen Wirtschaftlichkeit entstehen geringere Betriebskosten als bei anderen vergleichbaren Mühlen [232]

Nachteilig ist, daß der Durchsatz bei fortgeschrittenem Verschleiß der Arbeitsorgane (Mahlkörper und Mahlbahn) abfällt und der Mahlgutumlauf im Arbeitsraum ansteigt.

### 4.7.1. Berechnungsgrundlagen

In Wälzmühlen erfolgt die Beanspruchung des zu zerkleinernden Gutes zwischen zwei Festkörperflächen, die je nach geometrischer Ausbildung Relativbewegungen zueinander ausführen. Voraussetzung für gute Zerkleinerungsbedingungen ist, daß sich auf der Mahlbahn ein entsprechendes Mahlgutbett ausbilden kann. Da die meisten als Luftstrommühlen betrieben werden und das von der Mahlbahn geschleuderte zerkleinerte Gut durch einen Trägergasstrom zum Sichter transportiert wird, sind Zerkleinerungs-, Transport- und Klassiervorgänge im Zusammenhang zu betrachten. Zur komplexen Beschreibung der Vorgänge in Luftstrommühlen sind deshalb funktionelle Kopplungen von maschinen- und verfahrenstechnischen Einflußgrößen, einschließlich strömungs- und wärmetechnischer Aspekte, erforderlich. So ist z. B. der spezifische Arbeitsbedarf von folgenden Einflußgrößen abhängig [235]:

$$W_{\mathrm{o}\dot{\mathrm{m}}} = f(\dot{m}; F_K; v_{TW}; d_A; d_F; \dot{V}_G; v_G; F_{oB}; \sigma_B; \varrho_{MG}; \varrho_G; D_T; D_W; D_K; b_W; z; h; s; \alpha; \gamma; \delta; ...) \quad (4.175)$$

Daraus ist ersichtlich, daß eine analytische Verknüpfung aller Einflußgrößen nicht möglich ist und bei der Entwicklung und Einsatzvorbereitung experimentelle Untersuchungen zur günstigsten Gestaltung der Zerkleinerungsbedingungen unumgänglich sind.

**Maximale Aufgabegut-Korngröße:** Soll Aufgabegut mit einer maximalen Korngröße $d_A$ von einem Mahlkörper erfaßt und zerkleinert werden, so muß die Einzugsbedingung $F_E > F_A$ nach Bild 4.113 erfüllt sein. Da die Einzugsbedingungen bei einer Mahlkörper-Mahlbahnpaarung ohne Mahlspalt ungünstiger sind als mit Mahlspalt, müssen diese für eine Wälzpaarung ohne Mahlspalt analog Abschn. 4.3.1.1. unter der vereinfachenden Annahme eines kugelförmigen Kornes analysiert werden.

Die maximale Größe überrollbarer Teilchen $d_A$

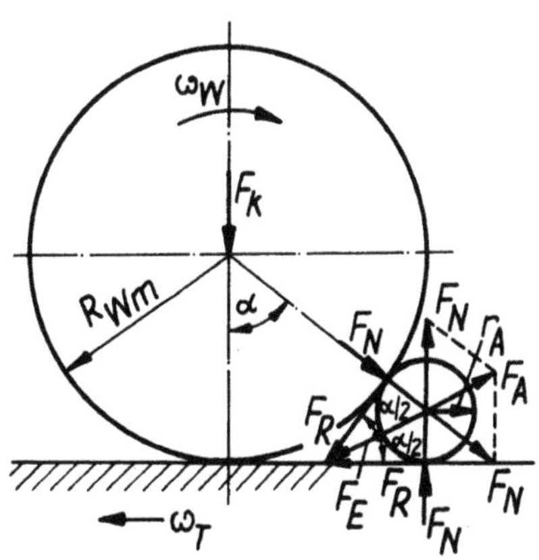


Bild 4.113. Einzugsbedingungen zwischen Mahlkörper und Mahlbahn

ergibt sich nach Bild 4.113 aus der geometrischen Beziehung:

$$R_{\mathrm{Wm}} = R_{\mathrm{Wm}} \cos\alpha + r_{\mathrm{A}} \cos\alpha + r_{\mathrm{A}} \qquad (4.176)$$

$$d_{\mathrm{A}} \leqq D_{\mathrm{Wm}}[(1 - \cos\alpha)/(1 + \cos\alpha)] = D_{\mathrm{Wm}} \tan^2(\alpha/2) = \mu^2 D_{\mathrm{Wm}} \qquad (4.177)$$

Unter Berücksichtigung des Reibungskoeffizienten $\mu$ der Reibpaarung Aufgabegut—Mahlkörper bzw. Aufgabegut—Mahlbahn, der z. B. für Kalkstein mit $\mu = 0{,}3$ ermittelt wurde, ergibt sich der überrollbare maximale Korndurchmesser zu

$$d_{\mathrm{A}} \leqq 0{,}09 D_{\mathrm{Wm}} \quad \text{oder} \quad D_{\mathrm{Wm}} \geqq 11 d_{\mathrm{A}} \qquad (4.178)$$

Da nach (4.177) und (4.178) auftretende Relativgeschwindigkeiten und Besonderheiten der Mahlgutschüttung auf der Mahlbahn, die die Einzugsbedingungen verschlechtern können, unberücksichtigt blieben, wird $d_{\mathrm{A}}$ von den Wälzmühlenherstellern zur Sicherheit für den praktischen Betrieb nach (4.179) angegeben. Dabei wird gleichzeitig beachtet, daß die dynamischen Belastungen und der Verschleiß der Arbeitsorgane bei kleinerem $d_{\mathrm{A}}$ abnehmen:

$$d_{\mathrm{A\,max}} \leqq 0{,}03 D_{\mathrm{Wm}} \quad \text{oder} \quad D_{\mathrm{Wm}} \geqq 33 d_{\mathrm{A\,max}} \qquad (4.179)$$

**Mahlbahngeschwindigkeit:** Von ihr werden die Beanspruchungsbedingungen und die Bewegungsverhältnisse des Mahlgutes auf der Mahlbahn und damit der Fertiggut-Durchsatz entscheidend beeinflußt. Ihre Größe ist einerseits von der Geometrie der Mahlbahn und der Mahlkörper und andererseits

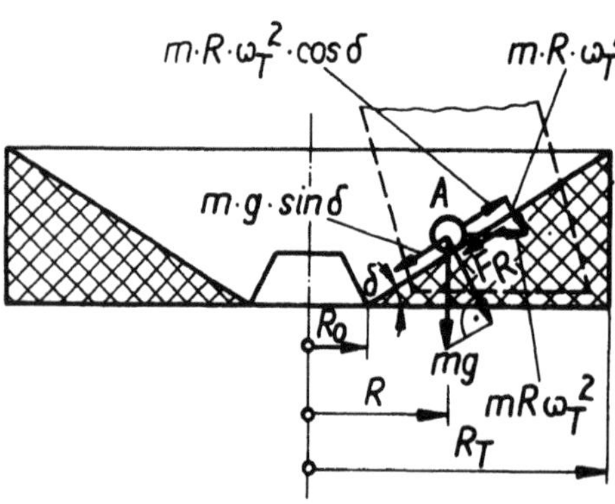


Bild 4.114. Schema zur Bestimmung der Mahlbahngeschwindigkeit bei Wälzmühlen mit ebenen und geneigten Mahlbahnen

von den Reibungskoeffizienten zwischen dem Mahlgut und den Arbeitsorganen abhängig. Bei ebenen, geneigten oder gekrümmten Mahlbahnen (Kegelrollen-, Schüssel- und Kugelringmühlen) ist bei der Festlegung der minimalen Mahlbahngeschwindigkeit zu berücksichtigen, daß das Aufgabegut nach Bild 4.114 über einen Gleitkegel mit einem Radius $R_0$ auftrifft und von dort zur Beanspruchungszone der Mahlkörper transportiert wird. Damit das Aufgabegut vom Auftreffpunkt durch die auf die Teilchen wirkende Fliehkraft über das angestaute Mahlgutbett nach außen getragen wird, muß nach Bild 4.114 bei Vernachlässigung der Trägheitskraft an jedem Punkt der Mahlbahn folgende Bedingung erfüllt sein:

$$mR\omega_{\mathrm{T}}^2 \cos\delta \geqq \mu(mR\omega_{\mathrm{T}}^2 \sin\delta + mg\cos\delta) + mg\sin\delta \qquad (4.180)$$

Mit (4.180) ergibt sich die kleinste Mahlbahngeschwindigkeit $v_{\mathrm{TG}}$ nach entsprechender Umformung wie folgt:

$$v_{\mathrm{TG}} \geqq \sqrt{R_0 g(\mu + \tan\delta)/(1 - \mu\tan\delta)} \qquad (4.181)$$

Um günstige Durchsätze zu erhalten, ist die Umfangsgeschwindigkeit der Mahlbahnen mit $v_{\mathrm{T}} > v_{\mathrm{TG}}$ festzulegen. Dabei ist jedoch darauf zu achten, daß die Bahnkurven der Gutteilchen nach Bild 4.115 so verlaufen, daß jedes von ihnen auf dem Weg zum Mahlbahnrand mindestens einmal von den Mahlkörpern erfaßt, abgebremst und zerkleinert wird. Bei einem zu großen Umschlingungswinkel $\Delta\psi = f(R\omega_{\mathrm{T}}^2;\ R_{\mathrm{i}}/R;\ R_{\mathrm{o}}/R;\ \delta;\ \mu)$, der für Kegelrollen-Wälzmühlen mit zwei Mahlkörpern mit $\Delta\psi_{\mathrm{opt}} = 80°$ ermittelt wurde [234], wird die Mahlbahn nach einer bestimmten Zeit überschüttet, wodurch nach Bild 4.116 ein geringer Durchsatz, hoher Leistungsbedarf und spezifischer Arbeitsbedarf entstehen. Bei einem zu kleinen $\Delta\psi$, d. h. bei zu großer Umfangsgeschwindigkeit, neigen Walzmühlen zur Verstopfung, da ein Teil des Aufgabegutes ungemahlen von der Mahlbahn geschleudert wird und nicht ausgetragen werden kann. Dem günstigsten Umschlingungswinkel ist eine bestimmte Umfangsgeschwindigkeit zugeordnet, die mit dem Mahlbahn-Durchmesser $D_{\mathrm{TW}}$ durch die Kennzahl (4.182) verknüpft ist [234, 242]:

$$D_{\mathrm{TW}} g / 2 v_{\mathrm{TW}}^2 = \text{konst.} \qquad (4.182)$$

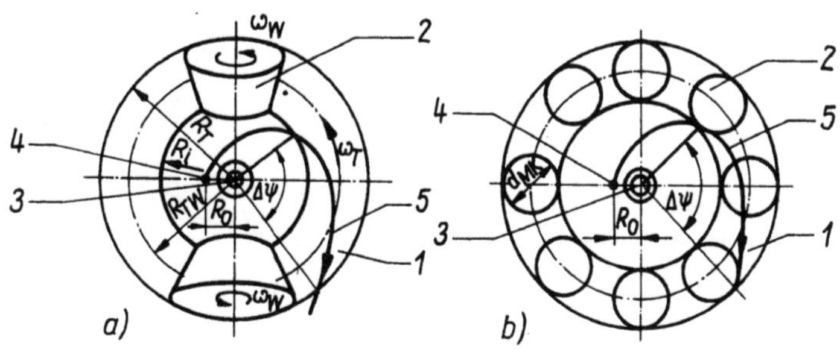


Bild 4.115. Mahlguttransport auf der Mahlbahn
*a*) Kegelrollen-Wälzmühlen
*b*) Kugelring-Wälzmühle
*1* Mahlbahn; *2* Mahlkörper; *3* Aufgabekegel auf der Mahlbahn; *4* angenommener Mahlgut-Auftreffpunkt; *5* Bahnkurve der betrachteten Mahlgutpartikel

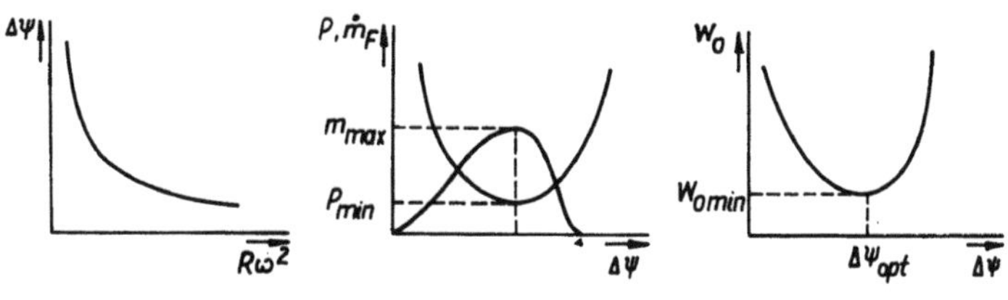


Bild 4.116. Einfluß des Umschlingungswinkels $\Delta\psi$ auf Durchsatz $\dot{m}_F$, Leistungsbedarf $P$ und spezifischen Arbeitsbedarf $W_o$

Da (4.182) bei geometrischer Ähnlichkeit für alle Mühlengrößen gilt, können unter der Voraussetzung ähnlicher Zerkleinerungsbedingungen folgende Modellbeziehungen aufgestellt werden (vgl. Abschn. 3.1.):

$$v_{TW} = v_{TWm}\sqrt{R_{TW}/R_{TWm}} = v_{TWm}\lambda^{0,5} \qquad (4.183)$$

oder

$$n_T = n_{Tm}\sqrt{R_{TWm}/R_{TW}} = n_{Tm}\lambda^{-0,5} \qquad (4.184)$$

Soll die Mahlbahngeschwindigkeit $v_{TW}$ oder die Mahlbahn-Drehzahl $n_T$ der Hauptausführung mit (4.183) oder (4.184) bestimmt werden, so sind $v_{TWm}$ bzw. $v_{Tm}$ als Optimalwerte mit einer geometrisch ähnlichen Modellmühle zu ermitteln.

Bei der Festlegung der Mahlbahngeschwindigkeit ist zu beachten, daß bei den aus Bild 4.117 ersichtlichen Mühlenprinzipien unterschiedliche Überrollverhältnisse vorliegen [242; 243]. Während ortsfest auf einer Walzenachse gelagerte Mahlkörper bei einer Mahlkörperumdrehung einen ihrem Umfang entsprechenden Weg auf der Mahlbahn überstreichen, ist bei frei abrollbaren Mahlkörpern zur Erreichung des gleichen Abrollweges ein größerer Mahlbahnweg erforderlich. Bei derartigen Mühlen (System *Peters* und *Berz*) müssen deshalb zur Erreichung gleicher Beanspruchungswege größere Mahlbahngeschwindigkeiten gewählt werden. Die sich dadurch ergebenden größeren Transportgeschwindigkeiten des Mahlgutes auf der Mahlbahn müssen durch größere Mahlkörperzahl und damit bessere Mahlbahnüberdeckung bzw. geneigte Mahlbahnen ausgeglichen werden. Da aber Verformung und Zerkleinerung des Mahlgutes in der Mahlgutschicht nicht trägheitsfrei erfolgen und dynamische

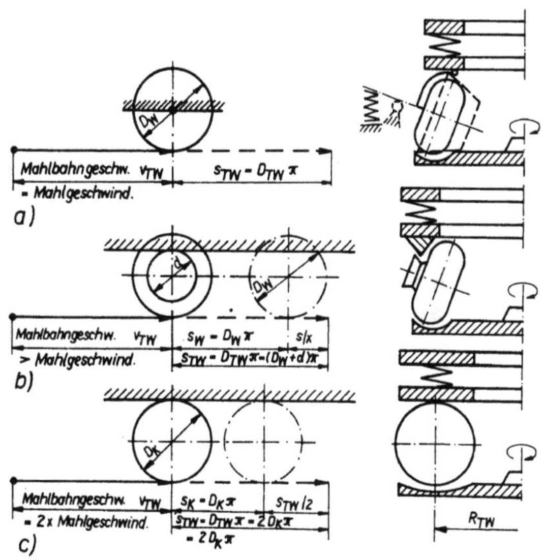


Bild 4.117. Vergleich der Mahlbahn und Mahlkörperwege bei verschiedenen Wälzmühlenarten [242, 243]
*a*) System *Loesche*, *Pfeiffer* und *Polysius*
*b*) System *Berz*
*c*) System *Peters*

Belastungen der Mahlkörper mit wachsender Mahlbahngeschwindigkeit progressiv zunehmen, ist diese Geschwindigkeit auch aus konstruktiven und verschleißtechnischen Gründen nach oben begrenzt.

**Relativgeschwindigkeiten zwischen Mahlkörper und Mahlbahn:** Bei Wälzmühlen wird die Zerkleinerungsintensität zwischen Mahlkörper und Mahlbahn neben der Anpreßkraft der Mahlkörper und der absoluten Mahlbahngeschwindigkeit auch von den Relativgeschwindigkeiten zwischen Mahlkörper und Mahlbahn beeinflußt. Dabei kann davon ausgegangen werden, daß beim Abrollen eines Mahlkörpers auf der Mahlbahn, unabhängig von der geometrischen Ausbildung der Rollpaarung, neben der Rollreibung auch Gleitreibung auftritt. Der Anteil der Gleitreibung ist von der Relativgeschwindigkeit der beiden abrollenden Körper abhängig, die wiederum von der geometrischen Form der Wälzkörper und Rollbahn beeinflußt wird. Während beim Abwälzen zylindrischer Walzen oder Kugeln auf ebenen oder zylindrischen Bahnen keine nennenswerten Relativgeschwindigkeiten auftreten, müssen die beim Abwälzen kegeliger oder zylindrischer Walzen auf ebenen oder geneigten Kreisbahnen auftretenden Relativgeschwindigkeiten beachtet und berechnet werden. Da der Schnittpunkt der Walzenachse bei Wälzmühlen in der Regel nicht mit dem Schnittpunkt der Mahlbahnachse auf der Mahlbahnebene zusammenfällt, wächst die Relativgeschwindigkeit $v_R$ mit größer werdender Entfernung vom Wälzkreis der Wälzpaarung linear an. Dies führt dazu, daß nur am Wälzkreis bei $v_R = 0$ reine Druckbeanspruchungen auftreten. Bei $v_R > 0$ wird die Beanspruchung durch Scherung überlagert. Für alle bei Wälzmühlen mit zylindrischen oder kegeligen Walzen vorkommenden Einsatzfällen lassen sich die Relativgeschwindigkeiten $v_R$ mit den in Bild 4.118 angegebenen geometrischen Beziehungen wie folgt ableiten:

$$v_R = v_T - v_W \tag{4.185}$$

$$v_T(R^*) = 2\pi(R_T - R^* \cos\gamma)\, n_T \tag{4.186}$$

$$v_W(R^*) = 2\pi(R_{Wm} + \sin\varphi(b_W/2) - R^* \sin\varphi)\, n_W \tag{4.187}$$

$$v_R(R^*) = 2\pi[n_T(R_T - R^* \cos\gamma) - n_W(R_{Wm} + \sin\varphi(b_W/2) - R^* \sin\varphi)] \tag{4.188}$$

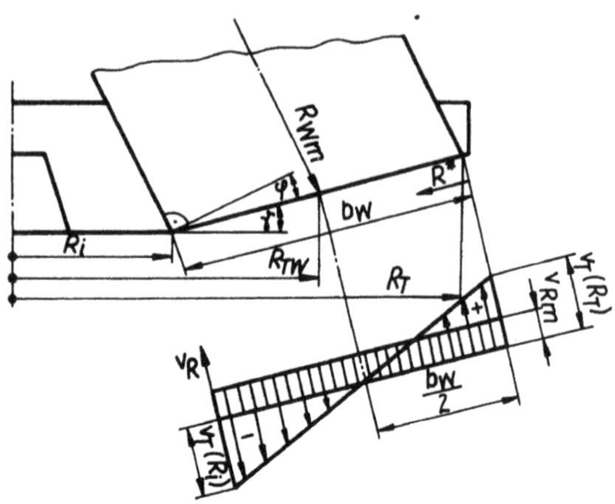


Bild 4.118. Geometrische Beziehungen zur Bestimmung der Relativgeschwindigkeit bei Wälzmühlen mit horizontaler bzw. geneigter Mahlbahn und geradliniger Wälzfläche

Die mittleren Relativgeschwindigkeiten lassen sich berechnen, wenn in (4.188) $n_W$ und $n_T$ durch eine auf den Wälzkreis der Mahlbahn bezogene Geschwindigkeit $v_{TW}$ ersetzt wird und die Voraussetzungen $v_R(R^* = b_W/2) = 0$ und $v_R(R^* = 0) = v_{RA} = 2v_{Rm}$ erfüllt werden. Mit $n_W = n_R R_{TW}/R_{Wm}$ und $n_T = v_{TW}/2\pi R_{TW}$ ergibt sich damit

$$v_{Rm} = v_{TW}[R_T - R_{TW}(R_{Wm} + \sin\varphi(b_W/2))/R_{Wm}]/2R_{TW} \tag{4.189}$$

Während sich die Einzugsbedingungen bei ebenen oder geneigten Mahlbahnen nach (4.188) bei $R^* > b_W/2$ verbessern, tritt bei $R^* < b_W/2$ eine Verschlechterung ein. Für Wälzmühlen mit ebenen, geneigten oder zylindrischen Mahlbahnen ergeben sich mit (4.188) folgende Anwendungsfälle:

*a*) Fliehkraft-Wälzmühle mit zylindrischen Mahlkörpern und zylindrischer Mahlbahn $v_R = 0$; $\varphi = 90°$; $\gamma = 90°$:

$$n_W R_W = n_T R_T \tag{4.190}$$

*b*) Kegelrollen-Wälzmühle mit ebener Mahlbahn und kegeligen Mahlkörpern (System *Loesche*) $\gamma = 0°$:

$$v_R(R^*) = 2\pi[n_T(R_T - R^*) - n_W(R_{Wm} + (b_W/2)\sin\varphi - R^* \sin\varphi)] \tag{4.191}$$

Mit (4.191) ergibt sich der geometrische Ort für $R^*(v_R = 0)$ wie folgt:

$$R^*(v_R = 0) = [n_T R_T - n_W(R_{Wm} + (b_W/2) \times \sin\varphi)]/(n_T - n_W \sin\varphi) \quad (4.192)$$

Wird angenommen, daß $n_W = n_T R_{TW}/R_{Wm}$ gilt, so kann $R^*(v_R = 0)$ näherungsweise nach (4.193) bestimmt werden:

$$R^*(v_R = 0) = [R_T - R_{TW} - (b_W R_{TW}/2R_{Wm}) \times \sin\varphi]/[1 - (R_{TW}/R_{Wm}) \sin\varphi] \quad (4.193)$$

c) Kollergänge mit $\gamma = 0$ und $\varphi = 0$:

$$v(R^*) = 2\pi[n_T(R_T - R^*) - n_W R_{Wm}] \quad (4.194)$$

$$R^*(v_R = 0) = R_T - R_{Wm} n_W/n_T = R_T - R_{TW} \quad (4.195)$$

**Mahlkörper-Anpreßkräfte:** Um ein gutes Zerkleinerungsergebnis zu erhalten, muß die durch die Anpreßkräfte im Walzenspalt hervorgerufene Spannung mindestens die Bruchfestigkeit der zu zerkleinernden Materialschüttung erreichen. Da aber die Anpreßkraft neben der Bruchfestigkeit des Materials auch vom Reibungskoeffizienten zwischen Mahlgut und Mahlkörper beeinflußt wird und sich die Korngröße mit fortschreitender Zerkleinerung längs des Walzenspaltes ebenso wie die Bruchfestigkeit der Schüttung ständig ändert, ist ihre Bestimmung kompliziert. Die günstigsten Anpreßkräfte werden deshalb zweckmäßigerweise für die vorgegebenen Zerkleinerungsbedingungen mit Modellversuchen bestimmt. Dabei kann von (4.69) (Abschn. 4.3.1.1.) unter Zugrundelegung von Bild 4.119 ausgegangen werden. Mit der mittleren spezifischen Bruchkraft kann analog (4.169) für die Mahlkörper-Anpreßkraft $F_{KV}$ geschrieben werden:

$$F_{KV} = (F_{oB}/2)\, R_{Wm} b_W 2 \sin\alpha_m = F_K \cos\varphi^* \quad (4.196)$$

($F_{oB}$ spezifische Bruchkraft im Walzenspalt, die bei mittelharten Stoffen mit etwa 3 bis 5 MN m$^{-2}$ und bei harten Stoffen mit etwa 7 bis 8 MN m$^{-2}$ experimentell ermittelt wurde [234]; $\alpha_m$ Wälzwinkel, der sich in Auswertung theoretischer und experimenteller Untersuchungen mit etwa 0,4 bis 0,5$\alpha$ ergab (zur Vereinfachung nachfolgender Berechnungen wird $\alpha_m = \alpha/2$ eingesetzt))

Werden geometrisch ähnliche Mühlen und ähnliche Zerkleinerungsbedingungen vorausgesetzt, so kann mit (4.196) (vgl. Abschn. 3.1.) zur Bestimmung der Mahlkörper-Anpreßkräfte auch folgende Modellbeziehung verwendet werden:

$$\varkappa = F_{KV}/F_{KVm} = R_{Wm} b_W / R_{Wmm} b_{Wm} = \lambda^2 \quad (4.197)$$

**Leistungsbedarf:** Der *mechanische Leistungsbedarf* setzt sich wie bei den Walzenbrechern (vgl. Abschn. 4.6.1.1.) aus dem Leistungsbedarf zur Überwindung

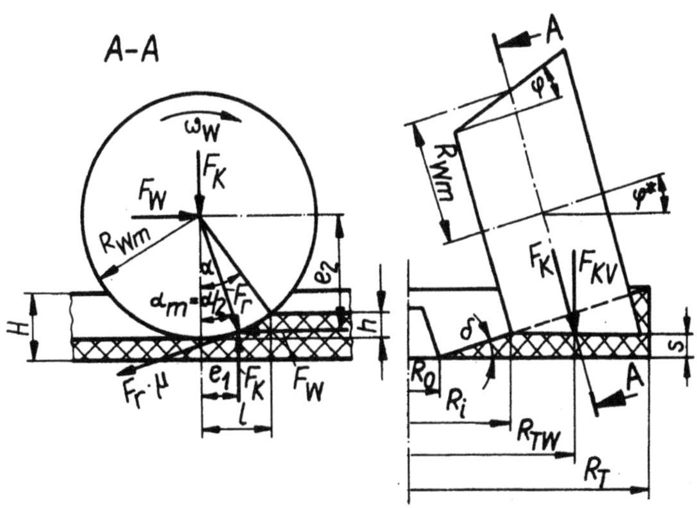


Bild 4.119. Geometrische Beziehungen zur Bestimmung der Mahlkörper-Preßkräfte $F_K$ und des Rollwiderstandes $F_W$

der *Roll- und Gleitreibung der Mahlkörper* auf dem Mahlgutbett und aus der *Lagerreibung* zusammen:

$$P_{\mathrm{mech}} = (P_{\mathrm{Z}} + P_{\mathrm{RW}} + P_{\mathrm{RL}})/\eta_{\mathrm{G}} \quad (4.198)$$

Wenn die resultierende Zerkleinerungskraft $F_{\mathrm{Z}} = F_{\mathrm{r}}$ nach Bild 4.119 am Wälzkreis der Mahlkörper bzw. der Mahlbahn bei einem Wälzwinkel von $\alpha_{\mathrm{m}} = \alpha/2$ angreift, dann ergibt sich der *Leistungsbedarf für die Rollreibung bzw. Zerkleinerung zu*

$$P_{\mathrm{Z}} = F_{\mathrm{W}} v_{\mathrm{TW}} z \quad (4.199)$$

$$F_{\mathrm{W}} = F_{\mathrm{KV}} \tan(\alpha/2) \quad (4.200)$$

Wird (4.200) und (4.196) in (4.199) eingesetzt, so erhält man nach entsprechender Umformung für $P_{\mathrm{Z}}$:

$$P_{\mathrm{Z}} = \pi F_{\mathrm{oB}} R_{\mathrm{TW}} R_{\mathrm{Wm}} b_{\mathrm{W}} n_{\mathrm{T}} z(1 - \cos\alpha)/\cos(\alpha/2) \quad (4.201)$$

Analog zu anderen Zerkleinerungsmaschinen mit Druckbeanspruchung gilt auch (4.202):

$$P_{\mathrm{Z}} = W_{\mathrm{Z}} n_{\mathrm{T}} z \quad (4.202)$$

$$W_{\mathrm{Z}} = F_{\mathrm{oB}}\,\Delta V/2 = F_{\mathrm{oB}} R_{\mathrm{TW}} \pi b_{\mathrm{W}} h \quad (4.203)$$

$$h = R_{\mathrm{Wm}}(1 - \cos\alpha) \quad \text{(vgl. Bild 4.119)} \quad (4.204)$$

Mit (4.203) und (4.204) ergibt sich $P_{\mathrm{Z}}$ nach (4.202) in gleicher Form wie bei (4.201), wenn $\cos(\alpha/2) \approx 1$ gesetzt wird.

Für den *Leistungsbedarf zur Überwindung der Gleitreibung* zwischen Mahlkörper und Mahlgut, der vor allem bei auftretenden Relativgeschwindigkeiten zwischen Mahlkörper und Mahlbahn zu berücksichtigen ist, kann mit (4.189) geschrieben werden:

$$\begin{aligned} P_{\mathrm{RW}} &= F_{\mathrm{r}} v_{\mathrm{Rm}} z \\ &= \pi \mu F_{\mathrm{KV}} n_{\mathrm{T}} z [R_{\mathrm{T}} - (R_{\mathrm{TW}}/R_{\mathrm{Wm}}) \\ &\quad \times (R_{\mathrm{Wm}} + (b_{\mathrm{W}}/2)\sin\varphi)]/\cos(\alpha/2) \end{aligned} \quad (4.205)$$

Die Ermittlung des Leistungsbedarfes für die Lagerreibung erfolgt nach der bekannten Beziehung (4.165), wobei für die Lagerkraft die Mahlkörper-Anpreßkraft $F_{\mathrm{K}} = F_{\mathrm{KV}}/\cos\varphi^*$ einzusetzen ist (vgl. Bild 4.119).

Bei geometrischer Ähnlichkeit und ähnlichen Zerkleinerungsbedingungen ergibt sich mit (4.201) folgende Modellbeziehung:

$$P_{\mathrm{Z}} = P_{\mathrm{Zm}}(c_1/c_{1\mathrm{m}})(n_{\mathrm{T}}/n_{\mathrm{Tm}})(D_{\mathrm{T}}/D_{\mathrm{Tm}})^3 \approx P_{\mathrm{mech}} \quad (4.206\mathrm{a})$$

Wird in (4.206) für $D_{\mathrm{T}}/D_{\mathrm{Tm}}$ der Längenmaßstab $\lambda$ und für $n_{\mathrm{T}}/n_{\mathrm{Tm}}$ (4.184) eingesetzt, so erhält man bei $c_1 = c_{1\mathrm{m}}$:

$$P_{\mathrm{Z}} = P_{\mathrm{Zm}} \lambda^{2,5} \quad (4.206\mathrm{b})$$

Ähnliche Modellbeziehungen ergeben sich auch für $P_{\mathrm{RW}}$ und $P_{\mathrm{RL}}$. Bei einer Analyse der im Angebot befindlichen Wälzmühlen wurden unabhängig vom Konstruktionsprinzip mit $P_{\mathrm{mech}} \approx c_1(D_{\mathrm{T}}^{2,4}$ bis $D_{\mathrm{T}}^{2,5})$ gleiche Proportionalitäten festgestellt. Für Kegelrollen-Wälzmühlen (System *Loesche* mit 2 Mahlkörpern) ergab sich z. B. $P_{\mathrm{mech}} \approx (75$ bis $80)\,D_{\mathrm{T}}^{2,5}$.

Mit Dimensionsanalysen nach Abschn. 3.1. und der Aufstellung entsprechender Ähnlichkeitsbeziehungen konnte für den Leistungsbedarf von Kegelrollen-Wälzmühlen (2 Mahlkörper) folgende Beziehung ermittelt werden:

$$P_{\mathrm{mech}} = 0{,}97 F_{\mathrm{K}}^{0,6} \dot{m}_{\mathrm{F}}^{0,3} \dot{V}_{\mathrm{G}}^{0,55} v_{\mathrm{BW}}^{0,95} \varrho_{\mathrm{MG}}^{0,1} D_{\mathrm{TW}}^{0,9} \quad (4.206\mathrm{c})$$

**Durchsatz:** bei der Berechnung des Durchsatzes von im Kreislauf (innerer oder äußerer) arbeitenden Wälzmühlen wird davon ausgegangen, daß das Mahlgut bei jeder Mahlbahnumdrehung eine bestimmte Feinheit erreicht und daß bei den sich wiederholenden Umdrehungen die gleichen Verhältnisse vorliegen. Da sich in der von der Mahl-

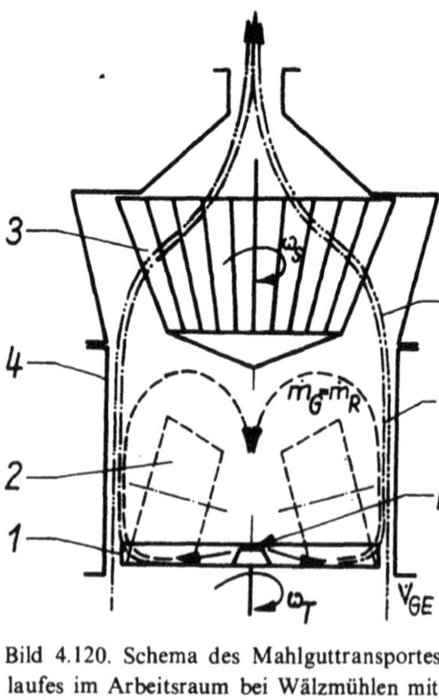


Bild 4.120. Schema des Mahlguttransportes und Mahlgutumlaufes im Arbeitsraum bei Wälzmühlen mit innerem Kreislauf [235]

bahn geschleuderten Mahlgutschicht auch Grobkorn befindet, das im Sichter vom Fertiggut getrennt und dem Zerkleinerungsprozeß auf der Mahlbahn im Kreislauf erneut zugeführt wird, muß ein Umlauffaktor $U$ eingeführt werden. In Bild 4.120 ist der Gutumlauf dargestellt [235]:

$$\dot{m}_F = v_{TW} b_W s \varphi \varrho_{MG} / U$$
$$U = (\dot{m}_F + \dot{m}_R)/\dot{m}_F$$
$$= f(d_A; d_F; \sigma_B; \varrho_{MG}; v_{TW}; R_T; F_K \ldots) \quad (4.208)$$

Für den Austausch der je Mahlbahnumdrehung überrollten Mahlgutschicht gilt nach Bild 4.119:

$$V = D_{TW} \pi b_W s \varphi \quad (4.209)$$

($s \approx H/3 \approx$ (0,015 bis 0,02) $D_{Wm}$ überrollte Mahlbett-Schichthöhe; $\varphi \approx 0{,}8$ bis 0,9 Auflockerungsfaktor in der Zerkleinerungszone)

Mit (4.209) ergibt sich der Fertiggut-Durchsatz nach (4.207) wie folgt:

$$\dot{m}_F = \pi D_{TW} b_W s \varphi n_T \varrho_{MG} / U \quad (4.210)$$

Bei Ähnlichkeitsbetrachtungen erhält man mit (4.210) folgendes Übertragungsmodell, wenn für $\dot{m}_{Fm}$ der in einer Modellmühle ermittelte Durchsatz eingesetzt wird:

$$\dot{m}_F = \dot{m}_{Fm}(c_2/c_{2m})(n_T/n_{Tm}) \times (D_T/D_{Tm})^3 (U_m/U) \quad (4.211)$$

Experimentelle Untersuchungen haben gezeigt, daß der Umlauffaktor $U$ mit wachsendem Mahlbahn-Durchmesser nach der Funktion $U = cD_T^{-0,25}$ abfällt und je nach den physikalischen Eigenschaften des Mahlgutes und der Fertiggutfeinheit zwischen $U = 3$ bis 15 (bei Normalbetrieb für mittelhartes Gut zwischen $U = 3$ bis 6) liegt [234]. Bei der Zementmahlung muß mit $U = 10$ bis 15 gerechnet werden [245].

$$U/U_m = (D_T/D_{Tm})^{-0,25} = \lambda^{-0,25} \quad (4.212)$$

Werden in (4.211) für die geometrischen Abmessungen, Drehzahlen und Umlauffaktoren die jeweiligen Maßstäbe eingesetzt, so kann bei $c_2 = c_{2m}$ geschrieben werden:

$$\dot{m}_F = \dot{m}_{Fm} \lambda^{2,75} \quad (4.213)$$

Eine ähnliche Proportionalität wurde mit $\dot{m}_F = c_2(D_T^{2,55}$ bis $D_T^{2,75})$ bei der Untersuchung angebotener und eingesetzter Mühlen festgestellt.

Wie aus (4.206*b*) und (4.213) hervorgeht, steigt der Durchsatz bei Wälzmühlen in Abhängigkeit des Mahlbahn-Durchmessers $D_T$ progressiver als der Leistungsbedarf, so daß der spezifische Arbeitsbedarf $W_{o\dot{m}}$ mit wachsender Mühlengröße abfällt. Dieser Effekt, der u. a. auf eine Verbesserung des Wirkungsgrades bei größeren Mühlen schließen läßt, ist neben der Verbesserung anderer technisch-ökonomischer Kennwerte, z. B. spezifischer Raum-, Flächen- und Massebedarf, der Grund für den Bau großer Mühleneinheiten [245].

$$W_{o\dot{m}} = W_{o\dot{m}m}(P_{mech}/P_{mech\,m})(\dot{m}_{Fm}/m_F)$$
$$= W_{o\dot{m}\,m} \lambda^{-0,25} \quad (4.214)$$

Je nach den Eigenschaften des Aufgabegutes und der Feinheit des Fertiggutes liegt der spezifische Arbeitsbedarf, bezogen auf den Mühlenantrieb (ohne Mahlguttransport zum Sichter), bei $W_{o\dot{m}} = 4$ bis 8 kWh t$^{-1}$.

## 4.7.2. Bauarten

### 4.7.2.1. Kollergänge (Schwerkraftmühlen)

Sie werden zur kontinuierlichen und diskontinuierlichen Trocken- und Naßmahlung oder als Mahl- und Mischaggregate in der Keramik-, Feuerfest-, Farben- und Gießereiindustrie eingesetzt. Je nach Konstruktion und Einsatzgebiet können sie mit feststehender Mahlbahn und umlaufenden Mahlkörpern (Kollern) oder ortsfest angeordneten Mahlkörpern und umlaufender Mahlbahn ausgerüstet werden. Nach Bild 4.121 bestehen Kollergänge aus den Mahlkörpern (*1*), die als schwere Walzen ausgebildet und auf schwenk- oder vertikal verschiebbaren Halbachsen (*2*) gelagert sind. Der Antrieb erfolgt bei umlaufenden Mahlkörpern entweder über eine Zentralwelle (*3*), mittels hydraulischen Kreuzkopfs (*6*) oder durch direkten Mahlkörperantrieb mittels hydraulischer Radnabenmotoren. Bei ortsfest angeordneten Mahlkörpern wird die Mahlbahn (*4*) angetrieben, die bei kontinuierlicher Arbeitsweise inner- oder außerhalb der Wälzbahn mit einem Rost (*5*) versehen wird. Die Mahlkörperachsen sind so an der Zentralwelle (*3*) (bei geschleppten und direkt angetriebenen Kollern) oder an einer Mittelachse (bei angetriebener Mahl-

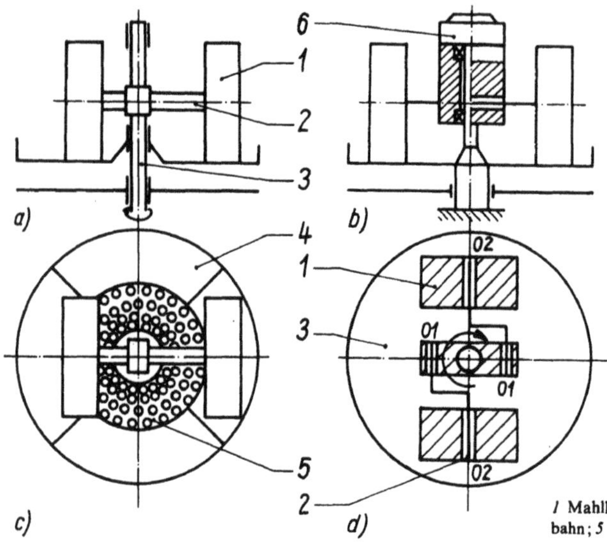

Bild 4.121. Antriebsschema von Kollergängen bei feststehender Mahlbahn
*a*) Antrieb mittels Königswelle (Zentralwelle)
*b*) Antrieb mittels Hydraulikmotors (Kreuzkopf)
*c*) Schema des Mahlguttransportes mit Rost
*d*) Schema der Mahlkörper-(Koller-)Lagerung
*1* Mahlkörper; *2* Mahlkörperachse; *3* Königs-(Zentral-)Welle; *4* Mahlbahn; *5* Rost; *6* Hydraulikmotor

bahn) angeordnet, daß bei entsprechenden Rollwiderständen ein Ausweichen nach oben möglich ist. Da die Beanspruchung des Mahlgutes meist nur durch die Schwerkraft der Mahlkörper erfolgt, müssen diese, die bei eisenfreier Mahlung auch aus Granit bestehen können, eine große Eigenmasse besitzen. Bei umlaufenden Mahlkörpern ist dabei auch die Kreiselwirkung der Mahlkörper zu beachten, die zu einer wesentlichen Erhöhung der Anpreßkraft beitragen kann. Auf Grund sehr großer, durch den Umlauf der Mahlkörper bedingter Zentrifugalkräfte werden schwere Kollergänge meist mit umlaufenden Mahlbahnen ausgebildet, die außerdem den Vorteil haben, daß das in der Mitte aufgegebene Mahlgut durch Fliehkräfte nach außen gefördert wird.

Der Antrieb von Kollergängen muß wegen der großen zu beschleunigenden Massen über entsprechende Anlaufkupplungen und Getriebe erfolgen. Gegenüber konventionell angetriebenen Kollergängen haben hydraulische Kreuzkopf- und Radnabenantriebe den Vorteil, daß die Drehzahl stufenlos regelbar ist, Zahnradgetriebe und Anlaufkupplungen entfallen können und bedeutende Masseeinsparungen durch Wegfall von Ständern und Traversen möglich sind. Bei hydraulischen Radnabenantrieben treten gegenüber geschleppten Walzen außerdem günstigere Einzugsverhältnisse auf, weil die Ebene reinen Rollens bzw. der Wälzkreis weiter außen liegt [246]. Werden für die in Bild 4.122

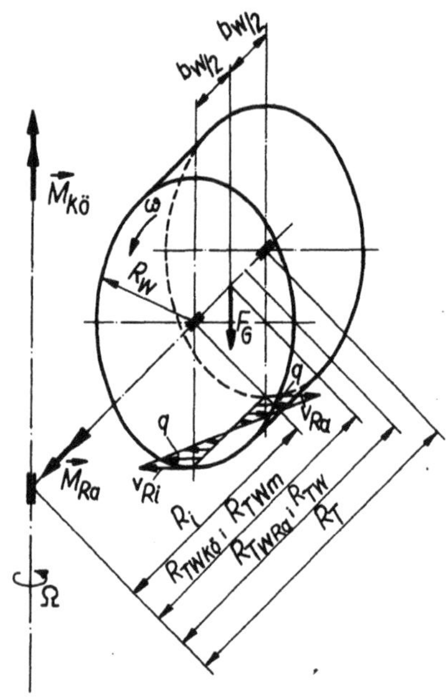

Bild 4.122. Geometrische und Belastungsverhältnisse bei geschleppten und direkt angetriebenen Mahlkörpern [256]

gezeigten Mahlkörper-Antriebsvarianten (Zentralwelle mit dem Antriebsmoment $M_{Kö}$ und Radnabenmotor mit $M_{Ra}$) die Momentengleichgewichte um die Achse der Hauptwelle bzw. des Mahlkörpers aufgestellt und damit die Wälzkreise $R_{TWKö}$ ($M_{Ra} = 0$) und $R_{TWRa}$ ($M_{Kö} = 0$) ermittelt, so ergeben sich für den stationären Betrieb folgende Beziehungen [246]:

$$M_{Kö} = \int_{R_{TW}}^{R_T} Rq\,dR - \int_{R_i}^{R_{TW}} Rq\,dR = 0 \qquad (4.215)$$

$$M_{Ra} = \int_{R_i}^{R_{TW}} Rq\,dR - \int_{R_{TW}}^{R_T} Rq\,dR = 0 \qquad (4.216)$$

($q \sim F_G$ Reibungsstreckenlast, die tangential an der Auflagelinie den Mahlkörper angreift)

$$R_{TWKö} = (R_i + R_T)/2 \qquad \text{bei } M_{Ra} = 0 \qquad (4.217)$$

$$R_{TWRa} = \sqrt{(R_i^2 + R_T^2)/2} \qquad \text{bei } M_{Kö} = 0 \qquad (4.218)$$

Da nach Bild 4.123 die Relativgeschwindigkeit $v_R$ bei $R < R_{TW}$ das Einziehen begünstigt und bei $R > R_{TW}$ verschlechtert, werden bei direktangetriebenen Mahlkörpern aufgrund $R_{TWRa} > R_{TWKö}$ immer günstigere Einzugsbedingungen als bei geschleppten vorhanden sein [246; 248]. In Bild 4.124 ist das Schema eines hydraulischen Radnabenantriebes dargestellt.

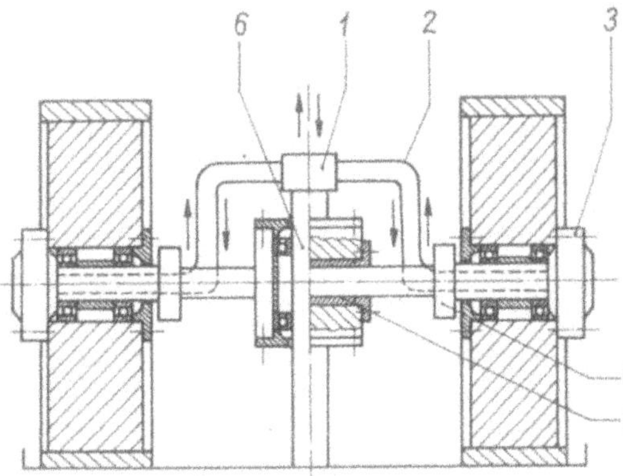


Bild 4.124. Schema eines hydraulischen Radnabenantriebes bei Kollergängen

*1* Verteilerkopf; *2* Hochdruckleitung; *3* Radnabenmotor; *4* Mahlkörperachse mit Schwinge; *5* Schwingenlager (vgl. Bild 4.121*d*, Legende *2*); *6* Hauptachse

*Kontinuierliche Naßkollergänge* werden vorwiegend zur Grobaufbereitung schwer verarbeitbarer, steinhaltiger Tone und zur Mahlung und Vermischung harter Magerungsstoffe mit Ton in der Grobkeramik verwendet. Bei diesen werden die Mahlkörper unabhängig von der Antriebsart in unterschiedlichen Abständen vom Mittelpunkt der Mahlbahn angeordnet (vgl. Bild 4.121). Bei einer derartigen Mahlkörperanordnung gelangt das Aufgabegut entweder auf die Außen- oder Innenbahn, wird auf der auftreffenden Bahn vom jeweiligen Mahlkörper überrollt und danach auf die andere Wälzbahn geleitet, wo es durch den zweiten Mahlkörper beansprucht und durch den auf der Mahlbahn angeordneten Rost gepreßt wird. Unter dem Rost ist ein Sammelteller vorgesehen, der das zerkleinerte Material aufnimmt und weiteren Verfahrensgängen zuleitet. *Kontinuierliche Trockenkollergänge* werden zur Zerkleinerung von Magnesit, Kalkstein, Tonschiefer, gebranntem und getrocknetem Ton, Feldspat, Quarz, Schamotte und Ziegel eingesetzt. Bei diesen Kollergängen werden verschiedentlich umlaufende Mahlbahnen mit gleichem Kollerabstand vom Mittelpunkt verwendet, da durch Zentrifugalkräfte ein besserer Materialtransport von der Auf-

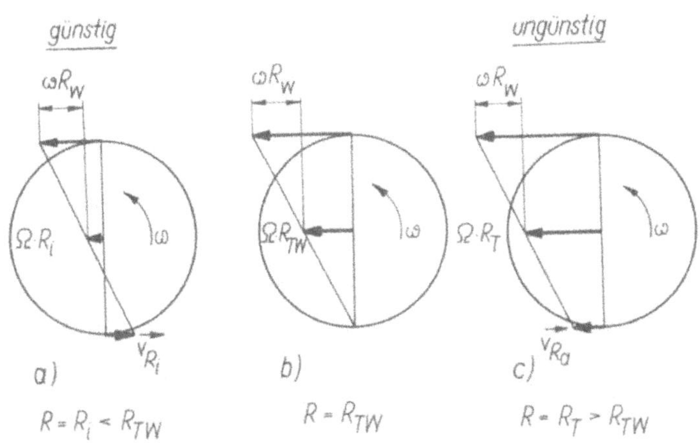


Bild 4.123. Horizontale Absolutgeschwindigkeiten eines Mahlkörpers in verschiedenen Mahlkörperebenen [246]

*a*) Innenrand

*b*) in der Ebene reinen Rollens

*c*) Außenwand

gabestelle über die Zerkleinerungszone bis zum Klassier- oder Austragrost gewährleistet werden kann. Das Aufgabegut wird in der Nähe der Aufgabestelle von Schabern erfaßt, unmittelbar unter einen Mahlkörper geleitet und anschließend nach außen auf eine Siebbahn geschleudert. Während dort das Feinkorn durch seine Schwerkraft aus dem Arbeitsraum ausfällt, wird das Grobkorn durch verschleißfeste, über den gelochten Kreisring streichende Schaber erneut in die Zerkleinerungszone geleitet. Das Fertiggut wird von dem unter dem Lochkreis liegenden Sammelteller durch Ausräumer zum Auslauf gefördert. Trockenkollergänge müssen zur Vermeidung von Staubbelästigungen mit einem Staubschutzgehäuse verkleidet werden. In Bild 4.125 wird ein derartiger Kollergang mit umlaufenden Mahlkörpern und stehender Mahlbahn gezeigt.

*Mahl- und Mischkollergänge* werden in der Farbindustrie, bei der Aufbereitung von feuerfesten Rohstoffen, insbesondere von Preßmassen, Silikatschamotte und Magnesiterzeugnissen, eingesetzt. Sie arbeiten diskontinuierlich und werden meist mit umlaufender Mahlbahn ausgerüstet. Das Gut wird kontinuierlich durch Rand- bzw. Innenschaber unter die Mahlkörper geleitet, so daß ein intensiver Homogenisierungsprozeß erreicht wird. Nach Beendigung des Mahl- und Mischvorganges wird das Fertiggut durch Anheben oder Absenken einer Verschlußglocke mittels Schabers ausgetragen. Bei modernen Ausführungen werden dabei die Mahlkörper hydraulisch angehoben. Für spezielle Zwekke, wie z. B. Aufbereitung von Elektrodenmassen, wo eine Vermischung des Feststoffes mit warmflüssigen Bindemitteln erforderlich ist, müssen Mahl- und Mischkollergänge auch beheizbar aus-

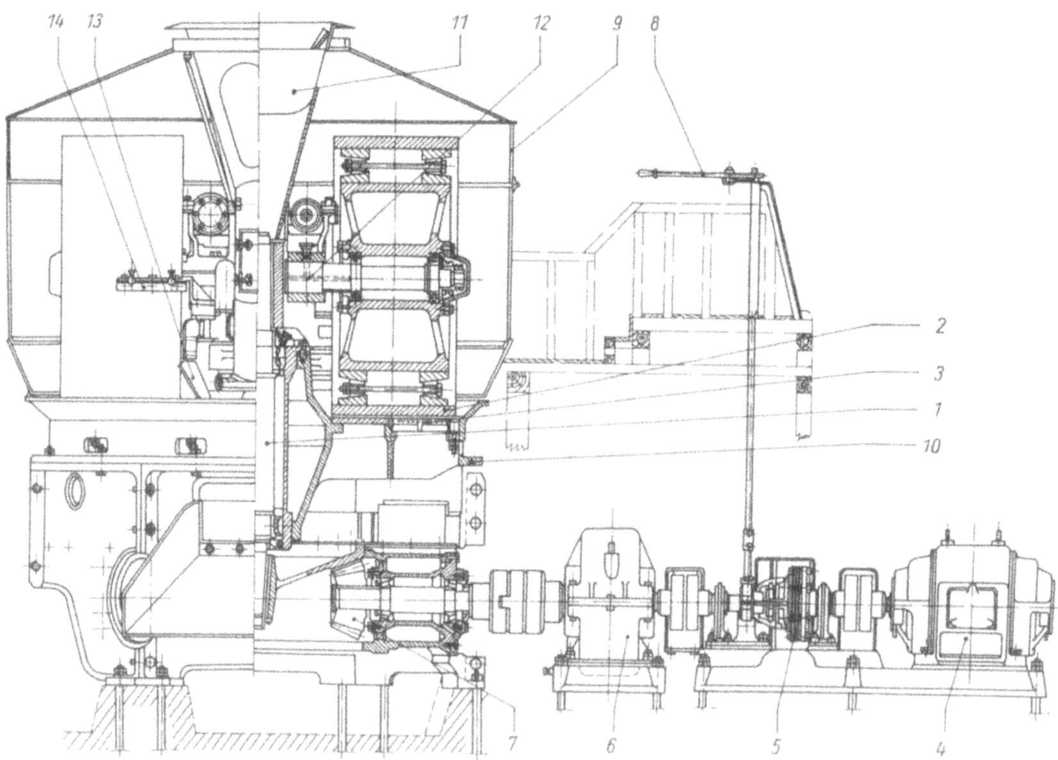


Bild 4.125. Kontinuierlicher Trockenkollergang

*1* Königswelle; *2* Mahlkörper; *3* Mahlbahn; *4* Antriebsmotor; *5* Scheibenkupplung zum Anfahren; *6* Stirnradgetriebe; *7* Kegelradgetriebe; *8* Betätigungsvorrichtung für Scheibenkupplung; *9* Gehäuse; *10* Ständer; *11* Einlauftrichter; *12* Mahlkörperachse mit Schwinge; *13* Schaber; *14* Abstreifer

gebildet werden. Zur Anpassung der Anpreßkräfte an das jeweilige Mahlgut können vor allem bei stationär angeordneten Mahlkörpern Federn oder Hydraulikelemente zur zusätzlichen Mahlkörperbelastung eingebaut werden. Die spezifische Anpreßkraft wird meist mit $F_{Ko} = 1{,}2$ kN je cm Mahlkörperbreite angenommen.

#### 4.7.2.2. Feder- oder Fremdkraftmühlen

Je nach Ausführung der Mahlbahn und Mahlkörper können die Feder- oder Fremdkraftmühlen nach Bild 4.126 in vier Bauarten unterschieden werden:

— Wälzmühlen mit horizontalen bzw. geneigten Mahlbahnen und geradlinigen Wälzflächen (Bild 4.126*a*, *b*, *c*, *d*)
— Wälzmühlen mit horizontaler Mahlbahn und muldenförmiger Wälzfläche (Bild 4.126*e*, *f*)
— Kugelring-Wälzmühlen (Bild 4.126*g*)
— Walzenringmühlen (Bild 4.126*h*, *i*)

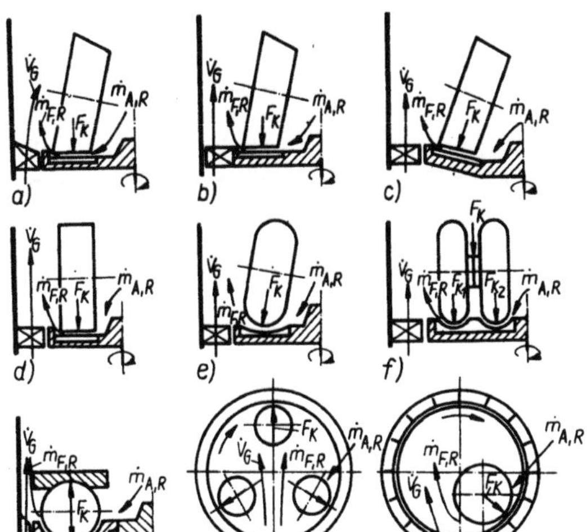

Bild 4.126. Einteilung der Wälzmühlen (Feder- oder Fremdkraftmühlen) nach der Gestaltung und Anordnung der Arbeitsorgane [225]

*a*), *b*), *c*), *d*) Wälzmühlen mit horizontalen bzw. geneigten Mahlbahnen und geradlinigen Wälzflächen
*e*), *f*) Wälzmühlen mit horizontaler Mahlbahn und muldenförmiger Wälzfläche
*g*) Kugelring-Wälzmühlen
*h*), *i*) Walzenringmühlen mit einer und mehreren Walzen

Die Bedeutung der für die Feinzerkleinerung von weichen, mittelharten bis harten Stoffen, einschließlich Trocknung (Mahltrocknung), geeigneten Mühlen hat in den letzten Jahren, insbesondere bei der Rohmehlaufbereitung und Zementmahlung in der Zementindustrie und bei der Kohlemahlung, zugenommen. Die ebenfalls für die Mahltrocknung bis zu Gutfeuchtigkeiten von 20% einsetzbaren Mühlen arbeiten mit innerem oder äußerem Mahlgutumlauf (vgl. Bilder 4.120 und 4.127). Da bei Luftstrommühlen mit pneumatischer Förderung ein hoher Leistungsbedarf für die Ventilation in der Mühle, Transport- und Trennsystem notwendig ist ($P_{Vent} \approx 0{,}5$ bis $0{,}75 P_M$), kann bei äußerem Kreislauf eine Energieeinsparung bis zu 40% erreicht werden. In Bild 4.127 ist eine Wälzmühle mit äußerem Kreislauf dargestellt.

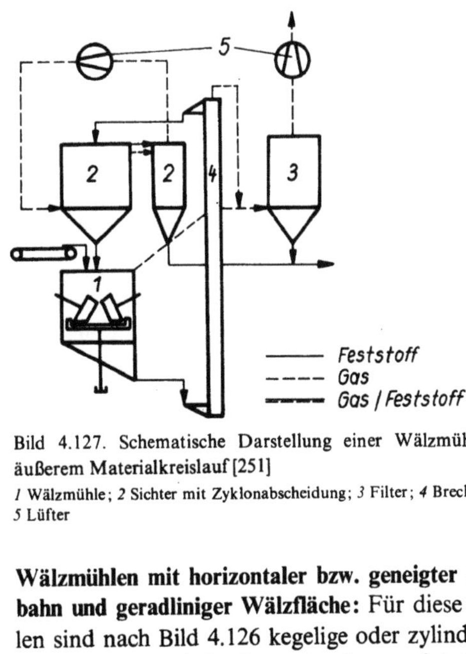


Bild 4.127. Schematische Darstellung einer Wälzmühle mit äußerem Materialkreislauf [251]

*1* Wälzmühle; *2* Sichter mit Zyklonabscheidung; *3* Filter; *4* Brecherwerk; *5* Lüfter

**Wälzmühlen mit horizontaler bzw. geneigter Mahlbahn und geradliniger Wälzfläche:** Für diese Mühlen sind nach Bild 4.126 kegelige oder zylindrische Mahlkörper sowie horizontale oder geneigte Mahlbahnen charakteristisch. Die zwei, drei oder bei Großmühlen auch vier Mahlkörper sind mit ihren Achsen an Schwinghebeln befestigt, über die die Mahlkörper durch Federn oder mittels hydraulischer bzw. hydraulisch-pneumatischer Arbeitszylinder mit stufenloser Einstellmöglichkeit elastisch auf das Mahlgutbett gepreßt werden. Die Schwinghebel liegen außerhalb des Arbeitsraumes

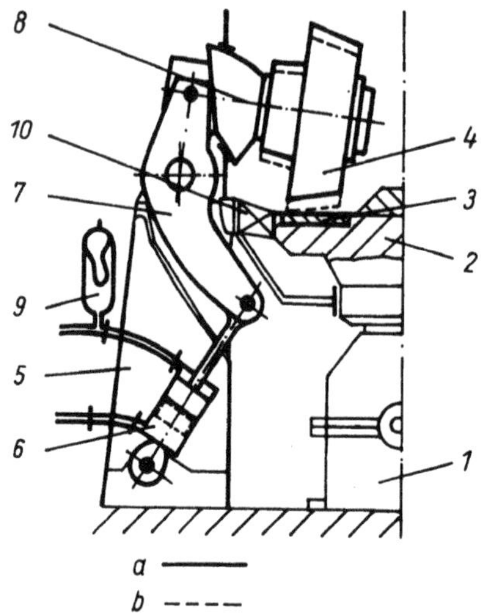


Bild 4.128. Start- und Betriebsstellung der Mahlkörper bei Kegelrollen-Wälzmühlen (*Loesche*) [250]
*a* Startstellung; *b* Betriebsstellung

*1* Hauptgetriebe; *2* Mahlbahn-Grundkörper; *3* Mahlbahn; *4* Mahlkörper; *5* Mühlenständer; *6* Arbeitszylinder, doppeltwirkend; *7* Schwinge zur Übertragung der Anpreßkräfte; *8* Mahlkörperachse mit Abdichtung am Gehäuse; *9* Druckspeicher; *10* Schaufelkranz (düsenartiger Leitring für das Trägergas)

und sind in wartungsfreien Lagern abgestützt. Bei Instandhaltungsarbeiten werden die auf den Walzenachsen mit Pendelrollenlagern gelagerten und mit Ölumlaufschmierung versehenen Mahlkörper aus dem Arbeitsraum ausgeschwenkt. Der Spalt bzw. der Abstand der Mahlkörper zur Mahlbahn wird so eingestellt, daß im Leerlauf kein Metallkontakt auftritt und ein leichtes Anfahren möglich ist. Da die Walzen nach Bild 4.128 vor dem Anlauf von der Mahlbahn abgehoben werden können, tritt selbst bei beladenem Mahlraum nur ein geringes Losbrechmoment, das 40% des Beharrungsmoments nicht überschreitet, auf [250]. In abgesenkter Stellung müßte dagegen mit einem Losbrechmoment von etwa 200% gegenüber dem Beharrungsmoment gerechnet werden (Bild 4.129). Als Antriebsmotoren können deshalb meist Kurzschluß-Läufermotoren mit direkter Einschaltung verwendet werden.

Der am Außendurchmesser der Mahlbahn befindliche Staurand beeinflußt die Ausbildung des Mahlbettes. Er wird meist den jeweiligen Zerkleinerungsbedingungen angepaßt. Außerhalb des Staurandes befindet sich ein feststehender oder mit der Mahlbahn rotierender düsenartiger Verteilerring (Schaufelkranz), durch den das Trägermedium mit Geschwindigkeiten bis zu 60 m $s^{-1}$ gleichmäßig um die Mahlbahn in die Mahlkammer geleitet wird. Unzerkleinerbare Fremdkörper werden von der Mahlbahn geschleudert und fallen durch den Düsenring in das Unterteil des Mühlengehäuses, wo sie von Ausräumern, die mit der Mahlbahn umlaufen, erfaßt und aus der Mühle gefördert werden. Die bei innerem Mahlgut-Kreislauf (vgl. Bild 4.120) verwendeten Durchflußsichter sind meist als Stabkorb-(Zentrifugal-) oder Umlenk-(Klappen-)Sichter ausgebildet, deren stufenlose Regelung während des Betriebes möglich ist. Bei entsprechender Sichter- und Trägergaseinstellung können Fertiggut-

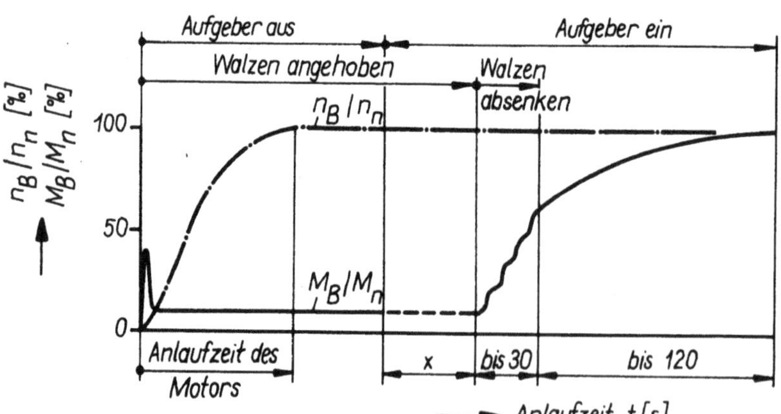


Bild 4.129. Anlaufmomenten-Kennlinie für eine Kegelrollen-Wälzmühle mit 4 Mahlkörpern (*Loesche*) [250]

feinheiten von $R_{0,063} = 1\,\%$ bis $R_{0,09} = 30$ bis $80\,\%$ einschließlich der Feinheit von Qualitätszementen erreicht werden.

Da der Leistungsbedarf zur Überwindung der Rollreibung $P_Z$ vor allem vom Rollwiderstand und der Mahlbahngeschwindigkeit abhängt und dieser bei größerer Anzahl kleinerer Walzen ansteigt, erfolgt der Übergang von 3 auf 4 Mahlkörper bei Kegelrollen-Wälzmühlen meist erst bei Walzendurchmessern von $D_{Wm} > 1700$ mm [25]. Bei geneigten Mahlbahnen sind systembedingt kleinere Walzendurchmesser üblicher als bei Kegelrollen-Wälzmühlen. In Bild 4.130 sind ausgewählte Kennwerte von Kegelrollen-Wälzmühlen mit 2 und 4 Mahlkörpern dargestellt. Der Antrieb der Mahlbahn erfolgt über Hochleistungs-Kegel-Stirnrad- oder Planetengetriebe, die sich zwischen zwei oder vier ständerartigen Abstützungen befinden. Zur Aufnahme der Vertikalkräfte der Mahlbahn werden vor allem bei großen Mühlen hydrostatisch oder hydrodynamisch geschmierte Drucklager, die auf dem Getriebe angeordnet sind, verwendet [226, 291, 295]. Bild 4.131 zeigt eine Kegelrollen-Wälzmühle mit einem Mahlbahn-Durchmesser von 3200 mm und 4 Mahlkörpern.

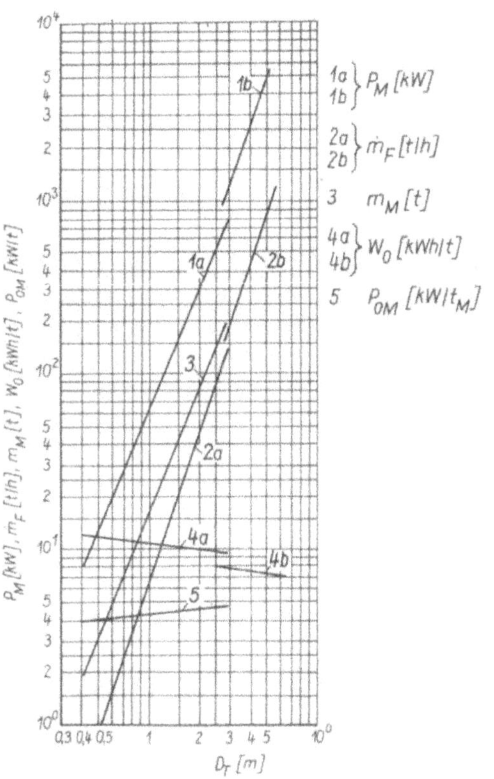


Bild 4.130. Ausgewählte technisch-ökonomische Kennwerte für Kegelrollen-Wälzmühlen in Abhängigkeit des Mahlbahn-Durchmessers $D_T$

*a*) 2 Mahlkörper
*b*) 4 Mahlkörper

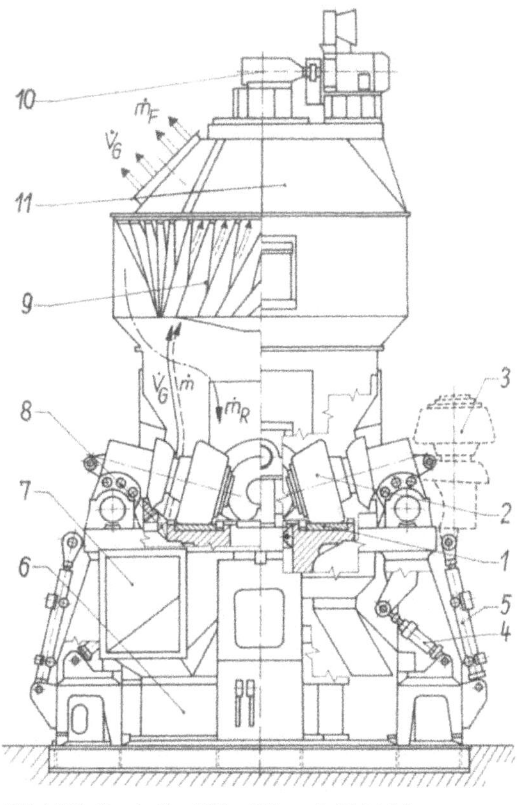


Bild 4.131. Kegelrollen-Wälzmühlen mit 4 Mahlkörpern (ZAB Dessau)

*1* Mahlbahn; *2* Mahlkörper in Betriebsstellung; *3* Mahlkörper, ausgeschwenkt; *4* Arbeitszylinder für Mahlkörperanpressung; *5* Arbeitszylinder zum Ausschwenken der Mahlkörper; *6* Mühlenständer; *7* Trägergaskanal; *8* Schaufelkranz; *9* Stabkorb-Sichterrad; *10* Sichterradantrieb; *11* Sichtergehäuse

Der spezifische Arbeitsbedarf liegt je nach Eigenschaften des Aufgabegutes und gewünschter Fertiggut-Korngröße bei $W_{o\dot{m}} = 8$ bis $15$ kWh t$^{-1}$, wobei auf den Mühlenantrieb im Durchschnitt $W_{o\dot{m}Mü} = 4$ bis $8$ kWh t$^{-1}$ entfallen. Bei den häufig für die

Steinkohlenmahlung bei gleichzeitiger Trocknung im Verbundbetrieb mit der Kesselfeuerung eingesetzten Kegelrollen-Wälzmühlen mit geneigter Mahlbahn (Schlüsselmühlen) gelten die gleichen Grundsätze wie bei Kegelrollen-Wälzmühlen mit horizontalen geradlinigen Wälzflächen. Im Vergleich dazu werden jedoch, durch das Konstruktionsprinzip bedingt, auf den mit $\varphi^* = 30°$ bis $80°$ geneigten Walzenachsen (vgl. Bild 4.119) wesentlich kleinere Durchmesser angeordnet. Außerdem liegen die Mahlbahngeschwindigkeiten mit $v_{TW} = 5{,}3$ bis $6{,}5$ m s$^{-1}$ höher als bei anderen gleich großen Mühlen [70]. Derartige Schüsselmühlen werden bis zu Durchsätzen von $\dot{m} = 150$ t h$^{-1}$ gebaut und mit gutem Erfolg zum Einsatz gebracht. In Bild 4.132 ist eine Schüsselmühle dargestellt.

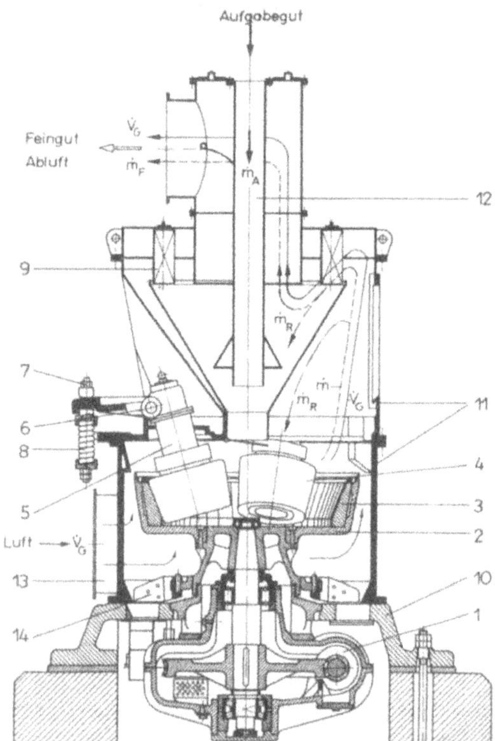


Bild 4.132. Schüsselmühle mit kegelförmigen Mahlkörpern

*1* Hauptgetriebe; *2* Mahlbahn-Grundkörper; *3* Mahlbahn; *4* Mahlkörper; *5* Mahlkörperachse; *6* Schwenkachse; *7* Mahlspalt-Einstellvorrichtung; *8* Federsystem zur Mahlkörperanpressung; *9* Sichter; *10* Mühlenständer; *11* Sichter- und Mahlraumgehäuse; *12* Aufgabegutschleuse; *13* Trägergaskanal; *14* Räumschaufeln für Fremdkörper

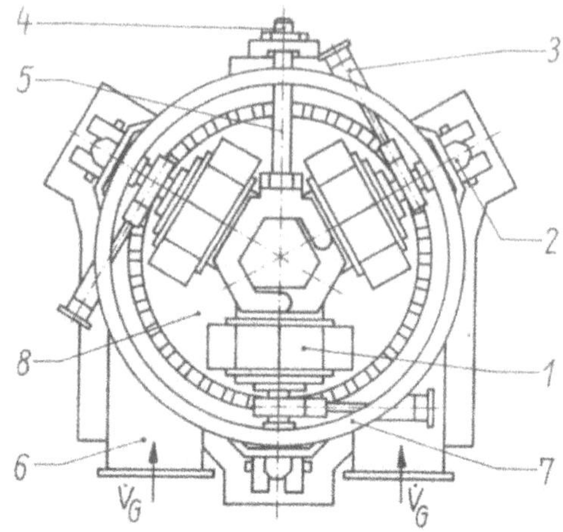


Bild 4.133. Wälzmühlen mit zylindrischen Mahlkörpern (*Atox*) [253]

*1* Mahlkörper mit segmentierten Verschleißteilen; *2* Arbeitszylinder zur Mahlkörperanpressung; *3* Arbeitszylinder zur Aufnahme der Tangentialkräfte; *4* Antriebswelle des Hauptgetriebes; *5* Sperrluftzufuhr für Mahlkörperlager-Abdichtung; *6* Trägergaskanal; *7* Mühlenständer mit Mahlkammergehäuse; *8* Mahlbahn

Während die Mahlkörper bei Kegelrollen-Wälzmühlen mit einteiligen Verschleißmänteln ausgerüstet sind, werden bei der nach Bild 4.133 vor allem für die Kohlemahlung entwickelten Mühle mit zylindrischen Mahlkörpern segmentierte Verschleißteile verwendet. Damit können thermische Rißbildungen verhindert werden. Die zylindrischen Mahlkörper sind im Mahlraum gelagert, wobei die Walzenlager zur Vermeidung von Kohlenstaubeintritt mit Sperrluft beaufschlagt werden. Wie bei den Kegelrollen-Wälzmühlen wird die Anpreßkraft stoffabhängig durch hydraulische Arbeitszylinder aufgebracht. Beim Anfahren der Mühle werden die Mahlkörper angehoben.

**Wälzmühlen mit horizontaler Mahlbahn und muldenförmiger Wälzfläche:** Diese Mühlen sind mit zwei, drei oder vier balligen Walzen, die nach Bild 4.126*e*, *f* ortsfest oder frei auf einer von unten angetriebenen muldenförmigen Mahlbahn abrollen, ausgerüstet. Bei der Zweistufen-Rollenmühle wird durch vertikal, aber kippbeweglich angeordnete Wälzkörperpaare auf der mit einer oder zwei Mulden ausgebildeten Mahlbahn eine zweistufige Zerkleinerungswirkung erreicht. Während die innere Walze die Vorzerkleinerung durchführt, wird von der äußeren die Nach- bzw. Feinzerkleinerung übernommen.

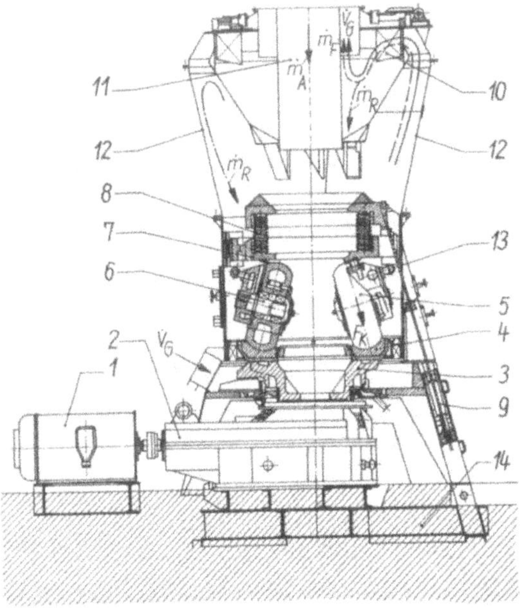

Bild 4.134. Wälzmühle mit muldenförmiger Wälzfläche (*Pfeiffer* MPS-Mühle) [231, 243]

*1* Hauptmotor; *2* Hauptgetriebe; *3* Mahlbahn-Grundkörper; *4* Mahlbahn; *5* Mahlkörper; *6* Mahlkörperachse mit Mahlkörperlagerung; *7* Mahlkörper-Andrückring; *8* vorgespanntes Druckfedernsystem; *9* Spannseil mit Spannzylinder; *10* Sichter; *11* Aufgabegutschleuse; *12* Sichtergehäuse; *13* Mahlkammergehäuse mit Mühlenständer; *14* Fundamentrahmen

Die erforderlichen Mahlkörper-Anpreßkräfte werden je nach Mühlenkonstruktion und Mühlengröße durch einfache bzw. durch hydraulisch-pneumatisch vorgespannte Federsysteme aufgebracht. Da diese Mühlen nach Bild 4.134 keine nennenswerten Durchbrüche durch das Mühlengehäuse erfordern, ist eine einfache Abdichtung gegen Staubaustritt auch bei größeren Überdrücken möglich. Beim Einsatz als Kohlemühle im Kraftwerksbetrieb ist eine druckfeste Abdichtung aus Sicherheitsgründen unerläßlich. Vorteilhaft ist, daß sich bei diesen Mühlen die Mahlkörper gut dem Mahlgutbett auf der Mahlbahn anpassen können. Das trifft vor allem bei der Zweistufen-Rollenmühle zu (vgl. Bild 4.126*f*), bei der durch Anheben der inneren Walze ein stärkeres Aufpressen auf der Außenbahn verursacht wird und außerdem durch die zwei schmalen getrennt gelagerten Walzen ein guter Geschwindigkeitsausgleich möglich ist [254, 255, 279]. Der spezifische Arbeitsbedarf liegt in der gleichen Größenordnung wie bei den Kegelrollen-Wälzmühlen und beträgt in Abhängigkeit des Mahlgutes sowie der gewünschten Fertiggutfeinheit $W_{\dot{o}m} = 9$ bis 15 kWh t$^{-1}$. Davon entfallen etwa $W_{\dot{o}m\,Mü} = 5$ bis 9 kWh t$^{-1}$ auf den Mühlenmotor. Da die Mahlkörper bei derartigen Mühlen beim Anfahren nicht abgehoben werden können und deshalb große Losbrechmomente auftreten, müssen Schleifring-Läufermotoren mit einer entsprechenden Leistungsreserve vorgesehen werden.

**Kugelring-Wälzmühlen:** Bei diesen Mühlen wird das Mahlgut nach Bild 4.126*g* auf einer horizontalen muldenförmigen Mahlbahn von Kugeln überwalzt, die mit Hilfe eines federbelasteten Druckringes auf das Mahlgut gepreßt werden (Axiallagerprinzip). Während die Mahlbahn von unten

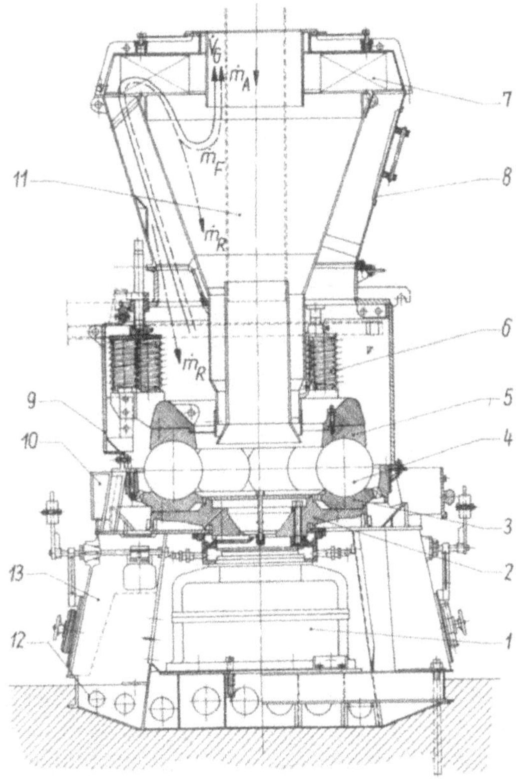

Bild 4.135. Kugelring-Wälzmühle (*Peters*)

*1* Hauptgetriebe; *2* Mahlbahn-Grundkörper; *3* Mahlbahn; *4* Mahlkörper; *5* Mahlkörper-Andrückring; *6* vorgespanntes Druckfedernsystem; *7* Sichter; *8* Sichtergehäuse; *9* Mahlkammergehäuse mit Mühlenständer; *10* Trägergaskanal; *11* Aufgabegutschleuse; *12* Fundamentrahmen; *13* Fremdkörper-Austragschleuse

mittels einer senkrechten Welle angetrieben wird, ist der Druckring so angeordnet, daß nur kleine Senkrechtbewegungen möglich sind. Diese Mühlen haben den Vorteil, daß sich im Arbeitsraum nach Bild 4.135 keine Lager befinden und der Durchsatz sowie die Mahlfeinheit auch bei größerem Verschleiß während der ganzen Einsatzzeit der Arbeitsorgane konstant bleiben, eine gute Abdichtung bis zu Drücken von 5 bis 10 bar möglich ist und Rauchgastemperaturen bis 800 °C zugelassen werden können. Als Mahlkörper werden dickwandige, verschleißfeste, gegossene Hohlkugeln mit Durchmessern bis 1250 mm verwendet, die dicht nebeneinanderliegend wie bei Axiallagern zwischen beiden Wälzbahnen abrollen und während der gesamten Laufzeit ihre kugelige Form behalten. Die erforderliche Anpreßkraft wird durch Druckfedern oder hydraulische oder hydropneumatische Druckeinrichtungen, die während des Betriebes zur besseren Anpassung an den Zerkleinerungsvorgang eingestellt werden können, gewährleistet. Spezifischer Verschleiß und Arbeitsbedarf liegen in der gleichen Größenordnung wie bei den anderen Wälzmühlen. In Abhängigkeit der Mahlguteigenschaften und gewünschten Endfeinheiten werden gegenwärtig Kugelring-Wälzmühlen mit Durchsätzen von $\dot{m} = 1$ bis 225 t h$^{-1}$ angeboten [270].

Die Auslegung von Kugelring-Wälzmühlen ist nach den unter Abschn. 4.7.1. aufgeführten Grundsätzen durchzuführen. Bei der Bestimmung des Leistungsbedarfes für den Mahlbahnantrieb ist nach Bild 4.136 auch die Rollreibung am Druckring zu berücksichtigen:

$$P_{\text{mech}} = (P_Z + P_{RR})/\eta_G = F_W v_{MK} z/\eta_G \qquad (4.219)$$

($v_{MK} = v_{TW}/2$ Wälzgeschwindigkeit der Mahlkörper nach Bild 4.117 (vgl. Abschn. 4.7.1.))

$$F_W = [f_1(F_K + F_{MK}) + f_2 F_K]/D_{MK} \qquad (4.220)$$

Da die Anpreßkräfte der Mahlkörper durch die Einwirkung der Zentrifugalkraft erhöht werden, ist bei den üblichen Mahlbahngeschwindigkeiten für $F_{MK} \approx F_{ZMK} + F_{GMK} \approx 3F_{GMK}$ zu verwenden. Bei der Ermittlung des Hebelarms der rollenden Reibung $f_1$ und $f_2$ wird angenommen, daß die Mahlbett-Schichthöhe $h$ vor der Kugel maximal $h = d_A = 0{,}03 D_K$ (vgl. Abschn. 4.8.1.) betragen kann und sich der Hebelarm $f_2$ beim Abrollen des Mahlkörpers am Druckring mit $f = 0{,}01 D_k$ ergibt.

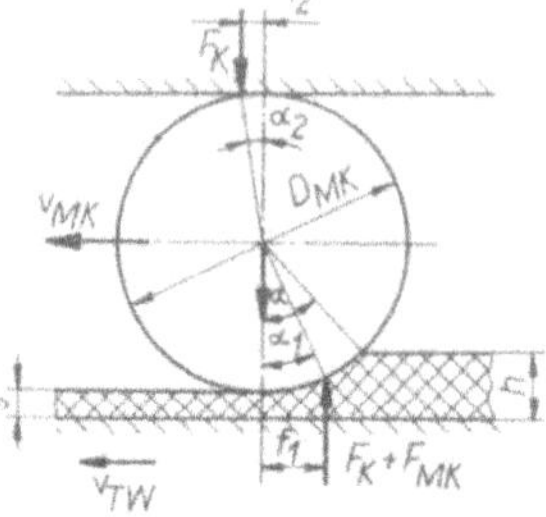


Bild 4.136. Schema zur Berechnung des Rollenwiderstandes und des Leistungsbedarfes bei Kugelring-Wälzmühlen

Bei geometrischer Ähnlichkeit und ähnlichen Zerkleinerungsbedingungen ergeben sich wie bei den Kegelrollen-Wälzmühlen folgende Proportionalitäten und Ähnlichkeitsbeziehungen [253]:

$$F_K \sim D_K^2; \quad v_{TW} \sim v_{MK} \sim D_{TW}^{0,5}$$
$$P_{\text{mech}} \sim D_T^{2,5} \quad \text{und} \quad P_{\text{mech}} = P_{\text{mech m}} \lambda^{2,5} \qquad (4.221)$$

Bei einer Dimensionsanalyse und der Aufstellung entsprechender Ähnlichkeitsbeziehungen wurde für

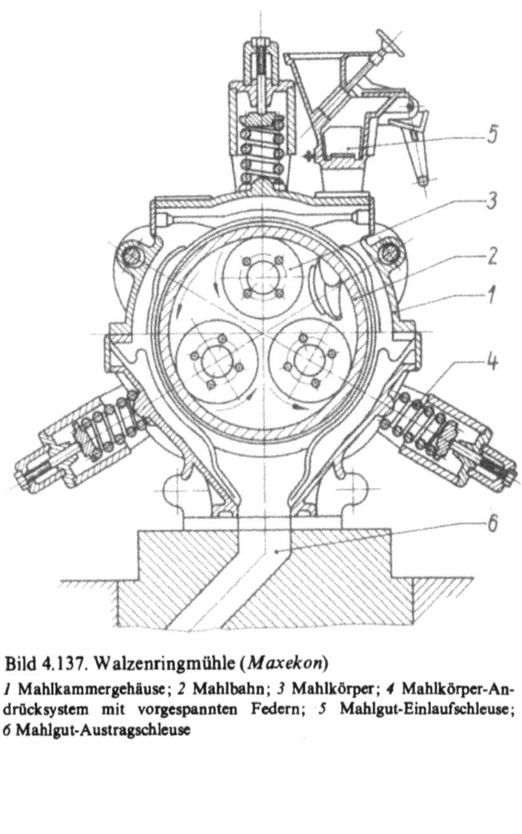


Bild 4.137. Walzenringmühle (*Maxekon*)
*1* Mahlkammergehäuse; *2* Mahlbahn; *3* Mahlkörper; *4* Mahlkörper-Andrücksystem mit vorgespannten Federn; *5* Mahlgut-Einlaufschleuse; *6* Mahlgut-Austragschleuse

den Leistungsbedarf folgende Gleichung entwickelt [235]:

$$P_M = 1{,}08 F_K^{0,5} \dot{m}_F^{0,11} \dot{V}_G^{0,5} v_{TW}^{1,39} \varrho_{MG}^{0,34} / D_{TW}^{0,222} \qquad (4.222)$$

**Walzenringmühlen:** Sie bestehen nach Bild 4.126 *h*, *i* aus einer direkt oder indirekt angetriebenen, senkrecht stehenden ringförmigen Mahlbahn, auf der eine oder drei zylindrische, federbelastete Mahlkörper ortsfest abrollen. Die Zerkleinerung des Mahlgutes erfolgt zwischen den Walzen und der Innenfläche der Mahlbahn, indem das Aufgabegut direkt oberhalb einer Walze zugeführt wird. Bei entsprechenden Mahlbahngeschwindigkeiten und den daraus resultierenden Zentrifugalkräften verbleibt ein Teil des Mahlgutes nach dem Überrollen durch die erste Walze auf der Mahlbahn, so daß es auch von den folgenden Walzen beansprucht werden kann. Das zerkleinerte Gut wird seitlich von der Mahlbahn abgeworfen und durch freien Fall oder einen Trägergasstrom aus der Mahlkammer ausgetragen. Nach der Klassierung des einem Sichter zugeführten Austragsgutes wird das Grobkorn erneut in die Beanspruchungszone des Arbeitsraumes gebracht. Bei der Dreiwalzenmühle wird die umlaufende Mahlbahn nach Bild 4.137 durch die Walzen mit einem Federsystem verspannt, dabei zentriert und mit Hilfe der oberen Walze angetrieben. Die Einrollenmühle besitzt dagegen eine angetriebene Mahlbahn, auf der die Walze, durch ein Hydrauliksystem belastet, abrollt. Das zerkleinerte Gut wird von rotierenden Wurfleisten, die am Außenring der Mahlbahn angebracht sind, in die Trockenstrecke geschleudert und von dort mittels Luftstroms in den Sichter gefördert (Bild 4.138). Da sich bei den Walzenringmühlen zwi-

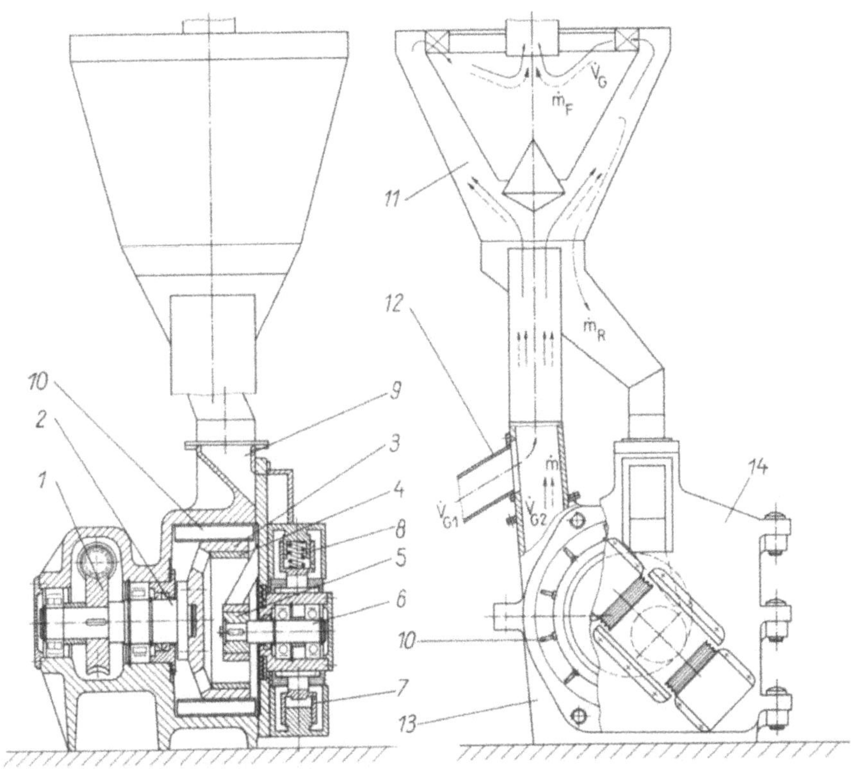


Bild 4.138. Einrollenmühle (*Neumann* und *Esser*)

*1* Schneckengetriebe; *2* Mahlbahn-Antriebswelle; *3* Mahlbahn-Grundkörper; *4* Mahlbahn; *5* Mahlkörper; *6* Mahlkörperachse; *7* Arbeitszylinder zur Mahlkörperanpressung; *8* vorgespanntes Federsystem; *9* Aufgabegutschleuse; *10* Wurf- und Ventilationsleisten; *11* Sichter; *12* Trägergaskanal; *13* Mahlkammergehäuse mit Mühlenständer; *14* Gehäusetür

schen den Walzen und der Mahlbahn ebenfalls ein ausgeprägtes Mahlgutbett ausbildet, ist während des Betriebes ein Metallkontakt ausgeschlossen. Dieser Umstand hat zur Folge, daß ein nahezu geräuschloser Lauf zu verzeichnen ist und der spezifische Verschleiß an der Mahlbahn und an den Mahlkörpern ein Minimum beträgt.

**Fliehkraft-Wälzmühlen:** Bei diesen Mühlen, häufig auch Pendelmühlen genannt, werden nach Bild 4.139 die an einem angetriebenen Querhaupt pen-

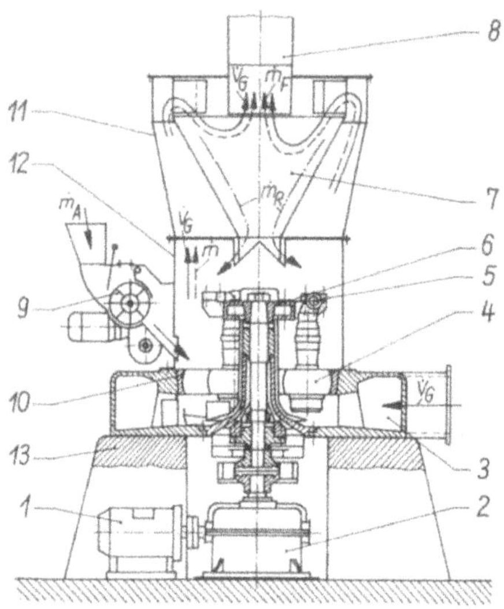


Bild 4.139. Fliehkraft-Wälzmühle (Pendelmühle KSG)

*1* Antriebsmotor; *2* Hauptgetriebe; *3* Trägergaskanal; *4* Mahlkörper mit Achse; *5* Pendelachse; *6* Querhaupt; *7* Sichter mit Ventilatorrad und Antrieb; *8* Rohrleitung für Trägergas- und Fertiggut; *9* Aufgabegutschleuse (Zellenrad); *10* Mahlbahn; *11* Sichtergehäuse; *12* Mahlkammergehäuse; *13* Mühlenständer

delnd angelenkten Walzen unter der Wirkung der Zentrifugalkraft gegen die Mahlbahn gepreßt. Die Mahlbahn, auf der bis zu acht zylindrische Walzen abrollen können, ist zylindrisch ausgeführt. Um direkten Metallkontakt auch im Leerlauf auszuschließen, wird der Mahlspalt über entsprechende Anschläge eingestellt. Das Mahlgut wird von einem regelbaren Zuteiler aufgegeben, der in Abhängigkeit des Differenzdruckes $\Delta p$ zwischen dem Mühlenein- und -austritt geregelt wird. Durch Schaufeln wird das Mahlgut vom Mahlkammerboden in gleichmäßigem Strom zwischen die Mahlkörper und die Mahlbahn geworfen. Bei Verwendung von

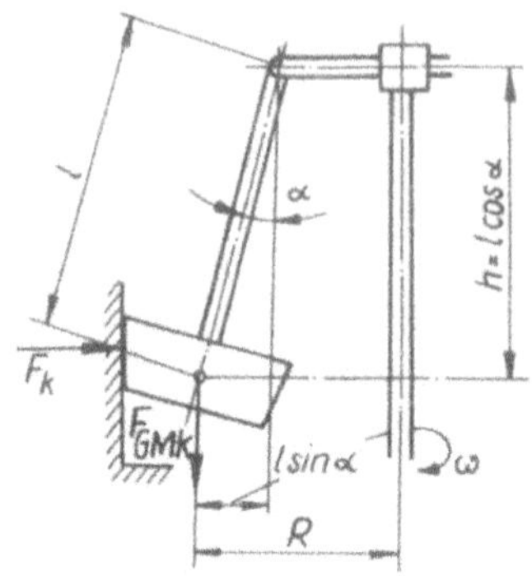


Bild 4.140. Schema zur Berechnung der Mahlkörper-Anpreßkräfte

Heißgasen als Trägermedien ist auch bei diesen Mühlen eine Mahltrocknung möglich.

Mit den im Bild 4.140 dargestellten geometrischen Beziehungen können die Anpreßkräfte der Mahlkörper $F_K$ unter der Annahme, daß die Pendelmasse $m_p \ll m_{MK}$ ist, wie folgt berechnet werden:

$$F_K = F_{GMK}(R\omega^2 \cos\alpha - g \sin\alpha)/g \cos\alpha \qquad (4.223)$$

In der UdSSR wurde eine Fliehkraft-Wälzmühle zur Naßmahlung von Erzen entwickelt, die in Bild 4.141 dargestellt ist [262]. Diese Mühle besteht aus einem schalldämpfenden Gehäuse (*1*), in dem die zylindrischen Mahlbahnen (*2*) angeordnet sind. An dem von der vertikalen Hauptwelle (*3*) ange-

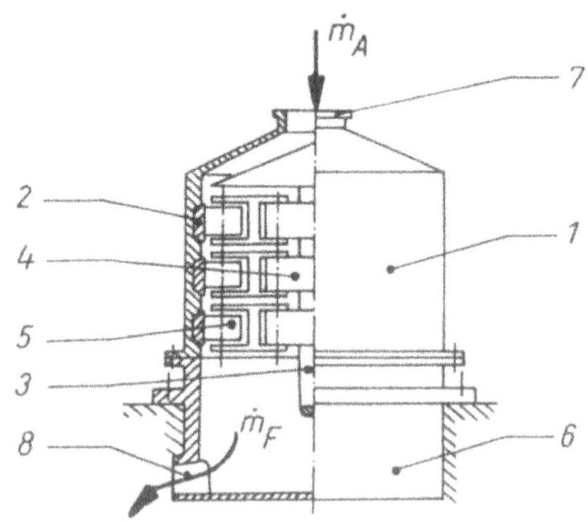


Bild 4.141. Schema einer Fliehkraft-Wälzmühle zur Naßmahlung (UdSSR) [262]

*1* Mahlkammergehäuse; *2* Mahlbahnen; *3* Hauptwelle; *4* Rotor; *5* Mahlkörper; *6* Mühlenständer; *7* Mahlgut-Aufgabeschleuse; *8* Mahlgutaustrag

triebenen Rotor (*4*) sind die Mahlkörper (*5*) angelenkt, die bei entsprechenden Umfangsgeschwindigkeiten des Rotors auf die Mahlbahn gepreßt werden. Das von oben aufgegebene Mahlgut wird von Stufe zu Stufe zerkleinernd durch freien Fall ausgetragen. Um Verschmutzungen zu vermeiden, werden die Mahlkörper vom Rotor mit Wasser beaufschlagt. Analog zu Sturzmühlen werden auch bei dieser Mühle Kreislaufschaltungen mit Schwerkraft- und Zentrifugalkraftklassierer verwendet. Mit der Fliehkraft-Wälzmühle zur Naßmahlung von Erzen ist ein neuer Anwendungsfall für die Wälzzerkleinerung erschlossen worden.

### 4.7.3. Gesichtspunkte zur Konstruktion

Das Einsatzgebiet der Wälzmühlen hat sich in den letzten Jahren infolge der erreichten günstigen technisch-ökonomischen Kennwerte und der Entwicklung von verschleißfesteren Werkstoffen bis zur Zerkleinerung harter Stoffe, einschließlich Naßmahlung, wesentlich erweitert [262, 264]. In den Bildern 4.142 und 4.143 werden Kennwerte der Wälzmühlen mit denen der Sturzmühle (Rohrmühle) verglichen, die die Vorteile der Wälzmühle

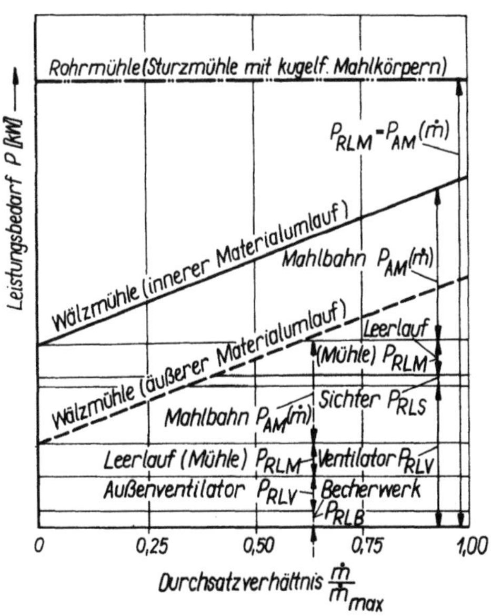


Bild 4.142. Leistungs-Durchsatz-Verhalten einer Wälzmühle mit innerem und äußerem Materialumlauf [226]

für ausgewählte Einsatzgebiete erkennen lassen [226, 245].

**Mahlbahnlagerung:** Zur Aufnahme der Mahlkörper-Anpreßkräfte, die bei kleinen Mühlen durch Federn und bei großen Mühlen durch hydraulische bzw. hydraulisch-pneumatische Anpreßsysteme aufgebracht werden und möglichst während des Betriebes einstellbar sein sollen, sind Axiallager notwendig. Dazu werden Wälzlager (Axiallager) oder Gleitlager (Segmentdrucklager) verwendet. Durch die Anordnung des Axiallagers auf dem Getriebegehäuse werden die Radiallager der hochbelasteten vertikalen Antriebswelle nach Bild 4.144 von den statischen und dynamischen Mahlkörper-Anpreßkräften entlastet [266, 291] und über das Getriebegehäuse ins Fundament geleitet. Die ringförmig für große Kräfte ausgebildeten Segmentdrucklager haben Außendurchmesser bis 2000 mm, wobei der Ring in Segmente mit einem Breiten-Längen-Verhältnis von 1 bis 1,1 : 1 unterteilt ist. Der Ausnutzungsgrad der Ringfläche durch die Segmente, die Größen bis zu 400 × 400 mm erreichen können, beträgt 80 % [266, 268, 269]. Es werden hydrodynamische, hydrostatische oder hydrodynamische Segmentdrucklager mit hydrostatischer Zusatzschmierung verwendet. Die Lauffläche der Lager liegt unabhängig von der Ausführungsvariante unter dem Ölspiegel, der durch ständige Zufuhr von gekühltem Frischöl konstant gehalten wird. Staubeintritt wird durch Labyrinthe und vereinzelt zusätzlich durch Sperrluft verhindert.

Bei der hydrodynamischen Schmierung besitzen die einzelnen Lagersegmente eine ballig geschliffene Auflagefläche, die nach Bild 4.145 ein Kippen in jeder Richtung und damit ein Einstellen zur Gleitbahn ermöglichen. Durch Versetzen des Auflagepunktes (Kippstelle) kippen die Segmente geringfügig an, so daß sich einlaufseitig zwischen Laufring und Weißmetallschicht ein tragender Ölkeil ausbilden kann. Derartige Lager sind nur oberhalb einer bestimmten Gleitgeschwindigkeit funktionsfähig. Die Flächenpressung ist so zu wählen, daß bei Übergangsdrehzahlen, bei denen Mischreibung vorkommen kann, keine Schädigung eintritt. Unter der Annahme von statischer Belastung $F_{stat}$ (ohne Stöße aus den Massenkräften der Mahlkörper) können Flächenpressungen von $p = 20 \text{ N mm}^{-2}$ zugrunde gelegt werden [268].

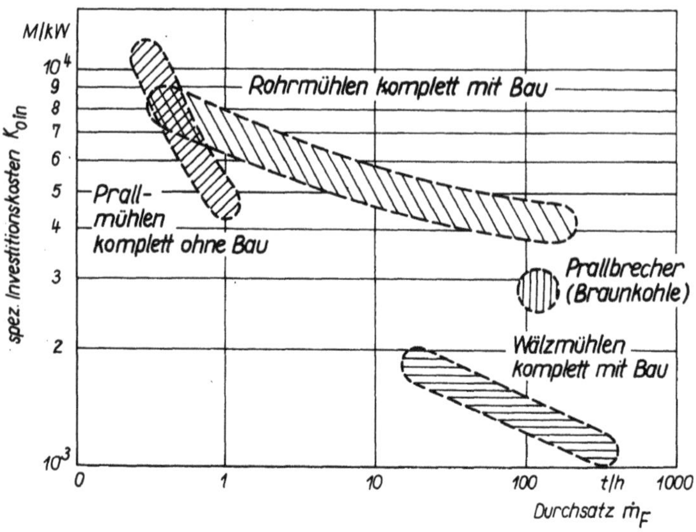


Bild 4.143. Orientierungswerte für spezifische Investitionskosten $K_{oln}$ verschiedener Mühlenarten [226]

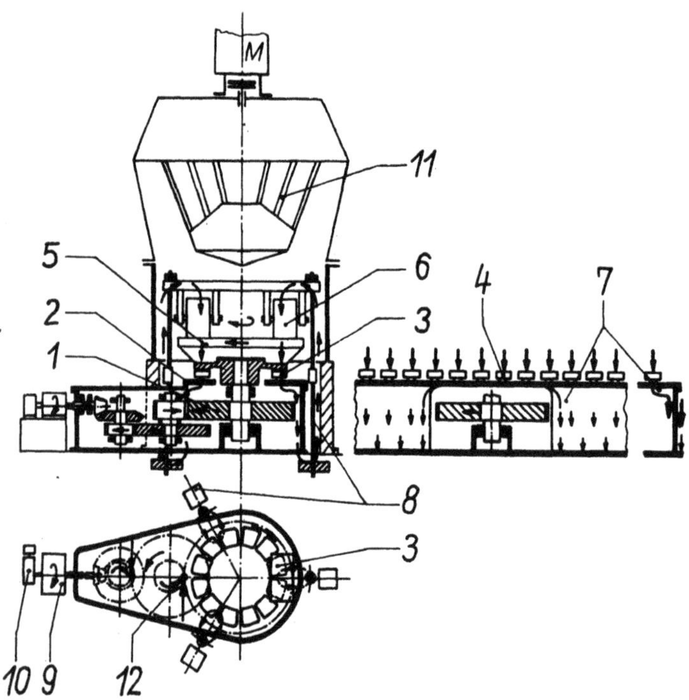

Bild 4.144. Schema einer Wälzmühle mit Segmentdrucklager zur Aufnahme der Mahlkörper-Anpreßkräfte [291]

*1* Hauptgetriebe; *2* Getriebegehäuse; *3* Segmentdrucklager; *4* Abwicklung der Segmentdrucklager-Abstützung; *5* Mahlbahn; *6* Mahlkörper; *7* Kraftfluß durch die Gehäusewand des Getriebes; *8* Mahlkörper-Anpreßsystem (Arbeitszylinder); *9* Hauptmotor; *10* Hilfsantrieb mit Motor; *11* Sichter; *12* Kraft- und Drehmomentenangriff im Getriebe

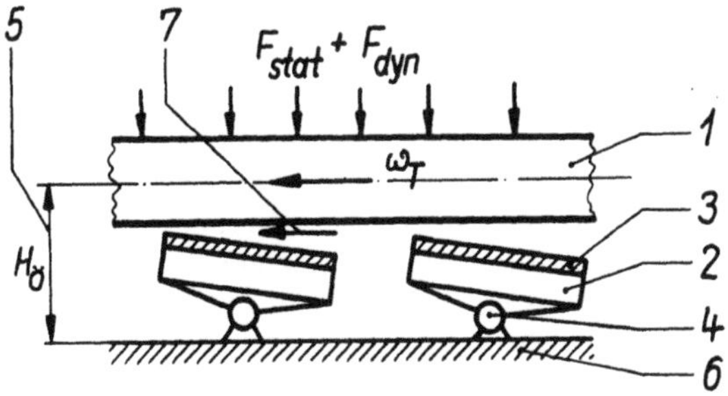


Bild 4.145. Prinzip kippbarer Lagersegmente bei hydrodynamischer Schmierung von Segmentdrucklagern [266]

*1* Laufring des Antriebsflansches; *2* kippbares Lagersegment; *3* Lagermetall (Weißmetall); *4* Kippstelle; *5* Schmiermittelhöhe; *6* Lagergrundkörper; *7* Schmiermittelkeil

Mühlen, bei denen ein häufiges Anfahren und Abstellen zu erwarten ist und die mit Hilfsantrieben (Schleichgang) gestartet werden, sind zur Vermeidung von Lagerschäden mit hydrostatischer Zusatzschmierung auszurüsten [266, 269]. Bei dieser Variante werden einige hydrodynamisch geschmierte Segmente während des An- bzw. Auslaufes der Mahlbahn zusätzlich mit Drucköl beaufschlagt.

Hydrostatisch geschmierte Lager werden ständig über Hochdruckpumpen mit Schmieröl versorgt, so daß sich bereits im Stillstand ein ausgeprägter Schmierfilm ausbilden kann. Da der Schmierfilm bei hydrostatischen Lagerungen mit 0,2 bis 0,5 mm eine Zehnerpotenz höher liegt als bei hydrodynamischer Schmierung, sind größere Toleranzen zulässig. Auch deshalb werden Großmühlen vorzugsweise mit hydrostatischer Lagerung ausgerüstet. Die Lagersegmente für die hydrostatische Lagerung sind ähnlich aufgebaut wie bei den hydrodynamischen Lagern, erfordern aber keine ballige Auflagefläche.

**Hauptgetriebe:** Der Antrieb von Wälzmühlen mit hydraulisch-pneumatisch belasteten Mahlkörpern, die bereits bis zu Antriebsleistungen von etwa 4000 kW gebaut werden, erfolgt vom Hauptmotor über Hochleistungs-Kegel-Stirnrad- oder Planetengetriebe. Diese müssen so gestaltet werden, daß das erforderliche Antriebsmoment der Mahlbahn und die Zerkleinerungs- und dynamischen Massenkräfte, die je nach Mühlengröße bis 15 MN betragen können, mit genügender Sicherheit übertragen werden. Die Getriebe sind nach den im Getriebebau üblichen Berechnungsmethoden zu dimensionieren, wobei zu beachten ist, daß große Drehmomentschwankungen durch den Zerkleinerungsprozeß (inhomogenes Mahlgutbett) und durch die Überlagerung von Eigenfrequenzen mit den Frequenzen aus dem Zerkleinerungsprozeß auftreten können. In Auswertung praktischer Erfahrungen kommt es im Vergleich zum Normalbetrieb bis zur sechsfachen Überlastung. Deshalb ist bei der Auslegung der Getriebe für Wälzmühlen ein Sicherheitsfaktor $k_1 = 1{,}8$ bis 2,0 zu berücksichtigen, mit dem die Getriebenennleistung multipliziert wird. Ziel der Berechnung ist es, unter Berücksichtigung von $k_1$ eine rechnerische Sicherheit für die Zahnflanken gegen Pittingbildung und für den Zahnfuß gegen Dauerbruch zu ermitteln. Bei der Berechnung von Kegelradstufen wird der Sicherheitsfaktor auf $k_1 = 5$ bis 6 erhöht [295]. Nach Bild 4.146 haben sich bei der Lagerung der Abtriebswelle auch Gleitlager mit entsprechender Druckschmierung bewährt [266,

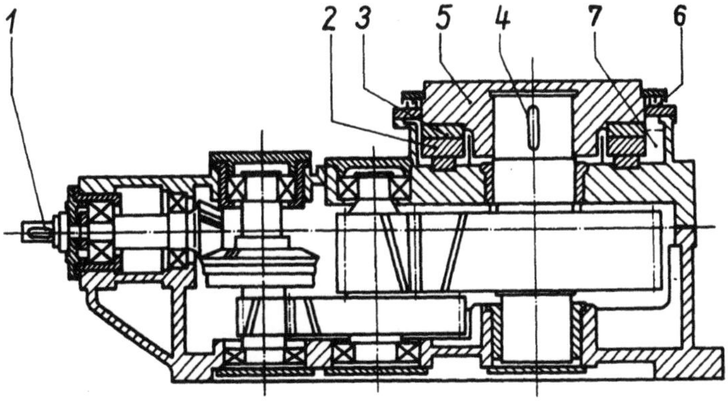


Bild 4.146. Hauptgetriebe einer Wälzmühle mit gleitgelagerter Abtriebswelle [266]

*1* Antriebswelle; *2* Segmentdrucklager; *3* Laufring des Antriebsflansches; *4* Abtriebswelle; *5* Antriebsflansch für Mahlbahn-Grundkörper; *6* Lagerabdichtung mit Labyrinthringen und Sperrluft; *7* Schmieröl

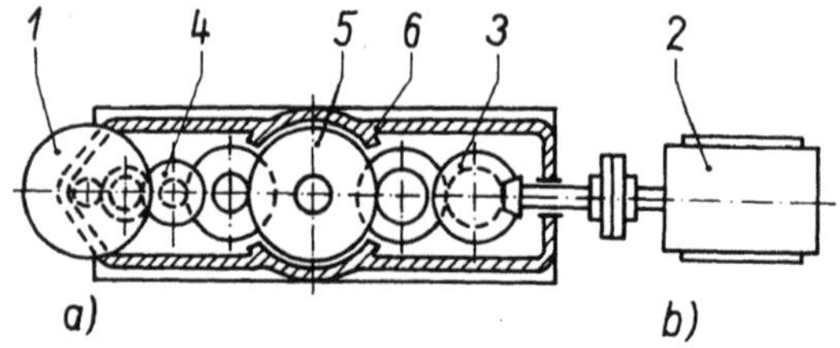


Bild 4.147. Mehrmotorenantrieb für große Wälzmühlen mittels Doppel-Stirnrad- oder Doppel-Kegel-Stirnradgetriebes [266]
*a*) Antriebsvariante mit Stirnradgetriebe und senkrechtstehenden Flanschmotoren
*b*) Antriebsvariante mit Kegel-Stirnrad-Getriebe
*1, 2* Hauptmotoren; *3* Kegel-Stirnrad-Variante; *4* Stirnradgetriebe; *5* Getriebeabtriebsstufe mit Abtriebswelle; *6* Getriebeabtriebsgehäuse mit Funktion zur Übertragung der Mahlkörper-Anpreßkräfte auf das Fundament

269]. Falls die Leistungsübertragung bei Großmühlen über ein Kegel-Tellerradpaar nicht mehr möglich ist, werden Mehrmotorenantriebe verwendet (Bild 4.147). Da Planetengetriebe günstigere Übertragungsverhältnisse als Kegel-Stirnradgetriebe aufweisen und außerdem eine bessere Kraftübertragung ins Fundament ermöglichen, gelangen neuerdings auch Planetengetriebe nach Bild 4.148 zum Einsatz [291]. Um hochwertige Maschinenelemente, wie Lager und Getriebe, gegen Staub und entsprechende Beschädigung schützen zu können, werden festgeschmierte Labyrinthe und Sperrluftsysteme vorgesehen. Da bei der Mahltrocknung mit Heißgastemperaturen bis $T = 500$ bis 600 °C gearbeitet wird, müssen hochbelastete Lager mit Ölumlaufschmierung, die gleichzeitig die Kühlung der Lager übernimmt, ausgerüstet sein. Wälzmühlenkonstruktionen nach Bild 4.126*e*, *g* haben den Vorteil, daß sich im Arbeitsraum keine Schmierstellen befinden und sie somit ohne Kühlung bei Gaseintrittstemperaturen bis $T = 800$ °C betrieben werden können.

**Antriebsmotoren:** Je nach Leistungsbedarf und Anlaufmoment sowie den zulässigen Einschaltströmen kommen Schleifring-Läufer- bzw. Kurzschluß-Läufermotoren zur Anwendung. Dort, wo kleine Anlaufmomente, wie z. B. bei abhebbaren Mahlkörpern, zu erwarten sind, werden Kurzschluß-Läufermotoren bevorzugt. Bei großen Anlaufmomenten werden fast ausschließlich Schleifring-Läufermotoren verwendet, da damit Anfahrschläge im Antrieb und größere Netzrückwirkungen vermieden werden [232, 271]. Außerdem sind Hilfsantriebe, die dem Hauptantrieb vorgeschaltet sind, notwendig (vgl. Bild 4.144). Diese werden vor allem bei Inspektionen und beim Verschleißteilwechsel eingeschaltet. Infolge des vorgeschalteten Hilfsgetriebes mit großer Übersetzung ist eine gute

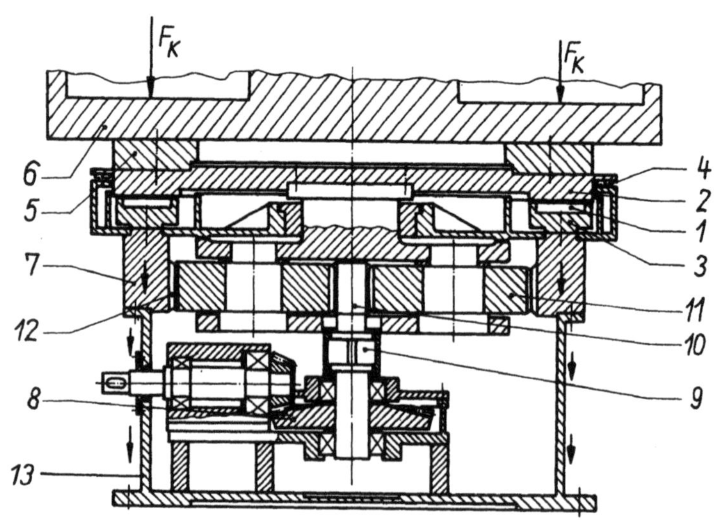


Bild 4.148. Planetengetriebe für Wälzmühlen [291]

*1* Lagersegmente; *2* Laufring; *3* Lagergrundkörper; *4* Lagerabdichtung; *5* Antriebsflansch für Mahlbahn-Grundkörper; *6* Mahlbahn-Grundkörper; *7* Planetengetriebestufe; *8* Kegelradstufe; *9* Zahnkupplung; *10* Sonnenrad; *11* Planetenräder; *12* Zahnkranz; *13* Getriebegehäuse mit der Funktion zur Übertragung der Mahlkörper-Anpreßkräfte auf das Fundament

Positionierung der Mahlbahn bei kleiner Drehzahl (Schleichgang) möglich. Verschiedentlich werden die Hilfsantriebe auch als Anfahrhilfe benutzt. Nach Überwindung des Losbrechmomentes wird dabei der Hauptantrieb zugeschaltet und der Hilfsantrieb mit seiner Anlaufkupplung außer Betrieb gesetzt [266, 268].

**Mühlengehäuse:** Sie werden meist in mehrteiliger Schweißkonstruktion ausgeführt, wobei einer strömungstechnisch günstigen Arbeitsraumgestaltung, den erforderlichen Montagearbeiten durch große Montageöffnungen, der Abdichtung und der günstigsten Krafteinleitung ins Fundament eine besondere Beachtung geschenkt wird. Durch die Anwendung der Ständerbauweise beim Mühlengrundgehäuse und die Lagerung der Schwinghebel in den Ständern konnten außer einem guten Kraftschluß auch wirksame Material- und Baukosteneinsparungen erreicht werden. In Bild 4.149 ist das Prinzip der Ständerbauweise und das des Kraftflusses bei

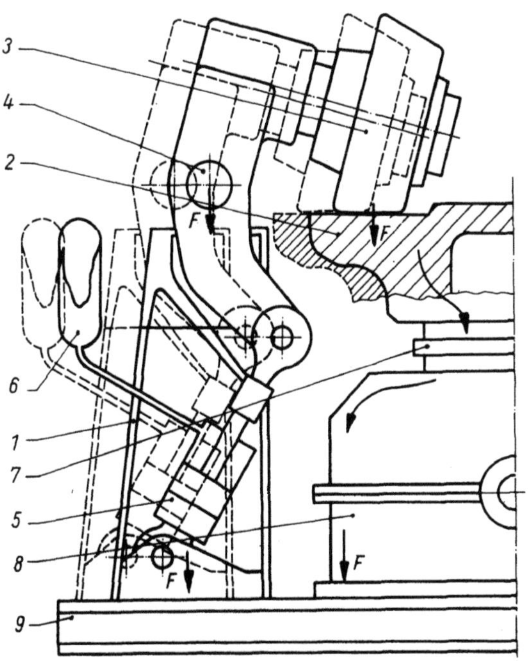


Bild 4.149. Prinzip der Ständerbauweise sowie des Kraftflusses bei Wälzmühlen (*Loesche*) [250]

*1* Mühlenständer; *2* Mahlbahn; *3* Mahlkörper mit Mahlkörperlagerung und -achse; *4* Pendelachse; *5* Arbeitszylinder; *6* Druckspeicher; *7* Segmentdrucklager; *8* Hauptgetriebe; *9* Fundamentrahmen

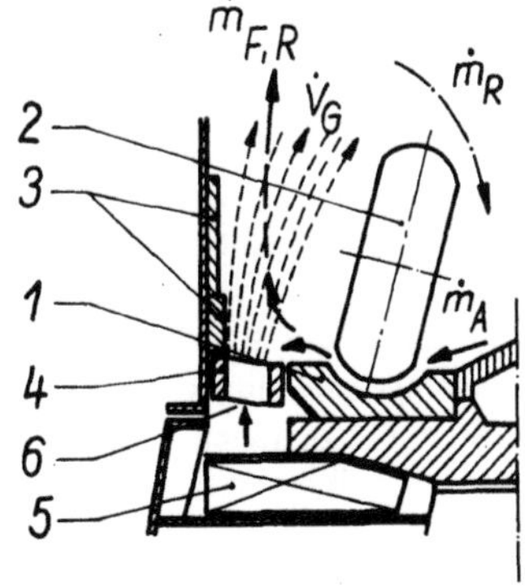


Bild 4.150. Prinzip der Trägergaseinleitung und des Verschleißschutzes am Mühlengehäuse einer Wälzmühle [231]

*1* Mahlbahn; *2* Mahlkörper; *3* Verschleißring, Wulstpanzerung; *4* Schaufelkranz; *5* Mitnehmer- und Austragorgane für Fremdkörper; *6* Trägergaskanal

Wälzmühlen dargestellt. Um das Mühlengehäuse vor allem vor Strahlverschleiß zu schützen, müssen an den gefährdeten Stellen, wie z. B. oberhalb des Schaufelkranzes, geeignete Verschleißelemente vorgesehen werden (Bild 4.150) [231, 234, 250, 272, 273].

Bei den meisten Wälzmühlen werden Zerkleinerung und Klassierung in Form eines inneren Materialkreislaufes in einem Raum durchgeführt (vgl. Bild 4.144). Dadurch müssen für den pneumatischen Transport innerhalb und außerhalb des Arbeitsraumes sowie für die Abscheidung des Fertiggutes in Zyklonen und Filtern etwa 50 bis 60% des Gesamtenergieaufwandes aufgebracht werden [226, 234]. Unvermeidbare Totwassergebiete führen zur Vorabscheidung des pneumatisch transportierten Mahlgutes im Arbeitsraum, wodurch der zerkleinerungstechnisch bedingte Umlauffaktor zwischen Zerkleinerungs- und Klassierzone erhöht wird [226, 234, 275 bis 277]. Die Feststoffbeladung $\mu$ kann bei Wälzmühlen mit $\mu = 0{,}4$ bis 0,75 kg Feststoff je kg Trägermedium, bezogen auf den Fertiggut-Durchsatz, festgelegt werden. Derartige mit innerem Materialkreislauf arbeitende Mühlen werden nach Bild 4.131 mit Stabkorbsichtern, deren Rotordrehzahl stufenlos verstellt werden kann, bzw. mit Umlenksichtern unterschiedlicher Bauart (vgl. Bilder 4.133, 4.134 und 4.135) ausgerüstet. Dabei ist jedoch zu beachten, daß die Trennschärfe dieser direkt auf die Mahlkammer aufgesetzten Durchfluß- bzw. Stromsichter (Stabkorb- und Umlenksichter) ungünstiger ist als bei getrennt angeordneten, im äußeren Kreislauf arbeitenden Hochleistungssichtern [249, 251]. Zur Einleitung des Trägergases, das bei entsprechender Temperatur gleichzeitig zur Trocknung des Mahlgutes genutzt werden kann, werden nach Bild 4.150 Schaufel- bzw. Düsenkränze benutzt, die entweder mit der Mahlbahn rotieren oder am Mühlengehäuse stationär angeordnet sind. Die Einströmgeschwindigkeiten können etwa $v_G = 40$ bis $90\ \mathrm{m\ s^{-1}}$ betragen [231, 234]. Im Mahlgut enthaltene Fremdkörper fallen durch den Schaufelkranz nach unten und werden durch Mitnehmer ausgeräumt.

**Verschleißelemente:** Der Mahlkörper- und Mahlbahn-Nettoverschleiß wird je nach Verschleißwerkstoff, den Eigenschaften des Mahlgutes und der gewünschten Fertiggutfeinheit zwischen $V_0 = 2{,}4\ \mathrm{g\ t^{-1}}$ bei Zementrohmehl [247] und $V_0 = 7$ bis $15\ \mathrm{g\ t^{-1}}$ bei Steinkohle und Zement angegeben [70, 226, 232, 243, 255, 264, 273]. Der Bruttoverschleiß liegt dabei um etwa 200 bis 250% höher [70, 243, 255]. Bild 4.151 zeigt das Verschleißbild von unterschiedlichen Mahlkörperformen, das von den Relativgeschwindigkeiten wesentlich beeinflußt wird. Bei der Auswahl der Verschleißwerkstoffe sind folgende Kriterien zugrunde zu legen [232]:

- Verschleißfestigkeit (Härte) und Widerstandsfähigkeit gegenüber Schlagbeanspruchung (Kerbschlagzähigkeit)
- Widerstandsfähigkeit gegenüber Temperaturwechsel (Vermeidung von Spannungsrissen)
- günstige Materialpaarung für die Verschleißelemente (Mahlbahn und Mahlkörper), um möglichst gleiche Standzeiten bei geringem Verschleiß zu erreichen
- günstige konstruktive Gestaltung der Verschleißelemente, so daß große Standzeiten bei geringerem Bruttoverschleiß möglich sind.

Die Abnutzungsdicke sollte möglichst 70 bis 80% gegenüber der Ursprungsdicke betragen; das entspricht einer Verschleißmasse von etwa 50%.
Die Verschleißelemente für die Mahlkörper und Mahlbahn werden je nach Mühlenkonstruktion und -größe ein- oder mehrteilig ausgeführt. Um eine gute Auflage der Verschleißteile auf den Grundkörpern (Mahlbahn oder Mahlkörper) zu erreichen, ist eine Bearbeitung der Auflageflächen notwendig.

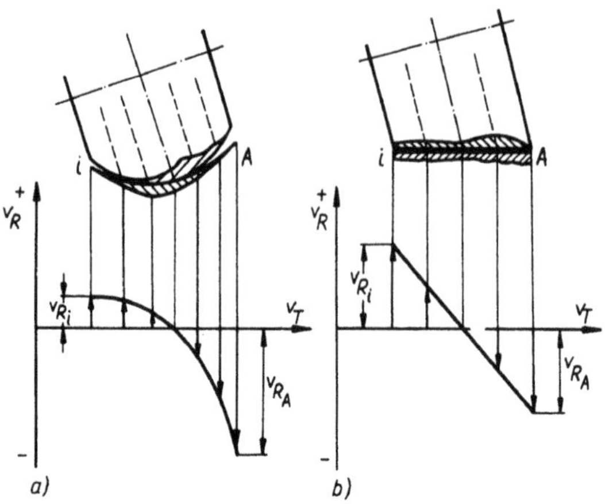


Bild 4.151. Verschleißbild an Mahlkörpern und Mahlbahnen in Abhängigkeit der Relativ- und Mahlbahngeschwindigkeit
*a)* Wälzmühle mit muldenförmiger Wälzfläche (*Pfeiffer* MPS-Mühle)
*b)* Kegelrollen-Wälzmühle (ZAB, *Loesche*)

Die Verschleißflächen werden zur Erhöhung der Reibung häufig geriffelt ausgeführt. Dadurch konnten Standzeitverlängerungen bis 30% erreicht werden [250]. Während die Walzenmäntel bei Kegelrollen-Wälzmühlen aus einteiligen Hartgußringen hergestellt werden, kommen bei anderen Mühlentypen auch Segmente für die Mahlkörper zum Einsatz [243]. Segmentartige Verschleißteile können einfacher produziert werden. Außerdem treten keine Spannungsrisse auf. Zur Erleichterung der Instandhaltungsarbeiten werden die Mahlkörper (vgl. Bilder 4.131 und 4.149) aus dem Mahlraum mittels hydraulischer Arbeitszylinder ausgeschwenkt. Als Verschleißwerkstoffe werden hochlegierte Stähle, wie Ni-Hard, Chrom-Molybdän-Guß, legierter Vergütungsguß, mit einer Härte von 350 bis 600 HB verwendet.

**Regelung:** Da die durchschnittliche Verweilzeit des Mahlgutes im Arbeitsraum sehr klein ist, z. B. bei trockenem und sprödem Mahlgut $\tau = 20$ bis 30 s, und die Wälzmühlen auf Regelvorgänge sehr schnell reagieren, sind derartige Mühlen für einen vollautomatischen Betrieb gut geeignet [226, 265]. Beim gegenwärtigen Stand der Meßtechnik sind Mühlendruckdifferenz $\Delta p$, Abgastemperatur $T_{Ab}$, Abgasvolumenstrom $\dot{V}_{Ab}$ und der Dispersitätsgrad des Fertiggutes $d_{x,r}$; $\Delta A_0$; $R_d$ als Regelungsparameter verwendbar. Bei der Automatisierung von Wälzmahlanlagen müssen diese Parameter im Zusammenhang betrachtet werden, da die Verwendung nur eines Parameters, z. B. des Differenzdruckes $\Delta p$, nicht ausreicht [232, 265]. Aus sicherheitstechnischen Gründen (Brand- und Explosionsverhütung bei Kohlenstaub-Mahlanlagen) sowie zur Sicherung einer großen Lebensdauer sind Überwachungsmeßstellen im Getriebe, am Hauptlager und in den Mahlkörpern notwendig. Die Antriebe sind so verriegelt, daß eine Inbetriebnahme der Mühle erst bei voller Betriebsbereitschaft einschließlich eingeschalteter Schmierung möglich ist.

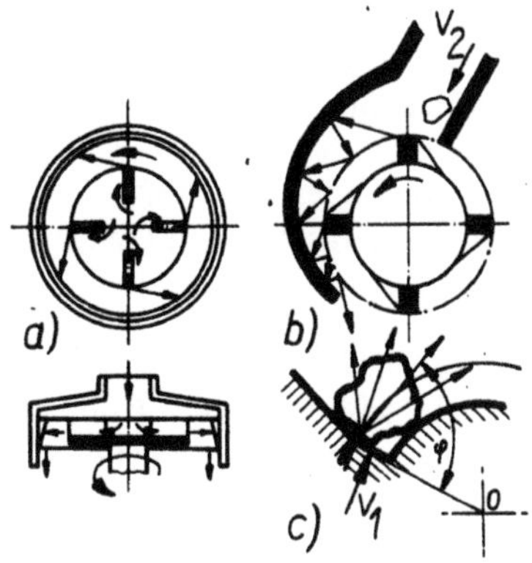


Bild 4.152. Prinzip des Schleuder- und Schlagrotor-Prallbrechers sowie der Gutbeanspruchung an der Pralleiste eines Brechers
*a*) Schleuderrotor
*b*) Schlagrotor
*c*) Beanspruchung und Spannungsausbreitung am Einzelkorn

## 4.8. Prallbrecher und -mühlen

Die Prallzerkleinerung erfolgt bei hoher Geschwindigkeit durch Massenkräfte an einer Arbeitsfläche, wobei die Zerkleinerungsenergie der kinetischen Energie beschleunigter und zu zerkleinernder Partikeln bzw. des auf das Zerkleinerungsgut auftreffenden Arbeitsorganes entspricht. Die dafür notwendige Energie wird während einer kleinen Stoß- bzw. Schlagzeit in Verformungsenergie umgesetzt. Dabei verringert sich die Verformungsgeschwindigkeit entsprechend dem erfolgten Energieaustausch oder der Abnahme der kinetischen Energie von einem Maximalwert im Augenblick des Kontaktes zwischen den Stoßpartnern bis zum Bruch der Gutteilchen. Während bei der mit relativ kleinen Beanspruchungsgeschwindigkeiten, z. B. in Backenbrechern, ablaufenden Druckzerkleinerung die Verformungsgeschwindigkeit in der Regel annähernd als konstant angesehen werden kann und die Beanspruchungsintensität von der Geschwindigkeit unabhängig ist, ist das bei der Prallzerkleinerung nicht der Fall. Das belastete Gut wird zunächst nur im Bereich der Berührungsstelle elastisch verformt, wobei sich die Spannungen mit der Geschwindigkeit elastischer Wellen, von der Berührungsstelle ausgehend, allseitig im Korn ausbreiten (Bild 4.152). Die dabei zeitlich auftretende unterschiedliche Spannungsverteilung bewirkt eine besondere, für die Prallzerkleinerung typische Bruchausbildung, die zu einer selektiven Zerkleinerung führen kann. Die zur Verfügung stehende Energie wird dann am günstigsten ausgenutzt, wenn bei der Beanspruchung der Partikeln statt einer plastischen Verformung ein Sprödbruch ausgelöst wird. Die Prallbeanspruchung wird deshalb vorrangig bei der Zerkleinerung weicher bis mittelharter, aber spröder Stoffe, wie Kalkstein, Kohle, Kali, Gips, Mergel usw., genutzt. Für plastische und elastische Materialien ist sie ungeeignet. In letzter Zeit wird die Prallzerkleinerung auch bei harten Stoffen, wie Basalt, Granit, Diabas, Quarzit, Kies und Erzen, mit gutem Erfolg angewendet. Prallbrecher und -mühlen bestehen nach Bild 4.152 aus ein oder zwei schnell umlaufenden Schlagrotoren mit festen Schlagleisten bzw. Schleuderrotoren, die in einem Gehäuse mit großem Prallraum angeordnet sind. Während die Umfangsgeschwindigkeiten der Schlagorgane bei Prallbrechern bei etwa $v = 20$ bis $50\ \mathrm{m\,s^{-1}}$ liegen, erreichen sie bei Prallmühlen $v = 50$ bis $100\ \mathrm{m\,s^{-1}}$.

### 4.8.1. Prozeßgrundlagen

Die Erfassung des Zerkleinerungsvorganges in Prallzerkleinerungsmaschinen ist sehr kompliziert. Er kann aber zur qualitativen Abschätzung auf elementare Prallvorgänge zurückgeführt werden. Dabei wird davon ausgegangen, daß die Prallbeanspruchung Stoßgesetzen folgt und sich die für die Zerkleinerung notwendige Energie aus der kinetischen Energie der Stoßpartner ergeben muß. Der

Stoßvorgang setzt sich aus der Kompressions- und Restitutionsphase zusammen. Die Kompressionsphase ist die Zeitspanne vom Beginn der Berührung bis zum Augenblick der größten Annäherung der beiden Stoßpartner. Am Ende dieser Stoßphase besitzen beide Stoßpartner die gemeinsame Geschwindigkeit:

$$c = (m_1 v_1 + m_2 v_2)/m_1 + m_2) \quad (4.224)$$

Die Restitutionsphase schließt an die Kompressionsphase an und endet mit der Trennung der am Stoß beteiligten Körper. Während in der ersten Phase die Stoßkräfte von Null bis zu einem Maximalwert ansteigen, fallen diese in der zweiten Phase wieder auf Null ab. Beim verlustlosen elastischen Stoß bleibt die kinetische Energie vor und nach dem Stoß gleich, da die geleistete Formänderungsarbeit wieder vollständig in kinetische Energie umgewandelt wird. Für die Geschwindigkeiten der Stoßpartner und deren Energieanteile nach dem Stoß gelten dann:

$$c_1 = [(m_1 - m_2)\, v_1 + 2m_2 v_2]/(m_1 + m_2) \quad (4.225)$$

$$c_2 = [(m_2 - m_1)\, v_2 + 2m_1 v_1]/(m_1 + m_2) \quad (4.226)$$

$$W_{\mathrm{Kin}} = W_1 + W_2 = m_1 v_1^2/2 + m_2 v_2^2/2 = m_1 c_1^2/2 + m_2 c_2^2/2 \quad (4.227)$$

Da bei der Prallbeanspruchung keine verlustlosen Stöße auftreten, entspricht die Differenz der kinetischen Energien der am Stoß beteiligten Körper der Formänderungsarbeit:

$$\Delta W = (W_1 + W_2) - (W_1' + W_2') \quad (4.228)$$

Übersteigt $\Delta W$ die für die Zerkleinerung erforderliche Energie $\Delta W_Z$, dann tritt eine Zerkleinerung ein. Bei der Berechnung der Formänderungsarbeit $\Delta W$ ist die Plastizität der am Stoß beteiligten Körper mit der Stoßzahl $k$ zu berücksichtigen, da die zu zerkleinernden Materialien weder vollkommen elastisch ($k = 1$) noch plastisch ($k \approx 0$) sind. Damit gilt für die Geschwindigkeiten der Stoßpartner nach einem teilelastischen Stoß:

$$c_1 = [m_1 v_1 + m_2 v_2 - k(v_1 - v_2)\, m_2]/(m_1 + m_2) \quad (4.229)$$

$$c_2 = [m_1 v_1 + m_2 v_2 + k(v_1 - v_2)\, m_1]/(m_1 + m_2) \quad (4.230)$$

$$k = (c_2 - c_1)/(v_1 - v_2) \quad \text{oder}$$

$$k = \sqrt{h_2/h_1} \quad (4.231)$$

($k$ = 0,2 bis 0,9 für weiche bis harte mineralische Rohstoffe, z. B. $k$ = 0,75 für Basalt auf Stahl, $k$ = 0,76 für Kalkstein auf Stahl, $k$ = 0,2 für Schiefer auf Stahl; $h_1$ Fallhöhe der Partikel beim Freifallversuch; $h_2$ Rückprallhöhe)

Mit $k$ kann der für die bleibende Formänderung bereitstehende Energiebetrag nach (4.228) wie folgt berechnet werden:

$$\Delta W = [m_1 m_2 (v_1 - v_2)^2\, (1 - k^2)]/2(m_1 + m_2) \quad (4.232)$$

Da die Energieausnutzung neben $k$ auch von der Stoßart und der Bewegungsrichtung der Stoßpartner vor und nach dem Stoß abhängt, sind die bei der Prallzerkleinerung in Brechern und Mühlen theoretisch auftretenden Stoßarten zu betrachten. Stoßwahrscheinlichkeitsrechnungen werden dabei im vorliegenden Fall nicht durchgeführt. Es wird lediglich angenommen, daß in derartigen Maschinen zwischen Gutteilchen — Schlagelement, Gutteilchen — Prallelement und Gutteilchen — Gutteilchen gerade und schiefe zentrale Stöße auftreten. Tritt z. B. ein Schläger nach Bild 4.153 mit

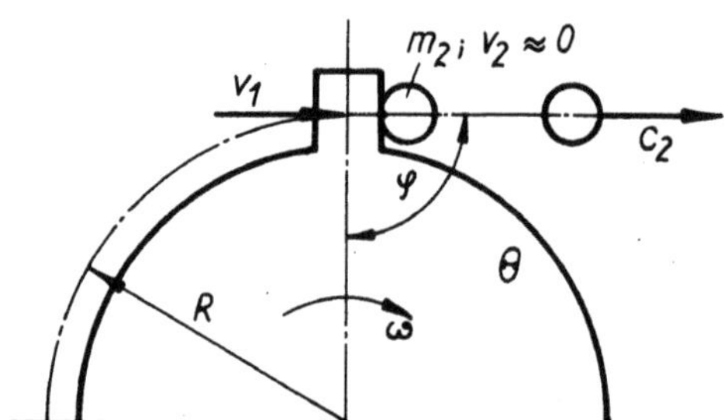


Bild 4.153. Schema eines geraden zentralen Stoßes an der Prallleiste eines Prallbrechers

der auf den Schlagkreis reduzierten Masse $m_1 = \Theta/R^2$ und der Geschwindigkeit $v_1 = \omega R$ auf ein unter dem Winkel $\varphi = 90°$ von der Schlagleiste erfaßtes Korn mit der Masse $m_2$ und Geschwindigkeit $v_2$ auf, dann wird $m_2$ bei einem angenommenen teilelastischen Stoß während der zweiten Stoßphase auf die Geschwindigkeit $c_2$ beschleunigt.

$$c_2 = [\Theta\omega R + m_2 v_2 R^2 + k\Theta(\omega R - v_2)]/\Theta + m_2 R^2 \quad (4.233)$$

Bei $v_2 \approx 0$, $k \approx 1$ und $m_2R^2 \ll \Theta$ ergibt sich die Geschwindigkeit des Teilchens nach dem Stoß zu

$$c_2 = 2\omega R = 2v_1 \tag{4.234}$$

In der Regel wird das Brechgut nicht senkrecht, sondern mit einem Winkel $\varphi \gtrless 90°$ von der Schlagleiste erfaßt, so daß sich die Stoßkraft und die Geschwindigkeiten nach dem Stoß aus verschiedenen Komponenten zusammensetzen [108, 109]. Zur Abschätzung der beim Stoß wirkenden Kräfte gibt es zahlreiche Veröffentlichungen, die auf der Theorie von *Hertz* beruhen [112 bis 116]. Obwohl sich diese nicht ohne weiteres auf die in Prallzerkleinerungsmaschinen auftretenden komplizierten Stoßvorgänge übertragen lassen, können damit die zu beachtenden Einflußfaktoren abgeschätzt werden. Stößt ein Arbeitsorgan der Masse $m_1$ mit der Geschwindigkeit $v_1$ auf eine Partikel der Masse $m_2$, deren Geschwindigkeit mit $v_2 = 0$ angenommen wird, so gilt nach (4.232) bei $k \approx 0$ für die Umwandlung der kinetischen Energie in Formänderungsarbeit:

$$\Delta W = [m_1m_2/(m_1 + m_2)]\, v_1^2/2 = \int_0^{\delta_{max}} F \, d\delta \tag{4.235}$$

$$F = c_1\delta^{3/2} \tag{4.236}$$

$$\delta_{max} = \{(5/4c_1)\,[m_1m_2/(m_1 + m_2)]\}^{2/5} v_1^{4/5} \tag{4.237}$$

Unter der Bedingung, daß der Berührungsradius des Arbeitsorganes $r_1 \gg r_2$ ist, kann für $c_1$ geschrieben werden:

$$c_1 = (4/3)\, r_2^{1/2}(E_1^{-1} + E_2^{-1})\,(1 - \mu^2)$$
$$\mu = 1/\nu \tag{4.238}$$

Werden in (4.235) für $\delta$ und $c_1$ die entsprechenden Werte eingesetzt, so erhält man für die maximale Stoßkraft:

$$F_{max} = [4/3(E_1^{-1} + E_2^{-1})\,(1 - \mu^2)]^{2/5} \times [5m_1m_2/4(m_1 + m_2)]^{3/5} r_2^{1/5} v_1^{6/5} \tag{4.239}$$

Für die maximale Druckbelastung $p_{max}$ an der Berührungsfläche einer Kugel mit einer Platte kann geschrieben werden:

$$p_{max} = (1/\pi)\,\sqrt[3]{1{,}5\,FE^2/r^2(1 - \mu^2)^2} \tag{4.240}$$

Setzt man in (4.240) für $F$ (4.239) ein, so ergibt sich:

$$p_{max} = c_2\,\sqrt[5]{[m_1m_2v_1^2/(m_1 + m_2)]/r_2^3} \sim \sigma_B \tag{4.241}$$

$$c_2 = 0{,}396/[(E_1^{-1} + E_2^{-1})\,(1 - \mu^2)]^{4/5} \tag{4.242}$$

Da die Spannung im Korn den gleichen Einflüssen unterliegt, erhält man mit (4.243) oder (4.244) eine ähnliche Aussage [110, 111]:

$$\sigma_{max}/E \sim f(\varrho v_{rel}^2/E)^{1/5} \tag{4.243}$$

$$\sigma_{max}/E \sim f(mv_{rel}^2/Er^3)^{1/5} \tag{4.244}$$

Durch die an den Stoßstellen bei starken Teilchenkrümmungen auftretenden Spannungskonzentrationen entsteht deshalb bei der Prall- und Schlagzerkleinerung ein hoher Feinkornanteil. Um günstige Zerkleinerungsergebnisse bei geringem spezifischem Arbeitsbedarf zu erhalten, muß die Beanspruchungsgeschwindigkeit $v_1$ so festgelegt werden, daß die Zerkleinerung des Kornes möglichst beim ersten Stoßvorgang erfolgt [73, 108, 109, 110, 116, 117].

$$v_{krit} = (\varepsilon_{q\,krit}/\nu)\left(1 + \sqrt{E_2\varrho_2/E_1\varrho_1}\right)\sqrt{E_2/\varrho_2} \tag{4.245}$$

Wird $v_{krit}$ als eine für die Zerkleinerung erforderliche Aufprallgeschwindigkeit betrachtet, so wird das aufgegebene Gut theoretisch bei $v_1 > v_{krit}$ bei der ersten Prallbeanspruchung zerkleinert. Die zerkleinerte Gutwolke fliegt dann mit der Geschwindigkeit $c_2 = v_1$ in Richtung der Prallplatten. Ist dagegen die Schlägergeschwindigkeit $v_1 < v_{krit}$, so wird das unter der Annahme eines geraden zentralen Stoßes vom Schläger getroffene Korn bei $k \approx 1$ nach (4.234) die Geschwindigkeit $c_2 = 2v_1$ erhalten und damit auf die Prallplatten auftreffen. Wenn bei einem derartigen Belastungsfall c die Bedingung $c_2 > v_{krit}$ erfüllt ist, so erfolgt der Bruch des Kornes an der Prallplatte. Für die Festlegung der Rotorgeschwindigkeit $v_1$ ist folgende empirische Beziehung verwendbar [73, 117]:

$$v_1 = 1{,}75 \cdot 10^{-2}\,\sqrt[3]{(\sigma_z/\varrho_2 d)^2} \tag{4.246}$$

| $v_1$ | $\sigma_z$ | $\varrho_2$ | $d$ |
|---|---|---|---|
| $m\,s^{-1}$ | $N\,m^{-2}$ | $kg\,m^{-3}$ | m |

($\sigma_z$ = 12 $MN\,m^{-2}$ Zugfestigkeit von harten Materialien)

Ist für eine vorgegebene Beanspruchungsgeschwindigkeit $v_1$ die kritische Korngröße $d_{krit}$ zu berechnen, kann (4.247) verwendet werden:

$$d_{krit} = 2{,}3 \cdot 10^{-3}\sigma_z/\varrho_2 v_1^{1,5} \tag{4.247}$$

Da das Zerkleinerungsergebnis nach Bild 4.154 vor allem von der Rotorgeschwindigkeit $v$ abhängt und ihre Vorausberechnung problematisch ist, soll-

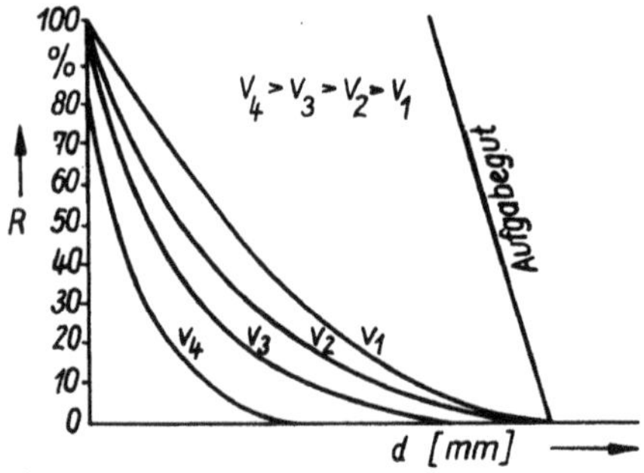


Bild 4.154. Korngrößenverteilung bei Prallbrechern in Abhängigkeit unterschiedlicher Rotorgeschwindigkeiten

ten zu deren Festlegung experimentelle Untersuchungen durchgeführt werden. Bei der Prallzerkleinerung wird die Bewegung der zu beanspruchenden oder beanspruchten Gutteilchen neben der Beanspruchungsgeschwindigkeit und Elastizität auch durch das Fluid und die Volumenkonzentration des Feststoffes im Arbeitsraum beeinflußt. Deshalb ist es notwendig, auch eine Abschätzung der Beanspruchungszustände durch gegenseitige Teilchen- oder Wandstöße vorzunehmen. Dabei ist zu beachten, daß die Wahrscheinlichkeit für den gegenseitigen Teilchenstoß dann groß wird, wenn die mittlere freie Weglänge $\bar{\lambda}$ kleiner ist als die Flugbahnlänge der Teilchen zwischen den Arbeitsorganen. Bei der Abschätzung von $\bar{\lambda}$ wird angenommen, daß im Mittel eine gleichmäßige Verteilung der Teilchen im Arbeitsraum vorliegt und die Boltzmann-Maxwellsche Geschwindigkeitsverteilung zutrifft [118, 119]. Für $\bar{\lambda}$ kann bei Annahme von Gleichkorn geschrieben werden:

$$\bar{\lambda} = d/10(1 - \varepsilon) \tag{4.248}$$

Mit einer Volumenkonzentration $(1 - \varepsilon)$, die bei Prallzerkleinerungsmaschinen etwa $10^{-2}$ bis $10^{-3}$ beträgt, ergibt sich für $\bar{\lambda} = (10 \text{ bis } 10^2)\, d$ [118, 120]. Da die zu zerkleinernden Teilchen im Arbeitsraum auf hohe Geschwindigkeiten beschleunigt werden müssen und dabei der Strömungswiderstand vor allem bei kleinen Teilchen eine wesentliche Änderung der Fluggeschwindigkeit bewirken kann, muß im Zusammenhang mit $\bar{\lambda}$ auch der Bremsweg $s_0$ der Teilchen untersucht werden. Für ein sich mit der Anfangsgeschwindigkeit $v_1$ in ruhender Luft bei Gültigkeit des Stokesschen Widerstandsgesetzes ($Re < 1$) bewegendes kugelförmiges Korn ergibt sich der Bremsweg wie folgt:

$$s_0 = (\varrho_P - \varrho_M)\, d^2 v_1 / 18\eta \tag{4.249}$$

In Bild 4.155 sind $s_0$ und $\bar{\lambda}$ in Abhängigkeit von der Korngröße $d$ dargestellt, wobei $v_1$ zwischen 10 und 100 m s$^{-1}$ und $(1 - \varepsilon)$ zwischen $10^{-2}$ und $10^{-3}$ variiert wurden [119]. Daraus gehen die möglichen Flugbahnlängen hervor, die bei Grobbrechern mit

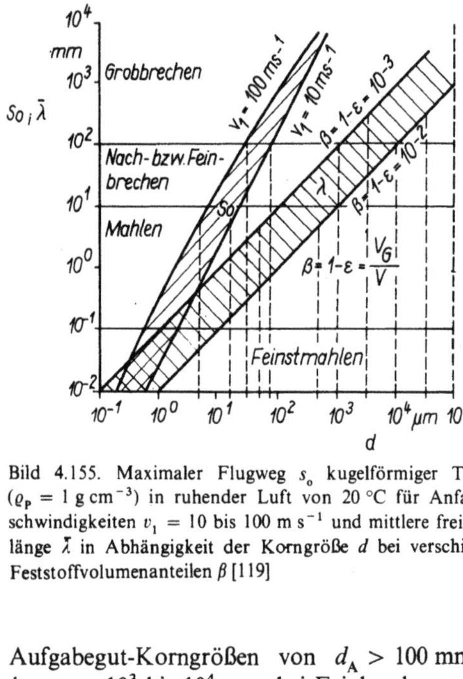


Bild 4.155. Maximaler Flugweg $s_0$ kugelförmiger Teilchen ($\varrho_P = 1$ g cm$^{-3}$) in ruhender Luft von 20 °C für Anfangsgeschwindigkeiten $v_1 = 10$ bis 100 m s$^{-1}$ und mittlere freie Weglänge $\bar{\lambda}$ in Abhängigkeit der Korngröße $d$ bei verschiedenen Feststoffvolumenanteilen $\beta$ [119]

Aufgabegut-Korngrößen von $d_A > 100$ mm bei $l < s_0 = 10^3$ bis $10^4$ mm, bei Feinbrechern mit $d_A = 1$ bis 100 mm bei $l < s_0 = 10$ bis $10^3$ mm und bei Feinmühlen mit $d_A = 0{,}1$ bis 1 mm bei $l < s_0 = 1$ bis 10 mm liegen können. Bei Korngrößen unter 10 µm ergeben sich sehr kleine Bremswege ($s_0 <$ 1 mm), die entsprechend kleine Abstände $l$ zwischen den Arbeitsorganen bzw. sehr große Rotorgeschwindigkeiten $v_1 > 250$ m s$^{-1}$ notwendig machen. In solchen Fällen sind die Beanspruchungsgrenzen bewegter Arbeitsorgane (Rotoren) erreicht. Außerdem erhöht sich der Anteil gegenseitiger Teilchenstöße, wodurch die nutzbare Prallgeschwindigkeit gegenüber der Beanspruchungsgeschwindigkeit der Arbeitsorgane abfällt. Für die Prallzerkleinerung von Korngrößen $d < 50$ bis 100 µm eignen sich dann nur noch Strahlmühlen, bei denen

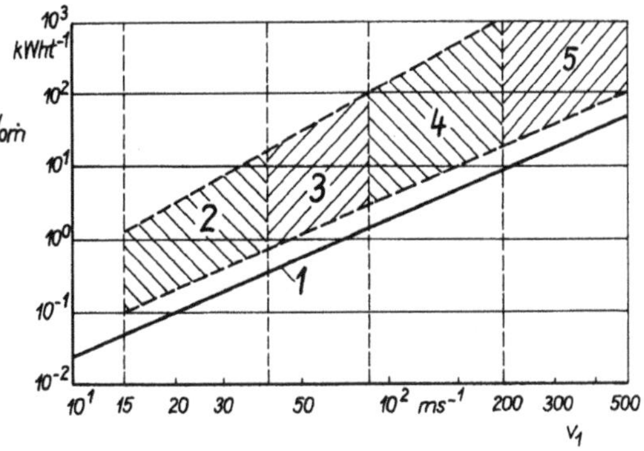


Bild 4.156. Spezifischer Arbeitsbedarf $W_0$ in Abhängigkeit von der Umfangsgeschwindigkeit der Pralleisten $v_1$ am Schlagkreis bzw. der Partikelgeschwindigkeit bei Strahlmühlen [122]

*1* theoretische Kurve für $W_0$ bei Einzelkornzerkleinerung; *2* Grobzerkleinerung mit Prallbrechern; *3* Nachzerkleinerung mit Prallmühlen; *4* Feinzerkleinerung mit Feinprallmühlen; *5* Feinstzerkleinerung mit Strahlmühlen

die Beschleunigung des Mahlgutes mittels Treibmittelstrahlen (Luft oder Dampf) bei Schall- oder Überschallgeschwindigkeiten erfolgt.

In Bild 4.156 ist der spezifische Arbeitsbedarf $W_{\text{om}}$ in Abhängigkeit von der Umfangsgeschwindigkeit des Rotors dargestellt. Daraus geht hervor, daß $W_{\text{om}}$ mit wachsender Umfangsgeschwindigkeit, die zur Erreichung entsprechender Dispersitätsgrade notwendig ist, stark ansteigt und im Extremfall bis zu 1000 kWh $t^{-1}$ erreichen kann.

## 4.8.2. Prallbrecher mit Schlagrotoren

Der Aufbau und die üblichen Formen gehen aus Bild 4.157 hervor. Bei diesen Brechern wird das Brechgut über *Schulter-*, *Kopf-* oder *Seiteneinlauf* den mit Schlagleisten versehenen Rotoren zugeführt. Der Schultereinlauf wird bevorzugt angewendet. Bei reversierbaren Einrotorbrechern mit Kopfeinlauf wird nach Verschleiß einer Seite der Schlagleisten und Prallplatten die Drehrichtung verändert. Das einlaufende Brechgut wird von den umlaufenden Schlagleisten erfaßt, zerkleinert oder im teilelastischen Stoß mit erhöhter Geschwindigkeit gegen die Prallplatten geschleudert. Da möglichst gerade zentrale Stöße erfolgen sollen, werden die Prallplatten senkrecht zur theoretisch wahrscheinlichen Flugbahn angeordnet. Im Ergebnis der Gutbeschleunigung durch den Rotor werden die Brechgutstücke nach dem Auftreffen auf die Prall-

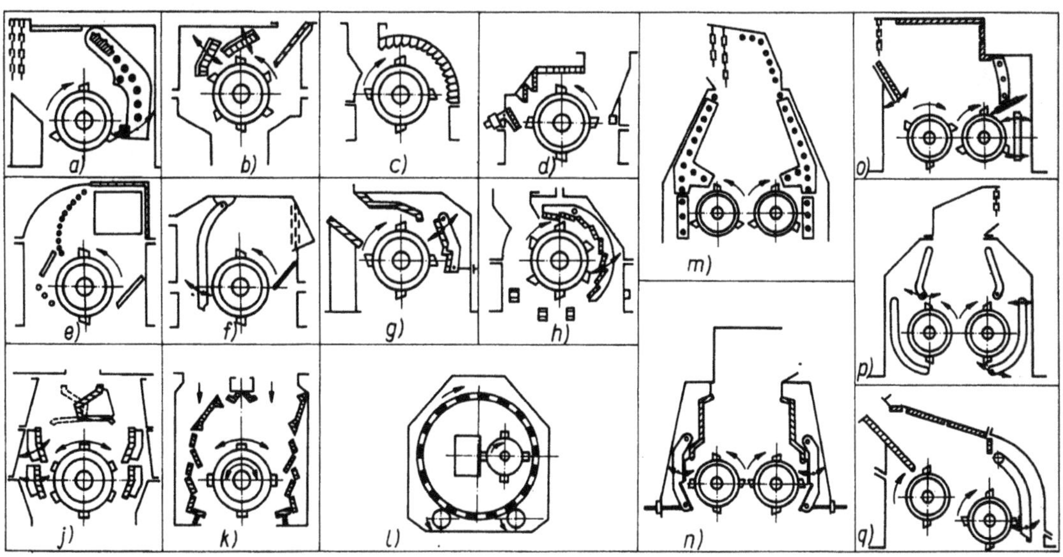


Bild 4.157. Übersicht über Prallbrecher mit Schlagrotoren
*a*) bis *h*) Einrotor-Prallbrecher
*j*), *k*) Einrotor-Prallbrecher mit reversierbarem Rotor
*l*) Drehrost-Prallbrecher
*m*) bis *q*) Zweirotor-Prallbrecher

platten mehrfach hin- und hergeschleudert, wobei sie sich infolge exzentrischer Schläge und gegenseitiger Teilchenbehinderung in nicht mehr vorausbestimmbaren Bahnen in Richtung Austragöffnung bewegen. Die Prallplatten, die mit ihrer gekrümmten oder geknickten Form einzeln oder als Prallplatteneinheit eine einfache Evolvente oder Spirale darstellen, sind für den Überlastschutz federnd abgestützt. Außerdem kann damit der Spalt zwischen Schlagleiste und Prallplatte sowie deren Neigung eingestellt werden. Beide Verstellmöglichkeiten beeinflussen die Zerkleinerungswirkung und die Korngrößenverteilung des Fertiggutes. Durch die bedeutend geringere Beeinflussung der Brechgutkörner untereinander und die homogenere zeit- und raummäßige Verteilung der Kraftwirkungen sind die in den Bauteilen der Prallbrecher auftretenden Belastungen wesentlich geringer als bei vergleichbaren Backen- und Kegelbrechern. Die Brechergehäuse können deshalb auch als mehrteilige Schweißkonstruktionen mit relativ geringem Masseaufwand hergestellt werden. Die Brechraumwände werden durch auswechselbare Verschleißplatten geschützt.

Die zur Vor- und Nachzerkleinerung von weichen, mittelharten und zum Teil harten Materialien einsetzbaren Prallbrecher haben folgende Vorteile:

— geringer spezifischer Arbeitsbedarf $W_{\text{om}} = 0{,}6$ bis 1,2 kWh $t^{-1}$
— hoher Durchsatz im Verhältnis zur Eigenmasse
— großes Zerkleinerungsverhältnis $\varepsilon = 20$ bis 50
— gute Anpassungsfähigkeit an das zu verarbeitende Gut durch Veränderung der Prallgeschwindigkeit und Spaltverstellung
— unabhängig von der gewünschten Fertiggutfeinheit werden kubische Kornformen erreicht
— bei der Aufbereitung von Erzen ist eine selektive Zerkleinerung möglich
— gute Kombinationsmöglichkeiten von Prallbrechern mit Mühlen zur Verbesserung technisch-ökonomischer Kennziffern
— einfacher Aufbau und geringer Wartungsaufwand
— einfacher Überlastschutz durch beweglich gelagerte federnd abgestützte Prallplatten

Nachteilig sind der hohe Feingutanteil, der bei der Prallzerkleinerung durch die große Streubreite der Bruchwahrscheinlichkeit entsteht, und der große Verschleiß an den Schlagleisten und Prallplatten bei Materialien mit hoher Festigkeit ($V_0 \approx 80$ bis 100 g $t^{-1}$ bei Quarz; $V_0 \approx 10$ g $t^{-1}$ bei Kalkstein).

#### 4.8.2.1. Berechnungsgrundlagen

Die Beanspruchungs-, Zerkleinerungs- und Transportvorgänge sind bei Prallzerkleinerungsmaschinen von vielen Einflußfaktoren, wie Teilchenform, natürlichen Spaltflächen, Eindringtiefe, Aufprallwinkel, Rotationsbewegungen der Teilchen, Reibungsverhältnisse der Brechgutstücke bei der Berührung untereinander und an den Arbeitsorganen, konstruktiven Besonderheiten u. a., abhängig.

**Durchsatz:** Das Zerkleinerungsverhältnis sowie der Durchsatz sind von folgenden Einflußgrößen abhängig:

— physikalische Beschaffenheit des Brechgutes
— Umfangsgeschwindigkeit der Schlagleisten
— Materialaufgabegeschwindigkeit bzw. Eindringtiefe in dem Schlagbereich des Rotors und Schlagleistenzahl
— Spaltweite zwischen Schlagleisten und Prallplatten
— Anordnung der Prallplatten
— Bewegung des Brechgutes im Brechraum, z. B. Art der Aufgabe des Gutes in den Wirkungsbereich der Schlagleisten, Bewegung desselben nach dem ersten Schlag durch die Schlagleisten bis zum Auftreffen auf die Prallplatten, Bewegungsbahnen der von den Prallplatten reflektierten Stücke, Bewegung des zerkleinerten Korngemisches am Austragspalt, gegenseitige Teilchenbehinderung usw.

Bei der Berechnung des Durchsatzes muß auf empirische Beziehungen und spezifische Kenngrößen zurückgegriffen werden, da die vielfältig wirkenden Einflußfaktoren nicht mit der erforderlichen Sicherheit erfaßt werden können. Für Einrotor-Prallbrecher kann der Volumendurchsatz bei Berücksichtigung zahlreicher Einflußfaktoren wie folgt berechnet werden [73, 117]:

$$\dot{V} = \dot{V}_{\text{o}} L D_{\text{R}}^{\text{x}} k_{\beta} k_{\text{D}} k_{\text{S}} k_{\text{r}} k_{\sigma} k_{\text{b}} / v_1^{\text{m}} z^{\text{q}} \qquad (4.250)$$

($\dot{V}_0 = 1500$ bis 1900 $m^3\,h^{-1}$ theoretischer Volumenstrom bei einem Einrotorbrecher mit den Rotorabmessungen $D_{\text{R}}$ und $L = 1$ m, Anzahl der Schlagleisten $z = 1$ und $v_1 = 1\,m\,s^{-1}$; $k_{\beta}$ Einflußfaktor für den Anstellwinkel $\beta_1$ der Prallplatte $0 < \beta_1 < 90°$ nach Bild 4.158 ($k_{\beta} = 1 - 0{,}49\beta_1 + 4{,}7 \sin^2 \beta_1$);

$k_D$ Einflußfaktor für die Aufgabegutkorngröße $d_A$ ($k_D = 1 - 3{,}4\delta$ mit $\delta = d_A/D_R \leq 0{,}2$ beträgt $k_D \approx 0{,}3$); $k_s$ Korrekturfaktor für die Spaltweite ($k_s = 1 + 1{,}9\varepsilon$ mit $\varepsilon = s/D_R < 0{,}2$ beträgt $k_s \approx 1{,}20$); $k_r$ Einflußfaktor für die Abrundung der Schlagleiste (bei einem Radien-Durchmesser-Verhältnis $r/D_R < 0{,}05$ beträgt $k_r = 0{,}85$); $R$ Radius der verschlissenen Pralleiste; $k_\sigma$ Einflußfaktor für die Festigkeitseigenschaften des Brechgutes (bei spröden Materialien kann $k_\sigma = 0{,}95$ angenommen werden); $k_b$ Einflußfaktor für konstruktive Größen, wie Neigungswinkel der Aufgabeschurre, Arbeitshöhe der Pralleisten u. a. (dieser Einflußfaktor wurde mit $k_b = 0{,}86$ ermittelt)).

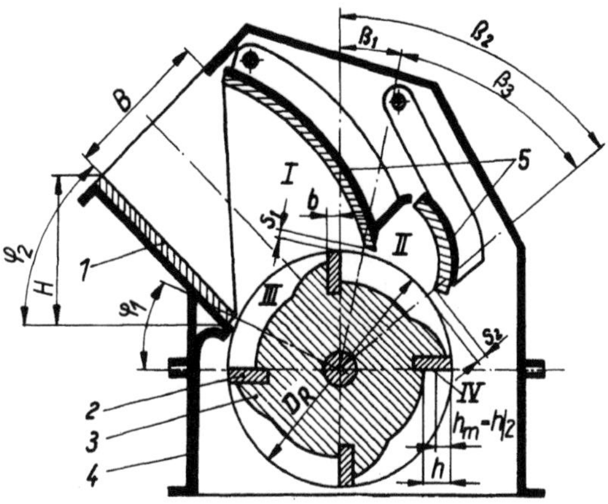


Bild 4.158. Prallbrechermodell zur Berechnung des Durchsatzes und zur Festlegung der Brechraumabmessungen [117]
*1* Einlaufschurre; *2* Schlagleiste; *3* Rotorgrundkörper; *4* Brechergehäuse; *5* Prallplatten

Werden in (4.250) für $k_D$, $k_s$, $k_r$, $k_\sigma$ und $k_b$ o. g. Durchschnittswerte, für $\dot{V}_0 = 1900\ \mathrm{m^3\,h^{-1}}$ und für die experimentell ermittelten Exponenten $m = 0{,}35$, $q = 0{,}5$ und $x = 1{,}5$ eingesetzt, so erhält man zur überschläglichen Berechnung von $\dot{V}$ folgende Beziehung:

$$\dot{V} = 480LD_R^{1,5}k_\beta/v_1^{0,35}z^{0,5} \tag{4.251}$$

Auch (4.252) stellt eine empirische Gleichung dar, die nur für Überschlagsberechnungen geeignet ist [125]:

$$\dot{V} = cD_R^2L\sqrt{(v_1 - 1)/v_{\text{krit}}}\ \sqrt[3]{d_{F\,80}/d_{A\,80}} \times (1 - 0{,}4\sqrt{D_R/s}) \tag{4.252}$$

Bei bekanntem spezifischem Arbeitsbedarf $W_0$, der entweder experimentell ermittelt oder zur Orientierung aus Bild 4.156 entnommen werden kann, ist für die überschlägliche Berechnung des Durchsatzes auch (4.253) verwendbar:

$$\dot{m} = P/W_{o\dot{m}} \approx \varkappa D_R L v_1^2/W_{o\dot{m}} \tag{4.253}$$

($\varkappa = 0{,}04$ bis $0{,}05$ Proportionalitätsfaktor)

Verschiedentlich ist es zweckmäßig, zur Ermittlung von $\dot{m}$ den spezifischen Durchsatz $\dot{m}_{oA}$, d. h. die je Einheit der projizierten Fläche des Rotorquerschnittes stündlich durchgesetzte Gutmenge, zu verwenden:

$$\dot{m} = \dot{m}_{oA}D_RL \tag{4.254}$$

Da $\dot{m}_{oA}$ von der Brechgutart, der Umfangsgeschwindigkeit des Rotors und der Spalteinstellung abhängig ist und zwischen $\dot{m}_{oA} = 50$ bis $100\ \mathrm{t\,h^{-1}\,m^{-2}}$ schwanken kann, sind experimentelle Untersuchungen für den speziellen Einsatzfall unter geometrisch ähnlichen Bedingungen notwendig. Ähnliche Ergebnisse erhält man mit (4.155) [123]:

$$\dot{m} = kD_R^{1,2}L \tag{4.255}$$

($k = 20$ bis $50$ Proportionalitätsfaktor, der für Kalkstein bei unterschiedlichen Aufgabegutkörnungen ($d = 0$ bis $40$ mm) und $v_1 = 45\ \mathrm{m\,s^{-1}}$ ermittelt wurde)

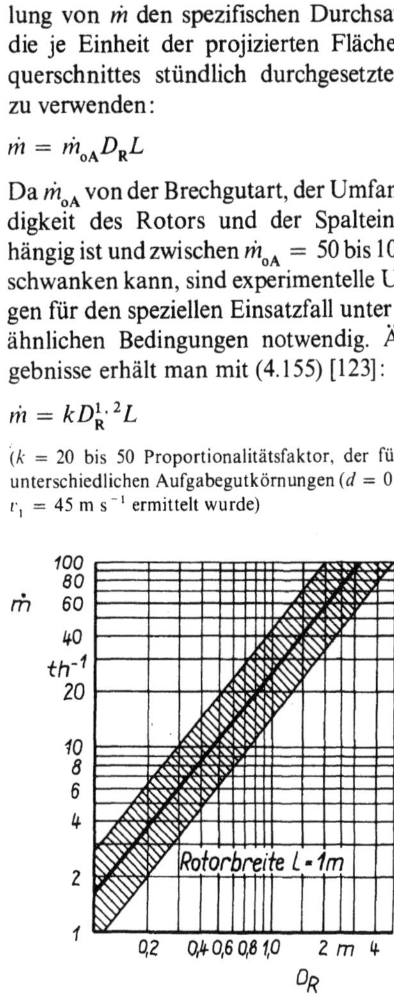


Bild 4.159. Durchsatzbereiche von Prallbrechern bei verschiedenen Rotordurchmessern [123]

In Bild 4.159 ist $\dot{m}$ in Abhängigkeit von $D_R$ bei einer normierten Rotorbreite von $L = 1$ m dargestellt.

**Leistungsbedarf:** Der mechanische Leistungsbedarf $P_{\text{mech}}$ setzt sich aus dem Leistungsbedarf zur Zerkleinerung, der elastischen Deformation und dem Transport des Brechgutes $P_Z$, der Lagerreibung $P_R$ und den Ventilationsverlusten $P_V$ zusammen:

$$P_{mech} = (P_Z + P_R + P_V)/\eta_G \tag{4.256}$$

$$P_Z = kP_{ZP} = k\,\Delta W n_R z \tag{4.257}$$

Da die Leistungsanteile für die Zerkleinerung, die Reibung der Schläger am Brechgut sowie die gegenseitige Teilchenbehinderung ungünstige Stoßarten, elastische Deformation usw. nicht getrennt erfaßt werden können, wurde in (4.257) ein Proportionalitätsfaktor eingeführt, der $k = 1{,}3$ bis 3 beträgt [126].

Während die größeren Werte für Grobbrecher bei kleineren Umfangsgeschwindigkeiten zutreffen, gelten die kleineren Werte bei Prallmühlen. Für die Berechnung von $\Delta W$ wird als Masse $m_2$ die mittlere Brechgutmasse je Umdrehung und Schlagleiste angenommen, die wie folgt berechnet werden kann:

$$m_2 = \dot{m}/3{,}6 n_R z \tag{4.258}$$

Bezeichnet man die kinetische Energie des Rotors vor dem Schlag mit $W_1$ und unmittelbar danach mit $W_2$, so kann für die beim Schlag auf das Brechgut übertragene Energie geschrieben werden:

$$\Delta W = W_1 - W_2\,; \qquad W_1 = \Theta\omega_{R1}^2/2$$

$$W_2 = \Theta\omega_{R2}^2/2 \tag{4.259}$$

$$\Delta W = m_2 c_2^2/2 \tag{4.260}$$

Damit erhält man:

$$m_2 c_2^2 = \Theta\omega_{R1}^2 - \Theta\omega_{R2}^2 \tag{4.261}$$

Wird in (4.261) für $c_2 = \omega_{R2} R_{RS}$ eingesetzt, wobei $R_{RS}$ den Schlagkreisradius darstellt, so ergibt sich für die Winkelgeschwindigkeit des Rotors nach dem Schlag:

$$\omega_{R2} = \omega_1 \sqrt{\Theta/(\Theta + m_2 R_{RS}^2)} \tag{4.262}$$

Damit können für $\Delta W$ nach (4.259) und $P_Z$ nach (4.257) folgende Beziehungen abgeleitet werden:

$$\Delta W = (\Theta\omega_{R1}^2/2) - \Theta^2\omega_{R1}^2/2(\Theta + m_2 R_{RS}^2) \tag{4.263}$$

$$P_Z = (k/4\pi)\, z\Theta\omega_{R1}^3 [1 - \Theta/(\Theta + m_2 R_{RS}^2)] \tag{4.264}$$

Der Leistungsbedarf für die Lagerreibung $P_R$ ist im Verhältnis zu den Ventilationsverlusten des Rotors vernachlässigbar. Soll jedoch $P_R$ z. B. bei Großbrechern ermittelt werden, so wird angenommen, daß die Lager durch die Rotormasse, die Riemenzugkraft, Zentrifugalkräfte, die durch Unwuchtmassen im Rotor entstehen, und durch Trägheitskräfte des Brechgutes belastet werden (vgl. Bild 4.163).

Der Leistungsbedarf für Ventilationsverluste $P_V$ des Rotors kann überschläglich nach (4.265) berechnet werden, da in aerodynamischer Hinsicht ähnliche Bedingungen auftreten wie bei Gebläsen:

$$P_V = \dot{V}_L\,\Delta p \tag{4.265}$$

Der theoretische Luftstrom, bedingt durch die Verdrängungswirkung der Schlagleisten, und der Staudruck betragen

$$\dot{V}_L = A v_L = L h v_L\,; \qquad \Delta p = \varrho_L v_L^2/2 \tag{4.266}$$

Für die mittlere Luftgeschwindigkeit, die der Umfangsgeschwindigkeit des Schwerpunktes der Schlägerfläche entspricht, kann nach Bild 4.158 geschrieben werden:

$$v_L = (D_R - h)\,\pi n_R \tag{4.267}$$

Da bei den Rotoren von Prallbrechern nach Bild 4.160 keine reine Verdrängerwirkung auftritt, ist

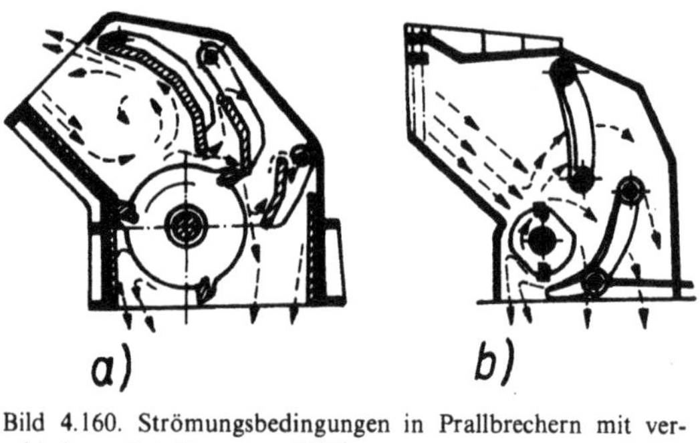


Bild 4.160. Strömungsbedingungen in Prallbrechern mit verschiedenen Arbeitsorganen [117]
*a)* Prallbrecher mit flächenförmigen Prallplatten
*b)* Prallbrecher mit rostförmigen Prallelementen

bei der Ermittlung von $P_V$ nach (4.265) ein Abminderungsfaktor $k_W$ für $\dot{V}_L$ einzuführen. Damit erhält man folgende Beziehung:

$$P_V = k_W L h v_L\,\Delta p$$

$$= 15{,}5 k_W L h \varrho_L (D_R - h)^3 n_R^3 \tag{4.268}$$

($k_W = 0{,}3$ bis 0,5 Abminderungsfaktor, der z. B. bei einem Arbeitsraum mit drei Prallstufen $k_W = 0{,}34$ beträgt [117])

Zur Ermittlung von $P_V$ ist in Auswertung umfangreicher experimenteller Untersuchungen auch (4.269) verwendbar [127]:

$$P_V = Lh\,\Delta p v_1^{\vartheta} \tag{4.269}$$

($\vartheta$ maschinenabhängige Konstante, die nach Bild 4.161 zwischen 0,8 und 2 liegen kann [127])

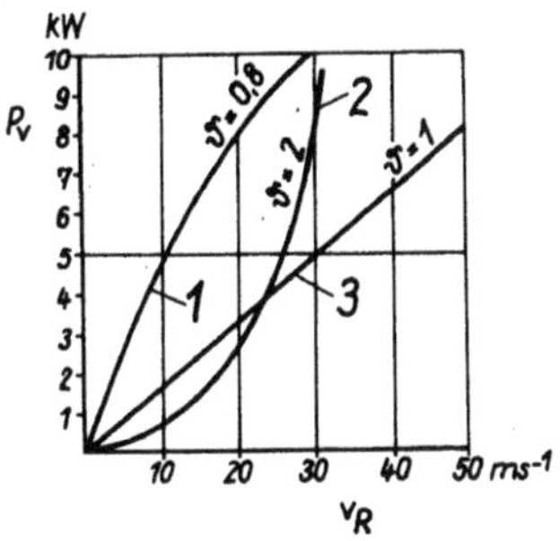


Bild 4.161. Ventilationsleistung $P_V$ in Abhängigkeit von der Rotorgeschwindigkeit für verschiedene Brechraumformen [127]
*1, 2* Grobprallbrecher; *3* Feinprallbrecher

Je nach konstruktiver Gestaltung des Rotors und des Arbeitsraumes kann $P_V \approx$ (0,1 bis 0,25) $P_Z$ betragen. Zur Berechnung von $P_{mech}$ sind in der Praxis für spezielle Einsatzfälle und bestimmte Randbedingungen auch folgende Beziehungen verwendbar [73, 117, 128, 129]:

$$P_{mech} = W_{0A}\dot{V}(\varepsilon - 1)/D_R\eta_{mech} \quad \text{in W} \tag{4.270}$$

($W_{0A}$ spezifischer Energiebedarf in Wh m$^{-2}$, z. B. bei Granit 15 Wh m$^{-2}$, Anthrazit 2,53 Wh m$^{-2}$; $\eta_{mech}$ = 0,75 bis 0,9)

$$P_{mech} = 9D_R^2 L n_R \quad \text{in kW} \tag{4.271}$$

$$P_{mech} = (360 \ldots 540)\,\varepsilon\dot{m} \quad \text{in kW} \tag{4.272}$$

($\dot{m}$ Durchsatz in t s$^{-1}$; $\varepsilon$ Zerkleinerungsverhältnis)

In Bild 4.162 sind ausgewählte Kennziffern für Einrotor-Prallbrecher dargestellt.

Bei der Auswahl des Antriebsmotors muß überprüft werden, ob die in der Schlagfolgezeit des Rotors an das Brechgut zu übertragende Energie ohne Überlastung des Rotors aufgebracht werden kann. Bei $Z$ Pralleisten ergibt sich die Schlagfolgezeit nach Bild 4.158 und die Differenz der Winkelgeschwindigkeiten zwischen den Schlägen zu

$$\Delta\omega_R = \omega_{R1} - \omega_{R2}$$

$$t = (D_R\pi - zb)/D_R\pi n_R z \tag{4.273}$$

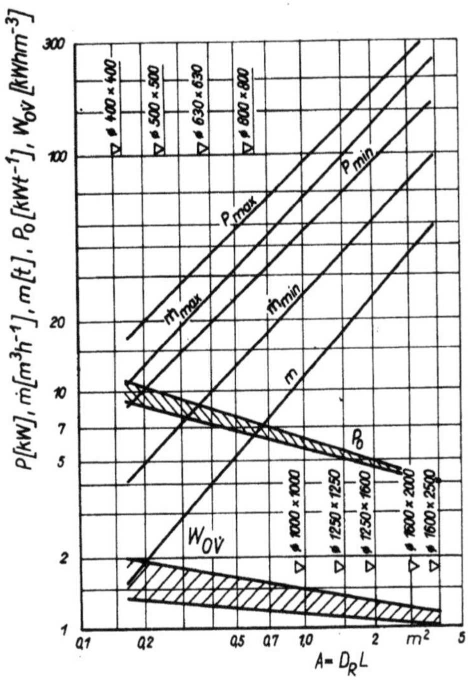


Bild 4.162. Ausgewählte technisch-ökonomische Kennwerte für Einrotor-Prallbrecher (SKET)

Um vor dem nächsten Schlag die Nenndrehzahl oder Winkelgeschwindigkeit $\omega_{R1}$ wieder zu erreichen, muß der Antriebsmotor zwischen zwei Schlägen, d. h. in der Schlagfolgezeit $t$, den Rotor mit der Winkelbeschleunigung

$$\varepsilon_R = \Delta\omega_R/t = \Delta\omega_R n_R z \tag{4.274}$$

von $\omega_{R2}$ auf $\omega_{R1}$ beschleunigen. Das notwendige Beschleunigungsmoment des Rotorantriebes $M_B$ kann man unter Berücksichtigung aller Massenträgheitsmomente, die auf die Antriebswelle reduziert werden, nach (4.275) bestimmen:

$$M_B = (\Theta_R' + \Theta_A)\,\Delta\omega_R/t\eta_{mech} \tag{4.275}$$

($\Theta_R'$ auf die Antriebswelle reduziertes Massenträgheitsmoment des Rotors; $\Theta_A$ Massenträgheitsmoment des Antriebes einschließlich des Motors)

Damit die erforderliche Beschleunigung in der Zeit $t$ erfolgen kann, muß die Bedingung

$$M_B = M_N - (M_V + M_R) \tag{4.276}$$

erfüllt sein. Bei bekanntem Massenträgheitsmoment kann die Anlaufzeit für den ausgewählten

Motor, die eine bestimmte vom Motorhersteller angegebene Größe nicht überschreiten darf, nach (4.277) berechnet werden:

$$t_A = (\Theta_R' + \Theta_A)\,\omega_{R1}/M_{Bm}\eta_{mech} \qquad (4.277)$$

($M_{Bm}$ mittleres Beschleunigungsmoment des Motors; $M_N$ Nennmoment des Motors)

Analog zu den Backenbrechern (vgl. (4.81)) erhält die Arbeitsgleichung bei den Prallbrechern, mit der sich die Massenträgheitsmomente ermitteln bzw. nachrechnen lassen, folgendes Aussehen:

$$\Delta W = P_M t \eta_{mech} + (\Theta_R' + \Theta_A)\,(\omega_{R1}^2 - \omega_{R2}^2)/2$$
in Nm (4.278)

**Stützkräfte:** Die Beanspruchungen in Prallbrechern hängen beim Aufeinanderschlagen fester Körper von deren Massen, ihrer Beschleunigung, der Schlagdauer, den Elastizitätseigenschaften der am Schlag beteiligten Materialien und der Form der Kontaktflächen ab. Auf den Rotor sowie dessen Lagerung wirken nach Bild 4.163 folgende Kräfte:

$$F_{GR} = m_R g\,; \qquad F_{Ri} = P_M/\pi n_R D_i \qquad (4.279)$$

$$F_{Zu} = \Delta m_R r_u \omega_R^2 \qquad (4.280)$$

($\Delta m_R$ Unwuchtmasse, die zur Gewährleistung der erforderlichen Sicherheit im Falle eines Schlagleistenbruches mit 5 bis 10% der Rotormasse $m_R$ angenommen wird; $r_u$ Schwerpunktabstand des Rotors von der Rotationsachse beim Fehlen einer Leiste)

$$F_B = m_2 a \quad \text{oder} \quad F_B = m_2 v_1 (1 + k)/t_S \qquad (4.281)$$

($t_S$ Schlagdauer, die mit $t_S = 5 \cdot 10^{-3} v_1^{-0.5}$ oder $t_S = (2 - k)\,10^{-3}$ in s eingesetzt werden kann; bei einem Masseverhältnis $m_1/m_2 =$ 40 bis 60 ergaben sich für $t_S = 0{,}0012$ bis 0,0016 s [75, 121] bzw. $t_S = 0{,}0006$ bis 0,0011 s bei $v_1 = 20$ bis 40 m s$^{-1}$)

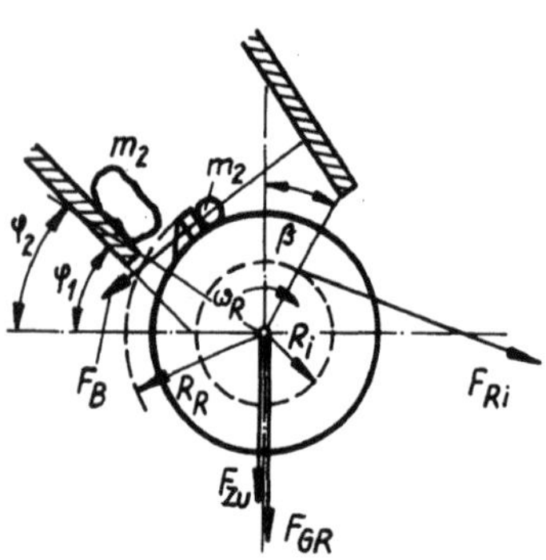


Bild 4.163. Schematische Darstellung der am Schlagrotor wirkenden Kräfte

Da $m_2$ bei ungleicher Brechgutzuführung den durchschnittlichen Wert nach (4.258) überschreiten kann, wird zur Sicherheit bei der Auslegung der Maschinenteile gegen Dauerbruch ein Sicherheitsfaktor $k = 3$ eingeführt.

$$F_{B\,max} = k F_B \qquad (4.282)$$

Zur Dimensionierung der wichtigsten Brecherbauteile bzw. Baugruppen sind unter Berücksichtigung von (4.279) bis (4.282) die resultierenden Kräfte und Drehmomente zu bestimmen:

$$F_{Res} = f(F_{GR}; F_{Ri}; F_{Zu}; F_B) \quad \text{und}$$
$$M_d = P_M \eta_{mech}/\omega_R \qquad (4.283)$$

#### 4.8.2.2. Gesichtspunkte zur Konstruktion

*Schlagrotor-Prallbrecher* bestehen aus einem geschweißten, durch Aussteifungsrippen verstärkten mehrteiligen Stahlblechgehäuse, in dem ein oder zwei Rotoren sowie Prallplatten oder -stangen angeordnet sind. Bei der Auswahl der Konstruktionsparameter und Konstruktionselemente sowie bei der konstruktiven Gestaltung sind die Bilder 4.164 und 4.158 verwendbar. Da die Schlagleisten der Rotoren und Prallplatten oder -stangen infolge hoher Beanspruchung durch abrasives Brechgut einem großen Verschleiß unterliegen, sind ein schneller, mit einfachen Arbeitsmitteln durchführbarer Verschleißteilwechsel und die Anwendung entsprechender Verschleißwerkstoffe besonders zu beachten. Die Arbeitsräume und Rotoren sollten deshalb unter Berücksichtigung des Abschn. 4.8.1. so gestaltet werden, daß

— die Prall- und Schlagflächen senkrecht zur Flugrichtung des Brechgutes stehen
— eine möglichst große Energieausnutzung bei geringer Gutkonzentration im Arbeitsraum erfolgt
— das zerkleinerte Gut zur Ausfallöffnung reflektiert wird
— verschleißfördernde Tangentialstöße weitestgehend vermieden werden
— die Schlagelemente (Pralleisten) wegen ihres höheren Verschleißes aus verschleißfesteren Werkstoffen als die Prallflächen hergestellt werden und leicht auswechselbar sind

Der Aufbau der mit Rotorumfangsgeschwindigkeiten von etwa $v_1 = 25$ bis 50 m s$^{-1}$ arbeitenden

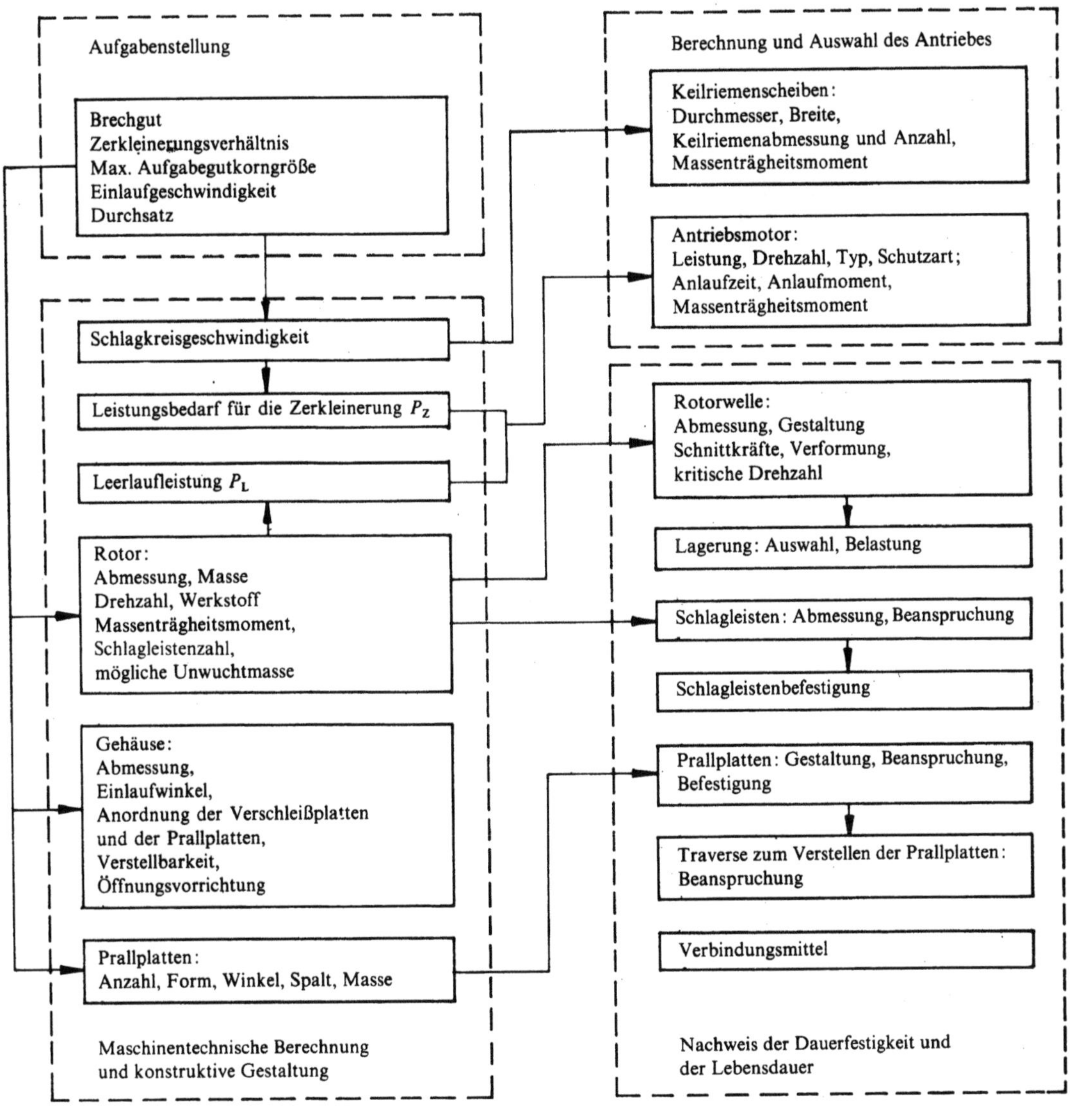


Bild 4.164. Schema zur Berechnung und konstruktiven Gestaltung von Prallbrechern

Brecher ist trotz großer Typenzahl (vgl. Bild 4.157) mit wenigen Ausnahmen ähnlich. Bei den meisten Brechern wird der in schweren Pendelrollenlagern gelagerte Rotor mittels Keilriemens angetrieben. Während die Drehrichtung der Rotoren beim Schultereinlauf (vgl. Bilder 4.157 und 4.163) im Gegensatz zu der der Hammerbrecher so gewählt wird, daß das Aufgabegut von der Einlaufkante in Richtung der Prallplatten nach oben geschleudert wird, sind beim Kopfeinlauf bei entsprechender Arbeitsraumgestaltung Drehrichtungsänderungen möglich. Reversierbare Rotoren werden unter dem Gesichtspunkt geringerer Instandhaltungsaufwendungen gewählt, da das Wechseln der Verschleißelemente erst dann erfolgen muß, wenn bei durchgeführter Drehrichtungsänderung beide Schläger- oder Prallplattenseiten verschlissen sind.

Die *Rotorgestaltung* und die großräumige *Gehäuse-*

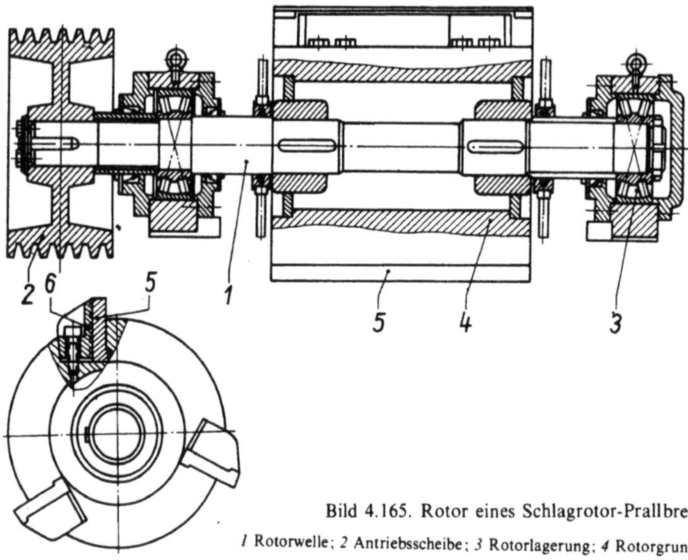


Bild 4.165. Rotor eines Schlagrotor-Prallbrechers

*1* Rotorwelle; *2* Antriebsscheibe; *3* Rotorlagerung; *4* Rotorgrundkörper; *5* Schlagleisten; *6* Schlagleistenbefestigung

*ausbildung* sind grundlegende Unterscheidungsmerkmale zwischen Prall- und Hammerbrecher. Die Schlagrotoren der Prallbrecher sind nach Bild 4.165 durch eine starre Befestigung ihrer über die gesamte Rotorbreite verlaufenden Schlagelemente sowie durch ihre massive Bauform gekennzeichnet. Sie besitzen ein großes Massenträgheitsmoment, das bei der Zerkleinerung als Energiespeicher wirkt und eine ausgeglichene Leistungsaufnahme gewährleistet. Der *Rotordurchmesser* $D_R$ und die *-breite* $L$ stellen die Hauptparameter der Prallbrecher dar. $D_R$ wird in der Regel in Abhängigkeit von der maximalen Aufgabegut-Korngröße $d_A$ festgelegt [73, 117]:

— *Grobbrecher*

Einrotorbrecher $D_R \geqq (1{,}5 \ldots 3)\, d_A$ (4.284)

Zweirotorbrecher $D_R \geqq (1{,}2 \ldots 1{,}5)\, d_A$

— *Mittel- bzw. Nachbrecher*

$$D_R \geqq (3 \ldots 10)\, d_A \quad \text{oder} \quad D_R = 1{,}25 d_A + 200 \qquad (4.285)$$

— *Feinbrecher* $D_R \geqq 3d_A + 550$ (4.286)

Die *Rotorbreiten* liegen unter Beachtung des gewünschten Durchsatzes in folgenden Grenzen:

$$L = (0{,}5 \ldots 1{,}5)\, D_R \qquad (4.287)$$

Wird $L > 1{,}5D_R$ gewählt, so besteht die Gefahr, daß ungünstige Zerkleinerungsbedingungen und damit schlechtere technisch-ökonomische Kennwerte auftreten. Bei der Festlegung der günstigsten Hauptabmessungen ist auch zu berücksichtigen, daß das erforderliche Rotorträgheitsmoment $\Theta_R$, das besonders bei der Grobzerkleinerung von Bedeutung ist, gewährleistet wird. Da in der Praxis Durchsatzabstufungen notwendig sind, werden bei der Entwicklung von Typenreihen für standardisierte Rotordurchmesser unterschiedliche Breiten vorgesehen (z. B. $L/D_R$ = 0,5; 0,8; 1,00; 1,25). Bei der Festlegung der Schlägerzahl $Z$ sowie der wirksamen Schlägerhöhe $h$ muß vom vorgesehenen Einsatzzweck und der gewünschten Kornzusammensetzung des gebrochenen Gutes ausgegangen werden. Dabei müssen außerdem $D_R$, $d_A$, die Rotorge-

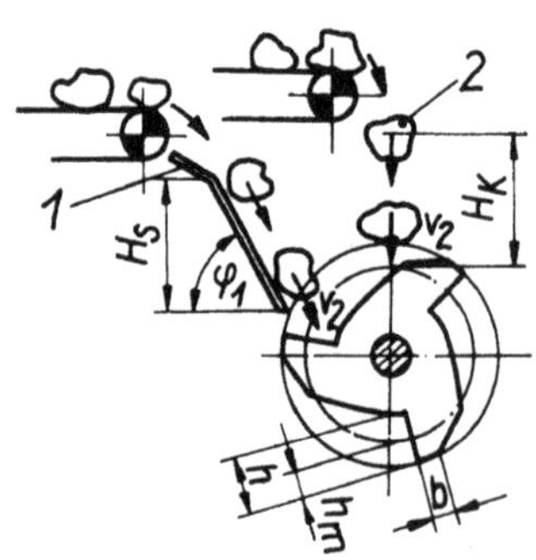


Bild 4.166. Schema zur Berechnung der Eindringtiefe

*1* Schultereinlauf; *2* Kopfeinlauf

schwindigkeit $v_1$ und Eindringtiefe $h_m$ des Brechgutes in den Schlagkreis sowie die Aufgabegutgeschwindigkeit $v_2$ berücksichtigt werden. Bei der Bestimmung von $z$ ist es günstig, wie bei der Zahnradberechnung vom Schlägermodul auszugehen:

$$z = D_R/m_R \tag{4.288}$$

Als Rotorteilung $T_R = \pi m_R$ wird der Kreisbogen zwischen den Arbeitsflächen zweier benachbarter Schläger bezeichnet. Von ihr ist die Eindringtiefe des Aufgabegutes in den Arbeitsbereich des Rotors abhängig. Bei Anwendung eines Kopfeinlaufes ist nach Bild 4.166 zur Gewährleistung der erforderlichen Eindringtiefe $h_m = h/2$ folgende Fallhöhe $H_K$ notwendig:

$$H_K = v_2^2/2g \quad \text{mit} \quad v_2 = h_m/t \tag{4.289}$$

Wird die Schlagfolgezeit $t$ nach (4.273) in (4.289) eingesetzt, so ergibt sich $H_K$ zu

$$H_K = (hD_R\pi n_R z)^2/8g(D\pi - zb)^2 \tag{4.290}$$

Im Falle eines Schultereinlaufes mit geneigter Einlaufschurre erhält man

$$H_S = (hD_R\pi n_R z)^2/8g(D_R\pi - zb)^2 \, (1 \div \mu \cot \varphi) \tag{4.291}$$

Der Modul $m_R$ beträgt 300 bis 500 mm bei Grobbrechern und 175 bis 300 mm bei Mittel- und Feinbrechern. Große Aufgabegutkörnungen erfordern einen großen $m_R$. Bei großen Zerkleinerungsverhältnissen und kleinen Korngrößen sind dagegen kleinere $m_R$ notwendig [117]. Wegen des einfacheren Auswuchtens wird in der Regel $z$, bis auf $z = 3$, gradzahlig gewählt. Zur günstigen Befestigung der Schlagleisten und deren Herstellung werden verschiedentlich bei Rotorbreiten $L > 500$ bis 600 mm jeweils zwei Schlagleisten eingelegt, die bei einem entsprechenden Verschleiß zur maximalen Ausnutzung des Schlägermaterials bis zu viermal gedreht werden können. Für die Schlagleistenhöhe und -breite werden folgende Werte zugrunde gelegt:

$$0{,}2D_R > h > 0{,}1D_R; \qquad b = (0{,}4 \ldots 0{,}6)\, h \tag{4.292}$$

Um *Ausnutzungsgrad des Verschleißmaterials* sowie Standzeit zu erhöhen, werden vielfältige Schläger-

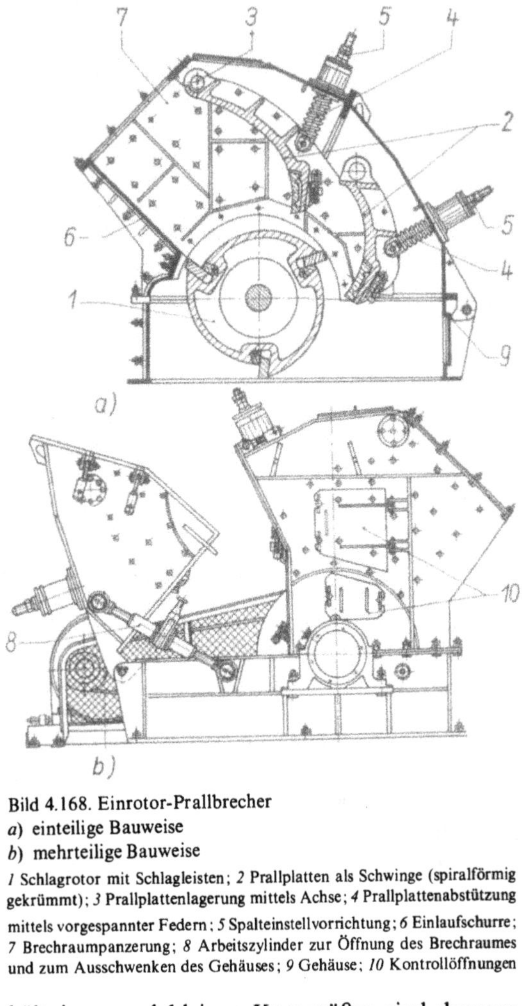


Bild 4.168. Einrotor-Prallbrecher
*a*) einteilige Bauweise
*b*) mehrteilige Bauweise
*1* Schlagrotor mit Schlagleisten; *2* Prallplatten als Schwinge (spiralförmig gekrümmt); *3* Prallplattenlagerung mittels Achse; *4* Prallplattenabstützung mittels vorgespannter Federn; *5* Spalteinstellvorrichtung; *6* Einlaufschurre; *7* Brechraumpanzerung; *8* Arbeitszylinder zur Öffnung des Brechraumes und zum Ausschwenken des Gehäuses; *9* Gehäuse; *10* Kontrollöffnungen

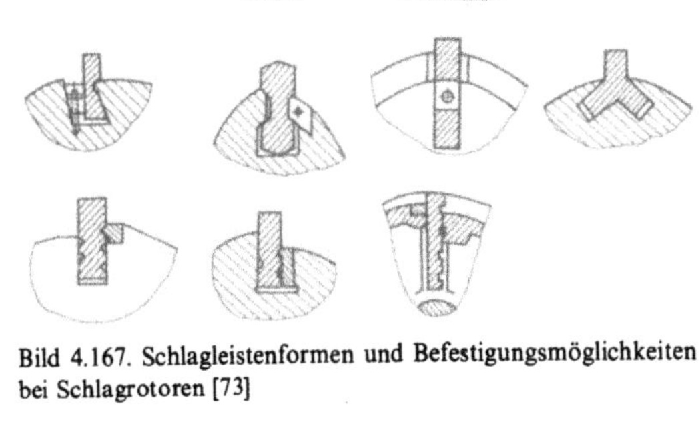

Bild 4.167. Schlagleistenformen und Befestigungsmöglichkeiten bei Schlagrotoren [73]

formen verwendet (Bild 4.167). Neuerdings kommen auch hydraulisch verspannte und damit leicht wechselbare Schlagleisten zur Anwendung.

*Brechergehäuse* werden in Schweißkonstruktion ausgebildet, die im Bereich des Prallraumes mit Verschleißplatten ausgekleidet sind. Sie werden von verschiedenen Herstellern nach einheitlichen Gesichtspunkten gestaltet und unterscheiden sich hauptsächlich durch ein- oder mehrteilige Bauweisen, wobei man bei größeren Brechern grundsätzlich die mehrteilige Bauweise bevorzugt. Zur Vereinfachung der Instandhaltungsarbeiten werden häufig hydraulische Zylinder als Montagehilfen beim Öffnen der Brecher bzw. zum Ausschwenken eines Gehäuseteiles verwendet (Bild 4.168). Während bei den meisten der angebotenen Brecher der Schultereinlauf mit tangentialer Brechgutaufgabe auf den Rotor vorgesehen wird, werden vor allem Zwei- oder Einrotorbrecher mit reversierbaren Rotoren mit trichterförmigem Kopfeinlauf ausgerüstet. Untergliedert man den Brechraum in mehrere Kammern, so wird die erstere durch die Lage der Aufgabeschurre sowie durch Form und Lage der ersten Prallfläche bestimmt (Bild 4.158). Während die Aufgabeschurre durch den Neigungswinkel $\varphi_2$ festgelegt wird, ist die Lage der ersten Prallplatte durch $\beta_1$ bestimmt. $\varphi_2$ wird bei Universalbrechern mit $\varphi_2 = 45°$ bis $50°$ gewählt. Rostschurren mit ungünstigen Reibungsverhältnissen werden mit $\varphi_2 = 60°$ festgelegt. Die durch $\varphi_1$ gekennzeichnete Lage der Schurre zum Schlagkreis wird im Bereich von $\varphi_1 = 0°$ bis $35°$ ausgeführt (am häufigsten $25°$ bis $35°$). Bei $\varphi_1 = 0$ wird der Rotor mit seinen Prallelementen am besten genutzt. Nachteilig ist jedoch, daß größere Aufgabegutkörnungen beim ersten Aufprall auf den Rotor in Richtung der Aufgabeöffnung geschleudert werden. Daher stellt $\varphi_1 = 25°$ bis $35°$ eine bessere Konstruktionslösung dar. Der Prallplattenwinkel $\beta_1$, der in der Regel zwischen $0°$ und $90°$ liegt, beeinflußt wesentlich das Zerkleinerungsverhältnis sowie den möglichen Durchsatz $\dot{m}$. Zur Erreichung eines großen Zerkleinerungsverhältnisses wird $\beta_1$ unter Beachtung der Lage der folgenden Prallplatten zwischen $0°$ und $20°$ gewählt. Bei kleinerem Zerkleinerungsverhältnis und großem Durchsatz liegt $\beta_1$ zwischen $20°$ und $90°$. Die der ersten Prallplatte folgenden werden jeweils mit einem Winkel von $\beta_3 = 20°$ bis $40°$ nachgeordnet. Während man bei der Grobzerkleinerung meist mit zwei Prallstufen auskommt, müssen beim Mittel- und Feinbrechen mit großem Zerkleinerungsverhältnis drei Prallstufen verwendet werden. Der Spalt, der in den einzelnen Prallstufen zur Kalibrierung des durchgehenden Brechgutes eingestellt werden kann, ist vom Prallplatten-Anstellwinkel $\beta$ abhängig. Damit in allen Prallstufen hinsichtlich der Zerkleinerung und Kornbegrenzung gleiche Wirkungen erreicht werden, muß die Bedingung $s_1 > s_2 > s_3$ erfüllt werden. Die Einstellbereiche müssen in folgenden Grenzen möglich sein:

$$s_1 = (0{,}02 \ldots 0{,}2)\,D_R$$

$$s_2 = (0{,}02 \ldots 0{,}125)\,D_R \tag{4.293}$$

Wird ein Prallrost zur Begrenzung maximaler Korngrößen des ausfallenden Gutes eingebaut, so muß beachtet werden, daß das durch den Rost hindurchfallende Größtkorn um das 1,5- bis 1,7fache größer ist als die Spaltweite $s_R$. Deshalb ist bei der Wahl der Spaltweite folgende Beziehung zu beachten [73, 117]:

$$s_R = d_{F\,max}/(1{,}5 \text{ bis } 1{,}7) \tag{4.294}$$

Der Querschnitt der Aufgabeöffnung wird durch die maximale Aufgabegut-Korngröße $d_A$ bestimmt. Die Höhe derselben wird dabei in folgenden Grenzen festgelegt:

— *Grobbrecher*

$$h_G = (1{,}2 \ldots 1{,}7)\,d_A = B_G \tag{4.295}$$

— *Mittel- und Feinbrecher*

$$h_F = (1{,}5 \ldots 3)\,d_A = B_F \tag{4.296}$$

Das Verhältnis $h/L$ beträgt 0,9.

Die *Verschleißteile* unterliegen unterschiedlichen Einwirkungen und weisen je nach Anordnung unterschiedlichen Verschleiß auf. Dabei werden die Pralleisten am meisten beansprucht und verschlissen, da sie die größte Anzahl von Stößen und die größten Stoßkräfte je Flächeneinheit aufzunehmen haben.

In Bild 4.169 sind die prozentualen Anteile der Einzelkosten mit den verschiedenen Standzeiten der einzelnen Verschleißteile dargestellt [125]. Da der Hauptteil der *Verschleißkosten* mit 71,3% auf die Schlagleisten und mit 20,1% auf die Prallplatten entfällt, muß diesen Verschleißelementen bei der Werkstoffauswahl und konstruktiven Gestal-

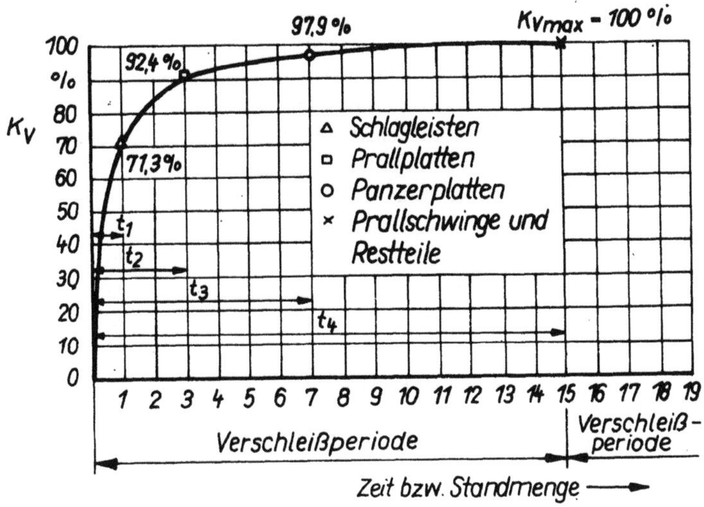


Bild 4.169. Orientierungswerte für Verschleißkostenanteile bei Prallbrechern in Abhängigkeit von der Zeit bzw. der Standmenge (Gesamtdurchsatz bis zum Verschleißteilwechsel) [125]

tung große Beachtung geschenkt werden. Zur Herabsetzung des spezifischen Verschleißes, der Instandhaltungskosten und Ausfallzeiten werden unterschiedliche Schläger- und Rotorkonstruktionen verwendet (Bild 4.167). Auf leichte Wechsel- bzw. Drehbarkeit sowie hohen Ausnutzungsgrad (bis zu 70 bis 75% der Einsatzmasse der Schlagleisten) wird großer Wert gelegt [130]. Pralleisten der verschiedensten Ausführungsformen werden aus Nikkel-Hartguß, martensitischem oder austenitischem Chrom-Stahl-Guß und chrom-molybdän-legiertem Stahl mit entsprechender Wärmebehandlung hergestellt. Verschiedentlich kommen auch Stähle mit aufgeschweißter Schutzschicht zum Einsatz. Der Nettoverschleiß beträgt je nach Abrasivität des Brechgutes $V_0 = 3$ bis $150\,\mathrm{g\,t^{-1}}$ [70, 135]. Der geringste Verschleiß tritt auf, wenn die Kanten der Pralleisten nach Bild 4.170 mit einem Radius von $r \approx 0{,}01 D_R$ versehen werden, der auch bei wiederholtem Aufschweißen einzuhalten ist [117].

In Auswertung praktischer Erfahrungen werden von den Prallbrecherherstellern bei der konstruktiven Entwicklung folgende Gesichtspunkte zugrunde gelegt:

*a*) Die *Gehäuse* werden meist in *Schweißkonstruktion* mehrteilig ausgeführt. Zur Verschleißkontrolle sowie für das Auswechseln der Schlagleisten sind die Gehäuse aufklappbar gestaltet und mit verriegelbaren Klappen versehen.

*b*) Die *Rotoren* sind mit *Pralleisten* belegt, die leicht gewendet bzw. gewechselt werden können. Die Be-

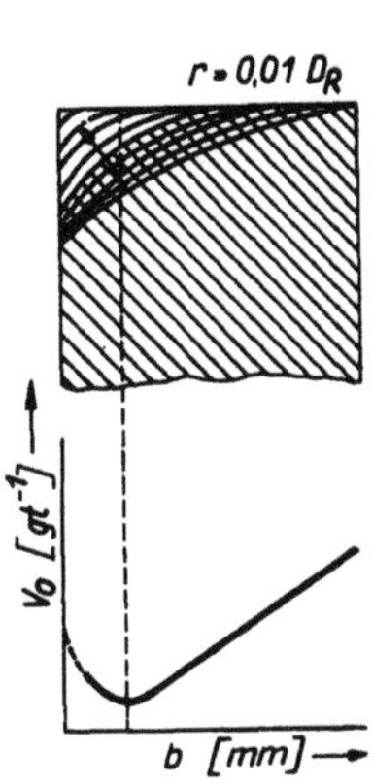


Bild 4.170. Spezifischer Verschleiß in Abhängigkeit vom Schlagleistenradius [117]

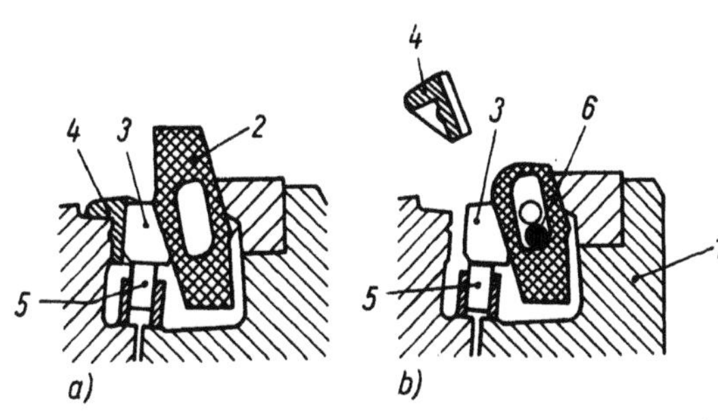


Bild 4.171. Prallbrecherrotor mit hydraulischer Spann- und Wechselvorrichtung für Schlagleisten

*a*) Betriebsstellung unverschlissener Schlagleisten

*b*) verschlissene Schlagleiste mit Wendevorrichtung

*1* Rotorgrundkörper; *2* Schlagleiste; *3* Klemmleiste; *4* Widerlager; *5* Spannzylinder; *6* Wendebolzen

festigung der Leisten wird meist so vorgenommen, daß diese selbst bei Beschädigung ihrer Befestigungselemente nicht herausfallen können. Zum schnellen Wechseln derselben wurden in letzter Zeit auch hydraulische Spann- und Wechselvorrichtungen für Pralleisten entwickelt, die jedoch kompliziert und aufwendig sind und sich nur bei Brechern mit großen Durchsätzen ($\dot{m} = 1000 \text{ t h}^{-1}$) bewährt haben (Bild 4.171).

*c*) Um die *dynamischen Belastungen* des Antriebes möglichst *klein* zu halten, sind vor allem bei der Grobzerkleinerung Rotoren mit *großen Massenträgheitsmomenten* notwendig. Deshalb bestehen diese in der Regel aus Stahlguß (Bild 4.165). Die Lagerung der Rotoren erfolgt in Pendelrollenlagern schwerer Bauart. Damit die Rotoren bei der Montage der Verschleißteile ihre Lage nicht verändern, werden entsprechende Sperren vorgesehen.

*d*) Die *Prallplatten* werden zur *Spalteinstellung* meist *schwenkbar* angeordnet und zur Vermeidung von Überlastungen federnd abgestützt (Bild 4.172). Da zur Sicherung einer gleichbleibenden Qualität des Endproduktes, vor allem bei großem Prallplatten- und Pralleistenverschleiß, ein häufiges Nachstellen des Spaltes zwischen den Prallplatten und den Schlagleistenoberkanten notwendig ist, sind zur Erleichterung der Spalteinstellung fernbedienbare elektromechanische oder hydraulische Einstelleinrichtungen mit elektro-akustischer Spaltüberwachung entwickelt worden [131].

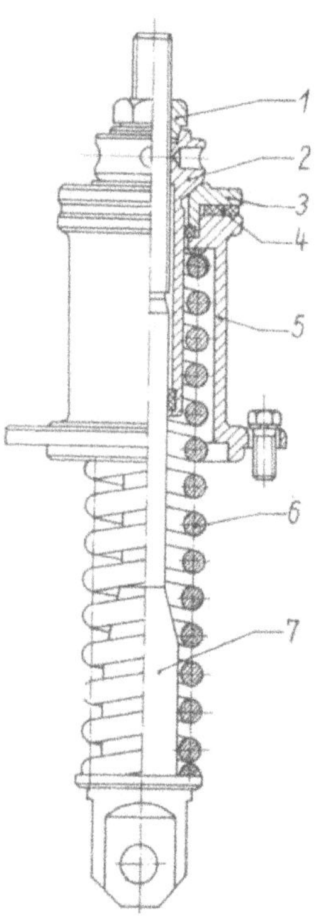


Bild 4.172. Prallplattenstütze mit vorgespannter Feder

*1* Spannmutter; *2* Einstellbuchse; *3* Auflagering; *4* elastischer Zwischenring; *5* Federgehäuse; *6* Feder; *7* Stütze

*e*) Die *Konstruktion der Aufgabe- und Austragsöffnungen* wird unabhängig von der Anordnung der Kettenvorhänge so ausgeführt, daß das Herausschleudern von Brechgut aus dem Arbeitsraum verhindert wird.

*f*) Die *Innenwände* werden meist mit *standardisierten Verschleißelementen ausgekleidet*, wobei den Seitenwänden im Rotorbereich eine besondere Bedeutung zukommt.

*g*) Zur *Verringerung der Lärmentwicklung* werden verschiedentlich *Gehäusepanzerungen* mit Gummi unterlegt.

*h*) Beim Einsatz der Prallbrecher als *Pralltrockner* sind eine gute Heißgaszuführung und -absaugung notwendig. Bei hohem Staubanfall werden die Prallbrecher meist mit Entstaubungseinrichtungen versehen. Die Absaugstellen werden dabei an der Aufgabe- und Austragöffnung angeordnet. Bild 4.160 zeigt die Ventilationswirkung und Strömungsbedingungen in Prallbrechern [117].

*i*) Da mit *thyristorgesteuerten Gleichstromantrieben* eine wirksame Energieeinsparung möglich ist, werden diese vor allem bei großen Leistungen verwendet. Durch die stufenlose Drehzahlregelung wird außerdem eine gute Anpassung an die jeweiligen Zerkleinerungsbedingungen und eine Reduzierung der Beschleunigungs- und Bremszeiten erreicht.

Bei den üblichen Prallbrecherkonstruktionen ist mit folgender Aufteilung der Konstruktionsmassen auf Baugruppen zu rechnen [121]:

- Rotor 30 bis 40%
- Brechergehäuse und Rahmen 43 bis 60%
- Prallplatten, Kalibrierroste 8 bis 12%
- Antriebselemente (ohne Motor) 3 bis 5%

Bei einer Aufgliederung der Konstruktionswerkstoffe entfallen auf

- Walzstahl 45 bis 60%
- Stahlguß 0 bis 30%

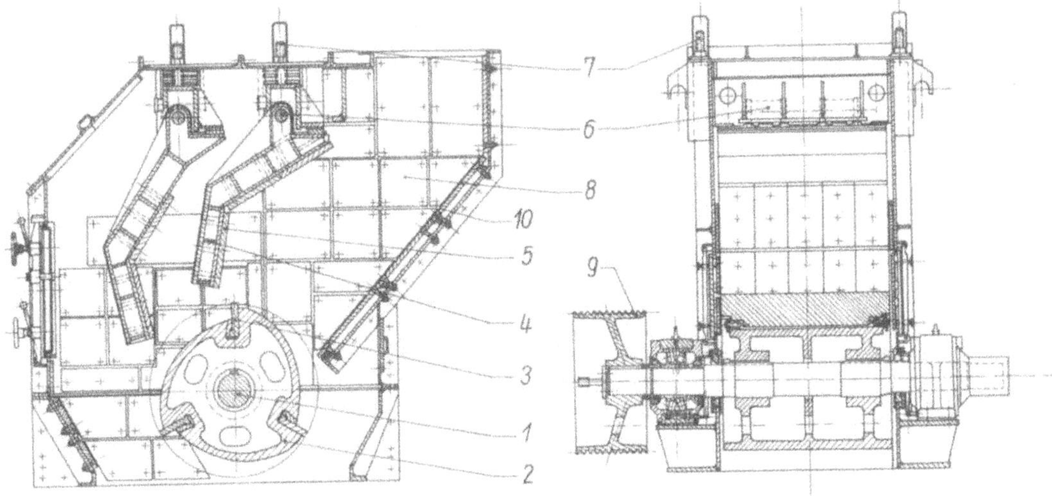


Bild 4.173. Einrotor-Prallbrecher (SKET Magdeburg)

*1* Rotorwelle; *2* Rotorgrundkörper; *3* Schlagleisten; *4* Schwingenkörper; *5* Prallplatten; *6* Schwingenachsen; *7* Spindeln zum Verstellen der Spaltweite; *8* Verschleißplatten; *9* Antriebsscheibe; *10* Einlaufschurre

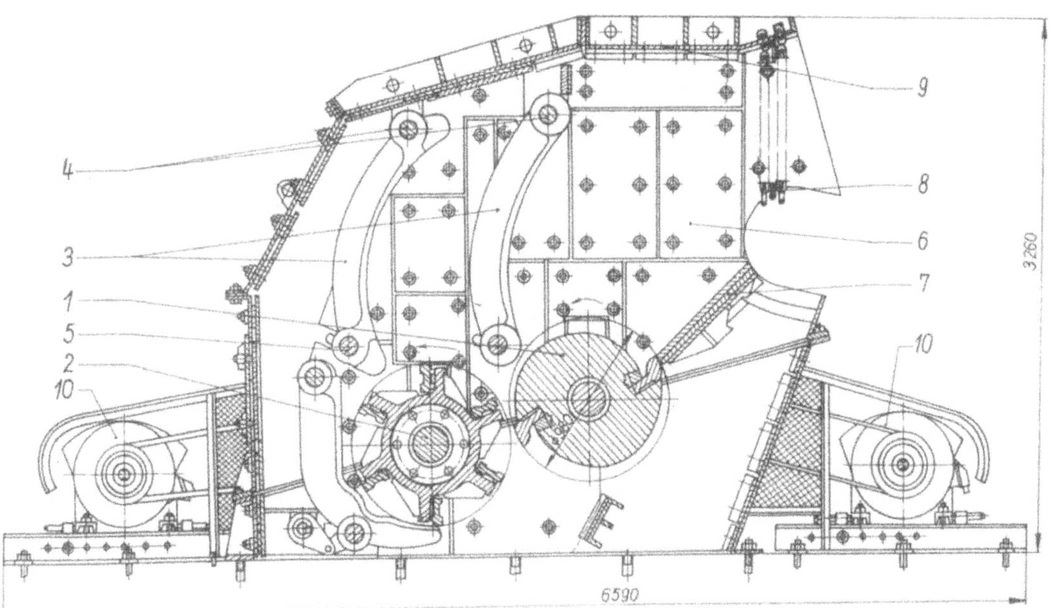


Bild 4.174. Zweirotor-Prallbrecher mit getrenntem Rotorantrieb (UdSSR)

*1* Rotor mit 2 Schlagleisten zur Vorzerkleinerung; *2* Rotor mit 6 Schlagleisten zur Nachzerkleinerung; *3* Prallelemente (rostförmig); *4* Schwingenachsen; *5* Achsen zur Spalteinstellung und Abstützung der Prallelemente; *6* Panzerplatten; *7* Einlaufschurre; *8* Kettenvorhang; *9* Brechergehäuse; *10* Antriebsmotoren (getrennter Antrieb der Rotoren)

— Mangan-Hartstahl bzw. legierter Sonderstahl 12 bis 15%
— Grauguß 5 bis 8%
— Lager, Riemen usw. 2 bis 4%

Aufgrund günstiger technisch-ökonomischer Kennwerte, wie spezifischer Arbeitsbedarf $W_{\dot{om}} = 0{,}4$ bis 1,5 kWh $t^{-1}$, Zerkleinerungsverhältnis $\varepsilon = 40$ bis 50, spezifischer Leistungsbedarf $P_0$ u. a., eines rißfreien Fertiggutes, kubischer Kornformen sowie der Möglichkeit zur selektiven Zerkleinerung und Pralltrocknung werden international viele Brechertypen mit ein oder zwei horizontal liegenden Schlagrotoren angeboten (Bilder 4.173 und 4.174).

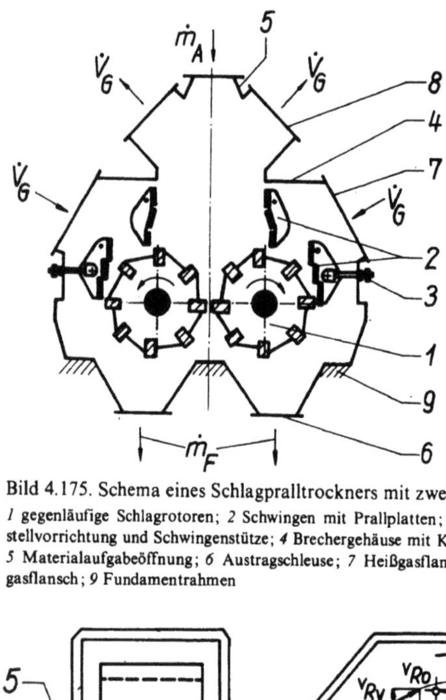


Bild 4.175. Schema eines Schlagpralltrockners mit zwei Rotoren
*1* gegenläufige Schlagrotoren; *2* Schwingen mit Prallplatten; *3* Spalteinstellvorrichtung und Schwingenstütze; *4* Brechergehäuse mit Kopfeinlauf; *5* Materialaufgabeöffnung; *6* Austragschleuse; *7* Heißgasflansch; *8* Abgasflansch; *9* Fundamentrahmen

Werden Prallbrecher bei geeigneter Gehäuseausbildung und *Heißgaszuführung* während der Zerkleinerung gleichzeitig als *Trockner* eingesetzt, so werden durch ständige Vergrößerung der spezifischen Oberfläche und die sich einstellende turbulente Strömung im Arbeitsraum günstige Wärmeaustauschbedingungen geschaffen. Dadurch kann selbst bei niedrigem Wärmegefälle ein guter Trocknungseffekt erreicht werden. In der Zementindustrie werden z. B. Rohmaterialien mit *Anfangsfeuchtigkeiten bis zu 12%* bei Verwendung von Drehrohrofen-Abgastemperaturen von 250 bis 750 °C mit gutem Erfolg in Schlagpralltrocknern zerkleinert und getrocknet. Bei *Gutfeuchtigkeiten von 25 bis 30%* werden doppelrotorige Ausführungen bei *Heißgastemperaturen bis 800 °C* zum Einsatz gebracht [70, 132, 135] (Bild 4.175).

Da bei der Prallzerkleinerung, bedingt durch entsprechende Beanspruchungsbedingungen des Brechgutes, meist ein großer, z. T. unerwünschter Feinkornanteil anfällt, wurde zu dessen Verringerung unter Nutzung allgemeiner Vorzüge ein *Drehrost-Prallbrecher* entwickelt (Bild 4.176). Bei axialer Brechgutaufgabe auf einen rotierenden Rost und dabei einsetzender Klassierung wird der Feingutanteil vor der Zerkleinerung vom Grobgut in Abhängigkeit von der Rostspaltweite getrennt. Die Rostgeschwindigkeit wird dabei so festgelegt, daß das Grobgut vom Ablösepunkt in den Schlagkreis des horizontal angeordneten Schlagrotors fällt und ähnlich wie bei den üblichen Einrotor-Prallbrechern zerkleinert wird. Der Beanspruchungs- und Klassiervorgang wird so lange durchgeführt, bis das Brechgut den Arbeitsraum über den Drehrost ver-

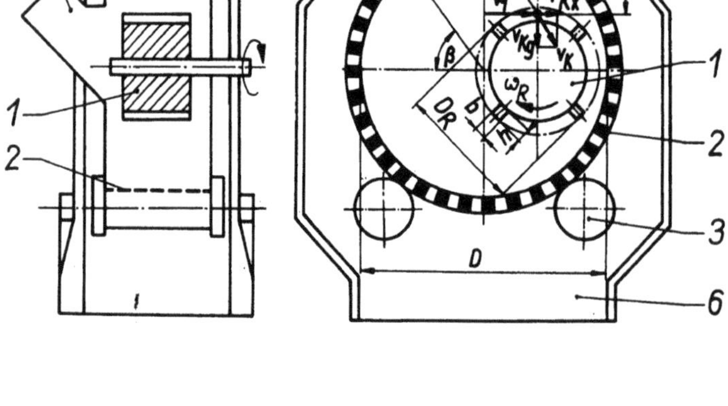


Bild 4.176. Schema eines Drehrost-Prallbrechers [133, 134]
*1* Schlagrotor; *2* Drehrost; *3* Stützrollen; *4* Gehäuse; *5* Einlaufschurre; *6* Austragtrichter

lassen hat. Unter Berücksichtigung der in Bild 4.176 dargestellten geometrischen Verhältnisse und Geschwindigkeiten erhält man für die Eindringtiefe $h_m$ des Brechgutes in den Schlagkreis des Rotors [133]:

$$h_m = v_{Ky} t$$

$$= \sqrt{2gH}\,(D_R\pi - zb)/(v_1 - v_{Kx})\,z \qquad (4.297)$$

$$v_{Kx} = v_{R_0} \cos \beta$$

$$t = (D_R\pi - zb)/(v_1 - v_{Kx})\,z$$

Beim Drehrost-Prallbrecher ergeben sich demnach größere Eindringtiefen als bei herkömmlichen Prallbrechern.

Im Zusammenhang mit wachsenden Anforderungen bei der Müllzerkleinerung und Aufbereitung von Sekundärrohstoffen wurden Prallbrecherkonstruktionen derart abgewandelt, daß diese auch zur Zerkleinerung von sperrigem Müll eingesetzt werden können. Dabei sind die Pralleisten und -platten so mit *Zahnprofilen* versehen, daß im Brechgut Reißwirkungen entstehen. Zur Vergrößerung der Reißeffekte kann bei Drehrichtungsänderung auch ein *Reißkamm* eingesetzt werden (Bild 4.177) [131].

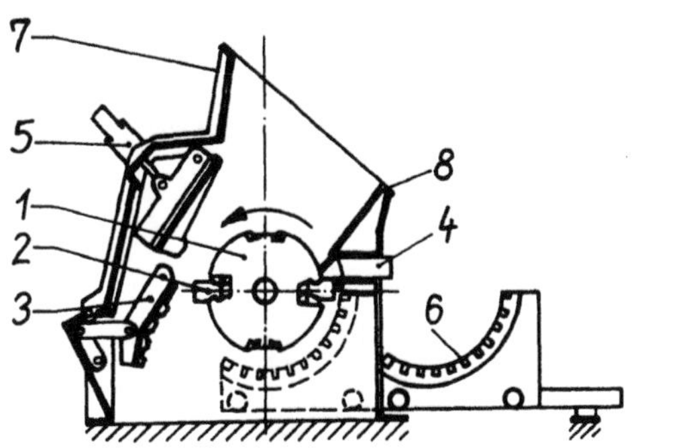


Bild 4.177. Prallbrecher zur Zerkleinerung von sperrigem Müll
*1* Rotor; *2* Pralleisten mit Zahnprofil; *3* Prallplatten mit Zahnprofil; *4* Reißkamm; *5* Schwingenabstützung mit Spalteinstellvorrichtung; *6* Rost (ein- und ausfahrbar); *7* Gehäuse; *8* Aufgabeschurre

### 4.8.3. Prallbrecher mit Schleuderrotoren (Prallspalter)

Sie werden zum Nach- und Feinbrechen von harten spröden Materialien, z. B. bei der Sand- und Splittaufbereitung, eingesetzt und bestehen aus einer horizontal liegenden *Schleuderscheibe* mit radial angeordneten Beschleunigungsleisten sowie den um den Rotor angeordneten Prallflächen. Der Antrieb des *Schleuderrotors* erfolgt durch eine in schweren Pendelrollenlagern gelagerte senkrechte Rotorwelle. Das Brechgut wird dem Schleuderrotor von oben in der Mitte aufgegeben, infolge der großen Rotorgeschwindigkeit beschleunigt und danach mit großer Geschwindigkeit gegen die Ringpanzerung, an der durch den Aufprall des Kornes die Zerkleinerung erfolgt, geschleudert. Das beanspruchte bzw. zerkleinerte Gut fällt nach Bild 4.178 bei einer Zweietagenausführung auf eine darunterliegende

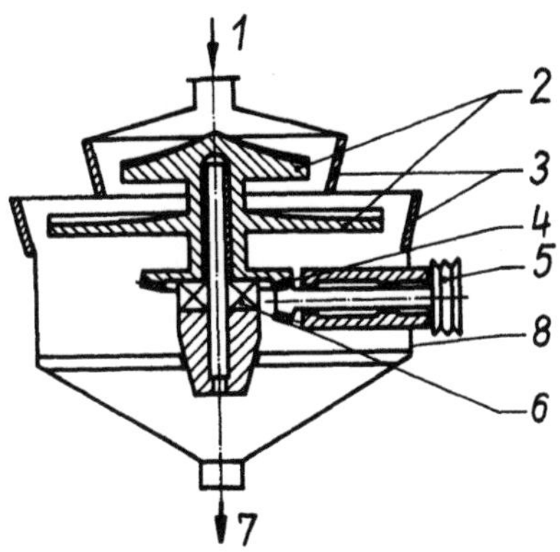


Bild 4.178. Schema eines Prallbrechers mit Schleuderrotor (Prallspalter)
*1* Brechguteinlauf; *2* Schleuderrotor; *3* Prallring; *4* Kegelradgetriebe; *5* Antriebsscheibe; *6* Rotorlagerung; *7* Austragtrichter; *8* Gehäuse

Scheibe, die infolge ihres größeren Durchmessers das Brechgut auf höhere Geschwindigkeiten beschleunigt und eine Nachzerkleinerung bewirkt. Das mit *Prallspalter* zerkleinerte Gut ist rißfrei und hat eine kubische Form. Während bei Prallspaltern zum Nach- und Feinbrechen mit Umfangsgeschwindigkeiten von $v_u = 40$ bis $80\ \mathrm{m\,s^{-1}}$ gearbeitet wird, werden in ähnlich aufgebauten Mühlen bei der Feinzerkleinerung Geschwindigkeiten bis $150\ \mathrm{m\,s^{-1}}$ verwendet [4, 136, 185]. Die notwendigen Geschwindigkeiten lassen sich unter Berücksichtigung des Abschn. 4.8.1. sowie nach folgenden theoretischen Ansätzen berechnen.

Nach Bild 4.179 [108] soll ein Brechgutkorn mit der Masse $m_2$ am Eintrittskreis mit dem Radius $R_i$ von der radialen Beschleunigerleiste erfaßt und auf der Strecke $R_a - R_i$ auf die Geschwindigkeitskomponente $v_u = R_a\omega$ in Umfangsrichtung und auf die

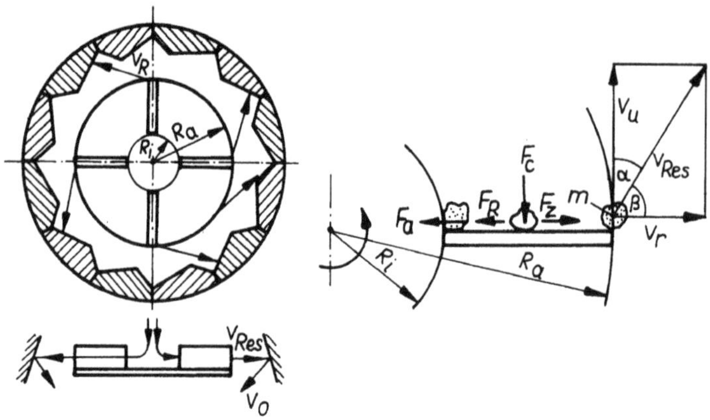


Bild 4.179. Schema zur Berechnung der Kräfte und Geschwindigkeiten eines Brechgutteilchens auf dem Schleuderrotor [108]

Radialkomponente $v_r$ beschleunigt werden. Die Bewegungsgleichung lautet:

$$d r^2/d t^2 = r\omega - 2\mu_1 \omega \, d r/d t - \mu_2 g \tag{4.298}$$

Bei Vernachlässigung möglicher Stoß- und Reibungskräfte ergibt sich bei Lösung von (4.298) für $v_r$:

$$v_r = \omega \sqrt{R_a^2 - R_i^2} \tag{4.299}$$

Damit erhält man die resultierende Geschwindigkeit $v_{Res}$ und den Abwurfwinkel $\beta$ zu

$$v_{Res} = \sqrt{v_u^2 + v_r^2} = v_u \sqrt{2 - R_i^2/R_a^2} \tag{4.300}$$

$$\beta = \arctan v_u/v_r \tag{4.301}$$

Da bei der konstruktiven Gestaltung von Prallspaltern meist $R_i < R_a$ zugrunde gelegt wird, beträgt der Abwurfwinkel bei radialen Beschleunigungsleisten $\beta = 45°$ und $v_{Res} = v_u \sqrt{2}$. Werden die Leisten nicht radial, sondern im Verhältnis zur Drehrichtung vor- oder zurückgestellt angeordnet, so können $\beta$ und die resultierende Teilchengeschwindigkeit $v_{Res}$ nach Bild 4.180 positiv oder negativ beeinflußt werden. Bei zurückgestellten Leisten (Bild 4.180*b*) wird $v_{Res}$, mit der die Teilchen vom Rotor abgeschleudert werden, kleiner als bei radialer Schaufelstellung. Dagegen wird $\beta$ größer.

$$v_{Res} = \sqrt{v_{Rel}^2 \cos^2 \psi + (v_u - v_{Rel} \sin \psi)^2} \tag{4.302}$$

Sind die Leisten vorwärts gestellt bzw. gekrümmt (Bild 4.180*a*), so wird $v_{Res}$ größer als bei radialer Stellung. Gleichzeitig nimmt $\beta$ ab [180, 181].

$$v_{Res} = \sqrt{v_{Rel}^2 \cos^2 \psi + (v_u + v_{Rel} \sin \psi)^2} \tag{4.303}$$

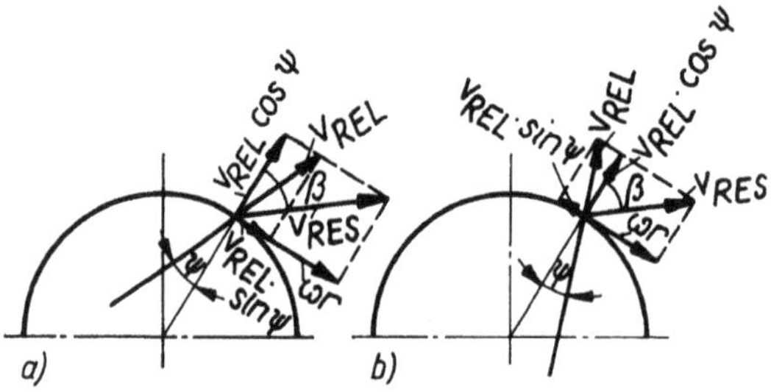


Bild 4.180. Teilchengeschwindigkeiten bei vor- und zurückgestellten Beschleunigungsleisten oder Schaufeln [180, 181]

*a*) vorgestellte Leisten

*b*) zurückgestellte Leisten

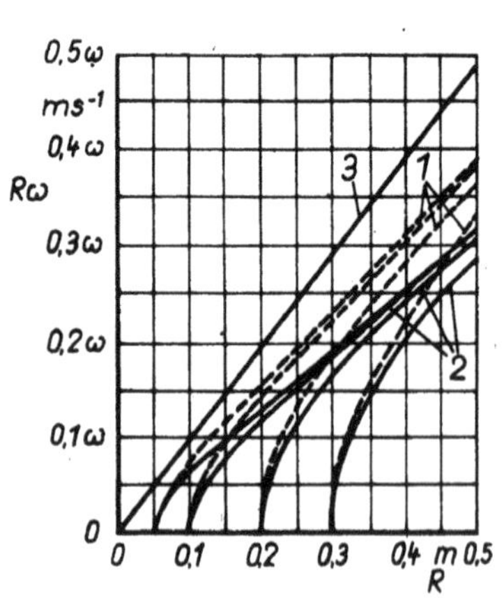


Bild 4.181. Abhängigkeit der Radialgeschwindigkeit eines Teilchens vom Auftreff- und Abwurfradius bei verschiedenen Reibungskoeffizienten [181]

*1* $\mu = 0{,}25$; *2* $\mu = 0{,}45$; *3* $\mu = 0$

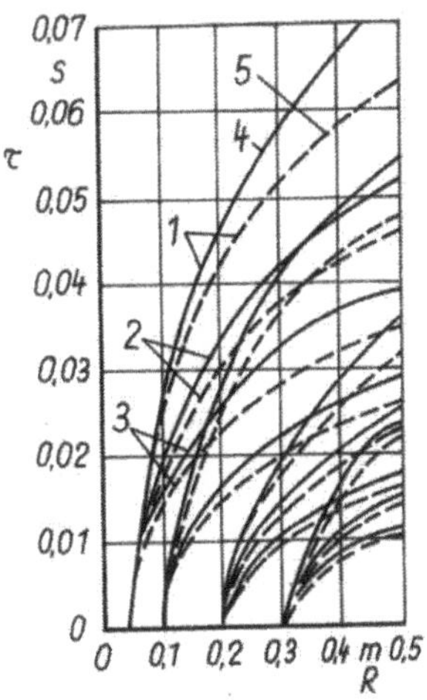


Bild 4.182. Verweilzeit eines Teilchens auf der Schleuderscheibe in Abhängigkeit vom Auftreff- und Abwurfradius bei verschiedenen Drehzahlen und Reibungskoeffizienten [181]

*1* $n = 300 \text{ min}^{-1}$; *2* $n = 600 \text{ min}^{-1}$; *3* $n = 1000 \text{ min}^{-1}$; *4* $\mu = 0{,}25$; *5* $\mu = 0{,}45$

Bild 4.181 stellt die Abhängigkeit der Radialgeschwindigkeit $dr/dt$ eines Kornes vom Auftreffradius $R_i$ bzw. der Abwurfstelle $R_a$ für verschiedene Reibungskoeffizienten dar. Die Verweilzeit des Brechgutes auf der Schleuderscheibe ist für verschiedene Drehzahlen im Bild 4.182 dargestellt [181, 184]. Die kinetische Energie, die bei der Zerkleinerung eines beschleunigten Kornes zur Wirkung kommt, beträgt:

$$\Delta W = mv_{\text{Res}}^2(1 - k^2)/2 \quad \text{oder}$$

$$\Delta W = m(v^2_{\text{es}} - c_2^2)/2 \tag{4.304}$$

Um gute Beanspruchungsbedingungen zu erhalten, müssen die Arbeitsräume der *Prallspalter* so ausgebildet sein, daß das zu zerkleinernde Gut nach der Beschleunigung mit der resultierenden Geschwindigkeit möglichst rechtwinklig auf die Prallfläche des Ringpanzers auftrifft (vgl. Bild 4.179). Je nach Gestaltung des Arbeitsraumes wird das beanspruchte Gut entweder von den Prallflächen schräg nach unten reflektiert und durch freien Fall ausgetragen oder bei der Feinzerkleinerung in Schleuderprallmühlen mit einem Trägermedium abgesaugt, in den Sichter gefördert, klassiert und abgeschieden. Während sich der Luftwiderstand $F_W$ bei gröberen Körnungen auf das Zerkleinerungsergebnis nicht wesentlich auswirkt, muß dieser bei der Feinzerkleinerung (vgl. Abschn. 4.8.1.) beachtet werden. Deshalb wurden für spezielle Zwecke auch Vakuum-Schleuderprallmühlen entwickelt und mit Erfolg eingesetzt [136, 183].

In Bild 4.183 ist ein *Prallspalter* dargestellt, der für die Zerkleinerung harter Materialien eingesetzt werden kann. Da bei den Schleuderrotoren die Ventilationswirkung in der Regel bedeutend geringer ist als bei den Schlagrotoren, wird nur ein

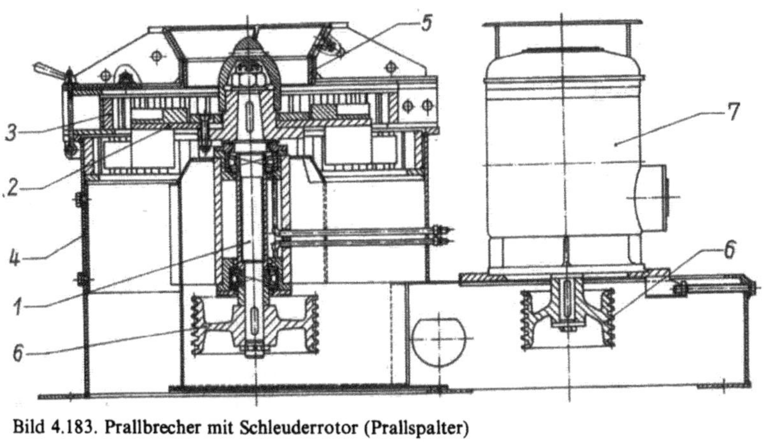


Bild 4.183. Prallbrecher mit Schleuderrotor (Prallspalter)

*1* Antriebswelle mit Lagerung; *2* Schleuderrotor; *3* Prallring; *4* Brechergehäuse mit Ständer; *5* Einlauftrichter; *6* Antriebsscheiben; *7* Flanschmotor

relativ geringer Leistungsbedarf für den Leerlauf benötigt. Infolge ihres günstigen Verhältnisses von Zerkleinerungs-(Nutz-) und Leerlaufleistung sind sie energetisch günstig einsetzbar.

### 4.8.4. Prallmühlen

In der Literatur wird oft die Bezeichnung *Prallmühle* als Oberbegriff für Mühlenarten verwendet, bei denen die Zerkleinerung vorwiegend durch Prall erfolgt. Im vorliegenden Fall soll unter Prallmühlen die leichtere, mit größerer Geschwindigkeit arbeitende Bauart des Prallbrechers verstanden werden. Die nach gleichen theoretischen und konstruktiven Gesichtspunkten wie die Prallbrecher aufgebauten -mühlen werden zum Zerkleinern weicher bis mittelharter und zum Teil harter Stoffe bei Beanspruchungsgeschwindigkeiten über 50 m $s^{-1}$ eingesetzt. Sie sind mit leichteren Rotoren ausgerüstet und haben gegenüber *Prallbrechern* kleinere Pralräume, da die freien Flugstrecken des Mahlgutes von den Schlägern zu den Prallelementen,

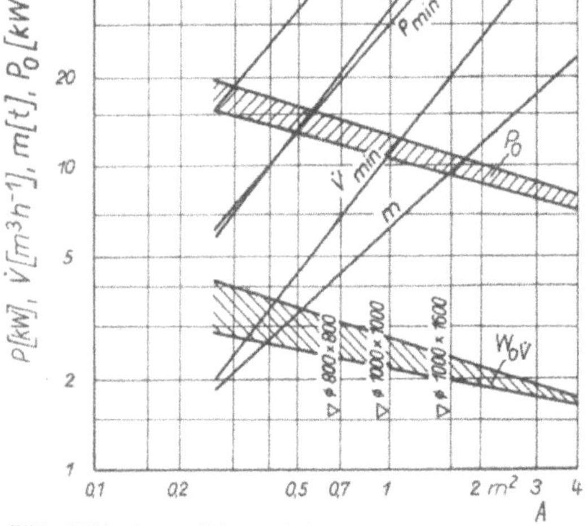


Bild 4.184. Ausgewählte technisch-ökonomische Kennwerte für Prallmühlen (SKET Magdeburg)

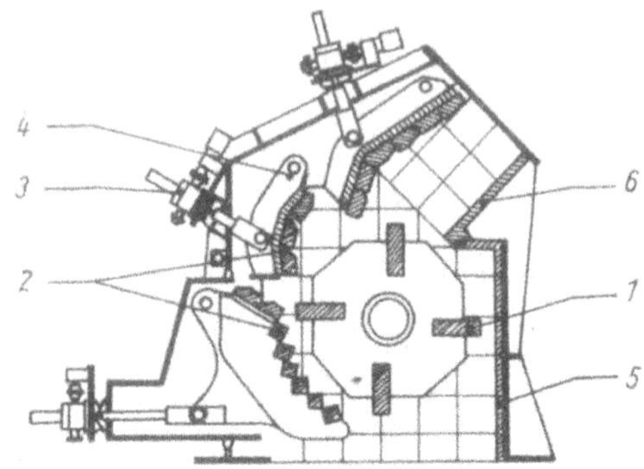


Bild 4.185. Prallmühlen mit Schlagrotor und einer elektro-akustischen Einrichtung für die Ferneinstellung des Spaltes [131]

*1* Rotor mit Schlagleisten; *2* Prallplatten; *3* Schwingenabstützung mit Spindel zur Ferneinstellung des Spaltes; *4* Schwingenaufhängung; *5* Brechergehäuse mit Panzerung; *6* Aufgabeschurre

bedingt durch die bei abnehmender Teilchengröße ansteigenden Widerstandsbeiwerte, kleiner sein müssen. Die Berechnung und Konstruktion der Prallmühlen erfolgt unter Berücksichtigung der jeweiligen Aufgabenstellungen nach den unter Abschn. 4.8.2.1. und 4.8.2.2. gegebenen Hinweisen und abgeleiteten Beziehungen. Ausgewählte Kennwerte sind in Bild 4.184 dargestellt. Bild 4.185 zeigt eine Prallmühle mit 6 Prälleisten und stufenförmigen Prallplatten.

## 4.9. Hammerbrecher und -mühlen

Die den *Prallbrechern* ähnlichen *Hammerbrecher* bestehen nach Bild 4.186 ebenfalls aus einem mehrteiligen, mit Panzerplatten ausgekleideten geschweißten Gehäuse und ein bis zwei darin angeordneten Rotoren, die zur Vermeidung von Überkorn meist in der unteren Arbeitsraumhälfte mit einem Rost umgeben sind. Die mit hoher Umfangsgeschwindigkeit laufenden Rotoren besitzen im Gegensatz zu den Prallbrechern gelenkig angeordnete, oft hammerförmige Schläger, die während des Betriebes durch die entstehenden Zentrifugalkräfte eine radiale Schlagstellung einnehmen. Bei entsprechender Hammermasse und Rotordrehzahl behalten die Hämmer bei normaler Zerkleinerungsarbeit ihre gestreckte Lage bei und schwenken nur bei großen Aufgabegutstücken bzw. bei harten,

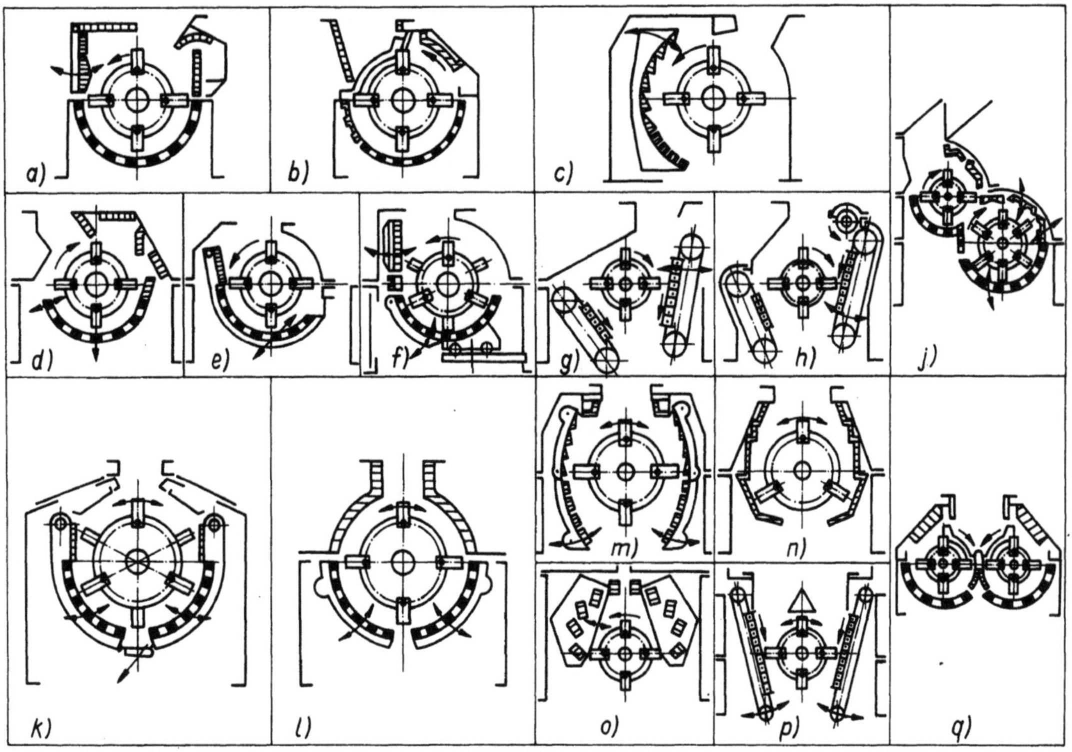


Bild 4.186. Übersicht über Hammerbrecher-Prinzipien
*a*) bis *f*) Einrotorbrecher mit Schultereinlauf
*g*), *h*) Einrotorbrecher mit umlaufenden Brechplatten
*k*) bis *p*) Einrotorbrecher mit reversierbarem Rotor und Kopfeinlauf
*j*), *q*) Zweirotorbrecher

unbrechbaren Fremdkörpern aus der gestreckten Lage aus. Das dem Arbeitsraum zugeführte Gut wird sowohl durch Schlag- als auch durch Prall- und Scherbeanspruchung zerkleinert. Während an den Einlauföffnungen Prallbeanspruchung auftreten kann, wird das Brechgut durch die einziehende Wirkung des Rotors im unteren Teil des sich verengenden Brechraumes vor allem durch Schlag und Reibung zerkleinert. Es verbleibt dabei so lange im Arbeitsraum, bis es durch die Rostspalte bzw. Öffnungen der Lochbleche ausgetragen wird.
Im Gegensatz zu Prallbrechern weisen Hammerbrecher kleinere Arbeitsräume auf. Dadurch und infolge ihrer Drehrichtung ist eine freie Flugbewegung des Brechgutes nur beschränkt möglich. Bei Prallhammerbrechern, einer Kombination von Hammer- und Prallbrecher, ist am Einlauf ein vergrößerter Arbeitsraum zur Erhöhung des Prallanteils vorgesehen. Hammerbrecher und -mühlen werden zur Zerkleinerung weicher bis mittelharter, wenig schleißender, auch zäher und feuchter Stoffe, wie Braun- und Steinkohle, Kreide, Gips, Salze, Schiefer, Mergel, Ton, Bauxit, Kalkstein usw., eingesetzt. Das zu zerkleinernde Gut soll, um den Verschleiß der Hämmer und Roste gering zu halten, nicht mehr als 15% $SiO_2$-Einschlüsse aufweisen. Das Fertiggut enthält wie bei den Prallbrechern einen großen Feingutanteil, aber eine durch Roste begrenzte maximale Fertiggut-Korngröße. Das Zerkleinerungsverhältnis liegt bei Hammerbrechern und -mühlen bei $\varepsilon = 40$ bis 50 und läßt sich durch Variation der Rotorgeschwindigkeit, Anordnung eines Austragsrostes, Form der Hämmer und deren Befestigung auf dem Rotor, Anzahl der Hammerreihen und Eindringtiefe des Aufgabegutes in den Schlagkreis an das gewünschte Endprodukt an-

passen. In bestimmten Fällen, bei denen die obere Korngröße des gebrochenen Gutes nicht begrenzt werden muß oder wo ein übermäßiger Feinkornanteil unerwünscht ist, werden Hammerbrecher auch ohne Roste bzw. Lochbleche eingesetzt. Sie werden als Ein- oder Zweirotorbrecher mit oder ohne Rost sowie mit verschiedenen Einlaufformen (Schulter- oder Kopfeinlauf, vgl. Bild 4.186) und für spezielle Zwecke mit umlaufender plattenbandartiger »Brechplatte« gebaut. Letztgenannte eignen sich vor allem für die Zerkleinerung von nassem, klebendem, grobstückigem Aufgabegut, wie Ton, feuchtes Erz, Bauxit, Phosphatgestein sowie anderen zum Kleben neigenden Materialien. Zur Erhöhung der Verfügbarkeit und Verringerung des Instandhaltungsaufwandes wurden auch *reversierbare Hammerbrecher und -mühlen* entwickelt, bei denen die Hämmer durch Drehrichtungswechsel beidseitig genutzt werden. Durch die unterschiedliche Ausbildung der zweiteiligen Roste und deren getrennte Einstellbarkeit können mit reversierbaren Brechern bei Drehrichtungsänderung verschiedene Korngrößenzusammensetzungen erreicht werden. Während bei reversierbaren Hammerbrechern die Aufgabe über einen Mitten- oder Kopfeinlauf erfolgt, werden die nichtreversierbaren Ein- und Zweirotorbrecher mit Seiten- oder Schultereinlauf versehen.

In schwerer Ausführung mit verdickten Hammerköpfen werden Hammerbrecher für die Grobzerkleinerung bis zu Aufgabegut-Korngrößen $d_A = 1000$ mm gebaut. Die Umfangsgeschwindigkeiten der Rotoren betragen bei Brechern $v_1 = 20$ bis $50\,\mathrm{m\,s^{-1}}$. Die leichter gebauten und für die Nach- und Feinzerkleinerung verwendeten Hammermühlen werden mit $v_1 = 40$ bis $100\,\mathrm{m\,s^{-1}}$ betrieben.

Die Einteilung der Hammerbrecher und -mühlen ist nach Bild 4.186 wie folgt möglich:

- Ein- und Zweirotorbrecher bzw. -mühlen
- Brecher und Mühlen mit und ohne Roste einschließlich umlaufender Roste bzw. Platten
- nichtreversierbare und reversierbare Bauweisen

### 4.9.1. Berechnungsgrundlagen

**Durchsatz:** Die überschlägliche Berechnung des Durchsatzes kann wie bei den Prallbrechern mittels des spezifischen Durchsatzes $\dot{m}_0$ und des spezifischen Arbeitsbedarfes $W_{0\dot{m}}$ bzw. $W_{0\dot{V}}$ nach (4.253) und (4.254) erfolgen. Dazu sind z. B. die in Tabelle 4.9 und Bild 4.187 enthaltenen Erfahrungswerte verwendbar. Bei den meisten empirischen Berechnungsverfahren wird von der Annahme ausgegangen, daß der Durchsatz der projizierten Rotorfläche $D_R L$ und der Rotorumfangsgeschwindigkeit $v_1$ proportional ist. Andere Einflußfaktoren werden dabei durch verschiedene Koeffizienten berücksichtigt [70, 73, 128, 137, 138].

$$\dot{V} = 1{,}66 D^2 L n_R \quad \text{bei} \quad D_R > L \quad \text{in m}^3\,\text{s}^{-1} \tag{4.305}$$

$$\dot{V} = 1{,}66 D_R L^2 n_R \quad \text{bei} \quad D_R < L \quad \text{in m}^3\,\text{s}^{-1} \tag{4.306}$$

$$\dot{m} = k_0 D_R^2 L n_R^2 / 216 \cdot 10^3 (\varepsilon - 1) \quad \text{in t s}^{-1} \tag{4.307}$$

($k_0 = 0{,}12$ bis $0{,}22$ Koeffizient, der die konstruktive Gestaltung des Brechers und die Eigenschaften des Brechgutes berücksichtigt; $\varepsilon$ Zerkleinerungsverhältnis)

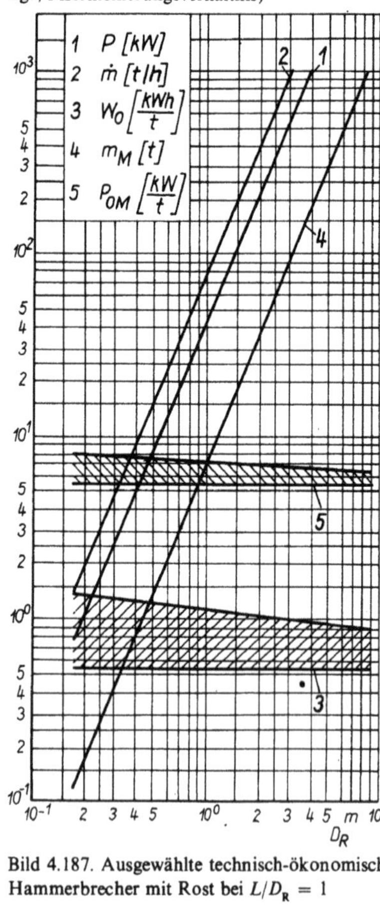


Bild 4.187. Ausgewählte technisch-ökonomische Kennwerte für Hammerbrecher mit Rost bei $L/D_R = 1$

*Tabelle 4.9. Spezifische Kennwerte für Hammerbrecher*

| Brechertyp | Brechgut | $v_1$ in m s$^{-1}$ | $\dot{m}_{oA}$ in t h$^{-1}$ m$^{-2}$ | $W_{o\dot{m}}$ in kWh t$^{-1}$ |
|---|---|---|---|---|
| Einrotorbrecher mit Rostaustrag | Mittelhart $d_F = 25$ mm | 20 ... 40 | 50 ... 70 | 1,0 ... 1,2 |
| Reversierbare Prallhammermühle mit Rostaustrag | Braunkohle $d_F = 8$ mm | 45 ... 70 | 110 ... 200 | 0,9 ... 1,5 |

Zur Ermittlung des Durchsatzes werden verschiedentlich auch Modellbeziehungen, die eine geometrisch ähnliche Brechraumgestaltung und ähnliche Zerkleinerungsbedingungen voraussetzen, verwendet [126, 137, 138].

$$\dot{m} = \dot{m}_m k_1 k_2 (D_R L s / D_{Rm} L_m s_m) \tag{4.308}$$

($\dot{m}_m$ Durchsatz des Modellbrechers in $th^{-1}$; $k_1$ Koeffizient, der die Eigenschaften des Brechgutes berücksichtigt; $k_2$ Koeffizient zur Berücksichtigung der maximalen Aufgabegutkorngröße $d_A$ (in Tabelle 4.10 sind ausgewählte Werte für Kohlenstaub aufgeführt); $s$, $s_m$ Spaltweite des Rostes bzw. Durchmesser kreisförmiger Rostöffnungen (Lochbleche))

Im Bild 4.188 sind ausgewählte Kennwerte für Hammerbrecher und -mühlen dargestellt.

**Leistungsbedarf:** Er kann analog (4.256) und (4.257), mit Hilfe des spezifischen Arbeitsbedarfes $W_{o\dot{m}}$ bei vorgegebenem Durchsatz $\dot{m}$ nach (3.19) sowie mit empirischen Beziehungen ermittelt werden. Je nach den Korngrößen $d_A$ und $d_F$ sowie den Festigkeitseigenschaften des Brechgutes liegt der spezifische Arbeitsbedarf bei $W_{o\dot{m}} = 1$ bis 2 kWh t$^{-1}$ (vgl. Tabelle 4.10 sowie Bilder 4.187 und 4.188).

Der *Leistungsbedarf* $P_Z$ beinhaltet die für die Zerkleinerung effektiv erforderlichen Leistungsanteile,

*Tabelle 4.10. Spezifischer Arbeitsbedarf und Orientierungswerte für $k_2$* [126]

| Maximale Aufgabegut-Korngröße $d_A$ in mm | Spezifischer Arbeitsbedarf $W_{o\dot{m}}$ in kWh t$^{-1}$ | Koeffizient $k_2$ |
|---|---|---|
| 10 | 0,93 | 1,07 |
| 20 | 1,0 | 1,0 |
| 30 | 1,04 | 0,96 |
| 40 | 1,07 | 0,93 |
| 50 | 1,1 | 0,81 |
| 60 | 1,12 | 0,84 |
| 70 | 1,13 | 0,88 |

d. h. die von den Schlägern beim Schlag auf das Brechgut übertragene Leistung $P_{ZS}$ und $P_{ZR}$ für die Reibung auf dem Austragrost. Analog (4.257) kann somit geschrieben werden:

$$P_Z = k_v(P_{ZS} + P_{ZR}) = k_v \, \Delta W n_R z i_H \tag{4.309}$$

(Der Faktor $k_v$ berücksichtigt den Einfluß der Verlustanteile durch gegenseitige Teilchenbehinderung, elastische Formänderung, Abweichungen von idealen Beanspruchungsbedingungen, Konstruktions- und Betriebsparameter sowie die Eigenschaften des Brechgutes vor und nach der Zerkleinerung. Beim Einsatz eines Hammerbrechers mit Stabrost wurde $k_v$ bei der Zerkleinerung von Steinkohle auf eine Feinheit $d_F = 0$ bis 3 mm ($d_{F90\,bis\,95} = 3$ mm) mit $k_v = 3$ bis 4 bei $v_1 = 50$ bis 60 m s$^{-1}$ und $k_v = 0{,}65$ bis 1,7 bei $v_1 = 100$ bis 110 m s$^{-1}$ ermittelt [126]).

Bei der Berechnung des Leistungsbedarfes $P_{ZS}$ für die Zerkleinerung durch das Schlagwerk wird davon ausgegangen, daß jeder Schläger bei einer Umdrehung des Rotors eine bestimmte vom Durchsatz $\dot{m}$ abhängige mittlere Brechgutmasse $m_2$ zerkleinert. $m_2$ wird im ungünstigsten Fall als ein Brechgutstück betrachtet und analog der für Prallbrecher abgeleiteten Beziehung (4.258) bestimmt.

$$m_2 = \dot{m}/3{,}6 n_R z i_H \tag{4.310}$$

($z$ Anzahl der Schlägerreihen mit $i_H$ Schlägern je Reihe)

Bei der Beanspruchung des auf dem Rost liegenden Brechgutes können die Schläger folgende Energie übertragen:

$$\Delta W_{ZS} = [m_1 m_2 (v_1 - v_2)^2 (1 - k^2)]/2(m_1 + m_2) \tag{4.311}$$

Zur Ermittlung des ungünstigsten Falles werden folgende zwei Stoßfälle betrachtet:

*a) Teilelastischer Stoß* mit $0 < k < 0{,}8$, wobei $v_2 = 0$ und $m_2$ aufgrund der festen Auflage auf dem Rost mit $\infty$ angenommen wird; $m_1 = m_H$ auf den Schlagkreis bezogene Schlägermasse. Je nachdem,

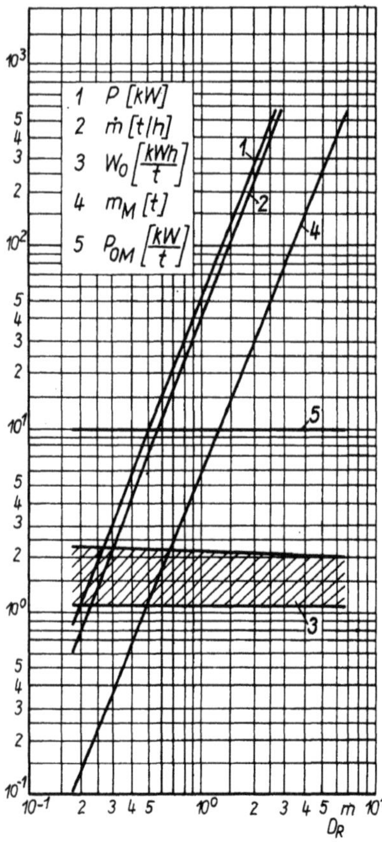


Bild 4.188. Ausgewählte technisch-ökonomische Kennwerte für Hammermühlen mit Rost bei $L/D_R = 1$

welcher Wert für $k$ angenommen wird, ergibt sich aus (4.311):

$$\Delta W_{ZS} = (1 \dots 0{,}36)\, m_1 v_1^2/2 \tag{4.312}$$

*b) Zertrümmerungsstoß* (plastischer Stoß) mit $k \approx 0$, $v_2 = 0$ und $m_2 = \infty$. In diesem Fall erhält man aus (4.311):

$$\Delta W_{ZS} = m_1 v_1^2/2 \tag{4.313}$$

Da $\Delta W$ nach (4.313) den ungünstigsten Fall darstellt, wird dieser Wert der Berechnung von $P_{ZS}$ zugrunde gelegt. $P_{ZS}$ beträgt damit für das gesamte Schlagwerk:

$$P_{ZS} = \Delta W_{ZS} n_R z i_H \tag{4.314}$$

Bei der Berechnung des für die reibende Zerkleinerung zwischen Schlagwerk und Rost erforderlichen $P_{ZR}$ wird angenommen, daß sich nach Bild 4.189 vor den Schlägern auf dem Rost eine Materialschicht ausbildet, die durch die Schläger bis zum Rostende gleitend bewegt wird. Die Reibungskraft $F_R$ beträgt:

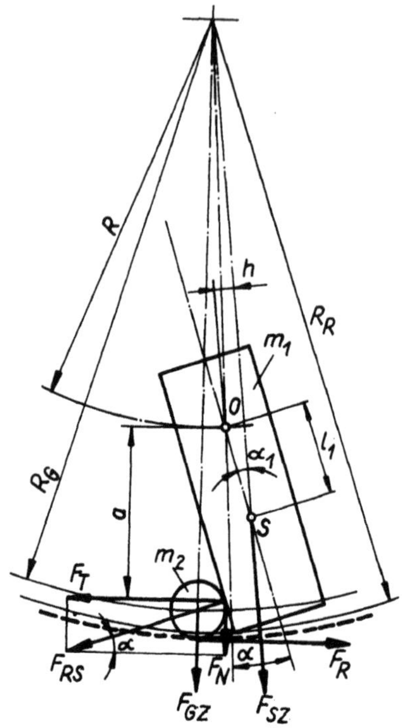


Bild 4.189. Schema zur Ermittlung der Beanspruchungen im Arbeitsraum und zur Berechnung des Leistungsbedarfes $p_Z$ bei Hammerbrechern [137]

$$F_R = (F_{GZ} + F_N)\, \mu_{RG} \tag{4.315}$$

($F_{GZ}$ Zentrifugalkraft des Gutes mit der Masse $m_2$; $F_N$ am Teilchen angreifende radial gerichtete Kraft des Schlägers)

Beide Kräfte lassen sich wie folgt ermitteln:

$$F_{GZ} = m_2 v_R^2 / R_G \tag{4.316}$$

($v_R = D_G \pi n_R$ Gutgeschwindigkeit auf dem Rost; $R_G = R_R - s - r_2$ Abstand des Brechgutschwerpunktes von der Rotorachse; $s$ Spaltweite; $r_2$ Radius des betrachteten Brechgutkornes)

$$F_N = F_T \tan \alpha \tag{4.317}$$

Da die Hammerauslenkung durch Gutreibung und -transport aufgrund der hohen Zentrifugalkräfte $F_{SZ}$ bei normaler Belastung gering ist, kann $F_N = 0$ gesetzt werden. Bei der Berechnung der Reibungsarbeit für einen Schläger bei einer Umdrehung des Rotors und der Rostlänge $l_R$ kann deshalb unter Berücksichtigung von (4.315) mit genügender Sicherheit von folgender Gleichung ausgegangen werden:

$$\Delta W_{ZR} = F_R l_R = F_{GZ}\mu_{RG} l_R \quad (4.318)$$

Der Leistungsbedarf $P_{ZR}$ für das gesamte Schlagwerk beträgt demnach:

$$P_{ZR} = \Delta W_{ZR} n_R z i_H \quad (4.319)$$

Mit (4.314) und (4.319) ergibt sich demnach $P_Z$ nach (4.309) zu

$$P_Z = k_v(\Delta W_{ZS} + \Delta W_{ZR})\, n_R z i_H \quad (4.320)$$

Der *Leistungsbedarf* $P_L$ für den Leerlauf setzt sich aus dem Leistungsbedarf für die Lagerreibung der Rotorlager $P_R$ und dem Leistungsbedarf für Ventilationsverluste $P_V$ zusammen:

$$P_L = (P_R + P_V)/\eta_G \quad (4.321)$$

Bei der Berechnung von $P_R$ wird wie bei den Prallbrechern angenommen, daß die Lager im Leerlauf nur durch die Schwerkraft des Rotors $F_G$, durch die Riemenzugkraft $F_{Ri}$ und durch Zentrifugalkräfte $F_{Zu}$, die durch Restunwuchten des Rotors entstehen, belastet werden. Da bei normaler Belastung im Arbeitsraum infolge beweglicher Schläger auf den Rotorgrundkörper keine Schläge übertragen werden, sind bei der Bestimmung von $P_R$ keine Beschleunigungskräfte (vgl. (4.281)) zu berücksichtigen ($P_R = F_L\mu_L r_L \omega_R$).

Zur *Berechnung von* $P_V$ kann wie beim Prallbrecher (4.265) zugrunde gelegt werden:

$$P_V = \dot{V}_L\, \Delta p \quad (4.322)$$

($\Delta p = v_{Lm}^2 \varrho_L/2$ Staudruck an der angeströmten Schlägerfläche; $v_{Lm}$ mittlere Luftgeschwindigkeit (bei der Verwendung von Rosten mit geringem Spalt ist $v_{Lm} \approx v_{SA}$))

Mit den in Bild 4.190 enthaltenen geometrischen Beziehungen kann der theoretische Luftstrom wie folgt berechnet werden:

$$\dot{V}_L = \Sigma A_i v_{SAi} \quad (4.323)$$

($v_{SA} = D_{SA}\pi n_R$ Geschwindigkeit des Flächenschwerpunktes bzw. mittlere Geschwindigkeit $v_{Lm}$ des Luftstromes; $R_{SA}$ Abstand des Flächenschwerpunktes von der Rotorachse)

$$R_{SA} = \Sigma A_i R_i / \Sigma A_i = (A_1R_1 + A_2R_2 + A_3R_3)/(A_1 + A_2 + A_3) \quad (4.324)$$

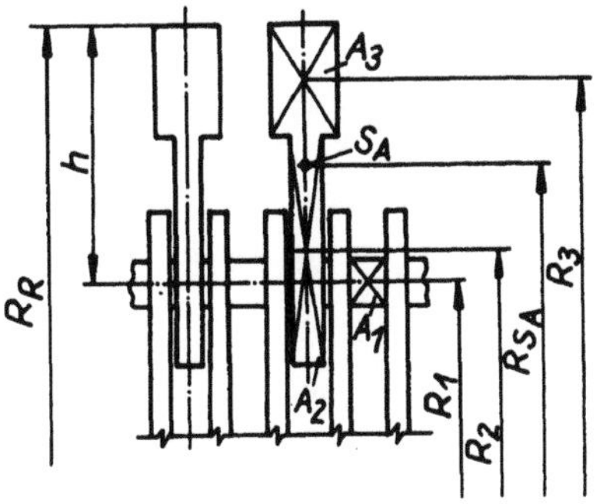


Bild 4.190. Schema zur Berechnung des Luftstromes und des Leistungsbedarfes $P_V$ [137]

Damit ergibt sich nach (4.321) für $P_L$:

$$P_L = (F_L\mu_L r\omega_R + \Delta p\, \Sigma A_i v_{SAi} \quad (4.325)$$

Der *mechanische Leistungsbedarf* eines Hammerbrechers beträgt demnach:

$$P_{mech} = [k_v(\Delta W_{ZS} + \Delta W_{ZR})\, n_R z i_H + F_L\mu_L r\omega_R + \Delta p\, \Sigma A_i v_{SAi}]/\eta_G \quad (4.326)$$

Die zur Berechnung des Leistungsbedarfes für Prallbrecher angegebenen empirischen Beziehungen (4.270) bis (4.272) können in bestimmten Grenzen auch bei Hammerbrechern und -mühlen angewendet werden. Darüber hinaus kann auch (4.327) und (4.328) zugrunde gelegt werden, wenn die Schlägermasse $m_H$, Schlägerzahl ($z_H = zi_H$), Drehzahl $n_R$ und Durchmesser des Rotors $D_R$ bekannt sind [70, 126]:

$$P_{mech} = m_H D^2 n_R^3 z_H f \cdot 2{,}7 \cdot 10^{-1}/\eta_{mech} \quad (4.327)$$

($\eta_{mech} \approx 0{,}85$ mechanischer Wirkungsgrad; $f$ von der Umfangsgeschwindigkeit der Schläger abhängiger Faktor (s. Tabelle 4.11))

*Tabelle 4.11. Orientierungswerte für f* [70]

| Umfangsgeschwindigkeit der Schläger $v_1$ in m s$^{-1}$ | $f$ |
|---|---|
| 17 | 0,0220 |
| 20 | 0,0160 |
| 23 | 0,0100 |
| 26 | 0,0080 |
| 30 | 0,0030 |
| 40 | 0,0015 |

Zur überschläglichen Ermittlung des spezifischen Arbeitsbedarfes $W_{o\dot{m}}$, der bei vorgegebenem Durchsatz $\dot{m}$ zur Berechnung des mechanischen Leistungsbedarfes verwendbar ist, kann folgende Beziehung genutzt werden [126]:

$$W_{o\dot{m}} = 1{,}4[\ln(100/R_{F5}) - \ln(100/R_{A5})]\, k_L/k_Z \quad (4.328)$$

($k_Z$ Zerkleinerungskonstante ($k_Z = 0{,}3$ für Kalkstein, $k_Z = 1{,}0$ bis 1,7 für Steinkohle); $k_L$ Leerlaufkonstante ($k_L = 1{,}12$ bis 1,14 nach Versuchsergebnissen); $R_{F5}$, $R_{A5}$ Rückstand des Aufgabe- bzw. gebrochenen Gutes, bezogen auf eine Maschenweite von 5 mm)

Die Auswahl des Antriebsmotors erfolgt nach den gleichen Grundsätzen wie bei den Prallbrechern, wobei die Beschleunigungsmomente bzw. Anlaufzeiten nach (4.274) bis (4.277) zu berechnen sind.

**Stützkräfte:** Die Beanspruchungen in Hammerbrechern sind denen in Prallbrechern (vgl. Abschn. 4.8.2.1.) ähnlich. Während die aus Bild 4.163 ersichtlichen statischen Belastungen durch die Rotormasse und die Riemenzugkraft sowie die durch Restunwuchten am Rotor entstehenden Zentrifugalkräfte nach den Beziehungen (4.279) und (4.280) ermittelt und bei der Berechnung der Schlägerwelle und der Lager zugrunde gelegt werden müssen, wirken sich die durch die Schläger (Hämmer) auf das Brechgut ausgeübten Kräfte normalerweise nicht auf den Rotorgrundkörper aus. Die Schläger werden durch die auf das Brechgut in der ersten Stoßphase übertragene Energie nur kurzzeitig aus ihrer zentrifugalkraftbedingten Strecklage abgelenkt. Im Bild 4.191 sind zwei mögliche Belastungsfälle am Hammer dargestellt [139]. Wird die Hammermasse $m_H$ auf den Schlagkreis $R$ reduziert, dann beträgt die in der Stoßzeit $t$ von einer Hammerreihe mit $i_H$ Hämmern auf das Brechgut maximal übertragbare Kraft:

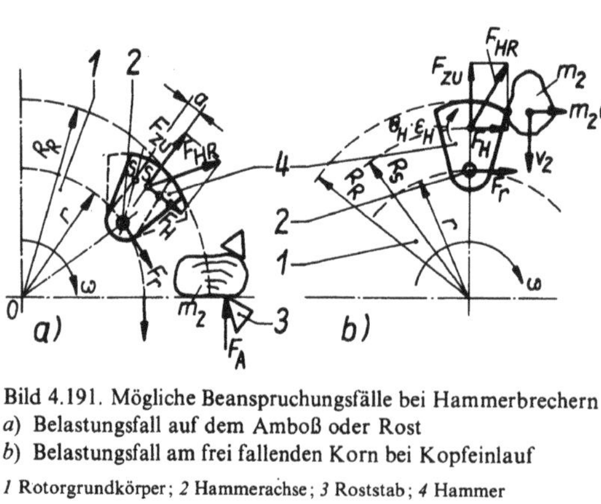


Bild 4.191. Mögliche Beanspruchungsfälle bei Hammerbrechern
*a)* Belastungsfall auf dem Amboß oder Rost
*b)* Belastungsfall am frei fallenden Korn bei Kopfeinlauf
*1* Rotorgrundkörper; *2* Hammerachse; *3* Roststab; *4* Hammer

$$F_{H\,max} = m_{H\,red} i_H v_1/t \quad (4.329)$$

Damit im Antriebssystem nur geringe Stoßbelastungen auftreten, muß der Ungleichförmigkeitsgrad $\delta$ möglichst klein gehalten werden.

$$\delta = \Delta W/\Theta_R\omega_{Rm}^2 \quad \text{oder}$$

$$\delta = (\Delta W - P_M t\eta_{mech})/\Theta_R\omega_{Rm}^2 \quad (4.330)$$

($\Delta W$ vom Rotor bzw. von den Schlägern an das Brechgut übertragene Energie; $\omega_{Rm} = (\omega_{R1} + \omega_{R2})/2$ mittlere Winkelgeschwindigkeit des Rotors)

Aus (4.330) geht hervor, daß eine Verringerung von $\delta$ bei konstant angenommener Energieabgabe $\Delta W$, die von der Korngröße des Aufgabegutes, vom Durchsatz, von der Materialfestigkeit usw. abhängig ist, nur durch Vergrößerung von $\Theta_R$ und $\omega_R$ möglich ist. Da aber einer Geschwindigkeitserhöhung aus Verschleiß- und Energiegründen Grenzen gesetzt sind, ist aus konstruktiver Sicht, vor allem bei der Grobzerkleinerung, nur eine Vergrößerung des Massenträgheitsmomentes zu empfehlen, das durch entsprechende Rotor- und Schlägergestaltung und -masse erreicht wird. Der Schlägerschwerpunkt sollte dabei möglichst nahe dem Schlagkreis liegen.

Die tatsächlich auf eine Hammerreihe wirkende bzw. von ihr übertragene Kraft kann unter Zugrundelegung des Leistungsbedarfes $P_Z$ für die Zerkleinerung berechnet werden. Dabei wird angenommen, daß die Eindringtiefe des Gutes in den Schlagkreis und die Schlagfolgezeit $t$ der Schlägerreihen so gewählt wurden, daß jede Schlägerreihe gleichmäßig am Zerkleinerungsprozeß beteiligt ist, d. h., daß das Aufgabegut jeweils tief genug in den Schlagkreis fallen kann (vgl. (4.289) bis (4.291)):

$$P_Z = F_H \Delta s z n_R \quad \text{oder} \quad F_H = P_Z/\Delta s z n_R \quad (4.331)$$

Die Dimensionierung der Rotorwelle und -lager sowie der Hammergelenke ist nach den üblichen Methoden mittels der resultierenden Kräfte ($F_{Res} = f(F_{GR}, F_R, F_{Zu})$) und des maximalen Drehmomentes ($M_{d\,max} = 2M_N$) vorzunehmen.

## 4.9.2. Gesichtspunkte zur Konstruktion

**Hammerbrecher:** Bei der Festlegung der Konstruktionsparameter und Bauelemente sowie deren konstruktiver Gestaltung ist nach Bild 4.192 ein ähnlicher Bearbeitungsweg wie bei den Prallbrechern erforderlich, wobei sowohl die Spezifik des Wirkprinzips als auch der wesentlich kleinere Arbeitsraum zu beachten sind. Die geometrischen Hauptparameter, die auf den Durchsatz und Leistungsbedarf einen wesentlichen Einfluß ausüben, werden unter Beachtung des zu zerkleinernden Gutes, insbesondere des maximalen Aufgabegutkornes $d_A$ sowie der Aufgabegutgeschwindigkeit, bestimmt. Während bei *Kopfeinlauf der Rotordurchmesser* im Durchschnitt mit

$$D_R = 3d_A + 550 \quad \text{in mm} \tag{4.332}$$

festgelegt wird, kann $D_R$ *bei Schultereinlauf* nach (4.333) gewählt werden [126]:

$$D_R = 1{,}65d_A + 520 \quad \text{in mm} \tag{4.333}$$

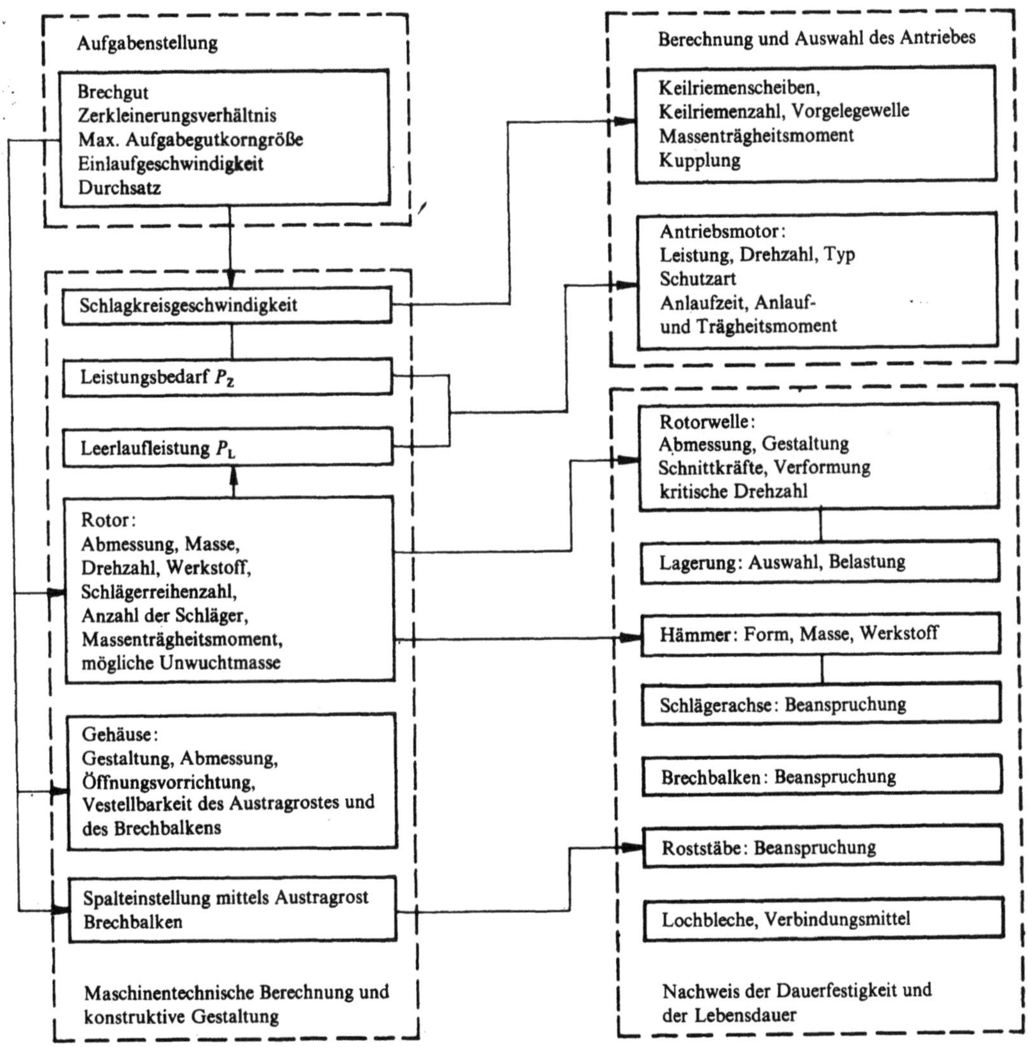


Bild 4.192. Berechnungs- und Gestaltungsschema für Hammerbrecher und -mühlen

Die *Rotorlänge* wird in Abhängigkeit vom Rotordurchmesser und vom gewünschten Durchsatz mit

$$L = (0{,}8 \ldots 1{,}5)\, D_R \tag{4.334}$$

festgelegt. Als effektivste Rotorlänge hat sich $L = (0{,}8 \text{ bis } 1{,}2)\, D_R$ bewährt. Um einen günstigen Durchsatz bei geringem Verschleiß zu erreichen, ist eine gleichmäßige Dosierung des Aufgabegutes über die gesamte Rotorlänge notwendig.

Bei der Festlegung der *Schlägerreihenzahl* $z$ sowie der *Schlägerhöhe* $h$ muß vom Rotordurchmesser, der Aufgabegutgeschwindigkeit und von der Aufgabegut-Korngröße $d_A$ ausgegangen werden. Von der gegenseitigen Abstimmung der Rotor- und Gutgeschwindigkeit ist abhängig, wie tief das Brechgut in den Schlagbereich des sich drehenden Rotors eindringt (vgl. Abschn. 4.8.2.2. (4.289) bis (4.291)). Ist die Dosiergeschwindigkeit zu groß, dann fällt das Brechgut zu tief in den Schlagbereich des Rotors. Dadurch werden die eingeleitete Energie schlecht ausgenutzt und Rotorscheiben sowie Schlägerstiele stark verschlissen. Ist dagegen die Aufgabegutgeschwindigkeit zu klein, so gleiten die Schlägerköpfe über das Brechgut hinweg, ohne wirksame Schläge zu ermöglichen. Außerdem ist mit einer Durchsatzverringerung und einem großen Verschleiß zu rechnen. Für die Ermittlung der *Schlägerhöhe* sind folgende Bedingungen einzuhalten:

$$0{,}3D_R > h > 0{,}2D_R \quad \text{oder} \quad h = (0{,}6 \ldots 1{,}75)\, d_A \tag{4.335}$$

Die kleineren Werte gelten für grobstückiges Aufgabegut und umgekehrt, wobei der Schlägerschwerpunkt und die Schlägerform sowie die Aufgabeverhältnisse (Kopf- oder Schultereinlauf) zu beachten sind. Zur günstigsten Energieausnutzung soll die Eindringtiefe des größten Aufgabegutkornes $d_A$ im Bereich

$$h_m = (0{,}6 \ldots 0{,}9)\, h \tag{4.336}$$

liegen. Die maximale Eindringtiefe wird deshalb wesentlich von der Hammerkonstruktion bestimmt.

Das *Schlagwerk* bzw. der *Rotor* ist bei Hammerbrechern und -mühlen das Hauptarbeitsorgan. Es besteht meist aus mehreren Scheiben oder Sternen, die auf der wälzgelagerten Rotorwelle mittels Längskeils befestigt sind. Die hammerförmigen Schläger sind am Umfang in gleichmäßig verteilten Reihen schachbrettartig an durchgehende Schlägerachsen angelenkt und können nach einseitiger Abnutzung gewendet werden. Bei der Anordnung der Schläger ist zu beachten, daß je Umdrehung des Rotors ein guter Überdeckungsgrad vorhanden ist (Bild 4.193). Die Rotorscheiben werden meist mit den Schlägerachsen verspannt. Infolge gelenkiger Aufhängung der Schläger wird ein elastischer Schlag erreicht. Beim Auftreffen auf besonders harte Stücke oder unbrechbare Fremdkörper weichen die Schläger aus und stellen somit einen Überlastschutz dar.

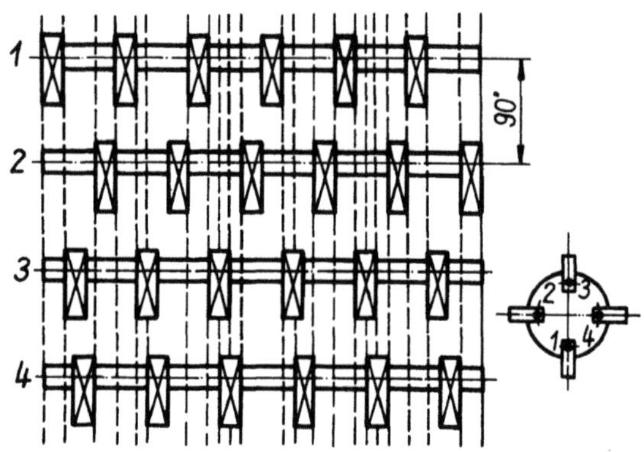


Bild 4.193. Anordnungsprinzip der Hämmer auf dem Rotor
*1* bis *4* Hammerachsen mit -anordnung zur Vermeidung schlagfreier Streifen

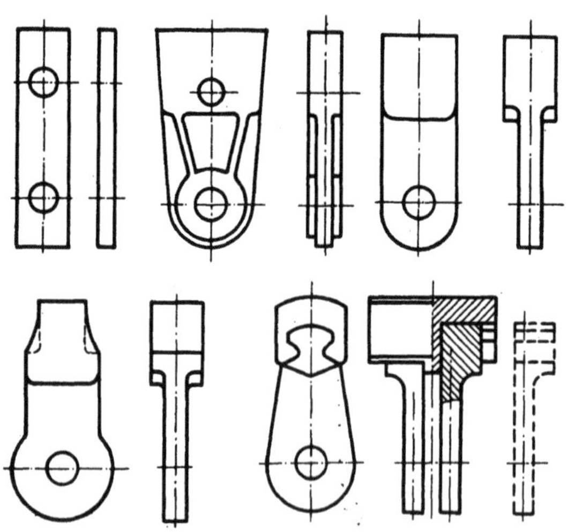

Bild 4.194. Hammerformen für unterschiedliche Einsatzzwecke [73, 126]

Die Anzahl der *Schlägerreihen* wird in Abhängigkeit von der Kornzusammensetzung des Aufgabe- und Fertiggutes gewählt. Dabei ist $z$ bei der Grobzerkleinerung stets kleiner als bei der Feinzerkleinerung. Auch die Hammerform (s. Bild 4.194) ist von der zu lösenden Zerkleinerungsaufgabe abhängig, wobei möglichst ein zweiseitiger Verschleiß durch reversierbare Rotoren und entsprechende Brechraumausbildung bzw. durch Hammerdrehung angestrebt wird. Während bei der Grobzerkleinerung Schläger mit verdickten Köpfen verwendet werden, sind bei der Mittel- und Feinzerkleinerung einfache Schläger in Plattenform gebräuchlich. Große Aufgabestücke erfordern auch große Schlägermassen, die bei den üblichen Hammerbrechern je nach Einsatzgebiet zwischen 5 und 200 kg schwanken. Soll dagegen eine Nach- oder Feinzerkleinerung erfolgen, so werden die günstigsten Zerkleinerungsergebnisse mit kleinen Hammermassen und -abständen, aber großen Umfangsgeschwindigkeiten erreicht. Bei der Festlegung der *Schlägermasse* muß neben der zu leistenden Zerkleinerungsarbeit auch der zulässige Drehwinkel der Schläger um ihren Drehpunkt nach dem Schlag auf ein angenommenes Größtkorn $d_A$ berücksichtigt werden. Dieser darf im ungünstigsten Fall 80 bis 90 % des maximal möglichen Drehwinkels nicht überschreiten. Die Schwenkfähigkeit der Schläger um die Achse liegt meist bei etwa 200°. Die hochbeanspruchten Schläger (Hämmer) und häufig auch die Schlägerbuchsen werden in der Regel aus Mn-Hartstahl, Cr-Ni-Legierungen, Verbundguß o. a. verschleißfesten Materialien hergestellt. Dabei ist zu beachten, daß die Schläger nach Bild 4.195 ähnlich wie bei den Prallbrechern und -mühlen kombinierten Beanspruchungen ausgesetzt sind und ein einfaches Wechseln möglich sein muß. Verschiedentlich werden auch mehrteilige Schläger verwendet, die den Vorteil haben, daß die Schlägerköpfe als Hauptverschleißteil ohne Demontage des Rotors oder der Schlägerachsen problemlos gewechselt werden können und der Ausnutzungsgrad der Verschleißteile anwächst. Der *Nettoverschleiß* der Schläger wird bei mittelhartem Material mit 2 bis 15 g $t^{-1}$ (z. B. Kalkstein) angegeben. Bei fortgeschrittenem Verschleiß fällt der Durchsatz bis zu 25 % ab, so daß bei einem bestimmten Verschleißzustand die Schläger um 180° gedreht oder gewechselt werden müssen. Da die aus mehreren Scheiben zusammengesetzten Rotoren (Bild 4.196) gemeinsam mit den Schlägern und der Riemenscheibe ein großes Massenträgheitsmoment besitzen, werden vor allem größere Hammerbrecher mit Überlastsicherungen ausgerüstet. Wie bei anderen Brechern werden dabei Reibungskupplungen mit einstellbarem Drehmoment oder auch Scherbolzen verwendet. Die Wirksamkeit einer Überlastsicherung im vorstehenden Sinne ist jedoch dann problematisch, wenn das Massenträgheitsmoment des Rotors wesentlich größer ist als das der Riemenscheibe. Das trifft vor allem auf große Vorbrecher zu. Die Rotorwellen werden mit Pendelrollenlagern schwerer Bauart gelagert, wobei meist freiliegende Stehlagergehäuse mit *Mehrfachlabyrinthen* und zusätzlichen Wellendichtungen verwendet werden. Da die Zentrifugalkräfte bei Schlägerbruch mit genügender Sicherheit aufgenommen werden müssen, sind die Lagergehäuse zweckmäßigerweise mit schweren Füßen einteilig auszubilden.

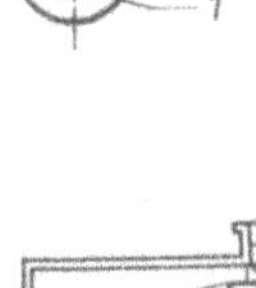


Bild 4.195. Schematische Darstellung eines Hammers mit seinen typischen Beanspruchungszonen

*1* Metall-Metall-Gleitverschleiß; *2* Lochleibungsbeanspruchung infolge Zentrifugalkraft des Hammers; *3* Zugbeanspruchung infolge Zentrifugalkraft; *4* Metall-Mineral-Schlagverschleiß; *5* Schlagbeanspruchung; *6* Metall-Mineral-Gleitverschleiß

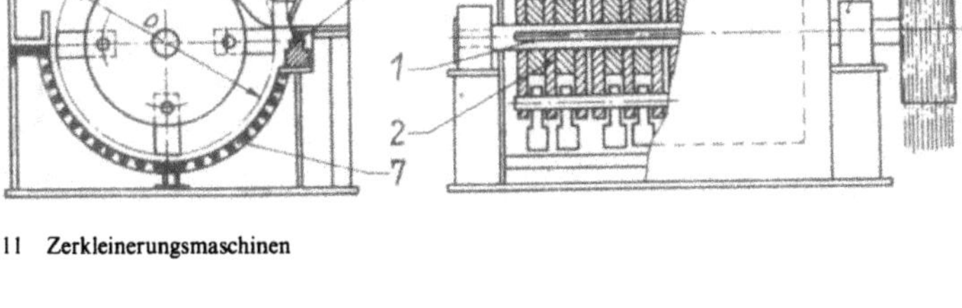


Bild 4.196. Prinzip eines Hammerbrechers mit aus Scheiben zusammengesetztem Rotorgrundkörper

*1* Antriebswelle; *2* Rotorscheiben; *3* Hammerachse; *4* Hämmer; *5* Amboß (Brechbalken); *6* Aufgaberost; *7* Auslaufrostkorb; *8* Rotorlager; *9* Antriebsscheibe

Die meisten Hammerbrecher und -mühlen werden mit *Kalibrierrosten*, die den Arbeitsbereich der Schläger im unteren Arbeitsraum im Winkel von 120° bis 200° in geringem Abstand umschließen, ausgerüstet. Sie dienen zur Zurückhaltung und Zerkleinerungshilfe für Überkornanteile im Brechgut. Bei einfachen Zerkleinerungsaufgaben und weichen Materialien, wie Rohbraunkohle, können auch Roste aus verschleißfesten Lochblechen verwendet werden. Aus Einzelstäben aufgebaute Roste werden bei höheren Beanspruchungen eingesetzt, wobei die Roststäbe meist Dreieckprofil oder trapezförmigen Querschnitt besitzen. Spezielle Brecherarten weisen auch Roste auf, bei denen die Schläger durch deren Platten hindurchgreifen können. Bei der Festlegung der Roststabmessungen und der freien Rostfläche ist der Zusammenhang zwischen Rostbeanspruchung durch Schlag und Reibung, Verschleiß und Durchsatzvermögen zu beachten. Wird

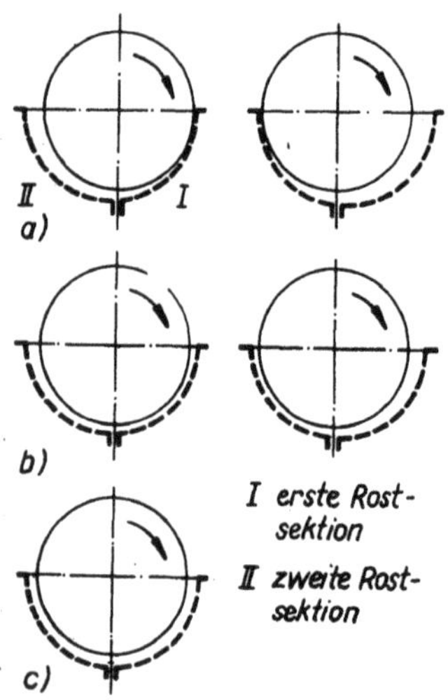


Bild 4.197. Varianten zur Spalteinstellung zwischen Rotor und Rost

z. B. der Rost nur unter dem Gesichtspunkt einer hohen Stabilität und mechanischen Beanspruchbarkeit ausgebildet, so wird die freie Rostfläche meist zu gering. Zur Vereinfachung der Instandhaltungs- und Reinigungsarbeiten werden die Roste bei größeren Brechern schwenk- bzw. ausfahrbar (s. Bild 4.186) und die mehrteiligen Gehäuse hydraulisch aufklappbar gestaltet. Bei schwenkbaren Rostsektionen werden zur *Spalteinstellung* folgende Varianten genutzt (Bild 4.197):

*a*) keilförmiger Spalt mit Vergrößerung des Abstandes in oder entgegengesetzt der Drehrichtung
*b*) keilförmiger Spalt bei der ersten oder zweiten Rostsektion, Einstellung der ersten oder zweiten Sektion mit gleichmäßigem Abstand
*c*) an beiden Sektionen gleichmäßig eingestellter Spalt

Der erforderliche Spaltabstand ist für den jeweiligen Einsatzfall durch Versuche zu ermitteln. Zur Sicherung eines gleichmäßigen Fertiggutes ist der Spalt bei Verschleiß des Rostes und der Schläger durch entsprechende Nachstellung konstant zu halten.

Um eventuelle *Rostschwingungen* vor allem bei großen Brechern zu vermeiden, werden Stabroste verschiedentlich auch mit Stoßdämpfern ausgerüstet. Die Abstände der Roststäbe entsprechen der größten Korngröße des gewünschten Gutes $d_F$, wobei beachtet werden muß, daß vor allem bei großen Umfangsgeschwindigkeiten ein großer Feinkornanteil anfällt. Deshalb werden vereinzelt auch rostlose Hammerbrecher für leicht zerkleinerbares und feuchtes Aufgabegut und dann, wenn ein geringerer Feinkornanteil gewünscht wird und keine obere Kornbegrenzung erforderlich ist, eingesetzt. Während der Leistungsbedarf bei rostlosem Betrieb kleiner wird, wächst der Durchsatz stark an, so daß mit geringerem spezifischem Arbeitsbedarf gerechnet werden kann. Die mehrteiligen, bei größeren Brechern hydraulisch aufklappbaren Gehäuse werden wie bei den Prallbrechern mit Verschleißplatten ausgekleidet. In den Bildern 4.198 und 4.199 sind typische Hammerbrecherkonstruktionen dargestellt. Bei zweirotorigen Hammerbrechern, die vor allem für grobstückiges Aufgabegut genutzt werden, laufen die Rotoren gegeneinander. Das Brechgut wird dabei von beiden Rotoren gleichzeitig erfaßt. Sie sind bei reihengeschalteten Rotoren in einem Arbeitsraum und gleicher Drehrichtung auch für die Nachzerkleinerung geeignet.

Der Durchsatz von *Zweiwellen-Hammerbrechern* liegt im Vergleich zum *Einrotorbrecher* bei gleichen Rotorabmessungen um etwa 80 bis 90% höher als beim Einrotorbrecher. Verschiedentlich werden auch Prall- und Hammerbrecherkombinationen in

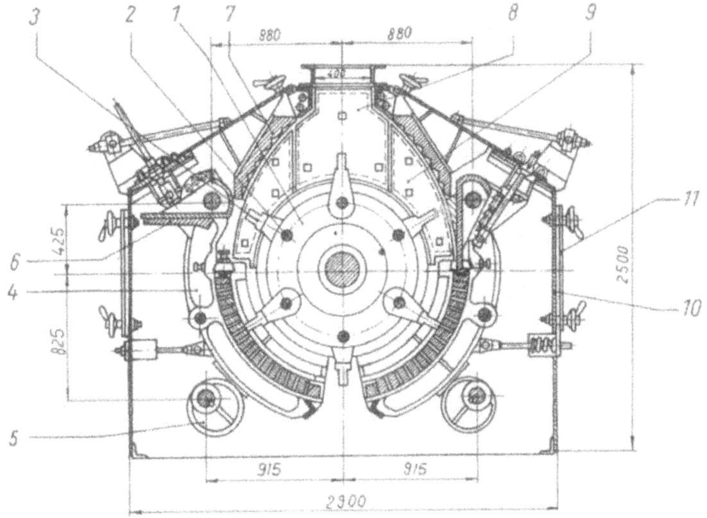


Bild 4.198. Einrotor-Hammerbrecher mit reversierbarem Rotor und Kopfeinlauf (UdSSR)
*1* Rotorgrundkörper; *2* Hammerachsen; *3* Hämmer; *4* Stabrost, zweiteilig; *5* Spalteinstellvorrichtung; *6* Auswurfklappen für Fremdkörper; *7* Brech-(Prall-)Platten; *8* Aufgabetrichter; *9* Verschleißplatten; *10* Gehäuse; *11* Kontrollöffnung

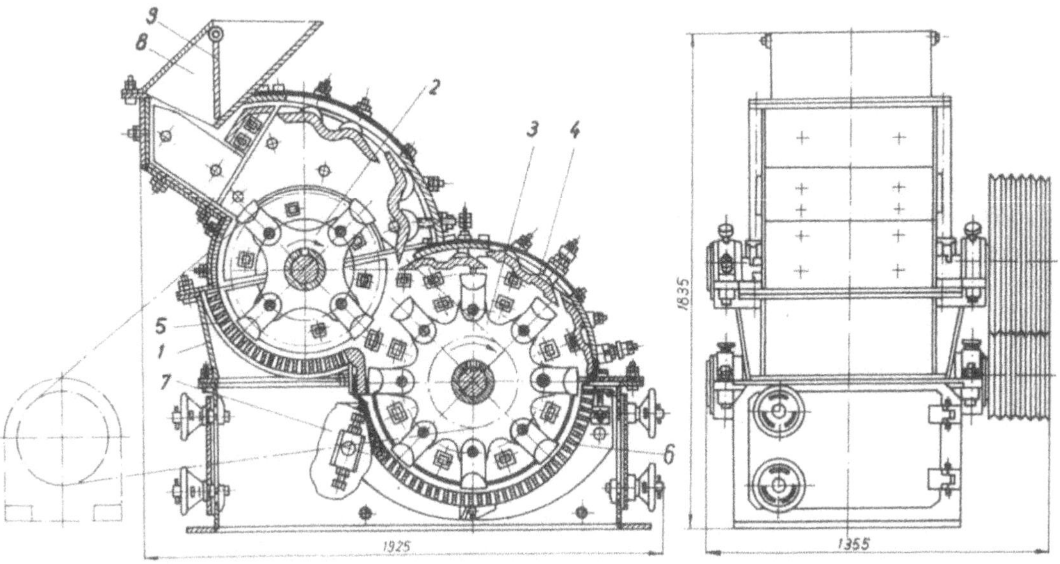


Bild 4.199. Zweirotor-Hammerbrecher (UdSSR)
*1* Gehäuse; *2* Rotor mit 4 Hammerreihen zur Vorzerkleinerung; *3* Rotor mit 8 Hammerreihen zur Nachzerkleinerung; *4* Brechplatten; *5*, *6* Stabroste; *7* Spalteinstellvorrichtung; *8* Einlaufschleuse; *9* Schleusenklappe

einem Brechergehäuse bei entsprechender Ausbildung des Arbeitsraumes verwendet. Wenngleich mit verschiedenen Rotor- und Brecherraumausführungen unterschiedliche Zerkleinerungsergebnisse erreicht und verschiedenartige Zerkleinerungsaufgaben gelöst werden können, so haben die Ein- und Zweirotorbrecher einen prinzipiell gleichen Aufbau, so daß bei der Berechnung von gleichen Ansätzen ausgegangen werden kann.

Bei mit umlaufender Brechplatte ausgerüsteten und

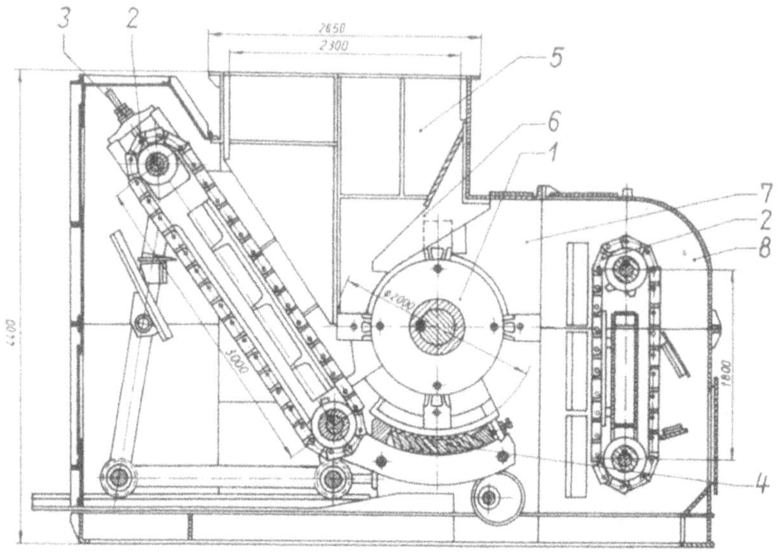


Bild 4.200. Einrotor-Hammerbrecher mit umlaufenden Brechplatten (UdSSR)

*1* Rotor mit 4 Hammerreihen; *2* umlaufende Brechplatten mit Panzerung; *3* Spannvorrichtung für Brechplattenkette; *4* Amboß mit Brechelementen; *5* Aufgabeöffnung; *6* kammförmiger Einlaufrost; *7* Verschleißplatten; *8* Gehäuse

besonders für feuchtes, klebriges Aufgabegut geeigneten Hammerbrechern wird ein Anbacken des feuchten Brechgutes am Brechereinlauf und bei der Zerkleinerung vermieden. Bild 4.200 zeigt einen derartigen Brecher. Das Brechplattenband aus verschleißfestem Werkstoff kann um seine Antriebswelle geschwenkt werden. Dadurch ist die Spaltweite zwischen Plattenband und Schlägern ein- bzw. nachstellbar.

**Hammermühlen:** Sie entsprechen in Grundaufbau und Wirkungsweise den Hammerbrechern. Der Unterschied liegt in der leichteren Ausführung und der höheren Beanspruchungsgeschwindigkeit ($v_1 > 50\,\mathrm{m\,s^{-1}}$). Die Rotoren sind mit einer größeren Anzahl leichterer versetzt angeordneter Schläger (Hämmer) ausgerüstet. Austragroste, die bei Brechern meist nur die untere Hälfte des Rotors umschließen, sind durch auswechselbare Siebplatten ersetzt. Der Umschlingungswinkel der Siebe beträgt in der Regel mehr als 180° und läßt oftmals nur den Bereich der Einlauföffnung frei. *Hammermühlen* werden zur Zerkleinerung mittelharter und weicher Stoffe, wie Braunkohle, Salze, Kreide u. a., eingesetzt. Bild 4.201 zeigt den Aufbau einer Hammermühle. Für die Feinzerkleinerung werden die Rotoren vor allem mit Bandstahl- und Balkenschlägern ausgerüstet (vgl. Bild 4.194). Durch Variation der Rotordrehzahlen, der Form der Schlagelemente, der Mahlgutaufgabe über Kopf- oder Schultereinlauf und der Möglichkeit zur Ausrüstung solcher Mühlen mit Rost oder Sichter ist eine Anpassung an unterschiedliche Zerkleinerungsaufgaben möglich (Bild 4.202). Die zur Auslegung verwendbaren Kennwerte sind in Tabelle 4.9 und Bild 4.188 dargestellt.

**Shredder:** Hammerbrecher, die zur Zerkleinerung verschiedener metallischer Sekundärrohstoffe besonders geeignet sind, werden als *Shredder* bezeichnet. Während sie ursprünglich vorrangig der Aufbereitung von Automobilschrott dienten, hat sich in den letzten Jahren ihr Einsatzgebiet wesentlich erweitert, und sie werden gegenwärtig u. a. zur Aufbereitung folgender metallischer Sekundärrohstoffe eingesetzt [141, 142]:

— Stahlleichtschrott (Sammelbegriff für dünnwandige, oft sperrige Schrottbestandteile, zu denen z. B. verschlissene Kraftfahrzeuge, Haushaltgeräte usw. gehören)
— Aluminiumschrott mit Stahlschrottanhaftungen

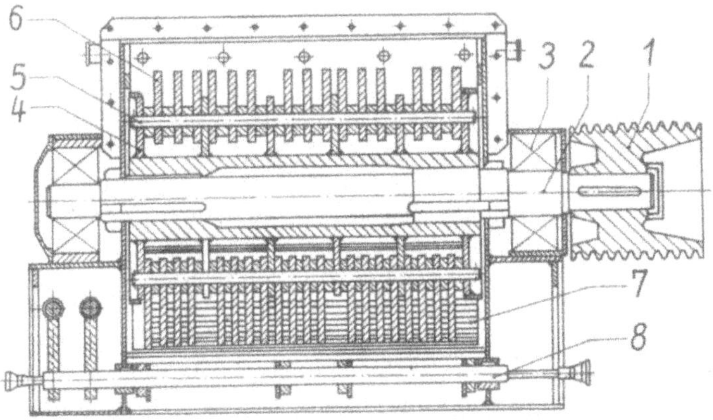


Bild 4.201. Hammermühle (SKET Magdeburg)

*1* Antriebsscheibe; *2* Antriebswelle; *3* Rotorlager; *4* Rotorgrundkörper; *5* Hammerachse; *6* Hämmer; *7* Rost; *8* Rostachse zur Spaltverstellung

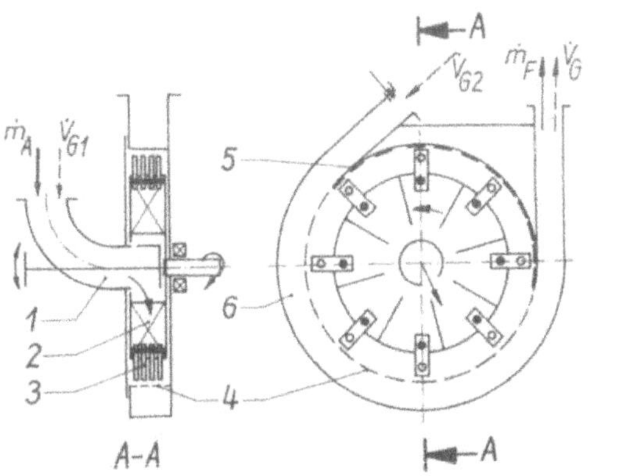


Bild 4.202. Prinzip einer Hammermühle mit axialer Mahlgutaufgabe und pneumatischem Fertigguttransport [143]

*1* Aufgabegutschleuse mit Verstelleinrichtung der Aufgabeöffnung; *2* Rotor mit Ventilationsschaufeln; *3* Hammerpakete; *4* Rost; *5* Verschleißelemente; *6* Transportkanal

— Amortisationsschrotte der Elektrotechnik und Elektronik (kleinere Elektromotoren, Schaltschränke, Zähler usw.).

Der mit Shreddern zerkleinerte Schrott hat bei der weiteren Verarbeitung folgende Eigenschaften und Vorteile:

— kleinstückig; seine Stückgröße beträgt allgemein weniger als $d_F < 150$ mm
— bietet günstige Voraussetzungen für eine Trennung der einzelnen Komponenten und hat gute Lager- und Fördereigenschaften
— bei einer entsprechenden Magnetscheidung sind die Verunreinigungen durch Kupfer- und Zinnbestandteile relativ gering
— der zerkleinerte Schrott ist infolge seiner großen Oberfläche gut einschmelzbar

Unter Berücksichtigung der Rotor- und Rostanordnung können die Shredder nach Bild 4.203 eingeteilt werden. Von ihnen wird der mittels spezieller Aufgabevorrichtungen dem Arbeitsraum zugeführte Schrott durch das Zusammenwirken von Schlagelementen und Amboß zerkleinert. Die Rotoren der Shredder sind ebenso wie die von schweren Hammerbrechern mit schweren Schlagelementen, die um ihren Lagerbolzen in einem bestimmten Winkelbereich ausgelenkt werden können, ausgerüstet. Wie bei Hammerbrechern werden Roste verwendet, so daß nur ausreichend zerkleinerte Schrottstücke aus dem Arbeitsraum ausgetragen werden können. Unterschiede bei der Ausbildung der Shredder mit horizontal gelagertem Rotor bestehen besonders in der Anordnung des Rostes. Den prinzipiellen Aufbau eines Shredders mit oberhalb des Rotors angeordnetem Rost zeigt Bild 4.204. Der Zuführung des Schrottes dienen zwei Walzen, die in Abhängigkeit der Belastung des Shredder-Antriebssystems geregelt werden können. Durch die Veränderung des Abstandes der Walzen zueinander kann sich die Zuführeinrichtung den Abmessungen des Aufgabegutes anpassen und den Schrott in Form eines vorgepreßten Materialstranges zum *Shredderamboß* transportieren. Die im Ergebnis der Wechselwirkung zwischen Schlagelementen und Amboß zerkleinerten Schrottstücke werden, bezogen auf den Schlagkreis, tangential und entgegen der Schwerkraft zum oberhalb des Rotors gelegenen Rost geschleudert. Um günstige

Austragverhältnisse zu erreichen, wurde vor dem Rost ein Schacht vorgesehen, der die Gutteile in die gewünschte Richtung lenkt. Falls größere massive Schrottstücke, die von den Arbeitsorganen nicht zerkleinert werden können, in den Arbeitsraum gelangen, wird eine hydraulisch betätigte Klappe in den Schacht vor dem Rost geschwenkt. Dadurch können Grobteile ohne Unterbrechung des Zerkleinerungsprozesses unter Umgehung des Rostes ausgeworfen werden.

Bild 4.205 zeigt das Funktionsprinzip eines Shredders mit unterhalb des Rotors angeordnetem Rost. Sein konstruktiver Aufbau wurde unmittelbar von den bekannten Hammerbrechern zur Zerkleinerung fester mineralischer Stoffe abgeleitet. Zur Vermeidung hoher Stoßbelastungen, die bei einfachem Schulter- oder Kopfeinlauf eintreten, und zur Sicherung einer möglichst gleichmäßigen Schrottzuführung muß den Aufgabeeinrichtungen besondere Beachtung geschenkt werden. Durch eine Einzugskette (Bild 4.205), deren Abstand zur Schurre verstellbar ist, wird das Aufgabegut ähnlich wie bei Einzugswalzen zusammengepreßt und kontinuierlich zum Shredderamboß transportiert. Der diesem Shreddertyp zugeführte Schrott wird über der Arbeitskante des Ambosses zerkleinert, entlang der Mahlbahn einer weiteren intensiven Beanspruchung unterzogen und bei entsprechender

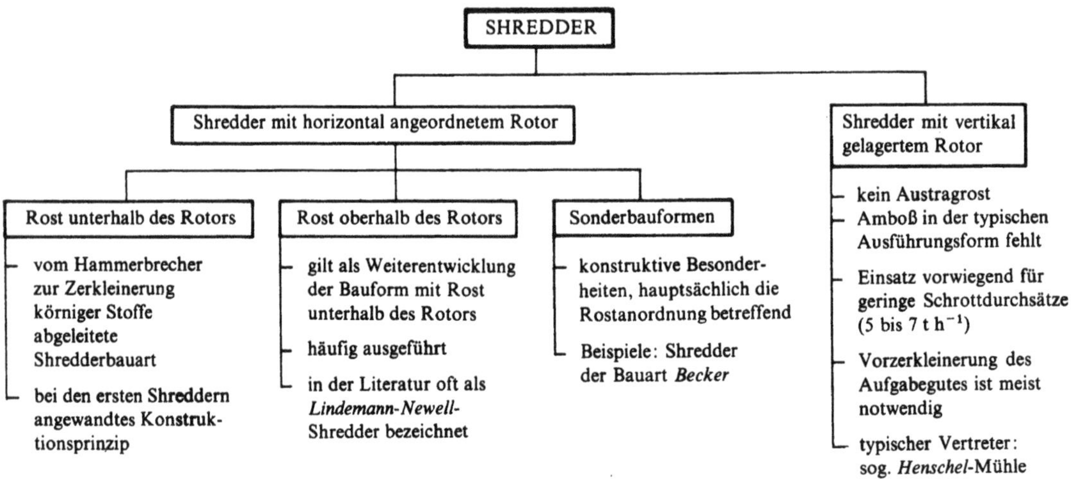


Bild 4.203. Einteilung der Shredder

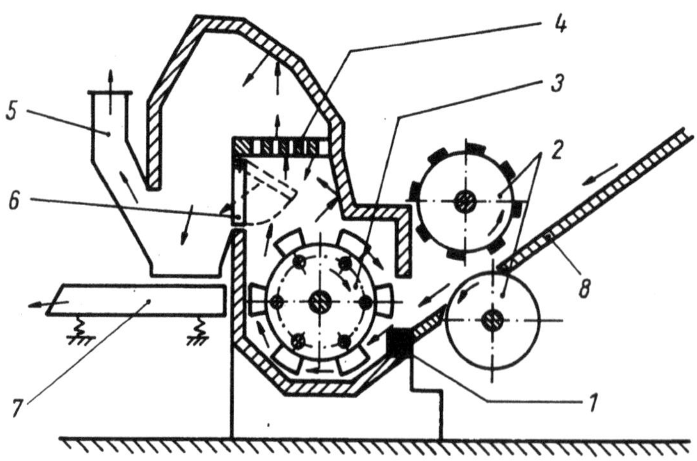


Bild 4.204. Shredder mit oberhalb des Rotors angeordnetem Rost

*1* Amboß; *2* Aufgabewalzen; *3* Rotor mit Hämmern; *4* Rost; *5* Entstaubungsleitung; *6* Auswurfklappe für nichtzerkleinerbares Gut; *7* Abzugsrinne (Schwingrinne); *8* Aufgabeschurre

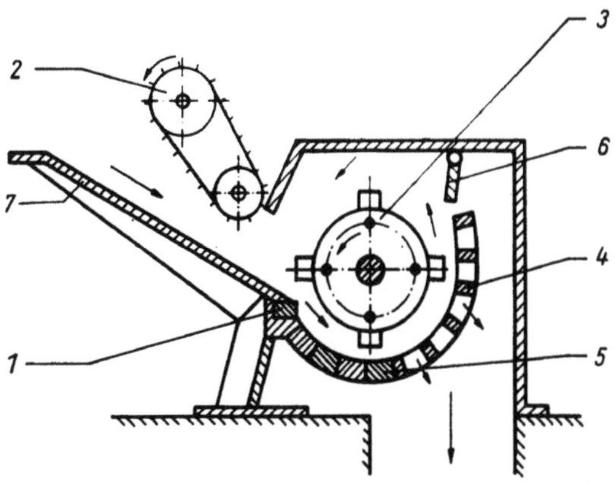


Bild 4.205. Shredder mit unterhalb des Rotors angeordnetem Rost

*1* Amboß; *2* Einzugsband; *3* Rotor mit Hämmern; *4* Rost; *5* Schlagzone; *6* Auswurfklappe; *7* Aufgabeschurre

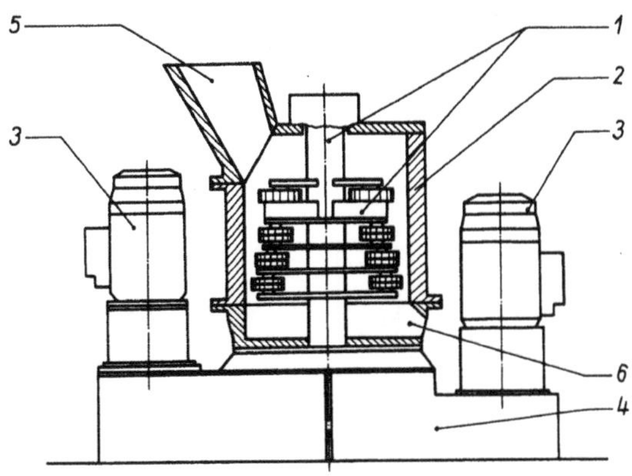


Bild 4.206. Shredder mit ringförmigen Schlagelementen

*1* Rotorwelle mit Schlagelementen; *2* Gehäuse; *3* Motoren; *4* Ständer; *5* Aufgabeöffnung; *6* Austragöffnung

Stückgröße im Bereich des Rostes vorwiegend unter Schwerkraftwirkung aus dem Arbeitsraum ausgetragen. Shredder mit vertikal gelagerten Rotoren sind meist stufenförmig ausgebildet und mit ringförmigen Schlagelementen versehen (Bild 4.206). Durch die Spezifik des Zerkleinerungsvorganges werden die Schrottstücke stark verformt und teilweise zusammengerollt. Sie sind nur für kleinere Durchsätze geeignet.

Eine Gegenüberstellung technischer Parameter von *Shreddern* mit *horizontal* und *vertikal* gelagertem Rotor zeigt Tabelle 4.12. Shredder mit horizontaler Rotorlagerung lassen sich gut an die Spezifik des Aufgabegutes (Abmessungen, Art) und an geforderte Schrottdurchsätze anpassen. Bei den meisten Shreddern mit horizontaler Rotorlagerung wird der Rost oben angeordnet, da sich damit verschiedene Vorteile, wie geringer Bauaufwand für Maschinenfundamente, günstige Möglichkeiten für die Absaugung flugfähiger Bestandteile, leichte Austauschbarkeit des Rotors und der Schläger, ergeben.

Bei der Auslegung und konstruktiven Gestaltung wird vom Durchsatz $\dot{m}$ und vom spezifischen Arbeitsbedarf $W_{\text{o}\dot{m}}$ ausgegangen. Der Durchsatz $\dot{m}$ von Shreddern mit horizontal angeordnetem Rotor ist in Abhängigkeit von der installierten Antriebsleistung $P_{\text{i}}$ in Bild 4.207 dargestellt. Bild 4.208 zeigt die Verteilungsfunktion des Leistungsbedarfes eines Stahlschrott-Shredders [142]. Daraus geht hervor, daß die installierte Motorleistung nur bis 4,5% der Betriebszeit erreicht bzw. überschritten wird. Zur Vermeidung von Überlastungen müssen trotzdem entsprechende Leistungsreserven vorgesehen

*Tabelle 4.12. Gegenüberstellung technischer Parameter von Shreddern verschiedener Bauformen*

| Technische Parameter | Shredder mit horizontalem Rotor | Shredder mit vertikalem Rotor |
|---|---|---|
| Antriebs-Nennleistung in kW | 370 ... 7500 | 500 |
| Schrott-Nenndurchsatz in t $h^{-1}$ | 6 ... 150 | 5 ... 7 |
| Rotor-Nenndrehzahl in $min^{-1}$ | 500 ... 900 | 360 |
| Schüttdichte des zerkleinerten Stahlschrottes in t $m^{-3}$ | 0,8 ... 1,2 | 1,8 ... 2,2 |
| Maschinenmasse in t | 25 ... 200 | 38 |
| $W_{\text{o}\dot{m}}$ in kWh $t^{-1}$ | 25 ... 75 | 70 ... 100 |

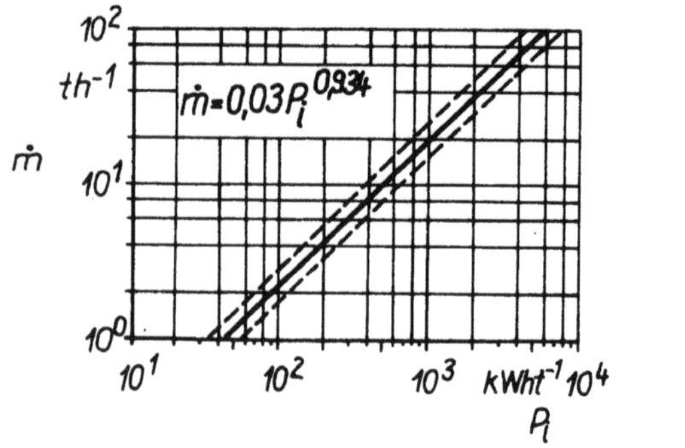


Bild 4.207. Orientierungswerte für den Durchsatz $\dot{m}$ in Abhängigkeit der installierten Antriebsleistung $P_i$ bei Shreddern mit horizontal gelagertem Rotor

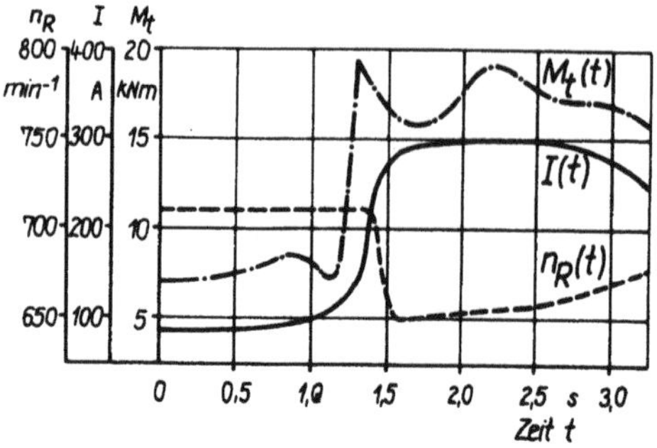


Bild 4.209. Abhängigkeit des Rotorwellen-Torsionsmomentes $M_t$, Motorstromes $I$ und der Rotordrehzahl $n_R$ von der Zeit $t$ bei einer für Shredder charakteristischen Belastungsphase

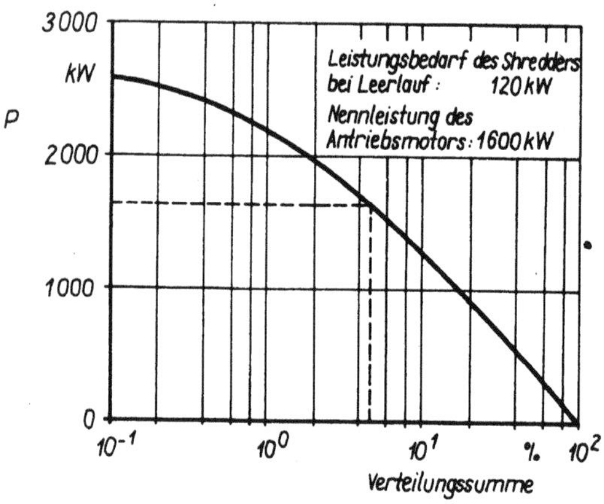


Bild 4.208. Verteilungsfunktion des Leistungsbedarfes bei Normalbetrieb

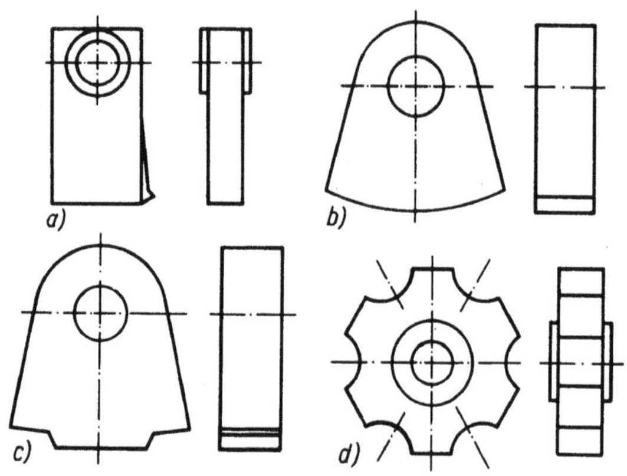


Bild 4.210. Typische Schlagelemente für Shredder

werden. Aus Bild 4.209 gehen charakteristische Belastungsverhältnisse bei Shreddern hervor.

Die *Shredderrotoren* sind ähnlich wie die der Hammerbrecher aus *Rotorwelle*, *-scheiben*, *Schlagelementen* und *Bolzen* zur Schlagelementaufhängung aufgebaut. Bei der Anordnung der Schlagelemente auf dem Rotor muß jedoch aufgrund möglicher Stöße beim Eintritt massiver Schrottstücke in den Arbeitsraum beachtet werden, daß sich die Schlagelemente um ihre Aufhängeachse um 360° drehen können. Bild 4.210 zeigt die wichtigsten bisher in der Praxis eingesetzten Ausführungsformen von Schlagelementen. Während die Formen *a*, *b* und *c* bei horizontal gelagerten Rotoren zur Anwendung kommen und bei Verschleiß einer Schlagfläche wie bei den Hammerbrechern gedreht werden können, wird der sog. Schlagring vor allem bei Shreddern mit vertikal angeordneten Rotoren verwendet. Bei horizontalen Rotoren werden vereinzelt auch Schlagringe zur Zerkleinerung von Aluminiumschrott mit Stahlschrottanhaftungen eingesetzt. Dabei wird eine gute Verdichtung der Schrottstücke erreicht, da sie sich bei entsprechendem Widerstand auf dem Schrott abwälzen. Die Masse der Schlagelemente beträgt in Abhängigkeit von der Shredderbaugröße $m_H$ = 50 bis 180 kg. Einen erheblichen Einfluß auf das Zerkleinerungsergebnis hat die konstruktive Ausführung des Ambosses. Er stellt ein hochbelastetes Widerlager dar, an dessen Arbeitskante die Schrottstücke besonders auf Scherung und Biegung beansprucht werden. Bild 4.211 zeigt zwei Grundformen der *Shredderambosse*. Der Amboß mit gerader Arbeitskante (*a*) erfordert bei der Herstellung einen geringen

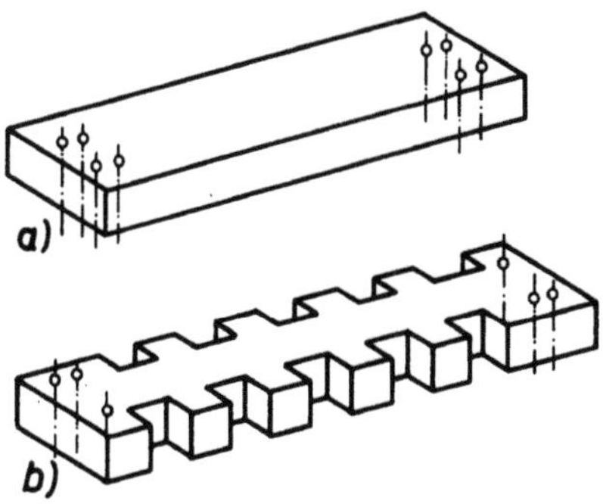

Bild 4.211. Amboßausführungen für Shredder

Aufwand, besitzt aber keine günstigen Zerkleinerungsbedingungen. Die Schrottstücke werden lediglich entlang der Arbeitskante auf jeweils hammerbreiten Abschnitten intensiv beansprucht, so daß ein grobstückiges Produkt entsteht. Dieser Nachteil tritt beim Amboß mit kammförmig gestalteter Arbeitskante (*b*) nicht auf. Zur Erhöhung der Beanspruchungsintensität werden bei ihm häufig Schlagelemente mit verschiedenen Längen eingesetzt, die das Aufgabegut an der Vorderkante (kurze Schlagelemente) und in den Lücken (lange Schlagelemente) des Ambosses beanspruchen. Die Ambosse werden je nach Shreddergröße ein- oder mehrteilig ausgeführt. Da der Verschleiß entlang der Arbeitskante unterschiedlich ist, überwiegen allgemein die Vorteile des selektiven Austausches stark verschlissener Segmente gegenüber dem höheren Aufwand bei ihrer Befestigung. Der bei Shredderschlagelementen und Amboß einzusetzende Werkstoff muß eine große Verschleißfestigkeit und Zähigkeit besitzen. Während für Schlagelemente Mn-Hartstahl bzw. chromlegierter Stahlguß verwendet wird, kommen beim Amboß vor allem Vergütungsstähle (z. B. 42CrMo4 mit gehärteter Oberfläche; Härtetiefe 3 bis 4 mm) zur Anwendung. Bei den genannten Verschleißwerkstoffen wurde der spezifische Verschleiß der Schlagelemente mit $V_o = 7$ bis $10\ \mathrm{g\ t^{-1}}$ und für den Amboß mit $V_o = 25$ bis $30\ \mathrm{g\ t^{-1}}$ ermittelt.

## 4.10. Schläger- und Feinprallmühlen

Sie werden für die Fein- und Feinstzerkleinerung weicher bis mittelharter nicht stark abrasiver Materialien eingesetzt. Durch Verwendung verschleißfesterer Konstruktionswerkstoffe ist ihr Einsatz in den letzten Jahren auch bei der Zerkleinerung ausgewählter harter Stoffe möglich geworden. Je nach vorhandener Temperaturdifferenz kann das Mahlgut während der Zerkleinerung erwärmt, getrocknet oder gekühlt werden. Damit können solche Mühlen auch für die Zerkleinerung wärmeempfindlicher und zur Mahltrocknung feuchter Materialien genutzt werden. Da an die zu zerkleinernden Produkte sehr unterschiedliche Anforderungen gestellt werden und die einzelnen Feinprallmühlen nicht universell einsetzbar sind, wurde eine Vielzahl von Mühlenarten (Bild 4.212) mit den unterschiedlichsten Arbeitsorganen entwickelt. Die damit erreichbaren Fertiggutfeinheiten betragen $d_{50} = 10$ bis $100\ \mu\mathrm{m}$. Je nach den Eigenschaften des zu zerkleinernden Gutes und der Fertiggutfeinheit liegt der spezifische Arbeitsbedarf $W_{\mathrm{o}\dot{m}}$ bei $W_{\mathrm{o}\dot{m}} = 1{,}5$ bis $500\ \mathrm{kWh\ t^{-1}}$. Die Haupteinflußgrößen in *Feinprallmühlen* sind die Rotor- bzw. Beanspruchungsgeschwindigkeit ($v = 40$ bis $300\ \mathrm{m\ s^{-1}}$), Zahl, Form und Abstand der Schlagelemente, die Gestaltung von Mahlraumeinbauten (wie Siebe, Prallplatten, Strömungsleiteinrichtungen usw.), Feinheit, Durchsatz, Feuchtigkeit, Festigkeit und Umlaufzahl des Mahlgutes bei Mahlkreisläufen sowie die Eigenschaften des Trägermediums. Die Arbeitsorgane sind teils starr als Platten, Leisten, Flügel, Kreuze oder als runde und eckige Stifte, teils als gelenkig angeordnete Hämmer, Flachstahl- oder Bandstahlschläger ausgebildet. Die Mahlbahnen oder Prallflächen sind in der Regel glatte, verschiedenartig profilierte Platten oder Siebe. Für das Erreichen hoher Endfeinheiten sind neben hohen Beanspruchungsgeschwindigkeiten und Erhöhung der Verweilzeiten in *Feinprallmühlen* auch ein bestimmtes *Beladungsverhältnis* im Arbeitsraum erforderlich, da mit zunehmender Feinheit die Mahlgutteilchen außer durch Aufprall auf die Zerkleinerungswerkzeuge auch durch den gegenseitigen Teilchenstoß zerkleinert werden [171]. Bei derartigen Mühlen ergeben sich im Durchschnitt *Beladungsverhältnisse* von $\mu = 0{,}1$ bis $0{,}8$ kg Feststoff je kg Luft, wobei das Beladungsverhältnis wie folgt definiert wird:

$$\mu = \dot{m}_F / \dot{V}_L \varrho_L = \dot{m}_F / \dot{m}_L \qquad (4.337)$$

Die *Einteilung der Feinprallmühlen* kann nach Bild 4.212 nach der konstruktiven Anordnung der Ro-

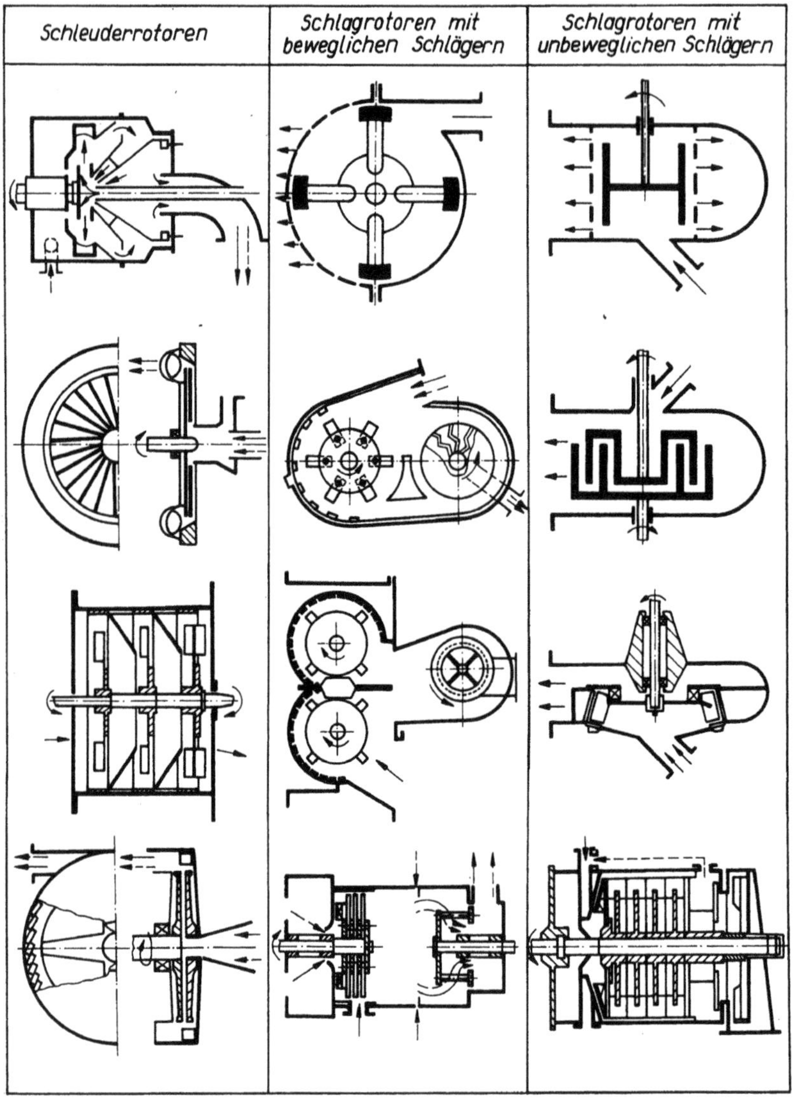


Bild 4.212. Einteilung der Feinprallmühlen

toren (horizontal oder vertikal), dem Mahlguttransport durch den Arbeitsraum (radial, axial oder peripher), der Möglichkeit der Mahlgutbeschleunigung (Schlagrotoren, Schleuderrotoren) oder nach der Mahlraumbegrenzung (mit oder ohne periphere Mahlbahn oder Siebeinlage) erfolgen.

Alle Mühlen werden für bestimmte Fertiggutfeinheiten ausgelegt, die durch folgende Maßnahmen verändert werden können:

— Erhöhung der Beanspruchungsintensität durch größere Beanspruchungsgeschwindigkeiten
— Vergrößerung der Anzahl der Beanspruchungen je Zeiteinheit im Arbeitsraum durch Vergrößerung der Schlägerzahl
— Änderung der Gutkonzentration im Trägermedium bzw. Vergrößerung oder Verringerung des Durchsatzes
— Anwendung der inneren oder äußeren Klassierung durch Siebe oder Sichter

Die Bedeutung und große Anwendungsbreite von Feinprallmühlen ist auf folgende Vorteile zurückzuführen [144]:

— kurze Verweilzeit des Mahlgutes im Arbeitsraum
— gute Raum-Zeit-Ausbeute, d. h. relativ große Durchsätze in kleinen Maschineneinheiten
— relativ einfache Variation der Beanspruchungsgeschwindigkeit durch veränderliche Rotordrehzahl bzw. Strömungsgeschwindigkeiten und damit gute Anpassung an die jeweilige Zerkleinerungsaufgabe [145]
— Zerkleinerung nicht nur von sprödem, sondern auch von feuchtem, klebrigem und fetthaltigem Material in Spezialkonstruktionen
— einfache Möglichkeit zur Kopplung mit peripheren Einheiten, wie Siebung, Sichtung, Kühlung, Tieftemperaturkühlung, Heizung, Inertgasbetrieb u. a. [146]

Da die Zerkleinerung durch viele Faktoren, einschließlich Ventilationswirkung, beeinflußt wird, ist es schwierig, theoretische Verfahren zur Berechnung des Leistungsbedarfes und des Durchsatzes aufzustellen. Aus diesem Grunde gibt es dafür gegenwärtig nur Näherungslösungen. Die unter Abschn. 4.8. und 4.9. dargelegten Grundlagen sind jedoch auch bei den Schläger- und Feinprallmühlen anwendbar.

## 4.10.1. Bauarten und Hinweise zur Konstruktion von selbstansaugenden Schläger-, Schlagrad- und Gebläseschlägermühlen

Die Aufbereitung von grubenfeuchter Braunkohle zu brennfähigem Kohlestaub für Kohlenstaubfeuerungen in Kraftwerken erfolgt vorwiegend in *Mahltrocknungsanlagen* mit selbstansaugenden *Einblasemühlen.* In derartigen Anlagen sind Schläger-, Schlagrad-(Ventilator-) und Gebläseschlägermühlen mit oder ohne Sichter anwendbar. In Bild 4.213 ist der prinzipielle Aufbau einer Kohlenstaubfeuerung mit *Gebläseschlägermühle* dargestellt. Die Brennstoffzuführung zur Mühle erfolgt bei diesen Mühlenbauarten über einen Fallschacht, der mit dem Feuerraum verbunden ist und gleichzeitig als Ansaugschacht für Feuergase mit hoher Temperatur bis 1000 °C dient. Durch die Ventilationswirkung des Mühlenrotors wird das angesaugte Rauchgas und die in das Leitungssystem einströmende Verbrennungsluft zur Trocknung (Mahltrocknung) und zum Tranport des Mahlgutes in den Brennraum mit zum Teil hohen Feuchtigkeitsgehalten verwendet. Damit stellt die Mühle und Feuerungseinrichtung eine funktionelle Einheit dar, die die Zerkleinerung, Klassierung, Gas- und Feststofförderung sowie gleichzeitige Trocknung der Rohkohle und Einblasung in den Feuerraum mit einer festgelegten

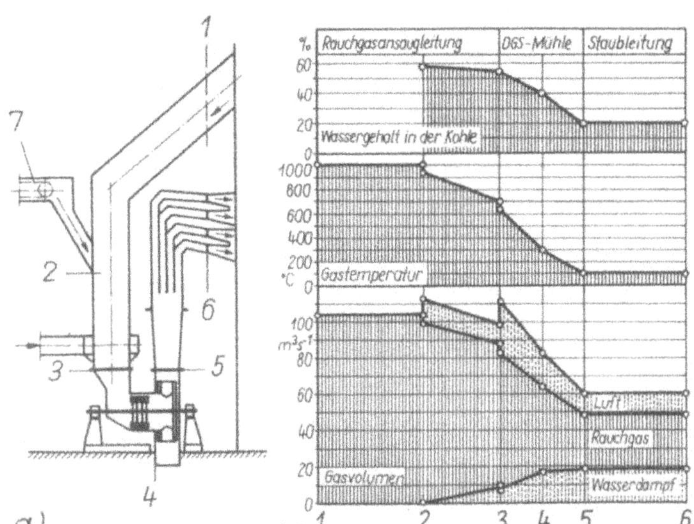


Bild 4.213. Mahltrocknungsanlage zur Kohlenstaubfeuerung mit Gebläseschlägermühle [148]
*a*) Aufbau der Mahltrocknungsanlage

*1* Schnittstelle Heißgaskanal; *2* Eintrittsstelle der Rohkohle; *3* Mühleneinlauf; *4* Mahlraum; *5* Mahlgut- und Trägergasaustritt aus der Mahlkammer; *6* Brenner; *7* Rohkohledosierung

*b*) Zustandsänderungen in der Anlage

Feinheit durchzuführen hat. Rohbraunkohlen haben meist einen hohen Wassergehalt, der durch die Mahltrocknung auf einen festgelegten Wert reduziert werden muß. Dazu sind große Gasmengen bei hohen Gastemperaturen erforderlich. Bild 4.213 gibt einen Überblick über die Veränderung des Wassergehaltes, der Gastemperatur und des Gasvolumens in einer Mahltrocknungsanlage. *Schläger-, Schlagrad-(Ventilator-)* oder *Gebläseschlägermühlen* sind je nach den vorhandenen Brennstoffen und Zerkleinerungsbedingungen mit oder ohne Sichter zur Erzeugung eines brennfertigen und zündfähigen Kohlenstaubes einsetzbar. Bei holzreichen (xylitreichen) Braunkohlen werden grundsätzlich Sichter eingesetzt, die zu grob aufgemahlene Kohleteilchen wieder dem Arbeitsbereich der Schlagorgane zuführen. Bei sandhaltigen Kohlen werden häufig sichterlose Mühlen mit zusätzlichen Schlägergruppen verwendet. Während die Beaufschlagung der Schlägermühlen wie bei Hammerbrechern tangential erfolgt, werden Schlagradmüh-

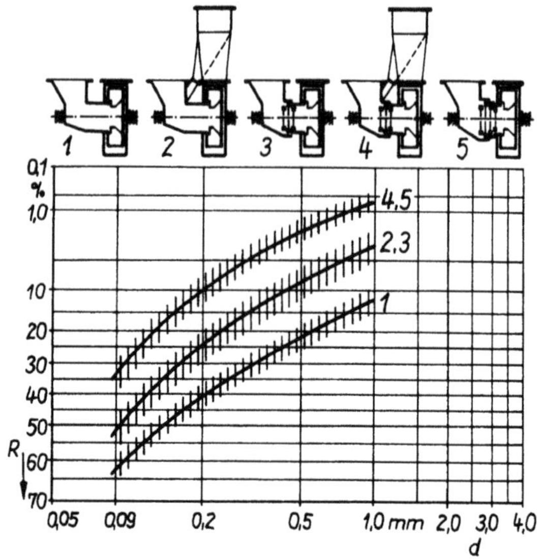


Bild 4.215. Mahlfeinheitstendenzen für Schlagrad- und Gebläseschlägermühlen mit und ohne Sichter [148]

*1* Schlagradmühle ohne Sichter; *2* Schlagradmühle mit Sichter; *3* Gebläseschlägermühle ohne Sichter; *4* Gebläseschlägermühle mit Sichter; *5* Gebläseschlägermühle ohne Sichter mit verstärkter und getrennt angetriebener Schlägergruppe

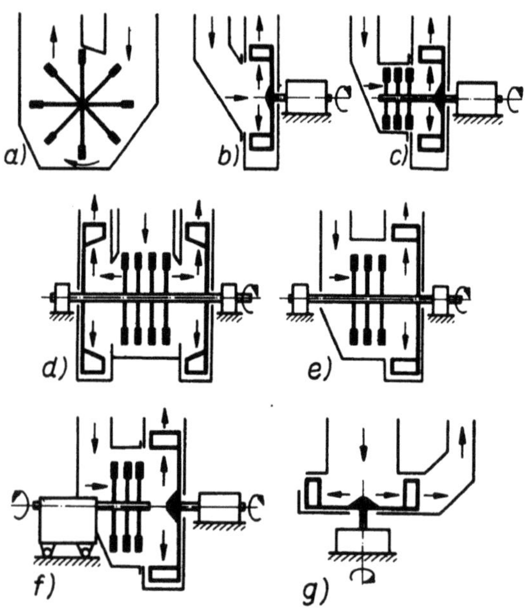


Bild 4.214. Grundprinzipien von Schläger-, Schlagrad- und Gebläseschlägermühlen [150]

*a)* Schlägermühle

*b)* Schlagradmühle mit horizontal gelagertem Rotor

*c) d), e), f)* Gebläseschlägermühlen mit unterschiedlicher Anordnung der Schlägergruppe, des Antriebes und der Lagerung

*g)* Schlagradmühle mit vertikal gelagertem Rotor

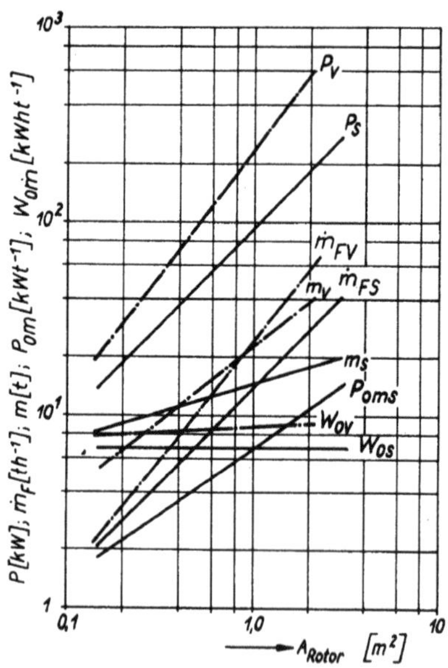


Bild 4.216. Ausgewählte technisch-ökonomische Kennwerte für Schläger- und Schlagradmühlen

Index V: Schlagrad-(Ventilator-)mühle

Index S: Schlägermühle

len axial beschickt. Bei Gebläseschlägermühlen sind je nach Konstruktion sowohl tangentiale als auch axiale Zuführungen möglich. Bild 4.214 zeigt die bei der Mahltrocknung von Braunkohle eingesetzten Grundprinzipien. Infolge unterschiedlicher Dichte von Kohle und nichtbrennbaren Anteilen, wie z. B. Sand, kann es wegen des bei Stromklassierern angewendeten Trennprinzips nach Gleichfälligkeitsklassen zu einer zu feinen Aufmahlung von Bestandteilen mit größerer Dichte bei erhöhtem Mahlgutkreislauf kommen, was zu einem erhöhten Verschleiß und Leistungsbedarf führt. Bei entsprechender Ausbildung der Arbeitsorgane können deshalb bei sichterlosem Betrieb verschiedentlich günstigere Werte für den spezifischen Arbeitsbedarf sowie für den Verschleiß der Arbeitsorgane erreicht werden. Aus Bild 4.215 sind Mahlfeinheitstendenzen für Mühlen mit und ohne Sichter bzw. Schlägergruppen ersichtlich [148]. Bild 4.216 zeigt ausgewählte Kennwerte für *Schläger- und Schlagradmühlen (Ventilatormühlen).*

#### 4.10.1.1. Schlägermühlen

Sie bestehen nach Bild 4.217 aus einem mit Verschleißelementen ausgekleideten, häufig geteilten geschweißten Gehäuse, in dem ein mit Schlägern bestückter Rotor angeordnet ist. Der außerhalb des Gehäuses auf einem gemeinsamen Grundrahmen zweifach gelagerte *Rotor* wird in der Regel direkt von einem Elektromotor über eine elastische Kupplung bzw. über eine spezielle Anlaufkupplung und Getriebe angetrieben. Meist entsprechen die gewählten Rotordrehzahlen denen der handelsüblichen Elektromotoren, so daß ein Direktantrieb möglich ist.

Die aus Schlägerkopf bzw. Schlagplatten und Schlägerarm bestehenden *Schläger* (Bild 4.218) werden über Schlägerarmbolzen bei starrer Kopfbefestigung pendelnd, bei pendelnder Schlägerkopfaufhängung starr an der Rotorwelle befestigt. Bei der Verwendung von Schlagplatten, die von zwei nebeneinander liegenden Schlägerarmen getragen werden, wird eine höhere Standzeit und *Ventilationswirkung* erreicht. Die Anzahl der auf dem Rotorumfang gleichmäßig verteilten Schlägerreihen kann bei kleinen Mühlen 4, 6, 8 und bei großen bis zu 12 Reihen betragen. Sie ist vom Durchmesser des Rotorgrundkörpers, von der Umfangsgeschwindigkeit der Schläger sowie von der Eintrittsgeschwindigkeit bzw. Eindringtiefe des Aufgabegutes abhängig. Die Anzahl der je Reihe nebeneinander stehenden Schläger wird von der Schlägergröße und der Rotorbreite bestimmt. In der Regel werden die von den Mühlenherstellern angebotenen Mühlen einer Typenreihe bei gleichen Rotordurchmessern mit verschiedener Rotorbreite geliefert. Zur Gewährleistung eines guten Überdeckungsgrades kann die Verteilung der Schläger über dem abgewickelten Rotor schachbrettartig, in parallelen Reihen und versetzt erfolgen. Bild 4.219 zeigt Möglichkeiten zur Rotorbestückung [149].

Die Ansaugstutzen für die axiale Zuführung der für die Mahltrocknung benötigten Heißgase sind

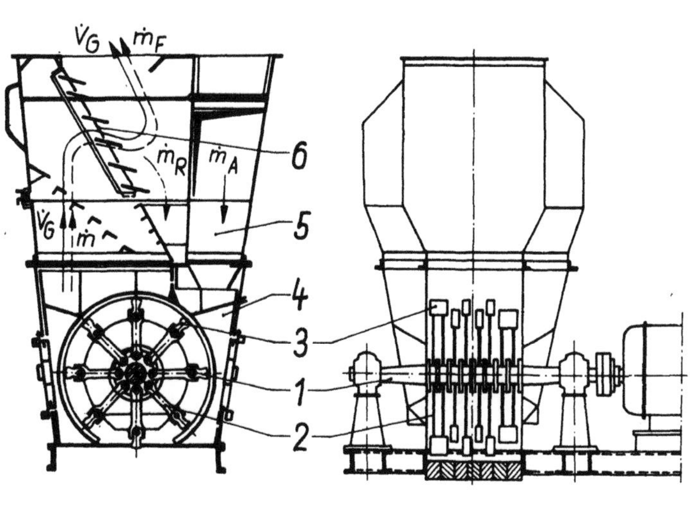


Bild 4.217. Schlägermühle (Feuerungsanlagenbau Holzhausen)

*1* Rotorwelle mit Rotorgrundkörper; *2* Schlägerarme; *3* Schläger; *4* Mahlraumgehäuse; *5* Aufgabegutschleuse; *6* Sichter

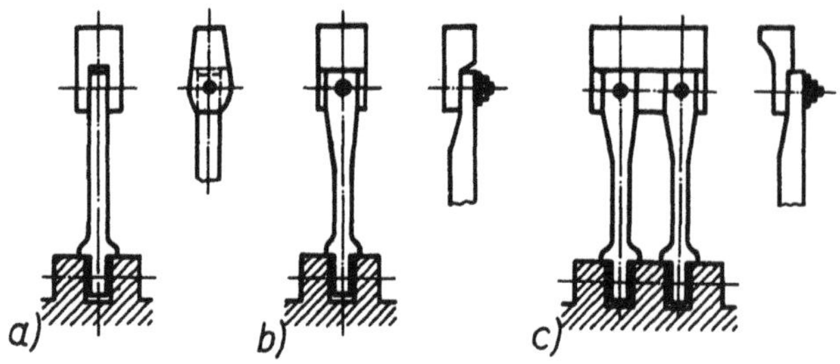


Bild 4.218. Schlägervarianten für Schlägermühlen [149]
*a*) U-Kopf mit pendelnder Aufhängung
*b*) einfache Schlägerplatte
*c*) doppelte Schlägerplatte

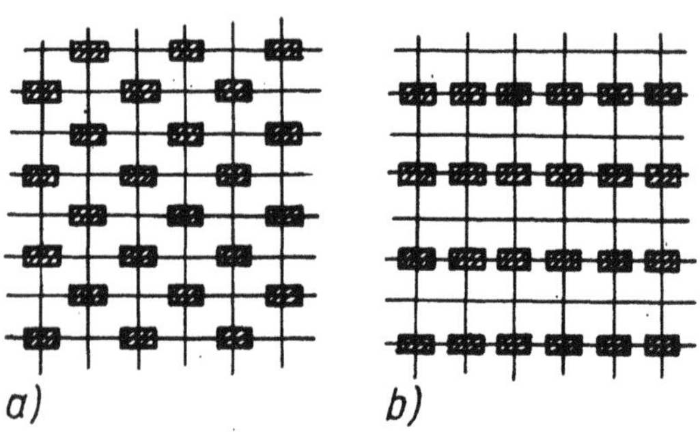


Bild 4.219. Möglichkeiten zur Rotorbestückung [149]
*a*) versetzte Anordnung
*b*) Anordnung in Reihe

beiderseits des Mühlengehäuses angeordnet und mit dem Ansaugschacht verbunden. Die Kohle wird bei den Schlägermühlen durch einen beheizten Fall- bzw. Ansaugschacht dem mit Schlägern bestückten Rotor tangential zugeführt. Durch den Schlagvorgang wird der Brennstoff zerkleinert, beschleunigt und durch das über den Fallschacht doppelseitig axial oder auch tangential vom Rotor angesaugte Rauchgas tangential aus der Mühle in den Sichter oder bei sichterlosem Betrieb ohne Zwischenlagerung direkt in den Brennraum gefördert. Rauchgasmenge und -temperatur können durch Gasregelklappen in den Rohrleitungen oder im Sichter sowie durch Zumischung von Frischluft geregelt werden. Um einen möglichst geringen spezifischen Arbeitsbedarf zu erreichen, müssen die Strömungswiderstände in den Rohrleitungen, im Sichter und in den Brennern gering gehalten werden. Zur Aufnahme von unzerkleinerbaren Fremdkörpern ist in den Mühlengehäusen ein sog. Mühlensumpf angeordnet, der einfach gereinigt werden kann. Da Durchsatz und Qualität des Fertiggutes einer Schlägermühle von der Beanspruchungsintensität, der Zahl der wirksamen Schläge zwischen Schlägerkopf und Mahlgut und der Ventilationswirkung abhängig sind, ist die Umfangsgeschwindigkeit des Rotors wie bei den Prall- und Hammerbrechern einer der wichtigsten Parameter. Deshalb kann der *Durchsatz* bei gleichen Rotorabmessungen meist nur durch größere Umfangsgeschwindigkeiten des Rotors und durch erhöhte *Ventilationswirkung* gesteigert werden. Während mit Schlägergeschwindigkeiten $v_1 = 60$ bis $70 \text{ m s}^{-1}$ spezifische Durchsätze $\dot{m}_{oA} = \dot{m}/D_R L = 5$ bis $10 \text{ t h}^{-1} \text{ m}^{-2}$ bei Rohbraunkohle erreicht werden, sind bei Hochleistungsmühlen mit $v_1 = 80$ bis $90 \text{ m s}^{-1}$ spezifische Durchsätze von $\dot{m}_{oA} = 10$ bis $15 \text{ t h}^{-1} \text{ m}^{-2}$ zu erwarten. Für ausgewählte Brennstoffe sind in Tabelle 4.13

*Tabelle 4.13. Rückstand des Fertiggutes und spezifischer Arbeitsbedarf von Schlägermühlen für ausgewählte Brennstoffe*

| Mahlgut | Rückstand des Fertiggutes in % bei $d_F > 0{,}2$ mm | Spezifischer Arbeitsbedarf $W_{o\dot{m}}$ in kWh t$^{-1}$ bei $\dot{m}_{oA} = 10 \ldots 15 \text{ t h}^{-1} \text{ m}^{-2}$ |
|---|---|---|
| Rohbraunkohle | 15 ... 30 | 6 ... 8 |
| Trockenbraunkohle | 10 ... 20 | 12 ... 16 |
| Braunkohlenbriketts und Brikettabrieb | 20 ... 30 | 14 ... 18 |
| Braunkohlen-Schwelkoks | 15 ... 25 | 14 ... 20 |
| Abfallsteinkohle[1]) | 10 ... 15 | 12 ... 18 |
| Steinkohle[1]) | 10 ... 15 | 15 ... 25 |

[1]) flüchtige Bestandteile 15 %

die Durchschnittswerte für den spezifischen Arbeitsbedarf $W_{o\dot{m}}$ aufgeführt. Bei der Festlegung der Rotorabmessungen ist zu beachten, daß das Längenverhältnis $L/D_R$ nicht beliebig wählbar ist. Da der *spez. Durchsatz* einer Schlägermühle bei konstanter Geschwindigkeit bis zu einem Längenverhältnis $L/D_R = 1$ ansteigt und bei größeren Werten vor allem bei ungleichmäßiger Materialbeaufschlagung wieder abfällt, sollte $l_R/D_R \leqq 1$ festgelegt werden. Obwohl der Durchsatz von Schlägermühlen durch Vergrößerung des Rotordurchmessers und der Rotorlänge sowie der damit im Zusammenhang stehenden Umfangsgeschwindigkeiten in den letzten Jahren beträchtlich erhöht werden konnte, werden Schlägermühlen im allgemeinen nur bis zu Durchsätzen von $100\ \mathrm{t\ h^{-1}}$ eingesetzt. Bei größeren Durchsätzen werden *Schlagrad-* oder *Gebläseschlägermühlen* bevorzugt, da diese bessere Fördereigenschaften bei großen Förderhöhen aufweisen. Die überschlägliche Berechnung des Durchsatzes kann bei vorgegebenem Rotorquerschnitt $A = D_R L$ mittels des spezifischen

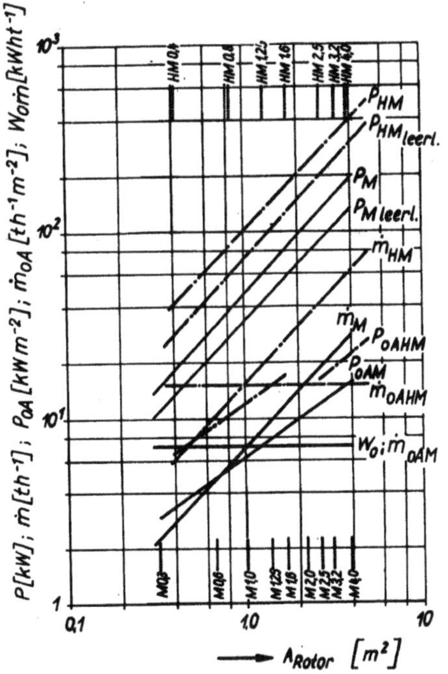


Bild 4.220. Ausgewählte technisch-ökonomische Kennwerte für Schlägermühlen der Baureihe M und der Hochleistungsmühlen HM (Feuerungsanlagenbau Holzhausen)

Kennwertes $\dot{m}_{oA}$ (s. Tabelle 4.13) bzw. der in Bild 4.220 dargestellten Erfahrungswerte erfolgen. Der Zusammenhang zwischen Durchsatz, Druckverlust, Gasvolumenstrom und Rotorabmessungen kann für eine ausgewählte Schlägermühlen-Bauart nach (4.338) ausgedrückt werden [152]:

$$\dot{m}_{\mathrm{roh}}\Big|_{\mu=0,175}^{\mu=1,25} = \left\{k\left[\frac{\Delta p L D_R}{(2L + D_R)\dot{V}_G^2 \varrho_G} - \zeta_1\right]\dot{V}_G \varrho_G\right\}\Big/ \zeta_2\left(1 - \frac{a-e}{100-e}\right)U \tag{4.338}$$

($\dot{m}_{\mathrm{roh}}$ Durchsatz, bezogen auf den Rohkohlenzustand in $\mathrm{kg\ s^{-1}}$; $D_R$, $L$ Rotorabmessungen (Durchmesser, Länge) in m; $\mu$ Feststoffbeladung des Gasstromes ($\dot{m}_{\mathrm{Kohle}}/\dot{m}_{\mathrm{Gas}}$) in $\mathrm{kg_K\ kg_G^{-1}}$; $k$ maschinenabhängige Konstante ($k = 5{,}12\ \mathrm{m\ s^{-2}}$); $\Delta p$ Druckverlust von Mühle und Sichter in $\mathrm{N\ m^{-2}}$; $\dot{V}_G$ Gasvolumenstrom (einschließlich Wasserdampf) aus der Kohle in $\mathrm{m^3\ s^{-1}}$; $\varrho_G$ Dichte des Trägergases im Sichter bei Sichtertemperatur in $\mathrm{kg\ m^{-3}}$; $\zeta_1$ Leerlaufwiderstandsbeiwert als Funktion der Mühlenkonstruktion, der *Re*-Zahlen, des Verschleißes der Werkzeuge, des Längen-Durchmesser-Verhältnisses des Rotors und der Sichterklappenstellung; $\zeta_2$ Widerstandsbeiwert beim Mahlvorgang als Funktion der Mühlenkonstruktion, der *Fr*-Kennzahl u. a.; $a$ Rohgut-Wassergehalt in %; $e$ Wassergehalt des zerkleinerten Gutes in %; $U$ Umlaufzahl des Mahlgutes (Sie gibt an, wie oft ein Mahlgutkorn durchschnittlich den Arbeitsraum der Mühle durchläuft, bevor es vom Trägergas aus dem Sichter ausgetragen wird. $U$ wird vor allem vom Sichtertrennverhalten und seiner Einstellung, von den physikalischen Eigenschaften des Mahlgutes und von der Zerkleinerungs- und Ventilationswirkung der Mühle beeinflußt))

Weitere Berechnungsverfahren für den Durchsatz von Schlägermühlen sind in [153, 155, 156, 158, 159] enthalten. Die für den Antrieb der Mühlen notwendigen Antriebsmotoren werden ähnlich wie bei den Prallbrechern und Hammermühlen (vgl. Abschn. 4.8.2.1. und 4.9.1.) unter Berücksichtigung des *Leistungsbedarfes für die Zerkleinerung* $P_Z$ der *Lagerreibung* $P_R$ und *pneumatischen Förderung bzw. Ventilationsleistung* $P_V$ ausgelegt, wobei für wechselnde Brennstoffqualitäten (z. B. höherer Aschegehalt, ungünstigere Mahlbarkeit) eine Leistungsreserve vorgesehen wird. Da $P_R \ll P_V$, kann (4.339) zugrunde gelegt werden:

$$P_{\mathrm{mech}} = (P_Z + P_V)/\eta_G \tag{4.339}$$

Der zur Berechnung von $P_V = \dot{V}_G\,\Delta p_{\mathrm{ges}}$ erforderliche Druckverlust $\Delta p_{\mathrm{ges}}$ ergibt sich bei Feststoffförderung wie folgt [150]:

$$\Delta p_{\mathrm{ges}} = \Delta p_G + \Delta p_F \tag{4.340}$$

$$\Delta p_G = \underbrace{\sum_{i=1}^{n}(\lambda_i L_i v_{Gi}^2 \varrho_{Gi}/2D_i)}_{\text{Verluste der geraden Leitungen}} + \underbrace{\sum_{i=1}^{n}(\zeta_{Gi} v_{Gi}^2 \varrho_{Gi}/2)}_{\text{Einzelverluste, wie Rohrbögen, Abzweigungen u. a.}} + \underbrace{v_G^2 \varrho_G/2}_{\text{Austrittsverluste}} \tag{4.340 a}$$

$$\Delta p_F = \underbrace{\sum_{i=1}^{n}\mu \varrho_{Gi} \int_{v_{FAi}}^{v_{FEi}} v_{Gi}\, dv_{Fi}}_{\text{Verluste durch Beschleunigung}} + \underbrace{\sum_{i=1}^{n}\beta_i \mu \varrho_{Gi}\, g \int_0^{L_i} (v_{Gi}/v_{Fi})\, dL_i}_{\text{Verluste Hubarbeit}} + \underbrace{\sum_{i=1}^{n}\int_0^{L_i} (\dot m_F v_{Fi}^2 \lambda_F / v_F A_i 2D_i)\, dL_i}_{\text{Verluste durch Wandreibung}} \tag{4.340 b}$$

$\Delta p_{ges}$ gesamter Druckabfall des Staub-Gas-Gemisches in N m$^{-2}$; $\Delta p_G$ Druckabfall durch feststofffreie Gasströmung in N m$^{-2}$; $\Delta p_F$ Druckabfall durch Feststofftransport in N m$^{-2}$; $\lambda$ Druckverlustbeiwert für feststofffreie Strömung; $v_G$ Gasgeschwindigkeit in m s$^{-1}$; $v_F$ Feststoffgeschwindigkeit in m s$^{-1}$ (Index $A$ am Anfang und $E$ am Ende); $\zeta_G$ Druckverlustbeiwert für einzelne Strömungsabschnitte; $A$ Rohrquerschnitt in m$^2$; $D$, $L$ Durchmesser bzw. Länge von Bauteilen oder Strömungsabschnitten in m; $\mu$ Beladungsverhältnis ($\mu = \dot m_F/\dot m_G$); $\dot m_F$ Feststoff-Durchsatz in kg s$^{-1}$; $\varrho_G$ Dichte des Trägergases in kg m$^{-3}$; $\lambda_F$ Druckverlustbeiwert für Feststoff; $\beta$ Druckverlustbeiwert für Rohrsteigung).

Bild 4.221 zeigt $\Delta p_{ges}$ in Abhängigkeit von $v_G$ bei verschiedenen Beladungsverhältnissen. Der durch das Mühlen- und Rohrleitungssystem bei Feststoffförderung nach (4.340) verursachte Druckabfall $\Delta p_{ges}$ verändert sich in Abhängigkeit des Volumenstromes $\dot V_G$ meist wie folgt:

$$\Delta p_{ges} = c \dot V_G^n \tag{4.341}$$

Da bei der Neuentwicklung von Anlagen die jeweiligen Druckverlustbeiwerte in der Mahlkammer und im Sichter unbekannt sind, können zunächst nur Überschlagsrechnungen durchgeführt werden. Zur Ermittlung von $\Delta p_{ges}$ sind mit den jeweiligen Mahlgütern Mahlversuche mit geometrisch ähnlichen Mühlen, die die Untersuchung des Trocknungsverhaltens einschließen, zweckmäßig. Die

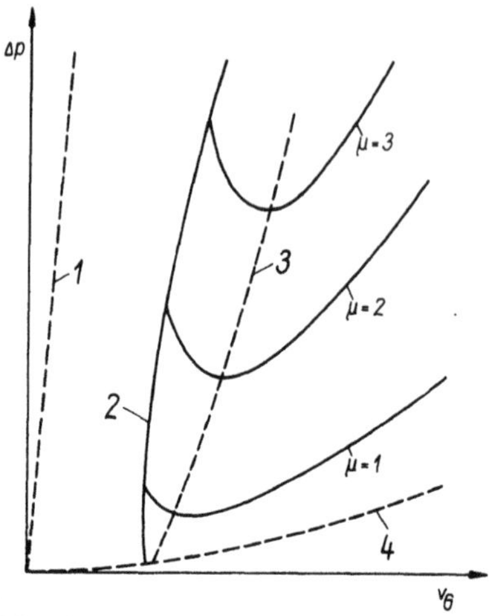


Bild 4.221. Druckverlust $\Delta p$ in Abhängigkeit von der Trägergasgeschwindigkeit $v_G$ bei verschiedenen Beladungsverhältnissen $\mu$ [150]

*1* ruhende Schüttung; *2* Flugfördergrenze (Ablagerung); *3* günstigste Trägergasgeschwindigkeit; *4* reines Trägergas

Druckverlustbeiwerte $\zeta_i$ werden dabei auf die Ein- oder Ausströmgeschwindigkeit $v_{Gi}$ eines bestimmten Bauteiles $i$ bezogen und nach (4.342) ermittelt:

$$\zeta_i = 2\,\Delta p_{ges\,i}/v_{Gi}^2 \varrho_{Gi} = \zeta_{Gi} + \zeta_{Fi} \tag{4.342}$$

($\zeta_i$ Gesamt-Druckverlustbeiwert eines Strömungsabschnittes (Die Bestimmung von $\zeta_{Gi}$ und $\zeta_{Fi}$ kann erfolgen, indem man $\Delta p_{ges\,i}$ eines Strömungsabschnittes für das feststofffreie Trägergas und für das Gas-Feststoff-Gemisch meßtechnisch erfaßt, die Differenz bildet und die $\zeta_i$-Werte unter Berücksichtigung von $v_{Gi}$ und $\varrho_{Gi}$ berechnet.))

Zur Übertragung der experimentellen Ergebnisse auf selbstansaugende Schläger-, Schlagrad- und Gebläseschlägermühlen können folgende Gebläse-Ähnlichkeitsgesetze verwendet werden [161]:

$$\dot V/\dot V_m = (D/D_m)^3\,(n/n_m) \tag{4.343}$$

$$\Delta p/\Delta p_m = (D/D_m)^2\,(n/n_m)^2\,(\varrho_G/\varrho_{Gm}) \tag{4.344}$$

$$P/P_m = (D/D_m)^5\,(n/n_m)^3\,(\varrho_G/\varrho_{Gm}) \tag{4.345}$$

Da der *Lüfterwirkungsgrad* bei Schlägermühlen mit $\eta_{Lü} = 10$ bis 20% ungünstig ist, müssen etwa 60 bis 70% des mechanischen Leistungsbedarfes für die Ventilation aufgewendet werden. Der durchschnittliche Quotient aus $P_V$ und $P_Z$ beträgt:

$$P_V/P_Z = 1{,}27 \text{ bis } 1{,}3 \tag{4.346}$$

Da die Rotor-Massenträgheitsmomente bei Schläger- und Schlagradmühlen, vor allem bei Großmühlen, solche Werte annehmen, daß sie auch bei direkter Einschaltung beherrscht werden können, andererseits aber kurze Anlaufzeiten notwendig sind, muß bei der Motorfestlegung der Anlaufvorgang nach (4.274) bis (4.277) nachgerechnet werden. Um diesen zu erleichtern bzw. den Anlaufstrom begrenzen zu können, werden mechanische oder hydraulische Anlaufkupplungen vorgesehen oder in Sonderfällen zwischen Rotor und Antriebsmotor Schaltgetriebe angeordnet. Bei Schläger- und Schlagradmühlen werden in der Regel luftgekühlte Kurzschluß-Läufermotoren eingesetzt, deren Kennlinie mit dem anzustrebenden Betriebspunkt in Bild 4.222 dargestellt ist. Da die Arbeitsorgane der

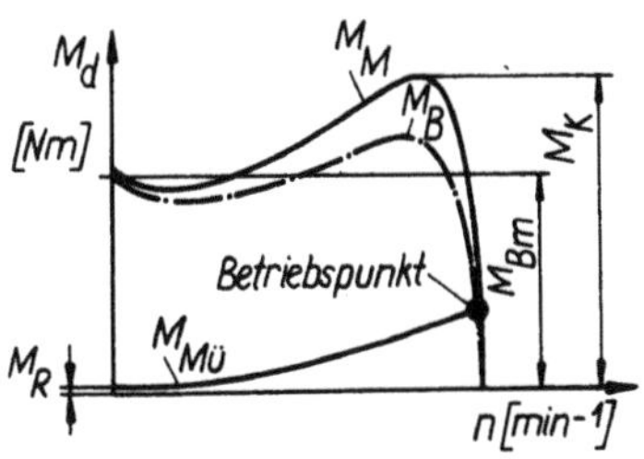


Bild 4.222. Kennlinie eines Kurzschluß-Läufermotors mit anzustrebendem Betriebspunkt der Mühle

Mühle infolge ihrer Mahltrocknungsfunktion mit Feststoff-Gas-Gemischen bis zu 600 °C beaufschlagt werden und beim Anfahren der Mühlen Temperaturspitzen bis 1000 °C auftreten können, müssen die Arbeitsorgane nach Ausschalten der Antriebsmotoren durch Induktionsbremsen abgebremst und durch Kaltluft gekühlt werden. Bei der Festigkeitsberechnung der temperaturbeanspruchten Bauteile sind deshalb die auftretenden Maximaltemperaturen zu berücksichtigen. Zur Vermeidung überhöhter Temperaturbeanspruchungen der Arbeitsorgane sowie des Sichters müssen derartige Mühlen neben den allgemeinen *Meß- und Steuereinrichtungen* auch mit signalgebenden Kontroll- und Überwachungseinrichtungen ausgerüstet werden. Schlägermühlen müssen so konstruiert und gebaut werden, daß

— Staub-Gas-Gemische gegen hohe Rohrleitungs- und Brennwiderstände gefördert werden können

— die Förderleistung beim Verschleiß der Zerkleinerungswerkzeuge nur geringfügig abnimmt

— eine große mechanische Widerstandsfähigkeit gegen hohe Temperaturen des Rauchgases gewährleistet wird und die Mahltrocknung bei hohen Rauchgastemperaturen möglich ist

— Zerkleinerungswerkzeuge einschließlich der Rotoren leicht ausgebaut und gewechselt werden können

— eine Automatisierung der Anlagen möglich ist [150]

Zur Sicherung einer energetisch günstigen Betriebsweise sind Dampferzeuger großer Leistungen sowie die dazugehörigen Mühlen mit einer umfangreichen *Meß- und Regelungstechnik* oder auch mit *Prozeßrechnern* für vollautomatischen Betrieb ausgerüstet (Bild 4.223). Durch die Anwendung automatischer Steuerungen kann z. B. der Trägergasstrom belastungsabhängig geändert und damit zur wirtschaftlicheren Betriebsweise, wie z. B. feinere oder gröbere Aufmahlung, Verbesserung der Zündbedingungen usw. beigetragen werden [152].

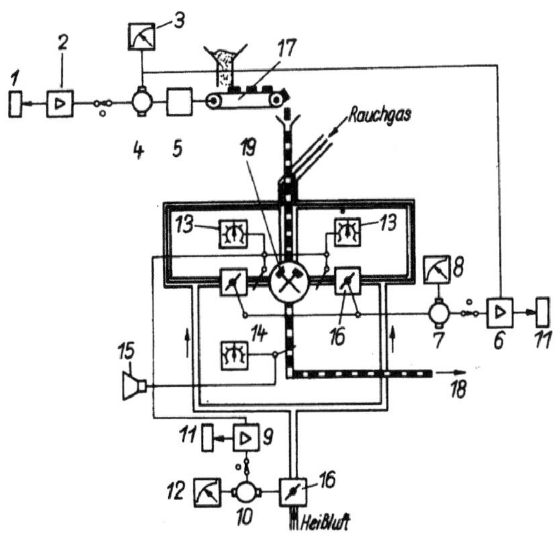


Bild 4.223. Regelungsschema einer Mahl- und Feuerungsanlage [152]

*1* Einstellschalter; *2* Regler; *3* Fernanzeige für Zuteilergeschwindigkeit; *4* stufenlos regelbarer Antrieb für Brennstoffzuteiler; *5* Getriebe; *6* Regler; *7* Verstellmotor; *8* Fernanzeige für Klappenstellung; *9* Regler; *10* Verstellmotor; *11* Einstellschalter; *12* Fernanzeige für Klappenstellung; *13* Fernanzeige für Gastemperatur vor der Mahlkammer; *14* Fernanzeige für Sintertemperatur; *15* akustisches Warngerät; *16* Regelklappen; *17* Dosierbandwaage; *18* Anschlußleitung zum Brenner; *19* Mühle

Bei der konstruktiven Gestaltung des Rotors muß beachtet werden, daß Schlägermühlen durch die bewegliche Schlägeranordnung bei verschlissenen oder beschädigten Schlägerköpfen bzw. -armen durch erhöhtes Lagerspiel oder gelockerte Verbindungselemente zu Schwingungen neigen, die im Resonanzbereich zur Beschädigung der Mühle führen können. Durch Anwendung starr angelenkter Schlägerarme oder durch die Erhöhung der Reibungskräfte zwischen den Schlägerarmen und dem Rotorgrundkörper kann die Neigung des Rotors zur Resonanz vermindert werden. Bei großen Mühlen werden deshalb vereinzelt *Reibungsdämpfer* zur Dämpfung von Schwingungen eingesetzt (Bild 4.224) [151]. Zur Vermeidung von Übertemperaturen an den hochbeanspruchten Rotorwellen werden diese bei verschiedenen Mühlentypen über Bohrungen mit Wasser gekühlt. Damit werden Welle und Lager vor unzulässig hohen Temperaturen geschützt und Wellendurchbiegungen im Stillstand bei hohen Arbeitsraumtemperaturen vermieden [152]. Verschiedentlich wird auch eine Luftkühlung mit Hilfe von aufgesetzten Flügelrädern verwendet, die gleichzeitig die Wellenabdichtung am Mühlengehäuse durch Beaufschlagung von Labyrinthdichtungen mit Sperrluft vornehmen.

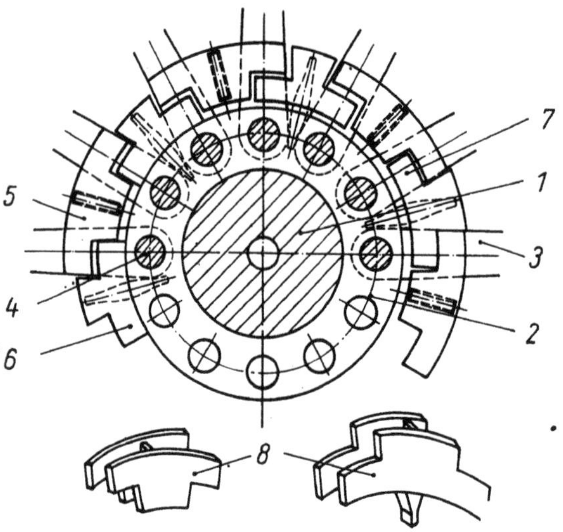


Bild 4.224. Prinzip eines Reibungsdämpfers bei Schlägermühlen [151]

*1* Rotorwelle; *2* Rotorgrundkörper; *3* Schlägerarm; *4* Schlägerarmbolzen; *5* Obermanschette; *6* Untermanschette bei Rotorstillstand; *7* Untermanschette bei Zentrifugalkrafteinwirkung; *8* Einzeldarstellung von Ober- und Untermanschette

Da die Ventilationswirkung der Schlägermühlen mit wachsendem Verschleiß der Schlägerköpfe abnimmt, muß der verschleißgerechten Schlägergestaltung und Materialauswahl eine besondere Bedeutung beigemessen werden. Die Schlägerköpfe werden im allgemeinen aus Kokillenhartguß und Ni-Mn-Legierungen hergestellt und können bei einmaligem Wenden je nach Konstruktion bis zu 50% ausgenutzt werden. Der Verschleißteilwechsel muß erfolgen, wenn sie etwa zur Hälfte abgetragen sind. Der spezifische Verschleiß der Schlägerköpfe sowie der Verschleißelemente in der Mahlkammer ist von der Mahlbarkeit, vom Asche- bzw. Sandanteil und von der gewünschten Feinheit des Fertiggutes abhängig. Aus Bild 4.225 ist der tendenzielle Verlauf des spezifischen Verschleißes in Abhängigkeit von der Feinheit des Fertiggutes und der Mahlbarkeit ersichtlich [152]. Bei Braunkohle beträgt der spezifische Verschleiß unter normalen Betriebsbedingungen 3 bis 10 g $t^{-1}$. Dabei ist zu beachten,

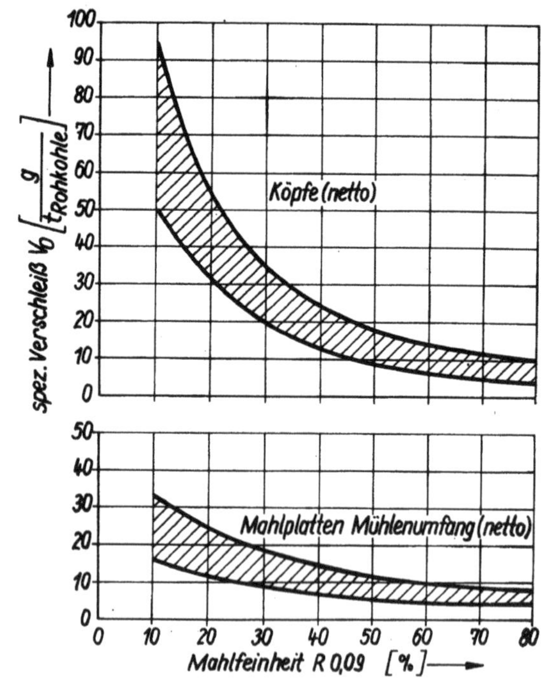


Bild 4.225. Tendenzieller Verlauf des spezifischen Verschleißes $V_0$ in Abhängigkeit von der Mahlfeinheit ($R_{0,09}$) bei der Vermahlung von Steinkohle [152]

daß der spezifische Nettoverschleiß mit fortschreitendem Verschleiß der Schlägerköpfe ansteigt, da die Härte der Köpfe meist von außen nach innen abnimmt. Zur Erleichterung der Instandhaltungsarbeiten sind die Mühlengehäuse geteilt und zwecks einfacher Zugänglichkeit zum Rotor mit Türen versehen. Außerdem kommen Hilfseinrichtungen zum Verschleißteil- und Rotorwechsel zum Einsatz. Zur Verringerung dynamischer Belastungen sind die instandgesetzten Rotoren vor dem Einbau auszuwuchten. Bild 4.226 zeigt einen Schnitt durch ein Schlägermühlengehäuse mit Verschleißplatten [152].

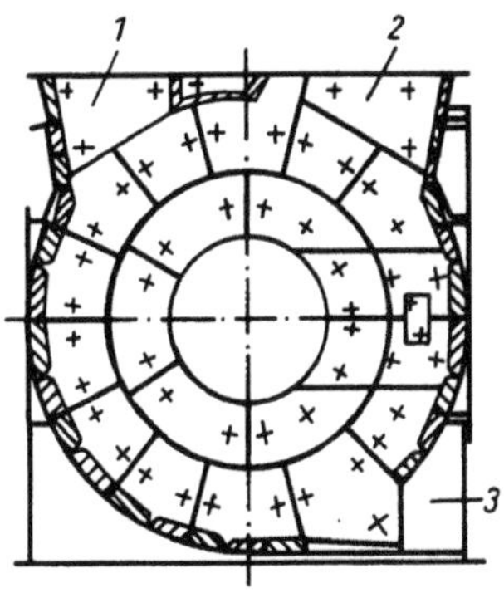


Bild 4.226. Verschleißplatten eines Mühlengehäuses einer Gebläseschlägermühle [152]

*1* Aufgabeschleuse; *2* Mahlgutaustrag zum Sichter; *3* Mühlensumpf zum Fremdkörperaustrag

### 4.10.1.2. Schlagradmühlen (Ventilatormühlen)

Diese Mühlen werden vorwiegend zur Zerkleinerung von Braun- und Steinkohle mit Feuchtigkeiten bis zu 60 % unter thermischen Bedingungen, aber auch zur Aufbereitung anderer weicher und mittelharter Materialien, die während des Zerkleinerungsvorganges gleichzeitig getrocknet, im Gasstrom klassiert und mit Hilfe des Trägergases gefördert werden sollen, verwendet. *Schlagradmühlen* (Bild 4.227) haben eine größere Ventilationswirkung als Schlägermühlen, da deren Schlagrad in einer spiralförmig ausgebildeten Mahlkammer rotiert und ventilatorähnlich aufgebaut ist. Das geschweißte, mit großen Montageöffnungen versehene Mühlengehäuse sowie der Rotor sind mit auswechselbaren Verschleißelementen ausgekleidet. Das *Schlagrad* ist in der Regel auf einem mit Paßfeder versehenen Kegelsitz oder bei großen Mühlen mit einer Flanschverbindung auf der außerhalb des Gehäuses zweifach gelagerten Schlagradwelle befestigt und kann nach Ablauf einer Schlagplatten-Verschleißperiode von der Welle abgedrückt werden. Der Antrieb des Schlagrades erfolgt von einem Elektromotor über eine elastische Klauenkupplung oder bei großen Mühlen über eine Anlaufkupplung, die auch als Strömungskupplung ausgebildet sein kann.

Der zu zerkleinernde Brennstoff wird mit dem angesaugten Rauchgas über den Fall- oder Rauchgas-Ansaugschacht, die Einfallschräge des Einlaufkastens und die Mahlkammertür dem Rotor axial zugeführt. Einfallschurre und Ansaugstutzen lassen sich mit der Mahlkammertür ausschwenken oder bei großen Mühlen axial verfahren, so daß das Schlagrad für Instandsetzungsarbeiten freigelegt werden kann. Das beim Aufprall an den Schlagplatten zerkleinerte Gut wird durch die aus dem Feuerraum angesaugten Rauchgase gleichzeitig getrocknet und nach dem radialen Austritt aus dem Schlagrad tangential aus der Mühle in den Sichter gefördert. Im Sichter, der auch bei den Schlagradmühlen als Schwerkraft-, Umlenk- oder Zentrifugalsichter gestaltet sein kann, wird der brennfähige Kohlenstaub vom Grobkorn getrennt und mit dem Trägergas zu den Brennern gefördert. Zur Beherrschung des hohen Wasser- und Xylitgehaltes von Braunkohle werden auch Sichter mit Brüdentrennung eingesetzt. Bei solchen Sichtern wird nach der Klassierzone ein Teil des Trägermediums mit relativ geringem Staubanteil abgesaugt [167, 168, 170].

Um bei größeren Sandanteilen eine Vergrößerung des *Mahlgut-Umlauffaktors* und eine Verschlechterung des spezifischen Arbeitsbedarfes, einschließlich erhöhten Verschleißes, zu vermeiden, können Schlagradmühlen bei sandhaltigen Brennstoffen auch sichterlos betrieben werden [148, 150, 152] (vgl. Bild 4.215). Dabei wird die Kohle zusammen mit den Heißgasen nach einmaligem Durchgang durch das Schlagrad aus dem Arbeitsraum über die Staubleitung in den Brenner gefördert. Falls bei sichterlosem Betrieb zu viel Grobkorn in den Brennraum gelangt und keine vollständige Verbrennung der zu groben Körner möglich ist, sind zur besseren Energieausnutzung Nachbrennroste unterhalb der Brennkammer zweckmäßig. Sichterlose Mühlen haben den Nachteil, daß die Staubfeinheit nicht eingestellt werden kann und in Ab-

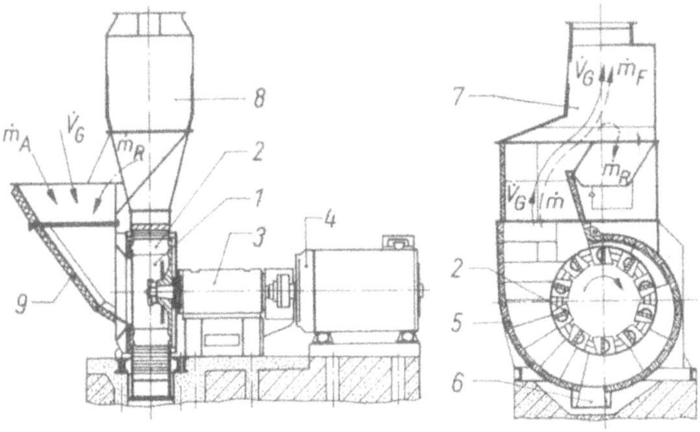


Bild 4.227. Schlagradmühle (Ventilatormühle (Feuerungsanlagenbau Holzhausen))

*1* Schlagrad; *2* Schlagplatten; *3* Lagerung der Schlagradwelle; *4* Hauptmotor mit Kupplung; *5* Mühlengehäuse mit Panzerung; *6* Mühlensumpf; *7* Sichter; *8* Sichtergehäuse; *9* Einlaufschurre

hängigkeit von der Kohleart und -zusammensetzung in bestimmten Grenzen schwankt. Das trifft vor allem bei xylithaltigen Kohlen zu. Die Regelung der Schlagradgeschwindigkeit ist möglich, aber nicht zweckmäßig, da sich mit deren Veränderung auch der Gasvolumenstrom ändert und der gewünschten Maßnahme entgegenwirken kann [154].

Bei der Weiterentwicklung von Schlagradmühlen wurde deshalb der Weg verfolgt, die Feinheit des Staubes sichterloser Schlagradmühlen unabhängig von ihrer Ventilationswirkung durch vorgeschaltete Hammergruppen mit getrenntem Antrieb regelbar zu gestalten (vgl. Abschn. 4.10.1.3.). Verschiedentlich werden bei schwankenden Brennstoffqualitäten auch kurzschließbare Sichter, die bei plötzlichem Anstieg des Sandgehaltes einen sichterlosen Betrieb erlauben, zum Einsatz gebracht. Für nichtmahlbares Gut (z. B. Stahlteile) ist unterhalb des Schlagrades ein Mühlensumpf angeordnet, der in gewissen Zeitabständen gereinigt werden muß.

In *Ventilatormühlen* können Brennstoffe mit hohem Feuchtigkeitsanteil nur dann wirksam zerkleinert werden, wenn nach dem ersten Aufprall der Brennstoffteile um jedes Kohlekorn eine genügend große Gasmenge mit hoher Temperatur und möglichst großer Relativbewegung zur Verfügung steht, damit bis zum zweiten Aufprall durch eine schnelle Trocknung die Plastizitätseigenschaften der Kohleteilchen herabgesetzt und der Zerkleinerungsvorgang durch thermische oder Schrumpfspannungen unterstützt wird. Für Schlagradmühlen werden bei isolierten Fallschächten und Mahlkammertüren Rauchgastemperaturen bis 1000 °C zugelassen. Der sich durch die plötzliche Oberflächenvergrößerung einstellende intensive Wärmeaustausch führt dazu, daß nach der Mühle die Staub-Rauchgas-Temperaturen nur noch etwa 100 bis 120 °C betragen (vgl. Bild 4.213).

Das wichtigste und zugleich am stärksten belastete Bauelement einer Schlagrad- bzw. Ventilatormühle ist das *Schlagrad*, das als Arbeitsorgan sowohl die Zerkleinerung als auch die Ansaugung des Rauchgases und Förderung des erzeugten Staubes in die Brenner durchzuführen hat. Da die zur Trocknung von Rohbraunkohle notwendigen Rauchgase mit einer Temperatur von 950 bis 1000 °C aus dem Verbrennungsraum angesaugt werden und mit 500 °C bis 600 °C in das Schlagrad eintreten, wird dieses nicht nur durch Trägheits- und Zentrifugalkräfte, sondern auch durch hohe Wärmespannungen belastet [170]. Es besteht aus einer Stahlgußnabe mit einem von Distanzstegen gehaltenen Ring zur Aufnahme der Halterung für die radial eingesetzten Schlagplatten. Schlagradnaben werden z. T. auch mit Schutzhauben versehen und mit Wärmedämmstoff isoliert, wodurch die Mühlenwelle bzw. Schlagradnabe vor unzulässig hohen thermischen Belastungen geschützt wird. In Bild 4.228 sind zwei Schlagradausführungen dargestellt [157]. An der Rückseite der Schlagradnabe sind Ventilationsleisten angebracht, die während des Betriebes einen Gegendruck aufbauen und somit einen Staubaustritt aus der Rückwand verhindern. Die Lager der Schlagradwelle werden in der Regel im Tauchverfahren geschmiert. Zur Vermeidung von unzulässigen Schmiermitteltemperaturen werden Kühlaggregate vorgesehen (Bild 4.229). Während die

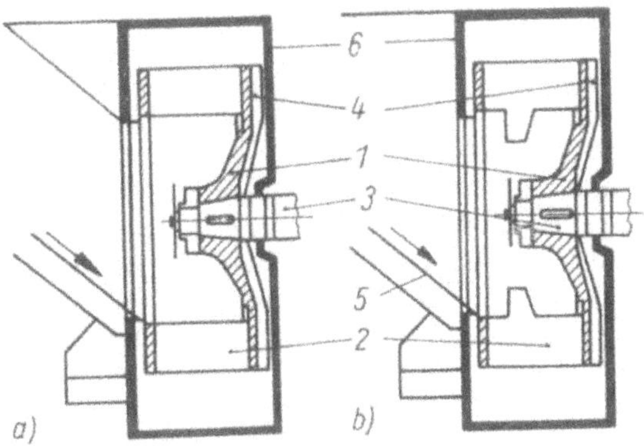


Bild 4.228. Schlagradvarianten [157]
*a*) einfaches Schlagrad ohne Einbauten
*b*) Fahnenrad zur Erhöhung der Ventilationswirkung

*1* Schlagrad; *2* Schlagplatten; *3* Schlagradwelle; *4* Ventilationsleisten zur Verhinderung von Staubaustritt an der Antriebswelle; *5* Einlaufschurre; *6* Gehäuse

Umfangsgeschwindigkeiten der Schlagorgane bei den Schlagradmühlen mit 80 m $s^{-1}$ in der gleichen Größenordnung liegen wie bei den Hochleistungs-schlägermühlen, werden bei Schlagradmühlen mit $\dot{m}_{oA}$ = 20 bis 35 t $h^{-1}$ $m^{-2}$ bedeutend höhere spezifische Durchsätze für Braunkohle erreicht. Diese sind nicht konstant, sondern können mit der Mühlengröße gesteigert werden. Der spezifische Arbeitsbedarf liegt mit $W_{o\dot{m}}$ = 7 bis 9 kWh $t^{-1}$ für Rohbraunkohle etwas höher als bei Schlägermühlen, da die Ventilationsleistung größer ist. Mit wachsender Mühlengröße und -belastung sinkt dieser jedoch geringfügig ab. Aus Bild 4.216 können Orientierungswerte für $P$, $\dot{m}_F$, $W_o$ und $P_o$ entnommen werden.

Bei der Entwicklung solcher Mühlen muß davon ausgegangen werden, daß die schnellaufenden Rotoren einerseits als Zerkleinerungsorgane und andererseits als Ventilatorlaufräder gestaltet werden müssen. Bei der Konstruktion der Schlagorgane sind deshalb Lösungen notwendig, die nach beiden Richtungen einen Kompromiß darstellen. Dabei ist zu beachten, daß die ventilatorähnlichen Schlagradmühlen gegenüber Lüftern einen verhältnismäßig niedrigen Wirkungsgrad ($\eta_{Lü}$ = 25 bis 35 %) haben. Hinzu kommt, daß sich im Bereich des Rotors durch den Zerkleinerungs-, Trocken- und Fördervorgang die Eigenschaften des Trägermediums im Gegensatz zu Lüftern in weiten Grenzen ändern können. Bei der Berechnung des Durchsatzes und des Leistungsbedarfes kann bei Nutzung von Erfahrungen aus der Lüftertechnik (4.340) bis (4.345) vom grundsätzlichen Verlauf der Druck-Volumen-Kennlinien eines Lüfters bei verschiedenen Trägerdichten oder Rotordrehzahlen (Bild 4.230) ausgegangen werden [160]. Werden die

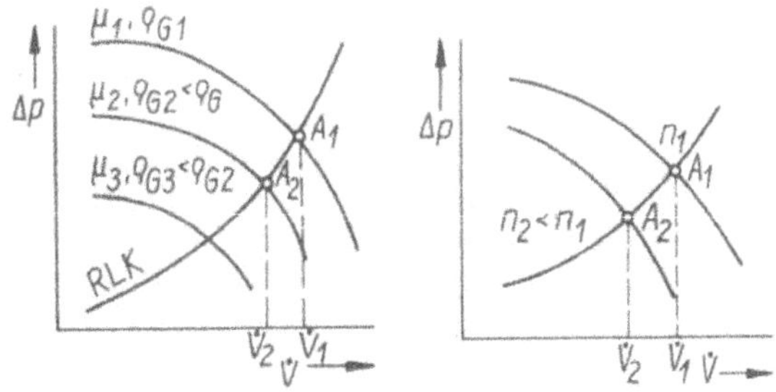


Bild 4.230. Druck-Volumen-Kennlinien bei verschiedenen Trägergasdichten, Beladungsverhältnissen und Drehzahlen [160, 161]

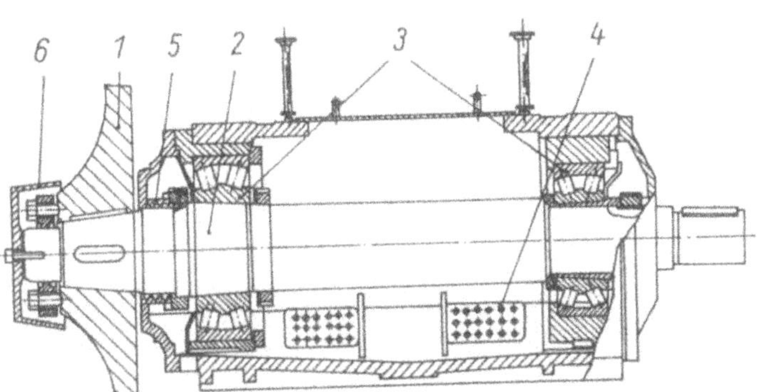


Bild 4.229. Schlagradwellen-Lagerung

*1* Schlagrad; *2* Schlagradwelle; *3* Lager; *4* Ölkühler; *5* Lagerabdichtung; *6* Abdeckhaube

Druck-Volumen-Kennlinien einer Mühle für einen realen Anwendungsfall ermittelt, so ergeben sich je nach Feststoffbeladung $\mu_i$, Dichte des Trägermediums $\varrho_{Gi}$ und der Rotordrehzahl $n_i$ die aus Bild 4.230 ersichtlichen lastabhängigen Arbeitspunkte $A_i$ [161]. Um einen konstanten Volumenstrom $\dot{V}$, der für die Prozeßführung einer *Kesselfeuerung* von Bedeutung sein kann, bei schwankendem Feststoff-Durchsatz sichern zu können, ist eine Regelung der Rotordrehzahl notwendig. Auch wenn Schlagradmühlen günstigere Lüfterwirkungsgrade ($\eta_{Lü}$ = 25 bis 35%) als Schlägermühlen aufweisen, ist der Anteil des Leistungsbedarfes für die Ventilation relativ groß. Der durchschnittliche Quotient aus $P_V$ und $P_Z$ beträgt:

$$P_V/P_Z = 1{,}35 \text{ bis } 1{,}4 \qquad (4.347)$$

Diese Verhältnisse sind auf die Ventilationseigenschaften des Schlagrades und auf die schwerkraftbedingte ungünstige Ausnutzung des Schlagradumfanges zurückzuführen. Aus Bild 4.231 ist ersichtlich, daß die Hauptbeanspruchung des im Abschnitt AB axial zugeführten Mahlgutes nur in einem relativ kleinen Winkelbereich erfolgt [157]. Aus diesem Grunde werden auch sichterlose Schleuderprallmühlen nach Bild 4.232 eingesetzt [150, 163] (vgl. Abschn. 4.10.2.1.).

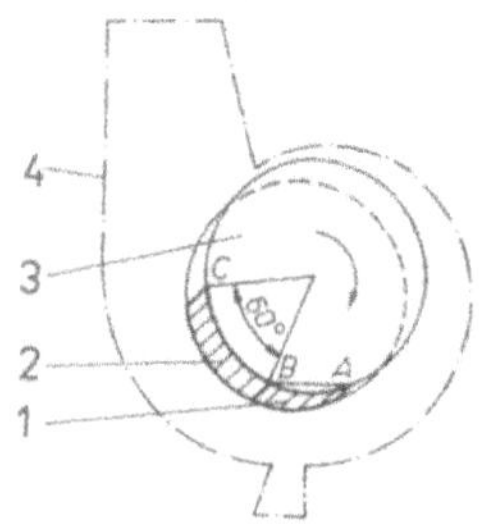


Bild 4.231. Hauptzerkleinerungszone einer Schlagradmühle [157]

*1* Gutaufgabezone AB; *2* Hauptzerkleinerungszone; *3* Schlagrad; *4* Mühlengehäuse

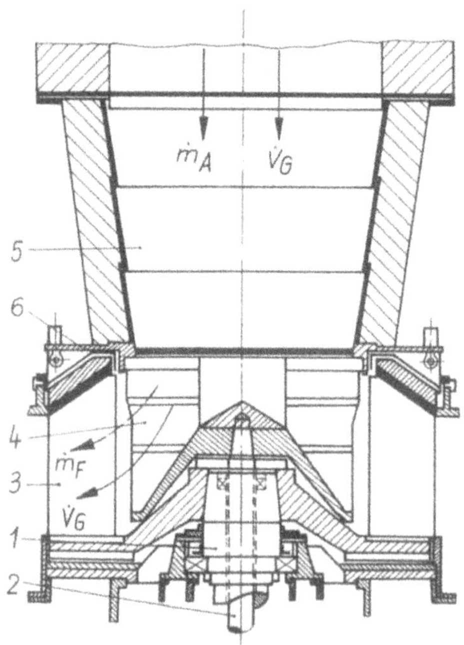


Bild 4.232. Schlagradmühle mit vertikaler Rotorlagerung ohne Sichter (Schleuderrad-Prallmühle) [150]

*1* Schlagradwelle; *2* Verteilerwelle; *3* Schlagrad; *4* Mahlgutverteiler; *5* Mahlgut- und Trägergas-Aufgabeschleuse; *6* Mühlengehäuse

### 4.10.1.3. Gebläseschlägermühlen

Da bei der Zerkleinerung ballastreicher Brennstoffe in Schläger- und Schlagradmühlen mit Sichter infolge der Anreicherung des Mahlgutumlaufes mit Sand in der Mühle ein hoher Verschleiß entsteht und sichterlose Schläger- und Schlagradmühlen bei sehr feuchter ballastreicher Kohle nicht die ausreichende Mahlfeinheit erreichen, wurden *Gebläseschlägermühlen* mit Durchsätzen bis 150 t h$^{-1}$ entwickelt. Sie vereinigen die Vorteile der Schlagrad- und Schlägermühlen und sind besonders für eine wirksame Mahltrocknung bei hoher Ventilationsleistung geeignet. Da die bei Schläger- und Schlagradmühlen üblichen Umfangsgeschwindigkeiten von 70 bis 90 m s$^{-1}$ auch bei den Gebläseschlägermühlen aus zerkleinerungs- und verschleißtechnischen Gründen nicht überschritten werden können, ist eine größere Zerkleinerungswirkung nur durch die dem Schlagrad vorgeschaltete Schlägergruppe, die gleich oder gegensinnig angetrieben werden kann, erreichbar (vgl. Bild 4.214). Falls sich die Brennstoffqualitäten häufig ändern, sind Mühlen mit getrenntem Antrieb der *Schlägergruppe* vorteilhaft, weil damit die Zerkleinerungs- und Ventilationswirkung während des Betriebes unabhängig voneinander eingestellt werden können [150, 154, 166].

Die Schläger- und Schlagradwelle kann je nach Konstruktionsprinzip der Arbeitsorgane beid- oder einseitig fliegend gelagert werden. Zweiseitige Rotorlagerungen sind vor allem bei Hochleistungs-Gebläseschlägermühlen (Bild 4.233) üblich. Für

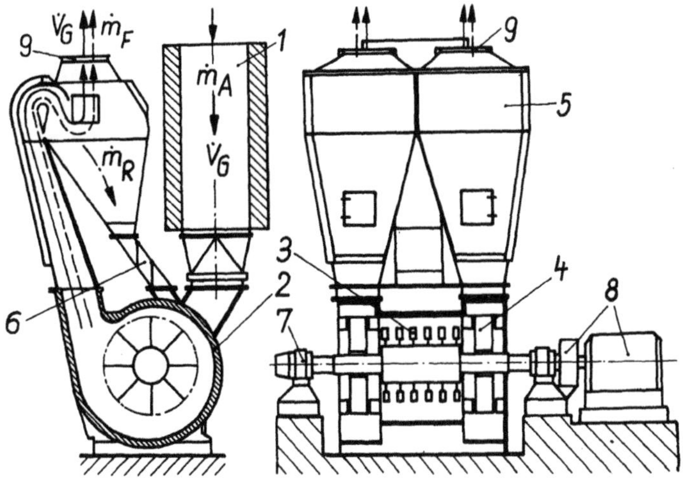


Bild 4.233. Zweiflutige Gebläseschlägermühle mit innenliegender Schlägergruppe (*Babcock*)

*1* Aufgabeschleuse für Rohkohle und Trägergas; *2* Mahlkammer mit Verschleißplatten; *3* Schlägergruppe; *4* Schlag- und Ventilatorrad; *5* Sichter; *6* Grießrücklauf; *7* Rotorlagerung; *8* Hauptmotor mit Kupplung; *9* Trägergas- und Fertiggutaustritt zur Brennerleitung

Instandhaltungsarbeiten, die bei zweiseitiger Rotorlagerung aufwendiger sind, müssen entsprechende Gehäusetüren vorgesehen werden.

Die *Auslegung der Gebläseschlägermühler* wird nach den unter Abschn. 4.10.1.1. und 4.10.1.2. dargelegten Grundsätzen vorgenommen. Für Rohbraunkohle wird der spezifische Arbeitsbedarf $W_{\mathrm{o}\dot{m}}$ je nach Kohlequalität und Feinheit zwischen 5,0 und 10,0 kWh $t^{-1}$ angegeben. Im üblichen Feinheitsbereich von $R_{1,0} = 3$ bis 5% beträgt $W_{\mathrm{o}\dot{m}} = 5$ bis 6 kWh $t^{-1}$. Der spezifische Nettoverschleiß liegt bei den Arbeitsorganen bei 3 bis 5 g $t^{-1}$. Da die Heizwerte bei Braunkohlen infolge unterschiedlicher Ascheanteile und Wassergehalte in bestimmten Grenzen schwanken können, müssen die Mühlen zur Sicherung festgelegter Wärmemengen so ausgelegt werden, daß der Durchsatz den jeweiligen Bedingungen angepaßt werden kann.

## 4.10.2. Bauarten und Hinweise zur Konstruktion von mechanischen Feinprallmühlen

In vielen Industriezweigen, z. B. der chemischen Industrie, der Nahrungs- und Genußmittelindustrie, aber auch bei der Aufbereitung fester mineralischer Rohstoffe, werden immer größere Anforderungen an die Feinheiten bzw. spezifischen Oberflächen der einzusetzenden Zwischen- oder Fertigprodukte gestellt. Zur Realisierung dieser z. T. unterschiedlichen Anforderungen ist in den letzten Jahren eine große Typenvielfalt bei Feinprallmühlen entstanden. Da sie aufgrund ihrer großen Rotorgeschwindigkeiten eine gute Ventilationswirkung besitzen und z. T. mit hohen Trägergas-Durchsätzen arbeiten, kann die Klassierung in- oder außerhalb des Arbeitsraumes bzw. der Mühle erfolgen. Bei getrennt angeordnetem Sichter werden meist geschlossene Kreisläufe verwendet. Falls wärmeempfindliche Produkte zerkleinert werden, kann das Trägermedium auch zum Kühlen des Mahlgutes genutzt werden. Wenn organische Produkte, wie Kunststoffe, Gummi und Kautschuk, auf etwa −50 °C abgekühlt werden, so ist deren Zerkleinerung ebenfalls in Feinprallmühlen möglich. Die bekannten *mechanischen Feinprallmühlen* lassen sich nach ihrem Arbeitsprinzip unabhängig von der konstruktiven Ausbildung und Anordnung des Rotors oder dem Mahlguttransport in Feinprallmühlen ohne (Stiftmühle, Desintegrator) und Feinprallmühlen mit peripherer Mahlbahn oder Siebeinlage (Pralltellermühlen, Schleuderrad-Prallmühlen usw.) einteilen.

#### 4.10.2.1. Feinprallmühlen ohne periphere Mahlbahn oder Siebeinlage (Stiftmühlen und Desintegratoren)

Derartige Mühlen, bei denen die Beanspruchung des zu zerkleinernden Gutes zwischen zwei mit konzentrischen Schlägerkreisen (Bilder 4.234 und 4.235) bestückten, ineinandergreifenden Schlägerscheiben erfolgt, sind zur Fein- und Feinstzerkleinerung weicher bis mittelharter Materialien (Salze, Kalk, Gips, Pigmente, Getreide, Kohle usw.) bei maximalen Aufgabegut-Korngrößen von $d_A < 5$ bis 10 mm geeignet. Bei den *Stiftmühlen* ist eine Stiftscheibe im Arbeitsraum als Teil des Mühlengehäuses fest angeordnet, und nur eine Scheibe wird mit hoher Umfangsgeschwindigkeit (50 bis 200 m $s^{-1}$) angetrieben (Bild 4.234). Bei den *Desintegratoren* werden die mit Schlagorganen ausgerüsteten ineinandergreifenden Rotoren in eine gegenläufige Drehbewegung mit relativen Umfangsgeschwindigkeiten von 250 bis 300 m $s^{-1}$ versetzt (Bild 4.335). Das Mahlgut wird bei beiden Mühlenarten axial in den Arbeitsraum aufgegeben und durch die Zentrifugalbeschleunigung nach außen geschleudert. Es wird dabei durch die *Schlägerkreise* erfaßt und vor allem durch Prall und gegenseitigen Abrieb zerkleinert. Aus der Beanspruchungszone wird es durch freien Fall oder durch Ventilationswirkung ausgetragen. Die Beanspruchung des Mahlgutes erfolgt nach Bild 4.236 in vielen Stufen, wobei die Beanspruchungsvorgänge von den vorherigen abhängen (Teilchengröße, kinetische Energie) [144, 172]. Die Beanspruchungsvorgänge sowie der makroskopische (Durchströmen der Mühle zusammen mit dem Luftstrom infolge Zentrifugalbeschleunigung durch den Rotor) und der mikroskopische Transport (Durchmischung und Wirbeldiffusion im Beanspruchungsraum) stellen dabei eine Einheit dar [144]. Derartige Vorgänge werden in *Stiftmühlen und Desintegratoren* durch folgende Parameter besonders beeinflußt: Relativgeschwindigkeit $v_{rel}$, Materialdurchsatz $\dot{m}$, Anzahl der Schlägerkreise $j$. Anzahl der Schlagelemente auf den Rotoren $i_R$, Schlägerform, Durchmesser und Abstand der Stiftkreise, Strömungsbedingungen im Arbeitsraum und Klassierung, z. B. Kreislaufschaltung mit einem Sichter.

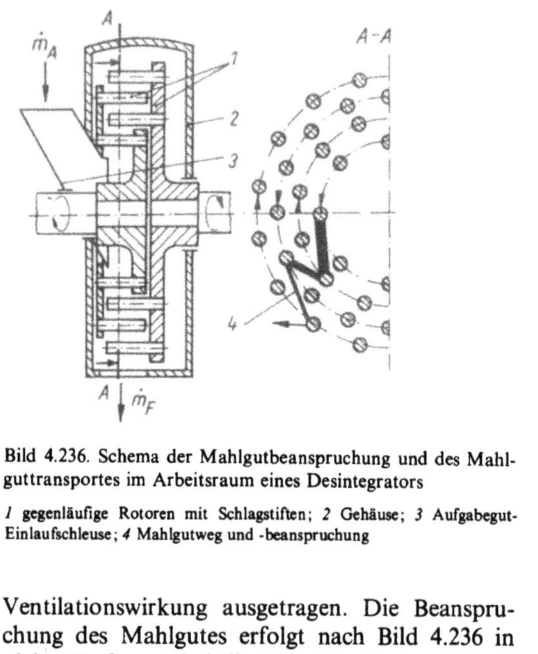


Bild 4.236. Schema der Mahlgutbeanspruchung und des Mahlguttransportes im Arbeitsraum eines Desintegrators

*1* gegenläufige Rotoren mit Schlagstiften; *2* Gehäuse; *3* Aufgabegut-Einlaufschleuse; *4* Mahlgutweg und -beanspruchung

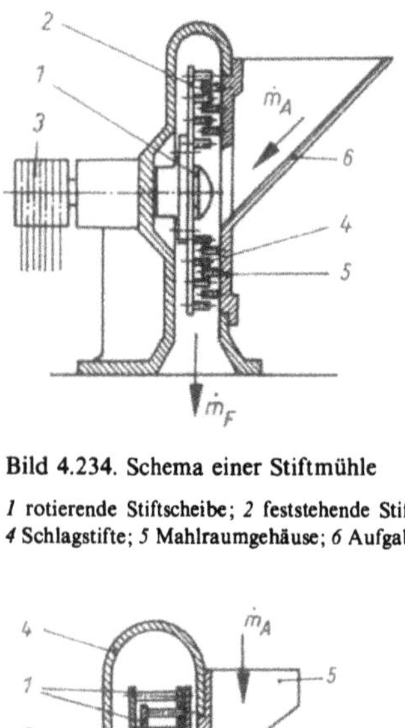


Bild 4.234. Schema einer Stiftmühle

*1* rotierende Stiftscheibe; *2* feststehende Stiftscheibe; *3* Antriebsscheibe; *4* Schlagstifte; *5* Mahlraumgehäuse; *6* Aufgabegut-Einlaufschleuse

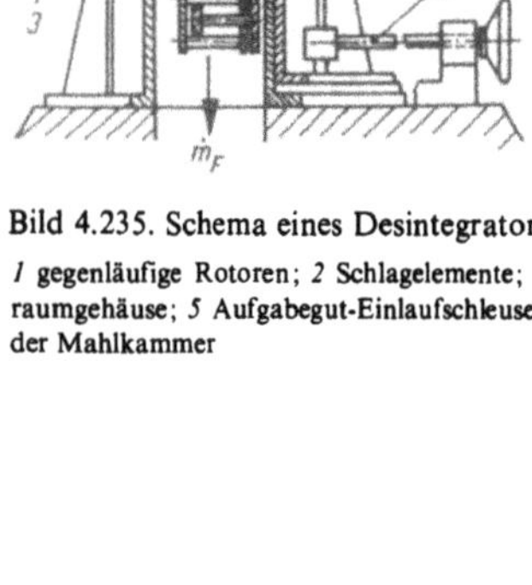


Bild 4.235. Schema eines Desintegrators

*1* gegenläufige Rotoren; *2* Schlagelemente; *3* Antriebsscheiben; *4* Mahlraumgehäuse; *5* Aufgabegut-Einlaufschleuse; *6* Vorrichtung zum Öffnen der Mahlkammer

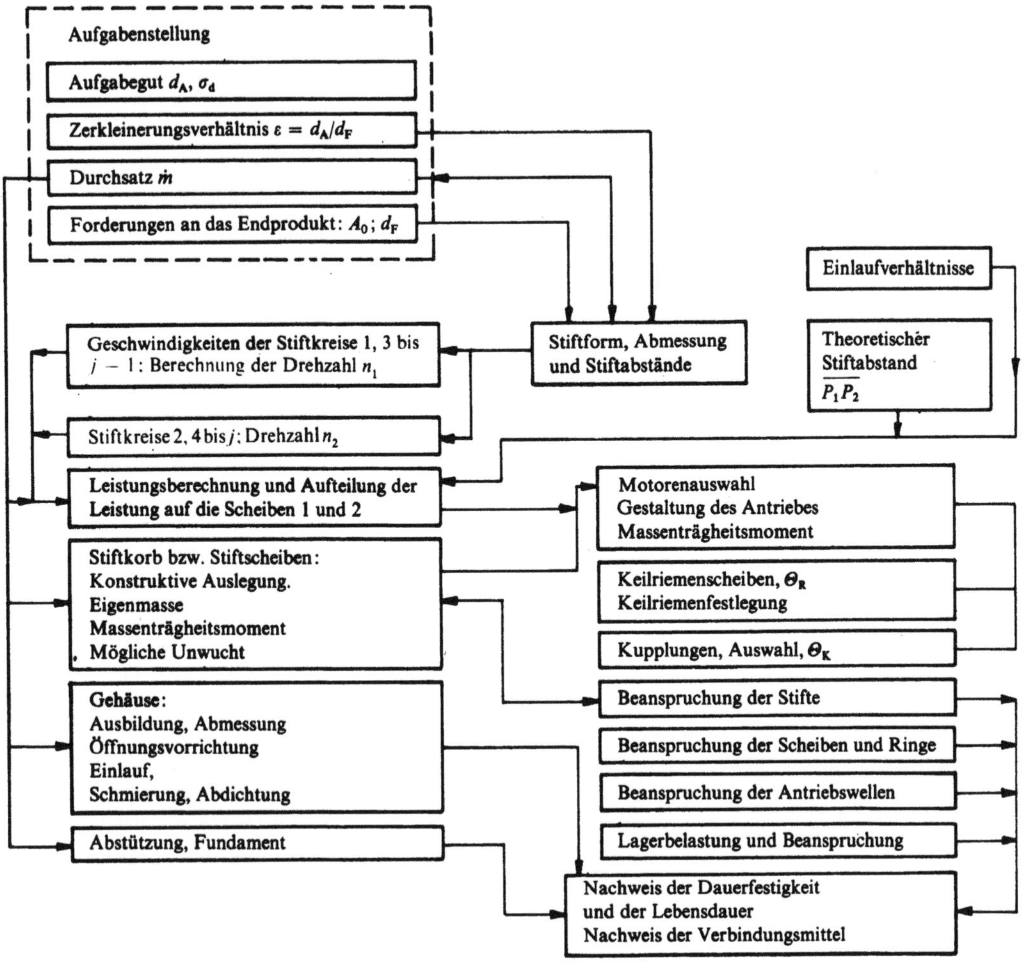


Bild 4.237. Schema zur Berechnung und konstruktiven Gestaltung von Stiftmühlen und Desintegratoren

Die *Berechnung und konstruktive Gestaltung von Stiftmühlen und Desintegratoren* erfolgt unter Zugrundelegung von Bild 4.237 nach gleichen Gesichtspunkten.

**Berechnung des Abstandes der Schlagelemente:** Die Ausbildung der Stiftreihen muß so erfolgen, daß der Durchgang eines vom inneren Stiftkreis erfaßten zerkleinerten und tangential mit der Umfangsgeschwindigkeit der inneren Stiftkreise abgeschleuderten Kornes durch zwei Stifte des zweiten Kreises gerade noch möglich ist. Aus den im Bild 4.238 dargestellten geometrischen Beziehungen kann der maximale Stiftabstand des zweiten Schlägerkreises

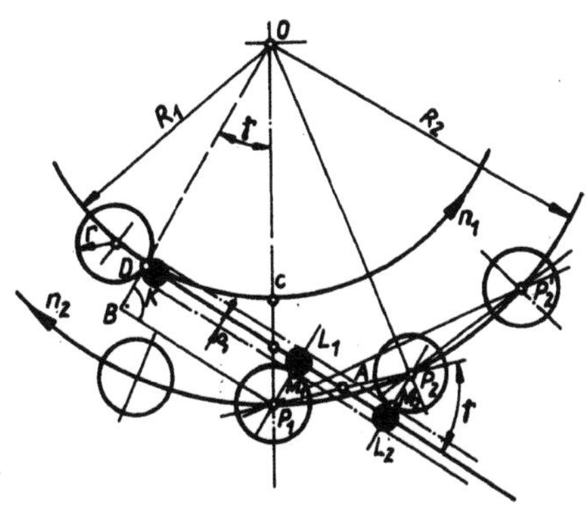


Bild 4.238. Geometrische Beziehungen im Desintegrator zur Berechnung des Schlagelemente-Abstandes [966]

abgeleitet werden. Unter der Annahme, daß bei $\overline{P_1P_2} \ll R_2$ der Winkel $CP_1A = 90°$ gesetzt werden kann, erhält man $\overline{P_1A} \perp \overline{P_1O}$ und $\overline{P_1B} \perp \overline{BO}$. Damit ist $\sphericalangle P_1AL_1 = \sphericalangle BOP_1 = \gamma$. Aus der Ähnlichkeit der Dreiecke $\triangle L_1P_1A$ und $\triangle P_1BO$ kann unter Berücksichtigung von Bild 4.238 abgeleitet werden [966]:

$$\overline{L_1P_1}/\overline{P_1A} = \overline{BP_1}/\overline{P_1O} \tag{4.348}$$

Unter der Bedingung, daß $\overline{P_1L_1} = \overline{P_2L_2} = r + \varrho$ ist, wird $\triangle P_1L_1A = \triangle P_2L_2A$ und $\overline{P_1A} = P_1P_2/2$. Durch Einsetzen in (4.348) ergibt sich:

$$(r + \varrho)/(\overline{P_1P_2}/2) = \sqrt{R_2^2 - (R_1 + r + \varrho)^2}/R_2 \tag{4.349}$$

Bei Vernachlässigung des relativ kleinen Kornradius erhält man nach der Umformung:

$$\overline{P_1P_2} = 2R_2r/\sqrt{R_2^2 - (R_1 + r)^2} \tag{4.350}$$

Da bei Desintegratoren die zweite Stiftreihe eine gegenläufige Drehbewegung mit der Drehzahl $n_2$ besitzt, wird der notwendige Stiftabstand größer sein als bei einer feststehenden Stiftscheibe. Unter der Annahme, daß das Korn durch einen Stift D die Geschwindigkeit $v_1 = 2\pi R_1 n_1$ erhält und die Strecke $\overline{L_1L_2}$ in der Zeit $\Delta t = \overline{L_1L_2}/2R_1n_1\pi$ zurückgelegt wird, kann auch geschrieben werden:

$$\Delta t = \overline{L_1L_2}/2\pi R_1 n_1 = \overline{P_2P_2'}/2\pi R_2 n_2 \tag{4.351}$$

$$\overline{P_2P_2'} = \overline{L_1L_2}\, R_2n_2/R_1n_1 \tag{4.352}$$

Aus der Ähnlichkeit der Dreiecke $\triangle L_1P_1A$ und $\triangle P_1BO$ (vgl. Bild 4.238) ergibt sich:

$$\overline{L_1A}/\overline{P_1L_1} = \overline{BO}/\overline{P_1B} \tag{4.353}$$

Werden in (4.353) die entsprechenden Strecken eingesetzt, so läßt sich schreiben:

$$(\overline{L_1L_2}/2)/(r + \varrho) = (R_1 + r + \varrho)/\sqrt{R_2^2 - (R_1 + r + \varrho)^2}$$

oder

$$\overline{L_1L_2} = 2(R_1 + r + \varrho)(r + \varrho)/\sqrt{R_2^2 - (R_1 + r + \varrho)^2} \tag{4.354}$$

Wird (4.354) in (4.352) eingesetzt, so erhält man bei Vernachlässigung des relativ kleinen Kornradius ($\varrho \ll r$) für die Strecke $\overline{P_2P_2'}$:

$$\overline{P_2P_2'} = \left[2r(R_1 + r)/\sqrt{R_2^2 - (R_1 + r)^2}\right](R_2n_2/R_1n_1) \tag{4.355}$$

Für den Abstand $\overline{P_1P_2'}$, der sich beim Rotieren des 2. Ringes ergibt, kann mit (4.350) und (4.355) geschrieben werden:

$$\overline{P_1P_2'} = \overline{P_1P_2} + \overline{P_2P_2'}$$

$$\overline{P_1P_2'} = \left[2R_2r/\sqrt{R_2^2 - (R_1 + r)^2}\right] \times \left[1 + (R_1 + r)\,n_2/R_1n_1\right] \tag{4.356}$$

Die Stiftabstände der übrigen Stiftkreise lassen sich analog bestimmen. Da bei Desintegratoren nur in Sonderfällen kreisförmige Stifte als Schlagorgane verwendet werden, muß bei nichtkreisförmigen Organen der den Querschnitt umschreibende Kreis zugrunde gelegt werden.

**Leistungsbedarf:** $P_{mech}$ setzt sich wie bei anderen Prallzerkleinerungsmaschinen aus $P_Z$, $P_V$ und $P_R$ zusammen (vgl. Abschn. 4.8.2.1.). Bei kleinen Mühlen ist $P_R \ll P_V$ und kann vernachlässigt werden. Bei der Berechnung von $P_Z$ wird davon ausgegangen, daß das im Arbeitsraum befindliche Mahlgut beim Durchgang durch jede Schlägerreihe beansprucht werden muß. Danach muß bei $j$ Schlägerkreisen jedes Korn $(j - 1)$mal abgebremst und $j$-mal beschleunigt werden. Die Arbeit, die zur Bremsung und Beschleunigung des im Arbeitsraum befindlichen Mahlgutes benötigt wird, kann bei gleicher Drehzahl der Rotoren mit der kinetischen Energie $W = mv^2/2$ in folgender Form dargestellt werden [966]:

$$W_Z = (m\pi^2n^2/2)(2D_1^2 + 2D_2^2 + 2D_3^2 + \ldots + D_j^2) \tag{4.357}$$

Setzt man $2\sum_{z=1}^{j-1} D_z^2 + D_j^2 = D_K^2$, so ergibt sich mit (4.357) unter der Annahme, daß die Drehzahlen beider Scheiben gleich sind:

$$W_Z = m\pi^2n^2D_K^2/2 \tag{4.358}$$

Bei unterschiedlicher Drehzahl der beiden Rotoren und ungeradzahliger Anzahl der Schlagkreise erhält man $n_K^2D_K^2$ wie folgt:

$$n_K^2D_K^2 = 2(n_1^2D_1^2 + n_2^2D_2^2 + n_1^2D_3^2 + \ldots + n_2^2D_{j-1}^2) + n_1^2D_j^2 \tag{4.359}$$

($D_{j-1}$ Durchmesser des vorletzten Kreises; $D_j$ Durchmesser des letzten Kreises)

Da der spezifische Arbeitsbedarf $W_{o\dot{m}}$ auch durch das Verhältnis des Arbeitsbedarfes $W_Z$, bezogen auf die jeweils im Arbeitsraum befindliche Gutmasse $m$, definiert werden kann, läßt sich schreiben:

$$W_{\text{om}} = W_Z/m = P/\dot{m}\,; \quad P = W_Z\dot{m}/m \tag{4.360}$$

Unter Verwendung von (4.358) ergibt sich für $P_Z$:

$$P_Z = \pi^2 n^2 D_K^2 \dot{m}/2 \tag{4.361}$$

Bei der Berechnung von $P_V$ wird angenommen, daß bei derartigen Mühlen an das umströmende Medium keine Nutzleistung übertragen wird. Deshalb ist nur der Strömungswiderstand der Arbeitsorgane zu berücksichtigen.

$$P_V = c_W A v^3 \varrho_L/2 \tag{4.362}$$

Bei unterschiedlicher Drehzahl der Rotoren und Anzahl der Schlagorgane $i$ je Schlagkreis sowie verschiedener zur Bewegungsrichtung projizierter Flächen $A_i$ der Schlagorgane und ungeradzahliger Anzahl der Schlagkreise erhält man für das Produkt $Av^3$ aus (4.362) folgenden Ausdruck:

$$Av^3 = \pi^3(D_1^3 n_1^3 i_1 A_1 + D_2^3 n_2^3 i_2 A_2 + \ldots + D_j^3 n_1^3 i_j A_j) = \pi^3 \sum_{z=1}^{j} D_j^3 n_{1/2}^3 i_j A_j\,. \tag{4.363}$$

Wird (4.363) in (4.362) eingesetzt, so ergibt sich $P_V$ zu

$$P_V = (\pi^3 c_W \varrho/2) \sum_{z=1}^{j} D_j^3 n_{1/2}^3 i_j A_j \quad \text{in W} \tag{4.364}$$

Da theoretische Berechnungen zum Leistungsbedarf für unterschiedliche Schlägerformen problematisch sind, ist auch die Ähnlichkeitstheorie anwendbar. Im Ergebnis einer Dimensionsanalyse wurde für $P_{\text{mech}}$ eines Desintegrators folgende Beziehung ermittelt:

$$P_{\text{mech}} = D^5 n^3 \varrho_L (\dot{m}/D^3 n\eta_G)^a (A/D^2)^b c_P \tag{4.365}$$

**Durchsatz:** Er ist von der Verweilzeit des Mahlgutes im Arbeitsraum und vom Zerkleinerungsergebnis abhängig. Unter der Annahme, daß bei einer gleichmäßigen Dosierung das Mahlgut unter dem Einfluß der Schwerkraft mit einer bestimmten Fallgeschwindigkeit zwischen zwei Schlagorgane des innersten Schlägerkreises fällt und diesen Zwischenraum während deren Verweilzeit unter dem Mahlgutstrom flächenförmig ausfüllt, kann die

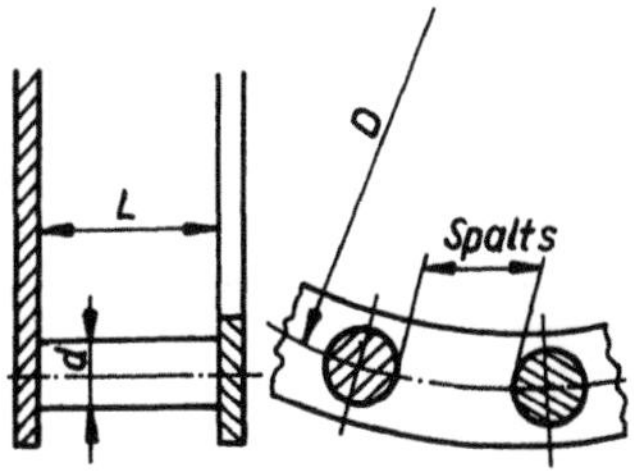


Bild 4.239. Schema zur Berechnung des Durchsatzes

theoretische Schluckmenge berechnet werden. Diese beträgt bei einem angenommenen Aufgabegut-Durchmesser $d_A = s/10$ unter Berücksichtigung der Körnerzahl zwischen den Schlagorganen $i_K = 100L/s$ sowie des daraus berechenbaren Zwischenraumvolumens (Bild 4.239):

$$V = (\pi/6)\,(s/10)^3\,100L/s = \pi s^2 L/60 \tag{4.366}$$

Mit der Anzahl der Schlagorgane am inneren Schlägerkreis $z_{si} = D_i\pi/(s + d)$ erhält man für den Durchsatz in $m^3\,h^{-1}$ bei $n$ Umdrehungen je min:

$$\dot{V} = V z_{si} n\, 60 = \pi s^3 L n z_{si} \tag{4.367}$$

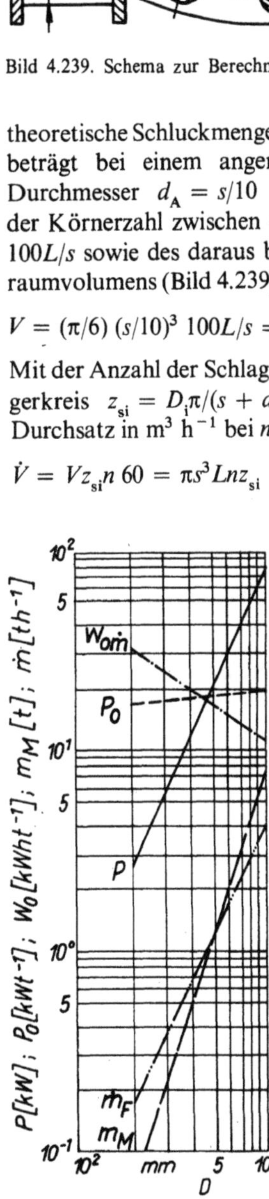


Bild 4.240. Ausgewählte technisch-ökonomische Kennwerte für Stiftmühlen

Tabelle 4.14. *Kennziffern für unterschiedliche Stiftformen*

| Stiftform |  |  |  |  |
|---|---|---|---|---|
| Abmessung | ∅ 16 | ∅ 19 | 20 × 20 | 25 × 30 |
| Oberflächenzuwachs $\Delta A_0$ in $cm^2\ g^{-1}$ | 666 | 690 | 647 | 515 |
| Spezifischer Arbeitsbedarf $W_{o\dot{m}}$ in $kWh\ t^{-1}$ | 11,1 | 11,1 | 13,1 | 14,2 |
| Mahlbarkeit $M_0$ in $m^2\ Wh^{-1}$ | 6 | 6,2 | 4,9 | 3,6 |
| Spezifischer Verschleiß $V_0$ in $mg\ m^{-2}$ | 18,7 | 19,3 | 47,9 | 53,3 |

Experimentelle Untersuchungen haben ergeben, daß für den praktischen Betriebseinsatz mit $\dot{V}_{Prakt} = 0{,}1\dot{V}$ zu rechnen ist. Dazu sind jedoch für den speziellen Einsatzfall stets experimentelle Untersuchungen notwendig. Bild 4.240 zeigt ausgewählte Kennwerte für Stiftmühlen bei $R_{0,09} = 10\%$.

Unter Beachtung konstruktiver Besonderheiten können *Stiftmühlen* und *Desintegratoren* wie folgt unterschieden werden:

— vertikale oder horizontale Antriebswelle
— stufenförmige Anordnung der Rotoren (Stufenstiftmühle)
— flache Rotoren (Flachteller-Stiftmühlen)
— Weitkammermühlen (Weitkammer-Stiftmühlen)

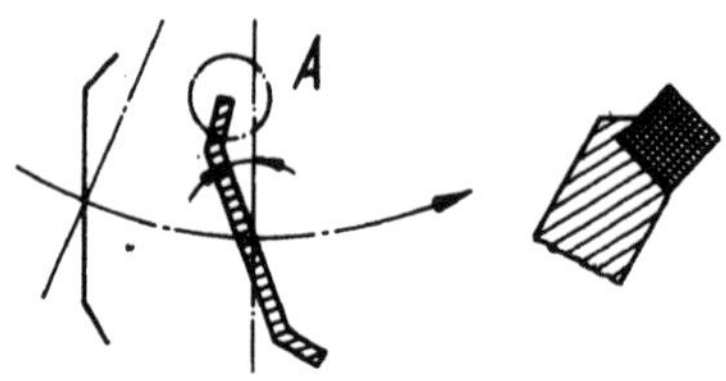


Bild 4.241. Muldenförmige Schlagorgane bei Desintegratoren
*links*: Anordnung der Schlagelemente im Rotor
*rechts*: Einzelheit bei A zum Verschleißschutz der Kanten

Einen wesentlichen Einfluß auf die Zerkleinerungswirkung übt die Form der Schlagorgane aus. Aus Tabelle 4.14 ist erkennbar, daß sich verschiedene Kenngrößen verschlechtern, wenn vom runden Querschnitt abgegangen wird. Sie haben jedoch den Nachteil, daß sich infolge des auftretenden Verschleißes die Form der Stifte und die Prallbedingungen schnell ändern, wodurch keine gleichbleibende Qualität des gemahlenen Gutes über einen bestimmten Zeitraum gewährleistet werden kann [173, 174]. Verschiedentlich werden nach Bild 4.241 auch muldenförmige Schlagorgane eingesetzt, deren verschleißgefährdete Stellen durch Hartmetall geschützt sind. Bei der Konstruktion derartiger Mühlen ist dem Materialeinlauf ein besonderes Augenmerk zu schenken, da dadurch der Prallvorgang entscheidend beeinflußt wird. Eine wirksame und energetisch günstige Ausnutzung der Schlagelemente ist nur dann möglich, wenn bei der Materialzuführung im ersten Schlägerkreis eine genügende

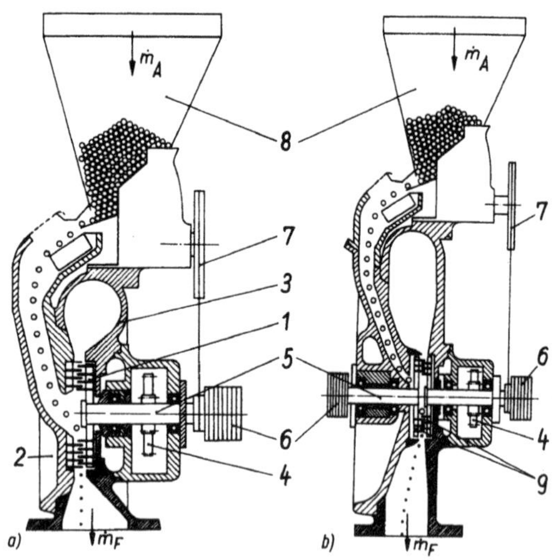


Bild 4.242. Stiftmühle und Desintegrator mit großer Mahlkammer (Alpine)
*a*) Stiftmühle
*b*) Desintegrator (Weitkammermühle)

*1* rotierende Stiftscheibe; *2* Gehäusedeckel mit feststehender Stiftscheibe; *3* Mahlkammergehäuse; *4* Getriebe; *5* Antriebswelle mit Lagerung; *6* Hauptantriebsscheibe; *7* Antriebsscheibe für Dosiereinrichtung; *8* Aufgabeguttrichter; *9* gegenläufige Rotoren

Eindringtiefe analog den Prall- und Hammerbrechern gesichert ist. Sie wird in der Regel mittels Schurren oder mechanischer Zuteileinrichtungen, wie z. B. Schneckenförderer, vorgenommen.
Die Schlägerscheiben sind so auszubilden, daß die Schlagorgane auch bei sehr hohen Umfangsgeschwindigkeiten noch sicher befestigt werden können. Sie müssen trotz des Einsatzes verschleißfester Werkstoffe häufig gewechselt werden, wobei die eine Gehäusewand mit der Scheibe seitlich ausgeschwenkt oder horizontal verschoben wird. Bei der Gestaltung der Gehäuse ist zur Vermeidung von Staubbelästigung auf gute Abdichtung zu achten.
Stiftmühlen werden für Durchsätze von 10 kg $h^{-1}$ bis 10 t $h^{-1}$ in einer großen Typenvielfalt angeboten und eingesetzt, Desintegratoren dagegen häufig nur für spezielle Zwecke. Letztere sind für Durchsätze von $\dot{m} = 5$ bis 50 t $h^{-1}$ geeignet. Bild 4.242 zeigt eine Stiftmühle und einen Desintegrator mit großer Kammer (Weitkammermühle). Es können Fertiggutfeinheiten zwischen $d_F = 5$ und 50 µm erreicht werden.

#### 4.10.2.2. Feinprallmühlen mit peripherer Mahlbahn oder Siebeinlage

Das zentral der Mahlkammer zugeführte Mahlgut wird von den rotierenden Arbeitsorganen erfaßt und durch Prall sowie Reibung zwischen den Schlägern der horizontalen oder vertikalen Rotoren und den peripher angeordneten Prallflächen oder Siebeinlagen zerkleinert. Das Feingut wird entweder durch Sieböffnungen am Mahlkammerumfang oder durch ringförmige Schlitze am Mahlbahnende gemeinsam mit dem vorhandenen Luftstrom aus der Mahlkammer ausgetragen und, falls erforderlich, einem Sichter in Form eines Mahlkreislaufes zugeführt. Derartige Mühlen werden zur Fein- und Feinstzerkleinerung weicher bis mittelharter Stoffe mit maximalen Aufgabekorngrößen $d_A < 5$ bis 10 mm auf maximale Endkorngrößen $d_F = 5$ bis 1000 µm eingesetzt. Spezielle Ausführungen, wie die Schlagkreuzmühle, sind auch zum Zerfasern von Faserstoffen geeignet. Nachfolgend werden diese Mühlen mit entsprechenden Gemeinsamkeiten in vier Gruppen behandelt.

**Universalmühlen:** Sie können durch die Verwendung unterschiedlicher rotierender und feststehender Arbeitsorgane, die untereinander austauschbar sind, an die jeweilige Zerkleinerungsaufgabe angepaßt werden und sind z. B. als *Schlagkreuz-*, *Pakethammer-*, *Schlagnasen-* und *Stiftmühlen* für die Fein- und Feinstzerkleinerung weicher bis mittelharter, trockener, kristalliner oder faseriger Stoffe einsetzbar. Orientierungswerte können Bild 4.240 entnommen werden. Diese Mühlen haben nach Bild 4.243 horizontal gelagerte Rotoren, die zur

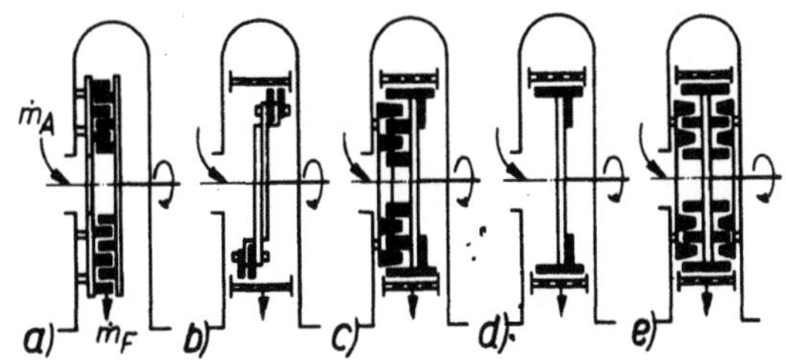


Bild 4.243. Universalmühlen mit verschiedenen Arbeitsorganen
*a*) Schlagstifte
*b*) Hämmer; Pakethämmer
*c*) Schlagnasen
*d*) Schlagkreuz
*e*) Schlagnasen, doppelseitig

Erhöhung der Stoßhäufigkeiten mit verschiedenen Arbeitsorganen versehen werden können. Der Zerkleinerungsvorgang beginnt mit dem Aufprall des axial zugeführten Mahlgutes auf die Innenkante der Schlagleisten des Rotors und endet zwischen den Außenkanten der Schlagleisten und der Siebeinlage oder den für spezifische Aufgaben speziell ausgebildeten Gegenmahlbahnen.
Bei *Querstrommühlen*, in denen ein axialer Mahlguttransport erfolgt, ist der den Rotor umschließende Stator geschlossen und mit Pralleisten versehen (Bild 4.244). Über die Winkelstellung der Statorpralleisten werden die Bewegungsrichtung, der Aufprallwinkel, die Verweilzeit des Mahlgutes im Arbeitsraum und somit die Feinheit des Fertiggutes beeinflußt. Die Schläger des Rotors sowie die Pralleisten des Stators werden dabei so aufeinander abgestimmt, daß das Mahlgut zur Sicherung günstiger Zerkleinerungsbedingungen den Arbeitsraum quer zur Laufrichtung der Schläger durchfließen muß. Infolge der schraubenförmig angeordneten Leisten des Stators und des Rotors entsteht gleichzeitig eine Querströmung mit einem Sichteffekt. Nicht genügend zerkleinertes Gut wird vom Rotor erneut erfaßt und gegen die Prallflächen geschleudert. Die Feinheit wird außer von der Beanspru-

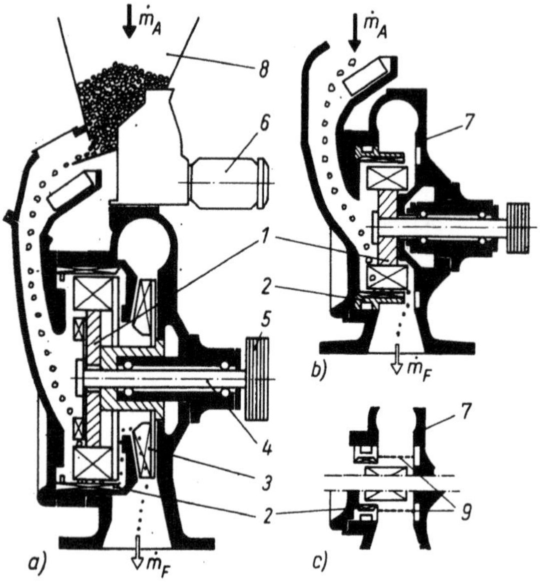


Bild 4.244. Querstrommühlen (Alpine)
*a*) Querstrommühle mit Ventilatorrad
*b*) Querstrommühle ohne zusätzliche Ventilation
*c*) Querstrommühle mit Siebeinlage

*1* Rotor mit Schlagorganen; *2* Statorpralleisten; *3* Ventilatorrad; *4* Rotorwelle mit Lagerung; *5* Antriebsscheibe; *6* Motor für Dosiereinrichung; *7* Mahlkammergehäuse; *8* Aufgabeguttrichter; *9* Siebeinlage

chungsgeschwindigkeit, der Gutkonzentration und den Transportbedingungen auch von der Verweilzeit bestimmt. Diese erhöht sich, wenn die Anzahl der Gegenprallflächen vergrößert und die freie Fläche des Austragsiebes sowie deren Maschenweite verkleinert werden. Durch die Ventilationswirkung der Universalmühlen wird das Mahlgut meist mit Luft in den Arbeitsraum gesaugt, bei der Zerkleinerung gleichzeitig gekühlt und mit der Luft als Trägermedium ausgetragen, so daß nach der Mühle entsprechende Klassier- und Abscheideeinrichtungen vorhanden sein müssen.

Zum Erreichen hoher Gutfeinheiten sollte das *Beladungsverhältnis* bei großer Luftzirkulation und pneumatischem Gutaustrag mit $\mu = 0{,}2$ bis $0{,}8$ kg Feststoff je kg Luft angestrebt werden, da das Mahlgut mit zunehmender Feinheit der Prallbeanspruchung an den Arbeitsorganen auch durch gegenseitigen Teilchenstoß und durch Reibung zerkleinert wird [175, 176]. Bei derartigen Mühlen liegen die Umfangsgeschwindigkeiten der Rotoren zwischen 80 und 120 m s$^{-1}$ und die Durchsätze je nach gewünschter Feinheit zwischen 20 bis 8000 kg h$^{-1}$. Der spezifische Arbeitsbedarf ist unterschiedlich und beträgt etwa $W_{o\dot{m}} = 50$ bis 150 kWh t$^{-1}$

**Pralltellermühlen:** Das dem horizontal angeordneten und mit tellerförmigen Schlagflächen versehenen Rotor axial über die Mahlraumtür zugeführte Mahlgut wird hierbei durch die Schlägerscheiben beschleunigt und gegen die peripher angeordnete Mahlbahn geschleudert. In Bild 4.245 sind drei Typen dargestellt, die zur Fein- und Feinstzerkleinerung von weichen bis mittelharten, trockenen, leichtklebenden, spröden, faserigen und wärmeempfindlichen Materialien eingesetzt werden können. Das genügend zerkleinerte Gut wird über die hinter dem Schleuderrad liegende Sichtzone und einen nach unten erweiterten Raum oder über einen mit dem Arbeitsraum gekoppelten Zentrifugalsichter ausgetragen. Die Feinheit des Fertiggutes kann durch die Veränderung der Luftmenge bei verschiedenen Ausführungen auch durch Spaltverstellung hinter dem auslaufseitigen konusförmigen Teller geregelt werden. Je nach Aufgabegut, Umfangsgeschwindigkeit des Rotors, Mühleneinstellung, Arbeitsraum- und Sichterkonstruktion können Fertiggutfeinheiten zwischen $d_F = 5$ und 50 µm erreicht werden. Die Umfangsgeschwindigkeiten der Rotoren werden je nach Einsatzgebiet zwischen 80 und 120 m s$^{-1}$ gewählt. Die mit Verschleißelementen belegten Schlagorgane des Schleuderrades sind so konstruiert, daß sie nach einem bestimmten Verschleiß gewendet oder leicht gewechselt werden können. Vorteilhaft ist, daß sich der Verschleiß nicht wesentlich auf das Zerkleinerungsergebnis auswirkt. Das Beladungsverhältnis sollte bei diesen Mühlen zwischen $\mu = 0{,}1$ und 0,3 kg Feststoff je kg Luft liegen [176]. Der spezifische Arbeitsbedarf schwankt in Abhängigkeit vom Mahlgut und dessen Aufgabe- und Endkorngröße zwischen $W_{o\dot{m}} = 100$ und 500 kWh t$^{-1}$. Derartige Mühlen werden mit Durchsätzen bis zu $\dot{m} = 20$ t h$^{-1}$ eingesetzt.

**Feinprallmühlen mit pneumatischer Gutförderung (Luftstrommühlen):** Diese haben vertikal oder horizontal angeordnete ein- oder mehrstufige Rotoren, die axial, in Sonderfällen auch radial oder tangential mit Feststoff und Luft beaufschlagt werden können. Die Rotoren besitzen gleichmäßig über

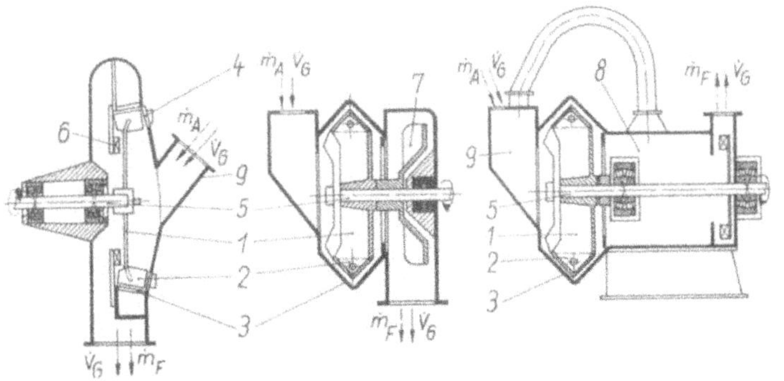


Bild 4.245. Pralltellermühlen-Arten

*1* Prallteller; *2* Prallscheiben; *3* Mahlbahn; *4* Mahlring; *5* Rotorwelle mit Lagerung; *6* Leitschaufelsystem; *7* Ventilatorrad; *8* Sichtraum; *9* Aufgabeguttrichter

den Umfang verteilte Prallwerkzeuge, die wie die Gegenmahlbahn aus verschleißfestem Material bestehen. Derartige Luftstrommühlen werden sieblos betrieben und zur Fein- und Feinstzerkleinerung von weichen bis mittelharten Materialien, wie Gips, Schwerspat, Kaolin, Zucker, Kakaokuchen usw., eingesetzt. Eine Stromklassierung kann je nach Konstruktionsprinzip und entsprechender Erfordernisse inner- oder außerhalb des Arbeitsraumes in Sichtern erfolgen. Die durch den Arbeitsraum strömende Luft dient zur Kühlung und als Trägermedium für den Feststofftransport. In den Arbeitsräumen entstehen turbulente Strömungen, durch die das Mahlgut außer durch Prallwirkungen auch durch gegenseitige Teilchenstöße oder Reibbeanspruchungen zerkleinert wird.

Bei der im Bild 4.246 dargestellten *Luftstrommühle* wird in einem vertikalen zylindrischen Gehäuse ein Schlagrotor mit Umfangsgeschwindigkeiten von 100 bis 120 $\mathrm{m\,s^{-1}}$ angetrieben. Seine Zerkleinerungszone ist mehrstufig ausgeführt und besitzt in jeder Stufe bis zu 24 gleichmäßig über den Umfang verteilte Schlagplatten, die von Stufe zu Stufe versetzt sind. Ein oberhalb des Rotors angeordneter Fingersichter und ein Ventilatorrad tragen zur Klassierung des abgesaugten Mahlgutes und zur Ventilation bei [176, 179]. Andere Typen besitzen kegelige Rotoren, bei denen das Mahlgut von oben aufgegeben, gleichmäßig am Umfang des Arbeitsraumes verteilt, stufenweise zerkleinert und unten tangential abgesaugt wird. Die Trennung des Fertiggutes vom Trägermedium erfolgt in geeigneten Abscheideeinrichtungen, wobei ein Teil des Mediums im Kreislaufbetrieb erneut der Mühle zugeführt werden kann. Die Endfeinheit des Mahlgutes kann durch Änderung der Spaltweite zwischen Rotor und Stator (bei kegelförmigem Rotor durch Verschiebung desselben), der Rotordrehzahl und des Mahlgut- und Gasdurchsatzes eingestellt werden [177].

In Abwandlung bewährter Arbeitsprinzipien bei Querstrommühlen (Universalmühlen) wurde die

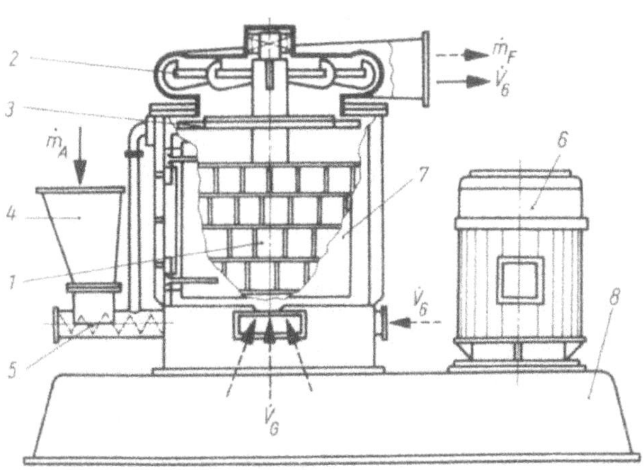


Bild 4.246. Luftstrom-Prallmühle (Ultra-Rotor) [176]

*1* Rotor mit Schlagelementen; *2* Ventilator; *3* Fingersichter; *4* Aufgabeguttrichter; *5* Dosierschnecke; *6* Antriebsmotor; *7* Mahlkammergehäuse; *8* Mühlenständer

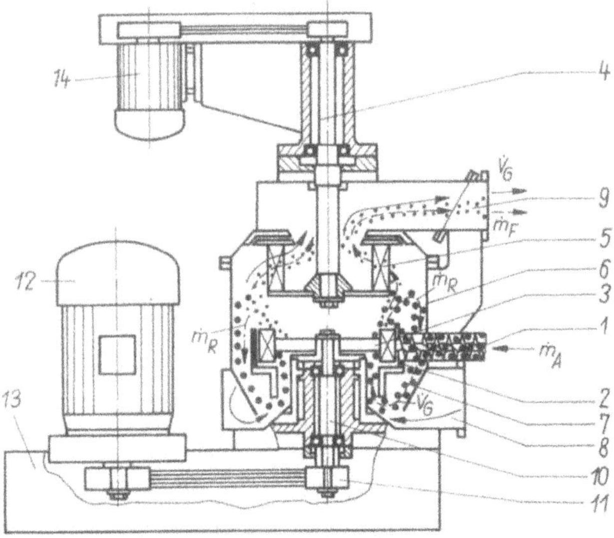


Bild 4.247. Querstrommühle mit Sichter (Zirkoplex-Sichtermühle System Alpine) [178]

*1* Aufgabegut-Dosierschnecke; *2* Prallflächen-Mahlbahn; *3* Rotor mit Schlagwerk; *4* Antriebswelle für Sichterrad; *5* Schaufelrad für Sichter; *6* Mahlkammer mit Gehäuse; *7* Grobgutkonus; *8* Trägergaskanal; *9* Mahlgut- und Trägergasaustritt; *10* Antriebswelle für Schlagrotor mit Lagerung; *11* Antriebsscheibe; *12* Hauptmotor; *13* Mühlenständer; *14* Sichtermotor

im Bild 4.247 dargestellte *Zirkoplex-Sichtermühle* entwickelt, die mit einem eingebauten, getrennt angetriebenen Sichter eine gute Trennschärfe und Korngrößenvariation ermöglicht [178].

Bei den *Luftstrommühlen* kann das *Beladungsverhältnis* je nach Mahlgut und Zerkleinerungsaufgabe $\mu = 0{,}1$ bis 0,8 kg Feststoff je kg Luft betragen. Dabei ist jedoch zu beachten, daß die erreichbaren Feinheiten stark vom Beladungsverhältnis $\mu$ bzw. vom Feststoff-Durchsatz $\dot{m}$ abhängen [176, 177]. Deshalb muß das günstigste Beladungsverhältnis $\mu$ und die beste Mühleneinstellung experimentell ermittelt werden. Die Durchsätze und der spezifische Arbeitsbedarf sind bei den einzelnen Konstruktionsvarianten unterschiedlich. Sie betragen je nach gewünschter Fertiggutfeinheit, Mahlgut- und Maschinengröße $\dot{m} = 20$ bis $5000\,\mathrm{kg\,h^{-1}}$ bzw. $W_{\mathrm{o}\dot{m}} = 30$ bis $500\,\mathrm{kWh\,t^{-1}}$.

**Schleuderprallmühlen:** In diesen Mühlen wird das Mahlgut analog den *Prallspaltern durch Schleuderrotoren* (vgl. Bild 4.178), die auf einer vertikalen Welle im Arbeitsraum angeordnet sind, auf hohe Geschwindigkeiten beschleunigt und gegen die peripher angeordneten Prallorgane geschleudert (Bild 4.248) [143]. Die Umfangsgeschwindigkeiten der Rotoren liegen zwischen 100 und $250\,\mathrm{m\,s^{-1}}$. Zur Erhöhung der Prallgeschwindigkeit und Verbesserung des Zerkleinerungserfolges können die peripher angeordneten Prallorgane auch gegenläufig angetrieben werden. Wenn mehrere Schleuderscheiben untereinander angeordnet werden, ist eine genügend große Abstufung notwendig. Da die Beanspruchung der Teilchen bei *Schleuderprallmühlen*

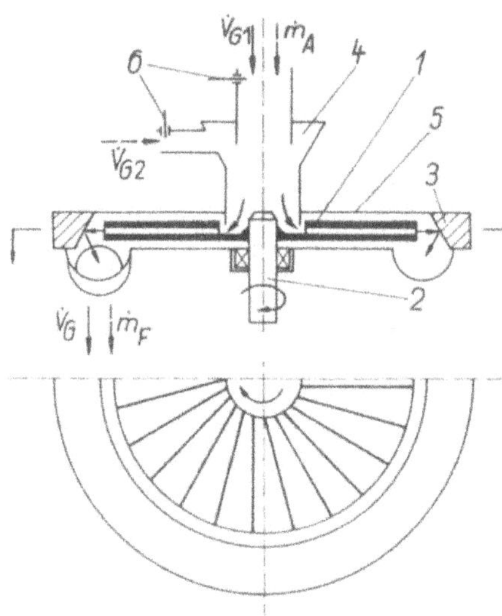


Bild 4.248. Schema einer Schleuderrad-Prallmühle mit pneumatischem Mahlguttransport

*1* Schleuderrotor mit zurückgestelltem Leitschaufelsystem; *2* Antriebswelle mit Lagerung; *3* Prallflächen-Mahlbahn; *4* Aufgabegutschleuse; *5* Mahlkammergehäuse; *6* Einstellschieber

fast ausschließlich durch Prall erfolgt, sind diese ähnlich wie die Prallspalter auch für die selektive Zerkleinerung geeignet. Schleuderprallmühlen werden zur Zerkleinerung spröder Materialien eingesetzt, wobei je nach Bauweise und Arbeitsgeschwindigkeiten Fertiggutfeinheiten bis 100% < 63 µm zu erreichen sind. Die gewünschten Fertiggutfeinheiten werden vorrangig durch Veränderung der Rotorumfangsgeschwindigkeiten eingestellt. Bei der Zerkleinerung auf große Feinheiten haben sich Kreisläufe mit getrennt angeordneten Sichtern bewährt. Der spezifische Arbeitsbedarf liegt bei der Feinzerkleinerung spröder Materialien bei $W_{\text{o}\dot{m}} = 10$ bis 50 kWh t$^{-1}$.

## 4.11. Strahlmühlen

Die Feinstzerkleinerung von Körnerkollektiven durch Prall erfordert mit kleiner werdender Teilchengröße ansteigende Beanspruchungsgeschwindigkeiten, wenn die gleiche Bruchwahrscheinlichkeit wie bei gröberen Teilchen erreicht werden soll [187, 188, 189]. Da der mechanischen Teilchenbeschleunigung durch Rotoren aufgrund zu großer Umfangsgeschwindigkeiten und durch den zunehmenden Luftreibungseinfluß auf die Bewegung der Teilchen Grenzen gesetzt sind, werden zur Feinstzerkleinerung und Desagglomeration anorganischer und organischer Stoffe aller Härtegrade, z. B. in der chemischen, pharmazeutischen, keramischen und Farbenindustrie, aber auch bei der Aufbereitung ausgewählter mineralischer Rohstoffe, in zunehmendem Maße Strahlmühlen eingesetzt [189 bis 194].

Während bei mechanischen Feinprallmühlen mit Rotoren nur maximale Umfangsgeschwindigkeiten von 150 bis etwa 200 m s$^{-1}$ und bei gegenläufigen Rotoren Relativgeschwindigkeiten von 300 bis etwa 400 m s$^{-1}$ erreicht werden können, sind bei *Strahlmühlen* Strömungsgeschwindigkeiten von 500 bis 1200 m s$^{-1}$ möglich [195]. Bei diesen wird das Aufgabegut mit $d_A < 0{,}1$ bis 10 mm auf die für die Zerkleinerung erforderlichen Beanspruchungsgeschwindigkeiten mit Druckluft oder überhitztem Dampf beschleunigt. Die Einführung des Treibmittels in den Arbeitsraum erfolgt durch *Strahldüsen*, die je nach Mühlenprinzip unter bestimmten Winkeln am Umfang eines zylindrischen Arbeitsraumes (Spiralstrahlmühle), am unteren Bogen eines senkrechtstehenden Ovalrohres (Ovalrohr-Strahlmühle) oder an gegenüberliegenden Seiten einer Mahlkammer direkt gegeneinander (Gegenstrahl- und Fließbett-Strahlmühle) angeordnet sein können [192, 197, 213, 214].

Das im Arbeitsraum der *Strahlmühle* infolge aufeinandertreffender Treibmittelstrahlen durch gegenseitige Teilchenstöße, Reibung und Prall gegen Festkörperflächen genügend zerkleinerte Gut (bis $d_F$ 10 µm) wird mit dem expandierten, abströmenden Treibmittel über Sichter aus der Mahlkammer ausgetragen und in Abscheideeinrichtungen von demselben getrennt. Dadurch wird eine Übermahlung vermieden und ein enges Kornband erreicht. Das Grobkorn wird der Beanspruchungszone je nach Mühlenprinzip im inneren oder äußeren Kreislauf erneut zugeführt. Folgende Prinzipien der Gutbeschleunigung sind üblich bzw. möglich [195, 196, 197]:

— Teilchenbeschleunigung im Gasfreistrahl

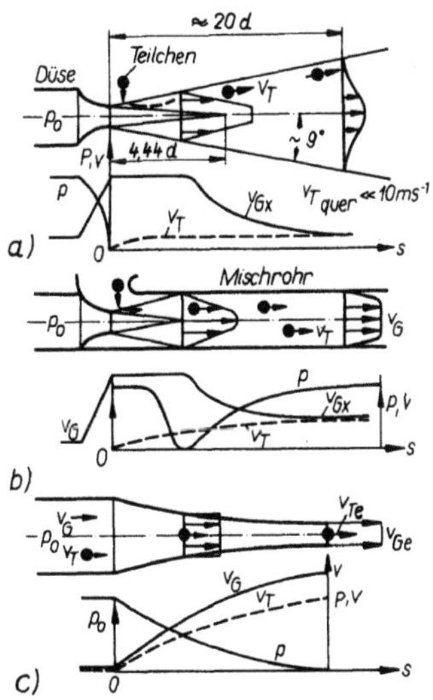


Bild 4.249. Prinzip der pneumatischen Partikelbeschleunigung im Freistrahl und in Strahldüsen sowie ihre Anwendung in Strahlmühlen [197]

*a*) Gasfreistrahl (Anwendung in Spiral-, Ovalrohr- und Fließbett-Strahlmühlen)

*b*) Mischrohr mit Gutinjektor (Anwendung in Gegenstrahl- und Fließbett-Strahlmühlen)

*c*) Gas-Feststoff-Düse (Anwendung als Lavalrohrdüse für Strahlmühlen)

— Gutbeschleunigung im Injektor
— Beschleunigung in Gas-Feststoff-Düsen

In Bild 4.249 sind Strömungs- und Druckverhältnisse beim Beschleunigen von Feststoffteilchen im Treibstrahl, Gutinjektor und der Zweiphasendüse schematisch dargestellt [119, 197, 218]. Da das Aufgabegut bei *Freistrahlen* und *Gutinjektoren* meist nur mit geringer Geschwindigkeit dem mit Schall- oder Überschallgeschwindigkeit aus Düsen austretenden Treibmittel zugegeben wird, muß bei der Dimensionierung der Düsen berücksichtigt werden, daß die Beschleunigung des radial zugeführten Feststoffes in der Randzone des Strahles wesentlich geringer ist als im Strahlenkern. Hinzu kommt, daß die axiale Strömungsgeschwindigkeit bei Freistrahlen mit wachsender Strahlenlänge durch turbulente Strahlenvermischung und Impulsaustausch mit der Umgebung schnell abgebaut wird und somit für die Gutbeschleunigung verlorengeht. Dort, wo die Feststoffteilchen infolge geringer Aufgabegeschwindigkeit und ungünstiger Ausbildung des *Freistrahles* nur in die Randzone gelangen, kann die kinetische Energie der Gasströmung nur zu einem geringen Teil für die Teilchenbeschleunigung und somit für die Zerkleinerung ausgenutzt werden. Das trifft bedingt auch auf den Beschleunigungsvorgang bei Gutinjektoren zu, bei denen das Mahlgut im Mischrohr mit hoher Geschwindigkeit durch expandierendes Gas beschleunigt wird [197]. Da aber die Feststoffteilchen im Mischrohr durch die turbulente Vermischung schneller in die Strahlachse gelangen und eine größere Beschleunigung als im Freistrahl erfahren, können trotz zusätzlicher Strömungsverluste durch Wandreibung von Trägergas und Feststoff in der Regel höhere Teilchengeschwindigkeiten erreicht werden als im Freistrahl. Werden nach Bild 4.249 Feststoffteilchen mit dem Trägermedium aus einem Druckbehälter heraus in *Gas-Feststoff-Düsen* beschleunigt, wobei der Düsenvordruck $p_0$ bis auf den Umgebungsdruck abfällt, so wird eine energetisch günstigere Beschleunigung und Zerkleinerung erreicht. Bei derartigen Lösungen mit Laval-Düsen können deshalb größere Feststoffgeschwindigkeiten und Fertiggut-Durchsätze als in Freistrahlen und Gutinjektoren erreicht werden [198, 199, 200]. Voraussetzung ist jedoch, daß die Dosierung des Mahlgutes über einen Druckbehälter mit druckfesten Dosierschnecken durchgeführt wird [198].

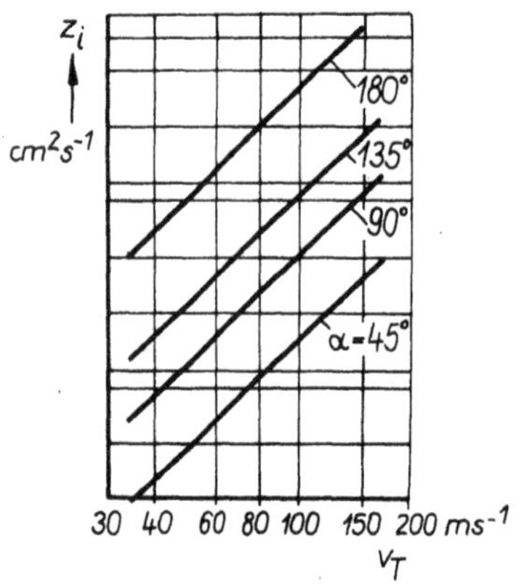


Bild 4.250. Zerkleinerungsintensität als Funktion der Gutgeschwindigkeit und des Stoßwinkels [201]

Strahlmühlen haben den Vorteil, daß im Arbeitsraum keine bewegten Maschinenteile vorhanden sind, eine große Fertiggutfeinheit bei hoher Reinheit erreicht wird und bei günstiger Strahlführung nur ein geringer Verschleiß auftritt. Damit beim Zusammentreffen von feststoffbeladenen Strahlen mit hoher Wahrscheinlichkeit gegenseitig Teilchenstöße und eine große Zerkleinerungsintensität auftreten, müssen in Abhängigkeit von der Teilchengröße stets eine bestimmte Feststoffkonzentration und ein günstiger Stoßwinkel der Gas-Feststoff-Strahlen vorhanden sein. Aus Bild 4.250 geht hervor, daß die Zerkleinerungsintensität (Vergrößerung der spezifischen Oberfläche je Zeiteinheit) sehr stark von der Geschwindigkeit und dem Stoßwinkel abhängig ist [201]. Deshalb haben Spiral- und Ovalrohr-Strahlmühlen, bei denen der Stoßwinkel der Gasstrahlen $<90°$ beträgt, eine schlechtere Zerkleinerungsintensität als Gegenstrahlmühlen [201, 202]. Außerdem ist der Strömungswiderstand in den Arbeitsräumen dieser Mühlen von der Gutbeladung abhängig, der bei sehr großen Beladungen progressiv anwächst. Das Beladungsverhältnis $\mu$ sollte deshalb bei Spiralstrahlmühlen $\mu = 0{,}05$ bis 0,1, bei Ovalrohr-Strahlmühlen $\mu = 0{,}1$ bis 0,2 und bei Gegenstrahlmühlen $\mu = 0{,}1$ bis 0,3 kg Feststoff je kg Trägermedium (Luft) nicht überschreiten [196].

Strahlmühlen haben den Nachteil, daß sie einen hohen spezifischen Arbeitsbedarf erfordern, der durch den großen Treibmittelverbrauch und dessen Kompression hervorgerufen wird. Er liegt je nach Auf-

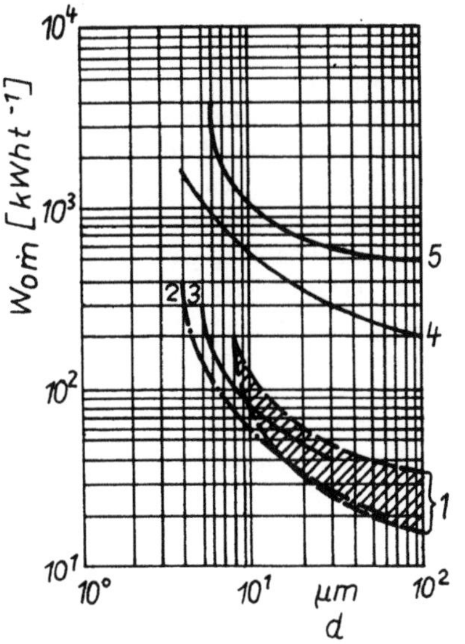


Bild 4.251. Orientierungswerte für den spezifischen Arbeitsbedarf in Abhängigkeit von der Fertiggut-Korngröße für verschiedene Mühlenarten [195]

*1* Sturzmühle (Kugelmühle); *2* Stiftmühle; *3* Querstrommühle mit Sichter (Zirkoplex-Sichtermühle System Alpine); *4* Fließbett-Strahlmühle; *5* Spiralstrahlmühle

gabe- und Endkorngröße zwischen $W_{o\dot{m}}$ = 100 und 2000 kWh $t^{-1}$. Das Verhältnis wird etwas günstiger, wenn an Stelle von Gasen überhitzter Dampf verwendet werden kann, da damit wesentliche Umwandlungsverluste (Dampf — Elektroenergie — Energiewandlung bei der Verdichtung des Trägermediums) entfallen [194, 212]. Der spezifische Arbeitsbedarf wird besonders von Druck und Temperatur des Treibmittels, von der Düsenform und -anordnung sowie von der Aufgabe- und Fertiggutfeinheit beeinflußt. In Bild 4.251 sind Orientierungswerte für verschiedene Strahlmühlenarten im Vergleich zu mechanischen Feinprall- und Sturz-(Kugel-)Mühlen aufgetragen [195]. Der Trägergas- oder Dampfverbrauch beträgt bei den üblichen Drücken von 0,5 bis 1,5 MPa das 4- bis 20fache des Fertiggut-Durchsatzes ($\mu$ = 0,05 bis 0,25 kg Feststoff je kg Luft). Aufgrund des für die Strahlzerkleinerung erforderlichen hohen spezifischen Arbeitsbedarfes werden Strahlmühlen gegenwärtig meist nur für die Feinstzerkleinerung ($d_F$ < 100 µm) mit Durchsätzen von $\dot{m}$ = 1 kg $h^{-1}$ bis 12 t $h^{-1}$ eingesetzt.

## 4.11.1. Berechnungsgrundlagen

Bei der Festlegung der Beschleunigungsstrecke und des Prallortes wird angenommen, daß zur Beschleunigung der Feststoffteilchen von der Anfangsgeschwindigkeit $v_T = 0$ bis zur Beanspruchungsgeschwindigkeit $v_T = v_{PP}$ eine bestimmte Wegstrecke $s$ erforderlich ist, die bei der Gestaltung der Düsen bzw. bei der Wahl des Düsenvordruckes $p$ und der Strahlgeschwindigkeiten $v_G$ beachtet werden muß. Die Beschleunigungsstrecke $s$ kann bei bekannter oder vorausgesetzter Trägergasgeschwindigkeit $v_G$ und Beanspruchungsgeschwindigkeit $v_{PP}$ unter der vereinfachenden Annahme, daß $v_G$, $\varrho_G$ und der Widerstandsbeiwert $c_W$ längs der Beschleunigungsstrecke $x$ konstant sind und die Schwerkraft der Teilchen vernachlässigbar ist, aus der Gleichgewichtsbedingung (4.368) berechnet werden. Dabei wird weiter angenommen, daß die Feststoffteilchen nach Bild 4.252 längs einer gekrümmten Bahn beschleunigt werden und sich durch gegenseitige Stöße nicht behindern [119]. Außerdem können bei den Berechnungen die Schwer- und Auftriebskraft des betrachteten Teilchens vernachlässigt werden, da diese infolge der bei Strahlmühlen zum Einsatz kommenden Aufgabegut-Korngröße $d_A$ < 1 mm bei hohen Trägergasgeschwindigkeiten ($v_G$ > 100 m $s^{-1}$) gegenüber der Widerstandskraft $F_W$ sehr klein sind.

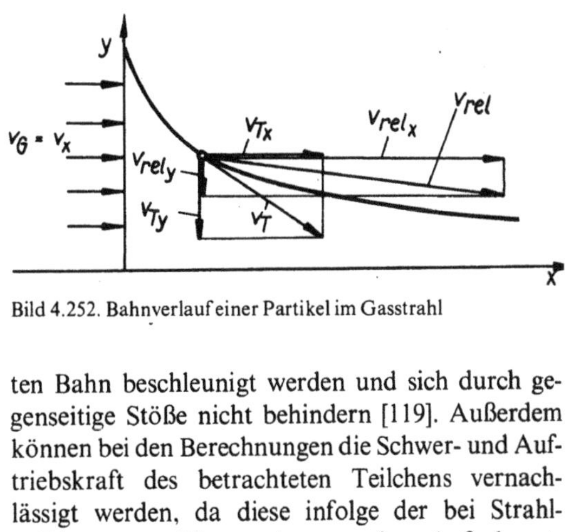


Bild 4.252. Bahnverlauf einer Partikel im Gasstrahl

$$m\,dv/dt = c_W(\mathrm{Re})\,A(v_G - v_P)^2\,\varrho_G/2 = F_W \qquad (4.368)$$

($Re = v_{rel}d/\nu$ Reynoldszahl; $v_{rel} = v_G - v_P$ relative Teilchengeschwindigkeit; $v_P = v_T$ Teilchengeschwindigkeit)

Durch Umformung und Integration von (4.368) ergibt sich:

$$dt = K_1\,dv_P/c_W v_{rel}^2 \qquad (4.369)$$

$$K_1/c_W = 4d\varrho_P/3c_W\varrho_G$$
$$= \text{konst. (für turbulente Teilchenumströmung)}$$

$$t = (K_1/c_W)\int_0^{v_{PP}} dv_P/(v_G - v_P)^2$$
$$= (K_1/c_W)\,[1/(v_G - v_{PP}) - 1/v_G] \qquad (4.370)$$

Der vom Teilchen in der Zeit $t$ zurückgelegte Weg bzw. die Beschleunigungsstrecke $s$ ergeben sich zu:

$$s = x_P = v_G t - x_{Fel} = x_G - x_{rel} \qquad (4.371)$$

Wenn im vorliegenden Fall die Strahlgeschwindigkeit dem Betrag und der Richtung nach konstant angenommen wird, dann kann die Änderung der Teilchengeschwindigkeit wie folgt ausgedrückt werden:

$$dv_P/dt = -dv_{rel}/dt = (dv_{rel}/dx_{rel})\,(dx_{rel}/dt)$$
$$= v_{rel}\,dv_{rel}/dx_{rel} \qquad (4.372)$$

Mit $dt = dx_{rel}/v_{rel}$ und (4.369) ergibt sich durch Integration in den gleichen Grenzen wie bei (4.370) die erforderliche Beschleunigungsstrecke $s$:

$$dx_{rel} = -(K_1/c_W)\,[d(v_G - v_P)/(v_G - v_P)] \qquad (4.373)$$
$$s = (K_1/c_W)\,\{[v_G/(v_G - v_{PP}) - 1]\ln[v_G/(v_G - v_{PP})]\} \qquad (4.374)$$

Da der nach (4.374) berechnete Weg $s$ nur für die turbulente Teilchenströmung mit $c_W$ = konst. $\approx 0{,}45$ gilt, andererseits aber bei den in Strahlmühlen üblichen Teilchengrößen sowohl der laminare als auch der Übergangsbereich auftreten kann, sind auch für diese Bereiche die Beschleunigungsstrecken nach ähnlicher Methode zu berechnen. Mit $s$ ist die Mindeststrahl- oder Düsenlänge $x_{min}$ vorgeschrieben, so daß damit die Dimensionierung der Mahlkammer erfolgen kann. Dabei ist jedoch zu beachten, daß die Gasgeschwindigkeit beim Freistrahl mit der Strahlenlänge abnimmt und als wirksame Beschleunigungsstrecke höchstens die Strahlenlänge $x = 20d$ in Betracht kommt (vgl. Bild 4.249) [119, 202].

$$x_{max} = (10 \ldots 20)\,d \qquad (4.375)$$

($d$ Düsendurchmesser)

Bei der Verwendung heißer Gase, die verschiedentlich zur Trocknung notwendig sind, können die Beschleunigungsstrecken kleiner gewählt werden, da Viskositäten mit wachsender Temperatur ansteigen und günstigere Beschleunigungsbedingungen zur Folge haben. Außer Luft und überhitztem Wasserdampf werden als Trägermedien auch Wasserstoff, Stickstoff, Kohlendioxid und andere Gase eingesetzt, die gleichzeitig als Schutzgas oder Kühlmittel dienen können. Flüssigkeiten sind bisher nur versuchsweise zur Strahlmahlung genutzt worden.

Zur Auswahl der erforderlichen Verdichter bzw. Dampferzeuger ist der Volumenstrom des Treibmittels bzw. Trägergases je Strahldüse notwendig. Seine Berechnung ist mittels bekannter Beziehungen für die Ausflußgeschwindigkeit und Grundgleichung der Gasdynamik bei festgelegter Düsenzahl $z$ und gegebenem Beladungsverhältnis $\mu$ (vgl. (4.337)) möglich.

$$\dot V_D = \dot m_F/\varrho_G \mu z \qquad (4.376)$$
$$\dot V_D = v_G A_D$$
$$= A_D\sqrt{2\varkappa/(\varkappa - 1)\,(p_{1,2}/\varrho_G)\,[1 - (p_D/p_{1,2})^{(\varkappa-1)/\varkappa}]} \qquad (4.377)$$

Durch Umrechnung auf den Normzustand ergibt sich [207]:

$$\dot V_{DN} = (\pi d_D^2 p_{1,2}/4\varrho_{GN})\sqrt{2/R\,T_{1,2}}\,\psi \qquad (4.378)$$

($d_D$ kleinster Strahldüsen-Durchmesser in m; $p_{1,2}$ Düsendruck vor der Düse 1 oder 2 in N m$^{-2}$; R allgemeine Gaskonstante (R = 287 Nm kg$^{-1}$ K$^{-1}$ für Luft); $T_{1,2}$ absolute Temperatur des Mediums in der Düse 1 oder 2 in K; $\varrho_{GN}$ Dichte des Mediums im Normzustand ($\varrho_{GN}$ = 1,293 kg m$^{-3}$); $\psi$ Durchflußfunktion)

$$\psi = (p_D/p_{1,2})^{1/\varkappa}\sqrt{\varkappa/(\varkappa - 1)\,[1 - (p_D/p_{1,2})^{(\varkappa-1)/\varkappa}]} \qquad (4.379)$$

($p_D$ Druck im engsten Querschnitt der Düse; $\varkappa$ = 1,4 für Luft)

Liegt der Druck nach der Düse unter dem kritischen oder Laval-Druck

$$p_{D\,min} = p_{1,2}(p_D/p_{1,2})_{krit} \qquad (4.380)$$

so wird $\psi$ zu $\psi_{max}$. Das Maximum der Durchflußfunktion ergibt sich durch Ableitung von $\psi$ nach $p_D/p_{1,2}$. Für Luft ($\varkappa$ = 1,4) beträgt $\psi_{max}$ = 0,484. Soll der Volumenstrom des Treibmittels unter Berücksichtigung des jeweiligen Differenzdruckes $\Delta p$ in der Düse ermittelt werden, so kann geschrieben werden:

$$\dot V = \alpha A_2\sqrt{2\,\Delta p/\varrho_G} \qquad (4.381)$$

($\dot V_D$ Volumenstrom durch eine Strahldüse in m$^3$ s$^{-1}$; $A_2$ kleinster Querschnitt der Düse; $\varrho_G$ Dichte des Trägermediums; $\alpha$ Durchflußzahl)

$$\varkappa = [1 - \mu'^2(A_2/A_1)^2]^{-1/2} \qquad (4.382)$$

($\mu'$ Kontraktionsfaktor; $A_2/A_1$ Öffnungsverhältnis der Düse)

Wird bei Bestimmung des spezifischen Arbeitsbedarfes von der Expansionsarbeit des komprimierten Treibgases oder Dampfes nach (4.383) ausgegangen, so bleiben die Energieverluste bzw. der Wirkungsgrad der Verdichteranlage und die Rohrleitungsverluste unberücksichtigt [207, 208, 212, 213, 219].

$$W_o = \Delta H_e \dot{V}_G \varrho_G z / \dot{m}_F$$
$$= \Delta H_e / \mu \quad \text{in kWs kg}^{-1} \text{ Fertiggut} \qquad (4.383)$$

$$\Delta H_e = c_p T_{1,2}[1 - (p_e/p_{1,2})^{(\varkappa-1)/\varkappa}]$$
$$\text{in kWs kg}^{-1} \text{ Treibgas} \qquad (4.384)$$

($\Delta H_e$ adiabate Enthalpiedifferenz des Gases entsprechend dem Druckabfall von $p_{1,2}$ auf $p_e$; $p_e$ Enddruck, auf den das Treibgas entspannt wird, in bar; $c_p$ spezifische Wärmekapazität des Gases bei konstantem Druck in J kg$^{-1}$ K$^{-1}$; $\dot{m}_F = f(\dot{V}_G, \mu)$ Mahlgut-Durchsatz in kg s$^{-1}$)

Bei Anwendung von Druckluft mit $p_{1,2} = 0{,}7$ MPa beträgt die spezifische Expansionsarbeit etwa 160 bis 190 kJ kg$^{-1}$ Luft, bei Heißdampf mit einer Temperatur von 550 °C dagegen etwa 880 kJ kg$^{-1}$. Bei den üblichen Beladungsverhältnissen einer Spiralstrahlmühle von $\mu = 0{,}1$ kg Feststoff je kg Luft bzw. $\mu = 1{,}0$ kg Feststoff je kg Dampf erhält man für $W_{o\dot{m}} \approx 445$ bis 525 kWh t$^{-1}$ bei Luft und $W_{o\dot{m}} = 245$ kWh t$^{-1}$ bei Dampf [194, 212, 213, 219, 223].

### 4.11.2. Bauarten und Hinweise zur Konstruktion

**Spiralstrahlmühlen (Micronicer):** Diese Mühlen bestehen nach Bild 4.253 aus einer flachen zylindrischen Mahlkammer, an deren Umfang 6 bis 20 im Winkel von 30° bis 75° zur Tangente geneigte Düsen angeordnet sind. Das Mahlgut wird der Kammer mit einem Aufgabeinjektor zugeführt und von einer spiralförmigen Grundströmung auf Geschwindigkeit von 100 bis 150 m s$^{-1}$ bei Luft und 200 bis 250 m s$^{-1}$ bei Dampf beschleunigt. Dabei treffen die in den Randzonen der Strahlen befindlichen Mahlgutteilchen mit hohen Relativgeschwindigkeiten im spitzen Winkel aufeinander, wodurch die Zerkleinerung durch Prall und Reibung

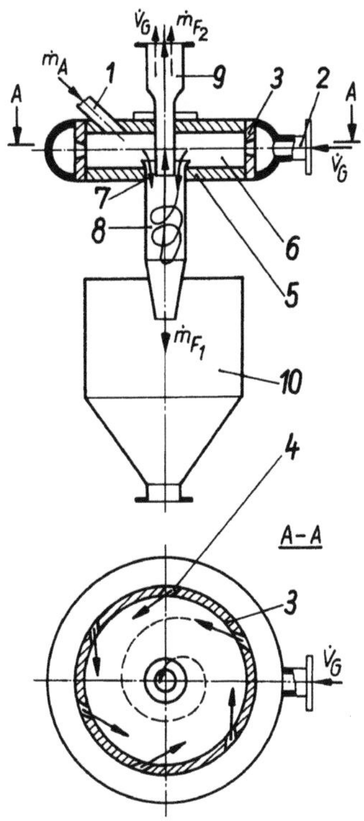


Bild 4.253. Schema einer Spiralstrahlmühle

*1* Aufgabegut-Dosiereinrichtung (Injektor); *2* Treibmittelzuleitung; *3* Düsenring; *4* Düsen; *5* Mahlkammergehäuse; *6* Mahlkammer (Zerkleinerungs- und Klassierzone); *7* Treibgas- und Mahlgutaustritt aus der Mahlkammer; *8* Zyklon; *9* Trägergas- und Feinstgutaustritt mit Anschlußleitung zum Filter; *10* Fertiggutbehälter

erfolgt. Aus Bild 4.254 geht hervor, daß in den einzelnen Schnittebenen unterschiedliche Strömungsverläufe auftreten, die auf die Saugwirkung der mit Überschallgeschwindigkeit in den Arbeitsraum eintretenden Treibstrahlen und auf die Reibung, insbesondere in den Randzonen, zurückzuführen sind [176, 195, 198, 203].

Während das genügend zerkleinerte Gut aus der sich der Zerkleinerungszone anschließenden Sichtzone mit dem Trägergas ausgetragen wird, werden zu grobe Teilchen zurückgehalten und durch Zentrifugalkräfte wieder in den Zerkleinerungsbereich geschleudert. Sie zirkulieren so lange zwischen Sicht- und Zerkleinerungszone, bis die gewünschte Endfeinheit erreicht ist. Dadurch ergeben sich eine große Teilchenkonzentration und Verweilzeit des Gutes in der Sichtzone. Zu beachten ist, daß bei zu großer Teilchenkonzentration die Umlaufströmung abgebremst wird und die Zerkleinerungs-

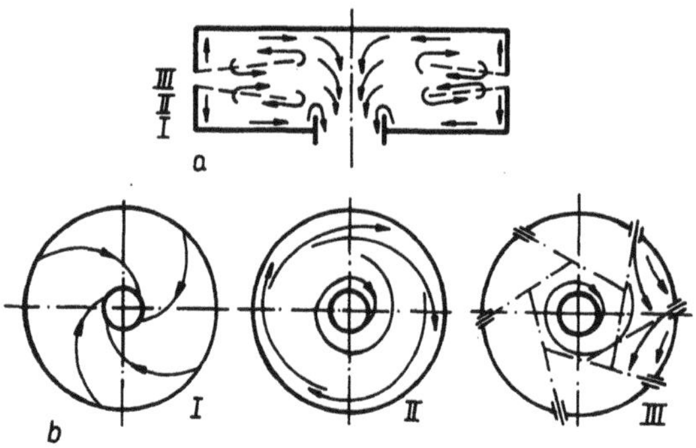

Bild 4.254. Strömungsverläufe in verschiedenen Schnittebenen des Arbeitsraumes einer Spiralstrahlmühle [203]
*a*) Hauptströmungsrichtungen im Querschnitt einer Mahlkammer
*b*) Strömungsverläufe in den Schnittebenen I bis III nach a

intensität abfällt. Deshalb sollte das Beladungsverhältnis $\mu = 0{,}1$ kg Feststoff je kg Trägergas bei Spiralstrahlmühlen nicht überschritten werden [176; 196]. Während die Verweilzeit des Mahlgutes im Arbeitsraum durchschnittlich 10 bis 20 s beträgt, verläßt das Trägermedium bereits nach 0,1 bis 0,2 s den Arbeitsraum [198]. Die Feinheit des Fertiggutes oder die Trenngrenze kann durch den Trägergasdruck und bei verschiedenen Ausführungen zusätzlich durch spezielle Austragvorrichtungen reguliert werden. In Abhängigkeit von der Trennkorngröße der Sichtzone können in Spiralstrahlmühlen Fertiggutfeinheiten $d_F = 1$ bis 5 µm erreicht werden. Je nach Konstruktionsprinzip der Mühle erfolgt die Abtrennung des Fertiggutes vom Trägergas entweder in einem Zyklon und Filter (Bild 4.253) oder in einer der Mühle nachgeschalteten Abscheideeinrichtung. Der spezifische Bedarf an Trägermedium, das mit einem Düsenvordruck $p_1 = 0{,}5$ bis 1,5 MPa bei Luft und $p_1 = 1{,}0$ bis 2,5 MPa bei Heißdampf eingeblasen wird, liegt je nach Materialhärte, Aufgabe- und Fertiggutkorngröße, Geschwindigkeit und Druck bei 3 bis 25 kg Trägermedium je kg Feststoff.

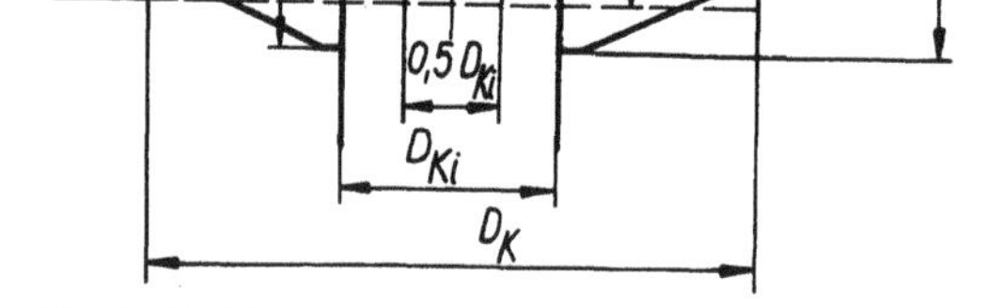


Bild 4.255. Schema zur Bestimmung der geometrischen Abmessungen einer Spiralstrahlmühle [194]

Die überschlägliche Dimensionierung des Arbeitsraumes kann nach Erfahrungswerten erfolgen, wobei die erforderliche Beschleunigungsstrecke $s$ und der Düsendurchmesser $d$ nach (4.374) und (4.375) zu ermitteln sind (Bild 4.255) [119, 194].

— *Kammerdurchmesser* $D_K$:

$$D_K \approx (1{,}25 \ldots 3{,}44)\sqrt{p_1 z} \quad \text{oder}$$

$$D_K \approx (2{,}0 \ldots 2{,}5)\sqrt{\dot{m}_F} \quad \text{in cm} \tag{4.385}$$

($p_1$ Druck vor den Düsen in N cm$^{-2}$; $z$ Anzahl der Düsen; $\dot{m}_F$ Fertiggut-Durchsatz in kg h$^{-1}$)

— *Kammerhöhe* $H$:

$H_K \approx 0{,}05 D_K$ bei zylindrischer Kammer und überhitztem Dampf und $H_K \approx 0{,}09 D_K$ bei Druckluft; $H_{KR} \approx 0{,}025 D_K$ bei kegeliger Kammer und überhitztem Dampf und $H_{KR} \approx 0{,}04 D_K$ bei Druckluft; $H_{KS} \approx 0{,}08 D_K$ Höhe der Sichtzone bei überhitztem Dampf und $H_{KS} \approx 0{,}1 D_K$ bei Druckluft.

— *Innendurchmesser des Zentralrohres* $D_{Ki}$:

$D_{Ki} \approx (0{,}3 \ldots 0{,}4)\, D_K$

*Tabelle 4.15. Fertiggut-Durchsatz und Treibgasbedarf bei Spiralstrahlmühlen* [195]

| Kammerdurchmesser $D_K$ in mm | Treibgas-Durchsatz $\dot{V}_N$ in m$^3$ h$^{-1}$ i.N. | Fertiggut-Durchsatz $\dot{m}_F$ in kg h$^{-1}$ | Feinheit $d_{97}$ in µm |
|---|---|---|---|
| 200 | 195 | 10 | 5,5 |
| 315 | 480 | 35 | 6,5 |
| 505 | 1200 | 114 | 9 |
| 710 | 2400 | 280 | 12 |
| 1000 | 4800 | 460 | 12 |

— *Schwellenhöhe am Zentralrohr* $H_s$:
$H_s = 0{,}048 D_K$
— *Neigungswinkel der Düsen zur Tangente* $\alpha$:
$\alpha = 30$ bis $40°$

Spiralstrahlmühlen werden bis zu Mahlkammer-Durchmessern von $D_K = 1000$ mm gebaut, bei denen je nach Mahlkammergröße, Härte des Mahlgutes, Aufgabe und Fertiggut-Korngröße Durchsätze bis $\dot{m} = 5000$ kg h$^{-1}$ erreichbar sind. In Tabelle 4.15 ist eine Typenreihe von Spiralstrahlmühlen aufgeführt, aus der die Luft- und Fertiggut-Durchsätze sowie die kleinsten erreichbaren Korngrößen $d_{97}$ bei Kalksteinmahlung hervorgehen.

**Ovalrohr-Strahlmühlen (Jet-O'Mizer):** Nach Bild 4.256 bestehen sie aus zwei vertikalen Führungsrohren, die unten durch eine mit mehreren Düsen beaufschlagte Mahlkammer und oben durch eine bogenförmige Umlenk- und Klassierzone so miteinander verbunden sind, daß sie etwa ein O-förmiges Rohr bilden. Die am unteren Umlenkbogen angeordneten Düsen, aus denen Gas- oder Dampfstrahlen mit hoher Geschwindigkeit unter einem Druck von 0,5 bis 2,5 MPa austreten, bewirken wie bei den Spiralstrahlmühlen eine starke Umlaufströmung mit Geschwindigkeiten bis 250 m s$^{-1}$,

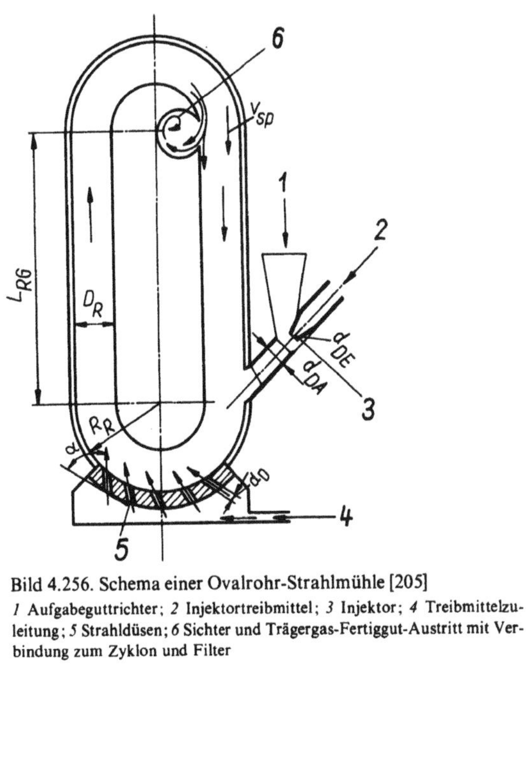


Bild 4.256. Schema einer Ovalrohr-Strahlmühle [205]
*1* Aufgabeguttrichter; *2* Injektortreibmittel; *3* Injektor; *4* Treibmittelzuleitung; *5* Strahldüsen; *6* Sichter und Trägergas-Fertiggut-Austritt mit Verbindung zum Zyklon und Filter

der das Mahlgut über einen Injektor zugeführt wird. Die Zerkleinerung geschieht durch gegenseitige Teilchenstöße sowie durch Reibung an den Führungsrohren, die durch die turbulente Umlaufströmung begünstigt wird. Die Klassierung des Mahlgutes erfolgt bei dessen Umlauf mit dem Trägergas durch starke Umlenkung in der Sichtzone, wonach das Feingut aus dem Arbeitsraum ausgetragen und ähnlich wie bei den Spiralstrahlmühlen in einem Zyklon und Filter abgeschieden wird. Das Grobgut verbleibt in Form eines inneren Mahlgutumlaufes so lange im Arbeitsraum, bis die gewünschte Feinheit erreicht ist. Die Sichtwirkung und Trennschärfe sind von der Zentrifugalbeschleunigung im Bereich der Sichtzone abhängig und verschlechtern sich mit geringer werdender Strömungsgeschwindigkeit [196, 204]. Die erreichbaren Fertiggutfeinheiten schwanken je nach Eigenschaften des Mahlgutes und Beanspruchungsgeschwindigkeiten (Düsenvordruck und Strömungsgeschwindigkeit) zwischen $d_F = 1$ bis 5 µm. Da umlaufendes Mahlgut vor allem bei Umlenkung in den Rohrbögen auch durch Reibung beansprucht wird, müssen die Mahlkammern wegen des auftretenden Verschleißes mit auswechselbarem Futter aus Nickel-Hartguß, Wolframkarbid, Keramik oder Sonderstahl ausgekleidet werden.

Zur Vergrößerung des Durchsatzes wurden *Doppelstrahl-Jet-O'Mizer* entwickelt, bei denen in einem gemeinsamen Aufstromrohr eine zusätzliche Zerkleinerung der in den aufeinander treffenden Trägergasströmen enthaltenen Feststoffanteile erfolgt. Ovalrohr-Strahlmühlen haben sich auch bei der Mahltrocknung bei Feuchtigkeiten bis 15% gut bewährt. Zur Erhöhung der Verweilzeit wurden dabei die vertikalen Rohre bis zu 5 m verlängert [205, 206]. Um die Reibungsverluste, die vor allem vom Beladungsverhältnis abhängen, klein zu halten, ist $\mu < 0{,}2$ kg Feststoff je kg Trägermedium zu wählen [196]. Ovalrohr-Strahlmühlen werden bis zu Durchsätzen von etwa 5500 kg h$^{-1}$ gebaut. Die überschlägliche Dimensionierung der Düsen kann mit (4.374) und (4.375) ähnlich wie bei den Spiralstrahlmühlen erfolgen. Außerdem können folgende Erfahrungswerte zugrunde gelegt werden (Bild 4.256) [194]:

— *Rohrdurchmesser*: $D_R \approx 4{,}42 \sqrt{\dot{m}_F}$ in mm, wenn der Durchsatz $\dot{m}_F$ in kg h$^{-1}$ eingesetzt wird.

— *gestreckte Länge des Arbeitsraumes*:
$L_R \approx 27{,}8 D_R$
— *Länge des geraden Rohrabschnittes*:
$L_{RG} \approx 7{,}5 D$
— *gestreckte Länge der Rohrbögen*: $L_{RR} \approx 6{,}4 D_R$
— *Radius des Rohrbogens*: $R_R \approx 2{,}0 D_R$
— *Düsendurchmesser*: $d_D \approx 0{,}0394 D_R$
— *Düsendurchmesser des Aufgabeinjektors*:
$d_{DE} \approx 0{,}033 D_R$
— *Neigungswinkel der Düsen zur Tangente*:
$\alpha \approx 40°$ bis $50°$

**Gegenstrahlmühlen:** Sie bestehen aus einer Mahlkammer, in der zwei gegeneinander gerichtete Strahlrohre mit Gutaufgabeinjektoren angeordnet sind (Bild 4.257). Infolge Stoßwirkung frontal aufeinandertreffender, feststoffbeladener Treibgasstrahlen können große Stoßwahrscheinlichkeiten und damit gute Zerkleinerungsbedingungen durch gegenseitigen Teilchenstoß und Reibung erreicht werden [202, 207]. Bei einem Stoßwinkel von 180° ist die Zerkleinerungsintensität etwa 20mal größer als bei 45° bzw. 7- bis 8mal so groß wie bei 90° [202].

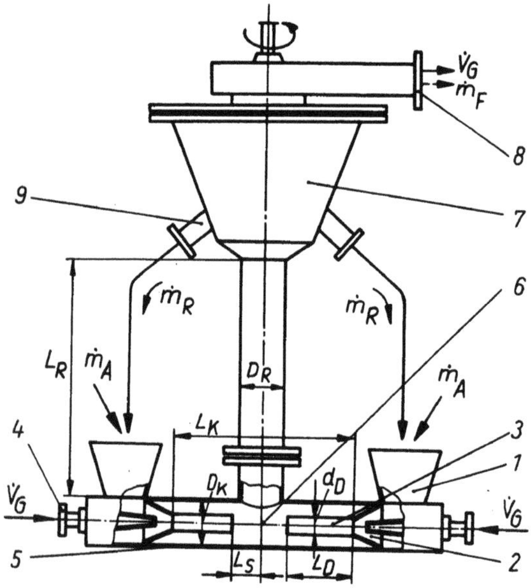


Bild 4.257. Schema einer Gegenstrahlmühle

*1* Aufgabeguttrichter; *2* Injektor; *3* Strahldüse; *4* Treibmittelzuleitung; *5* Mahlkammer; *6* Zerkleinerungszone; *7* Sichter; *8* Trägergas- und Fertiggut-Austritt mit Verbindung zum Zyklon und Filter; *9* Grobgut-(Grieß-) Rücklauf

Da der Stoßwinkel bei Spiral- und Ovalrohr-Strahlmühlen unterhalb von 90° außerhalb günstiger Stoßbedingungen liegt, wurden in den letzten Jahren bevorzugt Gegenstrahlmühlen eingesetzt [189, 207]. Bei ihnen ist ein günstiges Zerkleinerungsergebnis zu erwarten, wenn die zentral aufeinander gerichteten Gas-Feststoff-Strahlen eine möglichst kleine Strahlenlänge (Abstand zwischen Mischrohrende und Stoßmittenebene) und Geschwindigkeit (Gutgeschwindigkeit 200 bis 400 m $s^{-1}$) besitzen [207]. Die größten Prallgeschwindigkeiten bis zu 400 m $s^{-1}$ lassen sich bei gleichzeitiger Steigerung der Gutbeladung nur mit Laval-Strahlrohren erreichen [197, 198]. Das Aufgabegut kann entweder mit dem Sichtergrobgut über beide Gutinjektoren gleichmäßig von beiden Seiten oder über einen Gutinjektor bei gleichzeitiger Aufgabe des Sichtergrobgutes über den gegenüberliegenden Gutinjektor der Mahlkammer zugeführt werden. Zur Entlastung der Mahlkammer von Feinanteilen kann das Aufgabegut auch über den Sichter zugeführt werden. Gegenstrahlmühlen eignen sich für die Zerkleinerung aller harten und mittelharten Materialien, wie Karbide, Keramik, Glas, Zementklinker, Diamantkörner, Quarz, Feldspat, Kohle, Salze, Farbpigmente, Kunststoffe, Zucker, Stärke usw. Sie werden in mehreren Größen bis zu Durchsätzen von 12 t $h^{-1}$ für die Feinstzerkleinerung ($d_F < 100$ µm) angeboten, wobei bei größeren Mühlen Heißdampf zur Anwendung kommt [179]. In der UdSSR werden derartige Mühlen auch bereits zur Zerkleinerung von Kohle, Zement und Erz bis zu Durchsätzen von 50 t $h^{-1}$ eingesetzt [194, 212]. Das Beladungsverhältnis kann bis zu $\mu = 0{,}3$ kg Feststoff je kg Gas betragen, bei Einsatz von Heißdampf als Treibmittel sogar $\mu = 1{,}0$ bis $2{,}0$ kg Feststoff je kg Dampf [196, 213, 223]. Da das Aufgabegut in den Strahlrohren auf hohe Geschwindigkeiten beschleunigt werden muß, ist eine verschleißfeste Auskleidung notwendig. Bei der Auslegung des Arbeitsraumes sind folgende geometrische Beziehungen verwendbar (Bild 4.257) [194]:

— *freie Strahllänge* $l_s$:
$l_s = 2{,}35 d_D$ (Abstand zwischen Strahlrohrende und Stoßmittenebene; $d_D$ Strahlrohr-Durchmesser in mm)

— *Strahlrohrlänge* $L_D$:
$L_D = (5$ bis $7)\, d_D$

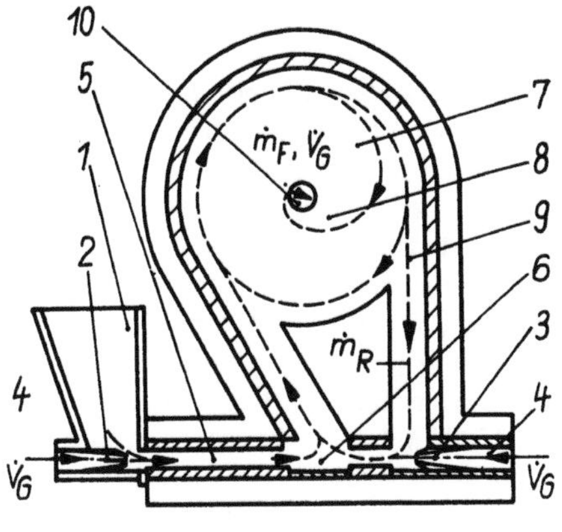


Bild 4.258. Schema einer Gegenstrahlmühle mit integriertem Sichter (*Trost*) [207]

*1* Aufgabetrichter; *2* Aufgabestrahldüse mit Injektor; *3* Gegenstrahldüse; *4* Treibmittelzuleitung; *5* Mischrohr; *6* Zerkleinerungszone der Mahlkammer; *7* Sichter; *8* Strömungsverlauf des Trägergases und des Fertiggutes; *9* Grobgut-Rücklauf; *10* Trägergas-Fertiggut-Austritt mit Verbindung zum Zyklon und Filter

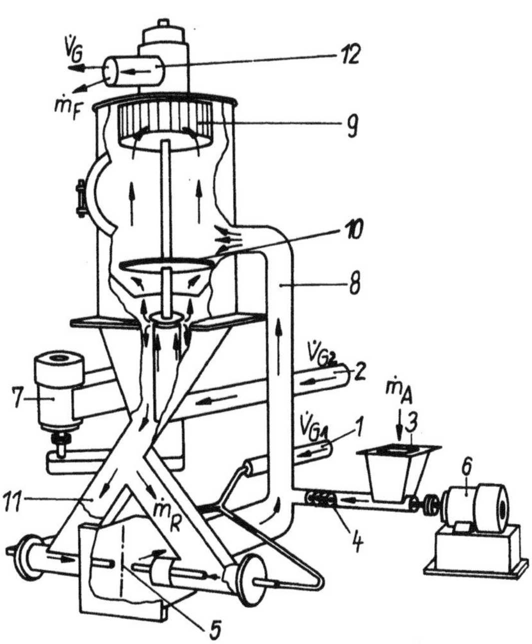


Bild 4.259. Schema einer Gegenstrahlmühle (*Majac*) [52]

*1* Treibmittelzuleitung; *2* Trägergaszuleitung; *3* Aufgabeguttrichter; *4* Dosierschnecke; *5* Zerkleinerungszone mit Strahldüsen; *6* Antriebsmotor für Dosierschnecke; *7* Antriebsmotor für Sichter; *8* Mahlgut-Treibgas-Zuleitung zum Sichtraum; *9* Stabkorb-Sichterrad; *10* Streu- und Ablenkscheibe; *11* Grobgutrücklauf; *12* Trägergas-Fertiggut-Austritt mit Verbindung zum Zyklon und Filter

— *Mahlkammer-Durchmesser und -länge*:
$D_K = (4 \text{ bis } 5)\, d_D;\ L_K = 2{,}5 D_K$ in mm
— *Durchmesser und Länge des Abströmrohres* $D_R$ *und* $L_R$:
$D_R = D_K;\ L_R \geqq (5 \text{ bis } 10)\, D_K$

Die Bilder 4.258 und 4.259 zeigen Bauarten von Gegenstrahlmühlen, in deren Arbeitsraum durch entsprechende Sichtzonen oder Sichter die Klassierung des Mahlgutes erfolgt.

**Fließbett-Strahlmühlen:** Derartige Mühlen bestehen nach Bild 4.260 aus einem vertikal angeordneten zylindrischen Behälter (*1*), der aus einem Vorratsbehälter (*6*) über eine drehzahlregelbare Dosierschnecke (*5*) von unten mit Mahlgut beschickt wird. Am Mahlraumumfang sind je nach Mahlraum-Durchmesser (Baugröße der Mühle) zwei

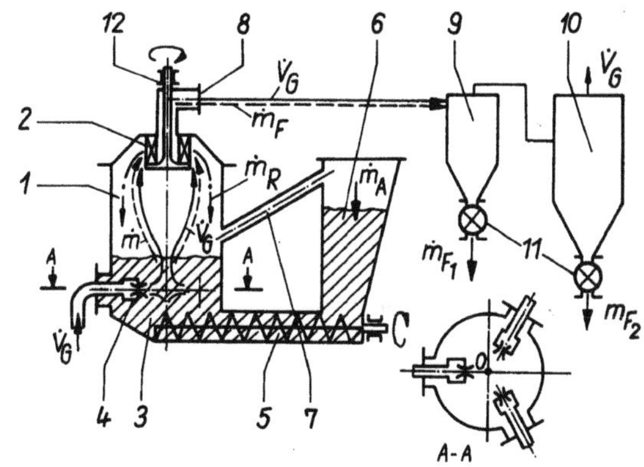


Bild 4.260. Schema einer Fließbett-Gegenstrahlmühle [195, 210]

*0* Zerkleinerungszone; *1* Mahlraum; *2* Schaufelrad-(Stabkorb-)Sichter; *3* Fließbett; *4* Strahldüse; *5* Dosierschnecke; *6* Vorratsbehälter; *7* Druckausgleichleitung; *8* Trägergas-Fertiggut-Austritt; *9* Zyklon; *10* Filter; *11* Fertiggut-Austragschleusen; *12* Sichterradantrieb

oder mehrere Strahldüsen (*4*) so angeordnet, daß sich deren Strahlen im Brennpunkt (*0*) treffen. Durch die mit Überschallgeschwindigkeit aus Laval-Düsen im Fließbett (*3*) austretenden Treibstrahlen wird das Mahlgut fluidisiert und im Bereich der Treibstrahlen auf hohe Geschwindigkeit beschleunigt. Die im Brennpunkt der Strahlen aufeinandertreffenden Teilchen werden durch gegenseitigen Teilchenstoß sowie durch Reibung zerkleinert [195, 210]. Um den Brennpunkt bildet sich eine nach oben gerichtete Strömung aus, die das beanspruchte Gut in Form einer Feststoff-Gas-Fontäne mit großem

Beladungsverhältnis zum Sichter (*2*) transportiert. Das über einem getrennt angetriebenen Korb- oder Zentrifugalsichter mit dem entspannten Treibgas ausgetragene Feingut wird im Zyklon (*9*) und Filter (*10*) abgeschieden. Das Grobgut wird dem Fließbett (*3*) der Behälterwand entlang erneut zugeführt. Mit einer Druckausgleichleitung (*7*) wird der Druck im Arbeitsraum (*1*) und Vorratsbehälter (*6*) ausgeglichen. Um einen gleichmäßigen Durchsatz gewährleisten zu können, muß eine konstante Standhöhe des Fließbettes durch kontinuierliche Materialzugabe gesichert werden. Dazu sind eine Füllstandsmessung und entsprechende Aufgabegutdosierung notwendig. Obwohl die Fertiggutfeinheit weitestgehend durch den Sichter bestimmt wird, können bei den Fließbett-Strahlmühlen höhere Feinheiten als bei den anderen Strahlmühlen erreicht werden ($d_{97}$ = 1 bis 10 μm) [195]. Die jeweils gewünschten Fertiggutfeinheiten können mit einem stufenlos regelbaren Sichter, durch die Veränderung des Düsendruckes $p_0$ und des Gasdurchsatzes $\dot{V}_G$ eingestellt werden. Infolge eines großen Mahlgutumlaufes in der Mahlkammer (Umlauffaktor $U \approx 100$) ist der Feinkornanteil im Fließbett immer sehr gering, so daß im Verhältnis zu anderen Strahlmühlen (Bild 4.251) ein günstiger spezifischer Arbeitsbedarf $W_{\text{om}}$ erreicht wird.

Bei *Fließbett-Strahlmühlen* ist die Zerkleinerungsintensität größer als bei anderen Strahlmühlen, da nach Bild 4.261 sowohl eine Zerkleinerung im Einzelstrahl während der Beschleunigung als auch im Brennpunkt der Strahlen stattfindet. Die Zerkleinerung im Einzelstrahl ist dadurch gekennzeichnet, daß Teilchen verschiedener Größe, die an unterschiedlichen Orten in den Strahl eintreten, aufgrund ihrer verschieden langen Beschleunigungsstrecken unterschiedliche Geschwindigkeiten aufweisen und sich bei genügend großen Relativgeschwindigkeiten zerkleinern. Dieser Beanspruchungsmechanismus wirkt auf der gesamten Strahllänge vom Düsenaustritt bis zum -brennpunkt [210]. Derartige Mühlen werden mit Düsenvordrücken von 0,6 bis 0,7 MPa bei Einsatz von Laval-Strahlrohren betrieben und sind zur Feinstzerkleinerung aller trockenen fluidisierbaren Stoffe geeignet. Der Feinheitsbereich reicht je nach Mühlengröße von $d_{97}$ = 3,8 bis 110 μm. Der spezifische Arbeitsbedarf $W_{\text{om}}$ liegt je nach Mahlguteigenschaften und gewünschter Fertiggutfeinheit zwischen 200 und 1500 kWh $t^{-1}$. Da weder in den Strahlrohren noch im Arbeitsraum Verschleiß auftritt, sind Fließbettstrahlen vor allem zur »eisenfreien« Zerkleinerung reinster und schleißender Stoffe, bei denen hohe Anforderungen an die Eisenfreiheit bestehen, z. B. Leuchtstoffpulver, harte Rohstoffe der keramischen und Glasindustrie usw., geeignet. Durch geringe Umfangsgeschwindigkeiten ($v$ = 10 bis 30 m $s^{-1}$) des stufenlosen Sichterrades und dessen Schutz durch Elastomeren kann auch im Sichter Eisenabrieb vermieden werden.

Fließbett-Strahlmühlen können nach Bild 4.262 auch zur selektiven Zerkleinerung eingesetzt werden, wenn das im Bild 4.260 dargestellte Grundprinzip mit einem getrennten Grobgutaustrag ausgerüstet wird [210]. Dabei wird der Düsenvordruck des Treibmittels so eingestellt, daß nur die leichter zerkleinerbare Komponente auf die erforderliche Feinheit aufgemahlen wird und die schwer mahl-

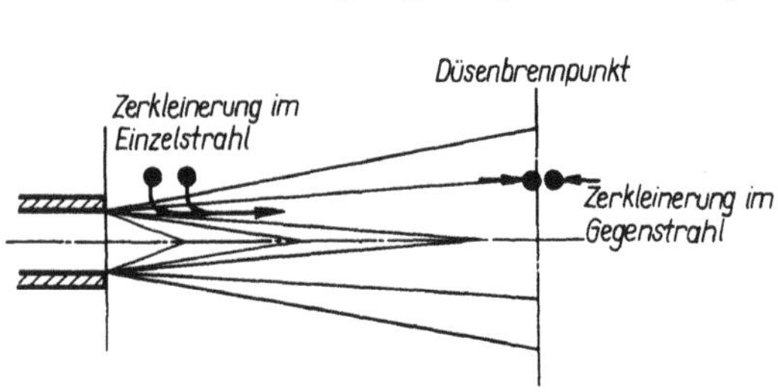


Bild 4.261. Prinzip der Zerkleinerung im Einzelstrahl und im Brennpunkt von Gegenstrahlen [210]

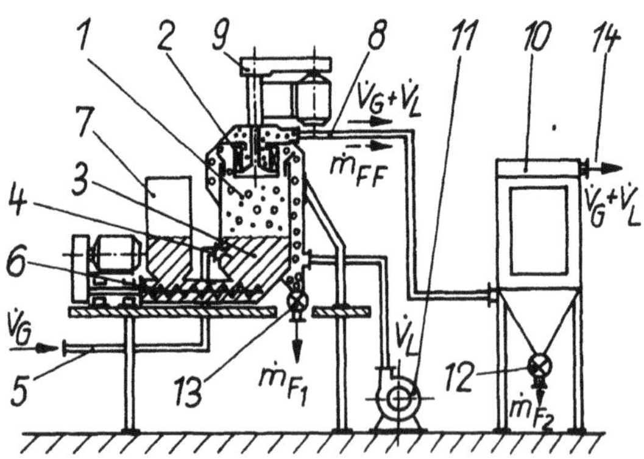


Bild 4.262. Schema einer Fließbett-Strahlmühle zur selektiven Zerkleinerung [210]

*1* Mahlraum; *2* Sichter; *3* Fließbett; *4* Strahldüsen; *5* Treibgasleitung; *6* Dosierschnecke mit Antrieb; *7* Vorratsbehälter; *8* Trägergas-Feingut-Austritt; *9* Sichterantrieb; *10* Filter; *11* Spülluftgebläse; *12* Feingut-Austragschleuse; *13* Grobgut-Austragschleuse; *14* Abgasaustritt

| Typ | Fertiggut-Durchsatz $\dot{m}_F$ in kg h$^{-1}$ | Treibgas-Durchsatz $\dot{V}_N$ in m$^3$ h$^{-1}$ i.N. | Feinheit $d_{97}$ in µm |
|---|---|---|---|
| 200 | 2,5 ... 200 | 100 ... 300 | 3,8 ... 80 |
| 400 | 30 ... 800 | 4000 ... 1200 | 4,5 ... 100 |
| 630 | 75 ... 2000 | 1000 ... 3000 | 6 ... 100 |
| 800 | 180 ... 4800 | 2400 ... 7200 | 7 ... 110 |
| 1250 | 420 ... 11200 | 5600 ... 16800 | 8 ... 110 |

*Tabelle 4.16. Fertiggut-Durchsatz und Treibmittelbedarf bei Fließbett-Gegenstrahlmühlen (Alpine)* [195]

bare in ihrer Korngröße und -zusammensetzung erhalten bleibt. Durch die Feststoff-Gas-Fontäne werden beide Komponenten in die Klassierzone der Mühle gefördert, wobei die zerkleinerte leicht mahlbare Komponente in der üblichen Weise über den Sichter ausgetragen wird. Die schwer mahlbare Komponente wird dagegen vom Sinterrad über einen einstellbaren Spalt in den am Umfang des Arbeitsraumes angeordneten Grobgutaustrag geleitet. In Tabelle 4.16 sind die technischen Daten einer Typenreihe von Fließbett-Strahlmühlen (Alpine) dargestellt. Neben Fließbett-Gegenstrahlmühlen kommen nach Bild 4.263 auch Fließbett-Strahlmühlen mit nur einer vom Mahlraumboden nach oben gerichteten Strahldüse zum Einsatz. Bei diesen Mühlen erhält das Fertiggut meist eine kugelige Struktur. Wird auf andere Kornformen Wert gelegt, so sind diese Mühlen nicht geeignet.

**Prallplatten-Strahlmühlen mit einem Strahlrohr:** Bei der in Bild 4.264 dargestellten Plattenstrahlmühle wird das vorzerkleinerte Aufgabegut einem injektorähnlichen Ansaugraum zugeführt. Das durch Treibstrahlen angesaugte Gut wird im Mischrohr beschleunigt und gegen eine Prallplatte geschleudert. Die Aufprallwahrscheinlichkeit beträgt dabei 100%. Durch einen außerhalb der Mahlkammer angeordneten Sichter wird das Grobgut vom Feingut getrennt, das erneut einer Beanspruchung unterzogen wird. Das Feingut wird entweder nach be-

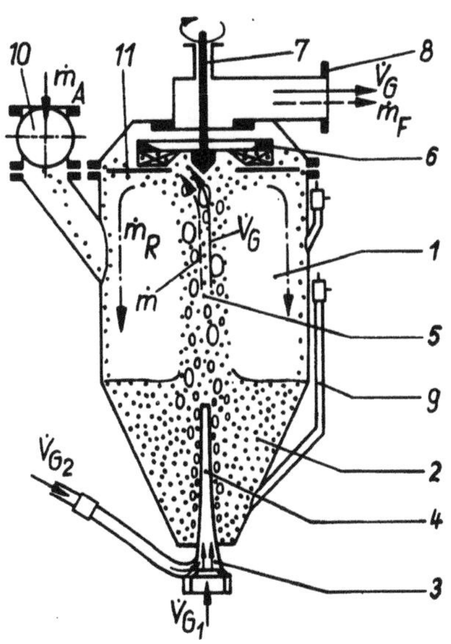


Bild 4.263. Schema einer Fließbett-Strahlmühle mit einem Strahlrohr [211]

*1* Mahlraum; *2* Fließbett; *3* Treibgaseintritt; *4* Strahl-(Laval-)Düse; *5* Zerkleinerungszone; *6* Sichterrad mit Ventilationswirkung; *7* Sichterradwelle mit Antrieb; *8* Trägergas-Fertiggut-Austritt und Zuleitung zum Zyklon sowie Filter; *9* Spülluftzuleitung; *10* Aufgabegutschleuse; *11* Blende

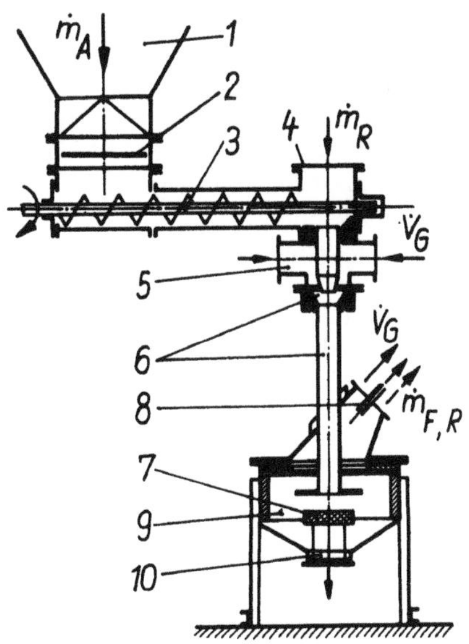


Bild 4.264. Prallplatten-Strahlmühle (Schleuder)

*1* Bunker; *2* Absperrschieber; *3* Dosierschnecke; *4* Anschlußflansch für Grobgut-(Grieß-)Rücklauf; *5* Treibgaszuleitung; *6* Düse mit Strahlrohr; *7* Prallplatte; *8* Trägergas- und Fertiggut-Austritt; *9* Mahlkammergehäuse mit Panzerung; *10* Mühlensumpf zum Fremdkörperaustrag

kannten Methoden vom Trägergas abgeschieden oder bei der Zerkleinerung von Kohle für Feuerungen direkt in die Brenner gefördert. Derartige Mühlen sind einfach und unterliegen einem geringen Verschleiß.
In den Beschleunigungsdüsen werden je nach Bauart Luftgeschwindigkeiten bis 200 m $s^{-1}$ erreicht. Der spezifische Arbeitsbedarf wird für Kohle mit etwa 40 kWh $t^{-1}$ angegeben. Bei Aufgabekorngrößen von 20 mm werden bei Stein- und Braunkohle Endkorngrößen von $d_F = 100$ bis 2500 µm erreicht. Für die Feinstzerkleinerung ($d_F < 100$ µm) sind Prallplatten-Strahlmühlen nicht geeignet.

## 4.12. Sturzmühlen

In die Gruppe der Sturzmühlen werden alle Mühlen eingeordnet, die einen horizontal gelagerten zylindrischen oder zylindrisch-konischen um einen festen Drehpunkt rotierenden Arbeitsraum besitzen. Das dem Arbeitsraum kontinuierlich oder chargenweise zugeführte Mahlgut wird durch dessen Rotation gemeinsam mit einer frei beweglichen Mahlkörperfüllung umgewälzt und durch diese oder bei der autogenen Mahlung durch aufgegebenes Grobgut (Pebbles) vorwiegend durch Druck, Schlag und Scherung zerkleinert. Als Mahlkörper werden verschleißfeste geschmiedete oder gegossene Stahlkugeln, Stangen bzw. Stangenabschnitte (Cylpebs) oder bei eisenfreier Vermahlung Flintsteine eingesetzt. Zum Schutz des Mühlenkörpers gegen Mineralgleit-, Schlag- und Strahlverschleiß werden die Innenflächen des Arbeitsraumes mit Verschleißelementen, die vornehmlich aus Stahlguß bzw. bei der Naßmahlung auch aus Gummi oder bei der eisenfreien Vermahlung aus Steatitplatten und Natursteinen bestehen können, ausgekleidet.
Sturzmühlen werden zur diskontinuierlichen und kontinuierlichen Trocken- und Naßmahlung mittelharter bis harter Stoffe in vielen Industriezweigen verwendet. Sie haben sich z. B. bei der Erzaufbereitung, in der chemischen, keramischen und Zementindustrie einschließlich der Kohlenstaubherstellung aufgrund ihres einfachen und robusten Aufbaus besonders bewährt und werden je nach Verwendungszweck und Einsatzgebiet variiert. Die in der Praxis eingesetzten *Sturzmühlenkonstruktionen* unterscheiden sich durch

— die Mahlraumgestaltung (zylindrisch, zylindrisch-konisch)
— das Verhältnis der Hauptabmessung des Arbeitsraumes (Längen-Durchmesser-Verhältnis ($\lambda = L/D$))
— die Einteilung des Arbeitsraumes (Einkammer-, Mehrkammermühlen)
— die Art des Mahlgutaustrages (Überlauf-, Austragkammer-, Luftstrommühlen, Mühlen mit peripherem Austrag, Siebkugelmühlen)
— die Mahlkörperform (Kugel, Stangen, Stangenabschnitte (Cylpebs), autogene Mahlung (Pebbles))
— die Auskleidung des Arbeitsraumes mit Verschleißelementen (Stahlguß-, Gummi-, Keramik- oder Natursteinauskleidung)
— die geometrische Form der Panzerung (Buckel-, Stufen-, Rillen- und konische Klassierplatten, Hebeleisten, Eckspiralpanzerungen)
— die Antriebsart des Mühlenkörpers (Zahnkranz- oder Zentralantrieb, getriebeloser Antrieb mit Ringmotor)
— die Betriebsweise (kontinuierliche oder diskontinuierliche Trocken- oder Naßmahlung)

In Bild 4.265 sind die *Grundtypen der Sturzmühlen*, die unter Berücksichtigung des Längen-Durchmesser-Verhältnisses $\lambda = L/D$ in Trommel- ($\lambda = L/D < 2$) und Rohrmühlen ($\lambda = L/D > 2$) eingeteilt werden können, dargestellt. Diese werden häufig je nach verwendeter Mahlkörperart auch als Kugel-, Stab- bzw. Autogenmühlen bezeichnet.
Während in der feinkeramischen und Farbenindustrie vorrangig diskontinuierlich arbeitende Trommelmühlen bis zu einem Mahlrauminhalt von 30 $m^3$ zum Einsatz gelangen, werden in der Zementindustrie und Erzaufbereitung kontinuierliche Rohr- und Autogenmühlen mit verschiedenen Austragsystemen bis zu Durchsätzen von $\dot{m} = 400$ bis 500 t $h^{-1}$ verwendet. Beim Einsatz von Sturzmühlen ist zu beachten, daß die Zerkleinerungs-, Transport- und Klassiervorgänge gleichzeitig ablaufen und sich gegenseitig beeinflussen. Deshalb müssen zur Erreichung bestimmter Zielgrößen, wie z. B. geringer spezifischer Arbeitsbedarf, maximaler Durchsatz bei Einhaltung der geforderten Mahlgutfeinheit bzw. Korngrößenverteilung usw., bei

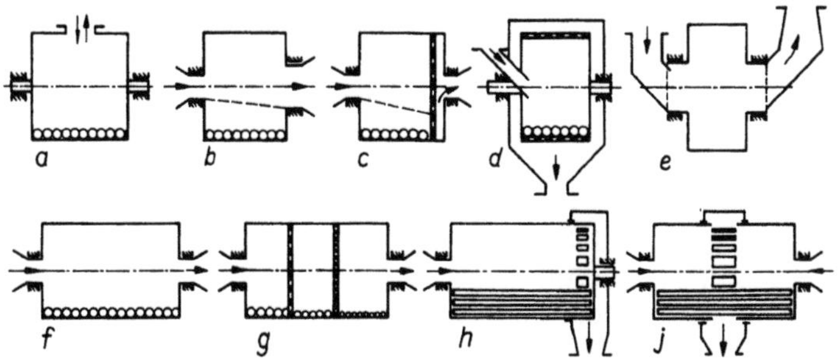


Bild 4.265. Schematische Darstellung der Grundtypen von Sturzmühlen
*a*), *b*), *c*), *d*) Trommelmühlen $L/D < 2$
(*a* diskontinuierliche Trommelmühle; *b* Überlaufmühle; *c* Austragkammermühle; *d* Siebtrommelmühle)
*e*) Autogenmühle $L/D = 0{,}25$ bis 0,5
(Aerofallmühle bei Trockenmahlung mit Luftstromaustrag; Naß-Kaskadenmühle bei Naßmahlung mit Überlauf oder Austragkammer)
*f*), *g*), *h*), *j*) Rohrmühlen $L/D > 2$
(*f* Überlauf- oder Luftstrommühle; *g* Mehrkammermühle mit Überlaufaustrag; *h*, *j* Rohrmühle mit peripherem Mahlgutaustrag und Stabmahlkörpern)

der Konstruktion und beim Betrieb von Sturzmühlen nachfolgende Einflußgrößen beachtet werden.

— *konstruktive Einflußgrößen*: Form und Abmessungen des Arbeitsraumes, Art der Mahlkammerauskleidung und verwendeter Einbauten (Zwischenwände), Gestaltung des Austragsystems, Drehzahl bzw. Umfangsgeschwindigkeit des Mühlenkörpers.

— *Einflußgrößen der Mahlkörperfüllung*: Mahlkörper-Füllungsgrad, Form und Abmessungen der Mahlkörper, Mahlkörperdichte und -gattierung

— *Einflußgrößen des Aufgabe- bzw. Fertiggutes*: Mahlbarkeit, Korngröße und Kornzusammensetzung des Aufgabe- und Fertiggutes, Fließfähigkeit des Mahlgutes, Trübedichte bzw. Feuchtigkeit des Mahlgutes (Der Feuchtebereich zwischen 2 und 20 Masse-% sollte wegen ungünstiger Fließeigenschaften infolge kapillarer Haftmechanismen vermieden werden [2].)

— *Regelbare Einflußgrößen*: Durchsatz, Mahlgut-Füllungsgrad, Mühlendrehzahl (falls regelbar), Belüftung des Arbeitsraumes sowie Trennkorngröße des Sichters und des Umlauffaktors bei Kreislaufmahlung

Die gebräuchlichsten Mahlkammervariationen sowie Mahlgutein- und -austragsysteme gehen aus Bild 4.265 hervor. Sie sind durch folgende Merkmale gekennzeichnet:

*a)* Bei den *Überlauf- und Austragkammermühlen* sowie den Mühlen mit peripherem Mitten- oder Endaustrag wird die axiale Transportgeschwindigkeit des über die Halslager aufgegebenen Gutes u. a. durch die Höhendifferenz des Mahlgutes $\Delta h$ im Arbeitsraum, d. h. durch die potentielle Energie und durch die Fließfähigkeit des Mahlgutes, beeinflußt.

Da sich die Fließfähigkeit des Mahlgutes im trockenen Zustand und in Trüben bei fortschreitender Zerkleinerung infolge geringerer Reibungskoeffizienten und veränderter Schüttdichte verbessert, wird der Mahlguttransport in Richtung des Auslaufes begünstigt [251]. Bei Austragkammermühlen sowie bei Mühlen mit peripherem Mitten- oder Endaustrag, die zur Naß- und Trockenmahlung verwendet werden, erfolgt der Mahlgutaustrag über Austragswände, die sich bei End- oder Mittenaustrag entweder am Ende oder etwa in der Mitte der Mahlkammer befinden. Die Mahlkörper werden dabei durch die in den Austragswänden angeordneten Schlitze (Schlitzwände) in der Mahlkammer zurückgehalten. Nach der Möglichkeit des Mahlgutaustrages aus Austragskammern kann unterschieden werden in

— Mahlgutaustrag mittels spiral- und radialangeordneter Hubschaufeln über einen Lagerzapfen (Austragkammermühlen)
— Mahlgutaustrag durch Öffnungen im Mühlenmantel (Mittenaustrag)

Beim Austrag über einen Lagerzapfen wird das Mahlgut von Hubschaufeln angehoben, durch Leiteinrichtungen zur Mühlenachse gefördert und durch den mit Schneckengängen versehenen Hohlzapfen ausgetragen [288].

*b)* Bei den *Luftstrommühlen* wird das Aufgabegut dem Arbeitsraum über einen Lagerzapfen zugeführt und nach der Zerkleinerung mittels eines turbulenten Trägergasstromes über den gegenüberliegenden Austragzapfen ausgetragen.
In Abhängigkeit der Trägergasgeschwindigkeit und der sich daraus ergebenden differenzierten Transportgeschwindigkeit der einzelnen Mahlgut-Korngrößen wird im Arbeitsraum gleichzeitig eine innere Klassierung erreicht. Das abgesaugte Trägergas-Feststoff-Gemisch muß danach einem Sichter bzw. entsprechenden Abscheideeinrichtungen zugeführt werden. Bei Verwendung von Heißgasen als Trägermedium ist eine Mahltrocknung möglich.

*c)* Bei den meist zur Trockenmahlung verwendeten *Trommelmühlen* mit peripherem Mahlgutaustrag auf der gesamten zylindrischen Mahlraumfläche (*Siebtrommelmühlen*) wird das Mahlgut dem Arbeitsraum über einen Hohlzapfen zugeführt. Danach wird es solange im Arbeitsraum auf gelochten Mahlplatten beansprucht, bis es über den am Umfang des Mühlenkörpers angeordneten Siebmantel bei entsprechender Fertiggut-Korngröße ausgetragen werden kann.

*d) Diskontinuierlich arbeitende Trommelmühlen* werden über eine in der Mitte des Mühlenzylinders angeordnete verschließbare Öffnung beschickt, geschlossen, nach ausreichender Mahldauer geöffnet und durch Gravitationsfluß entleert. Bei der Naßmahlung wird der Auslaufvorgang häufig mit Druckluft beschleunigt.

Die meisten kontinuierlich arbeitenden Sturzmühlen werden mit Klassiermaschinen (z. B. Sichter bei Trockenmahlung, Rechen- oder Schraubenklassierer bei der Naßmahlung) gekoppelt und im geschlossenen Kreislauf betrieben (vgl. Abschn. 7.), wobei das von den Klassiermaschinen vom Fertiggut getrennte Grobgut (Gieße) erneut den Mahlkammern entweder mit frischem Aufgabegut oder getrennt zugeführt wird. Um bei kontinuierlich arbeitenden Sturzmühlen stabile Betriebszustände bei günstigem spezifischem Arbeitsbedarf gewährleisten zu können, werden diese für den automatischen Betrieb mit umfangreichen Steuer- und Überwachungseinrichtungen ausgerüstet. Dazu sind umfangreiche Steuerstrategien bekannt, die als Zielgröße eine konstante Mahlfeinheit bei günstigstem spezifischem Arbeitsbedarf verfolgen [306, 507 bis 525].
In Anbetracht der Forderung nach großen Produktionseinheiten und Entwicklung verschleißfester Werkstoffe haben sich bei den Sturzmühlen folgende Entwicklungstendenzen ergeben [70, 283 bis 287]:

*a)* Steigerung des Durchsatzes durch den Bau großer Mühleneinheiten und durch Reihenschaltung von Grob- und Feinmühlen. In der Zementindustrie werden Rohrmühlen mit einem Rohrdurchmesser bis 6000 mm und Antriebsleistungen bis zu 8 MW eingesetzt. Bei Autogenmühlen wurden bereits Mahlraum-Durchmesser ($\lambda = L/D = 0{,}2$ bis $0{,}5$) von $D = 13$ bis $15$ m und Antriebsleistungen von 15 MW erreicht

*b)* Verminderung des spezifischen Arbeitsbedarfes durch günstigere Gestaltung der Mühlenauskleidung, z. B. Rillenpanzerung, bessere Mahlkörperzusammensetzung und Abstimmung von Zerkleinerungs- und Klassiermaschine, Anwendung effektiver Mühlensteuerung einschließlich frequenzgesteuerter Ringmotoren (getriebeloser Antrieb). Sturzmühlen erfordern einen hohen spezifischen Arbeitsbedarf, der je nach Mahlbarkeit und Feinheit des Aufgabe- und Fertiggutes zwischen $W_{o\dot{m}} = 10$ bis $40$ kWh t$^{-1}$ liegt.

*c)* Verminderung des Mahlkörper- und Mahlplattenverschleißes durch die Entwicklung verschleißfester Werkstoffe, günstigere Gestaltung der Mühlenauskleidung (Rillen- und Eckspiralenpanzerung) und bessere Mahlkörperzusammensetzung [292 bis 300]. Beim Einsatz legierter Mahlkörper konnte z. B. der spezifische Verschleiß bei der Zementmahlung auf $V_o = 20$ bis $50$ g t$^{-1}$ gesenkt werden [70, 285 bis 287]. Der Plattenverschleiß beträgt $\approx 8$ bis $12\%$ des Mahlkörperverschleißes.

*d)* Automatisierung von Mahlanlagen mit entsprechenden Meß- und Steuereinrichtungen

Bei der Zerkleinerung harter Stoffe, insbesondere bei der Erzaufbereitung und Naßmahlung, werden

Sturzmühlen auch in der Perspektive ihre Bedeutung beibehalten. Sie sind wegen der hohen Betriebssicherheit und guten Anpassungsfähigkeit an die verschiedensten Zerkleinerungsaufgaben die am weitesten verbreiteten Mühlen für Feinmahlprozesse bei mittelharten bis harten Mahlgütern.

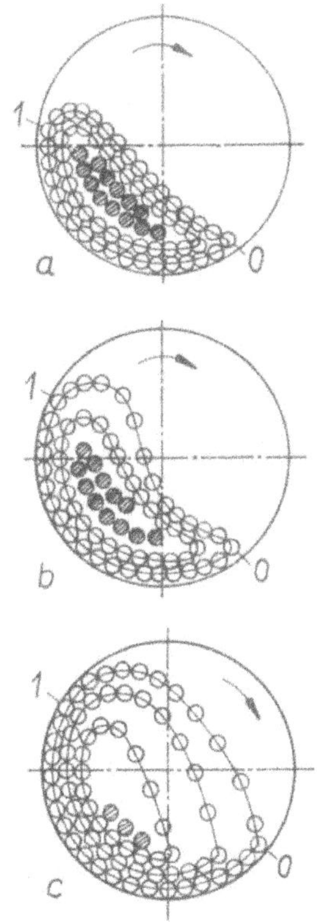


Bild 4.266. Bewegungsformen des Mahlkörper-Mahlgut-Gemisches in Sturzmühlen
*a*) Kaskadenzustand
*b*) gemischter Zustand
*c*) Kataraktzustand

## 4.12.1. Berechnungsgrundlagen

Mit der theoretischen und experimentellen Durchdringung des Zerkleinerungsprozesses in Sturzmühlen sowie dessen mathematischer Modellierung haben sich eine große Zahl von Arbeiten beschäftigt [1, 2, 60 bis 68, 289 bis 335, 340].
Bei der theoretischen Berechnung der Mahlkörperbewegung als Grundlage für die Berechnung des Leistungsbedarfes und Durchsatzes müssen Vereinfachungen zugrunde gelegt werden, da nicht alle Einflußfaktoren erfaßt und berücksichtigt werden können. Dabei wird davon ausgegangen und bewiesen, daß die Mahlkörper bei rotierendem Arbeitsraum eine geschlossene Umlaufbahn, die sich aus zwei Abschnitten $\overline{01}$, $\overline{10}$ zusammensetzt, beschreiben [289 bis 291, 307, 309, 310, 334, 335] (Bild 4.266). Im ersten Abschnitt $\overline{01}$, der vom Auftreff- und Ablösepunkt der Mahlkörper begrenzt wird, bewegen sich dieselben entsprechend der Rotation des Mahlraumes und der wirkenden Kräfte auf einer Kreisbahn. Der zweite Bewegungsabschnitt $\overline{10}$ umfaßt die Abwurf-, Abroll- und Umlenkbewegungen der Mahlkörper, die je nach der vorherrschenden Bewegungsform verschiedenartig ablaufen. Nach Bild 4.266 wird dabei zwischen *Kaskaden- und Kataraktzustand* und gemischter Mahlkörperbewegung unterschieden. Der kritische Zustand, bei dem die Mahlkörper und das Mahlgut zentrifugieren, ist energetisch und zerkleinerungstechnisch ungünstig und muß deshalb beim technischen Zerkleinerungsprozeß vermieden werden.
Während beim *Kataraktzustand* überwiegend mit einer Schlagbeanspruchung des Mahlgutes gerechnet werden kann, sind beim *Kaskadenzustand* sowie bei der Umlenkung und Einordnung der Mahlkörper vor allem Scherbeanspruchungen vorherrschend. Im Übergangsgebiet treten auch Kombinationen der verschiedenen Beanspruchungsarten auf. Zur Sicherung günstiger Zerkleinerungsergebnisse wird der Kataraktzustand hauptsächlich bei der Grob- bzw. Vormahlung verwendet. Der Kaskadenzustand wird dagegen bei Fein- und Feinstzerkleinerungsaufgaben bevorzugt. In Mehrkammermühlen können durch verschiedene Mahlkörpergrößen und Füllungsgrade sowie Mahlraumauskleidungen, d. h. unterschiedliche Reibungsverhältnisse zwischen Mühlenauskleidung und Mahlkörper-Mahlgut-Füllung, die in Bild 4.266 dargestellten Bewegungs- und Beanspruchungsverhältnisse auch innerhalb eines Mühlenkörpers erreicht werden.

### 4.12.1.1. Betrachtungen zur Mahlkörperbewegung

Bei der Bestimmung des *Ablösepunktes eines Mahlkörpers* wird angenommen, daß er mit der Umfangsgeschwindigkeit der Mahlraum-Innenwand bewegt wird und sich dann von der Mühlenpanzerung oder von der Mahlgut-Mahlkörper-Masse ablöst, wenn die Normalkraft $F_N = 0$ wird (Voraussetzung 1)

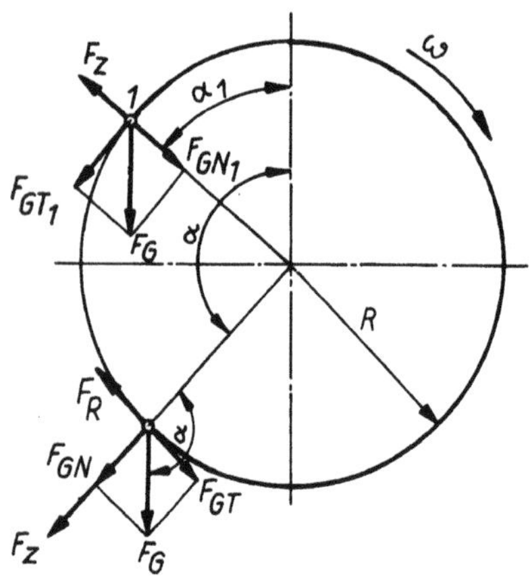


Bild 4.267. Kräfte am Einzelkörper bei beliebiger Trommeldrehzahl

[289 bis 291, 307 bis 310, 332]. Nach Bild 4.267 gilt:

$$F_{GN} = mg\cos(180° - \alpha) = -mg\cos\alpha \quad (4.386)$$

$$F_{GT} = mg\sin(180° - \alpha) = mg\sin\alpha \quad (4.387)$$

$$F_Z = mR\omega^2 \quad (4.388)$$

$$F_N = F_Z + F_{GN} = mR\omega^2 - mg\cos\alpha \quad (4.389)$$

$$F_R = \mu F_N = \mu(mR\omega^2 - mg\cos\alpha) \quad (4.390)$$

$$F_T = F_R - F_{GT} = = \mu(mR\omega^2 - mg\cos\alpha) - mg\sin\alpha \quad (4.391)$$

Da die Tangentialkomponente der Schwerkraft $F_{GT}$ der Reibungskraft entgegenwirkt, können während des ersten Bewegungsabschnittes zwischen Mahlraum-Innenwand und Mahlkörper Geschwindigkeitsunterschiede auftreten, die von jeweiligen Bewegungs- und Reibungsverhältnissen abhängig sind.

Es gibt folgende charakteristische Fälle:

— $F_R < F_{GT}$: Der Mahlkörper gleitet auf der sich drehenden Trommelwand abwärts.

— $F_R = F_{GT}$: Der Mahlkörper gleitet auf der sich drehenden Trommelwand, bleibt jedoch in seiner Lage.

— $F_R > F_{GT}$: Der Mahlkörper wird mit der sich drehenden Trommelwand aufwärts bewegt.

Im Ablösepunkt 1 wird $F_N = 0$ wenn $F_Z = F_{GN}$:

$$mR\omega^2 = mg\cos\alpha_1 \quad \text{oder}$$

$$\cos\alpha_1 = R\omega^2/g = v^2/gR \quad (4.392)$$

Mit (4.392) ergibt sich die Umfangsgeschwindigkeit und die Drehzahl des Mühlenkörpers, wenn der Radius der Mahlkörperschicht $R_{MK}$ gleich dem lichten Radius $R$ der Trommel gesetzt wird, wie folgt:

$$v_1 = \sqrt{Rg\cos\alpha_1}$$

$$n = (1/2\pi)\sqrt{g\cos\alpha_1/R} \quad \text{oder} \quad (\text{mit } \pi^2 \approx g)$$

$$n = (1/2)\sqrt{\cos\alpha_1/R} \quad (4.393)$$

Die Drehzahl, bei der sich der Mahlkörper unter der getroffenen Voraussetzung bei $\alpha_1 = 0$ nicht mehr von der Mühlenwand abhebt und zu zentrifugieren beginnt, wird kritische Drehzahl genannt:

$$n_{krit} = (1/2\pi)\sqrt{g/R} \approx (1/2)/\sqrt{R} \quad (4.394)$$

Das Verhältnis von Betriebsdrehzahl $n$ zu $n_{krit}$ wird »*relative Drehzahl*« bezeichnet. Dafür kann mit (4.393) und (4.394) geschrieben werden:

$$\psi = n/n_{krit} = \sqrt{\cos\alpha_1} \quad (4.395)$$

Die relative Drehzahl ist für den Vergleich von Betriebszuständen verschiedener Mahlregime geeignet und liegt bei der Mehrzahl der Mühlen in den Grenzen $\psi = 0{,}6$ bis $0{,}9$ (meist bei $\psi = 0{,}75$). Da aber bei der Naßmahlung ein Gleiten der Mahlkörper oder des Mahlgutes an der Mahlraumwand eintreten kann, weicht die Winkelgeschwindigkeit der Mahlkörper-Mahlgut-Füllung häufig vom Mühlenkörper ab. Bei der Naßmahlung werden deshalb zum Teil höhere $\psi$-Werte, die in Sonderfällen im überkritischen Bereich ($\psi > 1$) liegen können, als bei der Trockenmahlung zugrunde gelegt [70, 327, 328, 331].

Als Voraussetzung für die Analyse der *Mahlkörperbewegung* nach dem Ablösen von der Mahlraumwand wird angenommen, daß sich die Mahlkörper nach Bild 4.268 bis zum Wiederauftreffen auf die Mühlenwand bzw. Mahlkörperschüttung auf einer Wurfparabel bewegen und nicht durch andere Mahlkörper beeinflußt werden (Voraussetzung 2). Die Koordinaten des Auftreffpunktes 0, die für Energiebetrachtungen bei der Berechnung des Leistungsbedarfes von Bedeutung sind, können am

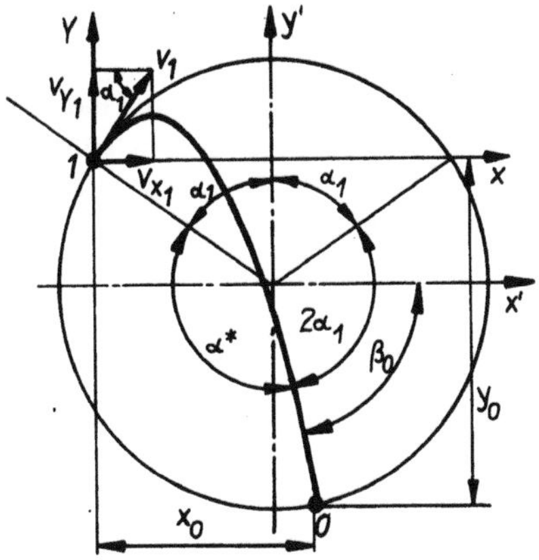


Bild 4.268. Wurfparabel eines Mahlkörpers

einfachsten unter Zugrundelegung eines gemeinsamen Koordinatensystems für die Wurfparabel und Mahlraumkreisbahn ermittelt werden. Mit der Abwurfgeschwindigkeit $v_1$ nach (4.393), den Geschwindigkeits- und Wegkomponenten in $x$- und $y$-Richtung und den Koordinaten der Mahlraum-Kreisbahn erhält man für $x_0$ und $y_0$:

$$x_0 = 4R \sin \alpha_1 \cos^2 \alpha_1 ; \quad y_0 = -4R \sin^2 \alpha_1 \cos \alpha_1 \qquad (4.396)$$

Die Winkel $\beta_0$ und $\alpha^*$, mit denen der Auftreffpunkt ebenfalls festgelegt ist, ergeben sich mit $\sin \beta_0 = (|y_0| - R \cos \alpha_1)/R$ nach entsprechender Umformung zu

$$\beta_0 = 3\alpha_1 - \pi/2 \quad \text{bzw.} \quad \alpha^* = 2\pi - 4\alpha_1 \qquad (4.397)$$

Unter Berücksichtigung der für die Bewegungsabschnitte der Mahlkörper $\overline{01}$ und $\overline{10}$ ermittelten geometrischen Beziehungen (4.396) und (4.397) kann die Umlaufzeit $t_U$ bzw. Umlaufzahl $Z$ der Mahlkörper je Umdrehung des Mühlenkörpers wie folgt berechnet werden:

$$t_{\overline{01}} = t_1 = t_M \alpha^*/2\pi = t_M(2\pi - 4\alpha_1/2\pi = (\pi - 2\alpha_1)/n \qquad (4.398)$$

$$t_{\overline{10}} = t_2 = x_0/v_{1x} = 4R \sin \alpha_1 \cos^2 \alpha_1 / 2\pi R n \cos \alpha_1 = \sin (2\alpha_1)/\pi n \qquad (4.399)$$

Für $t_U$ und $Z$ eines Mahlkörpers gilt:

$$t_U = t_1 + t_2 = (\pi - 2\alpha_1 + \sin 2\alpha_1)/\pi n \qquad (4.400)$$

$$Z = t_M/t_U = \pi n/n(\pi - 2\alpha_1 + \sin 2\alpha_1) = \pi/(\pi - 2\alpha_1 + \sin 2\alpha_1) \qquad (4.401)$$

Für den Energieinhalt eines Mahlkörpers am Ablösepunkt gegenüber der Ruhelage im Auftreffpunkt, der sich aus der potentiellen und der kinetischen Energie zusammensetzt, kann mit (4.396) nach entsprechender Umformung geschrieben werden:

$$W = W_{1\,\text{pot}} + W_{1\,\text{kin}} = mg\,|y_0| + mv_1^2/2$$

$$W = 4mgR \sin^2 \alpha_1 \cos \alpha_1 + mv_1^2/2 = (9 - 8 \cos^2 \alpha_1)\, mv_1^2/2 = mv_0^2/2 \qquad (4.402)$$

Unter der Annahme, daß die Mahlkörperbewegung vom Ablöse- bis zum Auftreffpunkt nicht gestört wird [334, 335], ist am Auftreffpunkt der gesamte Energieinhalt in kinetische Energie umgewandelt, so daß nach (4.402) mit folgender Auftreffgeschwindigkeit $v_0$ gerechnet werden kann:

$$v_0 = v_1 \sqrt{9 - 8 \cos^2 \alpha_1} \qquad (4.403)$$

Für die Zerkleinerung wird hauptsächlich nur die Energie wirksam, die sich mittels der Normalkomponente der Geschwindigkeit $v_{\text{No}}$ im Auftreffpunkt ergibt (Bild 4.269).

$$v_{\text{No}} = 8 \sqrt{Rg \cos \alpha_1} \cos \alpha_1 \sin^3 \alpha_1 \qquad (4.404)$$

$$v_{\text{To}} = (12 \cos^2 \alpha_1 - 8 \cos^4 \alpha_1 - 3) \sqrt{Rg \cos \alpha_1} \qquad (4.405)$$

Für den Grenzfall, bei dem die gesamte kinetische Energie theoretisch zur Gutbeanspruchung genutzt

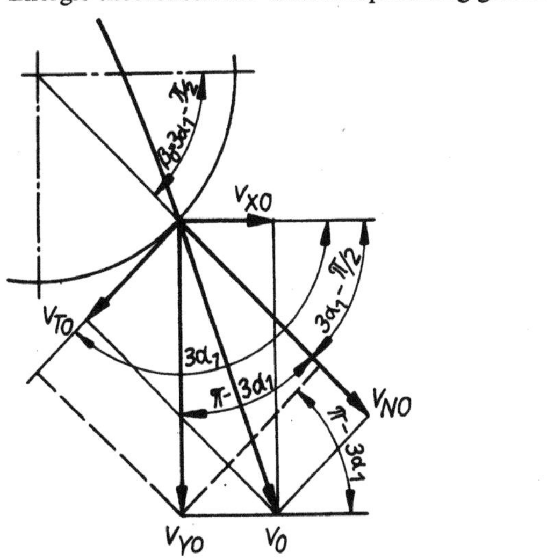


Bild 4.269. Geschwindigkeiten am Auftreffpunkt des Mahlkörpers beim Kataraktzustand

werden kann ($v_{No} = v_o$ bzw. $v_{To} = 0$), ergeben sich mit (4.405) für $\alpha_1 = 55°\,40'$ die günstigsten Werte [43, 70]. Das entspricht einer relativen Drehzahl von $\psi = 0{,}75$ und einer Winkelgeschwindigkeit von $\omega = 2{,}38R^{-0{,}5}$ nach (4.393).

Da der *Einzelkörper* im praktischen Betrieb keine Bedeutung besitzt und sich vom Auftreff- bis zum Ablösepunkt immer eine Mahlgut-Mahlkörper-Schicht, in der sich die Mahlkörper gegenseitig abstützen, ausbildet, kann bei der Bestimmung des Reibungskoeffizienten $\mu$ vom tangentialen Kräftegleichgewicht in dieser Schicht ausgegangen werden. Der Reibungskoeffizient $\mu$ kennzeichnet demzufolge im vorliegenden Fall die für das jeweilige Mahlkörper-Mahlgut-Gemisch typischen Eigenschaften, die ein Gleiten oder Abrollen der gesamten Füllung an der Wand erschweren. Die bei Drehtrommeln mit unterschiedlichen Auskleidungen und Füllungen auftretenden Reibungskoeffizienten liegen bei $\mu = 0{,}01$ bis 1,4 [313]. Bei $\mu > 1$ ist zwischen Panzerung und Mahlkörper-Mahlgut-Gemisch bzw. im Gemisch selbst teilweise Formschluß vorhanden. Bei schlupffreier Bewegung muß folgende Bedingung erfüllt sein [341]:

$$\mu \Sigma F_N \geqq \Sigma F_{GT} \tag{4.406}$$

Wird $\mu$ unter Zugrundelegung von (4.406) durch Integration ermittelt, so erhält man bei entsprechender Umformung und Vereinfachung:

$$\mu \geqq (1 - \cos^2 \alpha_1)/[(\pi/2) - \alpha_1 + \cos \alpha_1 \times \sqrt{1 - \cos^2 \alpha_1}]$$
$$= (1 - \psi^4)/[(\pi/2) - \alpha_1 + \psi^2 \sqrt{1 - \psi^4}] \tag{4.407}$$

Aus (4.407) ist zu erkennen, daß der für schlupffreien Betrieb erforderliche Reibungskoeffizient $\mu$ mit steigendem $\psi$ abnimmt. Für $\psi = 0{,}75$ erhält man $\mu \approx 0{,}6$, mit dem in der Praxis normalerweise gerechnet werden kann. Um jedoch bei den dynamischen Bewegungsvorgängen ein Gleiten zu vermeiden, sollte der Reibungskoeffizient mit genügender Sicherheit bei $\mu > 0{,}7$ liegen. Bei glatten Panzerungen und Naßmahlung kann $\mu > 0{,}7$ nicht gewährleistet werden, so daß größere Schlupferscheinungen als bei profilierten Panzerplatten auftreten.

Bei *endlichem Füllungsgrad* der Mahlkammer bildet sich zwischen Auftreffpunkt und Ablösepunkt eine Mahlkörperschicht mit einer endlichen Dicke aus, der für beliebige Radien $R_j$ der Schicht entsprechende Ablöse- und Auftreffpunkte zugeordnet sind. Diese können unter der Annahme, daß sich jede Mahlkörperschicht auf dem Bewegungsabschnitt $\overline{01}$ mit gleicher Drehzahl bewegt, bei Verwendung von (4.393) bestimmt werden.

$$\cos \alpha_1 / R = \cos \alpha_{1j} / R_j = \text{konst.} \tag{4.408}$$

In den Bildern 4.270 und 4.271 sind die Ablöse- und Auftreffpunkte über den Radius des Arbeitsraumes und die Wurfparabeln der äußersten Mahlkörperschicht für verschiedene relative Drehzahlen dargestellt. Diese zeigen, daß Wurfparabeln bzw. der Kataraktzustand nur bei bestimmten Füllungsgraden $\varphi$ und entsprechenden relativen Drehzahlen möglich sind [43, 70, 342].

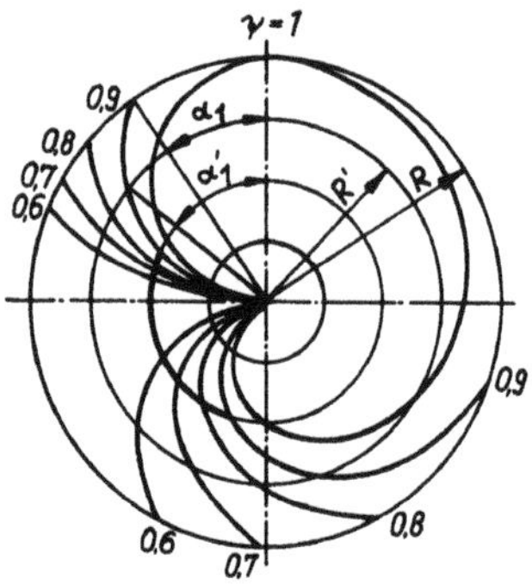


Bild 4.270. Ablöse- und Auftreffpunkt in Abhängigkeit von der relativen Drehzahl

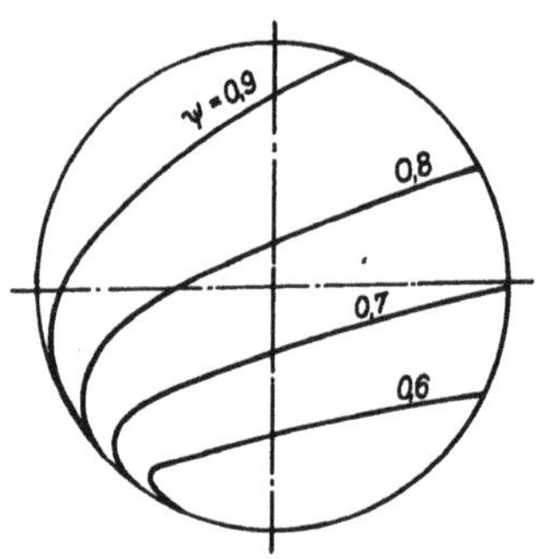


Bild 4.271. Wurfparabeln der Mahlkörper bei unterschiedlichen relativen Drehzahlen

Bei der Bestimmung des Masseanteiles, der während einer Mühlenkörperumdrehung durch den Querschnitt I—I gefördert werden muß, ist die

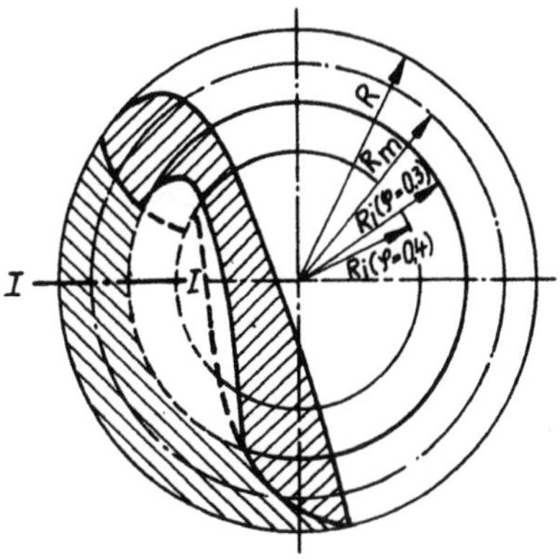


Bild 4.272. Schema zur Berechnung der mittleren Umlaufzahl $z_m$ beim Kataraktzustand

mittlere Umlaufzahl bedeutsam (Bild 4.272). Dabei wird davon ausgegangen, daß das im Arbeitsraum befindliche Mahlkörpervolumen $V_{MK} = R^2\pi L\varphi_{MK}$ während einer Umdrehung des Mühlenkörpers $z_m$-mal den Querschnitt I—I mit der Fläche $A = (R - R_i)\,L$ passiert. Da sich die Umlaufzahl $z$ mit $R_i$ ändert, gilt:

$$V_{MK} = R^2\pi L\varphi_{MK} = \int_{R_i}^{R} (2\pi\, R_j L/z)\,\mathrm{d}R_j$$

$$= \pi L(R^2 - R_i^2)/z \qquad (4.409)$$

($\varphi_{MK} = V_{MK}/V_M = A_{MK}/A_M$ Mahlkörper-Füllungsgrad; $V_{MK}$ Mahlkörpervolumen; $V_M$ nutzbares Mahlraumvolumen; $A_{MK}$ radiale Querschnittsfläche der Mahlkörperschüttung im Mahlraum; $A_M$ Querschnittsfläche des Mahlraumes)

Im Ergebnis der Betrachtungen am Einzelkörper (4.401) sowie bei Einführung eines Radienverhältnisses $k = R_i/R$ kann für $z_m$ geschrieben werden:

$$z_m = (1 - k^2)/\varphi_{MK} = \pi/(\pi - 2\alpha_{1\,m} + \sin \alpha_{1\,m}) \qquad (4.410)$$

Für Überschlagsrechnungen kann (4.408) mit $R_m = \sqrt{(R^2 + R_i^2)/2}$ verwendet werden.

$$\cos \alpha_{1m} = \cos \alpha_1 \sqrt{(R^2 + R_i^2)/2R^2}$$

$$= \psi\sqrt{(1 + k^2)/2} \qquad (4.411)$$

Werden in (4.411) der theoretisch günstigste Ablösewinkel des Einzelkörpers $\alpha_1 = 55°\,42'$ nach (4.405) und $R_m \approx 0{,}86R$ bei $\varphi_{MK} = 0{,}3$ [73] eingesetzt, so erhält man für den mittleren Ablösewinkel der Mahlkörperfüllung $\alpha_{1m} = 60°$. Die mittlere Umlaufzeit der Mahlkörperfüllung, die sich aus den Zeitanteilen für die Bewegungsabschnitte $\overline{01}$ und $\overline{10}$ zusammensetzt, ergibt sich analog (4.401) mit (4.410) zu

$$t_{Um} = t_{1\,m} + t_{2\,m} = t_M/z_m$$

$$= (\pi - 2\alpha_{1\,m} + \sin 2\alpha_{1\,m})/\pi n = \varphi/n(1 - k^2) \qquad (4.412)$$

(Mit $\alpha_{1\,m} = 60°$ erhält man für $t_{Um}$ und $z_m$ folgende Orientierungswerte: $t_{Um} = 2{,}1/\omega + 1{,}73/\omega = 3{,}84/\omega$ und $z_m = t_M/t_{Um} = 2\pi\omega/3{,}84\omega = 1{,}64$)

Im Bild 4.273 ist die mittlere Umlaufzeit $z_m$ in Abhängigkeit vom Radienverhältnis $k$, dem Mahlkörper-Füllungsgrad $\varphi_{MK}$ und dem Drehzahlverhältnis $\psi$ aufgetragen. Daraus können für durchzuführende Berechnungen die gewünschten Parameter entnommen werden. Die in der Praxis auftretenden Umlaufzahlen bzw. Arbeitszyklen der Mahlkörper liegen im Bereich $z_m \approx 1{,}25$ bis 3,0 je Umdrehung der Mahlkammer. Bei dem für die

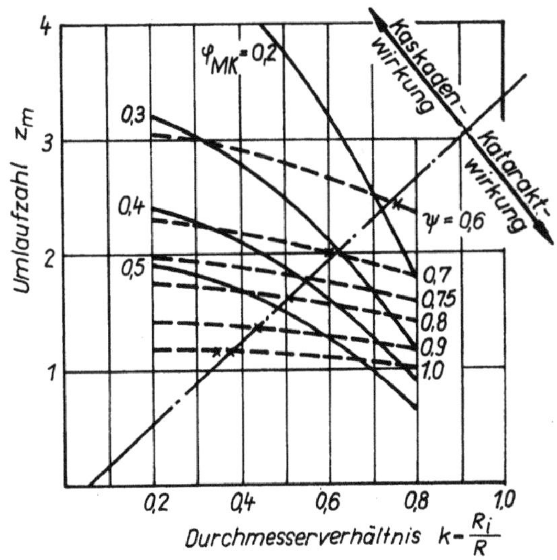


Bild 4.273. Mittlere Umlaufzahl $z_m$ in Abhängigkeit vom Durchmesserverhältnis $k$

Energieausnutzung theoretisch günstigen Ablösewinkel $\alpha_{1\,m} = 60°$ und einem Mahlkörper-Füllungsgrad $\varphi_{MK} = 0{,}3$ befinden sich $k_F = t_{1m}/t_{Um} = 2{,}1/3{,}84 = 0{,}55$ bzw. 55% der Mahlkörper auf dem Bewegungsabschnitt $\overline{01}$ und werden durch die Mahlraumwand angehoben. 45 % bewegen sich dagegen jeweils auf dem Abschnitt $\overline{10}$ und werden abgeworfen (Bild 4.272).

Die vorangegangenen Betrachtungen lassen erkennen, daß eine eindeutige Abgrenzung zwischen Katarakt- und Kaskadenzustand nicht möglich ist. In der Praxis gibt es einen breiten Bereich, in dem beide Bewegungsformen auftreten.

#### 4.12.1.2. Leistungsbedarf

Dieser setzt sich aus einem Anteil zur Umwälzung der Mahlkörper-Mahlgut-Masse $P_Z$ und aus einem Anteil zur Überwindung der Lagerreibung $P_L$ sowie getriebetechnischer Verluste zusammen:

$$P_{mech} = (P_Z + P_L)/\eta_G \qquad (4.413)$$

Da der Leistungsbedarf $P_Z$ außer von der Mahlkörper-Mahlgut-Masse, den geometrischen Abmessungen des Arbeitsraumes, dem Mahlkörper- und Mahlgut-Füllungsgrad und der Drehzahl des Mühlenkörpers auch von der Mahlkörperbewegung abhängig ist, ergeben sich beim Kaskaden- und Kataraktzustand unterschiedliche Beziehungen für seine Bestimmung.

**Leistungsbedarf ($P_Z$) beim Kaskadenzustand:** Bei der Berechnung von $P_Z$ zur Umwälzung der Mahlkörper($m_{MK}$)-Mahlgut($m_{MG}$)-Masse wird nach Bild 4.274 angenommen, daß die Mahlkammerfüllung einem kompakten Körper mit der Form eines Kreisabschnittes gleichgesetzt werden kann. Bei Drehung des Mühlenkörpers wird die Mahlkörper-Mahlgut-Füllung durch die zwischen Füllung und Wand vorhandene Reibung in eine bestimmte Schräglage gebracht. Aus dem daraus resultierenden Rückstellmoment $M_{GF}$ kann $P_Z$ berechnet werden. Da die innere Reibung der Mahlkörper-Mahlgut-Füllung häufig kleiner ist als die der kompakt aufliegenden Füllung an der Mühlenwand, treten bei bestimmten Auslenkwinkeln $\beta^*$ Böschungseffekte in der Füllung auf. Der sich dadurch einstellende Böschungswinkel $\varphi = \varrho$ entspricht dem möglichen Drehwinkel $\beta^*$, der zur Berechnung des Leistungsbedarfes verwendbar ist [313]:

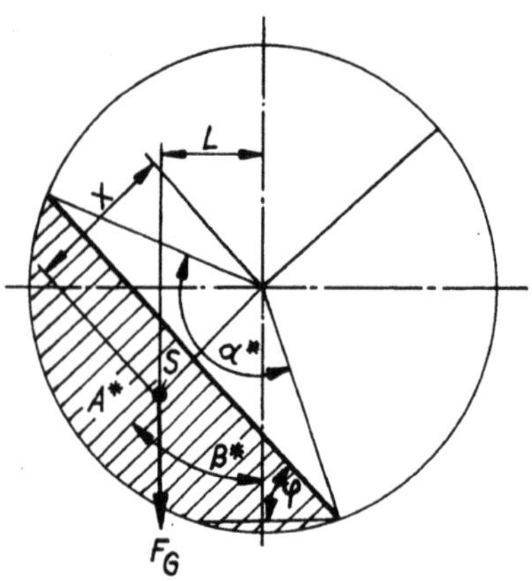


Bild 4.274. Modell zur Berechnung des Leistungsbedarfes $P_z$ beim Kaskadenzustand

$$P_Z = M_{GF}\omega; \qquad M_{GF} = F_{GF}X \sin\beta^* \qquad (4.414)$$

$$F_{GF} = F_{GMK} + F_{GMG} = (m_{MK} + m_{MG})\,g \qquad (4.415)$$

$$m_{MK} = R^2\pi L\varphi_{MK}\varrho_{MK}$$

$$m_{MG} = V_{MG}\varrho_{MG} = V_o\varphi_{MG}\varrho_{MG} \qquad (4.416)$$

$$V_o = V_{MK} - V_K = m_{MK}(\varrho_{MK}^{-1} - \varrho_K^{-1}) \qquad (4.417)$$

($F_{GMK}$ Schwerkraft der Mahlkörperfüllung; $F_{GMG}$ Schwerkraft der Mahlgutfüllung; $V_{MG}$ Mahlgutvolumen; $\varrho_{MG}$ Mahlgutdichte, die vor allem vom Porenvolumen in der Mahlgutschüttung und von der Mahlkörperfüllung abhängig ist (mit zunehmender Feinheit wird der Anteil des Porenvolumens in der Mahlgutschüttung größer), bei Feinmahlung $\varrho_{MG} \approx 0{,}5\varrho$ und $\varrho_{MG} \approx 0{,}6\varrho$ bei Grobmahlung; $V_0$ Porenvolumen der Mahlkörper; $V_{MK}$ Schüttvolumen der Mahlkörper; $V_K$ kompaktes Volumen der Mahlkörpermasse; $\varphi_{MG}$ Mahlgut-Füllungsgrad (Zur Gewährleistung einer günstigen Energieausnutzung im Arbeitsraum muß die Mahlkörpermasse $m_{MK}$ und die Mahlgutmasse $m_{MG}$ unter Beachtung des Porenvolumens der Mahlkörper in einem bestimmten Verhältnis stehen. Dabei wird davon ausgegangen, daß die Mahlkörper an der Oberfläche der Schüttung nicht frei liegen und beim Abrollen bzw. beim Wurf stets auf eine Mahlgutschicht auftreffen. Eine Überschüttung um 10 bis 15 % ist zweckmäßig ($\varphi_{MG} = 1{,}1$ bis $1{,}15$). Da das Mahlkörper-Mahlgut-Verhältnis in Auswertung praktischer Erfahrungen im Bereich von $k_\varphi = m_{MK}/m_{MG} = 8$ bis $15$ bzw. $m_{MG} = (0{,}067$ bis $0{,}125)m_{MK}$ liegt [73, 367 bis 370], kann zur Vereinfachung der Berechnung von $P_Z$ nach (4.414) ein Mittelwert für $m_{MG} = 0{,}1m_{MK}$ eingesetzt werden, so daß sich für $F_{GF} = 1{,}1F_{GMK}$ ergibt); $\varrho_{MK}$ Schüttdichte der Mahlkörper ($\varrho_{MK} = 0{,}56\varrho = 4400$ kg m$^{-3}$ für $d_{MK} = 60$ bis $100$ mm, $\varrho_{MK} = 0{,}59\varrho = 4600$ kg m$^{-3}$ für $d_{MK} = 30$ bis $60$ mm, $\varrho_{MK} = 0{,}62\varrho = 4850$ kg m$^{-3}$ für $d_{MK} = 20$ bis $30$ mm bei Stahlkugeln, $\varrho_{MK} = 0{,}63\varrho = 4950$ kg m$^{-3}$ für $d_{MK} = 10$ bis $30$ mm bei Cylpebs und $\varrho_{MK} = 0{,}835\varrho = 6500$ kg m$^{-3}$ für Stahlstangen); $\varrho$ Reindichte ($\varrho = 7850$ kg m$^{-3}$ für Stahl, geschmiedet und gewalzt, $\varrho = 7500$ kg m$^{-3}$ für Stahlguß und $\varrho = 2500$ bis $2650$ kg m$^{-3}$ für Flintsteine)).

Durch Einsetzen von (4.417) und (4.393) in (4.414) und entsprechender Vereinfachung folgt für $P_Z$:

$$P_Z = 3{,}63D^{3,5}\lambda\varrho_{MK}\psi \sin\beta^* \sin^3(\alpha^*/2) \qquad (4.418)$$

Faßt man die in (4.418) bei geometrischer Ähnlichkeit enthaltenen konstanten Parameter zusammen, so erhält man bei einem bestimmten Füllungsgrad $\varphi_{MK}$ und einem gewählten Drehzahlverhältnis $\psi$ den Leistungsbedarf $P_Z$ in folgender Form:

$$P_Z = c_{P1}\lambda D^{3,5} \tag{4.419}$$

**Leistungsbedarf ($P_Z$) beim Kataraktzustand:** $P_Z$ setzt sich bei endlichem Füllungsgrad aus den Veränderungen der potentiellen und kinetischen Energie zusammen und ergibt sich unter Berücksichtigung von (4.402) sowie der mittleren Umlaufzahl $Z_m$ nach (4.410) bzw. (4.412) zu

$$P_Z = (W_{pot} + W_{kin})/t_{Um} = Wnz_m \tag{4.420}$$

Für $W$ kann nach (4.402) mit $m_{MK}$ und $v_m$, bezogen auf $R_m$ ($v_m = \sqrt{R(1+k^2)\,\psi^2\pi/2}$) bzw. $\alpha_{1m}$ (4.411), geschrieben werden:

$$W = m_{MK}v_m^2(9 - 8\cos^2\alpha_{1m})/2 \tag{4.421}$$

Durch Einsetzen von (4.421), (4.412) und (4.393) in (4.420) sowie durch entsprechende Umformung und Vereinfachung erhält man für $P_Z$:

$$P_Z = 0{,}685D^{3,5}\lambda\varrho_{MK}\psi^3 \times [9(1-k^4) - 16\psi^4(1-k^6)/3] \tag{4.422}$$

Analog (4.419) kann durch Zusammenfassung aller Konstanten für (4.422) geschrieben werden:

$$P_Z = c_{P2}\lambda D^{3,5} \tag{4.423}$$

**Leistungsbedarf zur Überwindung der Lagerreibung ($P_L$):** Diese ist wesentlich kleiner als der Leistungsbedarf für die Umwälzung der Mahlkörper-Mahlgut-Füllung.

$$P_L = F_{RL}v = F_{GR}\mu v_L \tag{4.424}$$

Nach Bild 4.275 setzt sich die resultierende Kraft $F_{GR}$ aus der Schwerkraft des Mühlenkörpers mit Einbauten $F_{GM}$ sowie aus der Schwer- und Zentrifugalkraft der auf dem ersten Bewegungsabschnitt $\overline{01}$ aufliegenden Mahlkörper-Mahlgut-Masse $m_{F\overline{01}} = m_{MK} + m_{MG}$ zusammen. Unter Berücksichtigung eines Mahlgut-Mahlkörper-Verhältnisses von $m_{MG} \approx 0{,}1m_{MK}$ und eines Ankopplungsfaktors $k_F$ kann für den auf dem Bewegungsabschnitt $\overline{01}$ liegenden Mahlkörper-Mahlgut-Anteil geschrieben werden:

$$F_{GF\overline{01}} = k(F_{GMK} + F_{GMG}) = 1{,}1k_F F_{GMK} \tag{4.425}$$

$$F_{GFz} = m_{F\overline{01}}R_m\omega^2 \tag{4.426}$$

($k_F$ Masseankopplungsfaktor am Bewegungsabschnitt $\overline{01}$; $R_m$ mittlerer Radius der Mahlkörper-Mahlgut-Füllung nach (4.411) und (Bild 4.272) (bei $\varphi_{MK} = 0{,}3$ und $\psi = 0{,}75$ beträgt $k_F = 0{,}55$ und $k_F = 0{,}8$ bis $0{,}95$ bei ausgeprägtem Kaskadenzustand; mit $R_m = 0{,}86R$ und $\omega = 2{,}38\sqrt{R}$ in $s^{-1}$ erhält man $F_{GFz} = 3{,}42m_{MK}$ in N))

Die resultierenden Kräfte $F_{GR}$ und $F_{GFR}$ erhält man wie folgt:

$$F_{GR} = \sqrt{F_{GFR}^2 + F_{GM}^2 - 2F_{GFR}F_{GM}\cos 160°} \tag{4.427}$$

$$F_{GFR} = \sqrt{F_{GFz}^2 + F_{GF\overline{01}}^2 - 2F_{GFz}F_{GF\overline{01}}\cos 120°} \tag{4.428}$$

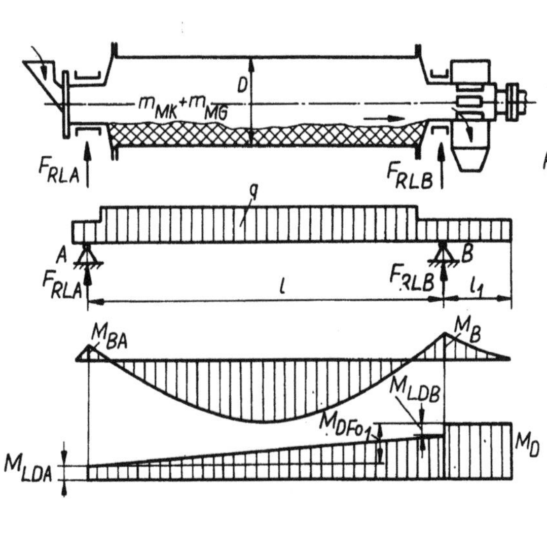


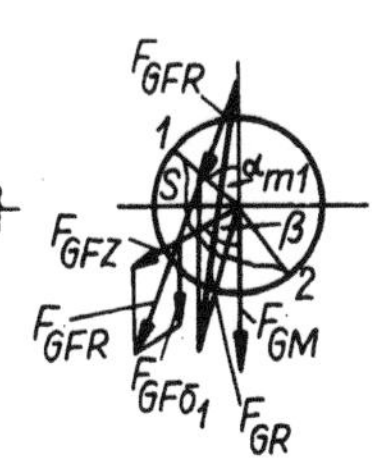


Bild 4.275. Modell zur Berechnung der Kräfte und Momente bei einer Rohrmühle mit Zentralantrieb [73]

**Leistungsbedarf ($P_{mech}$) nach Erfahrungswerten:** Die in Veröffentlichungen genannten Beziehungen lassen sich meist auf die Grundgleichung (4.419) $P = c_p \lambda D^{3,5}$ zurückführen. Die Ergebnisse weichen jedoch z. T. voneinander ab, da die unabhängig von der relativen Drehzahl angegebenen Erfahrungswerte nur in einem eng begrenzten Bereich gelten.

*a) Berechnungsmethode nach Blanc*: Unter der Annahme, daß das Mahlkörper-Mahlgut-Gemisch nach Bild 4.274 ausgelenkt wird und daß das dabei auftretende Rückstellmoment je nach Mahlkörpermasse bzw. -Füllungsgrad während des Betriebes konstant bleibt, wurde $P_{mech}$ für die Drehzahl $n = 32/\sqrt{D}$ in $\min^{-1}$ wie folgt ermittelt:

$$P_{mech} = C_{Bl} m_{MK} \sqrt{D}/1{,}36 \quad \text{in kW} \qquad (4.429)$$

Soll (4.429) für beliebige Drehzahlen verwendet werden, so ergibt sich nach Umformung:

$$P_{mech} = C^*_{Bl} m_{MK} D n \quad \text{in kW} \qquad (4.430)$$

($C_{Bl} = 1{,}36 \cdot 32 C^*_{Bl} = 43{,}5 C^*_{Bl}$)

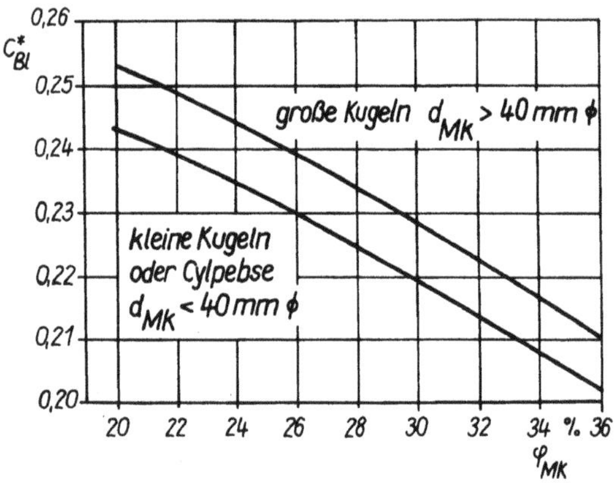


Bild 4.276. Faktor $C^*_{Bl}$ zur Ermittlung des Leistungsbedarfes $P_{mech}$ von Trommel- und Rohrmühlen [373, 376]

*b) Berechnungsmethode mit Hilfe des spezifischen Leistungsbedarfes $P_{0V}$ und $P_{0MK}$*:

$$P_{mech} = P_{0V} V_M \varrho_{MK} \sqrt{D} = P_{0V} m_{MK} \sqrt{D}/\varphi_{MK} \qquad (4.431)$$

$$P_{mech} = P_{0MK} m_{MK} \qquad (4.432)$$

($P_{0V}$ auf das wirksame Mahlraumvolumen $V_M$ bezogener Leistungsbedarf (für eine Mühle mit einem Mahlraumvolumen von 1 m³ und einer Mahlkörper-Schüttdichte von 1 t m$^{-3}$ ist $P_{0V}$ in Tabelle 4.17 angegeben); $P_{0MK}$ auf die Mahlkörpermasse bezogener Leistungsbedarf, der Tabelle 4.18 zu entnehmen ist)

*Tabelle 4.18. Spezifischer Leistungsbedarf $P_{0MK}$*

| $D$ [m] | $\varphi_{MK}$ 0,2 | 0,3 | 0,4 | 0,5 |
|---|---|---|---|---|
| 1,0 | 8,1 | 7,3 | 6,3 | 5,2 |
| 1,5 | 9,9 | 8,9 | 7,7 | 6,3 |
| 2,0 | 11,4 | 10,3 | 8,8 | 7,3 |
| 2,5 | 12,8 | 11,5 | 9,9 | 8,1 |

**Bestimmung des Leistungsbedarfes aus Mahlversuchen in Modellmühlen:** Derartige Methoden, die neben dem spezifischen Arbeitsbedarf bzw. der Mahlbarkeit und dem Durchsatz auch über die Fließfähigkeit des Mahlgutes und die Transportbedingungen in der zu verwendenden Mühle Aufschluß geben können, sind notwendig, wenn eine gute Anpassung an die jeweiligen Einsatz- bzw. Zerkleinerungsbedingungen angestrebt wird. Zur Versuchsdurchführung werden spezielle Labor- oder geometrisch ähnliche Mühlen unter ähnlichen Zerkleinerungsbedingungen eingesetzt. Da bei der Übertragung der Versuchsergebnisse auf Betriebsmühlen Korrekturfaktoren erforderlich sein können, müssen die Haupteinflußfaktoren einschließlich konstruktiver Besonderheiten und Betriebsbedingungen beachtet werden.

*Tabelle 4.17. Spezifischer Leistungsbedarf $P_{0V}$*

| $\varphi_{MK}$ | $\psi$ 0,7 | 0,75 | 0,8 | 0,85 | 0,9 | 0,95 | 1,0 |
|---|---|---|---|---|---|---|---|
| 0,3 | 1,89 | 1,96 | 1,96 | 1,89 | — | — | — |
| 0,35 | — | 2,23 | 2,26 | 2,20 | 2,01 | 1,71 | 1,22 |
| 0,4 | — | 2,47 | 2,54 | 2,48 | 2,31 | 1,99 | 1,47 |
| 0,45 | — | — | 2,78 | 2,76 | 2,60 | 2,27 | 1,73 |
| 0,5 | — | — | — | 3,01 | 2,88 | 2,54 | 1,99 |

*Tabelle 4.19. Korrekturfaktoren zur Berechnung des Arbeitsindex $W_i$*

| | Art der Abweichung von der Modellmühle | k | |
|---|---|---|---|
| $k_1$ | Trockenmahlung | 1,3 | |
| $k_2$ | Mahlung im offenen Kreislauf (Durchlaufmahlung) für verschiedene Durchgangswerte bei $d_F = 100\ \mu m$ | 50% | 1,035 |
| | | 60% | 1,05 |
| | | 70% | 1,10 |
| | | 80% | 1,20 |
| | | 90% | 1,40 |
| | | 92% | 1,46 |
| | | 95% | 1,57 |
| | | 98% | 1,70 |
| $k_3$ | verschiedene Mühlendurchmesser ($k_3 = 1$ bei $D = 2{,}45$ m) | $\left(\frac{2{,}45}{D}\right)^{0{,}2}$ | |
| $k_4$ | extrem feine Mahlungen $d_{F80} < 60\ \mu m$ | $\frac{d_{F80} + 10{,}3}{1{,}145 \cdot d_{F80}}$ | |

Bei Anwendung der Bondschen Zerkleinerungstheorie, bei der der Arbeitsindex $W_i$ nach Abschn. 4.2.2. ((4.45) und (4.46)) den spezifischen Arbeitsbedarf für die Zerkleinerung von $d_A = \infty$ auf $d_{F80} = 100\ \mu m$ darstellt und mit einer speziellen Laborkugelmühle nach (4.47) ermittelt wird [452, 456, 459], ist zu beachten, daß die in Tabellen und Diagrammen (vgl. Tabelle 4.3 und Bild 4.10) angegebenen $W_i$-Werte nur für Kreislaufmahlungen in Naßkugelmühlen mit den Mahlraumabmessungen von 2450 × 2450 mm gelten. Bei anderen Mühlenarten und Betriebsbedingungen sind die in Tabelle 4.19 zusammengestellten Korrekturfaktoren zu beachten [58, 347, 348]. Treffen gleichzeitig mehrere Abweichungen zu, so ist $k$ das Produkt der Einzelfaktoren. Da $W_i$ nur die Arbeitsbeträge in der Mühle erfaßt, muß bei der Ermittlung von $P_{mech}$ mittels $W_{oB}$ nach (4.46) bis (4.48) bzw. Bild 4.277 der mechanische Wirkungsgrad $\eta_{mech}$ des Mühlenantriebes und der Lagerung berücksichtigt werden:

$$P_{mech} = W_{oB}\dot{m}_F/\eta_{mech}$$
$$= 10k W_i(d_{F80}^{-0,5} - d_{A80}^{-0,5})\ \dot{m}_F/\eta_{mech} \qquad (4.433)$$

($k = k_1k_2k_3k_4$ Korrekturfaktor nach Tabelle 4.19)

Bei der Anwendung spezieller Mahlbarkeitsprüfverfahren, z. B. nach *Hardgrove*, *Zeisel* usw., deren Arbeitsprinzip und Beanspruchungsmechanismus von dem der Sturzmühlen abweicht, werden Mahlbarkeitskoeffizienten ermittelt, die mit geeigneten Methoden auf den Bondschen Arbeitsindex $W_i$ bzw. auf den spezifischen Arbeitsbedarf $W_{o\dot{m}}$ umzurechnen sind (vgl. Abschn. 4.2.2., (4.45) bis (4.49)) [19, 347 bis 355].

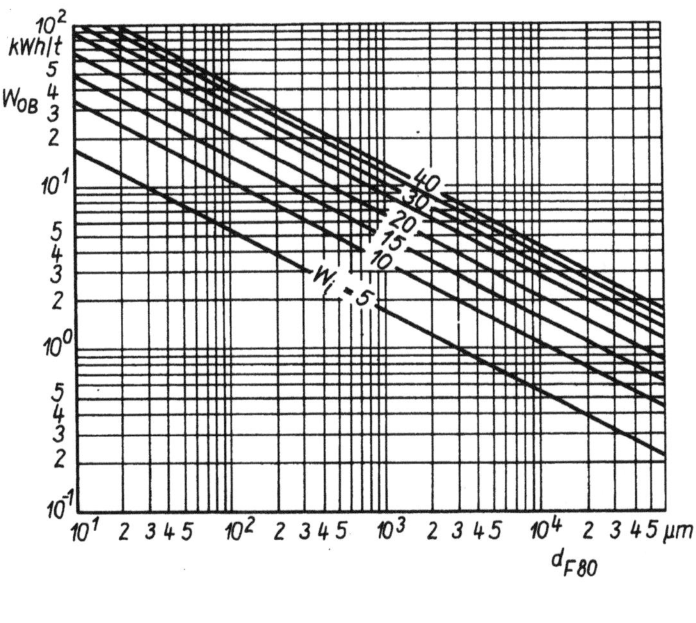


Bild 4.277. Spezifischer Arbeitsbedarf $W_{oB}$ in Abhängigkeit von der Fertiggut-Korngröße $d_{F80}$ bei verschiedenen $W_i$-Werten

Ein weiteres Verfahren zur experimentellen Ermittlung von $W_{o\dot{m}}$ mittels einer Modellmühle wurde von *Mittag* vorgeschlagen [361]. Dabei wird $W_{o\dot{m}}$ in Abhängigkeit vom erreichten Zerkleinerungsfortschritt durch Messung des zum Antrieb der Trommel erforderlichen Drehmomentes sowie mittels der in regelmäßigen Zeitabständen aus dem Mahlraum entnommenen Proben ermittelt. Die damit erhaltenen Ergebnisse können auf Betriebsmühlen übertragen werden, wenn die unter gleichen Bedingungen betriebene Labormühle einen Mindestdurchmesser von etwa $D = 800$ mm besitzt. Das Verhältnis des Leistungsbedarfes für die Betriebs- und Modellmühle kann dabei bei ähnlichen Zerkleinerungsbedingungen wie folgt geschrieben werden:

$$P_{\text{mech}}/P_{\text{mech m}} = \dot{m}/\dot{m}_{\text{m}} \tag{4.434}$$

Außerdem kann unter Berücksichtigung von (4.418) und (4.419) bzw. (4.422) und (4.423) bei geometrischer Ähnlichkeit und ähnlichen Zerkleinerungsbedingungen auch (4.435) zur Übertragung ermittelter Versuchsergebnisse aus der Praxis verwendet werden:

$$P_{\text{mech}}/P_{\text{mech m}} = C_{\text{P}}D^{2,5}L/C_{\text{P}}D_{\text{m}}^{2,5}L_{\text{m}} = \lambda^{3,5} \tag{4.435}$$

### 4.12.1.3. Durchsatz

Analog zur Berechnung und experimentellen Ermittlung des Leistungsbedarfes von Sturzmühlen sind auch zur Durchsatzbestimmung mehrere Methoden, bei denen u. a. spezifische Durchsätze $\dot{m}_{\text{o}}$ zugrunde gelegt werden, bekannt geworden [54, 290, 291, 347, 361, 363]. Da die Zerkleinerungsbedingungen in Sturzmühlen in weiten Grenzen variieren und die wirkenden Einflußfaktoren nicht alle erfaßt werden können, ist eine theoretische Berechnung des Durchsatzes nicht möglich. Bei der experimentellen Durchsatzbestimmung mittels Modell- oder Betriebsmühlen müssen die Haupteinflußfaktoren beachtet und ähnliche Zerkleinerungs- und Betriebsbedingungen wie bei den zu dimensionierenden Betriebsmühlen zugrunde gelegt werden, wenn der damit bestimmte spezifische Arbeitsbedarf $W_{o\dot{m}}$ für verschiedene Mühlengrößen benutzt werden soll. Unter dieser Voraussetzung kann $\dot{m}$ bei bekanntem Leistungsbedarf P (z. B. ermittelt nach *Bond* (4.433)) und bekanntem spezifischem Arbeitsbedarf $W_{o\dot{m}}$ nach (3.19) überschläglich berechnet werden:

$$\dot{m} = P(\dot{m})/W_{o\dot{m}} = P(\dot{m})\,\dot{m}_{\text{oP}} \tag{4.436}$$

($\dot{m}_{\text{oP}}$ spezifischer Durchsatz ($\dot{m}_{\text{oP}} = 1/W_{o\dot{m}} = 0{,}03$ bis $0{,}05$ t kWh$^{-1}$ bei Trockenmahlung von harten bis mittelharten Materialien und 0,035 bis 0,065 t kWh$^{-1}$ bei Naßmahlung))

Wird in (4.436) für $P(\dot{m})$ der Leistungsbedarf $P_{\text{Z}}$ nach (4.419) oder (4.423) eingesetzt, so kann geschrieben werden:

$$\dot{m} = \dot{m}_{\text{oP}}c_{\text{P}}D^{3,5}\lambda = \dot{m}_{\text{oP}}c_{\text{P}}D^{2,5}L \tag{4.437}$$

Bei geometrischer Ähnlichkeit und den vorausgesetzten ähnlichen Zerkleinerungsbedingungen ($\dot{m}_{\text{oP}}$, $c_{\text{P}}$, $\lambda$ = konst.) können die mit Modellmühlen (möglichst mit Mahlraum-Durchmessern $D > 800$ mm [361]) bestimmten Durchsätze $\dot{m}_{\text{m}}$ analog (4.435) auf Betriebsmühlen übertragen werden:

$$\dot{m}/\dot{m}_{\text{m}} = D^{2,5}L_2/D_{\text{m}}^{2,5}L_{\text{m}} = \lambda^{3,5} \tag{4.438}$$

Der Durchsatz steigt in Abhängigkeit der Mahlraumabmessungen progressiver als der Leistungsbedarf. Deshalb liegt der Exponent meist bei 3,5 bis 3,6. Weicht der spezifische Durchsatz $\dot{m}_{\text{oP}}$ infolge veränderter Fertiggutfeinheit von den zugrunde gelegten V°rsuchsergebnissen ab, so sind entsprechende Korrekturen notwendig [70, 364]. Verschiedentlich wird der Durchsatz $\dot{m}$ auch mittels eines auf das Mahlraumvolumen bezogenen Durchsatzes $\dot{m}_{\text{oV}}$ bestimmt, der sich mit (4.437) bei $\dot{m}_{\text{oP}}c_{\text{P}} = K$ aus folgender Beziehung ergibt:

$$\begin{aligned}\dot{m}_{\text{oV}} &= \dot{m}/V_{\text{M}} = 4K_1D^{2,5\,\dots\,2,6}\,L/D^2L\pi \\ &= K_2D^{0,5\,\dots\,0,6} \quad \text{in t m}^{-3}\,\text{h}^{-1}\end{aligned} \tag{4.439}$$

($\dot{m}_{\text{oV}} = 0{,}8$ bis 1 t h$^{-1}$ m$^{-3}$ bei Trockenmahlung von mittelharten bis harten Materialien; $\dot{m}_{\text{oV}} = 0{,}9$ bis 1,25 t h$^{-1}$ m$^{-3}$ bei Naßmahlung)

Da der Durchsatz von zahlreichen Parametern abhängt und meist Abweichungen zwischen Modell- und Betriebsmühle in Kauf genommen werden müssen, werden für die wesentlichsten Einflußgrößen Korrekturfaktoren eingeführt [54, 290, 230, 362, 363]. Bei Naßmahlung kann z. B. geschrieben werden [54, 73, 290]:

$$\dot{m} = k_1k_2k_3k_4k_5\dot{m}_{\text{oV}}V_{\text{M}} \tag{4.440}$$

($k_1$ Einfluß des effektiven Mahlraum-Durchmessers ($k_1 = 0{,}7D^{0,6}$); $k_2$ Einfluß der Mühlenart nach Tabelle 4.20; $k_3$ Einfluß der Kornzusammensetzung des Aufgabegutes in Abhängigkeit von $d_{F85}$ nach Tabelle 4.21; $k_4$ Einfluß der Kornzusammensetzung des Fertiggutes, bezogen auf $d_F < 0{,}074$ mm nach Tabelle 4.22; $k_5$ Einfluß des Umlauffaktors (Mahlgutumlauf) nach Tabelle 4.23 ($k_5$ gilt nur für die Feinmahlung bei $d_F < 0{,}2$ mm))

Bei Trockenmahlung in Mehrkammermühlen im offenen und geschlossenen Kreislauf ist nach *Towarow* (4.441) verwendbar [365, 366, 73, 70]:

$$\dot{m} = 6{,}7\dot{m}_{oP}c_1c_2c_3V\sqrt{D}\sqrt{m_{MK}/V} \quad \text{in t h}^{-1} \tag{4.441}$$

($\dot{m}_{oP}$ spezifischer Durchsatz, bezogen auf $R_{0,09} = 10\,\%$ (Durchschnittswert bei Zementklinkern $\dot{m}_{oP} = 0{,}04$ t kWh$^{-1}$); $c_1$ Mahlbarkeitskoeffizient nach Tabelle 4.24; $c_2$ Einflußfaktor für die Fertiggutfeinheit $R_{0,09}$ nach Tabelle 4.25; $c_3$ Einflußfaktor für die Mühlenart nach Tabelle 4.26)

Weitere Methoden zur Bestimmung des Durchsatzes bei Trocken- und Naßmahlung im offenen oder geschlossenen Kreislauf sind in [1, 54, 70, 330, 362 bis 364] aufgeführt.

### 4.12.1.4. Entlüftung, Kühlung und Mahltrocknung

Während bei den Luftstrommühlen der Mahlguttransport aus der Mahlkammer ausschließlich pneumatisch erfolgt und die Mühlen ständig belüftet oder bei der Mahltrocknung mit Heißgas beaufschlagt werden, ist bei Durchlauf- und Austragkammermühlen kein Trägermedium für den Mahlgutaustrag notwendig (Bild 4.278).

*Tabelle 4.20. Einfluß der Mühlenart*

| Mühlenart | $k_2$ |
|---|---|
| Überlauf-Kugelmühle | 1 |
| Austragkammer-Kugelmühle | 1,2 |
| Stabmühle (für $d_F = 0{,}2$ mm) | 1 |

*Tabelle 4.22. Einfluß der Korngrößenzusammensetzung des Fertiggutes*

| Körnung des Fertiggutes $d_F$ in mm | $k_4$ |
|---|---|
| 0,5 bzw. 35 % ≦ 0,075 | 2,84 |
| 0,4 bzw. 40 % ≦ 0,075 | 2,00 |
| 0,3 bzw. 50 % ≦ 0,075 | 1,43 |
| 0,2 bzw. 65 % ≦ 0,075 | 1,00 |
| 0,15 bzw. 80 % ≦ 0,075 | 0,70 |
| 0,10 bzw. 90 % ≦ 0,075 | 0,50 |
| 0,075 bzw. 100 % ≦ 0,075 | 0,35 |

**Entlüftung und Kühlung:** Da bei der Trockenmahlung in Abhängigkeit von der Aufgabeguttemperatur und -feuchtigkeit sowie Verweilzeit des Mahlgutes in der Mahlkammer eine große Mahlwärme entsteht, die bei verschiedenen Mahlgütern, wie Zement, zu einer Qualitätsminderung sowie zu einer starken Agglomeration feiner Körnungen führen kann, müssen verschiedentlich auch Durchlauf- und Austragkammermühlen belüftet und das Mahlgut z. T. mit Wasser bedüst werden. Damit wird gleichzeitig die Entstaubung der Mahlkammern vorgenommen und der Mahlguttransport in der Mühle unterstützt [476, 477, 480].

**Mahltrocknung:** Unter Mahltrocknung wird die gleichzeitige oder unmittelbar nacheinander stattfindende Zerkleinerung und Trocknung von feuchtem Aufgabegut in einer Mahlanlage verstanden. Sie besitzt in Verbindung mit pneumatischem Mahlguttransport und ständiger Vergrößerung der spezifischen Oberfläche sowie Mahlgutauflockerung Vorteile gegenüber einer konventionellen Trocknung, z. B. in einer Trockentrommel, und zeichnet sich durch die energetisch günstige Möglichkeit aus, auch minderwertige Anfallenergie für

*Tabelle 4.21. Einfluß der Korngrößenzusammensetzung des Aufgabegutes in Abhängigkeit von der Feinheit des Fertiggutes*

| Körnung des Aufgabegutes in mm | $k_3$ (bei Mahlung auf $d_{F85}$ in mm) 0,5 | 0,4 | 0,3 | 0,2 | 0,15 | 0,1 | 0,075 |
|---|---|---|---|---|---|---|---|
| 40 ... 0 | 0,70 | 0,70 | 0,80 | 0,84 | 0,90 | 0,91 | 0,93 |
| 25 ... 0 | 0,77 | 0,77 | 0,87 | 0,90 | 0,94 | 0,93 | 0,95 |
| 20 ... 0 | 0,83 | 0,83 | 0,90 | 0,92 | 0,96 | 0,96 | 0,96 |
| 13 ... 0 | 1,00 | 1,00 | 1,00 | 1,00 | 1,00 | 1,00 | 1,00 |
| 10 ... 0 | 1,13 | 1,08 | 1,04 | 1,03 | 1,03 | 1,03 | 1,02 |
| 5 ... 0 | 1,36 | 1,20 | 1,19 | 1,12 | 1,09 | 1,07 | 1,07 |
| 2,5 ... 0 | — | — | 1,28 | 1,19 | 1,14 | 1,10 | 1,09 |
| 1,5 ... 0 | — | — | 1,32 | 1,23 | 1,15 | 1,13 | 1,12 |

| Umlaufende Last in % | 0 | 100 | 200 | 300 | 400 | 500 | 600 |
|---|---|---|---|---|---|---|---|
| $k_5$ | 1,00 | 1,30 | 1,42 | 1,52 | 1,60 | 1,66 | 1,70 |

*Tabelle 4.23. Einfluß der umlaufenden Last (Mahlgutumlauf) (gilt für die Feinmahlung bei $d_F$ = 0,2 bis 0 mm)*

*Tabelle 4.24. Mahlbarkeitskoeffizient* [70]

| Mahlgut | Koeffizient $c_1$ |
|---|---|
| Drehofenklinker | 1,00 |
| Klinker von automatischen Schachtöfen | 1,15 ... 1,25 |
| Hochofenschlacke (granuliert) | 0,55 ... 1,10 |
| Kreide | 3,70 |
| Ton | 3,00 ... 3,50 |
| Mergel | 1,40 |
| Kalkstein | 1,20 |
| Quarzsand | 0,6 ... 0,7 |
| Steinkohle | 0,8 ... 1,6 |

| $R_{0,09}$ | Koeffizient $c_2$ |
|---|---|
| 2 | 0,59 |
| 4 | 0,71 |
| 6 | 0,82 |
| 8 | 0,91 |
| 10 | 1,00 |
| 12 | 1,09 |
| 14 | 1,17 |
| 16 | 1,26 |
| 18 | 1,34 |
| 20 | 1,42 |

*Tabelle 4.25. Einflußfaktor für die Fertiggutfeinheit*

*Tabelle 4.26. Einflußfaktor für die Mühlenart*

| Mühlenschaltung | Mühlenart | Koeffizient $c_3$ |
|---|---|---|
| Offener Kreislauf (Durchlaufmahlung) | Mehrkammermühlen | |
| | *a*) 3 bis 4 Kammern | 1,0 |
| | *b*) 2 Kammern | 0,9 |
| Geschlossener Kreislauf | Luftstrom- und Becherwerks-Umlaufmühlen (Sichtermühlen) | 1,3 ... 1,5 |

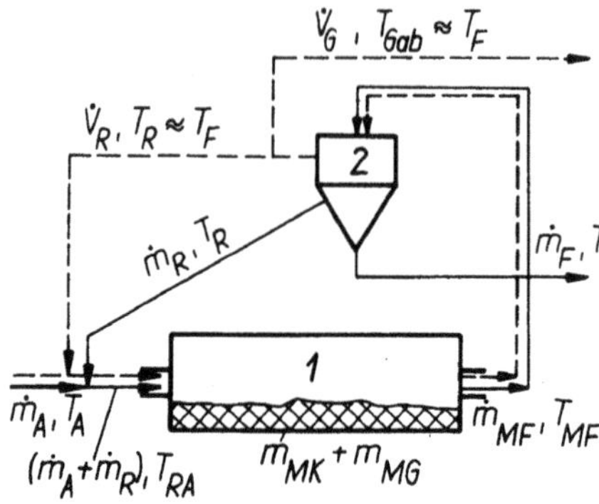


Bild 4.278. Schema zur Darstellung der Massen- und Volumenströme sowie ihrer Temperaturen bei einer im Kreislauf arbeitenden Sturzmühle

*1* Mühle; *2* Sichter

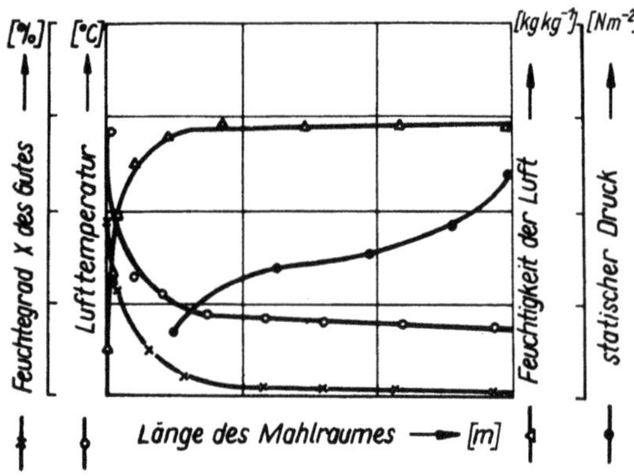


Bild 4.279. Trocknungs- und Temperaturverlauf in Abhängigkeit von der Mahlraumlänge einer Sturzmühle

den Trocknungsprozeß auszunutzen [488 bis 491]. Je nach der Mahlgutqualität, Mahlraumgestaltung, Heißgastemperatur ` und der Zerkleinerungsmethode, z. B. autogene Zerkleinerung in Aerofallmühlen, können die Aufgabegutfeuchtigkeiten bei der Mahltrocknung bis 20% betragen. Da zur Mahltrocknung meist Anfallenergien in Form von Ofenabgasen mit Temperaturen zwischen 250 bis 600 °C verwendet werden und der Durchsatz bei Sturzmühlen mit Mahlkörpern bei Mahlgutfeuchtigkeiten über 6 bis 7% stark abfällt, müssen bei Feuchtigkeitsgehalten >5% Vortrocknerstufen in Form von Pralltrocknern sowie höhere Rauchgastemperaturen evtl. mit Zuheizung (700 bis 800 °C) verwendet werden. Bei Feuchtigkeiten <5% sind Vortrocknungskammern im Mühlenkörper ausreichend (vgl. Bild 4.286). Bei der Mahltrocknung, deren qualitativer Trocknungs- und Temperaturverlauf aus Bild 4.279 hervorgeht, ist eine Gleichstromtrocknung vorhanden. Sie kann meist in folgende zwei Bereiche unterteilt werden:

*a*) Anlaufbereich mit hohen Relativgeschwindigkeiten und Temperaturen, die zu einem schnellen Anstieg der Rauchgasfeuchtigkeit führen. Der Anlaufbereich ist beendet, wenn das Mahlgut die gewünschte Kornverteilung und die Teilchen stationäre Sinkgeschwindigkeit erreicht haben.
*b*) Beim stationären Bereich sind Relativgeschwindigkeiten und Temperaturdifferenz klein, so daß die Intensität der Trocknung wesentlich geringer ist.

**Wärmebilanz bei der Kühlung und Mahltrocknung:** Bei der Trockenmahlung und Mahltrocknung wird die Mahlguttemperatur und -feuchtigkeit am Mühlenauslauf durch folgende Faktoren beeinflußt [281 bis 283, 528]:

— Temperatur und spezifische Wärmekapazität des Aufgabegutes sowie des Trägermediums
— Aufgabegutfeuchtigkeit bzw. Menge des in die Mahlkammer eingedüsten Kühlwassers (z. B. bei der Zementmahlung etwa 2 bis 3%, bezogen auf den Fertiggut-Durchsatz)
— Wärmeäquivalent der vom Mühlenmotor in der Mahlkammer aufgenommenen Leistung ($P_Z$) sowie des mit dem Aufgabegut und Trägermedium zugeführten Wärmestromes
— Wirksamkeit der Mahlkammerbelüftung (Trägergas-Durchsatz, Strömungsgeschwindigkeit, Turbulenzgrad der Strömung und Relativgeschwindigkeit, Verweilzeit des Mahlgutes in der Schwebe usw.)
— Umlauffaktor, der bei Luftstrom-Mahlanlagen $U = 1{,}3$ bis 1,8, Kreislauf-Mahlanlagen mit Endaustrag $U = 1{,}5$ bis 2,4 und bei Kreislauf-Mahlanlagen mit Mittenaustrag $U = 2{,}5$ bis 3 betragen kann [480]
— Verweilzeit des Mahlgutes in der Schwebe sowie Beladungsverhältnis $\mu$ in kg Feststoff je kg Trägermedium
— Kornverteilung und Kornform des Mahlgutes
— geometrische Abmessungen von Mahlkammer sowie Einbauten
— Umgebungstemperatur und Wärmeübergangsbedingungen
— Enthalpie des Fertiggut-Massenstromes
— Enthalpie des Abgasstromes aus den Entstaubungseinrichtungen
— Mahlkörpergattierung, Mahlkörper- und Mahlgutbewegung bzw. Auflockerung.

Da Luftstrommühlen und Mahltrocknungsanlagen im geschlossenen Kreislauf betrieben werden, sind nachfolgende Berechnungsansätze auf eine Kreislauf-Mahlanlage mit Sichter bezogen worden. Bei der Aufstellung von Energiebilanzen können die Verteilung der Mahlwärme auf die wichtigsten Enthalpien und Wärmeströme sowie die Mahlguttemperatur bei vorgegebenen Einflußfaktoren, wie Durchsatz, Mahlfeinheit, Anfangstemperatur, Umlauffaktor usw., berechnet werden. Bei stationärem Betriebszustand gilt $\dot{Q}_{zu} = \dot{Q}_{ab}$.
Der einer im Kreislauf arbeitenden Sturzmühle zugeführte Energiestrom $\dot{Q}_{zu}$ ergibt sich wie folgt:

$$\dot{Q}_{zu} = \dot{Q}_P + \dot{H}_A + \dot{H}_R + \dot{H}_G \quad \text{in W} \qquad (4.442)$$

($\dot{Q}_P$ Wärmeäquivalent der von den Mühlenmotoren an das Mahlkörper-Mahlgut-Gemisch abgegebenen und in Mahlwärme umgewandelten Leistung, die etwa 85 bis 90% von $P_Z$ beträgt [481, 483, 484]; $\dot{H}_A$ Enthalpiestrom des Aufgabegutes bezogen auf den Umgebungszustand; $\dot{H}_R$ Enthalpiestrom des Grobgut-Rücklaufes; $\dot{H}_G$ Enthalpiestrom des zugeführten Trägergases)

Der abzuführende bzw. abgeführte Energiestrom setzt sich aus folgenden Teilströmen zusammen [481, 483, 527]:

$$\dot{Q}_{ab} = \dot{H}_F + \dot{Q}_{VG} + \dot{Q}_A + \dot{Q}_S + \dot{Q}_W \quad \text{in W} \qquad (4.443)$$

($\dot{H}_F$ Enthalpiestrom des Fertiggutes; $\dot{Q}_{VG}$ vom Träger- oder Spülgas aufgenommener und abgeführter Wärmestrom; $\dot{Q}_A$, $\dot{Q}_S$ Wärmestrom, der von der Mühlenkörper- bzw. von der Sichter- und Rohrleitungsoberfläche durch Konvektion und Strahlung an die Umgebungsluft abgegeben wird; $\dot{Q}_W$ Wärmestrom zur Erwärmung und Verdampfung des Kühlwassers)

Zur Berechnung der zu- und abzuführenden Energieströme sind ausführliche Berechnungsverfahren bekannt [481, 483, 527]. Unter Berücksichtigung der in Bild 4.278 eingetragenen Massen- bzw. Volumenströme lassen sich die abgeführten Energieteilströme wie folgt berechnen [481, 483]:

■ *Enthalpiestrom des Fertiggutes* $\dot{H}_F$:

$$\dot{H}_F = c_F \dot{m}_F (T_F - T_A) \quad \text{in W} \qquad (4.444)$$

($c_F$ spezifische Wärmekapazität in J kg$^{-1}$ K$^{-1}$; $T_F$ Fertiggut-temperatur in K; $T_A$ Mahlgut-Eintrittstemperatur in K)

Nach Einführung eines Umlauffaktors $U = (\dot{m}_F + \dot{m}_R)/\dot{m}_F$ nach (4.208) und entsprechenden Zwischenrechnungen kann an Stelle von (4.444) geschrieben werden:

$$\dot{H}_F = c_F \dot{m}_F (T_F - T_A) - \dot{Q}_S / U \quad \text{in W} \tag{4.445}$$

Bei $\dot{Q}_S = 0$ gilt (4.445) auch für sichterlosen Betrieb.

■ *Aufgenommener Wärmestrom des Spülgases bei Kühlung (Spülluft)*

$\dot{Q}_{VG}$: Die Wärmeübertragung an die Spülluft erfolgt fast ausschließlich über die Mahlgutoberfläche, da alle anderen für die Wärmeübertragung in Frage kommenden Oberflächen, wie die Oberfläche des Mahlraumes und der Mahlkörper, gegenüber der Mahlgutoberfläche vernachlässigbar klein sind. Unter der Annahme, daß die Spülluft infolge intensiver Umspülung der Mahlgutteilchen die Austrittstemperaturen $T_F$ angenommen hat, kann der von ihr aufgenommene Wärmestrom $\dot{Q}_{VG}$ mit (4.446) berechnet werden:

$$\dot{Q}_{VG} = c_{PGN} \dot{V}_{GN} (T_F - T_L) \quad \text{in W} \tag{4.446}$$

($\dot{V}_{GN}$ Spülluft-Durchsatz im Normalzustand in $m^3\,s^{-1}$; $c_{PGN}$ volumetrische Wärmekapazität in $J\,m^{-3}\,K^{-1}$; $T_L$ Temperatur der Umgebungsluft in K).

■ *Von der Mühlenkörperoberfläche an die Umgebungsluft abgegebener Wärmestrom $\dot{Q}_A$*:

$$\dot{Q}_A = \alpha_0 A_M (T_0 - T_L) \quad \text{in W} \tag{4.447}$$

($\alpha_0$ summarischer Wärmeübergangskoeffizient bei Konvektion und Strahlung ($\alpha_0 = \alpha_K + \alpha_S$) in $W\,m^{-2}\,K^{-1}$; $T_0$ mittlere Temperatur der Mühlenkörperoberfläche in K)

$\alpha_0$ ist von der Anströmgeschwindigkeit, d. h. von der Umfangsgeschwindigkeit des Mühlenkörpers $v_{uM}$ und von $T_0$ abhängig. Da $T_0$ bei Trockenmahlung in der Regel 373 K nicht überschreitet und aufgrund der Mahlkammer-Umfangsgeschwindigkeit $v_{uM}$ eine erzwungene Konvektion vorliegt, kann zur überschläglichen Berechnung des Wärmeübergangskoeffizienten $\alpha_0$ (4.448) zugrunde gelegt werden [481, 483]:

$$\alpha_0 = 6{,}17 + 4{,}2 v_{uM} \tag{4.448}$$

Wird $v_{uM}$ in (4.448) unter Berücksichtigung der bei Sturzmühlen üblichen Drehzahlen ermittelt, so kann für den Wärmeübergangskoeffizienten $\alpha_0$ geschrieben werden:

$$\alpha_0 = 6{,}17 + 9{,}28 \psi \sqrt{D} \tag{4.449}$$

Für die mittlere Oberflächentemperatur des Mühlenkörpers $T_0$ gilt:

$$T_0 = [(\lambda_m T_{Wi}/s_M) - \alpha_0 T_L]/[(\lambda_M/s_M) - \alpha_0] \tag{4.450}$$

($T_{Wi}$ Innenwandtemperatur ($T_{Wi} = T_{MG}$); $T_{MG}$ mittlere Mahlguttemperatur in der Mahlkammer ($T_{MG} = (T_M + T_{RA})/2$); $T_{RA}$ Mischtemperatur des frischen Aufgabegutes mit $T_A$ und des Grobgutrücklaufes mit $T_R$)

$$T_{RA} = (\dot{m}_A T_A + \dot{m}_R T_R)/(\dot{m}_A + \dot{m}_R) = [T_A + (U - 1)\, T_F]/U \tag{4.451}$$

($s_M$ Dicke des Mahlkammermantels einschließlich Panzerung sowie vorhandener Zwischenlagen; $\lambda_M$ Wärmeleitfaktor des mehrschichtigen Mantels in $W\,m^{-1}\,K^{-1}$)

$$\lambda_M/s_M = \sum_{i=1}^{i=n} (\lambda_{Mi}/s_{Mi}) \tag{4.452}$$

■ *Wärmestrom $\dot{Q}_S$*: Die Ermittlung des vom Sichter und evtl. Rohrleitungen an die Umgebungsluft abgegebenen Wärmestromes wird analog (4.447) und (4.451) durchgeführt, so daß mit (4.447) und (4.450) geschrieben werden kann [481, 483]:

$$\dot{Q}_S = \alpha_{0S} A_S \{[(\lambda_S T_{Wi}/s_S) - \alpha_{0S} T_L]/[(\lambda_S/s_S) - \alpha_{0S}] - T_L\} \quad \text{in W} \tag{4.453}$$

($T_{Wi} = T_F$ Fertigguttemperatur)

■ *Wärmestrom zur Erwärmung und Verdampfung des Wassers $\dot{Q}_W$*: Unter der Voraussetzung, daß die Wasserdampf- bzw. Brüdentemperatur $T_{Gab}$ an der Ausströmstelle des Sichters der Fertigguttemperatur $T_F$ entspricht und das im Aufgabegut befindliche oder zur Kühlung eingespritzte Wasser beim Eintritt in die Mahlkammer die Umgebungstemperatur ($T_W = T_L$) besitzt, gilt:

$$\dot{Q}_W = \Delta \dot{H}_W = \dot{m}_W [c_W (T_{Gab} - T_L) + x(h'' - h')] \quad \text{in W} \tag{4.454}$$

($c_W$ spezifische Wärmekapazität des Wassers in $J\,kg^{-1}\,K^{-1}$; $h''$ Enthalpie des Sattdampfes; $h'$ Enthalpie des siedenden Wassers; $x$ Dampfanteil)

Aus der Energiebilanz $\dot{Q}_{zu} = \dot{Q}_{ab}$ nach (4.442) und (4.443) kann mittels (4.444) und (4.445) die Mahlguttemperatur $T_F$ oder $T_{MF}$ an der Mahlgut-Austragstelle bzw. bei entsprechender Umstellung und vorgegebener Mahlguttemperatur die Spülluft- bzw. Heizgas- und Wassermenge berechnet werden. (Für überschlägliche Berechnungen des Spülluftstromes bei der Zementvermahlung können nach Erfahrungswerten etwa 0,2 $m^3$ $min^{-1}$ im Normalzustand je kW installierte Antriebsleistungen bei Einkammermühlen und 0,12 bis 0,16 $m^3$ $min^{-1}$ je kW bei Mehrkammermühlen zugrunde gelegt werden. Verschiedentlich werden auch 300 bis 1000 $m^3$ Spülluft je Tonne Zement bzw. eine Spülluftmenge, die dem 3- bis 4fachen Mahlraumvolumen je Minute entspricht, angegeben [70, 486, 487].

Unter Berücksichtigung des bei der Zerkleinerung des Mahlgutes nach (4.442) zugeführten Mahlwärmestromes $\dot{Q}_{zu}$ ergibt sich der für die Mahltrocknung notwendige und mit dem Trocknungsmedium zuzuführende Wärmestrom zu

$$\dot{Q}_T = \dot{Q}_{MT} - \dot{Q}_{zu} \tag{4.455}$$

$$\dot{Q}_{MT} = \dot{Q}_W + \dot{Q}_Ü + \dot{Q}_{VG} + \dot{H}_F + \dot{Q}_A + \dot{Q}_S \text{ in W} \tag{4.456}$$

($\dot{Q}_W$ Wärmestrom, der zum Erwärmen, Austreiben und Verdampfen des Wassers erforderlich ist (je nach Mahltrocknungssystem mit Kammeraustrag und entsprechenden Mahlkreisläufen mit Becherwerken oder pneumatischem Guttransport bei Luftstrommühlen liegt die zur Verdampfung erforderliche spezifische Wärmemenge bei $q_o$ = 5000 bis 6700 kJ $kg^{-1}$ Wasser); $\dot{Q}_Ü$ Wärmestrom, der zum Überhitzen des Dampfes auf die Austrittstemperatur ($t_S = 100 < t_D < 125$ °C) notwendig ist, um eine Kondensation des in den Gasen enthaltenen Wasserdampfes zu vermeiden (bei entsprechenden Druckverhältnissen können die Brüden- bzw. Austrittstemperaturen auch niedriger gewählt werden); $\dot{Q}_{VG}$ vom Trocknungsmedium abgeführter Wärmestrom; $\dot{H}_F$ Enthalpiestrom des Fertiggutes ($T_F$ = 323 bis 333 K bei mechanischem und $T_F$ = 358 bis 373 K bei pneumatischem Mahlguttransport und Kreislaufmahlung [493]))

Zur Berechnung des Stoff- und Wärmeüberganges sowie der Wärmeanteile existieren umfangreiche Berechnungsverfahren, die mit hinreichender Genauigkeit Näherungslösungen ergeben [490, 494 bis 505, 527, 528].

■ *Volumenstrom des Kühl-, Träger- bzw. Heißgases*: Er ist von dem mit der Spülluft abzuführenden bzw. bei der Mahltrocknung zuzuführenden Wärmestrom oder vom Beladungsverhältnis $\mu$ abhängig. Zur Auswahl und Festlegung des Lüfters und der Rohrleitungsquerschnitte sind der durchzusetzende Volumenstrom $\dot{V}_G$ sowie der gesamte Druckabfall $\Delta p_{ges}$ von Bedeutung ($P_{LÜ} = \Delta p_{ges} \dot{V}_G$) (vgl. Abschn. 4.10.1.1., (4.340) bis (4.342)). Dabei sind die aus der Feuchtigkeit des Mahlgutes entstehende Dampfmenge, die Gastemperatur sowie ein Falschluftanteil, der meist mit 10 bis 15% angenommen wird, zu berücksichtigen. Das Beladungsverhältnis liegt bei Luftstrommühlen in den Grenzen von $\mu$ = 0,25 bis 0,5 kg Feststoff je kg Träger- bzw. Trocknungsgas. Während die Gasgeschwindigkeiten bei Luftstrommühlen im Mahlraum durchschnittlich mit etwa $v_G$ = 3 bis 4 m $s^{-1}$ festgelegt werden, ist in den Steigrohrleitungen nach der Mühle mit $v_G$ = 25 bis 35 m $s^{-1}$ zu rechnen. Infolge großer Transportgeschwindigkeiten und entsprechender Volumenströme liegt der spezifische Arbeitsbedarf bei Luftstrommühlen etwa 10 bis 12% höher als bei der mechanischen Gutförderung.

Der Druckabfall $\Delta p_{ges} = \Delta p_G + \Delta p_F$ kann nach (4.340) bzw. (4.342) berechnet werden, wenn $\dot{V}_G$, $v_{Gi}$, $\varrho_{Gi}$, $\mu$ und die Druckverlustbeiwerte $\zeta_i$ aller zur Anlage gehörenden Strömungsabschnitte mit ihren Abmessungen bekannt sind. In Tabelle 4.27 sind

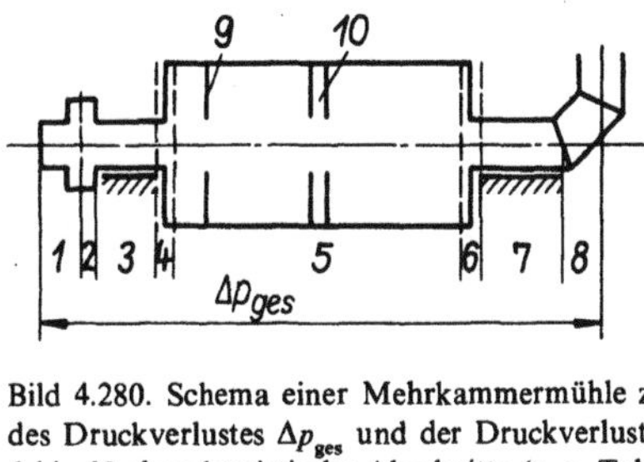


Bild 4.280. Schema einer Mehrkammermühle zur Bestimmung des Druckverlustes $\Delta p_{ges}$ und der Druckverlustbeiwerte $\zeta$ [480] *1* bis *10* charakteristische Abschnitte (s. a. Tab. 4.27)

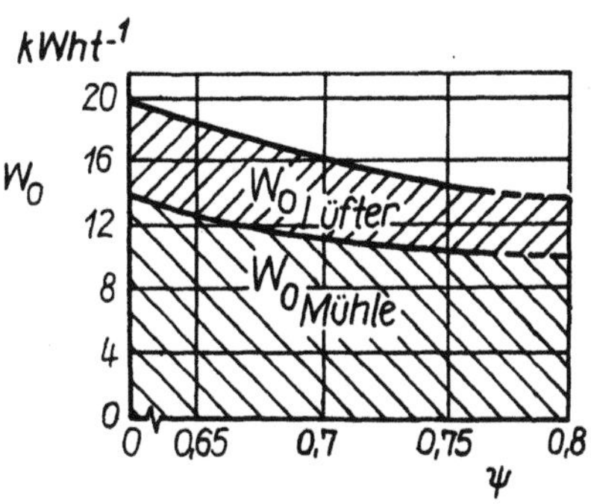


Bild 4.281. Anteile des spezifischen Arbeitsbedarfes für Mühle und Lüfter bei einer Luftstrommühle (Zweikammermühle mit Vortrockenkammer) [480]

*Tabelle 4.27. Druckverlustbeiwerte $\zeta_i$ bezogen auf den Querschnitt des Mühleneintrittzapfens (Bild 4.280)* [480]

| Bereich nach Bild 4.280 | Querschnittsform | Einkammermühlen | | Einkammermühlen mit Trockenkammer | | Zweikammermühlen mit Trockenkammer | |
|---|---|---|---|---|---|---|---|
| | | Beiwert $\zeta_i$ | Anteil % | Beiwert $\zeta_i$ | Anteil % | Beiwert $\zeta_i$ | Anteil % |
| 1 | plötzliche Erweiterung | 0,36 | 11 | 0,36 | 6,5 | 0,36 | 3,5 |
| 2 | Bordeinmündung | 1,0 | 30 | 1,0 | 17 | 1,0 | 9 |
| 3 | Rohr | 0,25 | 8 | 0,25 | 4,5 | 0,25 | 2,5 |
| 4 | plötzliche Erweiterung | 0,63 | 20 | 0,63 | 11 | 0,63 | 6 |
| 5 | Rohr | — | — | — | — | — | — |
| 6 | plötzliche Verengung | 0,38 | 11 | 0,38 | 6,5 | 0,38 | 3,5 |
| 7 | Rohr | 0,25 | 8 | 0,25 | 4,5 | 0,25 | 2,5 |
| 8 | Knieumlenkung 90° | 0,40 | 12 | 0,40 | 7 | 0,40 | 4 |
| 9 | Blende | — | — | 2,5 | 43 | 2,5 | 23 |
| 10 | Doppelblende | — | — | — | — | 2 × 2,5 | 46 |
| Druckverlustbeiwert $\zeta_{ges}$ | | 3,27 | 100 | 5,77 | 100 | 10,77 | 100 |

orientierende Druckverlustbeiwerte und Anteile für verschiedene Mahlraumkonstruktionen (Bild 4.280), bezogen auf den Querschnitt des Mühleneintrittzapfens, dargestellt [480]. Die ausgewiesenen Werte beziehen sich auf den Stillstand der Mühlen, wobei angenommen wurde, daß über der gesamten Mahlraumlänge ein konstanter Gasvolumenstrom ohne Dichteänderung vorliegt. Bei einem Vergleich der in Tabelle 4.27 aufgeführten Druckverlustbeiwerte kann festgestellt werden, daß Zwischenwände große Verluste verursachen und unter dem Gesichtswinkel günstiger Strömungs- und Transportbedingungen auf ein Minimum beschränkt werden bzw., wenn aus zerkleinerungstechnischer Sicht die Möglichkeit besteht, wegfallen sollten. Bild 4.281 zeigt die Anteile des spezifischen Arbeitsbedarfes für die Mühle und den Lüfter bei einer Luftstrom-Mahlanlage.

## 4.12.2. Bauarten

Bei der konstruktiven Gestaltung von Sturzmühlen ist eine große Variationsbreite vorhanden, die sich aufgrund unterschiedlicher Mahlkammerarten, Mahlgut-Ein- und -Austragsysteme, Betriebsweise (Durchlaufmahlung oder geschlossener Kreislauf, Einsatz als Trocken-, Naß- bzw. Autogenmühle) sowie Lager- und Antriebssysteme ergibt. Nachfolgender Betrachtung der Bauarten wird als Einteilungskriterium das Längen-Durchmesser-Verhältnis des Mahlraumes $\lambda = L/D$ ($\lambda \leqq 2$ Trommelmühle, $\lambda > 2$ Rohrmühle, $\lambda < 0,5$ Autogenmühle) zugrunde gelegt.

### 4.12.2.1. Rohrmühlen

Rohrmühlen werden als *Ein- oder Mehrkammermühlen* gebaut und können je nach Verwendungszweck für die Trocken- und Naßvermahlung im Durchlauf- oder Kreislaufbetrieb eingesetzt werden. Während bei der Zerkleinerung im geschlossenen Kreislauf das aus der Mahlkammer ausgetragene und in geeigneten Klassierern vom Fertiggut getrennte Grobkorn (Grieße) die Mahlkammer mehrfach durchlaufen kann, muß bei der *Durchlaufmahlung* die gewünschte Fertiggutfeinheit in einem Durchgang erreicht werden. Der Mühlenkörper von Rohrmühlen besteht aus einem dickwandigen geschweißten Zylinder mit Stirnwänden aus Stahl oder Stahlguß, die an das zylindrische Rohr angeschweißt oder angeschraubt sind. Mit den beiden Stirnwänden sind in der Regel die hohlen geschliffenen Lagerzapfen, durch die der Mahlgutein- und -austrag erfolgen kann, verbunden. Die Lagerung erfolgt in Gleitlagern, die bei Großmühlen mit einer Druckölschmierung und Ölkühlung versehen sind. Um die Stirnwände großer Mühlen von den Auflagerkräften zu entlasten, werden in letzter Zeit die Mühlenkörper mit Laufringen versehen und auf Gleitschuhen (vgl. Abschn. 4.12.3.2.) gelagert. Der Antrieb ist von der Mühlengröße abhängig [267, 429] und erfolgt vom Motor (Motoren) über eine elastische Kupplung, Getriebe, Zahn- oder Membrankupplung, Vorgelegewellen mit Ritzel und Zahnkranz oder in Form eines Zentralantriebes (vgl. Abschn. 4.12.3.2.).

**Durchlaufmühlen (Verbundmühlen):** Bei den meist in der Zementindustrie zur Klinkermahlung eingesetzten Mühlen wird die Mahltrommel nach Bild 4.282 in der Regel mit zwei oder drei Mahlkammern ausgerüstet. Zur Sicherung günstiger Zerkleinerungsbedingungen wird die Grobmahlkammer mit einer Stufen- oder Rillenpanzerung und die Feinmahlkammer mit einer Klassierpanzerung ausgekleidet. Die Breite der Trennwände entspricht meist der Panzerplattenbreite, so daß diese an jeder beliebigen Stelle des Mahlraumes eingesetzt werden können. Durchlaufmühlen können auch zur Naßmahlung von mineralischen Rohstoffen, wie Ton, Tonschiefer, Erze usw., die sich mit Wasser zu einem pumpfähigen Schlamm oder als Trüben verarbeiten lassen, verwendet werden. Infolge des einmaligen Materialdurchlaufes wird in langen Durchlaufmühlen ein breites Kornband erreicht, so daß ein unerwünschter Fein- oder Grobkornanteil, der für die Qualität des Fertiggutes unerwünscht sein kann, anfällt. Trotz dieses Nachteils werden lange Durchlaufmühlen noch häufig eingesetzt, weil sie einfach und unempfindlich sind. Bild 4.283 zeigt ausgewählte Orientierungswerte für Mehrkammermühlen.

**Mehrrohr-Durchlaufmühlen:** Bild 4.284 zeigt eine derartige in der UdSSR neuentwickelte Mühle, mit der der spezifische Arbeitsbedarf durch den mit den äußeren Rohren erzielbaren Masseausgleich um 40 bis 50 % gesenkt werden konnte. Bei ihr sind um ein Zentralrohr bis zu 8 Außenrohre kleineren

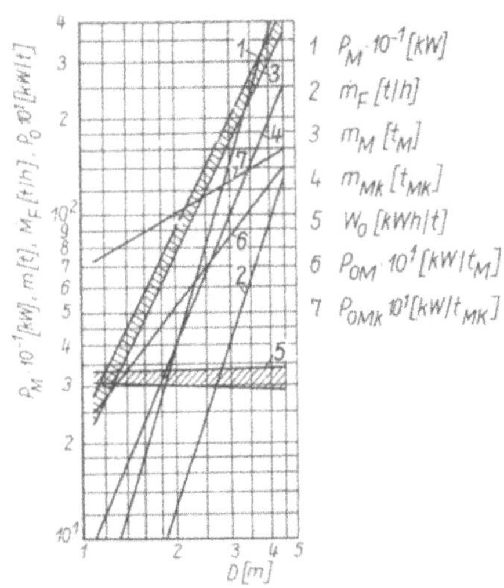


Bild 4.283. Ausgewählte technisch-ökonomische Kennwerte für Mehrkammermühlen bei trockener Durchlaufmahlung ($\lambda$ = $L/D$ = 5,5 bis 6; $\dot{m}_F$ und $W_0$ bei Drehofenklinkern $R_{0,09}$ = 6 bis 8 %)

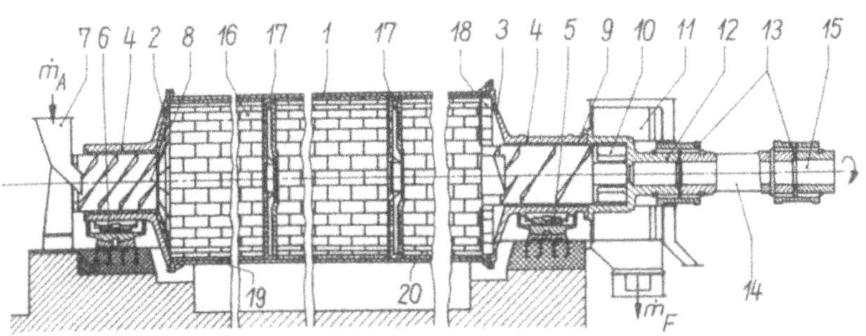


Bild 4.282. Durchlauf-(Dreikammerrohr-)Mühle (ZAB Dessau)

*1* Mühlenzylinder; *2* Einlaufstirnwand; *3* Auslaufstirnwand; *4* Halslagerzapfen; *5* Halslager (Antriebsseite); *6* Halslager (Aufgabeseite); *7* Aufgabetrichter; *8* Einlaufbuchse mit Schnecke; *9* Einlaufbuchse mit Schnecke; *10* Hohlzapfenschlitze; *11* Auslauf- und Entlüftungsgehäuse; *12* Kupplungszapfen; *13* Kupplungsmuffen; *14* Kupplungswelle; *15* Getriebeabtriebswelle; *16* Panzerung; *17* Zwischenwände; *18* Austragschlitzwand; *19* Grob- und *20* Feinmahlkammer

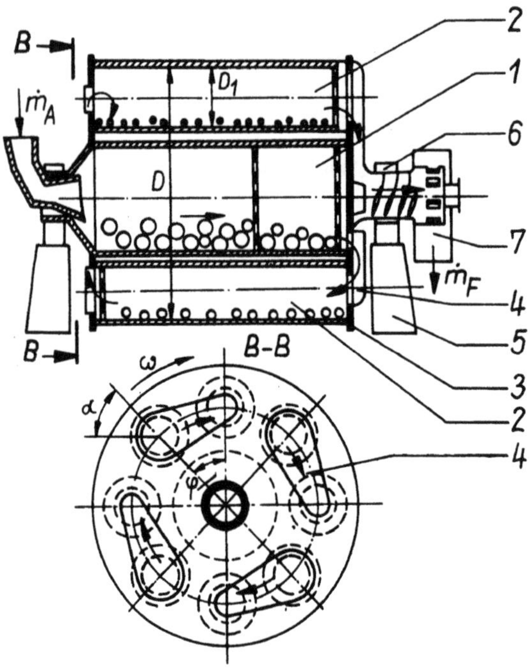


Bild 4.284. Schema einer Mehrrohr-Durchlaufmühle (UdSSR) [51]

*1* Zentralrohr; *2* periphere Rohre; *3* Stirnwand; *4* Übergabeschleusen; *5* Lagerständer; *6* Halslager; *7* Auslauf- und Entlüftungsgehäuse

Durchmessers mit verschiedenen Schaltungsmöglichkeiten für die Durchlaufmahlung angeordnet. Das im Zentralrohr vorzerkleinerte Gut wird dabei je nach zerkleinerungstechnischer Zielstellung und Schaltung der Außenrohre in einem, zwei oder vier Strömen in den Außenrohren nachzerkleinert und über den Halslager-Hohlzapfen ausgetragen [51]. Für die Festlegung der günstigsten Drehzahl wird angegeben:

$$n = \frac{1}{2\pi}\sqrt{g\cos\alpha/[R_1 + (R - R_1)\cos\alpha]}$$

$$= \frac{1}{2\pi}\sqrt{g/(R + 0{,}72\,R_1)} \qquad (4.457)$$

$$n = 0{,}88 n_{\text{krit}} = 0{,}88\sqrt{g/R} \qquad (4.458)$$

Derartige Mühlen wurden bis zu Durchsätzen von 35 t h$^{-1}$ in der Zementindustrie erprobt, wobei der spezifische Arbeitsbedarf mit $W_{\text{o}\dot{m}} = 20{,}5$ kWh t$^{-1}$ Zement ($A_{\text{oBl}} = 4000$ bis 5000 cm$^2$ g$^{-1}$) angegeben wird. Mühlen mit Durchsätzen bis zu 200 t h$^{-1}$ befinden sich in der Projektierung.

**Ein- und Mehrkammer-Rohrmühlen im Kreislaufbetrieb mit Stromklassierern:** Für den Kreislaufbetrieb werden bevorzugt kurze Einkammermühlen mit Mahlgutaustrag am Mühlenende (Endaustrag) und Mehrkammermühlen mit peripherem Austrag zwischen zwei Kammern (Mittenaustrag) oder Endaustrag verwendet. Infolge kleiner Gutverweilzeiten in den Mahlkammern mit anschließender Trennung des Feingutes vom Grobgut in Stromklassierern sowie eines ständigen Mahlgutumlaufes, d. h. mehrfache Rückführung des Grobgutes in den Mahlraum, wird ein effektiv verlaufender Zerkleinerungsprozeß erreicht. Orientierungswerte sind in Bild 4.285 dargestellt. In Kreislauf-Mahlanlagen werden im Gegensatz zu Durchlaufmühlen folgende Vorteile erreicht:

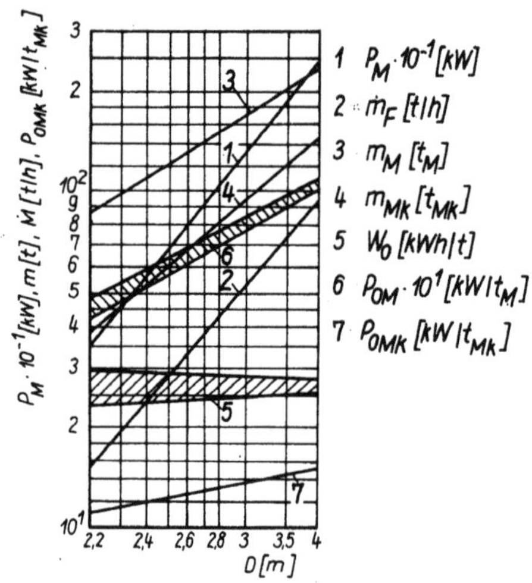


Bild 4.285. Ausgewählte technisch-ökonomische Kennwerte für Mehrkammermühlen (Sichterzementmühlen) im Kreislaufbetrieb mit Stromklassierern ($\lambda = L/D = 4$ bis 4,5; $\dot{m}_F$ und $W_o$ bei Drehofenklinkern $R_{0,09} = 6$ bis 8%)

— geringer spezifischer Arbeitsbedarf durch effektive Zerkleinerungsbedingungen (keine Übermahlung des Gutes, da die Mahlkammern ständig vom Feingut entlastet werden)
— größerer spezifischer Durchsatz
— einfache Anpassung an die jeweils gewünschte Qualität des Fertiggutes durch stufenloses Verstel-

len der Trennkorngröße des Klassierers, z. B. durch Drehzahlregelung des Sichters während des Betriebes
– gleichmäßige und granulometrische Zusammensetzung des Fertiggutes

Bei den Zweikammer-Rohrmühlen mit Endaustrag werden das Aufgabegut und die vom Sichter abgeschiedenen Grieße gemeinsam durch den Halslager-Hohlzapfen der Grobmahlkammer zugeführt. Das Mahlgut durchläuft beide Mahlkammern (Grob- und Feinmahlkammer) und wird danach mittels Becherwerkes oder pneumatisch zum Sichter gefördert.

**Ein- und Mehrkammermühlen mit Vortrocknungskammer:** Bei der Zerkleinerung von feuchten Materialien (Feuchtigkeit $<5\,\%$), wie Zementrohmaterial, werden häufig Zweikammer-Rohrmühlen mit Vortrocknungskammer und Mittenaustrag (Bild 4.286) oder Einkammermühlen mit Vortrocknungskammer und Endaustrag verwendet. Ausgewählte Kennwerte für Zweikammermühlen mit Mittenaustrag zeigt Bild 4.287. Die Vortrocknungskammer ist mit Streuschaufeln und einer Gutübertragungsvorrichtung, die das vorgetrocknete Gut in die Grobmahlkammer überleitet, ausgerüstet. Um auch bei Feuchtigkeiten $>5\,\%$ gute Zerkleinerungs- und Trocknungsbedingungen zu gewährleisten, werden diese Mühlen meist mit Schlagpralltrocknern, die ebenso wie die Mahlkammern mit Heißgas (Ofenabgase) beaufschlagt werden, gekoppelt betrieben.

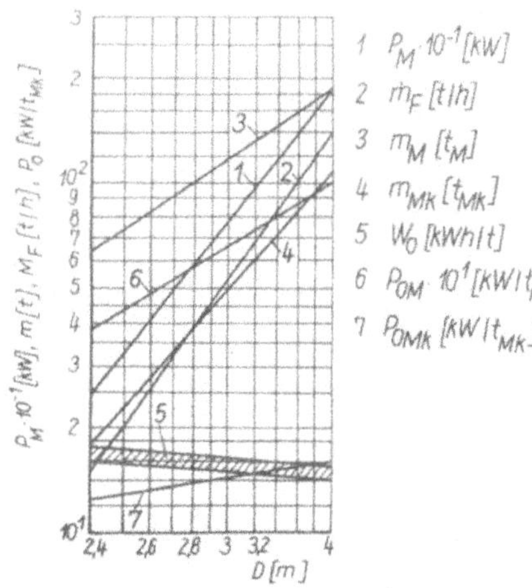


Bild 4.287. Ausgewählte technisch-ökonomische Kennwerte für Brecherwerks-Umlaufmühlen mit Mittenaustrag ($\lambda = L/D = 2{,}6$ bis 2,75; $\dot{m}_F$ und $W_0$ bei Kalkstein $R_{0,09} = 15$ bis $18\,\%$)

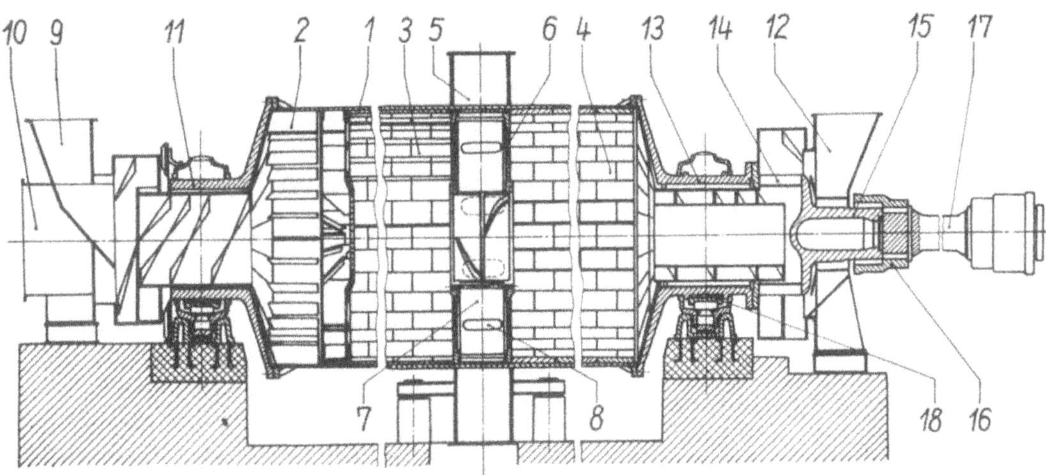

Bild 4.286. Zweikammermühle mit Vortrocknungskammer (Brecherwerks-Umlaufmühle mit Mittenaustrag (ZAB Dessau))

*1* Mühlenzylinder mit Panzerung; *2* Vortrockenkammer mit Hubschaufeln; *3* Grobmahlkammer; *4* Feinmahl- oder Grießkammer; *5* Austraggehäuse und Absaugung des Trocken- oder Belüftungsgases; *6* Zwischenwand; *7* Austragkammer mit Schlitzwänden; *8* Mantelschlitze; *9* Aufgabeguttrichter; *10* Heißgaszuleitung; *11* Halslagerzapfen mit Einlaufbuchse; *12* Aufgabetrichter für Grieße auf der Antriebsseite; *13* Halslagerzapfen mit Einlaufbuchse; *14* Einlauf durch Hohlzapfenschlitze; *15* Kupplungszapfen; *16* Zahnkupplung; *17* Kupplungswelle; *18* Halslager

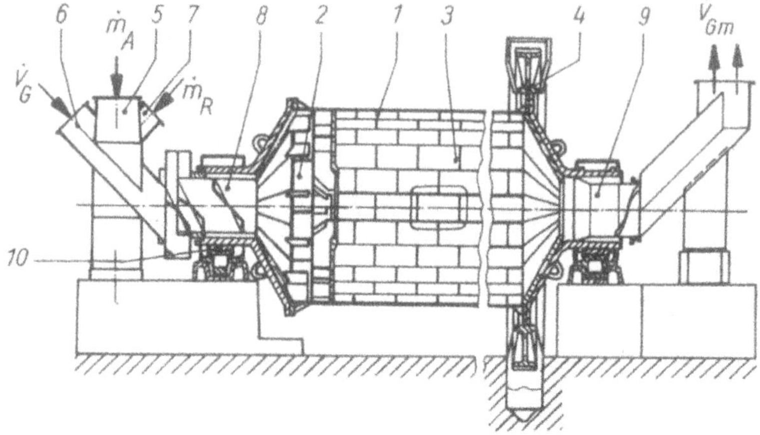


Bild 4.288. Einkammermühle mit pneumatischem Mahlgutaustrag (Luftstrommühle ZAB Dessau)

*1* Mühlenzylinder mit Panzerung; *2* Vortrockenkammer; *3* Mahlkammer; *4* Zahnkranzantrieb mit Verkleidung; *5* Mahlgut-Aufgabeschleuse; *6* Trägergaszuleitung; *7* Grobgutrückleitung; *8* Halslagerzapfen mit Einlaufbuchse; *9* Halslager-Hohlzapfen zum Trägergas- und Feingutaustritt mit Anschlußleitung zu den Sichtern, Zyklonen und Filtern; *10* Halslager

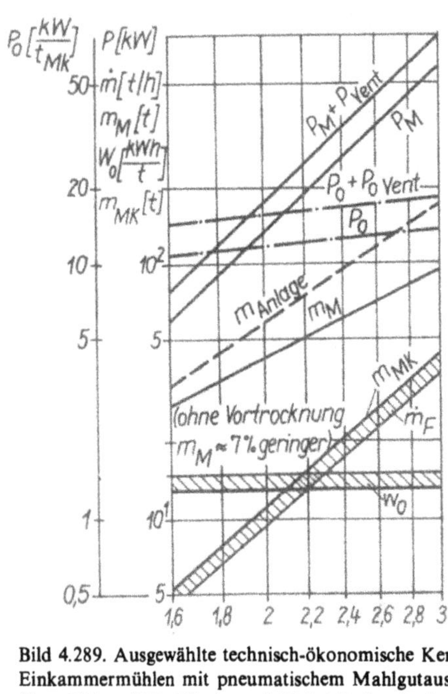


Bild 4.289. Ausgewählte technisch-ökonomische Kennwerte für Einkammermühlen mit pneumatischem Mahlgutaustrag ($\lambda = L/D = 2$ bis 2,3; $\dot{m}_F$ und $W_0$ bei Kalkstein $R_{0,09} = 15$ bis 18%)

**Luftstrommühlen:** Zur Mahltrocknung von Rohbraunkohle mit Feuchtigkeitsgehalten von 30 bis 50% sowie anderer Materialien mit Feuchtigkeiten von 15 bis 20% können auch Ein- oder Zweikammermühlen mit pneumatischem Mahlgutaustrag und -transport verwendet werden (Bild 4.288). Die dazugehörigen Kennwerte sind in Bild 4.289 dargestellt. Um bei der Kohlenmahlung Verpuffungen zu vermeiden, werden Inertgase als Trocknungs- und Trägermedium verwendet. Ein Austreten von Mahlgutstäuben aus dem Kreislauf wird verhindert, wenn mit Unterdruck gearbeitet wird. Einkammer-Rohrmühlen mit Luftstromtrocknung und -transport werden verschiedentlich auch mit Kraftwerksfeuerungen gekoppelt und mit diesen in Verbund betrieben bzw. zur Kohlenstaubherstellung verwendet. Da der Leistungsbedarf zum pneumatischen Transport des Mahlgutes (vgl. Bild 4.281) bis zu 35% des Gesamtleistungsbedarfes betragen kann, werden mit anderen Rohrmühlenprinzipien verschiedentlich bessere technisch-ökonomische Kennwerte erreicht.

#### 4.12.2.2. Trommelmühlen

Diese werden als *Einkammermühlen* zur Trocken- und Naßzerkleinerung von Materialien aller Härtegrade im diskontinuierlichen und kontinuierlichen Betrieb eingesetzt. Kontinuierliche Mühlen werden ähnlich wie Rohrmühlen oft im geschlossenen Kreislauf mit mechanischen oder Stromklassierern (Hydrozyklon) betrieben. Je nach Einsatzgebiet und Verwendungszweck werden als Mahlkörper Kugeln, Stangen, Cylpebs oder Flintsteine bei eisenfreier Vermahlung verwendet. Aufbau und Antrieb einschließlich Halslagergestaltung ähneln den Rohrmühlen. Kleine Mühlen werden verschiedentlich auch mit Keilriemen oder Gummilaufrollen, auf denen der Mühlenkörper aufliegt, angetrieben.

**Diskontinuierliche Trommelmühlen:** Derartige Mühlen werden zur Fein- und Feinstzerkleinerung und gleichzeitigem Mischen harter Materialien, wie Quarz, Feldspat, Farbstoffe, Emaille, Glasiermasse, Korund usw., mit Längen-Durchmesser-Verhältnissen von $\lambda = L/D \approx 1$ eingesetzt. Bei mehrstündiger Mahldauer werden hohe Endfeinheiten erreicht, die jedoch auch einen entsprechend hohen spezifischen Arbeitsbedarf erfordern. Die Beschikkung der Mahlkammer erfolgt über eine am Umfang des Mühlenkörpers angeordnete verschließbare Öffnung (Mannloch). Bei der Entleerung von Naßmühlen wird der Verschlußdeckel gegen eine Siebeinlage (Seiher) mit Ablaßhahn ausgetauscht, wobei der Entleervorgang bei stehender Mühle durch Druckluft bzw. Schutzgas mit einem Druck von $p = 3$ bis 4 bar beschleunigt werden kann. Bei Trockenmühlen wird das feinstzerkleinerte Fertiggut bei laufender Mühle über die Öffnung mit einem Entleerungsrost, der anstelle des Verschlußdeckels aufgesetzt wird, ausgetragen. Deshalb müssen Trockenmühlen mit einer Staubhaube, die den Mühlenkörper umschließt und einen trichterförmigen Auslauf aufweist, ausgerüstet werden. Um ein Anhalten der Mahltrommel in beliebiger Stellung zu ermöglichen, werden meist spezielle Getriebe (Spezial-Planetengetriebe) mit Schaltkupplung und Rücklaufsperre verwendet. Diskontinuierliche

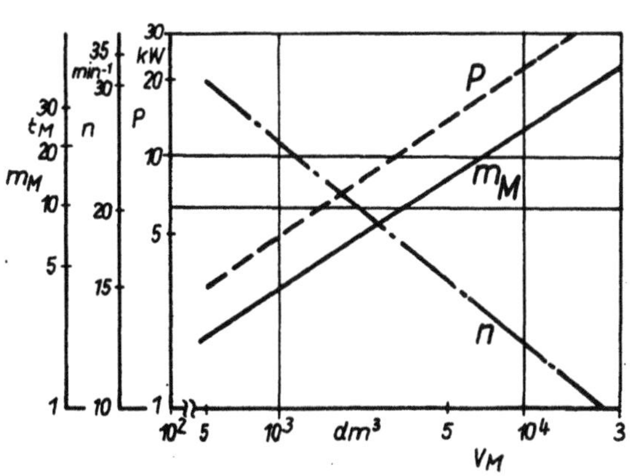


Bild 4.290. Ausgewählte Kennwerte für diskontinuierliche Trommelmühlen ($\lambda = L/D = 1$ bis 1,25)

Trommelmühlen werden von Laborgrößen bis zu Mahlkammer-Durchmessern von $D = 3000$ mm und einem Mahlrauminhalt von $V_M = 30\,m^3$ gebaut (Bild 4.290). Um bei größeren Laufzeiten eventuelle Überhitzungen bei wärmeempfindlichen Materialien zu vermeiden, können diese Mühlen auch mit einer Wasserkühlung am Mühlenzylinder ausgerüstet werden. In Sonderfällen ist ebenso eine Beheizung möglich.

**Kontinuierliche Trommelmühlen:** Sie werden als Durchlauf- oder Austragkammermühlen (Bild 4.291) vorrangig zur Naßmahlung von Erzen und anderen Mineralien aller Härtegrade eingesetzt. Mit peripherem Mahlgutaustrag werden sie auch als Trockenmühlen genutzt. Als Mahlkörper können je nach Zielstellung Stahlkugeln (Kugelmühlen), -stäbe (Stabmühlen) oder in Sonderfällen Flintsteine und Keramikmahlkörper verwendet werden.

■ *Trommelmühlen mit kugelförmigen Mahlkörpern (Kugelmühle)*: Während die Durchlaufmühlen für große Fertiggutfeinheiten bevorzugt werden, sind Austragkammermühlen (Mitten- oder Endaustrag) vor allem bei sprödem, zur Übermahlung neigendem Mahlgut geeignet. Bei letzteren ist infolge kleiner Verweilzeit des Mahlgutes im Arbeitsraum ein gröberes Fertiggut mit geringer Streubreite bei bis zu 20% höherem Durchsatz als bei Durchlaufmühlen erzielbar. Die Dosierung des Aufgabegutes erfolgt bei Naßmahlung mittels Rohrleitungen, Schöpfrüssels bzw. -rädern oder Trommelspeisern durch die Halslagerzapfen. Schöpfrüssel oder -räder werden eingesetzt, wenn die Mühlen mit Rechen- oder Spiralklassierern im Kreislauf betrieben werden und das Niveau des Aufgabe- oder Rücklaufgutes unterhalb der Mühlenachse liegt. Trommelspeiser, die einen wesentlich geringeren Aufnahmeradius besitzen, werden für in der Höhe der Mühlenachse anstehendes Aufgabegut verwendet. Bild 4.292 zeigt die am häufigsten eingesetzten Aufgabevorrichtungen (Speiser).

Unter Zugrundelegung eines entsprechenden Standardisierungsgrades können Überlauf- und Austragkammermühlen aus ähnlichen Bauteilen aufgebaut und mit Kugel- oder Stabfüllungen versehen werden. Lediglich die Austragkammer, die aus verschleißfesten Rostsegmenten und Hubschaufeln (vgl. Abschn. 4.12.3.4.) besteht, muß verändert

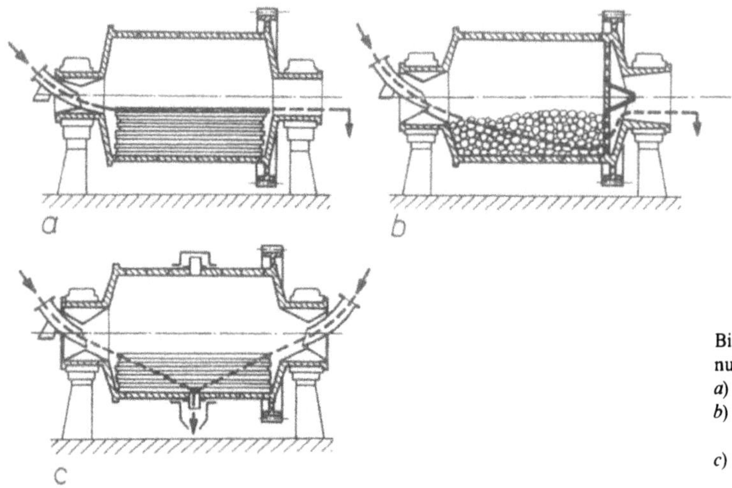

Bild 4.291. Arbeitsprinzipien von kontinuierlichen Trommelmühlen
*a*) Durchlaufmühle (Stabmahlkörper)
*b*) Austragkammermühle (Kugelmahlkörper)
*c*) Trommelmühle mit peripherem Mittenaustrag bei Trockenmahlung

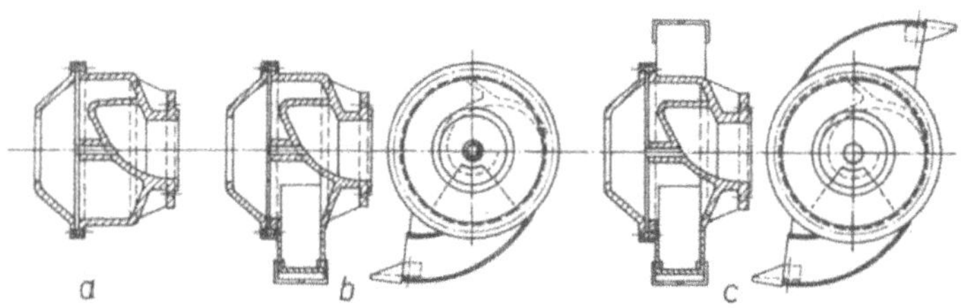

Bild 4.292. Speisearten bei Naßmühlen
*a*) Trommelspeiser
*b*) kombinierter Speiser
*c*) Rüsselspeiser

werden. Verschiedentlich werden auch regulierbare Austragwände (Bild 4.293) zur Veränderung der Verweilzeit angewendet. Bild 4.294 zeigt ausgewählte Kennwerte für Trommelmühlen zur Naßmahlung.

■ *Trommelmühlen mit stabförmigen Mahlkörpern (Stabmühlen)*: Sie werden für die nasse oder trockene Grobmahlung von hartem sprödem Material auf Fertiggut-Korngrößen von $d_F = 0{,}5$ bis 1,5 mm (z. T. auch bis 3 mm) bevorzugt. Die Aufgabekorngröße $d_A$ sollte 25 mm nicht überschreiten, da sonst durch die zu großen Stababstände an der Aufgabeseite ungünstige Beanspruchungsbedingungen zwischen den Stäben auftreten. Während bei der Naßmahlung fast ausschließlich Überlaufmühlen verwendet werden, kommen bei der Trockenmahlung (Mahlgutfeuchtigkeit $< 1{,}5\%$) meist nur Mühlen mit peripherem Mitten- oder Endaustrag zum Einsatz (Bild 4.291), weil die Fließfähigkeit trockener Mahlgüter wesentlich geringer ist [1, 330, 430 bis 433]. Bild 4.295 zeigt eine Austragkammermühle für Naßmahlung mit Schöpfrüssel, die mit kugel- oder stabförmigen Mahlkörpern betrieben werden kann.

■ *Siebtrommelmühlen (Siebkugelmühlen)*: Sie eignen sich für die Trocken- und Naßmahlung harter Materialien und unterscheiden sich von den anderen Trommelmühlenarten im wesentlichen dadurch, daß das gemahlene Gut am Trommelumfang, der nach Bild 4.296 mit Vor- und Feinsiebmantel bespannt sein kann, ausgetragen und dabei gleichzeitig klassiert wird. Das der Mahlkammer durch Aufgabetrichter oder Lagerhohlzapfen zugeführte Material, das in Sonderfällen maximale Korngrößen bis $d_A = 150$ mm beinhalten darf, wird durch kugelförmige Mahlkörper meist in der Größe von $d_{MK} = 80$ bis 120 mm zerkleinert. Es fällt durch die Löcher der Panzerplatten auf den Vorsiebmantel und bei entsprechender Feinheit weiter auf den Feinsiebmantel mit der Maschenweite von $w = 0{,}2$ bis 3 mm, dessen Durchgang das Fertiggut darstellt und über einen Auffangtrichter ausgetragen wird.

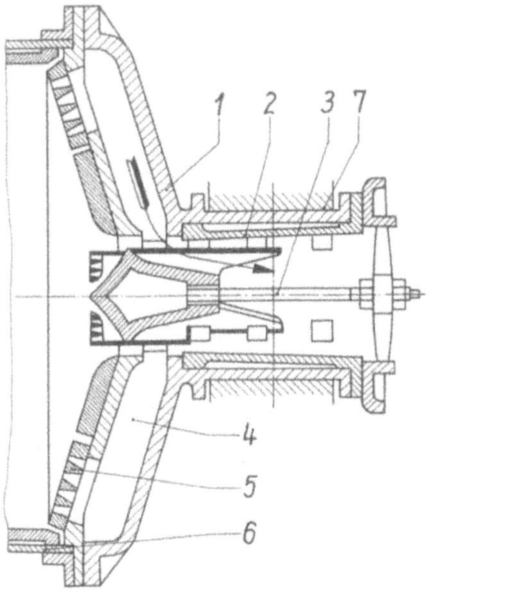


Bild 4.293. Austragkammer einer Trommelmühle für Naßmahlung mit regelbarem Auslaufquerschnitt

*1* Stirnwand; *2* Lagerhohlzapfen mit Auslaufbuchse; *3* Verstelleinrichtung; *4* Austragkammer; *5* Austragwand; *6* Mühlenzylinder mit Panzerung; *7* Halslager

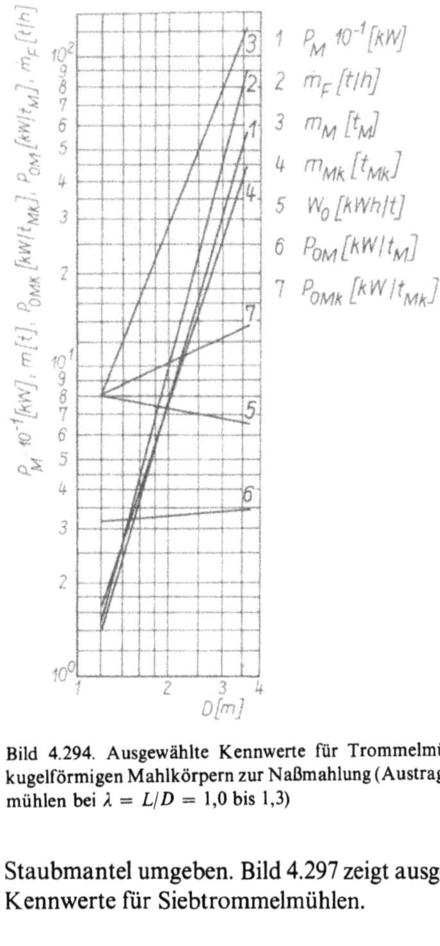


Bild 4.294. Ausgewählte Kennwerte für Trommelmühlen mit kugelförmigen Mahlkörpern zur Naßmahlung (Austragkammermühlen bei $\lambda = L/D = 1{,}0$ bis 1,3)

Der auf den Siebmänteln verbliebene und durch Drehung der Trommel aufwärts bewegte Rückstand gleitet über Leitbleche durch die zwischen den Mahlplatten vorhandenen Schlitze in den Mahlraum zurück. Für Grobmahlen ($d_F = 3$ bis 5 mm) genügt eine Siebfläche, die aus Drahtgeflecht oder gelochtem Blech bestehen kann. Bei noch gröberem Fertiggut kann auch ohne Sieb gearbeitet und nur durch die Löcher und Spalte der Panzerung klassiert werden. In Verbindung mit Stromklassieren und einem entsprechenden Kreislauf sind auch Fertiggutfeinheiten von etwa $d_F = 0{,}1$ bis 0,2 mm möglich [434]. Bei der Trockenmahlung darf die Mahlgutfeuchtigkeit 1 bis 2% nicht überschreiten, da sonst mit einem Verkleben der Siebe zu rechnen ist. Bei der Naßmahlung sind Wasserzufluß am Einlauf und Bebrausung der Siebe erforderlich. Abweichend von anderen Trommel- oder Rohrmühlenarten beträgt der Mahlkörper-Füllungsgrad $\varphi_{MK} = 0{,}10$ bis 0,15. Zum Staubschutz sowie zur Be- und Entlüftung des Mahlraumes ist die Mahltrommel mit einem mehrteiligen, leicht zerlegbaren Staubmantel umgeben. Bild 4.297 zeigt ausgewählte Kennwerte für Siebtrommelmühlen.

#### 4.12.2.3. Autogenmühlen

Die autogene Zerkleinerung ist dadurch gekennzeichnet, daß die Beanspruchung des Mahlgutes durch Mahlgutstücke des gleichen Materials hervorgerufen wird. Prinzipiell kann jede Trommel- oder Rohrmühle als *Autogenmühle* betrieben werden, wenn dem Mahlgut ein bestimmter Masseanteil von Mahlgutstücken (Pebbles) zugesetzt wird, deren Masse der normalerweise einzusetzenden Mahlkörpergröße von Stahl entspricht. Da aber eine effektive autogene Mahlung nur bei entsprechender Mühlenkonstruktion, z. B. großer Mahlkammer- und Halslager-Zapfendurchmesser, möglich ist, wurden spezielle Autogenmühlen entwickelt. Sie sind als Trocken- oder Naßautogenmühlen zur Fein- bzw. Grobmahlung von Erzen aller

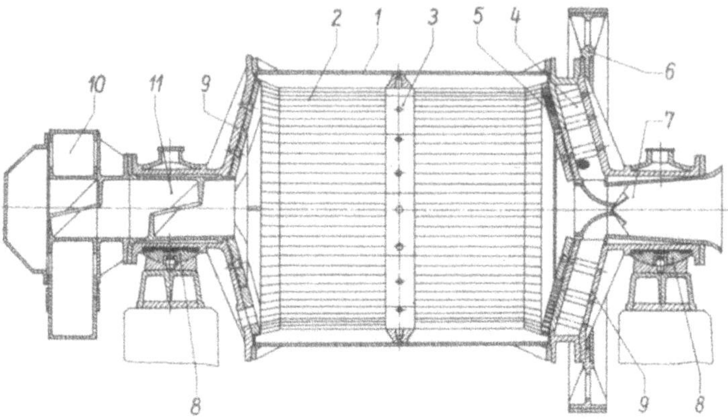

Bild 4.295. Austragkammermühle für Naßmahlung (SKET Magdeburg)

*1* Mühlenzylinder; *2* Mahlraumpanzerung mit schraubenloser Befestigung der Verschleißbalken; *3* Keilplatten; *4* Austragkammer mit Hebeleisten; *5* Austragrost; *6* Zahnkranzantrieb; *7* Halslager-Hohlzapfen mit Austragbuchse und -kegel; *8* Halslager; *9* Stirnwand; *10* Rüsselspeiser; *11* Aufgabehohlzapfen mit Einlaufbuchse

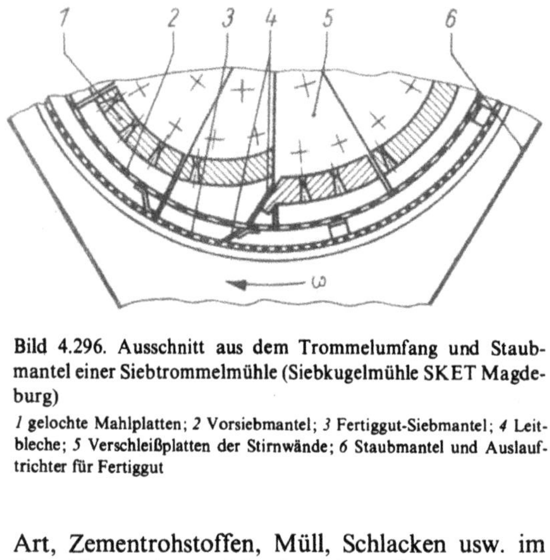

Bild 4.296. Ausschnitt aus dem Trommelumfang und Staubmantel einer Siebtrommelmühle (Siebkugelmühle SKET Magdeburg)

*1* gelochte Mahlplatten; *2* Vorsiebmantel; *3* Fertiggut-Siebmantel; *4* Leitbleche; *5* Verschleißplatten der Stirnwände; *6* Staubmantel und Auslauftrichter für Fertiggut

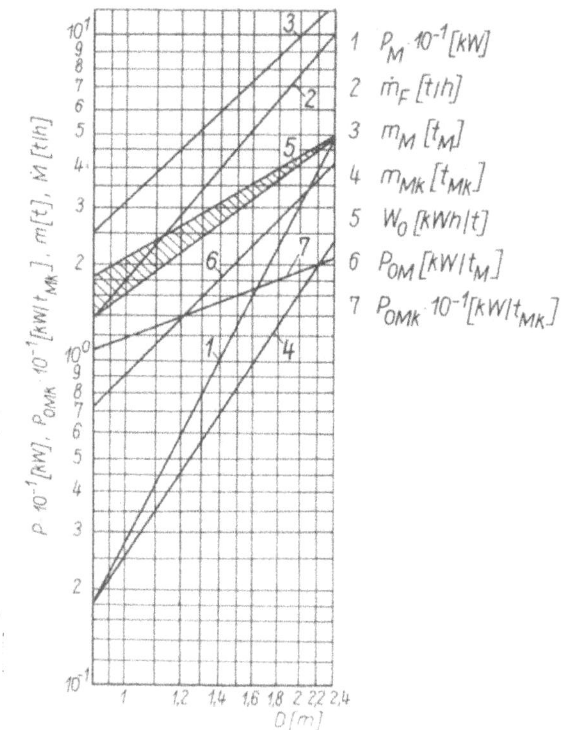


Bild 4.297. Ausgewählte technisch-ökonomische Kennwerte für Siebtrommelmühlen ($\lambda = L/D = 0{,}7$ bis $0{,}9$)

Art, Zementrohstoffen, Müll, Schlacken usw. im Durchlauf- oder Kreislaufverfahren einsetzbar. Um die für bestimmte Verwendungszwecke erforderlichen Fertiggutfeinheiten, z. B. von $R_{0,09} = 10$ bis 15% für Zementrohmehl, oder entsprechende Flotationsfeinheiten zu erreichen, sind Feinmühlen, wie Trommel- oder Rohrmühlen, nachzuschalten. Autogenmühlen werden gegenwärtig bis zu Mahlraum-Durchmessern von etwa $D = 14$ m und Antriebsleistungen von $P = 15$ MW gebaut und mit sehr gutem Erfolg betrieben. Das Längen-Durchmesser-Verhältnis beträgt $\lambda = L/D = 0{,}25$ bis 0,4. Der Mantel der Autogenmühlen ist mit Hub- und Brechleisten (Bild 4.298) gepanzert, die bei den üblichen relativen Drehzahlen $\psi = 0{,}6$ bis 0,9 (meist 0,75 bis 0,8) einen Teil des umzuwälzenden Mahlgutes höher als bei normaler Panzerung an-

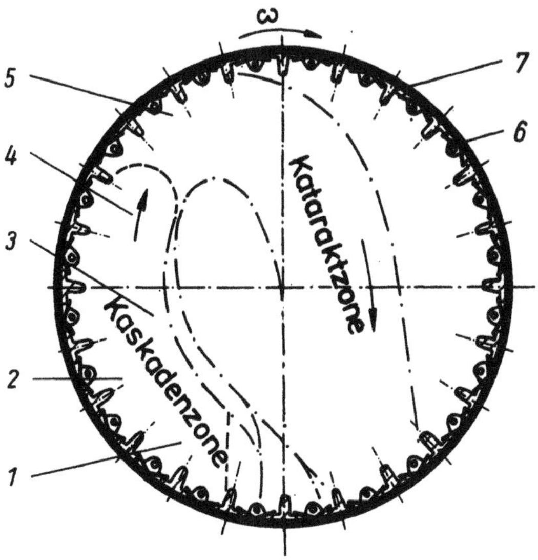


Bild 4.298. Radiale Transportverhältnisse in Autogenmühlen

*1* Feingut-Umwälzzone; *2* Mitnahmezone für Grobgut; *3* Grobgut-Umwälzzone; *4* Abriebzone; *5* Ablösezone; *6* Panzerplatten; *7* Hebeleisten

heben und mit großer kinetischer Energie abwerfen. Während das grobstückige Mahlgut und die Mahlkörper am Kataraktzustand beteiligt sind und beim Auftreffen auf das Mahlgut oder die Mahlkammerwand einer Prall- oder Schlagbeanspruchung unterliegen, wird das in der Kaskadenzone umlaufende Gut vor allem durch gegenseitigen Abrieb oder durch Reibung zwischen den Mahlkörpern und Mahlgut zerkleinert. Autogenmühlen werden durch einen der beiden Hohlzapfen beschickt, dessen Durchmesser die maximale Korngröße des Aufgabegutes $d_A$ bestimmt. Da in großen Autogenmühlen gleichzeitig gebrochen und gemahlen wird und dadurch Vorzerkleinerungsstufen entfallen können, sind sehr große Zerkleinerungsverhältnisse ($\varepsilon$ = 100 bis 1000) erreichbar. Je nach anfallender Aufgabegutzusammensetzung ist eine voll- oder teilautogene Mahlung möglich. Die vollautogene Mahlung, bei der der Mahlkörperverschleiß völlig entfällt, ist anwendbar, wenn die erforderlichen großen Aufgabegutanteile (Pebbles) beim Gewinnungsprozeß anfallen und die mittleren und kleineren Korngrößen in möglichst gleichbleibendem Verhältnis getrennt dosiert aufgegeben werden können. Der Mahlkörper-Mahlgut-Füllungsgrad der Autogenmühlen liegt niedriger als bei den konventionellen Mühlen in der Erzaufbereitung. Er beträgt $\varphi_{MG}$ = 20 bis 35% [1, 435]. Dabei sollte der Anteil grober Körnungen $R_{50\,mm}$ = 40% und $\varphi_{MG}$ = 20% nicht unterschritten werden. Bei der teilautogenen Mahlung, die meist bei Trockenmühlen (Aerofallmühlen) angewendet wird, werden in geringen Mengen Stahlmahlkörper mit Durchmessern von $d_{MK}$ = 75 bis 150 mm zugegeben. Dabei kann der Mahlkörperanteil bis zu 50% der in der Mühle befindlichen Mahlgutmasse bzw. auf das Mahlraumvolumen bezogen $\varphi_{MK}$ = 1 bis 10% betragen [54, 435 bis 438, 442]. (Bei konventionellen Trommel- und Rohrmühlen liegt der Mahlkörperanteil im Verhältnis zur Mahlgutmasse bei 80 bis 85%.) Mit den zugegebenen Mahlkörpern wird die Schlagbeanspruchung vergrößert, wodurch eine Durchsatzsteigerung bei geringerem spezifischem Arbeitsbedarf möglich ist ($W_{o\dot{m}}$ = 6,4 kWh $\times t^{-1}$ ohne Mahlkörperzusatz und $W_{o\dot{m}}$ = 5,8 kWh $\times t^{-1}$ mit Mahlkörpern $\varphi_{MK}$ = 4%) [436]. Die Mühlen werden dabei außerdem von den Schwankungen der Aufgabegut-Korngröße unabhängiger. Zur Ermittlung des Leistungsbedarfes, des Durchsatzes sowie der Drehzahl und günstiger Füllungsgrade haben sich halbtechnische Versuchsmühlen, die unter ähnlichen Bedingungen betrieben werden, bewährt. Dabei können für den Leistungsbedarf und Durchsatz analog Abschn. 4.12.1.2. und 4.12.1.3. folgende experimentell und in der Praxis bestätigte Beziehungen verwendet werden [436, 438, 439, 441]:

$$P = P_m(n\varphi L/n_m\varphi_m L_m)\,(D/D_m)^{2,5\,\dots\,2,6} \qquad (4.459)$$

$$\dot{m} = \dot{m}_m(D/D_m)^{2,6}\,(L/L_m)^{0,85} = \dot{m}_m\lambda^{3,45} \qquad (4.460)$$

Der auf den Mahlraum bezogene spezifische Durchsatz ergibt sich nach sowjetischen Erfahrungen wie folgt [438, 441]:

$$\dot{m}_{oV} = \dot{m}_{oVm}(D/D_m)^{0,5\,\dots\,0,6}\,(L/L_m)^{-0,15} = \dot{m}_{oVm}\lambda^{0,35\,\dots\,0,45} \qquad (4.461)$$

Der spezifische Arbeitsbedarf wird z. B. bei Naßmahlung von Eisenerzen mit $W_{o\dot{m}}$ = 5 bis 6 kWh $t^{-1}$ und bei der Naßaufbereitung von Zementrohstoffen mit $W_{o\dot{m}}$ = 3,5 bis 3,8 kWh $t^{-1}$ angegeben [436, 443]. Bei der Trockenmahlung ist mit einem etwa bis zu 30% höheren spezifischen Arbeitsbedarf, der ggf. durch pneumatischen Mahlgutaustrag und -transport weiter erhöht wird, zu rechnen.

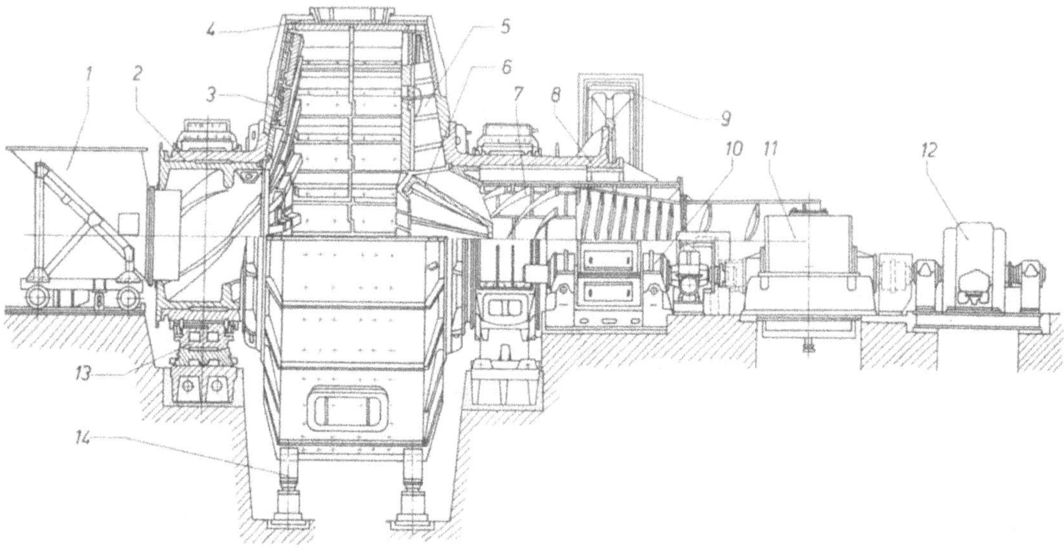


Bild 4.299. Naßautogenmühle (Hydrofallmühle) mit Austragkammer (UdSSR)

*1* ausfahrbarer Einlauftrichter; *2* Halslager-Hohlzapfen mit Einlaufbuchse; *3* Stirnwand mit Panzerung und Hebeleisten; *4* Trommelmantel mit Panzerung; *5* Austragkammer mit Hebeleisten; *6* Austragkegel; *7* Austragbuchse mit Schnecke; *8* Halslager-Hohlzapfen mit Zahnkranzflansch; *9* Zahnkranz; *10* Ritzellagerung; *11* Hauptgetriebe; *12* Hauptmotor; *13* Halslager; *14* hydraulische Montagestützen

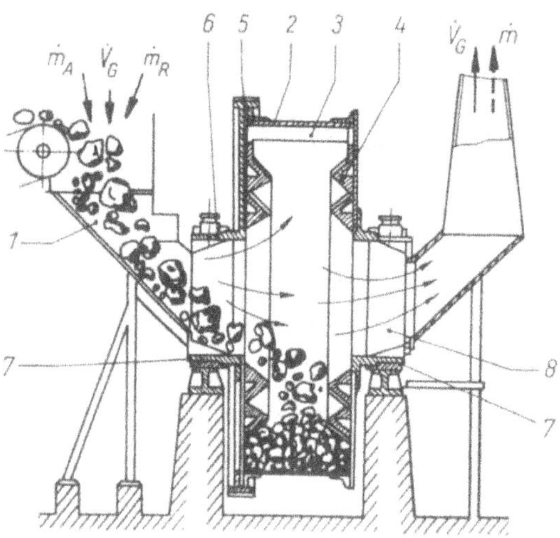


Bild 4.300. Schema einer Trockenautogenmühle (Aerofallmühle *Fives Lille-Cail*)

*1* Einlauftrichter mit Trägergaszuführung; *2* Mühlenkörper; *3* Hebeleisten; *4* abweisende Panzerungen für die Stirnwände; *5* Zahnkranz; *6* Halslager-Hohlzapfen mit Ein- und Austragbuchsen; *7* Halslager; *8* Mahlgut- und Trägergas-Austrittszapfen mit Anschlußleitung zum Sichter

Die Mahlräume der Autogenmühlen werden zylindrisch oder leicht konisch ausgebildet und für die Naßmahlung mit Austragkammern bzw. Austragrosten versehen (Bild 4.299). Zur Begrenzung der austretenden Korngrößen $d_F$ werden die Austragzapfen verschiedentlich auch mit Siebvorrichtungen ausgerüstet.

Bei Trockenmühlen (*Aerofallmühlen*) (Bild 4.300) wird das Mahlgut aus der Mahlkammer mittels eines Trägergases, das bis zur Temperatur von 900 °C auch zur Trocknung verwendet werden kann, ausgetragen und zum Sichter gefördert. Während das Grobgut erneut der Mahlkammer oder einer Feinmühle aufgegeben wird, kann das Feingut analog anderen Mühlenprinzipien in geeigneten Abscheideeinrichtungen abgeschieden und das Trägergas zu einem hohen Prozentsatz (etwa 90%) im Kreislauf der Mahlkammer zugeleitet werden. Zur Verbesserung der Beanspruchungsbedingungen sowie zur Verhinderung von Entmischungserscheinungen in der Mahlkammer werden die Stirnwände mit seitlich abweisenden Panzerungsringen bzw. mit radialen Prall- oder Hubleisten ausgerüstet. Diese sind meist verschraubt, so daß sie leicht gewechselt werden können [436].

Bei großen Mahlraumdurchmessern besteht der Mühlenkörper, der bei den meisten Konstruktionen auch den Antriebszahnkranz aufzunehmen hat, aus transport- und montagetechnischen Gründen aus mehreren Segmenten. Infolge der bei Autogenmühlen notwendigen großen Lagerzapfen-Durchmesser (bis $d_L = 2500$ mm) werden Gleitschuhlager, die z. T. aus mehreren wiegenartig angeordneten und selbsteinstellenden Satteln bestehen können, verwendet (vgl. Abschn. 4.12.3.2.).

Die Entscheidung zur Anwendung der trockenen oder nassen Autogenmahlung ist von den nachfolgenden Aufbereitungsverfahren abhängig. Bei Anwendung von Naßautogenmühlen ist es meist günstig, wenn auch die nachgeschalteten Feinmühlen als Autogen-(Pebble-)Mühlen betrieben werden [444 bis 446]. Dazu wurden verschiedentlich auch konventionelle Trommelmühlen auf autogenen Betrieb umgestellt. Voraussetzung für die Anwendung von Pebble-Mühlen ist jedoch, daß vorgemahlenes Aufgabegut, z. B. von Naßautogen- oder Stangenmühlen, vorliegt und Pebbles in Form von grobstückigem, abgesiebtem Aufgabegut in entsprechender Korngröße zur Verfügung stehen.

## 4.12.3. Gesichtspunkte zur Konstruktion

### 4.12.3.1. Dimensionierung des Mahlraumes und des Mühlenkörpers

Da die geometrischen Abmessungen von Sturzmühlen mit dem Leistungsbedarf $P$ und dem Durchsatz $\dot{m}$ in unmittelbarem Zusammenhang stehen ($P, \dot{m} \sim D^{3,5}$), kann bei der Bestimmung der lichten Mahlraumabmessungen $D$ und $L$ zweckmäßigerweise von den Beziehungen für die Berechnung des Leistungsbedarfes ausgegangen werden [43, 360, 371]. Mit (4.429) (vgl. Abschn. 4.12.1.2.) ergeben sich $D$ und $L$ nach entsprechender Umformung wie folgt:

$$D = (4P/\pi C_{Bl} \lambda \varphi_{MK} \varrho_{MK})^{0,286} \quad \text{bzw.}$$

$$L = (4P\lambda^{2,5}/\pi C_{Bl} \varphi_{MK} \varrho_{MK})^{0,286} \tag{4.462}$$

Damit gilt für geometrisch ähnliche Mühlen und ähnliche Betriebsbedingungen ($\lambda$, $\varphi_{MK}$, $\varrho_{MK}$, $\psi$, $C_{Bl}$ = konst.):

$$D_2/D_1 = L_2/L_1 = (P_2/P_1)^{0,286} \tag{4.463}$$

Die Wahl der *Mahlraumabmessungen* und des damit im Zusammenhang stehenden Schlankheitsgrades $\lambda$ ist von verfahrenstechnischen, konstruktiven und werkstoffökonomischen Einflußfaktoren abhängig. Während aus der Sicht der Werkstoffökonomie (Minimum an Konstruktionsmasse und Mühlenpanzerung) die Mahlkammern möglichst mit einem kleinen Schlankheitsgrad von $\lambda = 1,5$ (Einkammermühle), $\lambda = 3,0$ (Zweikammermühle) und $\lambda = 4,5$ (Dreikammermühle) [78, 372] gestaltet werden sollten, sind aus zerkleinerungstechnischer Sicht vor allem bei Feinmahlkammern Schlankheitsgrade $\lambda \geqq 1,5$ notwendig. Dazu ist es zweckmäßig, die günstigsten Längen-Durchmesser-Verhältnisse mittels Mahlversuchen stoffabhängig zu ermitteln, die mit den konstruktiven Gesichtspunkten in Übereinstimmung zu bringen sind [251, 374, 375]. Zu beachten ist, daß die lichten Zylinderdurchmesser und -längen der Sturzmühlen standardisiert sind und die übliche Durchmesser- und Längenabstufung 200 mm beträgt. Unter Berücksichtigung der Panzerplattendicke (vgl. Abschn. 4.12.3.4.) erhält man die wirksamen Mahlraumabmessungen wie folgt:

$$D = D_i - 2s_P \quad \text{und} \quad L = L_i - 2s_P \tag{4.464}$$

In der Praxis werden folgende Schlankheitsgrade zugrunde gelegt:

- $\lambda = 4,5$ bis 6,0 bei Durchlaufmühlen mit einmaligem Materialdurchlauf (Dreikammermühlen)
- $\lambda = 3$ bis 3,5 bei Mehrkammermühlen im geschlossenen Kreislauf (Zweikammermühlen)
- $\lambda = 1,8$ bis 2,5 bei Luftstrommühlen im geschlossenen Kreislauf (Einkammermühlen)
- $\lambda = 1,2$ bis 2,0 bei kontinuierlichen Trommelmühlen für die Naß- und Trockenmahlung im geschlossenen Kreislauf (Einkammermühlen)
- $\lambda = 0,9$ bis 1,25 bei diskontinuierlichen Trommelmühlen
- $\lambda = 0,25$ bis 0,4 bei Autogenmühlen

Bei der Dimensionierung der Manteldicke des Mühlenzylinders sind der aus Bild 4.275 ersichtliche Querkraft-, Biege- und Torsionsmomentverlauf sowie die aus antriebs- und lagerungstechnischer Sicht zulässige Durchbiegung des Mühlenkörpers zugrunde zu legen. Die Blechdicke der Mühlenzylinder (Bild 4.301) liegt je nach Größe der Mahlkammer und Mühlenfüllung bei etwa $s_B = (0,01$ bis $0,013)D$. Eine Überschlagsrechnung ist mit (4.465) möglich. Die Nachrechnung der Spannungen und der Durchbiegung ist erforderlich, wobei

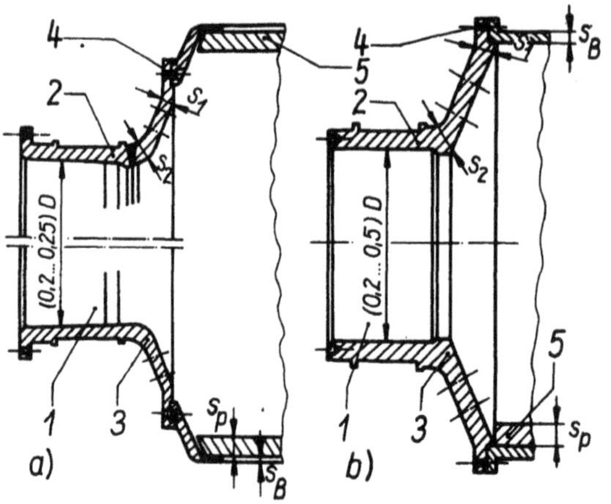


Bild 4.301. Varianten zur Stirnwand- und Halslager-Hohlzapfen-Gestaltung [449, 450, 458]

*a)* Halslager-Hohlzapfen und Stirnwand, zweiteilig gegossen und geschweißt

*b)* Halslager-Hohlzapfen und Stirnwand, einteilig gegossen

*1* Halslager-Hohlzapfen; *2* Lagerfläche, geschliffen; *3* Stirnwand; *4* Stirnwand-Mühlenzylinder-Anschluß; *5* Panzerplatten

die Schwächung des Mühlenzylinders durch Bohrungen zu berücksichtigen ist [458]. Bei Verwendung geschraubter Panzerungen kann die Schwächung durch die dafür erforderlichen Schraubenlöcher bis zu 10% betragen.

$$s_B = 16 + 0{,}12LD^2 \quad \text{in mm (bei } L, D \text{ in m)} \tag{4.465}$$

In Tabelle 4.28 sind Orientierungswerte für Blechdicken angegeben, die in Abhängigkeit des Mahlkammer-Durchmessers angewendet werden. Bei langen Mühlenzylindern werden die Blechdicken verschiedentlich auch abgestuft.

Die mit den Mühlenzylindern verschraubten Stirnwände haben nach Bild 4.275 das aus der Auflagekraft herrührende Biegemoment, die Querkraft und je nach Konstruktion des Mühlenkörpers das Torsionsmoment zu übertragen. Sie bestehen bei halsgelagerten Sturzmühlen (Bild 4.301) aus dem Lagerhohlzapfen (*1*) mit geschliffener Lagerfläche (*2*) und einer kegelförmigen Stirnwand mit Flansch (*3*). Während die Stirnwände bei kleinen Mühlen einteilig oder geschweißt gegossen werden, ist bei Großmühlen eine Konstruktion aus zwei Gußteilen, die miteinander verschweißt werden, zweckmäßig [449]. Die Stirnwandoberflächen werden meist glatt ohne Verstärkungsrippen ausgeführt, da sich an letzteren Spannungskonzentrationen ergeben. Zur Berechnung der Spannungsverteilung sind Berechnungsverfahren bekannt, die von der Plattentheorie ausgehen und Finite Elemente anwenden [451, 452, 457, 458]. Die aus Bild 4.301 ersichtlichen Wanddicken $s_1$ und $s_2$ können zur Orientierung wie folgt gewählt werden:

$$s_1 = 15 + 0{,}52LD^2 \quad \text{und} \quad s_2 = 10D \tag{4.466}$$

Zur Entlastung der Stirnwände großer Mühlen werden die Mühlenkörper verschiedentlich auch mit Laufringen versehen und auf Gleitschuhen gelagert.

*Tabelle 4.28. Blechdicke in Abhängigkeit des Mühlenzylinder-Durchmessers* [70]

| $D$ in m | $s_B$ in mm |
|---|---|
| bis 1,6 | 18 |
| 1,6 ... 2,0 | 20 |
| 2,0 ... 2,2 | 25,5 |
| 2,2 ... 2,4 | 28 |
| 2,5 ... 3,5 | 38 |
| 3,5 ... 4,25 | 52 |
| 4,25 ... 4,5 | 58 |
| 5,0 | 63,5 |
| 6,4 | 85 ... 75 |

#### 4.12.3.2. Lagerung des Mühlenkörpers

In Abhängigkeit der Mühlengröße stehen dafür Wälzlager, Stützrollen, hydrodynamische Gleitlager und hydrostatische Gleitschuhlager zur Verfügung.

**Wälzlager:** Während Wälzlager in Form von Pendelrollen- oder Rollenlagern vor allem bei kleinen Sturzmühlen, z. B. diskontinuierlichen, vereinzelt auch bei kontinuierlichen Trommelmühlen, in der Erzaufbereitung zum Einsatz kommen, werden bei größeren, mit hohlen Halslagerzapfen bzw. entsprechenden Gleitringen versehenen Mühlen nur Gleit- und Gleitschuhlager verwendet. Bei großen Lagerzapfendurchmessern haben Wälzlager gegenüber Gleitlagern folgende Nachteile:

— hoher Preis durch aufwendige Einzelanfertigung
— hohe Anforderungen an die Fertigungsgenauigkeit für die Lagersitze auf den Zapfen und in den Lagergehäusen
— ebenso aufwendige Ölversorgung, -reinigung und -kühlung wie bei Gleitlagern und kompliziertere Montage

Der Vorteil eines geringeren Reibungswiderstandes der Wälzlager beim Anlaufvorgang sowie während des Betriebes hebt die aufgeführten Nachteile nicht auf.

**Hydrodynamische Gleitlager:** Bei diesen wird der zum Tragen der Last erforderliche Öldruck durch die Drehbewegung der Zapfen erzeugt, der im Zusammenspiel mit der Lagerschale wie eine Spaltpumpe wirkt und die Strömungsenergie in Druckenergie umsetzt. Deshalb sind derartige Lager auch bei Vorhandensein von Öl, z. B. Tauchschmierung, nur oberhalb einer bestimmten Umfangsgeschwindigkeit funktionsfähig (Bild 4.302). Um vor allem beim Anlaufvorgang eine Mischreibung zu vermeiden, werden diese Lager häufig mit einer Anlaufschmierung versehen. Dazu werden während des Anlaufes ein oder zwei Lüfttaschen von einer Hochdruckpumpe mit Drucköl, das zu einer schnelleren Ausbildung des Ölfilms beiträgt, versorgt [450]. Bei der Dimensionierung von hydrodynamischen Gleitlagern wurde trotz Anwendung relativ geringer Flächenpressungen von $p = 1{,}6$ bis 2,0 MPa

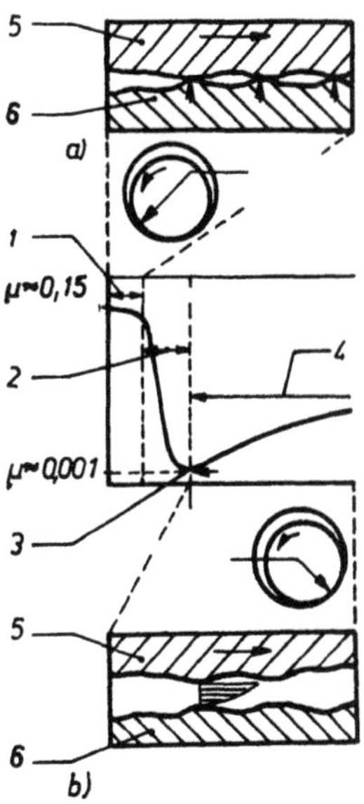


Bild 4.302. Schema zur Darstellung der Reibungsverhältnisse bei hydrodynamischer Schmierung
*a*) Anlaufphase
*b*) Betriebsphase mit Schmierfilm
*1* Losbrechreibung (Festkörperreibung); *2* Mischreibung; *3* Übergang zur vollhydrodynamischen Schmierung; *4* vollhydrodynamische Schmierung; *5* Lagerzapfen; *6* Lagerschale

und kleiner Breiten-Durchmesser-Verhältnisse von $b/d_L = 0{,}25$ bis 0,3 in der Praxis festgestellt, daß die theoretische Schmierfilmdicke fast immer kleiner ist als die Formungenauigkeit (Rauhtiefe von Zapfen und Lagerschale, Schrägstellung bzw. Krümmung des Zapfens) [453, 454]. Nachteile einer derartigen Lagerung sind:

— Materialverschleiß durch direktes Gleiten der Flächen aufeinander
— hohe Energieverluste und hohe Lagertemperatur durch die auftretende Reibung

Da bei hydrodynamischen Lagern die Schmierfilmdicke nicht wesentlich gesteigert werden kann, arbeiten konventionelle Mühlenhalslager meist als Verschleißlager im Gebiet der Mischreibung, wobei als Lagermetalle Blei- bzw. Zinnlegierungen verwendet werden. Die Lagerkühlung wird durch Berieselung des Halslagerzapfens mit Öl vorgenommen.

**Hydrostatische Gleitlager:** Um bei allen Betriebszuständen einschließlich Anfahr- und Auspendelvorgang günstige Laufeigenschaften bei hoher Zuverlässigkeit gewährleisten zu können, werden bei größeren Mühlen grundsätzlich hydrostatische Lager eingesetzt. Bei diesen wird die Last unabhängig von der Umfangsgeschwindigkeit des Lagerzapfens vom hydrostatischen Druck in der Auflagezone getragen, wobei die Schmierfilmdicke um eine Zehnerpotenz größer ist als bei hydrodynamischen Lagern. Damit werden folgende Vorteile erreicht [454]:

— Sicherung günstiger Gleiteigenschaften bei wesentlicher Verringerung des Lagerverschleißes
— Senkung des Leistungsbedarfes zur Überwindung der Lagerreibung um 6%
— gute Möglichkeiten zur Lagerkühlung bei ungünstigen Bedingungen, z. B. bei der Mahltrocknung mit beheizten Mühlen
— hohe Betriebssicherheit bei geringem Wartungsaufwand

Der hydrostatische Effekt wird durch mehrere Lüfttaschen erreicht, indem diese über Hochdruckpumpen mit Schmieröl beaufschlagt werden. Eintaschenanordnungen gewährleisten keinen stabilen Lauf und werden nur als Starthilfe bei hydrodynamisch geschmierten Lagern verwendet [455]. In

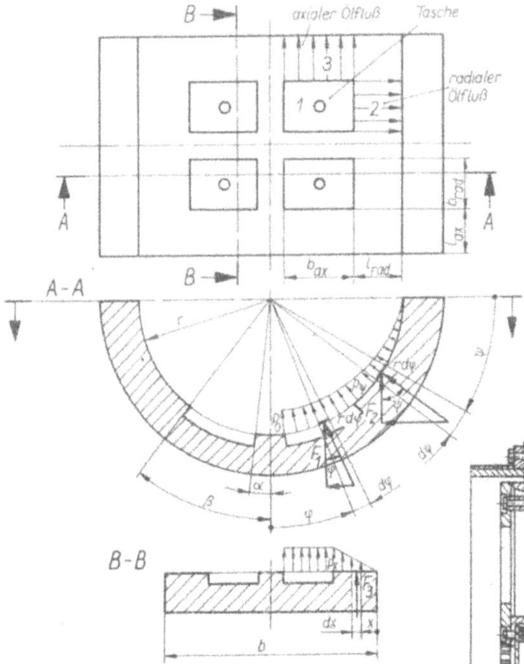


Bild 4.303. Taschenanordnung und Ölfluß bei einer Lagerschale mit vier Taschen [454]

*1* Tasche; *2* radialer Ölfluß; *3* axialer Ölfluß

reinigung und -kühlung ein Niederdruckteil vorhanden ist. Der notwendige Förderstrom der Pumpe ergibt sich unter Zugrundelegung einer laminaren Spaltströmung bei konstantem Schmierspalt zu (Bild 4.303) [454]

$$\dot{V} = 5 \cdot 10^{-11} z p_o h^3 (b_{ax}/l_{ax} + b_{rad}/l_{rad})/\eta \qquad (4.467)$$

($p_o$ Öldruck in der Tasche in N cm$^{-2}$ (z. B. $p_o = 300$ N cm$^{-2}$); $h$ Schmierspalt in µm (z. B. h = 140 µm); $\eta$ dynamische Zähigkeit des Öles in Ns m$^{-2}$ (z. B. $\eta = 20{,}4 \cdot 10^{-3}$ Ns m$^{-2}$); $b$ und $l$ Ölabflußbreite in cm nach Bild 4.303)

Um nach längeren Stillständen, besonders bei niederen Temperaturen, einen störungsfreien Anlauf sichern zu können, werden die Ölkammern mit

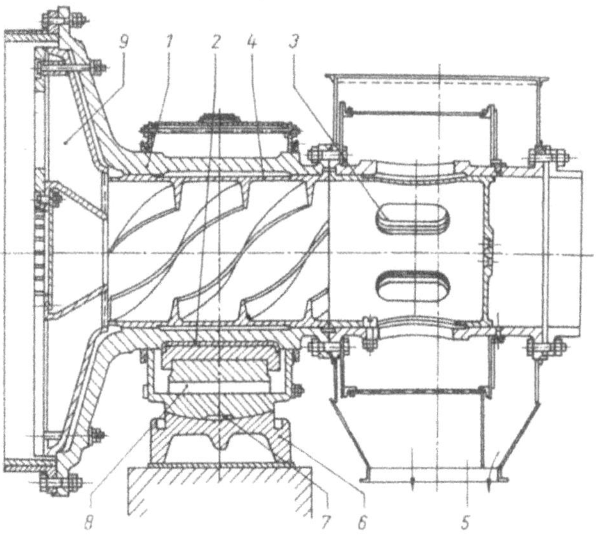


Bild 4.304. Halslager-Hohlzapfen mit Halslager an der Mahlgut-Austragseite einer Sturzmühle

*1* Halslager-Hohlzapfen mit Stirnwand; *2* Lagerschale; *3* Hohlzapfenschlitze; *4* Austragbuchse mit Schnecke; *5* Auslaufgehäuse; *6* Lagergehäuse; *7* Schwenkfläche zum Ausgleich der Lagerneigung; *8* axial verschiebbare Fläche zum Ausgleich der Längenänderung; *9* Austragkammer mit Hebeleisten

Bild 4.303 ist eine Lagerschale mit vier Taschen dargestellt. Um bei mehreren Lüfttaschen eine gleichmäßige Beaufschlagung der Taschen als Voraussetzung für eine ordnungsgemäße Funktion der Lager sichern zu können, wird der von einer oder zwei parallel geschalteten Hochdruckpumpen erzeugte Ölstrom in $z$ Teilströme aufgeteilt und über verstellbare Drosseln sowie jeweils eine Bohrung zu den Taschen gefördert. Zur Erzeugung des Druckölstromes werden meist Zahnradpumpen benutzt, deren Druck aufgrund des Drosselwirkungsgrades das Doppelte des Öldruckes in den Taschen betragen sollte. Diese Pumpen haben Drücke bis zu $p_P = 1500$ N cm$^{-2}$, wobei im Ölkreislauf zur Öl-

Heizeinsätzen, mit denen das Öl vor der Inbetriebnahme vorgewärmt werden kann, ausgerüstet.

Da die Längenänderung des Mühlenkörpers sowie Veränderungen der Lagerneigung infolge Temperatureinfluß und Durchbiegung von den Lagern kompensiert werden müssen, sind die Lagergehäuse so abzustützen, daß eine Anpassung der Gleitflächen an die jeweilige Lageänderung möglich ist. Zur Vermeidung von Axialverschiebungen an der Kupplung oder am Zahnkranz wird das Festlager antriebsseitig angeordnet. Um gute Laufeigenschaften zu erreichen und Verkantungen zu vermeiden, wird das Breiten-Durchmesser-Verhältnis auch bei hydrostatisch geschmierten Lagern mit $b/d = 0{,}25$

bis 0,35 festgelegt. Bild 4.304 zeigt den Querschnitt eines Lagerhohlzapfens mit Gleitlager an der Mahlgut-Austragseite einer Sturzmühle.

**Gleitschuhlager:** Mit hydrostatischer Schmierung versehen, werden sie zur Entlastung der sonst hochbelasteten Stirnwände bei großen Mühlen verwendet (Bild 4.305). Die üblichen Ausführungsformen unterscheiden sich durch die Anzahl der Gleitschuhe und Laufringanordnung am Mühlenkörper. Mit axial angeordneten Gleitköpfen werden axiale Lageränderungen am Antriebszahnkranz ausgeschlossen. Bild 4.306 zeigt einen T-förmigen Laufring (Einzelheit von *3* in Bild 4.305), der mit dem Mühlenzylinder verschraubt ist [456]. Die Abdichtung der Ringe gegen Staubeintritt erfolgt

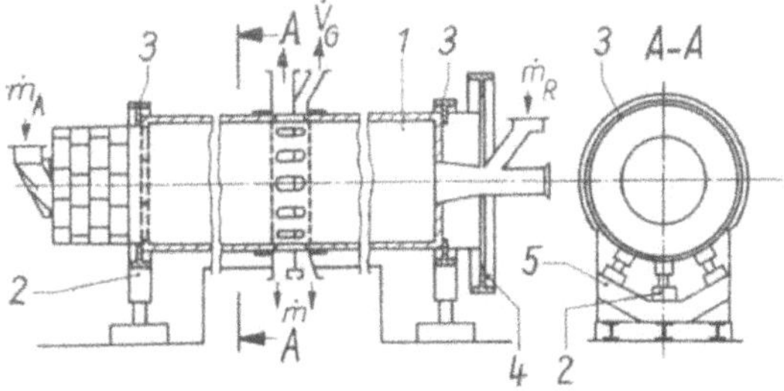


Bild 4.305. Schema der Gleitschuhlagerung bei einer Zweikammer-Sturzmühle mit Vortrockenkammer und Mittenaustrag [456]

*1* Mühlenkörper mit Panzerung; *2* Gleitschuhlager-Segmente; *3* Laufring; *4* Zahnkranz; *5* Lagerstütze

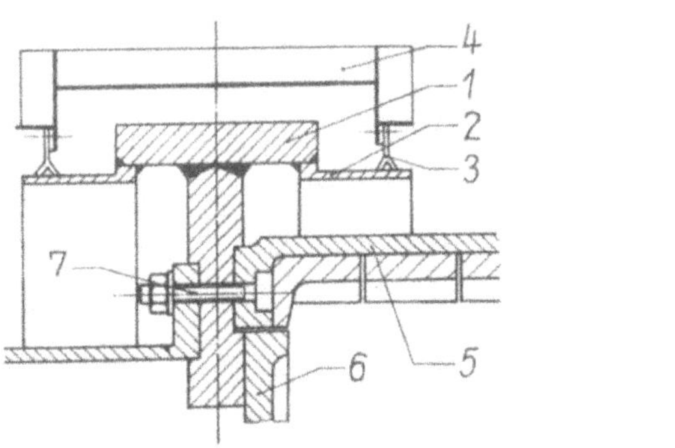


Bild 4.306. Schnitt durch einen T-förmigen Laufring nach Bild 4.305 [456]

*1* Laufring; *2* Ring zur Abdichtung; *3* Ringdichtung; *4* Laufringverkleidung; *5* Mühlenkörper mit Panzerung; *6* Zwischen- oder Austragwand; *7* Verschraubung

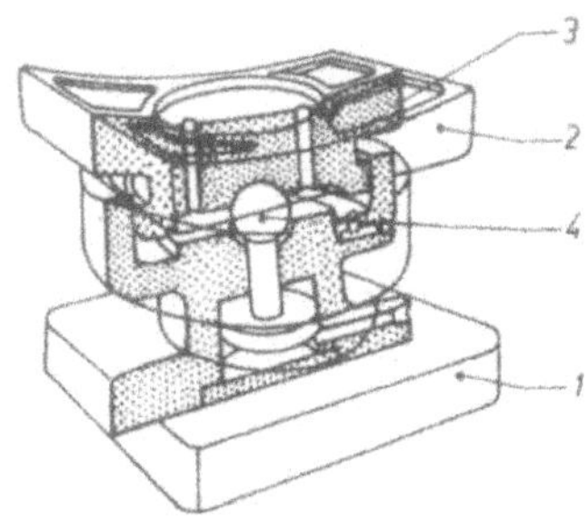


Bild 4.307. Lagersegment für Gleitschuhlager (SKF) [456]

*1* Lagerfuß; Lageroberteil mit Gleitflächen; *3* Öltaschen; *4* Ausgleichkolben

meist durch fettgefüllte Doppellippendichtungen, die auf den rotierenden Laufring gedrückt werden. Die Lagersegmente bestehen nach Bild 4.307 aus dem Lagerfuß (*1*), der auf dem Lagerstuhl verschraubt wird, und dem Gleitschuh (*2*), in dessen Gleitfläche Öltaschen (*3*) angeordnet sind. Der Gleitschuh (*2*), der auf einer Kugel (*4*) abgestützt ist, wird durch Drucköl gegen den Laufring gepreßt, wobei eine Anpassung an die jeweilige Laufringlage möglich ist. Der hydrostatische Öldruck in den Öltaschen und unter dem Kolben des Gleitschuhes wird von der jeweiligen Belastung des Lagersegmentes bestimmt und durch eine Hochdruckpumpe aufgebracht. Er beträgt in den Gleitschuhtaschen je nach Mühlengröße und Mahlkammerfüllung $p_0 = 400$ bis $600\ \mathrm{N\,cm^{-2}}$. Gegenüber konventionellen Halslagerungen weisen Laufringlagerungen mit Gleitschuhen folgende Vorteile auf [456]:

— Durch den Wegfall der Stirnwände mit Halslagern können die Mühlen kürzer und leichter gebaut werden.
— Infolge geringeren Lagerabstandes verringert sich die mechanische Beanspruchung des Mühlenzylinders sowie die Durchbiegung; deshalb sind geringere Blechdicken als bei gleichgroßen Mühlen mit Halslagerungen verwendbar.
— Die Ein- und Auslaufquerschnitte können beliebig groß gewählt werden.
— Die einzelnen Lagersegmente sind bei eingebauten Mühlenkörpern leicht austauschbar.

Zur Gewährleistung der notwendigen Betriebssicherheit und einer hohen Lebensdauer sind Mühlenlagerungen sowie deren Schmiermittelversorgung mit Überwachungssystemen (Temperatur- und Öldrucküberwachung) ausgerüstet. Die Schmiersysteme sind z. B. mit dem Mühlenantrieb so verriegelt, daß ein Einschalten des Motors erst dann möglich ist, wenn die Lagerschmierung eingesetzt hat. Andererseits ist die Schmierung bei einer Außerbetriebsetzung der Mühle erst dann abschaltbar, wenn die Mühle zum Stehen gekommen ist. Verschiedentlich werden zur Verschleißverhütung bei Stromausfall stickstoffbeaufschlagte Hydraulikspeicher eingebaut, die auch bei Stromausfall eine sichere Ölversorgung der Lager bis zum Stillstand gewährleisten [456].

#### 4.12.3.3. Antriebe

Da zur Umwälzung des Mahlkörper-Mahlgut-Gemisches in den Mahlkammern nur kleine Drehzahlen notwendig sind, müssen bei entsprechenden Antriebsleistungen große Drehmomente aufgebracht werden. In Abhängigkeit der Mühlengröße und -bauweise können Keilriemen, Zahnkranz-, Zentral- und getriebelose Direktantriebe verwendet werden (Keilriemenantriebe (bis 20 kW); Zahnkranz-Ritzelantriebe (mit einem Ritzel bis 3 MW und 2 MW bis 7 MW mit zwei oder vier Ritzeln); Zentralantriebe (1,5 bis 5 MW bei zweifach verzweigten und 3 bis 14 MW bei drei- bis vierfach verzweigten Stirnradgetrieben sowie 3 bis 10 MW bei Planetengetrieben); frequenzgesteuerte Ringmotoren bzw. getriebelose Antriebe (5 bis 15 MW)). Die zu wählende Antriebsvariante ist vom anzustrebenden Wirkungsgrad, den Kosten, der Zuverlässigkeit und vom Wartungs- und Instandhaltungsaufwand abhängig. Bei vergleichbaren Mühlengrößen liegen die Investitionskosten der Zentralantriebe, die geschlossene Getriebeeinheiten darstellen, etwa 6 bis 8 % höher als die der Zahnkranz-Ritzel-Antriebe. Die Investitionskosten getriebeloser Antriebe sind um 14 bis 16% höher anzusetzen, wobei die Kostenrelationen mit wachsender Antriebsleistung günstiger werden [70, 449, 459, 473]. Bei der Anordnung des Antriebes und der Hauptkupplung sind die in Bild 4.308 dargestellten Lageveränderungen, die auf die Durchbiegung und Längenänderung des Mühlenkörpers bei verschiedenen Betriebszuständen zurückzuführen sind, zu beachten [460, 461].

Um bei Inspektions- und Instandhaltungsarbeiten ein langsames Durchdrehen des Mühlenkörpers

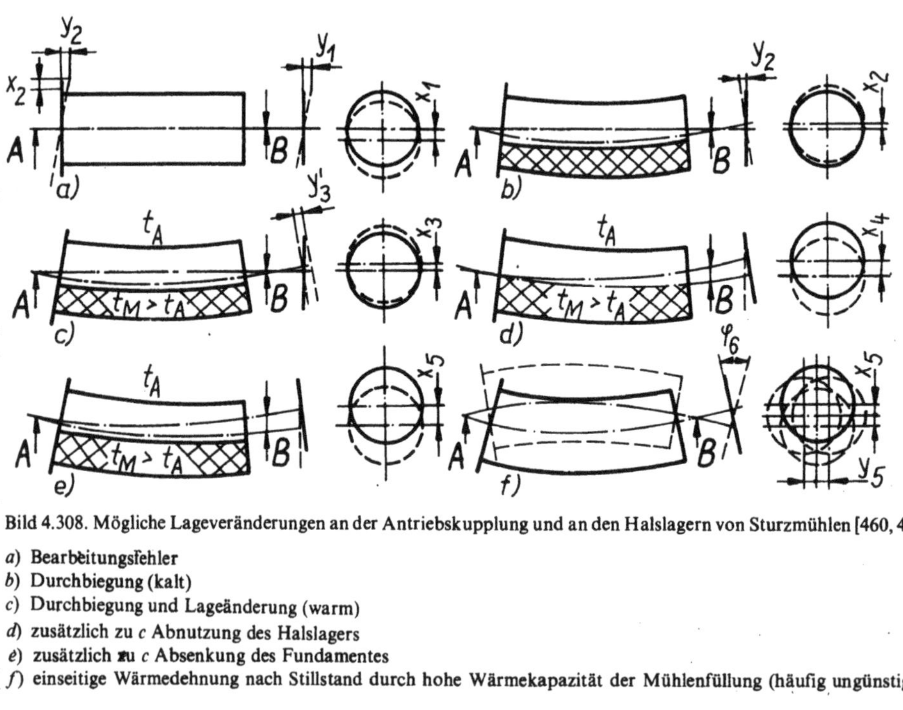


Bild 4.308. Mögliche Lageveränderungen an der Antriebskupplung und an den Halslagern von Sturzmühlen [460, 461]

*a*) Bearbeitungsfehler
*b*) Durchbiegung (kalt)
*c*) Durchbiegung und Lageänderung (warm)
*d*) zusätzlich zu *c* Abnutzung des Halslagers
*e*) zusätzlich zu *c* Absenkung des Fundamentes
*f*) einseitige Wärmedehnung nach Stillstand durch hohe Wärmekapazität der Mühlenfüllung (häufig ungünstigster Fall)

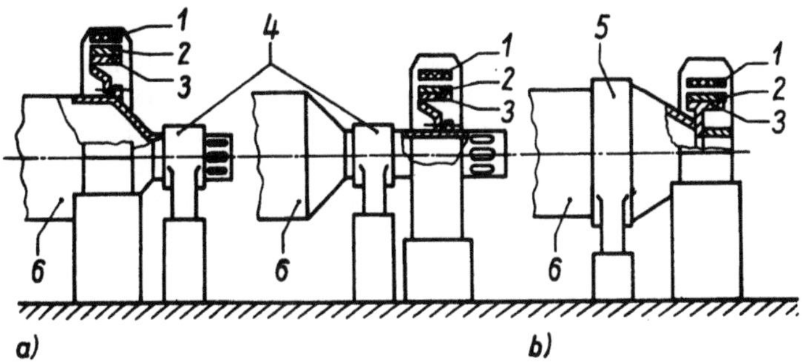


Bild 4.309. Anordnungsmöglichkeiten für Ringmotoren bei Sturzmühlen [472, 474]
*a*) Mantelmotor
*b*) außenliegender Motor

*1* Stator; *2* Polrad (Rotor); *3* Polradträger; *4* Halslager; *5* Gleitschuhlager; *6* Mühlenkörper

zu ermöglichen bzw. den Mühlenkörper an einer vorgesehenen Stelle anzuhalten, sind die Hauptantriebe meist mit einem Hilfsantrieb großer Übersetzung gekoppelt, die mittels einer schaltbaren Kupplung vom Hauptantriebssystem getrennt werden kann.

**Antriebsmotoren:** Während bei kleinen Antriebsleistungen der Kurzschlußläufer-Motor aufgrund seines einfachen und robusten Aufbaus sowie seiner geringen Störanfälligkeit bevorzugt wird, kommen bei großen Leistungen ($P > 1000$ kW) fast ausschließlich *Schleifringläufer-Motoren* mit Spannungen zwischen 3,3 und 10 kV zum Einsatz [478]. Verschiedentlich werden auch *Synchronmotoren* oder *synchronisierte Ringmotoren* als Mühlenantriebsmaschinen verwendet. Bei der Festlegung der Motoren ist von (4.468) auszugehen:

$$M_a = M_M + \Theta_{ges}\, d\omega/dt \qquad (4.468)$$

($M_M$ Nenn- oder Beharrungsmoment der Mühle für die Mahlkörper-Mahlgut-Bewegung und Lagerreibung; $\Theta_{ges}$ gesamtes auf die Motorwelle bezogenes Massenträgheitsmoment ($\Theta_{ges} = \Theta_{Mo} + \Theta_{Getr} + \Theta_{Mü} + \Theta_F$); ($\Theta_F$ der Mahlkörper-Mahlgut-Füllung ist bis zum Erreichen der Betriebsdrehzahl (Kaskaden- oder Kataraktzustand) von $\omega$ abhängig. Für Überschlagsrechnungen kann $\Theta_F = (m_{MK} + m_{MG})\, R_m^2$ mit $R_m$ nach Bild 4.272 oder $R_m = X$ nach Bild 4.274 verwendet werden)).

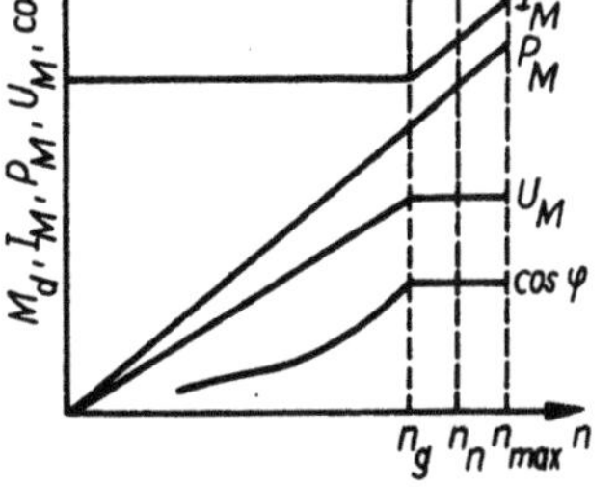


Bild 4.310. Kennlinien zum Betriebsverhalten des Ringmotors [472, 473]

Das Losbrechmoment liegt je nach Mühlenlagerung und Schmierung bei etwa (0,7 bis 1,1) $M_M$ (0,7 $M_M$ bei hydrodynamischer Hochdruckschmierung und 1,1 $M_M$ bei hydrodynamischen Lagern). Um die ungünstigsten Bedingungen zu berücksichtigen, ist nach Versuchsergebnissen mit 1,1 $M_M$ zu rechnen [478, 479].

Neben Zahnkranz- und leistungsverzweigten Zentralantrieben wurden in den letzten Jahren beim Antrieb von großen Sturzmühlen in zunehmendem Maße auch getriebelose, frequenzgesteuerte, langsam laufende Ringmotoren, deren Rotor auf dem Mühlenrohr, auf einer Verlängerung des Rohres außerhalb der Mühlenkörperlagerung oder an einem verlängerten Halslagerzapfen angeordnet ist, eingesetzt (Bild 4.309). Zur Erreichung der bei Sturzmühlen geforderten niedrigen Drehzahlen ist eine große Polzahl erforderlich, die zu großen Statordurchmessern führt. Derartige Motoren sind für folgende Einsatzbereiche geeignet [472, 474, 475]:

— Mühlenkörper-Durchmesser $D_A = 4500$ bis 7500 mm
— Drehzahl des Mühlenkörpers $n = 8$ bis 20 min$^{-1}$
— Antriebsleistung der Mühle $P = 5$ bis 15 MW

Da *Ringmotoren* bei Verlagerungen des Rohres, die durch Durchbiegung, Wärmedehnung, Lagerabsenkung usw. auftreten können, empfindlich sind, muß bei der Anordnung des Polradträgers bzw. Polrades auf die Gewährleistung eines möglichst konstanten Luftspaltes von 12 bis 15 mm geachtet werden. Eine automatische Überwachung ist notwendig, weil Lageveränderungen große magnetische Kräfte nach sich ziehen und die Mühlenzylinder und Lager zusätzlich belasten [473]. Da die größten Abweichungen beim Wiederanfahren einer nicht vollständig abgekühlten Mühle infolge thermischer Durchbiegung auftreten (vgl. Bild 4.308), werden die Mühlenkörper derartiger Mühlen verschiedentlich in festen Zeitintervallen um 180° gedreht. Die Motoren werden fremdbelüftet und haben in der Regel einen geschlossenen Kühlkreislauf, wobei die erwärmte Luft über Luft-Wasser-Kühler rückgekühlt wird. Bild 4.310 zeigt, daß die Motorspannung $U_M$ bei konstantem $I_M$ bis zur Grunddrehzahl $n_g$ linear ansteigt und sich das Drehmoment über dem gesamten Drehzahlbereich nicht verändert [472, 473]. Die Motoren werden so ausgelegt, daß das Anfahrmoment $M_{an} = 1{,}25\ M_{nenn}$ beträgt und die Drehzahlen etwa 20% über und unter der Nenndrehzahl stufenlos geregelt werden können. Außerdem ist eine Schleichdrehzahl von 5 bis 20% der Nenndrehzahl zum Mannlochfahren möglich. Gegenüber dem Zahnkranz- und Zentralantrieb haben die Ringmotoren folgende Vorteile [70, 472, 473, 475]:

— Wegfall der mechanischen Getriebe, die mit wachsender Antriebsleistung immer schwieriger zu bauen sind
— begrenzte Regelbarkeit der Drehzahl und Möglichkeit zur Anpassung an die jeweiligen Zerkleinerungsbedingungen
— geringer Platzbedarf für Mahlanlagen, da die Anordnung großer Getriebe entfällt
— der Anlaufstrom ist in seiner Höhe begrenzt, so daß im Netz keine Laststöße auftreten.
— als Verschleißteile sind antriebsseitig nur noch die Lager des Mühlenkörpers vorhanden.

**Zahnkranzantriebe:** Sie haben sich aufgrund ihrer einfachen, betriebssicheren und kostengünstigen Bauweise bis zu Leistungen von etwa 7 MW bewährt und werden als Ein-, Zwei- und in besonderen Fällen, wie z. B. bei Autogenmühlen mit Mahlkammer-Durchmessern $D > 10$ m, auch als Vierritzelantriebe eingesetzt. Die größten Zahnkranz-Durchmesser betragen etwa 12 bis 15 m (Bild 4.311). Als maximale Ritzelbreiten werden 1,1 m angegeben [70, 461]. Die Größe der je Ritzel übertragbaren Leistung ist von den Abmessungen des Zahnkranzes und Ritzels, von der zulässigen Flächenpressung zwischen den Zahnflanken und von der Art der Verzahnung sowie von der Güte der Lagerung und Schmierung abhängig. Während bei Geradverzahnung bei entsprechender Werkstoffpaarung Antriebsleistungen von etwa 2 MW je Ritzel möglich sind, kann bei der Anwendung von Schräg- oder Pfeilverzahnung eine weitere Steigerung erreicht werden [461]. Um eine günstige Zähnezahl zu erhalten und die Eingriffsverhältnisse bei der am höchsten belasteten offenen Getriebestufe eines Sturzmühlenantriebes mit Evolventenverzahnung zu verbessern, wird der Modul je nach Zahnkranz-Durchmesser zwischen $m = 25$ mm und $m = 50$ mm gewählt [459]. Während für die Ritzel überwiegend vergütete CrMo- oder CrNiMo-Stähle zum Einsatz kommen, hat sich als Zahnkranzwerkstoff Stahlguß 36Mn5 bewährt [372, 459, 461]. Aus Transport- und Montagegründen werden große Zahnkränze fast ausschließlich zweiteilig ausge-

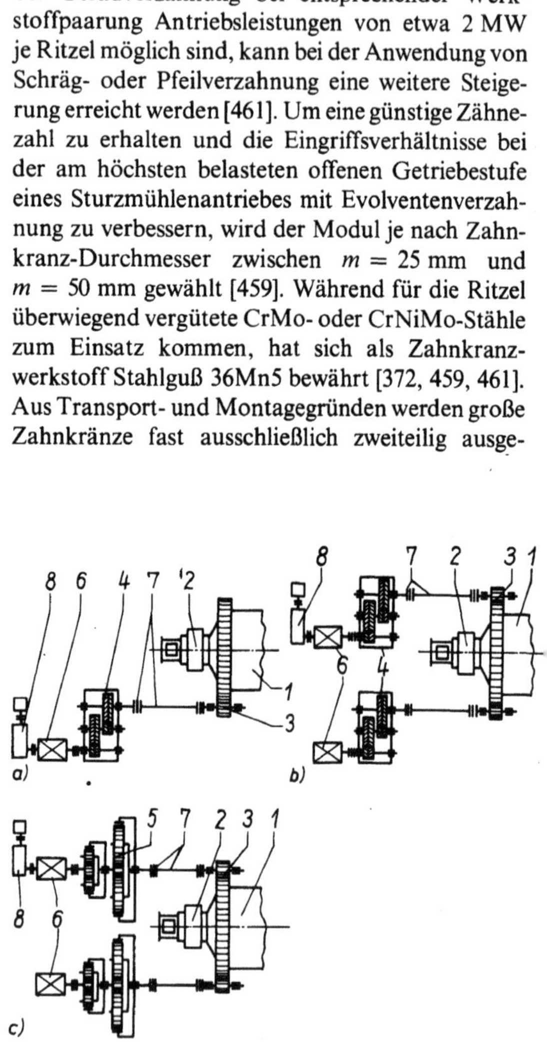


Bild 4.311. Beispiele für die Anordnung von Zahnkranzantrieben bei Sturzmühlen
*a)* Einritzelantrieb mit Stirnradgetriebe
*b)* Zweiritzelantrieb mit zwei Stirnradgetrieben
*c)* Zweiritzelantrieb mit zwei Planetenradgetrieben

*1* Mühlenkörper; *2* Halslager; *3* Ritzel mit Zahnkranz; *4* schrägverzahnte Stirnradgetriebe; *5* Planetengetriebe; *6* Hauptmotoren; *7* Antriebskupplung mit Kupplungswelle; *8* Hilfsantrieb

führt. Die Zahnkranzhälften, die bei der Fertigung genau fixiert werden, müssen so gestaltet und mit geeigneten Schrauben miteinander verbunden werden, daß ein Auseinanderklaffen der Teilflächen auch bei unterschiedlicher Wärmeausdehnung verhindert wird. Um die Lageveränderungen am Zahnkranz infolge Durchbiegung und Wärmeausdehnung möglichst klein zu halten, sind die Zahnkränze grundsätzlich auf der Festlagerseite anzuordnen [461]. Für die Lebensdauer eines Zahnkranzantriebes ist der Aufbau eines tragfähigen Schmierfilmes zwischen den Zahnflanken von Bedeutung. Bewährt haben sich Haftschmierstoffe in der Form von Hochdruckfetten auf Graphit- oder Molybdändisulfit-Basis. Die Fette werden dabei meist mittels Fettschmierapparaten aus mehreren Düsen fein verteilt auf die im Eingriff stehenden Flanken der Zähne des Zahnkranzes gesprüht.

Als Hauptgetriebe kommen entweder zweistufige Stirnradgetriebe oder in Sonderfällen auch langsam laufende Motoren, die das Ritzel ohne Zwischenschaltung eines Getriebes antreiben, zum Einsatz [70, 459]. Die Schmierung der gleit- oder wälzgelagerten Hauptgetriebe erfolgt bei größeren Antrieben durch Drucköl, wobei eine Ölreinigung und -kühlung im Ölkreislauf eingebunden ist. Die zur Schmiermittelversorgung vorhandenen Ölpumpen bzw. Ölkreisläufe, die verschiedentlich auch mit zwei Pumpen ausgerüstet werden, sind über Druckwächter so verriegelt, daß ein Betrieb der Anlage bei Unterschreitung eines vorgegebenen unteren Grenzwertes nicht möglich ist. Während der Hauptmotor mit dem Hauptgetriebe mittels einer elastischen Kupplung verbunden ist, erfolgt die Leistungsübertragung vom Hauptgetriebe zum Ritzel über Zahnkupplung mit Zwischenhülsen oder drehstarren Membrankupplungen (Bild 4.311) [460]. Bei der Anwendung von Zweiritzelantrieben ist zu beachten, daß für beide Ritzel synchrone Drehzahlen notwendig sind [461].

**Zentralantriebe:** Das Bestreben, die frei laufenden und zum Teil starker Verschmutzung und Verlagerungen unterliegenden Zahnkranzantriebe zu ersetzen, führte zur Entwicklung des Zentralantriebes, bei dem der Antrieb zentral auf einen Halslagerzapfen der Mühle erfolgt. Je nach Mühlengröße, Halslagergestaltung, Mahlgutaustrag und den Platzverhältnissen werden dabei Ein- oder Zweimotorenantriebe mit leistungsverzweigten Hauptgetrieben verwendet (Bild 4.312). Für derartige Antriebe sind unterschiedliche Getriebearten mit Leistungsverzweigung entwickelt worden, die das Drehmoment entweder über Zahnkupplungen und eine Zwischenwelle oder als angeflanschte Getriebe (Zapfengetriebe) auf den Halslagerzapfen übertragen. Um die Taumelbewegung des Mühlenhalses ausgleichen zu können, sind entsprechende Flanschkupplungen bzw. Zwischenwellen mit Zahnkupplungen notwendig. Verschiedentlich wird das Hauptgetriebe auch so ausgebildet, daß es ohne Zahnkupplungen fliegend auf dem Mühlenhals außerhalb des Halslagers aufgesetzt werden kann (Bild 4.313) [460]. Bei Zweimotorenantrieben wird dabei sowohl eine elektrische als auch mechanische Leistungsverzweigung erreicht.

Bei der Anwendung von Planetengetrieben sind zwei bis drei hintereinander geschaltete Einheiten, die jeweils zur Lastverzweigung drei Planetenräder besitzen, notwendig (Bild 4.314). Die gleichmäßige Drehmomentenaufteilung erfolgt meist durch ein in der Verzahnung der Planetenräder ohne Lager abgestütztes Sonnenritzel und ein im Gehäuse federnd abgestütztes innen verzahntes Zentralrad. Deshalb müssen die hintereinander geschalteten Planeteneinheiten durch kardanisch bewegliche Zahnkupplungen verbunden werden [462]. Der Volllast-Getriebewirkungsgrad liegt bei $\eta_G = 98{,}6$ bis $98{,}9\,\%$ [70, 464].

Bild 4.315 zeigt eine Getriebekonstruktion, die mit zwei- oder dreistufiger Untersetzung bei zwei- bis zu vierfacher Leistungsverzweigung für Antriebsleistungen von 12 bis 15 MW ausgerüstet werden kann [70, 463, 467].

Da beim Anfahren von Sturzmühlen und beim Auspendeln im Antriebssystem Stoßbelastungen auftreten, sind diese bei der Dimensionierung der Getriebe sowie der Kupplungen mit den im Maschinenbau üblichen Beiwerten zu berücksichtigen [468, 470]. Stöße, die vor allem beim Anlauf auftreten, sollten jedoch möglichst durch die Antriebskupplung abgebaut werden [469]. Deshalb wurden Membran- und Zahnkupplungen entwickelt, die einen Ausgleich von radialen Verlagerungen zwischen Getriebe und Antriebszapfen an der Mühle, Spielfreiheit in Drehrichtung und Stoßminderung beim Anfahren gewährleisten.

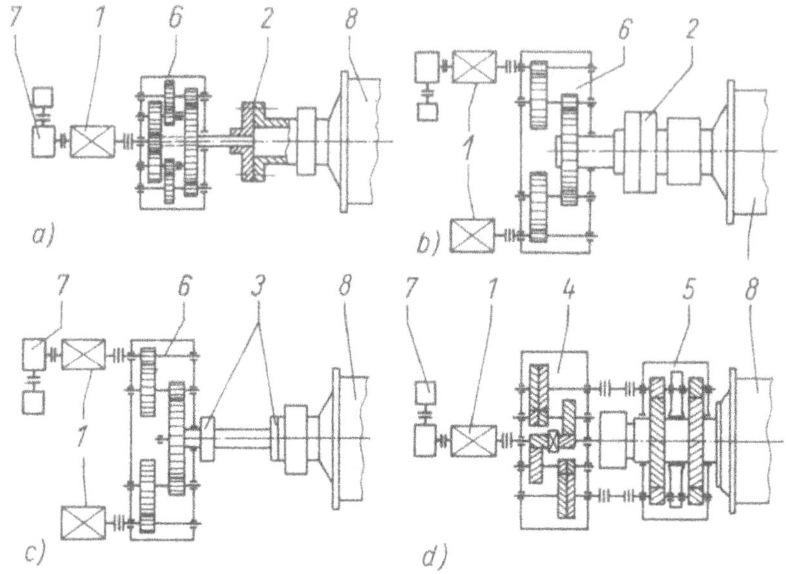


Bild 4.312. Beispiele für die Gestaltung von Zentralantrieben
*a*) Einmotorenantrieb mit Flanschkupplung
*b*) Zweimotorenantrieb mit Flanschkupplung
*c*) Zweimotorenantrieb mit Zahnkupplung
*d*) Einmotorenantrieb mit Leistungsverzweigung im Vor- und Hauptgetriebe (Zapfengetriebe)

*1* Hauptmotor; *2* Flanschkupplung; *3* Zahnkupplung; *4* Vorgetriebe mit Leistungsverzweigung; *5* Zapfengetriebe; *6* Hauptgetriebe; *7* Hilfsantrieb (Motor mit Getriebe); *8* Mühlenkörper mit Halslagerung

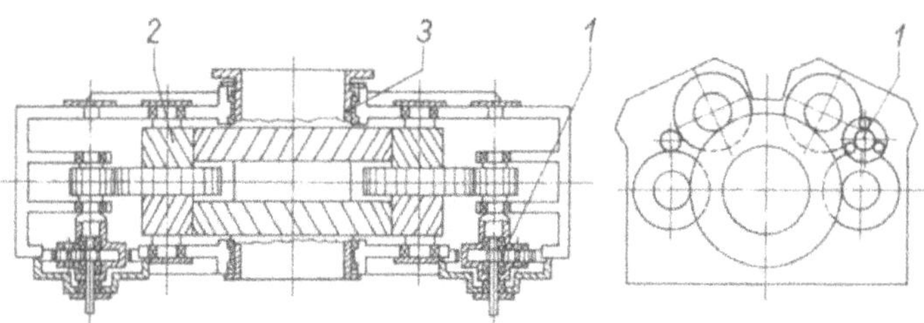

Bild 4.313. Vierfach-Verzweigungsgetriebe für Sturzmühlenantriebe bis $P = 8$ MW mit zwei Motoren [460]

*1* Planetenstufe; *2* Verzweigungsstufe; *3* Abtriebszapfen

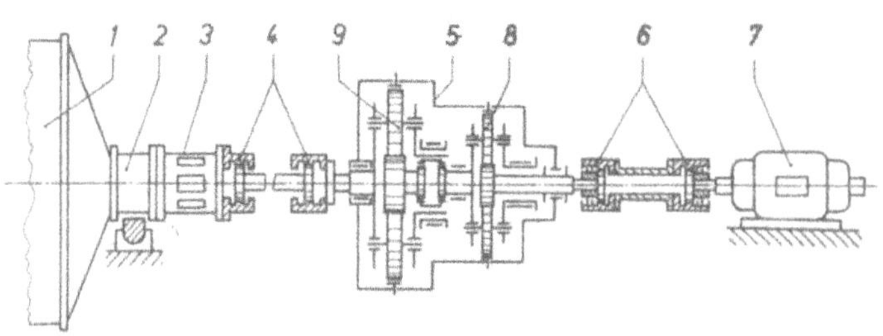

Bild 4.314. Zentralantrieb einer Sturzmühle mit zweistufigem Planetengetriebe [70, 464]

*1* Mühlenkörper; *2* Halslager-Hohlzapfen mit Halslager; *3* Hohlzapfenschlitze zum Mahlgutaustrag; *4* Zahnkupplung mit Antriebswelle; *5* zweistufiges Planetengetriebe; *6* Zahnkupplung mit Antriebswelle; *7* Hauptmotor; *8* 1. Planetenstufe; *9* 2. Planetenstufe

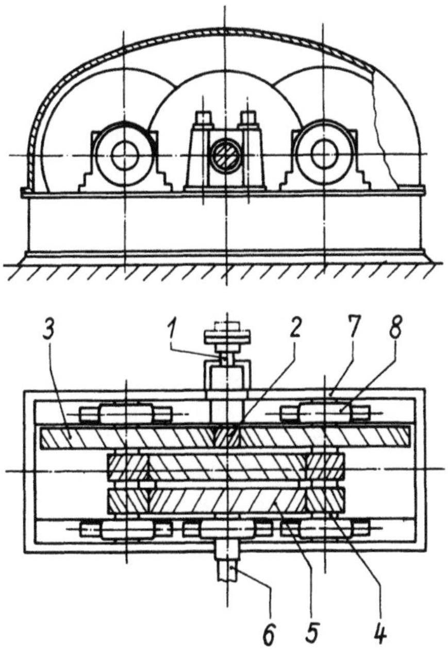


Bild 4.315. Hochleistungs-Stirnrad-Getriebe (Symetro) für Antriebsleistungen $P$ = 12 bis 15 MW [70, 463, 467]

*1* Antriebswelle; *2* Antriebsritzel; *3* Zwischenrad; *4* Zwischenwelle; *5* Ausgleichrad; *6* Abtriebswelle; *7* Getriebegehäuse; *8* Wellenlagerung mit Lagergehäuse

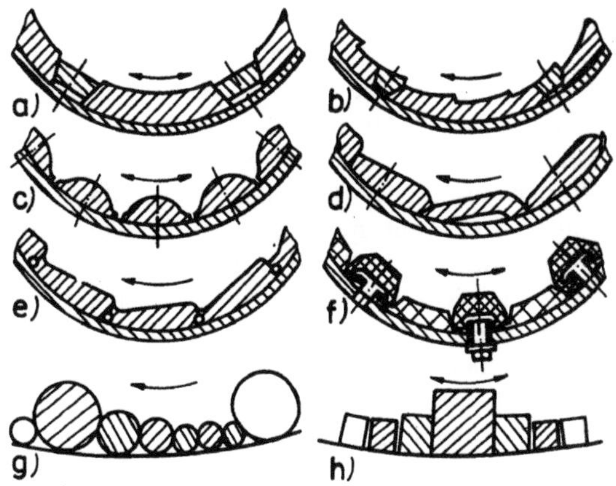


Bild 4.316. Ausführungsformen platten- und stabförmiger Mantelpanzerungen
*a*) glatte Platten mit verschraubten Keilstäben
*b*) stufenförmige Platten mit verschraubten Keilstäben
*c*) wellenförmige verschraubte Platten
*d*) überlappte schraubenarme Platten
*e*) schraubenlose Panzerung
*f*) Gummipanzerung
*g*) Panzerung mit Rundstäben
*h*) Panzerung mit Quadratstäben

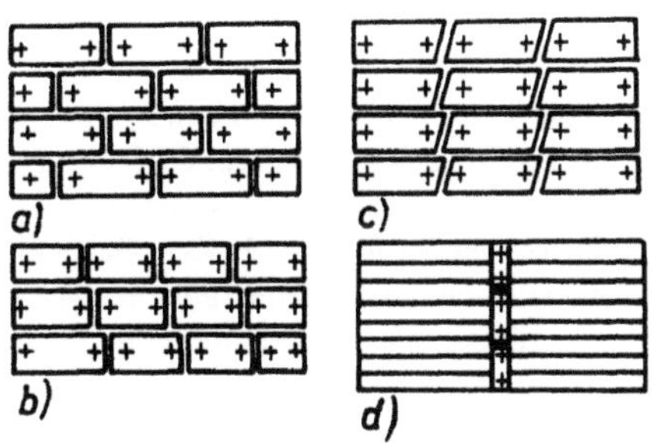


Bild 4.317. Einbaumöglichkeiten von Panzerplatten und -stäben
*a*), *c*) versetzt verschraubt
*b*) überlappt verschraubt
*d*) mit keilförmigen Platten verspannte Stäbe

### 4.12.3.4. Mahlraumpanzerungen und -einbauten

Sie sind zum Verschleißschutz des Mühlenkörpers und zur Übertragung der Bewegungsenergie auf die Mahlkörper-Mahlgut-Füllung notwendig. Zur Beeinflussung radialer und axialer Mahlkörper- und Mahlgutbewegungen wurden vielfältige Oberflächenformen entwickelt (Bild 4.316). Die Wahl der Plattenform (z. B. Stufen-, Rillen-, Eckspiral- und gewellte Platten usw.) ist von den jeweiligen Zerkleinerungsbedingungen und zerkleinerungstechnischen Zielstellungen (z. B. Vormahlung in der Grobmahlkammer, Anpassung der Mahlkörpergröße an die Mahlgutfeinheit durch Klassierpanzerungen usw.) abhängig. Bei Konstruktion und Werkstoffauswahl müssen folgende Gesichtspunkte beachtet werden:

— hohe Verschleißfestigkeit, Bruchsicherheit und unbedingte Formbeständigkeit
— geringe Schraubenzahl, leichte Montierbarkeit und große Maßhaltigkeit ohne maschinelle Bearbeitung
— hoher Standardisierungsgrad und geringe Formteilanzahl
— getrennte und unabhängige Montierbarkeit von Mantel-, Trennwand- und Stirnwandplatten bei teilweiser Erneuerung
— gute Abdichtung, so daß die Trübe bei der Naßmahlung nicht hinter die Panzerung gelangen kann
— Unterstützung der radialen und axialen Mahlkörperbewegungen

Die mittlere Panzerplattendicke am Zylinder und an den Stirnwänden ist von der Mühlengröße abhängig ($s_P$ = 50 mm bei $D \approx 2000$ mm; 75 mm bei $D \approx 3000$ und 100 bis 150 mm bei $D > 4000$ mm). Eine überschlägliche Berechnung ist mit $s_P = 0{,}018D$ möglich. Die Platten werden meist rechteckig mit Kantenlängen von 300 bis 600 mm ausgebildet (Bild 4.317). Die Masse der Platten sollte aus montagetechnischen Gründen 100 kg nicht überschreiten. Der Panzerplatten-Nettoverschleiß $V_{op}$ ist von der Abrasivität und Korngröße des Mahlgutes, der Mahlkörper-Größenverteilung, dem Mahlgut-Füllungsgrad und von der Mahlkörperbewegung bzw. den Beanspruchungsbedingungen abhängig. Er liegt bei hochfesten Plattenwerkstoffen und Einsatz hochfester Mahlkörper bei $V_{op}$ = 20 bis 50 g $t^{-1}$ und verhält sich zum Mahlkörperverschleiß wie 1:2. Bei der Aufstellung einer Verschleißfunktion für Mühlenpanzerungen wird angenommen, daß der Plattenverschleiß proportional der je Flächeneinheit der Panzerung aufgewendeten Energie $W_Z = P_Z t$ ist [384].

$$V_{op} = k_p P_Z t / A \quad \text{oder} \quad V_{op} = k_p D^{1,5} t \qquad (4.469)$$

($k_p$ Proportionalitätsfaktor; $A$ wirksame innere Mahlkammer-Mantelfläche)

Als metallische Verschleißwerkstoffe werden vorrangig hochlegiertes weißes Gußeisen, Cr-Stahlguß, Ni-Hard- und Mangan-Hartstahl sowie Cr-Mo-legierter Stahl verwendet [410, 419, 436]. Bei Naßmühlen, die meist einem höheren Panzerplattenverschleiß unterliegen als Trockenmühlen, haben sich auch Mahlraumauskleidungen aus Gummi bewährt. Sie weisen bei 85% kleinerer Masse bis zu dreimal größere Standzeiten auf und können leicht montiert und gewechselt werden. Außerdem ist die Lärmentwicklung geringer. Zu beachten ist, daß die Temperaturen 120 °C nicht überschreiten dürfen [426]. Bei »eisenfreier« Mahlung, z. B. in der feinkeramischen Industrie, werden auch Hartporzellan, Steatit, Basalt und andere harte Natursteine eingesetzt.

**Panzerplattengestaltung:** Während bei stufen- oder wellenförmigen Platten nur eine radiale Mahlkörperbewegung auftritt, wird durch konische, in axialer Richtung abgestufte Mantelplatten eine axiale Mahlkörperbewegung und -klassierung erreicht (Bild 4.317) [70, 411]. Bei der Klassierung werden vor allem Zentrifugalkraft-, Aufprall- und Böschungseffekte, die auf unterschiedliche Mahlkörpergrößen bzw. -massen zurückzuführen sind, wirksam.

Da die großen Mahlkörper in Mahlkammern mit klassierender Panzerung in Richtung des Mühleneinlaufes abgelenkt und die kleineren in Richtung des Mühlenaustrages abgedrängt werden, wird eine stufenlose Anpassung der Mahlkörpergrößen an die Mahlgutdispersität bei $\lambda = L/D > 1{,}5$ gewährleistet, wodurch eine Unterteilung des Mahlraumes mittels Zwischenwänden entfallen kann. Damit werden die Mahlräume übersichtlich und einfacher. Als weitere Vorteile von klassierenden Panzerungen sind Durchsatzsteigerung von 8 bis 10%, Senkung des spezifischen Arbeitsbedarfes bis zu 15%, leichtere Überwachung der Mahlkörperfüllung, selbständiges Ausscheiden der zu klein gewordenen Mahlkörper und die Einsparung an Arbeitszeit beim Stürzen der Mahlkammern zu verzeichnen [358].

Bei der Festlegung des Plattenprofiles ist zu beachten, daß der Klassiereffekt vor allem vom Mahlraum-Durchmesser, von Mahlkörpergröße und -füllungsgrad abhängt. Die Steigungswinkel sollten deshalb den jeweiligen Bedingungen angepaßt bzw. Plattenkombinationen vorgenommen werden.

In Grobmahlkammern mit großen Mahlkörpern werden in letzter Zeit verstärkt Rillenpanzerungen eingesetzt, die in Auswertung typischer Verschleißerscheinungen durch Rillenbildung entwickelt wurden. Bei derartigen Panzerungen werden die Platten

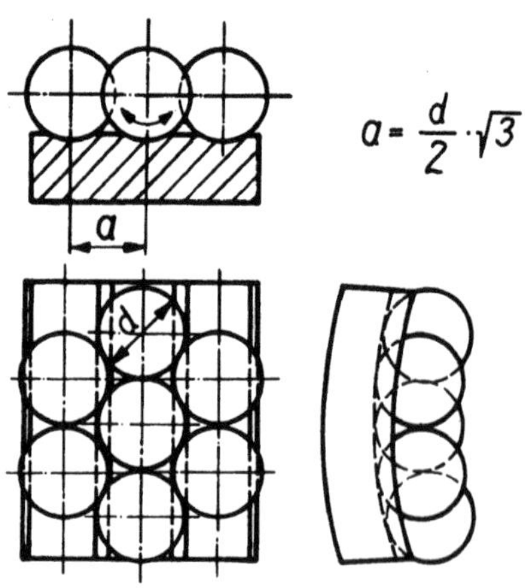


Bild 4.318. Schema einer Rillenplatte mit günstiger Rillenteilung [419, 420]

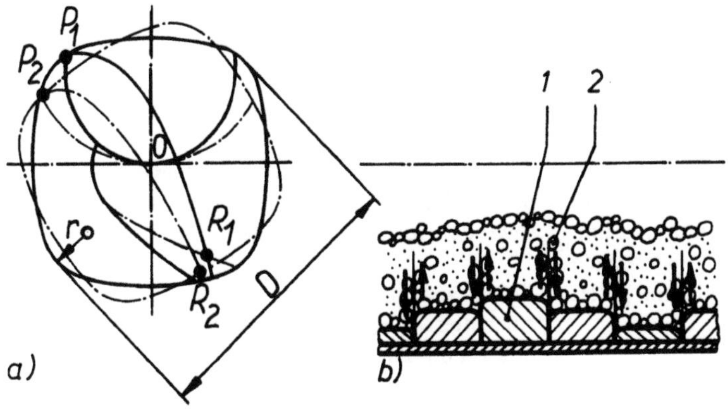


Bild 4.319. Schema des Mahlraumquerschnittes und des radialen Mahlkörper-Mahlgut-Transportes bei Eckspiralpanzerung [424]
*a*) Radialschnitt durch die Mahlkammer
*b*) Axialschnitt durch die Mahlkammer
*1* Eckspiralplatten; *2* Scherebenen in der Mahlkörper-Mahlgut-Füllung

mit stufenlosen oder stufenförmigen Umfangsrillen mit Linien- oder Zweipunktauflage der Mahlkörper ausgeführt. Die Rillenteilung ist nach Bild 4.318 von der Mahlkörpergröße abhängig und ist für die günstigste Kugelpackung mit $a = d_{MK} \sqrt{3}/2$ zu wählen [419, 420]. Da sich bei der Rillenpanzerung günstigere Energie-Übertragungsverhältnisse zwischen Panzerung—Mahlgut—Mahlkörper ergeben, verringert sich der Leistungsbedarf im Vergleich zu Stufenplatten um 20 bis 25 %. Bezogen auf Mehrkammermühlen, bei denen nur der Grobmahlraum mit Rillenpanzerungen ausgerüstet ist, beträgt die Senkung des Leistungsbedarfes etwa 7 bis 8 %. Außerdem verringern sich Mahlkörperverschleiß und Standzeit der Panzerung, wobei ein großer Ausnutzungsgrad (Nettoverschleiß) bis zu 85 % möglich ist [423].

Mit dem Ziel, durch geringere Mahlkörper-Füllungsgrade und eine größere Schlag- und Scherbeanspruchung Energieeinsparungen bei gleichem Zerkleinerungsergebnis zu erreichen, wurden Eckspiralpanzerungen entwickelt, die sich von herkömmlichen Panzerungsformen nach Bild 4.319 vor allem durch die Veränderung des Mahlraumquerschnittes unterscheiden [424]. Sie besitzen abgerundete Ecken ($r$ = (0,25 bis 0,33) $D$) und glatte Oberflächen. Damit können Energieeinsparungen von 10 bis 17 % und bis zu 25 % höhere Standzeiten als bei herkömmlichen Stufenplatten erreicht werden [424]. Der Einsatz ist bei Trocken- und Naßmahlung möglich.

**Panzerplattenbefestigung und -montage:** Zur Vermeidung von Rißbildungen und Plattenbruch, die auf Spannungskonzentrationen an Befestigungsstellen, vor allem bei spröden, harten Platten, zurückzuführen sind, ist ein schraubenarmer oder schraubenloser Einbau anzustreben. Schraubenlose Befestigungen (Bild 4.320) haben folgende Vorteile [70, 411, 421, 422]:

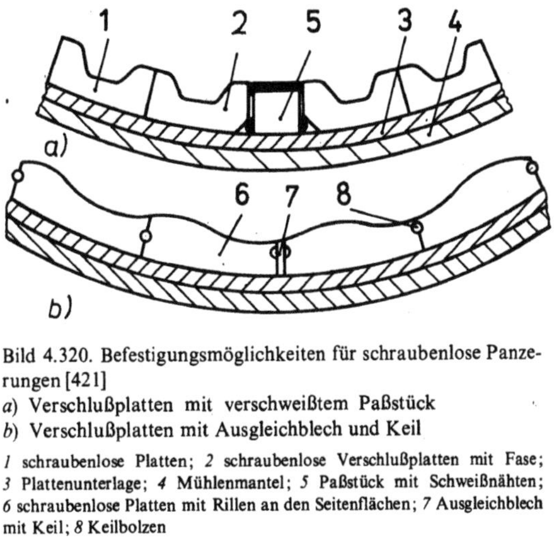


Bild 4.320. Befestigungsmöglichkeiten für schraubenlose Panzerungen [421]
*a*) Verschlußplatten mit verschweißtem Paßstück
*b*) Verschlußplatten mit Ausgleichblech und Keil
*1* schraubenlose Platten; *2* schraubenlose Verschlußplatten mit Fase; *3* Plattenunterlage; *4* Mühlenmantel; *5* Paßstück mit Schweißnähten; *6* schraubenlose Platten mit Rillen an den Seitenflächen; *7* Ausgleichblech mit Keil; *8* Keilbolzen

— höhere Mühlenverfügbarkeit, da sich die durch Schrauben- und Plattenrisse verursachten Betriebsstörungen verringern
— größere Standzeiten der Panzerung, da die verschleißgefährdeten Schraubenlöcher entfallen und die Fugenbreiten auf ein Minimum reduziert werden können
— Erhöhung der Stabilität des Mühlenkörpers durch Wegfall der Bohrungen, wodurch außerdem geringere Mantelblechdicken möglich sind

— Wegfall von Wartungskosten zum Kontrollieren und Nachziehen von Verschraubungen
— gießtechnisch günstigere Herstellung

Nachteilig ist, daß Reparaturarbeiten aufwendig und schwierig sind und eine aus dem Verband herausfallende Panzerplatte zum Einsturz eines Gewölberinges oder eines Segmentes führen kann. Beim Einbau von schraubenlosen Panzerungen müssen folgende Voraussetzungen erfüllt sein [421]:

— hohe Stabilität des Mühlenkörpers
— Maßhaltigkeit und Sauberkeit seiner Innenfläche
— Maßhaltigkeit und saubere Gußoberfläche sowie hohe Bruchsicherheit durch Lunkerfreiheit und homogene Gefüge der Platten

Die in der Erzaufbereitung häufig verwendeten Stabfutterpanzerungen werden ebenfalls schraubenlos durch Spannringe befestigt. Um den Mantelplatten aller Ausführungsarten bei Trockenmühlen einen guten Sitz im Mühlenmantel zu geben, werden diese beim Einbau häufig mit elastischem und hitzebeständigem Material unterlegt. Bei Naßmühlen können Gummiplatten ($s \approx 5$ mm) verwendet werden. Die Befestigung von Gummipanzerungen erfolgt mittels einvulkanisierter Halteschienen und Schrauben. Damit wird die natürliche Elastizität, die zur Gewährleistung eines geringen Verschleißes notwendig ist, beibehalten. Die Hubbalkenhöhe sowie der Abstand sind nach Bild 4.321 zu wählen.

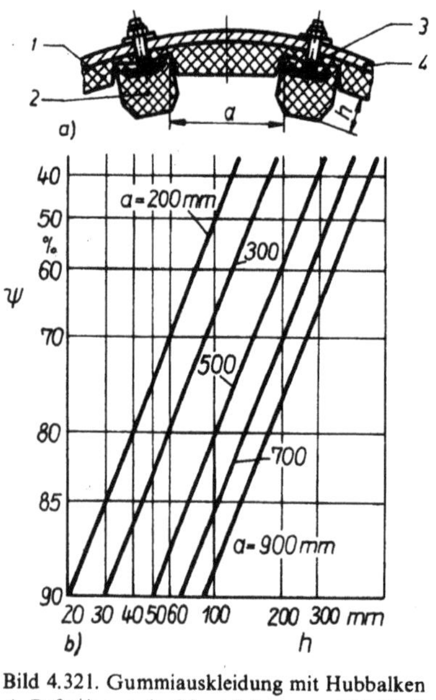


Bild 4.321. Gummiauskleidung mit Hubbalken
*a*) Befestigung der Mantelplatten und Hubbalken
*b*) Hubbalkenhöhe und -abstand in Abhängigkeit von der relativen Drehzahl

*1* Mantelplatte; *2* Hubbalken; *3* Halteschiene mit Verschraubung; *4* Mühlenmantel

**Trennwände und sonstige Einbauten:** Sie werden zur Unterteilung des Mahlraumes in mehrere Kammern und zur Abgrenzung der Austragkammer vom Mahlraum benötigt. Sie werden nach Bild 4.322 als einfache oder Doppeltrennwände mit Schlitzen ausgebildet und haben den Mahlguttransport von Kammer zu Kammer bzw. zum Mühlenaustrag zu gewährleisten, wobei die Mahlkörper und zu grobes Mahlgut in den jeweiligen Kammern zurückgehalten werden müssen. Während das Mahlgut bei einfachen Trennwänden durch die potentielle Energie von Kammer zu Kammer bzw. zum Auslauf transportiert wird, müssen bei Doppeltrennwänden innerhalb der Wand radiale gerade oder gekrümmte Hubschaufeln vorgesehen werden (Bild 4.323). Durch diese wird das Mahlgut beim Rotieren des Mühlenkörpers angehoben und in der Nähe der Mahlkammerachse über einen Gleitkegel in die nächste Kammer abgeworfen bzw. auf demselben klassiert und dann der nächsten zugeführt. Je nach Mahlkörpergröße und Mahlgutfeinheit werden die Schlitzbreiten zwischen 1,5 bis 25 mm ausgeführt,

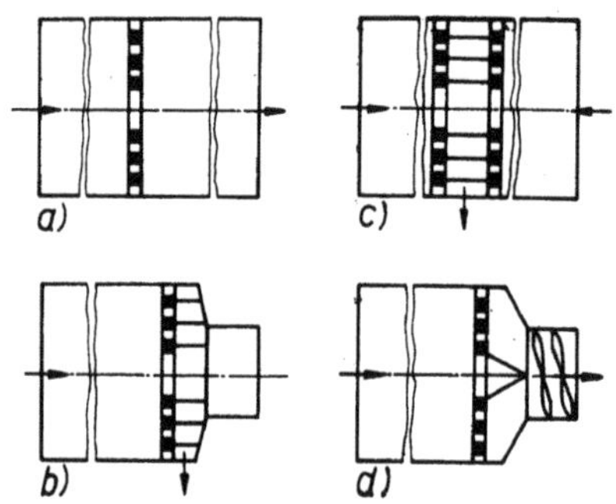


Bild 4.322. Trennwände
*a*) einfache Trennwand
*b*) einfache Auslaufwand
*c*) doppelte Auslaufwand für Mittenaustrag
*d*) Austragwand für Austragkammer mit Hubschaufeln

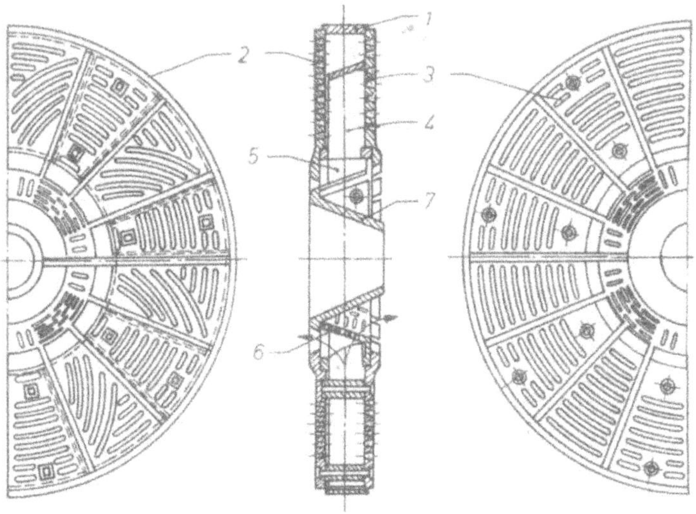


Bild 4.323. Prinzip einer klassierenden Doppeltrennwand [70]

*1* Trennwandring; *2, 3* Stirnwände; *4* Hubschaufeln; *5* Leitschaufeln; *6* Klassierkegel; *7* Kegel zur Überleitung des Gutes in die Feinmahlkammer

die sich bis zum Wechsel der Verschleißelemente nicht verändern dürfen. Die freie bzw. aktive Fläche der Trennwände, unter der die Summe der Schlitzöffnungen, bezogen auf die Gesamtfläche der Trennwand, verstanden wird, liegt je nach Mühlentyp, Anzahl der Mahlkammern und Einsatzgebiete der Mühlen zwischen 3 bis 20% [70].

$$A_0 = 100\,A_S/A = 100\,a \sum_{i=1}^{n} l_i/R^2\pi \quad \text{in } \% \qquad (4.470)$$

($a$ Schlitzbreite ($a$ = [0,006 bis 0,008] $D$ für Feinmahlung und $a$ = [0,028 bis 0,03] $D$ für Grobmahlung); $l$ Schlitzlänge)

Die meisten Ein- oder Mehrkammermühlen besitzen neben den notwendigen Trenn- bzw. Austragwänden keine zusätzlichen Einbauten, da diese wie alle Mühleneinbauten einem hohen Verschleiß unterliegen, große Strömungsverluste bei der Ventilation oder pneumatischem Transport verursachen und die Kosten erhöhen können. Vereinzelt werden zur Erhöhung der Mahlgutverweilzeit Stauringe eingesetzt [427, 428]. Diese bestehen aus segmentartigen Kreisringstücken, die gemeinsam mit der Mahlkammerpanzerung befestigt werden und eine aktive Durchtrittsfläche von etwa 30% besitzen. Die Höhe der mit radialen Schlitzen versehenen Stauringe beträgt etwa (0,35 bis 0,4) $D$. Die Trennwände werden mit auswechselbaren hochverschleißfesten, segmentartigen Schlitzplatten bzw. Rückwandplatten versehen. Als Verschleißwerkstoffe haben sich vor allem Nickel-Hartguß und vergütete Stähle bewährt. Um bei der Befestigung der Verschleißelemente Verspannungen, die vor allem bei spröden Werkstoffen zu Brüchen führen können, zu vermeiden bzw. klein zu halten, sollten kleine Plattenformate verwendet werden.

#### 4.12.3.5. Mahlkörper und deren Verschleißverhalten

Die Mahlkörpergrößen und -zusammensetzungen müssen der Mahlbarkeit, Aufgabekorngröße und gewünschten Endfeinheit des Mahlgutes angepaßt werden [251, 310, 377 bis 382]. Während zur Vormahlung bei entsprechender Mühlenpanzerung die Schlagwirkung großer Mahlkörner (Kataraktzustand) erforderlich ist, werden mit fortschreitender Zerkleinerung kleinere Mahlkörper, die das Mahlgut vorrangig durch Scherung und Druck beanspruchen (Kaskadenzustand), eingesetzt. Da in kontinuierlich arbeitenden Einkammermühlen mit normaler Panzerung keine ideale Anpassung der Mahlkörpergröße an die Mahlgut-Korngröße über der gesamten Kammerlänge von der Aufgabe- bis zur Austragseite erfolgen kann, ist die Effektivität der Zerkleinerung in den einzelnen Mühlenabschnitten unterschiedlich. Nach Bild 4.324 ist bei den üblichen Mahlkörpergattierungen an der Einlaufseite mit einer großen Zerkleinerungsgeschwindigkeit zu rechnen, die in Richtung des Mahlgutaustrages stark abnimmt. Daraus kann geschlußfolgert werden, daß eine effektive Zerkleinerungswirkung im

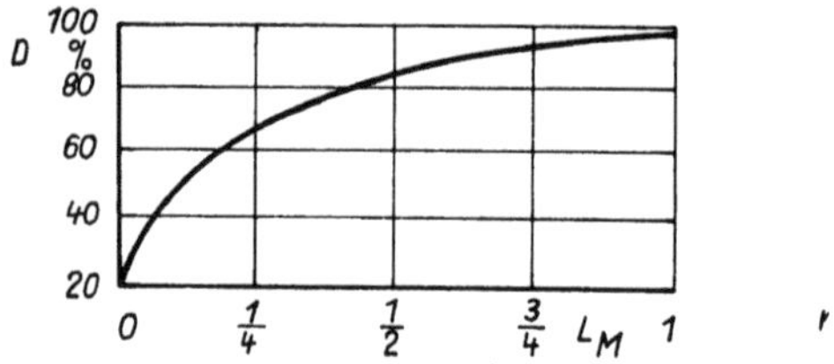


Bild 4.324. Anteil der gewünschten Endfeinheit entlang dem Mahlraum bei kontinuierlichen Einkammermühlen

gesamten Mahlraum und damit eine wirtschaftliche Energieausnutzung nur dann möglich ist, wenn die Mahlkörpergröße und -verteilung der fortschreitenden Zerkleinerung stufenlos angepaßt wird oder der Fertiggutaustrag über periphere Austragöffnungen (Siebkugelmühle) oder mittels Trägerluft (Luftstrommühle) kontinuierlich erfolgt. Diese Feststellungen führten zur Unterteilung des Mahlraumes in mehrere Kammern für entsprechende Mahlkörpergröße und -zusammensetzung und zur Entwicklung von selbstklassierenden Panzerungen.

**Verschleißfunktion für Mahlkörper:** Um bei der Neufüllung von Mahlkammern von Anfang an günstige Zerkleinerungsbedingungen zu erhalten, müssen die Mahlkörper so zusammengestellt werden, wie sie sich später im Betrieb durch regelmäßiges Nachfüllen einer oder mehrerer Kugelgrößen einstellen wird. Der Verschleißvorgang wird bei kugelförmigen Mahlkörpern wie folgt angenommen [310, 379, 383, 390]:

$$\mathrm{d}m_\mathrm{K}/\mathrm{d}t = -C_\mathrm{v} d_\mathrm{K}^\mathrm{n} \qquad (4.471)$$

($n = 2$ bei Oberflächenverschleißhypothese für Kaskadenzustand und $n = 3$ bei Massenverschleißhypothese für Kataraktzustand)

Für die Masseänderung der gesamten Mühlenfüllung, in der alle Mahlkörper-Durchmesser von $d_{\mathrm{K}1}$ bis $d_{\mathrm{K}2}$ enthalten sind, gilt mit (4.471) bei massenproportionalem Verschleiß:

$$\mathrm{d}m_\mathrm{MK}/\mathrm{d}t = \int_{d_{\mathrm{K}1}}^{d_{\mathrm{K}2}} C_\mathrm{v}' \varrho(\pi d^2/2)\, \mathrm{d}d/\mathrm{d}t$$

$$= C_\mathrm{v}' \varrho(\pi/6)\,(d_{\mathrm{K}1}^3 - d_{\mathrm{K}2}^3) \qquad (4.472)$$

($C_\mathrm{v}'$ material-, bewegungs- und mahlgutabhängiger Proportionalitätsfaktor)

Für beliebige Mahlkörperabmessungen ergibt sich $m_\mathrm{MK}$ zu

$$m_\mathrm{MK} = C_\mathrm{ges} m_{\mathrm{K}1} \int_{d_2}^{d_1} d_\mathrm{K}^{2-\mathrm{n}}\, \mathrm{d}d_\mathrm{K} \qquad (4.473)$$

$$m_\mathrm{MK} = C_\mathrm{ges} d_\mathrm{K}^{6-\mathrm{n}} = C_\mathrm{ges} d_\mathrm{K}^\mathrm{m}$$

bei $d_\mathrm{K} = 0$ und $m + n = 6$

($C_\mathrm{ges}$ Proportionalitätsfaktor, der $C_\mathrm{v}'$ einschließt)

Ist die Größe des Verschleißes einer Mahlkörpercharge bekannt, die z. B. aus gleich großen Kugeln $d_{\mathrm{MK\,max}} = d_\mathrm{o}$ zu Beginn der Mahlung besteht, so kann der laufende Verschleiß durch kontinuierliches Nachfüllen von Kugeln der größten Abmessung $d_{\mathrm{MK\,max}}$ ergänzt werden. Dabei ergibt sich eine durch den Verschleiß bedingte natürliche Ab-

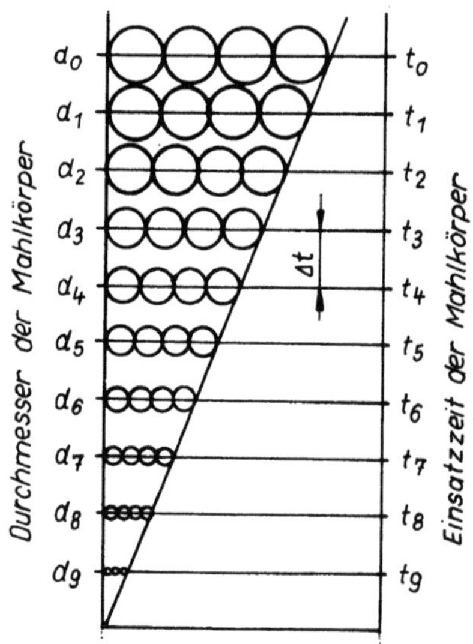


Bild 4.325. Mahlkörper-Größenveränderung im Einkugelgemisch bei oberflächenproportionalem Verschleiß (Schema)

stufung der Mahlkörperabmessungen, die »Einkugelgemisch« genannt wird (Bild 4.325) [379]. Die sich im Laufe der Zeit einstellende Verteilungsfunktion lautet mit

$$H_3(d_\mathrm{MK}) = 1 - R(d_\mathrm{MK})$$

$$= 1 - [m_\mathrm{MK}(d_{\mathrm{MK\,max}}) - m_\mathrm{MK}(d_\mathrm{MK})]/m_\mathrm{MK}$$

$$= 1 - (d_{\mathrm{MK\,max}}^\mathrm{m} - d_\mathrm{MK}^\mathrm{m})/d_{\mathrm{MK\,max}}^\mathrm{m}$$

$$= (d_\mathrm{MK}/d_{\mathrm{MK\,max}})^\mathrm{m} \qquad (4.474)$$

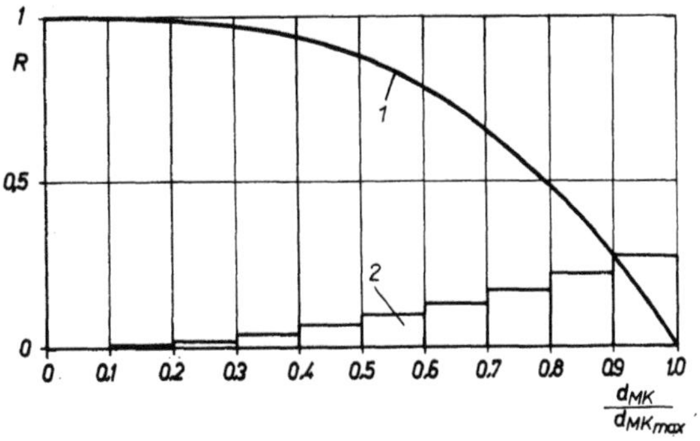


Bild 4.326. Mahlkörper-Größenverteilung in einem Einkugelgemisch

*1* Rückstand; *2* Anteile der einzelnen Mahlkörper-Größenklassen

$m$ kann mit (4.475) berechnet werden und beträgt nach Betriebsversuchen $m = 3{,}5$ bis $3{,}84$ [251, 291, 310]:

$$m = \log H_3(d_{MK})/\log(d_{MK}/d_{MK\,max}) \qquad (4.475)$$

Die schematische Mahlkörperverteilung nach Bild 4.325 sowie die Mahlkörper-Verteilungsfunktion nach Bild 4.326 zeigen, daß sich beim »Einkugelgemisch« eine Mahlkörper-Größenverteilung einstellt, bei der nur ein geringer Anteil mittlerer und kleinerer Mahlkörper vorhanden ist. Einkugelgemische sind deshalb nur für Grobmahlkammern geeignet. Soll der Anteil mittlerer und kleinerer Mahlkörper, z. B. für Feinmahlkammern, erhöht werden, so kann die Mahlkörper-Größenverteilung durch Nachfüllen entsprechender Kugelgrößen in gewünschter Richtung verändert werden. Bei Anwendung der sog. »rationierten Speisung« werden »Mehrkugelgemische« erhalten, die zu einer Anreicherung von kleinen Mahlkörpern führen. Zur Festlegung der Mahlkörperzusammensetzung mit größerem Anteil kleiner Mahlkörper wird die Verteilungskurve ermittelt, die der Summe der Verteilungskurven der einzelnen Kugelanteile von Einkugelgemischen entspricht [54].

$$R_i = R_{i1}\beta_1 + R_{i2}\beta_2 + \dots + R_{in}\beta_n \qquad (4.476)$$

($R_{i1.2.n}$ Rückstand der einzelnen Einkugelgemische; $\beta_{1.2.n}$ Anteil der einzelnen Einkugelgemische in der Gesamtfüllung)

Da sich die zu klein gewordenen Mahlkörper vor allem in den Grobmahlkammern nachteilig auswirken, sind in bestimmten Zeitabständen ein »Stürzen« der Mühle und eine Neuzusammenstellung der Mahlkörperfüllung notwendig.

Zur Zusammenstellung von günstigen Mahlkörper-Größenverteilungen existieren unterschiedliche empirische Methoden, die z. B. darauf beruhen, daß sich ein charakteristischer Korngrößen-Kennwert des Mahlgutes, z. B. $d'$ (vgl. Abschn. 2.2.), in Abhängigkeit von der Mahlbahnlänge nach einer angenäherten Exponentialfunktion so ändert, daß am Mühlenauslauf die gewünschte Korngröße des Mahlgutes erreicht ist. Unter der Annahme, daß die günstigste Mahlkörper-Größenverteilung analog dem charakteristischen Korngrößenkennwert ebenfalls einer Exponentialfunktion entsprechen muß, werden die Mahlkörpergemische bei der Neufüllung nach einer Exponentialfunktion, die die gleiche Steigung besitzt wie die Mahlgutfunktion, zusammengestellt [380]:

$$d_{MKl} = d_{MKf}\, e^{-gl} \qquad (4.477)$$

($d_{MKl}$ Mahlkörper-Durchmesser an der Stelle $l$ des Mahlraumes in cm; $d_{MKf}$ fiktiver maximaler Mahlkörper-Durchmesser in cm ($d_{MKf} \approx 1{,}1 \cdot d_{MK\,max}$); $g$ Exponent, der die Verteilung der Mahlkörpergrößen berücksichtigt, in $m^{-1}$; $l$ Abstand vom Mühleneintritt in m)

Zur Berechnung von $d_{MK\,max}$ ist (4.478) verwendbar, die auf der Grundlage theoretischer und experimenteller Untersuchungen aufgestellt und in der Praxis erprobt wurde [251, 391, 394, 416, 417]:

$$d_{MK\,max} = 20{,}17\,\sqrt{d_{A80}/k}\,\sqrt[3]{\varrho_{MG} W_i/\psi\sqrt{D}} \qquad (4.478)$$

($d_{MK\,max}$ maximaler Kugeldurchmesser in mm; k Konstante, die die Mühlenkonstruktion und Betriebsweise berücksichtigt (k = 350 für Naßmahlung im offenen oder geschlossenen Kreislauf und k = 335 für Trockenmahlung im offenen oder geschlossenen Kreislauf); $\varrho_{MG}$ Mahlgutdichte in $g\,cm^{-3}$; $W_i$ Arbeitsindex nach *Bond* in $kWh\,t^{-1}$)

Weitere Methoden zur Bestimmung der Mahlkörper-Größenverteilung bzw. der maximalen Mahlkörper-Durchmesser bei Kugeln sind in [310, 393 bis 395, 397] dargestellt. Bei der Festlegung der maximalen Stabdurchmesser für Stabmühlen wird (4.479) verwendet:

$$d_{MK\,max} = (15 \text{ bis } 20)\sqrt{d_{F95}} \quad \text{in mm} \qquad (4.479)$$

Um Verkantungen zu vermeiden, müssen die Stäbe etwa 35 bis 50 mm kürzer sein als die Mahlkammern.

**Mahlkörperformen und Füllungsgrade:** Es werden Kugeln für die Grob- und Feinmahlung, Stangenabschnitte (Cylpebs) für die Feinmahlung und

Stangen für die Naß- und Grobmahlung eingesetzt. Der Mahlkörper-Füllungsgrad $\varphi_{MK}$ liegt zwischen $\varphi_{MK} = 0{,}25$ bis 0,45. Je nach Panzerung, Mahlkammer- und Mahlkörperform sowie den Mahlguteigenschaften können optimale Füllungsgrade, bei denen der günstigste spezifische Arbeitsbedarf erreicht wird, ermittelt werden. Bei Mehrkammermühlen, z. B. drei Kammern, sind $\varphi_{MK1} = 0{,}25$ bis 0,32 bei der Grobmahlkammer, $\varphi_{MK2} = 0{,}26$ bis 0,38 bei der Grießmahlkammer und $\varphi_{MK3} = 0{,}2$ bis 0,28 bei Feinmahlkammern üblich [70, 410, 251]. Dabei wird die Gesamtfüllung der Mahlkörper etwa zu $m_{MK1} = 20$ bis 28%, $m_{MK2} = 25$ bis 28% und $m_{MK3} = 40$ bis 50% auf die einzelnen Mahlkammern aufgeteilt. Daraus geht hervor, daß die Mahlkammern verschiedene Längen besitzen ($L_1 = 18$ bis 25%; $L_2 = 25$ bis 30% und $L_3 = 45$ bis 55%).

Mahlkörper unterliegen einem hohen spezifischen Verschleiß, der nur dann in vertretbaren Grenzen gehalten werden kann, wenn verschleißfeste Mahlkörper mit entsprechender Härte und Zähigkeit zum Einsatz gelangen. Da sich dieser umgekehrt proportional zur Brinell-Härte (HB) verhält, wurden in den letzten Jahren vor allem hochverschleißfeste Mahlkörper mit durchschnittlichen Härten von 500 bis 700 HB zum Einsatz gebracht. Darunter sind gegossene oder geschmiedete hochlegierte Mahlkörper zu verstehen, deren Chromanteil 10 bis 25% betragen kann. Bei derartigen Mahlkörpern konnte z. B. der spezifische Verschleiß bei der Klinkermahlung gegenüber unlegierten bzw. niedrig legierten Kugeln von $V_0 = 600$ bis $1000\ \mathrm{g\ t^{-1}}$ bei HB = 200 bis $V_0 = 30\ \mathrm{g\ t^{-1}}$ und weniger bei HB = 600 bis 700 gesenkt werden [70, 251, 385, 411]. Verschiedentlich werden auch Mahlkörper aus Ni-Hartguß, die mit etwa 4% Ni und C, 2% Cr und etwa 0,3 bis 1% Mn und Si hergestellt werden, verwendet. Ni-Hard-Mahlkörper sind schlagempfindlich und werden deshalb hauptsächlich bei Gleitverschleiß (Kaskadenzustand) eingesetzt. Der spezifische Verschleiß derartiger Mahlkörper liegt bei der Klinkermahlung bei $V_0 = 50$ bis $150\ \mathrm{g\ t^{-1}}$.

Für die Naßmahlung, bei der der spezifische Verschleiß bis zu 50% größer ist als bei der Trockenmahlung, wurden Cr-Mo-Legierungen entwickelt [411, 414].

Unter Berücksichtigung des Mahlkörperverschleißes, der sich dadurch entwickelnden Mahlkörper-Verteilungsfunktionen und der Zielstellung, möglichst konstante Mahlkörperverteilungen zu behalten, ist eine zeitweise oder kontinuierliche Nachfüllung entsprechender Mahlkörpergrößen notwendig. Dafür wurden entsprechende Nachfüllprogramme entwickelt [418]. Der jeweilige verschleißbedingte Füllungsgrad kann analytisch bzw. meßtechnisch ermittelt bzw. nachgeprüft werden [409, 415]. Während Kugeln unter Berücksichtigung der jeweiligen Zerkleinerungsbedingungen bis zu $d_{MK\,max} = 150$ mm eingesetzt werden, liegen die größten Stangendurchmesser bei 225 mm. Da die verschlissenen Stäbe bei $d_{MK} < 25$ mm zum Brechen neigen und den Stangenumlauf behindern, sind diese herauszunehmen. Ein »Totmahlen« ist nicht möglich. Zum Einsatz von Cylpebs im Durchmesserbereich von $d_{MK} = 10$ bis 40 mm werden in der Literatur unterschiedliche Auffassungen, die sich vor allem auf eine größere spezifische Oberfläche, geringere Herstellungskosten, besseres Transportverhalten, geringere Agglomerationserscheinungen und z. T. auf geringeren Verschleiß bei Cylpebs stützen, vertreten [70, 379, 390 bis 407].

## 4.13. Planetenmühlen

Sie bestehen aus zwei oder mehreren vertikal oder horizontal angeordneten, sich drehenden trommel- oder zylinderförmigen Mahlräumen, die nach Bild 4.327 um eine gemeinsame Hauptachse rotieren und so eine Planetenbewegung ausführen. Dadurch werden neben der Erdbeschleunigung gleichzeitig die Zentrifugalbeschleunigung relativ zur Hauptachse $a_P$ und zur Mahlgefäßachse $a_M$ sowie die Coriolisbeschleunigung $a_C$ wirksam, die sich überlagern und im Mahlkörper-Mahlgut-Gemisch bei hohen Kreisfrequenzen zu einer großen Beanspruchungsintensität und Zerkleinerungswirkung führen. Diese Mühlen sind aufgrund der großen Beschleunigungen und Beanspruchungsintensitäten besonders zur Feinstzerkleinerung harter Materialien und zur mechanischen Aktivierung derselben geeignet. Durch die in den Mahlräumen erreichbaren Energiedichten ist ein im Vergleich zu Sturzmühlen wesentlich größerer spezifischer Durchsatz, bezogen auf das Mahlraumvolumen, möglich, wodurch sich die Mahlraumabmessungen im Vergleich zu Sturzmühlen beträchtlich reduzieren lassen. Bei Festlegungen entsprechender Drehzahl- und Radienverhältnisse $k = n_M/n_P$, $m = R_P/R_M$ können analog den Sturzmühlen ebenfalls Schlag-, Scher- und Druckbeanspruchungen erreicht werden. Während sich Planetenmühlen als kleintechnische Mühlen für Spezialaufgaben bis zu Beschleunigungen von etwa 100 g bewährt haben, erwachsen bei technischen Mühlen infolge der hohen Energieübertragungsdichte, die etwa das 50fache der Sturz- bzw. das 10fache der Schwingmühlen betragen können, beachtliche maschinentechnische Schwierigkeiten. Das betrifft vor allem die Antriebe der Planeten sowie die Beschickung und Kühlung der Mahlräume bei der Trockenmahlung. Bei diesen Mühlen sind mehrere Bauarten bekannt, die sich alle auf das in Bild 4.327 dargestellte Grundprinzip zurückführen lassen. Folgende Unterscheidungsmerkmale sind möglich [70, 529, 532 bis 541, 548, 549]:

— Betriebsart (kontinuierliche oder diskontinuierliche Trocken- bzw. Naßmahlung)
— vorherrschender Beanspruchungsmechanismus (Schlag, Scherung, Druck)
— Anzahl der Freiheitsgrade (angetriebener Steg mit feststehendem Sonnenrad, d. h. $n_1 = 0$ oder zwei getrennte Antriebe für den Steg und für das Sonnenrad. Bei letzteren können Steg und Sonnenrad unabhängig voneinander angetrieben werden.)
— Lage der Haupt- und Mahlraumachsen (horizontale, vertikale oder zur horizontalen bzw. vertikalen Achse geneigte Anordnung)
— Drehrichtung von Steg- und Mahlräumen, die gleich oder gegensinnig erfolgen kann.
— Art der Mahlraumkühlung durch Luft oder Wasser
— Mahlkörperform (Kugeln, Cylpebse, teil- bzw. vollautogene Mahlung)
— Gestaltung des Aufgabe- und Austragsystems bei kontinuierlicher Mahlung
— Kopplung der Mühle mit peripheren Einheiten bei kontinuierlicher Mahlung (Klassierer und Kühler).

## 4.13.1. Berechnungsgrundlagen

**Mahlkörperbewegung und Drehzahlen:** Die analytische Lösung der Bewegungs- und Beanspruchungsvorgänge in Planetenmühlen ist kompliziert und nur über Näherungsansätze möglich. Zum Verständnis der Vorgänge werden deshalb Betrachtungen am Einzelkörper vorgenommen. Unter Zugrundelegung der in Bild 4.328 dargestellten geometrischen Beziehungen ergibt sich das Kräftegleichgewicht bei Vernachlässigung der Trägheitskräfte an einem in einem planetenförmig rotierenden

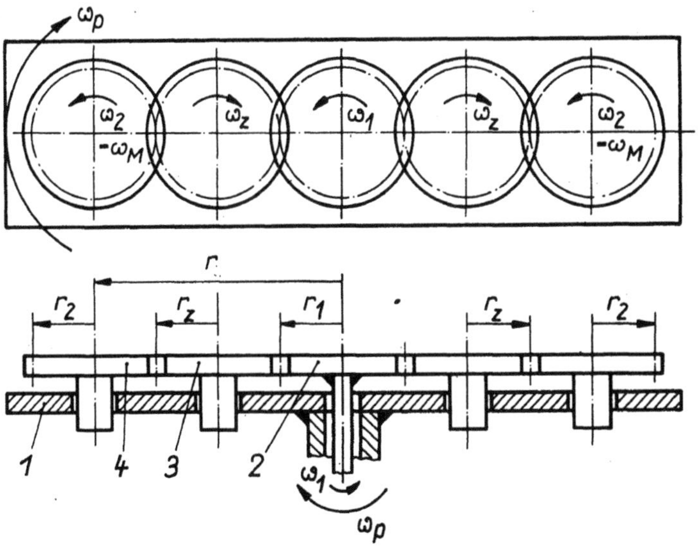


Bild 4.327. Arbeitsprinzip einer Planetenmühle mit zwei voneinander unabhängigen Antrieben [529]

*1* Steg; *2* Sonnenrad; *3* Zwischenrad; *4* Planetenrad, das mit dem Mahlgefäß verbunden ist

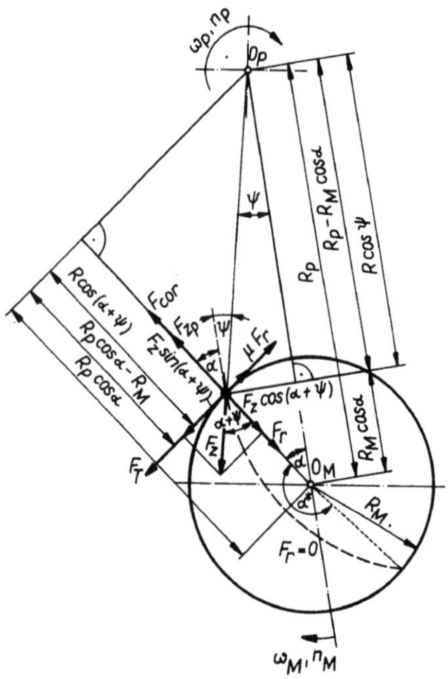

Bild 4.328. Geometrische Beziehungen und Kräfte an einem Massenpunkt in der Mahlkammer einer Planetenmühle [543]

Mahlraum befindlichen Massenpunkt in radialer und tangentialer Richtung wie folgt:

$$F_r = F_{Zp} + F_{Cor} - F_Z \cos(\alpha + \psi) \qquad (4.480)$$

$$F_t = \mu F_r - F_Z \sin(\alpha + \psi) \qquad (4.481)$$

Für die Zentrifugalkraft $F_{ZP}$ infolge der sich um $O_M$ drehenden Mahlräume, die Corioliskraft $F_{Cor}$ sowie die Zentrifugalkraft $F_Z$ um die Hauptachse kann geschrieben werden:

$$F_{ZP} = mR_M\omega_M^2 \qquad F_{Cor} = 2mR_M\omega_M\omega_P \qquad (4.482)$$

$$F_Z = mR\omega_P^2 \quad \text{bei}$$

$$R = (R_P \cos\alpha - R_M)/\cos(\alpha + \psi) \qquad (4.483)$$

Durch Einsetzen von (4.482) und (4.483) in (4.480) ergibt sich die radial zur Mahlraumwand gerichtete Kraft nach einfacher Umformung zu

$$F_r = mR_P\omega_P[(\omega_M/\omega_P + 1)^2 R_M/R_P - \cos\alpha] \qquad (4.484)$$

Den Ablösewinkel eines Mahlkörpers oder eines Mahlgutteilchens von der Mahlraumwand erhält man analog den Sturzmühlen bei $F_r = 0$:

$$\cos\alpha = (\omega_M/\omega_P + 1)^2 R_M/R_P \qquad (4.485)$$

Unter der Voraussetzung, daß der Ablösewinkel zur Sicherung guter Zerkleinerungsergebnisse $\alpha = 180°$ nicht überschreiten darf, ergibt sich mit ($|\cos 180° = 1|$) und (4.485) das kritische Drehzahl- bzw. Übersetzungsverhältnis wie folgt [557]:

$$k_{krit} = n_M/n_P = -1 \pm \sqrt{m} \qquad (4.486)$$

($m = R_P/R_M$ Radienverhältnis)

Bei einer Korrektur von (4.486) durch den Füllungsgrad der Mahlkammern läßt sich schreiben [530]:

$$k_i = n_M/n_P = -1 \pm a_i\sqrt{m/\sqrt{1-\varphi_k}} \qquad (4.487)$$

Für die Übersetzung bei Planetenbewegung gilt:

$$\ddot{U} = (n_M - n_P)/n_P = k - 1 \qquad (4.488)$$

Unter Berücksichtigung von (4.487) und Bild 4.329 sind mit $|k_A > k_{krit}|$; $|k_T| > |k_c| > |k_R|$; $|k_{krit}| > |k_B| > |k_T|$ und $|k_R| > |k_D|$ folgende Fälle zu beachten:

$$k_{krit} = -1 \pm \sqrt{m/\sqrt{1-\varphi_k}} \qquad (4.489)$$

$$k_T = -1 \pm 0{,}9\sqrt{m/\sqrt{1-\varphi_k}}\,; \qquad (4.490)$$

$$k_R = -1 \pm 0{,}5\sqrt{m/\sqrt{1-\varphi_k}} \qquad (4.491)$$

Aus (4.486) und (4.485) geht hervor, daß das kinematische Regime der Planetenmühlen durch das Drehzahlverhältnis $k$, das Radienverhältnis $m$ und den Füllungsgrad $\varphi_k$ charakterisiert wird. Dabei

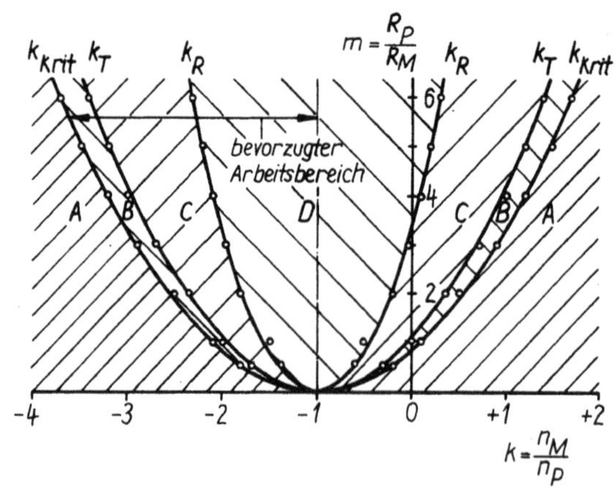

Bild 4.329. Arbeitsbereiche von Planetenmühlen unter Berücksichtigung des Radien- und Drehzahlverhältnisses

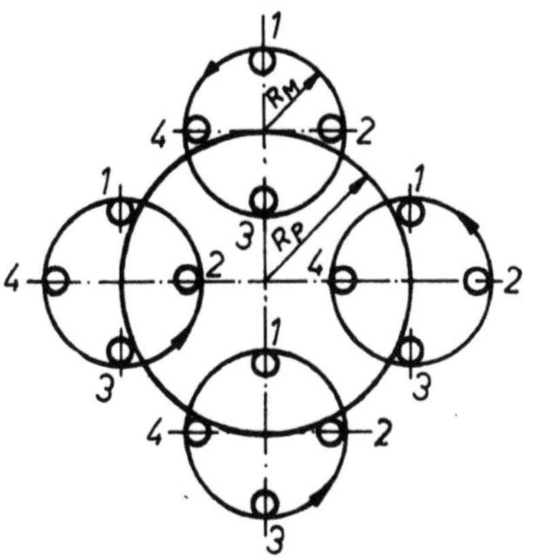


Bild 4.330. Mahlgefäßbewegung bei $k = -1$ ($n_M = -n_P$) [544]

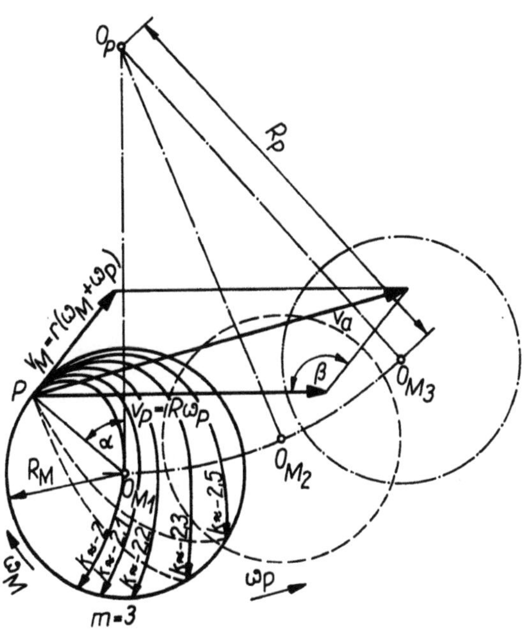


Bild 4.331. Geometrische Beziehungen zur Bestimmung der Geschwindigkeiten und der Mahlkörperbewegung im Arbeitsraum von Planetenmühlen [546]

ist zu beachten, daß die Hauptbeschleunigung $a_P$ bei entsprechender Wahl von $m$ und $k$ nicht durch eine kritische Drehzahl begrenzt wird und der kritische Arbeitsbereich oberhalb des kritischen Drehzahlverhältnisses liegt. Bei $k = -1$ beträgt die Drehzahl des Mahlraumes $n_M = -n_P$, so daß das kinematische Regime in der Mahlkammer einer Schwingmühle mit großer Amplitude entspricht (Bild 4.330).

Die Geschwindigkeiten zur Bestimmung der Mahlkörper-Mahlgut-Bewegung lassen sich nach den Beziehungen in Bild 4.331 bei gleicher oder entgegengesetzter Drehrichtung ($k = n_M/n_P$ bzw. $k = -n_M/n_P$) ermitteln, wobei folgende absolute Geschwindigkeitswerte $v_a$ möglich sind [545, 546]:

$$v_a = v_P - v_M = 0 \quad \text{für} \quad k = (m+1)/m$$
$$v_a = v_P - v_M < 0 \quad \text{für} \quad k < (m+1)/m \qquad (4.492)$$
$$v_a = v_P - v_M > 0 \quad \text{für} \quad k > (m+1)/m$$

In der Praxis werden die Mahlräume von Planetenmühlen meist in entgegengesetzter Richtung zur Drehbewegung um die Hauptachse betrieben, da damit höhere Beanspruchungen und bessere Zerkleinerungsergebnisse erreicht werden können [546]. In Abhängigkeit von $k$ und $m$ (Bild 4.329) können nach Bild 4.332 Gleit-, Wurf-, Turbulenz- und Kreisregime auftreten, die unterschiedliche Beanspruchungsbedingungen aufweisen. Bei der Festlegung des günstigsten Drehzahlverhältnisses $k$, das bei unterkritischer Betriebsweise zu finden ist, kann (4.493) zugrunde gelegt werden [546]:

$$k_{opt} = (0{,}3 \text{ bis } 0{,}9)\, k_{krit} \quad \text{bzw.}$$
$$k_{opt} = 1{,}54 + 0{,}2 R_P/R_M \qquad (4.493)$$

**Leistungsbedarf und Durchsatz:** Bei der Ermittlung von $P$ und $\dot{m}$ ergeben sich bei konstantem Füllungsgrad $\varphi_{MK}$, den Mahlkammerabmessungen $R_M$

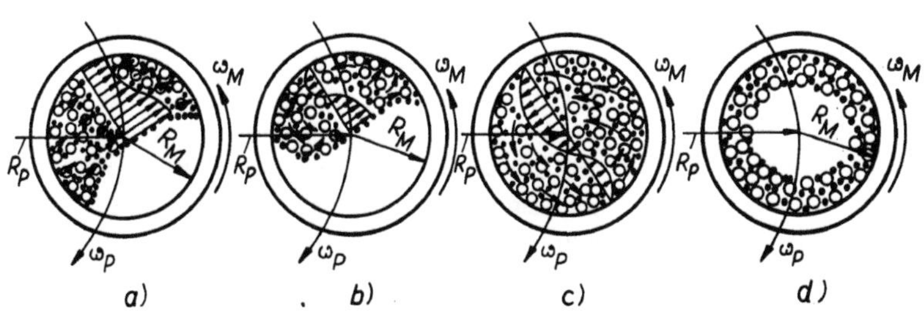


Bild 4.332. Bewertungsarten der Mahlraumfüllung in Abhängigkeit von $k$ nach Bild 4.329
*a*) Gleitregime (Bereich A)
*b*) Wurfregime (Bereich B)
*c*) Turbulenzregime (Bereich C)
*d*) Kreisregime (Bereich D)

und $L$ sowie dem Beschleunigungsvielfachen $\omega_P^2 R_P/g = Z$ folgende Proportionalitäten:

*a*) Masse des Mahlkörper-Mahlgut-Gemisches in einer Mahlkammer:

$$m_{MK-MG} \sim R_M^2 L$$

*b*) Resultierende Kraft des Mahlkörper-Mahlgut-Gemisches:

$$F_{MK-MG} \sim Z R_M^2 L \sim n_P^2 R_P R_M^2 L$$

*c*) Drehmoment des Mahlkörper-Mahlgut-Gemisches:

$$M_d \sim n_P^2 R_P R_M^3 L$$

*d*) Leistungsbedarf für die Mahlkörper-Mahlgut-Bewegung in einer Mahlkammer [536, 542, 544, 546, 547, 549, 558 bis 560, 563]:

$$P_Z \sim k n_P^3 R_P R_M^3 L \quad \text{oder} \quad k n_P^3 R_P^{1.5} R_M^{2.5} L \quad \text{oder}$$

$$P_Z \sim n_P^3 R_M^4 L (1{,}54 + 0{,}2 R_P/R_M)$$

*e*) Durchsatz bei $m_{MG}/m_{MK} = 0{,}15$ bis $0{,}2$; $\varphi_{MK} = 0{,}5$ und $P_P/R_M = 2$ bis 5 [536, 542, 544, 546]:

$$\dot{m} \sim k n_P^3 R_P R_M^3 L$$

Je nach Einsatzgebiet und Endfeinheit liegt der spezifische Arbeitsbedarf bei $W_{o\dot{m}} = 15$ bis 40 kWh $\times\, t^{-1}$. Er ist bei ähnlichen Zerkleinerungsbedingungen mit dem der Sturzmühlen vergleichbar [536, 548].

Bei speziellen Aufgaben, die eine große Energiedichte erfordern, ist z. T. ein wesentlich geringerer $W_{o\dot{m}}$ als bei Sturzmühlen erforderlich [537]. Der auf das Mahlraumvolumen bezogene spezifische Leistungsbedarf und Durchsatz derartiger Mühlen kann mit $P_{oV} = 1000$ bis 1500 kW $m^{-3}$ bzw. $\dot{m}_{oV} =$ 30 bis 50 t $h^{-1}$ $m^{-3}$ angegeben werden [548]. Infolge großer Energiedichten ergeben sich kleine Mahlraumabmessungen, eine kompakte Maschinenbauweise und damit im Vergleich zur Sturzmühle auch ein geringer spezifischer Massebedarf $m_{oM}$ in kg $kW^{-1}$ [538].

## 4.13.2. Bauarten und Gesichtspunkte zur Konstruktion

In Bild 4.333 ist eine kontinuierlich arbeitende Planetenmühle mit zwei Antrieben zur Trockenmahlung in vertikaler Bauweise dargestellt. Die kinematische Kopplung zwischen Steg (*1*) und Mahlzylinder (*8*) erfolgt mittels Zahnkranzes mit Außen- und Innenverzahnung (*3*) und einem Zahnkranz mit Außenverzahnung (*4*). Der Aufgabegutstrom wird auf vier Teilströme aufgeteilt und durch die Einwirkung der Zentrifugalkraft über Stutzen, die mit dem Mahlzylinder (*8*) verbunden sind, in die Schneckenkammer (*7*) geleitet. Von dort gelangt das Mahlgut in die Mahlkammer (*8*) und wird nach der Zerkleinerung über Bodenroste (*9*) und eine um die Hauptachse der Mühle symmetrisch angeordnete Schurre (*10*) ausgetragen. Horizontale Bauarten sind für einen kontinuierlichen Betrieb nur bei Naßmahlung geeignet, da das Mahlgut-Flüssigkeits-Gemisch mittels Pumpen in die Arbeitsräume gefördert werden muß [537]. Labormühlen werden meist in vertikaler Bauweise ausgeführt, wobei auch geneigte Mahlräume möglich sind. Da sich dadurch bei letzteren bei jeder Mahlraumumdrehung die Beschleunigung entlang dem Raum verändert, wird die radiale Mahlgut-Mahlkörper-Bewegung durch eine axiale Bewegung überlagert. Infolge der dabei auftretenden Auf- und Abwärtsbewegung der Mahlraumfüllung werden bei kleinen Mahldauern höchste Feinheiten erreicht. Die Mahldauer kann dadurch bis auf 1/80 im Vergleich zur Laborsturzmühle (Kugelmühle) herabgesetzt werden. Bei der Konstruktion ist $m$ nicht beliebig wählbar und muß bei Drei- und Vierrohrmühlen $m > 1{,}5$ betragen. Einrohrmühlen sind nur bei $0{,}5 < m < 1$ möglich. Wird z. B. $m < 0{,}2$ gewählt, so erhält man mit $k \approx -1$ Bewegungs- und Beanspruchungsverhältnisse, wie sie auch in Schwingmühlen auftreten [548, 557]. Der wesentlichste Unterschied beider Mühlensysteme besteht dann lediglich darin, daß die Schwingamplitude $A$ dem Planetenradius $R_P \ll R_M$ entspricht und die Mahlkammern bei der Schwingmühle nicht um die Hauptachse rotieren. Das Verhältnis der mittleren Verweilzeiten bei Planeten-, Schwing- und Sturzmühlen beträgt etwa 1:10:50. Umgekehrt zur Verweilzeit verhalten sich die Energiedichten, die z. B. bei Schwingmühlen etwa zehnmal kleiner sind. Da in Planetenmühlen infolge hoher Beschleunigungen und Geschwindigkeiten große Beanspruchungsintensitäten möglich sind, können diese bei geeigneter Kornzusammensetzung des Aufgabegutes auch zur Autogenmahlung verwendet werden [545].

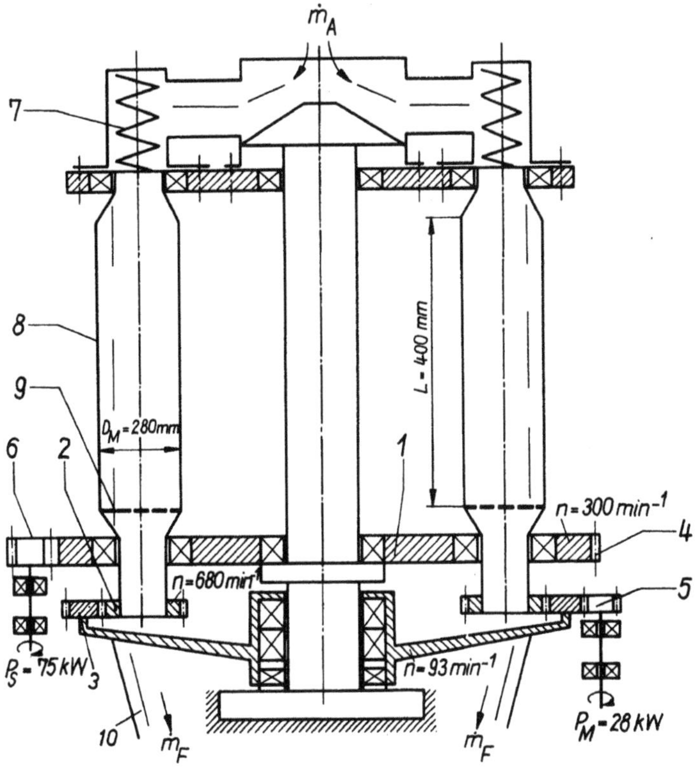


Bild 4.333. Schema einer kontinuierlichen Planetenmühle mit zwei Antrieben (UdSSR)

*1* Steg; *2* Antrieb der Mahlkammer; *3* Zahnkranz mit Innen- und Außenverzahnung; *4* Stegzahnkranz mit Außenverzahnung; *5* Mahlkammerantrieb; *6* Stegantrieb (Hauptantrieb); *7* Schneckenkammer; *8* Mahlzylinder (Mahlkammer); *9* Bodenrost; *10* Schurre

Ebenso ist bereits die Anwendung von stab- und walzenförmigen Mahlkörpern untersucht worden. Obwohl erprobte technische Lösungen für die prinzipielle Anordnung der Mahlräume in horizontaler und vertikaler Bauweise, für die Antriebs-, Mahlguteintrags- und -austragssysteme vorliegen, ist eine großtechnische Realisierung von Planetenmühlen mit einem Radienverhältnis $m > 1$ problematisch. Das betrifft vor allem den Mahlguttransport und die Kühlung der Arbeitsräume. Diese Probleme werden als so groß eingeschätzt, daß auch in den nächsten Jahren noch nicht mit einer breiten Anwendung von Planetenmühlen für große Durchsätze im Vergleich zu Sturz-, Wälz- oder Prallmühlen gerechnet werden kann. Von dieser Einschätzung werden kleintechnische Mühlen für Spezialaufgaben und großtechnische Mühlen mit geringer Energieübertragungsdichte, z. B. bei $k < -1$ und $m < 1$ und kleiner Beschleunigung, für die bereits praktische Erfahrungen vorliegen, ausgeklammert.

## 4.14. Schwingmühlen

Sie bestehen nach Bild 4.334 aus einem oder mehreren horizontal oder vertikal angeordneten zylindrischen, ringförmigen oder trogähnlichen Mahlräumen, die bei den üblichen Bauarten auf Federn schwingungsfähig abgestützt und durch Schwingantriebe in kreisschwingende Bewegungen mit Beschleunigungen bis $r\omega^2 = 10\,g$, in einigen Fällen auch darüber, bei Antriebsdrehzahlen von $n = 1000$ bis $3000\ \text{min}^{-1}$ versetzt werden. Die in den Mahlräumen enthaltenen Mahlkörper ($\varphi_{MK} = 0{,}7$ bis $0{,}8$), z. B. Kugeln, Cylpebs oder Stäbe, werden mit dem dazwischen liegenden Mahlgut durch die Mahlraumwände zu Wurfbewegungen angeregt. Dabei werden die einzelnen Mahlkörper um ihren Schwerpunkt und mit der gesamten Mahlkörperfüllung und dem Mahlgut entgegengesetzt der Antriebsrichtung umgewälzt (Bild 4.335). Die entgegen der Wurfrichtung der Mahlkörper entste-

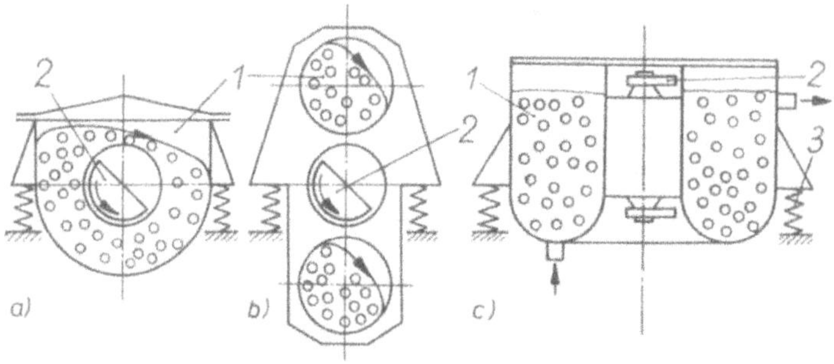


Bild 4.334. Schwingmühlenbauarten
*a*) diskontinuierliche Trogschwingmühle
*b*) kontinuierliche Rohrschwingmühle
*c*) kontinuierliche Vertikalschwingmühle mit ringförmigem Trog

*1* Mahlkammer; *2* Schwingantrieb; *3* weiche Stützfedern

hende Relativbewegung ist dadurch gekennzeichnet, daß sich an der Abwurfseite eine von $d_{MK}$, $r\omega^2$ und $\varphi_{MK}$ abhängige Böschung einstellt. Infolge der bei Wurf- und Umlaufbewegung der Mahlkörper- und Mahlgutfüllung auf das Mahlgut in Form von Stoß, Schlag und Scherung wirkenden Beanspruchungen erfolgt die Zerkleinerung zwischen Mahlkörpern und Mahlraumwand. Bei diesen Mühlen werden bei Beanspruchungen mit großer Energiedichte neben der Vergrößerung der spezifischen Oberfläche auch chemische bzw. physikalisch-chemische Stoffumwandlungen im Mahlgut erreicht, die zu einer Gefügeveränderung und zu einer Erhöhung der chemischen Reaktionsfähigkeit des Materials führen [582, 626 bis 632, 634, 635]. Derartige Vorgänge, die in Schwingmühlen bevorzugt auftreten und auf die Erzeugung von Gitterfehlstellen und -verzerrungen sowie auf die Zerstörung von Gitterbindungen im atomaren und molekularen Bereich zurückzuführen sind, werden als »mechanische Aktivierung« bezeichnet [626, 627, 630, 631]. Der Zerkleinerungserfolg in Schwingmühlen, mit dem sich zahlreiche Veröffentlichungen beschäftigen, ist vor allem von folgenden Einflußgrößen abhängig [533, 565, 570, 572, 574, 575, 599, 580]:

$$A_o = f(r\omega^2, r\omega, d_{MK}, \varrho_{MK}, \varphi_{MK}, \varphi_{MG}, D, \sigma_D, d_A, d_F, \tau, \ldots) \qquad (4.494)$$

Dabei ist zu beachten, daß z. B. bei einer gewünschten Schlagbeanspruchung nicht nur die Beschleunigung $r\omega^2$ als absolute Größe, sondern auch ein ausreichend großer Schwingradius $r$, der je nach Zerkleinerungsaufgabe und Mahlkammergröße zwischen 2,5 und 10 mm, in ausgewählten Fällen auch darüber liegen kann, von Bedeutung ist. Da

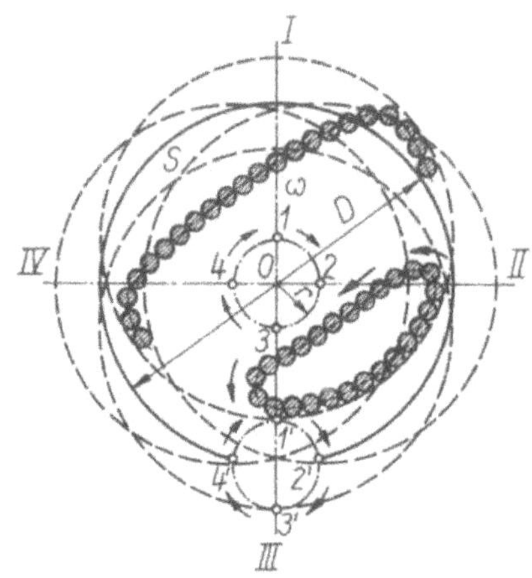


Bild 4.335. Arbeitsprinzip und Mahlkörperbewegung bei Schwingmühlen

*1* bis *4* und *I* bis *IV* Beispiele für die Mahlkammerlage

der Wurf bzw. Beanspruchungsvorgang von der Mahlraumwand eingeleitet und die Impulsfortpflanzung im Mahlkörper-Mahlgut-Gemisch durch die vorhandene Dämpfung in der Mahlraumfüllung mit wachsender Entfernung von der Mahlraumwand oder entsprechender impulsübertragender Elemente kleiner und energieärmer wird, sollten die Durchmesser von Mahlräumen ohne impulsübertragende Einbauten $D = 500$ bis 750 mm nicht überschreiten. Großrohr-Schwingmühlen wurden deshalb mit Zentralrohren oder anderen Einbauten ausgerüstet [581, 600, 602]. Schwingmühlen finden vor allem bei trockener und nasser Fein- und Feinstzerkleinerung mittelharter bis harter Stoffe in diskontinuierlichem oder kontinuierlichem Betrieb bis zu Durchsätzen von 40 bis 50 $t\,h^{-1}$ Anwendung und werden neuerdings auch zur Grobmahlung, bei der eine ausgeprägte Schlagbeanspruchung notwendig ist, eingesetzt. Vereinzelt finden sie auch bei der Tieftemperaturmahlung mit Flüssigstickstoff Verwendung. Da bei größeren Transportgeschwindigkeiten des Mahlgutes im Arbeitsraum bessere Zerkleinerungsergebnisse und höhere Durchsätze erreicht werden können [575, 590, 595], werden Schwingmühlen mit kurzen Mahlräumen und unterschiedlichen Schaltungsvarianten bei Durchlauf- und Kreislaufmahlungen bevorzugt [574, 575].

### 4.14.1. Berechnungsgrundlagen

**Mahlkörperbewegung:** Wird die gesamte Mahlkörperfüllung in den einzelnen Mahlbehältern als unelastischer Massenpunkt, der auf einer ebenen, kreisschwingenden horizontalen Unterlage aufliegt, betrachtet, so erhält man mit $y(t) = r \sin \omega t$, $\dot{y}(t) = r\omega \cos \omega t$ und $\ddot{y}(t) = -r\omega^2 \sin \omega t$ Aussagen über die Wurfhöhe, -weite und -dauer [565, 567, 572]. Damit ist es möglich, Bedingungen für die kleinste erforderliche Beschleunigung, die zum Abheben der Mahlkörper von der Mahlraumwand notwendig ist, aufzustellen. Die Schwingkreisradien und Frequenzen sind dabei den jeweiligen Zerkleinerungsaufgaben anzupassen [570, 572]. Unter der Annahme, daß die kinetische Energie der einzelnen Mahlkörper für das Zerkleinerungsergebnis bestimmend ist, kann folgende Proportionalität zwischen der Schlagenergie eines Mahlkörpers und den Betriebsparametern der Mühle festgestellt werden:

$$W_{\text{Ko}} \sim m_{\text{K}} v_{\text{rel}}^2/2 = \pi d_{\text{K}}^3 \varrho_{\text{K}} (r\omega)^2/12 \tag{4.495}$$

**Schwingungstechnische Berechnung:** Schwingmühlen stellen komplizierte schwingungsfähige Systeme von schwingenden Massen und Federn dar, da die Mahlkörper-Mahlgut-Füllung nicht fest mit dem Mahlbehälter gekoppelt ist und das Schwingungsverhalten der Füllung nicht exakt erfaßt werden kann. Von den möglichen Methoden zur Schwingungserzeugung, wie kraft-, federkraft-, dämpfungskraft- bzw. massenkrafterregte Schwingung, entspricht die massenkrafterregte Schwingung am besten den Forderungen nach stabilem Schwingungsverhalten, da sich bei überkritischem Betrieb und großem Frequenzverhältnis $\eta = \omega/\omega_0 = 4$ bis 6 die Vergrößerungsfunktion $V = 1$ bzw. der Schwingungsradius $r$ auch bei geringfügiger Eigenfrequenzänderung nicht spürbar ändert. Bei überkritischer Erregung $\eta > 1$ wird von tief bzw. bei $\eta < 1$ von hoch abgestimmten Schwingern gesprochen. Zur schwingungstechnischen Berechnung einer Schwingmühle wird von einem schwingungsfähigen System mit Dämpfung (Bild 4.336) ausgegangen, das durch eine Massenkraft in harmonische Schwingungen versetzt wird. Um die Berechnung zu vereinfachen, wird bei der Aufstellung des Berechnungsmodells die Zahl der Mahlbehälter auf einen reduziert und ein Einmassenmodell zugrunde gelegt. Da der Schwerpunkt des schwingenden Systems durch den Mahlkörper-Füllgrad $\varphi_{\text{MK}} = 0{,}8$ sowie durch die sich bei der Schwingung einstellende Lage der Mahlkörper-Mahlgut-Füllung nicht mit der Drehachse des Antriebes deckt, muß bei der Aufstellung der Bewegungsgleichungen beachtet werden, daß die Federn durch Nickschwingungen einer zusätzlichen Auslenkung unterworfen werden.

Die Bewegungsgleichungen des in Bild 4.336 dargestellten Einmassensystems lauten:

$$
\begin{aligned}
&\uparrow m\ddot{y} + b_y\dot{y} + c_y y_l/2 + c_y y_r/2 = F_{\text{zu}} \sin \omega t\\
&\leftarrow m\ddot{x} + b_x\dot{x} + c_x x_{r/l} = F_{\text{zu}} \cos \omega t\\
&\curvearrowleft \Theta\ddot{\varphi} + b_\varphi\dot{\varphi} - c_x x_{r/l} + c_y y_l/2 =\\
&F_{\text{zu}}(s_y \cos \omega t - s_x \sin \omega t)
\end{aligned} \tag{4.496}
$$

Bei kleineren Drehwinkeln ($\varphi_d(\tan \varphi_d \approx \varphi_d)$ und $\sin \varphi_d \approx \varphi_d$) ergeben sich für die Federn rechts und links folgende Verschiebungen:

$$
\begin{aligned}
&\textit{rechts:}\quad y_r = y + \varphi_d(a_x + s_x);\\
&\qquad\qquad x_r = x + \varphi_d(a_x - s_y)\\
&\textit{links:}\quad y_l = y - \varphi_d(a_x - s_x);\\
&\qquad\qquad x_l = x + \varphi_d(a_y - s_y)
\end{aligned} \tag{4.497}
$$

Mit (4.496) erhält man:

$$
\begin{aligned}
&m\ddot{y} + b_y\dot{y} + c_y(y + \varphi_d s_x) = F_{\text{zu}} \sin \omega t\\
&m\ddot{x} + b_x\dot{x} + c_x[x + \varphi_d(a_y - s_y)] = F_{\text{zu}} \cos \omega t\\
&\Theta\ddot{\varphi} + b_\varphi\dot{\varphi} - c_x[x + \varphi(a_y - s_y)]\\
&= F_{\text{zu}}(s_y \cos \omega t - s_x \sin \omega t)
\end{aligned} \tag{4.498}
$$

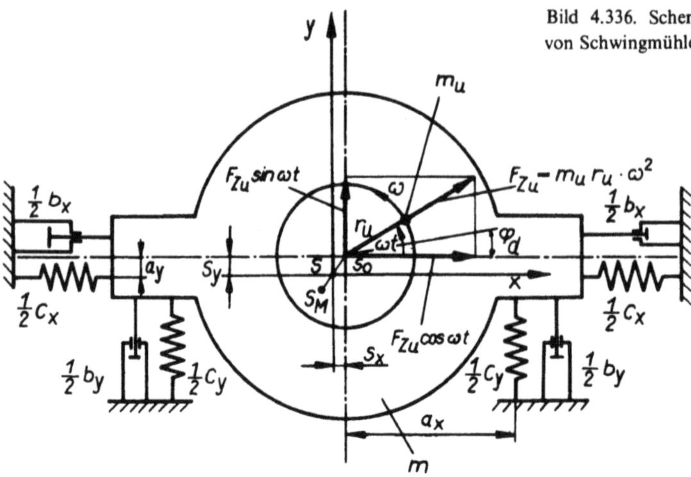

Bild 4.336. Schema zur schwingungstechnischen Berechnung von Schwingmühlen mittels Einmassenmodells

Da der Abstand des Schwerpunktes $S$ des gesamten schwingenden Systems vom Drehpunkt des Unwuchterregers $S_0$ insbesondere im stationären Betrieb infolge gleichmäßiger Auflockerung des Mahlbehälterinhaltes sehr klein ist, kann die Verdrehung des Systems durch das Erregermoment $F_{zu}(s_y \cos \omega t - s_x \sin \omega t)$ vernachlässigt werden. Damit vereinfachen sich die Gleichungen (4.498) zu

$$m\ddot{y} + b_y\dot{y} + c_y y = F_{zu} \sin \omega t \tag{4.499}$$

$$m\ddot{x} + b_x\dot{x} + c_x x = F_{zu} \cos \omega t$$

$$m = m_M + m_u + m_{FA} \tag{4.500}$$

$$m_{FA} = m_F\xi \quad \text{bzw.} \quad m_{FA} = m_F(1 - b/r)$$

($m_{FA}$ angekoppelte Masse der Mahlbehälterfüllung $m_F = m_{MK} + m_{MG}$; $\xi$ Ankopplungsfaktor ($\xi = 0{,}15$ bis $0{,}2$) [572]; $b/r = 0{,}8$ [569])

$\xi$ nimmt mit wachsender Beschleunigung ab und ist des weiteren vom Dämpfungsfaktor und der Schwingungsform abhängig (Bild 4.337) [586]. Für die $x$- und $y$-Richtung kann geschrieben werden:

$$m_{FAy} = m_F\xi_y; \quad m_{FAx} = m_F\xi_x \tag{4.501}$$

$$m_y = m_M + m_u + m_{FAy}; \quad m_x = m_M + m_u + m_{FAx}$$

Während die schwingende Maschinenmasse $m_M$ und die Unwuchtmassen $m_u$ aus den Konstruktionszeichnungen entnommen werden können, ist die Mahlraumfüllung $m_F$ analog den Sturzmühlen (vgl. Abschn. 4.12.1.2.) nach (4.416) zu bestimmen.

Unter der Annahme, daß die in den Stützfedern des schwingenden Systems auftretende Dämpfung ge-

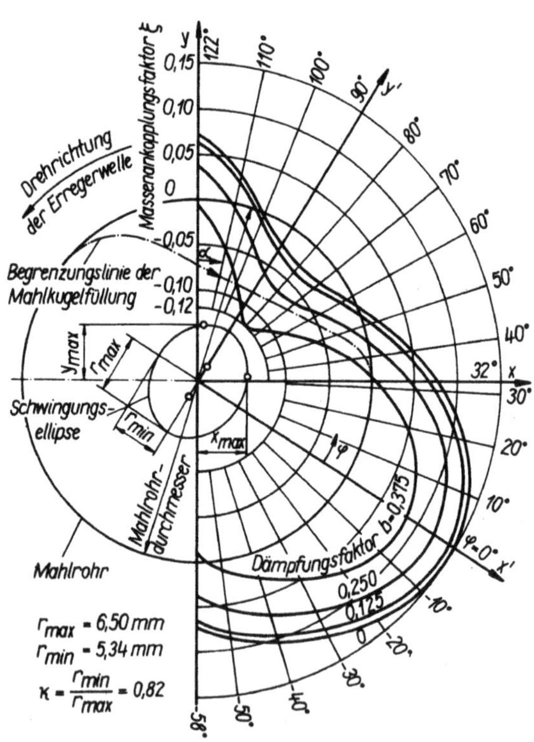


Bild 4.337. Massenankopplungsfaktor der Mahlraumfüllung einer Rohrschwingmühle RSM-2V bei der Trockenmahlung [586]

(Stahl-Mahlkugeln in der 1. Kammer $d_{MK} = 30$ bis $39$ mm; 2. Kammer $d_{MK} = 19$ bis $20$ mm; $\varphi_{MK} = 0{,}7$; $n = 970\ \text{min}^{-1}$; $r\omega^2 = 62\ \text{m s}^{-2}$; $c_y/c_x = 4{,}44$; $\eta_x = 6{,}65$; $\eta_y = 3{,}2$)

genüber der in der Mahlkörper-Mahlgut-Füllung vorhandenen Dämpfung gering ist und vernachlässigt werden kann, können in (4.499) enthaltene Dämpfungsfaktoren in $x$- und $y$-Richtung wie folgt angenommen werden [569, 586]:

$$b_y \approx b_{Fy} = m_F \omega k_y\,; \qquad b_x \approx b_{Fx} = m_F \omega k_x$$

($k_{x,y}$ Dämpfungsbeiwert in $x$- bzw. $y$-Richtung ($\approx 0{,}2$ bis $0{,}3$))

Da $m_F \sim D^3$ ist und $m_F/m_M$ mit wachsender Maschinengröße ($D$, $L$) ansteigt, nimmt auch der Einfluß der Masseankopplung bei größeren Maschinen zu.

Die für die schwingungstechnische Berechnung maßgebende Federkonstante $c_{dyn}$ ergibt sich zu

$$c_{y\,dyn} = c_y = k_1 c_{y\,stat}\,; \quad c_{x\,dyn} = c_x = k_1 c_{x\,stat} \tag{4.503}$$

($k_1$ Proportionalitätsfaktor ($k_1 = 1{,}3$ bis $1{,}4$ bei Gummifedern der Shorehärte $H_s = 50$ bis $55$) [586]; $c_{x,y\,stat}$ statische Federkonstante in $x$- und $y$-Richtung ($c_{y\,stat} = F_y/\Delta y$ bzw. $c_{x\,stat} = A_F G/h$); $F_y$ Federkraft; $\Delta y \leqq 0{,}2h$ Zusammendrückung der Feder in $y$-Richtung; $h$ Höhe der unbelasteten Feder; $A_F$ Schubfläche der Feder in $x$-Richtung; $G$ Schubmodul)

Da bei senkrecht angeordneten Federn, z. B. infolge $c_y/c_x = 2$ bis $4$ bzw. $c_x/c_y = 0{,}5$ bis $0{,}25$, Abweichungen von der Kreisschwingung auftreten (Bild 4.337) und sich um den Winkel $\alpha$ gegenüber der $y$-Achse gedrehte Schwingungsellipsen ergeben können bzw. sich das Schwingungssystem um den Winkel $\alpha$ neigt, sind die dynamischen Federkonstanten in Abhängigkeit vom Winkel $\alpha$ zu bestimmen (Bild 4.338), wobei die Verdrehung bei $\alpha < 5°$ vernachlässigt werden kann [586, 636]. Für $\alpha = 0°$ und $90°$ ergeben sich Grenzwerte in $x$- und $y$-Richtung ($c_\alpha(\alpha = 0°) = c_{y\,dyn}$ und $c_\alpha(\alpha = 90°) = c_{x\,dyn}$).

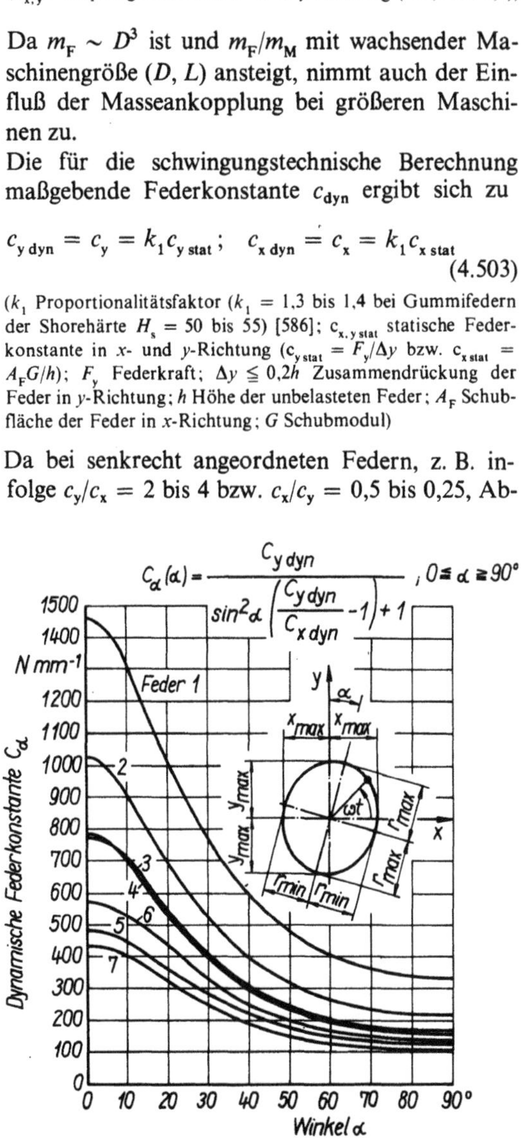


Bild 4.338. Dynamische Federkonstante $c_\alpha = f(\alpha)$ bei verschiedenen Gummifedern (1 bis 7)

Nach Lösung der Differentialgleichungen (4.499) erhält man für den stationären Schwingungszustand bei kleiner Dämpfung die Amplituden in $x$- und $y$-Richtung sowie die Vergrößerungsfunktion:

$$y = \frac{m_u r_u}{m_M + m_u + m_{FAy}} \cdot \frac{\eta_y^2}{\sqrt{(1 - \eta_y^2)^2 + 4D_y^2 \eta_y^2}}\,;$$

$$x = \frac{m_u r_u}{m_M + m_u + m_{FAx}} \cdot \frac{\eta_x^2}{\sqrt{(1 - \eta_x^2)^2 + 4D_x^2 \eta_x^2}} \tag{4.504}$$

$$V(D_i \eta)_{x,y} = \frac{\eta_{x,y}^2}{\sqrt{(1 - \eta_{x,y}^2)^2 + 4D_{x,y}^2 \eta_{x,y}^2}} \tag{4.505}$$

($\eta_{x,y}$ Abstimmungsverhältnis ($\eta_{x,y} = \omega/\omega_{ox,y}$); $D_{x,y}$ Dämpfungsgrad ($D_{x,y} = b_{x,y}/2m_{x,y}\omega_{ox,y} = b_{x,y}/2\sqrt{c_{x,y} m_{x,y}}$); $\omega_{ox,y}$ Eigenfrequenz ($\omega_{ox,y} = \sqrt{c_{x,y}/m_{x,y}}$))

Da Schwingmühlen zur Gewährleistung stabiler Schwingungsverhältnisse bei größeren Abstimmungsverhältnissen ($\eta \approx 4$ bis $7$) betrieben werden müssen und sich dabei die Vergrößerungsfunktion nicht verändern sollte ($V \approx 1$), vereinfachen sich die Gln. (4.504) zu

$$y = m_u r_u/(m_M + m_u + m_{FAy})\,;$$

$$x = m_u r_u/(m_M + m_u + m_{FAx}) \quad \text{oder}$$

$$m_{ges} r \approx m_u r_u \tag{4.506}$$

Infolge unterschiedlicher Federkonstanten und Masseankopplungen bzw. Eigenkreisfrequenzen in $x$- und $y$-Richtung sowie durch Nickschwingungen, die durch Schwerpunktverlagerungen der Mahlraumfüllung entstehen können, sind die für den Zerkleinerungsvorgang günstigen reinen Kreisschwingungen nur selten erreichbar. Sie treten nur im Schnittpunkt der Frequenzgänge $y$ und $x$ auf

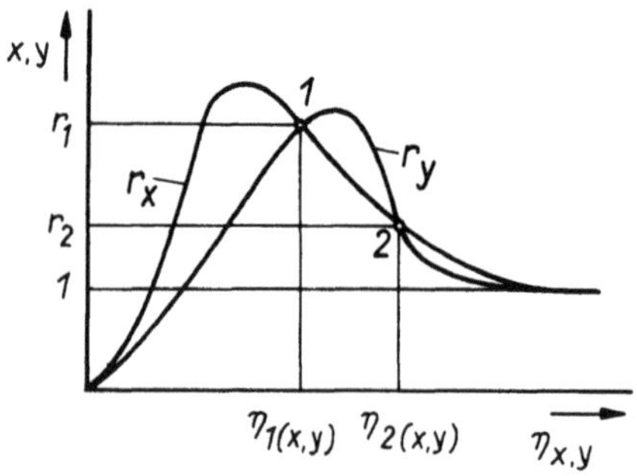


Bild 4.339. Einfluß der Eigenfrequenz auf den Schwingradius in $x$- und $y$-Richtung

(Bild 4.339). Der mittlere Schwingkreisradius beträgt (vgl. Bilder 4.337 und 4.338)

$$r_m = (x_{max} + y_{max})/2 \quad \text{oder}$$

$$r_m = (r_{max} + r_{min})/2 \tag{4.507}$$

**Leistungsbedarf:** Da der Zerkleinerungseffekt in den Mahlkammern auf den wechselseitigen Stößen zwischen Mahlkörpern und Mahlraumwand beruht, müssen die damit einhergehenden Energieverluste durch die Antriebsenergie der umlaufenden Unwuchtmassen ausgeglichen werden. Unter der Annahme, daß die Stoßzahl der Erregerfrequenz und die Auftreffgeschwindigkeit der Mahlkörperfüllung der Schwinggeschwindigkeit des Mahlraumes proportional sind, kann für die Schlagenergie und für den Leistungsbedarf der gesamten Füllung geschrieben werden:

$$W_{oE} \sim (m_{MK} + m_{MG})\,(r\omega)^2 \tag{4.508}$$

$$P_Z \sim W_{oE}\omega = (m_{MK} + m_{MG})\,r^2\omega^3 \tag{4.509}$$

Neben den in (4.509) enthaltenen Einflußgrößen ist der Leistungsbedarf $P_Z$ von vielen weiteren Parametern abhängig, die bei der Berechnung aufgrund ihrer Komplexität nur unterschiedliche Berücksichtigung finden können [567, 569, 570, 572, 585, 586, 594, 598, 627]:

$$P_{mech} = f(r\omega,\, r\omega^2,\, m_{MK}, m_{MG},\, \xi,\, \varphi_{MK},\, \varrho_{MK},\, D,\, \lambda,\, \dot{m},$$

$$\sigma_d,\, \tau,\, c_{x,y},\, \mu_L \ldots) \tag{4.510}$$

Der mechanische Leistungsbedarf setzt sich aus folgenden Anteilen zusammen:

$$P_{mech} = (P_L + P_{LW} + P_H + P_Z)/\eta_G \tag{4.511}$$

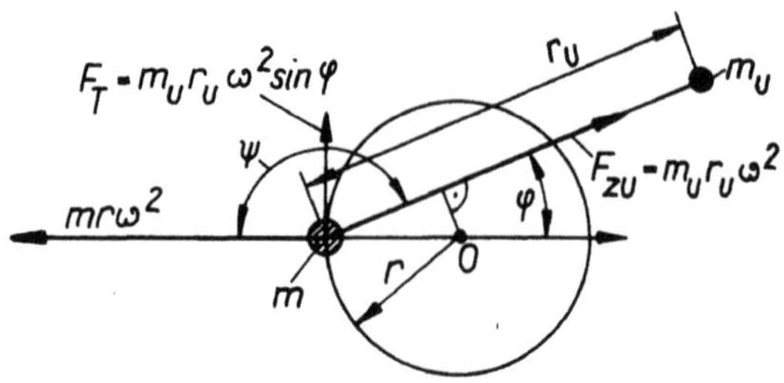


Bild 4.340. Schema zur Berechnung des Leistungsbedarfes und der Phasenverschiebung

Da der Leistungsbedarf $P_{LW}$ infolge Luftwiderstandes des rotierenden Schwingantriebes und anderer schwingender Massen und $P_H$ durch Hystereseverluste in den Stützfedern nur etwa 2 bis 3% von $P_{mech}$ betragen, werden diese vernachlässigt.
Zur Überwindung der Zerkleinerungs-, Dämpfungs- und Bewegungsverluste in den Arbeitsräumen muß die Leistung $P_Z$ mit dem Drehmoment $M_d = F_T r$ übertragen werden. Unter Berücksichtigung der in Bild 4.340 dargestellten Beziehungen kann geschrieben werden:

$$F_T = m_u r_u \omega^2 \sin\varphi \quad \text{bzw.}$$

$$M_d = m_u r_u r \omega^2 \sin\varphi \tag{4.512}$$

$$P_Z = m_u r_u r \omega^3 \sin\varphi \tag{4.513}$$

Daraus ist ersichtlich, daß $M_d$ und $P_Z$ beim Anlaufvorgang im Resonanzbereich bei $\psi$ bzw. $\varphi = 90°$ das Maximum erreichen. Deshalb muß ein genügend großes Anlaufmoment des Motors zur Verfügung stehen und der Resonanzbereich beim Anlauf schnell durchfahren werden. Beim stationären Betrieb stellen sich der Phasenverschiebungswinkel $\psi$ und der Schwingradius $r$ selbsttätig ein, wobei $\psi$ meist bei 160° bis 170° liegt. Die Phasengleichung lautet:

$$\tan\psi = 2D\eta/(1 - \eta^2) \tag{4.514}$$

Während $r$ gemessen oder aus dem Kräftegleichgewicht berechnet werden kann, ist die zwischen den umlaufenden Unwuchtmassen und der Schwingung des Gesamtsystems entstehende Phasenverschiebung nur näherungsweise bestimmbar. Dafür ist auch (4.515) verwendbar [569]:

$$\tan\psi = m_F\omega^2 k/[m_M + m_u + m_{FA}(\omega_o^2 - \omega^2)] \tag{4.515}$$

($k$ = 0,3 Dämpfungsbeiwert)

Für den Leistungsbedarf zur Überwindung der Lagerreibung kann geschrieben werden:

$$P_L = m_u r_u \omega^3 \mu_L r_L \quad (4.516)$$

In der Literatur werden unterschiedliche Beziehungen für $P_{mech}$ angegeben, die z. T. nur unter bestimmten Bedingungen brauchbare Werte ergeben [467, 569, 585, 586, 627, 638, 639, 672]. Für Überschlagsrechnungen sind geeignet:

$$P_{mech} = k_1 m_F r^2 \omega^3 \quad (4.517)$$

$$P_{mech} = m_u r_u \omega^3 \mu_L r_L + k_2(m_{MK} g + m_{MG} g)\, r\omega \quad (4.518)$$

($k$ Proportionalitätsfaktor zur Berücksichtigung der Mahlraumgestaltung und Zerkleinerungsbedingungen (z. B. $k_1 = 0{,}42$ bis 0,6 bei Trockenmahlung [572, 569, 527] und $k_2 \approx 15$ bei Trockenmahlung in Zweirohr-Schwingmühlen))

Zur überschläglichen Berechnung des Leistungsbedarfs werden analog Abschn. 4.12.1.2. (Gl. (4.432)) $P_{oMK}$ bzw. $W_{o\dot{m}}$ herangezogen ($P_{oMK} \approx 10\ \mathrm{kW\ t_{MK}^{-1}}$, $W_{o\dot{m}} = 25$ bis $50\ \mathrm{kWh\ t^{-1}}$). Bild 4.341 zeigt ausgewählte Kennziffern für Rohrschwingmühlen.

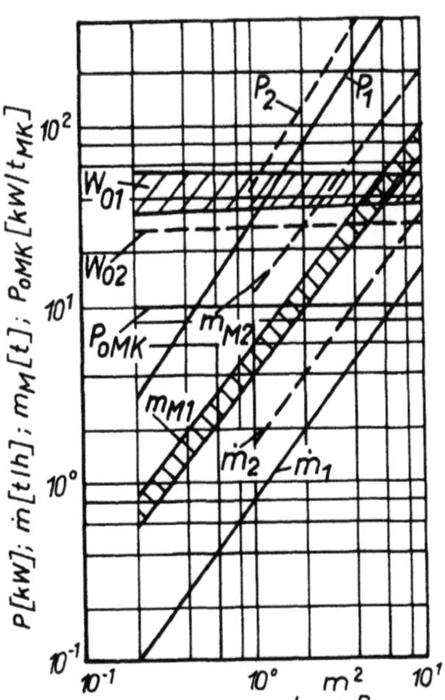


Bild 4.341. Ausgewählte technisch-ökonomische Kennwerte für Rohrschwingmühlen mit $\lambda = 5$

*Index 1* Zweirohr-Schwingmühle; *Index 2* Vierrohr-Schwingmühle

**Durchsatz:** Bei kontinuierlichen Mühlen ist er vom Mahlraum-Durchmesser und vom axialen Mahlguttransport, der vor allem von der Mahlraumlänge, den Schwingungsparametern, der Mahlkörpergröße und -zusammensetzung, von Mahlkörper und Mahlgutfüllung, der Gestaltung des Mahlgutaustrages, der Aufgabegutgröße und -feuchtigkeit beeinflußt wird, abhängig. Zur Verbesserung des Mahlguttransportes und zur Verringerung der Verweilzeit des Mahlgutes im Arbeitsraum werden häufig kurze, in Reihe geschaltete Mahlrohre, in denen sich ein großes Potentialgefälle mit richtungsbetonter Verdrängung einstellen kann, verwendet. Bild 4.342 zeigt ein Modell zum Mahlguttransport in kontinuierlichen Schwingmühlen.

Zur Beschreibung der komplizierten Transportvorgänge werden Verweilzeitspektren bzw. -verteilungen benutzt, die auf der Grundlage statistischer Überlegungen bzw. mittels Bilanzgleichungen, die die Mahlgutkonzentration, Mahlraumabmessung, Transportgeschwindigkeit und Bodensteinzahl berücksichtigen, abgeleitet werden können [9, 640 bis 647]. Unter der Annahme, daß das in den Mahlkammern bei kontinuierlichem Betrieb zerkleinerte Mahlgut fließfähig ist und das Porenvolumen zwischen den Mahlkörpern in Abhängigkeit des Mahlgut-Füllungsgrades ausgefüllt wird, kann der Durchsatz bei entsprechender Fertiggutfeinheit wie folgt berechnet werden:

$$\dot{m} = A v_{MG} \varphi_{MG} \varphi_{MK} (1 - \varrho_{MK}/\varrho_K)\, \varrho_{MG} \quad (4.519)$$

($A$ radiale Querschnittsfläche des Arbeitsraumes; $v_{MG}$ mittlere Transportgeschwindigkeit des Mahlgutes ($v_{MG} = L/\tau$))

Mit einer meßtechnisch ermittelten Verweilzeit von $\tau = kLD^{-1}\,\omega^{-1}\,r^{-0,5}$ ($k = 1{,}48 \cdot 10^{-3}$ in $\mathrm{m^{0,5}}$ für Zweirohr-Schwingmühlen) kann bei $r\omega^2 = 50$ bis $250\ \mathrm{m\ s^{-2}}$ geschrieben werden:

$$\dot{m} = 1{,}91 D^3 \varphi_{MK} \varphi_{MG} \varrho_{MG} (1 - \varrho_{MK}/\varrho_K)\, r^{0,5} \omega \quad (4.520)$$

Bei geometrischer Ähnlichkeit und ähnlichen Zerkleinerungsbedingungen ergibt sich somit:

$$\dot{m} \sim m_m (D^{3,5}/D_m^{3,5})\, (\omega/\omega_m) \quad (4.521)$$

Für Überschlagsrechnungen kann auch der spezifische Durchsatz $\dot{m}_{oMK}$ verwendet werden:

$$\dot{m} = \dot{m}_{oMK} m_{MK} \quad (4.522)$$

($\dot{m}_{oMK} = 0{,}3$ bis $0{,}4\ \mathrm{t\ h^{-1}\ t_{MK}^{-1}}$ für Stahl-, 0,28 bis $0{,}35\ \mathrm{t\ h^{-1}\ t_{MK}^{-1}}$ für Keramik- und 0,25 bis $0{,}35\ \mathrm{t\ h^{-1}\ t_{MK}^{-1}}$ für Flintstein-Mahlkörper)

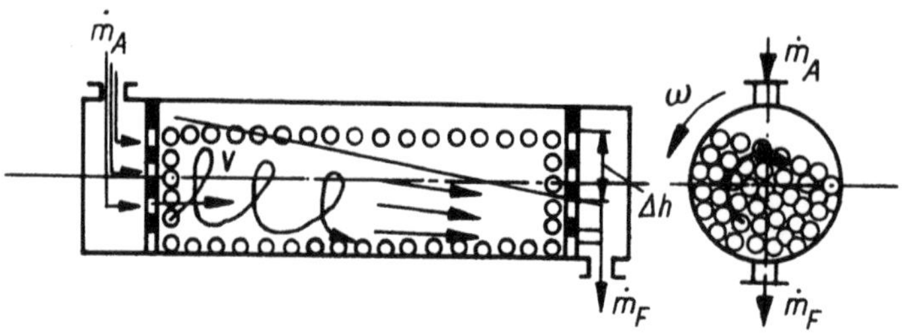


Bild 4.342. Modell zum Mahlguttransport im Arbeitsraum einer Rohrschwingmühle

## 4.14.2. Bauarten, Gesichtspunkte zur Konstruktion und Schwingantriebe

Die konstruktive Gestaltung von Schwingmühlen ist von der kontinuierlichen oder diskontinuierlichen Betriebsweise, vom geforderten Durchsatz, den gewünschten Fertiggutfeinheiten, der Anordnung und Schaltung der Mahlräume und Antriebe und den Aufgabe- und Austragsöffnungen abhängig. Zur guten Anpassung an die jeweiligen Zerkleinerungsaufgaben, wie Fertiggutfeinheit und Aufgabekorngrößen, Feuchtigkeit des Mahlgutes, Durchsatz usw., ist eine große Typenvielfalt und Variationsbreite bei Schwingmühlen entstanden, die sich nach der Betriebsweise (kontinuierlich und diskontinuierlich), Mahlraumform (Trog oder Rohr) und Mahlkörperart (Kugel, Cylpebs, Stäbe, Scheiben) einteilen lassen.

### 4.14.2.1. Bauarten

**Diskontinuierliche Schwingmühlen:** Sie bestehen aus einem oder mehreren starr miteinander verbundenen Mahlbehältern, die mittels Federn aus Stahl oder Gummi abgestützt sind und durch einen im Schwerpunkt des Systems angeordneten Massenkraftantrieb in Schwingung versetzt werden. Während die Mahlbehälter bei Laborschwingmühlen häufig als zylindrische Töpfe mit Deckel ausgebildet und durch Verschlußbügel mit dem Schwingrahmen verspannt werden, besitzen technische Mühlen bis zu einem Mahlrauminhalt von $V_M = 2000$ l (Nutzinhalt bis $V_{MK} = 1000$ l) meist einen mulden- oder trogähnlichen Mahlbehälter (Bild 4.343). Da diskontinuierliche Schwingmühlen vorzugsweise für spezielle Zerkleinerungsaufgaben, wie zur Erreichung sehr hoher Fertiggutfeinheiten oder tribo-

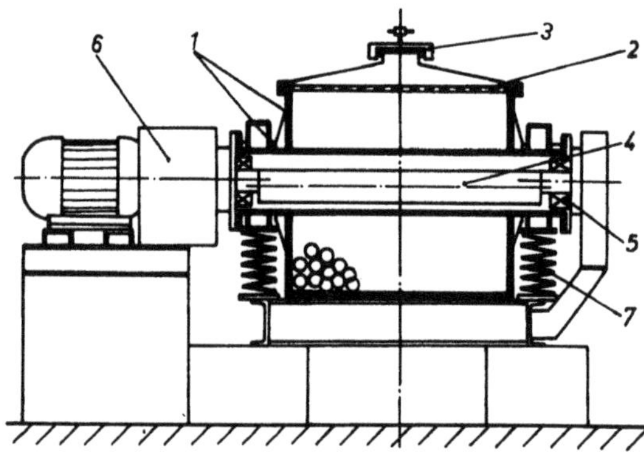


Bild 4.343. Trogschwingmühle (Siebtechnik)

*1* Mahlbehälter mit Innenrohr; *2* Entleerungsrost; *3* Deckel für Füll- und Entleeröffnung; *4* Antriebswelle mit Hauptunwuchtmasse; *5* Lager für Antriebswelle; *6* Antrieb mit elastischer Kuppel- oder Gelenkwelle; *7* weiche Stützfedern

mechanischer Effekte mit frei wählbarer Mahldauer eingesetzt werden, sind die Mahlbehälter zur Kühlung oder in Sonderfällen auch Heizung mit einem Doppelmantel versehen. Beim Entleeren des mit einem trichterförmigen Deckel verschlossenen muldenförmigen Mahlbehälter wird dieser so angekippt, daß das Mahlgut über die Entleerungs- bzw. Füllöffnung ausfließen kann. Die Mahlkörper werden durch Lochbleche im Mahlraum zurückgehalten. Zur trockenen und nassen Feinstmahlung werden verschiedentlich auch Vertikalschwingmühlen mit vertikal angeordneten zylindrischen oder kreisringförmigen Mahlräumen verwendet (vgl. Bild 4.334*c*), die in horizontale Kreisschwingungen versetzt werden. Zur Verbesserung des Zerkleinerungseffektes werden die Horizontalschwingungen oftmals mit Vertikalkomponenten überlagert, so daß in Verbindung mit einem entsprechenden Schwingkreis-Durchmesser ein dreidimensionaler Mahlkörper-Mahlgut-Umlauf entsteht. Eine Vertikalkomponente wird erreicht, indem die obere und untere Unwuchtmasse etwa um einen Winkel zwischen 0° und 90° gegeneinander verdreht werden. In solchen Mühlen werden zur Feinstmahlung bevorzugt Cylpebs als Mahlkörper eingesetzt, die bei Schwingradien von $r = 3$ bis 5 mm und Kreisfrequenzen von $\omega = 105$ bis $300\ s^{-1}$ hauptsächlich eine reibende Beanspruchung mit geringem Schlaganteil durchführen. Bei der Feinstzerkleinerung bis zu $d_{F95} = 2$ bis 3 µm sollten die Aufgabekorngrößen deshalb $d_{A95} = 100$ µm nicht überschreiten [648, 649]. Bei derartigen Fertiggutfeinheiten ist je nach Härte des Mahlgutes ein spezifischer Arbeitsbedarf $W_{\dot{om}} = 50$ bis 300 kWh $t^{-1}$ notwendig. Die meist zur Naßmahlung eingesetzten Vertikalschwingmühlen werden chargenweise bzw. kontinuierlich mittels Dosierpumpen beschickt und durch Bodenventile bzw. bei kontinuierlicher Mahlung im Überlaufverfahren entleert. Der Feststoffanteil der Suspension liegt im allgemeinen bei 60 bis 70% [648]. Untersuchungsergebnisse zeigen, daß die Mahlkörper-Schichthöhe auf die Zerkleinerungswirkung einen besonderen Einfluß ausübt und der Mahlkörper-Füllungsgrad nicht in jedem Fall mit $\varphi_{MK} = 60$ bis 80% die besten Ergebnisse gewährleistet. Bei Vertikalschwingmühlen, die gegenwärtig bis zu einem nutzbaren Mahlraumvolumen von etwa 500 l gebaut werden, haben sich kreisringförmige Mahlräume am besten bewährt, da durch das Zentralrohr eine bessere Energieübertragung auf die Mahlkörper-Mahlgut-Füllung möglich ist. Der vom Elektromotor über eine Gelenkwelle angetriebene Massenkrafterreger wird im Schwerpunkt des schwingenden Systems gelagert und sowohl bei Mulden- als auch bei Vertikalschwingmühlen von Zentralrohren umgeben.

**Kontinuierliche Schwingmühlen:** Bei diesen durchströmt das Mahlgut die Mahlräume, die horizontal oder vertikal angeordnet sein können, in der Regel in Achsrichtung. Eine Ausnahme bilden die Grobmühlen bzw. Sonderkonstruktionen von Muldenschwingmühlen, bei denen das genügend zerkleinerte Gut radial durch Bodenroste in darunterliegende Räume austritt. Auch die für einen kontinuierlichen Betrieb geeigneten Schwingmühlen bestehen ähnlich wie die diskontinuierlichen Mühlen aus einem oder mehreren starr miteinander verbundenen Mahlräumen, die mittels Stahl- oder Gummifedern abgestützt sind und durch einen oder mehrere Massenkraft- bzw. Exzenterantriebe in Schwingung versetzt werden. Von den bekannten kontinuierlich arbeitenden Schwingmühlenkonstruktionen (Mulden-, Rohr- und Vertikalschwingmühlen) werden die Rohrschwingmühlen mit unterschiedlicher Rohranordnung (ein bis sechs horizontale Rohre) am häufigsten verwendet (Bild 4.344). Mit üblichen Rohranordnungen, Schaltungsarten und variierbaren Beschickungs- und Austragseinrichtungen sind ohne Änderung des Grundaufbaus der jeweiligen Mühlentype mehrere Variationen (Bild 4.345) möglich, mit denen die verschiedensten Zerkleinerungsaufgaben bei unterschiedlichen Verweilzeiten gelöst werden können [573 bis 575, 579, 580, 603 bis 605]. Mit geeigneten Stromklassierern können die Mühlen auch in Kreislaufschaltungen eingesetzt werden. Je nach Verwendungszweck werden die Mahlrohre mit unterschiedlichen Schlankheitsgraden $\lambda = L/D = 3$ bis 8 ausgeführt. In den letzten Jahren wurden kleine Schlankheitsgrade ($\lambda = 3$ bis 4) bevorzugt verwendet, da sich die axialen

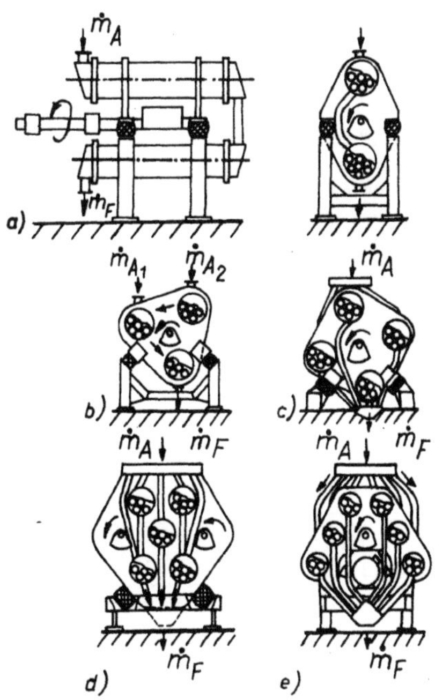


Bild 4.344. Bauarten kontinuierlich arbeitender Rohrschwingmühlen
*a* bis *e*) Zwei- bis Sechsrohr-Schwingmühlen unterschiedlicher Schaltung

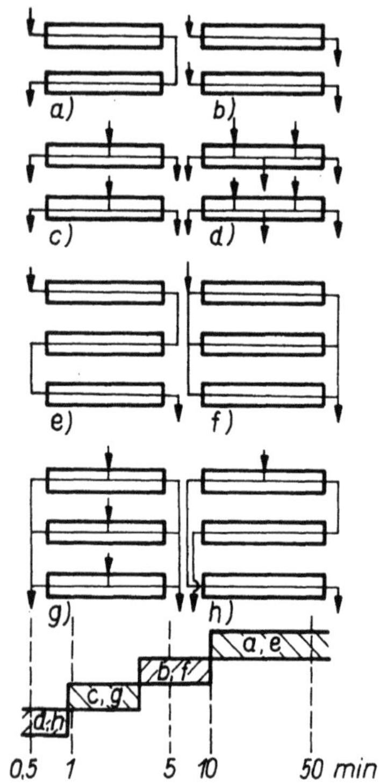


Bild 4.345. Schaltungsmöglichkeiten bei Zwei- und Dreirohr-Schwingmühlen mit Orientierungswerten für die Verweilzeit des Mahlgutes im Arbeitsraum
*a*), *e*) Reihenschaltung mit Endaufgabe
*b*), *f*) Parallelschaltung mit Endaufgabe
*c*), *g*) Parallelschaltung mit Mittenaufgabe
*d*) Parallelschaltung mit Mittenauf- und -abgabe (Mehrkomponentenmahlung)
*h*) gemischte Parallel- und Reihenschaltung zur Mehrkomponentenmahlung

Transportgeschwindigkeiten $v_{MG}$ und spezifischen Durchsätze $\dot{m}_0$ neben der Anwendung großer Schwingradien und Beschleunigungen vor allem durch kurze Arbeitsräume steigern lassen. Dabei erweist sich außerdem als vorteilhaft, daß die Mahlkörperfüllung bei der Reihenschaltung mehrerer Mahlräume besser dem jeweiligen Zerkleinerungsfortschritt, z. B. *1.* Arbeitsraum zur Vorzerkleinerung mit Stäben, *2.* Arbeitsraum mit Kugeln und *3.* Arbeitsraum mit Cylpebs, angepaßt werden kann. Zur Erreichung von größeren Durchsätzen ($\dot{m}$ = 40 bis 50 t $h^{-1}$ und darüber) ist es zweckmäßig, mehrere parallel geschaltete Arbeitsräume mit kleineren Rohrdurchmessern ($D$ = 300 bis 500 mm) zu verwenden, da eine Vergrößerung der Rohre bei massenkrafterregten Schwingmühlen mit kleinen Schwingradien zerkleinerungstechnisch ungünstig ist. Bei Rohrdurchmessern von $D > 450$ mm haben sich zur Verbesserung der Energieübertragung auf die Mahlraumfüllung Einbauten in Form von Zentralrohren bewährt (Bild 4.346) [578, 581, 600]. Eine Ausnahme bildet die in Bild 4.347 dargestellte Mühle, bei der die Mahlraumabmessungen $D \times L$ = 1000 × 1200 mm betragen. Das Mahlrohr ist in zwei U-förmigen Schwingen gelagert, die über Exzenter durch zwei synchron laufende Wellen in Kreisschwingung mit wesentlich größeren Schwingkreisen als bei der Massenkrafterregung versetzt werden. Die Antriebsleistung der Mühle beträgt 1400 kW. Infolge der hohen Energiedichte $P_{oV}$ = 1000 bis 1500 kW $m^{-3}$ sowie der großen Schwingkreis-Durchmesser, die ein Mehrfaches konventioneller Schwingmühlen betragen, und wesentlich geringerer Drehzahlen $n$ = 3,8 $s^{-1}$ ist die Mühle zur

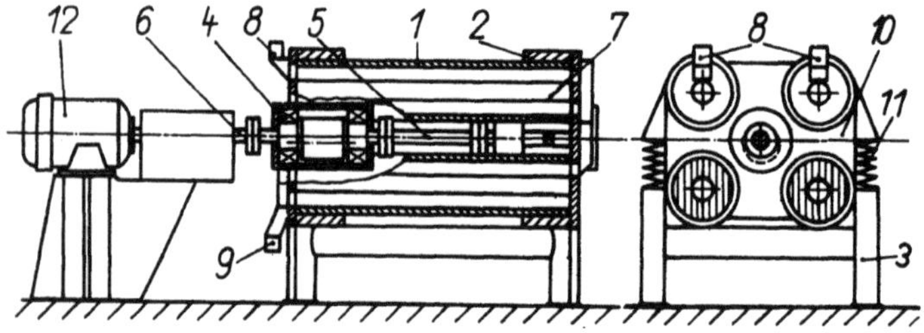


Bild 4.346. Vierrohr-Schwingmühle (Siebtechnik)

*1* Mahlrohre; *2* Verbindungsflansch zur Befestigung der Rohre am schwingenden System; *3* Mühlenrahmen; *4* Schwingantrieb mit Lagerung; *5* Verbindungswelle; *6* Gelenkwelle; *7* Zentralrohre; *8* Mahlgut-Einlaufrohr mit Zulaufdeckel; *9* Fertiggut-Austragrohr; *10* Steg zur Aufnahme der Rohre und der Schwingantriebe; *11* weiche Stützfedern; *12* Motor

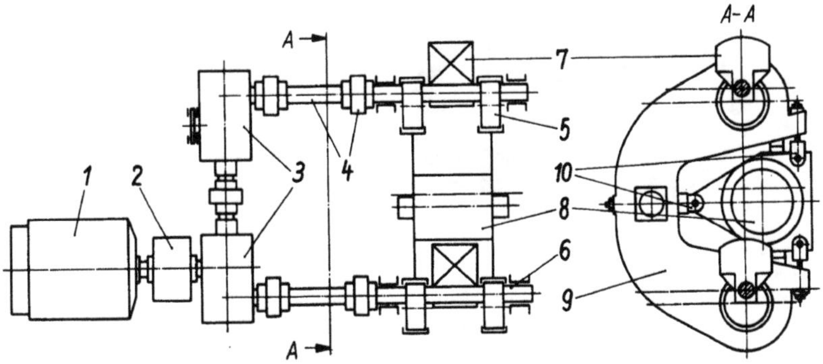


Bild 4.347. Schema einer Schwingmühle mit Exzenterantrieb (Zentrifugalmühle — *Lurgi*) [549]

*1* Hauptmotor; *2* Kupplung; *3* Getriebe; *4* Kupplung mit Kupplungswelle; *5* Exzenterantrieb; *6* Lagerung der Exzenterwelle; *7* Massenausgleich; *8* Mahlrohr; *9* U-förmige Schwingen; *10* Mahlrohrabstützung bzw. -verspannung

autogenen Grobmahlung (Sekundärmahlung mit Pebbles) und zur Feinmahlung in der Erzaufbereitung geeignet. Der spezifische Arbeitsbedarf beträgt dabei $W_{o\dot{m}} \approx 15$ bis 16 kWh $t^{-1}$ [549].

#### 4.14.2.2. Gesichtspunkte zur Konstruktion der Mahlräume

Bei vorgegebenem $\lambda$, $\varphi_{MK}$, $\varrho_{MK}$ und überschläglich berechneter Mahlkörpermasse ergibt sich der Mahlraum-Durchmesser z. B. bei Rohrschwingmühlen zu

$$D = \sqrt[3]{4m_{MK}/\pi\lambda\varphi_{MK}\varrho_{MK}} \quad (4.523)$$

Für eine hohe Zuverlässigkeit ist eine sichere Befestigung der Mahlrohre und der Schwingantriebe in den Stegen maßgebend. Bewährt hat sich die Verspannung zwischen den Stegen und Antrieben sowie zwischen den Stegen und Mahlrohren mittels konischer Segmente, da damit einerseits eine stabile Befestigung möglich ist und andererseits beim Verspannen keine Axialkräfte auftreten. Außerdem ist eine beliebige Drehung oder Verschiebung der Rohre bei einfacher Austauschbarkeit möglich. Verschiedentlich werden die Rohrbefestigungen auch so ausgebildet, daß ein gleichzeitiges Festklemmen der Abschluß- bzw. Auslaufroste und Rohrdeckel vorgenommen wird. Schnellspannvorrichtungen ermöglichen nicht nur einen Wechsel der Rohre bei Verschleiß, sondern auch eine Umrüstung auf gekühlte bzw. druckfeste Mahlrohre in verschiedenen Längen. Die bis zu 80% mit Mahlkörpern gefüllten Mahlrohre sind mit Verschleißelementen aus Stahlblech, Gußplatten und Stahlblech sowie bei der eisenfreien Zerkleinerung aus Gummi oder anderen verschleißfesten Materialien ausgekleidet, die je nach Verschleißzustand in bestimmten Abständen gewechselt werden müssen. Unter Berücksichtigung der verschiedensten Einsatzfälle haben sich die in Bild 4.348 dargestellten Auskleidungen bewährt [580]. Während die Standardauskleidung nach Bild 4.348*a* aus 5 bis 10 mm dicken Schleißblechen, die unter Vorspannung in die Mahlrohre eingebaut werden, besteht, werden für sehr harte Mahlgüter, bei denen auf geringen Eisenabrieb bzw. Verschleiß Wert gelegt wird, nach Bild 4.348*b*, *c*, *d* in den unten seitlich liegenden Hauptverschleißzonen Stahlgutplatten verwendet. Der in Bild 4.362*d* gezeigte Boden- bzw. Längsrost wird zur Grobmahlung, z. B. bei der Herstellung von Brechsand, mit einer ebensolchen Spaltweite wie bei den Stirnrostplatten $w = 4$ bis 5 mm verwendet (vgl. Bild 4.340). Die Mahlkörperformen und -zusammensetzungen werden nach ähnlichen Gesichtspunkten wie bei den Sturzmühlen ausgewählt (vgl. Abschn. 4.12.3.5.). Um Körnungen im Bereich $d_F = 0{,}5$ bis 3 mm mit geringem Feinkornanteil herstellen zu können, werden verschiedentlich auch Stabmahlkörper mit aufgesetzten verschleißfesten Stahlringen benutzt. Dadurch ergeben sich zwischen den einzelnen Stäben und der Mahlraumauskleidung Zwischenräume, die dem Mahlspalt bei Walzenmühlen ähnlich sind. Ein großer Teil des Mahlgutes wird deshalb nur bis zur Größenordnung des sich zwischen den Stäben einstellenden Spaltes gemahlen [374, 575].

Da die Schwingmühlen meist ohne nachgeschaltete

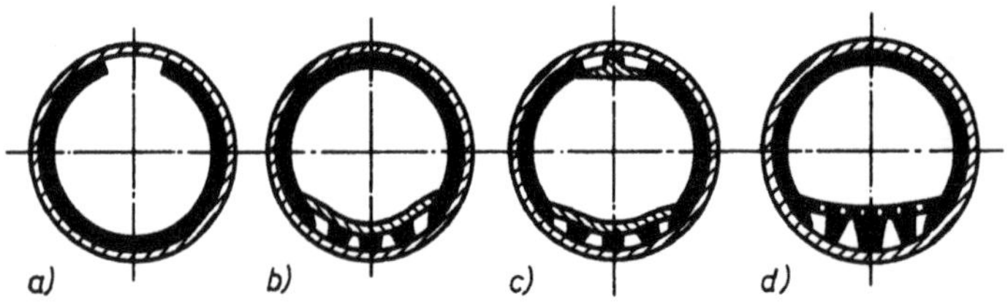


Bild 4.348. Mahlrohrauskleidungen für verschiedene Einsatzfälle
*a*) Standardauskleidung mit Schleißblech
*b*, *c*) Auskleidung für härteste Materialien mit untenliegender Hauptverschleißzone (Gußplatten)
*d*) Auskleidung für hartes Material und Mahlgutaustrag über Ausfallrost am Boden (Gußplatten)

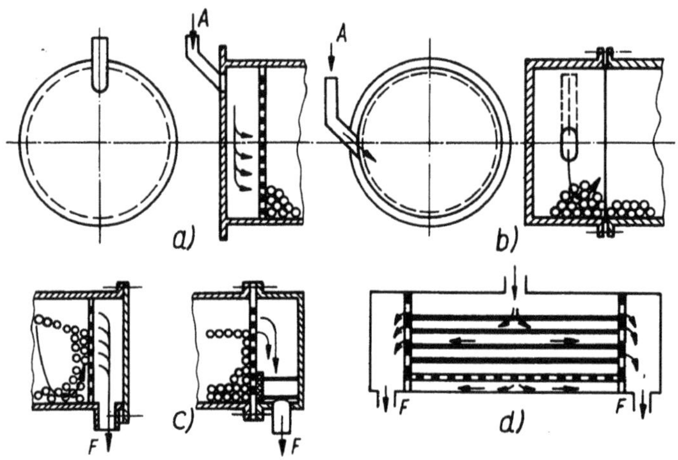


Bild 4.349. Mahlgut-Ein- und -Auslaufvarianten bei Rohrschwingmühlen
*a*) Einlauf mit Siebblech
*b*) Einlauf mit einziehender Wirkung
*c*) Auslauf mit Siebblech und variierbarem Auslaufquerschnitt
*d*) Auslauf mit Siebblech und Bodenrost

Klassierung im Durchlaufbetrieb arbeiten, ist zur Gewährleistung einer gleichbleibenden Fertiggutfeinheit eine genaue Dosierung notwendig. Bei Schwankungen von $> \pm 5\%$ ist mit Qualitätsverschlechterungen zu rechnen. Wird der Sollwert überschritten, so besteht die Möglichkeit, daß das Aufgabegut nicht in die Mahlkörperfüllung eingezogen wird und unzerkleinert oberhalb der Mahlkörper-Mahlgut-Füllung zum Mahlgutaustrag transportiert wird. Die Gefahr, daß unzerkleinertes Mahlgut auf diesem Wege zum Austragrost gelangt, nimmt zu, wenn es sich um Mahlgut mit geringer Dichte handelt [573]. Zur Vermeidung derartiger Erscheinungen werden die in Bild 4.349*b* dargestellten Einlaufformen verwendet. An der Auslaufseite haben sich mit Schlitzen versehene Stau- bzw. Stirnplatten, die die Mahlkörper zurückhalten, bewährt (Bild 4.349*c*). Derartige Schlitzplatten können auch bei axialem Mahlguteintrag verwendet werden. Die Beschickung eines oder gleichzeitig mehrerer Mahlräume erfolgt meist mittels elektromagnetischer Dosierrinnen, Zellenradschleusen oder Schnecken, wobei die letzteren nur für feinkörniges Aufgabegut geeignet sind. Zur Abdichtung zwischen Dosiereinrichtung und Mahlraum und von diesem zur Auslaufschleuse werden Gummielemente mit großem Verformungsvermögen benutzt, die zur Abdichtung, aber nicht zur Materialführung dienen sollen. Bei Tieftemperaturmahlungen mit Flüssigstickstoff sind elastische Metallschläuche zu verwenden.

### 4.14.2.3. Schwingantriebe

Zur Gewährleistung konstanter Zerkleinerungsbedingungen müssen Schwingmühlen mit Schwingantrieben ausgerüstet werden, die neben einem stabilen Schwingungsverhalten eine hohe Lebensdauer bei geringstem Instandhaltungsaufwand sichern. Am besten eignen sich dafür mechanische Schwing-

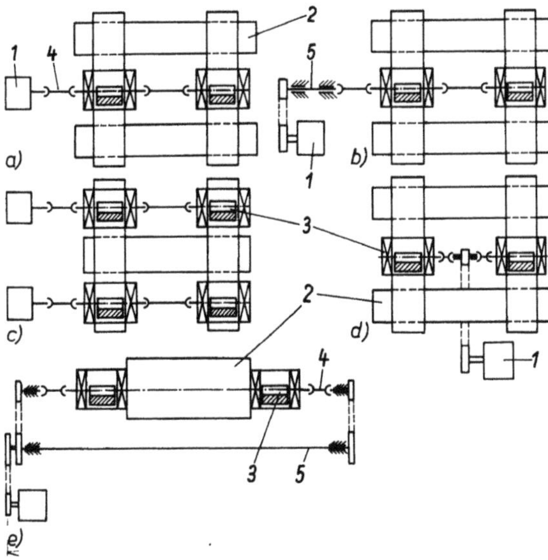


Bild 4.350. Antriebsmöglichkeiten für Rohrschwingmühlen mit einem und mehreren Schwingantrieben
*a*) Einmotoren-Direktantrieb
*b*), *e*) Einmotorenantrieb mit Vorgelege
*c*) synchronisierter Zweimotorenantrieb
*d*) Einmotoren-Mittenantrieb mit Vorgelege
*1* Motor; *2* Mahlrohr; *3* Schwingantrieb; *4* Gelenkwelle; *5* Vorgelege

antriebe mit Massenkrafterregung (Unwuchtantriebe mit verstellbaren Massen). Vereinzelt werden auch Exzenter- bzw. Kurbelantriebe (Zwanglaufmechanismen) eingesetzt. Elektromagnetische Antriebe sind nur für gerichtete Schwingungen, wie z. B. bei Siebmaschinen, Schwingrinnen, und kleine Massen bei hohen Frequenzen geeignet, nicht aber für Schwingmühlen.

Massenkrafterregte Schwingantriebe können als Wellenunwucht- oder als Massenwalzenantriebe ausgebildet werden. Während die Wellenunwuchtantriebe, bei denen die Erregerkräfte über die mitschwingenden Wellenlager auf die schwingende Masse übertragen werden, nach überschläglichen Berechnungen für Erregerkräfte bis $F_{zu} \approx 150$ kN geeignet sind, können Massenwalzenantriebe, bei denen die Erregerkräfte von Walzen direkt auf das schwingende System übertragen werden, auch für größere Kräfte angewendet werden. In Bild 4.350 sind Antriebsmöglichkeiten von Rohrschwingmühlen mit einem oder mehreren Schwingantrieben bei schwingungsfrei angeordnetem Motor dargestellt. Bei den massenkrafterregten Schwingantrieben hat sich die stirnseitige Kopplung zwischen Motor und Schwingantrieb über Gelenkwelle bzw. Vorgelege und Gelenkwelle bewährt, da sich Gelenkwellen auch bei großen Schwingkreisen eignen. Bei dem in Bild 4.347 gezeigten Exzenterantrieb ist die Zwischenschaltung von Getrieben und synchron laufenden Wellen notwendig. Bei Zweimotorenantrieben ist ebenso ein synchroner Lauf zu gewährleisten, da sonst unkontrollierbare Taumelbewegungen auftreten würden [601, 651 bis 653].

**Wellenunwuchtantriebe:** Bei ihnen stellen die Unwuchtmassen, die Welle und die Wellenlager die Hauptfunktionselemente dar und können nach Bild 4.351 dem Verwendungszweck bzw. den Einbaumöglichkeiten des Antriebes entsprechend verschieden gestaltet werden. Während für kleine Massen die Welle gleichzeitig als Erreger ausgebildet werden kann, müssen bei großen schwingenden Massen zusätzliche Wuchtmassen (Unwuchtscheiben) aufgesetzt werden. Diese können innerhalb oder außerhalb der Lagerstellen fest oder verstellbar angeordnet sein. Die Änderung der resultierenden Erregerkraft kann nach Bild 4.352 nach (4.524) bestimmt werden:

$$F_{zu} = \sqrt{F_{1u}^2 + F_{2u}^2 - 2F_{1u}F_{2u}\cos\varepsilon}$$

$$F_{1u} = m_{u1}r_{u1}\omega^2 \quad ; \quad F_{2u} = m_{u2}r_{u2}\omega^2 \qquad (4.524)$$

Massenkrafterregte Antriebe werden in der Regel überkritisch betrieben, so daß der Resonanzbereich beim An- und Auslauf durchfahren werden muß. Dabei treten beim Anlaufvorgang neben großen Amplituden auch große Antriebsmomente auf, die bei einer Phasenverschiebung von $\psi = 90°$ am größten sind. Zur Vermeidung unzulässiger Maschinenbeanspruchungen ist es erforderlich, den

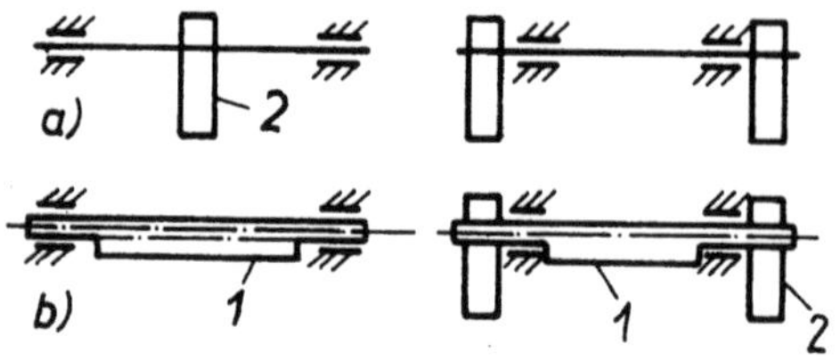


Bild 4.351. Gestaltungsvarianten für Wellenunwuchtantriebe
*a*) Unwuchtscheiben
*b*) Grundunwucht mit verstellbaren Scheiben

*1* Grundunwucht als Exzenterwelle; *2* verstellbare Unwuchtscheiben

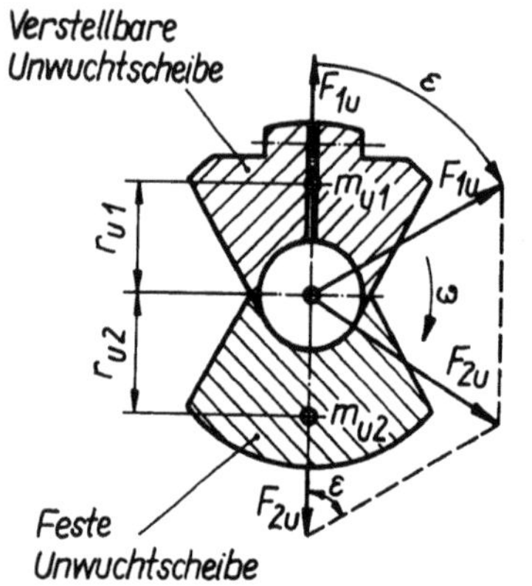


Bild 4.352. Verstellbare Unwuchtmassen zur Einstellung der Amplitude

Resonanzbereich entweder schnell zu durchfahren oder fliehkraftgesteuerte Unwuchtmassen zu verwenden, die erst bei entsprechender Drehzahl ausgefahren werden. Fliehkraftgesteuerte Unwuchten sind kompliziert und werden nur in Sonderfällen bei kleinen Erregerkräften angewendet (Bild 4.353). Um die Amplituden beim Abschalten in vertretbaren Grenzen zu halten, werden Anschlagpuffer oder Bremsen, die sofort nach Abschalten des Motors einfallen, verwendet. Der Vorteil der Bremsen ist, daß die Bremskraft dem Auslaufvorgang angepaßt werden kann und im Gegensatz zu Anschlagpuffern keine zusätzlichen Belastungen im Maschinenfundament entstehen.

Unter Berücksichtigung der hohen dynamischen Belastung aller Bauteile von Schwingantrieben muß die Lagerung so festgelegt werden, daß das Gesamtsystem statisch bestimmt bleibt (Bild 4.354). Da die Lager der Unwuchtwellen aufgrund der hohen Punktbelastung am Innenring und der Umfangslast am Außenring zur Rattermarkenbildung und Lokkerung neigen, werden Innen- und Außenring entgegen den herkömmlichen Methoden des Wälzlagereinbaues festgelegt und axial mittels Hülsen verspannt. Die vollständige Festlegung der Lager erfordert den Einsatz von Wälzlagern der Lagerluftgröße C3 und C4 mit erhöhtem Lagerspiel. Verwendbar sind Zylinder-, Pendelrollen- und Rillenkugellager. Um bei den hohen Lagerbeanspru-

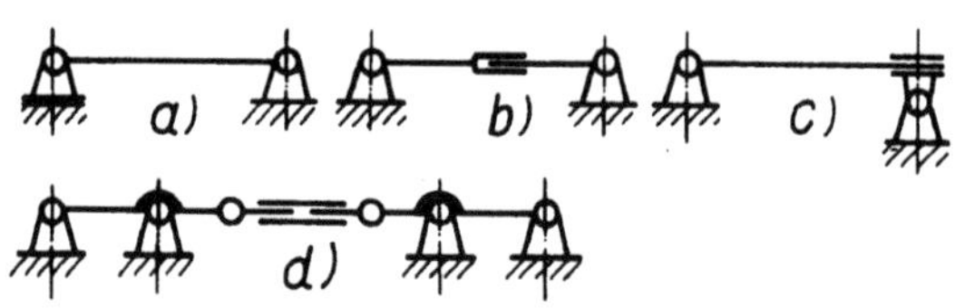


Bild 4.354. Lagerungsmöglichkeiten für die Wellen von Unwuchtantrieben
*a*), *b*), *c*) statisch bestimmte Lagerung
*d*) einfach statisch unbestimmte Lagerung (Einsatz von Wälzlagern der Lagerluftgruppe C4)

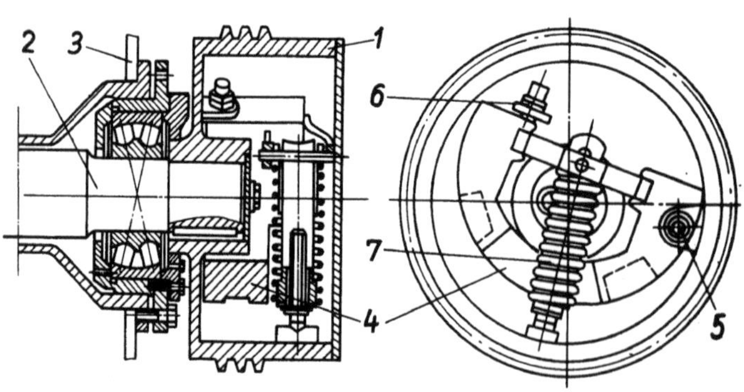


Bild 4.353. Prinzip einer fliehkraftgesteuerten Unwucht

*1* Antriebsscheibe; *2* Antriebswelle mit Lagerung im schwingenden System; *3* Rahmen des schwingenden Systems; *4* Unwuchtmasse; *5* Unwuchtmassenlagerung; *6* Anschlag- und Einstellelement für Unwuchtmasse; *7* Druckfeder

chungen eine hohe Verfügbarkeit des Antriebes zu erreichen, sind nicht nur regelmäßige Schmierung, sondern auch eine richtige Schmiermittelwahl von Bedeutung. Verschiedentlich werden neben fettgeschmierten Lagern auch Ölnebel- oder Umlaufschmierungen verwendet.

*Massenkrafterregte Schwingantriebe* finden ebenfalls zur Erzeugung von gerichteten (linearen) Schwingungen bei Schwingsiebmaschinen (vgl. Abschn. 5.2.7.), Förderrinnen usw. Verwendung (Bild 4.355), wenn diese durch zwei Motoren bzw. durch eine Verzahnung gegenläufig angetrieben (*b*) bzw. als Pendelfußrüttler (*a*) mit horizontaler oder schräggelagerter Welle angeordnet werden. Die schwingungstechnische Berechnung, Dimensionierung und Konstruktion erfolgen nach den gleichen Grundsätzen wie bei den Kreisschwingern. Die konstruktive Gestaltung eines Antriebsblocks geht aus Bild 4.356 hervor.

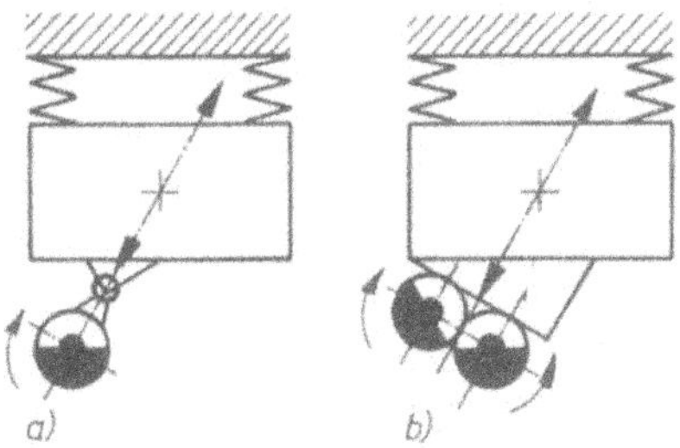


Bild 4.355. Schematische Darstellung von massenkrafterregten Schwingantrieben für gerichtete Schwingungen
*a*) Pendelfußrüttler
*b*) gegenläufig angetriebene Unwuchtmassen

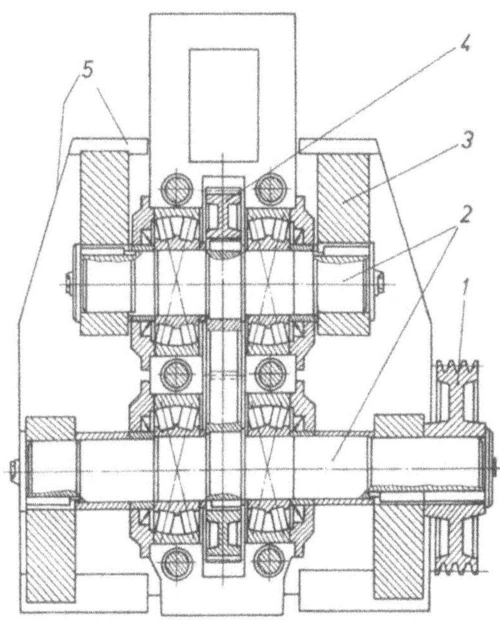


Bild 4.356. Konstruktive Gestaltung eines Antriebsblockes für gerichtete Schwingungen

*1* Antriebsscheibe; *2* Antriebswellen; *3* Unwuchtscheiben; *4* Getriebe $\ddot{u} = 1:1$; *5* Gehäuse und Verkleidung für Schwingantrieb

**Massenwalzenantriebe:** Bei diesen wird die Erregerkraft durch eine auf einer Kreisbahn $D_B$ abwälzenden Masse des Durchmessers $D_W$ hervorgerufen und über die Laufbahn auf die schwingende Masse übertragen (Bild 4.357). Sie unterscheiden sich durch die Form der Unwuchtmasse (Walze oder Kugel), den Antrieb (Mitnehmer-, Kardan-, Kurbel- oder Zahnantrieb), die Führung des Wälzkörpers auf der Laufbahn (Schrägverzahnung, Anlaufbunde, Rille) und durch das Durchmesserverhältnis $D_W/D_B = a$. Der Unwuchtradius $r$ kann wie bei den Wellenunwuchtantrieben bestimmt werden, wobei sich für die Massenwalzenantriebe nachfolgende Beziehungen schreiben lassen:

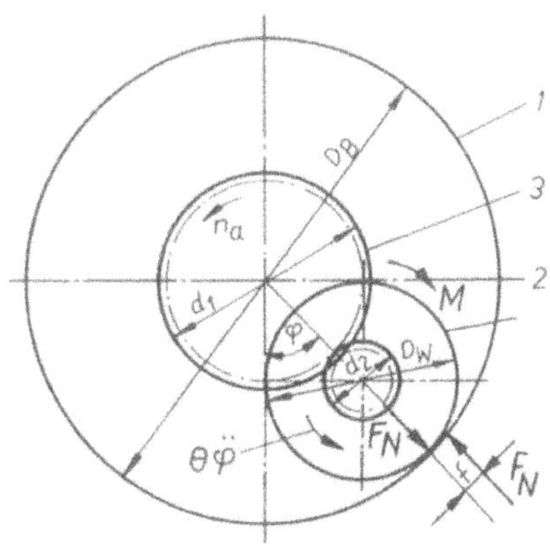


Bild 4.357. Schema eines Massenwalzenantriebes mit Zahnradantrieb

*1* Laufbahn im schwingenden System befestigt; *2* Massenwalze; *3* Zahnradantrieb

$$r_u = (D_B - D_W)/2 = (1 - a)\, D_B/2 \qquad (4.525)$$

Bei Zahnantrieben werden Massenwalzen bei entsprechender Übersetzung ähnlich wie bei Planetengetrieben von einem Sonnenrad angetrieben (Bild

4.357). Unter der Voraussetzung, daß zwischen Walze und Bahn kein Gleiten eintritt, kann für das Drehzahlverhältnis geschrieben werden:

$$k = n_A/n_S = (D_B d_2/D_w d_1 + 1)$$
$$= (D_B Z_2/D_w Z_1 + 1) \qquad (4.526)$$

Mit realisierbaren Durchmesserverhältnissen $D_w/D_B < 0{,}4$ und $2 \leqq d_1/d_2 \leqq 3$ ergibt sich nach (4.526) $k = 1{,}5$ bis 2,25. Bei Verwendung von Motoren mit $n_A = 1500$ bis $3000\ \text{min}^{-1}$ sind damit Kreisfrequenzen von $\omega_S = 157$ bis $300\ \text{s}^{-1}$ möglich [650]. Zahnradantriebe eignen sich für große schwingende Massen, wenn die axiale Lageveränderung durch eine selbstregulierende Schrägverzahnung (Schrägungswinkel $\alpha = 5°$ bis $15°$) auf beiden Seiten verhindert wird. Bei der Dimensionierung der Verzahnung ist zu beachten, daß die maximale Axialkraft folgende Größe erreichen kann:

$$F_{A\,max} = \mu F_N(\varphi) \qquad (4.527)$$

$$F_N = F_{zu} + F_c + F_{Gu} \cos\varphi \qquad (4.528)$$

Da $F_c = 2m_u r_u \omega_{rel} \omega$ und $F_{Gu} = m_u g \cos\varphi \ll F_{zu} = m_u r_u \omega^2$ sind, können diese meist vernachlässigt werden.

**Exzenter- bzw. Kurbelantriebe:** Beim Zwangslaufmechanismus mit Exzenter oder Kurbel wird eine Kreisschwingung mit vorgegebenem Kurbel- bzw. Exzenterradius unabhängig von der schwingenden Masse und Frequenz erzwungen. Diese kann nicht verändert werden. Die mit wachsender Kreisfrequenz stark ansteigenden Massenkräfte müssen durch Gegenmassen ausgeglichen bzw. von den Lagern aufgenommen und ins Fundament übertragen werden (vgl. Bild 4.347).

#### 4.14.2.4. Stützfedern und Schwingungsisolierung

Bei massenkrafterregten Schwingmühlen muß das gesamte schwingende System gegen den auf dem Fundament befestigten Grundrahmen durch weiche Stahlfedern oder Gummipuffer abgestützt werden. Da die günstigsten Zerkleinerungseffekte bei Kreisschwingungen erreicht werden (bei vertikaler Schwingung betragen sie nur 40% gegenüber der Kreisschwingung und sinken bei horizontaler Schwingung fast auf Null ab), aber bei unterschiedlichen Federkonstanten und Dämpfungsfaktoren in

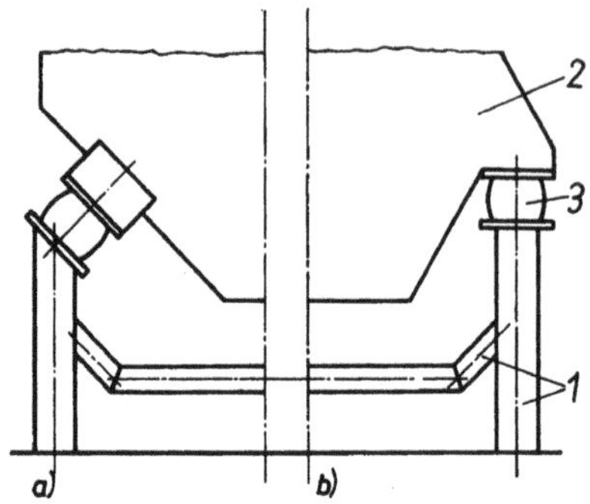


Bild 4.358. Gestaltung des Rahmens und Anordnung der Stützfedern bei Schwingmühlen [574]
*a*) geneigte Anordnung der Stützfedern
*b*) senkrechte Anordnung der Stützfedern
*1* Rahmen; *2* schwingendes System; *3* weiche Stützfedern

*x*- und *y*-Richtung Abweichungen von der reinen Kreisschwingung entstehen, muß der Anordnung und Gestaltung der Schwingungsisolatoren eine besondere Beachtung geschenkt werden [572 bis 574]. Bei den meisten Schwingmühlen werden gegenwärtig weiche zylinderförmige Gummipuffer aus Spezialgummi verwendet, die gruppenweise vertikal oder aus schwingungstechnischen Gründen geneigt angeordnet werden (Bild 4.358) [574]. Die Elastizitätswerte der Puffer oder Federn sind so zu wählen, daß die Schwingung in *x*- und *y*-Richtung nicht behindert wird, andererseits aber die pulsierenden Restkräfte nicht oder nur zu einem geringen Teil auf das Fundament bzw. auf die Gebäudekonstruktion übertragen werden.

## 4.15. Maschinen für die Naßfeinstzerkleinerung

In der chemischen, pharmazeutischen, keramischen, Farben-, Lack-, Nahrungs- und Genußmittelindustrie sowie bei der Aufbereitung hochwertiger mineralischer Rohstoffe sind die mit konventionellen Sturz-, Schwing- und Prallmühlen technisch-wirtschaftlich herstellbaren Produktfeinheiten häufig nicht ausreichend. Zur Erzielung bestimmter anwendungstechnischer Eigenschaften, wie Lösegeschwindigkeit, Dispergierbarkeit usw., sind deshalb Feinstzerkleinerungsverfahren notwendig, die Fertiggut-Korngrößen bis zu $d_F = 0{,}1$ bis $1{,}5\ \mu m$ ermöglichen. Die nasse Feinstzerkleinerung wird bevorzugt, wenn

— das Mahlgut bereits naß vorliegt und naß weiterverarbeitet werden muß
— zum Agglomerieren neigende Stoffe feinstzerkleinert werden müssen, auch wenn sie anschließend wieder getrocknet werden
— Staubemission bei toxischen und/oder brennbaren Gütern vermieden werden muß
— chemische oder physikalische Oberflächenreaktionen durch eine Flüssigkeit aktiviert werden sollen [176, 193, 654 bis 659]

Die zur Naßmahlung bzw. Dispergierung eingesetzten Maschinen können nach den in ihren Arbeitsräumen realisierten Beanspruchungsmechanismen unterschieden werden, wobei die Wirkung der Arbeitsorgane und des umgebenden Mediums zu berücksichtigen sind [660]. Während die Zerteilung von Agglomeraten bzw. Zerkleinerung größerer Primärteilchen vorwiegend zwischen zwei Festkörperflächen in den hierfür in zunehmendem Maße eingesetzten Rührwerks-Kugelmühlen erfolgt, können Zerteil-, Benetz- und Stabilisierwirkungen auch infolge Scherströmungen durch das umgebende Medium, z. B. in Dissolvern, Rotornaßmühlen (Kolloidmühlen), Walzenstühlen und Knetern, erreicht werden. Sturz-, Planeten- und Schwingmühlen werden hier nicht in die Betrachtung einbezogen, da sich die unter den Abschnitten 4.12. bis 4.14. gemachten Aussagen auf die nasse Feinstmahlung übertragen lassen.

### 4.15.1. Rührwerksmühlen

Sie bestehen nach Bild 4.359 aus einem Rührwerk, das in einem vertikal oder horizontal angeordneten mit Mahlkörpern gefüllten zylindrischen, ovalen oder konischen Arbeitsraum in Rotation versetzt wird und das Mahlkörper-Mahlgut-Gemisch umwälzt. Das zu zerkleinernde Mahlgut wird als Suspension durch die meisten mit Schlankheitsgraden von $\lambda = 3$ bis 6 ausgebildeten Arbeitsräume gepumpt und zwischen den Oberflächen der bewegten Mahlkörper, des Rührwerkes und der Mahlraumwand durch Druck, Schlag und Reibung zerkleinert [655 bis 660, 663 bis 665]. Für den Bewegungszustand der Mahlkörper im Arbeitsraum sind die Form der Rührelemente und deren Umfangsgeschwindigkeit $v_u$ ausschlaggebend. Bei schnellaufenden Rührwerksmühlen, die meist mit Umfangsgeschwindigkeiten von $v_u = 8$ bis $12\,\mathrm{m\,s^{-1}}$ betrieben und für die Feinstmahlung benutzt werden, sollte die Geschwindigkeit mindestens so groß sein, daß sich die Mahlkörper in Form einer Schichtströmung bewegen. In Bild 4.360 sind ausgewählte Rührelemente, die sich in scheiben-, propeller-, stab- und wendelförmige Elemente einteilen lassen, dargestellt [655, 663, 665]. Während bei den schnelllaufenden Rührwerksmühlen vorrangig scheibenartige Rührelemente verwendet werden, kommen die stab- und wendelförmigen bei langsamlaufenden Mühlen, deren Geschwindigkeiten bei $v_u = 0{,}5$ bis $3{,}0\,\mathrm{m\,s^{-1}}$ liegen, zum Einsatz. Bei den Propellerausführungen werden Förderimpulse angestrebt, die der Durchflußrichtung entgegen wirken sollen. Abschnittweise aufgeteilte Vollschneckenrührer werden dagegen mit wechselnder Förderwirkung ausgebildet. Bei der Gestaltung von Rührelementen muß beachtet werden, daß Wirbelbildungen in der Mahlkörper-Mahlgut-Mischung zu einer Verringerung des Zerkleinerungseffektes führen und bei zu großer Axialvermischung auch ein zu großes Verweilzeitspektrum auftritt. Günstige Scherströmungen und eine volle Ausnutzung des Arbeitsraumes werden bei $D = 50$ bis 500 mm mit folgenden geometrischen Verhältnissen erreicht (Bild 4.361) [663 bis 665]:

$$d_R = (0{,}8 \text{ bis } 0{,}9)\, D\,;$$

$$d_{R\,opt} = 2{,}5 \cdot 10^{-4} D^2 + 0{,}775 D \tag{4.529}$$

$$b \approx 0{,}05 d_R\,; \qquad h_{max} \approx 40 d_K \tag{4.530}$$

Die Rührwerkswelle ist in der Regel fliegend gelagert. Um günstige Eigenfrequenzen zu erreichen bzw. die Resonanzfrequenz zu erhöhen, werden die Wellen mit einer Schwungmasse versehen (Bild 4.361).

$$d_S = (0{,}7 \text{ bis } 0{,}8)\, d_R\,;$$

$$h_S = (0{,}4 \text{ bis } 0{,}5)\, d_R \tag{4.531}$$

Mit dem Ziel, günstige Energie-Übertragungsverhältnisse zu erreichen, wurden auch Käfig-Stator-Systeme entwickelt, die einen großen Scherströmungsanteil aufweisen [669]. Bei anderen Neuentwicklungen wird auf die sonst üblichen Rühr-

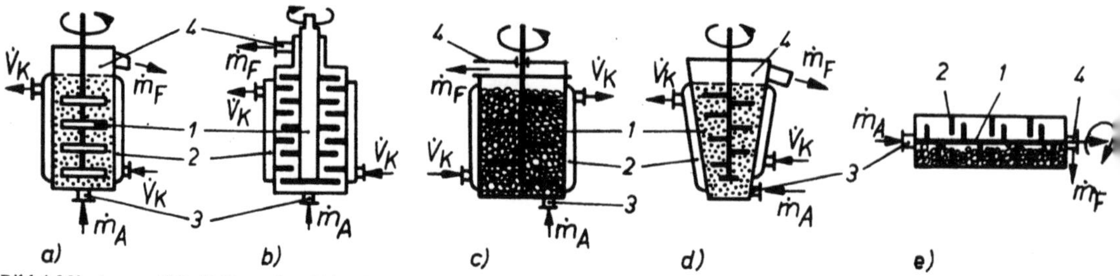


Bild 4.359. Ausgewählte Rührwerksmühlen-Bauarten
*a*), *b*) Scheibenrührwerke
*c*), *d*), *e*) stabförmige Rührwerkseinbauten
*1* Rührwerk; *2* Mahlraumbehälter mit Kühlmantel; *3* Mahlguteinlauf; *4* Feingut-Austragsystem

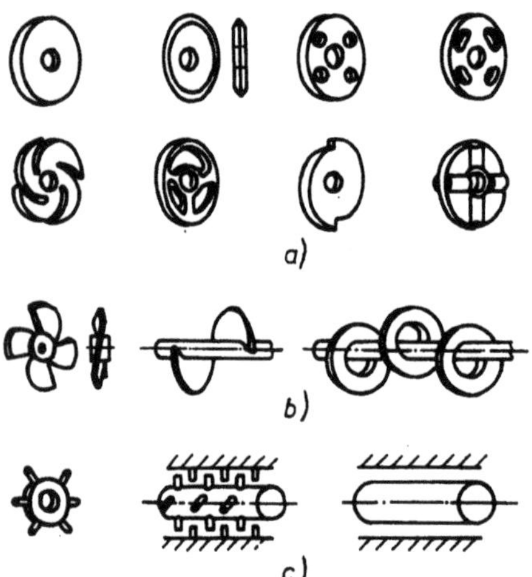


Bild 4.360. Ausgewählte Rührelemente [655]
*a*) Scheibenrührer (glatt, gelocht, genutet, genockt)
*b*) Flügel-, Schrauben- und Ringrührer
*c*) Stiftscheiben und -walzen, glatte Walzen

werkseinbauten verzichtet [660, 670], indem in einem konischen Arbeitsraum ein ebenfalls konischer Rotor angeordnet wird. Der von der Behälterwand und vom Rotor gebildete Spalt besitzt eine einstellbare Breite von $w = 6$ bis 12 mm. Als Mahlkörper werden die auch sonst bei Rührwerksmühlen üblichen Kugeln aus Stahl, Keramik, Glas, Quarzsand mit $d_k = 0{,}6$ bis 3 mm verwendet [655 bis 657, 660, 665, 670 bis 671]. Die Mahlkörper-Füllungsgrade liegen bei $\varphi_{MK} = 0{,}4$ bis 0,7. Bei langsamlaufenden, mit stabförmigen Rührelementen ausgerüsteten Rührwerksmühlen, die auch als Attritor bezeichnet werden, können Kugeln mit Durchmessern von $d_K = 3$ bis 10 mm Verwendung finden. Der Mahlkörperverschleiß beträgt je nach Mahlguthärte und gewünschter Endfeinheit $V_0 = 5$ bis 20 g kg$^{-1}$ Mahlgut. Aufgrund des großen Energieeintrages und der daraus resultierenden Erwärmung werden sowohl Mahlbehälter als auch der Rotor meist mittels Kühlflüssigkeit gekühlt.

Neben den vertikal angeordneten Mahlräumen, bei denen im kontinuierlichen Betrieb eine der Schwerkraft entgegengesetzte Durchflußrichtung realisiert wird, existieren auch horizontal angeordnete Arbeitsräume, wobei die Maschinen bis auf den Mahlgutaustrag sehr ähnlich sind (vgl. Bild 4.359) [660]. Horizontal angeordnete Mahlräume haben den Vorteil, daß beim Anlauf infolge sedimentierter

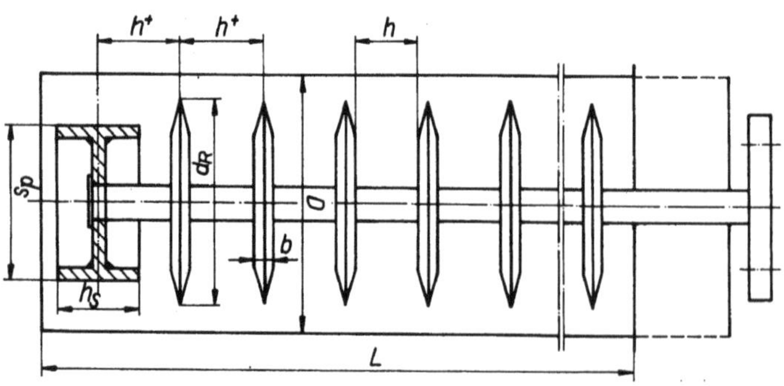


Bild 4.361. Rührwerk einer Rührwerks-Kugelmühle [665]

Mahlkörper keine Schwierigkeiten entstehen und eine einfache Demontage des Mahlbehälters sowie schneller Wechsel der Mahlkörper möglich sind. Zerkleinerungstechnische Vorteile zwischen horizontaler und vertikaler Bauweise wurden bisher nicht nachgewiesen. Verschiedentlich werden die Mahlräume auch in Kammern unterteilt, die mit für das Mahlgut durchlässigen Ringspalten versehen sind und mit verschiedenen Mahlkörpergrößen, deren Durchmesser in Durchflußrichtung zur Anpassung an den Zerkleinerungsfortschritt geringer werden, zu füllen sind.

Während der Mahlguteintritt auf den Zerkleinerungsvorgang keinen entscheidenden Einfluß ausübt, ist die konstruktive Gestaltung des Produktaustrittes bedeutsam. Bei offenen Mahlkammern erfolgt die Abtrennung der Mahlkörper vom Mahlgut durch Schwerkraft-Sedimentation oder mittels im Oberteil der Mahlkammer angeordneter Spaltsiebe (Bild 4.362*a*). Die sich dabei bildende Trombe verringert den aktiven Mahlraum und ist nachteilig. Dieser Nachteil tritt bei geschlossenen Mahlräumen, bei denen ebenfalls Spaltsiebe in unterschiedlicher Anordnung, wie Siebkorb, Plansieb, Siebpatrone oder rotierendes Sieb, eingebaut sein können, nicht auf (Bild 4.362*b*). Bei hochviskosen Medien werden rotierende oder vibrierende Reibspaltsysteme eingesetzt, bei denen eine mit der Rührwerkswelle umlaufende Dichtscheibe an einem im Mahlbehälter fixierte Gegenring so eingestellt wird, daß eine sichere Trennung der Mahlkörper vom Mahlgut erfolgt (Bild 4.362*c*).

Die zur Vergrößerung des Nutzvolumens und zur Vermeidung des Lufteintrittes entwickelte geschlossene Bauweise erfordert sowohl bei der horizontalen als auch vertikalen Mahlraumanordnung spezielle Maßnahmen zur Abdichtung der Wellenlagerung gegenüber der Suspension. Dabei haben sich verschiedene Konstruktionsprinzipien, zu denen u. a. Stopfbuchspackungen und mit Sperrflüssigkeit beaufschlagte, doppeltwirkende Gleitringdichtungen gehören, bewährt.

Der mechanische Leistungsbedarf ergibt sich aus den Bewegungswiderständen des Rührwerkes im Mahlkörper-Mahlgut-Gemisch und der Lagerreibung, die nachfolgend vernachlässigt wird ($P_R \gg P_L$). Unter Berücksichtigung theoretischer Erkenntnisse bei Rührwerken kann für $P_R$ unter der Annahme eines radial durchströmten Turbinenmischers geschrieben werden [660, 669, 673]:

$$P_{mech} = P_R \sim d_R^5 n^3 \varrho_{Susp} \qquad (4.532)$$

$$P_{mech} = k_1 d_R^5 n^3 \varrho_{Susp} \qquad (4.533)$$

$$P_{mech} = k_2 V_M^{1,67} n^3 \varrho_{Susp} \qquad (4.534)$$

($k_{1,2} = f(Re)$ Proportionalitätsfaktoren ($k_1 = 2{,}15$ [660]): $V_M$ nutzbares Mahlraumvolumen)

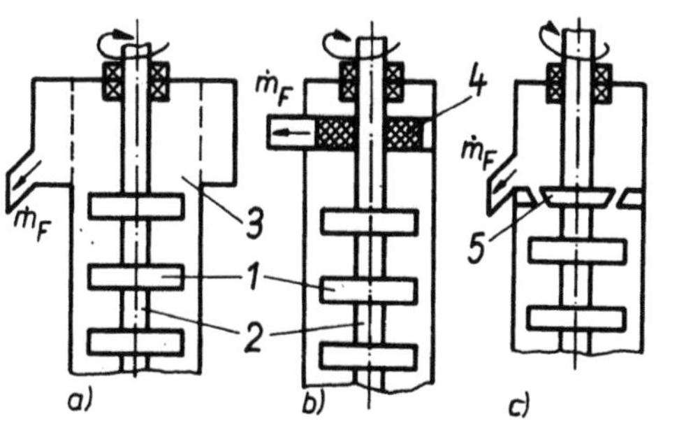


Bild 4.362. Feingut-Austrag- und Mahlkörper-Abtrennsysteme [655]

*a*) Mahlkörperabtrennung durch Schwerkraft und Spaltsiebe (offener Mahlraum)
*b*) Mahlkörperabtrennung durch Siebpatronen
*c*) Reibspaltabtrennung

*1* Rührelemente; *2* Rührwerkswelle; *3* Spaltsieb; *4* Siebpatrone; *5* Reibspalt (z. T. auch vibrierend)

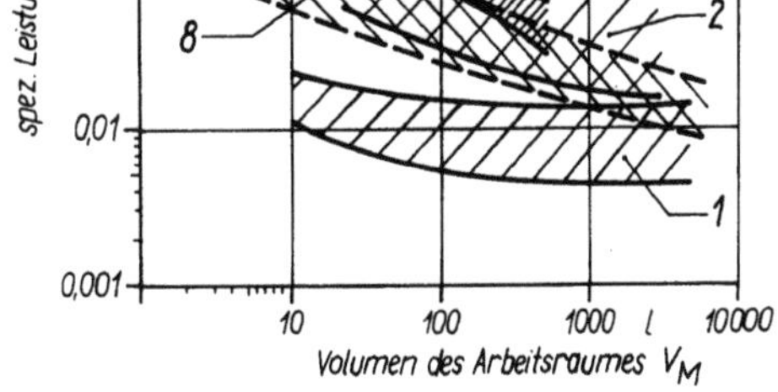


Bild 4.363. Spezifischer Leistungsbedarf in Abhängigkeit des Mahlraumvolumens für verschiedene Mühlenarten [655]

*1* Sturzmühle (Kugelmühle); *2* Schwingmühle; *3* langsamlaufende Rührwerksmühlen; *4* Rührwerksmühle offen mit Scheibenrührwerk; *5* Rührwerksmühle geschlossen mit Scheibenrührwerk; *6* Stiftrührwerk; *7* Stiftrührwerk mit Reibspalt; *8* Trogkneter; *9* Stempelkneter; *10* Extruder

Mit dem in Bild 4.363 für verschiedene Rührwerksmühlen-Typen dargestellten spezifischen Leistungsbedarf $P_{oV}$ ist $P_{mech}$ bei vorgegebenem $V_M$ abschätzbar:

$$P_{mech} = P_{oV} V_M \tag{4.535}$$

Aufgrund vielfältiger Einflußfaktoren ist eine theoretische Berechnung des Durchsatzes nicht möglich. Bei geometrischer Ähnlichkeit und ähnlichen Zerkleinerungsbedingungen kann geschrieben werden [665, 667]:

$$\dot{m}/\dot{m}_m = V_M/V_{Mm} = zV'/zV'_m \tag{4.536}$$

($V'$ Volumen der elementaren Mahlzonen (Bild 4.364) der Haupt- und Modellausführung; $z$ Anzahl der Mahlzonen)

$$V' = \pi(d_{Ra}^2 - d_{Ri}^2)\, h_M/2 \tag{4.537}$$

Durch Einsetzen von $d_{Ra} = d_R + 0{,}8(D - d_R) \approx 0{,}96D$; $d_{Ri} \approx 0{,}6 d_R = 0{,}48D$ und $h_M \approx 10 d_K$ erhält man $V'$ zu

$$V' = 3{,}45\pi d_R D^2 \tag{4.538}$$

oder nach (4.536):

$$\dot{m} = m_m(z/z_m)\,(D/D_m)^2 \tag{4.539}$$

In Weiterentwicklung langsamlaufender Rührwerksmühlen ($v_u \approx 0{,}5$ bis $1{,}5\ \mathrm{m\,s^{-1}}$) hat sich in den letzten Jahren die in Bild 4.365 dargestellte

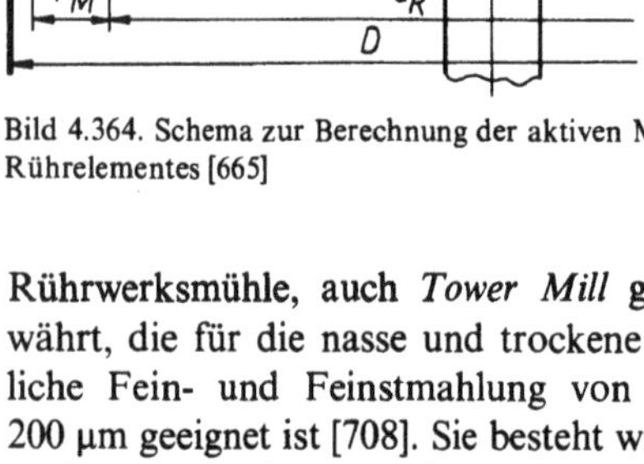


Bild 4.364. Schema zur Berechnung der aktiven Mahlzone eines Rührelementes [665]

Rührwerksmühle, auch *Tower Mill* genannt, bewährt, die für die nasse und trockene kontinuierliche Fein- und Feinstmahlung von $d_F = 1$ bis $200\ \mu m$ geeignet ist [708]. Sie besteht wie die Rührwerks-Kugelmühle aus einem schlanken zylindrischen Mahlgefäß, auf dem der Antrieb des fliegend gelagerten Rührwerkes angeordnet ist. Durch das

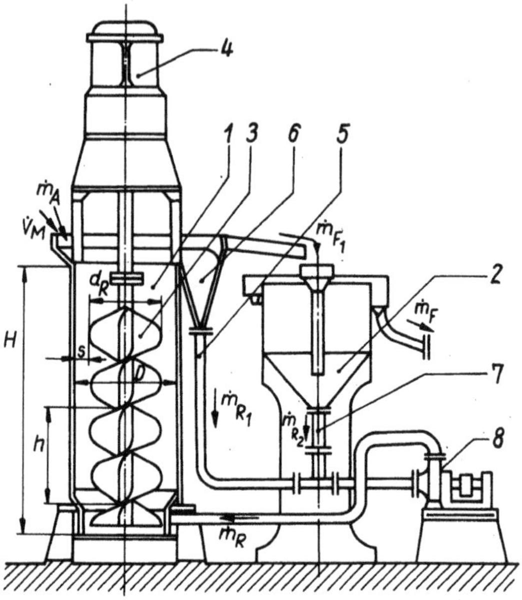


Bild 4.365. Rührwerksmühle mit Schneckenrührwerk für die Naßmahlung (*Tower Mill*)

*1* Mahlraum; *2* Feinkornklassierer; *3* Schneckenrührer; *4* Antrieb; *5* Grobgutleitung; *6* Grobkornklassierer; *7* Grobkornleitung; *8* Pumpe

als Doppelschnecke ausgebildete Rührwerk wird in vertikaler Richtung eine starke Zirkulation des Mahlkörper-Mahlgut-Gemisches und eine intensive Scherbeanspruchung des Mahlgutes erreicht. Die gleichzeitige Vermischung und Auflockerung des Mühleninhaltes durch das Rührwerk ermöglicht mit Hilfe des jeweiligen Trägermediums einen guten Austrag der feinen Partikeln aus der Mahlkammer. Die Trennkorngröße der ausgetragenen Partikeln wird dabei im entscheidenden Maße durch die Geschwindigkeit des aufströmenden Trägermediums bestimmt. Mittels entsprechender Zusatzausrüstungen ist ein kontinuierlicher Betrieb einschließlich Kreislaufmahlung möglich. Bei der Dimensionierung sowie beim Betrieb von Mühlen mit schneckenförmigen Rührwerken wurden bisher folgende geometrische Beziehungen bzw. maschinen- und verfahrenstechnische Parameter zugrunde gelegt (Bild 4.365):

$d_R \approx (0{,}5$ bis $0{,}75)\,D$; $s = (D - d_R)/2 \approx 20$ bis $30\ \mathrm{mm}$; $h = 160$ bis $300\ \mathrm{mm}$; $\lambda = 3$ bis $7$; $v_u = 0{,}5$ bis $1{,}5\ \mathrm{m\,s^{-1}}$ ($v_{u\,opt} \approx 0{,}6\ \mathrm{m\,s^{-1}}$) $\varepsilon = 7$ bis $8$; $\varphi_{MK} = 0{,}4$ bis $0{,}6$; $d_A < 3\ \mathrm{mm}$; $\varrho_{MK}/\varrho_{MG} = 2$ bis $4$

Rührwerksmühlen mit schneckenförmigem Rührwerk werden bis zu Durchsätzen von $\dot{m} = 20\ \mathrm{t\ h^{-1}}$ und Antriebsleistungen von $P = 750\ \mathrm{kW}$ angeboten [708].

## 4.15.2. Disperser

Sie werden bei Maschinenkombinationen mit Vordispergierung eingesetzt.

Im erweiterten Sinne kann der bei der Naßfeinstmahlung notwendige Dispergierprozeß in die Teilprozesse Zerteilen, Benetzen, Verteilen und Stabilisieren aufgegliedert werden. Im vorliegenden Fall wird unter Zerteilen nicht nur eine Zerkleinerung größerer Primärteilchen unter dem Einfluß mechanischer Beanspruchung, sondern auch eine Auflösung von Agglomeraten in ihre Einzelbestandteile verstanden [654]. Unter Benetzen ist ein Vorgang zu verstehen, der das Ausbreiten einer Flüssigkeit auf der festen Oberfläche der Partikeln eines Korngemisches zum Ziel hat. Hierzu gehört auch das einfache Durchfeuchten von Agglomeraten mit einer Flüssigkeit. Beim Verteilen wird ein Konzentrationsausgleich der zerteilten Feststoffe innerhalb des Dispergiermediums angestrebt. Stabilisierprozesse haben das Ziel, den erreichten Zerteilungs- und Verteilungsgrad der Feststoffteilchen im Dispergiermedium zu erhalten. Dies ist besonders in niedrigviskosen Medien von Bedeutung, da kleine Feststoffteilchen van-der-Waalssche Kräfte aufeinander ausüben, die beim Dispergiervorgang durch mechanische Beanspruchung bzw. Energiezufuhr überwunden werden [654]. Disperser bestehen meist aus einem schwenkbaren scheibenförmigen Rührwerk, das mittels einer Säule in Rührbehälter eingeführt, gehoben und gesenkt werden kann. Das stufenlos mit hoher Umfangsgeschwindigkeit im Behälter rotierende Rührwerk erzeugt starke Scherfelder, in denen die Desagglomeration erfolgt (Bild 4.366) [654, 655]. Die Umfangsgeschwindigkeit der Rührelemente beträgt etwa $v_u = 20\ \mathrm{m\ s^{-1}}$. Für spezielle Zwecke werden die Disperser auch in Vakuumausführung geliefert. Damit kann eine bessere Benetzung bzw. Durchfeuchtung der Agglomerate oder eine gute Entlüftung des Mischgutes erreicht werden.

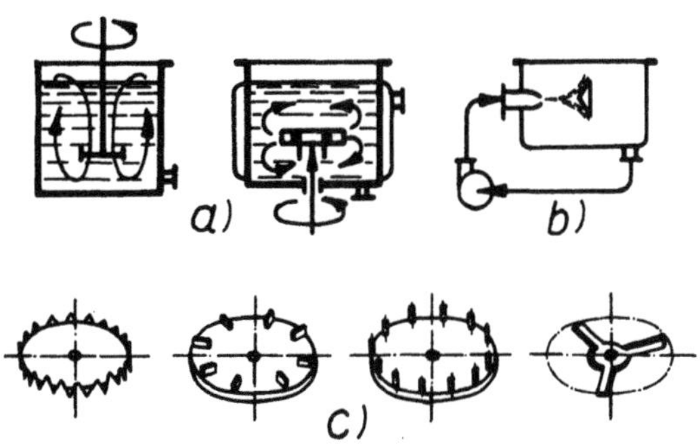


Bild 4.366. Ausgewählte Disperser-Bauarten
*a*) Disperser mit Rührwerk
*b*) Strahldisperser
*c*) Rührwerkelement-Formen

## 4.15.3. Naßrotormühlen (Kolloidmühlen)

Als Naßrotor- bzw. Kolloidmühlen werden alle Naßmühlen mit schnellaufenden profilierten, zähnebesetzten bzw. scheibenförmigen Rotor-Stator-Systemen und Apparate, in denen eine Suspension mit großem Druck durch enge Spalte gepreßt wird, bezeichnet. Bei diesen Maschinen erfolgt die Zerkleinerung durch Scherspannung im Mahlspalt zwischen Rotor und Stator, wobei eine Variation der Feinheit und des Durchsatzes durch Veränderung des Mahlspaltes möglich ist. Die maximale Korngröße des Fertiggutes ist deshalb von der engsten Spaltbreite, die bis $s = 0{,}01$ mm betragen kann, abhängig (Bild 4.367). Sind die Partikeln oder Agglomerate kleiner als die Spaltbreite, so ist nur das Scherfeld der Flüssigkeit zwischen dem mit großer Drehzahl (bis $n = 3000\ \mathrm{min^{-1}}$) und großer Umfangsgeschwindigkeit (bis $v_u = 50\ \mathrm{m\ s^{-1}}$) drehenden Rotor und dem ruhenden Stator wirksam.

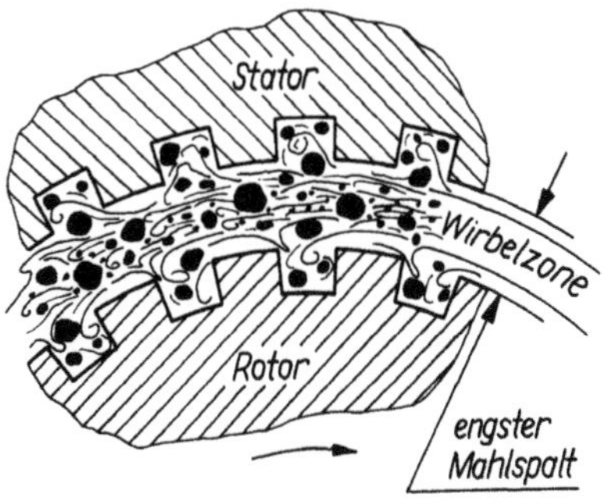


Bild 4.367. Beanspruchungszone einer Naßrotormühle

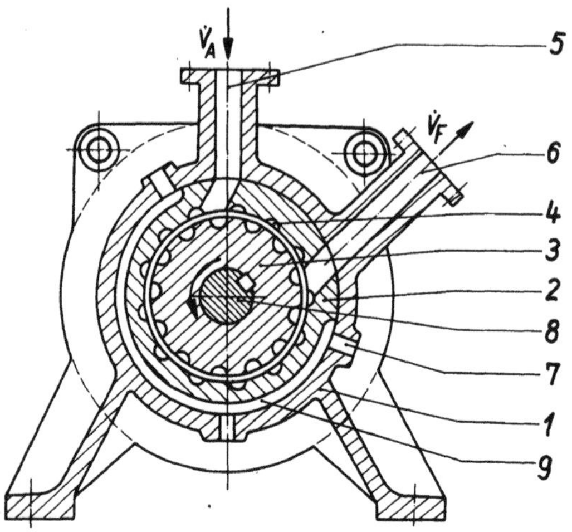


Bild 4.368. Naßrotormühle

*1* Gehäuse; *2* Stator; *3* Rotor; *4* Rotorprofil mit Beanspruchungszone; *5* Mahlgutaufgabe; *6* Feingutaustrag; *7* Anschluß für Kühlflüssigkeit; *8* Antriebswelle; *9* Kühlraum

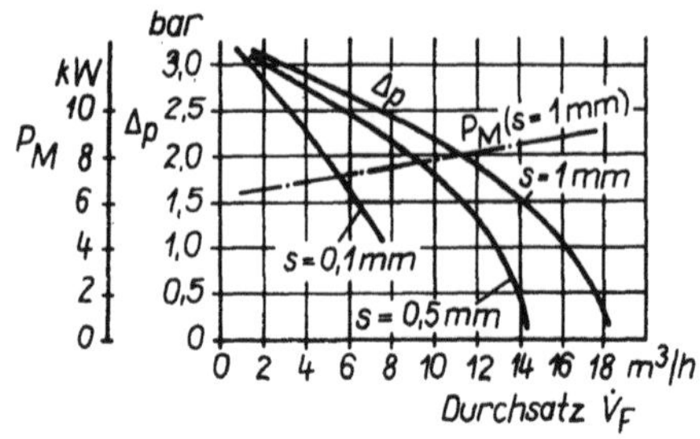


Bild 4.369. Kennlinienfeld einer Naßrotormühle [655]

Die Arbeitsorgane können als axial oder radial angeordnete, ebene kegelige oder gestufte gezahnte Scheiben bzw. Ringe ausgebildet werden (Bild 4.368). Die größten Mahlfeinheiten ($d_F = 1$ bis 2 µm) werden mit feinkörnigen sich berührenden Korundscheiben (Korundscheibenmühlen) erreicht [176, 193, 655]. Um Scheibenbrüche, die beim Trockenlauf durch Überhitzung auftreten können, zu vermeiden, muß für eine ununterbrochene Zufuhr der Mahlgutsuspension gesorgt werden. Bei einer Unterbrechung der Dosierung müssen die Scheiben mittels entsprechender Überwachungs- und geeigneter Regeleinrichtungen auseinander gefahren werden [176]. Naßrotormühlen werden über entsprechende Trichter oder bei in-line-Ausführung über Rohrleitungen beschickt. Bei Mahlgutsuspensionen mit höherer Viskosität sind Zuführschnecken notwendig. Die Produktförderung im Bereich der Arbeitsorgane erfolgt entweder durch die eigene Förder- bzw. Pumpwirkung der Mühle oder durch vorgeschaltete Pumpen, mit denen auch die Verweilzeit des Mahlgutes im Arbeitsraum geregelt werden kann. In Bild 4.369 ist das Kennfeld von Naßrotormühlen dargestellt, das die Abhängigkeit des Durchsatzes und des Leistungsbedarfes von der Spaltweite $s$ und vom Druck $\Delta p$ erkennen läßt. Ähnlich wie die Naßrotormühlen sind die Zentrifugal-Planscheibenmühlen aufgebaut (Bild 4.370). Bei diesen wird das Aufgabegut den horizontal oder vertikal mit Rippen versehenen Planscheiben zugeführt, durch Zentrifugalkrafteinwirkung verteilt und in die mit entsprechendem Mahlspalt eingestellte Zerkleinerungszone geschleudert. Dort wird es bei Umfangsgeschwindigkeiten von etwa $v_u = 40$ bis $80\ \mathrm{m\,s^{-1}}$ durch Scherkräfte zerkleinert, von der Mahlzone abgeworfen und durch Ausräumer zur Austragöffnung gefördert. Dabei tritt eine starke Anreicherung mit Luft ein, wodurch eine lockere Struktur des im feuchten oder nassen Zustand gemahlenen Gutes erreicht wird.

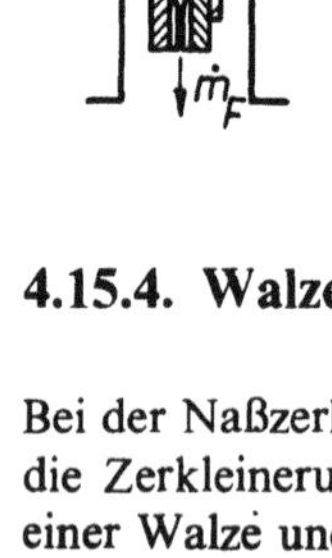


Bild 4.370. Schema einer Planscheibenmühle

## 4.15.4. Walzenstühle

Bei der Naßzerkleinerung in Walzenstühlen erfolgt die Zerkleinerung in einem engen Spalt zwischen einer Walze und einem Barren oder zwischen zwei gegenläufig rotierenden Walzen (Bild 4.371) [655]. Bei der Farbanreibung und zur Herstellung von Kunststoffpasten werden meist drei Walzen kombiniert. Das zu zerkleinernde oder anzureibende Produkt wird bei den Walzenstühlen über die Walzen gleichverteilt mittels Trichters aufgegeben. Der im Walzenspalt von $s = 10$ bis 20 µm entstehende Pro-

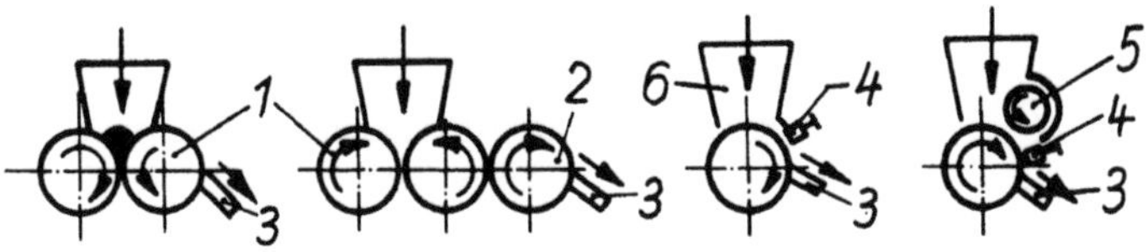


Bild 4.371. Walzenstuhl-Bauarten für die Naßzerkleinerung

*1* Walze zur Hauptbeanspruchung; *2* Abnahmewalze; *3* Schaber; *4* Barren; *5* Eintragwalze; *6* Aufgabeguttrichter

duktfilm wird von der Mittel- zur Abnahmewalze gefördert und dort mittels Schabers abgenommen. Um hohe Scherkräfte im Walzenspalt erreichen zu können, werden die Walzen mit unterschiedlichen Geschwindigkeiten angetrieben, die nachfolgende jedoch schneller als die vorangegangene. Da die Walzen gegen Fremdkörpereintritt und Trokkenlauf sehr empfindlich sind, muß stets für ein gleichmäßiges sauberes Aufgabegut und für eine gute Benetzung der Walzen gesorgt werden. Der spezifische Leistungsbedarf und Durchsatz werden mit $P_{oL} = 10$ bis $40\,\mathrm{kW\,m^{-1}}$ bzw. $\dot{m}_{oL} = 50$ bis $100\,\mathrm{kg\,h^{-1}\,m^{-1}}$ (je Meter Walzenlänge) angegeben [655].

### 4.15.5. Kneter

Hochviskose, pastöse oder plastische Materialien können auch mit Knetern zerkleinert werden (Bild 4.372). Sie sind meist mit zwei rotierenden Knetelementen ausgerüstet, womit das gesamte Knetvolumen erfaßt wird. Bei der Anwendung von Knetern ist zu beachten, daß günstige Zerkleinerungsergebnisse nur bei höheren Feststoffvolumen-

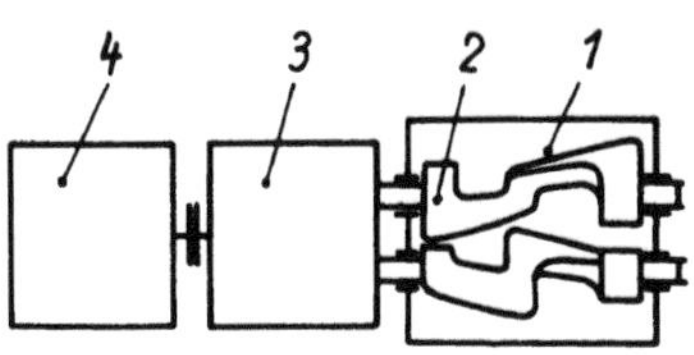


Bild 4.372. Schema eines Z-Kneters mit zwei rotierenden Knetelementen

*1* Trog; *2* Knetelement (Z-förmig); *3* Antrieb; *4* Motor

Konzentrationen möglich sind, wobei die Verweilzeit, Drehzahl der Knetelemente und der Druck im Kneter einen besonderen Einfluß ausüben. Eine Druckerhöhung kann durch Druckstempel (Stempelkneter) erreicht werden, die ein Ausweichen des Produktes aus der Knetzone verhindern. Bei diesen Knetern liegt der spezifische Leistungsbedarf um eine Zehnerpotenz höher als bei normalen Trogknetern (Bild 4.363).

## 4.16. Maschinen zur Weichzerkleinerung

Im Gegensatz zur Mittelhart- und Hartzerkleinerung, wo es sich vor allem um das Zerkleinern harter, spröder bis zäher mineralischer Materialien handelt, umfaßt das Gebiet der Weichzerkleinerung Stoffe pflanzlicher und tierischer Herkunft, synthetische organische Produkte (Plaste), plastische mineralische Rohstoffe (Tone) u. a. Für die Weichzerkleinerung kommen meist Maschinen mit vorzugsweise schneidender, zerfasernder oder reibender Zerkleinerungswirkung in Betracht. Für bestimmte Zerteilprozesse werden daher spezifische Begriffe eingeführt, die in den einschlägigen Industriezweigen als Definition für Zerkleinerungsvorgänge benutzt werden. Solche Begriffe sind: Schneiden, Spalten, Schnitzeln, Zerspanen, Zerfasern, Hacken, Häckseln, Hobeln, Abscheren, Reiben, Raspeln, Reißen, Entbündeln u. a. Dieses umfangreiche, unter Berücksichtigung der Stoffeigenschaften schwierige Arbeitsgebiet der Zerkleinerungstechnik kann hier nicht umfassend behandelt werden. Dabei ist zu beachten, daß einige der bisher behandelten Maschinen auch für bestimmte Aufgaben im Bereich der Weichzerkleinerung eingesetzt werden können. Das gilt insbesondere für die Gruppe der Feinprallmühlen und Kneter.

### 4.16.1. Schneidmühlen

In Bild 4.373 sind die wichtigsten Grundprinzipien für Schneidmühlen dargestellt, deren Rotationsachse bzw. Kurbelantrieb bei Scheren horizontal oder vertikal angeordnet sein kann [710]. Sie lassen sich in Strang- und Haufwerksschneider einteilen.
Bei den Strang- oder Bandschneidern, auch Stranggranulatoren genannt, wird das zu zerkleinernde Gut mittels Zuführwalzen oder -bändern in Form

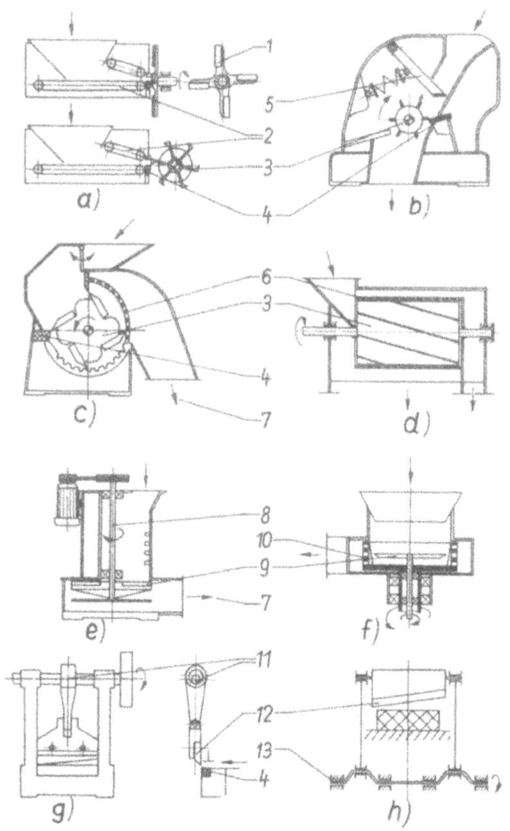


Bild 4.373. Übersicht über die Grundprinzipien von Schneidmühlen [710]
*a*), *b*) Strangschneider
*c*), *d*), *e*), *f*) Haufwerkschneider
*g*), *h*) Guillotineschere mit Exzenter- bzw. Kurbelantrieb

*1* Rotormesser; *2* Zuführband; *3* Messerwalze; *4* Ständer- oder Gegenmesser; *5* Rückschlagsicherung; *6* Rost; *7* Auswurfkanal; *8* Antriebswelle mit Lagerung; *9* Rotormesser; *10* rotierender Rost; *11* Exzenterantrieb; *12* Schneidmesser; *13* Kurbelantrieb

eines endlosen Stranges der Schnittstelle zugeführt, wo es zwischen einem feststehenden Ständermesser und einer rotierenden Messerwalze oder Messerblättern zerschnitten wird. Die Schneidlänge ergibt sich aus der einstellbaren Vorschubgeschwindigkeit sowie der Schnittfrequenz. Je nach Konstruktion ist das Zerschneiden breiter Bänder oder mehrerer Stränge auf einmal möglich (Bild 4.373*a*, *b*).

Soll dagegen stückiges Mahlgut einzeln oder im Haufwerk zerkleinert werden, so werden Haufwerksschneider, bei denen das Aufgabegut einem Aufgabeschacht zugeführt wird, verwendet (Bild 4.373*c*, *d*, *e*, *f*). Derartige Schneidmühlen sind vielfach mit einem Rost bzw. Sieb ausgestattet, um genügend zerkleinerte Partikeln passieren zu lassen. Die zu groben Partikeln werden im inneren Kreislauf mehrfach beansprucht und bei entsprechendem Zerkleinerungsfortschritt ebenfalls durch die Trennfläche getrieben. Die Umfangsgeschwindigkeiten der Schneidorgane betragen dabei $v_u = 25$ bis $30\ \mathrm{m\ s^{-1}}$. Bei Elastomeren liegen die Geschwindigkeiten bei $v_u = 12$ bis $15\ \mathrm{m\ s^{-1}}$ [193]. Für die Dimensionierung sind die maximalen Schnittkräfte, die mittels der Scherfestigkeit berechnet werden können, wichtig [709]. Da meist keine direkten Einspannsysteme für das Gut verwendet werden können, müssen sich die zu zerschneidenden Partikeln, Stränge oder Blöcke im Gegensatz zur spanabhebenden Metallverarbeitung auf den Freiflächen des Gegenmessers abstützen (Bild 4.374*a*, *b*) [709]. Da die Messer hohen Belastungen ausgesetzt sind und eine große Steifigkeit bei entsprechenden Frei-, Span- und Keilwinkeln erfordern, sind schwere Rotorkonstruktionen erforderlich (Bild 4.375).

Schneidmühlen werden vorrangig zur Vorzerkleinerung zäher und weicher organischer Stoffe oder zur Zerkleinerung ausgewählter Metallschrotte verwendet. In abgewandelter Form kommen sie auch bei plastischen mineralischen Rohstoffen in Frage. Bei wärmeempfindlichen Materialien ist das Gegen-

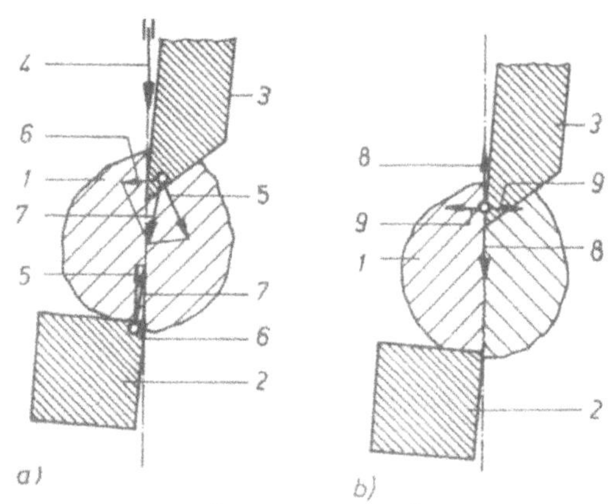


Bild 4.374. Schnittkräfte am Schneid- und Gegenmesser [709]
*a*) auf das zu schneidende Material wirkende Kräfte
*b*) in den Bruchflächen des Materials wirksame Kräfte

*1* zu schneidendes Material; *2* Gegenmesser; *3* Schneidmesser; *4* Bewegungsrichtung des Schneidmessers; *5* Kraft an der Spanfläche; *6* Kraft an der Freifläche; *7* resultierende Messerkraft; *8* Scherkräfte in der Bruchfläche; *9* Zugkräfte in der Bruchfläche

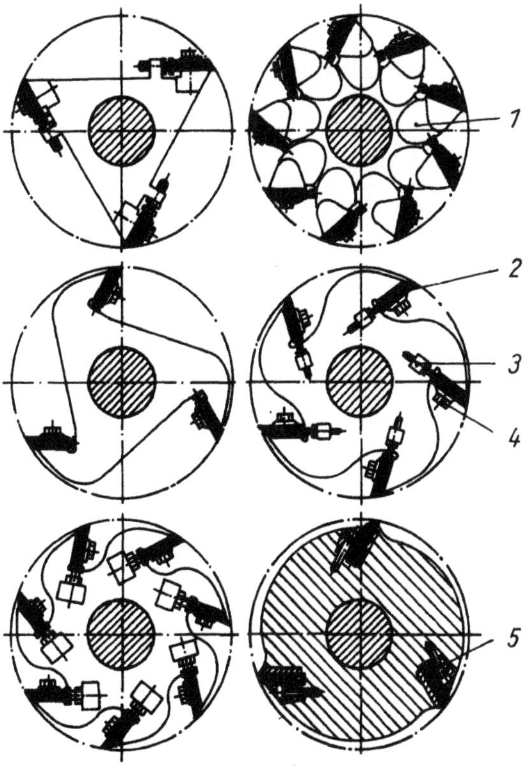


Bild 4.375. Schneidrotor-Bauarten (*Condux*)
*1* Rotorgrundkörper; *2* Messer; *3* Messereinstellschraube; *4* Klemmschraube; *5* Klemmkeil

messer mit Wasser zu kühlen bzw. eine entsprechende Luftzirkulation im Arbeitsraum vorzusehen. Die mit Schneidmühlen vorzerkleinerten Produkte müssen verschiedentlich, wie z. B. bei der Papierherstellung, nachzerkleinert werden. Dafür kommen vor allem Scheibenmühlen mit zerfasernder Wirkung zum Einsatz (vgl. Abschn. 4.15.3.).

### 4.16.2. Tonhobel und -raspler

Sie bestehen nach Bild 4.373*e* aus einem Einschüttrumpf, einem am Boden angeordneten, mit austauschbaren Messern versehenen Hobelteller, Sammelteller zum Gutaustrag, Maschinengehäuse und Antrieb. Durch die am rotierenden Hobelteller angebrachten verstellbaren Messer wird das Gut bis zu Schnittfeinheiten von $d_F = 1$ bis 20 mm abgeschnitzelt. Um ein Mitlaufen der Materialsäule auf dem Teller zu verhindern, werden im Einschüttrumpf radial angeordnete Gegenhalter verwendet. Steine oder andere Fremdkörper bleiben nach dem Aufschnitzeln der Tonschollen auf dem Hobelteller liegen und müssen beim Stillstand der Maschine beseitigt werden, da diese zu einem hohen Messerverschleiß beitragen.

Bei den ebenfalls in der keramischen Industrie verwendeten Tonrasplern, die aus einem feststehenden mit Stahlsiebblechen versehenen zylindrischen Behälter, einem darin rotierenden meist dreiarmigen Rührwerk, einem Sammelteller mit Abstreicher, dem Maschinengestell und Antrieb bestehen, werden steinfreie Tone, die feucht und klebrig sein können, auf kleine Scheibchen aufgeraspelt. Dabei wird der dem Raspelbehälter aufgegebene steinfreie Ton von den Rührarmen erfaßt, geknetet und von den an den Rührarmen befindlichen Streichleisten durch den Siebmantel gedrückt. Ein ähnliches Arbeitsprinzip wird mit dem doppelrotorigen Knetraspler realisiert (Bild 4.376). Für den Antrieb werden zwei Motoren verwendet, die zur Sicherung günstiger Anlaufbedingungen auf ihren Antriebswellen mit hydrodynamischen Anlauf- und Sicherheitskupplungen mit angeflanschten Keilriemenscheiben ausgerüstet sind.

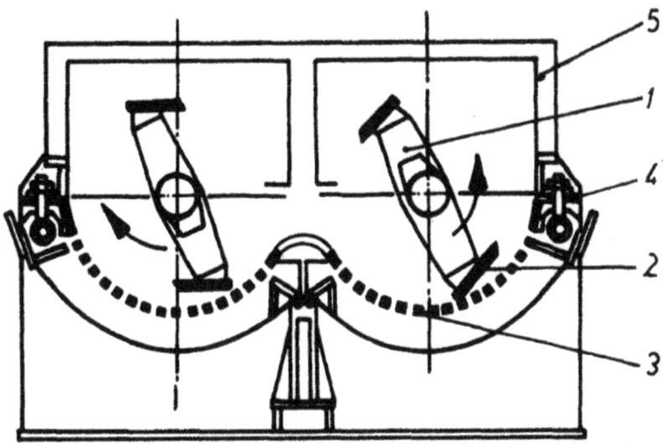


Bild 4.376. Knetraspler (*Händle*)
*1* Rotor; *2* Rotorschuhe; *3* doppeltrogförmiger Rost; *4* Spalteinstellvorrichtung; *5* Knetergehäuse

## 4.17. Ausrüstungen zur Zerkleinerung fester mineralischer Stoffe ohne mechanische Beanspruchung

Seit mehreren Jahren sind verschiedene Prinzipien zur Zerkleinerung fester mineralischer Rohstoffe ohne mechanische Beanspruchung im Gespräch, die nicht nur bei ausgewählten Zerkleinerungsprozessen, sondern auch bei der Gewinnung fester mineralischer Rohstoffe und beim Streckenvortrieb von Interesse sind (Bild 4.377) [694]. Für spezielle Zerkleinerungsaufgaben sind bisher nur wenige der aufgeführten Verfahren genutzt worden.

## 4.17.1. Elektrothermische Zerkleinerung

Dabei wird die elektrische Energie direkt durch Kontaktelektroden oder mittels magnetischer oder elektrischer Hochfrequenzstrahler in die zu zerkleinernden Gesteinsstücke geleitet. Engbegrenzte Volumina werden erwärmt, so daß die Gesteinsstücke infolge von Wärmespannungen zerbrechen. Dies ist besonders dann der Fall, wenn im Erwärmungskanal Mineralien mit unterschiedlicher spezifischer Wärmekapazität und Ausdehnung vorhanden sind und sich die Wärme in einem Teil des Gesteinsstückes anstaut bzw. sich nicht gleichmäßig und schnell ausdehnen kann [692, 695]. Die Vorteile derartiger Verfahren zur Direktzerkleinerung großer freiliegender Gesteinsstücke liegen in der Vermeidung von Energieverlusten und der Möglichkeit zur Anwendung von mobilen Anlagen ohne aufwendige Bohr- und Sprengarbeiten. Trotz dieser Vorteile haben diese Verfahren nur begrenzte Anwendung gefunden, da der Zerkleinerungserfolg an bestimmte physikalische Eigenschaften des Brechgutes gebunden ist.

Die bei der elektrothermischen Zerkleinerung erzeugbaren Wärmespannungen sind von vielen Einflußgrößen abhängig, von denen die bedeutendsten und miteinander verknüpften Größen in (4.540) enthalten sind [692 bis 695]:

$$\sigma_w = f(E, \lambda, \alpha, c_p, \Delta T, \dot{Q}) \tag{4.540}$$

Die bekanntgewordenen elektrothermischen Verfahren können nach der Methode der erzeugten Wärmespannungen infolge fließender elektrischer Ströme in Normal- und Hochfrequenz-Kontaktverfahren, infolge elektrischer Felder in Kondensatorfeld- und Mikrowellenverfahren und infolge magnetischer Felder in Hochfrequenz-Induktionsverfahren gegliedert werden (Bild 4.377). Aufgrund großer erforderlicher Aufheizzeiten ist eine Kombination der elektrothermischen Zerkleinerung mit mechanischer Beanspruchung, z. B. Brecher, nicht

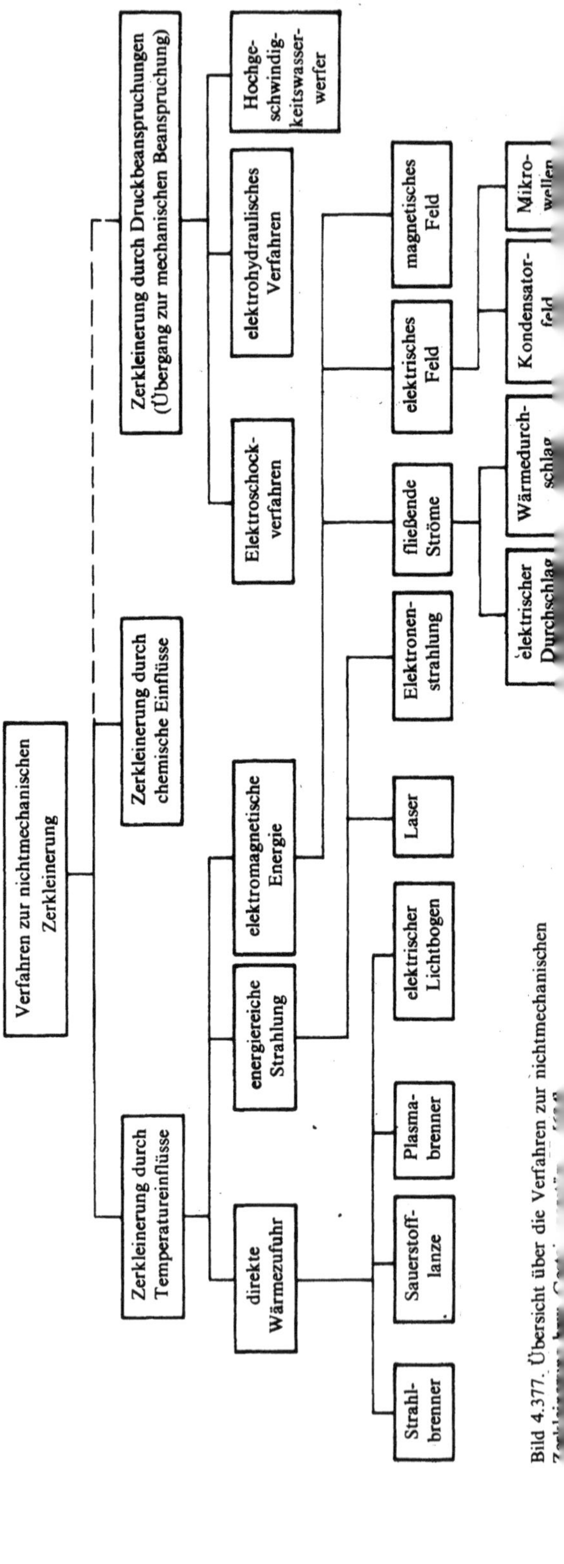


Bild 4.377. Übersicht über die Verfahren zur nichtmechanischen

möglich. Deshalb werden derartige Verfahren zur Vorzerkleinerung großer freiliegender Mineralstücke benutzt. Da die meisten Gesteine einen hohen spezifischen Widerstand und demzufolge eine geringe elektrische Leitfähigkeit besitzen, wird diese entweder durch Erzeugung eines Wärme- oder elektrischen Durchschlages erhöht [694].

Bei der praktischen Anwendung des thermischen Durchschlages sind Normal-(Niederfrequenz-), Hoch- und kombinierte Normal- und Hochfrequenzverfahren möglich. Das Normalfrequenz-Kontaktverfahren ist für die Zerkleinerung großer Gesteinsstücke geeignet, die eine gewisse Mindestleitfähigkeit bei Umgebungstemperatur besitzen. Dazu gehören vor allem Erze und Gesteine, die mit Elektrolyten gesättigt sind [694]. Dieses Verfahren wird in der Praxis angewendet, indem auf mobilen Geräten, die mit schwenk-, heb- und senkbaren Auslegern ausgerüstet sind, entsprechende Kontaktzangen angeordnet werden (Bild 4.378). Der spezifische Arbeitsbedarf liegt bei Stücken von mehreren Kubikmetern bei etwa 1 kWh $t^{-1}$.

Da der spezifische elektrische Gesteinswiderstand mit zunehmender Feldstärke und Frequenz absinkt, werden auch Hochfrequenz-Kontaktverfahren eingesetzt. Derartige Verfahren haben den Vorteil, daß sie für unterschiedliche Gesteine geeignet sind, da durch das elektrische Hochfrequenzfeld die für den Wärmedurchschlag erforderliche Anfangsleitfähigkeit selbst geschaffen werden kann. Am günstigsten sind kombinierte Kontaktverfahren, bei denen eine Kombination von Hoch- und Normalfrequenz erfolgt [695, 707]. Nachdem durch ein Hochfrequenzfeld ein stromleitender Kanal im Gestein erzeugt worden ist, ist die Normalfrequenz zur weiteren Aufheizung ausreichend. Der Hochfrequenzgenerator kann dann ausgeschaltet werden.

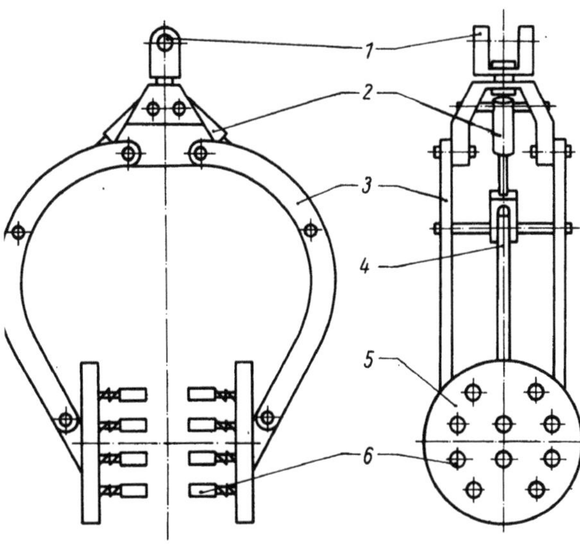


Bild 4.378. Kontaktzange für das Normalfrequenz-Verfahren bei thermischem Durchschlag [694]

*1* Auslegeranschluß; *2* Hydraulikzylinder; *3* Greiferelemente; *4* Stütze für die Bewegung der Kontaktplatte; *5* Kontaktplatte; *6* Kontakte

Die Erzeugung von Wärmespannungen mittels elektrischer Felder (Hochfrequenz-Kondensator- und Mikrowellenverfahren) hat sich aufgrund des hohen technischen Aufwandes zur Erzeugung von Hochfrequenzenergie und des hohen spezifischen Arbeitsbedarfes, der beim Kondensatorverfahren bei $W_{\text{om}} = 2$ bis 4 kWh $t^{-1}$ und beim Mikrowellenverfahren bei $W_{\text{om}} = 10$ bis 40 kWh $t^{-1}$ liegt, nicht bewährt; das gleiche trifft auf die Erzeugung von Wärmespannungen im magnetischen Feld (Hochfrequenz-Induktionsverfahren) zu [692 bis 694, 698].

### 4.17.2. Elektrohydraulische Zerkleinerung

Bei diesem Verfahren wird das zu zerkleinernde Gut von der Stoßwellenfront einer elektrischen Entladung unter Wasser beansprucht [690, 699, 700, 702]. Die praktische Anwendung erfolgt bei der Zerkleinerung großer Blöcke, indem die elektrische Entladung unter Wasser in abgeschlossenen Bohrlöchern beliebiger Tiefe erfolgt [703, 704]. Der dabei im Wasser auftretende Druck beträgt $p = 10^3$ bis $10^4$ MPa, wobei die Impulsdauer bei etwa $10^{-6}$ s liegen soll [694].

### 4.17.3. Snyder-Prozeß

Das Verfahren, bei dem ebenfalls Stoß- bzw. Druckwellenfronten zur Zerkleinerung genutzt werden, beruht darauf, daß sich das zu zerkleinernde Gut unter Drücken von $p = 0{,}6$ bis 5 MPa in einer Druckkammer befindet, aus der sich das komprimierte Medium (Luft oder Dampf) $p$ plötzlich entspannen kann. Durch die bei der Entspannung entstehenden Stoßwellen sowie durch gegenseitige

Teilchenstöße wird das Gut zerkleinert und in die Austragkammer geschleudert. Dieser Prozeß ist ebenfalls energieintensiv und wird nur für spezielle Zwecke Bedeutung erlangen [705].

### 4.17.4. Erzeugung von Wärmespannungen mittels energiereicher Strahler

Die Erzeugung von Wärmespannungen mittels energiereicher Strahlung durch Laser und Elektronenstrahlen besitzt gegenwärtig in der Zerkleinerungstechnik keine Bedeutung, da am Auftreffort der Strahlung meist Schmelz- und Verdampfungsprozesse auftreten, die einen unvertretbar hohen Energieaufwand erfordern. Bei Gewinnungsprozessen mit Schneidvorgängen, wie z. B. in der Natur- und Werksteinindustrie, können diese Verfahren jedoch bei entsprechender Weiterentwicklung in der Perspektive zur Anwendung gelangen [694].

# 5 Klassiermaschinen

## 5.1. Methoden und Gesichtspunkte zur Herstellung granulometrischer Zustände und deren Kennzeichnung

Bei der Gewinnung und Aufbereitung fester mineralischer Rohstoffe, der Herstellung synthetischer Roh- und Zwischenprodukte, der Verarbeitung von Produkten der Nahrungsgüterwirtschaft sowie bei der Rückgewinnung daraus hervorgegangener Sekundärrohstoffe werden Korngemische mit unterschiedlichen Korngrößen und -formen erzielt. Da diese zwecks Weiterverarbeitung in unterschiedliche Korngrößenklassen getrennt werden müssen, kommen Klassiermaschinen zur Anwendung. Sie bewirken eine Trennung des Klassiergutes in Fraktionen unterschiedlicher Korngrößen- bzw. vereinzelt auch Kornformbereiche. Als Ergebnis jedes Klassiervorganges werden zwei Kornfraktionen bzw. Teilmassen (Grob- und Feingut) erhalten, die sich durch ihre Korngrößenverteilung voneinander unterscheiden. Dabei wird das Ziel verfolgt, daß möglichst alle Körner, die kleiner als die »Trennkorngröße« $d_T$ sind, im Feingut und die größeren im Grobgut vorliegen. Da praktisch keine idealen bzw. absolut scharfen Trennungen möglich sind, verbleibt immer ein bestimmter Feinkornanteil (Fehlunterkorn) $< d_T$ im Grobgut und Grobkornanteil (Fehlüberkorn) $> d_T$ im Feingut. Die Trennung kann mit Siebmaschinen (Trennung nach den geometrischen Abmessungen der Gutteilchen auf einer Trennfläche) und mit Stromklassierern (Trennung nach der Sinkgeschwindigkeit in gasförmigen oder flüssigen Medien) durchgeführt werden. Die Auswahl der Klassierverfahren erfolgt unter Berücksichtigung der Klassiergutparameter Durchsatz, gewünschte Trennkorngröße und erforderliche Trennschärfe (z. B. Fehlkornanteil im Grobkorn). Für die unterschiedlichen Korngrößenbereiche werden folgende Klassiermaschinengruppen bevorzugt:

— *Grobkornbereich* ($d > 100$ mm): unbewegte und bewegte Roste
— *Mittel-, Fein- und Feinstkornbereich* ($d = 0{,}0315$ bis 100 mm): Wurf-, Plan- und Trommelsiebmaschinen
— *Fein- und Feinstkornbereich* ($d < 0{,}5$ mm): Stromklassierer (trocken oder naß)

Eine Einteilung der wichtigsten zur Anwendung kommenden Klassiermaschinengruppen ist in der Übersicht auf dem vorderen inneren Bucheinband dargestellt. Klassiermaschinen werden meist mit Zerkleinerungsmaschinen gekoppelt und in entsprechenden Kreisläufen betrieben. Dabei dient die Klassierung (Sieb- oder Stromklassierung) nicht nur zur Sicherung einer bestimmten Korngrößenverteilung, sondern auch zur Entlastung nachfolgender Zerkleinerungsmaschinen, indem mit ihrer Hilfe bereits genügend zerkleinertes Gut vor oder während des Zerkleinerungsprozesses abgetrennt wird. Dadurch ist eine wirksame Energieeinsparung und Durchsatzsteigerung bei der Zerkleinerung möglich.

Die Siebklassierung erfolgt durch einen häufig wiederholten statistischen Größenvergleich zwischen den Partikeln und den Sieböffnungen bei gleichzeitigem Transport des Gutes auf unbewegten oder bewegten Trennflächen. Der Trennvorgang und damit der Durchfluß des Feingutes durch die Sieböffnungen wird durch die potentielle Energie des Siebgutes ausgelöst, der mittels schwingender oder rotierender Bewegungen des Siebbodens, verschiedentlich auch durch zusätzliche Siebhilfen, wie Ballklopfeinrichtungen, Luft- und Wasserstrahlen, unterstützt wird. Die Durchgangswahrscheinlichkeit ist dabei u. a. vom Verhältnis der Korngröße zur Weite der Sieböffnungen (Maschenweite) abhängig, wobei das Grobgut stets entgegen seiner potentiellen Energie von der Trennfläche am Durchgang durch den Siebboden gehindert und als Rückstand abgeworfen wird. Hierbei kommt es darauf an, daß sich das Unterkorn durch entsprechende Auflockerung direkt über den Sieböffnungen einordnen kann und eine genügend große Kraft und Zeit zum Transport des Unterkornes durch die Sieböffnungen vorhanden ist.

Bei der Stromklassierung erfolgt die Trennung des Körnerkollektivs unter Wirkung von Schwer-, Zentrifugal-, Trägheits- und Strömungskräften, die z. B. bei der Ablenkung von Partikeln verschiedener Schwebefähigkeit in einem oder mehreren Strömungsfeldern zur Klassierung in Gleichfälligkeitsklassen ausgenutzt werden können. Je nach der Art des Mediums (Gas oder Flüssigkeit) wird von Sichtern oder Naßstromklassierern gesprochen. Als Maß für das Schwebeverhalten gilt die rechnerisch oder experimentell zu bestimmende Sinkgeschwindigkeit, die mit der Korngröße in einem funktionellen Zusammenhang steht. Wenn Körnerkollektive mit Partikeln unterschiedlicher Dichte und Kornform mit Stromklassierern getrennt werden sollen, erhält man aufgrund von Dichte- und Kornformabweichungen nur geringe Trennschärfen.

Hinsichtlich Wirkungs- oder Gütegrad gelten für die Beurteilung des Klassiererfolges folgende Kriterien:

— Trennkorngröße $d_T$ ($d_{50}$ aus der Teilungszahlkurve $TZ$)
— Fehlkornanteile im Grob- oder Feingut
— Trennungs- oder Siebgütegrad $\eta$

**Trennkorngröße:** Dafür gibt es mehrere Definitionen:

*a) Tatsächliche Trennkorngröße (Teilungskorngröße $d_{50}$)*: Sie entspricht dem Durchmesser der

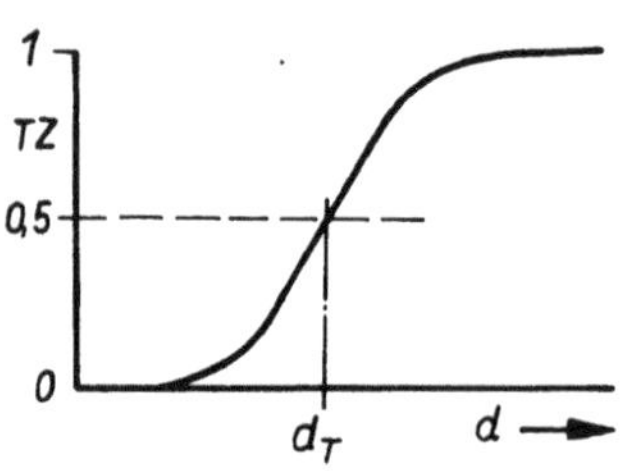


Bild 5.1. Teilungszahlenkurve

Korngröße, die mit gleicher Wahrscheinlichkeit ins Feingut gelangt bzw. im Grobkorn verbleibt. $d_{50}$ läßt sich aus Teilungszahlenkurven, bei denen die Teilungszahl $TZ = 0{,}5$ beträgt, ermitteln (Bild 5.1).

$$TZ_{i(F,G)} = p_{i(F,G)}(p_{iF} + p_{iG}) \tag{5.1}$$

($p_{i(F,G)}$ im Fein- bzw. Grobgut ausgebrachte Masse einer Korngrößenklasse)

*b) Trennkorngröße nach gleichen Fehlkornanteilen (Kornscheide)*: Diese Korngröße entspricht dem Korndurchmesser, bei dem die Fehlkornanteile im Grobgut (Siebrückstand) und im Feingut (Siebdurchgang) gleich groß sind (schraffierte Fläche in Bild 5.2 ist ein Maß für die Trennschärfe).

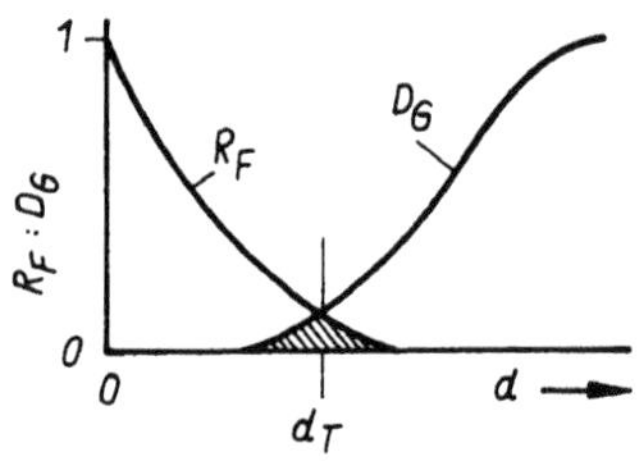


Bild 5.2. Darstellung der Trennkorngröße nach gleichen Fehlkornanteilen

*c) Trennkorngröße $d_T \approx w$*: Diese Definition wird in der Praxis verschiedentlich als erste Näherung bei quadratischen und kreisförmigen Sieböffnungen benutzt.

Von den unter *a* bis *c* aufgeführten Definitionen sollte prinzipiell *a* verwendet werden. Diese Definition wird auch in den folgenden Kapiteln benutzt.

**Trennungs- oder Siebgütegrad:** Er wird durch die im Siebdurchgang und -rückstand enthaltenen Anteile des Grob- bzw. Feingutes, bezogen auf die Trennkorngröße oder Maschenweite, bestimmt. Unter Berücksichtigung der Aufgabe-Feingut- und Grobgutmasse sowie der Feingutanteile im Grob- und Feingut kann geschrieben werden (Bild 5.3):

$$m_A = m_F + m_G \tag{5.2}$$

$$m_A a = m_F f + m_G g \tag{5.3}$$

($a$ Unterkorngehalt (Feingutanteil) im Aufgabegut; $g$ Unterkorngehalt im Rückstand (Grobgut); $f$ Unterkorngehalt im Durchgang (Feingut))

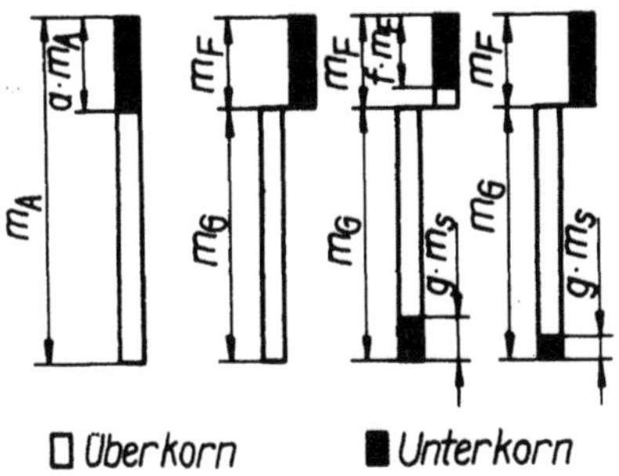


Bild 5.3. Schematische Darstellung von Trennungsvorgängen beim Klassieren

Mit (5.2) und (5.3) ergibt sich:

$$m_A a = m_F f + (m_A - m_F)\, g \qquad (5.4)$$

$$m_F/m_A = (a - g)/(f - g) \qquad (5.5)$$

Damit gilt für die Feinkornausbringung $m$ und für den Überkornverbleib $n$:

$$m = m_F f/m_A a = f(a - g)/a(f - g) \qquad (5.6)$$

$$n = m_F(1 - f)/m_A(1 - a)$$
$$= (1 - f)(a - g)/(1 - a)(f - g) \qquad (5.7)$$

Für den Trennungsgrad gilt:

$$\eta = m - n \qquad (5.8)$$

$$\eta = (a - g)(f - a)/a(1 - a)(f - g) \qquad (5.9)$$

Für den Fall, daß fehlkornfreies Unterkorn vorliegt ($f = 1$), kann geschrieben werden:

$$\eta = (a - g)/a(1 - g) = m \qquad (5.10)$$

Die Anteile $a, f, g$ werden durch Prüfsiebungen bestimmt, wobei die Trennung auf dem Prüfsieb als vollkommen angesehen wird. Zur Beurteilung des Trennerfolges existieren weitere nachfolgende, speziell für die Siebklassierung entwickelte Methoden [1, 251, 1700, 765 bis 771]:

— *Grobkornausbringen*:

$$m_G = (1 - g)(f - a)/(1 - a)(f - g) \qquad (5.11)$$

— *Abscheidungsgrad*:

$$\eta_A = (1 - a)(f - g)/(f - a) \qquad (5.12)$$

— *Überkorngehalt*: $g_R = 1 - g$ (5.13)

— *Unterkornverbleib*: $f_u = g(f - a)/a$ (5.14)

**Fehlkornanteile im Grob- und Feingut:**

*a) Fehlkorn im Siebüberlauf*: $f_R = 1 - g_A/R$ (5.15)

*b) Fehlkorn im Siebunterlauf*: $f_D = 1 - f$ (5.16)

## 5.2. Siebmaschinen

In Siebmaschinen wird das zu trennende Körnerkollektiv mit Hilfe von Siebböden in zwei oder mehrere Korngrößenklassen zerlegt. Nach der technologischen Bedeutung unterscheidet man drei Anwendungsgebiete:

— Siebklassierung als Hilfsprozeß, z. B. zum Abscheiden feiner Teilchen vor bzw. grober Treile nach dem Zerkleinerungsprozeß

— Siebklassierung zur Gewinnung von verkaufsfähigen Fertigprodukten

— Entwässerung auf Sieben als Trennprozeß bei nassen Aufbereitungsverfahren

Nach den Maschenweiten $w$ der zum Einsatz gelangenden Trennflächen bezeichnet man die Trennung als Stückgutscheidung ($w > 100$ mm), Grobkornsiebung ($w = 20$ bis 100 mm), Mittelkornsiebung ($w = 1$ bis 20 mm) und Fein- und Feinstkornsiebung ($w = 0{,}0315$ bis 1 mm). Während die feinsten Siebe bei der technischen Siebung, z. B. bei der Klassierung von Schleifmitteln, bereits Maschenweiten bis zu $w = 0{,}0315$ mm und bei der Laborsiebung bis $w = 0{,}005$ mm aufweisen und durch die Herstellungstechnologie der Trennflächen sowie durch den Siebprozeß nach unten begrenzt sind, gibt es bei der Grobkornklassierung nur maschinentechnische Einschränkungen, die auf die Belastung der Trennfläche bzw. Maschinen zurückzuführen sind.

Unter Beachtung der Verschiedenartigkeit der Aufbereitungs- und Einsatzprobleme bei der Siebklassierung sind vielfältige Bauformen bekannt geworden. Die einzelnen Bauarten der festen Siebe und Siebmaschinen werden durch folgende konstruktiven Merkmale charakterisiert:

— Bewegungscharakter der Trennfläche (nichtbewegte ruhende Siebe und Roste, Trommel- und

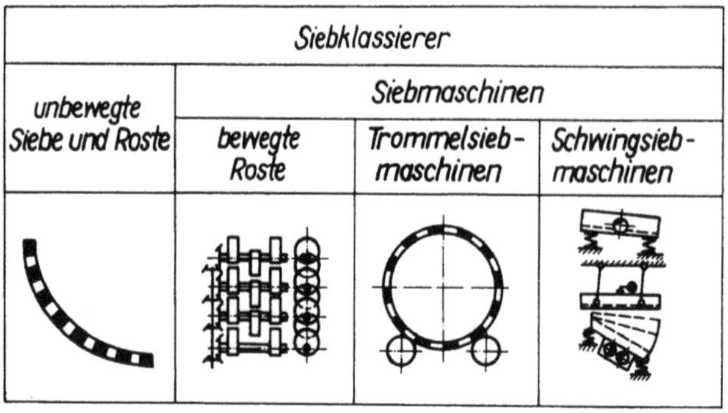


Bild 5.4. Einteilung der Siebklassierer [772]
*a*) Hauptgruppen
*b*) Hauptgruppen mit Untergliederung (s. S. 287)

Schwingsiebmaschinen mit rotierender bzw. schwingender Trennfläche) (Bild 5.4*a*)
— geometrische Form und Lage der Trennfläche gegenüber der Horizontalen (rechteckige oder runde bzw. horizontale oder geneigte Trennflächen)

Für die Einteilung der Siebe erweist sich der Bewegungscharakter der Siebfläche als brauchbar (Bild 5.4*a*, *b*). Deren Form und Lage sowie die Gutbewegung auf der Siebfläche können innerhalb der einzelnen Hauptgruppen zur weiteren Unterteilung dienen [766, 813]. Während bei den nichtbewegten Sieben und Rosten, Trommel- und Schwingsiebmaschinen als gemeinsames Merkmal flächenförmige Trennflächen vorhanden sind, bilden die bewegten Roste keinen zusammenhängenden Trennflächenverband.

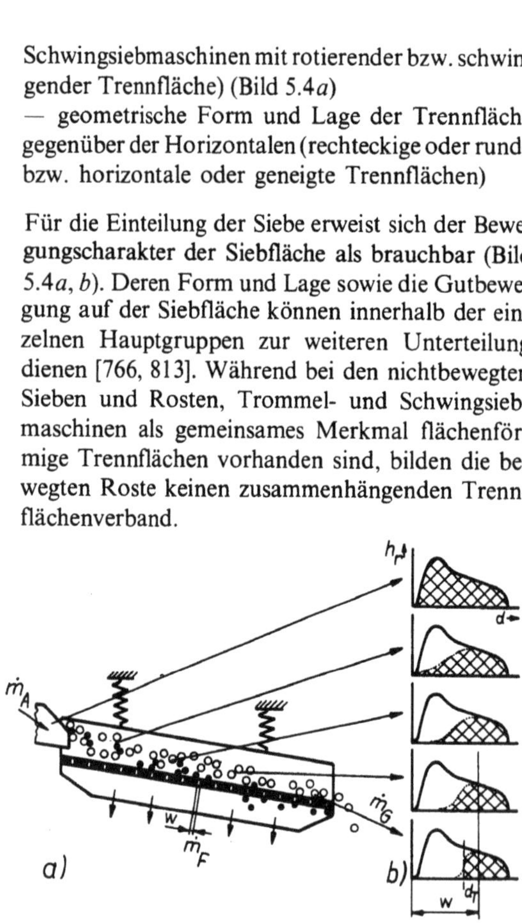


Bild 5.5. Schematische Darstellung des Siebprozesses [854]
*a*) Siebvorgang (Schichtung, Auslese, Durchgang des Feingutes $d < w$ bzw. $d < d_T$ durch die Trennfläche, Auswerfen von Klemmkorn aus den Trennflächenöffnungen und Austrag des Grobkorns $d > d_T$ bzw. $d > w$)
*b*) Verteilungsdichten bei verschiedenen Trennflächenlängen

## 5.2.1. Prozeßgrundlagen und Einflußgrößen

Zur Realisierung des Klassierprozesses müssen folgende Bedingungen erfüllt werden (Bild 5.5):

— Das Feingut muß die Möglichkeit haben, sich während seines Weges über der Trennfläche unmittelbar über den Sieböffnungen einzuordnen bzw. die Gutschicht zu durchdringen (Schichtung)
— Es muß ein statistischer Vergleichsprozeß der Partikeln im Zusammenspiel mit den Sieböffnungen möglich sein (Auslese)
— Es muß eine ausreichend große Kraft vorhanden sein, die das Feingut durch die Sieböffnungen fördert (Durchfall des Feinkornes $d_{50} < w$)
— Die Trennfläche muß in der Lage sein, das Siebgut zu tragen und zu fördern sowie Korngrößen $d \gtrless w$ auszuwerfen.

Der Siebvorgang kann als gestörter Transportprozeß betrachtet werden, bei dem die Trennfläche, bezogen auf den Siebunterlauf, eine Quelle darstellt. Aufgrund vielfältiger Einflußparameter und ihrer Verknüpfung untereinander ist eine theoretische Berechnung des Trennerfolges problematisch. Auch durch die Aufstellung siebkinetischer Modelle ist nur eine qualitative Aussage möglich [1, 556, 757, 795, 796 bis 800]. Dabei wird vorausgesetzt, daß sich der Siebprozeß in einzelnen beschreibbaren Teilprozessen vollzieht und der Gesamtprozeß als diskrete Aufeinanderfolge von Mikroprozessen an den hintereinanderliegenden Sieböffnungen abläuft. Die Gesamt-Durchgangswahrscheinlichkeit für eine Partikel bzw. eine Kornklasse durch die Trenn-

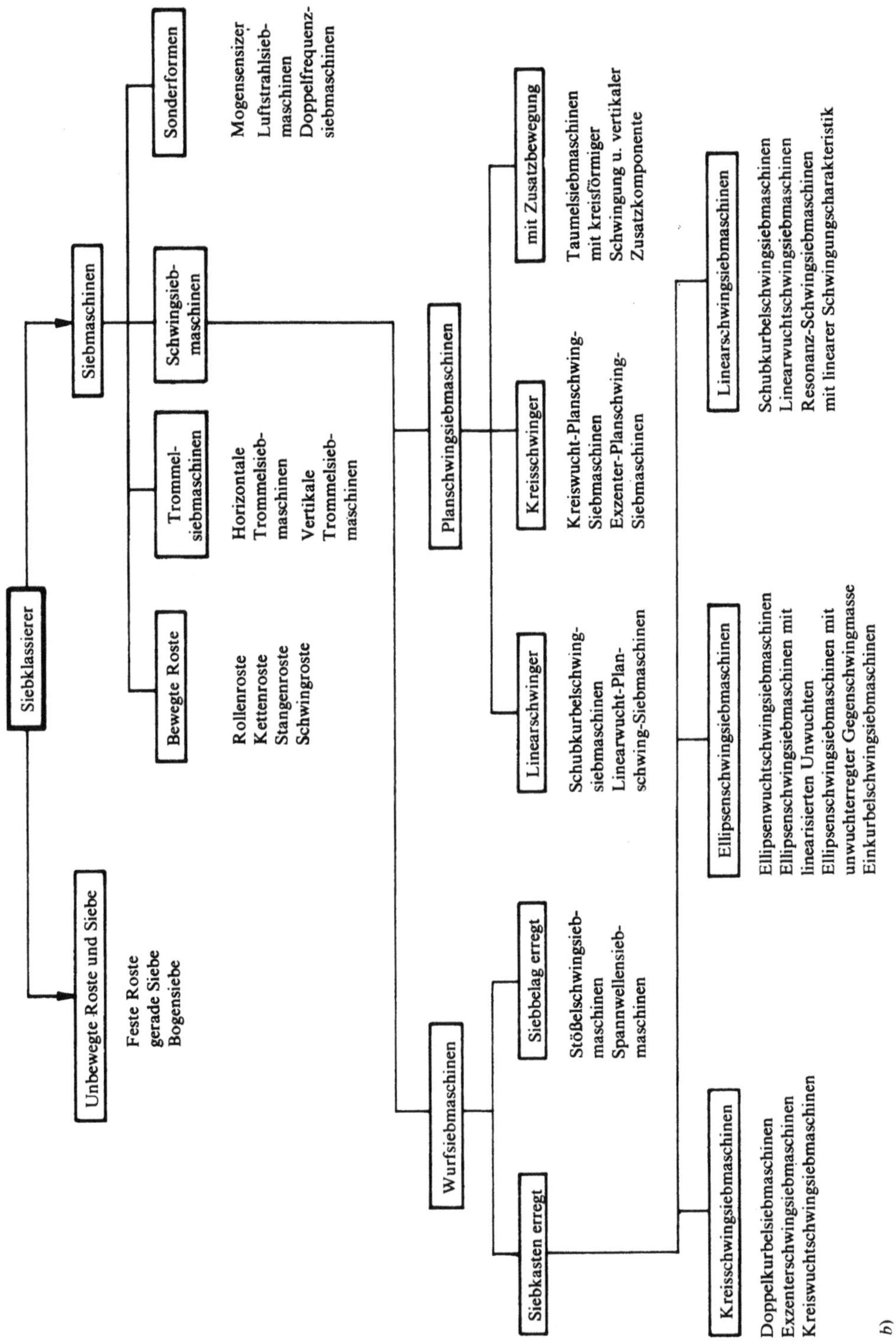
Siebklassierer
Unbewegte Roste und Siebe
Feste Roste
gerade Siebe
Bogensiebe
Siebmaschinen
Bewegte Roste
Rollenroste
Kettenroste
Stangenroste
Schwingroste
Trommel-siebmaschinen
Horizontale Trommelsieb-maschinen
Vertikale Trommelsieb-maschinen
Schwingsieb-maschinen
Sonderformen
Mogensensizer
Luftstrahlsieb-maschinen
Doppelfrequenz-siebmaschinen
Wurfsiebmaschinen
Siebkasten erregt
Siebbelag erregt
Stößelschwingsieb-maschinen
Spannwellensieb-maschinen
Planschwingsiebmaschinen
Linearschwinger
Schubkurbelschwing-siebmaschinen
Linearwucht-Plan-schwing-Siebmaschinen
Kreisschwinger
Kreiswucht-Planschwing-Siebmaschinen
Exzenter-Planschwing-Siebmaschinen
mit Zusatzbewegung
Taumelsiebmaschinen mit kreisförmiger Schwingung u. vertikaler Zusatzkomponente
Kreisschwingsiebmaschinen
Doppelkurbelsiebmaschinen
Exzenterschwingsiebmaschinen
Kreiswuchtschwingsiebmaschinen
Ellipsenschwingsiebmaschinen
Ellipsenwuchtschwingsiebmaschinen
Ellipsenschwingsiebmaschinen mit linearisierten Unwuchten
Ellipsenschwingsiebmaschinen mit unwuchterregter Gegenschwingmasse
Einkurbelschwingsiebmaschinen
Linearschwingsiebmaschinen
Schubkurbelschwingsiebmaschinen
Linearwuchtschwingsiebmaschinen
Resonanz-Schwingsiebmaschinen
mit linearer Schwingungscharakteristik

b)

fläche ist dabei durch das Produkt der Teilwahrscheinlichkeiten $W_{Dj}$ verknüpft:

$$W_{Di}(t, d) = \prod_{i=j}^{n} W_{Dj}(t, d_i) \qquad (5.17)$$

$W_{Di}(t, d)$ stellt die Wahrscheinlichkeit für das Abscheiden einer Partikel oder einer Kornklasse bestimmter Größe zum Zeitpunkt $t$ aus dem Siebgut dar und ist vor allem von folgenden Einflußgrößen abhängig:

- Verhältnis der betrachteten Partikelgröße zur Maschenweite $d/w$
- Auftreffgeometrie sowie Relativgeschwindigkeit der Partikeln beim Auftreffen auf der Trennfläche
- relative freie Siebfläche $A_0$
- Schütthöhe des Siebgutes $h$ auf der Trennfläche (gegenseitige Behinderung der Partikeln in der nur teilweise aufgelockerten Schicht)
- Volumen- bzw. Massenanteil $m_i$ der einzelnen Kornklassen im Siebgut
- Kornform und Form der Sieböffnungen
- scheinbare Verdickung der quer zur Schwingungsrichtung liegenden Dicke oder Stege der Trennfläche, die die Durchgangswahrscheinlichkeit merklich behindern kann (Schmidtscher Effekt) [766]
- Erblindung der Trennfläche u. a.

**Teilwahrscheinlichkeit für die Bewegung der Unterkornpartikeln durch die Trennfläche $W_{D1}(d/w)$:** In Anbetracht einer geringen Schichthöhe des Siebgutes auf der Trennfläche wird jede Unterkornpartikel bei jedem Wurfvorgang einen Kontakt mit der Trennfläche bekommen. Die Wahrscheinlichkeit, daß eine Unterkornpartikel bei einmaligem Auftreffen auf die Trennfläche eine Sieböffnung passiert, wird durch die geometrischen Größenverhältnisse zwischen Unterkornpartikel $d < d_T$ und Sieböffnung $w$ sowie die Bewegungsverhältnisse beim Auftreffen auf die Trennfläche bestimmt. Für ein einmaliges senkrechtes Auftreffen auf eine Trennfläche mit quadratischen Öffnungen und gegenüber dem Partikeldurchmesser $d$ vernachlässigbarer Drahtdicke $s$ ergibt sich die Durchgangswahrscheinlichkeit $W_{D1}(d/w)$ zu (Bild 5.6)

$$W_{D1}(d/w) = (1 - d/w)^2 \qquad (5.18)$$

Wird der Kehrwert von $W_{D1}(d/w)$ gebildet, so erhält man die erforderliche Anzahl von Wurfereignissen, die für den Durchgang einer betrachteten Partikelgröße notwendig sind (Bild 5.6). Demzufolge steigt die Anzahl der Wurfereignisse bei grenzkornnahen Partikeln $d = (0{,}8$ bis $1)\, w$ stark an und macht zur Sicherung einer hohen Durchgangswahrscheinlichkeit $W_{D1}$ eine bestimmte Trennflächenlänge erforderlich. Da die Draht- bzw. Stegdicke bei praktisch eingesetzten Siebböden nicht vernachlässigt werden kann und bei der Siebung nur die freie Trennfläche $A_0$ wirksam wird, muß $A_0$ bei der Berechnung von $W_{D1}$ einbezogen werden:

$$W_{D1}(d/w; A_0) = A_0(1 - d/w)^2 \qquad (5.19)$$

($A_0 = A_ö/A$ relative freie Trennfläche, die von der Form der Trennöffnungen sowie der Siebbodengestaltung abhängig ist (vgl. (5.36) und (5.37)).

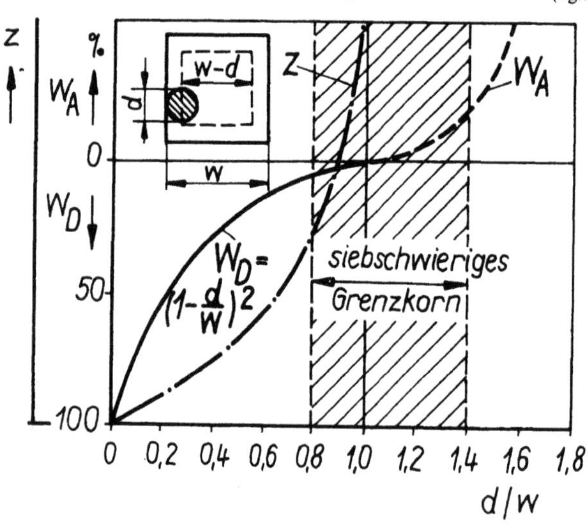


Bild 5.6. Durchgangs- und Auswurfwahrscheinlichkeit sowie erforderliche Anzahl von Siebwürfen in Abhängigkeit von $d/w$ [766]

**Teilwahrscheinlichkeit für die Wanderung der Unterkornpartikeln durch die Siebgutschicht $W_{D2}(h_F/h)$:** Da die Unterkornpartikeln durch die aufgegebene Siebgutschicht mit der Höhe $h$ zur Trennfläche dringen müssen und erst dann die Sieböffnungen passieren können, ist zu beachten, daß nur für die Partikeln eine Durchgangswahrscheinlichkeit besteht, die in der Nähe der Trennfläche liegen bzw. beim Wurf unmittelbar auf die Trennfläche fallen.

$$W_{D2}(h_F/h) = h_F/h \tag{5.20}$$

($h$ Siebguthöhe auf der Trennfläche; $h_F$ Schichthöhe der Unterkornpartikeln, die die Möglichkeit zum Durchgang durch die Trennfläche erhalten (als unterer Grenzwert kann $h_F = w$ angenommen werden [251]))

**Teilwahrscheinlichkeit für den Kontakt der unterschiedlichen Kornklassen mit der Trennfläche $W_{D3}(m_i)$:** Da sich im Siebgut unterschiedliche Korngrößenklassen befinden und diese nur proportional ihrem Volumenanteil im Siebgut mit der Trennfläche in Kontakt kommen können und dabei die Unterkornpartikeln die Möglichkeit zum Durchgang erhalten, kann für die Durchgangswahrscheinlichkeit beim einmaligen Kontakt des Siebgutes mit der Trennfläche geschrieben werden:

$$W_{D3}(m_i) = m_i \tag{5.21}$$

($m_i$ Massenanteil der Kornklasse $i$, der bei homogenen dispersen Feststoffen dem Volumenanteil $V_i$ entspricht)

Mit (5.18) bis (5.21) erhält man somit die *Gesamtwahrscheinlichkeit* zu

$$W_{Di} = A_o(1 - d_i/w)^2 \, h_F m_i/h \tag{5.22}$$

Wird der einmalige Kontakt des Siebgutes unter den vereinfachten Voraussetzungen

— die Partikeln der gleichen Abmessung passieren eine Sieböffnung mit der gleichen Durchgangswahrscheinlichkeit
— die diese Sieböffnung nicht passierenden Körner werden genau eine Öffnung weiter geworfen
— die Körner behindern sich beim Durchgang durch die Sieböffnung nicht gegenseitig

$n$-mal wiederholt (Bild 5.7), so ergibt sich die Durchgangswahrscheinlichkeit für eine Korngrößenklasse $i$

$$W'_{Di} = 1 - \exp(-W_{Di} n) \tag{5.23}$$

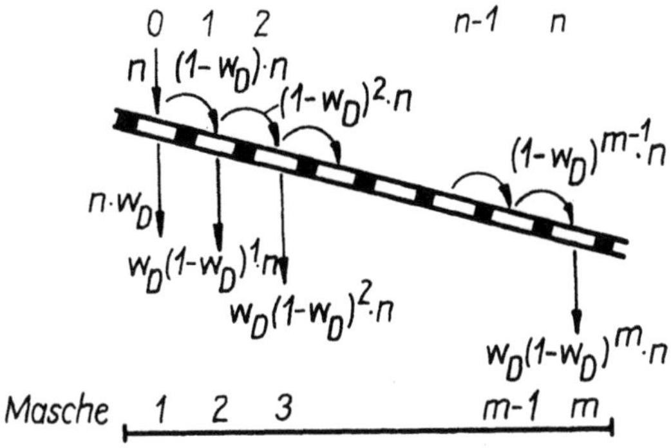


Bild 5.7. Modell zur Bestimmung der Durchgangswahrscheinlichkeit [772]

(5.23) ist mit dem Trennungs- bzw. Siebgütegrad formal identisch, so daß dafür geschrieben werden kann:

$$\eta_i(\tau, L) = 1 - \exp(-k_i \tau) \tag{5.24}$$

($\tau$ Verweilzeit der Korngrößenklasse $i$ auf der Trennfläche, die zum Hindurchfallen durch die Sieböffnungen bei mittlerer Transportgeschwindigkeit $v_t = L/\tau$ benötigt wird)

Durch Einsetzen von $k_i\tau = (k_i/v_t)\,L = b_i L$ in (5.24) erhält man folgendes *siebkinetisches Modell*:

$$\eta_i(\tau, L) = 1 - \exp(-b_i L) \tag{5.25}$$

Die *siebkinetische Konstante* $b_i$ stellt dabei den Anstieg der Näherungsfunktion (5.25) im Nullpunkt dar und kann somit auch zur Beurteilung des Trenneffektes bei der Ermittlung optimaler Siebmaschinenparameter herangezogen werden. Mit Ausnahme von $L$ ist sie von allen bei der Siebklassierung wirkenden Einflußgrößen abhängig und kann experimentell ermittelt werden. Durch Umstellung von (5.25) und Einarbeitung des geforderten bzw. zulässigen Fehlkornanteils $f_R$ im Siebüberlauf sowie von Krenngrößen der Korngrößenverteilung ergibt sich $b_i$ zu

$$b_i = L^{-1} \ln \{m_G f_R/[m_{GK}(1 - f_R)]\} \tag{5.26}$$

($m_{GK}$ Masseanteil der Grenz-Korngrößenklasse, z. B. $d_i/w = 0{,}8$ bis 1 nach Bild 5.8)

Die auf den Siebprozeß wirkenden Einflußgrößen können in vier Gruppen zusammengefaßt werden und sind von den Siebguteigenschaften (Korngrößen- und Kornformverteilung, Feuchtigkeit, Schüttdichte, Abrasionswiderstand u. a.), Trennflächenparameter (Form, Größe und Gleichförmig-

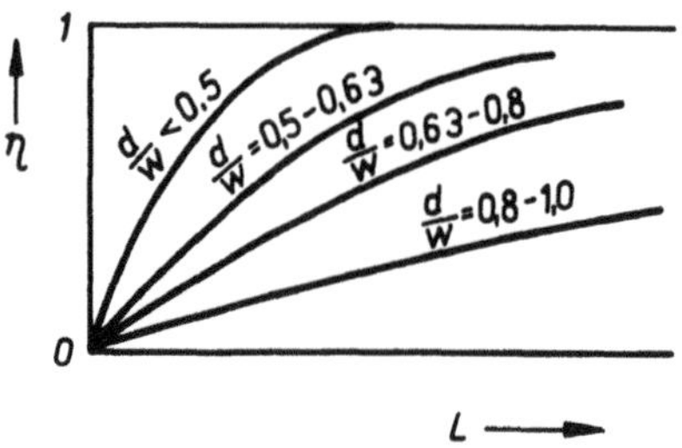


Bild 5.8. Siebgütegrad in Abhängigkeit von der Trennflächenlänge für verschiedene $d/w$

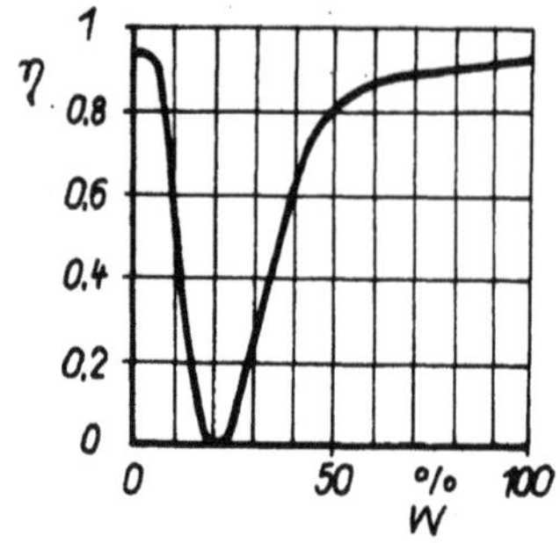


Bild 5.9. Trennerfolg (Siebgütegrad) in Abhängigkeit von der Feuchtigkeit

keit der Sieböffnungen, Länge, Breite und Wölbung der Trennfläche, freie Fläche, Werkstoff u. a.) und den Betriebsbedingungen (Durchsatz, Beschikkungsart, Verschleiß- und Erblindungsverhalten, Reinigung der Trennfläche u. a.) abhängig. Während sich Maschinen und Trennflächenparameter relativ einfach bestimmen und mathematisch beschreiben lassen, treten bei der Ermittlung der Haufwerkseigenschaften und ausgewählter Betriebseinflüsse teilweise erhebliche Schwierigkeiten auf.

### 5.2.1.1. Siebguteigenschaften

Die Korngrößenverteilung ist die wesentlichste Siebguteigenschaft, die die Absiebung beeinflußt. Durch die große Zahl möglicher Siebgüter und deren unterschiedliche Korngrößen- und Kornformverteilung sind keine allgemeingültigen Aussagen möglich, so daß gegenwärtig auch noch keine vergleichbaren Kennziffern zur Beurteilung der Siebfähigkeit eines Siebgutes und zu den erreichbaren Siebergebnissen vorhanden sind. Besonders der Grenzkorngehalt des Siebgutes mit den Korngrößen $0{,}8w \leqq d \leqq 1{,}4w$ ist für den Erfolg der Klassierung ausschlaggebend, da in diesem Korngrößenbereich die Durchgangswahrscheinlichkeit klein ist bzw. auf Null absinkt und bei ungünstigen Bewegungsverhältnissen Kornverklemmungen auftreten können (vgl. Bild 5.6) [472 bis 481, 768, 769]. Praktische Erfahrungen zeigen, daß die Siebklassierung von der splittrigen bzw. stengligen Kornform über die kubische zur kugeligen problemloser wird, da die Neigung zum Verklemmen der Körner in der Sieböffnung bei splittrigen Kornformen am größten und bei kugeligen am kleinsten ist. Während die Oberflächenfeuchtigkeit im Grob- und Mittelkornbereich von geringer Bedeutung ist, kann sie im Feinkornbereich bei bestimmten Feuchtigkeitsgehalten zu erheblichen Beeinträchtigungen des Klassiereffektes führen. Ihre Wirkung kommt dadurch zustande, daß im Bereich bestimmter Flüssigkeitsanteile benetzende Flüssigkeiten Kapillarkräfte an den Kontaktstellen und damit Haftkräfte auslösen, die zu Kornagglomeraten führen. Die Abhängigkeit des Trennerfolges vom Feuchtigkeitsgehalt ist in Bild 5.9 schematisch dargestellt, aus dem hervorgeht, daß im Bereich der Trockensiebung ideale Trennbedingungen vorliegen, die sich mit wachsendem Wassergehalt verschlechtern, bei höheren Feuchtigkeitsgehalten wieder ansteigen und sich im Bereich der Naßsiebung gegenüber der reinen Trockensiebung sogar verbessern. Da die meisten Roh- und Zwischenprodukte im naturfeuchten Zustand vorliegen oder Aufbereitungsprozesse im nassen Zustand verlassen, muß häufig eine Feucht- oder Naßsiebung durchgeführt werden. Zur Erreichung günstiger Klassierbedingungen eine Trocknung durchführen zu wollen wäre energetisch nicht vertretbar, zumal dabei auch die Vorteile einer Naßsiebung außer acht gelassen würden [780]. Während das Siebgut bei der Trokkensiebung nur Innen- oder Adsorptionsflüssigkeit beinhaltet und den Klassierprozeß nicht behindert, wird die Trennung von Korngrößenklassen bei der Naßsiebung unter zusätzlicher Nutzung der Strömungskräfte (Spülwirkung der Flüssigkeit) aus der mitgeführten Flüssigkeit durchgeführt. Bei der Feuchtsiebung müssen die Haftkräfte der Flüssigkeitsbrücken der angelagerten Feuchtigkeit überwunden werden. Dies ist nur mit mechanischen Mitteln bzw. bei entsprechenden Maschinen und

Trennflächenparametern oder durch Verringerung der Haftkräfte möglich. Bei der Feuchtsiebung kann der Trennerfolg durch folgende Maßnahmen verbessert bzw. beeinflußt werden:

**Maschinentechnische Maßnahmen zur Verbesserung des Trennerfolges:** Dazu gehören

— Erhöhung der Trennflächenbeschleunigung $r\omega^2$, wobei sich neben Erhöhung der Winkelgeschwindigkeit vor allem die Amplitude auf das Verhalten des feuchten Siebgutes positiv auswirkt
— Einleitung von Oberschwingungen innerhalb des Siebbelages, die ebenfalls zur Vergrößerung der Siebkraft beitragen. Dazu sind vor allem die Harfensiebe, deren Längsdrähte bei der Beschleunigung der Trennfläche zu Eigenschwingung geraten, geeignet. Um die Dämpfung durch das Siebgut so gering wie möglich zu halten, sind diese möglichst nur mit geringen Schütthöhen zu belasten
— Umschichtung des Siebgutes durch Einbau von Fallstufen, wodurch eine Umlagerung und bessere Auflockerung des feuchten Gutes erreicht wird
— Verwendung glatter Trennflächen, auf denen die Feuchtigkeit schwer haftet und sich kaum Flüssigkeitsbrücken bilden können
— elektrische Beheizung der Trennfläche, wodurch Flüssigkeitsbrücken zerstört werden
— Einsatz von Zusatzvorrichtungen, wie Bürsten, Kratz-, Klopf- oder Blasvorrichtungen, mit denen die Trennflächen ständig gereinigt bzw. durchspült werden

**Maßnahmen zur Verringerung der Haftkräfte:** Dazu gehören

— Zusatz von oberflächenaktiven Stoffen (Tensiden), mit denen die Oberflächenspannung und damit die Haftkräfte verringert werden
— Untermischung von hygroskopischen Zusatzstoffen, z. B. gebranntem Kalk, mit denen ein Teil der Feuchtigkeit bzw. des Haftwassers verringert wird
— Zugabe von Flüssigkeit bis zur vollständigen Füllung des Schütthohlraumes mit Flüssigkeit bzw. bis zur Suspensionsbildung. Da in diesem Fall keine Flüssigkeitsbrücken unter den Feststoffteilchen mehr bestehen, gehen die Haftkräfte in der Schüttung dem Wert Null entgegen. Dabei ist jedoch zu beachten, daß durch die Siebbewegung aber in kurzer Zeit wieder eine Entwässerung stattfindet, die das Siebgutverhalten verschlechtert. Deshalb ist eine ausreichende Bedüsung der wirksamen Siebfläche bzw. eine gezielte Flüssigkeitszuführung notwendig [780]. Die gezielte Flüssigkeitszugabe, die als Charakteristikum der Naßsiebung betrachtet werden kann, erfolgt z. B. bei Vibrationssieben mittels Düsen und bei Bogensieben in Form einer über Spaltsiebe fließenden Suspension. Die Dichte des Siebgutes ist für die an einzelnen Partikeln wirkenden Kräfte von großer Bedeutung. Mit steigender Dichte wachsen die Massenkräfte und erhöhen die Durchgangswahrscheinlichkeit der Partikeln. Verschiedentlich ist auch die statische Aufladbarkeit bei feinkörnigen Siebgütern zu beachten, die in Sonderfällen andere Einflußgrößen fast völlig überdecken.

### 5.2.1.2. Maschinenparameter

Sie sind für die Bewegung des Siebgutes auf der Trennfläche und für die Dimensionierung der Trennflächengröße sowie der Konstruktionselemente von ausschlaggebender Wichtigkeit, weil davon Wurfbewegung, Transportgeschwindigkeit und damit Verweilzeit der Partikeln auf der Trennfläche und Beanspruchung der Maschinenelemente abhängen. Maschinenparameter sind meßbare Größen, die z. B. auf der Grundlage der Einzelkorndynamik für Wurfsiebmaschinen unter der Annahme eines gleit- und rollfreien Abwurfes der Partikeln aufgestellt wurden und für theoretische und praktische Überlegungen gemeinsam mit Betriebserfahrungen der Siebmaschinenhersteller angewendet werden [1, 766, 772, 773, 775, 778, 779, 782 bis 784].

Die Vorausberechnung der Bewegungsverhältnisse des Siebgutes ist durch das elastische Verhalten der Trennfläche und der Siebgutschicht sehr kompliziert und daher kaum möglich. Um dennoch Abschätzungen zum Transport- und Auswurfverhalten der Siebmaschinen vornehmen zu können, wird die ideale Bewegung eines Einzelkornes betrachtet. Dabei werden folgende Annahmen vorausgesetzt:

— Das betrachtete Korn wird in seiner Bewegung nicht von anderen Siebgutteilen beeinflußt
— Der Siebboden wird als vollkommen starr angesehen (es treten keine Oberschwingungen auf)

— Der Einfluß des Luftwiderstandes auf die Bewegung des betrachteten Einzelkornes wird vernachlässigt

Da die *Schwingungsparameter* bei Schwingsiebmaschinen den größten Einfluß auf den Siebgütegrad ausüben, muß der Wahl der Schwingungsform, -frequenz und -amplitude eine besondere Bedeutung beigemessen werden, zumal eine Anpassung dieser Parameter an die jeweiligen Bedingungen erforderlich ist. Als Schwingungsform haben sich Kreis-, Linear-, Bogen- und Ellipsenschwingungen, die mit Ausnahme der Plansiebmaschinen wurfartige Siebgutbewegungen verursachen, bewährt. Zur Vermeidung von Kornverklemmungen in den Sieböffnungen werden die Grundschwingungen verschiedentlich durch Oberschwingungen an den Trennflächen überlagert. Zur Erzeugung gerichteter Oberschwingungen wurden von verschiedenen Herstellern Spezialkonstruktionen entwickelt.

Die *Schwingungsfrequenz* und *Amplitude* sind an die jeweiligen Bedingungen anzupassen, wobei sie jedoch meist in Abhängigkeit von der Maschenweite zu wählen sind. Zur Gewährleistung günstiger Klassierergebnisse sind die Frequenzen umgekehrt proportional zur Schwingungsamplitude und Maschenweite festzulegen [186, 775, 766, 485]. Die Betriebsdrehzahlen liegen zwischen $n = 1000$ bis $3000\ \text{min}^{-1}$, wobei von verschiedenen Herstellern auch regelbare Antriebe angeboten werden. Verschiedentlich wird der Standpunkt vertreten, daß die Schwingungsamplituden in Verbindung mit kleinen Schwingungsfrequenzen $r = 10$ bis 12 mm betragen sollten, da damit eine gute Siebgutauflockerung erreicht wird. Moderne Schwingsiebmaschinen werden jedoch meist mit Schwingungsamplituden zwischen $r = 0{,}75$ und 4,00 mm betrieben. Zur überschläglichen Berechnung von $r$ kann (5.26*a*) verwendet werden, wobei $c$ in Abhängigkeit des Siebgutes zu wählen ist [766]:

$$r = cw^{0,5} \tag{5.26a}$$

($c = 0{,}8$ für Ziegelsplitt und $c = 1{,}0$ für Quarz)

Die Drehrichtung des Schwingantriebes ist in Förderrichtung festzulegen. Nur in Sonderfällen, z. B. bei bestimmter Feuchtigkeit des Siebgutes, ist eine umgekehrte Drehrichtung bei großer Trennflächenneigung möglich. Ebenso wie durch die Schwingungsparameter wird die Transportgeschwindigkeit durch den Neigungswinkel der Trennfläche beeinflußt. Je nach Konstruktionsprinzip der Schwingsiebmaschinen werden sie zwischen $\beta = 0°$ und 25°, in Sonderfällen auch darüber, gewählt. Bei Kreis-Schwingsiebmaschinen haben sich z. B. Neigungswinkel zwischen $\beta = 10°$ und 25° durchgesetzt, wobei meist eine unkomplizierte Verstellung möglich ist. Da die Trennung gegen Ende der Trennfläche durch das dort vorliegende Grenzkorn immer schwieriger wird, kann der Trennerfolg durch eine kleinere Trennflächenneigung bzw. Transportgeschwindigkeit verbessert werden [487]. Zur Abschätzung der bei der Berechnung und Konstruktion der Maschinenelemente von Schwingsiebmaschinen zu beachtenden Beschleunigungen wurden die *Maschinen-($K_M$-) und Sieb-($K_V$-) Kennziffer* als dimensionslose Größen eingeführt:

$$K_M = r\omega^2/g \tag{5.27}$$

($K_M < 6$ bis 10; sie wird durch die Biegefestigkeit des schwingenden Systems und durch die Lagerbelastung vor allem bei zwangserregten Maschinen (Exzenterantriebe) begrenzt)

$$K_V = a_{N\,max}/g_N \tag{5.28}$$

$K_V$, gibt Aufschluß über das Zusammenwirken von Wurf- und Schwingbewegung und muß für Kreis- und Linearschwinger getrennt betrachtet werden.

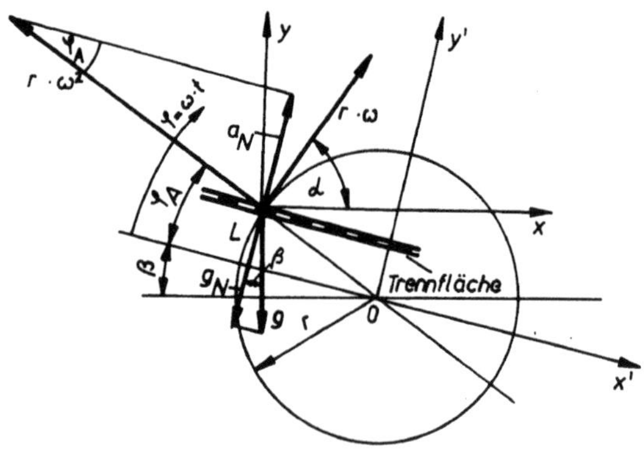


Bild 5.10. Beschleunigungs- und Bewegungsverhältnisse auf der Trennfläche von Kreis-Schwingsiebmaschinen

**Kreisschwinger (Massenkraft-, Exzenter- oder Kurbelantrieb):** Unter Berücksichtigung der in Bild 5.10 angegebenen Beschleunigungen kann für $K_V$ geschrieben werden:

$$K_V = r\omega^2/g \cos\beta = K_M/\cos\beta \tag{5.29}$$

Da das betrachtete Korn erst bei Erfüllung der Ablösebedingung $a_N > g_N$ von der Trennfläche abgehoben wird und seine Wurfbewegung beginnt, ergibt sich für den Ablösewinkel $\varphi_A$ folgende Beziehung:

$$\sin \varphi_A = g \cos \beta / r\omega^2 = \cos \beta / K_M = 1/K_V \qquad (5.30)$$

Der Abwurfwinkel $\alpha = 90° - (\varphi_A + \beta)$ ist nicht wie bei der gerichteten Schwingung frei wählbar, sondern von der Beschleunigung $r\omega^2$ und der Schwinggeschwindigkeit $r\omega$ abhängig. Bei den üblichen Beschleunigungen von $r\omega^2 = (3$ bis $6)\,g$ bzw. der Maschinenkennziffer $K_M = 3$ bis 6 ergeben sich bei Kreisschwingern große Abwurfwinkel ($\alpha = 70°$ bis 80°), mit denen ein steiles Auftreffen der Partikeln auf der Trennfläche einhergeht. Obwohl das Grenzkorn dadurch leicht ausgeworfen wird, sind größere Transportgeschwindigkeiten und Durchsätze nur bei entsprechender Trennflächenneigung ($\beta = 15°$ bis 25°) möglich. Wird eine Siebmaschine mit der theoretisch günstigsten Siebkennziffer betrieben, dann werden die Partikeln nach dem Auftreffen auf den Siebboden sofort wieder abge-

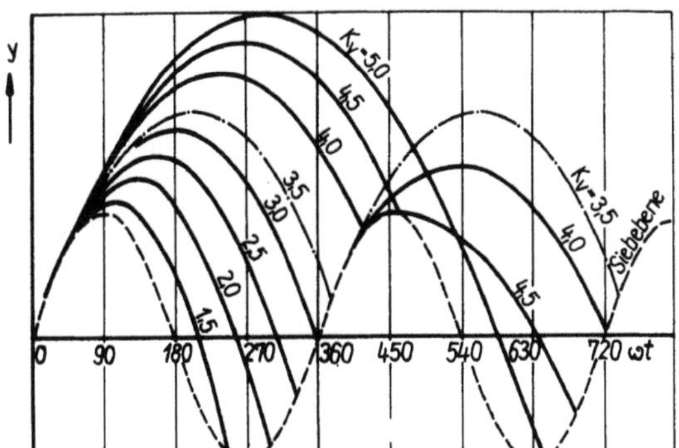


Bild 5.11. Ideale Wurfbewegung eines Einzelkornes auf der Trennfläche einer Wurfsiebmaschine in Abhängigkeit von der Siebkennziffer $K_V$

worfen (Bild 5.11). Für diesen Zustand, der als statische Resonanz bezeichnet wird, gilt

$$r\omega t \cos \varphi_A = g t^2 \cos \beta / 2 \qquad (5.31)$$

Nach Einsetzen von $t = 2\pi/\omega$ in (5.31) erhält man mit (5.30) nach entsprechender Umformung bei statistischer Resonanz:

$$K_V = \sqrt{1 + \pi^2} = 3{,}3 \qquad (5.32)$$

Wenn die Flugzeit der Partikeln der Zeit für mehrere Schwingperioden entspricht, dann ergibt sich die dazugehörige Siebkennziffer zu

$$K_V = \sqrt{1 + (\pi Z)^2} \qquad (5.33)$$

($Z$ Anzahl der Perioden des Siebbodens während eines Wurfes)

**Linear- und Bogenschwinger:** Unter Zugrundelegung von (5.28) sowie der in den Bildern 5.12 und 5.13 angegebenen geometrischen Beziehungen ergibt sich die Siebkennziffer wie folgt:

$$K_V = r\omega^2 \sin(\alpha + \beta)/g \cos \beta = K_M \sin(\alpha + \beta)/\cos \beta \qquad (5.34)$$

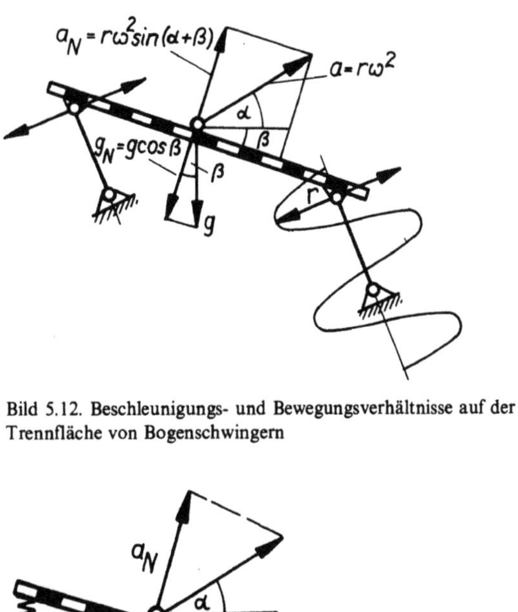


Bild 5.12. Beschleunigungs- und Bewegungsverhältnisse auf der Trennfläche von Bogenschwingern

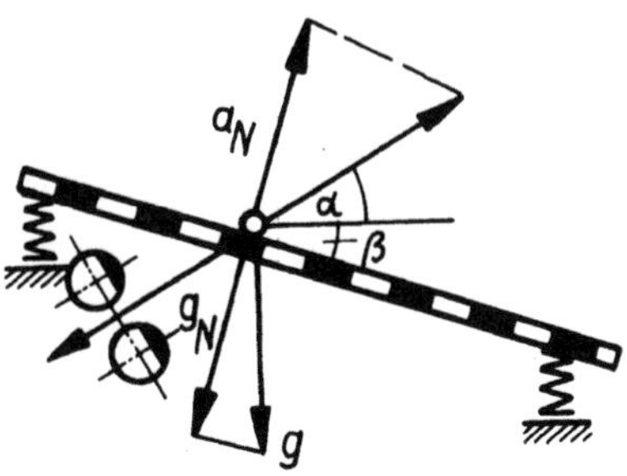


Bild 5.13. Beschleunigungs- und Bewegungsverhältnisse auf der Trennfläche von Linearschwingern

Der Abwurfwinkel $\alpha$ wird durch die Anordnung bzw. die Schwingrichtung des Schwingantriebes oder Siebkastenaufhängung und dessen Kinematik vorgegeben. Bei derartigen Siebmaschinen sind deshalb auch waagerechte Trennflächen möglich.

| $K_v$ | Bewegungsart | Siebbewertung |
|---|---|---|
| 1,0 | kein Wurf; Fließ- und Gleitbewegung | sehr träge Siebwirkung; Siebboden verstopft schnell |
| 1,0 ... 1,5 | Abheben des Siebgutes nur im Optimalfall | träge Siebwirkung; Siebboden setzt sich langsam zu |
| 1,6 ... 1,8 | sehr flacher Wurf | sehr schonende Siebung für leicht siebbares Gut |
| 2,1 ... 2,3 | flacher bis leichter Steilwurf | schonende Siebung für schwer siebbares Gut |
| 3,0 ... 3,5 | Steilwurf | scharfe Siebung für schwer siebbares Gut mit hohem Anteil an Siebfeinem |
| 3,3 ... 4,0 | sehr steiler Wurf | sehr scharfe und auflockernde Siebung |

*Tabelle 5.1. Zusammenhang zwischen Siebkennziffer und Siebwirkung*

Um große Durchsätze bei günstigem Trenngrad zu erhalten, müssen die Siebkennziffern $K_v$ auf die jeweiligen Klassierbedingungen abgestimmt werden. Dazu enthält Tabelle 5.1 einige orientierende Werte, die den Zusammenhang zwischen Siebkennziffer und Trennwirkung verdeutlichen.

#### 5.2.1.3. Betriebsbedingungen

Der Siebgütegrad wird wesentlich vom Durchsatz beeinflußt, wobei ein zu großer oder zu kleiner zur Verschlechterung führen kann. Bei zu kleinen Durchsätzen ist er auf die ungestörte bzw. zu große Beweglichkeit der Partikeln bei geringer Schichthöhe $h$ und damit auf das durch Stoßvorgänge hervorgerufene Springen der Partikeln zurückzuführen. Daher ist bei der jeweiligen Maschineneinstellung auf einen günstigen Durchsatz bei bestem Siebgütegrad zu achten. Für die Schichthöhe hat sich der Orientierungswert $h \approx 3w$ bewährt [766, 785]. Bei der Beschickung ist auf eine gleichmäßige Gutaufgabe in Transportrichtung über die gesamte Trennflächenbreite zu achten, wobei die Fallhöhe möglichst gering sein soll. Eine stoßweise Dosierung ist zu vermeiden.

Um ein Zusetzen der Trennflächenöffnungen mit Partikeln im grenzkornnahen Korngrößenbereich $d = (0{,}8 \text{ bis } 1{,}4)\,w$ zu vermeiden, sind entsprechende Schwingungsparameter festzulegen bzw. im Bereich der Fein- und Feinstsiebung Hilfseinrichtungen, wie Klopfvorrichtungen und Bürsten, vorzusehen. Durch die Wahl entsprechender Trennflächen, wie z. B. von Harfensieben, bei denen Oberschwingungen entstehen, kann die Erblindung herabgesetzt werden.

### 5.2.2. Siebböden

Es sind Flächengebilde mit gleichartigen Öffnungen in regelmäßiger Anordnung und stellen das eigentliche Arbeitsorgan der Siebmaschinen dar. Von ihrer Gestaltung sind Siebgütegrad, Zuverlässigkeit und Produktivität der Maschinen abhängig. Daraus ergeben sich für die einzelnen Siebbodenarten folgende Forderungen:

— große offene Siebflächen
— geringer Durchgangswiderstand und gute Reinigungswirkung durch günstige Durchgangsquerschnitte der Sieböffnungen
— geringer Verschleiß durch verschleißfeste Siebbodenwerkstoffe, Draht- und Plattendicke
— gute Befestigungsmöglichkeit und Schwingfähigkeit der Siebdrähte und Lochplatten
— leichte Wechselbarkeit durch montagefertige Siebböden und einfache Spannvorrichtungen und
— geringe Lärmentwicklung und geringe Herstellungstoleranzen

Die Wahl der Siebböden ist vom Verwendungszweck, wie der gewünschten Trennkorngröße $d_{50}$,

Kornform, Feuchtigkeit, Siebbodenbelastung, Einsatz als Industrie- oder Prüfsieb usw., abhängig, die standardisiert angeboten werden.
Hinsichtlich des Verhältnisses von Trennflächenlänge und -breite weichen die Ansichten der Siebmaschinenhersteller voneinander ab. Beim Vergleich international angebotener Siebmaschinen kann festgestellt werden, daß sich das Verhältnis der Trennflächenlänge zur -breite in den Größen $L/B = 1$ bis 3,5 bewegt [794]. Während von den einen ein konstantes Längen-Breiten-Verhältnis für ihre Typenreihe bevorzugt wird, werden von anderen Trennflächen mit konstanter Breite und verschiedenen Längen empfohlen. Als mittleres Längen-Breiten-Verhältnis hat sich $L/B = 2{,}0$ bis 2,5 durchgesetzt, wobei bei siebschwierigem Gut auf $L/B > 2{,}5$ und bei siebwilligem Gut auf $L/B < 2{,}5$ orientiert wird. Dabei ist stets zu beachten, daß die Trennflächenlänge die Haupteinflußgröße für den Siebgütegrad und die Breite für den Durchsatz darstellt. Dadurch, daß der Siebgütegrad mit wachsender Trennflächenlänge immer weniger steigt, wird der Einsatz großer Längen unrentabel. In den letzten Jahren ist ein eindeutiger Trend zu sehr breiten Siebmaschinen mit großen Durchsätzen zu erkennen.

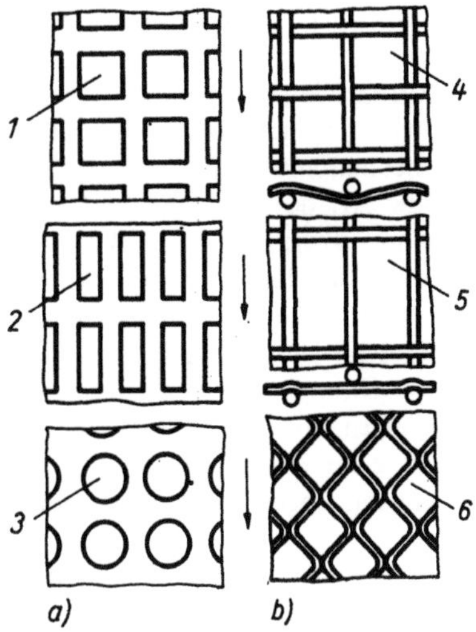


Bild 5.14. Ausgewählte Formen von Siebböden
*a*) Plattensiebböden
*b*) Gewebe-(Draht-)Siebböden
*1* Quadratlochung; *2* Langlochung; *3* Rundlochung; *4* Quadratmasche mit Leinwandbindung; *5* Langmasche mit Gitterbindung; *6* geklammerter Siebboden

### 5.2.2.1. Form, Weite und Anordnung der Sieböffnungen

Von den bekannten Formen rund, quadratisch, rechteckig, drei- und sechseckig sowie spaltförmig werden vorrangig Quadrat-, Rechteck- und Spaltöffnungen verwendet (Bild 5.14). Die Maschenweite $w$ ist das Maß einer Öffnung, an ihrer engsten Stelle gemessen. Bei Dreiecköffnungen ist es der Durchmesser des einschreibbaren Kreises. Dabei ist zu beachten, daß die mit den einzelnen Siebbodenarten erreichbaren Trennkorngrößen von den Abmessungen und der Form der Sieböffnungen abhängig sind.

$$(d_{50})_{\text{rund}} < (d_{50})_{\text{quadr.}} < (d_{50})_{\text{rechteck.}} < (d_{50})_{\text{spaltf.}} \tag{5.35}$$

Die Maschenweiten $w$ sind international genormt, (in der DDR TGL 0-4188 für Drahtgewebe und TGL 16266 für Lochplatten), wobei die Normalreihen R10($q = \sqrt[10]{10}$), R20($q = \sqrt[20]{10}$) und R40 ($q = \sqrt[40]{10}$) zugrunde gelegt wurden. Dabei beträgt der Stufensprung bei der Reihe R10 jeweils 25%, bei der Reihe R20 etwa 12% und bei der Reihe R40 etwa 6%. Während bei kleinen Sieböffnungen auf die Reihe R10 orientiert wird, kommt R20 bei mittleren und R40 bei großen Sieböffnungen zur Anwendung. Die Anordnung der Sieböffnung ergibt sich aus dem Herstellungsverfahren bzw. aus Gesichtspunkten, die mit der Förderrichtung des Siebgutes in Zusammenhang stehen. Während die Sieböffnungen bei Gewebesiebböden herstellungsbedingt nur in geraden Reihen hintereinander angeordnet sind, kommen bei Lochplatten-Siebböden auch diagonal versetzte Reihen in Betracht, da damit keine siebunwirksamen Stege in Förderrichtung auftreten.
Für die Umrechnung der Lochweiten von runden, rechteckigen oder spaltförmigen Öffnungen auf quadratische Sieböffnungen sind Umrechnungsfaktoren bekannt, die jedoch nur zur Ermittlung von Näherungswerten dienen können. Für $w = 1{,}0$ bei der Quadratöffnung sind äquivalent $1{,}25w$ bei Rund-, $0{,}9w$ bei Rechteck- und $0{,}8w$ bei Spaltöffnungen zu wählen. Die Maschenweite $w$ für Industriesiebe muß normalerweise größer gewählt

werden als die sonst übliche Prüfsieböffnung. Die Vorausbestimmung der zur Erreichung einer bestimmten Trennkorngröße $d_{50}$ erforderlichen Maschenweite ist schwierig, da neben der konstruktiven Gestaltung der Siebmaschine und deren Schwingungsparameter die Art des Siebgutes und deren Korngrößenverteilung sowie die Feuchtigkeit einen wesentlichen Einfluß ausüben. Dazu sind entsprechende Siebversuche über einen längeren Zeitraum erforderlich, wobei auch die Faktoren der Selbstreinigung Beachtung finden müssen [801]. Bei Kreisschwingungen mit großen Schwingungsfrequenzen ist mit einer scheinbaren Verdickung der quer zur Schwingrichtung liegenden Drähte oder Stege zu rechnen, die als *Schmidtscher Effekt* bezeichnet wird (Bild 5.15). Diese verursacht eine Herabsetzung der Trennkorngröße und eine scheinbare Verringerung der freien Siebfläche, da die Partikeln in Abhängigkeit von ihrer Größe und Form mehr oder weniger stark am Passieren der Sieböffnung gehindert werden. Die Behinderung erfolgt durch Stöße zwischen Siebdraht oder Steg und Partikel, deren Größe von der Auftreffgeschwindigkeit der Partikel und der Geschwindigkeit des schwingenden Trennflächenelementes $r\omega$ abhängig ist.

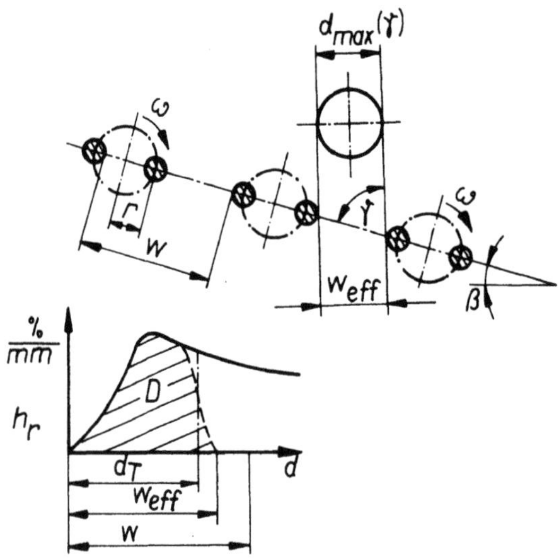


Bild 5.15. Schematische Darstellung der scheinbaren Drahtverdickung und des Auftreffwinkels einer Partikel sowie der Verteilungsdichte $h_r$ [766]

Die Ausbildung des Durchgangsquerschnittes, der das Querschnittsbild senkrecht zur Siebbodenebene darstellt, hat großen Einfluß auf den Durchtrittswiderstand. Es sind runde, parallele, konische und abgesetzte Flanken möglich (Bild 5.16). Bei gestanzten Plattensiebböden sollte die Blechdicke, die mit $b \leqq 0{,}625w$ überschläglich bestimmt werden kann, $b = 12$ mm nicht überschreiten. Obwohl bei Gewebesiebböden meist Runddrähte zur Anwendung gelangen, werden verschiedentlich zur Minimierung des Durchtrittswiderstandes auch andere Drahtquerschnitte eingesetzt. Dabei sind stets die Profile am günstigsten, bei denen sich in Durchtrittsrichtung die Sieböffnung erweitert.

Da Siebböden Verschleißteile darstellen, müssen diese auch unter Beachtung verschleißtechnischer Gesichtspunkte ausgebildet und aus verschleißfestem Material hergestellt sein. Neben ihrer mechanischen Beanspruchung (Reibung, Schlag, Vibration) sind auch die bei der Naßsiebung auftretenden Korrosionserscheinungen zu beachten. Je nach Einsatzgebiet und Belastung kommen deshalb Cr-Stahl, Federstahl, korrosionsbeständiger zäher Stahl X5CoNiTi18.10 (V2A), X5NiMoTi

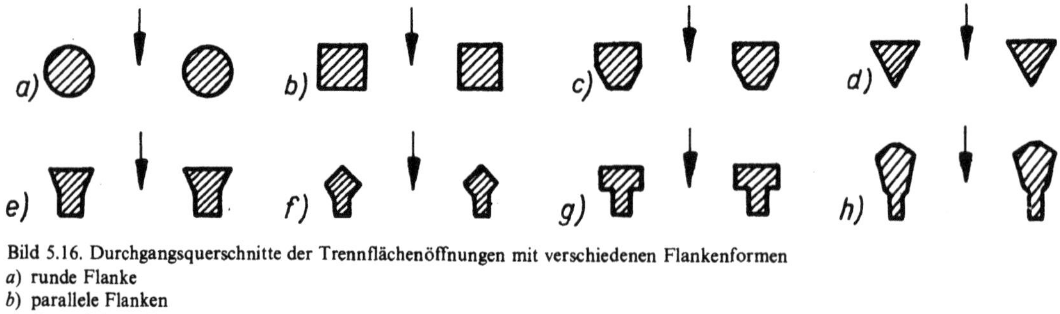


Bild 5.16. Durchgangsquerschnitte der Trennflächenöffnungen mit verschiedenen Flankenformen
*a*) runde Flanke
*b*) parallele Flanken
*c*), *d*), *e*), *f*) konische Flanken
*g*), *h*) abgesetzte Flanken

18.11 (V4A), SM-Stahl, Gummi, Plaste (Polyurethan), Messing u. a. zum Einsatz. Besonders bei Gummi- und Plastsiebböden (Polyurethan) sowie den damit beschichteten Plattensiebböden konnten in den letzten Jahren sowohl Verschleiß als auch Korrosion und Lärmentwicklung gesenkt werden.

Bei der Festlegung der Trennflächenabmessungen unter dem Gesichtswinkel des Durchsatzes und der Trennschärfe ist die offene Siebfläche bedeutungsvoll. Um bei der Bewertung von Siebböden Mißverständnisse zu vermeiden, muß nach der relativ offenen Siebfläche $A_0$ und der effektiv wirksamen offenen Siebfläche $A_{0\,\mathrm{eff}}$ unterschieden werden [801]. Unter $A_0$ versteht man das Verhältnis der Fläche einer Sieböffnung $A_ö$ zur Fläche, die sich aus den Sieböffnungsmaßen zuzüglich der jeweils dazugehörigen halben Draht- oder Stegbreite $A_s$ errechnen läßt:

$$A_0 = A_ö/(A_ö + A_s) \tag{5.36}$$

($A_0$ kann je nach Konstruktion und Maschenweite des Siebbodens etwa 0,3 bis 0,85 betragen)

Als effektiv wirksame offene Siebfläche $A_{0\,\mathrm{eff}}$ ist das Verhältnis der Fläche aller Sieböffnungen eines ganzen Siebfeldes oder eines Siebdeckes zur gesamten Siebfläche zu verstehen:

$$A_{0\,\mathrm{eff}} = \Sigma A_ö/LB \tag{5.37}$$

### 5.2.2.2. Siebbodenarten

Sie können nach ihren konstruktiven Merkmalen in Stab- und Gitterroste sowie Siebböden (Gewebe-, Lochplatten- und Spaltsiebböden, Siebböden aus Gummi und Plastwerkstoffen sowie verformbaren Siebböden) eingeteilt werden.

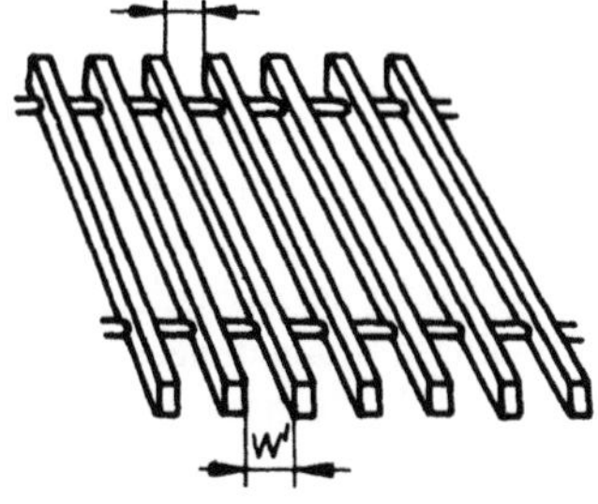


Bild 5.17. Stabrost

**Stabroste:** Solche werden durch die Anordnung von Profilstäben auf Querträgern mit Zwischenlagern (Distanzhülsen) oder durch Verschweißung von Quer- und Längsträgern gebildet. Um das Verklemmen des zu klassierenden grobstückigen Gutes in den Rostspalten zu vermeiden, müssen diese in Transportrichtung von $w$ an der Aufgabeseite auf $w'$ an der Abgabeseite erweitert werden (Bild 5.17).

**Gewebesiebböden:** Diese sind Trennflächen aus sich kreuzenden Drähten, Litzen oder Garnen, die in jeweils gleichförmiger Anordnung die Sieböffnungen begrenzen. Nach der Webart sind sog. Leinwand- und Gitterbindungen üblich (vgl. Bild 5.14). Während die Leinwandbindung durch einen regelmäßigen Wechsel zwischen Kett- und Schußdrähten (Kett- und Schußdrähte unterlaufen sich im Wechsel und sind auf beiden Seiten gleichmäßig verformt) gekennzeichnet ist, werden bei der Gitterbindung vorgekröpfte Kett- und Schußdrähte verwendet. Als Werkstoff wird Federstahldraht (unlegierte bzw. hochlegierte Cr-Ni-Federstahldrähte) eingesetzt. Gewebesiebböden sind in Trommel- und Schwingsiebmaschinen anwendbar und werden mit quadratischen Maschen bis zu Maschenweiten von $w = 20$ bis 30 mm bzw. Langmaschen bis $w = 20$ mm mit einem Seitenverhältnis von 1:3 für Trocken- und Naßsiebungen verwendet.

**Gittersiebböden:** Diese Siebböden werden aus Rund- oder Profildraht hergestellt und stellen eine schwere Bauart der Gewebesiebböden dar. Ihr Einsatzgebiet liegt bei der Grob- und Mittelkornklassierung. Durch gekröpfte Drähte an den Drahtkreuzungspunkten entsteht eine glatte Trennfläche, die günstige Trennbedingungen gewährleistet (Bild

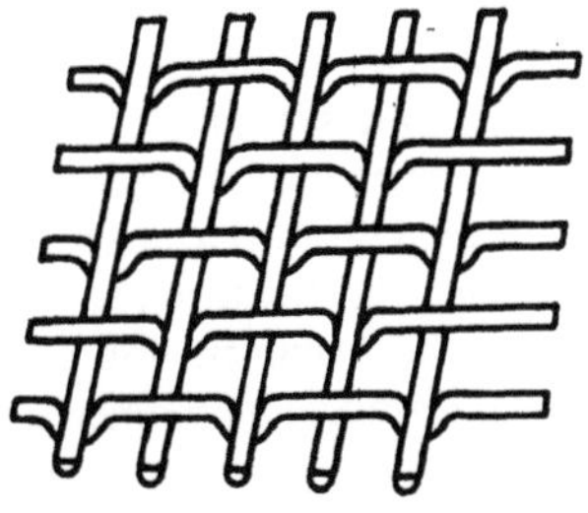

Bild 5.18. Gittersiebboden

5.18). Maschenweiten bis $w = 100$ mm sind möglich. Verschiedentlich werden auch geschweißte Gittersiebböden, die jedoch bei der Siebklassierung nur eine untergeordnete Bedeutung besitzen, hergestellt.

**Plattensiebböden:** Es sind Blechplatten oder -tafeln mit gleichartigen Öffnungen in regelmäßiger Anordnung. Die Sieböffnungen werden je nach Durchgangsquerschnitt durch Stanzen, Bohren oder Fräsen hergestellt. Die Dicke der Siebplatten ist vom Verwendungszweck und der Größe der Sieböffnungen abhängig, wobei zur Verringerung des Durchgangswiderstandes möglichst kleine Blechdicken ($b = 12$ mm) bzw. konische Durchgangsquerschnitte verwendet werden sollten. Lochplatten-Siebböden besitzen glatte Oberflächen, die auch bei feuchtem Gut gute Transportbedingungen gewährleisten. Nachteilig ist die Verstopfungsgefahr, die auf fehlende Oberschwingungen zurückzuführen ist. Außerdem ist $A_0$ sowie $A_{0\,\mathrm{eff}}$ kleiner als bei Gewebesiebböden, so daß derartige Siebböden aus Stahl für bestimmte Einsatzfälle nachteilig sein können. Die Einsatzgebiete beschränken sich deshalb auf die Grob- und Mittelkornklassierung. Als Lochplatten-Werkstoff finden Baustähle, verschleißfeste, hochlegierte und nichtrostende Stähle sowie Gummi und Plastwerkstoffe oder Verbundwerkstoff (Gummi als Verschleißschutz auf Stahlplatten) Verwendung (Bild 5.19).

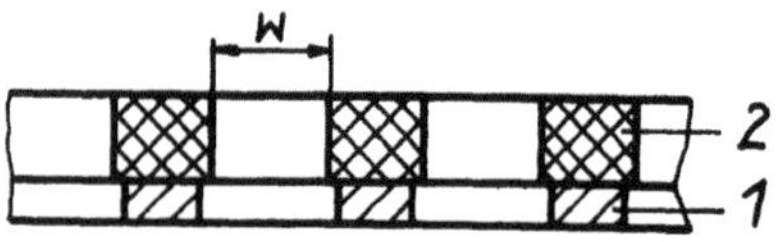


Bild 5.19. Plattensiebboden in Verbundbauweise
*1* Stahlplatte; *2* Gummibelag als Verschleißschicht

**Spaltsiebböden:** Solche bestehen meist aus profilierten Längsdrähten, die an Schlingen zusammengesetzt sind, bzw. aus profilierten Drähten und rechteckigen Querstäben mit Profilnasen, die durch Widerstandsschweißung zu einem schwingsicheren Siebboden mit spaltförmigen Öffnungen verbunden werden. Sie werden bis zu Spaltweiten von $w = 0{,}05$ mm hergestellt und kommen vor allem bei der Feinkornklassierung auf Siebmaschinen und Bogensieben sowie beim Entwässern und Entschlämmen zum Einsatz. In Bild 5.20 sind die bekanntesten Spaltsiebformen dargestellt, bei denen die Spaltweite durch Zwischenstäbe oder klammerartige Leisten gewährleistet wird. Bei kleiner Spaltweite sind eine geringe relative offene Siebfläche $A_0$ bzw. $A_{0\,\mathrm{eff}}$ und die Neigung zum Verstopfen nachteilig. Deshalb werden die Spaltöffnungen meist in Durchgangsrichtung mit planebenen konischen Flanken (vgl. Bild 5.16*c*) erweitert. Zur Herstellung der Profildrähte werden Mn-haltiger Sonderstahl, Cr-, Ni- und SM-Stahl, Ne-Metalle (Messing, Kupfer, Phosphorbronze) und Plaste bzw. Hartgummi verwendet. Spaltsiebböden werden als einbaufertige Plan- oder Bogensiebfelder geliefert. Entsprechend der jeweiligen Belastung durch Siebgut und Beschleunigungskräfte der Siebmaschinen werden diese mit speziellen Rahmen bzw. einer Armierung versehen. Verschiedentlich werden auch Spaltsiebgewebe verwendet, wenn die Notwendigkeit der Reinigung mit Kugelklopfvorrichtungen besteht.

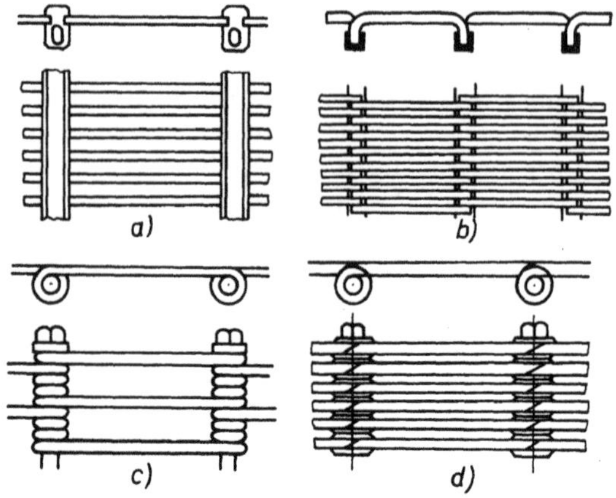


Bild 5.20. Varianten für Spaltsiebböden
*a*), *b*) mit Klammerleisten
*c*), *d*) mit Zwischenstäben

**Geklammerte und Harfensiebböden:** Sie sind mit dem Ziel einer Selbstreinigung durch Oberschwingungen entwickelt worden. Bei geklammerten Siebböden werden die Längsdrähte mit horizontaler Wellung so nebeneinander gelegt, daß quadratische Diagonalöffnungen oder bei zusätzlicher Einordnung von geraden Längsdrähten dreieckige Öffnungen entstehen (Bild 5.21). Je nach Konstruktion der Böden und der entsprechenden Maschenweite, die als Durchmesser des Kreises, der an allen

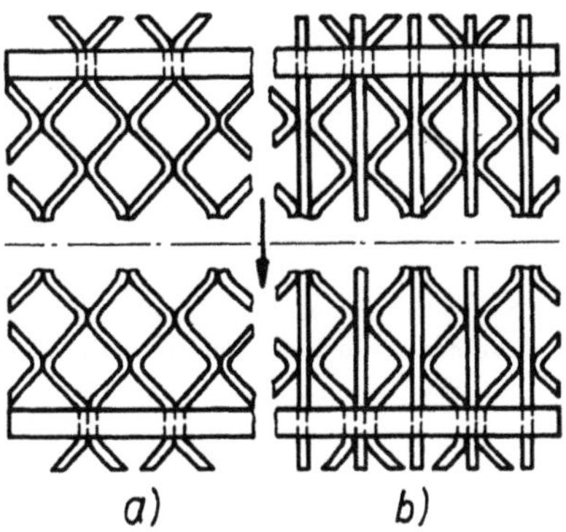

Bild 5.21. Geklammerte Siebböden
*a*) quadratische Diagonalöffnungen
*b*) dreieckigeÖffnungen durch Längsdrähte

Seiten der Sieböffnung tangiert, angegeben wird, werden die Drähte in Abständen von 150 bis 350 mm durch Klammer-Querverbindungen gehalten. Geklammerte Siebböden benötigen zur Gewährleistung einer guten Funktionstüchtigkeit eine große Längsspannung.

Harfen- und geklammerte Siebböden haben den Vorteil, daß sie eine große relativ offene Siebfläche $A_0$ besitzen und durch den Selbstreinigungseffekt auch für siebschwierige feuchte Güter eingesetzt werden können. Für längliches und splittriges Siebgut sind sie ungeeignet. Nachteilig ist, daß die Trennschärfe gegenüber anderen Siebbodenarten etwas geringer ist.

Harfensiebböden, die den geklammerten Siebböden ähnlich sind und eine Reihe von Gemeinsamkeiten mit diesen besitzen, bestehen aus vertikal oder horizontal gewellten Drähten, die in größeren Abständen durch eingewebte Drahtlagen schwingungssicher verbunden sind. Bei horizontal gewellten Runddrähten werden Biegewinkel von 60° oder 90° bevorzugt, die je nach Ausbildung des Belages quadratische oder dreieckige Öffnungen ergeben. Harfensiebböden werden mit großer Längsspannung als Spannsiebfelder eingesetzt. Als Werkstoff kommen vor allem Federstahldrähte zur Anwendung, wobei für die Klammern auch verschleißfeste Polyurethane verwendet werden können.

**Siebböden aus Gummi und Plastwerkstoffen (Polyurethan):** Derartige Siebböden, insbesondere aus Polyurethan, werden seit mehreren Jahren bei der Trocken- und Naßsiebung zahlreicher Stoffe, speziell bei körnigen Massengütern mit Erfolg eingesetzt. Die gute Verschleißfestigkeit solcher Siebböden ermöglicht große Liegezeiten und führt zur Senkung der Verschleißkosten. Die Elastizität der Sieböffnungen bzw. -böden unterstützt außerdem die Selbstreinigung und Befreiung von eingeklemmtem Grenzkorn, so daß im Vergleich zu Stahlsiebböden bessere Trennwirkungen erreicht werden. Die Siebböden und deren Befestigungselemente sind so konstruiert, daß sie auch an Stelle von Stahlsiebböden in jede Siebmaschine eingebaut werden können [801 bis 807].

In Anlehnung an die Siebbodenarten aus Stahl und die damit gewonnenen Erfahrungen wurden vielfältige Siebbodenarten aus Gummi und Plastwerkstoffen entwickelt, zu denen u. a. Gewebe-, Lochplatten-, Spalt- und Formteilsiebböden gehören. Zur Erhöhung der Tragfähigkeit, Stabilität und Verhinderung der Kriechfähigkeit werden diese auch verschiedentlich aus Verbundwerkstoffen hergestellt bzw. mit Stahlplatten oder -drähten oder entsprechenden textilen Geweben armiert. Zu beachten ist, daß derartige Siebböden eine geringe Dehnung und Feuchtigkeitsaufnahme, hohe Temperaturbeständigkeit, große Verschleißfestigkeit bei Trocken- und Naßsiebungen einschließlich Chemikalienbeständigkeit, gute Formstabilität und Maßhaltigkeit aufweisen müssen. Um die Vorteile der Gewebesiebböden aus Stahl hinsichtlich ihrer geringen Dehnung und die Verschleißfestigkeit von Gummi bzw. Plastwerkstoffen zu koppeln, wurden Gummi-Steck-Siebbeläge entwickelt (Bild 5.22). Sie bestehen aus einem Traggitter aus Stahl (Gittersiebboden), auf das als Schleißschutz einzelne Gummisegmente aufgesteckt werden. Durch den Einsatz von zweischichtigem Gummi ist es möglich, im oberen Bereich eine weiche, insbesondere verschleißfeste Gummiqualität (70 Shore) einzusetzen, während der untere Teil der Segmente aus einer harten Gummiqualität (90 Shore) besteht, die eine feste Klemmverbindung mit dem Traggitter gewährleistet. Mit solchen Siebböden haben sich die Liegezeiten bei der Siebung von mineralischen Rohstoffen, wie z. B. Erz, Schotter, Kies, Kohle usw., gegenüber den vorher eingesetzten Drahtgewebeböden um mehr als das Zehnfache erhöht.

Die häufig verwendeten Lochplatten-Siebböden in Verbundbauweise (Stahl-Gummi-Siebböden) (vgl. Bild 5.19) haben den Vorteil, daß sie eine große

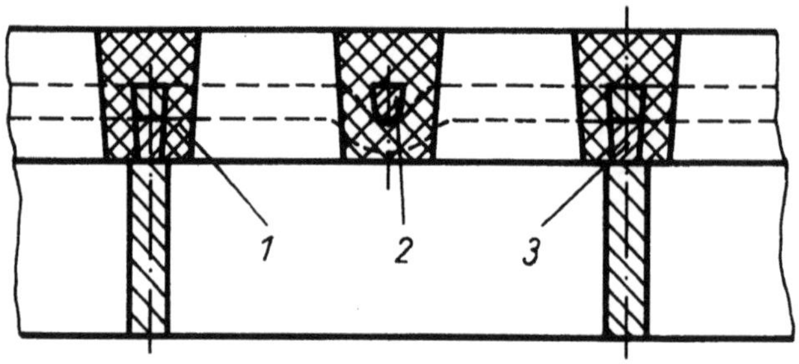


Bild 5.22. Stecksiebboden aus Gummi mit selbsttragendem Profilstahlrahmen (*Lehmann*)
*1* Stecksiebprofil; *2* Profilstahlrahmen; *3* Stützrahmen

Tragfähigkeit bei großer Verschleißfestigkeit besitzen und eine einfache Montage ermöglichen. Deshalb werden sie meist zur Mittel- und Grobkornsiebung eingesetzt. Stahl-Gummi-Siebböden können wie Plattensiebböden aus Stahlblech befestigt werden. Eigenschwingungen sind durch entsprechende Unterstützungsschienen und Befestigungsabstände von 300 bis 600 mm zu vermeiden. Die Verstopfungsgefahr für diese Siebböden wird dadurch herabgesetzt, daß die Lochung im Stahlblech gegenüber der Gummiauflage größer ausgeführt wird.

Gummisiebböden (Gummilochplatten) werden meist zweischichtig bis zu Plattendicken von etwa $b = 50$ mm ausgeführt und sind bei entsprechender Lochform, -größe und -teilung für nahezu alle Trennaufgaben geeignet (Bild 5.23*a*). Während die zweischichtigen Gummiplatten aus einer harten Tragschicht (80 bis 90 Shore) und einer weichen Verschleißschicht (60 bis 70 Shore), die durch Vulkanisieren zusammengefügt werden, bestehen, werden Polyurethan-Siebböden mit einer Shore-Härte von 70 bis 80 aus einer Materialqualität gegossen

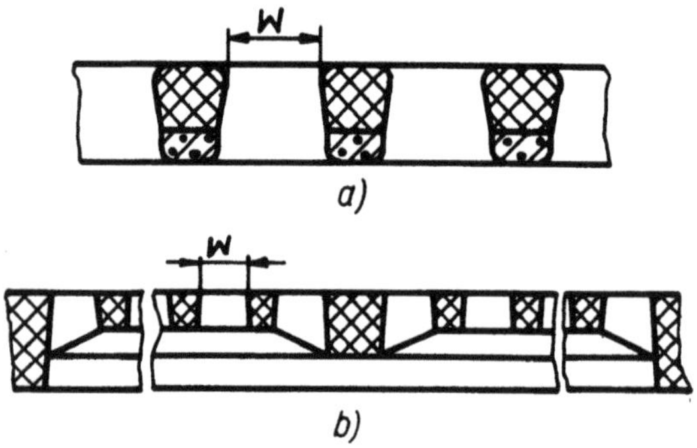


Bild 5.23. Varianten für Gummi- und Polyurethan-Siebböden
*a*) zweischichtiger Gummisiebboden
*b*) Polyurethan-Siebboden

(Bild 5.23*b*). Im Gegensatz zu den Stahl- und Stahl-Gummi-Siebböden sind diese Trennelemente ohne spezielle Tragschicht durchgängig elastisch und können nicht mehr ohne weiteres wie Stahlsiebbeläge befestigt werden. Deshalb ist die Vorfertigung montagefertiger Siebböden, die eine leichte Austauschbarkeit und sichere Befestigung ermöglichen, zweckmäßig. Zur Erhöhung der Stabilität werden dabei auch Stahlarmierungen (Drähte, Profile, Rahmen oder Seile) verwendet. Für Spannwellen-Siebmaschinen (Abschn. 5.2.6.5.) sind Siebböden aus Gummi bzw. Polyurethan mit großer Elastizität, guter Verformbarkeit und Walkfestigkeit notwendig [801, 802, 810]. Dafür werden gelochte Siebmatten ohne Bewehrung verwendet.

### 5.2.2.3. Siebbodenbefestigung

Alle Siebbodenarten müssen mit dem Siebmaschinenrahmen einerseits fest verbunden und zum anderen als Verschleißteil leicht auswechselbar sein. Das stellt an ihre Befestigung besondere Anforderungen. Je nach Form und Werkstoff erfolgt sie durch Verklemmen, Verkeilen, Verschrauben oder Verspannen. Bild 5.24 zeigt einige konstruktive Möglichkeiten für die Randbefestigung von schweren Gitter- und Plattensiebböden. Ähnliche sind bei Stahl-Gummi-Siebböden anwendbar. Vorteil dieser Befestigungsart ist, daß nur geringe Spannkräfte aufgebracht werden müssen. Um ein eventuelles Flattern der Siebböden zu vermeiden, werden bei größeren Siebbodenabmessungen zusätzliche Mittenbefestigungen angebracht, die mit einem entsprechenden Verschleißschutz versehen sein müssen (Bild 5.25).

Gewebesiebböden mit Drahtdicken bis etwa $d_D = 8$ mm müssen gespannt werden, um ungewollte Oberschwingungen und daraus resultierende Stö-

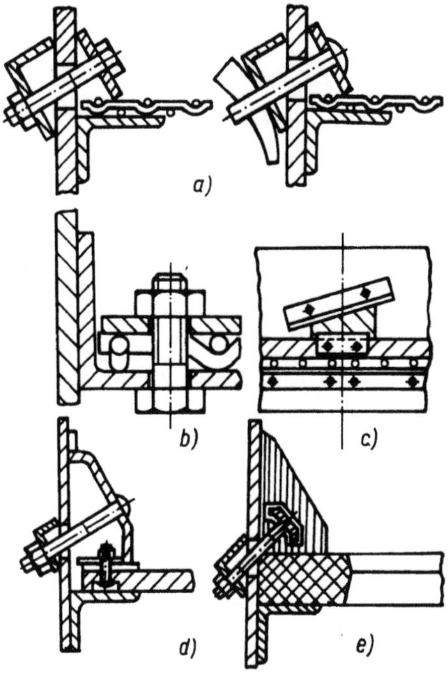


Bild 5.24. Varianten für die Randbefestigung von Siebböden
*a*) Klemmleiste mit Verschraubung oder Keil
*b*) Deckleiste mit Verschraubung
*c*) Klemmleiste mit Keil
*d*) Spannprofil mit Verschraubung
*e*) Gummideckleiste, verschraubt

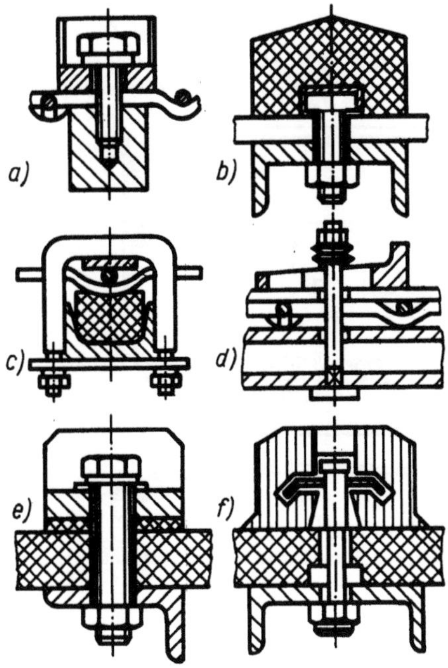


Bild 5.25. Varianten für die Mittenbefestigung von Siebböden mit Unterzug
*a*) Deckleiste, verschraubt mit Schutzblech
*b*) Plattensiebboden, verschraubt mit Gummideckleiste
*c*) Klemmleiste mit Spannbügel
*d*) Klemmleiste mit Flachkeil und Tellerfedern
*e*) Klemmleiste mit Gummiunterlage verschraubt
*f*) Gummileiste mit Klemmprofil verschraubt

rungen des Siebprozesses bzw. Flatterbrüche zu vermeiden. Die Verspannung der Siebbeläge kann quer oder längs zur Transportrichtung erfolgen (Bild 5.26). Die dazu notwendigen Spannkräfte steigen mit zunehmender freier Spannlänge progressiv an. Es werden deshalb Stützkonstruktionen verwendet, die die freie Spannlänge in mehrere Abschnitte *t* unterteilen. Infolge deren Überhöhung ergeben sich dabei bei den Längsspannern unterschiedliche Neigungswinkel und demzufolge auch unterschiedliche Transportgeschwindigkeiten für die einzelnen Siebfeldzonen. Bei den Querspannern kommt es dagegen infolge der Überhöhung zu einer ungleichmäßigen Siebgutverteilung, da das Siebgut von der höher gelegenen Zone in die niedrigere wandert, so daß sich, bezogen auf die Trennflächenbreite, unterschiedliche Schichtdicken ergeben. Bei Querspannern mit Stoßlängen über 1300 mm werden Mittenbefestigungen empfohlen, die als Leisten in Transportrichtung aufgeschraubt werden. Außer einer besseren Auflage der Siebfelder können damit gleichmäßigere Schichtdicken als Voraussetzung für eine gute Klassierung erreicht werden. Querspanner haben den Vorteil, daß die Siebmaschinen unabhängig von der Trennflächenlänge abschnittsweise mit Siebböden einer konstanten Breite bzw. Stoßlänge bespannt werden können. Dadurch sind an gefährdeten Stellen, z. B. an der Aufgabeseite, solche aus stärkerem Draht bei gleicher Maschenweite einsetzbar. Auch der Siebbodenwechsel sowie das Nachspannen durch Schrauben oder Keile an den Seitenwänden der Siebmaschine ist einfacher durchführbar (Bild 5.27). Um eine gleichmäßige Belagspannung gewährleisten zu können, wurden Spannsysteme mit Federn oder hydraulisch-pneumatischen Elementen entwickelt, die außer- oder innerhalb des Rahmens eingebaut werden können. Bild 5.28 zeigt eine pneumatische

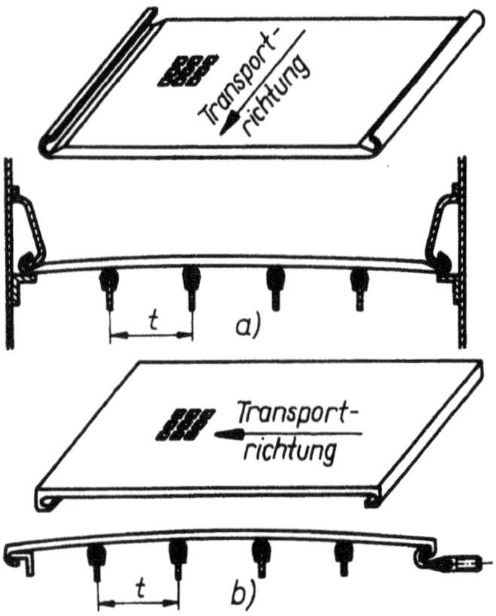


Bild 5.26. Beispiele für die Längs- und Querspannung von Siebböden
*a*) Querspannung
*b*) Längsspannung

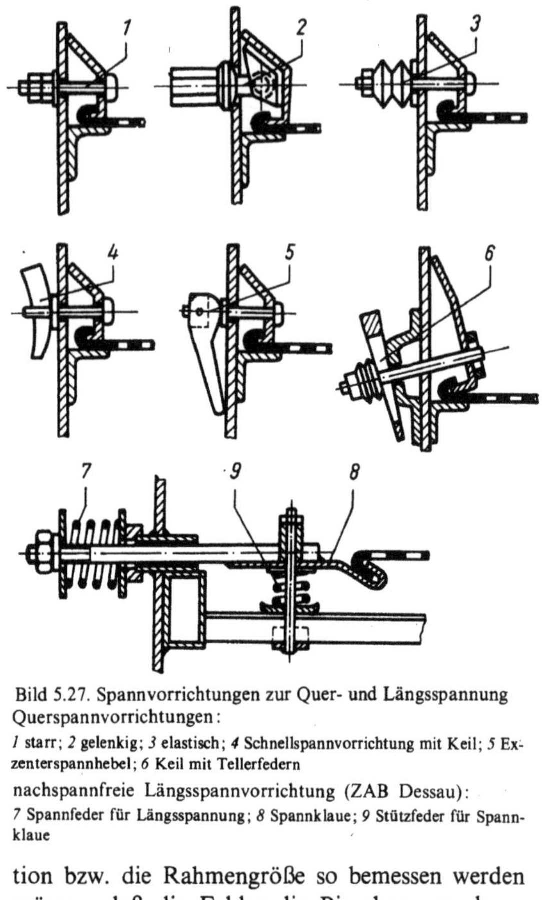


Bild 5.27. Spannvorrichtungen zur Quer- und Längsspannung
Querspannvorrichtungen:
*1* starr; *2* gelenkig; *3* elastisch; *4* Schnellspannvorrichtung mit Keil; *5* Exzenterspannhebel; *6* Keil mit Tellerfedern
nachspannfreie Längsspannvorrichtung (ZAB Dessau):
*7* Spannfeder für Längsspannung; *8* Spannklaue; *9* Stützfeder für Spannklaue

Verspannung mit Vertikalausgleich. Zur Berechnung der Spannkraft hat sich folgende Beziehung bewährt [808]:

$$F_{\text{Serf}} = K_{\text{M}} F_{\text{Go}} t^2 \nu S_{\text{K}} / a \quad \text{in N m}^{-1} \tag{5.38}$$

($F_{\text{Go}}$ spezifische Gewichtskraft des Siebbodens in N m$^{-2}$; $t$ Mittenabstand der Stützkonstruktion in cm (Bild 5.26); $\nu = 2$ Sicherheitsfaktor gegen Abheben von der Stützkonstruktion; $S_{\text{K}}$ Siebboden-Kennzahl (für Spannbewehrung aus geraden Drähten, Drahtbündeln usw. ohne Dehnreserve $S_{\text{K}} = 1$); $a$ Höhendifferenz von der Stützkonstruktion zwischen den einzelnen Stützen in mm).

Bei der Befestigung von Siebböden aus Gummi und Plastwerkstoffen gelten die gleichen Grundsätze wie bei den Stahlsiebböden. Darüber hinaus haben sich montagefertige Siebböden bzw. Siebbodenelemente bewährt, die als Plansieb- oder Spannsiebfelder und Formteilsiebböden eingebaut werden können.

**Plansiebfelder:** Hierunter sind einbaufertige, planebene Siebböden mit und ohne Armierung zu verstehen. Je nach den Beanspruchungen und der Größe müssen diese mit Unterstützungskonstruktionen, wie Verstärkungsschienen und Randeinfassungen (Rahmen), auf denen die Böden liegen, versehen werden (Bild 5.29). Dabei ist zu beachten, daß die Abstände der planebenen Stützkonstruktion bzw. die Rahmengröße so bemessen werden müssen, daß die Felder die Biegebeanspruchung aus der wirkenden Belastung des Siebgutes und den Beschleunigungskräften ohne plastische Verformung aufnehmen können. Plansiebfelder, die mit ihren Unterstützungskonstruktionen in den Siebmaschinenrahmen eingeschoben sind und an ihren Auflagestellen verschraubt werden, können als kleine, mittelgroße und große Felder bis etwa $L \times B = 3{,}5$ bis $5 \times 1$ m eingesetzt werden [801, 808]. Der Abstand der Abstützungen beträgt in der Regel 250 bis 500 mm.

**Spannsiebfelder aus Gummi:** Bei diesen sind ähnlich wie bei Spannsiebfeldern aus Metall zwei gegenüberliegende Siebfeldseiten als Spannkanten ausgebildet, an denen die erforderlichen Zugkräfte eingeleitet werden können (Bild 5.30). Aufgrund der großen Elastizitäten ist ein häufiges Nachprüfen der Spannung notwendig.

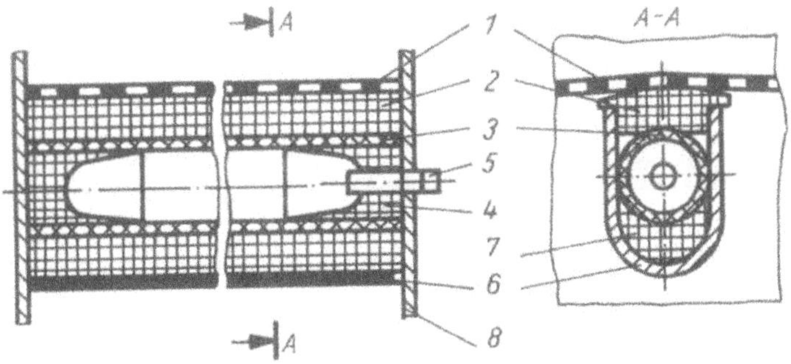


Bild 5.28. Pneumatische Spannvorrichtung mit Vertikalausgleich

*1* Siebboden; *2* Schutzschiene; *3* Spezialschlauch; *4* doppelt gesicherter Endverschluß; *5* Ventil; *6* Querträger; *7* Auflageleiste für Höhenausgleich; *8* Siebmaschinenrahmen

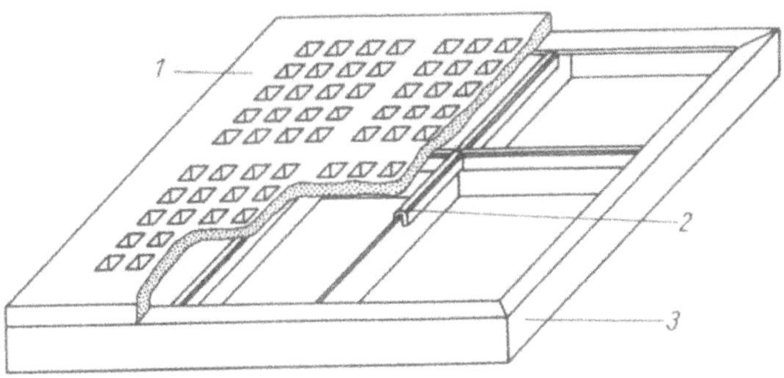


Bild 5.29. Plansiebfeld

*1* Siebboden; *2* Auflagegummi; *3* Stützkonstruktion

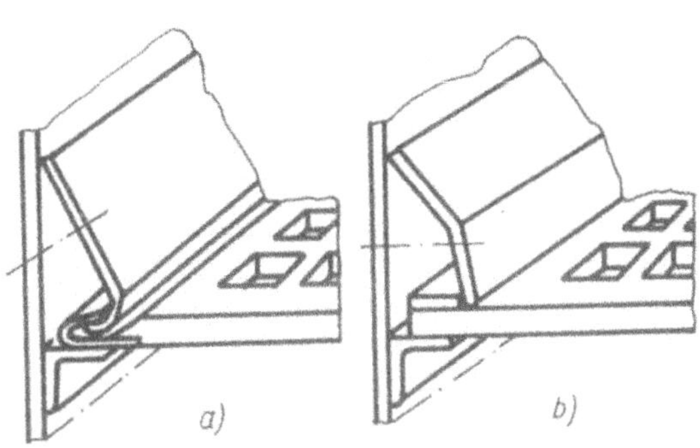


Bild 5.30. Spannsiebfelder aus Gummi
*a*) Querspanner mit Spannfalz
*b*) Querspanner mit Flachstahl

**Formteilsiebböden:** Sie bestehen aus quadratischen oder rechteckigen planebenen Siebbauteilen aus gegossenem Polyurethan mit Sieböffnungen beliebiger Form, Größe und Anordnung, die auf speziellen Unterstützungskonstruktionen bzw. Rahmen aus Stahl leicht austauschbar befestigt werden. Durch die baukastenprinzipähnliche Verlegung gleichgroßer quadratischer oder rechteckiger Siebbauteile können große planebene Siebflächen zusammengebaut werden. Bewährt haben sich quadratische Bauteile mit den Abmessungen von 300 × 300 mm und Rechteckbauteile mit einer Breite von 300 mm bis zu Längen von 1200 mm, die bei versetzter Anordnung durch Bauteile mit einer Breite von 150 mm und entsprechender Länge ergänzt werden [804, 808]. Für die Befestigung der Elemente auf dem Unterstützungsrahmen des Siebbodens sind verschiedene Systeme entwickelt worden, die jeweils eine spezielle Rahmenkonstruktion für die Auflage und Verankerung der Elemente erfordern (Bild 5.31). Nachteilig ist dabei, daß die jeweiligen Rahmenkonstruktionen auf das entsprechende Siebboden-Befestigungssystem abgestimmt werden müssen und eine allgemeine Austauschbarkeit der einzelnen Siebbodenfabrikate nicht möglich ist [801, 804]. Da sich bei der Befestigung der Elemente mit angeformten Vorsprüngen (z. B. Schnappanker) alle weiteren und zusätzlichen Befestigungsmittel, wie Spannstifte usw., erübrigen, haben derartige Elemente entscheidende Vorteile.

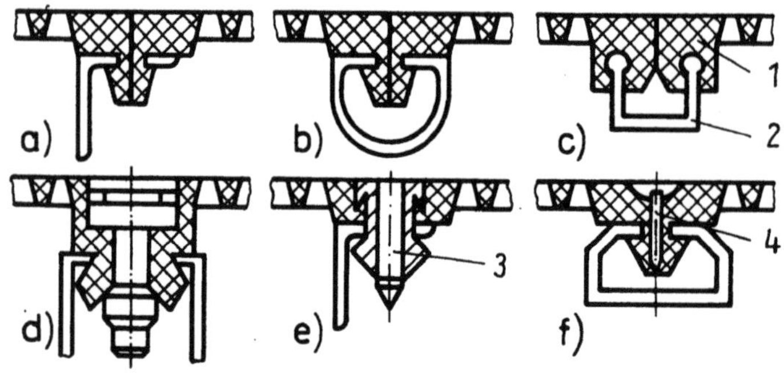


Bild 5.31. Formteil-Siebböden aus Polyurethan
*a*), *b*), *c*) Schnappverbindungen
*d*), *e*) Spreizankerverbindung
*f*) Schnappverbindung mit Spreizleiste

*1* Siebboden; *2* Stützrahmen; *3* Spreizanker; *4* Spreizleiste

### 5.2.3. Unbewegte feste Roste und Siebe

Bei unbewegten Sieben und Rosten muß die aus Stäben, Profildrähten, Siebgeweben oder Lochblechen gebildete Trennfläche so geneigt werden, daß das Siebgut unter Wirkung der Schwerkraft abrollen bzw. abgleiten kann.

**Feste Roste:** Diese werden nur zur Stückgutscheidung und Grobkornklassierung eingesetzt. Oft werden Bunker mit Rosten abgedeckt, um die Stücke, die für die weitere Verarbeitung zu groß sind, zurückzuhalten. Feste Roste sind meist aus einzelnen Profilstäben zusammengesetzt. Der Abstand zwischen den Roststäben beträgt gewöhnlich $w > 50$ mm. Zur Erhöhung der Wirksamkeit werden die Roststäbe verschiedentlich elastisch bzw. konsolartig gelagert, damit sie beim Aufschlagen des Gutes vibrieren (Bild 5.32). Die geometrischen Abmessungen der Rostfläche werden in der Regel durch die Breite des aufgegebenen Gutstromes bestimmt, der wiederum von der Aufgabeeinrichtung abhängt (Breite der Schurre, Länge oder Breite des Kippfahrzeuges u. a.). Um Verklemmungen des Aufgabegutes zu vermeiden, sollte die Rostbreite nach praktischen Erfahrungen betragen:

$$B \geqq 3d_A \qquad (5.39)$$

Die Rostlänge wird bei gegebener Breite durch den geforderten Durchsatz bzw. die Bunkerabmessungen bestimmt. Sie liegt im allgemeinen in den Grenzen

$$L = (1{,}5 \text{ bis } 4)\,B \qquad (5.40)$$

Damit das aufgegebene Gut auf dem Rost abrollt, sind Rostneigungen von $\beta = 35°$ bis $50°$ und mehr notwendig ($\beta = 45°$ bis $50°$ für Erze und $\beta = 35°$ bis $40°$ für Kohle). Die erreichbaren Siebgütegrade liegen bei $\eta = 55$ bis $60\,\%$ (bei geringer Belastung bei $\eta = 70$ bis $75\,\%$). Die relative offene Fläche liegt je nach Rostkonstruktion bei etwa $A_{\text{o eff}} = 0{,}5$ bis 0,6.
Der Durchsatz wird über empirisch ermittelte spezifische Kennwerte bestimmt:

$$\dot V = \dot V_{oA} A \quad \text{bzw.} \quad \dot m = \dot V_{oA} A \varrho \qquad (5.41)$$

($A$ Rostfläche $L \times B$ in $m^2$; $\dot m_{oA}$ spezifische Rostbelastung in $m^3\,m^{-2}\,h^{-1}$ nach Tabelle 5.2)

Bild 5.32. Konsolartiger Stangenrost

*Tabelle 5.2. Überschlagswerte für die spezifische Trennflächenbelastung ruhender Roste*

| Spezifische Trennflächenbelastung $\dot V_{oA}$ in $m^3\,m^{-2}\,h^{-1}$ bei | Spaltweite $w$ in mm | | | | | | |
|---|---|---|---|---|---|---|---|
| | 25 | 50 | 75 | 100 | 125 | 150 | 200 |
| $A_{\text{oeff}} = 0{,}70 \ldots 0{,}75$ | 9 | 16 | 22 | 25 | 28 | 31 | 38 |
| $A_{\text{oeff}} = 0{,}55 \ldots 0{,}60$ | 18 | 32 | 44 | 50 | 56 | 62 | 76 |

Bei Berücksichtigung der Spaltweite mit $\dot{V}_{oA} = \dot{V}_{oN} w^n$ kann für den Durchsatz in allgemeiner Form geschrieben werden [54]:

$$\dot{V} = \dot{V}_{oN} w^n A \quad \text{bzw.} \quad \dot{m} = \dot{V}_{oN} w^n A \varrho \qquad (5.42)$$

($\dot{V}_{oN}$ spezifische Rostbelastung je mm Spaltweite, die bei nichtklebenden trockenen Gütern 1,43 $m^3\,m^{-2}\,h^{-1}$ beträgt; $n = 0{,}62$ ($n = 0{,}5$ bis 0,7 für Schwingroste und -siebe))

**Feste Siebe:** Analog zu den festen Rosten müssen die Trennflächen auch bei den festen Sieben, die meist für die Naßsiebung und für spezielle Entwässerungsaufgaben eingesetzt werden, geneigt sein. Da das Feingut bei der Naßsiebung fast ausschließlich vom Spülstrom durch die Sieböffnungen, die ein Mehrfaches der Trennkorngröße betragen, transportiert wird, muß die Menge an Spülflüssigkeit dem Neigungswinkel bzw. der Trennkorngröße angepaßt werden. Dadurch werden Verstopfungen weitestgehend vermieden. Feste Siebe werden mit gekrümmten und geraden Trennflächen eingesetzt, wobei sich das Bogensieb bei vielen Sieb- und Entwässerungsaufgaben am besten bewährt hat [1, 813 bis 817]. Sie zeichnen sich nach

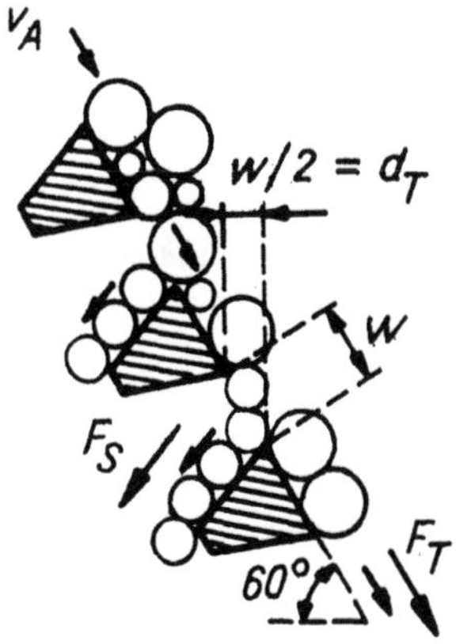


Bild 5.33. Schema zur Arbeitsweise eines Bogensiebes

Bild 5.33 durch trapezförmige Roststäbe, die auf einem Bogen quer zur Flußrichtung der Suspension angeordnet sind, aus. Der Bogen wird von den einzelnen Herstellern unterschiedlich ausgeführt (Bild 5.34). Meist werden sie jedoch als Kreisbogen mit einem Zentriwinkel von 90° bis 120° ausgebildet. Für die Aufgabe der zu klassierenden bzw. zu entwässernden Suspension sind die Siebe mit einem Zulaufgehäuse bzw. entsprechenden Verteilerdüsen versehen. Zur Ableitung des Feingutes mit der Flüssigkeit dient ein Sammelkasten mit Stutzen am Gehäuseboden, wogegen die Grobfraktion bzw. der entwässerte Feststoff am Siebende auf der gesamten Breite selbsttätig abfällt.

Beim Klassierprozeß werden von den einzelnen querliegenden Roststäben dünne Schichten vom Siebgutstrom abgeschält, wobei der Klassiereffekt von der Strömungskraft der Flüssigkeit und von der auf der gekrümmten Bahn wirkenden Zentrifugalkraft abhängig ist. Es muß deshalb eine entsprechende Auflaufgeschwindigkeit für die Trübe, die einen Feststoffgehalt von 10 bis 20% aufweisen kann, vorhanden sein. Bei der Aufgabe der Trübe im freien Zufluß werden Auflaufgeschwindigkeiten von etwa $v_A = 0{,}5$ bis $3\,m\,s^{-1}$ erreicht, die bei Trüben mit geringer Viskosität zur Klassierung ausreichend sind. Bei größerer Viskosität und kleinen Spaltweiten ist $v_A = 3$ bis $8\,m\,s^{-1}$ notwendig. In solchen Fällen wird die Trübe über Pumpen aufgegeben. Das ständige Überströmen der Trennfläche mit relativ hoher Fließgeschwindigkeit bewirkt eine gute Selbstreinigung, so daß Siebverstopfungen weitestgehend vermieden werden. Bei derartigen Sieben sind große Durchsätze bei geringem Fehlkornanteil möglich. Für die Wahl der Spaltweite, die vom Krümmungsradius oder dem Neigungswinkel sowie von $v_A$ abhängig ist, können bei $0{,}2 \leqq d_T \leqq 3$ mm folgende Beziehungen verwendet werden:

$$w = (1{,}1 \text{ bis } 3)\, d_T \quad \text{bzw.} \quad w = 1{,}6 d_T^{0{,}63} \qquad (5.43)$$

Bei der Mineralaufbereitung werden meist Spaltweiten zwischen $w = 0{,}3$ bis 1 mm eingesetzt, womit sich Trennkorngrößen von $d_T \approx 100$ bis 500 µm erreichen lassen [817].

Der Durchsatz der *Bogensiebe* kann wie folgt berechnet werden [813]:

$$\dot{V} = k A_ö v_A \quad \text{oder} \quad \dot{V} = \dot{V}_{oA} A \qquad (5.44)$$

($k = 140$ bis 200 Proportionalitätsfaktor; $A_ö$ offene Siebfläche in $m^2$ [$A_o = (0{,}3$ bis $0{,}4)\,A$]; $\dot{V}_{oA}(v_A) = 200$ bis 400 $m^3\,h^{-1}\,m^{-2}$)

Die Krümmungsradien liegen durchschnittlich bei etwa $R = 0{,}5$ bis 1,65 m und weisen Rostbreiten von $B = 0{,}3$ bis 1,2 m auf. In Weiterentwicklung des am Beispiel des Bogensiebes dargestellten Klassierprinzips sind in den letzten Jahren auch steilstehende, schwach gekrümmte und ebene Spalt-

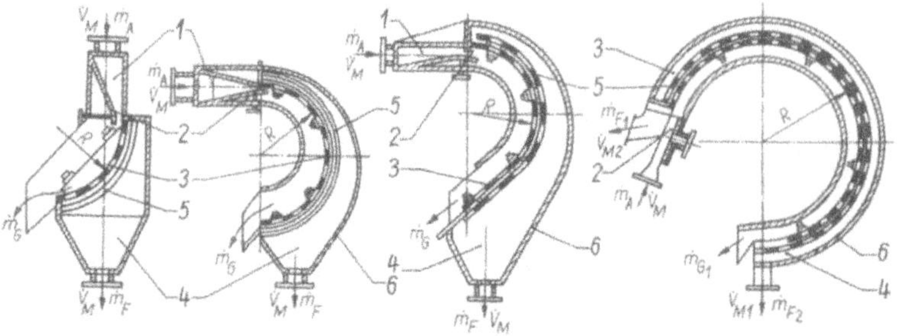


Bild 5.34. Bauarten von Bogensieben

*1* Zulaufgehäuse; *2* Verteilerdüse; *3* Trennfläche; *4* Sammelkasten für Feingut und Auslaufschleuse; *5* Stützkonstruktion für die Trennfläche; *6* Gehäuse

siebe mit gutem Erfolg zur Naßklassierung angewendet worden [817 bis 820]. Zur Verhinderung von Verstopfungen werden diese verschiedentlich mit mechanischen oder pneumatischen Schwingantrieben ausgerüstet, die die elastisch gelagerten Trennflächen in einstellbaren Intervallen zu Reinigungsschwingungen anregen [817].

### 5.2.4. Bewegte Roste

Dies sind Klassiermaschinen, bei denen die Trennfläche keinen geschlossenen Verband bildet und die angetriebenen Rostelemente in Bewegungsrichtung des Siebgutes Relativbewegungen zueinander ausführen. Dadurch wird das Klassiergut aufgelockert, durch Kraft- oder Formschluß umgewälzt und gleichzeitig transportiert. Sie werden vorwiegend zur Grobkornklassierung und damit gekoppelt zur Dosierung von grobstückigem Aufgabegut bei Brechanlagen verwendet.

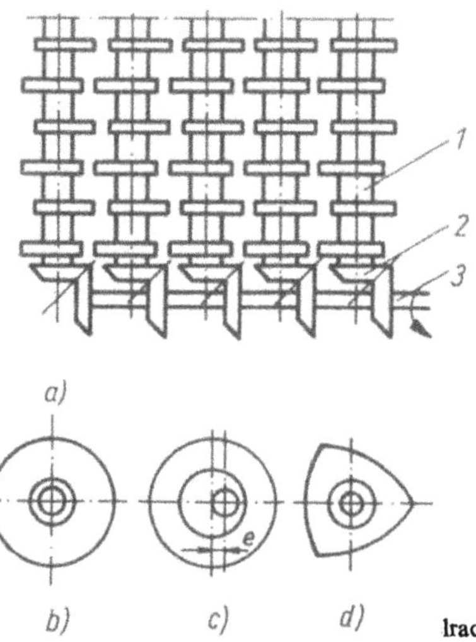


lradantrieb

*a*) Rost mit runden Scheiben
*b*) runde Scheibe mit zentraler Bohrung
*c*) runde Scheibe mit exzentrischer Bohrung
*d*) dreieckförmige Scheibe mit zentraler Bohrung
*1* Rostwellen; *2* Kegelradantrieb; *3* Antriebswelle

**Rollenroste:** Die Trennfläche der Rollenroste wird durch Aneinanderreihung von Wellen, auf denen Scheiben befestigt sind, gebildet (Bild 5.35). Die nacheinander waagerecht oder in Transportrichtung wenig geneigt angeordneten Rollenelemente werden über Ketten oder Kegelräder angetrieben, wobei die Drehzahl gleich oder in Förderrichtung geringfügig ansteigend, gewählt wird. Die Transportgeschwindigkeiten liegen bei $v_t = 0{,}7$ bis $1\ \mathrm{m\,s^{-1}}$ und sind meist stufenlos regelbar. Die durch die Anordnung der unterschiedlich geformten Scheiben entsprechenden Trennflächenöffnungen sind meist quadratisch oder rechteckig und weisen Spaltweiten zwischen $w = 50$ und 150 mm auf [750]. Rollenroste werden hauptsächlich zur Vorklassierung von Kohle und anderen weichen und mittelharten Materialien bei gleichzeitigem Transport des Grobgutes zum Brecher eingesetzt. Nicht geeignet sind sie zur Klassierung von nassen lehmhaltigen Materialien, da diese die Trennfläche verkleben. Der Durchsatz der Rollenroste kann nach Gl. (5.42) mit dem dafür angegebenen spezifischen Wert $\dot{V}_{oN} = 1{,}43\ \mathrm{m^3\,m^{-2}\,h^{-1}}$ und Exponenten $n = 0{,}62$ näherungsweise berechnet werden. Der Leistungsbedarf ergibt sich unter Berücksichtigung der aufliegenden Gutmasse sowie eines entsprechenden Reibungskoeffizienten ($\mu = 0{,}3$ bis $0{,}4$) mittels des damit berechenbaren Drehmoments.

**Kettenroste:** Sie bestehen aus zwei Roststabketten unterschiedlicher Länge, welche so angeordnet sind, daß die Trennfläche abwechselnd aus Roststäben beider Ketten gebildet wird (Bild 5.36). Durch die unterschiedliche Länge der Roststabketten hängen

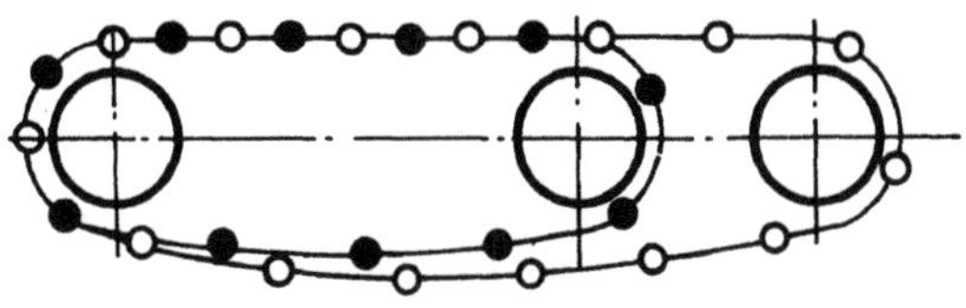

Bild 5.36. Schema eines Kettenrostes

die Untertrume verschieden durch, so daß im Untertrum der Abstand der Roststäbe das Doppelte der Spaltweite beträgt. Somit kann das Feingut ungehindert durchfallen. Ähnliche Wirkungen werden bei den Wanderstabrosten, die aus einer umlaufenden Kette mit abklappbaren Stäben bestehen, erreicht. Mit Kettenrosten, die im allgemeinen aufwendig sind, wird eine gute Klassierwirkung und Selbstreinigung gewährleistet.

**Stangenroste:** Es gibt dazu verschiedene Ausführungsformen, bei denen entweder die einzelnen Rostelemente bzw. der gesamte Rostverband mechanisch bewegt werden. Die meisten Stangenroste

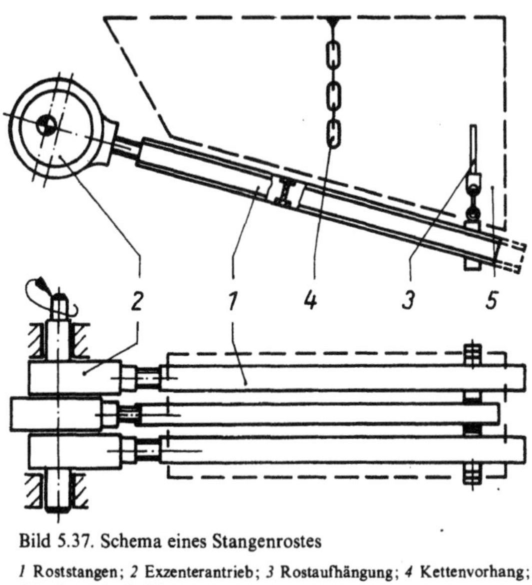


Bild 5.37. Schema eines Stangenrostes

*1* Roststangen; *2* Exzenterantrieb; *3* Rostaufhängung; *4* Kettenvorhang; *5* Bunkerauslaufgehäuse

bestehen aus zwei ineinander greifenden Rosten, die gegeneinander langsame oszillierende Bewegungen durchführen (Bild 5.37). Die elastische Aufhängung der Roststäbe bewirkt eine zusätzliche Schwingbewegung durch das aufschlagende bzw. abrollende Klassiergut. Dadurch wird bei geringer Neigung der Stangen ($\beta = 10°$ bis $15°$) ein guter Klassier-, Transport- und Selbstreinigungseffekt erreicht. Kleine Bauhöhen und geringe Nachlauferscheinungen sind Vorteile der Stangenroste. Nachteilig sind ein relativ großer Verschleiß sowie ein großer Investitionsaufwand, der vor allem auf den komplizierten Antrieb zurückzuführen ist. Verschiedentlich werden auch Roste, die zur Transportrichtung querliegende Stangen aufweisen, eingesetzt.

**Schwingroste:** Diese bestehen aus einer stangenförmigen, meist unter einem Winkel von 10° bis 15° geneigten oder waagerechten Trennfläche, die zur Verbesserung des Klassiereffektes und der Transportwirkung mehrstufig ausgeführt sein kann. Sie werden durch Massenkraftantriebe in lineare Schwingungen versetzt. Dabei wird das aufliegende Klassiergut bei entsprechender Beschleunigung durch kleine Wurfbewegungen aufgelockert und transportiert. Bei den für trockene Güter im Korngrößenbereich bis $d_A = 1000$ mm einsetzbaren Schwingrosten kann der Förderstrom bzw. Durchsatz durch Änderung der Frequenz und Amplitude

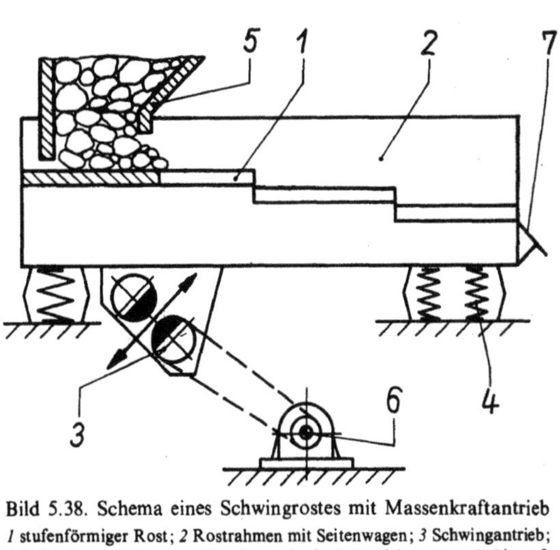


Bild 5.38. Schema eines Schwingrostes mit Massenkraftantrieb

*1* stufenförmiger Rost; *2* Rostrahmen mit Seitenwagen; *3* Schwingantrieb; *4* federnde Abstützung; *5* Bunkerauslauf; *6* Antriebsmotor; *7* Abwurfschurre

geregelt werden. Dafür sind regelbare hydrostatische Schwingantriebe gut geeignet. Der Vorteil der Schwingroste besteht darin, daß gleichmäßige Durchsätze bzw. Förderströme erreicht werden können und, bedingt durch das Arbeitsprinzip, kein großer Verschleiß auf der Trennfläche entsteht. Die Trennflächenstäbe bestehen meist aus verschleißfestem Manganhartstahl. Bei der Dimensionierung des Schwingantriebes sowie der federnden Abstützung der Roste ist zu beachten, daß sie bei großen aufliegenden Massen empfindlich sind und die dabei entstehenden erhöhten Masseankopplungen durch entsprechende Amplitudenverstellung ausgeglichen werden müssen. Sie kommen bereits bis zu Durchsätzen von etwa 3000 $m^3 h^{-1}$ zum Einsatz (Bild 5.38).

### 5.2.5. Trommelsiebmaschinen

Bei diesen Maschinen sind die Trennflächen zylindrisch, verschiedentlich auch 6-, 8eckig oder kegelig ausgebildet. Das an einer Stirnseite aufgegebene Siebgut wird in den um ihre Achse rotierenden Trommeln durch ständige Umwälzung klassiert, wobei gleichzeitig ein axialer Transport des Gutes erfolgt. Vereinzelt werden die rotierenden Trommeln auch in Schwingung versetzt, da damit Verstopfungen weitestgehend vermieden werden können. Horizontale, schwachgeneigte und vertikale Bauweisen sind möglich.

**Horizontale und geneigte Trommelsiebmaschinen:** Die Siebtrommeln sind vorwiegend zylindrisch, seltener konusförmig ausgebildet. In Trommelsieben horizontaler Bauweise werden meist mehr als zwei Fraktionen gewonnen. Dazu werden die mit Leitblechen für den axialen Transport [823] ausgerüsteten Siebtrommeln aus Sektionen unterschiedlicher Maschenweite zusammengesetzt, wobei $w$ in Richtung des Siebendes zunimmt, oder es werden mehrere Siebtrommeln ineinander angeordnet (Bild 5.39). Dabei hat die äußerste Trennfläche stets die kleinste Maschenweite. In neuerer Zeit werden Trommelsiebe für spezielle Aufgaben auch in Form von Baukastensystemen eingesetzt, wobei die Parallelschaltung bevorzugt wird [824]. Trommelsiebmaschinen besitzen einen einfachen Aufbau, laufen erschütterungsfrei und ermöglichen eine schonende Siebung. Nachteilig sind geringer spezifischer Durchsatz, hoher Leistungsbedarf, große Verstopfungsgefahr und geringe Trennschärfe. Letztere kann verbessert und die Verstopfungsneigung verringert werden, wenn der rotierenden Bewegung eine zusätzliche Schwingbewegung überlagert wird bzw. der Feingutaustrag durch Flüssigkeit oder Luft unterstützt wird. Durch aufgebrachte Schwingungen wird allerdings der Vorteil des erschütterungsfreien Laufes aufgehoben. Auch die Reinigung der Siebtrommeln durch Bürsten hat sich bewährt. Trommelsiebmaschinen werden meist dann eingesetzt, wenn das Klassiergut keinen hohen Beschleunigungen ausgesetzt werden darf oder gleichzeitig mehrere Aufbereitungsprozesse, z. B. Waschen und Klassieren von Baustoffen und lehmhaltigen Erzen u. a., realisiert werden sollen.

Der Antrieb horizontaler Trommelsiebmaschinen erfolgt ähnlich wie bei den Sturzmühlen über den Halslagerzapfen mittels Zahnkranz oder Stützrollen (vgl. Abschn. 4.12.3.). Bei Siebmaschinen mit überlagerter Schwingbewegung ist ein zusätzlicher Schwingantrieb, der als Exzenter- oder Massenkraftantrieb ausgebildet sein kann, erforderlich [822]. In Abwandlung des Klassierprinzips mit rotierender Trommel wird für schwierige Siebaufgaben, wie feuchte Materialien, im Feinkornbereich verschiedentlich auch die sog. Vibroschleuder, die das Arbeitsprinzip der Trommel, Vibrations- und

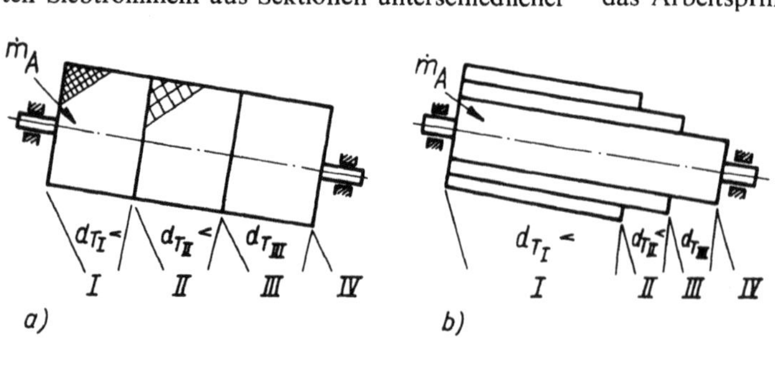


Bild 5.39. Schema horizontaler, geneigter Trommelsiebmaschinen
*a*) zusammengesetzte Bauweise
*b*) Blockbauweise

Zentrifugalsiebung vereinigt, verwendet [823]. Die Vibroschleuder ist durch eine horizontalliegende, nicht rotierende Trommel gekennzeichnet, die federnd abgestützt ist und durch einen Schwingantrieb in Schwingung versetzt wird. Materialtransport sowie Auflockerung des Siebgutes werden durch einen im Inneren der Trommel umlaufenden Rotor, der mit sog. Passierleisten versehen ist, begünstigt [823]. Durch dieses Prinzip wird erreicht, daß das zu trennende Siebgut die Siebtrommel in schraubenlinienförmigen Bahnen durchläuft, wobei das Feingut auf dem ganzen Umfang durch die Bespannung der Siebtrommel austritt. Die Vibration des Siebmantels verringert den Durchgangswiderstand der Partikeln durch die Trennfläche und erleichtert das freie Abfließen des Feingutes vom Trommelkörper. Bei trockenem Siebgut kann der Gutaustritt durch eine Bedüsung mit Luft verbessert werden.

Siebtrommeln werden durch Trommeldurchmesser und -länge gekennzeichnet. Während die Länge von der gewünschten Verweilzeit des Gutes in der Trommel und von der Anzahl der vorgesehenen Siebabschnitte abhängig ist, wird der Durchmesser unter Berücksichtigung der maximalen Dicke der Siebgutschicht bestimmt. Dabei wird angenommen, daß diese $h \leqq 2d_A$ nicht überschreiten darf. Bei $\alpha^* < 90°$ und $h = R - R/\sqrt{2} = 0{,}293R$ (Bild 5.40) ergibt sich der Trommeldurchmesser zu

$$D \geqq 14d_A \tag{5.45}$$

Die *Trommeldurchmesser* werden je nach Einsatzgebiet zwischen 750 und 1500 mm, vereinzelt auch darüber, festgelegt. Die Bestimmung der Trommeldrehzahl erfolgt wie bei den Sturzmühlen (vgl. Abschn. 4.12.1.1.). wobei die relative Drehzahl in den Grenzen $\psi = 0{,}26$ bis 0,4 liegen sollte. Für den üblichen Drehzahlbereich gilt damit:

$$n_T = 8/\sqrt{R} \quad \text{bis} \quad 12/\sqrt{R} \quad \text{in min}^{-1} \tag{5.46}$$

Die bei *Trommelsiebmaschinen* üblichen Umfangsgeschwindigkeiten liegen bei $v_T = 0{,}6$ bis $1{,}2\ \text{m s}^{-1}$. Zur Gewährleistung des axialen Materialtransportes in Trommeln ohne spezielle Leiteinrichtungen werden diese gegenüber der Horizontalen mit $\beta = 3°$ bis $8°$ geneigt angeordnet oder kegelig ausgeführt. Das Siebgut bewegt sich dann in Form einer Zickzack-Linie durch die Trommel (Bild 5.40).

Den *Durchsatz von Trommelsiebmaschinen* erhält man aus dem Produkt des Siebgutquerschnittes $A$ in der radialen Ebene und der Axialgeschwindigkeit $v_H$ des Siebgutes:

$$\dot{V} = Av_H \quad \text{oder} \quad \dot{m} = Av_H\varrho \tag{5.47}$$

Mit $A \approx 2bh/3$ und $b \approx 2\sqrt{Dh - h^2}$ bzw. $b \approx 2{,}83\sqrt{Rh}$ bei $h \ll R$ und $v_H = \omega R \tan 2\beta$ kann für (5.47) geschrieben werden:

$$\dot{V} = 1{,}88\omega\sqrt{R^3h^3}\tan 2\beta \qquad \text{in m}^3\,\text{s}^{-1} \tag{5.48}$$

Der nach (5.48) ermittelte Durchsatz berücksichtigt nicht die Klassierbedingungen und ergibt nur Überschlagswerte. Wird unter Beachtung der Maschenweite und weiterer Einflußfaktoren nach (5.42) der Durchsatz bestimmt, so sind bei einem Exponenten $n = 1$ für den spezifischen Durchsatz $\dot{V}_{oN} = 0{,}27\ \text{t m}^{-2}\,\text{h}^{-1}$ bei Trockensiebung und $\dot{V}_{oN} = 0{,}45\ \text{t m}^{-2}\,\text{h}^{-1}$ je mm Maschenweite bei Naßsiebung zugrunde zu legen [1, 24].

Der *Leistungsbedarf* $P_{mech}$ der horizontalen oder geneigten Trommelsiebmaschinen setzt sich aus einem Anteil zum Heben (Umwälzen) des Siebgutes in der Trommel $P_H$ und aus einem Anteil zur Überwindung der Reibung in den Lagerstellen $P_L$ zusammen ($P_{mech} = (P_H + P_L)/\eta_G$) und kann wie bei den Sturzmühlen bestimmt werden (vgl. Abschn. 4.12.1.2.). Bei Einhaltung der zur Gewährleistung guter Trennergebnisse für die Schütthöhe des Siebgutes in der Trommel angegebenen Bedin-

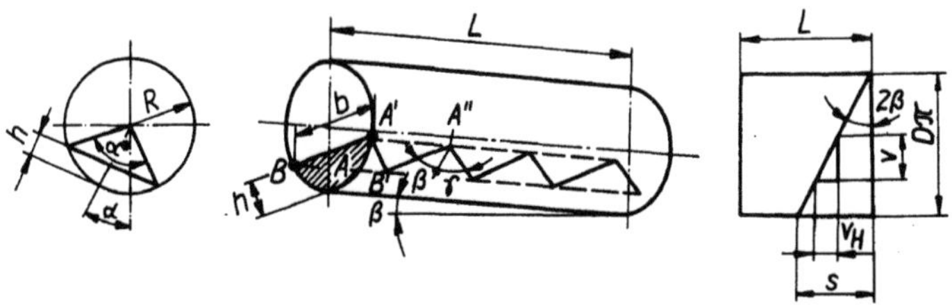


Bild 5.40. Schema zur Berechnung von Trommelsiebmaschinen horizontaler Bauart

gung $h \leqq 2d_A$, die auch den Siebgut-Füllungsgrad mit $\varphi_S < 0{,}09$ einschließt, ergibt sich $P_H$ zu

$$P_H \approx 0{,}051 m_S R n_T \sin\alpha \quad \text{in kW} \tag{5.49}$$

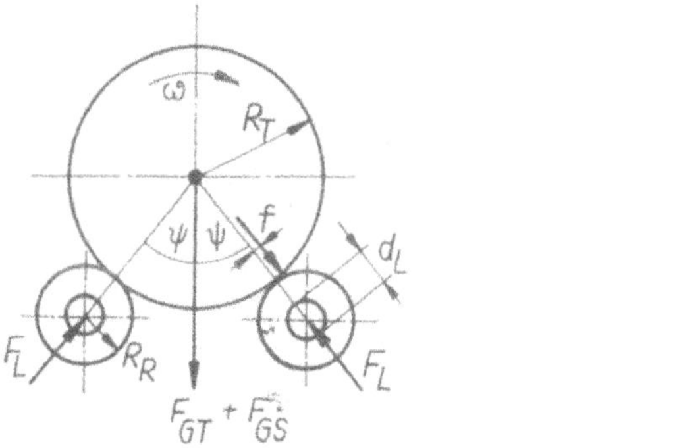


Bild 5.41. Schema zur Berechnung des Leistungsbedarfes für die Roll- und Lagerreibung bei Stützrollenantrieben

Mit den in Bild 5.41 für eine Stützrollenlagerung angegebenen geometrischen Beziehungen erhält man für $P_L$:

$$P_L = M\omega = [(F_{GT} + F_{GS})(2f + \mu_L d_L) R_T \pi n_T] / R_R \cos\psi \tag{5.50}$$

**Vertikale Trommelsiebmaschinen:** Solche wurden entwickelt, um auf das Siebgut während des Klassierprozesses Zentrifugalkräfte einwirken zu lassen. Dadurch sind sie auch zur Feinkornsiebung feuchter, klebriger und nasser Siebgüter verwendbar [825 bis 829]. Das Siebgut wird auf einen Streuteller aufgegeben und an die Innenwand der rotierenden Siebtrommel geschleudert. Infolge wirkender Zentrifugalkräfte wird das Feingut durch die Sieböffnungen gedrückt und im Gehäuse der Siebmaschine nach unten abgeleitet. Das Grobgut gleitet an der Innenwand der Siebtrommel abwärts und wird seitlich abgeführt. Damit die notwendigen Relativbewegungen zwischen Siebgut und Trennfläche auftreten können und das Grobgut sicher ausgetragen wird, muß bei Rotation der Trommel ohne Schwingungseinfluß die Bedingung $mg \geqq \mu m R\omega^2$ auf der Trennfläche erfüllt werden. Zur Verbesserung des Axialtransportes und des Klassiereffektes werden die Rotationsbewegungen der Trommel durch Kreisschwingungen überlagert (Bild 5.42). Damit wirken in der horizontalen Ebene die in Richtung und Größe konstant bleibende Zentrifugalkraft aus der Rotation der Trommel und die sich periodisch ändernde Beschleunigungskraft aus der überlagerten Schwingung. Beide Kräfte werden gleich groß gewählt, so daß das Siebgut in der Trommel bei entsprechender Überlagerung der Kräfte kurzzeitig frei fallen kann. Dadurch ist eine ständige Auflockerung ebenso wie ein schrittweiser Transport des Siebgutes auf der Innenseite der Siebtrommel nach unten möglich. Mit derartigen Siebmaschinen sollen große spezifische Durchsätze bei gutem Trenneffekt erreichbar sein. Nachteilig sind der komplizierte Aufbau und ein hoher Trennflächenverschleiß. Neben der Überlagerung der Schwingung in der horizontalen Ebene sind zusätzlich zur Rotationsbewegung auch Vertikalschwingungen möglich, so daß Ähnlichkeiten zur Siebschleuder bestehen [826 bis 828].

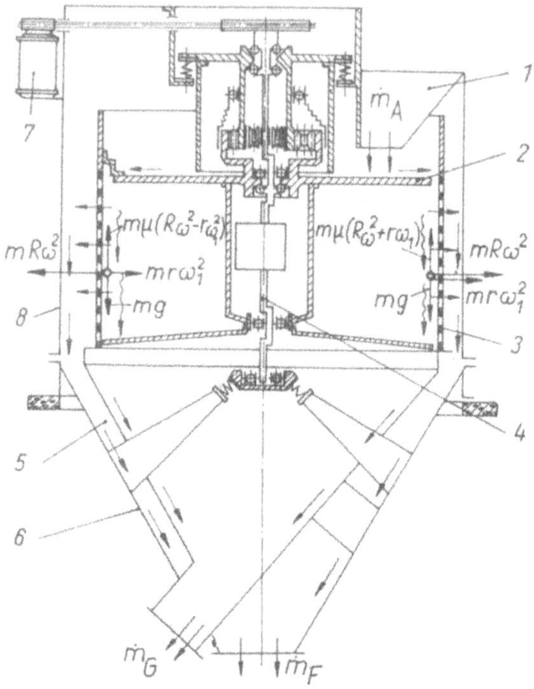


Bild 5.42. Vertikal-Trommelsiebmaschine (UdSSR)

*1* Aufgabeguttrichter; *2* Streuteller; *3* Siebtrommel; *4* Exzenterantrieb mit Massenausgleich; *5* Sammel- und Auslauftrichter für Grobgut; *6* Sammel- und Auslauftrichter für Feingut; *7* Antriebsmotor; *8* Gehäuse

### 5.2.6. Schwingsiebmaschinen

Die aus einem Rahmen (Siebkasten), der oder den Trennflächen (Siebböden), dem oder den Schwingantrieben und der elastischen Abstützung (Federn) bestehenden Schwingsiebmaschinen können unter Zugrundelegung der Bewegungsform des Siebrahmens bzw. der Trennfläche oder des Siebgutes nach Bild 5.43 nach der Schwingungsform (Kreis-, Linear- oder Ellipsenschwingung), Schwingweise (unter- oder überkritischer bzw. Resonanzbetrieb), Antriebsart (Zwangs-, Massen- und Federkraftantriebe) und Art der Siebgutbewegung auf der Trennfläche (Wurf- und Plansiebmaschinen) eingeteilt werden.

#### 5.2.6.1. Kreis-Schwingsiebmaschinen

Bei derartigen Siebmaschinen führt der Siebkasten eine Kreisbewegung in der vertikalen Ebene aus. Der Antrieb erfolgt durch Kurbel, Exzenter oder durch eine umlaufende Unwuchtmasse.

**Exzenter-Schwingsiebmaschinen:** Sie werden mittels einer im Siebkasten und Grundrahmen gelagerten Exzenterwelle angetrieben, wobei der Siebkasten auf dem Grundrahmen bzw. Fundament elastisch abgestützt ist (Bild 5.44). Fallen Exzenterantrieb und Schwerpunkt der bewegten Siebmasse zusammen, dann ergeben sich auf der gesamten Trennfläche fast ideale Kreisschwingungen, deren Schwingradius der Exzentrizität entspricht. Ist das nicht der Fall, so werden der Kreisschwingung vor allem an den Enden der Trennfläche Drehschwingungen überlagert, die zu ellipsenförmigen Schwingbewegungen führen. Die durch die Kreisbewegung am Siebkasten und an der Exzenterwelle auftretenden Zentrifugalkräfte werden durch Unwuchtmassen auf der Exzenterwelle kompensiert. Zum Ausgleich eventueller Restkräfte ist die Anordnung

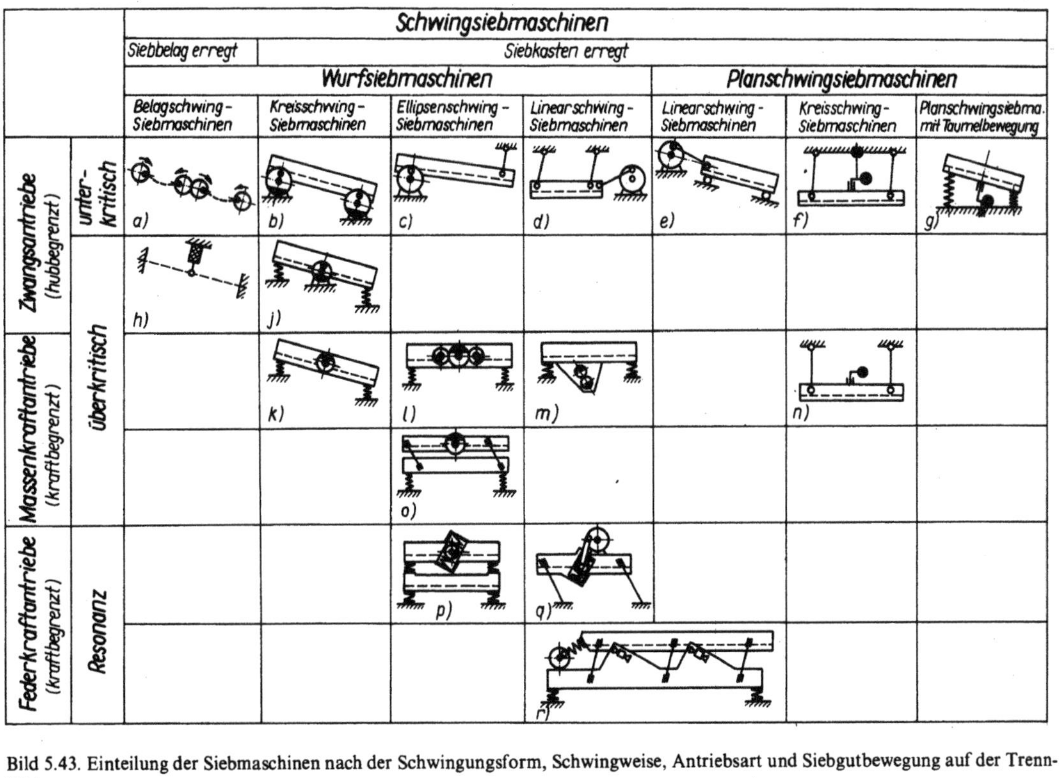


Bild 5.43. Einteilung der Siebmaschinen nach der Schwingungsform, Schwingweise, Antriebsart und Siebgutbewegung auf der Trennfläche

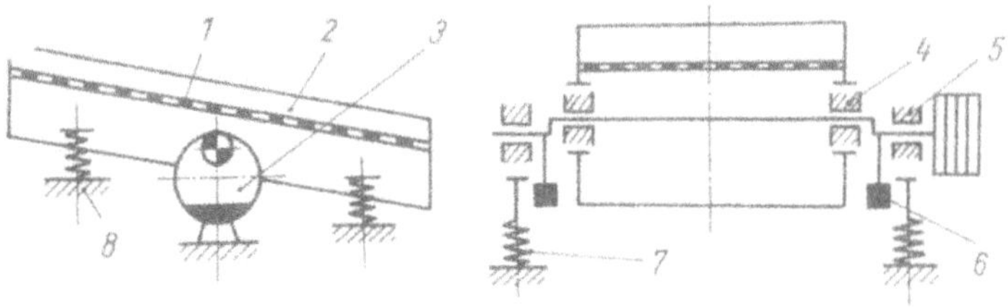

Bild 5.44. Schema einer Exzenter-Schwingsiebmaschine

*1* Trennfläche; *2* Siebkasten; *3* Exzenterantrieb; *4* Siebkastenlagerung; *5* Rahmenlagerung; *6* Massenausgleich; *7* Stützfedern; *8* Grundrahmen oder Fundament

von Schwingisolatoren zwischen Grundrahmen und Fundament zweckmäßig. Bei einem vollständigen Massenausgleich wird das Fundament nicht dynamisch belastet. Die Exzentrizität der Welle wird dem Verwendungszweck entsprechend festgelegt, wobei die Maschinenkennziffer aufgrund der hohen Lagerbelastung $K_M = 4$ bis 5 nicht überschreiten sollte. Die Siebfläche der Exzentersiebmaschinen ist infolge der bei größeren Flächen erforderlichen Maschinenmasse und der damit im Zusammenhang stehenden Wälzlagerbelastung begrenzt. Bild 5.45 zeigt den Antrieb einer Exzenter-Schwingsiebmaschine.

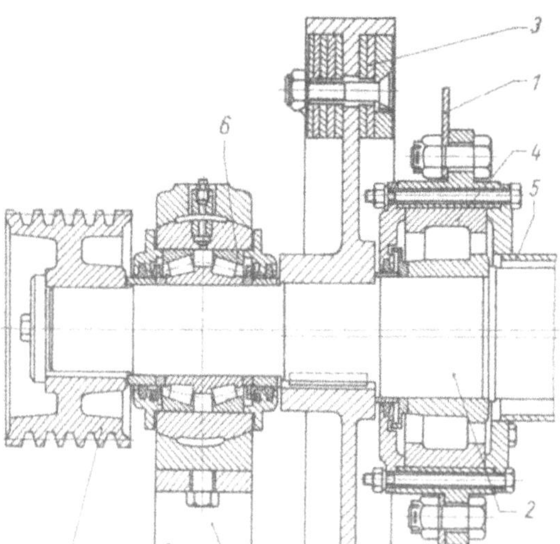

Bild 5.45. Exzenterantrieb

*1* Siebkastenwange; *2* Exzenterwelle; *3* Ausgleichmasse; *4* Siebkastenlager; *5* Versteifungs- und Schutzrohr; *6* Rahmenlager; *7* Rahmen; *8* Antriebsscheibe

**Doppelkurbel-Schwingsiebmaschinen:** Der Siebkasten wird durch zwei parallel an seinen Enden angeordnete, synchronlaufende Kurbel- oder Exzenterwellen angetrieben (Bild 5.46). Bei diesen unterkritisch laufenden Maschinen kann der Schwingradius bei Maschinenkennziffern von

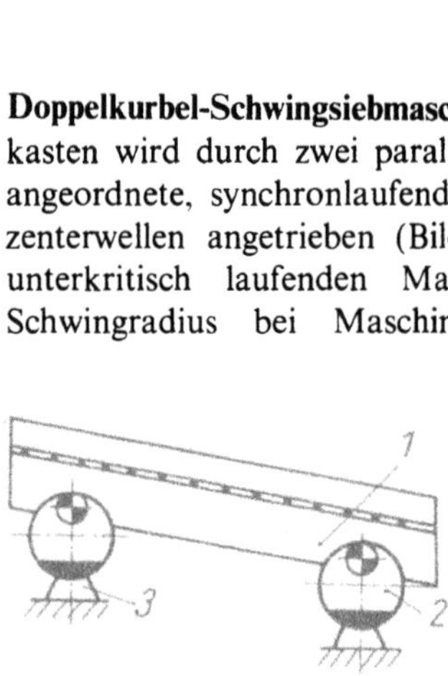

Bild 5.46. Schema einer Doppelkurbel-Schwingsiebmaschine

*1* Siebkasten mit Trennfläche; *2* Kurbel- und Exzenterantrieb; *3* Rahmen

$K_M = 1{,}5$ bis 2 und Drehzahlen bis 200 $min^{-1}$ etwa bis zu 100 mm betragen. Derartige Siebmaschinen, die trotz Massenausgleich an den Exzenter- oder Kurbelwellen zu einer hohen Fundamentbelastung führen, werden vor allem als Grob- oder Vorsiebmaschinen mit großer spezifischer Trennflächenbelastung eingesetzt, da der Schwingkreis auch bei höchster Belastung konstant bleibt. Die langsam laufenden Kurbelsiebe sind robust und betriebssicher, können aber hinsichtlich Durchsatz und Siebgütegrad nur noch im begrenzten Umfang modernen Forderungen genügen.

**Kreiswucht-Schwingsiebmaschinen:** Diese überkritisch betriebenen Maschinen mit Massenkraftantrieb stellen die einfachste Bauweise und die am häufigsten eingesetzte Form der Schwingsiebmaschinen dar. Sie gehören deshalb in der Regel auch zum Standardprogramm aller einschlägigen Firmen. Der Antrieb erfolgt durch eine umlaufende

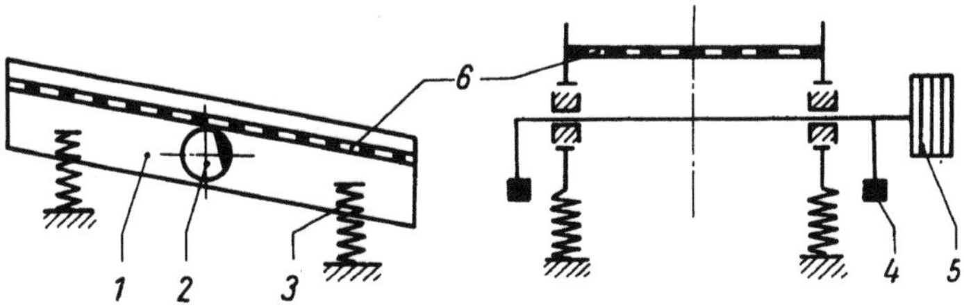


Bild 5.47. Schema einer Kreiswucht-Schwingsiebmaschine

*1* Siebkasten mit Trennfläche; *2* Massenkraftantrieb; *3* weiche Stützfedern; *4* Unwuchtmasse; *5* Antriebsscheibe; *6* Trennfläche

Unwucht, die meist im Schwerpunkt des Siebkastens gelagert ist (Bild 5.47). Dieser wird auf Federn abgestützt, so daß keine nennenswerten dynamischen Belastungen in das Fundament bzw. in die Aufhängung übertragen werden. Eine ideale Kreisschwingung wird wie bei den Schwingmühlen nur dann erreicht werden, wenn die Federkonstanten der elastischen Abstützung in vertikaler und horizontaler Richtung gleich sind. Da dies nicht der Fall ist, treten meist »Kreisabweichungen« von etwa 6% auf. Um bei unterschiedlicher Trennflächenbelastung und veränderter Eigenfrequenz möglichst konstante Schwingkreisradien zu gewährleisten, werden die meisten Maschinen mit Frequenzverhältnissen von $\eta = \omega/\omega_0 = 4$ bis 6 betrieben. Während der Bewegungsablauf der Siebkastenschwingung bei den Doppelkurbel- und Exzenter-Schwingsiebmaschinen durch die Geometrie des hubbegrenzten Antriebssystems bestimmt wird, handelt es sich bei den Kreiswucht-Schwingsiebmaschinen um ein freischwingendes kraftbegrenztes System (Freischwinger). Ihr Vorteil liegt in der einfachen Bauweise und leichten Anpassung an den gewünschten Schwingkreis-Durchmesser durch Veränderung der Unwuchtmasse bzw. deren Verstellung. Bei Schwingkreisradien von $r = 2{,}5$ bis 10 mm eignen sie sich vorrangig zur trockenen und nassen Fein- und Mittelkornsiebung ($d = 1$ bis 50 mm) mineralischer Rohstoffe. Die Siebkennziffern liegen dabei im allgemeinen bei $K_v = 4$ bis 6.

**Berechnungsgrundlagen:** Bei der Drehzahlberechnung bzw. -festlegung wird vorausgesetzt, daß die Bewegung des Siebgutes auf der Trennfläche vorrangig durch Wurf erfolgt. Die Antriebsdrehzahl $n$ bzw. Frequenz wird somit durch die Wurfbedingungen bestimmt. Ein Ablösen der betrachteten Partikel von der Trennfläche erfolgt nach Bild 5.10 bei $a_N \geqq g_N$, so daß mit (5.30) für $n$ geschrieben werden kann:

$$n = (1/2\pi)\sqrt{g \cos\beta / r \sin\varphi_A} \tag{5.51}$$

Setzt man voraus, daß die Siebmaschine mit $K_V = 3{,}3$ (vgl. Abschn. 5.2.1.2., (5.29) bis (5.34)) betrieben werden soll, so erhält man durch Umformen von (5.51) und Einsetzen entsprechender Werte, z. B. $r = 3$ bis 10 mm, für $n = 16{,}6$ bis $9{,}1\ s^{-1}$ (995 bis 545 $min^{-1}$). Die meisten Siebmaschinen zur Mittelkornklassierung werden bei $r = 2{,}5$ bis 5 mm mit $n = 750$ bis 1500 $min^{-1}$ angetrieben.

Zur rechnerischen Bestimmung des Durchsatzes werden in der Fachliteratur verschiedene Beziehungen angegeben. Die meisten lassen sich auf (5.41) und (5.42) zurückführen und setzen sich neben dem spezifischen Durchsatz $\dot{V}_{oA}$ in $m^3\ m^{-2}\ h^{-1}$, der Trennfläche $A$ aus mehreren empirisch ermittelten Korrekturfaktoren zusammen, die u. a. den Masseanteil des Siebgutes für $d > w$ bzw. $d < w/2$, die Siebgutfeuchtigkeit, Kornform, Anzahl der Trennflächen, Bewegung des Siebgutes auf der Trennfläche und den Fehlkornanteil bzw. Siebgütegrad berücksichtigen sollen [54, 251, 830, 832, 835]:

$$\dot{V} = \dot{V}_{oA} A K_1 K_2 \ldots K_n \quad \text{in } m^3\ h^{-1} \tag{5.52}$$

($K_1$ bis $K_8$ Korrekturfaktoren nach *Olevski* (Tabelle 5.3))

Zur überschläglichen Ermittlung von $\dot{V}_{oA}$ können folgende empirische Beziehungen, die auf die spezifische Trennflächenbelastung je mm Maschenweite bei einem Siebgütegrad von 90% aufbauen, verwendet werden [1, 54, 832]. In Bild 5.48 sind die mit (5.53) bis (5.56) berechneten Werte im Vergleich zu Betriebsergebnissen verschiedener Siebmaschinenarten dargestellt.

$$\dot{V}_{oA} = \dot{V}_{oN} w^n = 4 w^{0{,}57} \quad \text{oder} \tag{5.53}$$

*Tabelle 5.3. Korrekturfaktoren zur Bestimmung des Siebdurchsatzes* [1, 54, 832]

| Überkornanteil $d > w$ im Siebgut in % | 10 | 20 | 25 | 30 | 40 | 50 | 60 | 70 | 80 | 90 |
|---|---|---|---|---|---|---|---|---|---|---|
| $K_1$ | 0,94 | 0,97 | 1,00 | 1,03 | 1,09 | 1,18 | 1,32 | 1,55 | 2,00 | 3,60 |
| Feinkornanteil $d < w/2$ im Siebgut in % | 10 | 20 | 30 | 40 | 50 | 60 | 70 | 80 | 90 | — |
| $K_2$ | 0,70 | 0,80 | 0,90 | 1,00 | 1,20 | 1,40 | 1,60 | 1,80 | 3,00 | — |
| Siebgütegrad in % | 85 | 87,5 | 90 | 92,5 | 94 | 96 | | | | |
| $K_3 = (100 - \eta)/8$ | 1,87 | 1,56 | 1,25 | 0,94 | 0,75 | 0,5 | | | | |
| Umfangsgeschwindigkeit am Schwingkreis in m s$^{-1}$ | 0,315 | | 0,420 | | 0,525 | | 0,630 | | | |
| $K_4$ | 0,65 ... 0,70 | | 0,75 ... 0,80 | | 0,85 ... 0,90 | | 0,95 ... 1,00 | | | |
| Trennflächenlage | obere Trennfläche | | | untere Trennfläche bei Doppeldeck-Siebmaschinen | | | | | | |
| $K_5$ | 1 | | | 0,75 ... 0,80 | | | | | | |
| Siebgut | gebrochenes Gut | | | Sand und Kies | | | Steinkohle | | | |
| $K_6$ | 1,0 | | | 1,25 | | | 1,50 | | | |
| Maschenweite $w$ in mm | <25 | | | | | | >25 | | | |
| Oberflächenfeuchtigkeit | trocken | | feucht | | klebrig | | für alle Feuchtigkeitsstufen | | | |
| $K_7$ | 1,0 | | 0,25 ... 0,75 | | 0,20 ... 0,50 | | 0,90 ... 1,00 | | | |
| Siebgut | gebrochenes Gut, Sand und Kies | | | | | | Steinkohle | | | |
| Betriebsbedingungen | Trockensiebung | | | mit Berieselung | | | trocken und Berieselung | | | |
| $K_8$ | 1,0 | | | 1,25 ... 1,40 | | | 1,0 | | | |

$$\dot{V}_{oA} = 4 \lg (w/0{,}08) \quad \text{für} \quad w < 3\,\text{mm} \tag{5.54}$$

$$\dot{V}_{oA} = 24 \lg (w/1{,}74) \quad \text{für} \quad w = 6 \text{ bis } 40\,\text{mm} \tag{5.55}$$

$$\dot{V}_{oA} = 51 \lg (w/9{,}15) \quad \text{für} \quad w > 40\,\text{mm} \tag{5.56}$$

Da bei den meisten Berechnungsverfahren für $\dot{V}$ bzw. $\dot{m}$ nicht die konstruktiven Besonderheiten der Maschine und Siebböden, z. B. Lochform, relative freie Trennfläche $A_0$, Trennflächenreinigung u. a., berücksichtigt werden, sind für die jeweilige Maschine und den geplanten Einsatzfall experimentelle Untersuchungen notwendig. Zur Ermittlung der Verweilzeit bestimmter Korngrößenklassen auf der Trennfläche, z. B. $d = (0{,}8$ bis $1)\, w$, sind bei ähn-

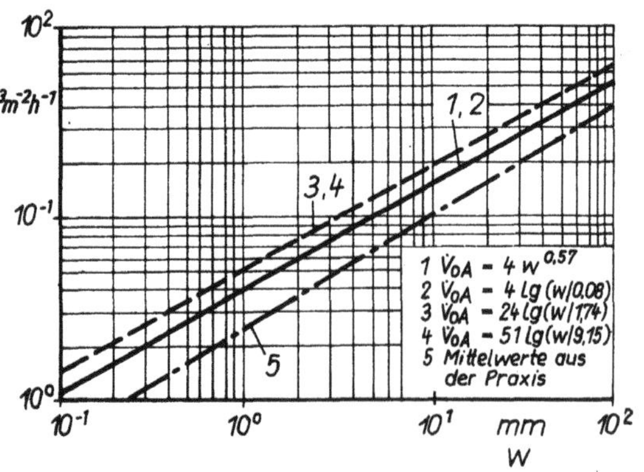


Bild 5.48. Orientierungswerte für den spezifischen Durchsatz in Abhängigkeit von der Maschenweite der Trennfläche

lichen Schwingungsparametern auch Modellsiebmaschinen verwendbar.
Mit der Kontinuitätsgleichung (5.57) für den Massendurchsatz einer Siebmaschine ergibt sich die Trennflächenbelegung zu Beginn eines kontinuierlich verlaufenden Prozesses zu

$$\dot{m} = Bh\varrho_{SG}v_t \quad \text{in kg s}^{-1} \tag{5.57}$$

$$m_{oSG} = h\varrho_{SG} = \dot{m}/Bv_t \quad \text{in kg m}^{-2} \tag{5.58}$$

Zur Erreichung günstiger Durchsätze kann die Siebgut-Schichthöhe an der Aufgabestelle mit $h = 3w$ festgelegt werden, bei Dickschichtsiebung auch darüber. Für die Bestimmung der Transportgeschwindigkeit werden unterschiedliche Beziehungen, die z. T. auf die Einzelkorndynamik aufbauen, angegeben [770, 773, 777 bis 793]. Sie weichen voneinander ab und sind nicht allgemein gültig. Auch die in der Praxis ermittelten Transportgeschwindigkeiten $v_t = 0{,}15$ bis $0{,}5\ \text{m s}^{-1}$ bei der Dickschichtsiebung ($h = (3$ bis $5)\ w$) und $v_t = 2$ bis $5\ \text{m s}^{-1}$ bei der Dünnschichtsiebung (Siebung im Bereich der Einzelkornschicht $h \approx w$) lassen trotz der Proportionalitäten $v_t \sim n^2, v_t \sim r^2, v_t \sim \beta$ keine allgemein verwendbaren Schlußfolgerungen zu. Für Kreis-Schwingsiebmaschinen kann folgende empirische Beziehung, die bei $\beta = 12°$ bis $20°$, $n = 12{,}5$ bis $41{,}6\ \text{s}^{-1}$, $r = 0{,}0005$ bis $0{,}0027$ m, $d = 3$ bis $30$ mm und $v_t = 0{,}1$ bis $0{,}5\ \text{m s}^{-1}$ brauchbare Werte ergibt, verwendet werden:

$$v_t = 6{,}87r^2n^2\beta \tag{5.59}$$

Der Bewegungsablauf der Kreis-Schwingsiebmaschinen kann als eine gedämpfte Schwingbewegung betrachtet werden. Um einen stabilen Lauf zu erreichen, muß ihnen die Energie, die durch Reibung in den Lagerungen und durch Kraftwirkungen zwischen der Trennfläche und dem Siebgut sowie durch die maschineneigene Dämpfung verbraucht wird, als Antriebsenergie zugeführt werden.

$$P_{mech} = (P_K + P_L + P_D)/\eta_G \tag{5.60}$$

Nimmt man an, daß die kinetische Energie des Siebgutes beim Auftreffen auf den Siebboden vollkommen verbraucht wird, so muß das Siebgut bei jeder Schwingbewegung beschleunigt werden. Dafür ist folgende Leistung notwendig:

$$\begin{aligned} P_K &= W_K/t = m_{SG}v^2n/2 \\ &= 2\pi^2 m_{SG}r^2n^3 \quad \text{in W} \end{aligned} \tag{5.61}$$

($m_{SG} = m_{oSG}A$ nach (5.58) durchschnittliche Siebgutmasse auf der Trennfläche)

Bei der Berechnung von $P_L$ müssen die Unterschiede der Antriebswellenlagerungen bei Exzenter- ($P_{LE}$) und Kreiswucht- ($P_{LK}$) Schwingsiebmaschinen beachtet werden.

*a)* Für $P_{LE}$ kann bei Exzenter-Schwingsiebmaschinen für die Exzenter- und Rahmenlagerung bei vollkommenem Massenausgleich geschrieben werden:

$$\begin{aligned} P_{LE} &= P_{LEE} + P_{LER} \\ &= F_m\mu_{LE}R_{LE}\omega + F_G\mu_{LR}R_{LR}\omega \end{aligned} \tag{5.62}$$

Für die mittlere Kraftwirkung am Exzenterlager erhält man:

$$\begin{aligned} F_m &= \sqrt{\frac{1}{2\pi}\int_0^{2\pi}(F_Z^2 + F_G^2 - 2F_ZF_G\cos\alpha)\,d\alpha} \\ &= m\sqrt{r^2\omega^4 + g^2} \end{aligned} \tag{5.63}$$

($m$ schwingende Siebmaschinen- und Siebgutmasse ($m = m_M + m_{SG}$))

Wird $P_D$ in (5.60) bei geringer Dämpfung der Federn vernachlässigt und (5.61) bis (5.63) eingesetzt, so ergibt sich der Leistungsbedarf bei Exzenter-Schwingsiebmaschinen zu

$$\begin{aligned} P_{mech\,E} = \{&2\pi^2 m_{SG}r^2n^3 + \pi n(m_M + m_{SG}) \\ &\times[\mu_{LE}d_{LE}\sqrt{r^2\omega^4 + g^2} + \mu_{LR}d_{LR}g]\}/\eta_G \end{aligned} \tag{5.64}$$

*b)* Mit den unter Abschnitt 4.14.1., (4.511) bis (4.514) und Bild 4.340, für den Leistungsbedarf bei Schwingmühlen vorgenommenen Ableitungen kann für $P_{mech}$ bei Kreiswucht-Schwingsiebmaschinen geschrieben werden:

$$P_{mech\,K} = m_u r_u r\omega^3(\sin\varphi + \mu_L r_L/r) \tag{5.65}$$

($\sin\varphi$ berücksichtigt die Dämpfung der Federn und die Siebgutmasse auf der Trennfläche)

Die nach (5.64) und (5.65) bestimmten Antriebsleistungen gelten für den stationären Betriebszustand. Um den Resonanzbereich beim Anfahren schnell durchfahren zu können, muß ein ausreichendes Beschleunigungsmoment zur Verfügung stehen. Die Antriebsmotoren werden deshalb meist mit einem 20%igen Leistungszuschlag ausgewählt.

**Gesichtspunkte zur Konstruktion:** Bei überkritischem Betrieb können folgende Richtwerte zugrunde gelegt werden:

- Längen-Breiten-Verhältnis der Trennfläche $L/B = 1$ bis 3,5
- Neigung der Trennfläche $\beta = 15°$ bis $25°$
- Schwingradius $r = 3$ bis 10 mm
- Maschinen- und Siebkennziffer $K_M$ bzw. $K_V = 4$ bis 6
- Frequenzverhältnis $\omega/\omega_0 = 4$ bis 5

Die erforderliche Trennflächengröße $A$ ergibt sich bei vorgegebenem Durchsatz $\dot{V}$ oder $\dot{m}$ mittels (5.41), (5.42) bzw. (5.52):

$$A = \dot{V}/\dot{V}_{oA} = \dot{V}/A_{oN}w^n \quad \text{oder}$$

$$A = \dot{V}/\dot{V}_{oA}K_1K_2 \ldots K_n$$

Da bei der Festlegung der Trennflächenabmessungen $A = BL$ zur Gewährleistung des geforderten Fehlkornanteiles bzw. Siebgütegrades die Trennflächenlänge $L$ von entscheidender Bedeutung ist und nicht beliebig gewählt werden kann, sind experimentelle Untersuchungen zur Ermittlung der Verweilzeit für die Grenzkorngrößenklasse $d_i = (0{,}8$ bis $1)\,w$ bzw. der siebkinetischen Konstante $b_i$ nach (5.26) zweckmäßig [830, 832, 837]. Für die erforderliche Trennflächengröße kann geschrieben werden:

$$A = BL_{opt} = Bv_t\tau$$

($L_{opt}$ optimale Trennflächenlänge, an deren Ende der vorgegebene Fehlkornanteil im Siebüberlauf z. B. 10% beträgt)

Mit (5.26) erhält man für $L$:

$$L = b_i^{-1}\{m_G f_R/[m_{GK}(1 - f_R)]\}$$

In Bild 5.49 ist die Trennflächenlänge in Abhängigkeit des Fehlkornanteils dargestellt [830]. Auch aus Gründen der dynamischen Steifigkeit der Siebkastenkonstruktion sind die Trennflächenlängen begrenzt. Gegenwärtig ist eine Baulängenbegrenzung der Siebkästen bei etwa $L = 5000$ bis 6000 mm üblich, wobei die mit Trennflächen von $A = 40$ bis

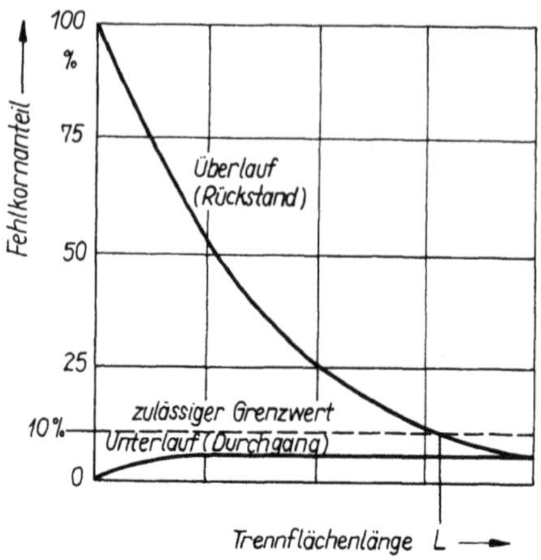


Bild 5.49. Fehlkornanteil in Abhängigkeit der Trennflächenlänge zur Ermittlung von $L$ [830]

50 m² gebauten Großsiebmaschinen mit Längen von etwa 9000 mm eine Ausnahme bilden [783, 784]. Die obere Begrenzung der Siebkastenbreiten ist mit durchgehender Antriebswelle bei etwa $B = 2500$ bis 3000 mm anzusetzen, da bei größeren Breiten infolge der Wellendurchbiegung lagerungstechnische Probleme entstehen können. Größere Breiten sind möglich, wenn die Unwuchtmassen in Form von Antriebsblöcken auf kurzen Wellen beidseitig in den Wagen des Siebkastens bzw. zusätzlich in der Mitte gelagert und nach Bild 5.50 durch Gelenkwellen verbunden werden. Dabei werden die Antriebswellen meist mittels Rollenlagers (vereinzelt auch Pendelrollenlager) gelagert. Zur Veränderung des Schwingkreisradius werden die Schwingantriebe so ausgebildet, daß je eine Unwuchtmasse gegenüber einer wellenfesten Masse verdreht werden kann.

Bei den meist mit Keilriemen angetriebenen Kreiswucht-Schwingsiebmaschinen können je nach Anordnung bzw. Lagerung der Unwuchtmassen einfache und selbstzentrierende Maschinen unterschieden werden (Bild 5.51). Beim einfachen Antrieb bewegt sich die Maschinenmasse $m$ mit dem Schwerpunkt A und die Unwuchtmasse $m_u$ mit ihrem Schwerpunkt B um den gemeinsamen Schwerpunkt C. Ein Nachteil dieses Antriebes ist, daß der Mittelpunkt der Antriebsriemenscheibe mit dem Radius $r$ um den gemeinsamen Schwerpunkt C kreist. Dazu sind lange Keilriemen erforderlich. Dieser Nachteil wird bei den selbstzentrierenden Antrieben aus-

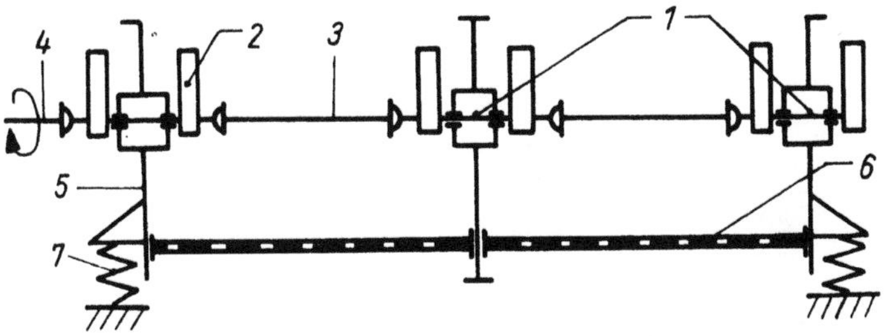


Bild 5.50. Schema einer Kreis-Schwingsiebmaschine mit drei Antriebsblöcken für große Trennflächenbreiten [840]
*1* Antriebsblöcke; *2* Unwuchtmassen (verstellbar); *3* Gelenkwellen; *4* Antriebsgelenkwelle; *5* Siebkastenwange; *6* Trennfläche; *7* weiche Stützfedern

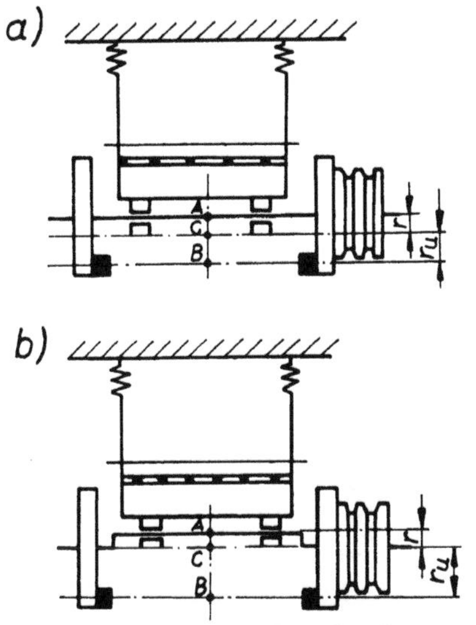


Bild 5.51. Schema zur Anordnung bzw. Lagerung der Unwuchtmassen am Siebkasten
*a*) einfache Anordnung
*b*) selbstzentrierende Anordnung

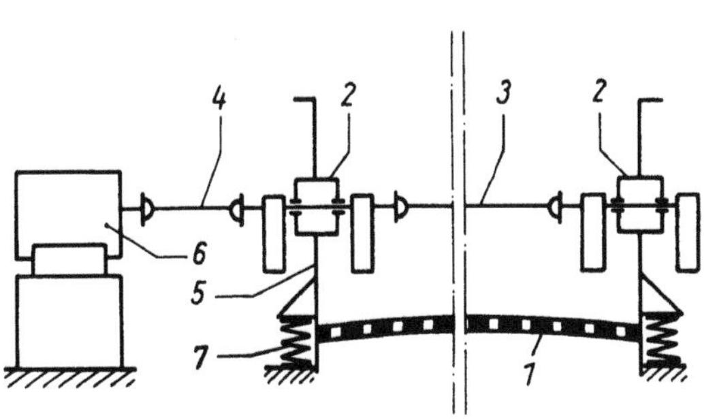


Bild 5.52. Antriebsschema einer Kreis-Schwingsiebmaschine mit Gelenkwelle und oben liegendem Schwingantrieb [840]
1 Trennfläche; 2 Antriebsblock; 3 Gelenkwelle; 4 Antriebsgelenkwelle; 5 Siebkastenwange; 6 Motor; 7 weiche Stützfedern

geschaltet, indem Riemenscheibe und Unwuchtmassen exzentrisch befestigt werden (Bild 5.51*b*). Wird dabei $m_u r_u \approx mr$ eingehalten, dann rotiert die Riemenscheibe um den gemeinsamen Schwerpunkt, so daß kurze Keilriemen verwendet werden können. Soll der Siebkasten vom Riemenzug entlastet werden, was vor allem bei größeren Maschinen zweckmäßig ist, kann der Antrieb über ein Vorgelege mit zwischengeschalteter Gelenkwelle erfolgen (Bild 5.52) [840]. Bei der schwingungstechnischen Berechnung und konstruktiven Gestaltung von Schwingantrieben gelten die gleichen Grundsätze wie bei Schwingmühlen (vgl. Abschn. 4.14.2.3.), wobei stets auf kleine Maschinenmassen zu orientieren ist [783, 784].

Der Siebkasten besteht bei den meisten Siebmaschinenarten aus zwei Seitenwänden, die durch Traversen (Querträger) miteinander zu einem Rahmen verbunden sind. Eine Aufgabeschurre und oft auch ein Abwurfblech sind zusätzlich zwischen den Seitenwänden befestigt. Letztere stellen Blechkonstruktionen mit entsprechenden Versteifungen und Befestigungsmöglichkeiten für die Antriebe und Konsolen der Stützfedern dar (Bild 5.53). Um eine große Schwingungssteifigkeit zu gewährleisten, werden die Traversen an den Seitenwänden mittels Vorschweißflanschen verbunden. Zur Komplettierung mehrteiliger Siebmaschinenrahmen werden an Stelle von Nieten hochfeste Schrauben mit entsprechender Sicherung verwendet. Neuerdings kommen auch Schließringbolzen, die mit der Verbindung einer Nietung vergleichbar sind, zum Einsatz [840]. Bei der Dimensionierung der Rahmenlängsträger sind die dynamischen Rückstellkräfte der Stützfedern im Resonanzfall ($\eta = \omega/\omega_0 = 1$; $\psi = 90°$), bei dem die Vergrößerungsfunktion $V$ ihren Maximalwert annimmt und bei den üblichen

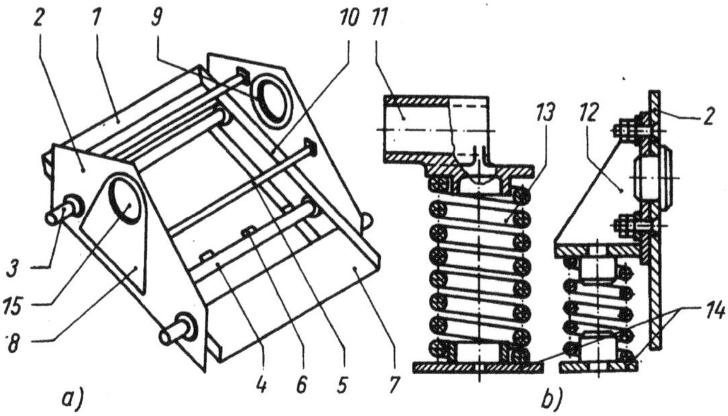


Bild 5.53. Schema eines Siebkastens mit Stützfedern [840]
*a*) Siebkasten *b*) Stützfederanordnungen

*1* Aufgaberutsche; *2* Siebkastenwange; *3* Stützkonsole; *4* Haupttraverse; *5* Distanztraverse; *6* Auflagehalterung für Trennflächen-Stützrahmen; *7* Abgaberutsche; *8* äußeres Verstärkungsblech; *9* inneres Verstärkungsblech; *10* Seitenschleißblech; *11* Stützbuchse; *12* Konsole; *13* Stützfedern; *14* Auflagebleche mit Federzentrierung; *15* Bohrung für Antriebsblock

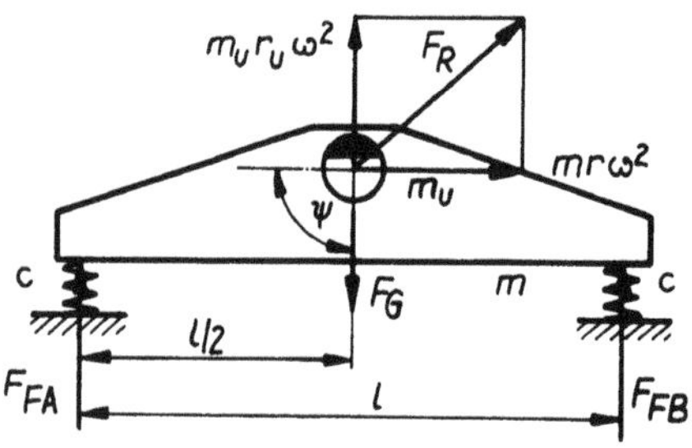


Bild 5.54. Schema zur Berechnung der Stützkräfte im Rahmenträger

Federn etwa $V = 4$ bis 6 beträgt, zugrunde zu legen (Bild 5.54). Die größten Kräfte, die bei der Bestimmung des Biegemomentes bei vorgegebener Maschinenkennziffer $K_M = 4$ bis 6 zu verwenden sind, treten auf, wenn $F_R$ und $F_G$ addiert werden.

$$F_R = \sqrt{(m_u r_u \omega^2)^2 + (mr\omega^2)^2} \qquad (5.66)$$

Wird in (5.66) $mr\omega^2$ durch $m_u r_u \omega^2 V$ substituiert und für $\omega$ bei $z$ Federn die Eigenfrequenz $\omega_0 = \sqrt{z\,c/(m_u + m)}$ eingesetzt, so erhält man nach entsprechender Umformung und Addition mit $F_G$ die maximale Kraft $F_{max}$ zu

$$F_{max} = m_u r_u [z\,c/(m_u + m)] \times \sqrt{1 + V^2} + (m_u + m)\,g \qquad (5.67)$$

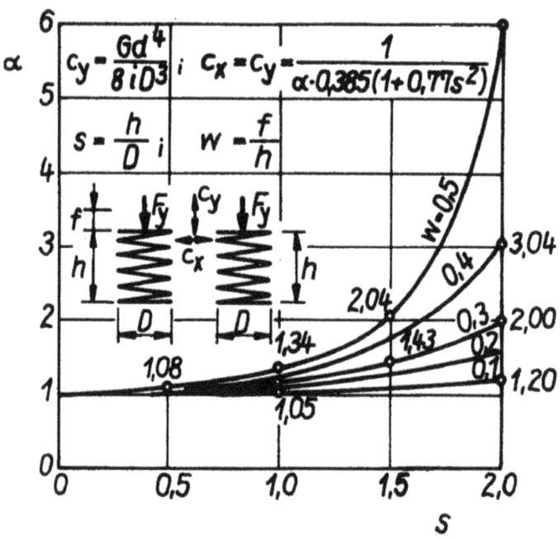


Bild 5.55. Diagramm zur Ermittlung der Federkonstanten [1022]

Um Federwindungsschluß beim Durchfedern der Resonanz zu vermeiden, müssen die Federkonstanten c und der mögliche Arbeitsweg $f$ zwischen den Federwindungen entsprechend ausgelegt werden. Dabei ist zu beachten, daß die Eigenfrequenz $\omega_0 = \sqrt{c/m}$ möglichst klein und das bei Siebmaschinen übliche Abstimmungsverhältnis bei der vorgesehenen Betriebsfrequenz mit $\eta = \omega/\omega_0 = 4$ bis 5 eingehalten wird. Bei $f = 30$ mm und $\omega = 105\ s^{-1}$ ($n = 1000\ min^{-1}$) erhält man z. B. mit $\omega_0 = 18{,}1\ s^{-1}$ ein $\eta = 5{,}80$. Bild 5.55 zeigt ein Diagramm zur Ermittlung von Federkonstanten für Stahlschraubenfedern [1022]. Aus (5.66) und (5.67) läßt sich ab-

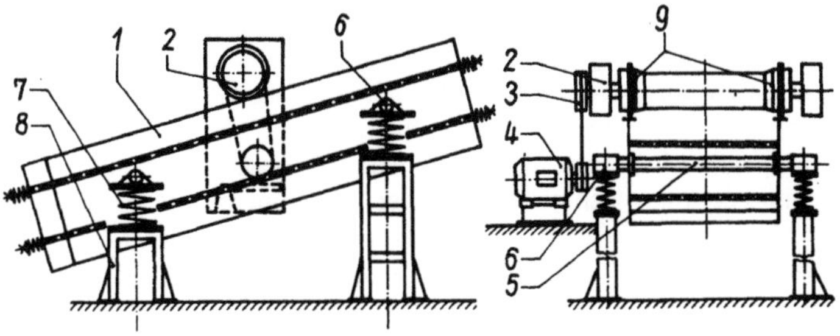


Bild 5.56. Kreiswucht-Schwingsiebmaschine mit oben liegendem Schwingantrieb, stehende Ausführung (ZAB Dessau)

*1* Siebkasten mit zwei Trennflächen; *2* Massenkraftantrieb; *3* Antriebsscheibe mit Keilriemen; *4* Motor; *5* Traverse; *6* Stützkonsole; *7* weiche Auflagefedern; *8* Stützrahmen; *9* Lagerung des Schwingantriebes mit Verstärkungsrohr

leiten, daß die Maschinenmasse durch die Wahl günstiger Profilquerschnitte (große Widerstandsmomente) möglichst klein sein sollte. Außerdem sind große Dämpfung im Resonanzbereich und kleine Dämpfung bei stationärem Betrieb (weiche Federn) günstig. Um ein starkes Aufschaukeln im Resonanzbereich zu vermeiden, werden deshalb Anschlagpuffer bzw. Begrenzungsfedern mit nichtlinearer Federkonstante verwendet. Die auf das Fundament übertragenen Kräfte ergeben sich aus dem Produkt von Federsteifigkeit und Schwingradius ($F_y = c_y r_y$ bzw. $F_x = c_x r_x$), wobei im Resonanzfall die entsprechenden Amplituden einzusetzen sind. Bild 5.56 zeigt eine Kreiswucht-Schwingsiebmaschine, die als Ein- oder Zweideckermaschine in stehender oder hängender Ausführung eingesetzt werden kann.

### 5.2.6.2. Linear-Schwingsiebmaschinen

Bei diesen Maschinenarten führt der Siebkasten angenähert geradlinige Schwingbewegungen aus. Das kann durch die Anordnung und Lage der Lenker oder Lenkerfedern, durch den resultierenden Kräftevektor bei gegenläufigen Unwuchtmassen und durch elektromagnetische Antriebe erreicht werden. Je nach Anordnung der Lenker, Lenkerfedern oder des Schwingantriebes mit Unwuchtmassen werden Abwurfwinkel von $\alpha = 30°$ bis $60°$ angewendet [792, 841, 842]. Damit sind große Wurfweiten bzw. Transportgeschwindigkeiten auch bei waagerechter Lage des Siebkastens möglich. Bei Flachwurfausführungen wird dieser verschiedentlich mit $\beta = 6°$ bis $10°$ geneigt angeordnet, während die Schwingbewegung horizontal gerichtet ist. Linear-Schwingsiebmaschinen sind für eine schonende Siebung geeignet, haben jedoch bei flachem Wurfwinkel den Nachteil, daß sich Klemmkörner infolge der gerichteten Schwingungen nur schwer aus der Trennfläche lösen. Nach Bild 5.43 können die Linear-Schwingsiebmaschinen als Ein- oder Mehrmassensysteme ausgebildet sein und im unterkritischen, überkritischen oder Resonanzbereich betrieben werden. Typische Vertreter sind Schubkurbel-, Linearwucht-(Doppelwucht-) und Resonanz-Schwingsiebmaschinen mit Gegenschwingmassen und vollem Massenausgleich.

**Schubkurbel-Schwingsiebmaschinen:** Bei diesen unterkritisch betriebenen Siebmaschinen wird der Siebkasten entweder an Lenkern oder Lenkerfedern aufgehangen (*1*) oder abgestützt (*2*) (Bild 5.57). Der Lenkerlänge entsprechend führt der mittels Schubkurbel (*4*) angetriebene Siebkasten (*3*) bogenförmige (annähernd geradlinige) Bewegungen aus. Dabei wird der Abwurfwinkel $\alpha$ des Siebgutes

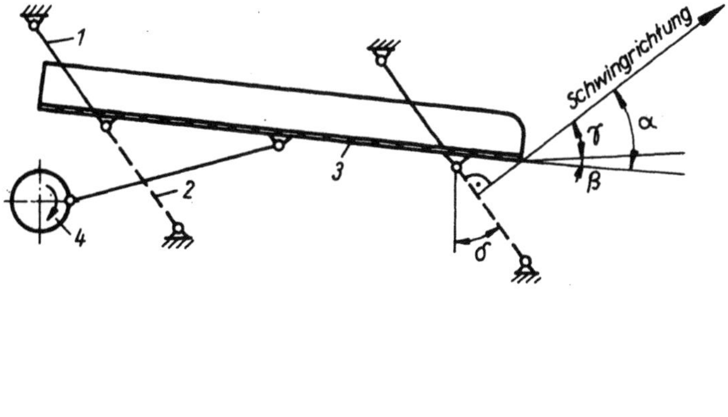


Bild 5.57. Schema einer Schubkurbel-Siebmaschine

*1, 2* Lenker oder Lenkerfedern; *3* Siebkasten mit Trennfläche; *4* Schubkurbelantrieb durch den Winkel $\delta$, den die Trennfläche zur Siebkastenausführung einnimmt, bestimmt. Für Plansiebmaschinen, bei denen die Bewegungsrichtung in der Trennflächenebene liegt, beträgt $\delta = 90°$. Die gegenwärtig nur noch für untergeordnete Aufgaben bei der Mittel- und Grobkornklassierung eingesetzten Siebmaschinen werden für Maschinenkennziffern $K_M = 1,5$ bis 2 ausgelegt, da infolge der translatorischen Massenbewegung bei Einmassensystemen kein vollkommener Massenausgleich möglich ist. Es müssen deshalb von den Lagern und dem Fundament große Kräfte aufgenommen werden. Zur Verbesserung des Massenausgleiches derartiger Siebmaschinen sind auch Schubkurbel-Siebmaschinen mit Gegenschwingrahmen entwickelt worden, die jedoch sehr aufwendig sind und keine Bedeutung besitzen.

**Linearwucht-Schwingsiebmaschinen:** Der Antrieb derartiger Siebmaschinen erfolgt durch gegenläufige zwangs- oder selbstsynchronisierte Unwuchtmassen, die das schwingungsfähige Einmassensystem in eine lineare harmonische Schwingung versetzen (Bild 5.58). Infolge Aufteilung der Erregerkräfte auf mehrere Antriebe und Anwendung entsprechender Antriebsblöcke können Siebmaschinen mit großer Maschinenmasse bzw. Trennfläche in Schwingung versetzt werden (Bild 5.59). Linearwucht-Schwingsiebmaschinen sind für die trockene und nasse Grob-, Mittel- und Feinkornklassierung bis zu Siebkennziffern von $K_V = 4,5$ bis 7 einsetzbar. Als frei schwingende Systeme (Freischwinger) können sie durch Drehzahl, Amplitude und Schwingrichtungsänderung allen Betriebsbedingungen unkompliziert angepaßt werden. In Sonderfällen, z. B. bei heißen Gütern, kann der Antrieb auch beliebig auf der Wirkungslinie verschoben werden. Aufgrund ihrer unkomplizierten und robusten Bauweise und der Möglichkeit, derartige Siebmaschinen bis zu Trennflächengrößen von $A = 50$ bis $55\ m^2$ ($L = 11$ und $B = 5$ m) zu bauen [843], haben sich die Linearwucht-Schwingsiebmaschinen in den letzten Jahren gegenüber den Resonanzsiebmaschinen durchgesetzt und ein immer breiteres Anwendungsgebiet gefunden. Die schwingungstechnische Berechnung und konstruktive Gestaltung erfolgt nach den gleichen Grundsätzen wie bei den Kreiswucht-Schwingsiebmaschinen. Das Masseverhältnis zwischen Siebkastenmasse und Masse des Antriebes einschließlich Gegenschwingmasse beträgt $m_K : m_A = 1:0,2$ bis $1:0,3$ und liegt somit wesentlich günstiger als bei Resonanzsiebmaschinen, bei denen die Werte etwa 1:0,7 bis 1:3 betragen [779, 792, 843, 884]. Bild 5.60 zeigt eine Linear-Schwingsiebmaschine mit oben liegendem Antrieb.

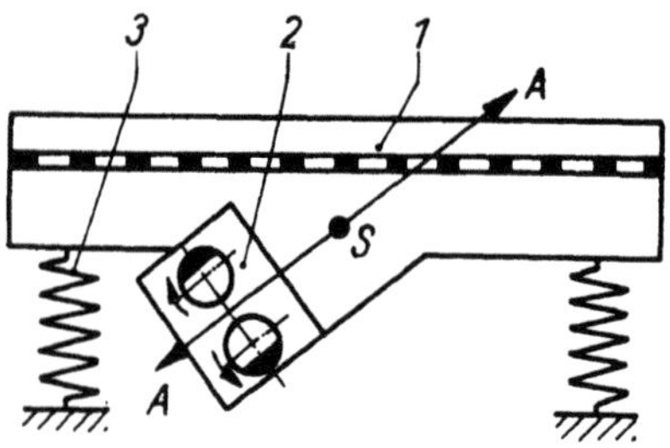


Bild 5.58. Schema einer Linearwucht-Schwingsiebmaschine

*1* Siebkasten mit Trennfläche; *2* Schwingantrieb für gerichtete Schwingungen; *3* weiche Stützfedern

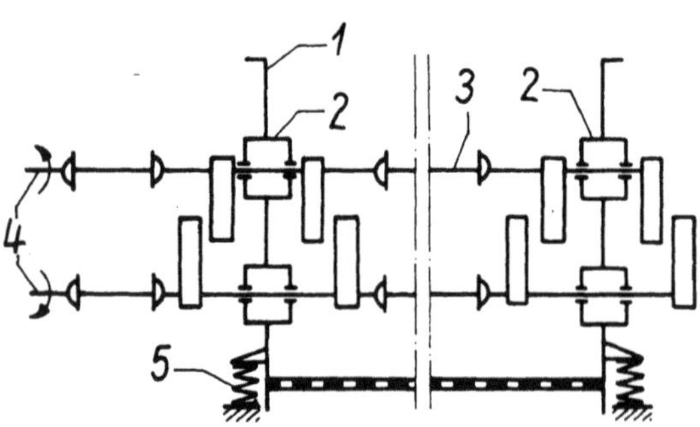


Bild 5.59. Schema einer Linearwucht-Schwingsiebmaschine mit großer Trennflächenbreite und Maschinenmasse [840]

*1* Siebkasten mit Trennfläche; *2* Antriebsblock mit synchronisiertem Antrieb; *3* Gelenkwelle; *4* Antriebsgelenkwellen; *5* weiche Stützfedern

**Resonanz-Schwingsiebmaschinen mit linearer Schwingungscharakteristik:** Diese sind dadurch gekennzeichnet, daß sie in der Nähe ihrer Eigenfrequenz $\omega/\omega_0 = 0,85$ bis 0,95 betrieben werden und nach Bild 5.61 mit elastischen Antriebs- und Federsystemen ausgerüstet sind. Es gibt verschiedene Konstruktionen, die sich meist auf ein Zweimassensystem zurückführen lassen und eine ähnliche Wirkungsweise besitzen. Bei linear schwingenden Resonanzsiebmaschinen wird der auf Lenkerfedern oder Lenkern horizontal oder wenig geneigt abgestützte Siebkasten über eine Kopplungsfeder mit Schubstange eines zugehörigen Exzentertriebes an-

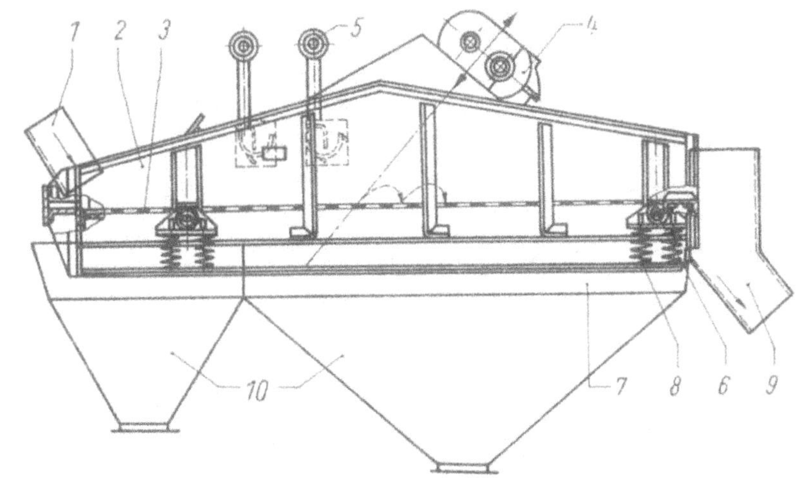


Bild 5.60. Linear-Schwingsiebmaschine mit oben liegendem Antrieb (UdSSR)
*1* Aufgabegutschurre; *2* Siebkasten; *3* Trennfläche; *4* Schwingantrieb mit Massenkrafterregung; *5* Wasseranschlußleitung für Sprühdüsen bei Naßsiebung; *6* Konsole; *7* Stützrahmen; *8* Stützfedern; *9* Überlaufschurre; *10* Auffangtrichter mit Auslaufschurre

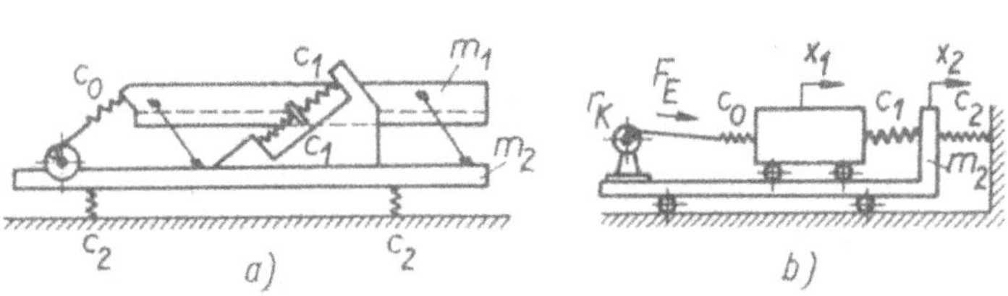

Bild 5.61. Schema zur Berechnung einer Zweimassen-Resonanz-Schwingsiebmaschine [844, 845]
*a*) Prinzipdarstellung
*b*) Berechnungsmodell

getrieben und entsprechend der Antriebsdrehzahl in geradlinige, schräg aufwärts gerichtete Schwingungen versetzt. Dabei beträgt der Abwurfwinkel meist etwa $\alpha = 30°$ bis $45°$. Um ein gutes Schwingverhalten mit möglichst konstanten Amplituden zu gewährleisten, ist der Siebkasten mit Speicherfedern, zwischen denen er hin und her schwingt, gekoppelt. Dadurch findet ein ständiger Austausch zwischen kinetischer und potentieller Energie statt. Um die Wirkung der Speicherfederdämpfung weitestgehend aufzuheben, wird die Antriebsfrequenz so auf das schwingende System abgestimmt, daß sie in der Nähe der Eigenfrequenz liegt. Dadurch ist es möglich, Resonanzsiebmaschinen mit einem relativ geringen Energieaufwand zu betreiben. Damit sich auch bei Belastungsschwankungen der Trennfläche möglichst konstante Amplituden ergeben, müssen nichtlineare Federcharakteristiken verwendet werden. Das wird z. B. durch Federn mit progressiver (überlinearer) Kennlinie (Bild 5.62*a*) oder durch Anlaufpuffer, die bei einer bestimmten Amplitude wirksam werden, erreicht. Da Gummifedern im allgemeinen eine große Eigendämpfung und überlineare Federcharakteristik besitzen, sind diese für derartige Zwecke gut geeignet. In Bild 5.62*b*

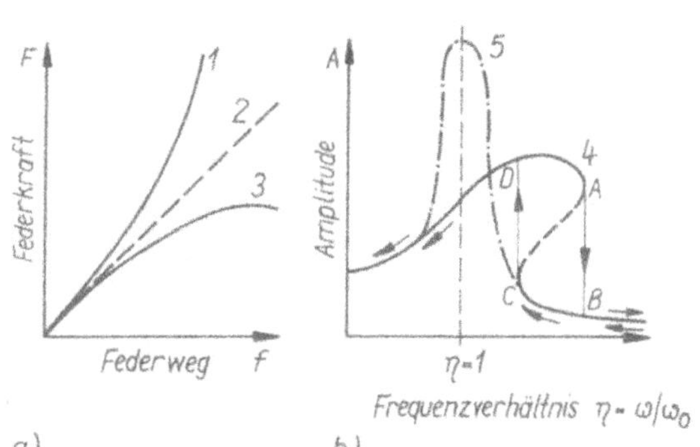


Bild 5.62. Feder- und Resonanzkennlinien
*a*) Federkennlinie
*b*) Resonanzdiagramm

*1* überlinear; *2* linear; *3* unterlinear; *4* Resonanzkurve bei überlinearer und *5* Resonanzkurve bei linearer Federcharakteristik werden die Resonanzkurven von Schwingsiebmaschinen gezeigt, aus denen hervorgeht, daß bei überlinearer Federcharakteristik im Verhältnis zu Federn mit linearer Charakteristik ein flacher Verlauf der Amplitude im Resonanzbereich auftritt. Dabei bezeichnet der gestrichelte Kurvenabschnitt $\overline{AC}$ einen instabilen Zustand. Je nachdem, ob $\eta$ größer oder kleiner wird, tritt in den Punkten $A \rightarrow B$ und $C \rightarrow D$ ein Amplitudensprung ein, der Kippung genannt wird. Bei der schwingungstechnischen Berechnung von Resonanz-Schwingsiebmaschinen ist vom jeweiligen Konstruktionsprinzip und dessen Ersatzschaubild auszugehen (Bild 5.61). Für ein ungedämpftes System gelten folgende Bewegungsgleichungen:

$$m_1\ddot{x} + c_1(x_1 - x_2) = c_0(r \sin \omega t - x_1 + x_2) \quad (5.68)$$

$$m_2\ddot{x} + c_2 x_2 - c_1(x_1 - x_2) = -c_0(r \sin \omega t - x_1 + x_2) \quad (5.69)$$

Werden (5.68) und (5.69) für den stationären Betriebszustand gelöst, so erhält man für die Eigenkreisfrequenz und Amplituden folgende Beziehungen:

$$A_1 = c_0 r_K (c_2 - m_2\omega^2) / \times [m_1 m_2 (\omega^2 - \omega_{01}^2)(\omega^2 - \omega_{02}^2)] \quad (5.70)$$

$$A_2 = c_0 r_K m_1 \omega^2 / [m_1 m_2 (\omega^2 - \omega_{01}^2)(\omega^2 - \omega_{02}^2)] \quad (5.71)$$

$$\omega_{01} = \sqrt{c_2/(m_1 + m_2)}\,;$$

$$\omega_{02} = \sqrt{(m_1/m_2 + 1)\, c/m_1} \quad (5.72)$$

$$c = c_0 + c_1$$

Während Siebkasten und Gegenrahmen bis zur Kreisfrequenz $\omega \leqq \omega_2$ ($A_1 = 0$) gleichsinnige Schwingbewegungen ausführen, treten bei $\omega > \omega_2$ die gewünschten Gegenschwingungen auf (Bild 5.63). Resonanz-Schwingsiebmaschinen werden deshalb bei $\omega_2 < \omega < \omega_{02}$, aber in der Nähe von $\omega_{02}$ betrieben. Die kleinsten Erregerkräfte $F_E$ ergeben sich bei $\omega_{03} \approx \omega$ [844, 845].

$$\omega_{03} = \sqrt{(m_1/m_2 + 1)\, c_1/m_1} \quad (5.73)$$

Dabei ist zu beachten, daß das bei Resonanz-Schwingsiebmaschinen übliche Frequenzverhältnis $\eta = \omega/\omega_{02} = 0{,}85$ bis $0{,}95$ eingehalten wird. Da das Masseverhältnis der schwingenden Massen bei den Resonanz-Schwingsiebmaschinen $m_2/m_1 \approx 3$

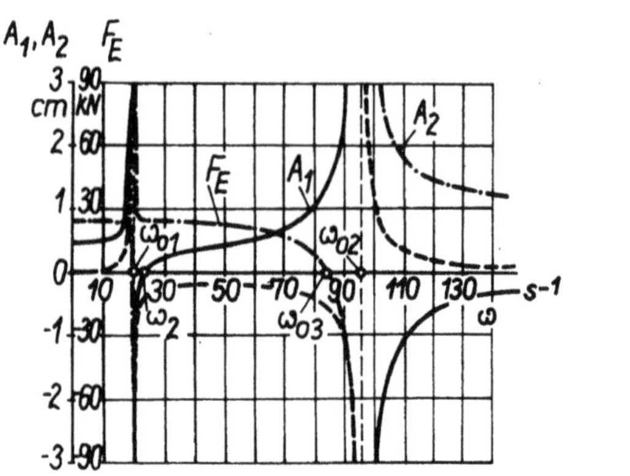


Bild 5.63. Amplitudenverläufe eines ungedämpften Systems [844, 845]

betragen muß und dadurch im Verhältnis zu anderen Siebmaschinenprinzipien (Kreis- und Linearwucht-Schwingsiebmaschinen) eine große Konstruktionsmasse notwendig ist, haben die schweren und komplizierten Resonanz-Schwingsiebmaschinen trotz ihres energetisch günstigen Antriebes an Bedeutung verloren [784, 843, 844, 846]. Zur Beseitigung dieses Nachteiles sind Maschinen entwickelt worden, bei denen z. B. anstelle der als Rahmen ausgebildeten Gegenmasse $m_2$ eine der Nutzmasse $m_1$ (oberer Siebkasten) entsprechende zweite Nutzmasse $m_2$ (unterer Siebkasten) verwendet wird. Dadurch konnte das Masseverhältnis auf $m_2/m_1 = 1$ bis $1{,}1$ und die Gesamtmasse um etwa 50% gesenkt werden, wobei sich außerdem die Trennfläche durch den zweiten Siebkasten verdoppelt hat. In Bild 5.64 ist eine Resonanz-Schwingsiebmaschine, bei der zwei gleichgroße Nutzmassen (Siebkästen), durch Doppellenker geführt, gegeneinander schwingen, dargestellt. Resonanz- und Koppelfedern bestehen aus Gummi (Bild 5.65). Infolge des guten Massenausgleiches bedarf es nur einer leichten Stützkonstruktion. Gute Anpassungsfähigkeit an die siebtechnischen Forderungen, relativ geringer Energiebedarf und geringe Kraftwirkungen auf das Fundament sind Vorteile dieser Siebmaschine, die prinzipiell auch auf andere Resonanzsiebmaschinen zutreffen.

### 5.2.6.3. Ellipsen-Schwingsiebmaschinen

Sie sind dadurch gekennzeichnet, daß sie auf der gesamten Trennfläche elliptische Schwingungen

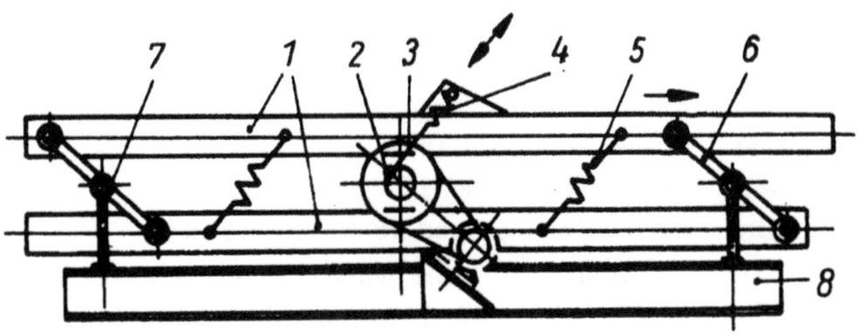


Bild 5.64. Resonanz-Schwingsiebmaschine (System *Binder*)
*1* Siebkästen; *2* Antrieb mit Exzenter; *3* Pleuelstange; *4* weiche Koppelfedern; *5* Resonanzfedern oder -puffer; *6* Doppellenker; *7* Lagerböcke; *8* Grundrahmen

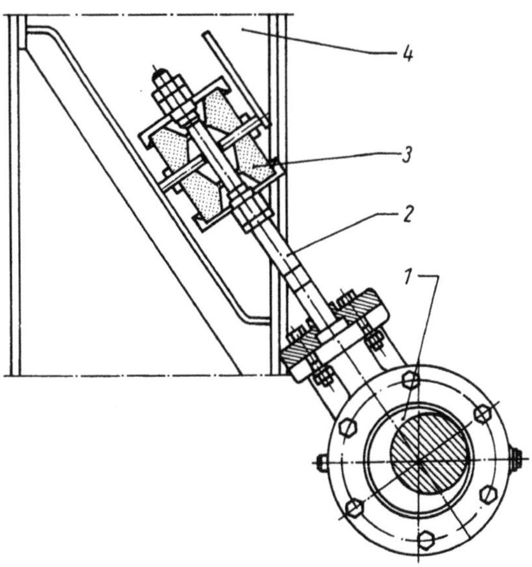


Bild 5.65. Antrieb einer Resonanz-Schwingsiebmaschine mit Exzenterwelle
*1* Exzenterwelle; *2* Pleuelstange; *3* Koppelfedern; *4* Siebkasten

durchführen und die wesentlichen Vorteile der Kreis- und Linear-Schwingsiebmaschinen vereinigen. Während die große Achse der Schwingungsellipse als Maß für die Transportgeschwindigkeit und den Klemmkornauswurf betrachtet werden kann, beeinflußt die kleine Achse der Ellipse die Auflockerung des Siebgutes. Die besten verfahrenstechnischen Bedingungen zur Siebung und Förderung ergeben sich nach praktischen Erfahrungen bei einem Achsenverhältnis von 4:1 bis 2:1. Derartige Siebmaschinen werden für alle Siebaufgaben vom Fein- bis zum Grobkornbereich eingesetzt, wobei die Maschinenkennziffern meist zwischen $K_M = 4{,}8$ bis 6 gewählt werden. Bei Schwerlast-Siebmaschinen sollten $K_M$ etwa 3,6 bis 4,5 betragen. Durch elliptische Schwingungen werden folgende Vorteile erreicht [847]:

— große Transportgeschwindigkeiten bei kleinen Schichthöhen
— große spezifische Durchsätze (bis zu 25% höher als bei Kreis- oder Linearschwingern) durch intensive Auflockerung und Umschichtung des Siebgutes auf der Trennfläche [847]
— gute Selbstreinigungseffekte infolge intensiven Klemmkornauswurfs
— gute Anpassung an das Siebgut durch leichte Veränderbarkeit der Frequenz, Schwingweite und Wurfwinkel
— geringe Bauhöhe durch horizontale Trennfläche

Elliptische Schwingungen werden durch Überlagerung kreisförmiger und linearer Schwingungen erreicht, indem (vgl. Bild 5.43)

*a)* ein mit einem Massenkraftantrieb (Kreisschwinger) versehener Siebkasten $m_1$ durch Lenkerfedern gegenüber einem elastisch gelagerten Grundrahmen $m_2$ abgestützt wird. Die Amplituden einer derartigen überkritisch arbeitenden Siebmaschine ergeben sich näherungsweise unter Berücksichtigung der Lenkeranordnung zu

$$A_y \approx r_u m_u / m_1 \,; \quad A_x \approx r_u m_u / (m_1 + m_2) \qquad (5.74)$$

($A_y$ Amplitude senkrecht zu den Lenkerfedern (große Achse der Ellipse); $A_x$ Amplitude in Richtung der Lenkerfedern (kleine Achse der Ellipse))

*b)* ein Siebkasten $m_1$, der auf einem elastisch abgestützten Grundrahmen $m_3$ federnd gelagert ist, mit einer massenkrafterregten Gegenschwingmasse $m_2$, in der die Unwuchtmasse $m_u$ gelagert ist, gekoppelt wird (Ellipsen-Schwingsiebmaschine mit wuchterregter Gegenschwingmasse, die ein Dreimassensystem darstellt und im Resonanzbereich betrieben wird). Die Amplitude $A_x$ ist von den Resonanzverhältnissen des Systems abhängig und läßt sich nur mittels Resonanzkurven eines Zweimassensystems berechnen. Die Amplitude $A_y$, die die große Achse der Ellipse darstellt, ergibt sich, indem die von der in der Gegenschwingmasse $m_2$ gelagerte Unwuchtmasse $m_u$ erregte überkritische Schwingung des Einmassenschwingers mit $A_x$ überlagert wird.

*c)* zwei oder drei synchronisierte, mit unterschiedlichen Wuchtmassen versehene Wellen im elastisch abgestützten Siebkasten gelagert sind und mit bestimmter Phasenverschiebung, aber gleicher Drehzahl angetrieben werden (Bild 5.66). Die Schwingungscharakteristik ist dabei im wesentlichen von der Lage der Antriebe und deren Massenkraftverhältnis abhängig. Bei derartigen Antrieben können Form und Richtung der Ellipsenschwingung einfach eingestellt und den jeweiligen Betriebsbedingungen am Einsatzort angepaßt werden. Die nach diesem Grundprinzip aufgebauten sog. dynamischen Ellipsen-Schwingsiebmaschinen haben in den letzten Jahren eine wachsende Bedeutung erhalten und werden bereits mit Trennflächenlängen von $L = 3000$ bis 8000 mm und Breiten von $B = 800$ bis 3000 mm eingesetzt. Der Antrieb derartiger Siebmaschinen erfolgt meist vom Motor über Anlaufkupplung, Riementrieb, Synchrongetriebe und Gelenkwellen. Infolge des gegen Belastungsschwankungen unempfindlichen Antriebes und der Möglichkeit, auch unter Vollast anzulaufen, wird das Grundprinzip der dynamischen Ellipsen-Schwingsiebmaschine auch zum Grobkornklassieren bei großer Trennflächenbelastung verwendet. Durch polumschaltbare Motore kann die Drehzahl während des Betriebes je nach den erforderlichen Bedingungen verändert werden.

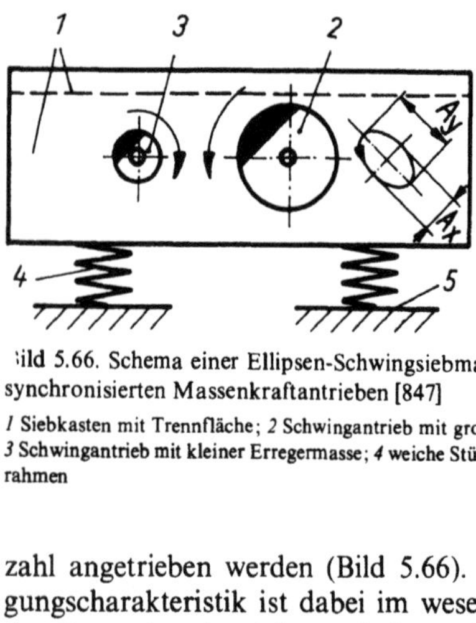


Bild 5.66. Schema einer Ellipsen-Schwingsiebmaschine mit zwei synchronisierten Massenkraftantrieben [847]

*1* Siebkasten mit Trennfläche; *2* Schwingantrieb mit großer Erregermasse; *3* Schwingantrieb mit kleiner Erregermasse; *4* weiche Stützfedern; *5* Grundrahmen

*d)* ein am Ein- oder Auslaufende mit Lenker oder Lenkerfedern aufgehangener oder abgestützter Siebkasten am anderen Ende unmittelbar durch einen Exzenter- oder Kurbelantrieb in unterkritische Schwingungen versetzt wird. Bei derartigen Maschinen ist auf der Trennfläche keine durchgehende elliptische Schwingung möglich. Die Schwingungsform ändert sich je nach Abstand von der Lage des Antriebes und der Lenkeranordnung von einem Kreis über Ellipsen bis zu einem Bogen. Infolge des ungünstigen Massenausgleiches sind nur Maschinenkennziffern von etwa $K_M = 1{,}5$ bis 2,5 bei großem Hub und kleinen Antriebsdrehzahlen ($n \approx 350$ bis $450\ \text{min}^{-1}$) möglich. Der Einsatz dieses Systems erfolgt für untergeordnete Zwecke bei der Grobkornabsiebung und Dosierung bei Brechanlagen.

#### 5.2.6.4. Sonderformen von Kreis-, Ellipsen- und Linear-Schwingsiebmaschinen

Wachsende Anforderungen an Siebprozesse hinsichtlich Durchsatzsteigerung geringerer Fehlkornanteile bzw. höherer Siebgütegrade sowie einer guten Anpassung an die jeweiligen Betriebsbedingungen führten zur Entwicklung von Sonderformen konventioneller Siebmaschinen. Bei derartigen Maschinen werden entweder die Transportgeschwindigkeit, Schwingungsform, -frequenz oder -amplitude der Trennfläche entlang verändert [849 bis 852]. Dadurch wird entweder eine gleichbleibende Siebgut-Schichthöhe oder eine bessere Siebgutauflockerung mit Durchsatzsteigerung und Fehlkornanteil-Verringerung erreicht.

**Siebmaschinen mit unterschiedlicher Trennflächenneigung:** Bei diesen Maschinen werden die Trennflächen meist in drei Neigungsabschnitte, $\beta = 30°$ bis 40° (Steilteil), $\beta = 20°$ bis 25° (Mittelteil) und $\beta = 10°$ bis 15° (Flachteil), untergliedert (Bild 5.67). Aufgrund unterschiedlicher Wurfweiten sind bei gleicher Maschenweite verschiedene Sieböffnungslängen (Langlochung in Transportrichtung)

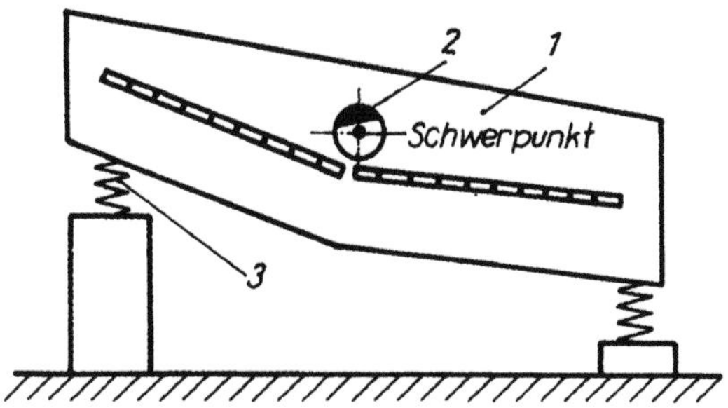


Bild 5.67. Schema einer Siebmaschine mit unterschiedlicher Trennflächenneigung

*1* Siebkasten mit zwei Trennflächen; *2* Schwingantrieb für Kreis- oder gerichtete Schwingungen; *3* Stützfedern

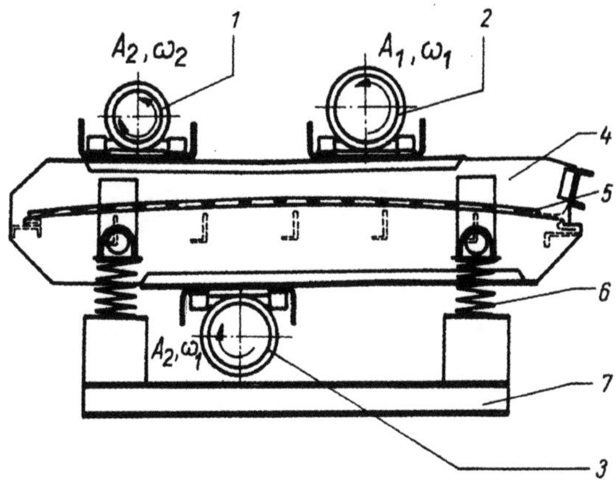


Bild 5.68. Schema einer Mehrfrequenz-Siebmaschine (*Ibag*)

*1* Schwingantrieb für Überlagerungsfrequenz; *2, 3* Schwingantriebe für Grunderregung; *4* Siebkasten; *5* Trennfläche; *6* weiche Stützfedern; *7* Grundrahmen

günstig. Im Flachteil werden meist quadratische Öffnungen verwendet. Der flache Trennflächenabschnitt ist demzufolge bei geringer Transportgeschwindigkeit für die Grenzkornabsiebung gut geeignet. Diese Siebmaschinen werden durch Massenkraftantriebe in Kreis- oder Linearschwingungen versetzt.

**Doppelfrequenz-Siebmaschinen:** Bei den Siebmaschinen dieser Art wird der Siebkasten an der Aufgabe- und Überlaufstelle mit unterschiedlichen Frequenzen angetrieben. Durch eine größere Amplitude und geringere Frequenz an der Aufgabestelle werden zunächst eine hohe Transportgeschwindigkeit und kleine Schichthöhen angestrebt. Am Trennflächenende wird der Siebkasten mit geringerer Amplitude und höherer Frequenz erregt. Dadurch wird die Transportgeschwindigkeit entlang der Trennfläche verzögert, die Auflockerung des Siebgutes vergrößert und somit eine intensive Absiebung des Grenzkornes möglich. Der Antrieb dieser Maschinen erfolgt meist mittels Drehstrom-Asynchron-Vibrationsmotoren mit unterschiedlicher Polpaarzahl und verstellbaren Unwuchtscheiben. Die Schwingungsparameter derartiger Siebmaschinen können durch veränderliche Frequenz, Amplitude und Drehrichtungsänderung des Antriebes sehr gut an die jeweiligen Siebguteigenschaften angepaßt werden. Je nach Konstruktionsgestaltung sind Mehrdeckausführungen bis zu sechs Trennflächen und drei Antrieben mit linearen oder kreisförmigen Schwingungen möglich. Bild 5.68 zeigt eine Doppelfrequenz-Siebmaschine, bei der die Grunderregung durch zwei gegenläufige Massenkraftantriebe (*2*) und (*3*), die oberhalb und unterhalb des Siebkastens angebracht sind, erfolgt. Der dritte, die Überlagerungsfrequenz liefernde Antrieb (*1*) besitzt eine zwei- bis dreifach höhere Antriebsdrehzahl als die Grunderreger (*2*) und (*3*). Seine Drehrichtung, Frequenz und Erregerkraft kann den jeweiligen Bedingungen angepaßt werden.

Sollen die Vorteile der Siebmaschinen mit unterschiedlicher Trennflächenneigung und Schwingungsfrequenz vereinigt werden, dann können mehrere Siebmaschinen (vorzugsweise Kreis-Schwingsiebmaschinen) mit verschiedener Neigung und Frequenz in Reihe geschaltet werden [852]. Die einzelnen Trennflächen können dabei relativ kurz, in der Regel quadratisch gestaltet sein. Mit dieser verfahrenstechnischen Variante (HCC-Verfahren) werden große Durchsätze und kleine Fehlkornanteile erreicht. Nachteilig ist jedoch der große maschinentechnische Aufwand (Bild 5.69).

**Siebmaschinen mit unterschiedlicher Schwingweite, -form und -richtung:** Diese lassen sich sehr gut an die jeweiligen siebtechnischen Forderungen anpassen. Die hierbei gewünschte Schwingungscharakteristik wird erreicht, indem der Schwingantrieb für Kreisschwingungen weit oberhalb des Siebkasten-Schwerpunktes angeordnet wird (Bild 5.70). Der Abstand vom Siebkasten-Schwerpunkt ist von der Maschinenlänge und der gewünschten Schwin-

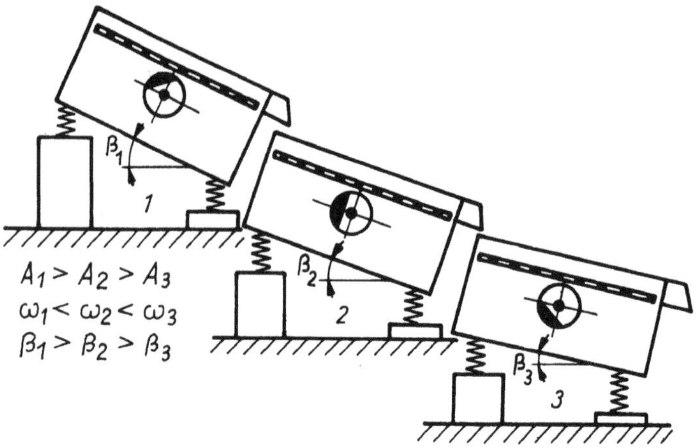


Bild 5.69. Schema zur Reihenschaltung mehrerer Siebmaschinen (im Bild Maschinen *1* bis *3*) mit unterschiedlichen Amplituden und Frequenzen (HCC-Verfahren)

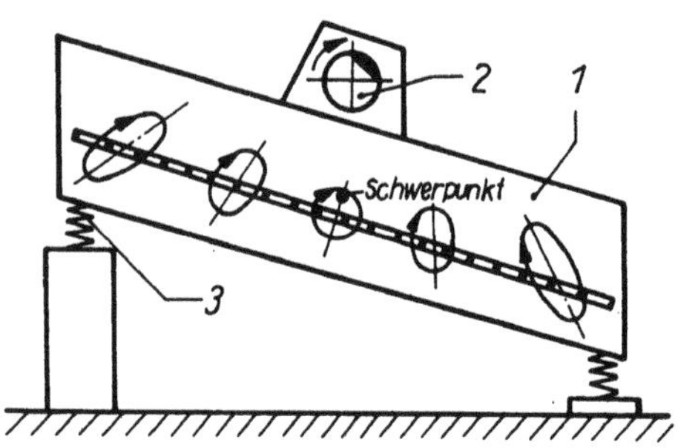


Bild 5.70. Schema einer Siebmaschine mit unterschiedlicher Schwingweite, -form und -richtung (*Varell*-Siebmaschine)

*1* Siebkasten mit Trennfläche; *2* oben liegender Schwingantrieb für Kreisschwingungen; *3* weiche Stützfedern

gungsform abhängig. Durch die vor allem an den Siebkastenenden mit der Kreisschwingung überlagerte Drehschwingung entstehen unterschiedliche Schwingungsformen, -richtungen und Amplituden, die die Transportgeschwindigkeit aus siebtechnischer Sicht günstig beeinflussen. An der Aufgabestelle wird die Transportgeschwindigkeit gegenüber den Kreiswucht-Schwingsiebmaschinen erhöht und am Siebende verringert. Das entspricht den Forderungen, die an solche Schwingsiebmaschinen gestellt werden. Die hohen Beschleunigungswerte an den Siebkastenenden stellen hohe Anforderungen an die konstruktive Gestaltung von Antrieb und Siebkasten.

**Mogensen-Sizer:** Für die konventionellen Siebmaschinen ist charakteristisch, daß die Trennkorngröße immer mehr oder weniger streng der Maschenweite zugeordnet wird und im grenzkornnahen Bereich, vor allem bei siebschwierigen Gütern, Probleme durch Klemmkörner auftreten können. Zur Umgehung dieser Probleme, die für den spezifischen Durchsatz und Fehlkornanteil von ausschlaggebender Bedeutung sind, wurden Siebmaschinen entwickelt, bei denen die strenge Kopplung von Trennkorndurchmessern $d_T$ und Maschenweite $w$ nicht mehr gegeben ist. Unter diesen Verfahren kommt dem Mogensen-Sizer besondere Bedeutung zu (Bild 5.71). Das Charakteristische am Siebprinzip des Mogensen-Sizers ist, daß für einen Trennschnitt mehrere relativ kurze Siebbeläge untereinander angeordnet werden, die von oben nach unten eine zunehmende Neigung besitzen [853 bis 866]. Bedingt durch die Neigung der einzelnen Trennflächen wird $w$ grundsätzlich wesentlich größer als $d_T$ gewählt, wobei von oben nach unten mit abnehmendem $w$ gearbeitet werden kann (Bild 5.71). Bei entsprechenden Trennflächenneigungen sind auch gleiche $w$ auf allen Trennflächen möglich. Die Maschenweite der obersten Trennfläche wird mit $d_{A\,max} \leqq w_1$ bzw. $d_{A\,max} \approx w_1$ festgelegt. Da infolge großer $w$ auf allen Trennflächen im Bereich hoher Durchgangswahrscheinlichkeit $W_D$ gearbeitet wird, muß der geringe Ausleseeffekt beim Einzelwurf durch mehrfache Würfe auf den verschieden geneigten Trennflächen wiederholt werden. In Bild 5.72 ist $W_D$ für $d/w$ bei einem Mogensen-Sizer mit 4 Böden progressiver Neigung dargestellt. Daraus ist ableitbar, daß $W_D$ einer betrachteten Korngröße und der Fehlkornanteil im Überlauf von oben nach unten kleiner wird. Das Feingut fällt

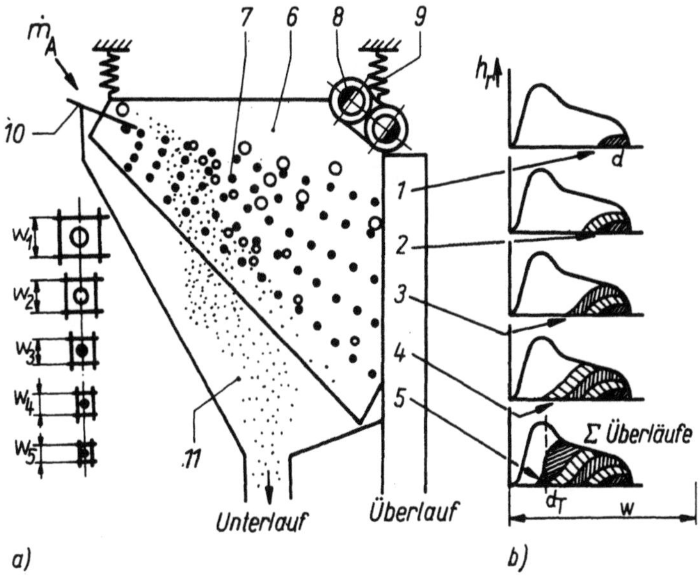

Bild 5.71. Schematische Darstellung der Arbeitsweise eines Mogensen-Sizers [854]
*a*) Siebvorgang
*b*) Verteilungsdichte bei verschiedenen Trennflächenneigungen und Maschenweiten

*1* bis *5* Überläufe; *6* Siebkasten; *7* Trennflächen mit verschiedener Neigung und Maschenweite; *8* Schwingantrieb für lineare Schwingungen; *9* federnde Aufhängung; *10* Aufgabegutschurre; *11* Unterlaufschurre

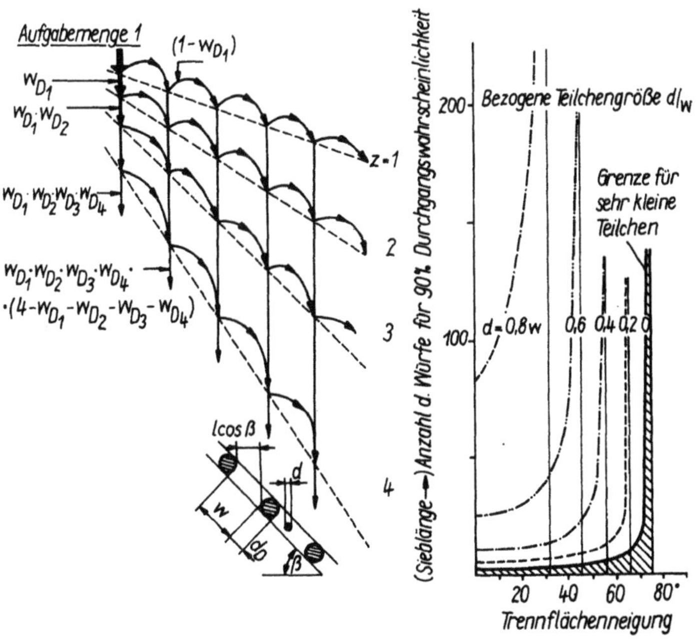

Bild 5.72. Modell zur Bestimmung der Durchgangswahrscheinlichkeit und der Anzahl der Würfe für $W_D = 90\%$ bei Mogensen-Sizer [854]

auf den ersten flach geneigten Siebboden meist auf dem ersten Drittel mit hoher Geschwindigkeit durch die Trennflächen, so daß das Grobkorn in seiner Bewegung nicht behindert wird. Dadurch ist auf allen Trennflächen eine gute Auflockerung und große Durchgangsgeschwindigkeit vorhanden, die hohe spezifische Durchsätze auch bei siebschwierigen Gütern ermöglichen (Bild 5.73). Mogensen-Sizer werden vor allem zur Siebung feuchter und siebschwieriger Güter mit Trennkorngrößen von $d_T = 0{,}1$ bis 50 mm eingesetzt [862]. Für die Vorklassierung grobstückigen Gutes bis zu $d_T = 400$

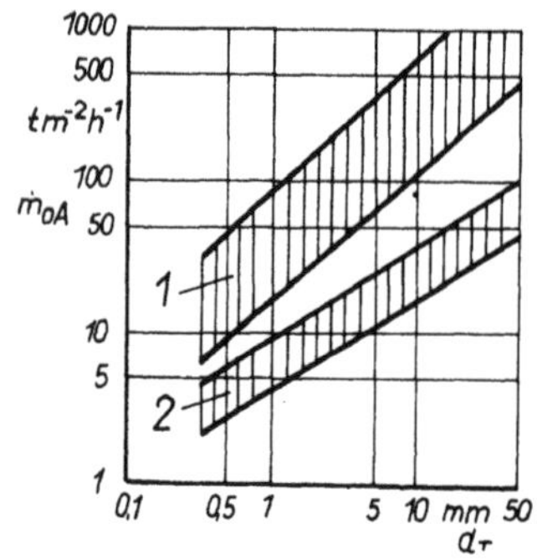


Bild 5.73. Orientierungswerte für den spezifischen Durchsatz $\dot{m}_{oA}$ bei Mogensen-Sizer im Vergleich zu Kreis- und Linear-Schwingsiebmaschinen mit $\beta = 0$ bis 25° [856]

*1* Mogensen-Sizer; *2* Kreis- und Linear-Schwingsiebmaschinen

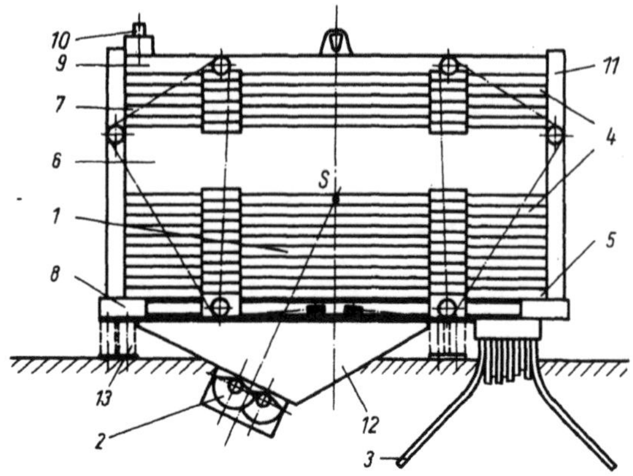


Bild 5.74. Mehrdeck-Siebmaschine (ESZ)

*1* Siebstapel; *2* Schwingantrieb für lineare Schwingungen; *3* Körnungsabführung; *4* Siebdeck; *5* Blinddeck; *6* Rückführdeck; *7* Siebverspannung; *8* Siebstapelrahmen; *9* Deckrahmen; *10* Siebgutverteiler; *11* Seitenrahmen; *12* Schwingungsrahmen; *13* Stützfedern

bis 500 mm können Stangen-Sizer, bei denen ebenfalls das beschriebene Mogensen-Grundprinzip angewendet wird, verwendet werden. Stangen-Sizer sind feste Roste, bei denen parallel nebeneinander angeordnete Stangen in der vertikalen Ebene abwechselnd in einem bestimmten Winkel geneigt sind. Dadurch ergibt sich in Förderrichtung des Materials eine immer größere Spaltweite, wodurch der gewünschte Klassiereffekt möglich wird. Bei der Konstruktion des Mogensen-Sizers ist von den Konstruktionsgrundsätzen der konventionellen Schwingsiebmaschinen auszugehen. Als Schwingantriebe werden vorrangig gegenläufige Wuchtmassenantriebe mit linearer Schwingung verwendet.

**Linear-Schwingsiebmaschinen mit Siebgutrückführung (Mehrdeck-Siebmaschine):** Die meisten Maschinentypen zur Siebklassierung im Fein- und Feinstkornbereich ($d_T$ = 0,0315 bis 3 mm) sind mit 2 bis 5 Trennflächen ausgerüstet, so daß bei der Klassierung in eine Vielzahl von Kornfraktionen Vor- und Nachsiebe in Reihen- und Parallelschaltung angeordnet werden müssen. Bei der in Bild 5.74 dargestellten Mehrdeck-Siebmaschine wurden Vor- und Nachsiebung in einer Maschine vereinigt, wodurch eine Verringerung der notwendigen Siebmaschinenzahl und damit eine Verbesserung der wichtigsten technisch-ökonomischen Kennwerte, wie $\dot{m}_{oA}$, $\dot{m}_{om}$, sowie eine Verringerung des Instandhaltungsaufwandes möglich ist. Die Maschine besteht aus den Hauptbaugruppen Siebstapel (*1*), Schwingantrieb (*2*) und Körnungsabführung (*3*).

Im Siebstapel werden die technologischen Grundelemente Sieb- (*4*), Blind- (*5*) und Rückführungsdeck (*6*) in der erforderlichen Reihenfolge übereinandergelegt und mittels Siebverspannung (*7*) mit dem Grundrahmen der Siebmaschine zu einem festen Block verspannt. Jedes Siebdeck besteht aus einem Rahmen und einer Vielzahl von Einlegeelementen, die entsprechend der technologischen Funktion des Decks im Siebstapel angeordnet wer-

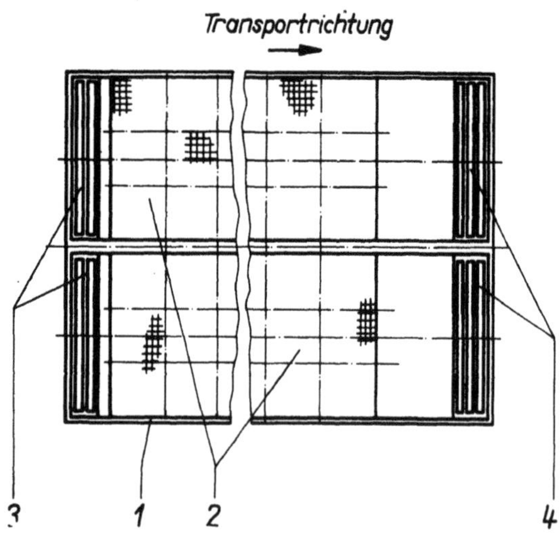


Bild 5.75. Siebdeck einer Mehrdeck-Siebmaschine (ESZ)

*1* Profilrahmen; *2* Siebeinlegerahmen; *3* Durchführungen für Aufgabegut; *4* Durchführungen für Fertiggut

den (Bild 5.75). Durch eine Längsteilung des Siebdeckes ist die Herstellung unterschiedlicher Körnungen auf beiden Hälften möglich. Zur Vermeidung von Trennflächenverstopfungen sind die Siebrahmen so gestaltet, daß zwischen der Trennfläche und einem gelochten Unterboden Gummiklopfkugeln eingesetzt werden können (Bild 5.76). Das Blinddeck entspricht in seinem konstruktiven Aufbau dem Siebdeck, wobei an Stelle der Siebeinlegerahmen Blindrahmen eingesetzt werden. Im Rückführungsdeck (Bild 5.74, (6)) können Körnungen bzw. Körnungsgruppen von der Austragseite des Vorsiebstapels auf die Aufgabeseite des Nachsiebstapels entgegengesetzt zur Schwingrichtung transportiert werden. Dies wird durch spezielle schwingungstechnische Aufhängung der verwendeten Rücklaufrinnen erreicht (Bild 5.77). Die Gutrückführung ist möglich, indem die Rinnenkörper der Rückführung in vertikaler Richtung frei schwingend aufgehängt und in horizontaler Richtung gelenkig angekoppelt werden. Dadurch wird die von der Siebmaschine ausgeführte Linearschwingung $s(t)$ in die Komponenten $g(t)$ und $r(t)$ zerlegt. Durch die Zwangsführung der horizontal angekoppelten Rinnen wird die Bewegung $r(t)$ phasengleich ausgeführt. Die Komponente $g(t)$ führt zum Schwingungsausschlag $p(t)$ der Rückführrinnen. In den Bildern 5.78 und 5.79 sind das Amplitudenverhältnis $g/p$ und die Phasenverschiebung zur Hauptschwingung der Siebmaschine in Abhängigkeit von $\eta$ sowie die daraus resultierenden Schwingungsfiguren der Rückführrinnen aufgezeichnet. Für $\eta > 1$ ergeben sich Ellipsen, deren größere Halbachse in die gewünschte Förderrichtung der Rückführrinnen zeigt und somit den Transport des

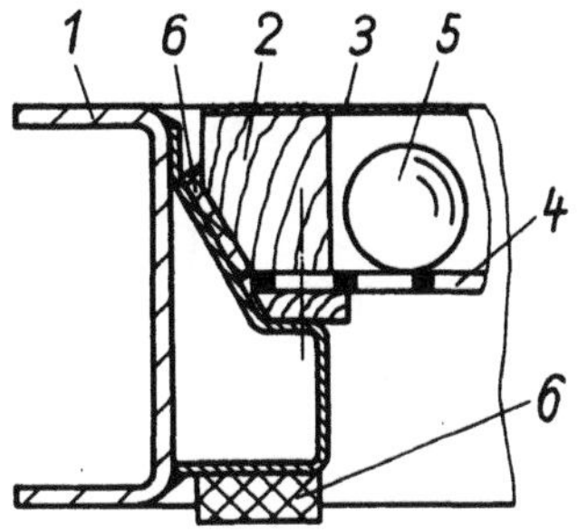


Bild 5.76. Schnitt durch ein Siebdeck der Mehrdeck-Siebmaschine (ESZ)

*1* Profilrahmen; *2* Siebeinlegerahmen; *3* Siebgewebe; *4* Unterboden; *5* Gummiklopfkugel; *6* Schaumgummidichtung

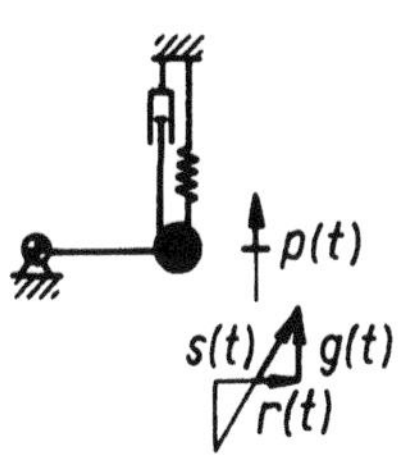


Bild 5.77. Modell zur schwingungstechnischen Aufhängung der Rücklaufrinnen für die Mehrdeck-Siebmaschine ESZ

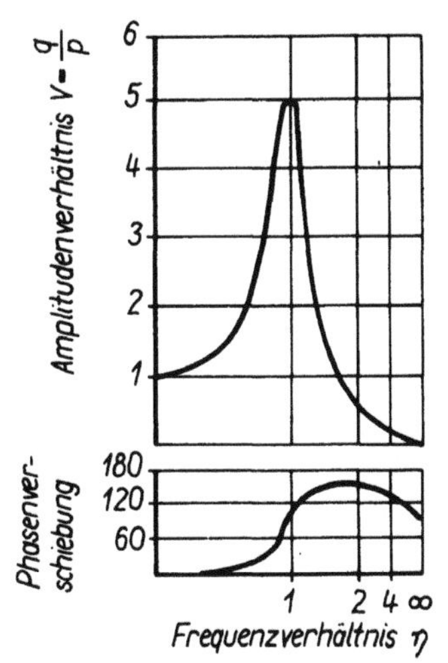


Bild 5.78. Amplitudenverhältnis und Phasenverschiebung zur Hauptschwingung der Mehrdeck-Siebmaschine in Abhängigkeit vom Frequenzverhältnis

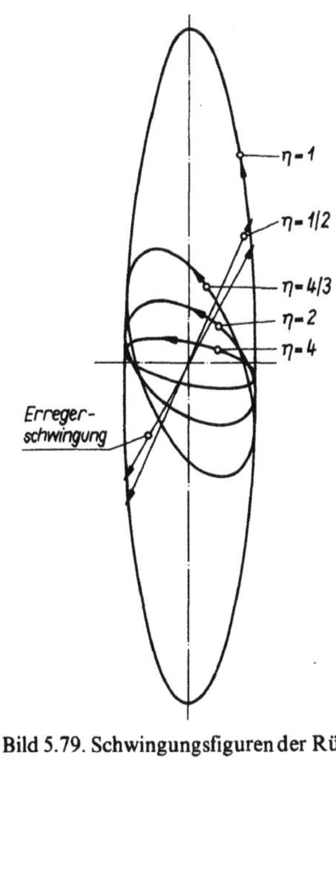


Bild 5.79. Schwingungsfiguren der Rückführrinnen

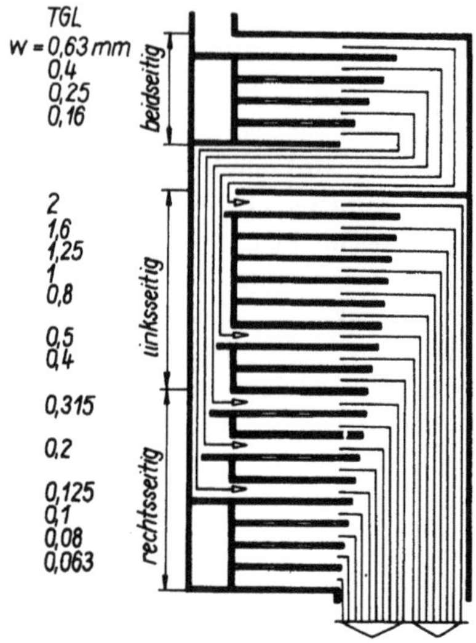


Bild 5.80. Technologisches Schema der Mehrdeck-Siebmaschine (ESZ) zur Erzeugung von 18 Korngrößenklassen

Siebgutes entgegen der Schwingungsrichtung der Siebmaschine ermöglicht.

Mit den technologischen Grundelementen Sieb-, Blind- und Rückführungsdeck lassen sich, einem Baukastenprinzip entsprechend, unterschiedliche Siebtechnologien vor allem im Fein- und Feinstkornbereich realisieren. In Bild 5.80 ist z. B. die technologische Lösung für die Klassierung in 18 Korngrößenklassen dargestellt. Danach wird das Siebgut im Vorsiebstapel in 5 Korngrößenklassen zerlegt, die über Rückführrinnen auf die Aufgabenseite des Nachsiebstapels und die entsprechenden Trennflächen geleitet werden.

### 5.2.6.5. Siebmaschinen mit direkter Siebbodenerregung (Belagschwinger)

Sie unterscheiden sich von den klassischen Schwingsiebmaschinen (Kreis-, Linear-, Ellipsen- und Plan-Schwingsiebmaschinen) dadurch, daß nicht der Siebkasten, sondern nur der Siebbelag in Schwingung versetzt wird. Derartige Siebmaschinen wurden in Form von Stößel-Schwingsiebmaschinen vor allem für die Fein- und Feinstkornklassierung mit Trennkorngrößen $d_T < 0{,}1$ bis 10 mm und für die Klassierung von siebschwierigen feuchten, klebrigen Gütern als Spannwellen-Siebmaschinen für Trennkorngrößen $d_T = 1{,}5$ bis 30 mm entwickelt.

**Stößel-Schwingsiebmaschinen:** Diese bestehen aus einem Siebrahmen (*1*) mit eingespannter, schwingungsfähiger Trennfläche (Siebmembran) (*2*), den Schwingantrieben (*3*) und Schwingungsübertragern (Traverse mit Stößelträger (*4*) und Stößel (*5*)), dem Grundgestell (*6*) und den Zusatzeinrichtungen (Aufgabe- (*8*) und Überlaufschurre (*9*), Verkleidung (*7*)) (Bild 5.81). Die Trennfläche wird durch Elektromagneten oder Massenkraftantriebe über entsprechende Schwingungsübertrager (Stößel oder

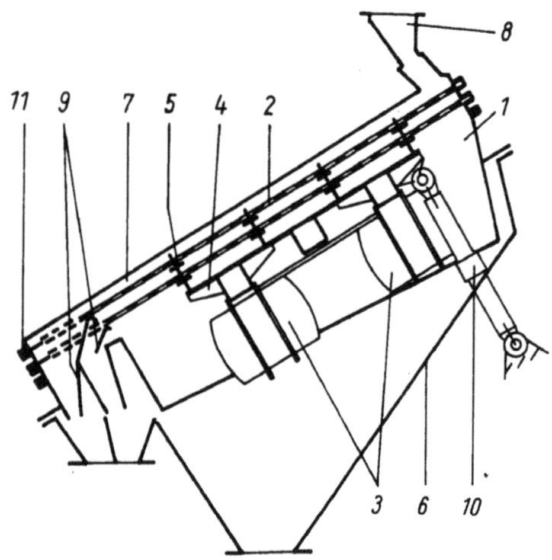


Bild 5.81. Stößel-Schwingsiebmaschine (CAS Staßfurt)

*1* Siebrahmen; *2* Trennfläche; *3* elektromagnetische Schwingantriebe; *4* Traverse mit Stößelträger; *5* Stößel; *6* Grundgestell mit Auffangschurre; *7* Verkleidung; *8* Aufgabegutschurre; *9* Überlaufschurren; *10* Spindel zur Neigungsverstellung; *11* Spannvorrichtung für Siebgewebe

Schlagleisten) in Transversalschwingungen versetzt, wobei der Siebrahmen in Ruhe bleibt. Infolge senkrecht zur Trennfläche aufgeprägter Schwingungen ist zur Gewährleistung des erforderlichen Siebguttransportes eine relativ große Trennflächenneigung $\beta$, die dem Böschungswinkel des Siebgutes entsprechen soll, erforderlich [368 bis 370]. Zur Anpassung an das jeweilige Siebgut kann deshalb der Neigungswinkel meist zwischen $\beta = 25°$ bis $50°$ eingestellt werden. Die Schwingungsübertragung auf die Trennfläche erfolgt form- oder kraftschlüssig, wobei eine punkt- oder linienförmige Erregung möglich ist [869, 871]. Während bei der formschlüssigen Schwingungsübertragung (Bild 5.82*a*, *b*, *c*) die Übertragungselemente mit der Trennfläche fest verbunden (verschraubt) sind, ist bei der kraft-

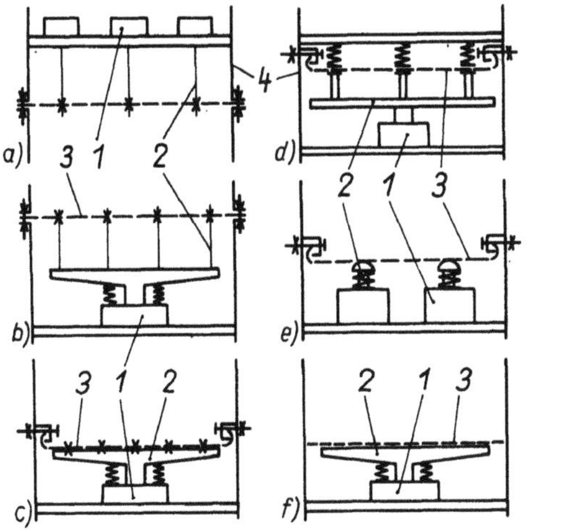


Bild 5.82. Möglichkeiten zur Schwingungsübertragung auf die Trennfläche von Stößel-Schwingsiebmaschinen [869, 871]

*a*) Einzelantrieb mit formschlüssiger punktförmiger Übertragung (*Rhewum*)

*b*) Gruppenantrieb mit formschlüssiger punktförmiger Übertragung (CAS)

*c*) formschlüssige linienförmige Übertragung (*Hummer-Screen-Tyler*)

*d*) kraftschlüssige punktförmige Übertragung mit unterbrochenem Kraftschluß (auch mit starrem oder federndem Gegenschlag nach *Haver* und *Boecker*)

*e*) kraftschlüssige punktförmige Übertragung mit Dauerkraftschluß

*f*) kraftschlüssige linienförmige Übertragung mit Dauerkraftschluß (*Rhewum*)

*1* elektromagnetische Schwingungserreger; *2* Schwingungsübertrager; *3* Trennfläche; *4* Siebrahmen

schlüssigen Übertragung (Bild 5.82*d*, *e*, *f*) nur ein loser Kontakt zur Trennfläche (zeitweise oder ständig) vorhanden. Verschiedentlich werden auch auf der den Stößeln gegenüberliegenden Seite mit dem Siebrahmen starr oder federnd verbundene Gegenanschläge (Bild 5.82*d*) vorgesehen. Bei entsprechender Ausbildung der Anschlagelemente können die eingeleiteten Schwingungen auch an einen darüber liegenden Siebboden weitergeleitet werden. Dabei ist nachteilig, daß die Siebböden mit Anschlagplättchen versehen werden müssen. Günstiger sind Antriebsprinzipien, bei denen die Erregung der Trennfläche mittels Schlagleisten erfolgt (Bild 5.82*f*). Auf diesen befindet sich eine Kunststoffummantelung, die mit dem Siebgewebe ständig kraftschlüssig verbunden ist. Günstig ist, wenn hierbei die elektromagnetischen Schwingantriebe außerhalb des Siebgehäuses angeordnet und frei zugänglich sind und das Gewebe über Spannfalze an der Produkteinlaufseite einfach gespannt werden kann. Zur Gewährleistung günstiger Durchsätze ist es notwendig, die punkt- und linienförmigen Schwingungsüberträger so auf der Trennfläche anzuordnen, daß keine schwingungsarmen Zonen entstehen. Von den möglichen Varianten (parallele oder versetzte Stößelanordnung) hat sich z. B. bei punktförmiger Trennflächenerregung die versetzte Stößelanordnung durchgesetzt. Um günstige und stabile Schwingungsverhältnisse auf der Trennfläche zu erhalten, müssen die Siebböden bei formschlüssig-punktförmiger Übertragung allseitig mit nur geringer Vorspannung am Rahmen befestigt werden (Bild 5.82*a*, *b*). Alle anderen Erregervarianten erfordern eine große Quer- oder Längsspannung. Unter der Voraussetzung, daß der Siebboden aus ferromagnetischem Werkstoff besteht, ist auch eine berührungslose Schwingungsübertragung möglich. Notwendig ist jedoch, daß die Trennfläche in einem bestimmten Abstand mit Induktoren, die ein hochfrequentes magnetisches Wechselfeld erzeugen, versehen wird [871, 872]. Derartige Lösungen sind sehr kostenaufwendig und haben sich nicht durchgesetzt.

Der Antrieb der üblichen Stößel-Schwingsiebmaschinen erfolgt entweder von elektromagnetischen Antrieben mit Antriebsfrequenzen von $f = 100$ Hz ohne Gleichrichter bzw. mit $f = 50$ Hz bei Gleichrichteranwendung oder mit gegenläufigen Massenkraftantrieben mit etwa $n = 25\,s^{-1}$. Die Amplituden werden bei $d_T = 0{,}1$ bis 0,3 mm mit etwa $A = 0{,}1$ bis 0,4 mm und bei $d_T = 0{,}3$ bis 5 mm mit etwa $A = 0{,}5$ bis 2 mm festgelegt. Bei $d_T = 5$ bis 15 mm werden Massenkraftantriebe mit $A = 2$ bis 3 mm eingesetzt [869, 871]. Aufgrund geringer zu beschleunigender Massen ist der spezifische Leistungsbedarf, der je nach Bauart bei etwa $P_{oA} = 0{,}15$ bis 1 kW m$^{-2}$ liegt, relativ klein [869, 874 bis 877].

Infolge der bei diesen Siebmaschinen üblichen Antriebsfrequenzen und Amplituden ergeben sich Siebkennziffern von $K_V = 7$ bis 10 für die Grundschwingung und $K_V = 10$ bis 15, wenn sich diese mit den bei kraftschlüssiger Schwingungsübertragung auftretender Trennflächen-Eigenschwingung (Oberschwingung) überlagert. Die Siebmaschinen besitzen geringe Trennflächenlängen, die $L = 2$ bis 3 m nicht überschreiten und ein Längen-Breiten-Verhältnis von $L/B = 1$ bis 2 ergeben. Aufgrund hoher Transportgeschwindigkeiten von etwa $v = 0{,}5$ bis $1\ \mathrm{m\,s^{-1}}$ werden im Vergleich zu anderen Schwingsiebmaschinen bei den für Stößel-Schwingsiebmaschinen üblichen Trennkorngrößen große spezifische Durchsätze bei guter Trennschärfe erreicht. Die Mittelwerte liegen in Abhängigkeit von der Trennkorngröße zwischen $\dot{m}_{oA} = 3{,}5\ \mathrm{t\,h^{-1}\,m^{-2}}$ bei $d_T = 0{,}5$ mm bis $18\ \mathrm{t\,h^{-1}\,m^{-2}}$ bei $d_T = 4$ mm [868]. Da die Siebmaschinen vorzugsweise im Bereich der Dünnschichtsiebung (Aufgabeschichtdicke/Trennkorngröße $= h/d_T = 1$ bis 2) betrieben werden, ist eine gleichmäßige Verteilung des Siebgutes über der gesamten Trennflächenbreite am Einlauf notwendig. Für die Trocken- oder Naßsiebung werden dabei unterschiedliche Aufgabe- und Verteilereinrichtungen verwendet. Um Trennflächenverstopfungen bei unterschiedlichen Siebgutqualitäten vermeiden zu können, werden die Trennflächen verschiedentlich durch Anwendung entsprechender Steuergeräte kurzzeitig mit wechselnder Frequenz und Amplitude erregt. Stößelsiebmaschinen werden als Ein- oder Zweideck-Siebmaschinen für Trocken- oder Naßbetriebe geliefert, wobei zur Verhinderung von Staubaustritt und zur Verminderung der Geräuschabstrahlung entsprechende Verkleidungen notwendig sind. Als Sonderkonstruktion kann das Siebmaschinenprinzip auch in Rohrsysteme eingebaut werden (Bild 5.83).

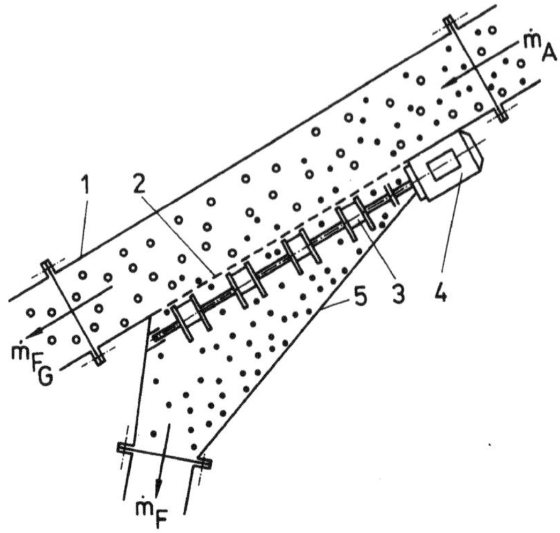


Bild 5.83. Schema eines Belagschwingers im Rohrsystem

*1* Rohrleitung; *2* Trennfläche; *3* Schwingantrieb (Massenkrafterregung); *4* Motor; *5* Auffang- und Auslaufschurre

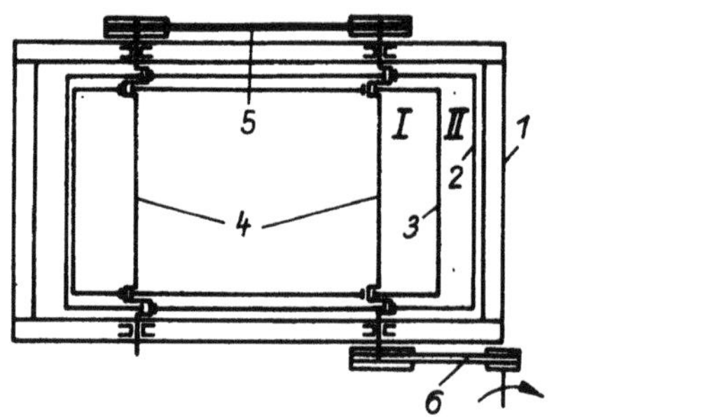


Bild 5.84. Antriebsschema einer Zweisystem-Siebmaschine (Umbrex) [880]

*1* Grundrahmen; *2* Querträger des Systems II; *3* Querträger des Systems I; *4* Exzenter- oder Kurbelwelle; *5* Zahnkeil-Riemengetriebe; *6* Antrieb

**Spannwellen-Siebmaschinen:** Bei derartigen Siebmaschinen besteht der Siebboden aus gummielastischen, biegeweichen Siebmatten, die auf biegesteifen Querträgern von zwei um 180° phasenverschoben schwingenden Grundrahmen I und II befestigt sind (Bild 5.84). Dadurch werden die Siebmatten je nach Schwingrichtung straff gespannt bzw. entlastet, wodurch sich infolge der trampolinartigen Trennflächenspannung hohe Geschwindigkeits- und Beschleunigungswerte bis $a = 25g$ ergeben, die bei der Siebung siebschwieriger Güter zur Verhinderung von Trennflächen-Erblindungen erwünscht sind [810, 879, 883]. In Bild 5.85 ist das Spannwellenprinzip System Umbrex dargestellt, das sowohl mit einer als auch mit zwei Doppelexzenterwellen (Bild 5.84) ausgerüstet werden kann. Bei der Doppelexzenterwellen-Ausführung mit zwei Wellen erfolgt der synchrone Antrieb der um 180° zueinander versetzten Systeme I und II mittels Zahnriemen, wobei eine der beiden Wellen vom Motor über Keilriemen angetrieben wird. Die beiden Grundrahmen sind als Schwingbalken mit aufgesetzten querliegenden Spannträgern für die Trennflächen ausgebildet und führen im Gegensatz zum Torwell- und Liwell-System kreisförmige Schwingungen durch. Dadurch wird die meist $\beta = 6°$ bis 12° geneigte Trennfläche je nach Exzenterstellung zusätzlich gehoben und gesenkt. Beim System Torwell werden horizontalbewegliche Seitenwangen mit Kippträgern, an denen die Siebmatte befestigt ist, verwendet. Das System Liwell arbei-

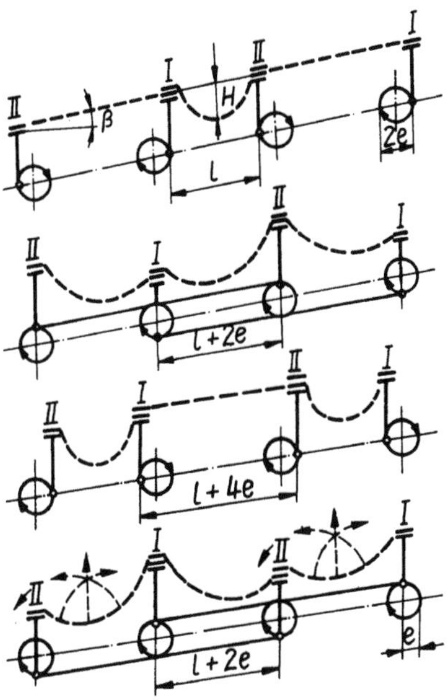

Bild 5.85. Schema der Spannwellen-Siebmaschine (Umbrex)

tet mit zwei auf Lenkerfedern abgestützten gegeneinander schwingenden Siebkästen. Bei den eingesetzten Spannwellen-Siebmaschinen betragen die Antriebsdrehzahlen meist $n = 500$ bis $750\ \text{min}^{-1}$, wobei in Abhängigkeit von der Siebbodenart und -qualität mit Längenänderungen von $\Delta l = 5$ bis 10 mm gearbeitet wird. Als Siebböden werden meist gelochte Polyurethanmatten, die gute gummielastische Eigenschaften besitzen und eine große Dauerfestigkeit bei Wechselzug- und Biegebeanspruchung sowie hohen Verschleißwiderstand aufweisen, verwendet. Im entspannten Zustand beträgt der Trennflächendurchhang etwa $H = 30$ bis 50 mm. Derartige Siebmaschinen, die eine kleine Bauhöhe erfordern, werden derzeit bis zu Trennflächengrößen von $A = 10$ bis $15\ \text{m}^2$ gebaut und vor allem zur Siebung von feuchten Gütern, wie Sand und Kies, Rohbraunkohle, Schlacke, Müllkompost usw., bis zu maximalen Aufgabekorngrößen von $d_A = 50$ bis 100 mm verwendet. Im Bereich der Feinsiebung werden mögliche Trennkorngrößen von $d_T = 1{,}5$ bis 3 mm angegeben. Die spezifischen Durchsätze betragen je nach $d_T$, Kornzusammensetzung des Siebgutes, Feuchtigkeit und Materialart $\dot{m}_{0A} = 5$ bis $25\ \text{t}\ \text{m}^{-2}\ \text{h}^{-1}$. Mit Spannwellen-Siebmaschinen wurde in der Siebtechnik ein Weg beschritten, bei dem zur Lösung schwieriger Siebprobleme sowohl hohe Beschleunigungen als auch die Verformbarkeit der Siebböden genutzt werden. Dadurch wird Klemmkorn wirkungsvoll ausgeworfen und ein erblindungsfreier Betrieb gewährleistet [810, 884].

**Stoßmaschen-Siebmaschinen:** Diese Siebmaschinen werden ähnlich wie die Spannwellen-Siebmaschinen zur Klassierung siebschwieriger Güter eingesetzt. Die Bewegung des Siebbodens erfolgt durch zwei getrennte Siebrahmen, die um 180° versetzte Kreisschwingungen durchführen (Bild 5.86). Während die Bewegung in Richtung Siebebene ausschließlich durch eine formschlüssige Verbindung mit dem Siebrahmen I in Form einer Gleitführung hervorgerufen wird, ergibt sich die Vertikalbewegung des Siebbodens abwechselnd durch die kraft- bzw. formschlüssige Verbindung des tragenden Siebbodenelementes mit den Stößeln beider Rahmen. Die Trennfläche führt somit halbkreisförmige Schwingbewegungen aus. Da bei der Änderung der Schwingrichtung in den Umlenkpunkten hohe Beschleunigungsspitzen von etwa $a = 25$ bis $50\ \text{m}\ \text{s}^{-2}$ und mehr hervorgerufen werden, müssen an die Siebböden hinsichtlich ihrer Festigkeit hohe Anforderungen gestellt werden [885]. Deshalb werden als tragendes Element für die Trennfläche entsprechende Stützprofile verwendet, an denen der eigentliche Siebboden befestigt wird. Bei jeder Exzenter-

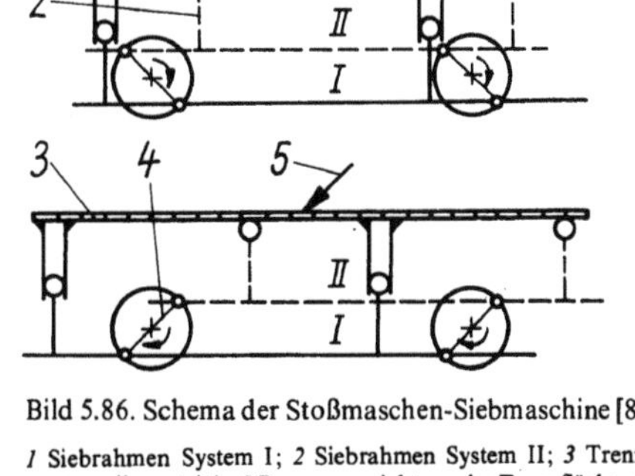

Bild 5.86. Schema der Stoßmaschen-Siebmaschine [885]

*1* Siebrahmen System I; *2* Siebrahmen System II; *3* Trennfläche; *4* Exzenterwellenantrieb; *5* Bewegungsrichtung der Trennfläche; *6* Gleitführung

wellenumdrehung erfolgen zwei Wurfbewegungen, die günstige spezifische Durchsätze von $\dot{m}_{oA} = 10$ bis $20\ \mathrm{t\,m^{-2}\,h^{-1}}$ bei siebschwierigem und $\dot{m}_{oA} = 30$ bis $35\ \mathrm{t\,m^{-2}\,h^{-1}}$ bei mittelschwierigem Gut ermöglichen.

**Siebmaschinen mit rostförmiger Trennfläche (System Umbra):** Die Trennfläche wird aus nebeneinanderliegenden Leitschienen, die abwechselnd an zwei um 180° versetzte synchronlaufende Antriebssysteme angelenkt sind, gebildet (Bild 5.87). An den

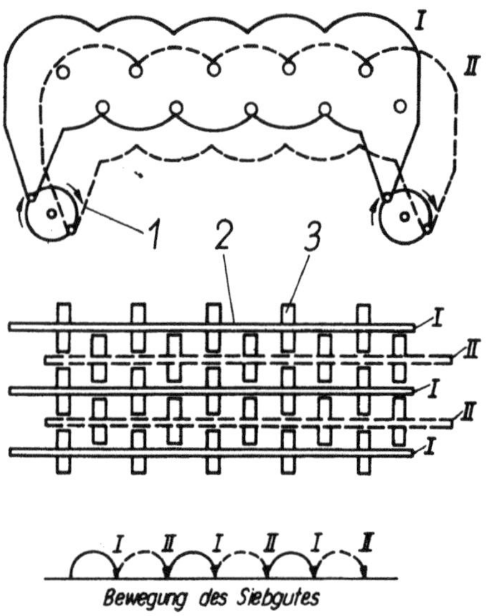


Bild 5.87. Schema einer Siebmaschine mit rostförmiger Trennfläche (Umbra)

*1* Antriebssystem; *2* Leitschienen; *3* Nocken als Abstandhalter

Leitschienen sind Nocken befestigt, die den Abstand zwischen den Schienen und somit die Abmessungen der Trennflächenöffnungen (Spaltweite) fixieren. Für spezielle Siebaufgaben können die Leitschienen auch beiderseitig mit rollenförmigen Einsätzen versehen werden, die planetenartig um einen gemeinsamen Mittelpunkt kreisen und sich gegenseitig reinigen. Derartige Siebmaschinen wurden bisher für die Aufbereitung von Stein- und Braunkohle, Formsand, Erz, Sand- und Kalkstein eingesetzt. Sie finden jedoch auch in der Nahrungs- und Düngemittel- sowie chemischen Industrie Anwendung. Die untere Grenze für den Trennkorn-Durchmesser liegt bei $d_T = 0{,}75$ mm.

### 5.2.6.6. Plan-Schwingsiebmaschinen

Bei solchen Maschinen erfolgt der Siebvorgang nach Bild 5.43 durch beschleunigte Bewegungen des Siebbodens in einer Ebene, wobei das Verhältnis der Beschleunigungen senkrecht zur Trennfläche stets $a_N/g < 1$ ist. Da damit keine Wurfbewegungen durchgeführt werden, beruht der Siebeffekt ausschließlich auf der gleitenden Relativbewegung zwischen Siebgut und Siebboden. Daraus resultiert eine schonende Siebung ohne wesentliche mechanische Belastung des Siebgutes, die jedoch zu einem größeren Verschleiß der Trennfläche als bei Wurfsiebmaschinen führen kann. Plan-Schwingsiebmaschinen werden deshalb vorwiegend zur Feinkornsiebung eingesetzt, wobei relativ große Amplituden bei kleinen Frequenzen und geeigneten Siebhilfen, wie Rollen- und Flachbürsten, Luftdüsen, Ballklopfeinrichtungen, und zusätzliche Impulse zum Einsatz kommen. Um den gewünschten Siebgütegrad zu erreichen, muß der Siebprozeß über einen längeren Zeitraum ablaufen als bei Wurfsiebmaschinen. Während bei diesen für den Klassierprozeß bei geradliniger Transportbewegung und abnehmender Schichthöhe nur die einfache Länge der Trennfläche zur Verfügung steht und der Klassierprozeß am Trennflächenende abgeschlossen sein muß, durchlaufen die Siebgutteilchen auf den Plansiebmaschinen meist zickzackförmige oder zykloidenähnliche Bahnen, wodurch die Wegstrecke ein Mehrfaches der Trennflächenlänge betragen kann. Die Transportgeschwindigkeit wird dabei neben den Schwingungsparametern der Trennfläche entweder durch die Trennflächenneigung bzw. durch die Seitenwände oder entsprechende Förderleisten beeinflußt. Unabhängig vom Konstruktionsprin-

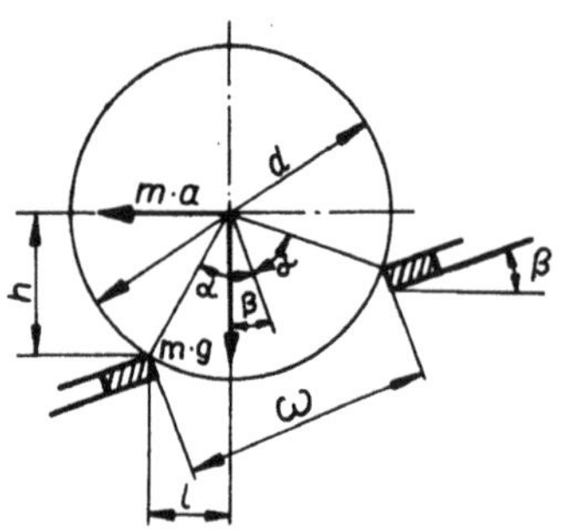


Bild 5.88. Schema zur Ermittlung der Beschleunigung und Überrollbedingung bei Plan-Schwingsiebmaschinen

zip gelten folgende Beziehungen, bei denen eine Verstopfung des Siebbodens in bestimmten Grenzen verhindert werden kann (Bild 5.88):

$$mah \geqq mgl \quad \text{bzw.} \quad a \geqq g \tan(\alpha - \beta) \tag{5.75}$$

Unter der Annahme, daß Partikeln mit einem Winkel $\alpha = 80°$ bei $\beta = 0°$ noch ausgeworfen werden sollen, muß die Beschleunigung $a > 5{,}5g$ betragen. Partikeln, deren Durchmesser der Maschenweite ($\alpha = 90°$) entsprechen, verklemmen und tragen zur Erblindung bei. Bei Plansiebmaschinen sind deshalb stets selbstreinigende Einrichtungen notwendig. Für die Klassierung grober Körnungen sind die Plansiebmaschinen, die in rechteckiger und runder Bauweise zum Einsatz kommen, ungeeignet.

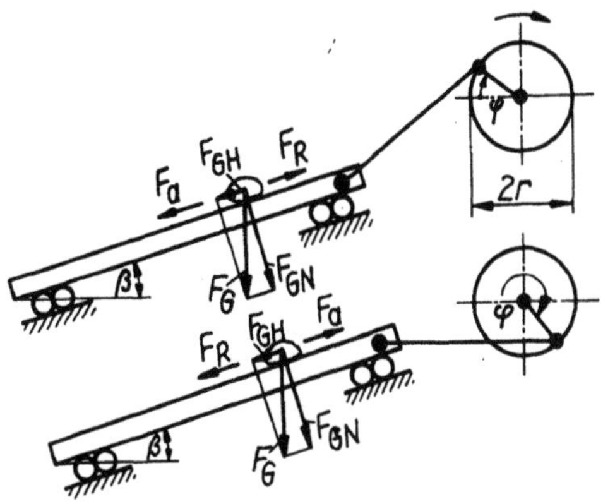


Bild 5.89. Schema zur Berechnung der Antriebsdrehzahl bei Plan-Schwingsiebmaschinen

**Plan-Schwingsiebmaschinen mit linearer Schwingung:** Bei der Berechnung derartiger Maschinen, die prinzipiell auch auf andere Planschwingsiebe übertragen werden kann, sind die in Bild 5.89 dargestellten Bewegungsverhältnisse zugrunde gelegt. Für die Geschwindigkeit $v$ und Beschleunigung $a$ gilt:

$$v = r\omega \sin\varphi\,; \qquad a = r\omega^2 \cos\varphi \tag{5.76}$$

Unter Berücksichtigung der Bewegungsrichtung des Siebbodens sowie der Beschleunigungs- und Reibungsverhältnisse auf dem Boden kann das Siebgut bei $F_a + F_{GH} > F_R$ abwärts und bei $F_{GH} + F_R < F_a$ aufwärts gefördert werden. Damit die Siebgutbewegung in gewünschter Richtung erfolgt, muß folgende Bedingung erfüllt sein:

$$mr\omega^2 \cos\varphi + mg \sin\beta \geqq \mu mg \cos\beta \tag{5.77}$$

Durch Umformung von (5.77) und Einsetzen von $\pi^2 \approx g$ ergibt sich die Drehzahl $n_1$, bei der das betrachtete Korn abwärts bewegt wird, zu

$$n_1 \geqq (^1/_2) \sqrt{(\mu \cos\beta - \sin\beta)/r} \tag{5.78}$$

Da sich die Bewegungsrichtung bei zu großer Drehzahl verändern kann, müssen auch (5.79) und (5.80) erfüllt werden:

$$mr\omega^2 \cos\varphi < \mu mg \cos\beta + mg \sin\beta \tag{5.79}$$

$$n_2 < (^1/_2) \sqrt{(\mu \cos\beta + \sin\beta)/r} \tag{5.80}$$

Die Betriebsdrehzahl muß demzufolge in Grenzen von $n_1 < n_{\text{Betr.}} < n_2$ liegen. Bei den üblichen Neigungswinkeln von $\mu = 4°$ bis $12°$ und einem Reibungskoeffizienten von $\mu = 0{,}4$ bis $0{,}7$ beträgt das Drehzahlverhältnis im allgemeinen $n_2/n_1 = 1{,}1$ bis $1{,}6$, wobei als Betriebsdrehzahl meist $n_{\text{Betr.}} = 1{,}35 n_1$ zugrunde gelegt wird. Leistungsbedarf und Durchsatz der Plan-Schwingsiebmaschinen werden nach ähnlichen Grundsätzen wie bei den Wurfsiebmaschinen bestimmt.

Zur Vergrößerung der Verweilzeit des Siebgutes auf der Trennfläche werden auch Siebmaschinen verwendet, bei denen der Siebguttransport quer zur Schwingungsrichtung erfolgt. Bild 5.90 zeigt eine solche Siebmaschine, deren Siebkasten mit Kurbel-

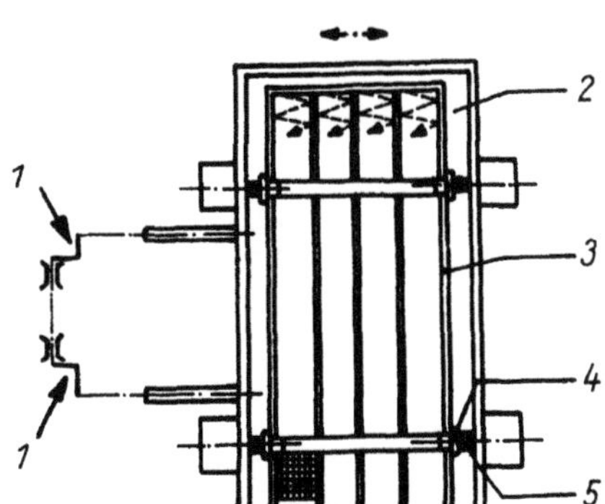


Bild 5.90. Plan-Schwingsiebmaschine mit Kurbel- oder Exzenterantrieb quer zur Haupttransportrichtung (Traversator-Siebmaschine, *Merz*)

*1* Kurbel- oder Exzenterantrieb; *2* Siebkasten; *3* Trennfläche mit Stützrahmen; *4* Stützrahmenaufhängung im Siebkasten; *5* Anschlagpuffer; *6* Traverse des Stützrahmens

oder Exzenterantrieb mit $n = 180$ bis $350\ \text{min}^{-1}$ bei einer einstellbaren Amplitude von $A = 15$ bis 60 mm angetrieben wird. Die Neigung des Siebkastens beträgt dabei quer zur Schwingrichtung $\beta = 2°$ bis $20°$.

**Plan-Schwingsiebmaschinen mit kreisförmiger Schwingung:** Solche Maschinen mit horizontaler Kreisschwingung und Trennfläche werden vorzugsweise als sog. »Plansichter« in der Nahrungsgüterwirtschaft (Getreidemühlen) eingesetzt. Die in der Regel aus 5 bis 15 Siebböden bestehenden Siebkästen oder Siebstapel werden bei kleinen Ausführungen mittels Kurbel- und bei großen Ausführungen mittels Pendelwellen- oder Wuchtmassenantriebs in Schwingung versetzt [822, 886]. Die einzelnen Siebbodeneinheiten setzen sich bei derartigen Siebmaschinen meist aus einem Rahmen, der jeweils einen Sammelboden, den Beschickungs- und den Ablaufkanal sowie den Einlegerahmen, der an der Oberseite das Siebgewebe und an der Unterseite das Stützgitter für die Siebreinigungselemente trägt, zusammen. Je nach Antriebsart und Einsatzgebiet werden die an Lenkerfedern aufgehangenen Siebstapel mit Schwingkreis-Durchmessern von $d = 50$ bis 100 mm und $n = 200$ bis $500\ \text{min}^{-1}$ angetrieben. Der Siebguttransport auf der jeweiligen Trennfläche erfolgt durch Aufböschen des Gutes an den seitlichen Begrenzungen der Siebbodeneinheiten gegensinnig zur Kreisschwingung. In Bild 5.91 ist eine Plan-Schwingsiebmaschine dargestellt, bei der an der Aufgabeseite durch einen Exzenterzapfen eine Kreisschwingung mit Schwingkreis-Durchmessern von $d = 50$ bis 90 mm bei $n = 200$ bis $300\ \text{min}^{-1}$ eingeleitet wird. Infolge einer Siebbodenneigung von $\beta = 4°$ bis $5°$ und einer Kreisbewegung der Trennfläche an der Aufgabeseite wird das aufgegebene Gut auf der gesamten Breite der Siebfläche verteilt und auf elliptischen Bahnen abwärts gefördert. Da der auf zwei Gleitplatten gelagerte untere Teil des Siebrahmens annähernd lineare Bewegungen durchführt, werden die elliptischen Bewegungsbahnen des Siebgutes in Richtung des Überlaufes immer flacher, wodurch die Transportgeschwindigkeit abnimmt. Die aus der Kreisbewegung entstehenden Zentrifugalkräfte bewirken, daß die großen Partikeln in die äußeren Bereiche der Bewegungsbahn gelangen und für die kleineren keine Behinderung beim Durchgang durch die Trennfläche auftritt. Siebbodenverstopfungen werden durch Gummikugeln, die auf einem unter der jeweiligen Trennfläche befindlichen Unterstützungsgewebe liegen und durch die Grundschwingung gegen die Trennfläche schlagen, vermieden.

**Taumelsiebmaschinen bzw. Vibrations-Rundsiebmaschinen:** Bei diesen Siebmaschinen wird eine kreisschwingende Bewegung in der Trennflächenebene mit einer kleinen Vertikalkomponente zu einer drei-

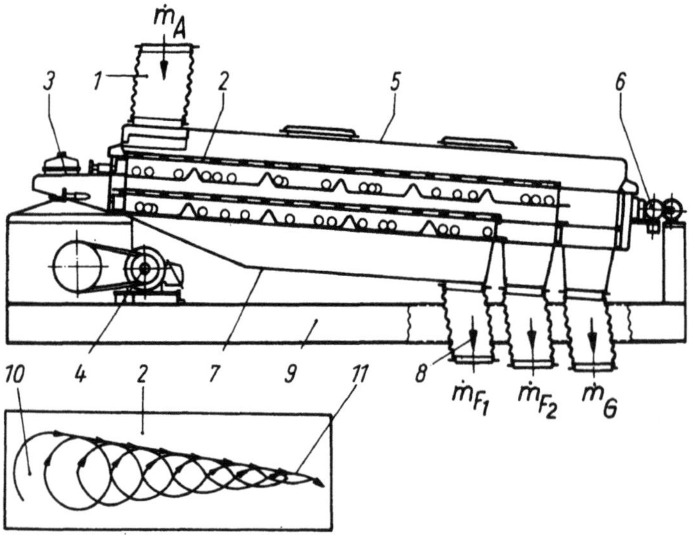


Bild 5.91. Plan-Schwingsiebmaschine mit kreisförmiger Schwingung (Rotex-Siebmaschine)

*1* Aufgabegutschleuse; *2* Trennfläche mit Stützrahmen und Ballklopfeinrichtung; *3* Schwingantrieb; *4* Motor mit Getriebe; *5* Siebkasten; *6* Gleitlager; *7* Sammelboden; *8* Austragschleusen; *9* Grundrahmen; *10* Siebgutbewegung am Trennflächenanfang; *11* Siebgutbewegung am Trennflächenende

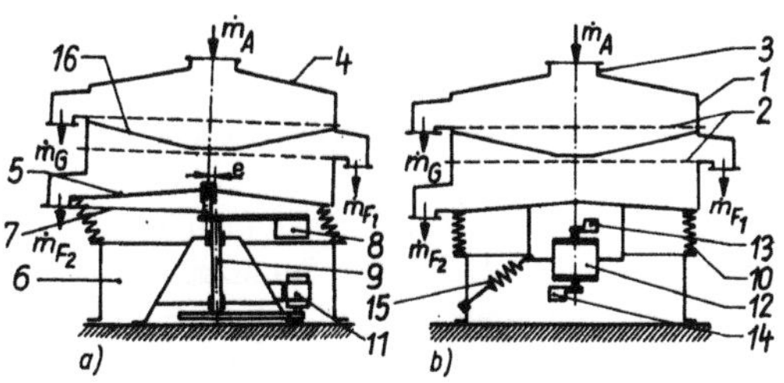


Bild 5.92. Taumelsiebmaschinen-Bauarten
*a*) mit Kurbelantrieb
*b*) freischwingende Siebmaschine mit Massenkrafterregung

*1* Siebrahmen; *2* Trennflächen; *3* Einlaufstutzen; *4* Abschlußdeckel; *5* Ablaufhaube; *6* Grundrahmen; *7* Kurbelzapfen; *8* Ausgleichmasse; *9* Antriebswelle; *10* Stützfedern; *11* Motor; *12* Schwingantrieb mit Motor; *13* obere Unwuchtmasse; *14* untere Unwuchtmasse; *15* Ausgleichfeder; *16* Aufgabemulde

dimensionalen Bewegung überlagert (Bild 5.92). Infolge des dadurch entstehenden Taumeleffektes werden in jedem Punkt der Trennfläche unterschiedliche Bewegungskomponenten erreicht, die den Trennvorgang begünstigen. Das in der Mitte der runden Trennflächen aufgegebene Siebgut wird zunächst wie auf einem Plansieb aufgelockert, wobei das Feingut sofort die Trennfläche durchdringt und das Grobgut und Grenzkorn spiralförmig nach außen wandern. Dadurch gelangt das Siebgut mit zunehmender Absiebung in Bereiche größerer Vertikalbeschleunigungen, die eine stärkere Umschichtung und schärfere Absiebung bewirken, ohne daß ausgeprägte Wurfbewegungen auftreten. Taumelsiebmaschinen werden grundsätzlich in Rundbauweise und meist als Mehrdeckmaschinen ausgeführt. Dabei besteht die Möglichkeit, kontinuierlich in einem Arbeitsgang jeder bereits einmal abgesiebten Kornfraktion erneut die ganze Trennfläche anzubieten. Der Unterlauf der oberen Trennfläche wird infolge eines darunter liegenden Zulauftrichters wieder in der Mitte der darunterliegenden Trennfläche aufgegeben. Damit sind geringe Fehlkornanteile erreichbar.

Nach der Antriebsart können Taumelsiebmaschinen in Maschinen mit Kurbel- und Wuchtmassenantrieb eingeteilt werden (Bild 5.92). Um konstante Betriebsbedingungen auch bei veränderter Trennflächenbelastung bzw. Massenankopplung zu gewährleisten, werden bei siebschwierigen Gütern Kurbelantriebe bevorzugt. Derartige Maschinen werden bis zu Trennflächen-Durchmessern von $D = 2600$ mm hergestellt und mit $n = 150$ bis $300\ \text{min}^{-1}$ bei Kurbelradien von $e = 15$ bis 50 mm betrieben [887 bis 889]. Radial- und Tangentialneigung betragen dabei $\varrho = 1°$ bis $3°$ bzw. $\vartheta = 0{,}5°$ bis $2°$ [887]. Die Tantentialneigung stellt die Neigung des Siebbehälters gegenüber dem Hauptzapfen dar. Sie beeinflußt die Umlaufgeschwindigkeit des Siebgutes auf der Trennfläche. Als Radialneigung wird dagegen die Neigung der Achse des exzentrisch angeordneten Hauptzapfens zur vertikalen Achse der Hauptwelle bezeichnet. Von ihr ist die Radialgeschwindigkeit des Siebgutes abhängig. Seine Bewegung auf den Trennflächen wird außerdem durch Kurbelradius und -drehzahl, die bei den meisten Taumelsiebmaschinen mit Kurbelantrieb stufenlos verstellbar ist, beeinflußt.

Taumelsiebmaschinen mit Wuchtmassenantrieb werden bis zu Trennflächen-Durchmessern von $D = 1500$ bis 2000 mm gebaut. Um die Unwuchtmassen klein zu halten, werden diese meist mit höheren Drehzahlen ($n = 750$ bis $3000\ \text{min}^{-1}$) und kleineren Schwingkreisradien als die kurbelangetriebenen Taumelsiebmaschinen betrieben. Die Vertikalkomponente der Taumelbewegung kann durch die Verdrehung der beiden Unwuchtmassen gegeneinander verstellt werden. Während sich bei einem Winkel von 0° das Siebgut von der mittigen Aufgabestelle in geraden Bahnen zum Trennflächenrand bewegt und dabei die kleinste Verweilzeit des Siebgutes auf der Trennfläche gegeben ist, findet bei einer Unwuchtmassen-Verstellung von 90° kein Überkornaustrag mehr statt (Bild 5.93). Bei einem Verstellwinkel von 15° tritt eine spiralförmige Bewegung auf, die bei 35° das Maximum und damit

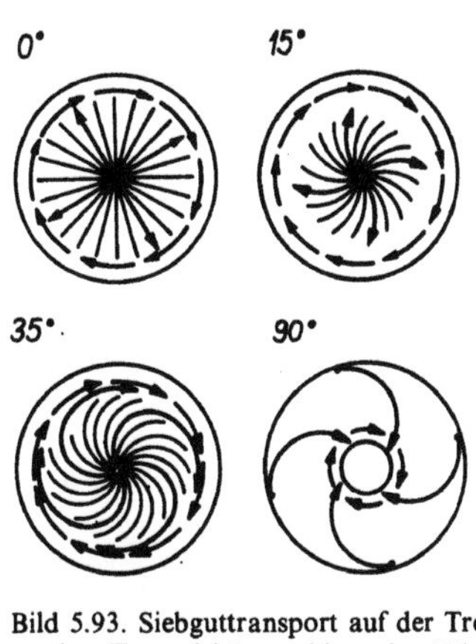


Bild 5.93. Siebguttransport auf der Trennfläche bei freischwingenden Taumelsiebmaschinen in Abhängigkeit der Unwuchtmassen-Verstellung

den günstigsten Siebeffekt ermöglicht. Theoretische Betrachtungen zum Guttransport insbesondere zur Bewegung von Einzelteilchen auf den Trennflächen ermöglichen hierzu Überschlagsrechnungen [887, 890, 892]. Bei der Übertragung experimenteller Ergebnisse von Modell- auf Hauptausführungen ist vor allem (5.81) zugrunde zu legen [881, 887, 892]:

$$v_{rel} = r\omega \sqrt{1 - (\mu g / r\omega^2)^2} = \text{konst.} \qquad (5.81)$$

$$\mu = r\omega_{krit}^2 / g$$

($\omega_{krit}$ Kreisfrequenz, bei der das Siebgut auf der Trennfläche zu gleiten beginnt)

Taumelsiebmaschinen sind für die trockene und nasse Feinkornsiebung gut geeignet und werden in vielen Industriezweigen auch zum Sieben siebschwieriger Güter eingesetzt. Dabei können zur Säuberung der Trennflächen von verklemmten Siebgutteilchen sowie zur Überwindung von Haftkräften aus elektrostatischer Aufladung mechanische, pneumatische und mechanisch-pneumatische Siebhilfen verwendet werden. Als mechanische Siebhilfen haben sich Gummibälle, die sich zwischen der Trennfläche und einem darunter gespannten größeren Siebboden befinden und freibeweglich von unten an die Trennfläche stoßen, sowie starr angetriebene umlaufende Flach- oder Rollenbürsten bewährt. Als besonders wirksam haben sich die pneumatischen Siebhilfen, bei denen umlaufende Düsenarme, aus denen Luft oder Schutzgas von unten durch die Trennfläche gegen das Siebgut strömt, erwiesen (Bild 5.94) [891, 893 bis 897]. Infolge pneumatischer Siebgutauflockerung werden ähnlich wie bei den Luftstrahlsieben günstigere Trenneffekte, die die mechanische Trennwirkung unterstützen, erreicht. Beim Absieben feuchten Siebgutes ist durch Aufheizen des Siebbelages eine merkliche Steigerung des Durchsatzes und eine Verbesserung der Trennschärfe möglich. Werden Taumelsiebmaschinen für die Naßsiebung verwendet, sind kleine Feststoffkonzentrationen zugrunde zu legen [891].

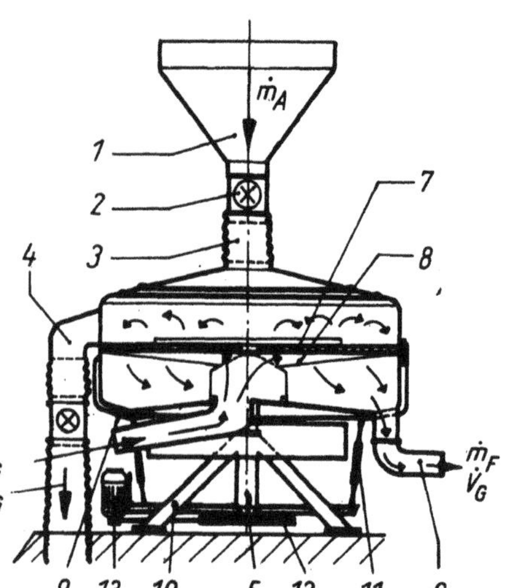


Bild 5.94. Schema einer pneumatischen Taumelsiebmaschine (*Allgaier*)

*1* Aufgabetrichter oder Bunker; *2* Zellenradschleuse; *3* Einlaufschleuse; *4* Austragschleuse des Siebüberlaufes mit Zellenrad; *5* Luftleitung; *6* Feinkornaustrag mit Spülluft und Anschluß zum Zyklon und Filter; *7* Trennfläche; *8* rotierende Luftdüsen unterhalb der Trennfläche; *9* Siebrahmen; *10* Grundrahmen; *11* Stützfedern; *12* Antrieb; *13* Motor

## 5.3. Stromklassierer

Die Prozesse in Stromklassierern beruhen auf dem unterschiedlichen Bewegungsverhalten verschiedenartiger Feststoffteilchen in gasförmigen oder flüssigen Medien. Wesentlichen Einfluß auf dieses haben Teilchengröße, -dichte, -form, Zähigkeit und Dichte des Mediums, Geschwindigkeiten, Beschleunigung, räumliche Teilchenkonzentration und Abstand zur Wand. Da beim Klassieren im engeren Sinne stets eine Trennung in Korngrößenklassen erfolgt, kann die Stromklassierung nur befriedigende Werte liefern, wenn Form und Dichte der Teilchen annähernd gleichbleibend sind. Da jedoch in Schüttgütern meist unterschiedliche Teilchenformen auftreten, wird bei der Stromklassierung im allgemeinen eine schlechtere Trennung erreicht als bei der Siebklassierung. Man spricht deshalb bei der Stromklassierung auch von einer Trennung in Gleichfälligkeitsklassen. Dabei wird definitionsgemäß vorausgesetzt, daß die Teilchen beim Sedimentieren im Fluid gleiche Endfallgeschwindigkeiten erreichen, obwohl diese Voraussetzung bei der technischen Stromklassierung meist nur bei zähen Medien erfüllt wird. Da Teilchen der gleichen Gleichfälligkeitsklasse nicht nur gleiche Endfallgeschwindigkeiten erreichen, sondern sich im strömenden Trägermedium unter der Wirkung von

Kraftfeldern auch auf annähernd gleichen Bahnen bewegen und sich mit geringer werdender Abmessung ihrer Einzelteilchen den Stromlinien des Trägermediums nähern, werden diese Effekte bei den Stromklassierern genutzt. Dabei werden gute Trennergebnisse erreicht, wenn für die zu klassierenden Teilchen möglichst gleiche Anfangsbedingungen geschaffen werden und geringe örtliche Teilchenkonzentrationen auftreten. Die Stromklassierung wird in der Praxis je nach Anwendungsgebiet bei Korngrößen $d_A < 2$ mm angewendet und ergänzt die bei der Fein- und Feinstkorntrennung oft nicht mehr wirtschaftlich anwendbare Siebklassierung.

## 5.3.1. Prozeßgrundlagen

Um zum Wesen und zu den Wirkprinzipien der Stromklassierung vorzudringen, ist wegen der nur begrenzten Quantifizierbarkeit der Vorgänge z. T. eine idealisierte Betrachtung am kugelförmigen Einzelteilchen notwendig und zweckmäßig.

### 5.3.1.1. Ideale Einzelteilchenbewegung

Bewegt sich ein Feststoffteilchen unter Kraftwirkung in einem fluiden Medium, so wird es so lange beschleunigt, bis sich ein Gleichgewichtszustand zwischen den wirkenden Kräften einstellt.

$$m\,\mathrm{d}v/\mathrm{d}t = F_G - F_A - F_W \tag{5.82}$$

Bei ausreichend kleiner Teilchenabmessung ist die Beschleunigungsphase sehr kurz und kann deshalb bei den weiteren Betrachtungen zur Ermittlung der Endfallgeschwindigkeit (Sinkgeschwindigkeit), die ein Teilchen beim freien Fall im fluiden Medium maximal erreicht, vernachlässigt werden. Für ein in einem fluiden Medium im Schwerefeld frei fallendes kugelförmiges Teilchen gilt demzufolge mit (5.82) nach Erreichen der Endfallgeschwindigkeit folgende Bedingung:

$$(d^3\pi/6)\,\varrho_P g = (d^3\pi/6)\,\varrho_M g + c_W(d^2\pi/4)\,(\varrho_M v_s^2/2) \tag{5.83}$$

Im Zentrifugalfeld, das vor allem bei Sichtern genutzt wird, ist in (5.83) anstelle von $g$ die Beschleunigung $R\omega^2$ bzw. $R\omega^2 + g$ einzusetzen. Mit (5.83) erhält man nach entsprechender Umformung für die Sinkgeschwindigkeit (Endfallgeschwindigkeit) $v_s$ bzw. den entsprechenden Teilchendurchmesser:

$$v_s = \sqrt{(4/3)\,(\varrho_P - \varrho_M)\,gd/\varrho_M c_W} = \mathrm{Re}\;\nu/d \tag{5.84}$$

$$d = (3/4)\,c_W \varrho_M v_s^2/(\varrho_P - \varrho_M)\,g = \mathrm{Re}\;\nu/v_s \tag{5.85}$$

($\nu = \eta/g$ kinematische Viskosität des Fluids)

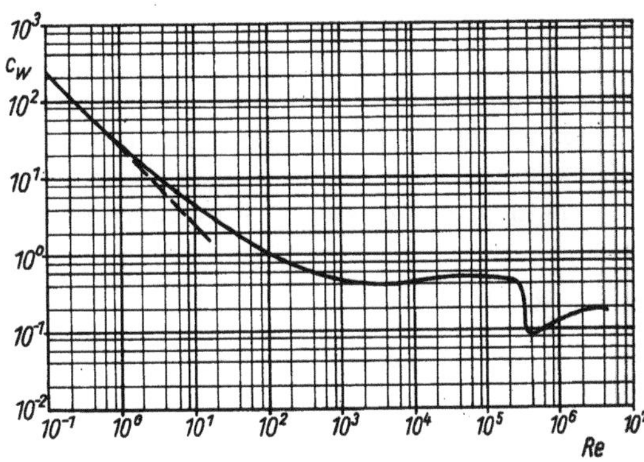


Bild 5.95. Widerstandsbeiwert für Kugeln in Abhängigkeit von Reynolds-Zahl

Der Widerstandsbeiwert $c_W = f(\mathrm{Re})$ (Bild 5.95) ist dabei von den Umströmungsbedingungen der Teilchen abhängig. Aus der Approximation der dargestellten Kurve $c_W = f(\mathrm{Re})$ erhält man für bestimmte Reynolds-Zahlen-Bereiche Näherungsfunktionen, die bis zum Schnittpunkt der benachbarten Näherung angewendet werden können [1, 2, 73, 251]:

*a) Stokesscher Bereich Re < 0,6*:

$$c_W = 24/\mathrm{Re} \tag{5.86}$$

*b) Übergangsbereich 0,6 < Re < 10*$^3$:

$$c_W = 10\,\mathrm{Re}^{-0,5} \quad \text{für} \quad 30 < \mathrm{Re} < 300 \tag{5.87}$$

$$c_W = 21/\mathrm{Re} + 6\,\mathrm{Re}^{-0,5} + 0{,}28$$

$$\text{für} \quad 0{,}1 < \mathrm{Re} < 4000 \tag{5.88}$$

$$c_W = 24/\mathrm{Re} + 40\,\mathrm{Re}^{-0,5}/3\pi + \pi^{-1}$$

$$\text{für} \quad 0{,}1 < \mathrm{Re} < 4000 \tag{5.89}$$

*c) Newton-Rittinger-Bereich* $10^3 < \mathrm{Re} < 2{,}5 \cdot 10^5$:

$$c_W = 0{,}44 \tag{5.90}$$

*Tabelle 5.4. Konstanten zur Bestimmung des Widerstandskoeffizienten* $c_W$ [34]

| *Re* | *c* | *n* | |
|---|---|---|---|
| <0,5 | 24 | 1,0 | Stokesscher Bereich |
| 0,5 ... 30 | 29,40 | 0,8 | Übergangsbereich |
| 30 ... 300 | 10,85 | 0,5 | Übergangsbereich |
| 300 ... 3000 | 1,95 | 0,2 | Übergangsbereich |
| >3000 | 0,44 | 0 | Newtonscher Bereich |

*Tabelle 5.5. Archimedes- und Ljaščenko-Zahlen für ausgewählte Reynolds-Zahlen-Bereiche* [54]

| *Re* | *Ar* | *Lj* |
|---|---|---|
| <0,5 | <9 | <0,014 |
| 0,5 ... 30 | 9,0 ... $1,3 \cdot 10^3$ | 0,014 ... 20,5 |
| 30 ... 300 | $1,3 \cdot 10^3$ ... $4,2 \cdot 10^4$ | 20,5 ... 640 |
| 300 ... 3000 | $4,2 \cdot 10^4$ ... $3,0 \cdot 10^6$ | 640 ... $10^4$ |
| >3000 | $>3 \cdot 10^6$ | $10^4$ ... $3 \cdot 10^5$ |

Unter Berücksichtigung von (5.86) bis (5.90) und weiterer bekannter Näherungslösungen sowie der in Tabelle 5.4 aufgeführten $c$- und $n$-Werte kann zur Ermittlung von $c_W$ auch (5.91) verwendet werden:

$$c_W = c\,\mathrm{Re}^{-n} \tag{5.91}$$

Mit den Beziehungen für die Reynolds-Zahl $\mathrm{Re} = v_s d v^{-1}$ und den Widerstandskoeffizienten $c_W = c\,\mathrm{Re}^{-n}$ gilt entsprechend (5.84) und (5.85) für die Sinkgeschwindigkeit $v_s$ bzw. den Teilchendurchmesser $d$:

$$v_s = [(4/3)\,(\varrho_P - \varrho_M)\,g d^{1+n}/\varrho_M c v^n]^{1/(2-n)} \tag{5.92}$$

$$d = [(3/4)\,\varrho_M c v^n v_s^{2-n}/g(\varrho_P - \varrho_M)]^{1/(1+n)} \tag{5.93}$$

Für den Stokesschen Bereich Re < 0,6 erhält man bei $n = 1$ und $c = 24$:

$$v_s = (\varrho_P - \varrho_M)\,g d^2/18\varrho_M v \quad \text{und}$$

$$d = \sqrt{18 v_s \varrho_M v/g(\varrho_P - \varrho_M)} \tag{5.94}$$

Da ein bestimmter Teilchendurchmesser bzw. eine bestimmte Sinkgeschwindigkeit vor allem im Übergangsbereich infolge $\mathrm{Re} = f(d, v_s)$ nicht ohne weiteres in den entsprechenden Re-Zahlen-Bereich eingeordnet werden kann, ist die Einführung dimensionsloser Kennzahlen notwendig. Dazu wird der in (5.84) und (5.85) dargestellte Zusammenhang zwischen $v_s$, $d$ und Re genutzt:

$$\mathrm{Re}^2 = (4/3c_W)\,(g d^3/v^2)\,(\varrho_P - \varrho_M)/\varrho_M = (4/3c_W)\,\mathrm{Ar} \tag{5.95}$$

$$\mathrm{Ar} = (g d^3/v^2)\,(\varrho_P - \varrho_M)/\varrho_M = (3/4)\,c_W\,\mathrm{Re}^2 \tag{5.96}$$

$$\mathrm{Lj} = (v_s^3/vg)\,\varrho_M/(\varrho_P - \varrho_M) = (4/3)\,\mathrm{Re}/c_W \tag{5.97}$$

Nach (5.96) und (5.97) sind die Archimedes-Kennzahl Ar und die Ljaščenko-Zahl Lj für den jeweiligen Fall nur von bekannten Größen abhängig, so daß die Berechnung von Re mittels Ar bzw. Lj erfolgen kann. In Tabelle 5.5 sind für die Grenzen der Re-Zahl-Bereiche auch die Grenzwerte für Ar und Lj angegeben. Unter Berücksichtigung der in Tabelle 5.4 für die approximierten Kurvenabschnitte angegebenen Konstanten $c$ und $n$ kann geschrieben werden:

$$\mathrm{Re} = (4\,\mathrm{Ar}/3c)^{1/(2-n)} = (3c\,\mathrm{Lj}/4)^{1/(1+n)} \tag{5.98}$$

$$\mathrm{Lj} = (4/3c)^{3/(2-n)}\,\mathrm{Ar}^{(1+n)/(2-n)} \tag{5.99}$$

Bei bekannten Stoffkennwerten und gegebenem $d$ oder $v_s$ können damit mittels Ar bzw. Lj die jeweilige Sinkgeschwindigkeit oder der Teilchendurchmesser für Kugeln im zähen Medium bestimmt werden. In Bild 5.96 sind die Ergebnisse für Luft und Wasser bei verschiedenen Beschleunigungen und Feststoffdichten dargestellt.

### 5.3.1.2. Reale Teilchenbewegung

Da bei der technischen Stromklassierung keine idealen Bedingungen mit kugelförmigen Teilchen und konstanten Teilchendichten ohne gegenseitige Beeinflussung auftreten, sind bei der Ermittlung der realen stationären Sinkgeschwindigkeiten auch die Einflüsse der Gutdichte, Teilchenform, gegenseitige Teilchenbehinderung und Einfluß der Wandreibung zu berücksichtigen. Deshalb müssen die für das Einzelkorn errechneten Sinkgeschwindigkeiten korrigiert werden:

$$v_{s\,\mathrm{korr.}} = v_s \prod_{i=1}^{n} k_i \tag{5.100}$$

**Einfluß der Teilchendichte:** Bei der Stromklassierung kann eine Trennung in Korngrößenklassen nur dann erreicht werden, wenn alle Partikeln die gleiche Dichte aufweisen. Bei unterschiedlichen Gutdichten ist nur eine Trennung in Gleichfälligkeitsklassen mit unterschiedlichen Korngrößen

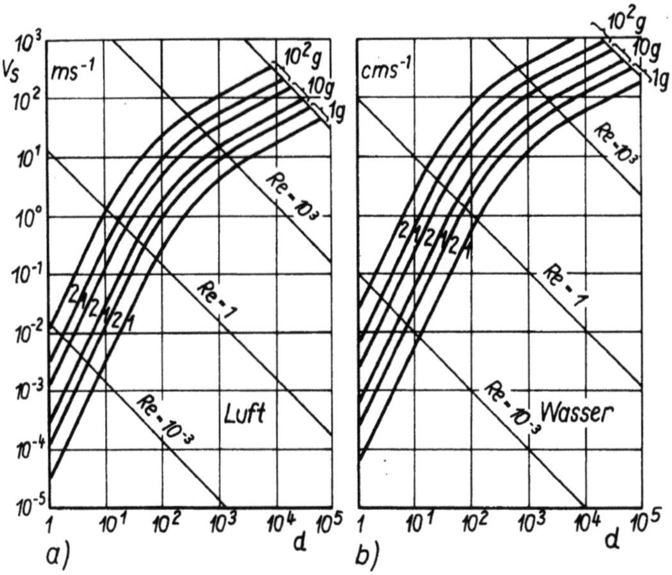


Bild 5.96. Abhängigkeit der Sinkgeschwindigkeit vom Teilchendurchmesser bei Kugeln mit verschiedener Beschleunigung und Dichte
*a*) Luft
*b*) Wasser
*1* $\varrho_p = 2000$ kg m$^{-3}$; *2* $\varrho_p = 5000$ kg m$^{-3}$

möglich. Für gleiche Endfallgeschwindigkeiten $v_s$ kann bei unterschiedlichen Gutdichten $\varrho_P$ geschrieben werden:

$$(\varrho_{P1} - \varrho_M)^{1/(1+n)} d_1 = (\varrho_{P2} - \varrho_M)^{1/(1+n)} d_2 \quad (5.101)$$

Daraus ergibt sich das Durchmesserverhältnis, das auch als Gleichfälligkeitsverhältnis bezeichnet werden kann, zu

$$d_1/d_2 = [(\varrho_{P2} - \varrho_M)/(\varrho_{P1} - \varrho_M)]^{1/(1+n)} = G \quad (5.102)$$

Da die Dichte für Wasser $\varrho_{MW} = 1$ g cm$^{-3}$ beträgt und die der Luft $\varrho_{ML} \ll \varrho_P$ ist, ergibt sich das Durchmesserverhältnis für Wasser und Luft wie folgt:

— *Wasser*: $(d_1/d_2) = [(\varrho_{P2} - 1)/(\varrho_{P1} - 1)]^{1/(1+n)}$
(5.103)
— *Luft*: $d_1/d_2 = (\varrho_{P2}/\varrho_{P1})^{1/(1+n)}$

Mit dem Exponenten *n* nach Tabelle 5.4 können mit (5.103) die Durchmesserverhältnisse für den Stokesschen oder Newton/Rittingerschen Bereich ermittelt werden, aus denen hervorgeht, daß die Dichte im Bereich kleiner Reynolds-Zahlen vor allem bei kleineren Teilchendurchmessern einen geringeren

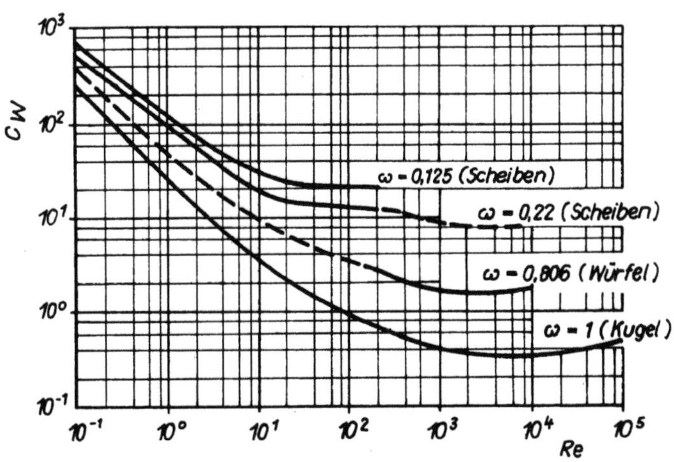


Bild 5.97. Widerstandsbeiwert in Abhängigkeit von der Reynolds-Zahl bei verschiedenen Teilchenformen

Einfluß ausübt als im Bereich hoher Reynolds-Zahlen.

**Einfluß der Teilchenform:** Da die Sinkgeschwindigkeit unregelmäßig geformter Teilchen mit rauher Oberfläche aufgrund ihres größeren Bewegungswiderstandes von Kugeln abweicht, ist der Einfluß der Kornform bei der Berechnung der stationären Sinkgeschwindigkeit zu berücksichtigen. Außer von der Form selbst ist der Bewegungswiderstand auch von der Lage der Teilchen zur Bewegungsrichtung abhängig. Durch unsymmetrische Kraftwirkungen auf das Teilchen kommt es im Bereich $100 < \mathrm{Re} < 3000$ zu zusätzlichen, unregelmäßigen Pendelbewegungen des Teilchens, die den Widerstand weiter erhöhen. Im Feinkornbereich ($\mathrm{Re} < 100$; $d < 500\ \mu\mathrm{m}$) ist der Einfluß der Teilchenform relativ gering. Aus Bild 5.97 ist zu erkennen, daß sich der Formeinfluß vor allem im Bereich größerer Reynolds-Zahlen bemerkbar macht. Für den in Bild 5.97 angegebenen Kornformfaktor gilt:

$$\omega = \frac{\text{Oberfläche der volumengleichen Kugel}}{\text{Oberfläche des Teilchens}} \tag{5.104}$$

Im Bereich $\mathrm{Re} < 100$ verzichtet man meist auf eine Korrektur und begnügt sich mit der Klassierung in Gleichfälligkeitsklassen bei entsprechenden äquivalenten Kugeldurchmessern. Da im Bereich $10^3 < \mathrm{Re} < 10^5$ große Abweichungen von der Kugel auftreten, wird der Kornformeinfluß durch die Korrektur des Widerstandsbeiwertes berücksichtigt:

$$c'_{\mathrm{W}} = c_{\mathrm{W}}\varepsilon \tag{5.105}$$

Damit gilt für die Widerstandskraft und Sinkgeschwindigkeit eines beliebig geformten Teilchens:

$$F_{\mathrm{W}} = \varepsilon c_{\mathrm{W}}(\varrho_{\mathrm{M}}/2)\, v_{\mathrm{s}}^2(\pi d_{\mathrm{V}}^2/4) \tag{5.106}$$

$$d_{\mathrm{V}} = \sqrt[3]{6m_{\mathrm{P}}/\pi\varrho_{\mathrm{P}}} \tag{5.107}$$

($d_{\mathrm{V}}$ äquivalenter Kugeldurchmesser; $\varepsilon$ Faktor zur Korrektur des Widerstandsbeiwertes nach Tabelle 5.6)

$$v_{\mathrm{sF}} = \sqrt{1/\varepsilon}\,\sqrt{(4/3)\,(\varrho_{\mathrm{P}} - \varrho_{\mathrm{M}})\, d_{\mathrm{V}}g/c_{\mathrm{W}}\varrho_{\mathrm{M}}}$$

$$= \varphi\sqrt{(4/3)\,(\varrho_{\mathrm{P}} - \varrho_{\mathrm{M}})\, d_{\mathrm{V}}g/c_{\mathrm{W}}\varrho_{\mathrm{M}}} \tag{5.108}$$

($\varphi = \sqrt{1/\varepsilon}$ Kornformkoeffizient nach Tabelle 5.6)

Bild 5.98 zeigt die Abhängigkeit des Kornformkoeffizienten $\varphi$ in Abhängigkeit des Kornformfaktors bei verschiedenen Re-Zahlen.

**Einfluß der gegenseitigen Teilchenbehinderung:** Die Betrachtungen am Einzelkorn gehen davon aus, daß die Sinkgeschwindigkeit der Teilchen gleich der Umströmungsgeschwindigkeit ist. In technischen Klassierapparaten muß zur wirtschaftlichen Gestaltung des Klassierprozesses eine optimale Teilchenkonzentration angestrebt werden. Mit steigen-

*Tabelle 5.6. Kornformkoeffizienten für stationäre Teilchenanströmung bzw. stationäre Sinkgeschwindigkeit* [2, 54]

| Kornform | Äquivalenter Teilchen-durchmesser $d_{\mathrm{V}}$ in mm | Kornformfaktor $\omega = \frac{A_{\mathrm{oKugel}}}{A_{\mathrm{o}}}$ | Kornformkoeffizient | | Korrekturfaktor für Widerstandsbeiwert $\varepsilon$ | |
|---|---|---|---|---|---|---|
| | | | $\varphi_{0,05}$ | $\varphi_{2000}$ | $\varepsilon_{0,05}$ | $\varepsilon_{2000}$ |
| Kugel | $d$ | 1 | 1 | 1 | 1 | 1 |
| Oktaeder | $0{,}966a$ | 0,846 | 0,938 | 0,614 | 1,1 | 2,6 |
| Würfel | $1{,}241a$ | 0,806 | 0,921 | 0,566 | 1,1 | 3,2 |
| Tetraeder | $0{,}608a$ | 0,67 | 0,853 | 0,452 | 1,4 | 4,9 |
| Parallelepiped | | | | | | |
| $a \times a \times 2a$ | $1{,}563a$ | 0,767 | 0,903 | 0,526 | 1,2 | 3,6 |
| $a \times 2a \times 3a$ | $2{,}253a$ | 0,725 | 0,882 | 0,491 | 1,3 | 4,1 |
| $a \times a \times 0{,}01a$ | $0{,}267a$ | 0,110 | 0,194 | 0,149 | 26,3 | 45,1 |
| Zylinder | | | | | | |
| $h = 2d$ | $1{,}442d$ | 0,831 | 0,931 | 0,594 | 1,1 | 2,8 |
| $h = d$ | $1{,}145d$ | 0,875 | 0,951 | 0,654 | 1,1 | 2,3 |
| $h = 0{,}01d$ | $0{,}247d$ | 0,120 | 0,223 | 0,156 | 20,1 | 41,6 |

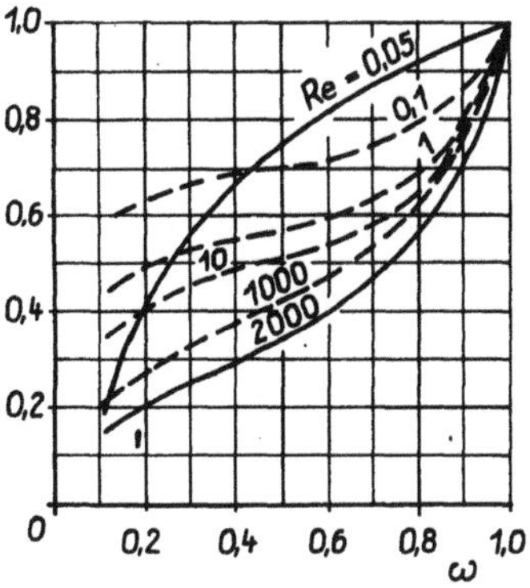


Bild 5.98. Kornformkoeffizient in Abhängigkeit vom Kornformfaktor

der Konzentration verringert sich jedoch die freie Durchströmfläche zwischen ihnen. Dadurch steigt bei gleicher Sinkgeschwindigkeit auch der Strömungswiderstand, so daß mit steigender Teilchenkonzentration die Sinkgeschwindigkeit des Teilchenschwarmes gegenüber der des Einzelkornes zurückgeht. Außerdem können bei sehr breitem Kornband noch Wechselwirkungen zwischen den Teilchen selbst auftreten. Dadurch wird die Fallgeschwindigkeit der groben Körner weiter verringert, während sich die der feinen Fraktion erhöht. Zur Berechnung der dadurch eintretenden gegenseitigen Teilchenbehinderung sind vor allem für die bei der technischen Stromklassierung auftretenden Feststoff-Konzentrationsbereiche $\beta = 0{,}02$ bis 0,3 bzw. 2 bis 30% mehrere Modelle, die z. T. auch auf der statistischen Turbulenztheorie aufbauen, entwickelt worden [1, 2, 898 bis 902]. Aufgrund der komplizierten quantitativen Kennzeichnung turbulenter Mehrphasenströmungen sind gegenwärtig keine exakten Beziehungen zur Berücksichtigung der Teilchenkonzentration oder -behinderung vorhanden, so daß nur Näherungslösungen möglich sind. In einem polydispersen System müssen die Korrekturfaktoren getrennt berechnet werden. Für die Schwarmgeschwindigkeit der $i$-ten Korngrößenklasse kann geschrieben werden [908]:

$$v_{sib} = k_{Gi} k_{Ti} v_{si} \qquad (5.109)$$

($v_{si}$ stationäre Sinkgeschwindigkeit; $k_{Gi}$ Gegenstromfaktor; $k_{Ti}$ Schwarmturbulenzfaktor der $i$-ten Korngrößenklasse)

Für monodisperse Suspensionen kann z. B. nach *Gaudin* [903] zur Berechnung der Sinkgeschwindigkeit bei gegenseitiger Teilchenbehinderung im Stokesschen Bereich bei einem Feststoff-Volumenanteil von $\beta < 0{,}3$ (5.110) verwendet werden.

$$v_{sb} = v_s(1 - \beta^{2/3})(1 - \beta)(1 - 2{,}5\beta) \qquad (5.110)$$

Dabei berücksichtigt der erste Klammerausdruck die Querschnittsverminderung, der zweite die erhöhte mittlere Dichte und der dritte die Korrektur der Zähigkeit der Suspension. In der Literatur werden weitere Beziehungen zur Ermittlung der Bewegungsbehinderung angegeben, deren Ergebnisse gut übereinstimmen und für Überschlagsrechnungen geeignet sind [1, 904 bis 912]. In Bild 5.99 sind die Geschwindigkeitsverhältnisse $v_{sb}/v_s$ in Abhängigkeit des Feststoff-Volumenanteils $\beta$ für den Stokesschen Bereich in monodispersen Suspensionen dargestellt. Daraus geht hervor, daß sich die Teilchen mit wachsender Feststoffkonzentration immer mehr behindern und bei Feststoff-Volumenanteilen von $\beta > 0{,}4$ unabhängig von ihrer Größe mit gleicher Sinkgeschwindigkeit bewegen.

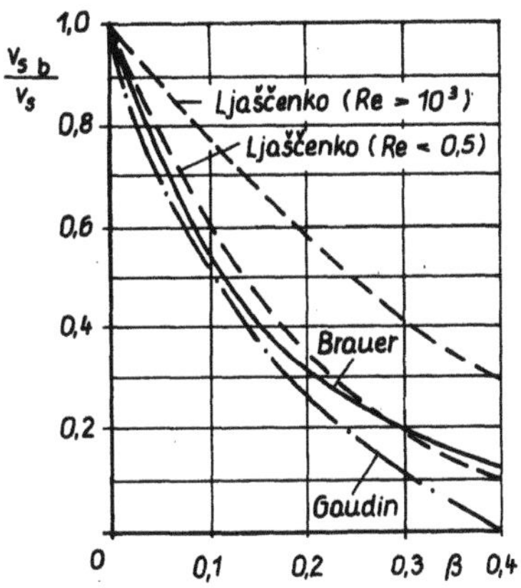


Bild 5.99. Geschwindigkeitsverhältnis $v_{sb}/v_s$ in Abhängigkeit vom Feststoff-Volumenanteil $\beta$ nach verschiedenen Berechnungsmethoden

**Einfluß der Wandreibung:** Infolge der Wandreibung fällt im Bereich der Grenzschicht die Strömungsgeschwindigkeit zur Wand hin bis auf Null ab. Es tritt somit eine scheinbare Einschnürung des Durchströmquerschnittes auf, die sich auf den Klassiervorgang in gleicher Weise auswirkt wie die gegenseitige Teilchenbehinderung, so daß Umströmungsgeschwindigkeit und Strömungswiderstand ansteigen und die Sinkgeschwindigkeit geringer wird. Der Wandreibungseinfluß wird durch einen Korrekturfaktor berücksichtigt, mit dem sich die Sinkgeschwindigkeit wie folgt ergibt:

$$v_{sR} = v_s f \quad (5.111)$$

$f = (1 - d/D)^{2,25}$ für Stokesschen Bereich

$f = (1 - d/D)^{1,5}$ für Newton/Rittingerschen Bereich

($D$ Durchmesser des Klassierraumes)

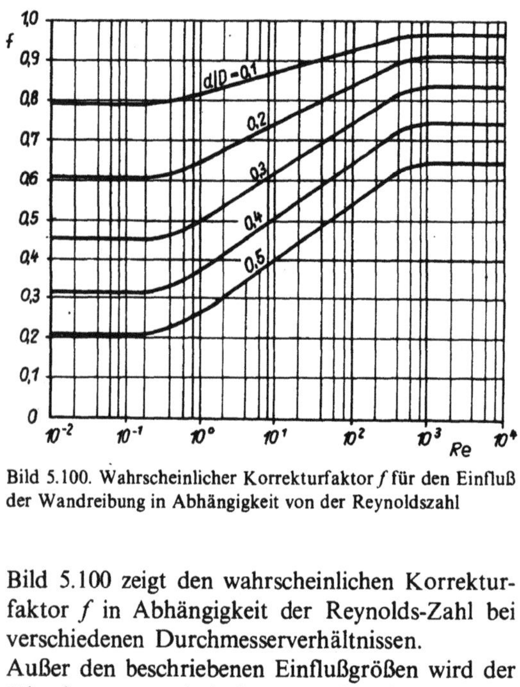


Bild 5.100. Wahrscheinlicher Korrekturfaktor $f$ für den Einfluß der Wandreibung in Abhängigkeit von der Reynoldszahl

Bild 5.100 zeigt den wahrscheinlichen Korrekturfaktor $f$ in Abhängigkeit der Reynolds-Zahl bei verschiedenen Durchmesserverhältnissen.

Außer den beschriebenen Einflußgrößen wird der Klassiervorgang bei der Stromklassierung auch durch turbulente Strömungsvorgänge beeinflußt. Eine Berücksichtigung dieser Einflüsse, die vor allem bei turbulenten Verhältnissen sehr bedeutsam sein können, ist bisher aufgrund ihrer Kompliziertheit kaum möglich. In Zukunft muß diesem Einfluß mehr Beachtung geschenkt werden.

### 5.3.2. Allgemeine Gesichtspunkte zur Beurteilung und Konstruktion von Stromklassierern

Aus den Prozeßgrundlagen ergeben sich folgende Anforderungen an die Stromklassierer:

— gleichmäßige Dosierung des Aufgabegutes
— Auflösung von Agglomeraten und Sicherung einer gleichmäßigen Klassiergutverteilung im Arbeitsraum
— Trennung des Korngemisches in der Trennzone des Klassierers
— einfacher Abzug des Grobgutes aus dem Arbeitsraum
— Transport des Feingutes mit dem Trägermedium zum Feingutabscheider

Das Auflösen des Klassiergutes und das Suspendieren im Trägermedium haben wesentlichen Einfluß auf den Klassiererfolg. Es kann auf unterschiedliche Weise erreicht werden:

— durch Scherkräfte (Aufgabe mittels Streutellers oder ähnlicher Einrichtungen)
— durch Schläge (Aufgabe über Gittertrommeln oder Schwingroste)
— durch Strömungskräfte

Mit abnehmender Teilchengröße steigt die Agglomerationsneigung und die erforderliche Kraftwirkung für das Auflösen der Agglomerate. Die Auflösegrenze liegt für die Trockenklassierung bei 1 µm. Die Auflöseenergie soll dem Klassiergut stets so übertragen werden, daß der Klassiervorgang begünstigt, aber nicht gestört wird. Das Trennen des Klassiergutes in Grob- und Feingut erfolgt durch strömungs- und masseabhängige Kräfte an den Teilchen, wobei gleichfällige Teilchen gleichartigen Krafteinwirkungen bzw. Strömungsfeldern ausgesetzt werden müssen. Die Einteilung der Stromklassierer kann anhand von Bild 5.101 nach der Art des Trägermediums erfolgen in

— Windsichter (gasförmiges Trägermedium)
— Naßstromklassierer (flüssiges Trägermedium)

bzw. nach der Art der Kraftwirkung in

— Schwerkraftklassierer
— Zentrifugalkraftklassierer

Bei der Stromklassierung kommen folgende Strömungsfelder zur Anwendung:

— einachsige oder eindimensionale Strömungsfelder (Steigsichter, Horizontalsichter)
— zweiachsige oder zweidimensionale Strömungsfelder (Spiralsichter)

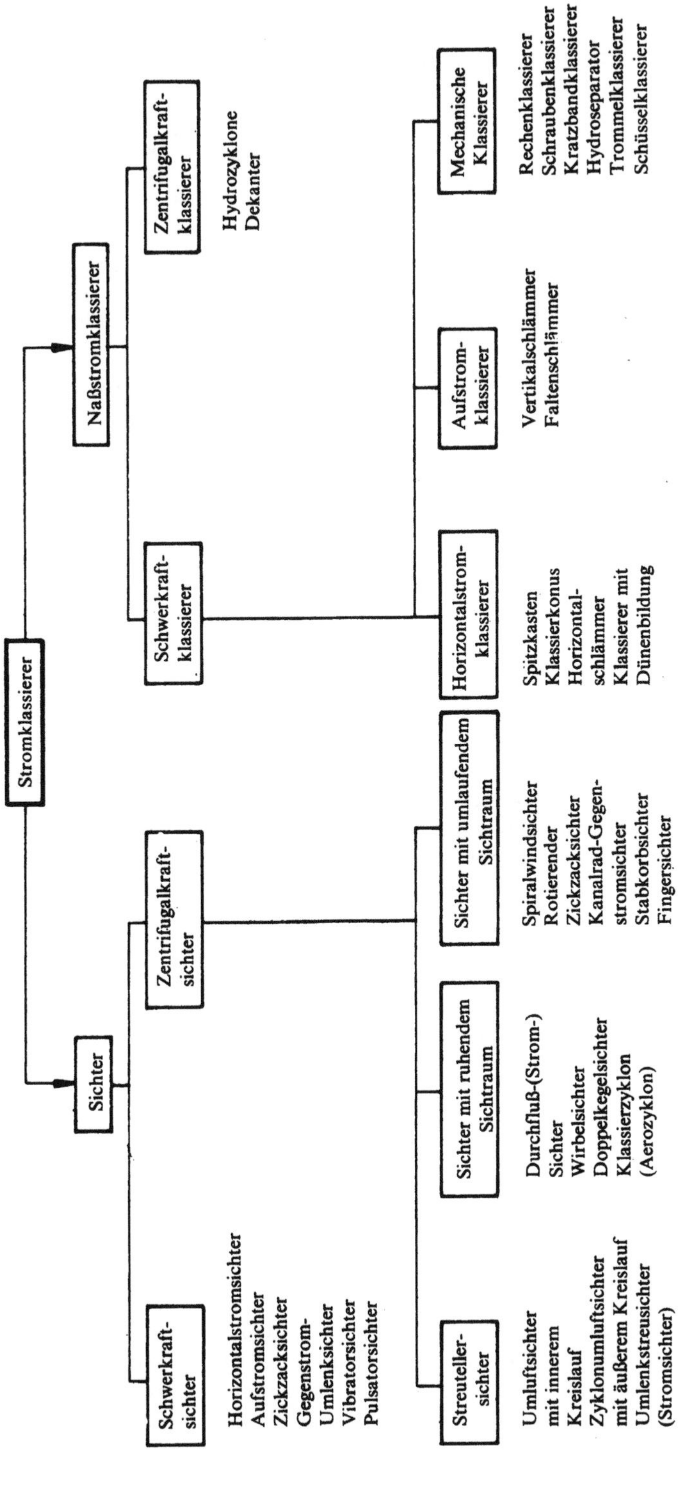


Bild 5.101. Einteilung der Stromklassierer

— dreiachsige oder dreidimensionale Strömungsfelder (Streutellersichter, Klassierzyklone)
— unregelmäßige Strömungsfelder (Vibrosichter, Wirbelschichtsichter)
— ruhendes Trägermedium für untergeordnete Aufgaben

Während bei der Trennung des Klassiergutes vom Trägermedium beim Grobkorn keine Schwierigkeiten auftreten, ist für die Feingutabscheidung meist ein hoher apparativer Aufwand an Zyklonen und Filtern notwendig. Zur Realisierung der bei der Stromklassierung wichtigen Teilprozesse Dosieren, Auflösen, Trennen und Abscheiden des Grob- und Feingutes müssen die Stromklassierer so gestaltet werden, daß entweder alle Prozesse in einem Apparat bzw. in einer Maschine ablaufen oder auf mehrere verkettete Baugruppen aufgegliedert werden. In der Regel sind zusätzliche Lüfter, Zyklone und Filter zur Abscheidung des Feingutes erforderlich.

### 5.3.2.1. Windsichter

Windsichter werden zur Klassierung trockener feindisperser Feststoffe bei Trennkorndurchmessern von $d_T < 0{,}5$ mm (max. 2 mm) eingesetzt. Ihr Hauptanwendungsgebiet liegt im Trennkorn-Durchmesserbereich von $1\ \mu m < d_T < 100\ \mu m$, wobei meist eine Kopplung mit Mühlen zu Mahlkreisläufen erfolgt und große Massenströme durchgesetzt werden. Da Windsichter im allgemeinen nur zur Trennung in zwei Kornklassen geeignet sind, müssen bei einer weiteren Trennung in mehrere Fraktionen mehrere Sichter hintereinander geschaltet werden. Die Trennschärfe der Windsichter hängt im hohen Maße von der Feststoffbeladung in der Trennzone ab. Bei der Auslegung muß deshalb ein Kompromiß zwischen maximalem Feststoffdurchsatz und Trennschärfe eingegangen werden. Bei sehr hohen Qualitätsanforderungen und entsprechenden Sichterkonstruktionen kann eine Reihenschaltung von zwei Sichtern, die mit hoher Gutbeladung betrieben werden, evtl. günstiger sein als der Betrieb eines Sichters mit geringer Gutbeladung. Außerdem ist zu beachten, daß der erreichbare Trennkorndurchmesser bei sonst gleichen Bedingungen von den Arbeitsraumabmessungen abhängt und häufig mit größer werdenden Abmessungen ansteigt. Es ist deshalb zur Realisierung eines bestimmten Gutdurchsatzes meist günstig, mehrere Sichter parallel zu schalten.
Der Durchsatz von Windsichtern kann in einfacher Weise analog zur durchgesetzten bzw. im Umlauf befindlichen Trägergasmenge nach der Kontinuitätsgleichung berechnet werden:

$$\dot{m} = A v_M \mu \quad \text{in kg s}^{-1} \tag{5.112}$$

($\mu$ Beladungsverhältnis in kg Feststoff je m³ Trägergas im Normzustand; $A$ Strömungsquerschnitt in der Trennzone; $v_M$ mittlere Geschwindigkeit des Trägermediums in der Trennzone)

Die Werte für die Feststoffbeladung $\mu$ sind von der Sichterbauart, Trennkorngröße und dem Geschwindigkeitsverhältnis $v_M/v_{sT}$ abhängig. Sie betragen 0,5 bis 5 kg m$^{-3}$ i.N. Mit $v_M/v_{sT} = k_v$ gilt für den Feststoffdurchsatz:

$$\dot{m} = A k_v v_{sT} \mu \quad \text{in kg s}^{-1} \tag{5.113}$$

($v_{sT}$ stationäre Sinkgeschwindigkeit im Schwerkraftfeld)

Da der Durchsatz bei günstigsten Beladungs- und Geschwindigkeitsverhältnissen nach (5.113) nur durch Vergrößerung des Strömungsquerschnittes gesteigert werden kann, muß beachtet werden, daß eine Vergrößerung nur dann möglich ist, wenn eine gleichmäßige Gutaufgabe und Strömung im gesamten Sichtraum, besonders in der Trennzone, gewährleistet wird. Die Windsichter können entsprechend ihrem Aufbau und ihrer Wirkungsweise nach der Art der Führung des Trägermediums in Umluft- und Durchflußsichter, nach der Richtung der Grobgutbewegung gegenüber der Bewegung des Trägermediums in Gegen- und Querstromsichter bzw. nach der Kraftwirkung in Schwer- und Zentrifugalkraftsichter unterschieden werden (Bild 5.102) [764, 914 bis 918].
Bei den *Umluftsichtern* wird das Trägermedium innerhalb des Prozeßraumes im Kreislauf geführt, wobei das Prinzip Querstromklassierung unter Zentrifugalkrafteinfluß zur Anwendung gelangt (Bild 5.102*j*, *k*). Dadurch vereinfacht sich die Abscheidung des Feingutes. Das im Trägermedium verbleibende Feinstkorn erhöht jedoch die Feststoffbeladung und kann somit zu einer Verschlechterung der Trennschärfe führen. Für Umluftsichter ist kennzeichnend, daß das Klassiergut dem Sichter über mechanische Dosiergeräte zugeführt und das

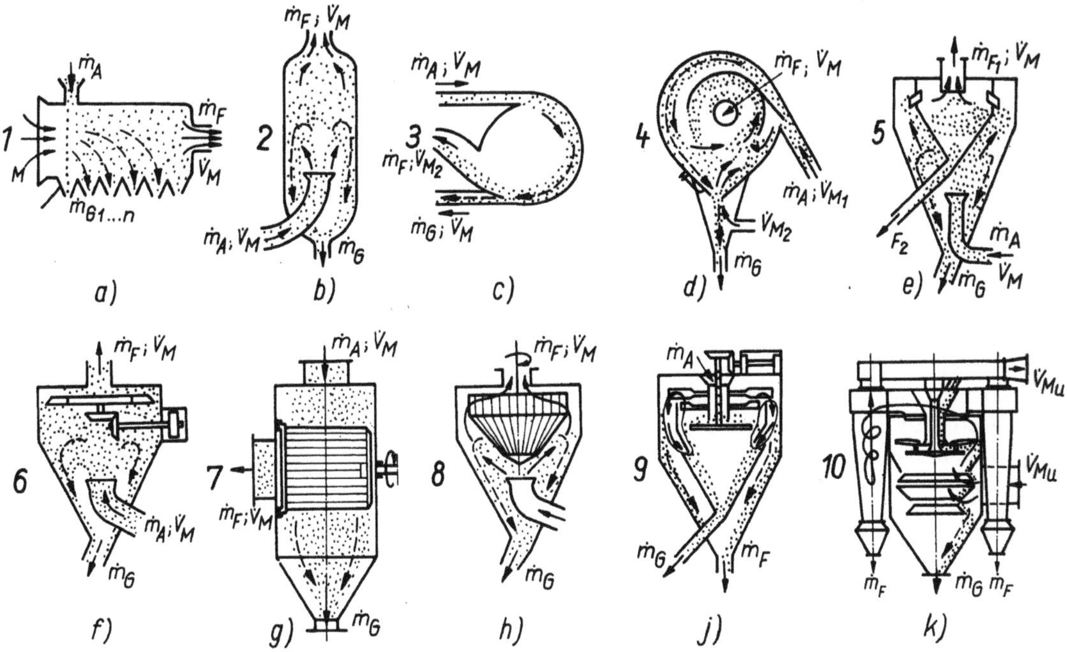


Bild 5.102. Übersicht über Sichterbauarten
*a*), *b*) Schwerkraftsichter
*c*) bis *k*) Zentrifugalkraftsichter
*1* Horizontalstrom-(Querstrom-)Sichter; *2* Aufstrom-(Gegenstrom-)Sichter; *3, 4* Wirbelsichter; *5* Durchfluß-(Strom-)Sichter; *6* Finger-(Durchfluß-)Sichter; *7, 8* Stabkorb-(Durchfluß-)Sichter; *9* Umluftsichter mit Streuteller; *10* Zyklon-Umluftsichter mit Streuteller

abgeschiedene Fein- und Grobgut ohne Trägermedium aus dem Prozeßraum ausgetragen wird.

Den *Durchflußsichtern* wird das Klassiergut kontinuierlich mittels eines Trägerstromes zugeleitet, wobei gleichzeitig eine Trocknung feuchter bzw. die Kühlung heißer Feststoffanteile erfolgen kann (Bild 5.102*a*, *b*, *c*, *d*, *e*, *f*, *g*, *h*). Das mit dem Trägermedium aus dem Prozeßraum austretende Feingut muß in geeigneten Abscheideeinrichtungen, wie Zyklon und Filter, vom Trägergasstrom getrennt werden. Das Grobgut wird jedoch infolge Schwer- oder Zentrifugalkraftabscheidung im Prozeßraum trägergasfrei ausgetragen.

Bei den *Gegenstromsichtern* findet die Klassierung meist im Schwerkraftfeld statt, wobei das Trägermedium mit der Geschwindigkeit $v_M$ der Richtung des Kraftfeldes entgegenströmt (*Aufstromklassierung*) (Bild 5.102*b*). In solchen Fällen bestehen sie aus einem senkrechten, zylinderförmigen quadratischen oder rechteckigen Klassierraum konstanten Querschnitts, der von unten nach oben durchströmt wird. Da Teilchen mit angenähertem Trennkorn-Durchmesser eine große Verweilzeit in der Trennzone aufweisen und zu einer hohen Gutkonzentration in der Trennzone führen können, sind derartige Sichter nur für unscharfe Trennungen geeignet.

Das Prinzip der *Querstromklassierung* wird bei den meisten Zentrifugalkraft- und Horizontalstromklassierern angewendet, wobei die Klassierung bei den letzteren im Schwerkraftfeld erfolgt (Bild 5.102*a*). Die *Horizontalstromklassierer* bestehen aus horizontalliegenden Sichterräumen, in denen die Teilchen ihrer Sinkgeschwindigkeit entsprechend sedimentieren und bei entsprechender Größe abgeschieden werden. Bei einer Unterteilung des Sichterraumes ist eine Trennung in mehrere Fraktionen möglich. *Querstromklassierer* mit Zentrifugalkraftwirkung eignen sich vor allem für große Durchsätze bei relativ kleinen Sichterraumabmessungen.

#### 5.3.2.2. Naßstromklassierer

Bei derartigen Klassierern werden entsprechend ihrer Bezeichnung Flüssigkeiten (meist Wasser) als Trägermedium eingesetzt. Dabei wird eine aus Feststoffen und Flüssigkeit bestehende Trübe aufgegeben. Die Feststoffbeladung des Trägermediums liegt höher als bei der Windsichtung. Bei der Dimensionierung der Naßstromklassierer, die bis zu Trennkorngrößen von $d_T = 3{,}0$ mm eingesetzt werden, ist deshalb die gegenseitige Teilchenbehinderung gemäß Abschn. 5.3.1. zu berücksichtigen. Dabei ist zu beachten, daß sich beim technischen Klassierprozeß meist unterschiedliche Sedimentationstypen überlagern bzw. übereinander anzutreffen sind. Während in den oberen Schichten des Trägermediums ein kleiner Feststoffgehalt bzw. große Verdünnung anzutreffen ist und die Einzelteilchen ungehindert sedimentieren können, tritt in den unteren Schichten bei höheren Feststoffgehalten der Suspension meist eine gestörte, eine sog. Zonensedimentation und Kompression auf [1, 950]. Bei der Zonensedimentation setzen sich die Feststoffteilchen unabhängig von der Korngröße ab, da sich die Teilchen in einem geflockten Zustand befinden und im lockeren Agglomerationsverband sedimentieren. Wird beim Sedimentieren des Agglomeratverbandes der Sedimentationsweg durch weitere Konzentrationsvergrößerung, z. B. durch die sich bereits im Dickschlamm befindlichen Teilchen, begrenzt, so ist die Kompressionsphase erreicht. Im Kompressionsbereich ist eine weitere Verdichtung nur dann möglich, wenn die Bindungskräfte im Teilchengerüst durch Umlagerungen überwunden werden. Naßstromklassierer werden so gestaltet, daß der Feststoffaustrag aus dem Kompressionsbereich erfolgen kann. In der Literatur [1, 2, 755, 817, 955 bis 959] sind Prozeßgrundlagen für die Naßstromklassierung, die auch z. T. die Turbulenz berücksichtigen, ausführlich dargestellt. Analog zu den Windsichtern ist auch bei den Naßstromklassierern eine Einteilung in Schwer- und Zentrifugalkraftklassierer, die die Trennung in Quer- (Horizontal-) oder Gegenstrom (Aufstrom) durchführen, möglich (Bild 5.103).

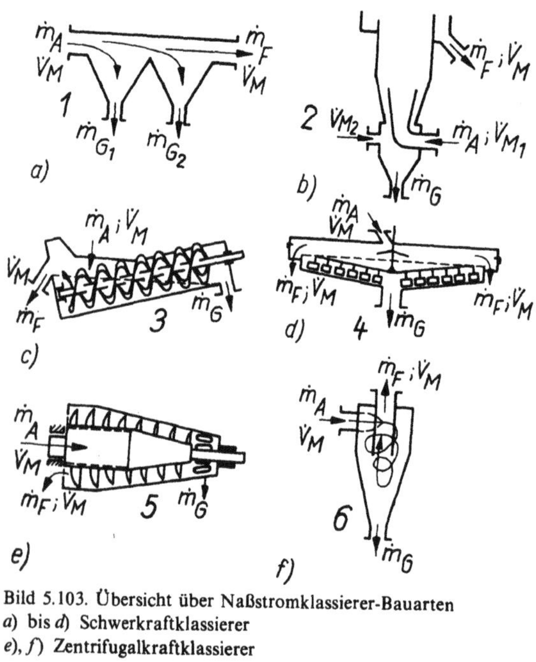

Bild 5.103. Übersicht über Naßstromklassierer-Bauarten
*a)* bis *d)* Schwerkraftklassierer
*e), f)* Zentrifugalkraftklassierer

*1* Horizontalstrom-(Querstrom-)Klassierer (Spitzkasten); *2* Aufstromklassierer; *3* Trog-(Schrauben-)Klassierer; *4* Schüsselklassierer; *5* Dekanter; *6* Hydrozyklone

#### 5.3.2.3. Gesichtspunkte zur Konstruktion

Stromklassierer werden meist als dünnwandige Behälter unter Berücksichtigung strömungstechnischer Erfordernisse ausgebildet. Bei der Wahl der Blechdicken stehen stabilitäts- und verschleißtechnische Gesichtspunkte im Vordergrund. Bei der Belastungsermittlung für die Festigkeitsberechnung, insbesondere der Behälteraufhängung, ist der Sonderfall, daß ein Prozeßraum durch besondere Umstände mit Klassiergut überschüttet werden kann, zugrunde zu legen. Da Stromklassierer infolge hoher Partikelgeschwindigkeiten einem hohen Verschleiß unterliegen, sind die verschleißgefährdeten Elemente mit wechselbaren Verschleißschutzelementen zu belegen bzw. aus verschleißfestem Werkstoff herzustellen. Besonders gefährdet sind die Prozeßraumwände in der Trennzone und die Strömungsleiteinrichtungen, die meist einem Strahlverschleiß unterliegen. Bei Naßstromklassierern, die auch einer großen Korrosion ausgesetzt sind, haben sich neben geeigneten Stählen Gummi-, Porzellan- und Steatitauskleidungen bewährt. Zur Einstellung der gewünschten Trennkorngrößen sind rotierende Elemente, wie Streuteller, Stabkörbe, Gegenflügel usw., Strömungsleiteinrichtungen,

Fluiddurchsätze bzw. Strömungsgeschwindigkeiten regelbar zu gestalten. Je nach Konstruktionsprinzip und Verkettung der Stromklassierer mit Zerkleinerungsmaschinen sind stufenweise bzw. stufenlose Antriebe mit entsprechender regelungstechnischer Verknüpfung oder Fernsteuerung, verschiedentlich auch Handsteuerung, zu verwenden. Bei den Stromklassierern, die im Unter- oder Überdruckbetrieb arbeiten, muß der Abdichtung des Prozeßraumes und entsprechender Getriebebauteile eine besondere Beachtung geschenkt werden. Das trifft auch auf die Austragorgane für Grob- und Fertiggut zu. Druckverluste für den Prozeßraum und für die Rohrleitungen sind nach den üblichen Grundsätzen der Strömungsmechanik zu ermitteln (vgl. Abschn. 4.10.1.1.). Bei der Gestaltung von Abscheide- und Auslaufkegeln müssen die Neigungswinkel der Wände analog den Bunkern so gewählt werden, daß eine Brückenbildung vermieden wird.

### 5.3.3. Sichterbauarten

#### 5.3.3.1. Schwerkraftsichter

**Horizontalstromsichter:** Das Sichtgut wird dem Klassierraum unter einem Winkel $\alpha$ quer zur Strömungsrichtung des Trägermediums aufgegeben (Bild 5.104). Dabei werden die Gutteilchen je nach

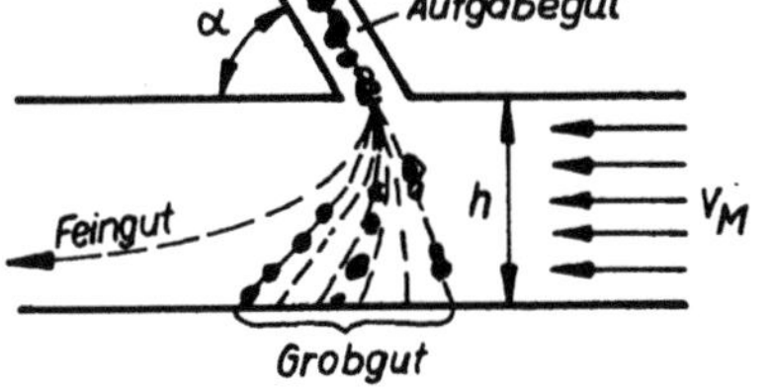


Bild 5.104. Schema eines Horizontalstromsichters

ihrer Abmessung bzw. Sinkgeschwindigkeit mehr oder weniger aus der Aufgaberichtung abgelenkt. Das Grobgut wird am Boden, der in mehrere Kammern unterteilt sein kann (vgl. Bild 5.102*a*), abgeschieden und muß von dort abgezogen werden. Das Feingut folgt dem Trägergasstrom und wird in einer zusätzlichen Abscheideeinrichtung von diesem getrennt. Für Horizontalstromsichter gelten folgende überschlägliche Auslegungsdaten:

— Trennkorngröße
$d_T = 200$ bis $600\ \mu m$ ($3000\ \mu m$)
— Geschwindigkeitsverhältnis
$v_M/v_{sT} = 0{,}5$ bis 2
— Beladungsverhältnis
$\mu = 1{,}5\ kg\ m^{-3}$ i.N.
— Trennungsgrad bei $d_T = 400\ \mu m$
$\eta = 0{,}8$

**Aufstromsichter (Gegenstromsichter):** Bei derartigen Sichtern wird das Sichtgut wie bei den Horizontalstromsichtern quer bzw. in einem bestimmten Winkel $\alpha$ entgegen der Strömungsrichtung des Trägermediums dem senkrecht stehenden Klassierraum zugeführt (Bild 5.105). Bei Aufstromsichtern nach

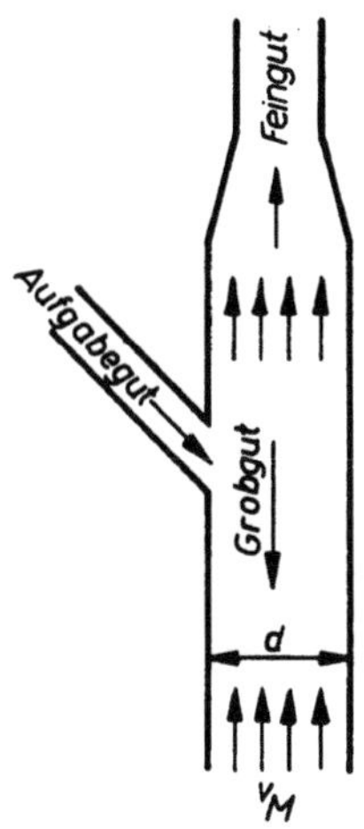


Bild 5.105. Schema eines Aufstromsichters

dem Durchflußprinzip wird das Klassiergut pneumatisch in den Sichterraum gefördert, wobei zur Verringerung der Strömungsgeschwindigkeit in der Trennzone eine entsprechende Querschnittserweiterung notwendig ist (Bild 5.102*b*). Zur gleichmäßigen Belastung der Trennzone werden bei größeren Sichtern mechanische Aufgabevorrichtungen, wie rotierende Gittertrommeln oder Profilwalzen, mit denen das Sichtgut über den gesamten Querschnitt verstreut wird, eingesetzt. Je nachdem, ob die Endfallgeschwindigkeit der Gutteilchen größer oder kleiner als die Strömungsgeschwindigkeit des Trägermediums ist, sinken die Teilchen zum Grobgutaustrag oder werden mit der Trägerluft zur Feingutabscheidung geführt. Bei Aufstromsichtern ist die Bewegungsgeschwindigkeit der Teilchen, deren Abmessungen im Bereich des Trennkorn-Durchmessers liegen, gering. Das führt zu einer Erhöhung der Gutbeladung in der Trennzone. Deshalb ist die zulässige Gutbeladung geringer als bei den Horizontalstromklassierern. Es gelten folgende überschlägliche Auslegungsdaten:

— Trennkorndurchmesser
$d_T = 300$ bis 3000 µm
— Geschwindigkeitsverhältnis
$v_M/v_{sT} = 1$ bis 2
— Beladungsverhältnis
$\mu = 0{,}5\ \mathrm{kg\ m^{-3}}$ i.N.
— Trennungsgrad bei $d_T = 450$ µm
$\eta = 0{,}8$

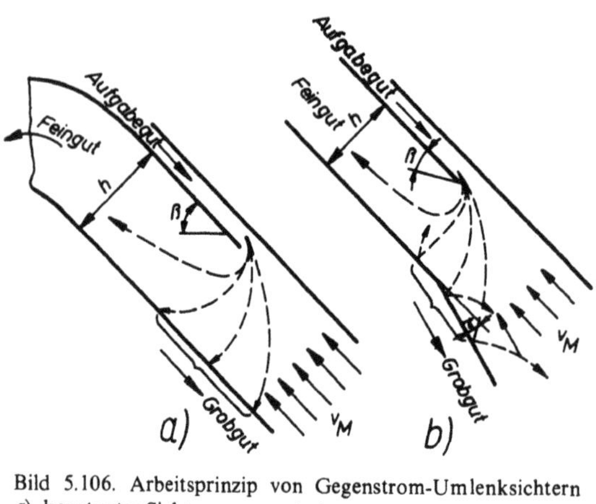


Bild 5.106. Arbeitsprinzip von Gegenstrom-Umlenksichtern
*a*) konstanter Sichtraumquerschnitt
*b*) veränderlicher Sichtraumquerschnitt

**Gegenstrom-Umlenksichter:** Entsprechend der Bezeichnung wird das Gut in entgegengesetzter Richtung zum Trägergasstrom in den geneigten Sichtraum aufgegeben (Bild 5.106). Die Arbeitsweise dieses Sichters unterscheidet sich prinzipiell nicht von der des Horizontalstrom- bzw. Aufstromklassierers. Als überschlägliche Auslegungsdaten können angegeben werden:

— Trennkorndurchmesser
$d_T = 70$ bis 700 µm
— Geschwindigkeitsverhältnis
$v_M/v_{sT} = 3$ bis 30
— Beladungsverhältnis
$\mu = 1{,}5$ bis $6\ \mathrm{kg\ m^{-3}}$ i.N.
— Trennungsgrad bei $d_T = 120$ µm
$\eta = 0{,}8$

Neuere Konstruktionen arbeiten mit veränderlichem Sichtraumquerschnitt. Dabei wird die Geschwindigkeit im Feingutaustrag gegenüber der in der eigentlichen Trennzone erhöht, wodurch ein sicherer und schnellerer Austrag des Feingutes erfolgt. Bedingt durch die unterschiedliche Neigung des Sichterbodens gelangen die beim Auftreffen auf die Sichtraumwand reflektierten groben Teile in Bereiche geringerer Geschwindigkeit und somit unverzüglich ins Grobgut. Da die im Grenzkornbereich liegenden Teilchen in der Trennzone mehrfach reflektiert und abgelenkt und die auf den Sichterboden abgleitenden feineren Gutteile an der Knickstelle erneut vom Trägergasstrom erfaßt werden, können mit Sichtern dieser Art bessere Trennschärfen erreicht werden.

**Zickzacksichter** [916, 920, 921, 954]: Sie bestehen aus einem zickzackförmigen vertikalen Sichtkanal, durch den das Trägermedium analog den Aufstromsichtern von unten nach oben strömt und

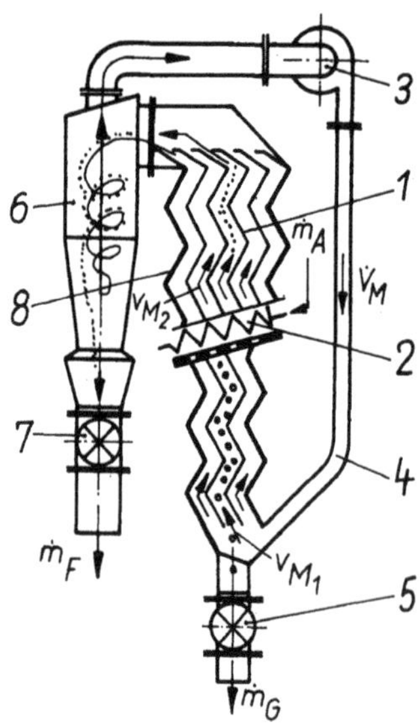


Bild 5.107. Schema eines Zickzacksichters (Alpine)

*1* Zickzackeinbauten; *2* Sichtgut-Aufgabe- und -Verteilereinrichtung; *3* Umluftventilator; *4* Luftkreislauf; *5* Grobgut-Auslaufschleuse (Zellenradschleuse); *6* Zyklon; *7* Feingut-Auslaufschleuse; *8* Sichtergehäuse

dem an geeigneter Stelle das zu sichtende Gut zugeführt wird (Bild 5.107). Je nach Korngröße durchqueren die Sichtgutteilchen jeden Knickpunkt nach unten oder oben in Sichtströmung, wobei ein mehrmaliges Trennen erfolgt (Anzahl der Knickpunkte = Anzahl der Sichtstufen). Bei jedem Trennvorgang werden dabei Fehlsichtungen der vorhergehenden Zone korrigiert, womit sich je nach Anzahl der verwendeten Sichtstufen der jeweiligen Forderung angepaßte Trenngenauigkeiten erreichen lassen. Durch die vielen Stöße der Gutteilchen an den Sichtraumwänden erfolgt eine gute Auflösung von Agglomeraten, so daß Zickzacksichter auch bei agglomeratbildenden schwierigen Gütern eingesetzt werden können. Die bei der Umströmung der scharfen Kanten entstehenden Wirbel begünstigen ebenfalls das Auflösen von Gutballen und damit den Trennerfolg. Die durch den unstetigen Verlauf der Sichtraumwände bedingten unsymmetrischen Geschwindigkeitsprofile bewirken einen schnellen Austrag des Feingutes aus dem Sichtraum, wodurch hohe Beladungsverhältnisse und Durchsätze möglich sind. Da die Strömungsquerschnitte der Zickzacksichter, die man unter Beachtung ihres Arbeitsprinzips auch als Vielfach-Querstromsichter bezeichnet, nicht beliebig vergrößert werden können, müssen zur Erreichung entsprechender Durchsätze mehrere Rohre parallel angeordnet werden. Der gleichmäßigen Verteilung des Trägermediums und des Sichtgutes auf die einzelnen Kanäle ist dabei eine besondere Aufmerksamkeit zu schenken. Die Trennschärfe derartiger Sichter ist neben den entsprechenden Strömungsbedingungen vor allem von der Anzahl der hintereinander geschalteten Glieder abhängig, so daß sich in der Praxis größere Säulen ergeben. Der praktisch mögliche Trenngrenzbereich $d_T \approx 10000$ µm ist nach oben durch die Trägergasgeschwindigkeit begrenzt, die infolge der damit verbundenen hohen Gutgeschwindigkeiten zu einem hohen Verschleiß führen kann. Nach unten ist die Trenngrenze durch die im Zusammenhang mit der immer kleiner werdenden Sinkgeschwindigkeit erforderliche Querschnittsvergrößerung beschränkt. Außerdem sind bei zu feinkörnigem Gut Ansatzbildungen unvermeidbar. Zur Erweiterung des Trennbereiches nach unten ($d_T < 100$ µm) werden die zickzackförmigen Klassierräume in radialer Richtung auf einer rotierenden Scheibe angeordnet, wodurch an Stelle der Schwerkraft eine um ein Vielfaches größere Zentrifugalkraft zur Wirkung kommt. Derartige Zickzacksichter-Räder werden meist mit Feinstprallmühlen gekoppelt bzw. sind in deren Gehäuse mit eingebaut [916, 920]. Bei Zickzack-Schwerkraftsichtern gelten folgende Orientierungswerte:

— Trennkorndurchmesser
$d_T = 100$ bis 10000 µm
— Geschwindigkeitsverhältnis
$v_M/v_{sT} = 3$ bis 30
— Beladungsverhältnis
$\mu = 2$ bis 6 kg m$^{-3}$ i.N.
— Trennungsgrad
$\eta = 0{,}8$ bei 10 Knickpunkten

**Vibrator- und Pulsatorsichter:** Beim *Vibratorsichter* wird das Sichtgut nach Bild 5.108 über eine mit hoher Frequenz schwingende Trennfläche durch den Klassierraum gefördert. Dabei wird es intensiv aufgelockert. Das von unten durch die Trennfläche strömende Gas hebt die feinen Gutteile von der Trennfläche ab und führt sie zur Feingutabscheidung. Die grobe Fraktion wird am Siebende ausgetragen. Sichter dieser Art werden fast ausschließlich für die Kohleaufbereitung eingesetzt. Dabei beträgt der spezifische Durchsatz $\dot{m}_{oA} = 40$ bis 50 t h$^{-1}$ m$^{-2}$ bei einem spezifischen Gasbedarf von $\dot{V}_{oA} = 200$ bis 240 m$^3$ h$^{-1}$ m$^{-2}$ [919].

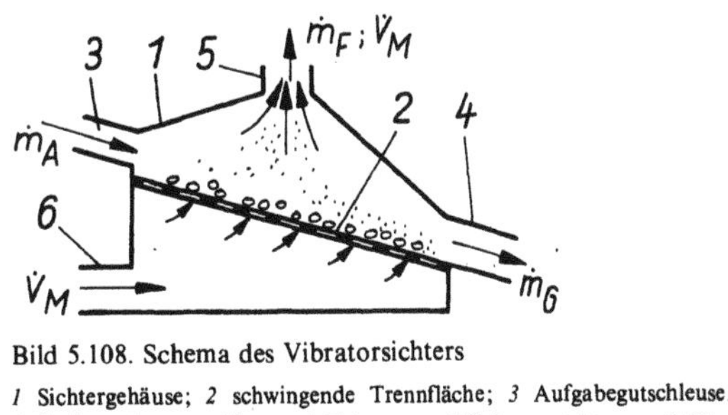


Bild 5.108. Schema des Vibratorsichters

*1* Sichtergehäuse; *2* schwingende Trennfläche; *3* Aufgabegutschleuse; *4* Grobgut-Austragschleuse; *5* Feingut- und Trägeraustritt zum Zyklon und Filter; *6* Trägergaseintritt

Beim *Pulsatorsichter* gleitet das Sichtgut über eine feststehende geneigte Trennfläche (Bild 5.109). Die Auflockerung des Klassiergutes erfolgt durch einen pulsierenden Luftstrom, der von einem rotierenden Klappensystem erzeugt wird. Bei entsprechender Drosselwirkung an der Grobgut-Austragschleuse wird eine ausreichende Trägergasströmung zum Austragen des Feingutes erreicht. Pulsatorsichter sind zur Klassierung und Entstaubung trockener grobkörniger Klassiergüter geeignet [919].

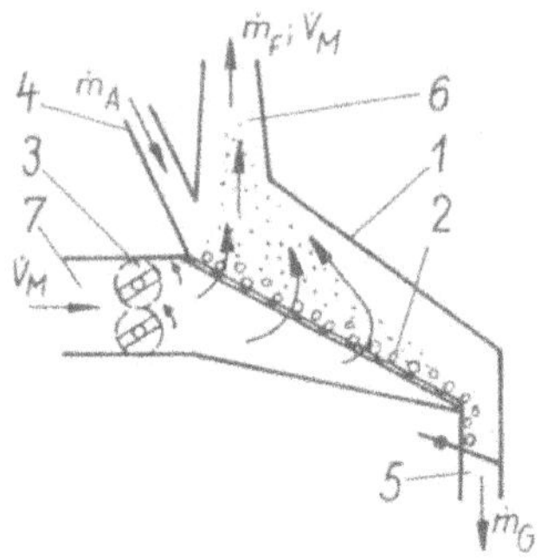


Bild 5.109. Schema des Pulsatorsichters

*1* Sichtergehäuse; *2* schwingende Trennfläche; *3* Pulsatorklappen; *4* Aufgabegutschleuse; *5* Grobgut-Austragschleuse; *6* Feingut- und Trägergasaustritt zum Zyklon und Filter; *7* Trägergaseintritt

### 5.3.3.2. Zentrifugalkraftsichter

**Zentrifugalkraftsichter mit umlaufendem Klassierraum:** Der bekannteste Sichter dieser Art ist der *Spiralwindsichter* (Bauart Mikroplex), dessen Grundprinzip in Bild 5.110 dargestellt ist. Das Hauptanwendungsgebiet liegt bei der Feinkornsichtung im Trennkorn-Größenbereich von 2 µm $< d_T <$ 50 µm, wobei große Trennschärfen erreicht werden [922 bis 927, 934 bis 936]. Beim Spiralwindsichter sind der rotierende Sichtraum und ein Lüfterrad auf einer gemeinsamen Welle (*1*) angeordnet. Die Sichtluft tritt in ein Spiralgehäuse (*2*) ein, das den Klassierraum umschließt. Vor Eintritt in diesen ist ein verstellbares Leitgitter (*3*) angeordnet, durch das die Radialkomponente der Luftgeschwindigkeit und damit der Trennkorn-Durchmesser verändert werden kann. Dadurch bildet sich ein spiralförmiges Strömungsfeld aus, das durch die axiale Absaugung in der Mitte in einer Wirbelsenke endet. Das zu sichtende Gut wird über einen Fallschacht (*4*) zwischen Leitgitter (*3*) und dem rotierenden Sichtraum (*5*) aufgegeben. Das Grobgut sammelt sich infolge seiner größeren Zentrifugalkraftkomponente am Innendurchmesser des Leitgitters und wird mittels einer Schneide (*6*) zur Austragschnecke (*7*) geleitet und von dieser aus dem Klassierraum ausgetragen. Das Feingut, dessen Zentrifugalkraftkomponente kleiner als die Strömungskraft der Spiralströmung ist, wird gemeinsam mit dem Trägermedium im Zentrum des Klassierraumes abgesaugt und über den Lüfter (*8*) zur Feingutabscheidung geführt. Da die Begrenzungswände des Klassierraumes (*10*) etwa mit der gleichen Geschwindigkeit wie das Strömungsfeld rotieren, werden Wandreibungseinflüsse sowie der Grobguteintritt in den Feingutraum vermieden. Bei Beladungsverhältnissen von $\mu < 1$ kg m$^{-3}$ i.N. werden je nach Sichtergröße Durchsätze von $\dot{m} = 0{,}1$ bis 10 t h$^{-1}$ erreicht. Das Geschwindigkeitsverhältnis beträgt auf eine Trennkorngröße $d_T = 10$ µm be-

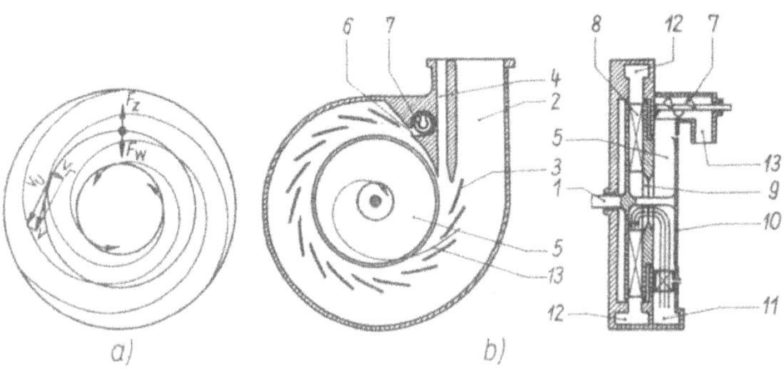


Bild 5.110. Spiralwindsichter (Mikroplex) mit horizontaler Achse (Alpine)
*a*) Klassierprinzip
*b*) Aufbau des Sichters

*1* Antriebswelle; *2* Sichtlufteintritt in das Spiralgehäuse; *3* verstellbares Leitgitter (Schaufeln); *4* Aufgabegut-Fallschacht; *5* Sichtraum; *6* Schneide; *7* Austragschnecke für Grobgut; *8* Lüfter (Lüfterschaufeln); *9* Austrittsöffnung aus dem Sichtraum; *10* umlaufende Sichtraumwand; *11* Sichtluft-Eintrittskanal; *12* Austritts-Spiralkanal für Feingut und Luft; *13* Stromlinie

zogen etwa $v_M/v_{sT} = 1000$ [764]. Die Trennkorn-Durchmesser können in bestimmten Grenzen eingestellt werden, wobei die entsprechende Schaufelstellung experimentell ermittelt werden muß. Um geringere Trennkorn-Durchmesser zu erreichen, sind größere Umfangsgeschwindigkeiten notwendig. Zur Abscheidung des Feingutes können die Sichter auch mit einem angebauten Zyklon versehen werden.

Der in Bild 5.111 gezeigte *Acucut-Windsichter* [927, 953] arbeitet nach ähnlichem Prinzip wie der Mikroplex-Spiralwindsichter. Die Trägerluft wird jedoch von einem getrennten Gebläse zugeführt. Durch die umlaufende Beschaufelung im Klassier-

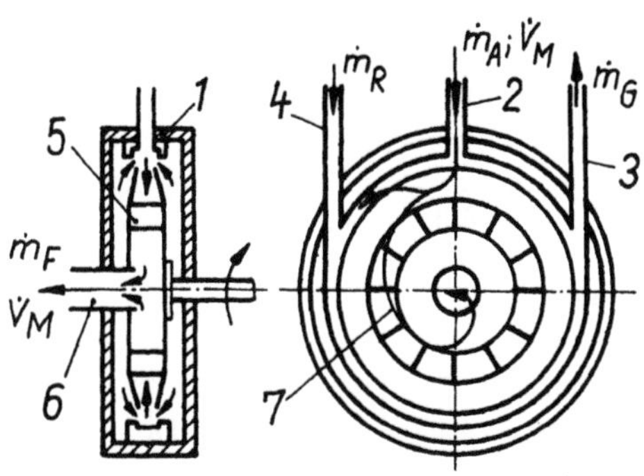


Bild 5.111. Spiralwindsichter (Acucut) [927, 953]

*1* Sichtergehäuse; *2* Sichtgut- und Lufteintritt; *3* Grobgutaustritt; *4* Grobgutrückführung; *5* Rotor mit Radialbeschaufelung; *6* Feingut- und Sichtluftaustritt zum Zyklon und Filter; *7* Stromlinie

raum kann dadurch eine stabile Wirbelströmung und damit eine intensive Auflösung des Gutes mit gutem Trenneffekt erreicht werden. Derartige Sichter sind ähnlich wie die Mikroplex-Spiralwindsichter nur für kleinere Durchsätze geeignet. Bei den Acucut-Windsichtern werden folgende Auslegungsdaten zugrunde gelegt [916]:

— Trennkorndurchmesser
$d_T = 2$ bis $40\ \mu m$
— Geschwindigkeitsverhältnis
$v_M/v_{sT} = 200$ bis $500$
— Beladungsverhältnis
$\mu = 1\ kg\ m^{-3}$ i.N.
— Trennungsgrad bei $d_T = 8\ \mu m$
$\eta = 0{,}7$

Kanalrad-Gegenstromsichter arbeiten nach dem Prinzip des Gegenstrom-Umlenksichters (Bild

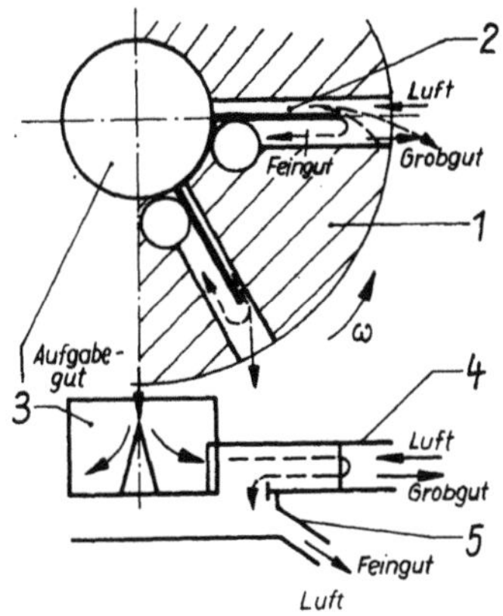


Bild 5.112. Schema eines Kanalrad-Gegenstromsichters

*1* Kanalrad; *2* Trennkanäle; *3* Sichtgutaufgabe; *4* Grobgutauslauf; *5* Feingutauslauf

5.112). Durch die gegenüber der Schwerkraft um ein Vielfaches höheren Zentrifugalkräfte werden entsprechende niedrigere Trennkorn-Durchmesser erreicht [928 bis 931, 951]. Der Trennbereich liegt bei $d_T = 10$ bis $100\ \mu m$, wobei das Geschwindigkeitsverhältnis $v_M/v_{sT} = 200$ bis $500$ gewählt wird. Die Trennschärfe wird mit $\eta = 0{,}6$ angegeben. Der spezifische Arbeitsbedarf beträgt $\dot{W}_{o\dot{m}} = 2{,}0$ bis $3{,}0\ kWh\ t^{-1}$ [931]. Bei dieser Sichterart können die Kanäle auch zickzackförmig ausgebildet werden, wodurch bessere Trennergebnisse erreichbar sind ($d_T = 2{,}5$ bis $100\ \mu m$, $v_M/v_{sT} = 500$ bis $750$ und $\eta = 0{,}7$).

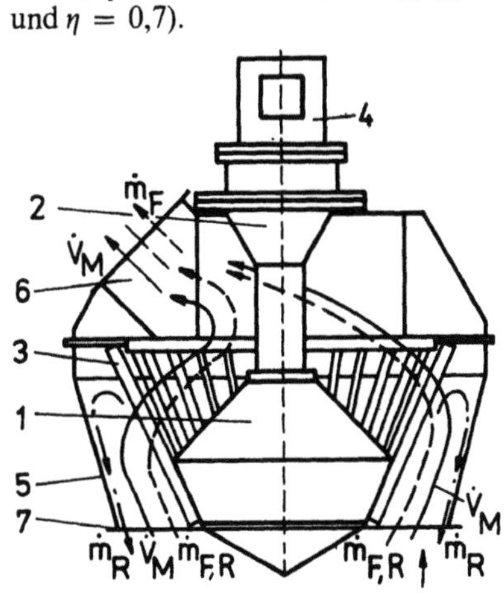


Bild 5.113. Schema eines Stabkorbsichters

*1* Stabkorb; *2* Stabkorbantrieb (regelbar); *3* Sichtleisten; *4* Motor; *5* Sichtergehäuse; *6* Feingut- und Trägergasausgang zum Zyklon und Filter; *7* Anschlußflansch für Mahlkammer

*Stabkorbsichter* bestehen aus einem rotierenden kegeligen oder zylindrischen Korb aus stabförmigen Elementen und einem Sichtergehäuse, die entweder direkt auf die Mahlkammern von Wälzmühlen aufgesetzt oder als getrennte Sichtereinheiten in Mahlkreisläufen betrieben werden können (Bild 5.113). Das Klassiergut wird bei diesen Sichtern gemeinsam mit dem Trägergasstrom mit Geschwindigkeiten von $v_M = 10$ bis $15 \text{ m s}^{-1}$ bei innerer Klassierung (Sichter ist direkt auf der Mahlkammer angeordnet, so daß das Grobgut sofort in den Mahlkreislauf zurückfällt) oder mit $v_M = 15$ bis $20 \text{ m s}^{-1}$ bei äußerer Klassierung (Sichter ist als Baueinheit getrennt von der Mühle im Kreislauf angeordnet) zugeführt. Durch den umlaufenden Stabkorb und die Trägergasführung zur Ausströmstelle entsteht eine Wirbelströmung, die infolge intensiver Auflösung des Klassiergutes und auftretender Zentrifugal- und Trägheitskräfte eine trennscharfe Klassierung ermöglicht. Stabkorbsichter sind leicht regelbar und können für Durchsätze bis $\dot{m} = 300$ bis $500 \text{ t h}^{-1}$ bei Trennkorngrößen von $d_T = 10$ bis $100 \text{ µm}$ eingesetzt werden. Bei der Reihenschaltung von zwei Stabkörben sind drei Fraktionen (Grob-, Fein- und Feinstfraktion) möglich (Bild 5.114).

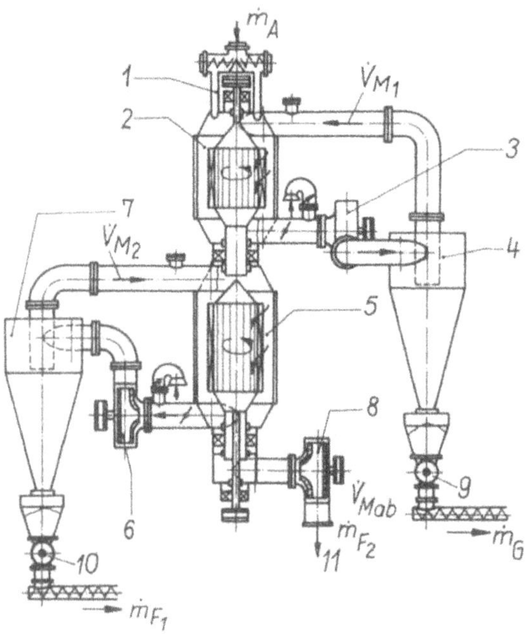


Bild 5.114. Doppelstufen-Stabkorbsichter (*Matter*) [178]

*1* Aufgabegutschleuse; *2* Sichterstufe I; *3* Ventilator I; *4* Zyklonabscheider für Grobgut; *5* Sichterstufe II; *6* Ventilator II; *7* Zyklonabscheider für Feingut; *8* Ablaufventilator; *9* Grobgut-Austragschleuse; *10* Feingut-Austragschleuse; *11* Feinstgut- und Abluftaustritt zum Filter

**Zentrifugalkraftsichter mit ruhendem Klassierraum:** Zentrifugalkräfte treten auch innerhalb ruhender Klassierräume auf, wenn Drallströmungen, die durch tangentiale Trägergaszuführung oder durch spezielle Leitschaufeln erreicht werden, vorhanden sind.

Bei *Doppelkegelsichtern* wird die erforderliche Drallströmung durch tangentiale Einleitung des Trägergases erreicht (Bild 5.115) [968]. Von dieser wird das über eine Einlaufschurre aufgegebene Sichtgut beschleunigt, wobei die Trennung des Grobgutes vom Feingut infolge Zentrifugalkrafteinwirkung erfolgt. Während das Grobgut an der Wand des Außenkegels von oben nach unten in den Grobgutraum gleitet und trägergasfrei in die Auslaufschurre fällt, wird das Feingut vom Trägergas über einen Zwischenkegel aus dem Klassierraum ausgetragen und in entsprechenden Abscheideeinrichtungen, wie Zyklonen und Filtern, von diesem getrennt. Die Trennkorngröße kann durch Heben oder Absenken des inneren Doppelkegels bzw. durch Regelung des Gasvolumenstromes eingestellt werden. Die Trennschärfe derartiger Sichter ist im Vergleich zu Sichtern mit umlaufendem Sichtraum bzw. mit Streuteller gering.

Beim *Durchfluß-(Strom-)Sichter* wird das Sichtgut mit dem Trägergas ($v_M \approx 20$ bis $25 \text{ m s}^{-1}$) von

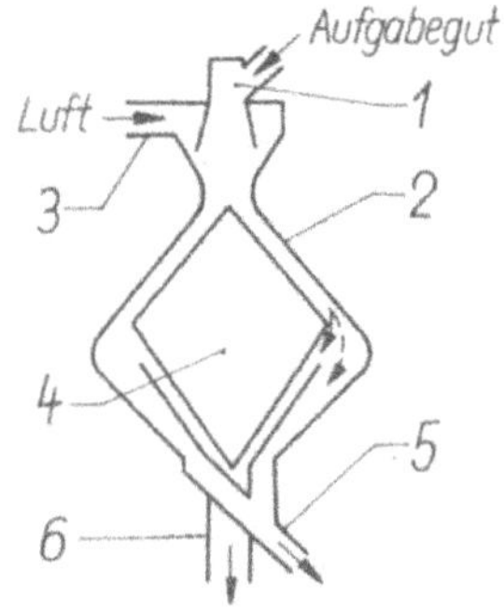


Bild 5.115. Schema eines Doppelkegelsichters

*1* Aufgabegutschleuse; *2* Sichtergehäuse; *3* Luftleitung; *4* Doppelkegel; *5* Grobgut-Austragschleuse; *6* Feingut- und Luftaustrittsschleuse

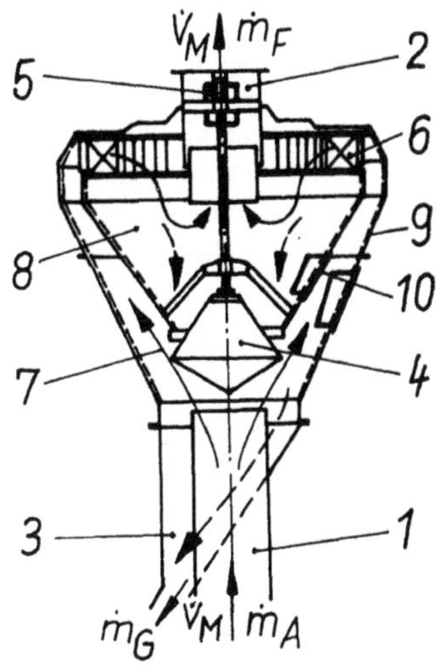


Bild 5.116. Durchfluß-(Strom-)Sichter

*1* Sichtgut- und Trägergaseintritt; *2* Feingut- und Trägergasaustritt; *3* Grobgut-Austragschurre mit Schleuse; *4* Ablenk- oder Prallkegel; *5* Einstellvorrichtung für Prallkegelhöhe; *6* verstellbare Leitbleche; *7* Trennzone I; *8* Trennzone II; *9* Sichtergehäuse; *10* Innenkegel

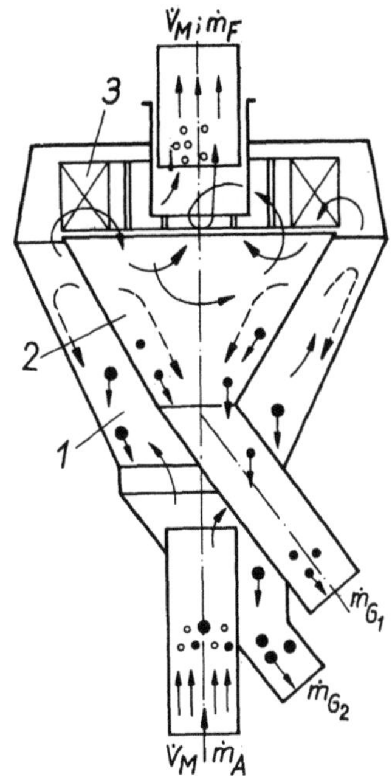


Bild 5.117. Durchflußsichter für mehrere Fraktionen

*1* Außenkegel; *2* Innenkegel; *3* verstellbare Leitbleche

unten in den Klassierraum geleitet. Entlang dem Außenkegel verringert sich die Strömungsgeschwindigkeit auf $v_M \approx 4$ bis $6 \text{ m s}^{-1}$, wodurch die ersten Grobgutteilchen ausgeschieden werden. Im oberen Teil des Klassierraumes ist ein Leitgitter angeordnet, das eine Drallströmung bewirkt und zum Abscheiden des Grobgut-Hauptanteiles im inneren Kegel führt (Bild 5.116). Dieses in der Trennzone (*8*) abgeschiedene Grobgut gleitet nach unten, fällt auf den Prallkegel (*4*) und von dort in die Trennzone (*7*). Während das im Außen- und Innenkegel abgeschiedene Grobgut nach Passieren der Trennzone (*7*) über die Auslaufschurre (*3*) ausgetragen werden kann, wird das Feingut mit dem Trägergas zu entsprechenden Trenneinrichtungen gefördert. Da derartige Stromsichter ohne bewegte Teile im Sichtraum arbeiten, können diese auch bei hohen Trägergastemperaturen, wie bei der Mahltrocknung, verwendet werden. Die Trenngrenze, die im allgemeinen bei $d_T > 150$ µm liegt, kann bei konstantem Trägergasdurchsatz durch Verstellen der Leitschaufeln und der Prallkegelhöhe beeinflußt werden. Das Geschwindigkeitsverhältnis wird meist in den Grenzen von $v_M/v_{sT} = 20$ bis 30 gewählt. Stromsichter werden vor allem bei Kreislaufschaltungen von Luftstrom-Mahlanlagen verwendet, können aber auch bei Wälzmühlen oder Schlagradmühlen unmittelbar auf die Mahlkammer aufgesetzt werden. Durchsätze bis $\dot m = 250 \text{ t h}^{-1}$ sind möglich. Durch entsprechende Gestaltung des Innenkegels sind zwei Grob- und eine Feinfraktion möglich (Bild 5.117).

*Wirbelsichter* arbeiten analog zum Spiralwindsichter nach dem Prinzip der Wirbelsenke (Bild 5.118). Sie unterscheiden sich jedoch vom Spiralwindsichter durch ihren ruhenden Sichtraum und die fehlenden

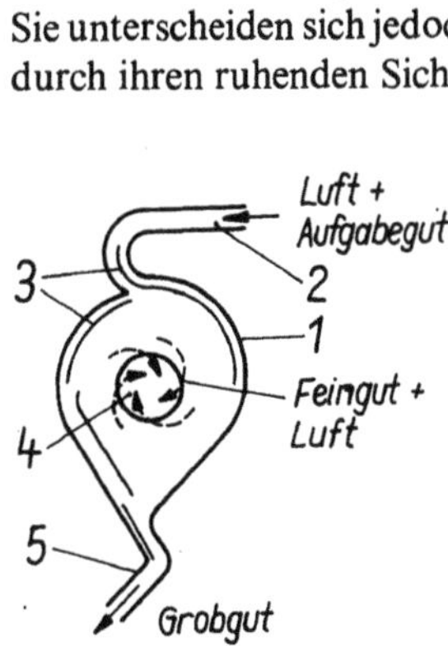


Bild 5.118. Schema eines Wirbelsichters mit pneumatischer Sichtgutaufgabe

*1* Sichtergehäuse; *2* Luft- und Aufgabegutkanal; *3* Leitbleche; *4* Feingut- und Luftaustritt; *5* Grobgut-Austragschleuse

spiralförmigen Leiteinrichtungen. Deshalb ist auch die Trennschärfe geringer. Bei den Wirbelsichtern sind Geschwindigkeitsverhältnisse von $v_M/v_{sT} = 50$ bis 100 möglich, wobei Trennkorngrößen von $d_T = 10$ bis 100 µm erreicht werden. Der Trennungsgrad $\eta$ liegt bei 0,5 bis 0,6 [916]. Ein Wirbelsichter für große Gutdurchsätze ist in Bild 5.119

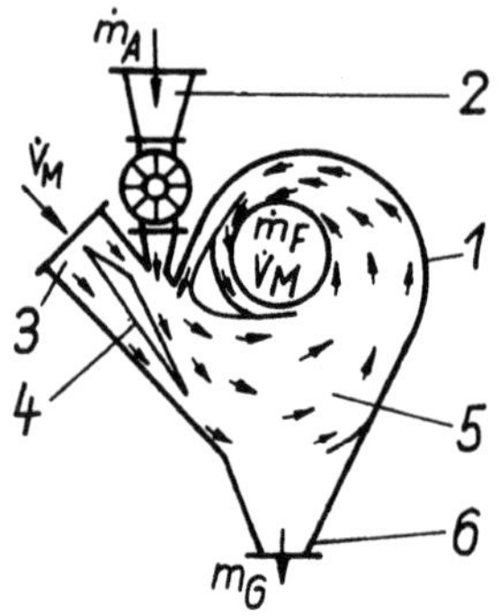


Bild 5.119. Schema eines Wirbelsichters mit getrennter Sichtgutaufgabe

*1* Sichtergehäuse; *2* Aufgabegutschleuse; *3* Trägergaseintrittskanal; *4* Leitbleche; *5* Trennzone; *6* Grobgut-Austragschleuse

dargestellt. Bei diesem Sichter, der sich vor allem für leistungsfähige Mahlkreisläufe eignet, wird das Sichtgut dem Sichtraum über Zellenradschleusen mit Hilfe von Ejektoren zugeführt. Infolge exzentrischer Klassierraumgestaltung und der sich dadurch einstellenden Strömungsgeschwindigkeiten und Zentrifugalkraftwirkungen wird das Grobgut vom Feingut im unteren Teil des Raumes getrennt, an den Sichtraumwänden abgeschieden und über Schleusen nach unten ausgetragen. Das Feingut wird mit dem Trägergas durch ein exzentrisch angeordnetes Rohr in einen nachgeschalteten Zyklon geleitet und von diesem getrennt. Das Sichterprinzip ist zur Reihenschaltung von zwei Sichtern gut geeignet. Durch die Aufgabe der groben Fraktion der ersten Stufe in die zweite Stufe werden hohe Trennschärfen auch bei kleinen Trennkorngrößen ($d_T = 30$ µm) erreicht [913]. Der spezifische Arbeitsbedarf wird mit $W_{o\dot{m}} = 1{,}0$ bis $1{,}5$ kWh t$^{-1}$ bei $d_T \approx 50$ µm angegeben. Vorteilhaft ist, daß derartige Sichter nur einen geringen Raum- und Massebedarf erfordern.

Obwohl *Aerozyklone* fast ausschließlich zur Entstaubung bzw. zur Trennung des Feingutes vom Trägermedium verwendet werden, können sie vereinzelt bei entsprechender Gestaltung auch als Klassierzyklone zum Einsatz kommen. Für die Arbeitsweise der Zyklone ist ebenfalls die Wirbelsenke von Bedeutung, wobei unabhängig von der Trägergaseinleitung eine äußere, abwärtsgerichtete Wirbelströmung vorhanden ist (Bild 5.120). Infolge der Drosselwirkung des konischen Unterteiles wird der Gasstrom mit dem Feingut im Unterteil zu einer inneren aufwärtsgerichteten Wirbelströmung umgelenkt und über das Tauchrohr abgeführt. Den Zyklonen wird das Gas-Feststoff-Gemisch je nach Bauart über einen tangentialen Einlaufschlitz bzw. eine Einlaufspirale oder mittels axialer Leitschaufeln zugeleitet (Bild 5.121). Für den Trennprozeß sind die mittlere Eintrittsgeschwindigkeit $v_e$, Geschwindigkeit im Tauchrohr $v_i$, Umfangsgeschwindigkeit $v_u$ und Radialgeschwindigkeit im Sperrkreis I—I $v_r$ maßgebend. Bei Nor-

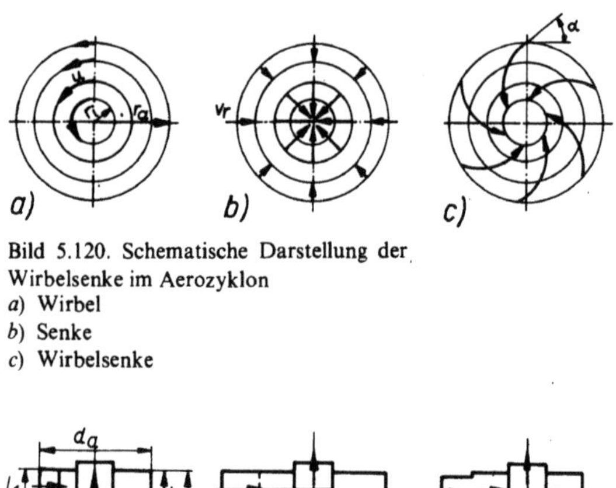


Bild 5.120. Schematische Darstellung der Wirbelsenke im Aerozyklon
*a*) Wirbel
*b*) Senke
*c*) Wirbelsenke

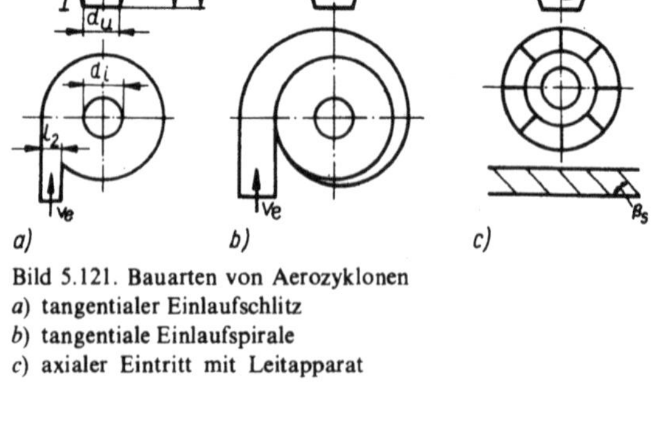


Bild 5.121. Bauarten von Aerozyklonen
*a*) tangentialer Einlaufschlitz
*b*) tangentiale Einlaufspirale
*c*) axialer Eintritt mit Leitapparat

malzyklonen wird $v_e = 20$ bis $30 \text{ m s}^{-1}$, $v_i \approx (0{,}63$ bis $0{,}65)\, v_e$ und $v_r \approx (0{,}029$ bis $0{,}03)\, v_e$ gewählt. Bei gegebenem Volumenstrom $\dot{V}$ und festgelegtem Zyklondurchmesser $d_A$ lassen sich die Geschwindigkeiten überschläglich mit $v = \dot{V}/A$ wie folgt berechnen [251]:

$$v_e = 8{,}000\dot{V}/d_a^2 \tag{5.114}$$

$$v_i = 5{,}102\dot{V}/d_a^2 \tag{5.115}$$

$$v_r = 0{,}235\dot{V}/d_a^2 \tag{5.116}$$

Bei der Auslegung und konstruktiven Gestaltung haben sich folgende geometrische Verhältnisse bewährt [2, 251]:
Einlauffläche $A_e = 0{,}125 d_a^2$; Tauchrohrfläche $A_i = 0{,}196 d_a^2$; Sperrkreisfläche $A_r = 4{,}254 d_a^2$; $d_a = 2{,}8 d_i$; $h = 8 d_i$; $l_1 = 1{,}2 d_i$; $l_2 = 0{,}4 d_i$; $h_1 = 1{,}4 d_i$ und $d_u = 0{,}5 d_i$.
Da die Trennkorngröße, die bei Normalzyklonen bei etwa $d_T \approx 10\ \mu\text{m}$ liegt (bei Hochleistungszyklonen $d_T = 3$ bis $10\ \mu\text{m}$), mit wachsendem Zyklondurchmesser ansteigt, die Trennschärfe aber abnimmt, sollte $d_a < 1000$ mm gewählt werden. Bei größeren Durchsätzen sind deshalb mehrere Zyklone parallel zu schalten, die bei kleinen Durchmessern auch in einem Gehäuse (Multizyklone) angeordnet werden können. Je nach Konstruktion und gewählten Geschwindigkeiten beträgt der Gesamtdruckverlust der Zyklone etwa $\Delta p = 750$ bis 2000 Pa. Im Normalfall sollte der Betriebspunkt so gewählt werden, daß $\Delta p = 1500$ Pa nicht überschritten wird.

**Zentrifugalkraftsichter mit Streuteller (Streusichter):** Sie erhielten ihre Bezeichnung von der Art der Sichtgutauflösung bzw. -aufgabe, die über rotierende Streuteller erfolgt. Es lassen sich folgende Systeme unterscheiden [931 bis 943]:

— Streusichter mit innerem Kreislauf des Trägermediums (Umluftsichter)
— Streusichter mit äußerem Kreislauf des Trägermediums (Zyklonumluftsichter)
— Streusichter als Durchflußsichter (Stromsichter)

Am weitesten verbreitet sind die *Streusichter mit innerem Kreislauf* des Trägermediums [934]. Bei diesen sind alle zum Betrieb des Sichters notwendigen Baugruppen, wie Aufgabevorrichtung, Sichtraum, Gebläse zur Trägergasumwälzung, Abscheide- und Austrageinrichtungen für Fein- und Grobgut, in einem Gehäuse untergebracht. Sie zeichnen sich dabei durch geringen Platzbedarf aus. Zur Trägergasumwälzung ist meist im oberen Teil des Gehäuses ein Ventilatorrad angeordnet. Die Streusichter arbeiten nach dem Prinzip des Querstromsichters, da das Sichtgut meist quer zur Strömungsrichtung in den Sichtraum geschleudert wird. Bei der einfachsten Bauart werden Streuteller (*1*) und Gebläserad (*2*) nach Bild 5.122 gemeinsam angetrieben. Der Streuteller (*1*) hat dabei die Aufgabe, das Sichtgut durch Zentrifugalkraftwirkung aufzulösen und gleichmäßig verteilt dem Trägergasstrom aufzugeben. Die Grobanteile sinken entgegen dem zirkulierenden Gasstrom zum Grobgutaustrag (*3*). Die Feinanteile werden mit dem Trägergas durch das Ventilatorrad in die äußere Trennzone (*4*) gefördert. Infolge hoher Umfangsgeschwindigkeit und Zentrifugalkraftwirkung am Gebläseaustritt werden die feinen Gutteilchen zur Wand getragen und abgeschieden. Von dort gleiten sie im Grenzschichtbereich entlang der Wand zum Feingutaustrag (*5*). Das Trägergas wird danach durch ein Leitgitter (*6*), in dem nach Abbau der Drallkomponente eine möglichst gleichmäßige Strömung erreicht werden soll, in den inneren Konus (*7*) zurückgeführt. Da das Grobgut am Leitgitter (*6*) nach unten gleitet, erfolgt dort eine nochmalige Sichtung.

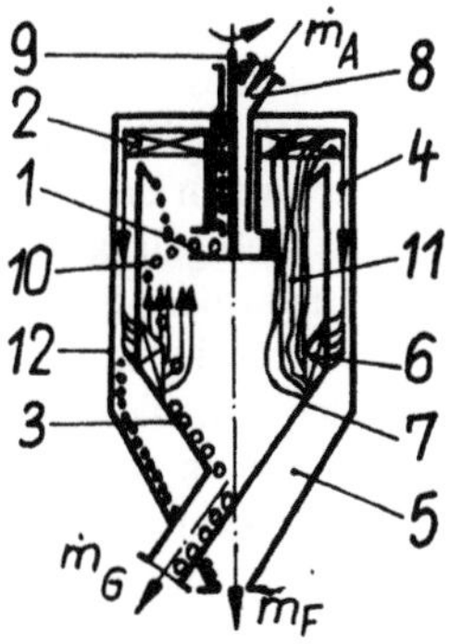


Bild 5.122. Schema eines Umluftsichters mit Streuteller
*1* Streuteller; *2* Gebläserad; *3* Grobgut-Sammelraum mit Austragschleuse; *4* Trennzone für Feingut; *5* Feingut-Sammelraum mit Austragschleuse; *6* Leitgitter; *7* innerer Konus; *8* Aufgabegutschleuse; *9* Antrieb für Streuteller und Gebläserad; *10* Trennzone für Grobgut; *11* Stromlinien der Umluft; *12* Sichtergehäuse

Streusichter, denen das Sichtgut meist über mechanische Stetigförderer oder pneumatische Rinnen aufgegeben wird, können für große Durchsätze bis $\dot{m} = 250 \text{ t h}^{-1}$ eingesetzt werden. Sie besitzen große Außendurchmesser, vereinzelt bis $D = 10$ m, und haben bei günstiger Dimensionierung in der Feingut-Abscheidezone eine große Zentrifugalkraftwirkung. Zu beachten ist, daß bei ungünstiger Dimensionierung eine Anreicherung des im Umlauf befindlichen Trägergases mit feinsten Gutteilchen erfolgen kann, wodurch die Gutbeladung stark ansteigt und folglich zu einer Verschlechterung der Trennschärfe führt. Um eine Anreicherung des Trägergases mit Feingut zu vermeiden, sind mehrere Maßnahmen möglich, die von den einzelnen Herstellern in unterschiedlicher Weise genutzt werden [933, 934, 938 bis 943, 952]. Zur Gewährleistung einer guten Trennschärfe werden moderne Streusichter in der Regel mit einem Gegenflügelsystem (*8*) ausgerüstet (Bilder 5.123 und 5.125). Bei diesen Sichtern kann die Trennkorngröße durch die Zahl bzw. die Anstellung der Gegenflügel beeinflußt werden. Dabei erteilen die Gegenflügel dem Trägergas einen zusätzlichen Drall bzw. wirken dem Trägergasstrom entgegen und vermindern somit die Strömungsgeschwindigkeit. Durch diese Einflüsse

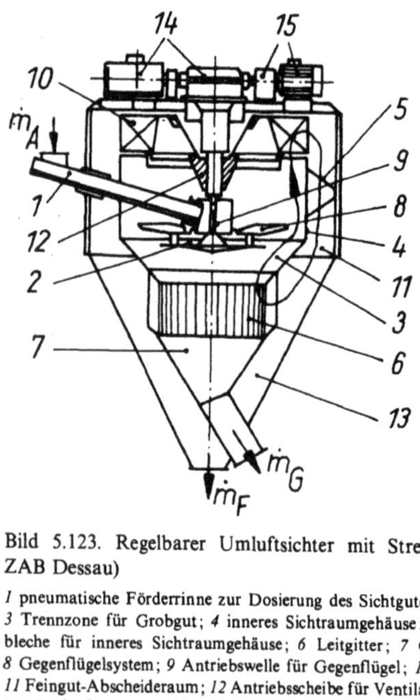


Bild 5.123. Regelbarer Umluftsichter mit Streuteller (USR, ZAB Dessau)

*1* pneumatische Förderrinne zur Dosierung des Sichtgutes; *2* Streuteller; *3* Trennzone für Grobgut; *4* inneres Sichtraumgehäuse; *5* Versteifungsbleche für inneres Sichtraumgehäuse; *6* Leitgitter; *7* Grobkornkonus; *8* Gegenflügelsystem; *9* Antriebswelle für Gegenflügel; *10* Ventilatorrad; *11* Feingut-Abscheideraum; *12* Antriebsscheibe für Ventilatorrad; *13* Feingut-Auslaufstutzen; *14* Getriebe und Motor für Streuteller; *15* Motor und Getriebe für Ventilatorrad

kann der Trennkorn-Durchmesser zu kleineren Werten verschoben werden. Außerdem wird durch die vom Gegenflügelrad verstärkte Drallströmung ein zweiter Trennvorgang im Zentrifugalkraftfeld erreicht, der zur Verbesserung der Trennschärfe beiträgt. Bei verschiedenen Streusichtern mit Gegenflügelsystemen wird die Trennschärfe auch durch einen teilweisen Gasaustausch erhöht. Dadurch kann die Staubbeladung des Trägergases in Grenzen gehalten werden. Eine wirksame Beeinflussung der Trennkorngröße und Trennschärfe kann durch Änderung der Ventilatorrad-Drehzahl und damit der umgewälzten Luftmenge erreicht werden. Diese Regelmöglichkeit ist jedoch für Sichter mit gemeinsamem Antrieb des Ventilator- und Gegenflügelrades sowie des Streutellers ungünstig, da durch gleiche Drehzahlveränderung vom Ventilator und Streuteller gegenläufige Effekte ausgelöst werden. Bei der Drehzahlverstellung sind folgende Proportionalitäten zu beachten:

$$n_{\text{Ventilatorrad}} \sim d_T^n \quad \text{und} \quad n_{\text{Streuteller}} \sim 1/d_T^n$$

Um das zu berücksichtigen, werden hochleistungsfähige Streusichter meist mit getrenntem Antrieb des Ventilatorrades und Streutellers, der mit dem Gegenflügelsystem gekoppelt ist, ausgerüstet (Bild 5.123). Zur Einstellung der gewünschten Trennkorngröße ist der Antrieb des Streutellers meist stufenlos regelbar. Die Umfangsgeschwindigkeit des Ventilatorrades beträgt bei den meisten Sichtern etwa $v_u = 40 \text{ m s}^{-1}$. Beim Gegenflügelrad, das stets mit dem Ventilatorrad gleichsinnig, aber mit geringerer Drehzahl angetrieben wird, liegen die Umfangsgeschwindigkeiten bei $v_u = 15$ bis $30 \text{ m s}^{-1}$. Diese Geschwindigkeiten sind in Auswertung praktischer Erfahrungen ermittelt worden, da eine exakte theoretische Berechnung nicht möglich ist. Bei dem in Bild 5.123 dargestellten regelbaren Streusichter wird das Sichtgut über eine pneumatische Förderrinne (*1*) dem Streuteller (*2*) zugeführt. Von hier wird es gleichmäßig in die Trennzone (*3*) geschleudert, wo es unter Einfluß der Zentrifugal-, Schwer- und Strömungskraft entweder in den Grobkorn-(Grieß-)Konus (*7*) fallen oder mit dem vom Ventilatorrad (*10*) erzeugten und durch das Leitgitter (Jalousie) (*6*) geleiteten Gasstrom in den Feingut-Abscheideraum (*11*) getragen werden kann. Durch scharfe Umlenkungen des Trägerstromes mit dem Feingutanteil und die damit verbundene Zentrifugalkraft wird das Feingut an den Wänden des Feingut-Abscheideraumes ausgeschieden und gelangt von dort unter Einfluß der Schwerkraft zum Feingut-Auslaufstutzen (*13*). Der vom Gegenflügelsystem (*8*) erzeugte Drall schwächt die Schleppkraft des aufsteigenden Gasstromes und beeinflußt somit die Trennkorngröße, die mit steigender Drehzahl kleiner wird. Damit kann sie stufenlos variiert werden. Bei den Streusichtern mit innerem Trägergasumlauf werden im allgemeinen Trennkorngrößen zwischen $d_T = 50$ bis 200 μm erreicht. In Bild 5.124 sind ausgewählte Kennziffern für Umluftsichter mit getrenntem Antrieb für das Ventilatorrad und das Gegenflügel-Streutellersystem dargestellt.

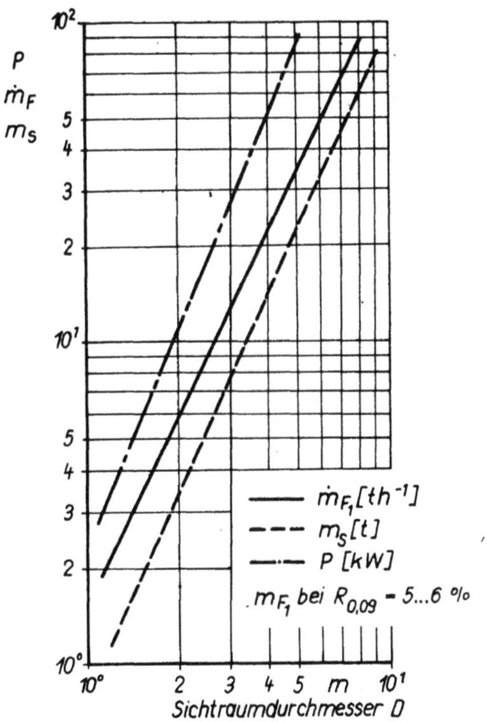


Bild 5.124. Ausgewählte Kennwerte für regelbare Umluftsichter mit Streuteller (USR, ZAB Dessau)

Da trotz Anordnung des *regelbaren Gegenflügelsystems* die funktionsbedingte ungenügende Feingutabscheidung und Anreicherung des zirkulierenden Trägergases mit Feinstgut bei innerem Kreislauf nachteilig sind, wurden Streusichter mit äußerem Kreislauf in Form des *Zyklonumluftsichters* entwickelt (Bild 5.125) [931, 939 bis 942]. Kennzeichnendes Merkmal dieser Sichter sind die außenliegenden Feingutabscheider und der außenliegende Ventilator. Mit derartigen Streusichtern, die bis zu Durchsätzen von $\dot{m} = 300\ \mathrm{t\,h^{-1}}$ möglich sind, werden eine bessere Feingutabscheidung und eine größere Trennschärfe erreicht sowie eine Anreicherung des Trägergasstromes mit Feinstgut vermieden. Die Trennkorngröße kann durch stufenlose Regelung der Drehzahl des Zentrifugalsystems (Streuteller und Gegenflügel) und zusätzlich mittels Verstellklappen am Gaseintrittstutzen verändert und den jeweiligen Bedingungen angepaßt werden. Durch den getrennten Ventilator ist außerdem eine Einstellung des Gasvolumenstromes in weiten Grenzen möglich, wobei jedoch der Abscheidegrad der Zyklone beachtet werden muß. Da durch diese Sichterkonstruktion die Strömungsverhältnisse wesentlich verbessert werden können und eine Beaufschlagung des Ventilators mit großen Staubanteilen vermieden wird, ist auch eine Verschleißminderung gegenüber anderen Streusichter-Bauarten zu verzeichnen. Hinzu kommt, daß der außenliegende Ventilator mit besserem Wirkungsgrad arbeitet als ein im Sichter eingebautes Ventilatorrad. Zyklonumluftsichter sind auch zur Trocknung und Kühlung geeignet, da ein ständiger Trägergasaustausch möglich ist bzw. das Trägergas den Sichtraum im Durchlauf passieren kann. Je nach Trägergas-Volumenstrom bzw. -geschwindigkeit beträgt der Druckverlust etwa $\Delta p = 1{,}8$ bis 2,4 kPa, wobei etwa 50 % auf die Zyklonabscheider entfallen. Bei dem in Bild 5.125 gezeigten *Streusichter mit Zyklonabscheidung* (Zyklonumluftsichter) wird das Sichtgut durch den Aufgabestutzen (*1*) und den Aufgabetrichter (*2*) dem Streuteller (*3*) zugeführt, der das Gut in die Trennzone (*4*) schleudert. Während das Feingut mit dem Trägergas in die außen liegenden Zyklone (*5*) gefördert und dort abgeschieden wird, fällt das vom Feingut in der Trennzone (*4*) abgetrennte Grobgut über eine Falltreppe (*6*) in den Grobgutkonus (*7*). Das herabrieselnde Grobgut wird an den Treppen (*6*) mehrfach durchströmt, so daß anhaftende Feingutteilchen durch das aufströmende Trägergas mitgerissen werden und ebenfalls in das Feingut gelangen. Der spezifische Arbeitsbedarf der Sichter ist bei entsprechenden Beladungsverhältnissen, die je nach Konstruktion bei $\mu = 0{,}5$ bis 2 kg Feststoff je $m^3$ Trägergas

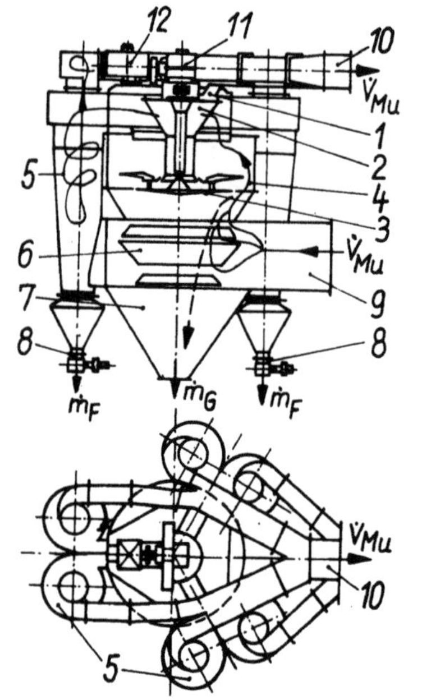


Bild 5.125. Umluftsichter mit Zyklonabscheidung (USZ, ZAB Dessau)

*1* Aufgabestutzen; *2* Aufgabetrichter; *3* Streuteller; *4* Trennzone; *5* Zyklon; *6* Falltreppe; *7* Grobgutkonus mit Austragschleuse; *8* Zellenradschleuse; *9* Lufteintritt vom Ventilator; *10* Luftaustrittsstutzen zum Ventilator; *11* Getriebe für Streutellerantrieb; *12* Motor

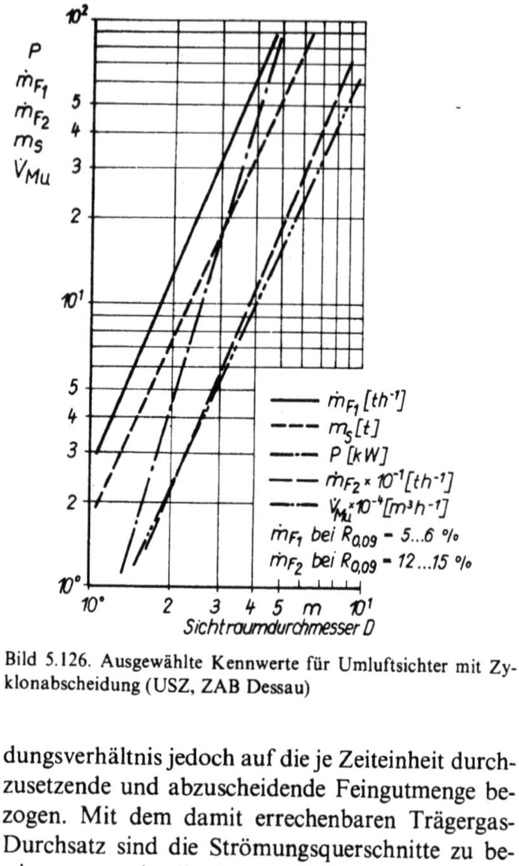


Bild 5.126. Ausgewählte Kennwerte für Umluftsichter mit Zyklonabscheidung (USZ, ZAB Dessau)

betragen können, von der Trägergasgeschwindigkeit und damit auch von der Trennkorngröße abhängig. Bei den Zentrifugalkraftsichtern mit Streuteller wird dieser meist mit $W_{\dot{om}} = 1{,}0$ bis $3{,}0$ kWh t$^{-1}$ angegeben, wobei sich die größeren Werte auf kleinere Trennkorngrößen beziehen [934, 943, 944]. Bild 5.126 zeigt ausgewählte Kennwerte für Zyklonumluftsichter. Das Geschwindigkeitsverhältnis beträgt im allgemeinen $v_M/v_S = 20$ bis 50. Der Trennungsgrad liegt bei $\eta \approx 0{,}7$ bis 0,8.

Bei der *Dimensionierung von Zentrifugalkraftsichtern mit Streuteller* ist bei festgelegtem Durchsatz und Beladungsverhältnis $\mu$ in kg Klassiergut je m$^3$ Trägergas im Normzustand vom erforderlichen Trägergas-Durchsatz bei Durchflußsichtern und Sichtern mit äußerem Kreislauf bzw. von der notwendigen Trägergaszirkulation bei Umluftsichtern auszugehen. Das Beladungsverhältnis kann dabei auf den Feingut-Durchsatz bei festgelegter Trennkorngröße bzw. auf die gesamte zirkulierende Feststoffmenge bezogen werden, die den inneren Gutumlauf mit einschließt. Allgemein wird das Beladungsverhältnis jedoch auf die je Zeiteinheit durchzusetzende und abzuscheidende Feingutmenge bezogen. Mit dem damit errechenbaren Trägergas-Durchsatz sind die Strömungsquerschnitte zu bestimmen sowie die daraus ableitbaren geometrischen Abmessungen des Sichtraumes festzulegen. Für eine wirkungsvolle Trennung von Grob- und Feingut muß eine ausreichende Klassierraumhöhe für die Trägergasführung im Feingut-Auftriebsraum vorhanden sein. Diese kann unter Berücksichtigung der in Bild 5.127 dargestellten geometrischen Beziehung und der in Abschn. 4.8.3. für

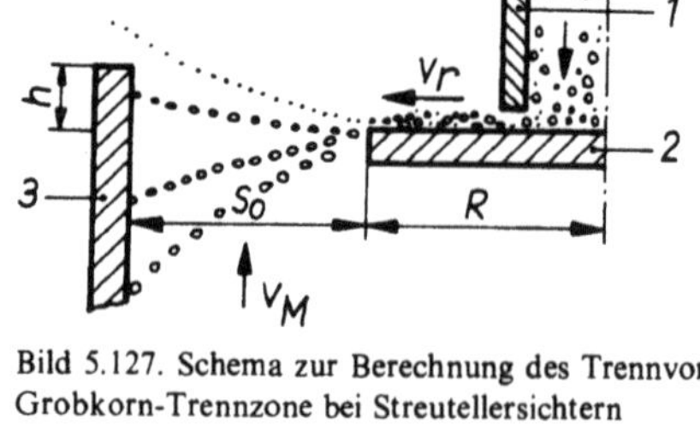


Bild 5.127. Schema zur Berechnung des Trennvorganges in der Grobkorn-Trennzone bei Streutellersichtern

*1* Aufgabetrichter; *2* Streuteller; *3* Trennzylinder

Schleuderrotoren (vgl. (4.298) bis (4.303)) abgeleiteten Grundlagen berechnet werden. Unter der Annahme, daß das Trägergas z. B. bei einem Zyklonumluftsichter durch den Einfluß des Gegenflügelsystems vertikal in die Trennzone einströmt und kugelförmige Teilchen vorliegen, ergibt sich die Beschleunigung für eine bestimmte Teilchengröße in vertikaler Richtung zu

$$a = (F_W - F_G)/m$$
$$= [(c_w d^2 \pi \varrho_M v_M^2)/8 - mg]/m \qquad (5.117)$$

Zur Trennung des Feingutes vom Grobgut steht die Zeit $t = s_0/v_{Res}$ zur Verfügung, in der das Feingut die Ablenkung $h$ erfahren kann. Mit $h = at^2/2$ kann durch Einsetzen von (5.117) und $m = d^3 \pi \varrho_P/6$ für $h$ geschrieben werden:

$$h = (3c_w v_M^2 \varrho_M / 4\varrho_P d - g)\, s_0^2/2v_{Res}^2$$

Die Streuteller müssen so ausgebildet und angetrieben werden, daß dem Klassiergut die notwendige Abwurfgeschwindigkeit erteilt wird. Um ein kreisförmiges Gleiten des Klassiergutes auf dem Streuteller zu vermeiden, werden diese meist mit radialen bzw. spiralförmigen Streuleisten versehen. Zur Berechnung der Teilchenbahnen können (4.298) und (4.303) verwendet werden. Weitere Berechnungsgrundlagen sind in [915, 945 bis 949] enthalten. Der Leistungsbedarf der Sichter ist mittels eines experimentell bestimmten spezifischen Arbeitsbedarfes $W_0$ bzw. über die Ermittlung des Druckverlustes $\Delta p$ einschließlich des Leistungsbedarfes für den Streuteller zu berechnen. Dabei sind für die notwendigen experimentellen Untersuchungen geometrisch ähnliche Modelle zu verwenden. Für den Leistungsbedarf von Streutellersichtern mit innerem Kreislauf und Gegenflügelsystem gelten folgende Beziehungen [944]:

$$P \sim \Delta p^{1,5}/\varrho^{0,5} \sim (n_1^2 - k n_2^2)^{1,5} \sim \Delta p \dot{V}$$
$$P^{2/3} = K n_1 \varrho^{2/3} [1 - k(n_2/n_1)^2] \qquad (5.118)$$

($\varrho$ Dichte des Gas-Feststoff-Gemisches; $n_1$ Drehzahl des Ventilatorrades; $n_2$ Drehzahl des Gegenflügelsystems; $K$, $k$ Proportionalitätsfaktoren)

**Zentrifugalkraftsichter mit Strahlwindsichtung:** Bei diesen wird das Sichtgut einem Mehrkanal-Streusystem, dem gleichzeitig Luft zugeführt wird, aufgegeben (Bild 5.128). Durch die kombinierte Wirkung der Zentrifugalkraft und der Kraftwirkung aus der Luftumströmung wird garantiert, daß alle Gutteile unabhängig von ihrer Abmessung mit der gleichen Anfangsgeschwindigkeit quer zur Strömungsrichtung in die Trennzone eintreten. Die Gutteile bewegen sich auf Flugbahnen, die sich entsprechend der Sinkgeschwindigkeit der einzelnen Körner auffächern. Dabei werden die Gutteile mit abnehmendem Korndurchmesser stärker abgelenkt. Mit den Strahlwindsichtern kann eine Trennung in mehrere Fraktionen erreicht werden [969, 1023]. Ein Anreichern bestimmter Kornklassen in der Trennzone tritt dabei nicht auf. Zur Erhöhung des Trenneffektes und zur weiteren Verringerung der Trennkorngröße ist eine Abrundung der Kanten in der Trennzone zweckmäßig. Derartige Sichter sind für kleine Durchsätze geeignet. Bei Trennkorngrößen $d_T < 20\,\mu m$ werden gute Trennschärfen erreicht.

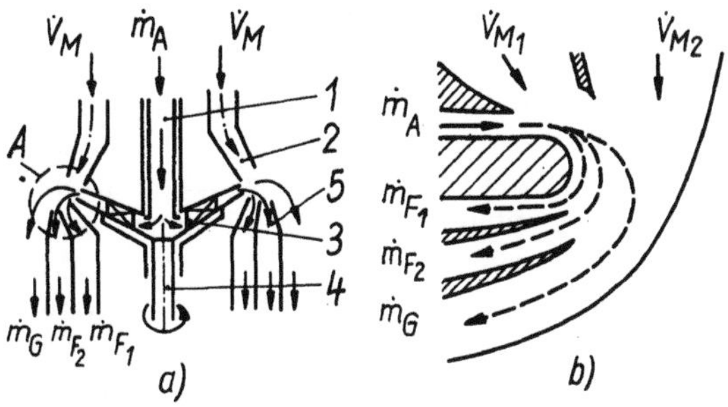


Bild 5.128. Schema eines Zentrifugalkraftsichters mit Querstrom-Strahlwindsichtung
*a)* Querstrom-Strahlwindsichter
*b)* Einzelheit bei A (vergrößerter Ausschnitt aus der Trennzone mit abgerundeten Kanten)
*1* Aufgabegut-Fallschacht; *2* Strahldüsen; *3* beschaufelter Rotor; *4* Rotorantrieb; *5* Trennkanäle

## 5.3.4. Naßstromklassierer-Bauarten

### 5.3.4.1. Schwerkraft-Naßklassierer

Die nasse Schwerkraftklassierung findet zur Trennung im Fein- und Feinstkornbereich eine breite Anwendung. Es haben sich eine Vielzahl unterschiedlicher Klassierertypen herausgebildet, die in Horizontal-, Aufstrom- und mechanische Trogklassierer eingeteilt werden können.

**Horizontalstromklassierer:** In der einfachsten Form der Horizontalstromklassierer bewegt sich der Trübestrom durch einen Absetzbehälter, der zum Grobgutaustrag nach unten verjüngt ist. Durch die Reihenschaltung mehrerer sich jedoch in Strömungsrichtung vergrößernder Absetzbehälter, die Spitzkästen genannt werden, kann in mehrere Fraktionen getrennt werden (Bild 5.129). Da die Unterteilung des Klassierraumes beim Überströmen der Wehre Störungen im Trübestrom verursacht, sind nur geringe Trennschärfen trotz hohen Wasserverbrauches erreichbar. Deshalb werden Spitzkästen nur noch selten eingesetzt.

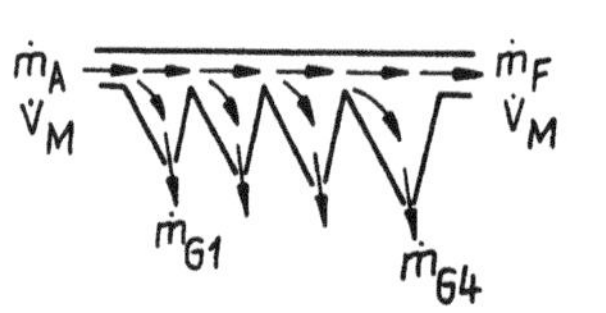


Bild 5.129. Schema eines Spitzkastens für mehrere Fraktionen

Beim Klassierkonus wird die Trübe durch ein in den Klassierraum eintauchendes Zentralrohr aufgegeben. Dadurch wird verhindert, daß die Trübe zu schnell zum Überlaufwehr am äußeren Durchmesser des Klassierraumes fließt und Grobgut ausgetragen wird (Bild 5.130). Dieses muß am Boden des Klassierraumes kontinuierlich abgezogen werden. Klassierkonen werden meist für maximale Teilchengrößen von 3 mm bei Trennkorn-Durchmessern von $d_T = 0{,}1$ bis 0,25 mm, wie z. B. zur Schlammabscheidung und Sandentwässerung, verwendet. Der Grobgutabzug erfolgt automatisch, wobei meist eine Schwimmersteuerung, die auf Trübedichte-Veränderungen anspricht, verwendet wird. Wird z. B. die Trübedichte im Klassierkonus durch Ansteigen des Grobgutspiegels erhöht, so wird der Schwimmer angehoben, das Austragventil geöffnet und das Grobgut ausgetragen. Zur Verbesserung der Trennschärfe können mehrere Klassierkonen stufenförmig angeordnet werden, wobei mehrere Schaltungen, wie Gegenstrom- und Phalanx-Schaltung, möglich sind [1, 960, 961].

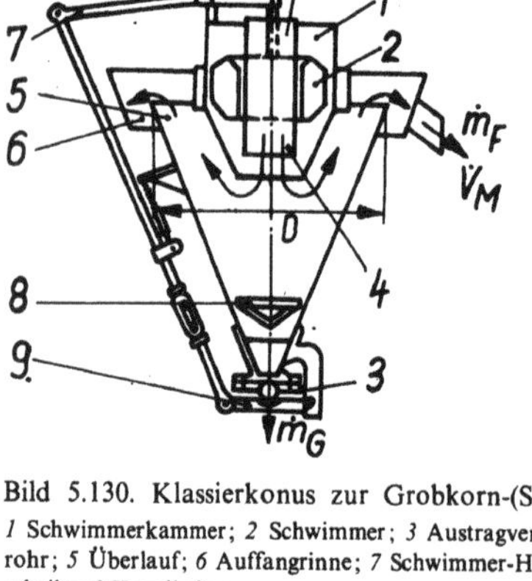


Bild 5.130. Klassierkonus zur Grobkorn-(Sand-)Abscheidung
*1* Schwimmerkammer; *2* Schwimmer; *3* Austragventil; *4* Trübeaufgaberohr; *5* Überlauf; *6* Auffangrinne; *7* Schwimmer-Hebelgestänge; *8* Stauscheibe; *9* Kugelhalter

Bei der Berechnung des Durchsatzes von Klassierkonen ist zu berücksichtigen, daß die Materialaufgabe senkrecht zur Strömungsrichtung im Klassierraum erfolgt. Dadurch wird die Absetzzeit gegenüber dem reinen Horizontalstromklassierer verkürzt und damit der spezifische Durchsatz erhöht. Für den Trübedurchsatz gilt:

$$\dot V = k v_{sT} A = k v_{sT} D^2 \pi/4 \tag{5.119}$$

Unter Berücksichtigung des im Überlauf befindlichen Beladungsverhältnisses $\mu'$ erhält man für den Feststoff-Durchsatz im Überlauf folgende Beziehung:

$$\dot m_F = \mu' k v_{sT} D^2 \pi/4 \tag{5.120}$$

$$\begin{aligned} \mu' &= F_A/[(W_Ü + F_Ü)/\varrho_Ü] \\ &= \varrho_Ü/[(W_Ü/F_A) + (F_Ü/F_A)] \end{aligned} \tag{5.121}$$

$$\begin{aligned} \mu' = \{&[(W_A/F_A) - (W_G F_G/F_G F_A)]/\varrho_W \\ &+ [1 - (F_G/F_A)]/\varrho_P\}^{-1} \end{aligned}$$

($\varrho_Ü$ Dichte der Trübe im Überlauf; $F$ Masseanteil des Feststoffes; $W$ Masseanteil des Wassers; Indizes A, Ü, G bezeichnen den Feststoff-Wasseranteil an der Aufgabestelle, am Überlauf und im Grobgut)

Aus Bild 5.131 können Feststoffgehalte und Dichte der Trübe bei verschiedenen Feststoffdichten entnommen werden. Wird in (5.121) $W_A/F_A = R$; $W_G/F_G = N$ und $F_G/F_A = S$ vereinfacht und in (5.120) eingesetzt, so erhält man nach entsprechender Umformung für den Feststoff-Durchsatz (Feingut):

$$\dot m_F = k v_s (D^2\pi/4)/[\mathrm{R} - \mathrm{SN} + (1 - \mathrm{S})/\varrho_P] \tag{5.122}$$

($k = 8{,}07$ Korrekturfaktor bei Wasser mit $\varrho_W = 1\ \mathrm{g\ cm^{-3}}$ [54])

Bei der konstruktiven Gestaltung der Horizontalstromklassierer muß beachtet werden, daß der

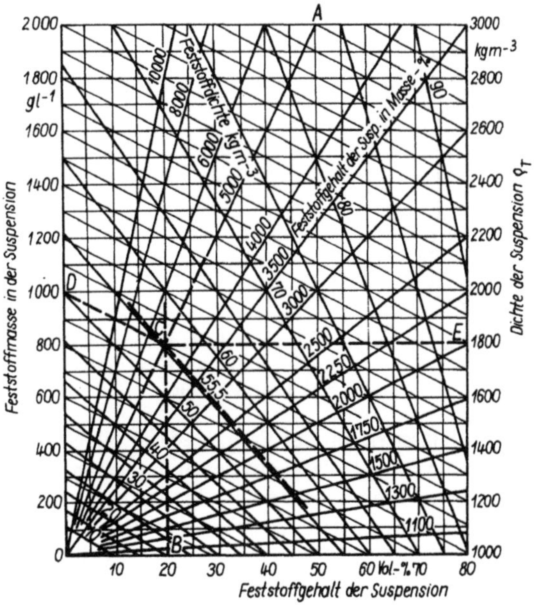


Bild 5.131. Nomogramm zur Ermittlung der Trübedichte und Feststoffgehalte bei verschiedenen Feststoffdichten [1030]

Trübestrom möglichst wirbelfrei in den Klassierraum geleitet und das Grobgut mit einem Minimum an Flüssigkeit durch entsprechende Einrichtungen am Boden ausgetragen wird [817]. Bei den Eindickern, einer speziellen Gruppe der nassen Schwerkraftklassierer, die bis zu Durchmessern von 200 m ausgeführt werden können, sind spezielle Ausräumvorrichtungen notwendig. Zur Anwendung gelangen hier meist mehrarmige Krählwerke, die das sedimentierte Gut zum Grobgutabzug in die Mitte transportieren. Der Abzug erfolgt häufig mit Membranpumpen. Die aus Fachwerkkonstruktionen bestehenden Krählwerke werden entweder zentral oder vom Rand aus angetrieben (Bild 5.132).

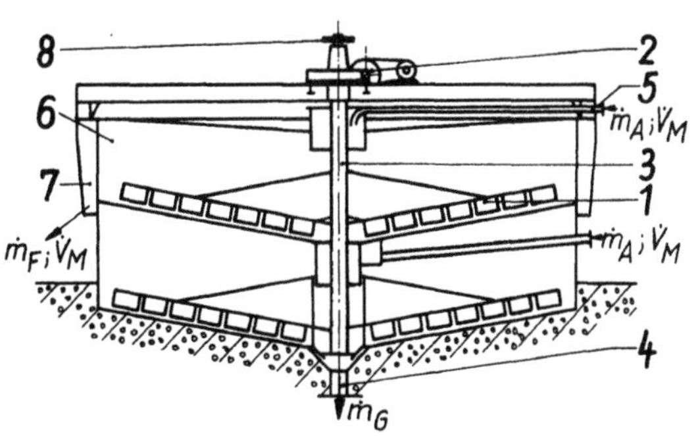


Bild 5.132. Schema eines Zweikammer-Schüsselklassierers (Eindicker)

*1* Krählwerkarme; *2* Krählwerkantrieb; *3* Hauptwelle; *4* Grobgutaustrag; *5* Trübeaufgaberohr; *6* Trübeüberlauf mit Feingut; *7* Auffangrinne; *8* Vorrichtung zur Höhenverstellung der Krählarme

**Aufstromklassierer:** Diese Klassierer zeichnen sich durch eindeutige Aufstrombewegung im Klassierraum aus. Es werden deshalb nur die Teilchen in Grobgut gelangen, deren Endfallgeschwindigkeit größer ist als die Geschwindigkeit des Aufstromes. Bei den meisten Klassierern wird der Aufstrom durch Zugabe von Frischwasser erreicht. Das hat den Vorteil, daß der Klassierprozeß von der Konstanz der Trübezuführung weitgehend unabhängig ist. Durch die Veränderung der Frischwassermenge kann die Aufstromgeschwindigkeit und damit der Trennkorn-Durchmesser eingestellt werden. Besonderer Wert ist auf einen gleichmäßigen wirbelfreien Aufstrom zu legen. Im Bild 5.133 sind einige Bauarten der Aufstromklassierer dargestellt. Die unterschiedlichen, teils komplizierten Formen der Aufstromklassierer sind aus den Bemühungen entstanden, Klassierer mit hoher Trennschärfe bei Trennkorngrößen von $d_T = 0{,}2$ bis 2,5 mm und großem Feststoff-Durchsatz zu bauen [1, 2, 817, 960 bis 964]. So wird z. B. durch die Verengung des Austrittsquerschnittes (Bild 5.133*d*) ein schneller Austrag des Feingutes gewährleistet. Bei den anderen Formen wird besonderer Wert auf eine gute Vermischung des Frischwasserstromes mit der Aufgabetrübe gelegt. In den dargestellten Aufstromklassierern wird grundsätzlich nur in zwei Kornklassen getrennt, wobei der Feststoff-Volumenanteil im Klassierraum von 10 bis 50% betragen kann. Eine Trennung in mehrere Kornklassen kann nur durch Hintereinanderschalten mehrerer Klassierer erreicht werden. Durch die getrennte Steuerung der Frischwassermenge können in den einzelnen Klassierräumen unterschiedliche Korngrößen-(Gleichfälligkeits-)Klassen abgeschieden werden. Die Klassierräume sind meist durch Lochbleche von der Frischwasser-Aufgabekammer getrennt. Dadurch wird eine gleichmäßige Aufstromgeschwindigkeit erreicht. Moderne Aufstromklassierer sind mit automatischen Grobgut-Austragevorrichtungen ausgestattet, die bei Trübedichteveränderungen ansprechen. Der Trübedurchsatz kann analog (5.119) berechnet werden, wobei die Aufstromgeschwindig-

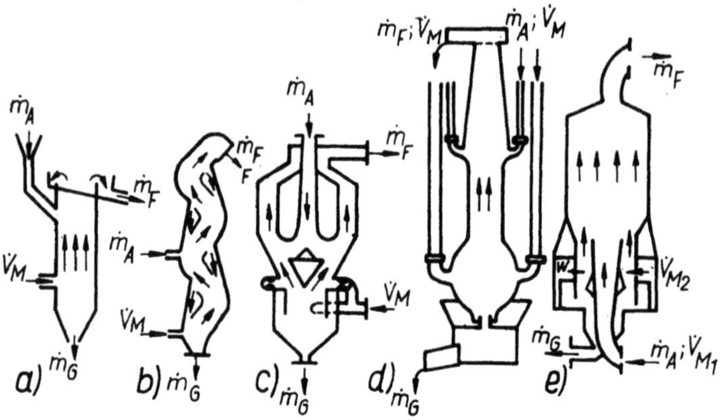

Bild 5.133. Aufstromklassierer-Bauarten
*a*), *c*), *d*), *e*) Vertikalschlämmer
*b*) Faltenschlämmer

keit stets gleich der Endfallgeschwindigkeit des Grenzkornes sein muß. Der spezifische Wasserverbrauch beträgt meist 3 bis 5 $m^3 t^{-1}$ Grobgut und ist in der Regel, auf das Feingut bezogen, höher.

**Mechanische Naßstromklassierer:** Hinsichtlich des Trennprinzips gleichen die mechanischen Klassierer den Horizontalstromklassierern. Durch die Bewegung der mechanischen Austragorgane für das sedimentierte Grobgut tritt jedoch eine turbulente Vermischung in der Klassierzone auf. Bei der Modellierung des Klassierprozesses in mechanischen Klassierern geht man daher entweder von der idealen Horizontalstromklassierung (Querstromklassierung) bzw. von einer Turbulenz im Klassierraum aus. Da die exakte Vorausberechnung des Trennkorn-Durchmessers schwierig ist, ist es unumgänglich, den Trennkorn-Durchmesser im Betrieb durch Änderung der Strömungs- und Bewegungsbedingungen im Klassierraum einzustellen. Im Klassierraum bzw. Trog mechanischer Naßstromklassierer bilden sich typische Zonen unterschiedlicher Feststoffbeladung aus, die alle möglichen Sedimentationstypen (Sedimentation einzelner Teilchen, Zonensedimentation und Kompression) einschließen. Die *mechanischen Klassierer* (Trogklassierer) werden vor allem in Mahlkreisläufen zur Abtrennung des Feingutes bei Trennkorngrößen $d_T = 50$ bis 500 µm eingesetzt. Sie haben auch beim Waschen lehmiger Sande und bei der Vorentwässerung sandiger Produkte Bedeutung. Die Einteilung ist nach der Gestaltung der Austragorgane in *Rechen-*, *Schrauben-* und *Kratzbandklassierer* bzw. nach der Form des Klassierraumes in *Trog-* und *Schüsselklassierer* möglich.

Den Klassierraum der Trogklassierer bilden flachgeneigte *Klassiertröge*, aus denen das sedimentierte Grobgut durch mechanische Transporteinrichtungen ausgetragen wird. Das Feingut verläßt den Trog mit der Trübe am Überlaufwehr und wird aus dieser in entsprechenden Trenneinrichtungen abgeschieden.

Wichtige Parameter bei der Konstruktion und beim Betrieb von Trogklassierern sind:

■ *Breite des Klassiertroges*: Sie wird in Abhängigkeit des Durchsatzes gewählt, da dieser bei vorgegebener Trogneigung $\delta$ und Höhe des Überlaufwerkes $H$ der Trogbreite $B$ direkt proportional ist. Je nach Durchsatz können Trogbreiten von etwa $B = 6{,}0$ bis 7,5 m realisiert werden. Bei größeren Trogbreiten werden parallel arbeitende Transporteinrichtungen angewendet, z. B. zwei oder vier Schrauben, von denen jeweils zwei gegenläufig betrieben werden.

■ *Troglänge*: Diese wird durch die gewünschte Entwässerung des Grobgutes bestimmt. Um den Wassergehalt des Grobgutes möglichst 20 bis 25% nicht überschreiten zu lassen, muß die über dem Trübespiegel herausragende Troglänge mindestens 1,5 bis 2,0 m betragen. In Mahlkreisläufen kann die Troglänge auch durch die Förderhöhe, die zur Rückführung des Grobgutes in die Mühle erforderlich ist, bestimmt werden. Deshalb werden die Troglängen, die in bestimmten Bereichen variiert werden können, den jeweiligen Bedingungen angepaßt. Troglängen bis 15 m sind im Einsatz.

■ *Neigungswinkel des Troges*: Durch ihn wird bei vorgegebener Wehrhöhe das Trübevolumen im Trog bestimmt. Dabei wird der Neigungswinkel im allgemeinen durch das Zurückfließen des Grobgutes in die Absetzzone begrenzt. Je nach Austragorgan liegt dieser bei $\delta = 9°$ bis $18°$ gegenüber der Horizontalen, z. B. $\delta = 9°$ bis $15°$ bei Rechen- und $\delta = 12°$ bis $18°$ bei Schraubenklassierern.

■ *Höhe des Überlaufwehres*: Sie hängt von der Dichte des zu klassierenden Materials und von der gewünschten Trennkorngröße ab. Mit abnehmender Wehrhöhe steigt der mittlere Korndurchmesser der zu klassierenden Feststoffe im Überlauf. Die Wehrhöhe ist in den meisten Fällen in bestimmten Grenzen verstellbar.

■ *Bewegungsgeschwindigkeit der Austragorgane*: Sie hat Einfluß auf die Vermischung und den Turbulenzgrad in der Trübe sowie auf den Trennkorn-Durchmesser, wobei dieser mit wachsender Bewegungsgeschwindigkeit ansteigt. Die Reynolds-Zahlen betragen beim Schraubenklassierer $Re = 10^4$ bis $5 \cdot 10^5$ und beim Rechenklassierer $Re = 10^4$ bis $5 \cdot 10^4$ [1].

Beim *Rechenklassierer* wird das Grobgut durch einen gitterähnlichen Rechen ausgetragen (Bild 5.134). Das Feingut läuft wie bei allen anderen Trogklassierern am Wehr über und wird dann in Filtern von der Flüssigkeit getrennt. Um eine wirksame Förderung des Grobgutes zu erreichen, werden die Rechen in der vertikalen Ebene auf einer nahezu rechteckigen Bahn bewegt. Bei größerer Trogbreite werden bis zu 4 parallel arbeitende Rechen eingesetzt, deren Breite jedoch 1,25 m nicht überschreiten soll. Im Zusammenhang mit der gewünschten Trennkorngröße, die bei Rechenklassierern bei $d_T = 75$ bis 500 µm liegt, und der dabei möglichen Bewegungsgeschwindigkeit werden 8 bis 32 Hübe je min bei Hubhöhen von etwa 250 bis 280 mm gewählt. In Tabelle 5.7 ist der Zusammenhang zwischen Trogneigung bzw. Hubzahl des Rechens und der Trennkorngröße zu erkennen.

Der *Durchsatz der Rechenklassierer* wird durch eine Reihe unterschiedlichster Faktoren beeinflußt. Eine zuverlässige Bestimmung ist deshalb nur durch entsprechende Versuche möglich. Für Klassierer, die in Mahlkreisläufen arbeiten, wird die Dimensionierung meist unter Berücksichtigung des erforderlichen Feingutdurchsatzes bzw. des Trübeüberlaufes vorgenommen. Der Grobgut-Durchsatz liegt dann meist um das Drei- bis Zehnfache höher. Zur rechnerischen Bestimmung des Durchsatzes werden unterschiedliche Beziehungen verwendet, die jedoch meist auf einem spezifischen Durchsatz,

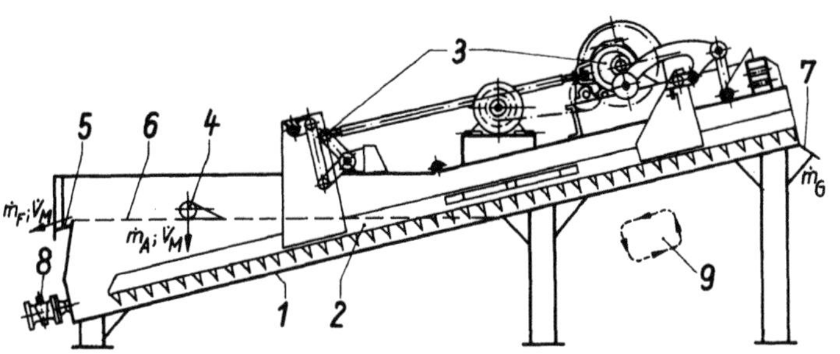


Bild 5.134. Rechenklassierer (CAS Staßfurt)

*1* Trog; *2* Rechenrahmen mit Rechenelementen; *3* Rechenantrieb; *4* Trübeeinlauföffnung; *5* Überlaufrinne; *6* Trübespiegel; *7* Grobgut-Auslaufschurre; *8* Entleerungshahn; *9* Bewegungsbahn des Rechens in der vertikalen Ebene

*Tabelle 5.7. Abhängigkeit der Trennkorngröße vom Trogneigungswinkel der Rechenklassierer* [966]

| Parameter | Trennkorn-Durchmesser $d_T$ in mm | | | | | | |
|---|---|---|---|---|---|---|---|
| | 0,589 | 0,417 | 0,295 | 0,208 | 0,147 | 0,104 | 0,074 |
| Trogneigungswinkel $\delta$ in ° | 13 ... 15 | 13 ... 14 | 12 ... 14 | 12 ... 13 | 11 ... 12 | 9,5 ... 11 | 9,5 ... 11 |
| Feststoff-Masseanteil im Überlauf in % | 39 | 24 | 22 | 18 | 14 ... 17 | 9 ... 12 | 6 ... 10 |
| Hubzahl des Rechens in $min^{-1}$ | 23 ... 32 | 21 ... 29 | 19 ... 26 | 17 ... 24 | 15 ... 21 | 11 ... 17 | 9 ... 14 |

bezogen auf die Klassierbreite, basieren. In der sowjetischen Literatur wird folgende Beziehung zur Bestimmung des Feststoff-Durchsatzes im Überlauf angegeben [54, 965]:

$$\dot{m}_F = BK_1K_2\dot{m}_{oB} \qquad (5.123)$$

($B$ Trogbreite in m; $K_1$ Koeffizient zur Berücksichtigung der Klassiergutdichte ($K_1 = 1 + 0{,}5(\varrho_P - 2{,}7)$); $K_2$ Koeffizient zur Berücksichtigung des Feinkorn-Masseanteiles $\beta_{74}$ im Aufgabegut in % ($K_2 = 2{,}86 - 0{,}0238\beta_{74}$); $\dot{m}_{oB}$ spezifischer Feststoff-Durchsatz im Überlauf bei einem Trennkorn-Durchmesser $d_T = 147$ µm und einer Gutdichte $\varrho_P = 2{,}7$ t m$^{-3}$ ($\dot{m}_{oB} \approx 3{,}5$ t h$^{-1}$ m$^{-1}$) ($\dot{m}_{oB}$ ist von vielen Faktoren abhängig und kann in besonderen Fällen auf das Feingut bezogen bis 15 t h$^{-1}$ m$^{-1}$ betragen. Beim Grobgut werden bis $\dot{m}_{oB} = 20$ bis 50 t h$^{-1}$ m$^{-1}$ erreicht.))

Bei den *Kratzbandklassierern* wird als Förderorgan ein stetig umlaufendes Gelenkband mit daran befestigten Austragplatten verwendet. Das im unteren Teil des Troges in die Trübe eintauchende Band fördert das sedimentierte Grobgut schräg aufwärts zum Auslauf. Der Aufbau ist einfach, hat jedoch den Nachteil, daß an den Bandgelenken ein hoher Verschleiß entsteht. Die überschlägliche Berechnung des Durchsatzes kann analog zum Rechenklassierer nach (5.123) erfolgen.

Unter Berücksichtigung zulässiger Transportgeschwindigkeiten sind die Austragorgane so zu dimensionieren, daß ein sicherer Grobgutaustrag aus dem Trog erfolgt. Dabei muß $\dot{m}_T > \dot{m}_G$ erfüllt werden. Für Rechen- und Kratzbandklassierer gilt:

$$\dot{m}_T = Bh^2 v_T \varrho_s k_\delta / 2t \tan\beta \quad \text{in kg s}^{-1} \qquad (5.124)$$

($B$ Rechen- bzw. Kratzbandbreite; $h$ Rechen- bzw. Kratzerplattenhöhe; $v_T$ Transportgeschwindigkeit, die so zu wählen ist, daß die Sedimentation des Grobgutes möglichst ungestört erfolgen kann ($v_T \approx 0{,}01$ bis $0{,}015$ m s$^{-1}$); $t$ Abstand der Rechen- bzw. Kratzerplatten (Teilung); $\beta$ Böschungswinkel des Grobgutes beim Transport vor den Platten ($\beta = 30°$ bis $40°$); $\varrho_s$ Schüttdichte, $k_\delta = 0{,}05$ bis $0{,}8$ Neigungswinkelbeiwert bei $\delta = 10°$ bis $20°$)

Der *Leistungsbedarf* ergibt sich zu

$$P = [\dot{m}_T L \sin\delta + L(\dot{m}_T w_1 + 3{,}6 F_{Go} v_T w_2)]/367 \quad \text{in kW} \qquad (5.125)$$

($L$ Förderlänge; $w$ Widerstandsbeiwert (für Gutreibung $w_1 = 0{,}5$ bis $0{,}75$ und $w_2 = 0{,}04$ bis $0{,}45$ für Mitnehmerreibung); $F_{Go}$ Schwerkraft der bewegten Transportorgane vom oberen und unteren Trum bei Kratzbändern bzw. des Rechens in N je m Förderlänge; $\delta$ Trogneigungswinkel)

Die am häufigsten angewandten Trogklassierer sind die *Schraubenklassierer* (Bild 5.135), in deren Trog bis zu 4 parallel laufende Schnecken angeordnet sein können. Sie werden bis zu Trogbreiten von $B = 6$ bis 7,5 m und Troglängen von $L = 10$ bis 15 m gebaut. Die Trogneigung ist in Abhängigkeit

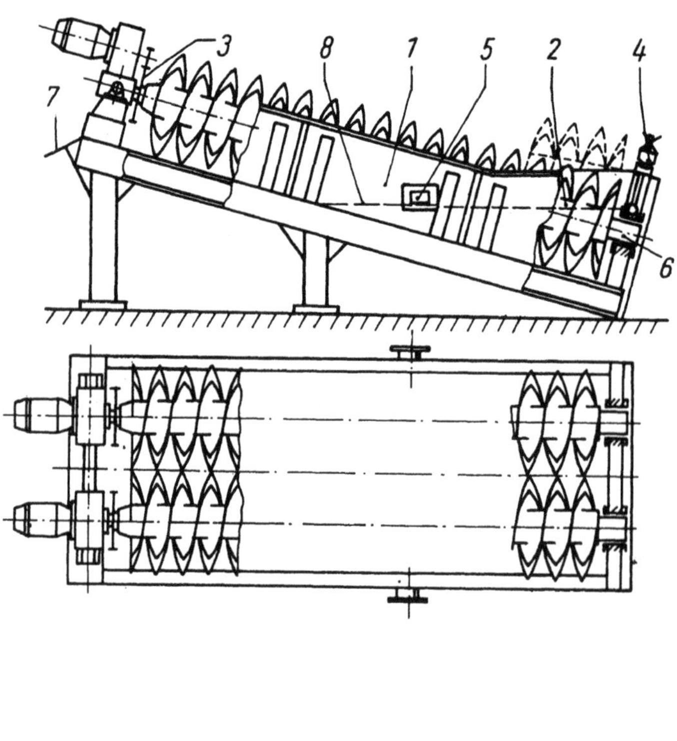


Bild 5.135. Schraubenklassierer

*1* Trog; *2* Schnecke; *3* Antrieb; *4* Hubvorrichtung; *5* Trübezulauf; *6* Schneckenwellenlager; *7* Grobgut-Auslaufschurre; *8* Trübespiegel

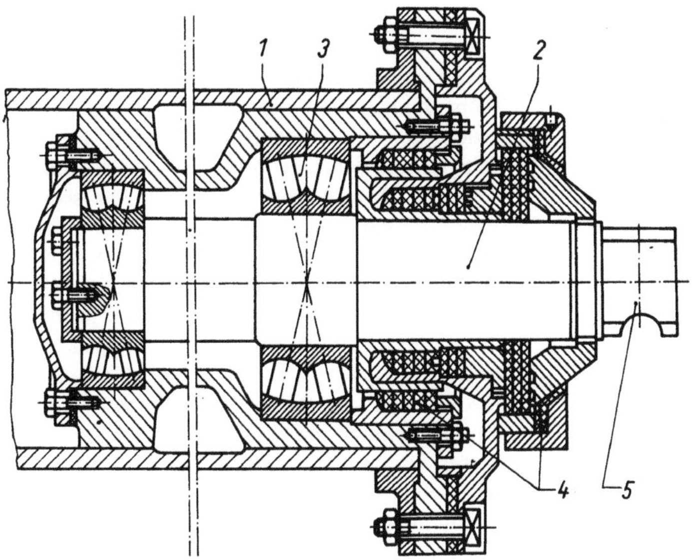


Bild 5.136. Unteres Schneckenwellen-Lager (Legende *6* nach Bild 5.135)

*1* Hohlwelle; *2* Auflageachse; *3* Pendelrollenlager; *4* dreifache Abdichtung der Lager; *5* Auflagezapfen

des Klassiergutes und dessen Kornzusammensetzung zu wählen und beträgt im allgemeinen $\delta = 14°$ bis 18°. Die Umfangsgeschwindigkeiten der Schnecken liegen je nach Trennkorngröße bei $v_u = 15$ bis 40 m min$^{-1}$, wobei die kleinsten Geschwindigkeiten bei kleinen Trennkorn-Durchmessern $d_T < 100$ µm und hohem Überlaufwehr, bei denen die Schnecke am unteren Ende tief in die Trübe eintaucht, zugrunde gelegt werden. Da das untere Lager, das neben den Radialkräften hohe Axialkräfte aufzunehmen hat, meist unter dem Trübespiegel liegt, ist eine sorgfältige Abdichtung mit einer Schmiermittelzuführung von außen notwendig (Bild 5.136). Die Spiralen der meist zweigängig ausgeführten Schnecken werden aus Blechstreifen hergestellt und zum Verschleißschutz mit Hartguß- oder verschleißfesten Stahlplatten gepanzert. Die Befestigung der Spiralen erfolgt an Armkreuzen, die an der Antriebshohlwelle in bestimmten Abständen verschweißt oder verschraubt sind. Zur Gewährleistung des dem Feingut-Durchsatz entsprechenden Grobgutaustrages müssen die Spiralbreiten bei einer Schneckensteigung von $s = (0{,}25$ bis $0{,}3)\,D$ in der Größenordnung von $b = (0{,}1$ bis $0{,}2)\,D$ gewählt werden. Der Abstand der Spiralen zum Trog beträgt etwa 20 bis 40 mm. Um Überlastungen im Antriebssystem und in der Schnecke beim Anfahren nach einem Stillstand, bei dem die Feststoffablagerung zu einer Blockierung der Schnecke im unteren Teil führen kann, zu vermeiden, sind die Schnecken antriebsseitig an einem Traversenrahmen pendelnd gelagert. Bei modernen Schraubenklassierern werden die Schnecken vor dem Anfahren mit Hydraulikelementen angehoben. Zur Dimensionierung von Schraubenklassierern ist vom Feinkorn- bzw. Feststoff-Durchsatz im Überlauf auszugehen. Bei der Festlegung der Schneckensteigung und der Spiralbreite ist aber auch der mögliche Grobgut-Durchsatz nachzurechnen. Für die überschlägliche *Berechnung des Feingut-Durchsatzes* kann folgende Beziehung verwendet werden [966]:

$$\dot{m}_F = zK_1K_2\dot{m}_o \tag{5.126}$$

($z$ Anzahl der Austragschnecken; $K_1$ Koeffizient nach (5.123); $K_2$ Koeffizient zur Berücksichtigung des Feinkorn-Masseanteiles $\beta_{74}$ im Aufgabegut in %, wobei die Gestaltung des Überlaufwehres zu beachten ist; $\dot{m}_o$ spezifischer Feststoff-Durchsatz im Überlauf bei $d_T = 147$ µm und einem $\beta_{74} \approx 78$ %)

$\dot{m}_o$ und $K_2$ bei normalem Überlaufwehr:

$$\dot{m}_o = 3{,}9D^2 + 0{,}66D \quad \text{in t h}^{-1} \text{ für } D \leq 1 \text{ m} \tag{5.127}$$

$$\dot{m}_o = 2{,}7D^2 + 3{,}1D - 1{,}15 \quad \text{in t h}^{-1} \quad \text{für } D > 1 \text{ m} \tag{5.128}$$

$$K_2 = 1{,}41 + 0{,}023\,(65 - \beta_{74}) \quad \text{für } \beta_{74} < 65\,\% \tag{5.129}$$

$$K_2 = 0{,}46 + 0{,}032\,(95 + \beta_{74}) \quad \text{für} \quad \beta_{74} > 65\% \qquad (5.130)$$

$\dot{m}_0$ und $K_2$ bei hohem Überlaufwehr mit eintauchender Schraube:

$$\dot{m}_0 = 3{,}1D^2 + 0{,}42D \quad \text{in t h}^{-1} \quad \text{für} \quad D \leqq 1\ \text{m} \qquad (5.131)$$

$$\dot{m}_0 = 2{,}1D^2 + 2{,}1D - 0{,}75 \quad \text{in t h}^{-1} \quad D > 1\ \text{m} \qquad (5.132)$$

$$K_2 = 0{,}054\,(101{,}8 - \beta_{74}) \qquad (5.133)$$

Ist der spezifische Durchsatz je Schraube bekannt, so kann ihr Durchmesser nach folgenden Beziehungen bestimmt werden:

$$D = 0{,}505\dot{m}_0 - 0{,}08 \quad \text{in m} \quad \text{bei normalem Überlaufwehr} \qquad (5.134)$$

$$D = 0{,}57\dot{m}_0 - 0{,}07 \quad \text{in m} \quad \text{bei hohem Überlaufwehr} \qquad (5.135)$$

Zur Gewährleistung des Grobgutabzuges aus dem Trog muß die Schnecke bei vorgegebener Transportgeschwindigkeit ($v_T = 0{,}015$ bis $0{,}02\ \text{m s}^{-1}$) so dimensioniert werden, daß $\dot{m}_T > \dot{m}_G$ erfüllt wird. Für den *Durchsatz der Förderschnecke* gilt [967]:

$$\dot{m}_T = ns(D^2\pi/4)\,c\varphi\varrho_s k_\delta \quad \text{in kg s}^{-1} \qquad (5.136)$$

($s = (0{,}2$ bis $0{,}3)\ D$ Schneckensteigung; $c = 0{,}8$ bis $0{,}9$ Geschwindigkeitsbeiwert bei Bandschnecken; $\varphi = 0{,}075$ bis $0{,}1$ Füllungsgrad; $k_\delta = 0{,}65$ bis $0{,}8$ Neigungswinkelbeiwert bei $\delta = 10°$ bis $20°$)

Für den *Leistungsbedarf* erhält man:

$$P = \dot{m}_T L(w + \sin\delta)/367 \quad \text{in kW} \qquad (5.137)$$

($w = 2$ Gesamtwiderstandsbeiwert im Trog für leicht fließende Güter; $\delta$ Trogneigungswinkel)

**Schlüsselklassierer (Hydroseparatoren):** Es sind flache zylindrische Behälter von 2 bis 10 m Durchmesser mit stumpfkonischem Boden, denen die Trübe ähnlich wie bei den Eindickern (Bild 5.132) in der Mitte von oben zugeführt wird. Während das Feingut mit der Überlauftrübe am Umfang des Behälters abgezogen wird, gelangt das sedimentierte Grobgut durch ein langsam laufendes Krählwerk zur tiefsten Stelle des Bodens und wird von dort mit möglichst geringem Flüssigkeitsanteil ausgetragen. Der Trennkorn-Durchmesser wird vor allem von der Umfangsgeschwindigkeit des Krählwerkes, das meistens nach dem Stillstand zur Vermeidung von Überlastungen angehoben wird, und vom Trübedurchsatz bestimmt. Trennkorn-Durchmesser von $d_T = 20$ bis $150\ \mu\text{m}$ sind erreichbar. Schüsselklassierer können vor allem zur Entschlämmung von Sandprodukten eingesetzt werden. Sie können zur Intensivierung des Prozesses auch mit Aufstromwasser oberhalb des Grobgutaustrages beaufschlagt werden.

**Rechenklassierer mit Schüssel:** Sie stellen eine Kombination beider Klassierertypen dar, die dann notwendig wird, wenn der in Rechenklassierern mögliche kleinste Trennkorn-Durchmesser in Mahlkreisläufen nicht mehr ausreicht (Bild 5.137). Die Trübe wird der Klassierschüssel, die am Unterteil des Rechenklassierers aufsitzt, analog dem Schüsselklassierer in der Mitte zugeführt. Das darin sedimentierte Grobgut gelangt in den Rechenklassierer, während das Feingut mit der Überlauftrübe abgeführt wird. Zur Sicherung einer guten Trennschärfe wird im Zulauf zum Rechentrog bzw. im Grobgutaustrag durch Zugabe von Frischwasser ein leichter Aufstrom erzeugt, der noch im Grobgut befindliches Feingut in die Schüssel zurückführt.

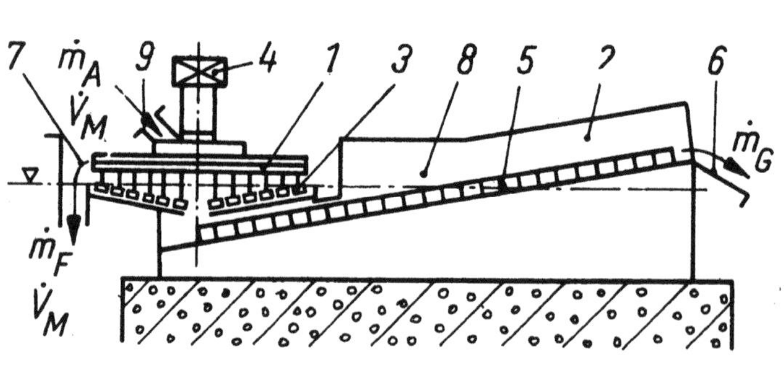


Bild 5.137. Rechenklassierer mit Schüssel

*1* Schüsselklassierer; *2* Rechenklassierer; *3* Krählwerk; *4* Antrieb des Schüsselklassierers; *5* Rechen; *6* Grobgut-Auslaufschurre; *7* Feingut-Trübeüberlauf; *8* Trübespiegel; *9* Trübezulauf

Für den *Feststoff-Durchsatz* im Überlauf der Schüssel gilt:

$$\dot{m}_F = K_1 K_2 \dot{m}_0 \quad \text{in t h}^{-1} \tag{5.138}$$

($\dot{m}_0 = 0{,}55D^{1,85}$ spezifischer Durchsatz bei $d_T = 74$ µm; $D$ Behälterdurchmesser in m; $K_1$, $K_2$ Koeffizient nach (5.123))

Der Leistungsbedarf der mechanischen Schwerkraftklassierer kann nur überschläglich ermittelt werden. Da beim Anfahren infolge höherer Sedimentablagerungen während des Stillstandes in den Förderorganen und im Antrieb Überlastungen auftreten können, sind entsprechende Überlastsicherungen notwendig. Meist werden Rutschkupplungen verwendet, nach deren Ansprechmoment die Festigkeitsberechnung durchzuführen ist. Außerdem werden die Förderorgane zur Auflockerung der Ablagerungen ausschwenkbar bzw. anhebbar gestaltet.

### 5.3.4.2. Zentrifugalkraftklassierer

Bei der nassen Schwerkraftklassierung ist infolge der hohen Dichte und Zähigkeit des Trägermediums die Sinkgeschwindigkeit kleiner Teilchen sehr gering. Dadurch werden im Feinstkornbereich nur geringe spezifische Durchsätze erreicht. Eine Steigerung der spezifischen Durchsätze ist nur durch Anwendung von Zentrifugalkraftfeldern und einer höheren Beladungsdichte möglich. Im Gegensatz zur trockenen Stromklassierung (Windsichtung) werden bei der nassen Zentrifugalkraftklassierung beide Effekte genutzt, da damit eine wesentliche Durchsatzsteigerung möglich ist. Zur Beurteilung derartiger Klassierer wird das Beschleunigungsvielfache $Z = a_z/g = r\omega^2/g$ verwendet. Für die nasse Zentrifugalkraftklassierung, deren Prozeßgrundlagen in der Literatur [1, 2, 817, 955 bis 979] ausführlich behandelt sind, werden Hydrozyklone und Dekanter (Vollmantelzentrifugen) verwendet.

**Hydrozyklone:** Ihr Aufbau entspricht dem der Aerozyklone, von denen jedoch Proportionen und geometrische Verhältnisse abweichen (Bild 5.138). Hydrozyklone werden vor allem zum Klassieren im Trennkorn-Größenbereich von $d_T = 2$ bis 250 µm, vereinzelt auch bis 500 µm, eingesetzt. Für die Arbeitsweise des Hydrozyklons ist charakteristisch, daß sich um die Zyklonachse ein Luftkern ausbildet, an dem eine freie Flüssigkeitsoberfläche im Zentrifugalkraftfeld auftritt. Je nach erforderlichem Trübedurchsatz je Zyklon und gewünschten Trennkorngrößen sind Zyklondurchmesser bis etwa $D = 1500$ mm möglich. In der Regel werden jedoch Hydrozyklone mit kleineren Durchmessern $D = 10$ bis 750 mm gebaut, wobei bei der Feinstkorntrennung kleine Zyklondurchmesser notwendig sind. Um beim Einsatz kleiner Zyklone die gewünschten Durchsätze zu erreichen, müssen mehrere in Blöken parallel geschaltet werden (Multizyklone). Da sich im Hydrozyklon eine stabile Wirbelströmung, die aus einer abwärtsgerichteten Umlaufströmung (Primärwirbel) und einer den Wirbelkern unmittelbar umgebenden Aufwärtsströmung (Innen- bzw. Sekundärwirbel) besteht, ausbilden muß, ist ein Mindestaufgabedruck $p_A$ notwendig. Bei den üblichen Hydrozyklonen werden je nach Trennkorngröße Aufgabedrücke im Bereich von $p_A = 30$ bis 400 kPa zugrunde gelegt [2]. Bei der Festlegung von $p_A$ muß ihr hoher Verschleiß berücksichtigt werden. Dieser wird um so größer, je grober und abrasiver die Feststoffe und je höher Trübedichte

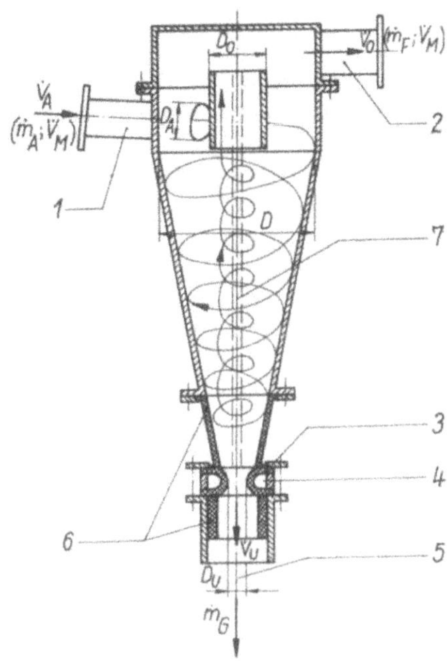

Bild 5.138. Hydrozyklon

*1* Trübezulauf; *2* Feinguttrübe-Überlaufrohr; *3* Gummidüse; *4* Druckluftkanal zur Einstellung von *3*; *5* Grobgutaustrag (Unterlauf); *6* Verschleißelemente aus Gummi; *7* Wirbelströmung mit Luftkern

und Betriebsdruck sind. Zur Verschleißminderung werden verschleißfeste Materialien, wie Hartguß, Hartporzellan, Plaste, Gummi, mineralische Auskleidungen u. a., eingesetzt. Hydrozyklone mit großen Durchmessern werden aus verschleißfestem Blech, dessen Innenflächen gummiert sein können, hergestellt. Elemente stark verschleißgefährdeter Zonen, z. B. des Kegelunterteils, werden daher häufig auswechselbar gestaltet. Um für den Trennprozeß im Zyklon günstige Strömungsbedingungen zu gewährleisten, muß der Gestaltung und Anordnung der Ein-, Über- und Unterlaufdüse besondere Aufmerksamkeit gelten. Vorrangig werden tangentiale rechteckige Aufgabedüsen verwendet. Neuerdings werden diese auch spiralartig angeordnet, da damit die abwärtsgerichtete Spiralströmung stoßfrei begünstigt und die Turbulenzintensität reduziert werden kann [817]. Die z. T. austauschbaren Überlaufdüsen münden entweder in einer über dem Zyklondeckel angeordneten Überlaufkammer bzw. unmittelbar in das Überlaufrohr. Die Formen der Unterlaufdüsen sind unterschiedlich. Zur Unterlaufregelung werden hydraulisch oder pneumatisch verstellbare Gummidüsen (Bild 5.138) oder heb- und senkbare Kegel verwendet. Für automatischen Betrieb sind pneumatisch und hydraulisch verstellbare Düsen zu bevorzugen, wobei Verstopfungen durch entsprechende Maßnahmen verhindert werden müssen.

Da die Re-Zahlen bei der Strömung im Hydrozyklon bei Re $= 10^5$ bis $10^6$ liegen und der Feststoff-Volumenanteil in der aufgegebenen Trübe um ein Vielfaches höher ist als beim Aerozyklon, müssen bei der Berechnung Modelle zugrunde gelegt werden, die die turbulenten Strömungsverhältnisse und die höheren Feststoff-Volumenanteile berücksichtigen [1, 817, 955, 956, 957]. Während bei der Dimensionierung des Tauchrohres bei den Trockenzyklonen der mit dem abgeschiedenen Grobgut ausgetragene geringe Gasanteil vernachlässigt werden kann, muß der mit dem Grobgut über die Unterlaufdüse abgeführte Flüssigkeitsanteil bei den Hydrozyklonen beachtet werden. Deshalb ist eine Aufspaltung des Aufgabestromes in den Über- und Unterlaufstrom notwendig. Für die Arbeitsweise bzw. Trennwirkung ist der Anteil der Trübemenge bestimmend, der durch die Überlaufdüse (entspricht dem Tauchrohr beim Trockenzyklon) ausgetragen wird [1, 2, 970]:

$$\dot{V}_0 = \dot{V}_A/[1 + 1{,}1(D_U/D_0)^3] \tag{5.139}$$

($\dot{V}_A$ gesamter Trübedurchsatz des Hydrozyklons; $\dot{V}_0$ Trübedurchsatz durch die Überlaufdüse; $D_0$ Durchmesser der Überlaufdüse; $D_U$ Durchmesser der Unterlaufdüse)

Bei der Durchsatzberechnung der Hydrozyklone wird in einfachster Weise vom Durchsatz der Aufgabedüse $\dot{V}_A$ beim Aufgabedruck $p_A$ ausgegangen, wobei die realen Strömungsverhältnisse im Zyklon durch einen oder mehrere Korrekturfaktoren berücksichtigt werden. Aus der Kontinuitätsgleichung und der Beziehung für den dynamischen Druck gilt:

$$\dot{V}_A = KA_A v_A = K(D_A^2\pi/4)\sqrt{2p_A/\varrho_T} \tag{5.140}$$

($\dot{V}_A$ Trübedurchsatz in $m^3\,s^{-1}$; $D_A$ Durchmesser der Aufgabedüse in m; $p_A$ Aufgabedruck N $m^{-2}$; $\varrho_T$ Trübedichte am Einlauf in kg $m^{-3}$; $K = 0{,}28$ bis 0,4 Korrekturfaktor)

In der Literatur werden für den Trübedurchsatz weitere Beziehungen, die z. T. auch den Durchmesser der Überlaufdüse $D_0$ berücksichtigen, angegeben [1, 2, 971 bis 978]. Danach kann z. B. für Überschlagsrechnungen bei einem Konuswinkel von $\alpha = 20°$ folgende Gleichung verwendet werden [2, 972]:

$$\dot{V}_A = 10^3 D_A D_0 \sqrt{p_A/\varrho_T} \quad \text{in } m^3\,h^{-1} \tag{5.141}$$

($D_A$, $D_0$ in m; $\varrho_T$ in kg $m^{-3}$; $p_A$ in Pa)

Für die Berechnung der Trennkorngröße $d_T$ werden in der Literatur zahlreiche Beziehungen angegeben, die meist auf einer idealen laminaren Querstromtrennung aufbauen und nicht die tatsächlichen turbulenten Strömungsvorgänge berücksichtigen. In letzter Zeit werden in die Berechnung weitergehende Einflußfaktoren, die sich vor allem aus der turbulenten Zweiphasenströmung ableiten lassen und vereinfachende Annahmen zur Teilchenform, Korngrößen-Zusammensetzung und Feststoffkonzentration berücksichtigen, einbezogen. Damit kann für den Trennkorn-Durchmesser bei Hydrozyklonen von folgender Beziehung ausgegangen werden [2, 817]:

$$d_T = K_{exp} k_d \times \sqrt{D \lg[0{,}91(D_0/D_U)^3]/[(\varrho_p - \varrho_T)(1-\beta)^3\sqrt{p_A}]} \quad \text{in } \mu m \tag{5.142}$$

($D$ Durchmesser des zylindrischen Zykloninnenraumes in m; $\beta$ Feststoff-Volumenanteil; $K_{exp} = 8{,}5 \cdot 10^4$ experimentell ermittelte Konstante [2, 817]; $k_d$ Korrekturfaktor zur Berücksichtigung der Korngrößen-Zusammensetzung [979])

$$k_\mathrm{d} = \{0{,}00022 d_\mathrm{z}[(\varrho_\mathrm{p} - \varrho_\mathrm{T})/D]^{1/2}\}^\mathrm{m} \qquad (5.143)$$

($d_z$ Zentralwert der Korngrößenverteilung des Klassiergutes in µm; $m$ vom Zyklonendurchmesser abhängiger Exponent ($m = 5D$ bei $D < 0{,}1$ m und $m = 0{,}5$ für $D > 0{,}1$ m [817]))

Bei der Festlegung der geometrischen Abmessungen des Zyklonraumes haben sich [2, 972, 981, 982] $D_0 = (0{,}2$ bis $0{,}4)\,D$; $D_\mathrm{A} = (0{,}5$ bis $1{,}0)\,D_0$; $D_{\mathrm{U}'} = (0{,}3$ bis $0{,}8)\,D_0$ und $\alpha = 10$ bis $20°$ bewährt.

**Dekanter (Vollmantelzentrifugen):** Vollmantelzentrifugen arbeiten nach dem kombinierten Prinzip der Horizontalstrom- und mechanischen Klassierer,

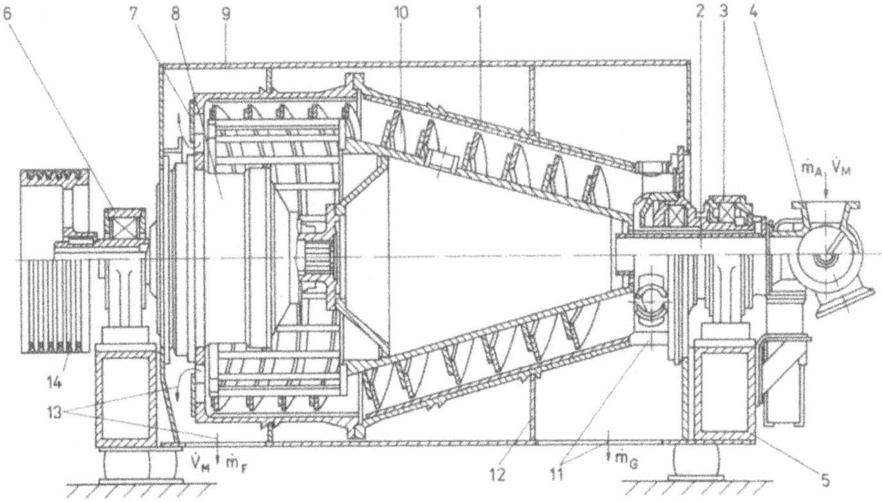


Bild 5.139. Dekanter (UdSSR)

*1* zylindrisch-kegeliger Rotor; *2* Halslagerzapfen mit Aufgabetrübe-Einlaufbuchse; *3* Halslager; *4* Trübezulaufschleuse; *5* Rahmen; *6* Halslager am Antrieb; *7* verstellbare Wehre; *8* Planetengetriebe (s. Bild 5.140); *9* Rotorverkleidung; *10* Austragschnecke; *11* Grobgutaustrag; *12* Absperrwand; *13* Feinguttrübe-Auslauf; *14* Antriebsscheibe

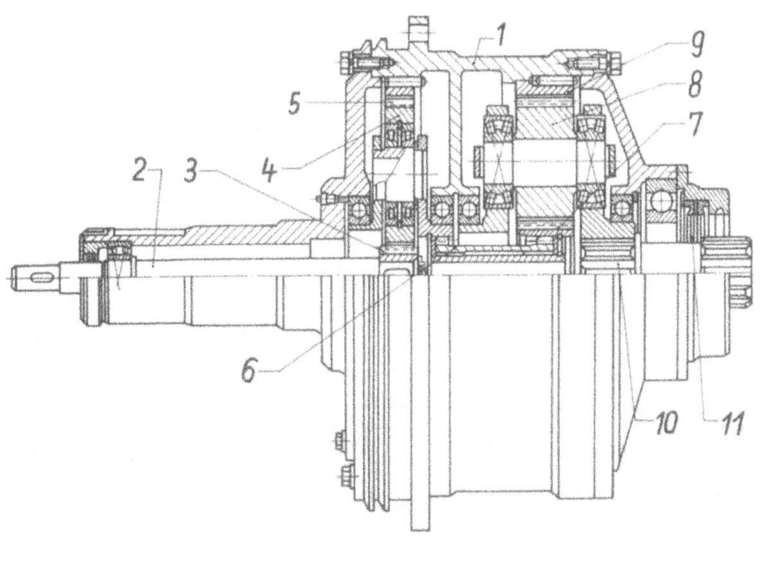


Bild 5.140. Planetengetriebe für Dekanter nach Bild 5.139 (Pos. *8*)

*1* Gehäuse; *2* Antriebswelle; *3* Sonnenrad I; *4* Planetenräder I; *5* Zahnkranz I; *6* Zahnkupplung; *7* Sonnenrad II; *8* Planetenräder II; *9* Zahnkranz II; *10* Profilwelle zum Rotorantrieb; *11* Dichtungen

wobei die Sedimentation in einer rotierenden Trommel unter Zentrifugalkrafteinfluß erfolgt. Da dieser in der rotierenden Trommel ein Vielfaches der Schwerkraft beträgt, können geringe Trennkorn-Durchmesser (bis $d_T = 2\,\mu m$) erreicht werden. Nach Bild 5.139 wird das sedimentierte Grobgut von einer in der Trommel gleichsinnig mit einem Schlupf von 1 % umlaufenden kegeligen Schnecke auf der einen Seite der Trommel ausgetragen. Die Dünntrübe mit dem darin befindlichen Feingut fließt auf der anderen Seite der rotierenden Trommel ab. Da Vollmantelzentrifugen bis zu Drehzahlen von $n = 3000$ bis $4000\,min^{-1}$ betrieben werden, sind stabile Lagerung und sorgfältige Auswuchtung von Trommel und Schnecke notwendig. Der Schlupf zwischen Schnecke und Trommel wird bei einem Antrieb durch ein zweistufiges Planetengetriebe (Bild 5.140) erreicht.

# 6 Zuteiler für Zerkleinerungs- und Klassiermaschinen

Zur gleichmäßigen und kontinuierlichen Beschickung von Zerkleinerungs- und Klassiermaschinen werden Zuteiler benötigt, die je nach Einsatzfall Dosier-, Bunkerabzugs-, Transport-, Klassier- und Prozeßraumabschluß-Funktionen zu übernehmen haben. Bei automatisierten Anlagen kommen Meß- und Regelfunktionen hinzu, mit deren Hilfe konstante bzw. veränderliche Volumen- oder Massenströme eingestellt und in bestimmten Toleranzgrenzen gewährleistet werden können. Außerdem muß es auch möglich sein, den Materialfluß zu beliebiger Zeit abzustoppen bzw. entsprechend den Erfordernissen in Bewegung zu versetzen. Da die zu dosierenden Zerkleinerungs- und Klassiergüter aus staubförmigen Körnerkollektiven, Suspensionen, grobkörnigen Brechgütern und großen Einzelstücken bestehen können und z. T. von Halden bzw. aus Bunkern abzuziehen sind, gibt es vielfältige Bauformen. Die richtige Auswahl der Zuteiler ist für die wirtschaftliche Arbeitsweise der nachgeschalteten Maschinen ausschlaggebend, wobei stets der Zusammenhang zwischen Bunker bzw. Halde, der vorangegangenen Verfahrensstufe und den nachgeordneten Maschinen sowie Transporteinrichtungen zu beachten ist. Zur Gestaltung von Bunkern und Halden existieren umfangreiche Veröffentlichungen, so daß hier auf deren konstruktive Gestaltung verzichtet werden kann [712 bis 745]. Bei der Auswahl und Konstruktion der Zuteiler müssen folgende Kriterien bzw. Hauptforderungen berücksichtigt werden:

— Massendurchsatz bzw. Volumenstrom
— Art und Eigenschaften des Aufgabegutes (Korngröße, Kornform und Korngrößenverteilung, Schüttdichte, Porosität, Böschungswinkel, Reibungswinkel im Gut und gegen eine Wand, Schleißverhalten, Kohäsion, Gutfeuchtigkeit, Fließverhalten, Rieselfähigkeit, Temperatur, chemische Eigenschaften und Umgebungsbedingungen, die die Auswahl beeinflussen)
— robuste Bauart mit möglichst wenig bewegten Teilen
— geringer Verschleiß sowie Bedienungsaufwand
— Möglichkeit des Anfahrens unter Last und Unempfindlichkeit gegen hohe Bunkerdrücke sowie Unempfindlichkeit gegen aus großer Höhe fallendes Gut
— geringe Antriebsenergie, stufenlose Regel- und Automatisierbarkeit sowie gute Anpassung des Aufgabegutstromes an die nachfolgende Maschine
— Sicherung einer kontinuierlichen Betriebsweise bei geringer Sollabweichung
— Entlastung nachfolgender Maschinen durch Vorabscheidung bestimmter Kornfraktionen bzw. Verunreinigungen
— gleichmäßige Materialaufgabe über die gesamte Prozeßraumbreite (z. B. bei Siebmaschinen über der ganzen Trennflächenbreite)
— Abdichtung der Materialeinlauf- gegen die Materialauslaufseite bei pneumatischem Transport bzw. bei Unter- oder Überdruckbetrieb in den Arbeitsräumen
— Verstopfungsfreiheit des Förderquerschnittes bzw. des Rost- oder Siebteiles
— Ausscheidung von Fremdgut durch Einbau von Magnetabscheidern oder Metallsuchgeräten
— staubfreier, geräuscharmer und schwingungsfreier Betrieb

Da die volumetrische Dosierung bei wechselnden Guteigenschaften, wie Korngrößenvariation, Feuchtigkeit, Fließfähigkeit, zu starken Durchsatzschwankungen führen kann, werden bei entsprechenden Genauigkeitsforderungen gravimetrische Dosierverfahren angewendet [746 bis 749].
Bei der diskontinuierlichen Dosierung, die z. B. bei verschiedenen diskontinuierlichen Zerkleinerungs-

maschinen notwendig ist, wird der Maschine eine vorgegebene volumetrische oder gravimetrische Produktmenge innerhalb einer gewissen Zeitspanne zugeteilt. Dabei ist zu beachten, daß die Zuteiler beim Erreichen der vorgegebenen Dosiermenge die vollständige Unterbrechung des Produktflusses gewährleisten müssen. Damit der Dosierprozeß im richtigen Moment gestoppt werden kann, ist gegen Ende der Dosierung ein gleichmäßiger, aber verringerter Produktfluß notwendig. Deshalb wird meist mit großem Massenstrom begonnen, der gegen Ende des Dosierprozesses wesentlich verringert und schließlich beim Erreichen des Sollwertes ohne Nachlauf beendet wird.

Obwohl die meisten Zuteiler mehrere Funktionen aufweisen, z. B. Bunkerabschluß-, Austrag- und Dosierorgan, erfolgt hier die Einteilung nur nach der Hauptfunktion, die mit oder ohne Klassiereffekt erfolgen kann.

## 6.1. Zuteiler ohne Klassiereffekt

Bei diesen Zuteilern wird der gesamte aus dem Bunker oder der Halde abgezogene Aufgabegutstrom ohne Berücksichtigung des Feingutanteiles den nachfolgenden Maschinen zugeführt.

**Bunkerverschlüsse zur Grobdosierung:** Bei freifließenden Korngemischen genügen für eine Grobdosierung, insbesondere bei der Zusammenstellung von Chargen, oft die in Bild 6.1 dargestellten Bunkerverschlüsse, die verschiedentlich auch in Verbindung mit nachgeschalteten Zuteilern betrieben werden. Bei pneumatisch, hydraulisch oder mechanisch betätigten Verschlüssen ist eine Fernsteuerung möglich, wobei mit einem entsprechenden Nachlauf, der der Schließzeit entspricht, gerechnet werden muß. Zu beachten ist, daß die Schieberverschlüsse nur für Korngrößen bis zu $d_A = 50$ bis 80 mm geeignet sind und Brückenbildungen bzw. Verstopfungsgefahren ohne Austraghilfen auftreten können. Da die Einstellgenauigkeit nur $\pm 10$ bis 20% beträgt [746] und mit derartigen Verschlüssen keine kontinuierliche, nachlauffreie Dosierung gewährleistet werden kann, werden derartige Verschlüsse meist nur für diskontinuierlichen Betrieb und untergeordnete Zwecke verwendet. Für die Automatisierung kontinuierlich arbeitender Zerkleinerungs- und Klassierprozesse sind sie nicht geeignet. Bei trockenem und rieselfähigem Gut sind Volumenströme bis 100 $m^3\,h^{-1}$ möglich [751].

**Kettenaufgeber:** Sie bestehen aus einem Kettenvorhang aus endlosen, parallel angeordneten schweren Rundgliedketten, die von einer Walze angetrieben bzw. gebremst werden und durch ihre Eigenmasse den Böschungswinkel des aus dem Bunker nachschiebenden Gutes beeinflussen bzw. das Haufwerk durch die Kettenmasse zurückhalten (Bild 6.2).

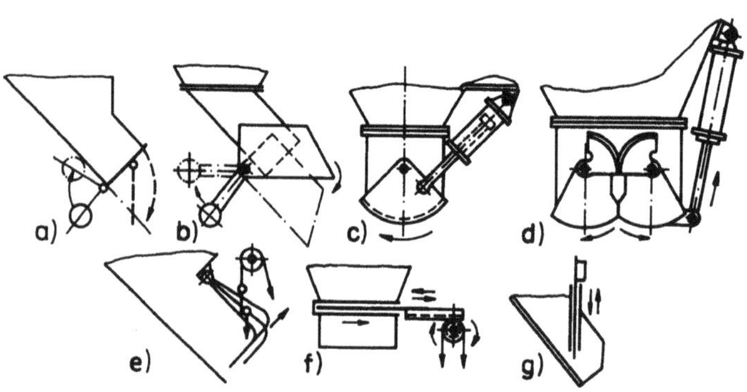


Bild 6.1. Ausgewählte Bauarten für Bunkerverschlüsse

*a*) Pendelklappverschluß, nach oben schließend
*b*) Stauverschluß mit hochklappbarer Schurre
*c*) einfacher Pendel- bzw. Drehschieber
*d*) doppelter Pendelschieber
*e*) Stauverschluß, nach unten schließend
*f*) waagerechter Gleit- bzw. Flachschieber
*g*) senkrechter Gleitschieber

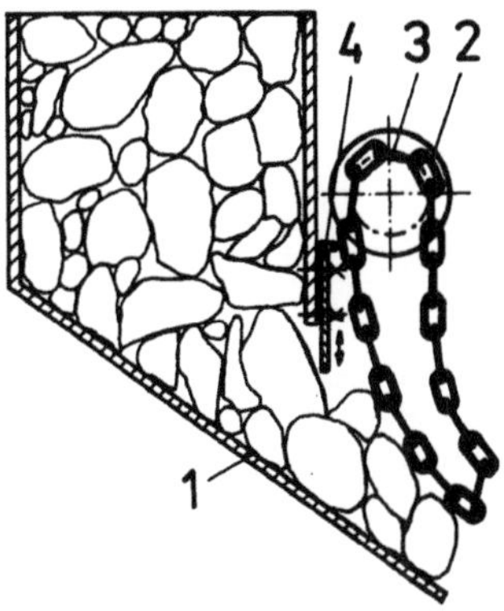


Bild 6.2. Kettenaufgeber

*1* Auslaufschurre; *2* Rundgliederkette; *3* Kettenwalze; *4* Einstellschieber

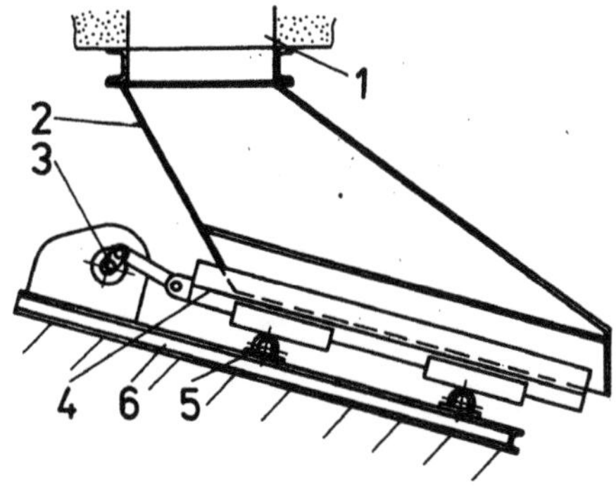


Bild 6.3. Schubaufgeber

*1* Bunkerauslauf; *2* Auslaufschurre; *3* Schubwagenantrieb; *4* Schubwagen; *5* Räder; *6* Schienen

Obwohl der Materialstrom bzw. die Ausflußgeschwindigkeit in Grenzen steuerbar sind, muß beachtet werden, daß größere Stücke die Ketten anheben und zeitweilig einen größeren Förderquerschnitt freimachen. Ein Nachlauf ist unvermeidlich, so daß Kettenaufgeber nur bei robusten Betriebsverhältnissen und bei geringen Ansprüchen an die Dosiergenauigkeit bei Korngrößen bis 1000 mm geeignet sind. Häufig werden sie bei Vorbrechanlagen auch mit einer zweiten Zuteileinrichtung, wie Rollen- bzw. Stangenrost, gekoppelt. Verschiedentlich werden anstelle von Ketten auch schwenkbar angeordnete Hämmer oder andere Elemente, wie Eisenbahnschienen, verwendet [750, 751, 753]. Derartige Aufgeber sind bis 150 $m^3\ h^{-1}$ geeignet.

**Schubaufgeber:** In Bild 6.3 ist das Prinzip eines Schubaufgebers dargestellt, der mit oder ohne Klassiereffekt ausgeführt sein kann und aus einem auf Rollen gelagerten Schubwagen mit Exzenter-, Kurbel- oder Hydraulikantrieb besteht. Bei diesen für sehr grobes, böschendes Aufgabegut bis zu Korngrößen von $d_A = 2000$ mm geeigneten Zuteilern kann der Fördergutstrom durch Änderung der Schwingzahl, die maximal bis 25 Hübe je min betragen kann, und der Schwingweite sowie der Wagenbelegung geregelt werden.

Der Guttransport erfolgt durch Reibungsschluß zwischen Gut und Auflagefläche sowie durch ungleichförmige Beschleunigung bei der Vor- und Rückwärtsbewegung des Schubwagens. Dadurch wird der Reibungsschluß beim Rückgang des Schubwagens durchbrochen, so daß das Gut in Transportrichtung vom Schubwagen abgleiten bzw. abrollen kann. Schubaufgeber sind robuste Zuteiler und werden insbesondere zur Beschickung von Vorbrechern verwendet. Verschiedentlich wird auch ein Teil des Wagenbodens als Rost zur Vorklassierung und damit zur Entlastung des Vorbrechers ausgebildet. Bei großem Bunkerdruck bzw. bei Beaufschlagung aus großer Höhe sind sie unempfindlich. Der Einsatz ist bis $\dot{V} = 1500\ m^3\ h^{-1}$ möglich.

**Schwingaufgeber:** Sie bestehen aus einem geneigten oder horizontal liegenden trog- oder rohrförmigen Förderorgan, das durch mechanische oder elektromagnetische Schwingantriebe in gerichtete Schwingungen versetzt wird (Bild 6.4). Dabei wird das Gut bei entsprechender Beschleunigung durch Wurfbewegungen transportiert. Sie sind für trockene böschende Schüttgüter im Korngrößenbereich bis $d_A = 1000$ mm und Durchsätze bis $\dot{V} = 1000\ m^3\ h^{-1}$ geeignet und können auch als Vordosiergeräte beim Einsatz von Bandwaagen verwendet werden. Der Gutstrom kann durch Änderung der Schwingungsfrequenz und -amplitude in bestimmten Grenzen geregelt werden. Der Vorteil derartiger Zuteiler besteht im Erreichen gleichmäßiger Förderströme und kleinem Verschleiß im Trog. Die Dimensionierung der Schwingantriebe kann analog den unter Abschn. 4.14.1., 4.14.2.3. und 5.2.6. dargelegten Grundsätzen erfolgen, wobei beachtet werden muß, daß sich die Massenankopplung bei unterschiedlichen Bunkerdrücken ändern kann und

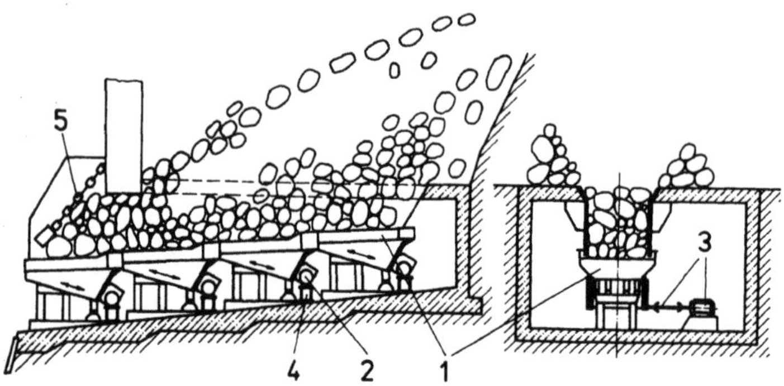


Bild 6.4. Schwingaufgeber in Rechenschaltung mit Massenkraftantrieben

*1* Schwingaufgebermulde; *2* Schwingantriebe; *3* Motor mit Gelenkwelle; *4* Stützfedern; *5* Kettenvorhang

somit auch aus diesem Grunde eine Frequenz- oder Amplitudenverstellung notwendig ist. Bei einer in Bild 6.4 dargestellten Reihenschaltung sind sie auch als Haldenräumgeräte geeignet.

**Bandaufgeber:** Je nach Beschaffenheit des zu dosierenden Gutes und der entsprechenden Aufgabenstellung bei der Beschickung von Zerkleinerungs- bzw. Klassiermaschinen werden Gurtband- oder Gliederbandförderer benutzt (Bild 6.5). Während Gurtbandförderer bei Dosieraufgaben oft in Verbindung mit Bandwaagen bis zu Korngrößen von

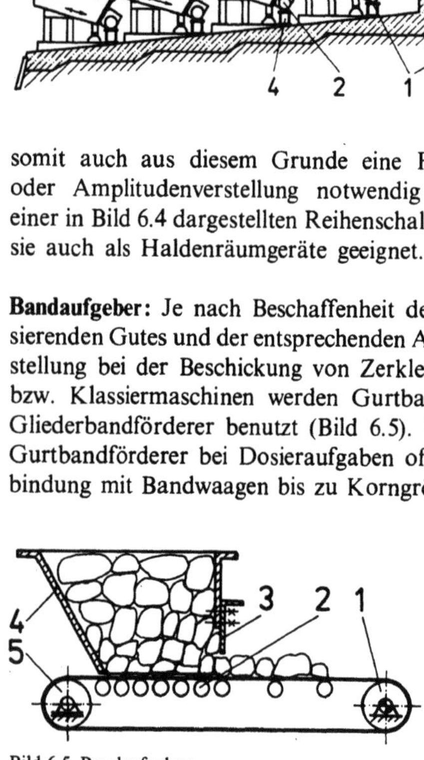


Bild 6.5. Bandaufgeber

*1* Antriebstrommel; *2* Stützrollen; *3* Einstellschieber; *4* Bunkerauslaufschurre; *5* Spanntrommel

$d_A$ = 80 bis 100 mm zum Einsatz kommen, können Gliederbandförderer, die als Platten, Trog- oder Kastenbänder aus Stahl ausgebildet sind, für rauhe Betriebsbedingungen bis $d_A$ = 400 bis 1500 mm verwendet werden. Der Förderstrom kann durch Änderung von Bandgeschwindigkeit und Schichthöhe bzw. Bandbelastung geregelt werden. Plattenbandförderer, die auch für eine Beaufschlagung aus großer Fallhöhe, für schleißende, scharfkantige und heiße Schüttgüter geeignet sind, können in horizontaler und geneigter Anordnung bei darüber befindlichen Bunkern mit offenen Auslaufquerschnitten als Bunkerabzugs- und Zuteilgeräte verwendet werden. Bei den Bandaufgebern sind je nach Konstruktion und Aufgabenstellung Durchsätze bis $\dot{V} = 1000\,\mathrm{m^3\,h^{-1}}$ möglich. Gurtbandförderer sind besonders zum Materialabzug aus Mischbettanlagen mit entsprechenden Bandwaagen, wie z. B. Rohmehlanlagen in der Zementindustrie oder entsprechenden Siebanlagen, einsetzbar. Unter Berücksichtigung Förderlänge-bedingter Totzeiten sind zur Gewährleistung der geforderten Dosiergenauigkeiten (beim Einsatz von Bandwaagen etwa $\pm 1$ bis 2%) entsprechende regelungstechnische Verknüpfungen notwendig. Dabei muß die Regelung des Materialabzuges aus Halden oder Bunkern der Mühlenregelung untergeordnet werden.

**Trogketten- bzw. Kratzkettenaufgeber:** Die mit Mitnehmern bzw. Kratzern versehenen, in einem geschlossenen Trog umlaufenden Ketten können auch als Aufgeber von trockenem und feuchtem, aber nicht klebendem Gut verwendet werden (Bild 6.6). Dabei wird das dem Trog zugeführte und durch

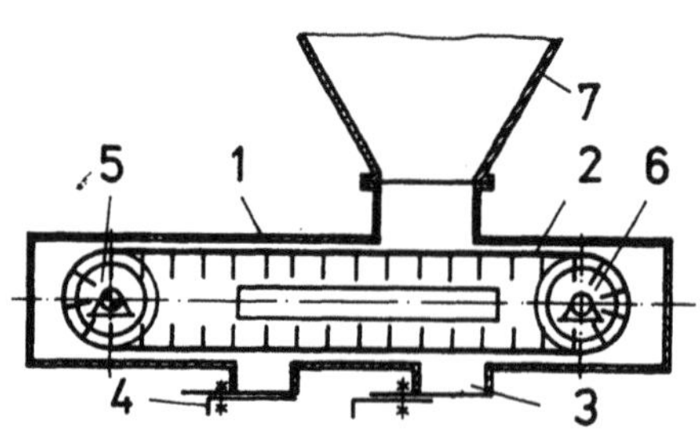


Bild 6.6. Trogkettenaufgeber

*1* Trog; *2* Kette mit Kratzern; *3* Abwurföffnungen; *4* Verschlußschieber; *5* Antriebstrommel; *6* Umlenk- und Spanntrommel; *7* Aufgabetrichter

das Obertrum fallende Gut von den Kratzern des Untertrums zu den Auslauföffnungen transportiert. Trogkettenförderer haben sich als Zuteiler bei mehreren Abwurfstellen bewährt, wobei die Änderung des Fördergutstromes durch Verstellen der Auslaufquerschnitte bei mehreren Ausläufen bzw. durch Veränderung der Kettengeschwindigkeit, die bei $v_T = 0{,}1$ bis $0{,}4 \text{ m s}^{-1}$ liegen kann, möglich ist. Durchsätze bis $\dot{V} = 800$ bis $1000 \text{ m}^3 \text{ h}^{-1}$ sind realisierbar. Nachteilig sind großer Verschleiß und Energiebedarf, die sich infolge großer Reibungskräfte ergeben.

**Schneckenaufgeber:** Sie gehören vor allem bei feinkörnigen Gütern zu den am meisten verwendeten Bunkerabzugs- und Zuteilgeräten, da diese einen gleichmäßigen Förderstrom gewährleisten und an mehreren Stellen eine Gutaufnahme bei staubfreiem Betrieb möglich ist (Bild 6.7). Sie werden verschiedentlich auch mit Dosierbandwaagen gekoppelt und damit regelungstechnisch verknüpft. Da das Gut im Schneckentrog durch ein- oder mehrgängige Schneckenelemente in Förderrichtung geschoben wird, sind diese nur für wenig schleißende, nicht klebende Schüttgüter bis zu maximalen Korngrößen von $d_A = 30$ bis $40$ mm geeignet. Der Fördergutstrom der bis zu Durchsätzen von $\dot{V} = 500 \text{ m}^3 \text{ h}^{-1}$ horizontal oder geneigt einsetzbaren Schneckenaufgeber kann durch Änderung der Schneckendrehzahl geregelt werden. Bunkerdrücke und Fallhöhen sind begrenzt. Bei Schnekkenaufgebern, die das Dosiergut gegen ein teilweise absperrendes Wehr pressen, ist eine volumetrische Dosierung mit Toleranzen von $\pm 3\%$ möglich. Dabei wird als Dosiervolumen eine gefüllte Schneckenwendel zugrunde gelegt. Als Regelgröße wird die Schneckendrehzahl verwendet [746]. Da aber der Füllungsgrad und die Fördergeschwindigkeit von den Guteigenschaften und der Drehzahl abhängen, ist eine Eichung für jedes Fördergut notwendig.

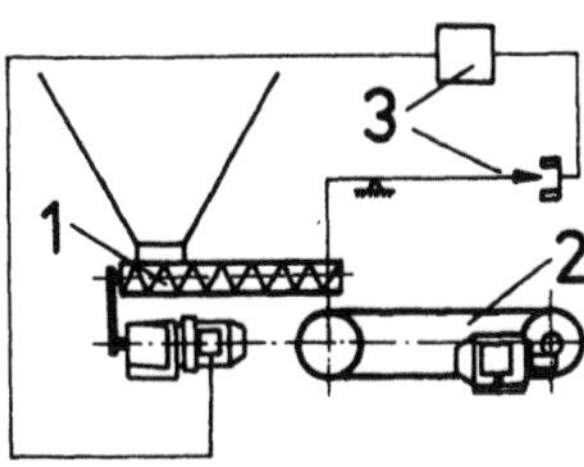


Bild 6.7. Schneckenaufgeber mit Dosierbandwaage

*1* Schnecke mit regelbarem Antrieb; *2* Dosierbandwaage mit regelbarem Antrieb; *3* Waagensteuerung

**Walzenaufgeber:** Sie werden an den Bunkerauslauföffnungen angebracht und bestehen aus einer glatten oder mit Leisten profilierten, axial rotierenden Walze, die mit der Unterkante eines Flachschiebers den Auslaufquerschnitt bildet (Bild 6.8).

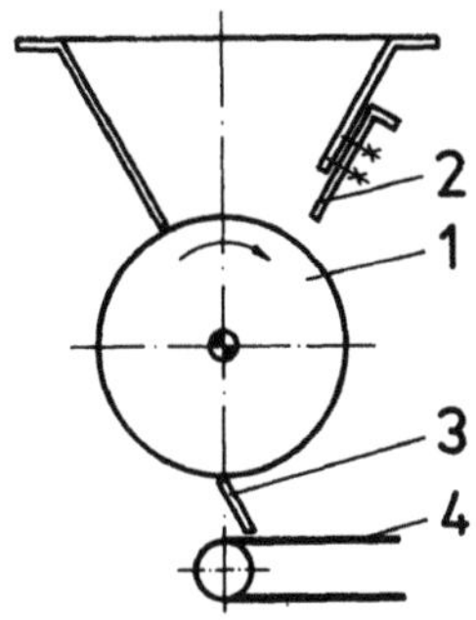


Bild 6.8. Walzenaufgeber

*1* Walze; *2* Flachschieber; *3* Abstreifer; *4* Bandförderer

Derartige Aufgeber werden für feinkörniges, trockenes, rieselfähiges, nicht backendes Gut bis zu maximalen Korngrößen von $d_A = 10$ mm und Durchsätzen bis zu $\dot{V} = 300 \text{ m}^3 \text{ h}^{-1}$ verwendet, wobei der Fördergutstrom durch Änderung der Schichthöhe mittels Auslaufschiebers oder Walzendrehzahl in Grenzen geregelt werden kann. Da das Ende der Gutböschung beim Stillstand noch auf der Walze liegen muß und der Spalt auch im Stillstand nicht verschlossen wird, sind Walzenaufgeber nicht für zum Schließen neigende Güter geeignet. Eine Reinigung der Walzen ist durch Abstreifer, rotierende Bürsten oder Stahlkugeln innerhalb der Walze möglich. Walzenaufgeber werden verschiedentlich auch mit mehreren nachgeschalteten Walzen oder Rollen kombiniert, wodurch Mehrrollenaufgeber oder Rollenroste mit klassierender Wirkung entstehen.

**Zellenradaufgeber:** Derartige Aufgeber bestehen aus einer Schleuse, in der ein zellenförmiges Rad mit definiertem Dosiervolumen angeordnet ist (Bild 6.9). Sie werden als Bunkerabzugs- und Zuteilvor-

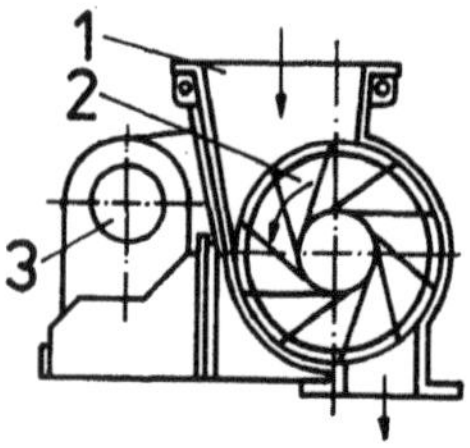


Bild 6.9. Zellenradaufgeber

*1* Zellenradgehäuse; *2* Zellenrad; *3* Antrieb

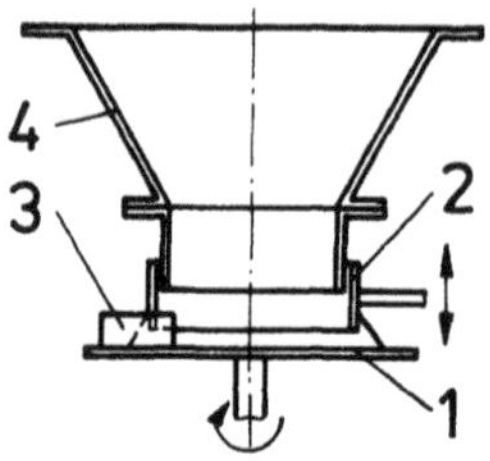


Bild 6.10. Drehtelleraufgeber

*1* Drehteller mit Antrieb; *2* Teleskoprohr zur Einstellung des Schüttkegels; *3* Abstreifer; *4* Bunkerauslaufkegel

richtung für feinkörnige, auch zum Schießen neigende, trockene, rieselfähige Güter verwendet. Da sie den Vorteil haben, daß sie die Einlauf- gegen die Auslaufseite weitestgehend abdichten und ein gleichmäßiges Förderverhalten besitzen, ist ihr Einsatz auch als Zuteiler bei Luftstrommühlen, die gegen Fremdlufteintritt abgedichtet sein müssen, möglich. Der Fördergutstrom kann durch Änderung der Zellenrad-Drehzahl geregelt werden, wobei das je Umdrehung mögliche Dosiervolumen durch die Zellenradgröße festgelegt ist. Für klebende Produkte, die die Zellen verstopfen, und für grobkörnige Güter, die zu Verklemmungen und unregelmäßiger Füllung der Zellen führen, sind konventionelle Zellenradschleusen nicht geeignet. Für körnige Produkte wurden deshalb auch Zellenradschleusen entwickelt, bei denen die Zellenfüllung durch federnde Abstreifzungen bzw. -kanten begrenzt wird, wodurch Verklemmungen vermieden werden [754]. Damit sind Korngrößen bis $d_A = 30$ bis 40 mm möglich. Je nach Zellenradgröße und -Drehzahl sind Durchsätze bis $\dot{V} = 300\ m^3\ h^{-1}$ realisierbar. Da vor allem an den Zellenkanten ein großer Verschleiß auftritt, werden diese verschiedentlich mit auswechselbaren Verschleißelementen versehen.

**Drehtelleraufgeber:** Sie eignen sich als Bunkerabzugs- und Zuteilgeräte für trockenes und feuchtes, nicht backendes, rieselfähiges Gut bis zu Korngrößen von $d_A = 80$ mm. Der Abzug des Gutes aus dem Bunker sowie dessen Dosierung erfolgt, indem dem rotierenden flachen Teller durch ein Teleskoprohr das Gut durch freien Fall zufließt und durch einstellbare Abstreifer vom Teller abgestrichen wird (Bild 6.10). Der Förderstrom kann dabei durch Änderung der Schichthöhe mittels zentralen Teleskoprohrs, der Eingriffslänge des Abstreifers und der Tellerdrehzahl geregelt werden. Bei der Anwendung von mehreren Abstreifern ist eine Aufteilung des Fördergutstromes auf mehrere Abwurfstellen oder eine Vervielfachung des Fördergutstromes möglich [751]. Bei der Konstruktion von Telleraufgebern ist zu beachten, daß der minimale Tellerdurchmesser bei gegebener Schichthöhe vom Böschungswinkel beeinflußt wird und die Betriebsdrehzahl kleiner als die kritische Drehzahl, bei der eine Fliehkraftentleerung einsetzen würde, gewählt werden muß. Drehtelleraufgeber, die im allgemeinen einen gleichmäßigen Förderstrom ohne Nachlauferscheinungen gewährleisten und bis zu Durchsätzen von $\dot{V} = 300$ bis $400\ m^3\ h^{-1}$ einsetzbar sind, haben den Nachteil, daß ein relativ großer Verschleiß auftritt und ein verhältnismäßig großer spezifischer Energiebedarf notwendig ist.

**Pendelschleusen:** Sie werden verwendet, wenn ein Materialstrom von einer Verfahrensstufe in die andere überführt werden muß und ein Abschluß der Prozeßräume gegen Gasein- oder -austritt notwendig ist. Je nach den Erfordernissen kommen Ein- oder Zweikammerschleusen, die meist in Rohrleitungen eingebaut sind, zum Einsatz (Bild 6.11). Die Klappenpaare werden mechanisch mittels einer Kurvenscheibe und entsprechender Übertragungsglieder oder hydraulisch betätigt. Die Steuerung erfolgt dabei so, daß jeweils ein Paar öffnet, während das andere geschlossen ist. Bei der Auslegung der Verschleißmechanismen ist der Differenzdruck zwischen den zu trennenden Räumen zu beachten, da dieser das Öffnen bzw. Schließen der Klappen beeinflußt. Er sollte normalerweise $\Delta p = 1000$ Pa nicht überschreiten [1024]. Um den Zutritt von Falschluft möglichst vollständig zu verhindern,

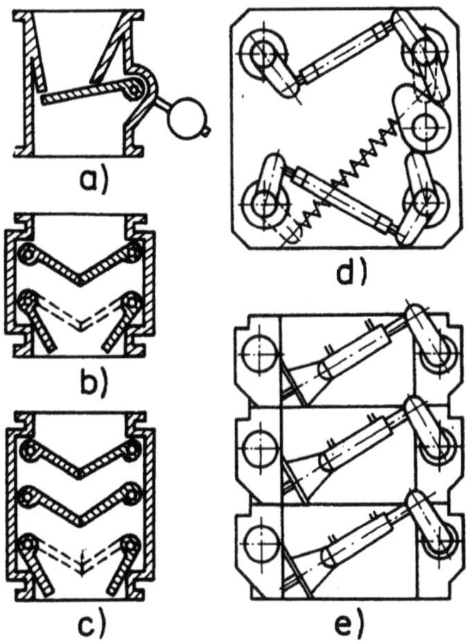


Bild 6.11. Pendelschleusen
*a*) massebelastete Pendelklappe
*b*) Einkammer-Pendelschleuse
*c*) Zweikammer-Pendelschleuse
*d*) Antrieb einer mechanisch gesteuerten Einkammer-Pendelschleuse
*e*) hydraulisch gesteuerte Zweikammer-Pendelschleuse

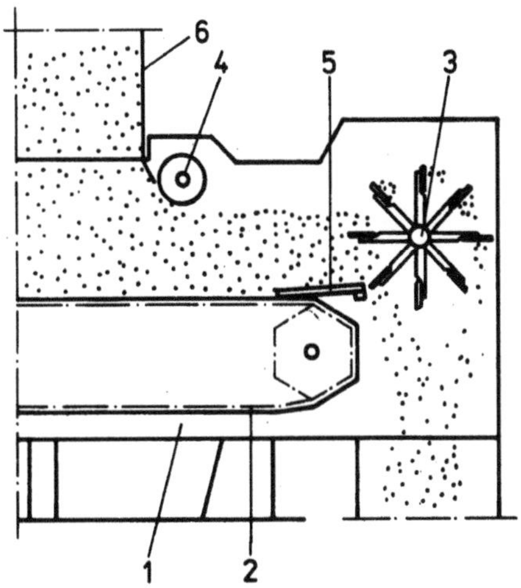


Bild 6.12. Kastenbeschicker
*1* Kasten; *2* Plattenband; *3* Paddelrotor; *4* Druckwalze; *5* Paddelschaber; *6* Fallschacht

können die Kammern zwischen den Klappen auch mit Prozeßgas (Sperrluft) beaufschlagt werden.

**Kastenbeschicker:** Zur kontinuierlichen Zuteilung und Auflockerung von feuchten Materialien, z. B. Braunkohle und keramische Massen, können Kastenbeschicker, die aus einem Kasten (*1*) bis zu 6 m Länge, Plattenband (*2*), Paddelrotor (*3*), Druckwalze (*4*) und Paddelschaber (*5*) bestehen, verwendet werden (Bild 6.12). Der Durchsatz kann durch die Druckwalze (*4*), die als Schichthöhenbegrenzer arbeitet und sich an den Fallschacht (*6*) anschließt, sowie durch die Bandgeschwindigkeit geregelt werden. Zur Grobvermischung unterschiedlicher Materialqualitäten kann der Kasten auch durch senkrechte Schieber in mehrere Kammern untergliedert werden. Dabei werden die Schieber so eingestellt, daß aus jeder Kammer die gewünschte Menge abgezogen wird. Je nach Größe des Plattenbandes sowie dessen Transportgeschwindigkeit ($v_T \approx 0{,}012$ bis $0{,}05$ m s$^{-1}$) sind Durchsätze bis $\dot{V} = 50$ m$^3$ h$^{-1}$ möglich.

**Schlitzbunker- und Haldenräumer:** Im erweiterten Sinne können die Räumer für Schlitzbunker, wie z. B. Räumräder und Räumschnecken, und die Haldenräumer, wie Brücken-, Portal- und Seitenkratzer sowie Brücken- und Schaufelräumer, ebenfalls als Zuteiler verwendet werden, wenn diese mit Bandanlagen und Bandwaagen regelungstechnisch verknüpft sind. Bei derartigen Geräten müssen Gleichförmigkeit und Regelbarkeit des von den Halden oder Mischbetten kommenden Materialstromes sowie die aufgrund der Förderlänge auftretenden regelungstechnischen Totzeiten besonders beachtet werden [749, 751]. Je nach Konstruktion des Räumorganes können maximale Korngrößen von $d_A = 40$ bis 500 mm geräumt und dosiert werden [751].

## 6.2. Zuteiler mit Klassiereffekt

Bei den Zuteilern mit Klassiereffekt können von dem aus Bunkern abgezogenen Materialstrom der Feingutanteil $d < d_F$ oder Verunreinigungen zur

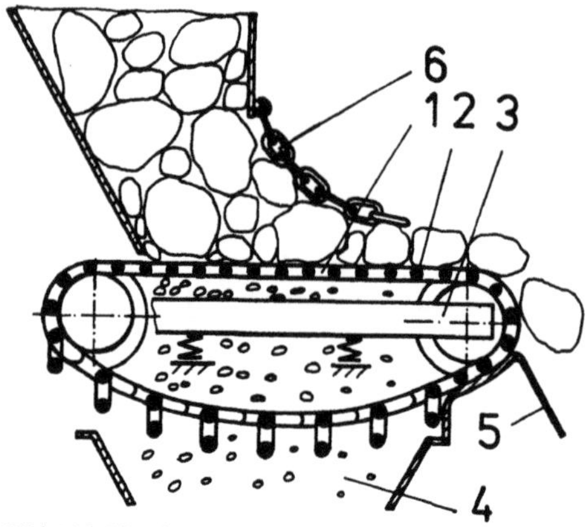


Bild 6.13. Wanderstabrost

*1* Rostkette; *2* Quertraversen; *3* Rostrahmen mit elastischer Abstützung; *4* Feingutaustrag; *5* Abwurfschurre; *6* Kettenvorhang

Entlastung der nachgeschalteten Maschine abgetrennt werden. Dadurch sind z. B. Energieeinsparungen bei der Zerkleinerung möglich.

Als Zuteiler dieser Art können Stangen-, Ketten-, Wanderstab-, Rollen- und Schwingroste eingesetzt werden (vgl. Abschn. 5.2.4.).

Wanderstabroste bestehen nach Bild 6.13 aus einer langsam umlaufenden Rostkette, die mit stangenförmigen Quertraversen oder Schienen, die z. T. abklappbar sind, ausgerüstet sind. Mit derartigen Rosten, die zur Zuteilung grobstückigen Gutes bei Vorbrechern zum Einsatz kommen, wird eine gute Klassierwirkung und Selbstreinigung erreicht. Verschleiß und Investitionsaufwand sind jedoch groß. Der Fördergutstrom ist durch Veränderung von Rostbelegung und -geschwindigkeit beeinflußbar.

# 7 Zerkleinerungs- und Klassieranlagen

Wenn an zu zerkleinernde bzw. zu klassierende Roh-, Zwischen- und Endprodukte Forderungen gestellt werden, die mit einer einzelnen Maschine nicht erfüllt werden können, dann müssen meist mehrere Zerkleinerungsmaschinen oder solche mit Klassiermaschinen durch Anwendung entsprechender Speicher-, Dosier-, Transport- und Entstaubungs- bzw. Entwässerungseinrichtungen als kontinuierlich arbeitende Systeme aufgebaut werden. Dabei sind der geforderte Durchsatz, die Anforderungen an die Zwischen- und Fertigprodukte, die Zustandsgrößen der Eingangsstoffe, die örtlichen Bedingungen einschließlich Antransport der Rohstoffe und Abtransport der Fertigprodukte sowie die Umwelt- und Arbeitsschutzbedingungen zur Erreichung günstiger technisch-ökonomischer Kennwerte zugrunde zu legen. Da die Forderungen und die jeweiligen Gegebenheiten unterschiedlich sind, müssen die verfahrens- und anlagentechnischen Lösungen den jeweiligen Bedingungen angepaßt werden. Unter Berücksichtigung einer rationellen Fertigung, Montage, Austauschbarkeit und Ersatzteilhaltung sind dabei jedoch weitestgehend standardisierte oder modifizierte Maschinen und Baugruppen einzusetzen. Zur Prozeßführung und -überwachung sowie zur Sicherung eines störungsfreien kontinuierlichen Betriebsablaufes ist eine Prozeßbilanzierung und Modellierung, auf deren Grundlage die Steuer-, Regelungs- und Überwachungstechnik aufzubauen ist, notwendig. Dabei ist stets zu beachten, daß ein vollautomatischer Betrieb nur dann möglich ist, wenn neben der Steuer-, Regelungs- und Überwachungstechnik auch die notwendige Meß- und Stelltechnik zur Verfügung steht. Da die Leistungsfähigkeit einer kontinuierlich arbeitenden Anlage stets vom schwächsten Anlagenteil abhängig ist, muß eine sorgfältige Abstimmung der einzubauenden Maschinen sowie der Transport- und Speichereinrichtungen vorgenommen werden. Um instandhaltungsbedingte Stillstandszeiten zu minimieren, ist möglichst bei allen Maschinen auf einen einheitlichen Instandhaltungszyklus zu orientieren. Je nach Aufgabenstellung und den Eigenschaften des aufzubereitenden Gutes sind Durchlauf-, Kreislauf-, Gleichstrom-, Gegenstrom- und Phalanx-Schaltungen möglich, von denen nachfolgend einige betrachtet werden sollen.

## 7.1. Durchlaufsysteme

Bei der einfachsten Ausführung von Zerkleinerungs- und Klassieranlagen durchläuft das Gut ohne Rücklauf eine oder mehrere Zerkleinerungs- und Klassiermaschinen (Bild 7.1). Derartige Durchlaufsysteme, wie z. B. mit nur einem Brecher oder Vorbrecher, Siebmaschine und Nachbrecher, sind anwendbar, wenn keine hohen Qualitätsanforderungen an das Zwischen- oder Fertigprodukt gestellt

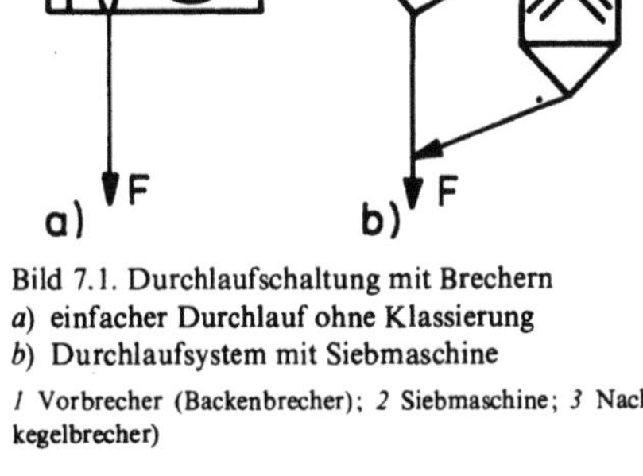


Bild 7.1. Durchlaufschaltung mit Brechern
*a*) einfacher Durchlauf ohne Klassierung
*b*) Durchlaufsystem mit Siebmaschine
*1* Vorbrecher (Backenbrecher); *2* Siebmaschine; *3* Nachbrecher (Flachkegelbrecher)

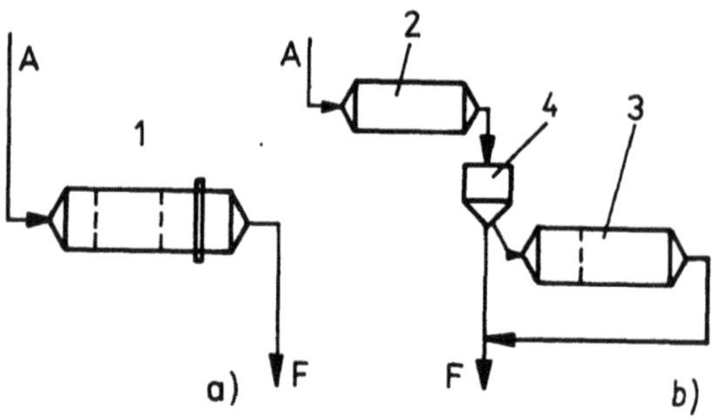


Bild 7.2. Durchlaufschaltung mit Mühlen
*a*) einfacher Durchlauf
*b*) Durchlaufsystem mit Sichter

*1* Mehrkammer-Sturzmühle; *2* Vormühle (Einkammermühle); *3* Feinmühle (Zweikammermühle); *4* Umluftsichter

werden und die bzw. der Brecher kalibrierend wirken. Durchlaufsysteme werden auch bei der Lösung von Fein- und Feinstzerkleinerungsaufgaben eingesetzt, wenn die Mühlen bei einem Materialdurchlauf die notwendige Fertiggutqualität liefern (Bild 7.2) (vgl. Abschn. 4.12.2.1. und 4.14.2.).

## 7.2. Kreislaufsysteme

Diese werden eingesetzt, wenn hohe Qualitätsanforderungen bei vorgegebenem Durchsatz erfüllt werden müssen und damit außerdem eine energetisch und ökonomisch günstigere Betriebsweise

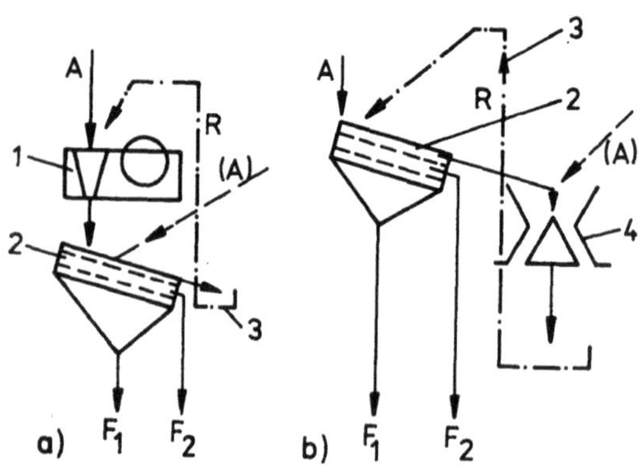


Bild 7.3. Kreislaufschaltungen für zwei Brechprodukte mit unterschiedlichen Aufgabevarianten
*a*) Vorbrecher und Siebmaschine
*b*) Siebmaschine mit Nachbrecher
*1* Backenbrecher; *2* Siebmaschine; *3* Förderer; *4* Nachbrecher

möglich ist. Die Anwendung von Kreislaufsystemen ist grundsätzlich notwendig, wenn [1002]

— die Korngröße des zerkleinerten Gutes eine festgelegte obere Korngrenze nicht überschreiten darf
— der Anfall an Feingut nur in der technisch nicht vermeidbaren Mindestmenge zugelassen ist
— durch einen Materialkreislauf die Kornzusammensetzung und die Kubizität bestimmter Kornfraktionen verbessert werden müssen
— eine Übermahlung und damit ein zu hoher spezifischer Energiebedarf vermieden werden soll

In Abhängigkeit von der Kornzusammensetzung des Aufgabegutes sind folgende zwei grundsätzliche Schaltungsarten möglich (Bild 7.3):

*a) Anordnung der Zerkleinerungsmaschine vor der Klassiermaschine.* Diese Schaltung wird verwendet. wenn wenig Feinkorn im Aufgabegut enthalten ist (Bild 7.3*a*).

*b) Anordnung der Klassiermaschine vor der Zerkleinerungsmaschine.* Diese Schaltungsvariante wird bevorzugt, wenn im Aufgabegut ein großer Feingutanteil enthalten ist und durch die Abtrennung des Feingutes die Zerkleinerungsmaschine entlastet werden kann (Bild 7.3*b*).

Bei der Projektierung solcher Anlagen sind die tatsächlichen Durchsätze der Zerkleinerungs- und Klassiermaschinen sowie Dosier- und Fördereinrichtungen zu bestimmen, da diese z. B. infolge der umlaufenden Last wesentlich vom Aufgabe- bzw. Fertiggut-Durchsatz abweichen können. Für die Berechnung einer entsprechenden Anlage sind folgende Ausgangsdaten erforderlich:

— Durchsatz der Anlage, bezogen auf das Aufgabe- bzw. Fertiggut
— Zustandsgrößen des Aufgabegutes, z. B. maximale Aufgabegutkorngröße $d_A$, Kornzusammensetzung, Feuchtigkeit, Dichte, Festigkeit u. a.
— Kornzusammensetzung des Fertiggutes
— geforderte Klassiergüte

Zur speziellen Gestaltung der Kreisläufe müssen außerdem die Zerkleinerungseigenschaften des Gutes, der vorgegebene bzw. einzuhaltende spezifische Arbeitsbedarf bzw. andere Kennziffern, der gefor-

derte Automatisierungsgrad und die Forderungen zum Umweltschutz bekannt sein.
Bei der Ermittlung des tatsächlichen Durchsatzes der Zerkleinerungsmaschine ist die jeweilige Schaltungsvariante, wie Vor- oder Nachschaltung der Zerkleinerungsmaschine, zu beachten. Bei der Gutaufgabe nach Bild 7.3*a* gilt:

$$\dot{m}_F = \dot{m}_A = z\dot{m}_Z \tag{7.1}$$

($\dot{m}_Z$ Durchsatz der Zerkleinerungsmaschine; $z$ Anteil an Fertiggut, den die Zerkleinerungsmaschine bei einmaligem Durchgang liefert)

Der Durchsatz der Zerkleinerungsmaschine beträgt damit:

$$\dot{m}_Z = \dot{m}_A/z = \dot{m}_A + \dot{m}_R \tag{7.2}$$

($\dot{m}_R$ Rücklaufgut)

Für die Belastung der Zerkleinerungsmaschine nach Schaltungsvariante (Bild 6.3*b*) kann geschrieben werden:

$$\dot{m}_F = \dot{m}_A = a\dot{m}_A + z\dot{m}_Z \tag{7.3}$$

($a$ Fertiggutanteil, den das Aufgabegut bereits enthält)

$$\dot{m}_Z = (1 - a)\,\dot{m}_A/z \tag{7.4}$$

Wird das Rücklaufgut auf die stündliche Rohgutaufgabemenge bezogen, so erhält man die umlaufende Last

$$U = \dot{m}_R/\dot{m}_A \tag{7.5}$$

Je nach vorliegenden Zerkleinerungsbedingungen kann die umlaufende Last $U = 150$ bis $1000\,\%$ betragen. Mit (7.2) bzw. (7.4) kann die Größe der jeweiligen Zerkleinerungsmaschine ausgelegt werden, wobei eine experimentelle Bestimmung der Fein- bzw. Fertiggutanteile $a$ und $z$ zweckmäßig ist. Die Durchsätze für die jeweiligen Klassiermaschinen und Fördereinrichtungen können dann bei festgelegtem Stammbaum aus der Massebilanz ermittelt werden.
Bei Anlagen zur Zerkleinerung und Klassierung sind z. B. folgende Berechnungsschritte notwendig:

*a)* Ermittlung des Gesamtzerkleinerungsgrades mittels der vorgegebenen bzw. geforderten maximalen Korngrößen:

$$\varepsilon_{ges} = d_A/d_F \tag{7.6}$$

*b)* Ermittlung des Zerkleinerungsgrades der geplanten Zerkleinerungsstufen:

$$\varepsilon = \prod_{i=1}^{m} \varepsilon_i \tag{7.7}$$

*c)* Ermittlung der maximalen Korngröße nach jeder Zerkleinerungsstufe und Festlegung der Spaltweite (z. B. bei Backen- und Kegelbrechern):

$$d_{F1} = d_A/\varepsilon_1\,; \quad d_F = d_A/\varepsilon_1\varepsilon_2 \ldots \tag{7.8}$$

*d)* Festlegung der Maschenweite für die Trennfläche der Siebmaschine bzw. der Trennkorngröße und überschlägliche Bestimmung des Unter- und Überlaufes, d. h. des Fein- und Grobgutdurchsatzes

*e)* Bestimmung bzw. Nachrechnung des Durchsatzes der einzelnen Zerkleinerungs- und Klassiermaschinen und Auswahl der Hauptausrüstungen.

Diese Berechnung schließt die Ermittlung der Produktströme in Abhängigkeit der jeweiligen Kornzusammensetzungen ein und setzt die Vorauswahl der Maschinen voraus.
In den Bildern 7.4 und 7.5 sind für die Trocken- und Naßmahlung verschiedene Kreislaufkombinationen dargestellt, die einen Einblick in die vielfältigen Gestaltungsmöglichkeiten geben sollen. Aus der Literatur sind weitergehende Informationen zu Kreislaufschaltungen verschiedenster Art zu entnehmen [1002 bis 1021]. Derartige Kreislaufschaltungen stellen komplizierte Systeme dar, die zur Prozeßführung, Anlagen- und Qualitätsüberwachung meist automatisiert werden.

## 7.3. Innere Kreisläufe

Bei einer Reihe von Zerkleinerungsmaschinen vollzieht sich ein innerer Brech- oder Mahlgut-Kreislauf, in dem Roste, Siebe oder Sichter direkt mit dem Arbeitsraum verbunden sind bzw. einen Teil des Arbeitsraumes bilden. So sind z. B. viele Hammerbrecher, Feinprall- und Siebkugelmühlen sowie Kollergänge mit einer Trennfläche (Rost oder Sieb) ausgerüstet, die die maximale ausfallende Fertiggut-Korngröße begrenzen. Ein ausgeprägter

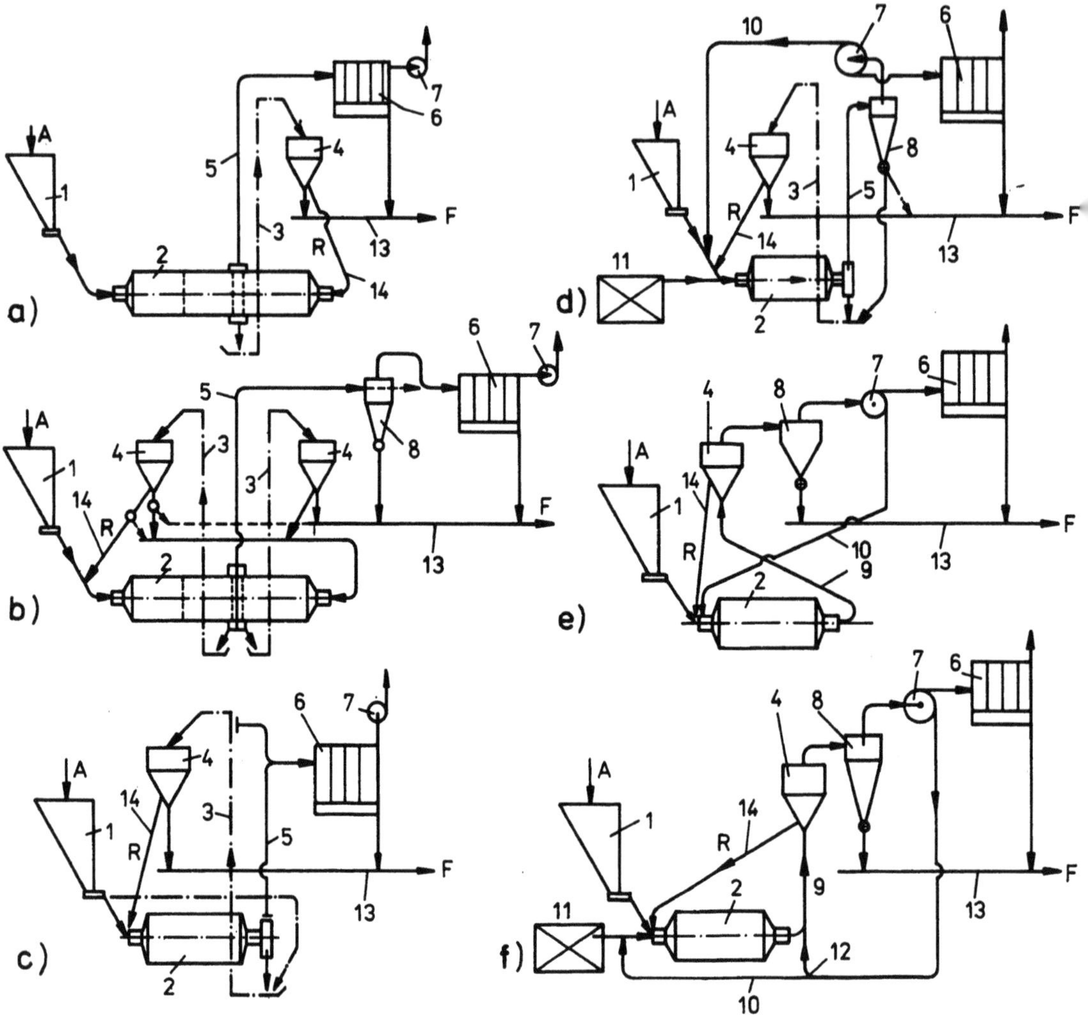

Bild 7.4. Beispiele für Kreislaufkombinationen zur Trockenmahlung mit Sturzmühlen
*a*), *b*) Mehrkammermühlen mit Mittenaustrag
*c*) Einkammermühlen mit Endaustrag
*d*) Einkammermühle mit Endaustrag und Vortrockenkammer zur Mahltrocknung
*e*) Luftstrommühle
*f*) Luftstrommühle zur Mahltrocknung

*1* Aufgabeguttrichter; *2* Mühle; *3* Becherwerk; *4* Sichter; *5* Entstaubungs- und Entlüftungsleitung; *6* Filter; *7* Lüfter; *8* Zyklon; *9* Leitung für pneumatischen Transport des Austraggutes; *10* Gasrückleitung; *11* Heißgaserzeuger oder Rauchgaseinleitung; *12* Gasstromteiler; *13* Fertiggutförderer; *14* Grobgut-(Grieß-)Rückleitung

innerer Kreislauf ist bei Mühlen mit direkt auf den Arbeitsraum auf- oder eingebauten Sichtern, z. B. bei Schläger-, Ventilator-, Strahl- und Wälzmühlen, vorhanden, bei denen das Feingut mit einem Trägergas aus dem Arbeitsraum über den jeweiligen Sichter ausgetragen und in entsprechenden Abscheideeinrichtungen außerhalb der Mühle abgeschieden wird. Je nach Mühlenkonstruktion wird der Trägergasstrom entweder von den Arbeitsorganen der Mühle, wie bei Schläger- und Ventilatormühlen, oder durch getrennte Gebläse bei Wälz- und Sturzmühlen erzeugt.

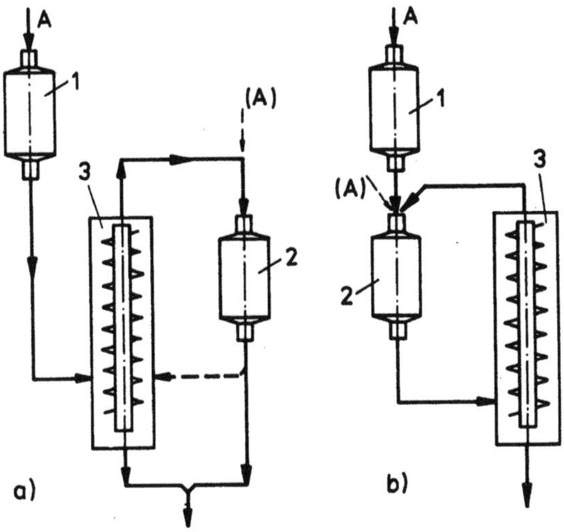


Bild 7.5. Kreislaufschaltungen zur Naßmahlung mit Vor- und Feinmühlen (Sturzmühlen)
*a*) Kreislaufschaltung mit Vor- und Feinmühle
*b*) Kreislaufschaltung mit Vorschrotmühle

*1* Vormühle; *2* Feinmühle; *3* Schrauben-Klassierer

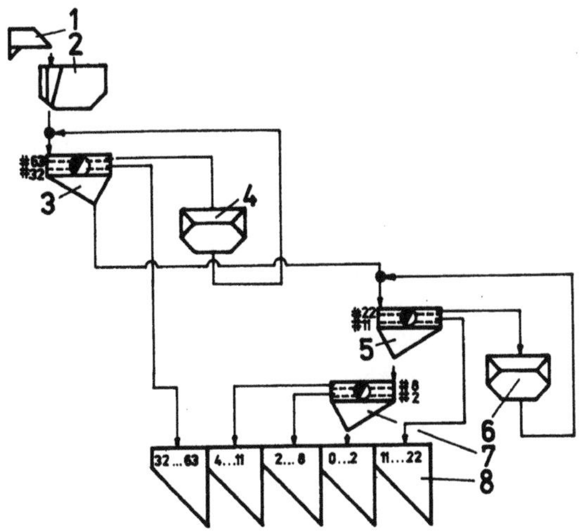


Bild 7.6. Technologisches Schema einer Schotter- und Splittanlage

*1* Schwingaufgeber mit Vorabscheidung; *2* Backenbrecher; *3* Schwingsiebmaschine; *4* Flachkegelbrecher; *5* Schwingsiebmaschine; *6* Flachkegelbrecher; *7* Schwingsiebmaschine; *8* Fertiggutbunker

## 7.4. Ausgewählte Zerkleinerungs- und Klassieranlagen

### 7.4.1. Brech- und Klassieranlagen für Schotter und Splitt

Für die Herstellung von Schotter und Splitt aus Granit, Grauwacke, Basalt, Porphyr und anderen Gesteinen werden je nach Abbau- und Transporttechnologie sowie den gewünschten Fertigprodukten unterschiedliche Kombinationen von Vor- und Nachbrechern mit entsprechenden Siebmaschinen verwendet. In Abhängigkeit von der Lagerstättengröße und dem vorgegebenen Durchsatz sind stationäre Anlagen in Freibauweise oder mit entsprechenden Zweckbauten üblich, wobei die Vorzerkleinerung, dem Abbaufortschritt folgend, bei Verwendung von rückbaren Bandanlagen auch mit fahrbaren Brechanlagen durchgeführt werden kann.

*Brech- und Klassieranlagen* werden unter Berücksichtigung der Hauptprozesse Zerkleinern, Klassieren, Fördern, Lagern, Verladen und Entstauben meist unterteilt in Vorbrechen, Restabraumklassieren, evtl. Zwischenlagern, Nachbrechen in verschiedenen Stufen, Fertigproduktklassieren, Lagern und Verladen der Fertigprodukte und der bei der Aufbereitung anfallenden Brechsande und Stäube sowie Entstauben von Zerkleinerungs- und Klassiermaschinen und Übergabestellen. Durch die Anwendung von geeigneten regelbaren Zuteilern, Förderbandwaagen zur Durchsatzüberwachung, -erfassung und -regelung, automatischer Spaltüberwachung sowie -einstellung bei Brechern ist eine hohe Fertiggutqualität bei hohem Automatisierungsgrad möglich.

Bild 7.6 zeigt ein einfaches technologisches Schema für die Schotter- und Splittherstellung.

### 7.4.2. Mobile Vorbrechanlagen

Um einen kostengünstigen Transport des gewonnenen Rohmaterials mit Gurtbandförderern vornehmen und dem Abbaufortschritt im Tagebau folgen zu können, wurden mobile und halbmobile Brechanlagen entwickelt, die seit mehreren Jahren mit Erfolg zum Einsatz gelangen. Sie übernehmen die Vorzerkleinerung und den Transport der gebrochenen Materialien, z. B. Kalkstein, Dolomit, Erze usw., zur rückbaren Bandanlage. Während die physikalischen Eigenschaften des zu zerkleinernden Haufwerkes und die gewünschte maximale Korngröße bzw. -verteilung nach der Vorzerkleinerung für die Festlegung des Brechers und dessen Beschickung bestimmend sind, ist die Auswahl des Fahrwerkes und die Auslegung der Gurtbandförderer von der Lage der Bruchwand, dem Abbaufortschritt, den Bodenverhältnissen und von der Entfernung zum Aufbereitungsbetrieb abhängig.

*Mobile Brechanlagen* können je nach Konstruktion mittels Löffelbagger, Radlader, Schrapper oder Schwerlastkraftwagen direkt oder indirekt beschickt werden.

Bei der *direkten Beschickung* wird das Haufwerk durch das Ladegerät an der Bruchwand aufgenommen und unmittelbar in die unterhalb der Ladehöhe des Ladegerätes liegende Aufgabeöffnung des Brechers, z. B. Steilkegelbrecher, entladen.

Die *indirekte Beschickung* der Brecher ist in jedem Falle bei hochliegenden Aufgabeöffnungen und bei bestimmten Brecherarten, z. B. Prall-, Hammer- und Backenbrecher, notwendig. Sie kann mittels Aufgabetrichter, Fahrtrichter oder Aufgabemulde in Kombination mit überschweren Muldengutförderern, Plattenbändern, Vibrationsvorabscheidern bzw. -aufgebern erfolgen. Während der *Fahrtrichter* aus einer feststehenden Bodenplatte mit einem darauf verfahrbaren Trichter besteht, mit dessen Hilfe das Aufgabematerial bei dessen Verschiebung auf den darunter liegenden Gurtbandförderer aufgeschoben wird (Bild 7.7*a*), besitzt die *Aufgabemulde* (Bild 7.7*b*) einen feststehenden Trichter mit hydraulisch verschiebbarem Boden. Eine weitere Lösungsmöglichkeit ist die Anwendung eines *kippbaren Trichters* mit einem daran befestigten Boden, mit dem das Haufwerk ebenso wie bei Fahrtrichtern, Aufgabemulden und Vibrationsaufgebern stoßfrei dem Gurtbandförderer zur Beschickung des Brechers aufgegeben werden kann (s. Bild 7.7*c*).

Als Zerkleinerungsmaschinen werden Steilkegel-, Backen-(Kurbelschwingen-), Ein- und Zweiwellenhammer- oder Prallbrecher eingesetzt. Der jeweilige Brecher ist meist auf einem *Schwingrahmen* gelagert und durch Schwingungsisolatoren gegen das anschließende Tragwerk abgefedert. Mobile und halbmobile Brechanlagen können mit Raupen-, Schienen-, halb- oder vollmobilen Pneufahrwerken sowie hydraulischen Schreitwerken ausgerüstet werden.

Bei den *Raupenfahrwerken*, die quer oder längs zur Hauptachse der Brechanlage angeordnet sein können, werden die Fahrwerke in Schwingen gelagert, womit eine statisch bestimmte Zwei- oder Dreipunktabstützung der gesamten Anlagenmasse, bei der alle Laufrollen die Auflast anteilmäßig tragen, erreicht wird. Der Antrieb der Raupen erfolgt einzeln durch Zahnradgetriebe und Elektromotor. Die *Fahrgeschwindigkeit* ist regelbar und beträgt bis $v_F = 6\,\mathrm{m\,min}^{-1}$. Ein Wenden auf der Stelle ist möglich. Der *mittlere Bodendruck der Raupen* wird je nach Bodenbeschaffenheit meist mit $\approx 0{,}15$ MPa festgelegt. Zur statischen Stabilisierung des Rahmens und damit der gesamten Anlage werden verschiedentlich unter dem *Einschütttrichter* hydraulisch ausfahrbare Abstützungen vorgenommen. Bild 7.8 zeigt zwei Brechanlagen mit Raupenfahrwerken, unterschiedlichen Brechern und Beschickungseinrichtungen.

*Schienenfahrwerke* werden nur dann angewendet, wenn der Abbau in einer festgelegten Richtung erfolgt und das seitliche Umsetzen der Anlage nur in größeren Zeitabständen notwendig ist. Der Standortwechsel wird mittels angetriebener Fahrwerke bzw. entsprechender Zugmaschinen vorgenommen. Derartige Fahrwerke bestehen aus vier Drehgestellen mit je vier Rädern, die zur Sicherung einer statisch bestimmten Abstützung ebenso wie die Drehgestelle in *Schwingen* gelagert sind.

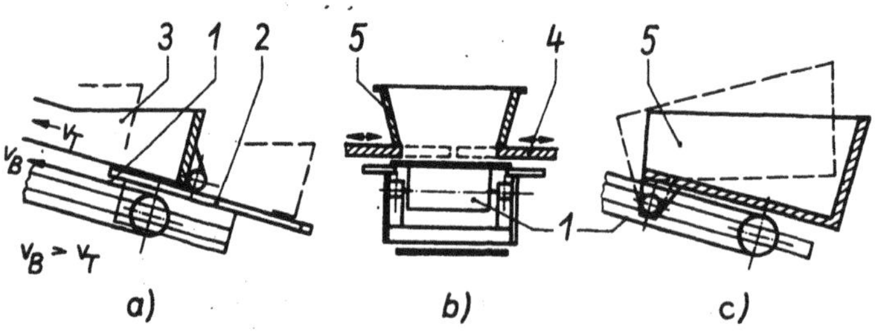


Bild 7.7. Beispiele zur indirekten Beschickung von fahrbaren Brechanlagen
*a*) Fahrtrichter
*b*) Aufgabemulde
*c*) Kipptrichter

*1* Gutbandförderer; *2* feststehende Bodenplatte; *3* Fahrtrichter; *4* verfahrbare Bodenplatten; *5* Trichter

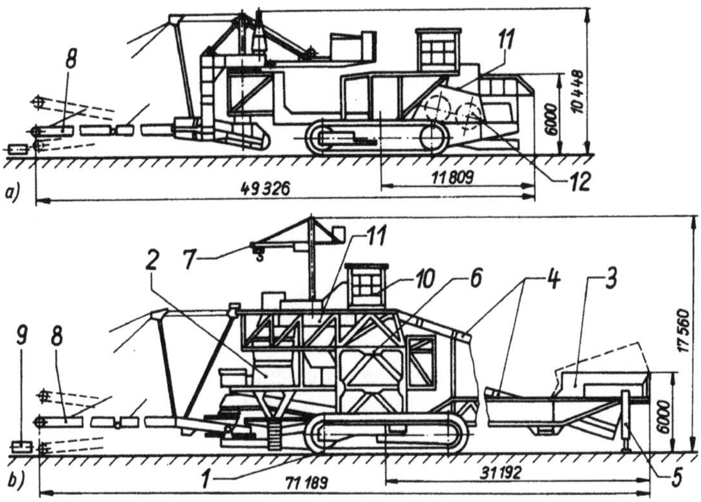


Bild 7.8. Fahrbare Brechanlagen (SKET Magdeburg)
*a*) Zweirotor-Hammerbrecher (FDHB)
*b*) Steilkegelbrecher (FSKB)

*1* Raupenfahrwerk; *2* Steilkegelbrecher; *3* kippbarer Aufgabetrichter; *4* schwerer Muldengutförderer; *5* hydraulische Stütze; *6* Tragwerk; *7* Montagekran; *8* schwenk-, heb- und senkbarer Bandausleger; *9* rückbare Bandanlage; *10* Bedienkabine; *11* Schwingaufgeber mit Vorabscheidung; *12* Hammerbrecher

*Mobile Brechanlagen* erfordern Reifen mit großer Tragfähigkeit, die mit in die Radnaben eingebauten Planetengetrieben und nachgeschalteten Hydraulikmotoren angetrieben werden. Zur Entlastung der Reifen während des Brechbetriebes werden die Anlagen meist mit drei *hydraulischen Standfüßen* ausgerüstet. Voraussetzung für die Anwendung von Pneufahrwerken ist, daß der Boden eine hohe Tragfähigkeit (>0,5 MPa) besitzt.

Die mit *hydraulischen Schreitwerken* erreichbare Mobilität ist vom *Schreitmechanismus*, der meist aus einem stabilisierten Rahmen besteht, an dem die Hubstempel mit dem Schreitfuß angelenkt sind, abhängig. Die Schreitbewegung wird durch abwechselndes Anheben des Schreitfußes (*1*) und der Rahmenstütze (*2*) sowie durch die Betätigung horizontal angeordneter Zugzylinder (*4*) bewirkt (Bild 7.9). Mit derartigen *Schreitwerken* können quer, längs und diagonale Schreitbewegungen ausgeführt werden. Die Schreitgeschwindigkeit beträgt $v_T = 1\ \mathrm{m\ min^{-1}}$, wobei die Steigfähigkeit ähnlich wie bei den Raupen- und Pneufahrwerken mit 1:10 angegeben wird.

Sind Brechanlagen nur selten umzusetzen, z. B. einmal je Jahr oder weniger, dann können *halbmobile Anlagen* verwendet werden. Zum Umsetzen werden dann *Rückraupen* oder *Pneufahrwerke* eingesetzt, die an die jeweiligen Anlagenteile montiert sind bzw. werden. Zum Heben und Senken der Anlagen, Fahren und Lenken der Fahrwerke können transportable Hydraulikaggregate benutzt werden [1031, 1032].

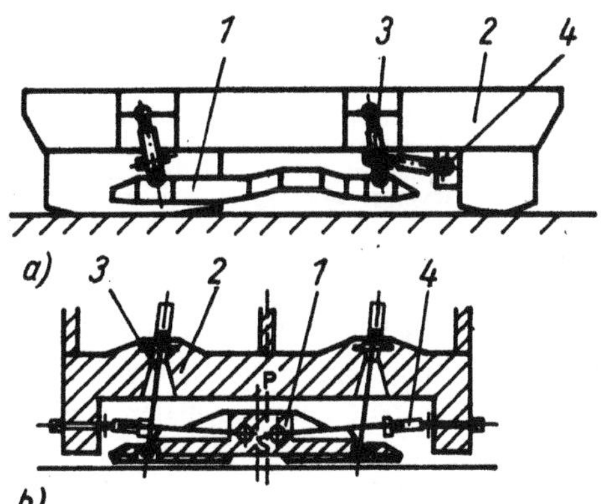


Bild 7.9. Schema hydraulischer Schreitwerke
*a*) quadratischer Schreitfuß (*Esch*)
*b*) T-förmiger Schreitfuß (*Weserhütte*)

*1* Schreitfuß; *2* Rahmen- oder Gerätestütze; *3* Vertikalzylinder; *4* Horizontalzylinder

### 7.4.3. Mahlanlage mit Sturzmühle

Das Mahlgut wird der *Sturzmühle* (Bild 7.10) *mit Endaustrag* (*2*), die als Ein- oder Mehrkammermühle ausgebildet sein kann, über eine Dosierbandwaage und einen anschließenden Gurtbandförderer (*1*) oder mit einem anderen geeigneten Aufgeber zugeteilt. Nach der Zerkleinerung gelangt es über die Austragkammer ins Becherwerk (*3*), mit dem der Transport zum regelbaren Umluftsichter mit Zyklonabscheidung (*5*), wo die Grieße vom Feingut getrennt werden, erfolgt. Während das in den Zyklonabscheidern des Sichters abgeschiedene Feingut über Zellenradschleusen und geeignete Förderer (*11*), wie Schneckenförderer oder pneumatische Rinnen, als Fertiggut aus der Anlage ausgetragen wird, werden die Grieße mit frischem Aufgabegut erneut in den Arbeitsraum der Mühle zurückgeführt. Zur Belüftung bzw. Entstaubung der Mühle und zur Mahlgutkühlung wird die erforderliche Frischluft vom Gebläse (*8*) durch den Arbeitsraum der Mühle, die Staubleitung (*4*), den Zyklonabscheider (*6*) und einen anschließenden Elektrofilter (*7*) gefördert, bevor sie über die Abluftleitung (*9*) in die Atmosphäre ausgestoßen wird. Anstelle des Elektrofilters (*7*) können auch Gewebefilter eingesetzt werden. Die Mühlen mit Endaustrag werden normalerweise mit zwei Kammern ausgerüstet, wobei in der zweiten Mahlkammer Stufen- oder Wulstplatten bzw. Klassierpanzerungen verwendet werden.

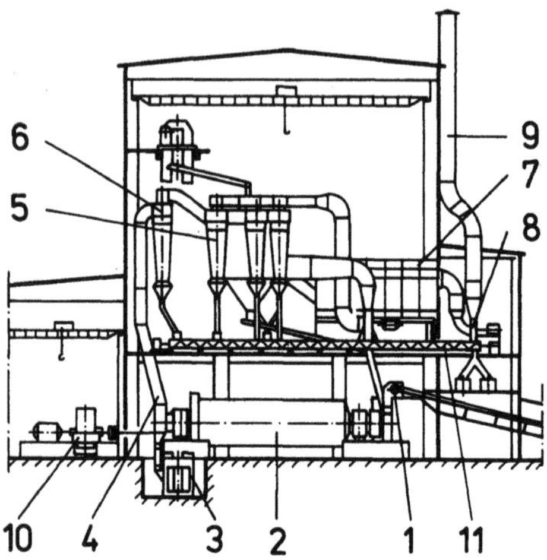


Bild 7.10. Schema einer Mahlanlage mit Sturzmühle zur Trokkenmahlung (ZAB Dessau)

*1* Gurtbandförderer; *2* Zweikammermühle mit Endaustrag; *3* Becherwerk; *4* Staubleitung; *5* Umluftsichter mit Zyklonabscheidung; *6* Zyklon (oder Stromsichter); *7* Elektro- oder Gewebefilter; *8* Gebläse; *9* Abluftleitung; *10* Mühlenantrieb mit Motor; *11* Schneckenförderer für Fertiggut

Die Arbeitsweise einer *Mahlanlage mit Mehrkammermühle* und *Mittenaustrag* unterscheidet sich von der mit Endaustrag dadurch, daß das frische Aufgabegut über den antriebsseitigen Halslager-Hohlzapfen einer Vorschrotkammer und dann durch eine Zwischenwand einer zweiten Kammer zugeführt wird, bevor es durch eine Austragwand und durch Schlitzöffnungen im Mühlenzylinder in das Austraggehäuse gelangt (vgl. Bild 4.286). Von dort wird es analog Bild 7.10 mittels Becherwerks zum Sichter gefördert. Die im Sichter abgeschiedenen Grieße werden danach über den zweiten Halslager-Hohlzapfen der Grießkammer zugeleitet, die die Feinzerkleinerung mit anschließendem Austrag über eine Austragwand und die oben erwähnten Schlitzöffnungen im Mühlenzylinder zu übernehmen hat. Je nach *Mühlenschaltung* kann ein Teil der Grieße auch mit dem Frischgut der Mühle aufgegeben werden. Die Entstaubung der Mahlkammer und Kühlung des Mahlgutes erfolgten ähnlich wie bei Endaustragmühlen über eine am Mühlenaustraggehäuse angeschlossene Staubleitung, einen Zyklon, verschiedentlich auch mit einem Stromsichter und Filter.

### 7.4.4. Wälzmahlanlage

Aus dem Aufgabebunker (*1*) (Bild 7.11) gelangt das Material über einen Zuteiler, z. B. einen Telleraufgeber (*2*), der gleichzeitig als Luftabschluß dient, in die *Wälzmühle* (*3*). Das zerkleinerte Gut wird anschließend durch einen Trägergasstrom zum Stabkorbsichter (*4*) gefördert, wo die noch zu groben Teile des Mahlgutes ausgeschieden werden und in den Arbeitsraum der Mühle zurückfallen. Das Feingut wird mit dem Trägergasstrom in die Zyklone (*5*) gefördert, in denen der größte Teil des Feingutes aus dem Trägergasstrom abgeschieden und über eine Zellenradschleuse (*6*) als Fertiggut ausgetragen wird. Während hinter dem Hauptgebläse (*7*) ein Teil des Luftstromes in die Mühle

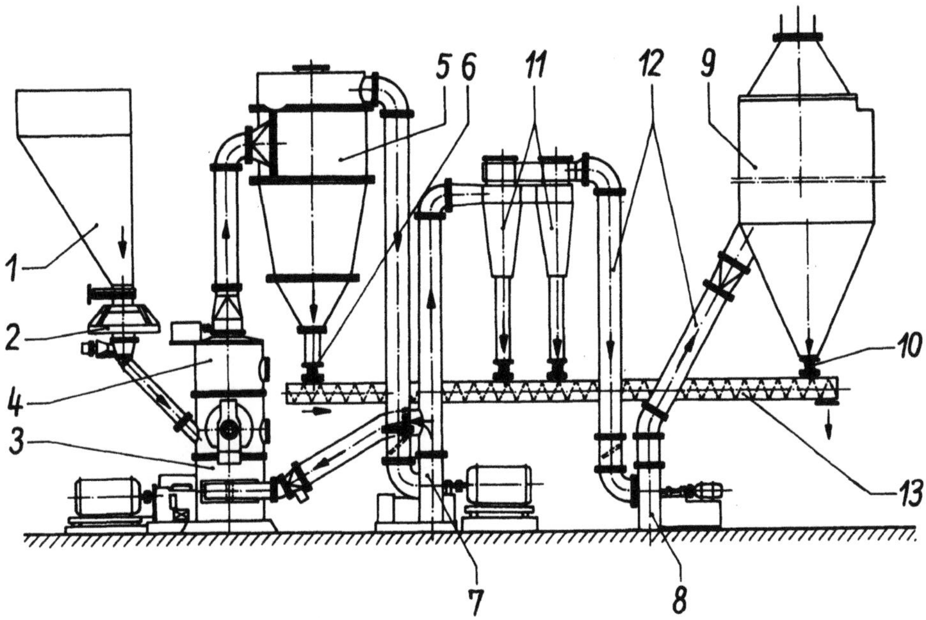


Bild 7.11. Schema einer Mahlanlage mit Wälzmühle

*1* Aufgabebunker mit Bunkerverschluß; *2* Telleraufgeber; *3* Kegelrollen-Wälzmühle; *4* Stabkorbsichter; *5* Zyklon; *6* Zellenradschleuse; *7* Hauptgebläse; *8* Abluftgebläse; *9* Filter; *10* Zellenradschleusen; *11* Zyklone; *12* Rohrleitung mit Drosselklappe; *13* Schneckenförderer

zurückgeleitet wird, fördert ein zweites Gebläse (*8*) den Abluftstrom durch eine Filteranlage (*9*) ins Freie. Das hier durch einen Gewebestaubabscheider oder einen Elektrofilter abgeschiedene Feingut wird über Zellenradschleusen (*10*) dem Fertiggut beigemischt. Infolge des Unterdrucksystems in der gesamten Mahlanlage wird Staubaustritt vermieden.

# 8 Probleme der Instandhaltung von Zerkleinerungs- und Klassiermaschinen

Da die schädigenden Einflüsse auf die Arbeitsorgane und sonstigen Bauteile von Zerkleinerungs- und Klassiermaschinen von Beanspruchungsmechanismus, -intensität und -geschwindigkeit und der Abrasivität des zu bearbeitenden Stoffes abhängig sind und die Betriebskosten wesentlich beeinflussen, muß den Schädigungsprozessen, beginnend bei der Konstruktion der Maschinen und Auswahl der Verschleißwerkstoffe und -elemente, große Aufmerksamkeit geschenkt werden. Dabei ist davon auszugehen, daß konstruktiv beeinflußbare Maßnahmen stets durch betriebliche Maßnahmen, wie Einsatz von Kontroll-, Überwachungs- und Sicherungssystemen zur Vermeidung von übermäßigem Verschleiß oder möglichen Überlastungen, einschließlich der planmäßig vorbeugenden Instandhaltung, ergänzt werden müssen [1020, 1021]. Als *Verschleiß* wird die infolge Reibung eintretende bleibende Form- oder Stoffänderung der die Oberfläche von Festkörpern bildenden Stoffbereiche bezeichnet, die außerhalb einer technologisch beabsichtigten Formänderung liegt [1033].

## 8.1. Schädigungsprozesse an den Arbeitsorganen von Zerkleinerungs- und Klassiermaschinen

*Schädigungsprozesse* an den Arbeitsorganen und anderen Bauteilen sind meist auf Verschleiß und Ermüdung, seltener auf Überlastung zurückzuführen. Dabei wird die *Verschleißintensität* bei den Arbeitsorganen wesentlich vom Zwischenstoff, d. h. vom zu zerkleinernden und zu klassierenden Gut und den Umgebungsbedingungen, wie Temperatur und Feuchtigkeit, beeinflußt. In Bild 8.1 sind die wichtigsten *Verschleißarten* dargestellt, die sich in die Verschleißzustände Abtrag-(Abrasiv-), Form-

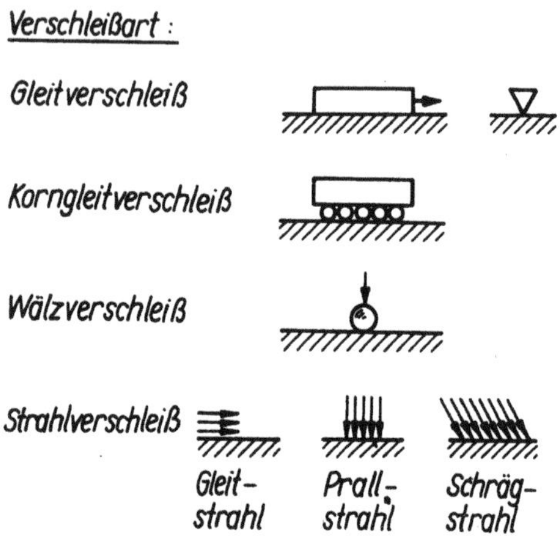


Bild 8.1. Verschleißarten [995]

änderungs- und Stoffänderungs-(Ermüdungs-)Verschleiß untergliedern lassen [984, 995]. Bei Zerkleinerungs- und Klassiermaschinen treten in der Regel mehrere *Verschleißarten* und *Verschleißzustände* gleichzeitig auf. Aus diesem Grunde ist es auch nicht möglich, alle in Bild 8.2 dargestellten Einflußgrößen ausreichend zu erfassen und theoretische Vorausberechnungen zum Verschleißfortschritt durchzuführen. Auch einzelne Verschleißwerte oder Standzeiten aus der Praxis dürfen nicht als repräsentativ angesehen und über Betriebsgrenzen auf andere Materialien oder Maschinen übertragen werden. Unabhängig von speziellen Verschleißprüfungen, die bei der Materialauswahl Tendenzen erkennen lassen, sind Verschleißuntersuchungen an Arbeitsorganen von Zerkleinerungs- und Klassiermaschinen stets sehr zeitaufwendig, müssen aber zur Neu- und Weiterentwicklung von Verschleißwerkstoffen durchgeführt werden. Die dabei neben dem spezifischen Brutto- oder Nettoverschleiß $V_o$ in g $t^{-1}$ zur Verschleißbewertung verwendbaren Einflußgrößen (Verschleißvolumen,

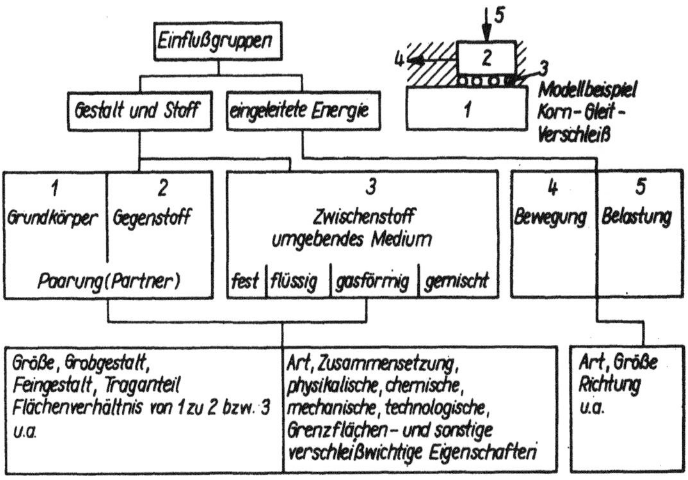


Bild 8.2. Einflußgruppen beim Korngleitverschleiß (Mineralgleitverschleiß) [995]

-höhe, -zahl, -geschwindigkeit, -intensität und relativer Verschleiß) sind in der Literatur [984] ausführlich dargestellt. Bei den in den Arbeitsräumen von Zerkleinerungsmaschinen vorherrschenden Verschleißarten, wie Korngleit- und Strahlverschleiß, treten als wesentliche Verschleißmechanismen die Abrasion und Materialermüdung auf. Dabei ist die Verschleißintensität durch die einzelnen Verschleißmechanismen stark von Größe und Belastung bzw. von der eingeleiteten Energiemenge abhängig. Solange am Grundkörper elastische Verformungen auftreten und nur eine dünne Oberflächenschicht abgetragen wird, spricht man vom Schichtverschleiß (Bild 8.3). Der Materialabtrag erfolgt dabei vor allem infolge wiederholter Beanspruchungen durch Ermüdungsbrüche. Werden die Beanspruchungen so groß, daß plastische Verformungen auftreten, dann entstehen bei gleitender Bewegung Rillen bzw. Furchen. Wird dabei örtlich das plastische Verformungsvermögen des Grundkörpers überschritten, dann treten in den Furchen Risse mit erhöhtem Materialabtrag auf. Bei Prall- bzw. Stoßbeanspruchung erfolgt der Materialabtrag vor allem durch Ausbröckelung, die von der Aufprallenergie abhängig ist.

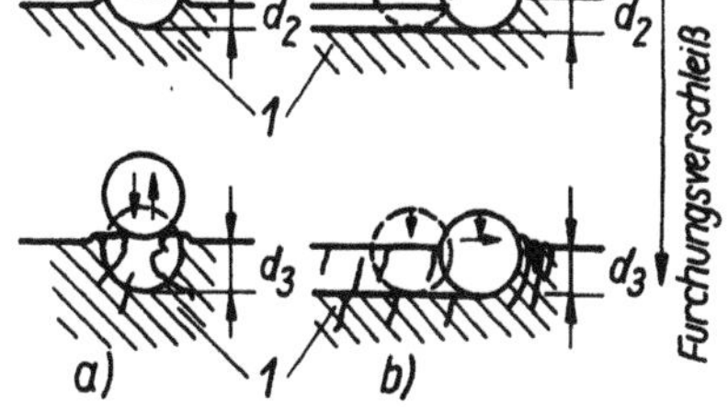


Bild 8.3. Modell zum Verschleißvorgang [995]
*a*) Prallverschleiß
*b*) Korngleitverschleiß
*1* Grundkörper; *2* Korn (Zwischenstoff); $d_1$ elastische Verformung; $d_2$ plastische Verformung; $d_3$ plastische Verformung mit Überschreitung der Bruchgrenze

## 8.2. Verschleißabwehr und Verschleißwerkstoffe

Bei der Auswahl der Verschleißwerkstoffe ist die Beanspruchung des jeweiligen Verschleißelementes in Zusammenhang mit dem Eigenschaftsprofil verschleißbeständiger Werkstoffe zu beachten, da davon die Härte bzw. Zähigkeit des auszuwählenden bzw. festzulegenden Werkstoffes wesentlich abhängen. Dabei besitzt das Härteverhältnis des zu verarbeitenden Minerals und des aus einem bestimmten metallischen Verschleißwerkstoff gefertigten Verschleißelementes eine besondere Bedeu-

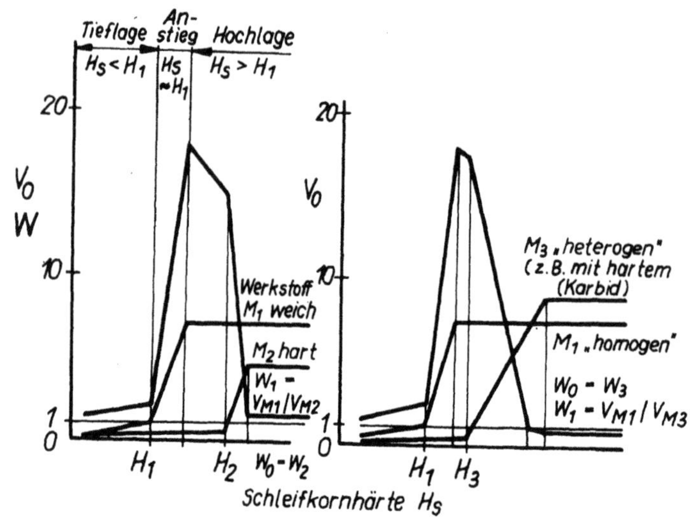


Bild 8.4. Zusammenhang zwischen Abrasivverschleiß, Schleißkornhärte, Grundkörperhärte und -struktur [995]
*links*: homogene Struktur
*rechts*: heterogene Struktur (Karbid)

tung. Im allgemeinen gelten nach Bild 8.4 folgende Grundsätze [987, 995, 996]:

— Ist das angreifende Mineral mit reiner Schleifkornhärte $H_S$ weicher als der metallische Verschleißwerkstoff $H$, so tritt bei $H_S < H$ nur wenig Verschleiß auf (Tieflage)
— Ist das angreifende Mineral deutlich härter als das Metall ($H_S > H$), so tritt starker Verschleiß auf (Hochlage)
— Im Bereich, in dem die Härte von Grundkörper und Mineral etwa gleich groß sind ($H_S \approx H$), wird vom Steilanstieg gesprochen. In diesem Bereich können häufig durch kleine werkstoffliche Veränderungen am Verschleißelement größere Standzeitverlängerungen erreicht werden.

Bei heterogenen Werkstoffen mit harten Karbideinschlüssen ($M_3$) verläuft der Anstieg wesentlich flacher als bei homogenen Werkstoffen. In der Hochlage können sich die Verhältnisse jedoch wieder zugunsten homogener Werkstoffe mit geringerer Härte verändern [995].
Für Verschleißteile von Zerkleinerungs- und Klassiermaschinen kommen folgende Werkstoffgruppen in Betracht:

— metallische Werkstoffe
— metallische Verbundlösungen
— metallische Sinterwerkstoffe
— nichtmetallische Werkstoffe

### 8.2.1. Metallische Werkstoffe

Sie finden im Maschinenbau unter Berücksichtigung ihrer Legierungsbestandteile, des Gefügeaufbaues sowie ihrer thermischen Behandlung in den vielfältigsten Arten Verwendung. Speziell durch

*Tabelle 8.1. Einfluß von Legierungsbestandteilen auf die mechanischen Eigenschaften der Stähle* [1025]

| Legierungs-element | Auswirkung |
|---|---|
| 12 ... 15% Mangan | — gutes Kaltverfestigungsvermögen<br>— geringe Härte |
| Molybdän | — feinkörniges Gefüge<br>— gesteigerte Härtbarkeit<br>— erhöhte Schlagfestigkeit |
| Chrom | — bessere mechanische Eigenschaften<br>— korrosionshemmend<br>— mit Kohlenstoff Karbidbildung; daraus folgt große Härte und damit hoher Verschleißwiderstand |
| Vanadium | — Kornverfeinerung<br>— in geringen Mengen (z. B. 0,08%) erhöht es die Härtbarkeit |
| Chrom und Nickel | — Verbesserung der Festigkeitseigenschaften<br>— Chrom erhöht Festigkeit<br>— Nickel erhöht Zähigkeit |

den Einsatz der verschiedensten Legierungselemente (Tabelle 8.1) ergeben sich unterschiedliche Eigenschaften, die auf die jeweilige Festigkeit, Dehnung, Anlaßbeständigkeit, Durchhärtung u. a. zurückzuführen sind [1025]. Aus Tabelle 8.1 geht hervor, daß es unter Beachtung des Systemcharakters des Verschleißes und der erfaßbaren Einflußgrößen nur in Ausnahmefällen möglich sein wird, für einen bestimmten Belastungsfall und entsprechende Betriebsbedingungen einen optimalen Verschleißwerkstoff auszuwählen. Die meisten Arbeitsorgane von Zerkleinerungs- und Klassiermaschinen erfordern unter dem Gesichtswinkel eines geringen Verschleißabtrages einerseits eine große Härte und andererseits zur Vermeidung von Brüchen eine große Zähigkeit. Diese Forderungen lassen sich nach Bild 8.5 mit einer Einstofflösung nur selten realisieren. Die metallischen Verschleißwerkstoffe können nach ihren unterschiedlichen Eigenschaftsprofilen in austenitische Mangan-Hart-

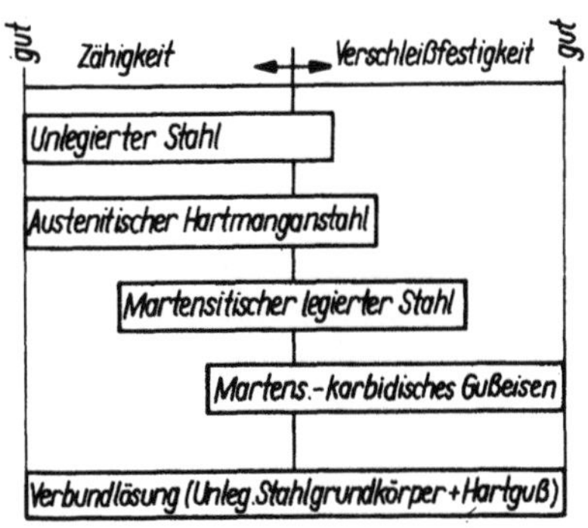


Bild 8.5. Schematische Darstellung des Zusammenhanges zwischen Zähigkeit und Verschleißfestigkeit im Vergleich zu einer Verbundlösung [989]

stähle, legierte Walz- und Gußstähle und karbidhaltige Sondergußqualitäten unterschieden werden, wobei die Zähigkeit in der dargestellten Reihenfolge stark abnimmt (Bild 8.5) [886 bis 890].

**Austenitische Mangan-Hartstähle:** Sie enthalten meist 12 bis 19% Mangan und etwa 1,2 bis 1,4% Kohlenstoff. Entscheidend für den Einsatz dieser Werkstoffgruppe als Verschleißmaterial ist, daß es eine größere Zähigkeit besitzt und sich während einer Stoß- oder Druckbelastung auf der Oberfläche verfestigt. Eine solche Verfestigung erfolgt durch Umwandlung des instabilen austenitischen Gefüges in Verformungsmartensit, der die Verschleißbeständigkeit bei abrasiver Beanspruchung an der Oberfläche der Arbeitsorgane erhöht [986, 987]. Deshalb ist Mangan-Hartstahl nur dort gut geeignet, wo Stoß- und Druckbelastung auftreten, die zur Kaltverfestigung führen. Aufgrund seiner großen Zähigkeit im Kern der Verschleißteile und seines großen Abriebwiderstandes auf der Oberfläche wird Mangan-Hartstahl vor allem für Brechplatten in Backen- und Kegelbrechern, Walzenmäntel bei Walzenbrechern und für Prallplatten, Schlagleisten und Hämmer bei Prall- und Hammerbrechern sowie -mühlen verwendet. Ist das zu zerkleinernde Material sehr spröde, so kann in Sonderfällen die gewünschte Gefügeumwandlung ausbleiben und ein unerwartet hoher Verschleiß auftreten [986]. Außerdem ist zu beachten, daß Mangan-Hartguß seine große Zähigkeit verliert, wenn er einmal im Temperaturbereich zwischen 400 und 700 °C erwärmt wird.

**Legierte Walz- und Gußstähle:** Als legierte Verschleißwerkstoffe bei Zerkleinerungsmaschinen kommen vor allem chromlegierte Gußstähle mit einem Chromgehalt von 10 bis 15% und geringen Anteilen von Nickel, Mangan, Molybdän und Vanadium zum Einsatz, die in den Verschleißelementen eine gleichbleibende Härte bewirken. Bei entsprechendem Cr—C-Verhältnis wird neben einem günstigen Abrasivverhalten, das auf das martensitische Gefüge zurückzuführen ist, meist auch eine gute Korrosionsbeständigkeit erreicht. Da die Zähigkeit und damit die Bruchdehnung mit wachsendem Kohlenstoffgehalt stark abnehmen, werden derartige Stähle mit hohem C-Gehalt nicht bei Schlag- bzw. ausgeprägter Stoßbeanspruchung verwendet. Durch entsprechende Kombination von Legierungselementen, wie Mn, Mo, Si und Cr, erhält man Werkstoffe, wie z. B. 17MnCrSiMo6.5, die besonders für hochbeanspruchte Teile bei Prall- und Gleitverschleiß eingesetzt werden können. Bei abrasiver Beanspruchung sind auch die Stahlmarken 55SiMn7, 40MnCr4 und St09 geeignet. Der Einsatz legierter Stähle hat sich bei Sturzmühlenpanzerungen, Mahlkörpern für Sturzmühlen sowie Pralleisten für Prallmühlen bewährt.

**Karbidhaltige Sondergußqualitäten:** Mit wachsendem Kohlenstoffgehalt nimmt der Gehalt an Eisenkarbid zu, wodurch die Widerstandsfähigkeit gegenüber reibender Beanspruchung steigt, die Zähigkeit und Verformungseigenschaften jedoch sinken. Die Bildung von Karbiden kann entweder durch rasche Abkühlung in Kokillen (Kokillen-Hartguß) oder durch Legierungsbestandteile begünstigt werden. Karbidhaltige Sondergußqualitäten, zu denen u. a. auch Ni-Hard mit einem Nickelgehalt von 3 bis 6% und einem Chromgehalt bis 8% bei geringem Mangangehalt von 0,5% gehört, sind spröde und deshalb je nach Legierung meist nur für reibende Beanspruchung bei geringem Schlag oder Stoß geeignet [986, 991]. Wird der Nickel- und Chromgehalt auf 6 bis 10% bei geringem Mangangehalt gesteigert, so erhöht sich die Zähigkeit und damit die Schlagfestigkeit, so daß Ni-Hard für Panzerplatten und Mahlkörper bei Sturzmühlen und Schlagleisten bei Feinprallmühlen verwendet werden kann [1026 bis 1028]. Beim Einsatz von Ni-Hard (GH-X300NiCr4.2; GH-X300NiCr9.6; G-X370CrMoNi18.2 und G-X140CrMo23.2) sind folgende Gesichtspunkte zu beachten [1029]:

— Empfindlichkeit gegenüber Wärmeschocks bis 800 °C; bei konstanten Temperaturen bis 400 °C ist Ni-Hard unempfindlich
— Ni-Hard ist schlecht schweiß- und bearbeitbar; er muß möglichst maßhaltig und massegleich gegossen werden.
— durch Abguß in Kokillen anstatt in Sand kann die Verschleißfestigkeit bis zu 100% erhöht werden.
— Forderungen nach großer Elastizität bzw. plastischer Dehnung sind nicht realisierbar.
— bei geeigneter Wärmebehandlung können seine Systemeigenschaften verbessert werden.

### 8.2.2. Metallische Verbundlösungen

Da bei der Auswahl von Verschleißwerkstoffen für Arbeitsorgane stets das Eigenschaftsprofil der jeweiligen Werkstoffe mit dem Beanspruchungsprofil des Verschleißelementes in Übereinstimmung zu bringen ist und dabei unter Berücksichtigung der Eigenschaftsprofile verfügbarer Werkstoffe Kompromisse notwendig sind, werden in letzter Zeit häufig Verbundlösungen, soweit sie ökonomische Vorteile bieten, bevorzugt. Bei der Verwendung nur eines Werkstoffes können meist nur bestimmte Anforderungen, wie z. B. große Härte bei Abrasion, erfüllt werden, da die Bruchdehnung, die ebenfalls von Interesse sein kann, mit der Härte abnimmt. So können z. B. Chrom-Karbid-Hartgußqualitäten in einer Einstofflösung nicht für große Teile eingesetzt werden, die schlagender Beanspruchung unterliegen. Der Hauptvorteil von Verbundlösungen für Verschleißelemente liegt demzufolge darin, bessere Kombinationen von hohem Verschleißwiderstand in der verschleißbeanspruchten Außenfläche und hoher Zähigkeit im Grundkörper zu erhalten [986, 987, 992].

Metallische Verbundlösungen können in Dünnschichtverfahren (z. B. Randschichthärten, thermochemische Diffusionsbehandlung) und Dickschichtverfahren (z. B. Auftragschweißen, Verbundguß) untergliedert werden. Bei Zerkleinerungs- und Klassiermaschinen haben Dünnschichtverfahren keine Bedeutung, da stets größere Verschleißschichtdikken vorgesehen werden müssen und nach Abnutzung der relativ dünnen Hartschicht der wenig verschleißfeste Grundkörper zu schnell verschleißt und die Standzeitverlängerung nur sehr klein ist.

**Verbundguß:** Eine häufig angewendete Methode zur Herstellung metallischer Verbundlösungen ist das Verbundgießen. Bei dieser Methode werden Gußkörper hergestellt, die in den einzelnen Schichten unterschiedliche Eigenschaftsprofile durch Verwendung verschiedener Gußqualitäten aufweisen, z. B. leichtbearbeitbarer und schweißbarer Grundkörper mit hoher Zähigkeit und harter Verschleißschicht, und so für den vorgesehenen Verwendungszweck besser geeignet sind. Aus Verbundguß werden vor allem Prallplatten, Schläger und Schlagleisten für Prall- und Hammerbrecher, ausgewählte Teile für Backen- und Kegelbrecher, Walzenmäntel für Wälzmühlen und Walzenbrecher hergestellt. Um z. B. bei Walzenmänteln für Wälzmühlen eine harte Verschleißschicht und einen leicht bearbeitbaren zähen Grundkörper zu erhalten, werden derartige Verschleißteile mittels Schleudergußverfahrens gegossen. Hierbei wird in entsprechende Formen mit der notwendigen Schleudergeschwindigkeit zunächst eine Gußqualität für die Verschleißschicht eingeschleudert und danach die zähere, für die Festigkeit und Bearbeitung wichtige Gußqualität nachgeschleudert. Bei entsprechender Temperaturüberwachung ist keine bzw. nur eine geringe Vermischung der Gußqualitäten zu verzeichnen. Verschiedentlich werden auch Verbundgußelemente mit Stahlarmierungen hergestellt. Bei derartigen Elementen werden ähnlich wie bei stahlarmiertem Beton Stahlelemente oder Drahtgewebe in die Formen eingelegt und mit sprödem Hartguß umgossen. Auch wenn Verbundgußelemente mit Stahlarmierung unter harten Einsatzbedingungen brechen können, werden Folgeschäden weitestgehend vermieden. Anwendungsmöglichkeiten für stahlarmierte Hartgußteile sind Prallplatten für Prallbrecher, Brechbacken, Auskleidungsplatten für Stirnwände von Sturzmühlen, Mühlenpanzerungen. Damit können z. T. Hartmangan und legierte Stahlgußqualitäten ersetzt werden [987].

**Kornguß:** Bei Forderungen nach höchster Verschleißfestigkeit kommt verschiedentlich die vorgenannte Korngußtechnologie zur Anwendung. Mit dieser Technologie ist es möglich, hochverschleißfeste Wolframkarbidteile (Hartmetall) mit geeigneten Legierungen hoher Zähigkeit zu umgießen. Derartige Elemente haben bei hoher Verschleißfestigkeit den Vorteil, daß der Grundkörper bearbeitbar ist und gegebenenfalls durch Schweißen befestigt werden kann. Hartmetall-Verbundguß wird eingesetzt, wenn mit anderen Verbundgußlösungen nicht die gewünschten Lebensdauerverlängerungen erreichbar sind. Dabei ist jedoch zu beachten, daß nur kleinere Verschleißelemente, z. B. für kleinere Prallmühlen, wirtschaftlich herstellbar sind. Auch das Auflöten von Hartmetallplatten ist möglich. Verschleißelemente mit aufgelöteten Hartmetallplatten können z. B. in Sichtern für den Verschleißschutz der Ventilatoren und als Zyklonauskleidungen zur Anwendung kommen [987]. Bei Druck- und Schlagbeanspruchung sind derartige Lösungen nicht geeignet.

**Hartauftragschweißen:** Zu den Dickschichtverfahren metallischer Verbundlösungen gehört auch das Hartauftragschweißen, das als älteste Methode zur Bekämpfung von durch Mineralien verursachten Verschleißschäden vor Ort bezeichnet werden kann. Das Schweißverfahren hat den Vorteil, daß ein wiederholtes Auftragen verschleißbeständiger Schichten ausreichender Dicke mit relativ einfachen Mitteln vor Ort möglich ist, sofern zähe und schweißbare Grundwerkstoffe vorhanden sind. Nachteilig ist dabei der noch große Zeitaufwand, der jedoch bei hochmechanisierten Auftragschweißverfahren wesentlich gesenkt werden kann. Typische Anwendungsfälle sind: Schlagleisten von Prallbrechern, Hammermühlenschläger, Prallwände, Walzen von Walzenbrechern und -mühlen, Verschleißplatten von Kegel- und Backenbrechern. Zur Rationalisierung der Auftragschweißung kommen häufig speziell an die jeweiligen Verschleißelemente angepaßte Schweißmaschinen zur Anwendung [987, 993], die jedoch sehr kostspielig und nur bei großer Auslastung wirtschaftlich sind. Eine weitere Methode des aktiven Verschleißschutzes durch Verbundlösungen besteht darin, daß vorgefertigte, vollautomatisch auftraggeschweißte Platten, wie z. B. für Siebböden, Roste, Zyklone usw., zum Einsatz gelangen. Bei Siebböden betragen die Standzeitverlängerungen das Fünf- bis Zehnfache gegenüber schwachlegierten Einstofflösungen [987, 992]. Verschiedentlich werden auch Mehrstofflösungen in Sandwich-Bauweise verwendet, indem z. B. mehrere Lagen Blech übereinander angeordnet werden. Dabei wird die Hartschicht dem Abrasivverschleiß ausgesetzt. Die Weichschicht hat dagegen die mechanischen Beanspruchungen aufzunehmen.

### 8.2.3. Metallische Sinterwerkstoffe

Bei den *metallischen Sinterwerkstoffen*, die mit pulvermetallurgischen Verfahren hergestellt werden, sind die Karbide entweder in einer Eisenmatrix, z. B. Ferro-Titan-Legierungen, oder in einer Nichteisenmatrix, wie Kobalt- oder Wolframlegierungen, eingelagert. Sinterwerkstoffe mit einer Eisenmatrix haben den Vorteil, daß diese im weichgeglühten Zustand mechanisch leicht bearbeitbar sind und anschließend wieder gehärtet werden können. Verschleißelemente dieser Art kommen z. B. bei Scheibenmühlen zum Einsatz. Hartmetalle mit einer Nichteisenmatrix, die einen Wolfram- oder Kobaltbinder besitzen, werden nur in ausgewählten Fällen für kleine Verschleißelemente verwendet, da sie kostenaufwendig sind und besondere Maßnahmen bei der Befestigung der Elemente am

Grundkörper erfordern (Löten, Eingießen, Einklemmen, Schrauben). Hartmetalle mit einer Nichteisenmatrix sind sehr verschleißfest und ermöglichen in Sonderfällen Standzeitverlängerungen um das Drei- bis Fünffache gegenüber anderen hochlegierten Hartgußqualitäten [986]. Die Dichte solcher Legierungen beträgt $\varrho = 13$ bis $15\ \mathrm{t\ m^{-3}}$. Bei speziellen Feinzerkleinerungsaufgaben in Schwingmühlen haben sich Hartmetallmahlkörper gut bewährt.

### 8.2.4. Nichtmetallische Verschleißwerkstoffe

*Nichtmetallische Verschleißwerkstoffe*, zu denen die Hartkeramik, ausgewählte Minerale, Gummi und Kunststoff gehören, erhalten wachsende Bedeutung, da sie z. T. leichter verarbeitbar sind und einen höheren Verschleißwiderstand aufweisen als metallische Verschleißwerkstoffe.

**Gummi und Kunststoffe:** Gummi besitzt innerhalb eines bestimmten Härtebereiches, z. B. Natur- und Synthese-Gummiqualitäten bei Shore-Härten 40 bis 80 und synthetischer Urethankautschuk bei Shore-Härten von 70 bis 95, sehr gute mechanische Eigenschaften gegen Abrasivverschleiß. Die bei der Beanspruchung von Gummielementen auftretenden Verschleißvorgänge sind nicht nur auf die Gummioberfläche, sondern auch auf die Eigenschaften des Gummigrundkörpers zurückzuführen. Dabei sind die Eigenschaften des Gummis, federnd auszuweichen, Energie aufzunehmen und einen Widerstand gegen Deformation zu bieten, von besonderer Bedeutung und müssen bei der Gestaltung von entsprechenden Verschleißelementen beachtet werden. Da unter Berücksichtigung mechanischer Beanspruchung der Verschleißelemente aus Gummi häufig eine härtere Gummiqualität notwendig ist, als es mit Rücksicht auf den günstigsten Verschleißwiderstand notwendig wäre, kommen auch bei Gummielementen Verbundlösungen zum Einsatz. Zu beachten ist, daß Gummi nur für Temperaturen $< 120\ °\mathrm{C}$ geeignet ist, da bei höheren Temperaturen die Alterungsbeständigkeit stark abnimmt und der Verschleiß stark ansteigt [990]. Außerdem ist zu beachten, daß er gegen ultraviolettes Sonnenlicht und Ozon aus der Atmosphäre empfindlich ist. Verschleißelemente aus Gummi werden vorrangig zur Panzerung von Sturzmühlen für die Naßmahlung, für Schurren, Zyklonauskleidungen und für Siebböden verwendet. Letztere werden verschiedentlich auch in Verbundbauweise (Stahl-Gummi) mit Gummi als Verschleißschicht eingesetzt. In den letzten Jahren haben sich besonders Polyurethane, die aus Polyester und verschiedenen Vernetzungsmitteln bestehen, durchgesetzt, da sie bei Abrasion eine große Standzeit und geringe Feuchtigkeitsaufnahme aufweisen. Ein Einsatz bei Temperaturen über 80 °C ist jedoch nicht möglich. Neben einer guten Beständigkeit gegen Abrasivverschleiß und Korrosion haben Gummiqualitäten auch den Vorteil einer beträchtlichen Lärmminderung und leichten Montierbarkeit, so daß sie auch aus diesen Gründen für ausgewählte Einsatzgebiete bevorzugt werden. Ungünstige Beanspruchungsbedingungen, wie ungünstige Auftreffwinkel, können aber auch zu einem erhöhten Verschleiß führen [994]. Dieser kann z. B. bei den einzelnen Gummiqualitäten auf folgende Verschleißtypen zurückgeführt werden [990]:

*a) Pyrolytischer Verschleiß*: Die Reibungswärme führt zum thermischen Abbau des Gummiwerkstoffes, der dann in halbflüssiger, flüssiger oder gasförmiger Gestalt abgetragen wird.

*b) Abrasiver Verschleiß*: Hoher Berührungsdruck in Verbindung mit scharfen Kanten an den schleißenden Stoffen zerschneiden die Gummioberflächen beim Darübergleiten.

*c) Verschleiß durch Spanbildung*: Die Reibungskräfte schieben die Gummioberfläche zu kleinen Wulsten hoch. Wenn die Reibungskräfte die Schubfestigkeit der Gummiqualität überschreiten, tritt ein Bruch und damit verbunden eine Spanbildung ein.

*d) Ermüdungsverschleiß*: Die Deformation an der Oberfläche führt nicht sofort zum Bruch, sondern erst nach einer bestimmten Ermüdung. Diese wird neben der Beanspruchung vor allem von der Temperatur und der Umgebungsatmosphäre beeinflußt.

Bei der Entscheidung, ob Stahl oder Gummi bzw. Plastwerkstoffe zum Einsatz gelangen, sind folgende Kriterien zu beachten:

— Bei kleinem Kontaktdruck, bezogen auf die tatsächliche Berührungsfläche, ist Gummi im allgemeinen besser als Stahl. Scharfkantiges Material weist sich jedoch nachteilig aus.
— Bei Temperaturen über 100 °C bzw. bei Temperaturschocks bis 150 °C wird die Verschleißfestigkeit des Gummis stark reduziert.
— Hohe Gleitgeschwindigkeit in Verbindung mit Dauerkontakt ist bei Gummi zu vermeiden.
— Bei harten Mineralien weist Gummi meist bessere Verschleißwerte auf als Stahl. Bei weicheren Mineralien kann sich das Verhältnis umkehren (Bild 8.6) [990].
— Gummi ist korrosionsbeständig und besitzt in dieser Hinsicht wesentliche Vorteile gegenüber Stahl.

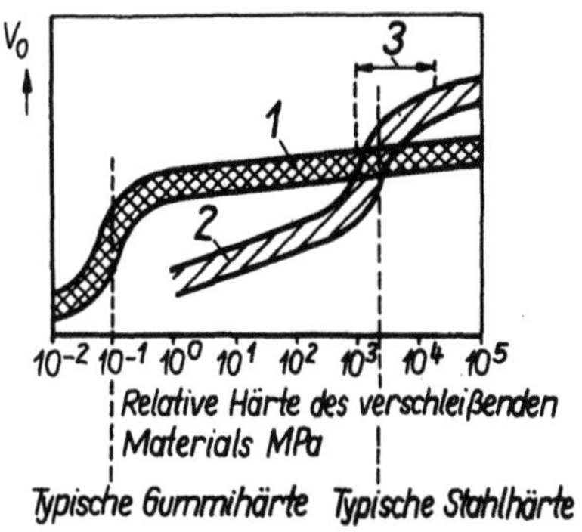


Bild 8.6. Spezifischer Verschleiß von Gummi und Stahl in Abhängigkeit von der Härte des schleißenden Materials [990]
*1* Gummi; *2* Stahl; *3* Härte gewöhnlicher Mineralien

**Hartkeramik:** Unter den nichtmetallischen harten Verschleißwerkstoffen haben die oxidkeramischen Werkstoffe auf der Basis von Aluminiumoxid die größte Bedeutung. Sie kommen als Sinterkeramiken mit unterschiedlichem $Al_2O_3$-Gehalt meist bei der eisenfreien Feinzerkleinerung als Mühlenpanzerung und als Mahlkörper (Kugeln) zum Einsatz. Die gesinterten Hartkeramikqualitäten haben den Vorteil, daß sie ihre guten Gebrauchseigenschaften auch bei hohen Dauertemperaturen beibehalten und gleichzeitig korrosionsbeständig sind. In Bereichen, in denen gleichzeitig Abrasion und Korrosion auftreten, werden höhere Standzeiten als bei der Anwendung metallischer Verschleißwerkstoffe erreicht. Nachteilig ist jedoch die hohe Schlagempfindlichkeit und Empfindlichkeit bei Temperaturwechselbeanspruchungen. Außer Elementen aus Sinterkeramik kommen auch gegossene Hartkeramikelemente zur Anwendung. Schmelzbasalt, als wichtigster Vertreter dieser Gruppe, wird vor allem bei reibender Beanspruchung, z. B. als Auskleidungsmaterial für Sturzmühlen bei eisenfreier Mahlung, bei Zyklonen, Rinnen usw. eingesetzt. Schmelzbasaltelemente werden nach dem Aufschmelzen in entsprechenden Öfen in Formen gegossen und durch Einmörteln bzw. Einkleben befestigt. Vorteile des Schmelzbasaltes sind:

— Verschleißbeständigkeit gegen abrasive Einwirkung
— beständig gegen chemische Einflüsse
— hohe Druckfestigkeit und gutes Isolationsvermögen

Nachteilig ist, daß er nicht unter der Wirkung mechanischer Stöße und beim Auftreten von Thermoschocks eingesetzt werden kann.

## 8.3. Austausch von Verschleißelementen

Verschleißelemente müssen hinsichtlich ihres Schädigungszustandes regelmäßig bzw. durch entsprechende Überwachungseinrichtungen automatisch im Echtzeitbetrieb überwacht werden, damit ein planmäßiger bzw. vorbeugender Austausch oder eine entsprechende Aufarbeitung vor Ort möglich sind. Da ein Lockern oder Lösen von Verschleißelementen während des Betriebes infolge der daraus resultierenden Folgeschäden unbedingt vermieden werden muß, sind eine gute Auflage und Befestigung an den jeweiligen Maschinenteilen notwendig. Für Montage und Austausch der Teile, die meist eine beträchtliche Masse besitzen, sind entsprechende Montageöffnungen an den Maschinen sowie dafür geeignete Hebezeuge vorzusehen. Moderne Maschinenkonzeptionen sehen aufklappbare Arbeitsräume bzw. ausfahrbare Arbeitsorgane wie bei Wälzmühlen, großen Prall- und Hammerbrechern usw. vor.
Tabelle 8.2 zeigt eine Zusammenstellung der Beanspruchungsmechanismen und bewährte Verschleißschutzmaterialien für Zerkleinerungs- und Klassiermaschinen.

*Tabelle 8.2. Beanspruchungsmechanismen und Verschleißschutzmaterialien für Zerkleinerungs- und Klassiermaschinen*

| Maschinentyp | Hauptverschleißteile | Hauptbeanspruchung | Verschleißschutzmaterialien | Beispiele für Verschleißschutzmaterialien |
|---|---|---|---|---|
| Backenbrecher | Brechbacken | Druck, z. T. Reibung und Schlag | ☐ Mangan-Hartstahl<br>☐ Stähle mit aufgeschweißter Schutzschicht<br>☐ für kleinere Brecher mit geringerer Biegebeanspruchung der Brechplatten auch Einsatz von chrom-molybdän-legiertem Stahl | 120Mn5 (TGL 14102)<br>G-X120Mn12<br>G-X120Mn12,2 (TGL 23839) |
| Kegelbrecher | Brechmantel, Brechkegel | Druck (Steilkegelbrecher), Schlag (Flachkegelbrecher) | ☐ Mangan-Hartstahl<br>☐ Stähle mit aufgeschweißter Schutzschicht | 120Mn5 (TGL 14102)<br>G-X120Mn12<br>G-X120Mn12.2 (TGL 23839) |
| Walzenbrecher | Walzenmäntel | Druck, Reibung | ☐ Mangan-Hartstahl<br>☐ Stähle mit aufgeschweißter Schutzschicht<br>☐ chrom-molybdän-legierter Stahl<br>☐ chrom-mangan-legierter Stahl | 120Mn5 (TGL 14102)<br>G-X120Mn12<br>G-X120Mn12.2 (TGL 23839)<br>G-X300CrMo15.3 (TGL 23839)<br>GS-70CrMn7 (TGL 23839) |
| Prallbrecher | Schlagleisten, Prallplatten, Gehäusepanzerung | Schlag, Reibung, Prall | ☐ Mangan-Hartstahl<br>☐ Stähle mit aufgeschweißter Schutzschicht<br>☐ martensitisches oder austenitisches Chrom-Gußeisen<br>☐ chrom-molybdän-legierter Stahl | 120Mn5 (TGL 14102)<br>G-X120Mn12<br>G-X120Mn12.2 (TGL 23839)<br>Elektrode E 6-55 (0,6% C; 0,7% Si; 1,5% Mn; 5% Cr)<br>G-X300CrNi9.6 (TGL 23839)<br>G-X300CrMo15.3 (TGL 23839) |
| Hammerbrecher | Hammer, Gehäusepanzerung | Schlag, Reibung | ☐ Mangan-Hartstahl<br>☐ Stähle mit aufgeschweißter Schutzschicht<br>☐ martensitischer chrom-molybdän-legierter Stahl<br>☐ Kokillenhartguß<br>☐ Verbundguß | 120Mn5 (TGL 14102)<br>G-X120Mn12<br>G-X120Mn12.2 (TGL 23839)<br>ZIS 218 (10% C; 54% Cr; 2,4% Si; 1,4% B; 24% Fe)<br>*Kopf*: Legierung mit hohem C-Gehalt und Cr-Gehalt; *Schaft*: Cr-Mo-Stahl (42CrMo4) |
| Ventilatormühlen | Schlägerplatten, Gehäusepanzerung | Schlag, Reibung, Prall | ☐ mangan-legierter Stahl | 30Mn5<br>50Mn7 |
| Wälzmühlen | Walzenmäntel, Mahlbahn | Druck, Reibung, Schlag | ☐ Legierter Vergütungsstahl<br>☐ martensitischer chrom-molybdän-legierter Stahl<br>☐ Ni-Hard-Stähle (speziell Ni-Hard II und IV) | G-X300CrMo15.3 (TGL 23839)<br>GH-X300NiCr4.2<br>GH-X300NiCr9.6 (TGL 23839) |

*Tabelle 8.2 (Fortsetzung)*

| Maschinentyp | Hauptverschleißteile | Hauptbeanspruchung | Verschleißschutzmaterialien | Beispiele für Verschleißschutzmaterialien |
|---|---|---|---|---|
| Sturzmühlen | Mahlraumpanzerung,<br>Mahlkörper | Schlag,<br>Druck,<br>Reibung | □ Ni-Hard-Stähle | GH-X300NiCr9.6 (TGL 23839) |
| | | | □ hochlegiertes weißes Gußeisen | GH-X270Cr26 |
| | | | □ chrom-molybdän-legierter Stahl, Mangan-Hartstahl | |
| | | | □ Gummi (speziell für Panzerungen) | |
| | | | □ zähharte Werkstoffe (speziell für Mahlkörper) | St09 (TGL 14102)<br>55MnSi7 (TGL 14102; TGL 13789) |
| Siebmaschinen | Siebbeläge | Reibung,<br>Stoß | □ Federstahl<br>□ niedriglegierte Kohlenstoffstähle<br>□ mangan- bzw. mangan-molybdänlegierter Stahl<br>□ bei geringer Stoßkomponente z. T. martensitischer Stahl bzw. martensitischer chrom-molybdän-legierter Stahl<br>□ Gummi<br>□ Polyurethan<br>□ Spezialkeramik | |
| Zyklone | Einlaufteil,<br>Unterteil | Abrasion<br>(Reibung,<br>Gleitstrahl) | □ Stahl | |
| | | | □ Stähle mit aufgeschweißter Schutzschicht | Pulver PI-5 (3,6 % C; 1 % Ti; Rest Fe) |
| | | | □ Gummi (speziell für Hydrozyklone)<br>□ Schmelzbasalt<br>□ Keramik | |

# Literaturverzeichnis


[1] *Schubert, H.*: Aufbereitung fester mineralischer Rohstoffe, Bd. 1. Leipzig: VEB Deutscher Verlag für Grundstoffindustrie 1975
[2] *Schubert, H.*: Mechanische Verfahrenstechnik, Bd. 1 u. 2. Leipzig: VEB Deutscher Verlag für Grundstoffindustrie 1977
[3] *Rumpf, H.*: Staub-Reinhaltung der Luft **27** (1967) 1, S. 3—13
[4] *Helfricht, R.*: Neue Bergbautechnik **1** (1971) 11, S. 858—863
[5] *Beushausen, W.*: Chemische Technik **11** (1959), S. 190—200 u. 237—240
[6] *Sommer, O.*: Staub **15** (1955) 42, S. 644—677
[7] *Schubert, H.*: Aufbereitung fester mineralischer Rohstoffe, Bd. 3. Leipzig: VEB Deutscher Verlag für Grundstoffindustrie 1984
[8] Lehrbuch der chemischen Verfahrenstechnik. Leipzig: VEB Deutscher Verlag für Grundstoffindustrie 1980
[9] *Graf, U.; Hennig, H. J.*: Erzmetall **5** (1952) 4, S. 127—131
[10] *Leschonski, K.*: in: 1. Europäisches Symposium Partikelmeßtechnik, Nürnberg, 1975, S. 21—38
[11] *Leschonski, K.*: Fachtagung Granulometrie, Dresden, 1979, S. 5
[12] *Folgner, T.; Höffl, K.; Irmer, K.*: Neue Bergbautechnik **11** (1981) 5, S. 296—298
[13] *Folgner, T.; Höffl, K.; Irmer, K.*: Neue Bergbautechnik **11** (1980) 8, S. 452—455
[14] *Batel, W.*: Einführung in die Korngrößenmeßtechnik. Berlin; Göttingen; Heidelberg: Springer 1964
[15] *Tárjan, G.*: Asványelökészités, Bd. 1. Budapest: Tankönyvkiado 1969
[16] Comminution and energy consumtion, NMAB Report 364. Washington: National Academy Press 1981
[17] *Kattanek, S.; Gröger, R.; Bode, C.*: Ähnlichkeitstheorie. Leipzig: VEB Deutscher Verlag für Grundstoffindustrie 1967
[18] *Callcot, T. G.*: Journal of the institute of fuel **29** (1956), S. 207—217
[19] *Lehmann, H.; Haese, U.*: Tonindustriezeitung **79** (1955) 7/8, S. 91—94
[20] *Bernutat, P.*: Tonindustriezeitung **85** (1961) 17, S. 397—398
[21] *Hughes, T. H.*: in: Dechema-Monographien: Zerkleinern, Bd. 57; Nr. 993—1026, T. 2. Weinheim/Bergstr.: Verlag Chemie 1967, S. 667—693
[22] *Rumpf, H.; Kaiser, F.*: in: Ullmanns Enzyklopädie der technischen Chemie, Bd. 1. München; Berlin: Urban u. Schwarzenberg 1951
[23] *Sommer, H.*: Aufbereitungstechnik **3** (1962) 3, S. 116—118
[24] *Taggart, A. F.*: Elements of ore dressing. New York: Wiley 1951
[25] *Neuhoff, I.*: Aufbereitungstechnik **22** (1981) 10, S. 533—549
[26] *Rumpf, H.*: Aufbereitungstechnik **7** (1966) 8, S. 421—434
[27] *Rumpf, H.*: Chemie-Ingenieur-Technik **37** (1965) 3, S. 187—202
[28] *Rumpf, H.*: VDI-Berichte, Bd. 26 (1958), S. 1—23
[29] *Schönert, K.; Rumpf, H.*: in: 1. Europäisches Symposium Zerkleinern, Frankfurt a. M. 1962. Verlag Chemie/VDI-Verlag 1962, S. 108—127
[30] *Rumpf, H.*: in: 4. Europäisches Symposium Zerkleinern, Nürnberg, 1975. Preprints (1. Teil), Dechema Deutsche Gesellschaft für chemisches Apparatewesen e.V., S. 19—41
[31] *Gildemeister, H. H.; Schönert, K.*: in: 4. Europäisches Symposium Zerkleinern, Nürnberg, 1975, S. 131—149
[32] *Hess, W.; Schönert, K.*: in: 4. Europäisches Symposium Zerkleinern, Nürnberg, 1975, S. 151—165
[33] *Blumenauer, H.; Pusch, G.*: Technische Bruchmechanik. Leipzig: VEB Deutscher Verlag für Grundstoffindustrie 1981
[34] *Blumenauer, H.; Pusch, G.*: Bruchmechanik. Leipzig: VEB Deutscher Verlag für Grundstoffindustrie 1972
[35] *Steiner, K.; Schönert, K.*: in: 3. Europäisches Symposium Zerkleinern, Cannes 1971. Verlag Chemie GmbH 1972 Weinheim/Bergstraße, S. 167—189
[36] *Griffith, A. A.*: Philosophical transactions of the Royal Society of London; Ser. A **221** (1920/21), S. 163—198
[37] *Rumpf, H.; Schönert, K.*: in: Ullmans Enzyklopädie der Technischen Chemie, 4. Aufl., Bd. 2. Weinheim/Bergstraße: Verlag Chemie S. 2—23
[38] *Rumpf, H.*: Zement, Kalk, Gips **21** (1968) 8, S. 343—353
[39] *Mittag, C.*: Prüfverfahren zur Ermittlung von Höchstleistungen in Kugel- und Rohrmühlen. Berlin; Göttingen; Heidelberg: Springer 1954

[40] *Smekal, A.*: VDI-Beiheft. Verfahrenstechnik (1937) 5
[41] *Smekal, A.*: Zeitschrift für Physik **103** (1936), S. 495
[42] *Smekal, A.*: VDI-Beiheft Verfahrenstechnik (1936) 2
[43] *Mittag, C.*: Die Hartzerkleinerung. Berlin; Göttingen; Heidelberg: Springer 1953
[44] *Smekal, A.*: VDI-Beiheft Verfahrenstechnik (1937) 1
[45] *Beke, B.*: Acta technica acedemia scientiarum hungaricae **75** (1973), S. 23–33
[46] *Schellinger, K.*: Mining engineering **4** (1952) 4, S. 369–374
[47] *Schönert, K.*: Zement, Kalk, Gips **32** (1979) 1, S. 1–9
[48] *Meric, J. P.*: Revue des materiaux de construction et de travaux publics **715** (1978), S. 329–333
[49] *Stairmand, C. I.*: in: Dechema-Monographien, Bd. 79: Zerkleinern. Weinheim/Bergstr.: Verlag Chemie 1976, S. 1–17
[50] *Carey, W.; Steirmand, C. I.*: in: Recent developments in mineral dressing (Symp. 23–25 Sept. 1952, London). London: Institution of Mining and Metallurgy 1953, S. 117
[51] *Kaminskij, A. D.; Kolesov, V. S.*: Cement, Leningrad **79** (1979) 4, S. 12–14; **80** (1980) 7, S. 14–16; **76** (1976) 9, S. 11–13
[52] *Gühne, H.; Silva, S. de*: Aufbereitungstechnik **19** (1978) 10, S. 472–480
[53] *Patat, F.; Langemann, H.*: Chemie-Ingenieur-Technik **3** (1959), S. 561–568
[54] Spravočnik po obogaščeniju rud., T. 1. Moskva: Nedra 1972
[55] *Bond, F. C.*: Mining engineering **5** (1953) 3, S. 315–316
[56] *Mölling, H. A.*: Aufbereitungstechnik **1** (1960) 4, S. 278–290
[57] *Tamura, K.; Tanaka, T.*: Aufbereitungstechnik **10** (1969) 5, S. 280–285
[58] *Wasmuth, H. D.*: Aufbereitungstechnik **10** (1969) 5, S. 284–289
[59] *Brach, I.*: in: Freiberger Forschungshefte A 539. Leipzig: VEB Deutscher Verlag für Grundstoffindustrie 1975, S. 51–56
[60] *Thomas, S. U.; Mika, B. S.*: in: Dechema-Monographien, Bd. 57, T. 1: Zerkleinern. Weinheim/Bergstr.: Verlag Chemie 1966, S. 205–239
[61] *Austin, L. G.*: in: Dechema-Monographien, Bd. 57, T. 1: Zerkleinern. Weinheim/Bergstr.: Verlag Chemie 1966, S. 281–312
[62] *Tillé, P. R.*: in: Dechema-Monographien, Bd. 57, T. 1: Zerkleinern. Weinheim/Bergstr.: Verlag Chemie 1966, S. 341–370
[63] *Rumpf, H.*: in: Dechema-Monographien, Bd. 79, T. A/1: Zerkleinern. Weinheim/Bergstr.: Verlag Chemie 1976, S. 19–41
[64] *Austin, L. G.*: Powder technology **5** (1971/72) 1, S. 1–17
[65] *Herbst, J. A.; Grandy, G. A.; Fuerstenau, D. W.*: in: 10th international mineral processing congress London, 1973. London: Institution of Mining and Metallurgy, 1974, S. 23–45
[66] *Lynch, A. I.*: Mineral crushing and grinding circuits. Amsterdam: Elsevier 1977
[67] *Hentzschel, W.; Lange, R.*: Bergakademie **19** (1967) 10, S. 614–618
[68] *Lange, R.*: Beiträge zur mathematisch-statistischen Erfassung und Optimierung von Zerkleinerungs- und Klassieranlagen. Weimar, Hochschule für Architektur und Bauwesen, Dissertation 1968
[69] *Hentzschel, W.; Lange, R.*: Baustoffindustrie **11** (1968) 5, S. 166–171 (T. 1); **11** (1968) 6, S. 202–205 (T. 2)
[70] *Duda, W. H.*: Cement-Data-Book, 2. Aufl. Wiesbaden; Berlin: Bauverlag 1977
[71] *Mölling, H. A.*: Aufbereitungstechnik **9** (1968) 2, S. 59–69 (T. 1); **9** (1968) 4, S. 152–161 (T. 2)
[72] *Motek, H.*: Aufbereitungstechnik **13** (1972) 5, S. 286–297
[73] *Baumann, V. A.; Klusanzev, B. V.; Martinov, V. D.*: Mechaničeskoe oborudovanie predprijatij stroitel'nych materialov. Moškva: Mašinostroenie 1981
[74] *Olevskij, V. A.*: Konstrukcii rasčeti i ekspluatacija drobilok. Moskva: Gosudarstvennoje Naučnoje-Techničeskoje Izd. 1958
[75] *Mölling, H. A.*: Aufbereitungstechnik **8** (1967) 2, S. 63–79
[76] *Bonwetsch, A.*: Antriebsverhältnisse und Kräftespiel an Backen-Steinbrechern insbesondere an Großbrechern. Berlin, TH, Dissertation, 1933
[77] *Bond, F. C.*: Transactions of the american institution of mining and metallurgical engineers (AIME) **193** (1952), S. 484ff.
[78] Processi i mašini dla obogaščenia poleznich iskopaemich. Moskva: Nedra 1974
[79] *Ehrhardt, H.*: in: 1. Europäisches Symposium Zerkleinern, Frankfurt a. M., 1962, S. 272–283
[80] *Blanc, E. C.*: Aufbereitungstechnik **5** (1964) 5, S. 238–241
[81] *Peer, R.*: Aufbereitungstechnik **15** (1974) 10, S. 542–546
[82] *Weinrich, H.*: in: Taschenbuch Maschinenbau, Bd. 3/1. Berlin: VEB Verlag Technik 1971, S. 528–529
[83] *Gauldie, K.; Mölling, H. A.*: Aufbereitungstechnik **2** (1961) 3, S. 99–103
[84] *Mölling, H. A.*: Aufbereitungstechnik **1** (1960) 10, S. 422–428
[85] *Mölling, H. A.*: Aufbereitungstechnik **2** (1961) 2, S. 45–63
[86] *Gauldie, K.*: Engineering **177** (1954, April) 4608, S. 557–559
[87] *Gauldie, K.*: Engineering **176** (1953, Okt.) 4576, S. 456–458 u. 458–486
[88] *Olevskij, V. A.*: Obogaščenie rud (1967) 6, S. 29–35; (1968) 1, S. 50–56
[89] *Wilmanns, F.; Wolf, H.*: Aufbereitungstechnik **6** (1965) 4, S. 205–208
[90] *Stöckmann, H.*: Aufbereitungstechnik **18** (1977) 10, S. 511–514
[91] *Putz, H. J.; Hurtmanns, H.*: Aufbereitungstechnik **17** (1976) 2, S. 51
[92] *Hurtmanns, H.; Papp, M.*: Aufbereitungstechnik **8** (1967) 4, S. 189–194

[93] *Knutsson, J.*: Aufbereitungstechnik **14** (1973) 4, S. 203—206
[94] *Aulmann, K.*: Aufbereitungstechnik **21** (1980) 3, S. 127—129
[95] *Schmitz, A.*: Aufbereitungstechnik **14** (1973) 2, S. 80
[96] *Rühl, H.*: Aufbereitungstechnik **7** (1966) 8, S. 460—470
[97] *Motek, H.*: Aufbereitungstechnik **1** (1960) 1, S. 40—45
[98] *Weiß, H.*: Aufbereitungstechnik **7** (1966) 6, S. 166—174
[99] *Weiß, H.*: Aufbereitungstechnik **5** (1964) 5, S. 242—247
[100] *Zwetkow, Ch.; Zanew, Z.*: in: Freiberger Forschungshefte A 620. Leipzig: Deutscher Verlag für Grundstoffindustrie 1981, S. 51—59
[101] *Winterhalder, I.*: Aufbereitungstechnik **17** (1976) 4, S. 168—171
[102] *Ocepek, D.*: Verfahrenstechnik **10** (1976) 5, S. 286—289
[103] *Hodel, I.*: Technische Mitteilungen Krupp; Werksberichte **23** (1965) 4, S. 179—188
[104] *Motek, H.*: Aufbereitungstechnik **18** (1977) 10, S. 532—534
[105] *Renert, M.*: Calculul si Constructia utilajului Chimic, Vol. II. Bucuresti: Editura didactica si Pedagogica 1971
[106] *Sommer, H.*: Aufbereitungstechnik **5** (1964) 5, S. 248—253
[107] Spravočnik po obogaščeniju uglej. Moskva: Nedra 1974
[108] *Ehrhardt, H.*: Aufbereitungstechnik **3** (1962) 10, S. 437—446
[109] *Reihers, E.*: in: Forschungsberichte des Landes Nordrhein-Westfalen, Nr. 1059. Köln; Opladen: Westdeutscher Verlag 1962
[110] *Behrens, D.*: Chemie-Ingenieur-Technik **37** (1965) 5, S. 473—483
[111] *Mori, Y.*: in: 1. Europäisches Symposium Zerkleinern, Frankfurt a. M., 1962, S. 515—530
[112] *Hertz, H.*: Journal für Mathematik **42** (1881) 2, S. 156—171
[113] *Schlaug, H.*: in: 1. Europäisches Symposium Zerkleinern. Frankfurt a. M., 1962, S. 531—555
[114] *Mintrop, H.*: Zeitschrift für angewandte Physik einschl. Nukleonik **9** (1957), S. 442—446
[115] *Wellinger, K.; Commel, G.*: Archiv für Eisenhüttenwesen **38** (1967) 5, S. 355—362
[116] *Tschorbadjiski, I.*: Aufbereitungstechnik **10** (1969) 6, S. 277—283
[117] *Bauman, W. A.*: Rotornije drobilki. Moskva: Mašinostroenije 1973
[118] *Rumpf, H.*: Chemie-Ingenieur-Technik **31** (1959) 5, S. 323—337
[119] *Rumpf, H.*: Chemie-Ingenieur-Technik **32** (1960) 3, S. 129—135
[120] *Wesser, U.; Weinberg, D.*: Chemie-Ingenieur-Technik **39** (1967) 15, S. 918—922
[121] *Baer, H.*: Die Natursteinindustrie (1974) 1/2, S. 15—22
[122] *Friedrich, W.*: Die Mühle **98** (1961) 47, S. 615—618
[123] *Verch, H.; Strunk, U.*: Zement-Kalk-Gips **27** (1974) 12, S. 593—596
[124] *Motek, H.*: Aufbereitungstechnik **15** (1974) 10, S. 547—549
[125] *Schmidt, H.*: Aufbereitungstechnik **16** (1975) 10, S. 538 546
[126] *Barabaskin, V. P.*: Molotkovije i rotornije drobilki. Moskva: Nedra 1973
[127] *Ehrhardt, H.*: Aufbereitungstechnik **3** (1962) 11, S. 479—485
[128] *Konstantopulo, G. S.*: Mašini i oborudovanije. Moskva: Visšaja škola 1974
[129] *Zwetkow, Ch.*: Obogatitel'ni mašini. Sofija. Dražavno izdatel'stvo Technika 1975
[130] *Kirchhoff, B.*: Aufbereitungstechnik **21** (1980) 3, S. 124—126
[131] *Motek, H.*: Aufbereitungstechnik **16** (1975) 8, S. 387—392
[132] *Jipp, R.*: Zement, Kalk, Gips **10** (1957), S. 465
[133] *Nagy, E.; Freis, D.*: Aufbereitungstechnik **22** (1981) 2, S. 79—84
[134] *Karpov, L.; Nagy, E.; Urdvardy, J.*: Aufbereitungstechnik **19** (1978), S. 467—471
[135] *Andreas, E.*: Aufbereitungstechnik **16** (1975) 2, S. 55 65
[136] *Planiol, R.*: Aufbereitungstechnik **3** (1962) 10, S. 447—450
[137] *Guillot, R.*: Le Probleme du Broyage et son Evolution. Paris: Editions Eyrolles 1960
[138] *Razumov, K. A.*: Projektirovanie obogatitel'nych fabrik. Moskva: Metallurgizdat 1952
[139] *Schmidt, H.*: Zement-Kalk-Gips **30** (1977) 1, S. 579—585
[140] *Lewinski, I.*: Aufbereitungstechnik **23** (1982) 4, S. 209—217
[141] *Höffl, K.; Schäfer, S.*: Neue Hütte **26** (1981) 7, S. 264—269
[142] *Höffl, K.; Schäfer, S.*: in: Freiberger Forschungshefte A 664. Leipzig: VEB Deutscher Verlag für Grundstoffindustrie 1982
[143] *Behrens, D.*: Aufbereitungstechnik **5** (1964) 5, S. 259—269
[144] *Husemann, K.*: Untersuchungen zu den Grundlagen der Prallfeinzerkleinerung unter besonderer Berücksichtigung der Vorzüge in Stiftmühlen. Freiberg, Forschungsinstitut für Aufbereitung der AdW der DDR, Dissertation B, 1979
[145] *Lauer, O.*: Chemische Technik **19** (1967) 1, S. 1—10
[146] *Pallmann, H.*: Verfahrenstechnik **11** (1977) 5, S. 270—276
[147] *Huwald, E.*: Aufbereitungstechnik **19** (1978) 6, S. 247—251
[148] *Hennecke, H.*: in: Babcock Mitteilungen. Oberhausen, Nr. 30
[149] *Leemke, H.; Goetz, E. F.*: Energietechnik **13** (1963) 11, S. 482—487 (I); **13** (1963) 12, S. 558—563 (II)
[150] *Schüler, U.*: Aachener Blätter für Aufbereitung, Kokerei, Brikettierung (1969) 1/2, S. 1—75

[151] *Kröhl, E.*: Brennstoff-Wärme-Kraft **13** (1962) 2, S. 41—45
[152] *Buchmüller, H. A.*: in: Babcock Mitteilungen. Oberhausen, Nr. 42, S. 3—18
[153] *Ullrich, H.*: VDI-Forschungshefte (1964) 504, S. 1—32
[154] *Schüler, U.*: Energie **17** (1965) 6, S. 252—259 (I); **17** (1965) 8, S. 331—336 (II); **17** (1965) 12, S. 547—556 (III)
[155] *Lewitz, G. T.; Duderow, I. P.* u. a.: Teploenergetika **11** (1964) 8, S. 44—49
[156] *Hahnemann, H. W.*: VDI-Zeitschrift **107** (1965) 15, S. 667—669
[157] *Neuroth, K.*: Braunkohle **16** (1964) 1, S. 21—30 (I); **16** (1964) 2, (II); **16** (1964) 3, S. 167—173 (III)
[158] *Krigmont, W. D.*: Teploenergetika **9** (1962) 12, S. 14—18
[159] *Osokin, V. P.*: Molotkovye mel'nicy. Moskva: Energija 1980
[160] *Schüler, U.*: Energie und Technik **17** (1965) 11, S. 451—455
[161] *Beelmann, R.*: Braunkohle **23** (1971) 10, S. 329—338
[162] *Hennecke, H.*: Aufbereitungstechnik **2** (1961) 4, S. 127—135
[163] *Neuroth, K.*: Braunkohle **19** (1967) 10, S. 358—364
[164] *Hennecke, H.; Heitmüller, W.*: in: Babcock Mitteilungen. Oberhausen, Nr. 33, S. 1—19
[165] *Geissler, Th.*: Technische Mitteilungen **62** (1969) 8, S. 325—332
[166] *Reidich, H.*: EVT-Energie- und Verfahrenstechnik, Stuttgart Bericht 50/80, S. 1—10
[167] *Schauer, B.*: Mitteilungen aus den Kraftwerksanlagenbau der DDR (1981) 1, S. 15—17
[168] *Just, H.; Schauer, B.*: Mitteilungen aus dem Kraftwerksanlagenbau der DDR (1978) 1, S. 3—5
[169] *Schindler, K.* u. a.: in: IfE-Bericht Nr. 2/1917/68F; Leipzig: Institut für Energetik
[170] *Schauer, B.*: Mitteilungen aus dem Kraftwerksanlagenbau der DDR (1971) 2, S. 35—40
[171] *Bauermeister, H.*: Mitteilungen der H. Bauermeister-Maschinenfabrik GmbH Hamburg 165/69 u. 166/69
[172] *Husemann, K.* u. a.: in: Freiberger Forschungshefte A 553. Leipzig: VEB Deutscher Verlag für Grundstoffindustrie 1976, S. 35—45
[173] *Batel, W.*: Chemie-Ingenieur-Technik **32** (1960) 7, S. 448—453
[174] *Höffl, K.; Goldacker, H.; Husemann, K.*: Neue Bergbautechnik **11** (1981) 9, S. 493—497
[175] *Leschonski, K.*: Chemie-Ingenieur-Technik **42** (1970) 5, S. 264—270
[176] *Giersiepen, G.*: Aufbereitungstechnik **14** (1973) 5, S. 277—284
[177] *Biller, E.*: in: Bauermeister Zerkleinerungstechnik-Information (1979) 7, S. 2—14
[178] *Giersiepen, G.; Richter, W.*: Chemie-Ingenieur-Technik **54** (1982) 11, S. 1000 1013
[179] Hannovermesse u. Achema 1982 (Messebericht). Aufbereitungstechnik **23** (1982) 10, S. 565—581
[180] *Klapp, E.*: Forschung auf dem Gebiete des Ingenieurwesens **31** (1965) 3, S. 83—86
[181] *Kanafojski, Cz.*: Dünge-, Säh- und Pflanzmaschinen. Berlin: VEB Verlag Technik 1973
[182] *Rammler, E.; Modde, P.*: in: Freiberger Forschungshefte A 512. Leipzig: VEB Deutscher Verlag für Grundstoffindustrie 1973, S. 5—25
[183] *Planiol, R.*: Silikates industriels **30** (1965) 3, S. 129—141
[184] *Dobler, K.; Flatow, J.*: Grundlagen der Landtechnik (1968) 4
[185] *Patterson, D. E.; Reece, A. R.*: Agric. Enging. Res **7** (1962) 3, S. 232—240
[186] *Zbraniborski, O.; Zielinski, H.*: VDI-Zeitschrift **119** (1977) 6, S. 21 22
[187] *Buss, B.*: Untersuchungen zur Einzelkornprallzerkleinerung spröder Stoffe. Freiberg, Bergakademie, Dissertation 1973
[188] *Priemer, I.*: Untersuchungen zur Prallzerkleinerung von Einzelteilchen. Karlsruhe, TH, Dissertation 1965
[189] *Lehmann, H.*: Verfahrenstechnik **15** (1981) 12, S. 887—891
[190] *Lauer, O.*: Arbeitsgemeinschaft für pharmazeutische Verfahrenstechnik (APV) **19** (1973) 2/3, S. 91—113
[191] *Lauer, O.*: Die Mühle + Mischfuttertechnik **114** (1977) 25, S. 374—378
[192] *Haese, U.*: Verfahrenstechnik **4** (1970) 8, S. 346—350
[193] *Rink, N.; Giersiepen, G.*: Aufbereitungstechnik **12** (1971) 9, S. 562—572
[194] *Akunov, V. I.*: Strujnye mel'nicy. Moskva: Mašinostroenie 1967
[195] *Kaiser, F.; Nied, R.*: Aufbereitungstechnik **21** (1980) 10, S. 507—514
[196] *Muschelknautz, E.; Giersiepen, G.; Rink, N.*: Chemie-Ingenieur-Technik **42** (1970) 1, S. 6—15
[197] *Rink, N.*: Verfahrenstechnik **8** (1974) 9, S. 273—277
[198] *Muschelknautz, E.; Rink, N.*: Verfahrenstechnik **5** (1971) 6, S. 225—230
[199] *Rink, N.*: Die Gutbeschleunigung in Laval-Strahlrohren und ihre Anwendung zur Strahlmahlung. Karlsruhe, Univ., Dissertation, 1974
[200] *Rink, N.*: Chemie-Ingenieur-Technik **47** (1975) 7, S. 311
[201] *Kürten, H.; Rink, N.; Rumpf, H.*: Powder technology **4** (1970/71), S. 221—231
[202] *Rumpf, H.*: Chemie-Ingenieur-Technik **32** (1960) 5, S. 335—342
[203] *Kürten, H.; Rumpf, H.*: Chemie-Ingenieur-Technik **38** (1966) 11, S. 1187—1192
[204] *Ramanujam, N.; Venkateswarlu, D.*: Powder technology **3** (1969/70), S. 92—101
[205] *Korda, P.*: Aufbereitungstechnik **2** (1961) 6, S. 230—239
[206] *Tanaka, T.*: Ind. & Engng. Chem. Process. Design. Development, Washington **11** (1972) 2, S. 238—241
[207] *Haese, U.*: Zement, Kalk, Gips **34** (1981) 11, S. 563—572
[208] *Flügel, G.*: in: VDI-Forschungsheft Nr. 395. Düsseldorf: VDI-Verlag 1951

[209] *Haese, U.*: Glastechnische Berichte **53** (1980) 6, S. 173—176
[210] *Nied, R.*: Aufbereitungstechnik **23** (1982) 5, S. 236—242
[211] *Kaiser, F.*: Chemie-Ingenieur-Technik **45** (1973), S. 676—689
[212] *Akunov, W. I.; Deschko, J. I.*: Zement, Kalk, Gips **31** (1978) 1, S. 10—11
[213] *Beke, B.*: Maschinenmarkt **84** (1978) 53, S. 1050—1053
[214] *Akunov, V. I.; Kuznezov, T. V.; Pankratov, V. L.*: in: Preprints d. Fachtagung »Zerkleinerung und Tribochemie«, Freiberg 1981, S. 172—176
[215] *Tanaka, T.*: Aufbereitungstechnik **17** (1976) 10, S. 499—502
[216] *Nakayama, N.*: in: International chemical plant engineering congress 75, 1975, Tokyo, S. 75—80
[217] *Pitchumani, B.; Venkateswarlu, D.*: Aufbereitungstechnik **21** (1980) 5, S. 238—244 (I); **22** (1981) 3, S. 136—144 (II)
[218] *Hauke, W.*: Maschinenbautechnik **31** (1982) 2, S. 87—90
[219] *Gorobec, V. I.; Gorobec, L. Z.*: Izvestija vysšich učebnych zavedenij. Gornyj žurnal (1973) 8, S. 179—181
[220] *Sentjurichina, L. N.; Lucenko, G. A.* u. a.: Chimija i technologija topliv i masel **16** (1971) 12, S. 29—32
[221] *Homma, T.*: Journal mining metalurgical institution of Japan **85** (1969) 978, S. 838—844
[222] *Akunov, V. I.; Dubinskij, M. G.*: Izvestija akademii nauk SSR. Energetika i avtomatika (1961) 4, S. 55—59
[223] *Gühne, H.*: Aufbereitungstechnik **14** (1973) 10, S. 670—671
[224] *Schauer, S.*: Zement-Kalk-Gips **25** (1972), S. 506—508
[225] *Schüler, U.*: Aufbereitungstechnik **16** (1975) 8, S. 401—408
[226] *Feige, F.*: Silikattechnik **31** (1980) 12, S. 369—372
[227] *Loesche, E. G.*: Zement-Kalk-Gips **25** (1972) 5, S. 225—227
[228] *Mathieu, E.-U.*: Zement-Kalk-Gips **36** (1983) 2, S. 62—64
[229] *Schneider, H.*: Zement-Kalk-Gips **21** (1968) 2, S. 63—72
[230] *Bellwinkel, A.*: Zement-Kalk-Gips **21** (1968) 2, S. 41—55
[231] *Schneider, G.*: Aufbereitungstechnik **12** (1971) 9, S. 537—549
[232] *Schildknecht, W.*: Zement-Kalk-Gips **31** (1978) 1, S. 1—5
[233] *Brüssow, G.*: Aufbereitungstechnik **20** (1979) 10, S. 573—576
[234] *Höffl, K.*: Untersuchungen zur Wälzzerkleinerung. Dresden, Technische Universität, Dissertation, 1969
[235] *Höffl, K.; Rauer, L.; Kolberg, L.*: in: Freiberger Forschungshefte A 554. Leipzig: VEB Deutscher Verlag für Grundstoffindustrie 1976
[236] *Feige, F.*: Beitrag zum Bewegungs- und Beanspruchungsverhalten einer Körnerschicht im Walzenspalt. Freiberg, Bergakademie, Dissertation, 1979
[237] *Unger, W.*: Zement-Kalk-Gips **36** (1983) 2, S. 57—62
[238] *Schönert, K.; Ohe, W. v. d.; Rumpf, H.*: Chemie-Ingenieur-Technik **37** (1965) 3, S. 259—264
[239] *Ohe, W. v. d.*: Chemie-Ingenieur-Technik **39** (1967) 5/7, S. 537—64
[240] *Feige, F.*: in: Europäisches symposium particle technology A, Amsterdam, 1980
[241] *Feige, F.*: Silikattechnik **29** (1978) 7, S. 198—201
[242] *Feige, F.*: Silikattechnik **25** (1974) 9, S. 293 296
[243] *Sakata, T.; Matsumoto, K.* u. a.: Zement-Kalk-Gips **36** (1983) 2, S. 75—81
[244] *Andreasen, A.; Janson, H. I.*: VDI-Zeitschrift **96** (1954) 33, S. 1117—1120
[245] *Feige, F.*: Zement-Kalk-Gips **34** (1981) 11, S. 560—562
[246] *Eppler, R.; Händle, F.* u. a.: Aufbereitungstechnik **18** (1977) 2, S. 56—63
[247] *Motek, H.*: Aufbereitungstechnik **14** (1973), S. 207—217
[248] *Kucher, E.*: Aufbereitungstechnik **19** (1978) 6, S. 271—277
[249] *Eicke, G.*: Aufbereitungstechnik **20** (1979) 2, S. 99—103
[250] *Brundick, H.*: VGB. Kraftwerkstechnik **61** (1981) 4, S. 328—333
[251] *Hentzschel, W.*: Technologie der Bindebaustoffe, Aufbereitungsprozesse und Aufbereitungssysteme, Bd. 2. Berlin: VEB Verlag für Bauwesen 1981
[252] *Folgner, Th.; Höffl, K.* u. a.: in: Freiberger Forschungshefte A 620. Leipzig: VEB Deutscher Verlag für Grundstoffindustrie 1981, S. 35—49
[253] Aufbereitungstechnik **22** (1981) 3, S. 164
[254] *Tiggesbäumker, P.*: Polysius teilt mit, Neubeckum (1968) 9, S. 2—11
[255] *Henz, F.*: Zement-Kalk-Gips **35** (1982) 8, S. 398—404
[256] *Schneider, L. T.; Blasczyk, G.; Lohnherr, W.*: Zement-Kalk-Gips **34** (1981) 5, S. 260—267
[257] *Schneider, H.*: Zement-Kalk-Gips **21** (1968) 2, S. 63—72
[258] *Tiggesbäumker, P.; Blasczyk, G.*: Zement-Kalk-Gips **28** (1975) 4, S. 156—161
[259] *Olear, Z.*: Baustoffindustrie **20** (1977) 6, S. 12—16
[260] *Decasper, I.*: Zement-Kalk-Gips **33** (1980) 5, S. 219—222
[261] *Feige, F.*: Zement-Kalk-Gips **33** (1980) 5, S. 223—225
[262] Fliehkraftrollenmühlen zur Naßmahlung von Erzen. Informationsschrift »Lizensiontrog« Moskau M-461
[263] *Börner, H.*: Zement-Kalk-Gips **21** (1968) 4, S. 145—158
[264] *Schauer, S.*: Zement-Kalk-Gips **30** (1977) 11, S. 576—578

[265] *Klovers, E. I.*: Zement-Kalk-Gips **32** (1979) 1, S. 24–29
[266] *Brundick, H.; Bechmann, R.*: Zement-Kalk-Gips **30** (1977) 4, S. 170–180
[267] *Schroebler, W.*: Zement-Kalk-Gips **27** (1974) 2, S. 41–46
[268] *Hecking, L.*: Zement-Kalk-Gips **34** (1981) 11, S. 554–559
[269] *Morhardt, R.*: Zement-Kalk-Gips **27** (1974) 2, S. 65–66
[270] *Wentzel, W.*: Zement-Kalk-Gips **31** (1978) 1, S. 3–5
[271] *Ranze, W.*: Zement-Kalk-Gips **30** (1977) 4, S. 163–169
[272] *Clemens, P.*: Silikattechnik **32** (1981) 9, S. 278–282
[273] *Olear, Z.*: Baustoffindustrie **20** (1977) 5, S. 7–11
[274] *Peter, H.*: Aufbereitungstechnik **7** (1966) 8, S. 505–509
[275] *Rauer, L.*: Beitrag zur thermischen Behandlung von Zementrohmehl. Freiberg, Bergakademie, Dissertation 1973
[276] *Hubrig, Th.*: Untersuchungen zur Mahltrocknung. Freiberg, Bergakademie, Dissertation, 1981
[277] *Höffl, K.; Hubrig, Th.; Lewitzki, W.*: Neue Bergbautechnik **9** (1979) 4, S. 198–204
[278] Pfeiffer-Walzmühlen MPS 3750 C für Zementklinkermahlung erfolgreich im Betrieb. Zement-Kalk-Gips **34** (1981) 2, S. 107
[279] *Schneider, L.; Blasczyk, G.*: Zement-Kalk-Gips **32** (1979) 5, S. 248–253
[280] *Voos, E.*: Zement-Kalk-Gips **17** (1964) 11, S. 526
[281] *Schüler, U.; Hess, H.*: Brennstoff-Wärme-Kraft **20** (1968) 6, S. 278–283
[282] *Tiggesbäumker, P.; Knobloch, O.*: Zement-Kalk-Gips **32** (1979) 4, S. 166–173
[283] *Schreiens, I.*: Cement technology **3** (1972) 5, S. 163–170
[284] *Höffl, K.*: in: Freiberger Forschungshefte A 539. Leipzig: VEB Deutscher Verlag für Grundstoffindustrie 1975, S. 29–50
[285] *Clemens, P.; Haubold, S.; Eibisch, R.*: in: Fachtagung zu Problemen der Zerkleinerung und Sortierung am 17. und 18. 10. 1979 in Freiberg, AdW der DDR, Forschungsinstitut f. Aufbereitung
[286] *Clemens, P.; Eibisch, R.* u. a.: in: 17. Diskussionstagung »Zerkleinerung und Klassierung« 16. 10. 1980 in Freiberg, AdW der DDR, Forschungsinstitut für Aufbereitung
[287] *Plank, F. W.*: Zement-Kalk-Gips **24** (1971) 3, S. 95–97
[288] *Ohe, W. v. d.; Raasch, J.; Rumpf, H.*: Aufbereitungstechnik **3** (1962) 3, S. 89–96
[289] *Andreev, S. E.*: Gornyj Žurnal (1961) 2, S. 62–68
[290] *Andreev, S. E.; Zverevic, V. V.; Perov, V. A.*: Droblenie izmel'čenie i grochocenie poleznych iskopaemych. Moskva: Gosgortechizdat 1961
[291] *Ackle, W.*: Zement-Kalk-Gips **36** (1983) 2, S. 87–91
[292] *Blasczyk, G.; Tiggesbäumker, P.*: Zement-Kalk-Gips **30** (1977) 8, S. 375–379
[293] *Tiggesbäumker, P.*: TIZ-Fachberichte **106** (1982) 2, S. 100–114
[294] *Slegten, P.; Brisbais, J. M.*: Industrie minerale, suppl. les techniques (1980) 7, S. 389–396
[295] *Brundiek, H.; Beckmann, R.*: Zement-Kalk-Gips **30** (1977) 4, S. 170–180
[296] Voest-Alpine AG: Zement-Kalk-Gips **35** (1982) 7, S. 383
[297] *Eibisch, R.; Haubold, S.; Schnedelbach, G.*: in: Bauakademie der DDR, Bauinformation, BWT **25** (1982) 6
[298] Voest-Alpine AG: Zement-Kalk-Gips **35** (1982) 7, S. 1727
[299] *Eigner, E.*: Zement-Kalk-Gips **25** (1972) 5, S. 239–240
[300] *Korpi, P. A.; Dopson, G. W.*: Mining engineering **34** (1982) 1, S. 57–60
[301] *Freiermuth, D.*: Verteilung der Kugelenergie in Kugelmühlen in Abhängigkeit von den Mahlparametern. München, TU, Fak. f. Maschinenwes, Dissertation, 1981
[302] *Kirchner, K.; Eigner, M.*: Chemie-Ingenieur-Technik **51** (1979) 8, S. 820–821
[303] *Beke, B.*: Epitöanyag **31** (1979) 11, S. 401–406
[304] *Olivero, L.; Caire, F.* u. a.: Zement-Kalk-Gips **30** (1977) 12, S. 644–646
[305] *Roth, G.; Schönert, K.; Menz, A.*: in: European Symposium Particle Technology, Amsterdam 3.–5. 6. 1980, S. 507–523
[306] *Espig, D.*: in: Freiberger Forschungshefte A 658. Leipzig: VEB Deutscher Verlag für Grundstoffindustrie 1982
[307] *Both, H.-U.*: Fortschrittberichte der VDI-Zeitschrift, Reihe **3** (1967) 16
[308] *Dietrich, U.*: Analyse der Bewegungsvorgänge in einer Kugelmühle, untersucht an einer Modellmahlkammer mit glatter Innenoberfläche mittels der Photographie und Kinematographie. Magdeburg, TH, Dissertation, 1961
[309] *Langemann, H.*: Chemie-Ingenieur-Technik **34** (1962) 9, S. 615–627
[310] *Perow, W. A.; Brand, W. I.*: Feinmahlen der Erze. Berlin: VEB Verlag Technik 1954
[311] *Manz, R.*: Bewegungsverhalten der Mahlkörperfüllung an der Wand von Kugelmühlen. Karlsruhe, Universität, Dissertation, 1972
[312] *Manz, R.*: in: 3. Europäisches Symposium Zerkleinern. Cannes, 5.–8. 10. 1971, Teil 2, S. 649–676
[313] *Teubner, G.*: Wiss. Zeitschrift der Hochschule für Architektur und Bauwesen Weimar **24** (1977) 4/5, S. 415–422
[314] *Fuhrmann, N.*: Über das Zerkleinerungsverhalten von Körnerkollektiven in Kugelmühlen. Berlin, Technische Universität, Dissertation 1969
[315] *Patat, F.; Schulz, St.*: Chemie-Ingenieur-Technik **40** (1968) 23, S. 1141–1147
[316] *Schulz, St.*: Die Optimierung von Kugelmühlen durch kinetische Analyse des Mahlvorganges. München, Technische Hochschule, Dissertation, 1968

[317] *Mempel, G.*: Aufbereitungstechnik **9** (1968) 8, S. 445—452
[318] *Patat, F.; Mempel, G.*: Chemie-Ingenieur-Technik **37** (1965) 9, S. 933—939
[319] *Mempel, G.*: Chemie-Ingenieur-Technik **37** (1965) 11, S. 1146—1153
[320] *Mempel, G.*: Chemie-Ingenieur-Technik **37** (1965) 12, S. 1259—1263
[321] *Linke, G.*: Bergbauwissenschaften **14** (1967) 11, S. 424—427
[322] *Hukki, R. T.*: in: Progress in mineral dressing. internat. mineral dressing congress, Stockholm 1957. Stockholm: Almquist and Wiksell 1958, S. 85—109
[323] *Manz, R.*: Zement-Kalk-Gips **23** (1970) 9, S. 407—412
[324] *Baier, U.*: Aufbereitungstechnik **10** (1969) 6, S. 294—300
[325] *Bernutat, P.*: Zement-Kalk-Gips **12** (1959) 1, S. 65
[326] *Beeck, R.*: Zement-Kalk-Gips **23** (1970) 9, S. 413—416
[327] *Wills, B. A.*: Mineral processing technology. Oxford/New York: Pergamon Press 1982
[328] *Denev, S. I.*: Cvetnye metally **35** (1962) 7, S. 3—8
[329] *Proft, R.*: Über die Dynamik und das Reibungsverhalten von Mahlkörperfüllungen unter idealen Bedingungen. Aachen, TH, Dissertation, 1968
[330] *Taggert, A. F.*: Handbook of mineral dressing. New York; London: Wiley 1960
[331] *Lewenson, L. B.; Prejgerson, G. I.*: Droblenie i grochočenie. Moskva: Gosgortechnizdat
[332] *Frühwein, P.*: Kinematik und Axialvermischung in Kugelmühlen. Karlsruhe, Univ., Dissertation, 1979
[333] *Wickham, P.*: Mathematical description of comminution in a bebble mill. Julius Kruttschnitt Mineral Research Centre, Univ. of Queensland, Techn. Rep. Jan/Juni 1972, S. 37—63
[334] *Fischer, H.*: VDI-Zeitschrift **48** (1934), S. 437—441
[335] *Davis, E. W.*: Transactions of the american institution of Mining, metallurgical and petroleum engineers **6** (1920), S. 250—296
[336] *Hogg, R.; Fuerstenau, D. W.*: Powder technology **6** (1972) 3, S. 139—148
[337] *Hogg, R.; Shogi, K.; Austin, L. G.*: Powder technology **9** (1974) 3, S. 99—106
[338] *Schramm, R.*: Förder- und Zerkleinerungsverhalten von Kugelrohrmühlen. Freiberg, Bergakademie, Dissertation, 1979
[339] *Gollnast, W.*: Beitrag zur dynamischen Untersuchung von Rohrmühlenantrieben infolge Belastung durch Mahlkörperbewegung im Mahlraum. Freiberg, Bergakademie, Dissertation, 1976
[340] *Schönert, K.*: in: 3. Europäisches Symposium Zerkleinern, Cannes 5.—8. 10. 1971, S. 321—347
[341] *Halbart, G.; Freymann, V.*: Zement-Kalk-Gips **13** (1960) 1, S. 17—23
[342] *Bernutat, P.*: Zement-Kalk-Gips **17** (1964) 9, S. 397—400
[343] *Dechers, M.*: Aufbereitungstechnik **17** (1976) 10, S. 496—498
[344] *Horst, W. E.; Bassareas, I. H.*: Trans. Soc. Min. Eng. AIME New York (1976) 4, S. 348—351
[345] *Rühl, H.*: Zement-Kalk-Gips **20** (1967) 6, S. 249—256
[346] *Blanc, E. C.*: Technologie der Brecher, Mühlen und Siebvorrichtungen. Berlin: Springer 1928
[347] *Bond, F. C.*: Aufbereitungstechnik **5** (1964) 5, S. 211—218
[348] *Bond, F. C.*: Cement, Line, gravel (1963) 3, S. 69—72
[349] ASTM Standard D 409-51. ASTM Standard on coal and coke. Philadelphia: American Society for Testing Material 1959, S. 49—52
[350] *Stein, E.*: Die Ermittlung des spezifischen Mahlwiderstandes mit Hilfe einer Labormühle und die Möglichkeit einer Anwendung auf Betriebsmühlen. Braunschweig, TH, Dissertation, 1964
[351] *Rammler, E.; Gerlach, G.*: in: Freiberger Forschungshefte A 56. Leipzig VEB Deutscher Verlag für Grundstoffindustrie 1957
[352] *Scheibe, W.; Bernhard, C.; Winkler, E.*: Aufbereitungstechnik **9** (1968) 5, S. 571—582
[353] *Chandler, R. L.*: Monthly bulletin (Brit. Coal Utilisat Res. Assoc.) **29** (1965) 10, S. 333—349
[354] *Zeisel, H. G.*: in: Schriftreihe der Zementindustrie. Düsseldorf: Verein Deutscher Zementwerke, (1953) 14, S. 31—72
[355] *Hardgrove, R. M.; Fullerton, P. A.*: Transactions of the american society of mechanical engineers **54** (1932), S. 37—46
[356] *Hughes, T. H.*: in: Lecture series in particle technology. Loughborough: College of Technology 1964, Nr. 4, S. 1—25
[357] *Pawnall, I. H.*: in: Processing information (1962) 3, S. 1—18. Loughborough: Warren Spring Laboratory
[358] *Clement, M.; Auge, P.; Kerl, H.*: in: Tagung Mahlen und Klassieren mineralischer Rohstoffe, Essen, 19. 1. 1966 (Vortrag)
[359] *Kannewurf, A. S.*: Rock products **60** (1957) 5, S. 86—91; 116—118
[360] *Plank, F. W.*: Zement-Kalk-Gips **24** (1971) 3, S. 95—97
[361] *Kuwahara, Y.; Saito, F.; Yashima, S.*: J. Soc. Powder Technology, Kyoto **19** (1982) 4, S. 211—218
[362] *Razumov, K. A.*: Projektirovanie obgatitel'nych fabrik. Moskva: Nedra 1965
[363] *Olevskij, V. A.*: Obogaščenie rud **9** (1964) 2, S. 37—44
[364] *Jacob, K.*: Silikattechnik **14** (1963) 1/2, S. 45—48
[365] *Bogdanov, A. I.*: Mechaničeskoe oborudovanie cementnych zavodov. Moskva 1955
[366] *Niginski, M. S.*: Osnovy projektirovanija cementnych zavodov. Moskva 1970
[367] *Scherer, W.*: Zement-Kalk-Gips **7** (1954) 9, S. 349
[368] *Loveland, R. A.*: Rock produkts **10** (1952), S. 96
[369] *Dersnah, W. R.*: in: Report MP-80, Ball coating and grinding aids Portland cement Association. Chicago 1956, S. 17

[370] *Mardulier, F. J.*: in: IV. Annual cement industry oper. Seminar. Chicago 1968, S. 66—78
[371] *Callcott, T. G.*: Monthly bulletin (Brit. Coal Utilisat Res. Assoc.) **21** (1957) 3, S. 101—120; **21** (1957) 4, S. 153—171
[372] *Bernutat, P.*: Zement-Kalk-Gips **19** (1966) 5, S. 223—230
[373] Merkblatt MT 22, Rohrmühlen und Mahltechnik. Düsseldorf: Verein Deutscher Zementwerke 1961
[374] *Schramm, R.; Gaitsch, E.*: Silikattechnik **23** (1972) 7, S. 230—234
[375] *Huber-Panu, J.*: Tonindustrie-Zeitung u. Keram. Rdsch. **96** (1972) 5, S. 127—130
[376] *Ruegg, R.*: Zement-Kalk-Gips **22** (1969) 12, S. 547—549
[377] *Bombled, I. P.*: Zement-Kalk-Gips **20** (1967) 9, S. 378—384
[378] *Cloos, U.*: Aufbereitungstechnik **15** (1974) 10, S. 574—575
[379] *Paulsen, H.*: Zement-Kalk-Gips **17** (1964) 9, S. 392—396
[380] *Schramm, R.; Gaitsch, E.*: Zement-Kalk-Gips **27** (1974), S. 330—332
[381] *Rose, H. E.; Sullivan, R. M. E.*: A treatise on the internal mechanics of ball, tube and rod-mills. London: Constable and Co. 1957
[382] *Korn, M.; Simonis, W.* u. a.: Aufbereitungstechnik **11** (1970) 6, S. 327—333; **11** (1970) 12, S. 713—730
[383] *Kolostori, J.*: Silikattechnik **26** (1975) 6, S. 205—209
[384] *Tobry, A.*: Baustoffindustrie **18** (1975) 5, S. 30—33
[385] *Drosihn, U.*: Zement-Kalk-Gips **14** (1961) 8, S. 325—339
[386] *Austin, L. G.; Shogi, K.; Luckie, P. T.*: Powder Technology Lausanne **14** (1976) 1, S. 71—79
[387] *Dixon, R. H. T.*: Aufbereitungstechnik **2** (1961) 6, S. 250—252
[388] *Zapp, F.*: Keramische Rundschau (1963) 40, S. 409—416
[389] *Norquist, D. W.; Möller, I. E.*: Mining engineering **187** (1950) 6, S. 712—714
[390] *Razumov, K. A.*: Gornyj Žurnal (1949) 6, S. 150—158
[391] *Bond, F. C.*: Mining engineering **10** (1958) 5, S. 592
[392] *Bombled, I. P.*: Revue des materiaux de construction et de Travaux Publics (1968) 631, S. 143—153; (1968) 632, S. 198—205
[393] *Tiggesbäumker, P.; Müller, M.*: Aufbereitungstechnik **24** (1983) 10, S. 565—574
[394] *Börner, H.*: Zement-Kalk-Gips **18** (1965) 8, S. 420—428
[395] *Tanaka, T.*: Zement-Kalk-Gips **9** (1956) 12, S. 530—533
[396] *Papadakis, M.*: Aufbereitungstechnik **2** (1961) 9, S. 353—364
[397] *Papadakis, M.*: Revue des materiaux de construction et de Travaux Publics (1957) 500, S. 131—139
[398] *Cloos, U.*: Chemie-Ingenieur-Technik **54** (1982) 7, S. 673—681
[399] *Husemann, K.; Trommler, G.* u. a.: Zement-Kalk-Gips **35** (1982) 11, S. 602—608
[400] *Papadakis, M.*: Revue des materiaux de construction et de Travaux Publics (1954) 4, S. 101—107
[401] *Cernes, R. Ja.; Nesvižskij, O. A.*: Cement **41** (1975) 8, S. 11—15
[402] *Burghardt, O.; Wasmuth, H. D.*: in: Rittinger-Symposium 1972 (Vortrag). Leoben: Montanistische Hochschule 1973, 1973, S. 91—109
[403] *Csetényi, J.*: Epitöanyag **29** (1977) 6, S. 274—277
[404] *Dechers, M.; Stettner, W.*: Aufbereitungstechnik **20** (1979) 10, S. 545—550
[405] *Kelsall, D. F.; Stewart, P. S.; Weller, R. K.*: Powder technology **8** (1973) 12, S. 77—83
[406] *Lizunov, E.*: Cement **29** (1963) 4, S. 19—20
[407] *Beke, B.*: Cement technology **4** (1973) 3, S. 102—105
[408] *Kellsall, D. F.; Reid, K. J.; Restarick, C. I.*: Powder technology **1** (1967/68) 5, S. 291—300
[409] *Cloos, U.*: Aufbereitungstechnik **16** (1975) 8, S. 415—417
[410] *Anselm, W.*: Zement-Kalk-Gips **2** (1949), S. 223—226
[411] *Brüssow, G.*: Aufbereitungstechnik **19** (1978) 10, S. 492—496
[412] *Hoffmann, K.*: Zement-Kalk-Gips **25** (1972) 12, S. 575—592
[413] *Nickel, O.*: Aufbereitungstechnik **1** (1960) 9, S. 371—384
[414] *Peter, H.*: Aufbereitungstechnik **7** (1966) 8, S. 505—509
[415] *Hanke, E. W.*: Zement-Kalk-Gips **24** (1971) 11, S. 520—526
[416] *Mergel, S.*: Zement-Kalk-Gips **13** (1960) 8, S. 352—354
[417] *Uhlmann, J.*: Zement-Kalk-Gips **32** (1979) 1, S. 14—19
[418] *Kayatz, K.*: Zement-Kalk-Gips **17** (1964) 11, S. 498—502
[419] *Kos, B.; Mayerböck, G.*: Zement-Kalk-Gips **31** (1978) 1, S. 5—7
[420] *Eifel, H.; Schönert, K.*: Zement-Kalk-Gips **29** (1976) 1, S. 30—36
[421] *Fait, L.*: Zement-Kalk-Gips **29** (1976) 1, S. 25—29
[422] *Drosihn, U.*: Zement-Kalk-Gips **25** (1972) 12, S. 571—574
[423] Neuartige Rillenplatte für Auskleidungen von Rohrmühlen. Aufbereitungstechnik **23** (1982) 9, S. 530—531
[424] *Speth, G.*: Aufbereitungstechnik **16** (1975) 8, S. 437—439
[425] *Peter, H.*: Zement-Kalk-Gips **20** (1967) 8, S. 331—336
[426] *Andren, T.*: Aufbereitungstechnik **15** (1974) 10, S. 583—585
[427] *Speth, G.*: Zement-Kalk-Gips **28** (1975) 9, S. 404—405
[428] *Künzle, G. H.; Eisenring, R.*: Zement-Kalk-Gips **29** (1976) 3, S. 125—134

[429] *Kraus, F.; Weislehner, G.*: Zement-Kalk-Gips **12** (1959) 5, S. 187–189
[430] *Blanc, E. C.*: Aufbereitungstechnik **3** (1962) 3, S. 101–108
[431] *Rowland, C. A.; Nealy, R. C.*: Mining Engineering **20** (1968) 12, S. 85–90
[432] *Rowland, C. A.; Nealy, R. C.*: Transactions of the american institution of mining, metallurgical and petroleum engineers **214** (1969), S. 229–236
[433] Stabmühlen für die Trockenmahlung gewinnen an Bedeutung. Aufbereitungstechnik **12** (1971) 9, S. 587–588
[434] *Supp, A.; Brandhoff, W.*: Verfahrenstechnik **9** (1975) 2, S. 67–71
[435] *Maréchal, B.*: Zement-Kalk-Gips **19** (1966) 8, S. 361–368
[436] *Jacobs, W.; Jenner, F. W.*: Aufbereitungstechnik **11** (1970) 6, S. 314–326
[437] *Helfricht, R.*: Bergakademie **15** (1963) 12, S. 855–863
[438] *Jašin, V. P.; Bortnikov, A. V.*: Teorija i praktika samoizmel'čenija. Moskva: Nedra 1978
[439] *Fahlström, Per. H.*: Erzmetall **14** (1961) 10, S. 553–562
[440] *Fahlström. Per. H.*: Erzmetall **13** (1960) 12, S. 598–608
[441] *Jašin, V. P.*: Obogaščenie rud **14** (1969) 4, S. 43
[442] *Themelis, N. I.; Last, A. W.*: Mining engineering **32** (1980) 6, S. 692–697
[443] *Ivanov, M. M.; Verdijan, M. A.; Kryektin, G. S.*: Zement-Kalk-Gips **30** (1977) 12, S. 641–643
[444] *Qyasaeter, O.*: World mining **25** (1972) 8, S. 32–39; 66–69
[445] *Jackson, O. A. E.*: Mining engineering **11** (1959) 11, S. 1133–44
[446] *Dor, A. A.*: Mining engineering **20** (1963) 11, S. 63–68
[447] *Uhlmann, J.*: Zement-Kalk-Gips **33** (1980) 5, S. 226–231
[448] *Jašin, V. P.; Bortnikov, A. V.*: Teorija i praktika samoismel' čenija. Moskva: Nedra 1978
[449] *Sillem, H.*: Zement-Kalk-Gips **30** (1977) 11, S. 549–557
[450] *Buchmüller, H. A.*: in: Babcock Mitteilungen. Oberhausen, Nr. 36, S. 3–17
[451] *Rühl, H.*: Zement-Kalk-Gips **18** (1965) 5, S. 217–222
[452] *Raasch, I.*: Ingenieur-Archiv **29** (1960), S. 419–424
[453] *Fleischer, G.; Gnilke, W.*: Maschinenbautechnik **9** (1960), S. 447
[454] *Schramm, R.; Bissot, R.*: Zement-Kalk-Gips **28** (1975) 5, S. 218
[455] *Fuller, D. D.*: Theorie und Praxis der Schmierung. Berlin: VEB Verlag Technik u. Stuttgart: Verlag Berliner Union 196J
[456] *Weiss, J. C.*: Zement-Kalk-Gips **31** (1978) 5, S. 259–261
[457] *Macchi, F.*: Minerals processing **14** (1973), S. 14–17
[458] *Ramamurti, V.; Rayndu, N. V.*: Zement-Kalk-Gips **29** (1976) 1, S. 12–14
[459] *Wollhofen, G. P.*: Zement-Kalk-Gips **33** (1980) 5, S. 250–259
[460] *Schroebler, W.*: Zement-Kalk-Gips **27** (1974) 2, S. 63–64
[461] *Bernutat, P.*: Zement-Kalk-Gips **27** (1974) 2, S. 50–55
[462] *Mohrhart, R.*: Zement-Kalk-Gips **27** (1974) 2, S. 56–59
[463] *Hansen, V.; Mariager, K. K.*: Zement-Kalk-Gips **27** (1974) 2, S. 60–62
[464] *Ackle, W.*: Zement-Kalk-Gips **28** (1975) 1, S. 43–50
[465] *Ackle, W.*: Zement-Kalk-Gips **22** (1969) 3, S. 125–131
[466] *Nägeli, W.; Ackle, W.*: Zement-Kalk-Gips **31** (1978) 12, S. 619–622
[467] *Posselt, O. G.*: Zement-Kalk-Gips **13** (1960) 9, S. 428–429
[468] Tonindustrie-Zeitung **101** (1977) 12, S. 408–410
[469] *Henke, R.; Bloßfeldt, H.*: Zement-Kalk-Gips **32** (1979) 1, S. 30–34
[470] *Gollnast, W.; Feige, F.*: Zement-Kalk-Gips **35** (1982) 11, S. 587–593
[471] *Hecking, L.*: Zement-Kalk-Gips **34** (1981) 11, S. 554–558
[472] *Isch, K.; Ablinger, A.; Wolf, H.*: Zement-Kalk-Gips **30** (1977) 6, S. 282–286
[473] *Tiggesbäumker, P.*: in: Polysius-Mitteilungen, 27. Juli 1974
[474] *Richlein, D.*: Siemens-Zeitschrift **45** (1971) 4, S. 189–191
[475] *Hegner, E.*: Zement-Kalk-Gips **30** (1977) 4, S. 147–151
[476] *Kafarov, V. V.; Verdijan, M. A.*: Cement (1974) 11, S. 16–18
[477] *Verdijan, M. A.; Duborik, K. L.* u. a.: in: Voprosy izmel'čenija v cementnoj promyšlennosti: Trudy, vyp. 26 (NIICement). Moskva: Literatury po stroitel'stvi 1972, S. 16–28
[478] *Reese, A.*: Zement-Kalk-Gips **30** (1977) 4, S. 152–162
[479] *Waeber, H. G.*: Zement-Kalk-Gips **14** (1961) 9, S. 418
[480] *Henke, R.; Bloßfeld, H.*: Zement-Kalk-Gips **32** (1979) 1, S. 30–34
[481] *Hanke, E. W.*: Zement-Kalk-Gips **28** (1975) 3, S. 105–114
[482] *Funke, G.; Keienburg, R.; Sillam, H.*: Zement-Kalk-Gips **28** (1975) 3, S. 97–104
[483] *Bernutat, P.*: Aufbereitungstechnik **5** (1964) 5, S. 254–258
[484] *Anselm, W.*: Zerkleinerungstechnik und Staub. Düsseldorf: VDI-Verlag 1950
[485] *Kühle, W.*: Zement-Kalk-Gips **23** (1970) 6, S. 263–268
[486] *Rowland, Ch. A.*: Rock products **65** (1962) 1, S. 112
[487] *Gebica, M.*: Cement, wapno, gips (1966) 3, S. 71–75

[488] *Deckers, M.*: Verfahrenstechnik **1** (1967) 3, S. 109—111
[489] *Weber, P.*: Zement-Kalk-Gips **20** (1967) 5, S. 214—221
[490] *Smyšljaev, G. V.; Azmatov, F. L.* u. a.: Gornyj Žurnal **151** (1975) 10, S. 61—62
[491] *Jašin, V. P.; Tumanjan, V. A.; Bilenko, L. F.*: Obogaščenie Rud (Mechanobr) **18** (1973) 3, S. 17—19
[492] *Temoin, A.*: Aufbereitungstechnik **14** (1973) 10, S. 648—654
[493] *Uhlmann, I.; Schramm, R.*: Zement-Kalk-Gips **31** (1978) 9, S. 449—452
[494] *Krischer, O.*: Die wissenschaftlichen Grundlagen der Trocknungstechnik. Berlin; Göttingen; Heidelberg: Springer 1963
[495] *Lykow, M. W.*: Experimentelle und theoretische Grundlagen der Trocknung. Berlin: VEB Verlag Technik 1955
[496] *Filenenko, G. K.; Lebedew, P. O.*: Einführung in die Trocknungstechnik. Leipzig: VEB Fachbuchverlag 1960
[497] *Lykov, M. W.*: Suška v chemičeskoj promyšlennosti. Moskva: Chimija 1970
[498] *Kneule, F.*: Das Trocknen. Aarau: Sauerländer 1970
[499] *Rühle, W.*: Chemie-Ingenieur-Technik **32** (1961) 2, S. 73—128
[500] *Pehrson, R.*: VDI-Zeitschrift **108** (1966) 19, S. 817—820
[501] *Brink, H. J.*: Trocknung von körnigen und pulverförmigen Gütern in Förderlufttrocknern. Dresden: Steinkopf 1975
[502] *Stein, W. A.*: Chemie-Ingenieur-Technik **45** (1973) 16, S. 1032—1039
[503] *Hilgraf, P.*: Aufbereitungstechnik **17** (1976) 6, S. 288—294
[504] *Mendes, M. I.*: Verfahrenstechnik **12** (1978) 12, S. 791—794
[505] *Kast, W.; Krischer, O.; Wintermantel, K.*: Der konvektive Wärme- und Stoffübergang in einheitlicher Darstellung. Berlin; Göttingen; Heidelberg: Springer 1974
[506] *Zisselmar, R.*: Aufbereitungstechnik **23** (1982) 10, S. 542—551
[507] *Heinrich, K.-J.; Hinske, H. G.*: Zement-Kalk-Gips **31** (1978) 9, S. 543—558
[508] *Heinrich, K.-J.; Hinske, H. G.*: Zement-Kalk-Gips **30** (1977) 6, S. 273—278
[509] *Toepel, F.*: Zement-Kalk-Gips (Sonderausgabe) (1960) 8, S. 37—44
[510] *Domanowski, A.; Derbsch, K.*: Silikattechnik **28** (1977) 5, S. 134—136
[511] *Domanowski, A.; Reichelt, D.*: Baustoffindustrie A **21** (1978) 1, S. 11—14
[512] *Domanowski, A.; Derbsch, K.*: Silikattechnik **30** (1979) 8, S. 227—230
[513] *Formann, I.; Kreysa, K.; Cigánek, A.*: Zement-Kalk-Gips **30** (1977) 2, S. 79—83
[514] *Hilger, M.; Kolostori, J.; Kevicsky, L.*: Zement-Kalk-Gips **31** (1978) 4, S. 175—177
[515] *Kolostori, J.; Hilger, M.*: Bauforschung, Baupraxis (1978) 12, S. 116—118
[516] *Hilger, M.; Keviczky, L.; Kolostori, J.*: Zement-Kalk-Gips **32** (1979) 10, S. 499—503
[517] *Schulz, R.*: Zement-Kalk-Gips **31** (1978) 2, S. 90—92
[518] *Schulz, R.*: Zement-Kalk-Gips **32** (1979) 3, S. 140—141
[519] *Welz, R.; Möbius, K.*: Zement-Kalk-Gips **30** (1977) 8, S. 395—405
[520] *Hiettler, J.*: Zement-Kalk-Gips **31** (1978) 2, S. 95—96
[521] *Schacknies, G.*: Aufbereitungstechnik **13** (1972) 10, S. 616—619
[522] *Gramkow, O.*: Silikattechnik **31** (1980) 6, S. 163—167
[523] *Wißmann, H.*: Zement-Kalk-Gips (Sonderausgabe) (1960) 8, S. 29—36
[524] *Lusche, K.*: Zement-Kalk-Gips (Sonderausgabe) (1960) 8, S. 65—70
[525] *Zollikofer, W.*: Zement-Kalk-Gips (Sonderausgabe) (1960) 8, S. 71—79
[526] *Hattendorff, H.*: Zement-Kalk-Gips (Sonderausgabe) (1960) 8, S. 45—52
[527] *Zisselmar, R.*: Zement-Kalk-Gips **33** (1980) 9, S. 456—464
[528] *Gardeik, H. O.; Ludwig, H.; Steinbiß, E.*: Zement-Kalk-Gips **33** (1980) 2, S. 53—62
[529] *Husemann, K.; Jäckel, H.-G.*: Silikattechnik **32** (1981) 8, S. 242—244
[530] *Husemann, K.; Jäckel, H.-G.*: Powder technology **31** (1982), S. 139—140
[531] *Schmidt, P.*: Maschinenmarkt **88** (1982) 1/2, S. 2—5
[532] Pulverisette 5. Chemie-Ingenieur-Technik **33** (1961) 11, S. 761
[533] *Locke, H.*: Sprechsaal **96** (1963) 3, S. 239—242
[534] *Fritsch, P.; Fritsch, W.*: Keramische Zeitschrift **15** (1963) 8, S. 467—468
[535] *Schyff, D. B. v. d.*: Journal of the south african institute of mining and metallurgy **67** (1967) 6, S. 317—318
[536] *Bradley, A. A.*: in: 3. Europäisches Symposium Zerkleinern. Cannes 1971, S. 705—723
[537] *Vock, F.*: in: 3. Europäisches Symposium Zerkleinern. Cannes 1971, S. 805—829
[538] *Bradley, A. A.; Lloyd, P. I. D.; White, A. B.*: South african mining engineering journal **22** (1972) 4, S. 129—134
[539] *Jusupov, T.; Glossov, V.; Žirnov, E.*: Obogaščenie rud, **22** (1977) 6, S. 24—27
[540] *Selezneva, O.; Molčanov, V.; Rejngold, B.*: Izvestija sibirskogo otdelenija akademii nauk SSSR, Serie chimičeskich nauk (1979) 4, S. 24—25
[541] *Molčanov, V.; Slezneva, O.*: Izvestija sibirskoje otdelenija akademii nauk SSSR (1979) 6, S. 60—75
[542] *Bradley, A. A.; Freemantle, A. I.; Lloyd, P. I. D.*: Journal of the south african institute of mining and metallurgy (1974), S. 379—387
[543] *John, G.; Vock, F.*: Chemie-Ingenieur-Technik **37** (1965) 4, S. 411—417
[544] *Beke, B.*: Aufbereitungstechnik **18** (1977) 10, S. 526—531
[545] *Žirnov, E. N.*: Izvestija sibirskogo otdelenija akademii nauk SSSR (1975), S. 4—12

[546] *Joisel, A.*: Revue des materiaux de construction (1956) 493, S. 236—250

[547] *Kim Ben Gi*: Izvestija vyssich učebnych zavednij, Gornyj žurnal **18** (1975) 9, S. 81—86

[548] *Bradley, A. A.; Hinde, A. L.* u. a.: Lurgi Schnellinformation C 1367/10.80, S. 1—21

[549] *Grizina, K.; Meiler, H.; Rosenstock, F.*: Aufbereitungstechnik **22** (1981) 6, S. 303—308

[550] *Žirnov, E. N.; Jusupov, T. S.*: in: Materialy pjatogo vsesojuznogo simpozium po mechanoemissii i mechanochimii tverdych tel. oktojabr 1975 g. III. Tallin: Akademija nauk SSSR 1977, III: 170 S.

[551] *Busuev, L. P.*: Izvestija vysšich učebnych zavedenij, Gornyj žurnal **3** (1960) 2, S. 178—182

[552] *Busuev, L. P.*: Izvestija vysšich učebnych zavedenij, Gornyj žurnal **4** (1961) 1, S. 163—165

[553] *Busuev, L. P.*: Gornyj žurnal **8** (1965) 10, S. 148—154

[554] *Busuev, L. P.; Zarkov, G. P.*: Gornyj žurnal **10** (1967) 8, S. 133—136

[555] *Žirnov, E. N.*: in: Cetvertyj vsešojuznyj simpozium po mechanoemisii i machanochimii tverdych tel. 26 ijunja—3 ijulja 1973, Irkutsk. Tezisy dokladev i soobščenij. Moskva: Akademija nauk SSSR 1973, 270 S.

[556] *Žirnov, E. N.*: in: Fizikochimičeskie issledovanija mechaničeski aktivirovannych mineral'nych veščestv: Sbornik naučnych trudov. Novosibirsk: Inst. Geologii i Geofiziki SO AN SSSR 1975, S. 13—16

[557] *Bradley, A. A.; Freemantle, A. I.; Lloyd, F. D.*: Journal of the south african institute mining and metallurgy **76** (1975) 10, S. 78—80

[558] *Zakarov, G. P.; Glemb, I. L.; Makarov, M. B.*: in: Obogaščenie poleznych ikopaemych. vyp. 18, Kiev: Technika 1976, S. 71—21

[559] *Glemb, I. L.; Zarkov, G. P.*: Gornyj žurnal **20** (1979) 3, S. 99—102

[560] *Glemb, I. L.; Zarkov, G. P.*: Gornyj žurnal **22** (1979) 11, S. 66—70

[561] *Kartavyij, N. G.; Oseckij, V. M.; Dobroborski, G. A.* u. a.: Planetenkugelmühlen. Bericht des Lehrstuhles für stationäre Maschinen und Anlagen und des Lehrstuhles für Mechanik am Moskauer Bergbauinstitut 1981

[562] *Lesin, A. D.*: Sbornik trudov, Tonkoje izmel'čenije materialov, Akademija stroitelstva i architektura SSSR. Moskva: Gosgortechizdat 1960

[563] *Kim Ben Gi*: Izvestija vysšich učebnych zavedenij, Gronyj žurnal **19** (1976) 1, S. 149—153

[564] *Gründer, W.*: Bergbau 1940, S. 107

[565] *Batel, W.*: Chemie-Ingenieur-Technik **30** (1958), S. 567—572

[566] *Batel, W.*: Chemie-Ingenieur-Technik **30** (1958), S. 651—660

[567] *Bachmann, D.*: VDI-Zeitschrift Verfahrenstechnik (1940) 2, S. 43—55 und (1940) 3, S. 82—89

[568] *Liebold, R.*: Silikattechnik **22** (1971) 10, S. 333—335

[569] *Raasch, J.*: Chemie-Ingenieur-Technik **36** (1964) 2, S. 125—130

[570] *Rose, H. E.*: in: 1. Europäisches Symposium Zerkleinern. Düsseldorf 1962, S. 427—456

[571] *Maeder, H. J.*: in: 1. Europäisches Symposium Zerkleinern. Düsseldorf 1962, S. 457—465

[572] *Rose, H. E.; Sullivan, R. M. E.*: British chemical engineering **4** (1959) 8/9, S. 450—457

[573] *Maeder, H. J.*: Aufbereitungstechnik **6** (1965) 3, S. 175—180

[574] *Maeder, H.-J.*: Aufbereitungstechnik **11** (1970) 12, S. 754—757

[575] *Maeder, H.-J.*: Aufbereitungstechnik **16** (1975) 8, S. 409—414

[576] *Liebold, R.*: in: Freiberger Forschungshefte C 1. Leipzig: VEB Deutscher Verlag für Grundstoffindustrie 1961, S. 5—23

[577] *Rolf, L.; Cock, E.*: Chemieanlagen und Verfahren **11** (1976) 3, S. 27—31

[578] *Reiners, E.*: Aufbereitungstechnik **10** (1969) 6, S. 301—304

[579] *Maeder, H.-J.*: Die Naturstein-Industrie (1973) 5, S. 23—26

[580] *Maeder, H.-J.*: Aufbereitungstechnik **18** (1977) 6, S. 346—350

[581] *Kiesskalt, S.*: Verfahrenstechnik (1970) 8, S. 340—341

[582] *Rumberger, M.; Simonis, W.; Szantho, E.*: Glückauf-Forschungshefte **32** (1971) 1, S. 1—11

[583] *Liebold, R.*: Die Technik **7** (1952) 3, S. 113—118

[584] *Tamura, K.; Tanaka, T.*: Industrial and engineering chemistry Process design development **9** (1970) 2, S. 165—173

[585] *Higiwara, T.; Mikamo, M.*: Aufbereitungstechnik **11** (1970) 9, S. 524—528

[586] *Henning, K.*: Mahl- und maschinentechnische Untersuchungen an kontinuierlichen Rohrschwingmühlen unter Berücksichtigung der eisenfreien Mahlung. Dresden, Technische Universität, Dissertation, 1973

[587] *Tkačova, K.; Sevulova, N.; Hocmanova, I.*: in: Fachtagung »Zerkleinerung und Tribochemie«, Freiberg, AdW d. DDR, Forschungsinstitut für Aufbereitung 1981, S. 20—25

[588] *Heydel, H.*: Ermittlung aufbereitungstechnischer Kenngrößen an einer vertikalen Schwingmühle. Dresden, Technische Hochschule, Dissertation, 1965

[589] *Bayer. M.; Höffl, K.*: in: Freiberger Forschungshefte A 581. Leipzig: VEB Deutscher Verlag für Grundstoffindustrie 1978, S. 41—75

[590] *Bayer, M.; Puchalla, F.; Höffl, K.*: in: Freiberger Forschungshefte A 553. Leipzig: VEB Deutscher Verlag für Grundstoffindustrie 1976, S. 139—154

[591] *Rose, H. E.; Sullivan, R. M. E.*: Vibration mills and Vibration milling. London: Constable and Co. 1961

[592] *Bayer, M.; Höffl, K.; Puchalla, F.*: in: Freiberger Forschungshefte A 620. Leipzig: VEB Deutscher Verlag für Grundstoffindustrie 1981, S. 23—34

[593] *Bayer, M.; Höffl, K.*: in: Freiberger Forschungshefte A 651. Leipzig: VEB Deutscher Verlag für Grundstoffindustrie 1982, S. 39—45
[594] *Banaszewski, T.; Bayer, M.; Höffl, K.* u. a.: Neue Bergbautechnik **12** (1982) 1, S. 51—55
[595] *Bernutat, B.*: Aufbereitungstechnik **22** (1981) 6, S. 309—311
[596] *Ulrich, M.*: Aufbereitungstechnik **22** (1981) 2, S. 72—78
[597] *Iwata, H.; Masuda, K.; Jamamoto Kawaguchi, H.*: Aufbereitungstechnik **15** (1974) 10, S. 553—557
[598] *Riedl v. Leuenstern, H.*: Aufbereitungstechnik **16** (1975) 7, S. 256—258 (Teil 1); **16** (1975) 10, S. 547—553 (Teil 2)
[599] *Vedaraman, R.; Raghavendra, N. M.; Venkateswarlu, D.*: Powder technology **4** (1970/71), S. 313—321
[600] *Gock, B.*: Aufbereitungstechnik **20** (1979) 6, S. 343—347
[601] *Schmidt, P.; Peltzer, P.*: Aufbereitungstechnik **17** (1976) 3, S. 108—114
[602] *Rose, H. E.*: Transactions of the institution of chemical engineers, **38** (1960), S. 107—124
[603] *Demel, G.*: Aufbereitungstechnik **18** (1977) 9, S. 449—454
[604] *Böhme, H.; Grämmerler, H.*: Aufbereitungstechnik **13** (1972) 4, S. 244—247
[605] *Wolf, M.*: Zement-Kalk-Gips **22** (1969) 3, S. 122—123
[606] *Mulisch, E.*: Aufbereitungstechnik **4** (1963) 4, S. 151—156
[607] *Kellerwessel, H.*: Staub-Reinhaltung der Luft **27** (1967) 1, S. 36—42
[608] *Grämmerler, H.*: Aufbereitungstechnik **13** (1972) 12, S. 793—795
[609] *Grämmerler, H.*: Aufbereitungstechnik **14** (1973) 1, S. 46—48
[610] *Grämmerler, H.*: Aufbereitungstechnik **14** (1973) 3, S. 173—175
[611] *Kirk, A.*: Chemistry and industry **32** (1967) 8, S. 1378—1382
[612] *Brancker, A. V.; Hughes, T. A.*: Mathematical analysis of vibration milling. Report No. LR. 147(MP). Stevenage: Warren Spring Laboratory 1971
[613] *Smith, E. A.*: Chemistry and industry **32** (1967) 8, S. 1436—1442
[614] *Belkin, L.*: Stroitelnye materialy **2** (1956) 1, S. 11—15
[615] *Hüttenhain, H.*: Aufbereitungstechnik **7** (1966) 11, S. 666
[616] *Bergstrom, J. H.*: Rock products **68** (1965) 12, S. 66—67
[617] *Lissenden, A.*: Chemical and process engineering **46** (1965) 4, S. 203—204
[618] *Zagury, M.*: Industrie minerale **47** (1965) 5, S. 393—400
[619] *Lüdecke, P.; Patat, F.*: Chemie-Ingenieur-Technik **42** (1970) 19, S. 1190—1194
[620] *Morgulis, M. L.*: Chemičeskaja nauka i promyšlennost **1** (1956) 2, S. 186—199
[621] *Melmann, B.*: Aachener Blätter **17** (1967) 3, S. 104—116
[622] *Gray, W. A.; Rhodes, G. T.*: Powder technology **6** (1972) 5, S. 271—281
[623] *Kleandr, V.*: Mlekie v silikosovan priemysle. Zilina: Dom Techniky SVTS 1976
[624] *Podmore, H. L.; Beastey, E. S. G.; Cope, G.*: Particulate matter **1** (1970) 4, S. 26—32
[625] *Rose, H. E.; Jimbo, G.*: Transactions of the institution of chemical engineers, **41** (1963) 4, S. 147—158
[626] *Juhász, Z.*: Aufbereitungstechnik **15** (1974) 10, S. 558—562
[627] *Sigrist, K. D.; Heinicke, G.*: Chemische Technik **21** (1969) 5, S. 285—289
[628] *Hint, J.*: Silikattechnik **21** (1970) 4, S. 116—121
[629] *Husemann, K.; Bernhard, C.; Heegn, H.*: Powder technology **14** (1976), S. 41—49
[630] *Schulteß, W.; Szántho, E.; Gerlach, J.*: Glückauf-Forschungshefte (1971) 1, S. 12—22
[631] *Rumberger, M.*: Erzmetall **24** (1971) 5, S. 227—231
[632] *Scheibe, W.*: Silikattechnik **22** (1971) 10, S. 339—343
[633] *Rose, H. E.*: Aufbereitungstechnik **1** (1960) 10, S. 440—442
[634] *Schrader, R.; Hoffmann, B.*: Zeitschrift für anorganische und allgemeine Chemie 369 (1969), S. 41—47
[635] *Schrader, R.; Tetzner, G.*: in: Freiberger Forschungshefte A 292. Leipzig: VEB Deutscher Verlag für Grundstoffindustrie 1964, S. 5—13
[636] *Gröbel, E. F.*: Berechnung und Gestaltung von Gummifedern. Berlin; Göttingen; Heidelberg: Springer 1955
[637] *Četaev, N. G.*: Izvestija akademii nauk SSSR, Otd. techničeskich nauk, (1957) 3, S. 49—56
[638] *Yasukawa*: Industrial and engineering chemistry, Process design and development, **7** (1968) 1, S. 103—114
[639] *Rose, H. E.*: Chemie-Ingenieur-Technik **34** (1962) 6, S. 411—417
[640] *Iwata, H.; Masuda, K.; Yamamoto, M.*: J. Min. & Metallurgy Inst. Tokyo **92** (1976) 1056, S. 83—89
[641] *Molerus, O.*: Chemie-Ingenieur-Technik **38** (1966) 2, S. 137—145
[642] *Gallyas, M.; Gémesi, J.*: Aufbereitungstechnik **16** (1976) 10, S. 503—507
[643] *Laan, E. Th. von der*: Chemical engineering science **7** (1958) 3, S. 187—191
[644] *Laukner, E.*: Verweilzeitverhalten und chemische Reaktionen im Zellenreaktor. Leuna/Merseburg, Technische Hochschule für Chemie, Dissertation, 1969
[645] *Ulrich, M.*: Chemie-Ingenieur-Technik **43** (1971) 23, S. 1248—1252
[646] *Kubicek, M.; Gerhard, H.; Hofmann, H.*: Chemie-Ingenieur-Technik **50** (1978), S. 371—374
[647] *Geyer, H.*: Chemische Technik **27** (1975) 3, S. 140—145
[648] Die Podmore-Boulton-Vibro-Energy-Mühle. Euro-Ceramik, Neuwied **12** (1962) 12, S. 387—389

[649] *Rudin, A. D.; Finkelštejn, G. A.*: Obogaščenie Rud (Mechanobr) **22** (1977) 6, S. 27–30
[650] *Puchalla, F.*: Dimensionierungsgrundlagen für Schwingungserreger nach dem Massenwalzenprinzip. Freiberg, Bergakademie, Dissertation 1977
[651] *Jordan, H.; Röder, G.*: Industrie-Anzeiger **89** (1967) 10, S. 46–51
[652] *Jordan, H.; Mahrenholtz, O.; Röder, G.* u. a.: Industrie-Anzeiger **89** (1967) 88, S. 1889–1892
[653] *Mahrenholtz, O.*: in: VDI-Gemeinschaftstagung. Akustik und Schwingungstechnik. Berlin 1970 (Plenarvorträge und Kurzreferate)
[654] *Dürr, H.*: Verfahrenstechnik **12** (1978) 11, S. 708 (Teil I); **13** (1979) 2, S. 64–72 (Teil II)
[655] *Heinrich, B.; Kreitner, L.*: Aufbereitungstechnik **22** (1981) 10, S. 556–562 (Teil I); **22** (1981) 11, S. 619–624 (Teil II)
[656] *Mölls, H.-H.; Hörnle, R.*: in: 3. Europäisches Symposium Zerkleinern. Cannes 1971, S. 565–594
[657] *Heinrich, B.; Kreitner, L.*: in: 5. European Symposium on Communition and 2. European Symposium on Mechanical Properties of Particulate Solids. Amsterdam 1980, S. 3–22
[658] *Pahlke, H.*: Farbe und Lack **72** (1966), S. 623–630
[659] *Engels, K.*: Farbe und Lack **71** (1965) 5, S. 375–385; **71** (1965) 6, S. 464–472
[660] *Stehr, N.*: Zerkleinerung und Materialtransport in einer Rührwerkskugelmühle. Braunschweig, Technische Universität, Dissertation 1981
[661] *Raasch, J.*: Beanspruchung und Verhalten suspendierter Feststoffteilchen in Scherströmungen hoher Zähigkeit. Karlsruhe, Technische Hochschule, Dissertation 1961
[662] *Kregel, H.*: Herstellung und Messung von Scherströmungen mit extrem großen Schubspannungen und ihr Einfluß auf die Zerkleinerung von Agglomeraten. Karlsruhe, Technische Hochschule, Dissertation 1964
[663] *Lietz, W.*: Chemische Technik **26** (1974) 7, S. 412–416
[664] *Lietz, W.*: Chemische Technik **24** (1972) 1, S. 22–26
[665] *Lietz, W.*: Ein Beitrag zur Untersuchung des Zerkleinerungsvorganges und der Axialvermischung bei der Naßfeinstmahlung in kontinuierlichen schnellaufenden Rührwerkskugelmühlen. Freiberg, Bergakademie, Dissertation 1979
[666] *John, W.*: Farben und Lack **79** (1973) 6, S. 537–542
[667] *Krause, W.; Giersiepen, G.*: Farben und Lack **67** (1961) 5, S. 302–306
[668] *Kafarov, V. V.; Solovjev, V. P.; Planovskaja, M. A.*: Chemičeskaja promyšlennosti **45** (1969) 12, S. 61–64
[669] *Herbst, J. A.; Sepulreda, J. L.*: in: Industrial and scientific conference managment. Chicago 1978, S. 542–570
[670] *Locher, G.*: in: Vortrag Jahrestagung Dechema. Frankfurt/Main 1981
[671] *Solovjev, V.; Kafarov, V. V.; Planovskaja, M. A.*: Chemičeskaja promyšlennosti **43** (1967), S. 908–909
[672] *Solovjev, V.; Kafarov, V. V.; Planovskja, M. A.*: Chemičeskaja promyšlennosti **45** (1967) 6, S. 58–60
[673] *Glaeser, H.; Biescker, B.; Brauer, H.*: Verfahrenstechnik **7** (1973) 2, S. 31–40
[674] *Giarda, L.*: Ceramurgia **6** (1976) 1, S. 33–38
[675] *Wullkopf, H.; Grienke, W.*: Powder metallurgy international **7** (1975) 2, S. 68–70
[676] *Maurer, Th.; Richter, H. C.*: Sprechsaal für Keramik, Glas, Email, Silikate **99** (1966) 24, S. 1084–1089
[677] *Ries, H. B.*: Keramische Zeitschrift **23** (1971) 9, S. 516–534 (Teil I)
[678] *Mader, W.; Müller, U. F.*: Radex-Rundschau (1971) 4, S. 535–545
[679] *Stanley, D. A.; Sadler, L. Y.; Brocks, D. R.* u. a.: Ceramic Bulletin **53** (1974) 11, S. 813
[680] *Davis, E. C.; Hausen, J. P.; Sullivan, V. G.*: in: Fine particles processing, Las Vegas, 24–28. 2. 1980. New York: Society of Mining Engineers of AIME 1980, S. 74–95
[681] *Engels, K.*: Farbe und Lack **75** (1969) 10, S. 953–961
[682] *Engels, K.*: Chemie-Ingenieur-Technik **41** (1969) 1, S. 75
[683] *McLane, D. M.*: Pit & Quarry, Chicago **74** (1981) 3, S. 94–96
[684] *Sadler, L. Y.; Stanley, D. A.; Brocks, D. R.*: Powder technology **12** (1975), S. 19–28
[685] *Giersiepen, G.; Schwedes, J.*: Chemie-Ingenieur-Technik **47** (1975) 17, S. 695–699
[686] *Kuderwizki, F.*: Chemische Technik **30** (1978) 9, S. 457–459
[687] *Sladkov, A. S.*: Steklo i keramika **19** (1962) 4, S. 18–21
[688] *Bechstead, L. W.; Munoz, P. B.; Sepulveda, J. L.* u. a.: in: International Symposium on Copper Extraction and Refining. Las Vegas 1976, S. 611–632
[689] *Sepulveda, J. L.*: A detailed study on stirred bal mill grinding. Utah, University, Dissertation 1978
[690] *Engels, K.*: Farbe und Lack **82** (1976) 8, S. 699
[691] *Steidl, D.*: Maschinenmarkt **85** (1979) 44, S. 859–862
[692] *Supp, A.*: Aufbereitungstechnik **14** (1973) 4, S. 218–224
[693] *Epstein, E. F.* u. a.: Neue Methoden der Gesteinsbearbeitung. Moskva: Gosgortechizdat 1960
[694] *Girnau, G.; Blennemann, F.*: Nichtmechanische Gesteinszerstörung. Düsseldorf: Alba Buchverl. 1972
[695] *Schüler, U.*: Aachener Blätter (1961) 11, S. 165–190
[696] *Szabo, J.*: Höhere technische Mechanik. Berlin; Göttingen; Heidelberg: Springer 1960
[697] *Sarapun, E.*: in: Rock mechanik symposium, 1965
[698] *Hake, K.*: Neue Hütte **7** (1962) 5, S. 265–268
[699] *Bergstrom, B. H.*: Engineering mining journal **162** (1961) 2, S. 134–140
[700] *Losev, B. J.; Mel'nikova, A. N.; Saprikin, F. J.* u. a.: Vestnik akademii nauk SSSR **29** (1959) 6, S. 62–65

[701] *Jutkin, L. A.*: Elektrogidravličeskij effekt i nekotorye vozmoznosti egoprimenija. Leningrad: Leningradskij Dom naučno-techničeskoj propagandy 1959, S. 3—7, 11—13 (Teil I)
[702] *Jutkin, L. A.*: Elektrogidravličeskoje droblenie. Leningrad: Leningradskij Dom naučno-techničeskoj propagandy 1960, S. 1—48 (Teil II)
[703] *Jendersie, H.; Kämpf, G.*: Bergakademie **21** (1969) 1, S. 15—22
[704] *Epstein, E. F.; Arsh, E. J.; Vitort, G. K.*: New methods of crushing rock. Moskva: Gosgortechizsdat 1960
[705] *Cavanaugh, W. J.; Rogers, D. J.*: in: 10th International mineral processing congress 1973. London: The Institution of mining and metallurgy, 1974, S. 91—122
[706] *Laschimke, R.*: Technische Rundschau **54** (1962) 27, S. 7—11
[707] *Kravačenko, V. S.; Obraszov, A. P.; Ustinov, V. V.*: Gornyj žurnal (1960) 9, S. 42—45
[708] *McLane, D. M.*: Pit and quarry **74** (1981) 3, S. 94—96
[709] *Kaiser, F.*: in: 2. Europäisches Symposium Zerkleinern, Amsterdam, 1966, S. 615—647 (Vortrag F6)
[710] *Ries, H. B.*: Aufbereitungstechnik **5** (1964) 4, S. 166—177
[711] *Krambrock, W.*: Aufbereitungstechnik **12** (1971) 7, S. 391—401; **12** (1971) 10, S. 643—649
[712] *Koster, K.*: Bergbauwissenschaften **13** (1966) 9, S. 378—382
[713] *Hogh, J.*: Baustoffindustrie **11** (1968) 3, S. 96—98
[714] *Weddig, H. J.*: Aufbereitungstechnik **10** (1969) 10, S. 584—588
[715] *Bemelmann, W. A.*: Aufbereitungstechnik **9** (1968) 5, S. 229—234
[716] *Schwedes, J.*: Aufbereitungstechnik **23** (1982) 8, S. 403—410
[717] *Schwedes, J.*: Fortschritte der Verfahrenstechnik **14** (1976), S. 207—219
[718] *Ter Borg, L.; Schwedes, J.; Wilms, R.*: Fortschritte der Verfahrenstechnik **16** (1978), S. 157—170; **18** (1980), S. 189—205; **20** (1982), S. 163—177
[719] *Schwedes, J.*: Chemie-Ingenieur-Technik **48** (1976) 4, S. 294—300
[720] *Kraus, W.*: Zement-Kalk-Gips **29** (1976) 12, S. 534—538
[721] *Kurz, H. P.*: Aufbereitungstechnik **16** (1975) 11, S. 569—578
[722] *Grapengiesser, J. C.*: Zement-Kalk-Gips **24** (1971) 11, S. 512—514
[723] *Schwedes, J.*: Aufbereitungstechnik **20** (1979) 11, S. 603—606
[724] *Walters, J. K.*: Chemical engineering science **28** (1973), S. 779
[725] *Pieper, K.*: Aufbereitungstechnik **19** (1978) 11, S. 541—547
[726] *Fort, J. C.*: Aufbereitungstechnik **19** (1978) 11, S. 529—535
[727] *Schwedes, J.*: Fließverhalten von Schüttgütern in Bunkern. Weinheim: Verlag Chemie 1970
[728] *Rademacher, F. J. C.*: Aufbereitungstechnik **19** (1978) 9, S. 422—424
[729] *Theimer, O. F.*: Aufbereitungstechnik **15** (1974) 11, S. 597—599
[730] *Motek, H.*: Aufbereitungstechnik **22** (1981) 3, S. 153—158
[731] Silolagerung von Schüttgütern. Aufbereitungstechnik **23** (1982) 2, S. 104—107
[732] *Kammler, R. R.*: Aufbereitungstechnik **23** (1982) 2, S. 72—76
[733] *Taubmann, H.*: Aufbereitungstechnik **23** (1982) 2, S. 77—83
[734] *Meissner, W.*: Deutsche Hebe- und Fördertechnik **27** (1981) 6, S. (222)37—(225)42
[735] *Kvapil, R.; Tanaka, T.*: Aufbereitungstechnik **6** (1965) 2, S. 45—49
[736] *Dubach, P.*: Aufbereitungstechnik **6** (1965) 2, S. 50—56
[737] *Dessing, R.*: Aufbereitungstechnik **6** (1965) 2, S. 61—64
[738] *Möller, H.*: Aufbereitungstechnik **6** (1965) 2, S. 65—72
[739] *Foßhag, W.*: Aufbereitungstechnik **6** (1965) 2, S. 73—83
[740] *Reinbert, A.*: Aufbereitungstechnik **6** (1965) 2, S, 115—122
[741] *Jenike, A. W.; Johanson, J. R.*: Aufbereitungstechnik **12** (1971) 6, S. 309—317
[742] *Theimer, O. F.*: Aufbereitungstechnik **12** (1971) 6, S. 318—323
[743] *Gericke, W.*: Verfahrenstechnik **5** (1971) 5, S. 212—216
[744] *Rothe, W. E. v.; Peschl, I. A. S. Z.*: Aufbereitungstechnik **18** (1977) 11, S. 596—602
[745] *Korzen, Z.*: Aufbereitungstechnik **22** (1981) 8, S. 418—423
[746] *Gericke, W.*: Aufbereitungstechnik **23** (1982) 1, S. 33—41
[747] *Eische, S.*: Aufbereitungstechnik **19** (1978) 1, S. 1—8
[748] *Weinberg, H.*: Aufbereitungstechnik **23** (1982) 1, S. 1—7
[749] *Regeler, W.*: Aufbereitungstechnik **17** (1976) 12, S. 544—547
[750] *Hoormann, W.*: Aufbereitungstechnik **7** (1966) 8, S. 510—523
[751] *Block, S.*: Aufbereitungstechnik **20** (1979) 8, S. 419—425
[752] *Hoormann, W.*: Aufbereitungstechnik **8** (1967) 10, S. 521—537
[753] *Mölling, H. A.*: Aufbereitungstechnik **3** (1962) 3, S. 119—126
[754] Bunkerzellenschleusen und -drehschieber. Aufbereitungstechnik **6** (1965) 2, S. 130—131
[755] *Schubert, H.*: Aufbereitungstechnik **18** (1977) 2, S. 47—55
[756] *Meinel, A.; Schubert, H.*: Aufbereitungstechnik **13** (1972) 7, S. 408—416
[757] *Nepomnjaščij, E. A.*: Obogaščenie rud **5** (1960) 5, S. 27—33

[758] *Nepomnjaščij, E. A.*: Obogaščenie rud **8** (1963) 6, S. 20—23
[759] *Meinel, A.; Schubert, H.*: Aufbereitungstechnik **12** (1971) 3, S. 128—133
[760] *Smigerski, H.-J.*: Aufbereitungstechnik **23** (1982) 10, S. 552—580
[761] *Pethö, S.; Smirnow, S.*: Aufbereitungstechnik **17** (1976) 1, S. 32—35
[762] *Pethö, S.; Smirnow, S.*: Aufbereitungstechnik **18** (1977) 3, S. 134—139
[763] *Trawinski, H. F.*: Aufbereitungstechnik **21** (1980) 9, S. 457—462
[764] *Wessel, J.*: Verfahrenstechnik **8** (1967) 3, S. 104—108
[765] *Verdes, S.*: Aufbereitungstechnik **20** (1979) 9, S. 479—482
[766] *Wessel, J.*: Aufbereitungstechnik **8** (1967) 2, S. 53—62 (Teil I); **8** (1967) 4, S. 167—179 (Teil II); **8** (1967) 8, S. 417—428 (Teil III)
[767] *Jowett, A.*: Coliery engineering **40** (1963) 476, S. 423—427
[768] *Bergholz, W.; Schranz, H.*: Bergbauwissenschaften **2** (1955) 4, S. 92—99
[769] *James, R. W.; Andrews, C. E.*: Pit and quarry **60** (1967) 2, S. 108—111
[770] *Olevskij, A.*: Obogaščenie rud **12** (1967) 3, S. 31—37
[771] *Zemljakov, B. A.; Beloglazov, N. K.*: in: Fiziko-techničeskie problemy razrabotki polezny, (1965) 4, S. 153—155
[772] *Petermann, G.*: Beschreibung der Wirkung verschiedener Einflußgrößen auf das Siebergebnis bei Kreisschwingsiebmaschinen mit Hilfe von Näherungsansätzen. Freiberg, Bergakademie, Dissertation 1979
[773] *Dressler, E.-H.*: Zur Durchsatzberechnung von Kreiselschwingsiebmaschinen. Freiberg, Bergakademie, Dissertation 1976
[774] *Nawrocki, J.*: Przeglad gorniczy **19** (1963) 11, S. 440—442
[775] *Glatzel, H.*: Untersuchungen über die Aufstellung von Leistungskennlinien an neuzeitlichen schnellaufenden Schwingsieben für die Fein- und Feinstklassierung verschiedener Massengüter. Aachen, Technische Hochschule, Dissertation 1937
[776] *Baldwin, L.*: Transactions of the institution of chemical engineers **41** (1963) 8, S. 255—263
[777] *Nawrocki, J.; Constantin, D.; Pakleza, J.*: Zeszyty naukove politechniki Slaskiej, Serie: Gornictwo (1967) 22, S. 159—176
[778] *Stoff, F.*: Aufbereitungstechnik **4** (1963) 11, S. 462—466
[779] *Kluge, W.*: Glückauf-Forschungshefte **27** (1966) 4, S. 163—181
[780] *Boch, B.*: Aufbereitungstechnik **22** (1981) 7, S. 351—361
[781] *Schlebusch, L.*: Aufbereitungstechnik **4** (1963) 11, S. 476—481
[782] *Brüderlein, J.*: Aufbereitungstechnik **13** (1972) 7, S. 401—407
[783] *Brüderlein, J.*: Aufbereitungstechnik **23** (1982) 7, S. 353—358
[784] *Fellensiek, E.*: Aufbereitungstechnik **16** (1975) 7, S. 331—341
[785] *Freitag, H.*: Aufbereitungstechnik **4** (1963) 11, S. 467—470
[786] *Götte, A.*: VDI-Zeitschrift **97** (1955) 4, S. 97—104
[787] *Bürstlein, E.*: Aufbereitungstechnik **13** (1972) 7, S. 438—441
[788] *Dietrych, J.; Nawrocki, J.*: Przeglad Gorniczy **19** (1963) 5, S. 222—224
[789] *Nawrocki, J.*: in: 5. Internationaler Kongreß für Steinkohlenaufbereitung, Pittsburgh, 3.—7. 10. 1966 (Vortrag D 4)
[790] *Kluge, W.*: Erdöl und Kohle **4** (1951) 11, S. 705—717
[791] *Krjukow, B. J.*: Izvestija vysšich učebnych zavedenij. Gornyj žurnal **6** (1963) 1, S. 83—85
[792] *Schubert, H.; Meinel, A.*: Bergakademie **20** (1968) 8, S. 481—487
[793] *Baader, W.*: Untersuchungen über das Verhalten eines Haufwerkes großer Schichthöhe auf einem schwingenden Siebrost. Braunschweig, Technische Hochschule, Dissertation 1960
[794] *Petermann, G.; Höffl, K.*: Baustoffindustrie **6** (1972) 11, S. 438—441
[795] *Richter, D.*: Entwurf und Beschreibung eines wahrscheinlichkeitstheoretischen Modells auf Kreisschwingsieben. Freiberg, Bergakademie, Dissertation 1970
[796] *Islamov, M. S.*: Izvestija vysšich učebnych zavedenij. Gornyj žurnal **15** (1972) 6, S. 172—174
[797] *Nepomnjascij, E. A.*: Obogaščenie rud **7** (1962) 5, S. 29—55
[798] *Schmidt, U.*: Aufbereitungstechnik **14** (1973) 7, S. 414—418
[799] *Bodziony, J.*: Bergakademie **13** (1961) 2, S. 90—101
[800] *Wessel, J.; Schwanghast, R.; Schmidt, U.*: Aufbereitungstechnik **13** (1972) 7, S. 417—421
[801] *Wolff, K.*: Steinbruch und Sandgrube (1981) 3, S. 120—128 (Teil I); (1981) 6, S. 270—278 (Teil II); (1981) 8, S. 287—289 (Teil III)
[802] *Wolff, K.*: Aufbereitungstechnik **17** (1976) 7, S. 350—359
[803] *Wolff, K.*: Aufbereitungstechnik **18** (1977) 7, S. 343—352
[804] *Wolff, K.*: Aufbereitungstechnik **20** (1979) 7, S. 383—389
[805] *Bartholmai, H.*: Aufbereitungstechnik **13** (1972) 7, S. 442—445
[806] *Tallarek, E.*: Aufbereitungstechnik **8** (1967) 11, S. 657—660
[807] *Kapitány, M.*: Aufbereitungstechnik **17** (1976) 3, S. 101—107
[808] *Wolff, K.*: Aufbereitungstechnik **8** (1967) 11, S. 646—656
[809] *Kortekamp, H.*: Aufbereitungstechnik **21** (1980) 7, S. 346—350
[810] *Wesselbaum, F. J.*: Aufbereitungstechnik **23** (1982) 7, S. 359—366
[811] Polydex-Systemsiebböden. Aufbereitungstechnik **19** (1978) 2, S. 83—85

[812] *Wehner, A. F.*: Aufbereitungstechnik **11** (1970) 7, S. 399—408
[813] *Fontein, F. J.*: Glückauf **91** (1955) 27/28, S. 781—786
[814] *Fontein, F. J.*: Aufbereitungstechnik **2** (1961) 3, S. 85—98
[815] *Fontein, F. J.*: Aufbereitungstechnik **4** (1963) 11, S. 511—513
[816] *Poturaev, V. N.; Cervonenko, A. G.; Afonin, M. Z.* u. a.: Obogaščenie Rud (Mechanobr) **22** (1977) 1, S. 26—28
[817] *Schubert, H.*: in: Particle technology 1980, Amsterdam, 3.—5. 6. 1980. Frankfurt/a. M.: Dechema 1980, Vol. B, S. 705—728
[818] *Jenner, F. W.; Lösel, W.*: Erzmetall **26** (1973), S. 376
[819] *Bauer, H.* u. a.: Aufbereitungstechnik **13** (1972) 8, S. 428
[820] *Burt, R. O.*: Mining magazine **128** (1923) 5, S. 463
[821] *Sidenenko, P. M.*: Izmel'čenije v chimičeskoj promyšlennosti. Moskva: Chimija 1977
[822] *Wessel, J.*: Aufbereitungstechnik **4** (1963) 11, S. 449—461
[823] *Rüsch, F.; Metschulat, H.*: Aufbereitungstechnik **15** (1974) 7, S. 364—367
[824] *Brüggemann, H.; Peters, M.*: Aufbereitungstechnik **22** (1981) 7, S. 367—371
[825] *Zabeltitz, Chr. von*: Aufbereitungstechnik **13** (1972) 12, S. 764—766
[826] *Rudin, A. D.*: Obogaščenie rud **13** (1968) 3, S. 33—35
[827] *Vasilenko, A. A.; Gontscharov, E. S.*: Vestnik sel'skochozjajstvennoj nauki **8** (1963) 4, S. 95—100
[828] *Gontscharov, E. S.*: Traktory i sel'chozmašiny (1965) 9, S. 21—23
[829] *Park, J. K.; Harmond, J. E.*: Agricultural engineering (1967) 5, S. 275—277
[830] *Singh, B. K.*: Aufbereitungstechnik **23** (1982) 7, S. 377—382
[831] *Adam, R.*: Aufbereitungstechnik **18** (1977) 7, S. 337—342
[832] *Grenvall, B.*: Rock products **81** (1978) 7, S. 66—70
[833] *Bergstrom, J. H.*: Rock products **66** (1963) 11, S. 69—103
[834] *Galjas, A. A.; Polnjanskij, S. A.*: Osnovoy termomechaničeskogo razrušenija gornych porod. Kiew: Naukova dumka 1972
[835] *Wessel, J.*: in: Ullmanns Encyklopädie der technischen Chemie, 4. Aufl., Bd. 2. Weinheim: Verlag Chemie 1972, S. 24—34
[836] *Wodzinski, P.*: Aufbereitungstechnik **21** (1980) 7, S. 351—358
[837] *Eriksson, O.*: Aufbereitungstechnik **22** (1981) 7, S. 85—91
[838] *Böttcher, S.*: Fördern und Heben **8** (1958) 3, S. 127—134
[839] *Klockhaus, W.*: Erdöl und Kohle **5** (1952) 2, S. 493—496
[840] *Adam, R.*: Aufbereitungstechnik **18** (1977) 7, S. 337—342
[841] *Räder, S.*: Techn. Information, Institut für Zuschlagstoffe Großräschen (1979) 12, S. 3—5
[842] *Steif, P.*: Die Naturstein-Industrie **9** (1973) 5, S. 18—22
[843] *Mandrella, H.*: Aufbereitungstechnik **15** (1974) 7, S. 361—363
[844] *Banaszewsky, T.*: in: Freiberger Forschungshefte A 620. Leipzig: VEB Deutscher Verlag für Grundstoffindustrie 1981, S. 89—100
[845] *Banaszewsky, T.; Molerus, O.*: Aufbereitungstechnik **15** (1974) 7, S. 351—357 (Teil I); **15** (1974) 9, S. 513—521 (Teil II); **15** (1974) 12, S. 686—690 (Teil III)
[846] *Motek, H.*: Aufbereitungstechnik **14** (1973) 7, S. 423—432
[847] *Stejskal, J.*: Aufbereitungstechnik **23** (1982) 7, S. 367—372
[848] *Wessel, J.*: Aufbereitungstechnik **2** (1961) 8, S. 328—333
[849] *Maeder, H. J.*: Aufbereitungstechnik **16** (1975) 7, S. 353—355
[850] *Fischer, M.*: Aufbereitungstechnik **23** (1982) 12, S. 687—693
[851] *Schlebusch, L.*: Aufbereitungstechnik **23** (1982) 7, S. 347—352
[852] *Wilkinson, B. B.*: Pit & Quarry, Chicago **69** (1976) 4, S. 79—83
[853] *Eggerstedt, K. H.*: Aufbereitungstechnik **17** (1976) 7, S. 345—349
[854] *Wessel, J.*: Aufbereitungstechnik **10** (1969) 9, S. 492—497
[855] Das Symons-V-Sieb für hohe Siebansprüche. Zement-Kalk-Gips **36** (1983) 1, S. 52—53
[856] *Baumbach, F.*: Aufbereitungstechnik **16** (1975) 2, S. 72—75
[857] Die staub- und lärmfreie Feinsiebung mit dem Mogensen Sizer. Aufbereitungstechnik **13** (1972) 7, S. 466—470
[858] *Baumbach, F.*: Aufbereitungstechnik **20** (1979) 7, S. 390—395
[859] *Žovtjuk, G. V.; Berinbery, Ž, Š.* u. a.: Obogaščenije poleznych iskopaemych. Naučnd-techničeskij sbornik 25. Kiev: Technika 1979, S. 68—70
[860] *Mogensen, F.*: Quarry manager's journal (1965) 10, S. 409—414
[861] *Faber, W.*: Bergakademie **22** (1970) 3, S. 166—172
[862] *Baumbach, F.*: Aufbereitungstechnik **18** (1977) 2, S. 64—67
[863] *Snow, R. H.*: Industrial and engineering chemistry **60** (1968) 11, S. 36—42
[864] *Mogensen, F.*: Bergbauwissenschaften (1960) 6, S. 136—140
[865] *Mogensen, F.*: Tonindustrie-Zeitung **84** (1960) 4, S. 88—93
[866] *Faust, H. W.*: Keramische Zeitschrift **21** (1969) 1, S. 32—34, 36
[867] *Scholz, N.; Klersy, B.*: Aufbereitungstechnik **19** (1978) 7, S. 308—311
[868] *Meyer, H. G.; Weigert, H.*: Chemische Technik **24** (1972) 8, S. 474—477

[869] *Meinel, A.; Schubert, H.*: in: Freiberger Forschungshefte A 480. Leipzig: VEB Deutscher Verlag für Grundstoffindustrie 1970, S. 105–119
[870] *Schröder, H.*: Aufbereitungstechnik **10** (1969) 7, S. 349–353
[871] *Schlebusch, L.*: Aufbereitungstechnik **10** (1969) 7, S. 341–348
[872] *Schlebusch, L.; Schäfer, W.*: Glückauf **92** (1956), S. 497–502
[873] *Erlenstädt, G.*: Aufbereitungstechnik **18** (1977) 7, S. 333–336
[874] *Lemke, K.*: Glückauf **96** (1966) 1, S. 44–47
[875] *Dörner, H. P.*: Aufbereitungstechnik **9** (1968) 6, S. 281–284
[876] *Werner, W.*: Baustoffindustrie (1973) 2, S. 53–57
[877] *Brüninghaus, P.*: Aufbereitungstechnik **1** (1960) 2, S. 53–57
[878] *Wehner, A. F.*: Maschinenmarkt **78** (1972) 96, S. 2203–2205
[879] *Wehner, A. F.*: Aubereitungstechnik **12** (1971) 7, S. 373–379
[880] *Miranda, F. M.*: Rock Products **82** (1979) 7, S. 78, 80, 82
[881] *Bechtel, B.*: Aufbereitungstechnik **14** (1973) 7, S. 421–422
[882] *Schmidt, H.*: Aufbereitungstechnik **23** (1982) 7, S. 381–385
[883] *Schmidt, H.*: Aufbereitungstechnik **18** (1977) 7, S. 327–332
[884] *Schmidt, P.; Wesselbaum, F. J.*: Aufbereitungstechnik **20** (1979) 7, S. 363–368
[885] *Wehner, A. F.*: Aufbereitungstechnik **9** (1968) 6, S. 268–276
[886] *Rüsch, F.*: Aufbereitungstechnik **11** (1970) 7, S. 409–413
[887] *Kranzleiter, T.*: Aufbereitungstechnik **12** (1971) 3, S. 119–127 (Teil I); **12** (1971) 7, S. 380–390 (Teil II)
[888] *Reichert, H.*: Aufbereitungstechnik **19** (1978) 7, S. 312–315
[889] *Allgaier, O.*: Aufbereitungstechnik **13** (1972) 7, S. 435–437
[890] *Kittler, R.; Peltzer, P.*: Aufbereitungstechnik **19** (1978) 1, S. 33–37
[891] *Schmidt, P.*: Aufbereitungstechnik **14** (1973) 7, S. 411–413
[892] *Krenzleiter, T.*: Chemie-Ingenieur-Technik **42** (1970) 5, S. 255–258
[893] *Schmidt, P.*: Aufbereitungstechnik **17** (1976) 7, S. 337–339
[894] *Schmidt, P.*: Aufbereitungstechnik **11** (1970) 7, S. 414–416
[895] *Schmidt, P.*: Aufbereitungstechnik **21** (1980) 7, S. 337–345
[896] *Reichert, H.*: Aufbereitungstechnik **17** (1976) 7, S. 340–344
[897] *Smigerski, H. J.*: Chemie-Ingenieur-Technik **54** (1982) 3, S. 264–265
[898] *Schubert, H.*: Aufbereitungstechnik **18** (1977) 2, S. 47–55
[899] *Schubert, H.*: Aufbereitungstechnik **15** (1974) 9, S. 501–512; **15** (1974) 12, S. 680–685
[900] *Schubert, H.; Neeße, Th.; Koch, P.*: in: Rittinger Symposium 1972. Leoben: Bergmännischer Verband Österreich 1973, S. 26–37
[901] *Neeße, Th.*: in: Freiberger Forschungshefte A 465. Leipzig: VEB Deutscher Verlag für Grundstoffindustrie 1969, S. 9–50
[902] *Plitt, L. R.*: The Canadian mining and metallurgical bulletin **63** (1971) 4, S. 42–47
[903] *Gaudin, A. M.*: Principles of mineral dressing. New York; London: McGraw-Hill 1939
[904] *Brauer, H.; Kriegel, E.*: Chemie-Ingenieur-Technik **38** (1966) 3, S. 321–330
[905] *Richardson, J. F.; Zaki, W. N.*: Chemical engineering Science **3** (1954), S. 65–73
[906] *Steinour, H. H.*: Industrial and engineering chemistry **36** (1944) 7, S. 618–624
[907] *Hawksley, P. C. W.*: in: Some aspects of fluidflow. London: Arnold 1951, S. 114–135
[908] *Brauer, H.; Thiele, H.*: Chemie-Ingenieur-Technik **45** (1973) 13, S. 909–912
[909] *Kaskas, A. A.*: Schwarmgeschwindigkeiten in Mehrkornsuspensionen am Beispiel der Sedimentation. Berlin, Technische Universität, Dissertation 1970
[910] *Brauer, H.*: Grundlagen der Einphasen- und Mehrphasenströmungen. Aarau; Frankfurt/a. M.: Sauerländer 1971
[911] *Davies, R.*: Powder technology **2** (1968/69), S. 43–51
[912] *Fomenko, T. G.*: Gravitacionnye processy obogaščenija poleznych iskopaemych. Moskva: Nedra 1966
[913] *Hukki, R. T.*: Zement-Kalk-Gips **30** (1977) 5, S. 199–205
[914] *Leschonski, K.*: Chemie-Ingenieur-Technik **49** (1977) 9, S. 708–719
[915] *Leschonski, K.*: Aufbereitungstechnik **13** (1972) 12, S. 751–759
[916] *Wessel, J.*: Aufbereitungstechnik **7** (1966) 3, S. 154–162
[917] *Kaiser, F.*: in: Ullmanns Encyklopädie der technischen Chemie, 4. Aufl. Weinheim: Verlag Chemie 1972, S. 24–34, Bd. 2
[918] *Rumpf, H.; Leschonski, K.*: Chemie-Ingenieur-Technik **39** (1967) 21, S. 1231–1241
[919] *Wessel, J.*: Aufbereitungstechnik **3** (1962) 5, S. 222–230
[920] *Kaiser, F.*: Aufbereitungstechnik **11** (1970) 11, S. 662–668
[921] *Kaiser, F.*: Chemie-Ingenieur-Technik **35** (1963) 4, S. 273–282
[922] *Lauer, O.*: Aufbereitungstechnik **6** (1965) 4, S. 213–222
[923] *Lange, K.*: Aufbereitungstechnik **21** (1980) 1, S. 15–20
[924] *Schmidt, P.; Pinter, R.; Kittler, R.*: Verfahrenstechnik **10** (1978) 5, S. 281–284
[925] *Kittler, R.*: Aufbereitungstechnik **19** (1978) 8, S. 368–371
[926] *Rumpf, H.; Kaiser, F.*: Chemie-Ingenieur-Technik **24** (1952) 3, S. 129–135

[927] *Maly, K.*: Verfahrenstechnik **10** (1976) 11, S. 708
[928] *Wessel, J.; Scholz, K.*: Powder technology **3** (1969) 1, S. 24—28
[929] *Maehrle, K.*: Aufbereitungstechnik **8** (1967) 3, S. 117—124
[930] *Wessel, J.*: Aufbereitungstechnik **18** (1977) 3, S. 103—106
[931] *Knobloch, O.; Müller, M.; Eichholt, H.*: Zement-Kalk-Gips **31** (1978) 8, S. 413—417
[932] *Austin, L. G.; Luckie, P. T.*: Zement-Kalk-Gips **29** (1976) 10, S. 452—457
[933] *Ruegg, R.*: Schweizer Bauzeitung **85** (1967) 2, S. 70—74
[934] *Fleck, K.*: Zement-Kalk-Gips **13** (1960) 11, S. 501—521
[935] *Rumpf, H.; Sommer, K.; Stieß, M.*: Verfahrenstechnik **8** (1974) 9, S. 261—263
[936] *Ebert, F.*: Verfahrenstechnik **8** (1974) 9, S. 264—268
[937] *Bernotat, S.; Raasch, J.; Rumpf, H.*: Aufbereitungstechnik **18** (1977) 9, S. 455—457
[938] *Haubold, S.; Schnedelbach, G.; Kranepohl, D.*: Silikattechnik **25** (1974) 12, S. 402—406
[939] *Kranepohl, D.*: Silikattechnik **21** (1970) 10, S. 331—335
[940] *Eibisch, R.; Haubold, S.*: Neue Bergbautechnik **2** (1972) 3, S. 193—200
[941] *Bucchi, R.; Pescali, E.*: Zement-Kalk-Gips **18** (1965) 11, S. 569—573
[942] *Bernotat, S.*: Zement-Kalk-Gips **30** (1977) 11, S. 569—571
[943] *Schauer, S.*: Zement-Kalk-Gips **21** (1968) 9, S. 381—385
[944] *Fellensiek, E.*: Aufbereitungstechnik **23** (1982) 3, S. 134—146
[945] *Lapple, C. E.; Shepherd, C. B.*: Industrial and engineering chemistry **32** (1940) 5, S. 605—617
[946] *Kürten, H.; Raasch, J.; Rumpf, H.*: Chemie-Ingenieur-Technik **38** (1966) 9, S. 914—948
[947] *Müller, K.; Wessel, J.*: Aufbereitungstechnik **4** (1963) 6, S. 235—242
[948] *Mühle, J.*: Partikelbewegung in Strömungen mit rotationssymmetrischer Geschwindigkeitsverteilung. Berlin, Technische Universität, Dissertation 1969
[949] *Heywood, H.*: in: Symposium on the interaction between fluids and particles. London: Institution of chemical engineers 1962, S. 1—8
[950] *Fitch, B.*: Transaction of the american institution of mining, metallurgical and petroleum engineers **223** (1962), S. 129—137
[951] *Knobloch, O.; Müller, M.*: in: Particle technology 1980. Amsterdam, 3.—5. 6. 1980. Frankfurt/a. M.: Dechema, 1980, Vol. B, S. 858—871
[952] *Ebert, F.*: in: Particle technology 1980, Amsterdam, 3.—5. 6. 1980. Frankfurt/a. M.: Dechema 1980, Vol. B, S. 762—773
[953] *Leschonski, K.; Boeck, Th.*: in: Particle technology 1980. Amsterdam, 3.—5. 6. 1980. Frankfurt/a. M.: Dechema 1980, Vol. B, S. 746—761
[954] *Senden, M. M. G.; Tels, M.*: in: Particle technology, 1980, Amsterdam, 3.—5. 6. 1980. Frankfurt/a. M.: Dechema 1980, Vol. B, S. 774—789
[955] *Neeße, T.; Schubert, H.*: Chemische Technik **27** (1975) 9, S. 529—533 (Teil I); **28** (1976) 2, S. 80—83 (Teil II); **28** (1976) 5, S. 273 bis 278 (Teil III); **29** (1977) 1, S. 14—18 (Teil IV)
[956] *Dudenkov, S. V.; Šubov, L. A.*: Obogaščenie rud cvetnich i redkich metallov. Moskva: Nedra 1976
[957] *Schubert, H.; Neeße, Th.; Koch, P.*: Archiwum gornictwa **18** (1973) 4, S. 285—298
[958] *Schwartzberg, H.; Treybal, R.*: Ind. Engng. Chem., Fundamentals **17** (1968) 1, S. 1—12
[959] *Brauer, H.*: Chemie-Ingenieur-Technik **51** (1979) 10, S. 934—948
[960] *Eder, Th.*: Montan-Rundschau **3** (1955), Sonderheft Steine und Erden, S. 305—312
[961] *Eder, Th.*: Montan-Rundschau **9** (1961), Sonderheft Steine und Erden, S. 174—180
[962] *Trawinski, H.*: in: Ullmanns Encyklopädie der technischen Chemie, 4. Aufl. Weinheim: Verlag Chemie 1972, S. 24—34, 70—80
[963] *Taege, G.*: Aufbereitungstechnik **8** (1967) 12, S. 688—690
[964] *Clement, M.; Marms, H.*: in: Freiberger Forschungshefte A 450. Leipzig: VEB Deutscher Verlag für Grundstoffindustrie 1968, S. 63—80
[965] *Olevskij, V. A.*: Konstrukcii i raščet mechaničeskich klassifikatorov i gidrociklonov. Moskva: Gosgortechizdat 1960
[966] *Chint, J. A.*: Osnovy proizvodstva silikal'citnych izdelij. Leningrad: Gosstrojizdat 1962
[967] *Scheffler, M.*: Einführung in die Fördertechnik. Leipzig: Fachbuchverlag 1970
[968] *Kurth, F.*: Fördertechnik — Stetigförderer. Berlin: VEB Verlag Technik 1971
[969] *Švehla, E.; Bernáth, V.*: Upravnické stroje a zařizeni. Praha: Statni ňakledatelstvi technicke Literatury 1964
[970] *Tarján, G.*: Acta technica academiae scientiarum hungarica **32** (1961), S. 357—388
[971] *Povarov, A. J.*: Gidrociklony. Moskva: Gosgortechizdat 1961
[972] *Povarov, A. J.*: Obogaščenie rud **10** (1965) 2, S. 3—10
[973] *Chaston, I. R. M.*: Bulletin. The institution of mining and metallurgy **67** (1958), S. 358—365
[974] *Povarov, A. J.*: Gidrociklony na obogatitel'nych fabrikach. Moskva: Nedra 1978
[975] *Lopatin, A. G.; Dumov, A. M.*: Cvetnye metally (1979) 12, S. 84—86
[976] *Lynch, A. J.; Rao, T. C.*: in: Julius Kruttschnitt Mineral Research Centre. University of Queensland. Technical Report Jan./Juni 1974, S. 1—29
[977] *Nageswaravao, K.; Rao, T. C.; Lynch, A. J.*: in: Julius Kruttschnitt Mineral Research Centre. University of Queensland. Technical Report Juli/Dez. 1974, S. 27—33

[978] *Neeße, Th.*: Modellierung der turbulenten Querstromhydroklassierung. Freiberg, Bergakademie, Dissertation 1978
[979] *Müller, B.; Neeße, Th.; Schubert, H.*: in: Freiberger Forschungshefte A 544. Leipzig: VEB Deutscher Verlag für Grundstoffindustrie 1975, S. 31—43
[980] *Trawinski, H. F.*: Maschinenmarkt **87** (1981) 34 u. 52, S. 684—687, 1069—1072
[981] *Povarov, A. J.; Tchuan, Fan Van*: Obogaščenie rud **18** (1973) 3, S. 20—24
[982] *Povarov, A. J.; Daniel, L. E.* u. a.: Obogaščenie rud **18** (1973) 3, S. 26—28
[983] *Abraham, L.; Piso, P.*: Aufbereitungstechnik **18** (1977) 3, S. 121—126
[984] *Fleischer, G.; Gröger, H.; Thum, H.*: Verschleiß und Zuverlässigkeit. Berlin: VEB Verlag Technik 1980
[985] *Eichler, Ch.*: Instandhaltungstechnik. Berlin: VEB Verlag Technik 1979
[986] *Wahl, W.*: Aufbereitungstechnik **21** (1980) 10, S. 563—575
[987] *Wahl, W.*: Aufbereitungstechnik **20** (1979) 10, S. 559—566
[988] *Wahl, W.*: VDI-Berichte (1979) 333, S. 79—93
[989] *Wahl, W.*: Aufbereitungstechnik **12** (1971) 9, S. 573—578
[990] *Palmgren, H.*: Zement-Kalk-Gips **27** (1974) 7, S. 344—358
[991] *Nickel, O.*: Aufbereitungstechnik **10** (1969) 9, S. 471—491
[992] *Wahl, W.; Kretschmer, I.*: Aufbereitungstechnik **18** (1977) 10, S. 535—542
[993] *Wahl, W.*: Stahl und Eisen **96** (1976) 19, S. 899—904
[994] *Motek, H.*: Aufbereitungstechnik **14** (1973) 10, S. 658—663
[995] *Krainer, E.; Kos, B.; Kunstovny, F.*: Zement-Kalk-Gips **29** (1976) 1, S. 15—24
[996] *Wahl, H.*: Braunkohle, Wärme und Energie **3** (1951), S. 75—87
[997] *Nilsson, I. L.*: Zement-Kalk-Gips **31** (1978) 7, S. 325—328
[998] *Schmidt, H.*: Aufbereitungstechnik **19** (1978) 10, S. 484—491
[999] *Glatzel, W. D.; Brauer, H.*: Chemie-Ingenieur-Technik **50** (1978) 7, S. 487—497
[1000] *Frehn, F.*: Aufbereitungstechnik **20** (1979) 10, S. 567—572
[1001] *Uetz, H.; Zhang, Y. Q.; Chen, Q. Y.*: Aufbereitungstechnik **23** (1982) 10, S. 559—564
[1002] *Motek, H.*: Aufbereitungstechnik **21** (1980) 3, S. 130—133
[1003] *Tanaka, T.*: Zement-Kalk-Gips **11** (1958) 3, S. 92—95
[1004] *Huwald, E.*: Aufbereitungstechnik **23** (1982) 10, S. 535—541
[1005] *Beke, B.*: Zement-Kalk-Gips **25** (1972) 2, S. 85—88
[1006] *Espig, D.; Lippek, E.*: in: Preprints-Fachtagung »Zerkleinerung und Tribochemie« 1981 in Freiberg, S. 47—51
[1007] *Ottergren, Chr.*: Aufbereitungstechnik **24** (1983) 3, S. 122—131
[1008] *Ragot, J.; Aubrun, M.*: Aufbereitungstechnik **24** (1983) 2, S. 69—78
[1009] *Herbst, J. A.; Grandy, G. A.; Fuerstenau, D. W.*: in: 10. International mineral processing congress. — London, 1973 (Paper 19)
[1010] *Lippek, E.; Espig, D.*: in: Freiberger Forschungshefte A 620. Leipzig: VEB Deutscher Verlag für Grundstoffindustrie 1978, S. 77—87
[1011] *Rajamani, K.; Herbst, I. A.*: in: Particle Technology 1980, Amsterdam 3.—5. 6. 1980. Frankfurt/a. M.: Dechema 1980, S. 64—81
[1012] *Formann, I.; Kreysa, K.; Ciganek, A.*: Zement-Kalk-Gips **30** (1977) 2, S. 79—83
[1013] *Birett, H.*: Fördern und Heben **13** (1963) 9, S. 659—661
[1014] *Kusnecov, G. A.; Menšenin, G. J.*: Gornyj žurnal **149** (1973) 9, S. 25—26
[1015] *Espig, D.*: in: Freiberger Forschungshefte A 658. Leipzig: VEB Deutscher Verlag für Grundstoffindustrie 1982, S. 7—42
[1016] *Stepanov, J. V.; Kolesnikova, R. J.; Machortova, L. A.* u. a.: Koks i Chim. Moskva (1982) 6, S. 6—8
[1017] *Nied, R.; Zampini, S.*: Maschinenmarkt **89** (1983) 45, S. 1033—1035
[1018] *Yoshie, K.; Suganuma, A.; Yamamoto, H.* u. a.: Journal Soc. Powder Technology, Kyoto **19** (1982) 12, S. 699—703
[1019] *Osokin, V. P.*: Molotkovye mel'nicy. Moskva: Energija, 1980
[1020] *Schatt, W.*: Werkstoffe des Maschinen-, Anlagen- und Apparatebaues. Leipzig: VEB Deutscher Verlag für Grundstoffindustrie 1982
[1021] *Wahl, H.; Kantenwein, G.; Schäfer, W.*: Bergbau-Archiv Essen **22** (1961) 2, S. 69—90
[1022] *Rausch, E.*: Maschinenfundamente und andere dynamisch beanspruchte Baukonstruktionen. Düsseldorf: VDI-Verlag 3 (1959)
[1023] *Maly, K.; Löffler, F.*: Chemie-Ingenieur-Technik **51** (1979) 4, S. 307—308
[1024] *Motek, H.*: Aufbereitungstechnik **24** (1983) 8, S. 439—443
[1025] *Peter, H.*: Zement-Kalk-Gips **29** (1967) 8, S. 331—336
[1026] *Wahl, H.*: ATW **22** (1981) 10, S. 563—575
[1027] *Lampmann, J.*: Pit and Quarry (1963) 3, S. 114—117
[1028] *Lampmann, J.*: ATW **6** (1965) 4, S. 250
[1029] *Nickel, O.*: ATW **1** (1960) 9, S. 371—384
[1030] Processi i mašini dlja obogaščenia poleznich iskopaemich, Moskva: Nedra 1974
[1031] *Fabian, H.*: Aufbereitungstechnik **21** (1980) 6, S. 277—284
[1032] *Fabian, H.*: Zement-Kalk-Gips **31** (1978) 11, S. 565—568
[1033] *Fleischer, G.; Wamser, H.*: Schmierungstechnik **3** (1972) 7, S. 202—203; **3** (1972) 8, S. 240—243; **3** (1972) 9, S. 266—271; **3** (1972) 10, S. 292—297; **3** (1972) 11, S. 330—337; **3** (1972) 12, S. 366—372

# Sachwörterverzeichnis

## D

E



F



G

## H



## I, J



## K

## L

## M



## N

## O, P

## Q, R



## S

## T



## U

## V



## W

# Zerkleinerungsmaschinen

- **Zerkleinerungsmaschinen mit Zerkleinerungswerkzeugen**
  - Brecher
    - Brecher mit direkt angetriebenen Zerkleinerungswerkzeugen
      - Backenbrecher
      - Kegelbrecher
      - Walzenbrecher
      - Prallbrecher
      - Hammerbrecher
  - Mühlen
    - Mühlen mit direkt angetriebenen Zerkleinerungswerkzeugen
      - Wälzmühlen
      - Hammer- und Prallmühlen
      - Mechanische Feinprallmühlen
        - Schläger-, Schlagrad- und Gebläseschlägermühlen
        - Stiftmühlen
        - Desintegratoren
        - Universalmühlen
        - Pralltellermühlen

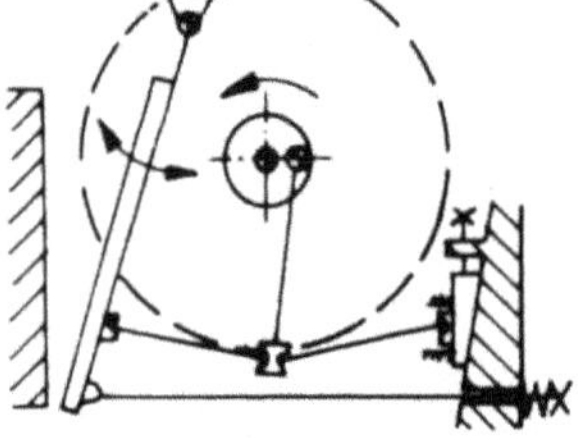

Backenbrecher

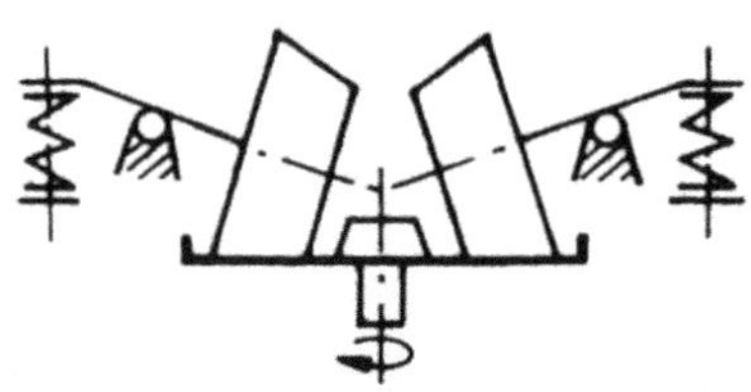

Wälzmühle

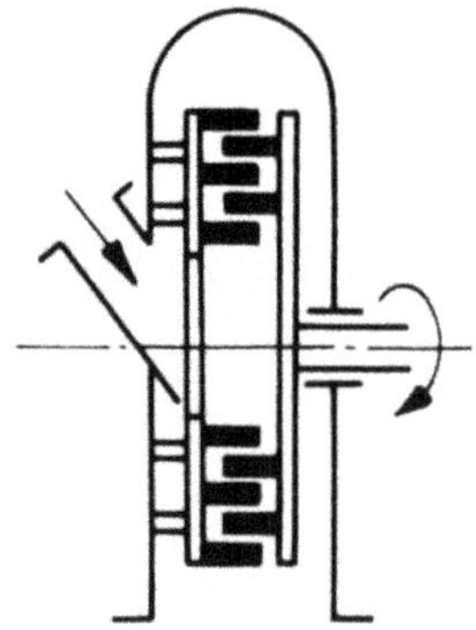

Stiftmühle

**Zerkleinerungsmaschinen ohne Zerkleinerungswerkzeuge**

Mühlen

ıhlen
indirekt
;etriebenen
v. bewegten
ıhlkörpern

Trommel- und Rohrmühlen mit kugel- oder stabförmigen Mahlkörpern (Kugel- oder Stabmühlen)

- ›turzmühlen
- ›chwingmühlen
- ›lanetenmühlen
- Rührwerksmühlen

- Sturzmühlen (Autogenmühlen)
- Strahlmühlen

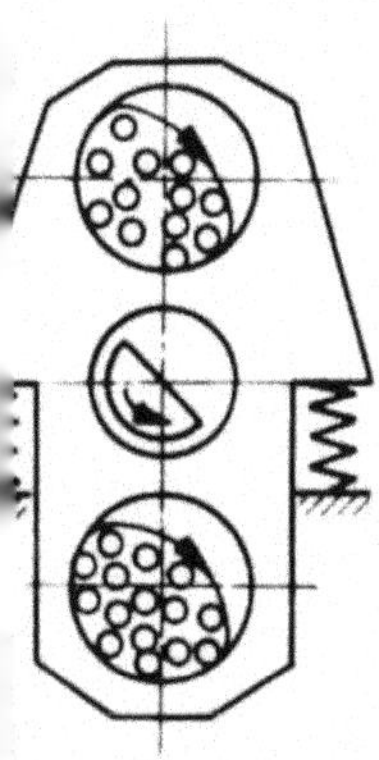

hwingmühle

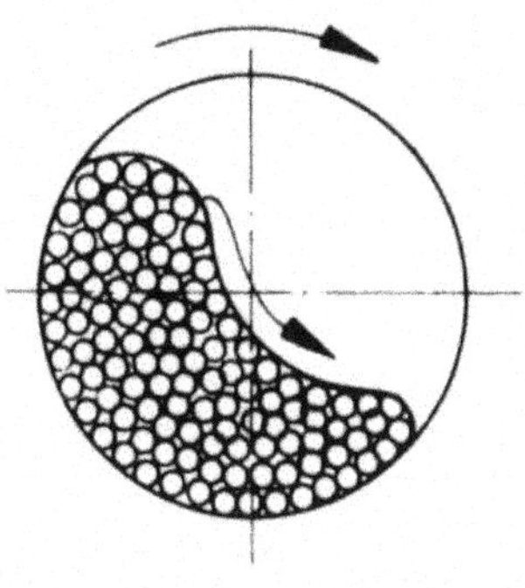

Sturzmühle

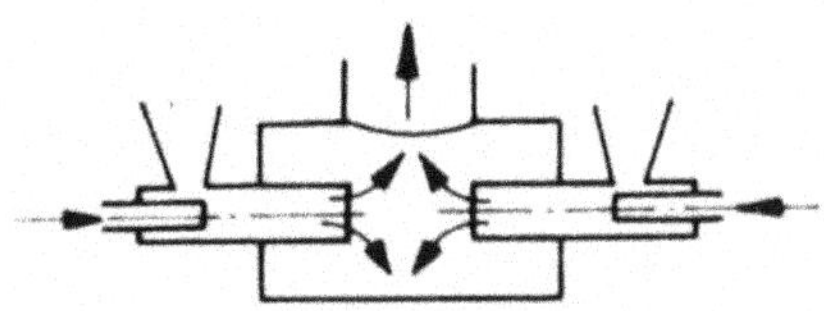

Strahlmühle

www.ingramcontent.com/pod-product-compliance
Ingram Content Group UK Ltd.
Pitfield, Milton Keynes, MK11 3LW, UK
UKHW051444260826
14628UKWH00011B/3365
* 9 7 8 3 6 4 2 8 2 7 1 1 2 *